Wolfgang L. Wendland, Olaf Steinbach

Analysis

Wolfgang L. Wendland, Olaf Steinbach

Analysis

Integral- und Differentialrechnung, gewöhnliche Differentialgleichungen, komplexe Funktionentheorie

Teubner

Bibliografische Information der Deutschen Bibliothek
Die Deutsche Bibliothek verzeichnet diese Publikation in der Deutschen Nationalbibliografie; detaillierte bibliografische Daten sind im Internet über <http://dnb.ddb.de> abrufbar.

Prof. Dr. Wolfgang L. Wendland
Geboren 1936 in Poznan (Posen; Polen). Studium des Maschinenbaus und der Mathematik an der TU Berlin, Dipl.-Ing. Mathematik 1961. 1965 Promotion zum Dr.-Ing. an der TU Berlin. 1969 Habilitation für das Lehrgebiet Mathematik an der TU Berlin. 1969-1970 Wissenschaftlicher Rat und Professor TU Berlin. 1970-1986 Ordentlicher Professor am Fachbereich Mathematik der TH Darmstadt. 1973-1974 Visiting Unidel Chair Professor, Department of Mathematical Sciences, University of Delaware, U.S.A. 1977 Fulbright Gastprofessor an der Oregon State University, Corvallis, U.S.A. 1986-2004 Ordentlicher Professor, Mathematik, Universität Stuttgart. 1999 Dr. h.c. der Babes-Bolyai Universität in Cluj-Napoca, Rumänien; 2003 Adjunct Professor des Department for Mathematical Sciences, University of Delaware, U.S.A. 2005 Gastdozent an der Babes-Bolyai Universität in Cluj-Napoca, Stiftungsinitiative Johann-Gottfried-Herder. Zahlreiche Auslandsaufenthalte, unter anderem in den U.S.A. und in England. Seit 01.10.2004 Professor Emeritus an der Universität Stuttgart.

Prof. Dr. Olaf Steinbach
Geboren 1967 in Rochlitz (Sachsen). Studium der Mathematik an der TU Karl-Marx-Stadt (Chemnitz), Diplom 1992. Von 1992 bis 1996 wiss. Mitarbeiter an der Universität Stuttgart, Promotion 1996. Von 1996 bis 2003 wiss. Assistent, 2003 bis 2004 Oberassistent am Institut für Angewandte Analysis und Numerische Simulation an der Universität Stuttgart, Habilitation 2001. Von 1998 bis 2000 Arbeitsaufenthalte an der University of New South Wales in Sydney, der Texas A&M University in College Station und der University of Texas in Austin. Im WS 2001/02 Vertretung einer C4-Professur für Numerische Mathematik an der TU Chemnitz, im SS 2002 Gastprofessor an der Johannes Kepler Universität Linz, im SS 2004 Vertretung einer C4-Professur für Wissenschaftliches Rechnen an der TU Dresden. Seit 1.10.2004 Professor für Numerische Mathematik an der TU Graz.

1. Auflage November 2005

Lektorat: Ulrich Sandten / Kerstin Hoffmann

Der B. G. Teubner Verlag ist ein Unternehmen von Springer Science+Business Media.
www.teubner.de

Umschlaggestaltung: Ulrike Weigel, www.CorporateDesignGroup.de

Gedruckt auf säurefreiem und chlorfrei gebleichtem Papier.

ISBN-13: 978-3-519-00517-9 e-ISBN-13: 978-3-322-82962-7
DOI: 10.1007/978-3-322-82962-7

Vorwort

Dieses Lehrbuch entstand auf der Grundlage von Vorlesungen, welche der Erstgenannte mehrmals sowohl an der Technischen Hochschule Darmstadt für die Studierenden der Mathematik, Physik und Informatik, sowie an der Universität Stuttgart für Studierende der Mathematik gehalten hat, und deren Ursprung auf die Analysis–Vorlesung von E. Martensen in den 70–er Jahren in Darmstadt zurückgeht. Dieses Buch umfaßt drei Semester der Analysis–Ausbildung, wobei die Kapitel 1–7 im wesentlichen die eindimensionale Diffential– und Integralrechnung im ersten Semester beinhalten. Die mehrdimensionale Differential– und Integralrechnung mit den Kapiteln 8–11 sind Inhalt des zweiten Semesters. Das abschließende dritte Semester enthält neben Grundlagen gewöhnlicher Differentialgleichungen (Kapitel 12 und 13) eine Einführung in die komplexe Funktionentheorie (Kapitel 14–21).

In der Einleitung stellen wir Bezeichungen und Relationen aus den Grundlagen der Mathematik zusammen, ohne dabei auf Grundlagenfragen einzugehen. Sodann werden in Kapitel 1 die reellen Zahlen axiomatisch eingeführt, wobei insbesondere das Vollständigkeitsaxiom ausführlicher behandelt wird. Kapitel 2 ist den einfachsten Eigenschaften der Euklidischen Räume und der komplexen Zahlen gewidmet. In Kapitel 3 steht der Konvergenzbegriff im $\mathbb{R}^n$, die Behandlung von Folgen und Reihen sowie der Banachsche Fixpunktsatz im $\mathbb{R}^n$ im Mittelpunkt. Für kompakte Teilmengen des R^n wird der Satz von Heine–Borel bewiesen. In Kapitel 4 werden Funktionen eingeführt, der Begriff der Stetigkeit behandelt. Als Beispiele dienen Potenzreihen, mit denen die trigonometrischen Funktionen und weitere elementare Funktionen eingeführt werden. Funktionenfolgen und Reihen sowie Funktionenräume als normierte Vektorräume werden in Kapitel 5 behandelt, das im Banachschen Fixpunktsatz in normieren Vektorräumen gipfelt. Kapitel 6 ist der Einführung der Integration gewidmet; wir führen Cauchy–Integral, Riemannsches Integral und Lebesgue–Integral ein, dies gibt Anlaß zur Definition der Regelfunktionen. Für die Einführung des Lebesgue–Integrals diente Hirzebruchs Analysis–Vorlesung in Bonn als Vorbild. Die Operation des Integrierens wurde ganz bewußt vor die Einführung der Differentiation gestellt, da für das Verständnis des Integrierens nur einfache Konvergenzkriterien für Zahlenfolgen benötigt werden, wie das Cauchysche Konvergenzkriterium, das Einschließungs– und das Monotoniekriterium. Hingegen benötigt man für den Begriff des Differenzierens, der in Kapitel 7 behandelt wird, den Begriff des Funktionenlimes, und differenzierbare Funktionen haben eben implizit gleich kompliziertere Eigenschaften als die integrierbaren Funktionenfamilien. Dieses 7. Kapitel ist recht ausführlich geworden, der Hauptsatz der Differential– und Integralrechnung, die Differentiation von Funktionenfolgen und –Reihen und die Taylorsche Formel werden behandelt. Daran schließen sich kurze Abschnitte über Newton–Verfahren, numerische Integration und Approximationsfragen an. Schließlich werden am Schluß dieses Kapitels elementar integrierbare gewöhnliche Differentialgleichungen sowie das Anfangswertproblem für eine explizite Differentialgleichung behandelt. Die Existenz und Eindeutigkeitsfragen erfordern unter anderem den Satz von Arzela–Ascoli.

Der Abschnitt zur Differential– und Integralrechnung im $\mathbb{R}^n$ beginnt in Kapitel 8 mit der Stetigkeit und den verschiedenen Differenzierbarkeitskonzepten im $\mathbb{R}^n$. In Kapitel 9 befassen wir uns mit einer Reihe einfacher Anwendungen, wie Extremwertaufgaben, dem Satz über implizite Funktionen und Lösungsverfahren für nichtlineare Gleichungen. Kapitel 10 ist parameterabhängigen Integralen, iterierten mehrfachen Integralen sowie den verschiedenen Integrationskonzepten im $\mathbb{R}^n$ nach Cauchy, nach Riemann und nach Lebesgue gewidmet. Der Satz von Fubini wird vollständig bewiesen. In Kapitel 11 behandeln wir die Integralsätze und beginnen mit Kurvenintegralen zweiter Art, um sogleich Differentialformen benutzen zu können, mit denen sich ja Transformations– und Invarianzeigenschaften besonders elegant beschreiben lassen. Den Gaußschen Satz im $\mathbb{R}^2$ beweisen wir für kanonische Bereiche, in die man stückweise glatt berandete beschränkte Gebiete immer zerlegen kann. Nach der Einführung von Flächenintegralen zweiter Art kann dann der Beweis des Stokesschen Satzes leicht auf den Gaußschen Satz im $\mathbb{R}^2$ zurückgeführt werden. Den Gaußschen Satz im $\mathbb{R}^3$ zeigen wir zunächst für spezielle Integranden in kanonischen Bereichen sowie für Quader. Dies reicht zum Beweis des Transformationssatzes für spezielle Gebiete, der dann zum Beweis des Gaußschen Satzes für kanonische Bereiche und solche mit stückweise glatten Rändern genutzt werden kann. Der Transformationssatz für stückweise glatt berandete Bereiche läßt sich dann mit dem Gaußschen Satz und den Invarianzeigenschaften der Flächenintegrale zeigen. Der hier gewählte Aufbau kann zum Beweis des allgemeinen Gauß–Stokes–Cartanschen Integralsatzes für stückweise glatt berandete Mannigfaltigkeiten durch Induktion bezüglich der Dimension verallgemeinert werden, was allerdings den Rahmen dieser Darstellung sprengen würde.

Eine ganze Reihe wohlbekannter Lehrbücher sind in diese Darstellung eingegangen: Für die Kapitel 8 und 9 wurden vor allem [4, 19, 21, 23, 40, 50, 64, 71, 82, 83, 90] und für die Kapitel 10 umd 11 die Bücher [4, 12, 15, 23, 30, 31, 36, 44, 71, 82, 95] benutzt.

Die im dritten Semester in Stuttgart gelesene Analysis III besteht aus zwei Abschnitten: Der Behandlung gewöhnlicher Differentialgleichungen und einer Einführung in die komplexe Funktionentheorie. Für die gewöhnlichen Differentialgleichungen wurde auf die Darmstädter Vorlesungen zurückgegriffen, die unter starkem Einfluß von Wolfgang Walters schönem Lehrbuch zu diesem Thema standen. Nachdem bereits in Kapitel 7 für eine gewöhnliche Differentialgleichung erster Ordnung Existenz und Eindeutigkeit behandelt wurde, ist Kapitel 12 diesen Themen für Systeme und Gleichungen höherer Ordnung gewidmet; einige Fragen dynamischer Systeme werden kurz skizziert. Kapitel 13 ist den Rand- und Eigenwertproblemene gewidmet, wobei wir uns auf die Behandlung Sturmscher Randwertprobleme beschränken. Unter Zuhilfenahme der Greenschen Funktion werden Spektraldarstellung und Entwicklungssatz auf beschränktem Intervall ausführlich abgehandelt.

Die komplexe Funktionentheorie geht vor allem auf das Werk von B. Riemann und K. Weierstraß zurück. Während Riemann die Funktionentheorie von der komplexen Differentiation und den Cauchy–Riemannschen Differentialgleichungen her aufbaute, stellte Weierstrass die Potenzreihen und deren Umordnungen an den Anfang. Riemann hat sich stets mit Anwendungen befaßt (Strömungsfelder, Elekrizität, Optik), Weierstrass nahm dagegen einen etwas abstrakteren Standpunkt ein. Trotzdem ist interessant, was er über Anwendungen der Mathematik zu sagen hatte (nach [53]):

> *Ich meine aber, es muß das Verhältnis zwischen Mathematik und Naturforschung etwas tiefer aufgefaßt werden, als es geschehen würde, wenn etwa der Physiker in der Mathematik nur eine, wenn auch unentbehrliche, Hilfsdisziplin achten, oder der Mathematiker die Fragen, die jener ihm stellt, nur als eine reiche Beispielsammlung für seine Methoden ansehen wollte. Ich darf jedoch heute diesen Gegenstand, der mir allerdings sehr am Herzen liegt, nicht weiter verfolgen. Auf die Frage aber, die ich schon vernommen, ob es denn wirklich möglich sei, aus den abstrakten Theorien, welchen sich die heutige Mathematik mit Vorliebe zuzuwenden scheine, auch etwas unmittelbar Brauchbares zu gewinnen, möchte ich entgegnen, daß doch auch nur auf rein spekulativem Wege griechische Mathematiker die Eigenschaften der Kegelschnitte ergründet hatten, lange bevor irgendwer ahnte, daß sie die Bahnen seien, in welchen die Planeten wandeln, und daß ich allerdings der Hoffnung lebe, es werde noch mehr Funktionen geben mit Eigenschaften, wie sie Jacobi an seiner θ–Funktion rühmt, die lehrt, in wieviel Quadrate sich jede Zahl zerlegen läßt, wie man den Bogen einer Ellipse rektifiziert und dennoch, setze ich hinzu, im Stande ist, und zwar sie allein, das wahre Gesetz darzustellen, nach welchem das Pendel schwingt.*

Die Einführung in die komplexe Funktionentheorie beginnt mit einem Vergleich komplexer und reeller Differenzierbarkeit in $\mathbb{C}$ bzw. $\mathbb{R}^2$ und den Cauchy–Riemannschen Differentialgleichungen in Kapitel 14. Dann wird der Cauchysche

Integralsatz und seine direkten Folgen in Kapitel 15 behandelt. Dazu gehören Cauchysche Integralformel, Analytizität, das Rand– und Abbildungsverhalten von Cauchy–Potentialen und Carl Neumanns Methode für das Dirichlet–Problem. Kapitel 16 ist Laurent–Reihen und dem Residuensatz gewidmet, und in Kapitel 17 haben wir einige Folgerungen gesammelt: Identitätssatz und das Prinzip vom Argument. In Kapitel 18 befassen wir uns mit analytischer Fortsetzung und Schwarzschem Spiegelungsprinzip. Konforme Abbildungen einschließlich Riemannschem Abbildungssatz sind im wesentlichen der Inhalt von Kapitel 19. Dann wird in Kapitel 20 kurz in die Theorie der Fourier–Reihen eingeführt, von denen ausgiebig in Kapitel 21 Gebrauch gemacht wird, wo Riemann–Hilbertsche Randwertprobleme für holomorphe Funktionen im Einheitskreis behandelt werden. Hier sind die Sätze von Fritz Noether über Windungs– und Fredholm–Index das Ziel gewesen.

Ein erstes Manuskript dieses Lehrbuches entstand parallel zur Vorlesung Analysis I im Wintersemester 1990/1991 an der Universität Stuttgart, als von einigen Hörern der Wunsch nach einer schriftlichen Ausarbeitung geäußert wurde. Beteiligt haben sich damals Christine Müller (Kapitel 1), Angelika Greiner (Kapitel 1), Mathias Rettich (Kapitel 2 und 3), Thomas Jäger (Kapitel 3 und 4), Dirk Schöllkopf (Kapitel 3), Alexander Schuck (Kapitel 4), Christian Kratzer (Kapitel 4 und 5), Sandra Giacalone (Kapitel 5), Alexander Röseler (Kapitel 6), Martin Härterich (Kapitel 6), Thomas Haeberlen (Kapitel 7) und Karin Knödler (Kapitel 7). Am Korrekturlesen der ursprünglichen ersten Kapitel wirkten mit Frau Edith Lechner (Kapitel 1 und 2) sowie Dr. Ralf Kieser (Kapitel 3) und Dr. Hermann Schmitz (Kapitel 4). Als wir mit der Arbeit begannen, war uns nicht klar, worauf wir uns eingelassen hatten. Die inhaltlichen Korrekutren und auch das Zusammenfügen all der Manuskripte zu einem gesamten LaTeX–File hat viel mehr Mühe gekostet, als wir glaubten. Besonderer Dank gilt hier Christian Kratzer, der unermüdlich die technische Beratung und Betreuung durchführte, und Joachim Keltsch, beide stellten den endgültigen LaTeX–File der ersten Kapitel zusammen. Weitere, zum Teil erhebliche Korrekturen wurden von Angelika Greiner, Martin Härterich und Katrin Wendland eingebracht.

Ein erster unvollständiger Entwurf von Kapitel 8 wurde zunächst von Steffen Ritter und Thomas Jäger nach den Vorlesungsnotizen ausgearbeitet. Dieses und die Kapitel 9–11 wurden dann von Gisela und Katrin Wendland bearbeitet, sehr sorgfältig durchgesehen und etliche wertvolle Verbesserungen eingebracht. Herr Bachteler machte einige kritische und hilfreiche Anmerkungen zu Abschnitt 11.3.

Parallel zum Vorlesungszyklus Analysis I/II im Wintersemester 1996/97 und im Sommersemester 1997 wurde dann das vorhandene Manuskript etwas umgestellt und erweitert. Neben dem zweitgenannten Autor sind hier Dr. Cristian Coclici und Dr. Ralf Quatember zu nennen, Malte Frey hat die Skizzen per Scanner in die elektronische Version aufgenommen.

Zur Vorlesung Analysis III im Wintersemester 1997/98 wurden dann schließlich die verbleibenden Kapitel erstellt, neben dem zweitgenannten Autor (Kapitel 16,

17, 19) haben hier insbesondere Dr. Christof Eck (Kapitel 19) und Dr. Cristian Coclici (Kapitel 14, 20) beigetragen. In die Kapitel 15 und 19 sind dabei auch die sorgfältigen schriftlichen Vorbereitungen von Dr. Steffen Roch eingeflossen. Besonderer Dank gilt auch hier Gisela Wendland sowie Ingrid Bock für das Erstellen des Manuskripts.

Zum Vorlesungszyklus 2001–2003 wurde das vorhandene Manuskript nochmals korrigiert und ergänzt. Der Universität Stuttgart sei bei dieser Gelegenheit dafür gedankt, daß eine elektronische Version dieses Vorlesungsskriptes einschließlich Übungsaufgaben und zugehörigen Lösungsvorschlägen im Rahmen ihrer 100–online Initiative gefördert worden ist. Herrn Jan Jung, der die elektronische Version betreut hat, sei dafür bei dieser Gelegenheit herzlich gedankt. Die Übungsaufgaben einschließlich Lösungsvorschlägen wurden von den Herren Dres. Raimund Bürger und Werner Kolbe erstellt. Günther Of, Birgit Reidinger und Tobias Häcker haben verschiedene numerische Beispiele und Algorithmen beigesteuert.

Für das nun vorliegende Lehrbuch wurden die vorhandenen Vorlesungsskripte Analysis I–III nochmals sorgfältig überarbeitet, korrigiert und in einen einheitlichen Rahmen gefügt. Die historischen Bemerkungen wurden freundlicherweise von Frau Professor Dr. Renate Tobies durchgesehen, wofür wir ganz herzlich danken. Schließlich danken wir Herrn Jürgen Weiß und Herrn Ulrich Sandten sowie dem Verlag für die ausgezeichnete und freundliche Zusammenarbeit.

Stuttgart, Graz, Oktober 2005 — Wolfgang L. Wendland, Olaf Steinbach

Inhaltsverzeichnis

Einleitung

Die Analysis hat ihre Begründung im Konzept des Unendlichen, das schon früh zum Begriff des Kontinuums und der reellen Zahlen geführt hat. Im ersten Semester werden wir die elementare Analysis bis zur Integral– und Differentialrechnung einer Veränderlichen kennenlernen. Dabei werden Sie oft bekanntem Stoff aus der Schule begegnen. Wir wollen uns allerdings hier bemühen, ein möglichst übersichtliches Konzept der Analysis zu finden. Dabei werden drei, nach unserer Ansicht grundlegende, Prinzipien in immer neuen Varianten auftreten:

1. Abstandsmessung und Konvergenz,
2. Ordnungsbegriff und Monotonie,
3. Kompaktheit und konvergente Familien von Objekten.

Die Prinzipien haben nur Sinn, wenn man mit ihnen etwas anfangen kann; wenn man **Methoden** entwickeln kann, um mathematische Aufgaben zu lösen. Am meisten liegt uns daran, die Lösung zu **konstruieren**. Damit werden wir in natürlicher Weise zum Studium von Funktionen (bzw. Abbildungen) gezwungen, wobei die oben genannten Prinzipien uns viel helfen werden.
In der Einleitung stellen wir einige Bezeichnungen aus den Grundlagen der Mathematik zusammen, die wir in den Analysis–Vorlesungen benutzen werden. Hinter diesen Bezeichnungen aus Logik und Mengenlehre verbergen sich zum Teil heute noch ungelöste mathematische Grundprobleme, auf die wir hier aber **nicht** eingehen wollen.
Hier wollen wir diese mehr als Handwerkzeug im naiven Sinne verwenden. Da diese Zeichen und ihre Bedeutung beim Benutzen in der Analysis auf natürliche Weise klar werden, soll die Einleitung zunächst nur zum Nachschlagen dienen. Es hat zu Beginn der Vorlesung wenig Sinn, den dahinter steckenden Grundlagen nachgehen zu wollen. Die meisten dieser Zeichen werden Ihnen aus Ihrer Schulzeit ohnehin geläufig sein.
Aussagen sollen nur **wahr** oder **falsch** sein. Heute versucht man, jede mathematische Theorie mit Hilfe von **Axiomen** zu begründen, das sind Aussagen, die als wahr (oder falsch) **deklariert** werden.
Ein Axiomensystem sollte **unabhängig** und **widerspruchsfrei** sein. Für eine vorhandene Theorie sollte es auch **vollständig** sein.

Die logischen Verknüpfungen von Aussagen sind:

	Kontradiktion	$\neg A$	„nicht A“,
	Konjunktion	$A \wedge B$	„A und B“,
(0.1)	Disjunktion	$A \vee B$	„A oder B“,
	Implikation	$A \Rightarrow B$	„wenn A, so B“,
	Äquivalenz	$A \Leftrightarrow B$	„A genau dann, wenn B“.

Die Struktur eines mathematischen Satzes ist:

Satz 0.1 :
Voraussetzung: A
Behauptung: B

Beweis:
„$A \Rightarrow B$ ist wahr“. Im Beweis wird diese Aussage verifiziert.

Definition, definierende Äquivalenz: $A :\Leftrightarrow B$
Generalisierung: Für jedes t gilt $H(t)$: $\forall t : H(t)$
Partikularisierung: Es gibt (mindestens) ein t, so daß $H(t)$ gilt: $\exists t : H(t)$
Es gibt **genau ein** t, so daß $H(t)$ gilt: $\dot{\exists} t : H(t)$

Regeln des logischen Schließens mit Quantoren:
Folgende Aussagen sind wahr:

$$
\begin{array}{rrcl}
 & \neg(\forall t : H(t)) & \Leftrightarrow & \exists t : (\neg H(t)) \\
 & [A \wedge (\forall t : H(t))] & \Leftrightarrow & \forall t : (A \wedge H(t)) \\
(0.2) & [A \vee (\forall t : H(t))] & \Leftrightarrow & \forall t : (A \vee H(t)) \\
 & [A \Rightarrow (\forall t : H(t))] & \Leftrightarrow & \forall t : (A \Rightarrow H(t)) \\
 & [(\forall t : H(t)) \Rightarrow A] & \Leftrightarrow & \exists t : (H(t) \Rightarrow A)
\end{array}
$$

$$
\begin{array}{rrcl}
 & \neg(\exists t : H(t)) & \Leftrightarrow & \forall t : (\neg H(t)) \\
 & [A \wedge (\exists t : H(t))] & \Leftrightarrow & \exists t : (A \wedge H(t)) \\
(0.3) & [A \vee (\exists t : H(t))] & \Leftrightarrow & \exists t : (A \vee H(t)) \\
 & [A \Rightarrow (\exists t : H(t))] & \Leftrightarrow & \exists t : (A \Rightarrow H(t)) \\
 & [(\exists t : H(t)) \Rightarrow A] & \Leftrightarrow & \forall t : (H(t) \Rightarrow A)
\end{array}
$$

Merke: Bei mehrstelligen Aussageformen und mehreren Quantoren dürfen $\ldots \forall s \forall t \ldots$ miteinander vertauscht werden $\ldots \forall t \forall s \ldots$, ebenso $\exists s \exists t \ldots$ in $\ldots \exists t \exists s \ldots$, jedoch **nicht** $\ldots \exists s \forall t \ldots$ oder $\ldots \forall s \exists t \ldots$.

Äquivalenzrelationen: Eine Relation $\sim$ heißt **Äquivalenzrelation**, wenn gilt

$$
\begin{array}{llr}
 & a \sim a & \text{Reflexivität} \\
 & a \sim b \quad \Rightarrow \quad b \sim a & \text{Symmetrie} \\
(0.4) & (a \sim b \quad \wedge \quad b \sim c) \quad \Rightarrow \quad a \sim c & \text{Transitivität}
\end{array}
$$

Die **Gleichheit** $=$ ist eine Äquivalenzrelation

Mengen: Eine Menge sei für uns eindeutig definiert, wenn eindeutig feststeht, welche Elemente dazugehören und welche nicht. Die Elemente müssen unterscheidbar sein.

Element–Relation: $a \in M$ heißt: „a ist Element der Menge M“.

Gleichheit von Mengen: (ist Äquivalenzrelation)

$$N = M \quad :\Leftrightarrow \quad (\forall m \in M : m \in N) \wedge (\forall m \in N : m \in M)$$
$$A \subset M \quad :\Leftrightarrow \quad (A \text{ ist Menge} \wedge (\forall a \in A : a \in M))$$

Definierende Gleichheit: (Mengendefinition durch Eigenschaften)

$$M := \{m \mid \text{Eigenschaften von } m\}$$

Abkürzungen häufig benutzter Mengen:

$\mathbb{N}$:= Menge der **natürlichen** Zahlen
$\mathbb{Z}$:= Menge der **ganzen** Zahlen
$\mathbb{Q}$:= Menge der **rationalen** Zahlen
$\mathbb{R}$:= Menge der **reellen** Zahlen
$\emptyset$:= Leere Menge

Vereinigung:

$$A \cup B := \{x | x \in A \vee x \in B\}$$

Durchschnitt:

$$A \cap B := \{x | x \in A \wedge x \in B\}$$

Differenz:

$$A \setminus B := \{x | x \in A \wedge x \notin B\}$$

Komplement für $A \subset X$:

$$A^c := X \setminus A$$

Kartesisches Produkt:

$$A \times B := \{(a, b) | a \in A \wedge b \in B\}$$

Für Mengen gilt der folgende Satz:

Satz 0.2: *X, M, N seien Mengen. Dann gelten:*
Kommutativität:

$$M \cup N = N \cup M, \qquad M \cap N = N \cap M$$

Assoziativität:

$$X \cup (M \cup N) = (X \cup M) \cup N, \qquad X \cap (M \cap N) = (X \cap M) \cap N$$

Distributivität:

$$\begin{aligned}
(X \cup M) \cap N &= (X \cap N) \cup (M \cap N) \\
(X \cap M) \cup N &= (X \cup N) \cap (M \cup N) \\
(X \cup M) \setminus N &= (X \setminus N) \cup (M \setminus N) \\
(X \cap M) \setminus N &= (X \setminus N) \cap (M \setminus N)
\end{aligned}$$

De Morgan'sche Regel:

$$M \subset X, N \subset X \Rightarrow (M \cup N)^c = M^c \cap N^c, \qquad (M \cap N)^c = M^c \cup N^c$$

Gleichheiten:

$$\begin{aligned}
M \cup N &= (M \cap N) \cup (M \setminus N) \cup (N \setminus M) \\
M \cap N &= (M \cup N) \setminus ((M \setminus N) \cup (N \setminus M))
\end{aligned}$$

$$N \subset M \Leftrightarrow M \cup N = M \Leftrightarrow M \cap N = N \Leftrightarrow N \setminus M = \emptyset$$

Abbildungen und Funktionen:
$f : M \to N$ sei Abbildung von M in N. M heißt **Definitionsbereich** und N heißt **Zielmenge**. $f : p \mapsto q = f(p)$, $q \in N$ ist **Bild** von $p \in M$ unter f.

Für eine Funktion oder Abbildung wird verlangt:

$$\forall p \in M : \dot{\exists} q \in N : q = f(p),$$

das heißt, das Bild muß **eindeutig** definiert sein.

Gleichheit:
Zwei Funktionen f und g heißen **gleich** genau dann, wenn ihre Definitionsbereiche gleich, die Zielmengen gleich und die Bilder gleich sind. Das letztere bedeutet

$$\forall p \in M : f(p) = g(p).$$

Eine Funktion oder Abbildung $f : M \to N$ heißt
konstant, falls

$$\forall p, r \in M : f(p) = f(r),$$

injektiv, falls

$$\forall p, r \in M : p \neq r \Rightarrow f(p) \neq f(r),$$

surjektiv, falls

$$\forall q \in N : \exists p \in M : f(p) = q,$$

bijektiv, falls f injektiv und surjektiv ist.
Bildmenge von G unter f:

$$f(G) := \{q \in N \mid \exists p \in G \cap M : f(p) = q\}$$

Wertebereich von f: $f(M)$
Urbild von H unter f:

$$f^{-1}(H) := \{p \in M \mid \exists q \in H : f(p) = q$$

Mit den obigen Eigenschaften zeigt man leicht den folgenden Satz über die Umkehrabbildung:

Satz 0.3: *$f : M \to N$ sei injektiv und $M \neq \emptyset$. Dann*

$$\exists f^{-1} : f(M) \to M \quad \forall p \in M : f^{-1}(f(p)) = p.$$

f^{-1} heißt **inverse Funktion**.

Georg Christoph Lichtenberg: "Die Mathematik ist eine gar herrliche Wissenschaft, aber die Mathematiker taugen oft den Henker nicht. So verlangt oft der Mathematiker für einen tiefen Denker gehalten zu werden, obgleich es darunter oft die größten Plunderköpfe gibt, untauglich zu irgendeinem Geschäft, das Nachdenken erfordert, wenn es nicht unmittelbar durch jene leichte Verbindung von Zeichen geschehen kann, die mehr das Werk der Routine als des Denkens sind."

Kapitel 1

Reelle Zahlen

Die reellen Zahlen sind das Fundament, auf dem die Analysis aufgebaut ist. Sie bilden eine Menge mit mindestens zwei Elementen, welche einen vollständig angeordneten und vollständigen Körper definiert. Die Eigenschaften der reellen Zahlen werden auf den folgenden Axiomen (Körperaxiome, Anordnungsaxiome und Vollständigkeitsaxiom) begründet.
Axiome sind Aussagen, die als wahr postuliert werden und unabhängig, widerspruchsfrei und vollständig sein sollen. Heute weiß man, daß die Axiome für die reellen Zahlen unabhängig und vollständig sind. Ihre Widerspruchsfreiheit konnte allerdings bislang nicht gezeigt werden; andererseits ist bis heute auch kein Widerspruch gefunden worden.
Für ein weiterführendes Studium sei hier auf [4, 38, 41, 62, 64, 91] verwiesen.

1.1 Axiome der Addition

Ausgangspunkt sind die Axiome der Addition:

(1.1) $A_1 : (a, b) \in \mathbb{R} \times \mathbb{R} \mapsto (a + b) \in \mathbb{R}$ — Addition
(1.2) $A_2 : a + b = b + a$ — Kommutativität
(1.3) $A_3 : (a + b) + c = a + (b + c)$ — Assoziativität
(1.4) $A_4 : \forall\,(a, b) \in \mathbb{R} \times \mathbb{R}$ existiert genau ein $x \in \mathbb{R}$ mit $a + x = b$ — Subtraktion

Das nach dem Axiom A_4 eindeutig existierende Element x definiert die **Differenz** $b - a := x$. Standardrechner können die Axiome A_1–A_4 nicht ausführen.

Folgerungen 1.1 aus den Axiomen A_1 bis A_4 :
Für beliebige $c \in \mathbb{R}$ gelten die folgenden Aussagen:

i. *Aus $a = b$ folgt $a + c = b + c$.*
ii. *Aus $a + c = b + c$ folgt $a = b$.*

Man folgert also hieraus, daß bei Gleichungen auf beiden Seiten das gleiche Element addiert beziehungsweise subtrahiert werden darf.

Beweis:

i. Die Behauptung folgt direkt aus der Ersetzbarkeit in Relationen.

ii. Es sei $s := a + c$. Dann ist $s = b + c$ nach Voraussetzung. Hieraus folgt nach Axiom $A_4 : a = s - c = b$. □

Satz 1.2: *Es wird die Gültigkeit der Axiome A_1–A_4 vorausgesetzt.*
Behauptung: $\dot{\exists}\, 0 \in \mathbb{R} : \forall a \in \mathbb{R} : \;\; 0 + a = a + 0 = a$.

Beweis: Sei $a \in \mathbb{R}$ beliebig gegeben. Dann existiert gemäß A_4 und A_2 ein $x \in \mathbb{R}$ mit $x + a = a + x = a$, welches im folgenden mit 0 bezeichnet werde. Ist nun b irgendein Element aus $\mathbb{R}$, so kann es nach A_4 in der Form $b = a + y$ geschrieben werden. Dann folgt mit den Axiomen A_2 und A_3

$$b + 0 = 0 + b = 0 + (a + y) = (0 + a) + y = a + y = b \quad \text{für alle } b \in \mathbb{R}.$$

Zur Eindeutigkeit: Mit der eben definierten 0 gilt $a + 0 = a$. Das Element $b \in \mathbb{R}$ habe die Eigenschaft $a + b = a$. Dann folgt mit der Eindeutigkeit von x in A_4 aus diesen beiden Gleichungen, daß $b = 0$ sein muß. □

Definition 1.3: $-a := 0 - a, \quad a + (-a) = 0.$

Die obigen Aussagen erscheinen zunächst trivial, besitzen aber einen wichtigen Hintergrund. Beim Beweis der Folgerungen 1.1 und von Satz 1.2 werden nur die Eigenschaften A_1–A_4 benötigt, das heißt sie gelten für jede Struktur, in der die Axiome A_1–A_4 gelten (und die kommutative Gruppe genannt wird). Dies ist nur ein Beispiel unter vielen, bei denen Minimaleigenschaften gesucht sind, die für die Beschreibung einer Struktur oder einer Situation benötigt werden. Hier ist dies noch recht einfach, während es in komplizierten mathematischen Theorien und bei Anwendungen große Schwierigkeiten bereiten kann. In all diesen Fällen stellt man sich folgende Fragen: Welche Aussagen müssen vorausgesetzt werden und welche können abgeleitet werden? Wieviele der Voraussetzungen sind wesentlich, das heißt unabhängig? Welche Axiome liegen zugrunde?

1.2 Axiome der Multiplikation

Wie bei der Addition werden zunächst die Axiome der Multiplikation eingeführt:

(1.5) $M_1 : (a, b) \in \mathbb{R} \times \mathbb{R} \mapsto a \cdot b \in \mathbb{R}$ — Multiplikation

(1.6) $M_2 : a \cdot b = b \cdot a$ — Kommutativität

(1.7) $M_3 : (a \cdot b) \cdot c = a \cdot (b \cdot c)$ — Assoziativität

(1.8) $M_4 : \forall (a, b) \in \mathbb{R} \times \mathbb{R} \wedge a \neq 0 \; \dot{\exists}\, y \in \mathbb{R} : a \cdot y = b$ — Division

Das nach Axiom M_4 existierende Element y definiert den **Quotienten** $\frac{b}{a} := y$.

(1.9) $M_5 : a \cdot (b + c) = a \cdot b + a \cdot c$ Distributivität

Mit den Axiomen A_1 bis A_4 und M_1 bis M_5 werden die reellen Zahlen $\mathbb{R}$ zum **kommutativen Körper**.

Satz 1.4: *Sei* $\mathbb{R}$ *ein kommutativer Körper und* $c \in \mathbb{R}$ *beliebig gewählt. Dann gelten die folgenden Aussagen:*

i. $a = b \Rightarrow a \cdot c = b \cdot c$

ii. $a \cdot c = b \cdot c \wedge c \neq 0 \Rightarrow a = b$

iii. $a \cdot 0 = 0 \cdot a = 0$

iv. $\dot{\exists}\, 1 \in \mathbb{R} : \forall a \in \mathbb{R} : a \cdot 1 = 1 \cdot a = a$, *und es gilt* $1 \neq 0$.

Beweis:

i. Die Behauptung folgt direkt aus der Ersetzbarkeit in Relationen.

ii. Es seien $s := a \cdot c = b \cdot c$ und $c \neq 0$. Hieraus folgt nach Axiom M_4 und der Definition von s: $a = \frac{s}{c} = b$.

iii. Für alle $a \in \mathbb{R}$ gilt $a \cdot 0 = a \cdot (0 + 0) = a \cdot 0 + a \cdot 0$. Hieraus folgt nach Satz 1.2 : $a \cdot 0 = 0$ und nach $M_2 : 0 \cdot a = 0$.

iv. Sei $a \in \mathbb{R} \setminus \{0\}$ beliebig gegeben. Dann existiert gemäß M_4 und M_2 ein $y \in \mathbb{R}$ mit $a \cdot y = y \cdot a = a$, welches im folgenden mit 1 bezeichnet werde. Ist nun b irgendein Element aus $\mathbb{R}$, so kann es nach M_4 in der Form $b = a \cdot x$ geschrieben werden.
Dann folgt mit M_2 und M_3: $b \cdot 1 = 1 \cdot b = 1 \cdot (a \cdot x) = (1 \cdot a) \cdot x = a \cdot x = b$ für jedes Element $b \in \mathbb{R} \setminus \{0\}$.
Zur Eindeutigkeit: Aus $1 \cdot a = a$ für $a \neq 0$ folgt $\frac{a}{a} = 1$.
b erfülle die Eigenschaft $b \cdot a = (a \cdot b) = a$. Dann folgt durch Multiplikation mit $\frac{1}{a}$ hieraus $b \cdot 1 = 1$ und mit $b \cdot 1 = b$ die Behauptung $b = 1$.
Mit *iii.* folgt $1 \neq 0$. Nach *iii.* gilt außerdem $1 \cdot 0 = 0 \cdot 1 = 0$.

□

1.3 Anordnungsaxiome

Durch Ordnungsaxiome kann die Anordnung von Elementen beschrieben werden.

(1.10) O_1 : $<$ ist eine **Relation** auf $\mathbb{R} \times \mathbb{R}$ d.h. für $a, b \in \mathbb{R}$ ist die Aussage $a < b$ entweder wahr oder falsch.

Für je zwei reelle Zahlen a und b gilt genau **eine** der folgenden drei Bedingungen:

$a < b$ oder $a = b$ oder $a > b$ Trichotomie

(1.11) $O_2 : a < b \wedge b < c \Rightarrow a < c$ Transitivität

(1.12) $O_3 : a < b \Rightarrow a + c < b + c$ Monotonie bezüglich der Addition

(1.13) $O_4 : 0 < c \wedge a < b \Rightarrow a \cdot c < b \cdot c$ Monotonie bezüglich der Multiplikation

Aus diesen Axiomen können weitere Relationen **abgeleitet** werden:

(1.14) $a \leq b :\Leftrightarrow (a < b) \vee (a = b)$

(1.15) $a > b :\Leftrightarrow b < a$

(1.16) $a \geq b :\Leftrightarrow b \leq a \quad \Leftrightarrow \quad (a > b) \vee (a = b)$

Die Anwendung der Ordnungsrelationen in Bezug auf das Nullelement 0 ermöglicht die folgenden Bezeichnungen:

$$\begin{aligned} a \text{ positiv} \quad &:\Leftrightarrow \quad a > 0, \\ a \text{ negativ} \quad &:\Leftrightarrow \quad a < 0, \\ a \text{ nicht positiv} \quad &:\Leftrightarrow \quad a \leq 0, \\ a \text{ nicht negativ} \quad &:\Leftrightarrow \quad a \geq 0. \end{aligned}$$

Die vollständige Anordnung der reellen Zahlen wurde schon von Euklid in seinem berühmten Werk „Elemente“ (Bd. 5) ca. 300 v. Chr. postuliert.

1.3.1 Rechnen mit Ungleichungen

Satz 1.5 : *Unter der Verwendung der Axiome A_1–A_4, M_1–M_5 und O_1–O_4 erhält man:*

(1.17) $(a < b \wedge c > 0) \quad \Rightarrow \quad \frac{a}{c} < \frac{b}{c},$

(1.18) $(a < b \wedge c < 0) \quad \Rightarrow \quad a \cdot c > b \cdot c \wedge \frac{a}{c} > \frac{b}{c}.$

Bei der Multiplikation mit einer negativen Zahl kehrt sich eine Ungleichung um!
Multiplikation zweier Ungleichungen:

(1.19) $(0 \leq a < b) \wedge (0 \leq c < d) \quad \Rightarrow \quad a \cdot c < b \cdot d\,.$

Division einer Ungleichung:

(1.20) $0 < a < b \quad \Rightarrow \quad \frac{1}{a} > \frac{1}{b}$

Entsprechende Regeln gelten für ≤ 0 beziehungsweise für ≥ 0, wobei nicht durch 0 dividiert werden darf:

(1.21) $c > 0 \quad \Rightarrow \quad \frac{1}{c} > 0.$

Beweis:

i. Zu (1.21) führen wir einen Widerspruchsbeweis und nehmen $c > 0 \wedge \frac{1}{c} \leq 0$ an. Mit dem Axiom O_4 erhält man $c \cdot \frac{1}{c} \leq 0 \cdot c \Leftrightarrow 1 \leq 0$. Mit Satz 1.4, *iv.* und Axiom O_4 folgt hieraus $c = c \cdot 1 \leq c \cdot 0 \Leftrightarrow c \leq 0$. Dies ist ein Widerspruch zur Annahme $c > 0$. Da das Axiom O_1 nur eine wahre oder eine falsche Aussage zuläßt, muß hier $c > 0$ und $\frac{1}{c} > 0$ sein.

ii. Folgerung: $1 > 0 \quad \Rightarrow \quad 2 := 1 + 1 > 0 \quad \Rightarrow \quad 3 := 1 + 2 \ldots > 0.$

iii. Zu (1.17): Nach (1.21) gilt: $c > 0$ und damit $\frac{1}{c} > 0$. Mit dem Axiom O_4 erhält man daraus

$$a \cdot \frac{1}{c} < b \cdot \frac{1}{c} \quad \Leftrightarrow \quad \frac{a}{c} < \frac{b}{c}.$$

iv. Zu (1.18): Mit dem Axiom O_3 gilt :

$$c < 0 \quad \Rightarrow \quad (-c) + c < (-c) + 0 \quad \Leftrightarrow \quad 0 < -c$$

und somit für $a < b$ mit dem Axiom O_4: $a \cdot (-c) < b \cdot (-c)$ und nun mit O_3:

$$a \cdot c + b \cdot c - a \cdot c < -b \cdot c + a \cdot c + b \cdot c, \text{ also } b \cdot c < a \cdot c.$$

v. Zu (1.19): Aus $0 \leq a < b$ und $0 \leq c < d$ folgt nach O_4:
1) $b > 0$ und $c \cdot b < d \cdot b$,
2) $c \geq 0$ und $c \cdot a \leq c \cdot b$.
Aus 1), 2) und Axiom O_2 ergibt sich $c \cdot a \leq c \cdot b < d \cdot b$.

vi. Zu (1.20): Annahme: $0 < a < b \wedge \frac{1}{a} \leq \frac{1}{b}$.
Mit O_4 erhält man zunächst: $a\frac{1}{a} \leq a\frac{1}{b} \quad \Leftrightarrow \quad 1 \leq \frac{a}{b}$ und durch nochmalige Anwendung von O_4: $b \cdot 1 \leq b\frac{a}{b} \Leftrightarrow b \leq a$, im Widerspruch zur Annahme, das heißt es muß $\frac{1}{a} > \frac{1}{b}$ gelten.

□

1.4 Die natürlichen Zahlen $\mathbb{N} \subset \mathbb{R}$

Definition 1.6: $\mathbb{M}$ *heißt* **induktive Menge**, *wenn gilt*

(1.22) $1 \in \mathbb{M} \quad \wedge \quad (x \in \mathbb{M} \quad \Rightarrow \quad (x + 1) \in \mathbb{M}).$

Lemma 1.7: $\mathbb{M}_\alpha$ *mit* $\alpha \in J$ *sei eine beliebige Familie von induktiven Mengen. Dann ist* $\mathbb{M}^* := \bigcap_{\alpha \in J} \mathbb{M}_\alpha$ *eine induktive Menge.*

Beweis:

i. Für jedes $\alpha \in J$ gilt $1 \in \mathbb{M}_\alpha$. Folglich ist $1 \in \bigcap_{\alpha \in J} \mathbb{M}_\alpha = \mathbb{M}^*$.

ii. Sei $x \in \mathbb{M}^* = \bigcap_{\alpha \in J} \mathbb{M}_\alpha$. Dann gilt für jedes $\alpha \in J : x \in \mathbb{M}_\alpha$. Mit (1.22) gilt dann auch für jedes $\alpha \in J : (x+1) \in \mathbb{M}_\alpha$ und somit

$$(x+1) \in \bigcap_{\alpha \in J} \mathbb{M}_\alpha = \mathbb{M}^*.$$

Also ist $\mathbb{M}^*$ eine induktive Menge.

□

Definition 1.8: *Der Durchschnitt aller induktiven Mengen heißt* **Menge der natürlichen Zahlen** *und wird mit* $\mathbb{N}$ *bezeichnet.*

Satz 1.9 : $\mathbb{M}$ *sei eine induktive Menge mit* $\mathbb{M} \subset \mathbb{N}$. *Dann gilt* $\mathbb{M} = \mathbb{N}$.

Beweis: Da nach Definition $\mathbb{N}$ der Durchschnitt aller induktiven Mengen (einschließlich $\mathbb{M}$) ist, gilt $\mathbb{N} \subset \mathbb{M}$. Mit der Voraussetzung $\mathbb{M} \subset \mathbb{N}$ folgt also insgesamt $\mathbb{M} = \mathbb{N}$. □

Beispiele für das Rechnen in geordneten Körpern:
Für die Summe „$\sum$", definiert durch die Rekursionsvorschrift

$$(1.23) \quad \sum_{k=1}^{1} r_k := r_1 \quad \text{und} \quad \sum_{k=1}^{n+1} r_k := \sum_{k=1}^{n} r_k + r_{n+1},\ n = 1, 2, \ldots,$$

gelten die folgenden Regeln:

$$(1.24) \quad \sum_{k=1}^{n} r_k = \sum_{j=1}^{n} r_j,$$

$$\begin{aligned}(1.25) \quad \sum_{k=1}^{n} (r_k \pm t_k) &= (r_1 \pm t_1) + (r_2 \pm t_2) + \ldots + (r_n \pm t_n) \\ &= r_1 + r_2 + \ldots + r_n \pm t_1 \pm t_2 \pm \ldots \pm t_n \\ &= \sum_{k=1}^{n} r_k \pm \sum_{k=1}^{n} t_k,\end{aligned}$$

$$(1.26) \quad \sum_{k=1}^{n} a\, r_k = a \sum_{k=1}^{n} r_k \text{ für } a \in \mathbb{R},$$

$$(1.27) \quad \sum_{k=1}^{\ell} r_k + \sum_{k=\ell+1}^{n} r_k = \sum_{k=1}^{n} r_k\,, \quad \text{falls } 1 \le \ell \le k.$$

Bei den Beweisen wird nur vom Kommutativ– und Assoziativgesetz der Addition sowie vom Distributivgesetz und der Definition (1.23) Gebrauch gemacht.

Satz 1.10 : *Es gilt*

$$\sum_{\nu=1}^{n} \nu = \frac{1}{2} \cdot n \cdot (n+1). \tag{1.28}$$

Beweis: (Carl Friedrich Gauß 1784, als 7–jähriger Knirps)

$$\begin{array}{cccccccccccccc} \sum_{\nu=1}^{n} \nu & = & 1 & + & 2 & + & 3 & + \cdots + & n & & & & \\ + & & n & + & n-1 & + & \ldots & + & 2 & + & 1 & = & \sum_{\nu=1}^{n} \nu \\ \hline & & (n+1) & + & (n+1) & + & (n+1) & + & \ldots & + & (n+1) & = & 2\sum_{\nu=1}^{n} \nu \end{array}$$

n Summanden

Also gilt $2 \sum_{\nu=1}^{n} \nu = n \cdot (n+1)$ und somit $\sum_{\nu=1}^{n} \nu = \frac{1}{2} \cdot n \cdot (n+1)$. □

Das Verhältnis der reellen, rationalen, ganzen und natürlichen Zahlen zueinander wird durch das folgende Schema dargestellt:

$$\mathbb{R} \supset \mathbb{Q} \left\{ \begin{array}{l} \supset \mathbb{Z} \left\{ \begin{array}{l} \supset \mathbb{N} \left\{ \begin{array}{l} A_1 - A_3 \\ M_1 - M_3, M_5 \\ O_1 - O_4 \end{array} \right. \\ A_4 \text{ (erst bei } \mathbb{Z} \text{ werden negative ganze Zahlen zugelassen)} \end{array} \right. \\ M_4 \text{ (erst bei } \mathbb{Q} \text{ werden Brüche hinzugenommen)} \end{array} \right.$$

1.5 Mehr über Ungleichungen

Definition 1.11: *Der* **Betrag** *einer reellen Zahl ist erklärt durch*

$$|\cdot| : \mathbb{R} \to \mathbb{R} : a \mapsto |a| = \begin{cases} a & \text{für } a \geq 0\,, \\ -a & \text{für } a < 0\,. \end{cases} \tag{1.29}$$

Hieraus kann man ableiten:

$$\forall a \in \mathbb{R} \,:\, |a| \geq 0 \text{ und } |a| = 0 \Rightarrow a = 0. \tag{1.30}$$

Lemma 1.12: *Für $a, b \in \mathbb{R}$ gilt die* **Dreiecksungleichung**

$$\big||b| - |a|\big| \leq |a+b| \leq |a| + |b| \tag{1.31}$$

sowie

$$|-a| = |a| \;\wedge\; a \leq |a|\,. \tag{1.32}$$

Beweis: Zu (1.32):

i. Aus $a > 0$ folgt $-a < 0$ und somit $|-a| = -(-a) = a = |a|$.

ii. Für $a \leq 0$ ist $-a \geq 0$ und somit $|-a| = (-a) = |-(-a)| = |a|$ aufgrund von *i.* Des weiteren gilt hier $a \leq 0 \leq -a = |a|$.

In beiden Fällen gilt demnach $a \leq |a|$.
Zu (1.31): Beweis von $|a+b| \leq |a| + |b|$:

i. Für $a+b \geq 0$ ist $|a+b| = a+b$, wegen $a \leq |a|$ folgt $a+b \leq |a|+b$ und mit $b \leq |b|$ ergibt sich somit $|a+b| = a+b \leq |a|+b \leq |a|+|b|$.

ii. Für $a+b < 0$ ist $-a-b > 0$ und mit (1.32) folgt $-a-b = |-a-b| = |-(a+b)| = |a+b|$. Wegen $-a \leq |-a|$ und $-b \leq |-b|$ erhält man somit $|a+b| = -a-b \leq |-a| + |-b| = |a| + |b|$.

Beweis von $||b|-|a|| \leq |a+b|$ Es sei $c := a+b$. Dann gilt nach dem schon oben bewiesenen Teil der Dreiecksungleichung $|a| = |c-b| \leq |c| + |-b| = |c| + |b|$ und $|b| = |c-a| \leq |c| + |-a| = |c| + |a|$ oder mit der Definition von c eingesetzt:

$$|a| \leq |a+b| + |b| \quad \Leftrightarrow \quad |a| - |b| \leq |a+b|$$

sowie

$$|b| \leq |a+b| + |a| \quad \Leftrightarrow \quad |b| - |a| \leq |a+b|.$$

Insgesamt ergibt sich also aus der Definition des Betrages und beiden Ungleichungen $||b|-|a|| \leq |a+b|$. □

Folgerung aus (1.29): Für alle $a \in \mathbb{R}$ gilt

(1.33) $a^2 = |a|^2$.

Satz 1.13: *Für alle reellen a, b und ε mit $\varepsilon \neq 0$ gilt*

(1.34) $|ab| \leq \frac{\varepsilon^2}{2}a^2 + \frac{1}{2\varepsilon^2}b^2$.

Beweis: Aus $0 \leq \left(\varepsilon|a| - \frac{1}{\varepsilon}|b|\right)^2$ erhält man durch Anwendung der binomischen Formel

$$0 \leq \varepsilon^2 a^2 - 2|a| \cdot |b| + \frac{b^2}{\varepsilon^2}$$

und hieraus wegen $|a| \cdot |b| = |ab|$

$$2|ab| \leq \varepsilon^2 a^2 + \frac{b^2}{\varepsilon^2} \quad \text{bzw.} \quad |ab| \leq \frac{\varepsilon^2}{2}a^2 + \frac{1}{2\varepsilon^2}b^2.$$

□

Satz 1.14 : *Es gilt die Schwarzsche Ungleichung (Cauchy–Schwarz–Bunjakowski):*

$$(1.35)\qquad \left(\sum_{k=1}^{n} a_k\, b_k\right)^2 \le \left(\sum_{k=1}^{n} |a_k\, b_k|\right)^2 \le \sum_{k=1}^{n} a_k^2 \sum_{k=1}^{n} b_k^2.$$

Beweis: Es seien

$$\left(\sum_{k=1}^{n} |a_k\, b_k|\right)^2 =: B^2, \quad \sum_{k=1}^{n} a_k^2 =: A \quad \text{und} \quad \sum_{k=1}^{n} b_k^2 =: C\,.$$

i. $A = 0$: Dann ist $a_k = 0$ für alle $k = 1, \ldots, n$, und man erhält für alle drei Ausdrücke in (1.35) Null.

ii. $A > 0$: Für jedes $r \in \mathbb{R}$ gilt

$$0 \le \sum_{k=1}^{n} (|a_k| \cdot r + |b_k|)^2 = \sum_{k=1}^{n} \left(r^2 a_k^2 + 2r|a_k\, b_k| + b_k^2\right).$$

Mit (1.25) und (1.26) folgt daraus

$$0 \le r^2 \sum_{k=1}^{n} a_k^2 + 2r \sum_{k=1}^{n} |a_k\, b_k| + \sum_{k=1}^{n} b_k^2 = r^2 A + 2rB + C$$

für beliebiges r. Wählt man speziell $r = -B/A$, so ergibt sich

$$0 \le \left(-\frac{B}{A}\right)^2 A + 2\left(-\frac{B}{A}\right) B + C = \frac{B^2}{A} - 2\frac{B^2}{A} + C = C - \frac{B^2}{A}$$

und somit

$$\frac{B^2}{A} \le C \quad \text{bzw.} \quad B^2 \le A \cdot C \quad \text{wegen } A > 0,$$

also

$$\left(\sum_{k=1}^{n} |a_k\, b_k|\right)^2 \le \sum_{k=1}^{n} a_k^2 \sum_{k=1}^{n} b_k^2\,.$$

□

1.6 Das Wurzelziehen

1.6.1 Das Dilemma des Pythagoras

Satz 1.15 (Dilemma des Pythagoras):

$$\forall\ a \in \mathbb{Q} : a^2 \neq 2\,.$$

Beweis: Annahme: Es existieren $p, q \in \mathbb{N}$ mit

$$\left(\frac{p}{q}\right)^2 = 2,$$

wobei ohne Beschränkung der Allgemeinheit p und q als teilerfremd angenommen werden. Dann gilt $p^2 = 2q^2$, d. h. p^2 ist durch 2 teilbar.

i. p ist ungerade, das heißt $p = 2n + 1$. Dann ist auch $p^2 = 4n^2 + 4n + 1$ ungerade, was jedoch im Widerspruch zu $p^2 = 2q^2$ steht.

ii. p ist gerade, das heißt $p = 2m$. Daraus folgt $2q^2 = p^2 = 4m^2$ beziehungsweise $q^2 = 2m^2$. Dann besitzen p und q den gemeinsamen Teiler 2 im Widerspruch zur vorausgesetzten Teilerfremdheit.

Also erfüllen keine $p, q \in \mathbb{N}$ die Gleichung $p^2 = 2q^2$. □

1.6.2 Das babylonische Wurzelziehen

Der im folgenden erklärte Algorithmus findet sich schon auf einer Keilschrifttafel aus Babylon (Yale Babylonian Collection, YBC 7289), etwa 1675 v. Chr. Er wurde später von Heron von Alexandria in seiner *Vermessungslehre* als Iterationsverfahren in seiner jetzigen Form beschrieben. Die Wurzelberechnung wurde bei der Umrechnung von Flächen und Querschnitten benötigt. Auch der *Satz des Pythagoras* war damals schon bekannt.

Das Ziel des **babylonischen Wurzelziehens** ist die Berechnung von $\sqrt{x}$ für $x \geq 1$. Für $x < 1$ setze man $y := 1/x > 1$, berechne $\sqrt{y}$ und gehe dann zum Kehrwert über.

Ausgehend von dem Startwert x bestimmt der babylonische Algorithmus rekursiv einen neuen Näherungswert, von dem noch zu zeigen ist, daß er eine bessere Näherung ist. Dieser Algorithmus lautet

$$(1.36)\quad w_0 := x, \quad w_{n+1} := \frac{1}{2}\left(w_n + \frac{x}{w_n}\right) \quad \text{für } n = 0, 1, \ldots.$$

Lemma 1.16: *Für die Rekursionsvorschrift* (1.36) *gilt*

$$(1.37)\quad w_n^2 \geq w_{n+1}^2 \geq x \quad \textit{für alle } n \in \mathbb{N}$$

sowie

$$(1.38) \quad w_n \geq w_{n+1} \geq 0,$$

das heißt, die Folge w_n ist monoton fallend und nichtnegativ.

Beweis: Aus der Formel (1.34) ergibt sich mit $a, b \geq 0$ und $\varepsilon = 1$ die Ungleichung

$$2ab \leq a^2 + b^2.$$

Durch quadratische Ergänzung erhält man daraus

$$2ab + 2ab \leq a^2 + b^2 + 2ab = (a+b)^2$$

und somit

$$(1.39) \quad ab \leq \frac{1}{4}(a+b)^2.$$

Setzt man speziell $a := w_n$ und $b := x/w_n$, so ergibt sich

$$1 \leq x \leq \frac{1}{4}\left(w_n + \frac{x}{w_n}\right)^2.$$

Dies ist äquivalent zu $1 \leq x \leq w_{n+1}^2$, woraus $1 \leq w_{n+1}$ folgt. Somit gilt $1 \leq w_n$ und $x \leq w_n^2$ für alle $n \in \mathbb{N}$. Hieraus folgt

$$1 \leq w_{n+1} = \frac{1}{2}\left(w_n + \frac{x}{w_n}\right) \leq \frac{1}{2}\left(w_n + \frac{w_n^2}{w_n}\right) = w_n,$$

womit (1.37) und (1.38) bewiesen sind. □

Bemerkung 1.17: *Während es unter endlich vielen Zahlen in $\mathbb{R}$ immer eine kleinste Zahl gibt, muß das bei unendlich vielen nicht mehr der Fall sein: Wählen wir $x = 2$, dann ist im Algorithmus (1.36) $w_0 = 2$ und für w_n gilt beim babylonischen Wurzelziehen $w_n \in \mathbb{Q}$, aber $\sqrt{2} \notin \mathbb{Q}$. (Die Konvergenz des Verfahrens gegen $\sqrt{2}$ wird erst später gezeigt.)*

Die folgende Skizze veranschaulicht das Näherungsverfahren des babylonischen Wurzelziehens:

$w_1 = \frac{3}{2}$ — $\mathbb{R}$ — 0, 1, $w_2 = \frac{17}{12}$, $w_0 = 2$

1.7 Schranken, Minimum, Maximum, Supremum und Infimum

Definition 1.18: *Im folgenden seien M, N, L nichtleere Teilmengen von $\mathbb{R}$ und ξ, η, ν, ζ, μ reelle Zahlen.*

(1.40) $M \le \xi :\Leftrightarrow \forall m \in M : m \le \xi.$
$M \ge \xi :\Leftrightarrow \forall m \in M : m \ge \xi.$

(1.41) $M \le N :\Leftrightarrow \forall (m,n) \in M \times N : m \le n.$

(1.42) *ξ heißt* **obere (untere) Schranke** *von M, wenn $M \le \xi$ ($M \ge \xi$) gilt.*

(1.43) *M heißt* **nach oben (unten) beschränkt**, *wenn M eine obere (untere) Schranke besitzt, d. h. es gibt ein $\xi \in \mathbb{R}$ mit $M \le \xi$ ($M \ge \xi$).*

(1.44) *M heißt* **beschränkt**, *wenn M nach oben und nach unten beschränkt ist, d. h. es gibt $\xi, \eta \in \mathbb{R}$ mit $\eta \le M \le \xi$.*

(1.45) *μ heißt* **Maximum** *von L ($\mu := \max L$), wenn $\mu \ge L$ und $\mu \in L$ gilt.*

(1.46) *ν heißt* **Minimum** *von L ($\nu := \min L$), wenn $\nu \le L$ und $\nu \in L$ gilt.*

Lemma 1.19: *M ist genau dann beschränkt, wenn*

(1.47) $|M| := \{|m| \mid m \in M\}$

beschränkt ist.

Beweis:

i. Sei M beschränkt, das heißt für alle $m \in M$ gilt $\eta \le m \le \xi$. Dann ist

$$0 \le |m| \le K := \max\{|\eta|, |\xi|\},$$

das heißt $|M|$ ist beschränkt.

ii. Sei $|M|$ beschränkt, das heißt $\forall m \in M : |m| \le K$.
Daraus folgt $-K \le m \le K$, das heißt M ist beschränkt. □

Definition 1.20: *$\eta = \inf M$ ist das* **Infimum** *oder die* **größte untere Schranke** *von M, wenn $\eta \le M$ und für alle $\xi \le M$ die Beziehung $\xi \le \eta$ gilt.*

Definition 1.21: *$\zeta = \sup M$ ist das* **Supremum** *oder die* **kleinste obere Schranke** *von M, wenn $\zeta \ge M$ und für alle $\xi \ge M$ die Beziehung $\xi \ge \zeta$ gilt.*

Bemerkung 1.22: *Ist η das Minimum der Menge M, so ist η zugleich das Infimum der Menge M. Ist ζ das Maximum der Menge M, so ist ζ zugleich das Supremum der Menge M.*

Lemma 1.23: *M sei eine nach unten beschränkte Menge. Dann gilt $\eta = \inf M$ genau dann, wenn $\eta \leq M$ und*

$$(1.48) \quad \forall \varepsilon > 0 \; \exists m \in M: \; m < \eta + \varepsilon.$$

Bemerkung: Analoges gilt für das Supremum einer Menge.

Beweis:

i. Sei $\eta = \inf M$ und (1.48) ist nicht gültig, das heißt es existiert ein $\varepsilon_0 > 0$ mit $m \geq \eta + \varepsilon_0$ für alle $m \in M$. Dann ist $\eta + \varepsilon_0$ eine untere Schranke von M mit $\eta + \varepsilon_0 > \eta$ im Widerspruch zur Infimumeigenschaft von η. Also muß (1.48) gelten.

ii. Sei η eine untere Schranke von M, die (1.48) erfüllt. Da das Infimum die größte untere Schranke ist, gilt $\eta \leq \inf M$.
Annahme: $\eta < \inf M$. Dann existiert eine Zahl $\varepsilon_0 > 0$, so daß $\eta + \varepsilon_0 = \inf M$ gilt. Mit diesem $\varepsilon_0 > 0$ folgt aus (1.48), daß ein $m_0 \in M$ mit $m_0 < \eta + \varepsilon_0 = \inf M \leq m_0$ existiert. Dies ist abermals ein Widerspruch. Es muß also $\eta = \inf M$ erfüllt sein.

□

1.8 Das Vollständigkeitsaxiom

Zu den Körper– und Ordnungsaxiomen kommt bei den reellen Zahlen noch das **Vollständigkeitsaxiom** hinzu, das in dieser Form erst Ende des 19. Jahrhunderts formuliert worden ist. Es lautet:

(1.49) V : Jede nach unten beschränkte Menge $M \subset \mathbb{R}$, $M \neq \emptyset$ besitzt ein Infimum in $\mathbb{R}$.

Mit diesem Axiom sind wir jetzt in der Lage, dem babylonischen Wurzelziehen und den Näherungswerten w_n eine präzise Bedeutung zu geben.

Satz 1.24: *Sei $\{w_n\}$ die nach (1.36) definierte Folge des babylonischen Wurzelziehens und*

$$(1.50) \quad w := \inf_{n \in \mathbb{N}_0} \{w_n\}.$$

Dann gilt

$$(1.51) \quad w^2 = x.$$

Erst das Vollständigkeitsaxiom sichert also die Existenz einer reellen Zahl $\sqrt{x}$ für jedes positive x, zum Beispiel $\sqrt{2} \in \mathbb{R}$.

Beweis: Aus $1 \le w \le w_n$ folgt $w^2 \le w\,w_n \le w_n^2$. Sei $\eta := \inf_{n\in\mathbb{N}_0}\{w_n^2\}$. Dann gilt $w^2 \le \eta$, das heißt entweder gilt $w^2 = \eta$ oder $w^2 < \eta$. Im zweiten Fall ist

$$\varepsilon := \min\left\{1, \frac{\eta - w^2}{2w+1}\right\} > 0$$

und nach der Definition von ε folgt hieraus

$$\begin{aligned}(w+\varepsilon)^2 &= w^2 + \varepsilon\,(2w+\varepsilon) \le w^2 + \varepsilon\,(2w+1)\\ &\le w^2 + \frac{\eta - w^2}{2w+1}\,(2w+1) = \eta \le w_n^2\,,\end{aligned}$$

das heißt $(w+\varepsilon)^2 \le \eta \le w_n^2$ für alle $n \in \mathbb{N}$. Nach Lemma 1.23 existiert zu $\varepsilon > 0$ ein w_m mit $w_m < w + \varepsilon$ und $m \in \mathbb{N}$, was auf einen Widerspruch zu $w + \varepsilon \le w_m$ führt. Somit ist $w^2 < \eta$ nicht möglich, das heißt es gilt $w^2 = \eta$.

Nach (1.37) ist x eine untere Schranke von $\{w_n^2\}$, das heißt es gilt $x \le \eta = w^2$. *Annahme:* $x < \eta = w^2$. Dann ergibt sich für $\varepsilon := w^2 - x = \eta - x > 0$ nach Lemma 1.23: Es existiert ein w_m mit $w_m^2 < w^2 + \varepsilon$, und für w_{m+1} gilt nach (1.36):

$$w^2 \le w_{m+1}^2 = \frac{1}{4}\left(w_m + \frac{x}{w_m}\right)^2 = \frac{1}{4}\left(w_m^2 + 2x + \frac{x^2}{w_m^2}\right).$$

Wegen $w_m^2 < w^2 + \varepsilon$ und $x \le w_m^2$ ergibt sich daraus

$$w^2 \le w_{m+1}^2 < \frac{1}{4}\left(w^2 + \varepsilon + 2x + \frac{x^2}{x}\right) = \frac{1}{4}\left(w^2 + 3x + \varepsilon\right),$$

und nach Definition von $\varepsilon = w^2 - x$ folgt

$$w^2 \le w_{m+1}^2 = \frac{1}{4}\left(w^2 + 3x + w^2 - x\right) = \frac{1}{2}\left(w^2 + x\right).$$

Unter Hinzunahme der Annahme $x < w^2$ erhält man den Widerspruch $w^2 < w^2$. Somit ist $x = w^2 = \eta$ erfüllt, wie behauptet. □

Man setzt $\sqrt{x} := w$ und $\sqrt{0} := 0$. Aus der Gleichung $z^2 = x$ folgt $z_{1/2} = \pm\sqrt{x}$. Ganz entsprechend zur Definition der Quadratwurzel können wir nun auch Wurzeln beliebiger, k–ter Ordnung einführen.

(1.52) $\sqrt[k]{x} = w$

bedeutet, daß die Gleichung $w^k = x$ mit $w > 0$ und $x > 0$ für $k > 2$ erfüllt ist. Die k–te Wurzel kann mit der folgenden Formel berechnet werden:

(1.53) $$w_{n+1} := \frac{1}{k}\left\{(k-1)w_n + \frac{x}{w_n^{k-1}}\right\} \quad \text{für } n \in \mathbb{N}_0 \text{ und } w_0 := x.$$

Satz 1.25 : *Seien $a \geq 0$, $b \geq 0$. Dann besteht zwischen dem geometrischen Mittel $\sqrt{ab}$ und dem arithmetischen Mittel $\frac{1}{2}(a+b)$ folgende Beziehung:*

$$(1.54)\quad \sqrt{ab} \leq \frac{1}{2}(a+b)\,.$$

Beweis: Aus (1.35) folgt mit $\varepsilon = 1$

$$\sqrt{ab} = \sqrt{a}\sqrt{b} \leq \frac{1}{2}\left(\sqrt{a}^2 + \sqrt{b}^2\right) = \frac{1}{2}(a+b)\,.$$ □

Die Ungleichung (1.54) läßt sich verallgemeinern:

Satz 1.26 : *Sei $a_j > 0$ für $j = 1, \ldots, k$. Dann gilt*

$$(1.55)\quad \sqrt[k]{\prod_{j=1}^{k} a_j} := \sqrt[k]{a_1 \cdot a_2 \cdot \ldots \cdot a_k} \leq \frac{1}{k}\sum_{j=1}^{k} a_j\,.$$

Die Ungleichung (1.55) ist äquivalent zu

$$a_1^{\frac{1}{k}} \cdot a_2^{\frac{1}{k}} \cdot \ldots \cdot a_k^{\frac{1}{k}} \leq \frac{1}{k}a_1 + \frac{1}{k}a_2 + \ldots + \frac{1}{k}a_k.$$

Satz 1.26 ist eine Verallgemeinerung von Satz 1.25 und liefert die Beziehung zwischen geometrischem und arithmetischen Mittel auch für den Fall, daß mehr als zwei Zahlenwerte gegeben sind. (Für den Beweis siehe zum Beispiel [40].)

Definition 1.27: *Jede Lösung einer Gleichung der Form*

$$(1.56)\quad a_0 + a_1 w + a_2 w^2 + \ldots + a_n w^n = 0 \quad \text{mit } a_j \in \mathbb{Z}$$

heißt **algebraische Zahl**.

Beispiel für eine algebraische Zahl ist $\sqrt{2}$. Sie löst die Gleichung $-2 + w^2 = 0$. Mit $\mathcal{A}$ wird die Menge aller algebraischen Zahlen bezeichnet. Für die einzelnen Zahlenmengen gelten die Beziehungen

$$\mathbb{N} \subset \mathbb{Z} \subset \mathbb{Q} \subset \mathcal{A} \subset \mathbb{R}.$$

Elemente aus $\mathbb{R} \setminus \mathcal{A}$ werden als **transzendente Zahlen** bezeichnet. Ein Beispiel hierfür ist die **Eulersche Zahl** $e \in \mathbb{R} \setminus \mathcal{A}$, deren Transzendenz 1873 von Hermite nachgewiesen wurde. Die Transzendenz der **Kreiszahl** $\pi \in \mathbb{R} \setminus \mathcal{A}$ wurde 1872 in einem aufsehenerregenden Beweis von Lindemann gezeigt.

Bemerkung 1.28: *Das Vollständigkeitsaxiom (V) ist äquivalent zu der Aussage*

(1.57) V' *Zu jedem Paar $A, B \subset \mathbb{R}$ mit $A \neq \emptyset \wedge B \neq \emptyset \wedge A \leq B$ existiert eine Zahl $\xi \in \mathbb{R}$ mit $A \leq \xi \leq B$.*

sowie zum **Dedekindschen Schnittaxiom.**

Definition 1.29: *Das Mengenpaar* (A, B) *mit* $A, B \subset \mathbb{R}$ *heißt genau dann* **Dedekindscher Schnitt**, *wenn gilt:*

(1.58) $\mathbb{R} = A \cup B \wedge A \cap B = \emptyset \quad \text{mit } A \leq B \text{ und } A \neq \emptyset \; B \neq \emptyset.$

Das **Dedekindsche Schnittaxiom** lautet dann:

(1.59) V'' Zu jedem Dedekindschen Schnitt (A, B) gibt es genau eine Zahl $s \in \mathbb{R}$ mit $A \leq s \leq B$.

1.9 Bemerkungen zu mathematischen Beweisen

In der Mathematik werden komplizierte Aussagen seit Euklid als sogenannte **mathematische Sätze** formuliert. Solch ein mathematischer Satz ist nichts anderes als die zusammengefaßte Aussage: „$A \Rightarrow B$ ist wahr". Eine Aussage ist genau dann falsch, wenn sie nicht allgemein wahr ist. Sie ist also wahr oder falsch, eine dritte Möglichkeit gibt es nicht.
Warum muß eine Aussage bewiesen werden?
Man möchte von einer Aussage wissen, ob sie wahr oder falsch ist. Der Nachweis, daß sie wahr, also ein mathematischer Satz ist, geschieht mittels eines Beweises. Manche Aussagen erscheinen auf den ersten Blick richtig, selbst wenn man diese an Hand von vielen Beispielen überprüft, kann nicht davon ausgegangen werden, daß sie allgemein gültig sind. Erst wenn solch eine Aussage allgemein **bewiesen** ist, kann sie als mathematischer Satz weiter verwendet werden. Ein gutes Beispiel ist die **Eulersche Formel für Primzahlen**, die für die Primzahl 41 lautet:

$$E(n) := n^2 - n + 41.$$

Setzt man in die Eulersche Formel ein paar natürliche Zahlen ein, zum Beispiel $1, 2, 3, 4, \ldots, 13, 28)$, so wird man feststellen, daß man für all diese Argumente eine Primzahl erhält. Der Praktiker könnte sich damit zufrieden geben, aber trotzdem könnte es sein, daß doch noch eine natürliche Zahl existiert, für die man keine Primzahl erhält. Um dies zu zeigen, nämlich:

$$\text{Für} \neg(\forall n \in \mathbb{N} : E(n) \text{ ist Primzahl}) \Leftrightarrow \exists n_0 \in \mathbb{N} : E(n_0) \text{ ist keine Primzahl}$$

genügt ein einziges Gegenbeispiel:

$n =$	1	2	3	4	5	6	7	...	41
$E(n)$	41	43	47	53	61	71	83	...	$41 \cdot 41$

Wie man sieht, erhält man für $n = 41$ keine Primzahl.

Wie beweist man einen mathematischen Satz?

Bei Beweisen geht man davon aus, daß die Voraussetzung (Aussage A) wahr ist. Es muß also nur noch gezeigt werden, daß mit der Voraussetzung A auch die Behauptung B wahr ist.

1.9.1 Der direkte Beweis

Beim direkten Beweis wird die Behauptung einfach nach den logischen Grundregeln verifiziert.

Beispiel 1.30: *Aus* $(x = 1)$ *folgt* $(x^2 = 1)$.

Beweis: Die Behauptung folgt durch Einsetzen der Voraussetzung,

$$x^2 = x \cdot x = 1 \cdot 1 = 1.$$

□

Man muß allerdings vorsichtig sein, um Voraussetzung und Behauptung nicht zu verwechseln. (Man achte einmal darauf, wie häufig dies im täglichen Leben, manchmal aus Versehen, manchmal sogar willentlich, geschieht!)

Beispiel 1.31: *Die Aussage „*$(x^2 = 1) \Rightarrow (x = 1)$*" ist falsch. Denn aus der Voraussetzung* $x^2 = 1$ *folgt nicht immer die Behauptung* $x = 1$, *da* $x = -1$ *eine zweite Lösung ist.*

1.9.2 Der Widerspruchsbeweis

Beim Widerspruchsbeweis geht man von der Annahme $(\neg B \wedge A)$ sei wahr aus. Gelingt es, hieraus eine falsche Aussage herzuleiten, so muß mit einer wahren Aussage A auch B wahr sein.

Beispiel 1.32: *In Abschnitt 1.4 wurde* $\mathbb{N}$ *als kleinste induktive Teilmenge von* $\mathbb{R}$ *eingeführt. Dann muß man die uns geläufigen Eigenschaften von* $\mathbb{N}$ *herleiten können.*

Satz 1.33 (Die archimedische Eigenschaft von $\mathbb{N}$**):** *Aus den Eigenschaften von* $\mathbb{R}$ *ergibt sich:* $\mathbb{N}$ *ist nach oben unbeschränkt. Dies kann man auch so ausdrücken:* $\forall a \in \mathbb{R} \quad \exists \nu \in \mathbb{N} : a \leq \nu$

Beweis: Annahme: $\mathbb{N} \subset \mathbb{R}$ sei nach oben beschränkt. Dann besitzt $\mathbb{N}$ nach dem Vollständigkeitsaxiom für $\mathbb{R}$ eine kleinste obere Schranke $\eta = \sup \mathbb{N} \in \mathbb{R}$.

Nach Lemma 1.23 läßt sich eine Charakterisierung für das Supremum $\eta \geq \mathbb{N}$ angeben: Für jedes $\varepsilon > 0$ existiert ein $n \in \mathbb{N}$, so daß gilt: $\eta - \varepsilon < n \leq \eta$. Speziell für $\varepsilon = 1$ ergibt sich: Es existiert ein $n_0 \in \mathbb{N}$, so daß $\eta \geq n_0 > \eta - 1$ oder $n_0 \leq \eta < n_0 + 1$ ist. Da aber $\mathbb{N}$ eine induktive Menge ist, gilt $n_0 + 1 \in \mathbb{N}$ und damit $n_0+1 \leq \eta$ wegen $\eta \geq \mathbb{N}$, was einen Widerspruch zu $\eta < n_0+1$ darstellt. Die anfangs gemachte Annahme ist also falsch, d.h. $\mathbb{N}$ ist nach oben unbeschränkt.

□

1.9.3 Das Prinzip der vollständigen Induktion

Satz 1.34: *$A(n)$ sei eine Aussage über $n \in \mathbb{N}$ mit den folgenden Eigenschaften:*

(1.60) *$A(1)$ ist wahr (Verankerung).*

(1.61) *Ist $A(n)$ wahr, so ist auch $A(n+1)$ wahr (Schluß von n auf $n+1$).*

Dann ist $A(n)$ für jedes $n \in \mathbb{N}$ wahr.

Beweis: Wir untersuchen die Menge $\mathbb{M} := \{n \in \mathbb{N} \mid A(n) \text{ ist wahr }\} \subset \mathbb{N}$. Für diese gilt:

i. $1 \in \mathbb{M}$ nach (1.60).

ii. Für $n \in \mathbb{M}$ gilt auch $n+1 \in \mathbb{M}$ nach (1.61).

Also ist $\mathbb{M}$ eine induktive Menge mit $\mathbb{M} \subset \mathbb{N}$. Nach Satz 1.9 folgt hieraus $\mathbb{M} = \mathbb{N}$, d.h. es gilt: Für jedes $n \in \mathbb{N}$ ist $A(n)$ wahr. □

Der Beweis durch vollständige Induktion ist genau dann einsetzbar, wenn diejenigen Zahlen n, für die $A(n)$ erfüllt ist, eine induktive Menge bilden.

Bemerkung 1.35: *Der Satz 1.34 ist auch dann richtig, wenn man bei $n_0 \in \mathbb{N}$ zu zählen beginnt und in der Verankerung (1.60) 1 durch n_0 ersetzt. Dann ist $A(n)$ für jedes $n \in \mathbb{N}$ mit $n \geq n_0$ richtig.*

Da wir $\mathbb{N}$ als kleinste induktive Menge in $\mathbb{R}$ charakterisiert haben, müssen auch die uns geläufigen Eigenschaften von $\mathbb{N}$ aus den Axiomen und Eigenschaften von $\mathbb{R}$ folgen. Dazu gehören die im folgenden Satz aufgeführten Eigenschaften.

Satz 1.36: *Seien n und m zwei natürliche Zahlen. Dann gelten*

(1.62) $n \geq 1$

und

(1.63) *aus $m > n$ folgt $m - n \geq 1$.*

Beweis:

i. Beweis von Ungleichung (1.62): Sei $\mathbb{M} := \{n \in \mathbb{N} | n \geq 1\}$. Wie man leicht einsieht, ist dann $\mathbb{M}$ eine induktive Menge. Des weiteren ist nach Definition $\mathbb{M} \subset \mathbb{N}$. Andererseits ist $\mathbb{N}$ die kleinste induktive Menge, also $\mathbb{M} = \mathbb{N}$.

ii. Beweis von Ungleichung (1.63): $A(n)$ sei die Aussage $\{\forall m \in \mathbb{N} \text{ mit } m > n \text{ gilt } m - n \geq 1\}$. Wir zeigen, daß $A(n)$ wahr ist für alle $n \in \mathbb{N}$ mit Hilfe der vollständigen Induktion.

Verankerung für $n = 1$: Gilt für jedes $m \in \mathbb{N}$ mit $m > 1$ auch $m - 1 \geq 1$?

Sei $\mathbb{M} := \{1\} \cup \{m \in \mathbb{N} | m - 1 \geq 1\}$. 1 ist Element von $\mathbb{M}$. Außerdem folgt aus $m \in \mathbb{M} \subset \mathbb{N}$, daß $m+1 \in \mathbb{N}$ und $(m+1)-1 = (m-1)+1 \geq 1+1 > 1$. Folglich ist $\mathbb{M}$ induktive Menge und $\mathbb{M} \subset \mathbb{N}$. Daraus folgt $\mathbb{M} = \mathbb{N}$. Also ist für jedes $m \in \mathbb{N}$ mit $m > 1$ auch $m - 1 \geq 1$ erfüllt, $A(1)$ also richtig.

Schluß von n auf $n + 1$: $A(n)$ sei wahr. Ist dann auch $A(n + 1)$ wahr?

Sei $m \in \mathbb{M}$ mit $m > n+1$. Hieraus folgt, daß $(m-1) > n$ ist. Setzt man die Voraussetzung $A(n)$ ein, so erhält man $(m-1)-n \geq 1$ oder $m-(n+1) \geq 1$. Das heißt, $A(n + 1)$ ist wahr.

Damit erhalten wir durch Induktion, daß $A(n)$ für alle $n \in \mathbb{N}$ richtig ist. □

Satz 1.37 (Wohlordnungseigenschaft) : *Sei $\emptyset \neq \mathbb{M} \subset \mathbb{N}$. Dann gilt*

$$\text{(1.64)} \quad \inf \mathbb{M} \in \mathbb{M},$$

das heißt, daß die kleinste untere Schranke selbst Element von $\mathbb{M}$ ist.

Beweis: Wegen $\mathbb{M} \subset \mathbb{N} \subset \mathbb{R}$ und $1 \leq \mathbb{M}$ gilt nach dem Vollständigkeitsaxiom für $\mathbb{R}$ $\eta := \inf \mathbb{M} \in \mathbb{R}$. Aus Lemma 1.23 mit $\varepsilon = 1$ folgt, daß ein $m \in \mathbb{M}$ existiert, so daß $\eta \leq m < \eta + 1$.
Sei $\eta < m$ angenommen. Setze $\varepsilon := \min\{1, m - \eta\}$. Dann folgt wiederum aus Lemma 1.23: Es existiert ein $m_* \in \mathbb{M}$, so daß $\eta \leq m_* < \eta + \varepsilon = m < \eta + 1$. Hieraus folgt, daß $m > m_*$ und $m - m_* \leq m - \eta < 1$. Nach Satz 1.36 müßte aber im Widerspruch hierzu $m - m_* \geq 1$ gelten. Damit ist $\eta = m$ nachgewiesen. □

Satz 1.38 : *Für alle $n \in \mathbb{N}$ gilt:*

$$\text{(1.65)} \quad \sum_{\nu=1}^{n} \nu^2 = \frac{1}{6} n(n + 1)(2n + 1).$$

Beweis durch vollständige Induktion:

i. Verankerung für $n = 1$: Wir rechnen linke und rechte Seite von (1.65) aus:

$$1 \cdot 1 = \frac{1}{6} \cdot 1 \cdot 2 \cdot 3 = 1 \checkmark$$

ii. Schluß von n auf $n + 1$: Es gilt die Aussage $A(n)$,

$$\sum_{\nu=1}^{n} \nu^2 = \frac{1}{6} n(n + 1)(2n + 1).$$

Dann ergibt sich

$$\begin{aligned}
\sum_{\nu=1}^{n+1} \nu^2 &= \sum_{\nu=1}^{n} \nu^2 + (n+1)^2 = \frac{1}{6}n(n+1)(2n+1) + (n+1)^2 \\
&= \frac{1}{6}(n+1)(n(2n+1) + 6(n+1)) \\
&= \frac{1}{6}(n+1)(2n^2 + 7n + 6) \\
&= \frac{1}{6}(n+1)((n+2)(2n+3)) \\
&= \frac{1}{6}(n+1)((n+1)+1)(2(n+1)+1)\,.
\end{aligned}$$

Das ist gerade die Aussage $A(n+1)$. Also ist (1.65) für alle $n \in \mathbb{N}$ erfüllt. □

Definition 1.39: *Künftig setzen wir immer $a^0 = 1$ für $0 \neq a \in \mathbb{R}$.*
Im Fall $a = 0$ ist **jeweils** *eine gesonderte Vereinbarung nötig.*

Satz 1.40 (Bernoullische Ungleichung): *Für jede Zahl x mit $-1 \leq x \in \mathbb{R}$ und jeden Exponenten $n \in \mathbb{N}_0 := \{0\} \cup \mathbb{N}$ gilt*

(1.66) $(1+x)^n \geq 1 + nx.$

Hierbei setzen wir $a^0 := 1$ für alle $a \in \mathbb{R}$.

Beweis durch vollständige Induktion:

i. Verankerung für $n = 0$: $(1+x)^0 \geq 1 = 1 + 0\surd$

ii. Schluß von n auf $n+1$: Unter Verwendung von (1.66) folgt

$$\begin{aligned}
(1+x)^{n+1} &= (1+x)\cdot(1+x)^n \geq (1+x)(1+nx) \\
&= 1 + nx + x + nx^2 = 1 + (n+1)x + nx^2 \geq 1 + (n+1)x.
\end{aligned}$$

Also ist (1.66) für alle $n \in \mathbb{N}_0$ erfüllt. □

Korollar 1.41: *Für alle $p \geq 0$ und $n \in \mathbb{N}$ gilt*

(1.67) $\sqrt[n]{p} - 1 \leq \dfrac{p-1}{n}.$

Beweis: Man definiert $x := \sqrt[n]{p} - 1$ und setzt x in die Bernoullische Ungleichung (1.66) ein. Dann ergibt sich

$$(1 + (\sqrt[n]{p} - 1))^n = \geq 1 + n\cdot(\sqrt[n]{p} - 1) = 1 + n\cdot\sqrt[n]{p} - n$$

und somit

$$-n\cdot\sqrt[n]{p} + n \geq -p + 1.$$

Division durch $(-n) < 0$ liefert die Behauptung (1.67). □

1.10 Zahlendarstellung mit g–adischen Brüchen

Die Dezimalschreibweise für reelle Zahlen, wonach 133.7833... die Zahl

$$1 \cdot 10^2 + 3 \cdot 10^1 + 3 \cdot 10^0 + 7 \cdot 10^{-1} + 8 \cdot 10^{-2} + 3 \cdot 10^{-3} + 3 \cdot 10^{-4} + \ldots$$

bedeutet, ist die uns heute geläufige Zahlendarstellung. Hier liegt die **Basis** $g = 10$ vor. Allgemein kann als Basis jede natürliche Zahl g größer 1 gewählt werden, und die Ziffern, die für die g–adische Zahlendarstellung benötigt werden, sind durch die Teilmenge

$$\mathcal{Z} = \{0, 1, 2, ..., g-1\} \subset \mathbb{N}_0$$

gegeben. Dabei wird die Zuordnung Ziffernfolge zu g–adischer Bruch wie folgt definiert:

$$(1.68) \quad z_1 z_2 z_3 ... z_r, z_{r+1} z_{r+2} ... z_n := g^r \sum_{j=1}^{n} z_j g^{-j}, \quad z_j \in \mathcal{Z}.$$

1.10.1 Unendliche g–adische Brüche

Unendliche g–adische Brüche lassen sich aus monoton wachsenden Folgen endlicher g–adischer Brüche gewinnen:

$$(1.69) \quad 0, z_1 ... z_n =: a_n \le 0, z_1, ..., z_n z_{n+1} =: a_{n+1} \le a_n + g^{-n} \le 1 .$$

Da $\{a_n\}_{n \in \mathbb{N}}$ streng monoton steigend und nach oben beschränkt ist, existiert aufgrund des Vollständigkeitsaxioms $a = \sup\{a_n\} \in \mathbb{R}$.

Übereinkunft: $(g-1)$–periodische g–adische Zahlen werden aufgerundet.
Zum Beispiel ist $1,99999... = 2$ oder $0,473399999... = 0,4734$.

Ein g–adischer Bruch heißt **endlich** oder abbrechend, wenn ab einer gewissen Stelle alle Ziffern verschwinden, andernfalls wird er **unendlich** oder nicht abbrechend genannt. Durch die oben beschriebene Supremum–Bildung können wir jedem unendlichen g–adischen Bruch eine reelle Zahl a zuordnen. Diese Zuordnung definiert sogar einen Isomorphismus, wie der folgende Satz sicherstellt.

Satz 1.42: *Jede reelle Zahl $a > 0$ kann durch genau einen g–adischen Bruch (Entwicklung) dargestellt werden:*

$$a = g^r \cdot 0, z_1 z_2 ... z_n ...$$

mit

$$(1.70) \quad a_n = g^r \cdot 0, z_1 z_2 ... z_n \le a < g^r \cdot 0, z_1 z_2 ... z_n + g^{r-n}, r \in \mathbb{Z} \text{ und } z_1 > 0 .$$

Beweis:

1. Mit a :=sup$\{a_k\}$ wird einem (unendlichen) g–adischen Bruch genau eine reelle Zahl a zugeordnet.

2. Wir zeigen nun, daß jeder reellen Zahl $a > 0$ genau ein (gegebenenfalls aufgerundeter) g–adischer Bruch mit (1.70) zugeordnet werden kann.

i. **Bestimmung von r:** Sei zunächst $a \geq 1$. Dann definieren wir

$$L := \{\rho \in \mathbb{N} \mid a < g^\rho\} \subset \mathbb{N}. \tag{1.71}$$

Im Fall $L \neq \emptyset$ ist $r = \inf L$, und nach Satz 1.37 gilt $r \in L$. Es ist also noch zu zeigen, daß $L \neq \emptyset$ erfüllt ist.
Da $\mathbb{N}$ nach Satz 1.33 nach oben unbeschränkt ist, existiert ein $\rho_0 \in \mathbb{N}$ mit

$$\frac{a-1}{g-1} < \rho_0 \text{ bzw. } 1 + \frac{a-1}{\rho_0} < g.$$

Durch Anwendung von Korollar 1.41 erhält man

$$\sqrt[\rho_0]{a} \leq 1 + \frac{a-1}{\rho_0} < g.$$

Folglich gilt mit dieser natürlichen Zahl ρ_0 die Ungleichung

$$a < g^{\rho_0}.$$

Also liegt ρ_0 in L, womit $L \neq \emptyset$ bewiesen ist. Mit $r = \inf L$ ergibt sich also

$$g^{r-1} \leq a < g^r \text{ bzw. } g^{-1} \leq a_* := a \cdot g^{-r} < 1.$$

ii. **Bestimmung der Ziffern** z_n: Aus der Definition von a_* folgt $1 \leq g{\cdot}a_* < g$. Demnach existiert genau eine Ziffer $z_1 \in \mathcal{Z}$ mit $1 \leq z_1 \leq g \cdot a_* < z_1 + 1$. Daraus ergibt sich $0 \leq g \cdot a_* - z_1 = g \cdot (a_* - g^{-1} z_1) = g \cdot (a_* - 0, z_1) < 1$ und $0 \leq g^2 \cdot (a_* - 0, z_1) < g$. Folglich existiert genau eine Ziffer $z_2 \in \mathcal{Z}$ mit $z_2 \leq g^2 \cdot (a_* - 0, z_1) < z_2 + 1$, also $0 \leq g^3 \cdot (a_* - 0, z_1 z_2) < g$. Folglich existiert genau eine Ziffer $z_3 \in \mathcal{Z}$ mit $z_3 \leq g^3 (a_* - 0, z_1 z_2) < z_3 + 1$. Damit ist klar, wie die Ziffer $z_n \in \mathcal{Z}$ gefunden wird, wenn $z_1, ..., z_{n-1}$ bekannt sind.

Vollständige Induktion liefert, daß für jedes $n \in \mathbb{N}$ die Ungleichung

$$0 \leq g^{-r} a - 0, z_1 ... z_n < g^{-n}$$

und damit

$$g^r \cdot 0, z_1 ... z_n \leq a < g^r \cdot 0, z_1 ... z_n + g^{r-n}$$

gilt. Im verbleibenden Fall $0 < a < 1$ definiere man $L := \{\rho \in \mathbb{N}_0 | a < g^{-\rho}\}$. Für $\rho_0 = \max L$ setze man dann $a_* = ag^{\rho_0}$ und verfahre weiter wie unter *ii.* □

Wenn die Übereinkunft mit dem Runden eingehalten wird, erweist sich $\mathbb{R}$ als äquivalent zu den unendlichen g–adischen Brüchen, insbesondere zu den Dezimalbrüchen.

- $g = 60$ Sexagesimalsystem in Mesopotanien bei den Sumerern um 3000 v.Chr.
- $g = 10$ ohne Stellenwertcharakter (d.h. ohne das Komma und die einfache Darstellung (1.68)) im östlichen Mittelmeerraum und römischen Reich. In der heutigen Form während der Renaissance eingeführt.

Bei **elektronischen Rechenanlagen** verwendet man:

- $g = 2$ Dualzahlen,
- $g = 8$ Oktalzahlen,
- $g = 16$ Sedezimalzahlen (Hexadezimalzahlen).

Seit ca. 10000 v. Chr. wurden Anzahlen festgehalten, Zahlwörter gebildet sowie erste Zahlensysteme entwickelt und benutzt. Obwohl schon lange in Gebrauch, wird unsere heutige Beschreibung der natürlichen Zahlen $\mathbb{N}$ erstmals in den *Elementen des Euklid* (ca. 300 v. Chr.) formuliert. In Ägypten existiert um 1700 v. Chr. ein Zahlensystem zur Basis 10 sowie eine komplizierte Bruchrechnung, mit der das Rechnen in $\mathbb{Q}_+$ eine hohe Kunstfertigkeit erforderte, da alles auf Stammbrüche zurückgeführt wurde und es keine negativen Zahlen gab. Der *Satz des Pythagoras* war zwar schon den Babyloniern bekannt, der erste, Pythagoras zugeschriebene Beweis steht in Euklids *Elementen.* Die Griechen haben bereits eine Axiomatisierung versucht, und mit Euklids *Elementen* beginnt unsere Mathematik mit Definitionen, Axiomen, Postulaten und Beweisen. Bis heute hat man die Formulierung mathematischer Sachverhalte in Form von Definitionen und Sätzen mit der Gliederung Voraussetzung, Behauptung und Beweis beibehalten. Die Problematik der Vervollständigung war bereits Archimedes bekannt, der übrigens zur Berechnung von π eine konvergente Intervallfolge konstruiert hat. In Europa blieb durch die Vernichtung der antiken Naturwissenschaften (Bücherverbrennung der Bibliothek in Alexandria 325; Verbot antiker Bücher) die Mathematik bis zur Renaissance stehen. In der islamischen Welt hingegen gab es einen großen Aufschwung der Algebra; u.a. Al Khoresm (auch 'Al Hwarizmi) in Taschkent und Bagdad, nach dem *Algorithmus* benannt wurde. Rechnen mit Symbolen gibt es mitunter bereits in babylonischer, ägyptischer und in der arabischen Mathematik und entwickelt sich in Europa in der Renaissance (siehe auch Vieta 1591 und Descartes 1637). Descartes und Fermat 1636 verdanken wir den Begriff des Zahlenkontinuums. Bolzano postulierte das Vollständigkeitsaxiom als Lehrsatz; Dedekind ist das Dedekindsche Schnittaxiom zu verdanken. Georg Cantor (1845–1918) in Halle führte die Fundamentalreihen (heute Cauchy–Folgen) zur Definition von $\mathbb{R}$ ein. David Hilbert ist die heute gebräuchliche Axiomatisierung zu verdanken. Heute erscheinen ca. 60000 mathematische Originalarbeiten in internationalen Fachzeitschriften; die Forschung in allen Bereichen der Mathematik ist für den Einzelnen nicht mehr zu überblicken. Trotzdem kommt es immer wieder zu Anstrengungen um Zusammenfassung und Überblick. Dahin gehören die von David Hilbert um die Jahrhundertwende gestellte Forderung nach Axiomatisierung der Analysis sowie die Anstrengungen des französischen „Mathematikers" Nikolas Bourbaki seit 1935. Jedoch können solche Formalisierungen nur der Übersicht und der Zusammenfassung dienen und ungelöste Probleme deutlich machen. Die Entwicklung der Mathematik vollzieht sich oft auf ganz anderen, unsicheren Bahnen, in denen „gezügelte" Phantasie und Erfahrung die Hauptrollen spielen.

Zur Geschichte der Mathematik und den einführenden Bemerkungen siehe zum Beispiel H.–W. Alten u.a. [1] H. Meschkowski [67], J. Hoffmann [43] , D. J. Struik [84], M. Kline [51, 54], B. L. van der Waerden [89], M. v. Renteln [77, 78].

1.11 Abschließende Bemerkungen

G. Hellwig bemerkt zu den Axiomen für $\mathbb{R}$ (nach G. Hellwig [38]): „Unsere Axiome über die reellen Zahlen zerfallen in höhere und niedere. Zu den niederen zählt man die Körperaxiome A_1–A_4 und M_1–M_5, die in den geläufigen Grundrechenarten beschlossen sind. Hinzu kommen die Ordnungseigenschaften, die Axiome O_1–O_4. Aus ihnen kann man zwar die Existenz einer Zahl a, die $a + a = 7$ löst, folgern, nicht jedoch die Existenz einer Zahl b mit $b \cdot b = 7$. Die Addition etwa läßt sich auffassen als Zuordnung der Zahl $c = a + b$ zu (a, b). Diese Zuordnung ist eindeutig. Ebenso ist die Zuordnung $M \to \inf M$ für jede beschränkte Menge eindeutig.

Wir verstehen folglich die Bildung der größten unteren Schranke, des Infimums, eine Grenzbildung, als neue fünfte Grundrechenart! Es ist diese Grenzbildung, die das wesentliche Fundament der gesamten Mathematik bildet. Die Grenzbildung und der sich darauf stützende Grenzwertbegriff sind das Neue in der Höheren Mathematik. Ohne Verständnis für die Grenzbildung gibt es kein Verständnis für die Höhere Mathematik.

Natürlich ist man in der Lage, durch Aneignung von „mathematischen Rezepten", in denen nichts von diesen Begriffen enthalten ist, Ableitungen zu bilden, Integrale zu berechnen und einfache Differentialgleichungen zu lösen. Ein Verständnis für diese Größen ist damit nicht zu erlangen und kann ohne obige Begriffe auch nicht vermittelt werden".

Bei axiomatisch festgelegten mathematischen Strukturen stellen sich immer die Fragen, ob die Axiome *unabhängig, widerspruchsfrei* und *vollständig* sind. Die Unabhängigkeit sowie die Vollständigkeit (bis auf Isomorphie) der Axiome für $\mathbb{R}$ ist gesichert. Die Frage der Widerspruchsfreiheit birgt tieferliegende Schwierigkeiten und ist bis heute offen. Der naive Standpunkt — bis jetzt hat man keine Widersprüche entdeckt — wird zwar von den meisten Analytikern eingenommen, ist aber auch etwas riskant. Man denke nur an die Grundlagenkrise der Mengenlehre um die Jahrhundertwende.

Statt der Axiome für die reellen Zahlen kann man sich auch ganz auf ein Axiomensystem für die natürlichen Zahlen beschränken und die reellen Zahlen als Äquivalenzklassen gewisser Zahlenfolgen einführen. Dieser Zugang wurde z. B. in [22] und [86] gewählt. Die oben genannten Schwierigkeiten wurden damit allerdings nur verschoben, nicht gelöst.

Archimedes von Syrakus (285–212 v.Chr), studierte im fortgeschrittenen Alter in Alexandria und lebte später wieder in Syrakus. Von ihm stammen die Hebelgesetze, die Integration der Parabel, Schwerpunktberechnungen von Flächen und genaue Näherungswerte für π. Mit dem Archimedischen Prinzip wurde er Begründer der Hydrostatik. Er hat viele technische Erfindungen gemacht, wie die Archimedische Schraube, eine Schraubenpumpe für Bewässerungsanlagen, Wurfmaschinen, die Dampfkanone und vieles anderes mehr. Bei der Eroberung von Syrakus durch die Römer wurde er während der Arbeit am Sandbrett, dem Zeichentisch der Geometrie im Altertum, (entgegen ausdrücklichen Befehl) ermordet.

Bernoulli: Schweizer Mathematikerfamilie: Brüder Jacob und Johann, Daniel Sohn des letzteren.

Jacob Bernoulli (1654–1705), Sohn einer angesehenen Baseler Kaufmannsfamilie. Studierte Philosophie und Theologie und — heimlich — Mathematik. Nach seiner Promotion zum Doktor der Theologie 1676 ging er als Lehrer nach Genf. Studienreisen führten ihn nach Frankreich, in die Niederlande und nach England. Bernoulli arbeitete auf vielen verschiedenen Gebieten. In seinem größten Werk, der Ars Conjectandi legte er u.a. den Grundstein der Wahrscheinlichkeitstheorie und beschäftigte sich mit Zufallsexperimenten, die noch heute Bernoulli-Versuche heißen und der „Binomialverteilung" genügen. Fand 1686 die vollständige Induktion.

Johann Bernoulli (1667–1748), lebte in Genf, Paris, Groningen und wurde Nachfolger Jacobs in Basel. Differentialgleichungen, spezielle Kurven und Funktionen in Geometrie und Mechanik.

Daniel Bernoulli (1700–1782). Petersburg, Basel. Differentialgleichungen, Wahrscheinlichkeitsrechnung, Hydromechanik, kinetische Gastheorie.

Carl Friedrich Gauß (1777–1855): Wie kein anderer hat C. F. Gauß die Mathematik des 19. und 20. Jahrhunderts beeinflußt. Förderer ermöglichten ihm, der aus einfachen Verhältnissen stammte, die Ausbildung. Ab 1795 studierte er in Göttingen, wo er 1807 zum Professor und Direktor der Sternwarte berufen wurde. Thema eines seiner bedeutenden Werke ist die Zahlentheorie: *Disquisitiones arithmeticae.* In seiner Abhandlung über die Algebra und Arithmetik der komplexen Zahlen stellte Gauß diese Zahlen als Punkte der Ebene dar, die heute als Gaußsche Zahlenebene bekannt ist. Weitere Gebiete: Astronomie und Himmelsmechanik, Geodäsie, Differentialgeometrie, Ausgleichsrechung, Potentialtheorie, Elektromagnetismus.

David Hilbert (1862–1943) wirkte in Königsberg und Göttingen. Seine grundlegenden Arbeiten auf fast allen Gebieten der Mathematik waren von tiefgehendem Einfluß auf die weitere Entwicklung. Sein Leben ist gekennzeichnet durch mehrere ausgeprägte Schaffensphasen, in denen er sich mit Algebra und Zahlentheorie, den Grundlagen der Geometrie und der Theorie der Integralgleichungen und Funktionenräume befaßte. Schließlich wandte er sich sehr allgemeinen fundamentalen Fragestellungen zu, wie etwa der Grundlegung der Mathematik überhaupt. (Aus Martensen [64, Band II, S. 96]. Siehe auch [77].)

Georg Christoph Lichtenberg: Aus den Selbstbeobachtungen:
„Ich hatte in meinen Universitätsjahren viel zuviel Freiheit und leider etwas überspannte Begriffe von meinen Fähigkeiten und schob daher immer auf, und das war mein Verderbnis. In den Jahren 1763 bis 1765 hätte ich müssen angehalten werden, täglich wenigstens sechs Stunden die schwersten und ernsthaftesten Dinge zu treiben (höhere Geometrie, Mechanik und Integralrechnung), so hätte ich es weit bringen können. Auf einen Schriftsteller habe ich nie studiert, sondern bloß gelesen, was mir gefiel, und behalten, was sich meinem Gedächtnis gleichsam ohne mein Zutun, wenigstens ohne eine bestimmte Absicht, eingedrückt hat. Weil ich aber dennoch diese gewisse Selbstbeobachtung über mich ausgeübt habe, so kann ich vielleicht in der kurzen Zeit, die ich noch zu leben habe, dadurch nützlich werden, daß ich lebhaft und mit Kraft andern sage, was sie nicht tun müssen.“

Ferdinand Lindemann (1852–1939), Schüler von F. Klein und Clebsch. Arbeitete in Freiburg, Göttingen, Königsberg und München. Bekannt geworden durch seine Beiträge zur Zahlentheorie, Geometrie, Algebra, Funktionentheorie und seine historischen Untersuchungen.

Hermann Amandus Schwarz (1843–1921), Schüler von Weierstraß, wirkte in Halle, Göttingen, Berlin. Er hat wesentliche Beiträge geleistet zur Funktionentheorie, Potentialtheorie, Differentialgeometrie und Variationsrechnung.

Kapitel 2

Euklidische Räume und $\mathbb{C}$

2.1 Der Euklidische Raum $\mathbb{R}^n$

Der $\mathbb{R}^n$ wird als die Menge aller geordneten n–Tupel reeller Zahlen,

$$(2.1)\qquad \mathbb{R}^n := \left\{\mathbf{x} = (x_1, \ldots, x_n)^\top \,|\, x_j \in \mathbb{R},\ j = 1, \ldots, n\right\}$$

definiert, auf der Addition, Multiplikation mit Skalaren, eine euklidische Länge und ein Skalarprodukt eingeführt werden. Die **Addition** $+ : \mathbb{R}^n \times \mathbb{R}^n \to \mathbb{R}^n$ ist erklärt durch

$$(2.2)\qquad \mathbf{x} + \mathbf{y} := (x_1 + y_1, x_2 + y_2, \ldots, x_n + y_n)^\top.$$

Diese genügt den Axiomen A_1–A_4 und ist eine Abelsche Gruppe bezüglich der Addition. Das Nullelement ist als

$$\mathbf{0} = (0, 0, \ldots, 0)^\top$$

definiert und die **Subtraktion** ergibt sich aus

$$\mathbf{x} - \mathbf{y} = (x_1 - y_1, \ldots, x_n - y_n)^\top.$$

Die **Multiplikation mit Skalaren** ist eine Abbildung von $\mathbb{R} \times \mathbb{R}^n \to \mathbb{R}^n$ erklärt durch

$$(2.3)\qquad \lambda\mathbf{x} := (\lambda x_1, \ldots, \lambda x_n)^\top \quad \text{für } \lambda \in \mathbb{R} \text{ und } \mathbf{x} \in \mathbb{R}^n$$

und es gelten

$$\begin{aligned}
(\lambda + \mu)\,\mathbf{x} &= \lambda\,\mathbf{x} + \mu\,\mathbf{x} && \text{für } \lambda, \mu \in \mathbb{R},\ \mathbf{x} \in \mathbb{R}^n,\\
\lambda\,(\mathbf{x} + \mathbf{y}) &= \lambda\,\mathbf{x} + \lambda\,\mathbf{y} && \text{für } \lambda \in \mathbb{R},\ \mathbf{x}, \mathbf{y} \in \mathbb{R}^n,\\
\lambda\,(\mu\,\mathbf{x}) &= \lambda\,\mu\,\mathbf{x} && \text{für } \lambda, \mu \in \mathbb{R},\ \mathbf{x} \in \mathbb{R}^n,\\
1\,\mathbf{x} &= \mathbf{x} && \text{für } \mathbf{x} \in \mathbb{R}^n.
\end{aligned}$$

Damit wird $\mathbb{R}^n$ zu einem Vektorraum über $\mathbb{R}$ mit der **Euklidische Norm** oder **Länge**

$$(2.4)\qquad |\mathbf{x}| := \sqrt{\sum_{j=1}^{n} x_j^2}$$

und mit den folgenden Eigenschaften:

$$(2.5)\qquad |\mathbf{x}| \geq 0 \quad \text{und } (|\mathbf{x}| = 0 \Leftrightarrow \mathbf{x} = \mathbf{0})$$ Positivität

$$(2.6)\qquad ||\mathbf{x}| - |\mathbf{y}|| \leq |\mathbf{x} + \mathbf{y}| \leq |\mathbf{x}| + |\mathbf{y}|$$ Dreiecksungleichung

$$(2.7)\qquad |\lambda\, \mathbf{x}| = |\lambda|\, |\mathbf{x}|$$ Homogenität

Durch

$$(2.8)\qquad \mathbf{a}\bullet\mathbf{b} := \sum_{j=1}^{n} a_j b_j\,; \qquad \bullet : \mathbb{R}^n \times \mathbb{R}^n \to \mathbb{R}$$

wird im $\mathbb{R}^n$ ein **Skalarprodukt** erklärt Für dieses gelten

$$(2.9)\qquad |\mathbf{a}| = \sqrt{\mathbf{a}\bullet\mathbf{a}} \quad \text{und } \mathbf{a}\bullet\mathbf{a} > 0 \quad \text{für } \mathbf{a} \neq \mathbf{0},$$

$$(2.10)\qquad \mathbf{a}\bullet\mathbf{b} = \mathbf{b}\bullet\mathbf{a},$$

$$(2.11)\qquad (\mathbf{a} + \mathbf{b})\bullet\mathbf{c} = \mathbf{a}\bullet\mathbf{c} + \mathbf{b}\bullet\mathbf{c},$$

$$(2.12)\qquad (\lambda\, \mathbf{a})\bullet\mathbf{b} = \lambda\, \mathbf{a}\bullet\mathbf{b},$$

$$(2.13)\qquad |\mathbf{a}\bullet\mathbf{b}| \leq |\mathbf{a}|\, |\mathbf{b}|.$$ Cauchy–Schwarzsche Ungleichung

Das Gleichheitszeichen in (2.13) gilt dann und nur dann, wenn $\mathbf{a} = \mu\, \mathbf{b}$ mit $\mu \in \mathbb{R}$ oder $\mathbf{b} = \mathbf{0}$ ist. $\mathbb{R}^n$ ist ein Vektorraum über $\mathbb{R}$ mit Skalarprodukt.

2.2 $\mathbb{R}^2$ und die komplexen Zahlen $\mathbb{C}$

Eine besondere Rolle spielt der $\mathbb{R}^2$ mit den Elementen

$$\mathbf{z} = \begin{pmatrix} x \\ y \end{pmatrix},$$

der zweidimensionale Vektorraum über $\mathbb{R}$, der durch die geordneten Zahlenpaare beschrieben wird. Abkürzend schreiben wir auch

$$(2.14)\qquad \mathbf{z} = x + iy \quad \text{und} \quad \mathbf{w} = u + iv,$$

wenn wir die weiter unten definierte komplexe Multiplikation benutzen. Gemäß der Addition im $\mathbb{R}^2$ gilt dann

(2.15) $\mathbf{z} + \mathbf{w} = (x+u) + i(y+v)$

und für den Betrag erhalten wir gemäß (2.4)

(2.16) $|\mathbf{z}| = \sqrt{x^2 + y^2}$.

Definition 2.1: $\mathbb{C}$ *entspricht dem* $\mathbb{R}^2$ *mit der zusätzlichen* **komplexen Multiplikation**

(2.17) $\mathbf{z} \cdot \mathbf{w} = (x+iy)\cdot(u+iv) := ((xu - yv) + i(xv + yu)) \; : \; \mathbb{C} \times \mathbb{C} \to \mathbb{C}\,.$

Für $z \in \mathbb{C}$ führen wir die folgenden einfachen Operationen ein:

(2.18) $x = \mathrm{Re}(x+iy) = \mathrm{Re}\, z, \quad y = \mathrm{Im}(x+iy) = \mathrm{Im}\, z,$

und

(2.19) $\bar{z} := x - iy$

ist die **konjugiert komplexe Zahl** zu z. Für das Skalarprodukt in $\mathbb{R}^2$ erhält man

(2.20) $\begin{pmatrix} x \\ y \end{pmatrix} \bullet \begin{pmatrix} u \\ v \end{pmatrix} = xu + yv = \mathrm{Re}(\bar{z}\cdot w) = \mathrm{Re}(z \cdot \bar{w})$

und für die Determinante

(2.21) $(xv - yu) = \begin{vmatrix} x & u \\ y & v \end{vmatrix} = \mathrm{Im}(\bar{z}\cdot w)\,.$

Für die speziellen Elemente

$$z = x + 0\,i \quad \text{und} \quad w = u + 0\,i \;\text{ in } \mathbb{C}$$

gelten

$$(x+0\,i) + (u+0\,i) = x + u + 0\,i, \quad (x+0\,i)\cdot(u+0\,i) = x\,u + 0\,i,$$

das heißt sie entsprechen bezüglich aller Operationen $+, -, \cdot, /$ denen der reellen Zahlen.

Satz 2.2: $\mathbb{C}$ *ist eine kommutative Körpererweiterung von* $\mathbb{R}$.

Beweis: Die Eigenschaften A_1–A_4 ergeben sich sofort aus der Vektorraumstruktur von $\mathbb{C}$ als $\mathbb{R}^2$:

$$\begin{aligned} A_1 &: \; z + w := (x+u) + i(y+v); \;\; z = x+iy,\; w = u+iv\,; \\ A_2 &: \; z + w = w + z\,; \\ A_3 &: \; (z+w)+c = z + (w+c)\,; \;\; c = a+ib; \\ A_4 &: \; d + z = c \Rightarrow z = (a-g) + i(b-h), \;\; d = g + ih\,. \end{aligned}$$

Für die komplexe Multiplikation M_1 folgt sofort die Kommutativität M_2 aus derjenigen in $\mathbb{R}$:

$$\begin{aligned} M_1 &: \; z \cdot w = (x \cdot u - y \cdot v) + i(y \cdot u + x \cdot v)\,; \\ M_2 &: \; z \cdot w = w \cdot z\,. \end{aligned}$$

Zum Beweis der Assoziativität

$$M_3 \; : \; (z \cdot w) \cdot c = z \cdot (w \cdot c)$$

rechnen wir aus:

$$\begin{aligned} (z \cdot w) \cdot c &= \Big\{(xu - yv) + i(yu + xv)\Big\} \cdot (a + ib) \\ &= \Big(a(xu - yv) - b(yu + xv)\Big) + i\,\Big((xu - yv)b + (yu + xv)a\Big) \\ &= \Big(x(ua - vb) - y(va + ub)\Big) + i\,\Big(y(ua - vb) + x(va + ub)\Big) \\ &= (x + iy) \cdot \Big\{(ua - vb) + i(va + ub)\Big\} \\ &= z \cdot (w \cdot c)\,. \end{aligned}$$

Für die eindeutige Inversion der komplexen Multiplikation überzeugt man sich davon, daß gilt:

$$M_4 \; : \; c \cdot z = w \;\wedge\; c \neq 0 \;\Rightarrow\; z = \frac{1}{|c|^2}\, w \cdot \bar{c} \in \mathbb{C}$$

ist die einzige Lösung und man schreibt

$$\frac{w}{c} := \frac{1}{|c|^2}\, w \cdot \bar{c}\,.$$

Das Distributivgesetz

$$M_5 \; : \; c \cdot (z + w) = c \cdot z + c \cdot w$$

prüft man wieder durch Nachrechnen:

$$\begin{aligned} c \cdot (z + w) &= (a + ib) \cdot \Big((x + u) + i(y + v)\Big) \\ &= \Big(a(x + u) - b(y + v)\Big) + i\,\Big(a(y + v) + b(x + u)\Big) \\ &= (ax - by) + i(ay + bx) + (au - bv) + i(av + bu) \\ &= c \cdot z + c \cdot w\,. \end{aligned}$$

□

Folgerungen: Wie in $\mathbb{R}^2$ ist $0 = 0 + i\,0$ die Null in $\mathbb{C}$. Aus der komplexen Multiplikation folgt, daß $1 = 1 + i\,0$ die Eins in $\mathbb{C}$ ist, denn

$$(2.22) \quad (1 + i\,0) \cdot (1 + i\,0) = (1 - 0) + i(1 \cdot 0 + 0 \cdot 1) = 1 + i\,0\,.$$

Des weiteren ergibt sich

$$(0 + 1\,i) \cdot (0 + 1\,i) \;=\; -1 + 0\,i \;=\; -(1 + 0\,i) \;=\; -1$$

oder in abgekürzter Schreibweise

(2.23) $i^2 \;=\; -1\,.$

In $\mathbb{C}$ kann man also aus -1 die Wurzel ziehen!
Die Einbettung von $\mathbb{R}$ in $\mathbb{C}$ wird durch die bijektive Abbildung

$$\mathbb{R} \ni x \;\mapsto (x + 0\,i) \in \mathbb{C}$$

von $\mathbb{R}$ auf $\mathbb{R}^* := \{z = (x + iy) \in \mathbb{C} \,|\, y = 0\} \subset \mathbb{C}$ bewerkstelligt.

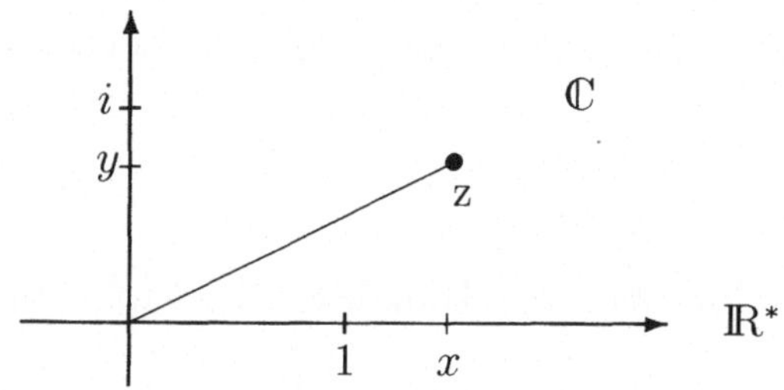

Abbildung 2.1: Die komplexe Ebene $\mathbb{C}$.

Bemerkung 2.3: *David Hilbert hat gezeigt, daß* $\mathbb{R}^2$ *der* **einzige** $\mathbb{R}^n$ *mit* $n > 1$ *ist, der zum Körper erweitert werden kann.*

Kapitel 3

Zahlenfolgen, Konvergenz, Reihen, Punktfolgen

3.1 Zahlenfolgen

Eine Zahlenfolge ist eine Abbildung der natürlichen Zahlen in die Menge der reellen oder komplexen Zahlen:

Definition 3.1: $(a_1, a_2, a_3, ...) = \{a_j\}_{j \in \mathbb{N}} \subset \mathbb{C}$ *heißt* **Zahlenfolge**, *wenn eine Abbildung*

$$(3.1) \qquad a_k : \begin{cases} \mathbb{N} \to \mathbb{R} \\ k \mapsto a_k \end{cases}$$

die Folgenglieder a_k eindeutig festlegt.

Beispiel 3.2: *Die babylonische Wurzelfolge (1.36) zur Ermittlung von $\sqrt{a}$ ist eine Zahlenfolge, die für $a > 0$ rekursiv definiert wird durch*

$$w_0 := a \quad \text{und } w_{k+1} := w_k + \frac{a - w_k^2}{2w_k}, \; k = 0, 1, \ldots .$$

3.2 Funktionen

Sind D und Y zwei Mengen, so versteht man unter einer **Funktion** oder **Abbildung** f von D in Y eine Vorschrift, die jedem $x \in D$ in eindeutiger Weise ein Element $w = f(x) \in Y$ zuordnet.

Definition 3.3: *Die* **Definitionsmenge** *D ist die Menge der Elemente, für welche die Abbildung f definiert ist. Die* **Bildmenge** *Y ist eine Menge, welche die Bildelemente oder Funktionswerte von f enthält. Der* **Wertebereich** *W ist die Menge aller Funktionswerte von f, das heißt*

$$W := \{w \in Y \mid \exists x \in D : w = f(x)\} = f(D) \subset Y .$$

Für das Tripel f, D und Y und die Original–Bild–Relation schreibt man auch

$$(3.2) \quad f: \begin{array}{c} D \to W \subset Y, \\ x \mapsto w = f(x). \end{array}$$

Das bedeutet auch: $\forall x \in D : \dot{\exists}\, w = f(x) \in W \subset Y$.

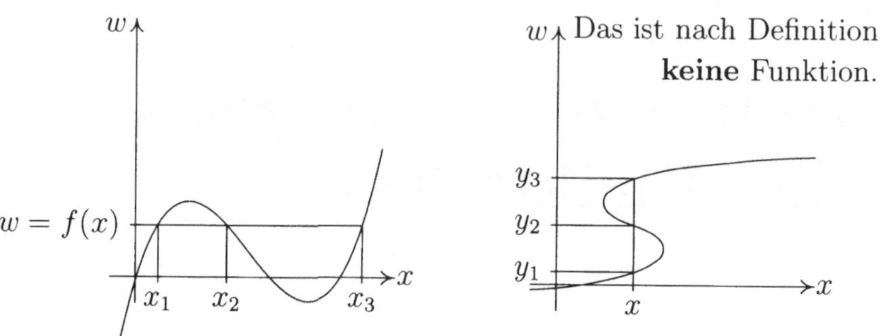

Abbildung 3.1: Funktion und Gegenbeispiel.

Definition 3.4: *Unter dem* **Graphen** *einer Funktion versteht man die Menge aller Elemente* $(x, w) \in X \times Y$ *mit* $x \in D$ *und* $w = f(x) \in W \subset Y$:

$$(3.3) \quad \operatorname{graph} f := \{(x, f(x)) \mid x \in D\} \subset D \times Y.$$

Definition 3.5: *Eine Abbildung heißt* **injektiv** *genau dann, wenn jedes Element aus* W *genau ein Urbild in* D *hat:*

$$(3.4) \quad f \text{ ist injektiv} \Leftrightarrow \forall w \in W \;\; \dot{\exists}\, x \in D : f(x) = w.$$

Definition 3.6: *Eine Abbildung heißt* **surjektiv** *genau dann, wenn jedes Element aus* Y *mindestens ein Urbild in* D *hat; mit Quantoren:*

$$(3.5) \quad f \text{ ist surjektiv} \Leftrightarrow \forall w \in Y\; \exists x \in D : f(x) = w.$$

Daraus folgt für eine surjektive Abbildung $f(D) = W = Y$.

Definition 3.7: *Eine Abbildung* $f : D \to Y$ *heißt* **bijektiv** *genau dann, wenn sie injektiv und surjektiv ist.*

3.3 Konvergenz

Definition 3.8: *Die Zahlenfolge* $\{a_k\}_{k \in \mathbb{N}}$ *heißt* **konvergent** *in* $\mathbb{C}$ *genau dann, wenn gilt:*

$$(3.6) \quad \exists a \in \mathbb{C} \quad \forall \varepsilon > 0 \quad \exists N \in \mathbb{N} \quad \forall k \geq N : |a_k - a| < \varepsilon\,.$$

Konvergiert eine Zahlenfolge $\{a_k\}$ und hat sie den **Grenzwert** $\boldsymbol{a}$, so schreibt man dafür auch abkürzend $a = \lim_{k\to\infty} a_k$. Eine nicht konvergente Zahlenfolge heißt **divergent**.

Der Konvergenzbegriff stammt in dieser Formulierung von Cauchy. Er findet sich bereits bei Archimedes, konnte aber präzise erst wieder nach dem Aufleben der Mathematik in der Renaissance formuliert werden. Er bildet die Grundlage der Analysis und spielt in ihr eine zentrale Rolle, auch in ihren neueren Teilgebieten (mengentheoretische) Topologie und Funktionalanalysis.

Folgerung 3.9: *Der Grenzwert einer konvergenten Zahlenfolge ist eindeutig.*

Beweis: (Widerspruchsbeweis)
Annahme: Es existieren die beiden Grenzwerte a' und a'', wobei ohne Beschränkung der Allgemeinheit $a' \neq a''$ angenommen werden kann. Mit a' und a'' läßt sich dann die positive Zahl $\varepsilon := \left|\frac{1}{2}(a' - a'')\right| > 0$ definieren. Nach der Definition der Konvergenz (3.6) läßt sich zu diesem ε für den Grenzwert a' ein Index N' finden, so daß für alle

$$k \geq N' \quad \text{gilt:} \quad |a_k - a'| < \varepsilon.$$

Analog läßt sich für a'' ein Index N'' finden, so daß für alle

$$k \geq N'' \quad \text{gilt:} \quad |a_k - a''| < \varepsilon.$$

Wählt man nun $N := \max\{N', N''\}$, so ist sowohl für a' als auch für a'' die Konvergenzbedingung mit a_N erfüllt. Mit ihr und der Dreiecksungleichung ergibt sich

$$\varepsilon > |a' - a_N| = |a' - a'' + a'' - a_N| \geq |a' - a''| - |a'' - a_N| > 2\varepsilon - \varepsilon = \varepsilon.$$

$\varepsilon > \varepsilon$ ist aber ein **Widerspruch**. Somit ist die Annahme $a' \neq a''$ falsch. □

Beispiel 3.10: *Für die reelle Zahlenfolge* $a_k = \dfrac{1}{k}$ *gilt*

$$\lim_{k\to\infty} \frac{1}{k} = 0 = a. \tag{3.7}$$

Beweis: Zu einem begiebig vorgegebenen $\varepsilon > 0$ definiere man $N(\varepsilon) := \left[\frac{1}{\varepsilon}\right] + 1$, wobei

$$[x] := \max\{k \in \mathbb{Z} \mid k \leq x\} \tag{3.8}$$

die sogenannte **Gauß–Klammer** ist. Dann gilt für alle $k \geq N(\varepsilon)$ die Abschätzung:

$$\left|\frac{1}{k} - 0\right| = \frac{1}{k} \leq \frac{1}{N(\varepsilon)} < \varepsilon,$$

□

Satz 3.11 : *Die babylonische Folge*

$$w_{k+1} = w_k + \frac{a - w_k^2}{2w_k} \in \mathbb{R}$$

hat den Grenzwert $\sqrt{a} \in \mathbb{R}$, *d.h.*

$$\lim_{k\to\infty} w_k = w = \sqrt{a}. \tag{3.9}$$

Beweis: Nach Satz 1.24 existiert $w = \inf\{w_k\} = \sqrt{a}$ und nach Lemma 1.23 gibt es zu jedem $\varepsilon > 0$ ein N_ε, so daß $w \le w_{N_\varepsilon} < w + \varepsilon$ gilt. Laut (1.38) ist die Folge $\{w_k\}$ monoton fallend mit $w_k \ge w_{k+1}$. Somit ist für alle $k \ge N_\varepsilon$ die Ungleichung $w \le w_k \le w_{N_\varepsilon} < w + \varepsilon$ und damit $|w_k - w| < \varepsilon$ erfüllt. □

Satz 3.12 : *Für* $0 < r \in \mathbb{Q}$ *gilt*

$$\lim_{k\to\infty} \frac{1}{k^r} = 0. \tag{3.10}$$

Beweis: Sei $r = p/q \in \mathbb{Q}$ mit $p, q > 0$. Zu $\varepsilon > 0$ wähle man $N(\varepsilon) := [\sqrt[p]{\varepsilon^{-q}}] + 1$. Dann gilt $N(\varepsilon) > \sqrt[p]{\varepsilon^{-q}}$, woraus die Ungleichung $1/\sqrt[q]{N(\varepsilon)^p} < \varepsilon$ folgt. Weiter ist für alle $k \ge N(\varepsilon)$ die Ungleichung $k^p \ge N(\varepsilon)^p$ erfüllt, woraus

$$\frac{1}{\sqrt[q]{n^p}} \le \frac{1}{\sqrt[q]{N(\varepsilon)^p}}$$

folgt. Also ist für alle $k \ge N(\varepsilon)$ die Ungleichung $0 \le 1/\sqrt[q]{k^p} < \varepsilon$ erfüllt, wie für (3.6) erforderlich. □

Bemerkung 3.13: *Die Folge* $\{a_k\}_{k\in\mathbb{N}}$ *mit* $a_k := (-1)^k$ *ist divergent.*

Beweis: (Widerspruchsbeweis)
Annahme: Der Grenzwert $a = \lim_{k\to\infty} a_k$ existiere. Wählt man nun $\varepsilon = 1/2$, so existiert zu diesem $\varepsilon > 0$ ein N, so daß für alle $k \ge N$ gilt:

$$|a - a_k| < \frac{1}{2}.$$

Folglich gilt auch

$$\frac{1}{2} > |a - a_{N+1}| = |a - a_N + a_N - a_{N+1}| \ge |a_N - a_{N+1}| - |a - a_N|$$

und

$$\frac{1}{2} > 2 - \frac{1}{2} = \frac{3}{2},$$

was einen **Widerspruch** darstellt! □

Satz 3.14: *Für* $p > 0$ *gilt*

$$\lim_{k\to\infty} \sqrt[k]{p} = 1. \tag{3.11}$$

Beweis:

i. Für $p \geq 1$ sei $\varepsilon > 0$ beliebig vorgegeben. Dann wählt man

$$N := \left[\frac{p-1}{\varepsilon}\right] + 1 \quad \Rightarrow \quad N > \frac{p-1}{\varepsilon} \quad \Rightarrow \quad \frac{p-1}{N} < \varepsilon.$$

Mit Korollar 1.41 ergibt sich für alle $k \geq N$

$$|\sqrt[k]{p} - 1| \leq \frac{p-1}{k} \leq \frac{p-1}{N} < \varepsilon.$$

ii. Für $0 < p < 1$ und beliebig gegebenes $\varepsilon > 0$ sei

$$N := \left[\frac{1-p}{p \cdot \varepsilon}\right] + 1 \quad \Rightarrow \quad N > \frac{1-p}{p \cdot \varepsilon}.$$

Wiederum erhält man nach Korollar 1.41 für alle $k \geq N$

$$|\sqrt[k]{p} - 1| = 1 - \sqrt[k]{p} = \sqrt[k]{p}\left(\sqrt[k]{\frac{1}{p}} - 1\right) \leq 1 \cdot \frac{1}{k}\left(\frac{1}{p} - 1\right) \leq \frac{1-p}{pN} < \varepsilon.$$ □

Satz 3.15: *Für $z \in \mathbb{C}$ mit $|z| < 1$ gilt*

$$\lim_{k\to\infty} z^k = 0. \tag{3.12}$$

Beweis: Mit $p := |z|^k$ ergibt sich wegen $|z|^k < 1$ nach dem obigen zweiten Beweisschritt

$$0 \leq 1 - \sqrt[k]{p} = 1 - |z| \leq \frac{1-p}{k \cdot p} = \frac{1-|z|^k}{k \cdot |z|^k} < \frac{1}{k \cdot |z|^k}.$$

Sei $\varepsilon > 0$ beliebig vorgegeben. Dann wählt man

$$N := \left[\frac{1}{\varepsilon(1-|z|)}\right] + 1.$$

Somit gilt

$$N > \frac{1}{(1-|z|)\varepsilon},$$

und für alle $k \geq N$ ist die Ungleichung

$$|z|^k \leq \frac{1}{k(1-|z|)} \leq \frac{1}{N(1-|z|} < \varepsilon$$

erfüllt. □

Beispiel 3.16: Divisionsfreier Divisionsalgorithmus

$$(3.13)\quad z = \frac{1}{1-a} \quad \textit{für } a \in \mathbb{C} \quad \textit{mit } |a| \leq \frac{1}{2}.$$

Bei der divisionsfreien Division möchte man eine Division durch $(1-a)$ berechnen, ohne dividieren zu müssen. Solche Probleme stellen sich zum Beispiel bei Rechnern, die nicht dividieren können. Welche Werte kann z in diesem Beispiel annehmen?

$$z = 1 + a \cdot z \quad \Rightarrow \quad |z| \leq 1 + \frac{1}{2}|z| \quad \Rightarrow \quad \frac{1}{2}|z| \leq 1 \quad \Rightarrow \quad |z| \leq 2.$$

Algorithmus zur Berechnung von z:

$$(3.14)\quad z_{k+1} := 1 + az_k,\ z_0 = 1,\ k \in \mathbb{N}_0.$$

Wie oft muß man die Formel anwenden, damit 6 Dezimalen richtig sind?

$$\begin{aligned}(3.15)\quad |z_k - z| &= |(1 + az_{k-1}) - (1 + az)| = |a(z_{k-1} - z)| \\ &\leq \frac{1}{2}|z_{k-1} - z| \leq \frac{1}{4}|z_{k-2} - z| \leq \ldots \leq \frac{1}{2^k}|1 - z| \\ &\leq \frac{1}{2^k}(1 + |z|) \leq \frac{3}{2^k} < \frac{1}{2} \cdot 10^{-6},\ \textit{falls } k \geq N := 23 \textit{ ist.}\end{aligned}$$

3.3.1 Konvergenz einer Punktfolge im $\mathbb{R}^n$

$\{\mathbf{x}_\ell\}_{\ell \in \mathbb{N}} \subset \mathbb{R}^n$ heißt **konvergente Punktfolge** genau dann, wenn

$$(3.16)\quad \exists \mathbf{x} \in \mathbb{R}^n \wedge \forall \varepsilon > 0\ \exists N(\varepsilon)\ \forall k \geq N(\varepsilon) : |\mathbf{x}_k - \mathbf{x}| < \varepsilon.$$

Satz 3.17 : *Die Punktfolge $\mathbf{x}_\ell \in \mathbb{R}^n$, $\ell = 1, 2, \ldots$ konvergiert gegen $\mathbf{x} \in \mathbb{R}^n$ dann und nur dann, wenn die n Zahlenfolgen der Koordinaten konvergieren.*

Beweis:

i. Die Punktfolge $\{\mathbf{x}_\ell\}_{\ell \in \mathbb{N}}$ konvergiere. Dann gilt für jedes $j = 1, \ldots, n$

$$0 \leq |x_{j\ell} - x_j| \leq \sqrt{(x_{1\ell} - x_1)^2 + \ldots + (x_{n\ell} - x_n)^2} = |\mathbf{x}_\ell - \mathbf{x}| \to 0\,.$$

Also konvergieren auch die Zahlenfolgen der Koordinaten.

ii. Die Zahlenfolgen der Koordinaten seien konvergent. Dann gilt:

$$0 \leq |\mathbf{x}_\ell - \mathbf{x}|^2 = (x_{1\ell} - x_1)^2 + \ldots + (x_{n\ell} - x_n)^2 \to 0\,.$$

Also konvergiert auch die Punktfolge $\{\mathbf{x}_\ell\}$.

□

3.4 Rechnen mit Limites

Selbst wenn man die Grenzwerte nicht explizit kennt, möchte man doch mit ihnen beziehungsweise mit den sie definierenden Folgen rechnen.

Satz 3.18 : *Für alle $k \in \mathbb{N}$ seien $a_k, b_k \in \mathbb{R}$ mit $a_k \le b_k$ sowie $a = \lim\limits_{k\to\infty} a_k$ und $b = \lim\limits_{k\to\infty} b_k$. Dann gilt*

$$(3.17)\quad a = \lim_{k\to\infty} a_k \le b = \lim_{k\to\infty} b_k\,.$$

Beweis: Zunächst ist

$$\begin{aligned} 0 \le b_k - a_k &= b_k - a_k - a + a + b - b \\ &= b - a + (b_k - b) + (a - a_k) \\ &\le b - a + |b_k - b| + |a_k - a|. \end{aligned}$$

Zu $\varepsilon > 0$ existiert nach Voraussetzung ein $N_a(\varepsilon)$ und ein $N_b(\varepsilon)$ mit $|a_k - a| < \varepsilon$ für alle $k \ge N_a(\varepsilon)$ bzw. $|b_k - b| < \varepsilon$ für alle $k \ge N_b(\varepsilon)$. Mit $N(\varepsilon) := \max\{N_a(\varepsilon), N_b(\varepsilon)\}$ ergibt sich für alle $k \ge N(\varepsilon) : 0 \le (b - a) + 2\varepsilon$. Hieraus folgt

$$0 \le \inf_{\varepsilon>0}\{b - a + 2\varepsilon\} = b - a.$$

□

Satz 3.19 : *Jede konvergente Folge $\{\mathbf{a}_k\}_{k\in\mathbb{N}} \subset \mathbb{R}^n$ ist beschränkt.*

Beweis: Zu $\varepsilon = 1$ existiert ein N_1 mit $|\mathbf{a}_k - \mathbf{a}| < 1$ für alle $k \ge N_1$. Daraus folgt $|\mathbf{a}_k| < 1 + |\mathbf{a}|$ für alle $k \ge N_1$ und somit $|\mathbf{a}_j| \le \max\{|\mathbf{a}_1|, ..., |\mathbf{a}_{N_1-1}|, |\mathbf{a}| + 1\}$ für alle $j \in \mathbb{N}$. □

Bemerkung 3.20: *Im allgemeinen gilt die Umkehrung von Satz 3.19 nicht! Aus der Beschränktheit einer Folge folgt nicht ihre Konvergenz. Zum Beispiel ist die Folge $\{a_k\}_{k\in\mathbb{N}}$ mit $a_k := (-1)^k$ beschränkt, aber divergent.*

Satz 3.21 (Limesregeln) : *Seien $\{\mathbf{a}_k\}_{k\in\mathbb{N}}$ und $\{\mathbf{b}_k\}_{k\in\mathbb{N}}$ konvergent in $\mathbb{R}^n$ (bzw. in $\mathbb{C}$) und $c, d \in \mathbb{R}$ (bzw. $\mathbb{C}$). Dann gelten*

$$(3.18)\quad \lim_{k\to\infty} |\mathbf{a}_k| = |\lim_{k\to\infty} \mathbf{a}_k|,$$

$$(3.19)\quad \lim_{k\to\infty} c\,\mathbf{a}_k = c \lim_{k\to\infty} \mathbf{a}_k,$$

$$(3.20)\quad \lim_{k\to\infty} (\mathbf{a}_k + \mathbf{b}_k) = \lim_{k\to\infty} \mathbf{a}_k + \lim_{k\to\infty} \mathbf{b}_k,$$

$$(3.21)\quad \lim_{k\to\infty} (c\,\mathbf{a}_k + d\,\mathbf{b}_k) = c \lim_{k\to\infty} \mathbf{a}_k + d \lim_{k\to\infty} \mathbf{b}_k,$$

(3.22) $\lim\limits_{k\to\infty}(a_k \cdot b_k) = \lim\limits_{k\to\infty} a_k \cdot \lim\limits_{k\to\infty} b_k$ *für* $a_k, b_k \in \mathbb{C}$ *sowie*

$$\lim_{k\to\infty} \mathbf{a}_k \bullet \mathbf{b}_k = \lim_{k\to\infty} \mathbf{a}_k \bullet \lim_{k\to\infty} \mathbf{b}_k,$$

(3.23) *Seien* $a_k, b_k \in \mathbb{C}$ *und* $\lim\limits_{k\to\infty} b_k \neq 0$. *Dann gilt* $\lim\limits_{k\to\infty} \dfrac{a_k}{b_k} = \dfrac{\lim_{k\to\infty} a_k}{\lim_{k\to\infty} b_k}$,

(3.24) *Sei* $a_k \in \mathbb{R}$, $a_k \geq 0$. *Dann gilt* $\lim\limits_{k\to\infty} \sqrt[p]{a_k} = \sqrt[p]{\lim\limits_{k\to\infty} a_k}$ *für* $p \in \mathbb{N}$.

Beweis zu (3.22):

Laut Satz 3.19 ist jede konvergente Folge beschränkt. Es läßt sich also ein M derart finden, so daß sowohl $|\mathbf{a}_k| \leq M$ als auch $|\mathbf{b}_k| \leq M$ erfüllt ist. Zu einem beliebigen $\varepsilon > 0$ wähle man $N := \max\{N_a, N_b\}$, wobei N_a und N_b natürliche Zahlen sind mit

$$|\mathbf{a} - \mathbf{a}_k| < \frac{\varepsilon}{2M} \quad \forall k \geq N_a, \qquad |\mathbf{b} - \mathbf{b}_k| < \frac{\varepsilon}{2M} \quad \forall k \geq N_b.$$

Dabei sind $\mathbf{a}$ bzw. $\mathbf{b}$ gemäß (3.6) die zu $\{\mathbf{a}_k\}$ bzw. zu $\{\mathbf{b}_k\}$ gehörenden Grenzwerte. Dann gilt für $k \geq N$

$$\begin{aligned}
|\mathbf{a}_k \bullet \mathbf{b}_k - \mathbf{a} \bullet \mathbf{b}| &= \frac{1}{2}|(\mathbf{b}_k + \mathbf{b}) \bullet (\mathbf{a}_k - \mathbf{a}) + (\mathbf{a}_k + \mathbf{a}) \bullet (\mathbf{b}_k - \mathbf{b})| \\
&\leq \frac{1}{2}\left[(|\mathbf{b}_k| + |\mathbf{b}|)|\mathbf{a}_k - \mathbf{a}| + (|\mathbf{a}_k| + |\mathbf{a}|)|\mathbf{b}_k - \mathbf{b}|\right] \\
&< \frac{1}{2}\left[2M \cdot \frac{\varepsilon}{2M} + 2M \cdot \frac{\varepsilon}{2M}\right] = \varepsilon\,.
\end{aligned}$$

Also ist

$$\lim_{k\to\infty}(\mathbf{a}_k \bullet \mathbf{b}_k) = (\lim_{k\to\infty} \mathbf{a}_k) \bullet (\lim_{k\to\infty} \mathbf{b}_k) = \mathbf{a} \bullet \mathbf{b}.$$

□

Beweis zu (3.23), falls $a_k = 1$ für alle $k \in \mathbb{N}$:

i. Zu $|b/2| > 0$ existiert ein N_0 mit $|b_k - b| < |b|/2$ für alle $k \geq N_0$.

ii. Sei $\varepsilon > 0$ beliebig vorgegeben. Dann existiert ein $N_1(\varepsilon|b|^2/2)$, so daß für alle $k \geq N_1$ gilt $|b - b_k| < \varepsilon|b|^2/2$. Mit $N := \max\{N_0, N_1\}$ gilt dann für alle $k \geq N$

$$\begin{aligned}
\left|\frac{1}{b} - \frac{1}{b_k}\right| &= \frac{|b - b_k|}{|b \cdot b_k|} = \frac{1}{|b|} \cdot \frac{1}{|b_k|} \cdot |b - b_k| \leq \frac{1}{|b|} \cdot \frac{1}{|b - b + b_k|} \cdot |b - b_k| \\
&\leq \frac{1}{|b|} \cdot \frac{1}{||b| - |b - b_k||} \cdot |b - b_k| \leq \frac{1}{|b|} \cdot \frac{1}{||b| - |b|/2|}|b - b_k| \\
&= \frac{2}{|b|^2}|b - b_k| < \frac{2}{|b|^2} \cdot \frac{\varepsilon|b|^2}{2} = \varepsilon\,.
\end{aligned}$$

□

3.5 Konvergenzkriterien, Kompaktheit, Banachscher Fixpunktsatz

Satz 3.22 (Einschließungskriterium) :
Für alle $k \in \mathbb{N}$ gelte $a_k, b_k, c_k \in \mathbb{R}$ mit $a_k \leq c_k \leq b_k$ und es sei

$$\lim_{k\to\infty} a_k = c = \lim_{k\to\infty} b_k .$$

Dann ist $c = \lim_{k\to\infty} c_k$.

Beweis: Zu $\varepsilon > 0$ existieren $N_1, N_2 \in \mathbb{N}$ mit $|a_k - c| < \varepsilon$ für $k \geq N_1$ sowie $|b_k - c| < \varepsilon$ für $k \geq N_2$. Sei $N := \max\{N_1, N_2\}$. Dann gilt für $k \geq N$

$$|c - c_k| = \begin{cases} c_k - c \leq b_k - c \leq |b_k - c| < \varepsilon, & \text{falls } c \leq c_k, \\ c - c_k \leq c - a_k \leq |a_k - c| < \varepsilon, & \text{falls } c_k < c. \end{cases}$$

In jedem Fall gilt $|c - c_k| < \varepsilon$. □

Definition 3.23: *Die Folge $\{a_k\}_{k\in\mathbb{N}} \subset \mathbb{R}$ heißt*

$$\text{(3.25)} \quad \begin{cases} \textbf{streng monoton steigend,} & \text{wenn } a_k < a_{k+1} \text{ für alle } k \in \mathbb{N}, \\ \textbf{streng monoton fallend,} & \text{wenn } a_{k+1} < a_k \text{ für alle } k \in \mathbb{N}, \\ \textbf{monoton steigend,} & \text{wenn } a_k \leq a_{k+1} \text{ für alle } k \in \mathbb{N}, \\ \textbf{monoton fallend,} & \text{wenn } a_{k+1} \leq a_k \text{ für alle } k \in \mathbb{N}. \end{cases}$$

Satz 3.24: *Die Folge $\{a_k\}_{k\in\mathbb{N}} \subset \mathbb{R}$ sei monoton fallend (steigend) und nach unten (oben) beschränkt. Dann ist $\{a_k\}_{k\in\mathbb{N}}$ konvergent.*

Beweis: Wenn $\{a_k\}_{k\in\mathbb{N}}$ eine untere Schranke besitzt, dann existiert auch eine größte untere Schranke $\alpha := \inf\{a_k\} \in \mathbb{R}$. Nach Lemma 1.23 existiert zu jedem $\varepsilon > 0$ ein N, so daß $\alpha \leq a_k \leq a_N < \alpha + \varepsilon$ für alle $k \geq N$ gilt. Folglich ist $0 \leq a_k - \alpha = |a_k - \alpha| < \varepsilon$ für $k \geq N$. □
Als Anwendung von Satz 3.24 wird die **Eulersche Zahl *e*** betrachtet. Im folgenden wird gezeigt, daß die Folge $e_k := \sum_{j=0}^{k} 1/j!$ gegen eine Zahl $e \in \mathbb{R}$ konvergiert. Zuvor jedoch müssen noch zwei Hilfssätze bewiesen werden:

Lemma 3.25: *Für $m \geq k+1$ gilt*

$$m! \geq (k+1)!\,(k+2)^{m-k-1}.$$

Beweis: (durch vollständige Induktion)

i. Verankerung für $m = k+1$:

$$(k+1)!\,(k+2)^{(k+1)-k-1} = (k+1)! = m!.$$

ii. Schluß von m auf $m+1$:

$$(m+1)! = m!\,(m+1) \geq (k+1)!\,(k+2)^{m-k-1}(m+1).$$

Mit $m \geq k+1$ und damit $m+1 \geq k+2$ ergibt sich hieraus

$$(m+1)! \geq (k+1)!\,(k+2)^{m-k}.$$

□

Lemma 3.26: *Für $1 \neq q \in \mathbb{C}$ gilt*

$$(3.26)\quad \sum_{j=0}^{m} q^j = \frac{1-q^{m+1}}{1-q}.$$

Beweis: (durch vollständige Induktion)

i. Verankerung für $m=0$: Offensichtlich gilt

$$\sum_{j=0}^{0} q^j = 1 = \frac{1-q^1}{1-q}.$$

ii. Schluß von m auf $m+1$:

$$\begin{aligned}\sum_{j=0}^{m+1} q^j = \sum_{j=0}^{m} q^j + q^{m+1} &= \frac{1-q^{m+1}}{1-q} + q^{m+1}\\ &= \frac{1-q^{m+1}}{1-q} + \frac{(1-q)q^{m+1}}{1-q} = \frac{1-q^{m+2}}{1-q}.\end{aligned}$$

□

Sei also

$$(3.27)\quad e_k := \sum_{j=0}^{k} \frac{1}{j!} = 1 + \frac{1}{1!} + \ldots + \frac{1}{k!} \quad \text{für } k \in \mathbb{N}.$$

Offenbar ist $e_k < e_{k+1}$, das heißt $\{e_k\}_{k\in\mathbb{N}}$ ist streng monoton steigend. Für $k < m$ gilt dann

$$\begin{aligned} e_k \quad < \quad & e_m = e_k + \frac{1}{(k+1)!} + \ldots + \frac{1}{m!}\\ \underset{\text{Lemma 3.25}}{\leq} \quad & e_k + \frac{1}{(k+1)!} + \frac{1}{(k+1)!}\cdot\frac{1}{k+2} + \ldots + \frac{1}{(k+1)!(k+2)^{m-k-1}}\\ = \quad & e_k + \frac{1}{(k+1)!}\left\{1 + q + q^2 + \ldots + q^{m-k-1}\right\} \quad \left(q = \frac{1}{k+2} \leq \frac{1}{2}\right)\\ \underset{\text{Lemma 3.26}}{=} \quad & e_k + \frac{1}{(k+1)!}\cdot\frac{1-q^{m-k}}{1-q}\\ < \quad & e_k + \frac{1}{(k+1)!}\cdot\frac{1}{1-q} \leq e_k + \frac{1}{(k+1)!}\cdot\frac{1}{1-\frac{1}{2}}. \end{aligned}$$

Wir haben also

$$e_k < e_m < e_k + \frac{2}{(k+1)!} \quad \text{für } m \geq k+1.$$

Insbesondere ist

$$(3.28) \quad e_m \; < \; e_0 + 2 \; = \; 3 \quad \text{für } m \geq 1\,.$$

Also ist $\{e_k\}_{k\in\mathbb{N}}$ nach oben beschränkt. Aufgrund von Satz 3.24 existiert dann der Grenzwert

$$(3.29) \quad e \; = \; \lim_{k\to\infty} e_k$$

und er erfüllt

$$(3.30) \quad e_k \; \leq \; e \; \leq \; e_k + \frac{2}{(k+1)!}.$$

Das stellt eine Einschließung von e dar. Somit haben wir

$$(3.31) \quad |e_k - e| \; \leq \; \frac{2}{(k+1)!},$$

also eine a–priori–Fehlerabschätzung.

Beispiel 3.27: *Für $k = 10$ gilt die Einschließung*

$$2.718281801\ldots \; \leq \; e \; \leq \; 2.718281851\ldots.$$

Bemerkung 3.28: *Hermite hat 1873 gezeigt, daß e transzendent ist, das heißt $e \in \mathbb{R} \setminus \mathcal{A}$. Dies war seinerzeit eine Sensation.*

3.5.1 Bezeichnungsweisen für Intervalle

Seien $a, b \in \mathbb{R}$ gegeben mit $a < b$. Dann heißt das Intervall

$$\begin{array}{rcll}
(a,b) & := & \{x \in \mathbb{R} \mid a < x < b\} & \text{offen,} \\
[a,b] & := & \{x \in \mathbb{R} \mid a \leq x \leq b\} & \text{abgeschlossen,} \\
[a,b) & := & \{x \in \mathbb{R} \mid a \leq x < b\} & \text{halboffen oder halbabgeschlossen,} \\
(a,b] & := & \{x \in \mathbb{R} \mid a < x \leq b\} & \text{halboffen oder halbabgeschlossen,} \\
(a,\infty) & := & \{x \in \mathbb{R} \mid a < x\} & \text{uneigentlich offen,} \\
[a,\infty) & := & \{x \in \mathbb{R} \mid a \leq x\} & \text{uneigentlich halbabgeschlossen,} \\
(-\infty,b) & := & \{x \in \mathbb{R} \mid x < b\} & \text{uneigentlich offen,} \\
(-\infty,b] & := & \{x \in \mathbb{R} \mid x \leq b\} & \text{uneigentlich halbabgeschlossen.}
\end{array}$$

Definition 3.29: *Eine* **Intervallschachtelung** *ist eine Familie von abgeschlossenen Intervallen J_k derart, so daß gilt*

$$(3.32)\quad \forall k \in \mathbb{N}: \quad J_k := [a_k, b_k] \supset J_{k+1} \wedge \lim_{k\to\infty} (b_k - a_k) = 0 .$$

Satz 3.30 : *Zu jeder Intervallschachtelung existiert genau eine Zahl $x \in \mathbb{R}$ mit*

$$(3.33)\quad x \in \bigcap_{k=1}^{\infty} J_k .$$

Für diese Zahl gilt $x = \lim_{k\to\infty} a_k = \lim_{k\to\infty} b_k$.

Beweis: Nach (3.32) gilt $a_1 \leq \{a_k\}_{k\in\mathbb{N}} \leq \{b_k\}_{k\in\mathbb{N}} \leq b_1$, d.h. $\{a_k\}_{k\in\mathbb{N}}$ ist monoton wachsend und nach oben beschränkt und $\{b_k\}_{k\in\mathbb{N}}$ ist monoton fallend und nach unten beschränkt, woraus mit dem Monotoniekriterium folgt, daß a_k und b_k Grenzwerte haben. Wir schreiben $a = \lim_{k\to\infty} a_k$ und $b = \lim_{k\to\infty} b_k$. Nun gilt wegen

$$a - b = \lim_{k\to\infty} a_k - \lim_{k\to\infty} b_k = \lim_{k\to\infty} (a_k - b_k) = 0$$

in der Tat $a = b =: x$. Aus $a_k \leq a = b \leq b_k$ für jedes $k \in N$ folgt dann $x \in \bigcap_{k=1}^{\infty} J_k$. Dieses x ist die einzige Zahl mit (3.33). Denn für $x' \in \bigcap_{k=1}^{\infty} J_k$ folgt $a_k \leq x' \leq b_k$, also $a = \lim a_k \leq x' \leq \lim b_k = b$, d.h. $x = x'$. □

3.5.2 Berechnung von π nach Archimedes

Archimedes hat zur näherungsweisen Berechnung von π, dem Flächeninhalt des Einheitskreises, durch Verdoppeln der Eckenzahlen zwei Folgen regelmäßiger 2^k–Ecke, $k = 2, 3, 4, \ldots$, konstruiert , für deren Flächeninhalte f_k und F_k gilt:

$$(3.34)\quad 2 = f_2 < \ldots < f_{k+1} < \pi < F_{k+1} < F_k < \ldots < F_2 = 4.$$

Mit Hilfe elementargeometrischer Untersuchungen der Flächeninhalte f_k und F_k fand er die folgenden Beziehungen, die mit unserer heutigen Formelsprache lauten:

$$(3.35)\quad \begin{aligned} f_{k+1} &:= 2^{k-1}\sqrt{2 - 2\sqrt{1 - f_k^2 \cdot 2^{-2k+2}}} \quad \text{für } k = 2, 3, \ldots, \\ F_{k+1} &:= \frac{2 f_{k+1}}{(1 + f_{k+1}/F_k)} . \end{aligned}$$

Außerdem gilt

$$(3.36)\quad F_k - f_k = F_k \cdot \sin^2\left(\frac{\pi}{2^k}\right) < 4 \cdot 2^{-2k},$$

wobei wir $\sin(\pi/2^k)$ durch das Kreisbogenstück $\pi/2^k$ und sodann π durch 4 nach oben abgeschätzt haben. All dies hat Archimedes tatsächlich durchgeführt. Die Intervallschachtelung mit

$$(3.37) \quad J_k := [f_k, F_k]$$

definiert demnach genau eine reelle Zahl $\pi \in \bigcap_{k=2}^{\infty} J_k$ die den Flächeninhalt der Kreisscheibe angibt. Führt man das oben genannte Verfahren für ein paar Schritte durch, so bekommt man die folgenden Zahlen:

$$\begin{array}{lclclclcl} f_3 &=& 2.8284271 &<& \pi &<& F_3 &=& 3.3137085 \\ f_4 &=& 3.0614675 &<& \pi &<& F_4 &=& 3.1825979 \\ f_5 &=& 3.1214451 &<& \pi &<& F_5 &=& 3.1517249 \\ f_6 &=& 3.1365485 &<& \pi &<& F_6 &=& 3.1441184 \\ f_7 &=& 3.1403312 &<& \pi &<& F_7 &=& 3.1422237 \end{array}$$

3.5.3 Der Satz von Bolzano–Weierstrass und Cauchy–Folgen

Definition 3.31: *Sei $\{\mathbf{a}_k\}_{k\in\mathbb{N}}$ eine Folge in $\mathbb{R}^n$ und $\mathbb{N}' \subset \mathbb{N}$, wobei $\mathbb{N}'$ unbeschränkt sei. Dann heißt $\{\mathbf{a}_{k'}\}_{k'\in\mathbb{N}'}$* **Teilfolge** *von $\{\mathbf{a}_k\}_{k\in\mathbb{N}}$.*

Satz 3.32 (Satz von Bolzano–Weierstrass) : *Jede beschränkte Zahlenfolge $\{a_k\}_{k\in\mathbb{N}} \subset \mathbb{R}$ enthält mindestens eine konvergente Teilfolge.*

Beweis: Wir führen den Beweis mit Hilfe einer Intervallschachtelung. Nach Voraussetzung gilt für die Glieder der Zahlenfolge und für eine geeignete Zahl $K > 0$ die Ungleichung $-K \leq a_k \leq K$. Wir betrachten die Intervalle

$$J_1 := [-K, K],$$

$$J_2 := \begin{cases} [-K, 0], & \text{falls } a_k \in [-K, 0] \text{ für unendlich viele } k \text{ gilt,} \\ [0, K], & \text{andernfalls,} \end{cases}$$

$$J_{m+1} := \begin{cases} [K_m, K_m + 2^{-m}K], & \text{falls } a_k \in [K_m, K_m + 2^{-m}K] \\ & \text{für unendlich viele } k \text{ gilt,} \\ [K_m + 2^{-m}K, K_m + 2^{-m+1}K], & \text{andernfalls.} \end{cases}$$

Wegen $b_m - a_m = |J_m| = K2^{-(m-1)} \to 0$ für $m \to \infty$ bilden die $\{J_k\}$ eine Intervallschachtelung. Nach Konstruktion liegen in jedem Intervall J_m unendlich viele Glieder der Folge $\{a_k\}$, so daß wir eine Teilfolge $\{a_{\ell_j} \in J_j\}$ und $\ell_{j+1} > \ell_j$ auswählen können. Aus Satz 3.30 folgt dann

$$(3.38) \quad a := \bigcap_{m=1}^{\infty} J_m = \lim_{m\to\infty} a_{\ell_m} .$$

□

Lemma 3.33: *Eine Folge* $\{\mathbf{a}_k\}_{k\in\mathbb{N}} \subset \mathbb{R}^n$ *ist konvergent genau dann, wenn alle Teilfolgen von* $\{\mathbf{a}_k\}_{k\in\mathbb{N}}$ *konvergieren*

und

genau dann, wenn $\{\mathbf{a}_k\}_{k\in\mathbb{N}}$ *beschränkt ist und alle konvergenten Teilfolgen den gleichen Grenzwert haben.*

Den Beweis überlassen wir dem Leser.

Definition 3.34: *Ein Element* $\boldsymbol{\alpha} \in \mathbb{R}^n$ *(oder* $\mathbb{C}$*) heißt* **Häufungspunkt der Folge** $\{\mathbf{a}_k\}_{k\in\mathbb{N}}$, *wenn es eine gegen* $\boldsymbol{\alpha}$ *konvergente Teilfolge* $\{\mathbf{a}_{k'}\}_{k'\in\mathbb{N}'}$ *von* $\{\mathbf{a}_k\}_{k\in\mathbb{N}}$ *gibt.*

Folgerung 3.35: *Jede beschränkte Punktfolge* $\{\mathbf{a}_k\}_{k\in\mathbb{N}} \subset \mathbb{R}^n$ *enthält mindestens eine konvergente Teilfolge.*

Beweis: Aus der Beschränktheit $|\mathbf{a}_k| \leq M$ folgt zunächst $|a_{kj}| \leq M$ für $j = 1, \ldots, n$. Dann existieren nach Satz 3.32 Teilfolgen

$$\begin{aligned} \{a_{\ell' 1}\}_{\ell'\in\mathbb{N}'\subset\mathbb{N}} \subset \mathbb{R} &: \lim_{\ell'\to\infty} a_{\ell' 1} =: a_1, \\ \{a_{\ell'' 2}\}_{\ell''\in\mathbb{N}''\subset\mathbb{N}'} \subset \mathbb{R} &: \lim_{\ell''\to\infty} a_{\ell'' 2} =: a_2, \\ &\vdots \\ \{a_{\ell^{(n-1)} n}\}_{\ell^{(n)}\in\mathbb{N}^{(n)}\subset\mathbb{N}^{(n-1)}} \subset \mathbb{R} &: \lim_{\ell^{n}\to\infty} a_{\ell^{(n)} n} =: a_n. \end{aligned}$$

Aus $\mathbb{N}^{(n)} \subset \mathbb{N}^{(n-1)} \subset \ldots \subset \mathbb{N}' \subset \mathbb{N}$ ergibt sich

$$a_j = \lim_{\ell^{(n)}\to\infty} a_{\ell^{(n)} j} \quad \text{für } j = 1, \ldots, n,$$

daraus folgt

$$\mathbf{a} = (a_1, \ldots, a_n)^\top = \lim_{\ell^{(n)}\to\infty} \mathbf{a}_{\ell^{(n)}}\,.$$

□

Das Cauchysche Konvergenzkriterium:

Definition: Eine Folge $\{\mathbf{a}_k\}_{k\in\mathbb{N}} \subset \mathbb{R}^n$ heißt **Cauchy–Folge**, wenn gilt

(3.39) $\quad \forall \varepsilon > 0 \quad \exists N(\varepsilon) \in \mathbb{N} \quad \forall k, m \geq N(\varepsilon) : |\mathbf{a}_k - \mathbf{a}_m| < \varepsilon.$

Satz 3.36 (Cauchysches Konvergenzkriterium) : *Eine Folge* $\{\mathbf{a}_k\}_{k\in\mathbb{N}} \subset \mathbb{R}^n$ *ist konvergent dann und nur dann, wenn* $\{\mathbf{a}_k\}_{k\in\mathbb{N}}$ *eine Cauchy–Folge ist.*

Bemerkung 3.37: *Dieser Satz ist für Konvergenzuntersuchungen von Zahlenfolgen außerordentlich bedeutsam. Darüberhinaus hat sich im 19. Jahrhundert herausgestellt, daß der Begriff der Cauchy–Folge für die moderne Analysis und Funktionalanalysis grundlegend ist. Damit hängt die Einführung der reellen Zahlen mittels Äquivalenzklassen rationaler Cauchy–Folgen zusammen, wie sie von*

G. Cantor erfunden wurde. Dort definiert man für zwei Cauchy–Folgen $\{a_k\}$, $\{b_k\}$ mit $a_k \in \mathbb{Q}$, $b_k \in \mathbb{Q}$ eine Äquivalenzrelation: $\{a_k\} \sim \{b_k\}$ genau dann wenn

$$\forall \varepsilon > 0 \quad \exists N(\varepsilon) \in \mathbb{N} \quad \forall k \geq N(\varepsilon): \quad |a_k - b_k| < \varepsilon .$$

Jede Äquivalenzklasse von Cauchy–Folgen wird dann mit einer reellen Zahl identifiziert.

Beweis von Satz 3.19:

i. Hinrichtung: $\{\mathbf{a}_k\}_{k\in\mathbb{N}}$ sei konvergent und $\mathbf{a} := \lim_{k\to\infty} \mathbf{a}_k$.

Aus der Konvergenz folgt für ein beliebig gewähltes $\varepsilon > 0$ die Existenz von $N(\frac{\varepsilon}{2}) \in \mathbb{N}$, so daß für alle $k \geq N(\frac{\varepsilon}{2})$ gilt: $|\mathbf{a} - \mathbf{a}_k| < \frac{\varepsilon}{2}$. Daraus ergibt sich für alle $k, m \geq N(\frac{\varepsilon}{2})$: $|\mathbf{a}_k - \mathbf{a}_m| \leq |\mathbf{a}_k - \mathbf{a}| + |\mathbf{a}_m - \mathbf{a}| < \frac{\varepsilon}{2} + \frac{\varepsilon}{2} = \varepsilon$. Somit ist $\{\mathbf{a}_k\}_{k\in\mathbb{N}}$ Cauchy-Folge.

ii. Rückrichtung: $\{\mathbf{a}_k\}_{k\in\mathbb{N}}$ sei Cauchy–Folge.

Insbesondere für $\varepsilon = 1$ gilt mit $N(1)$ für alle $k \geq N(1)$: $|\mathbf{a}_k - \mathbf{a}_N| < 1$. Daraus folgt $|\mathbf{a}_k| \leq \max\{|\mathbf{a}_1|, \ldots, |\mathbf{a}_{N-1}|, |\mathbf{a}_N| + 1\}$, d.h. $\{\mathbf{a}_k\}_{k\in\mathbb{N}}$ ist beschränkt.

Nach dem Satz von Bolzano–Weierstraß, Folgerung 3.35, gibt es eine konvergente Teilfolge $\{\mathbf{a}_{k'}\}_{k'\in\mathbb{N}'}$ von $\{\mathbf{a}_k\}_{k\in\mathbb{N}}$, für die gilt:

$$\mathbf{a} = \lim_{k'\to\infty} \mathbf{a}_{k'}.$$

Sei $\varepsilon > 0$ beliebig gegeben. Daraus folgt, da $\{\mathbf{a}_k\}_{k\in\mathbb{N}}$ Cauchy–Folge ist:

1) Es existiert ein $N_c(\frac{\varepsilon}{2})$, so daß für alle $k, m \geq N_c$ gilt: $|\mathbf{a}_k - \mathbf{a}_m| < \frac{\varepsilon}{2}$.

2) Es existiert ein $N' \geq N_c(\frac{\varepsilon}{2})$, und eine unendliche Indexmenge $\mathbb{N}' \subset \mathbb{N}$ mit $N' \in \mathbb{N}'$, so daß für alle $k' \in \mathbb{N}'$ und $k' \geq N'$ gilt $|\mathbf{a}_{k'} - \mathbf{a}| < \frac{\varepsilon}{2}$.

Aus 1) und 2) folgt für alle $k \geq N := \max\{N', N_C\}$:

$$|\mathbf{a}_k - \mathbf{a}| \leq |\mathbf{a}_k - \mathbf{a}_{N'}| + |\mathbf{a}_{N'} - \mathbf{a}| < \frac{\varepsilon}{2} + \frac{\varepsilon}{2} = \varepsilon,$$

also die Konvergenz gegen $\mathbf{a}$. □

3.5.4 Offene, abgeschlossene und kompakte Mengen in $\mathbb{R}^n$ und der Satz von Heine–Borel

Definition 3.38: *Für $\varepsilon > 0$ heißt*

(3.40) $\mathcal{U}_\varepsilon(\mathbf{x}) := \{\mathbf{y} \in \mathbb{R}^n \mid | |\mathbf{x} - \mathbf{y}| < \varepsilon\}$

offene ***ε–Umgebung*** *von* $\boldsymbol{x}$.

Eine Folge $\{\mathbf{x}_\ell\}_{\ell\in\mathbb{N}}$ ist konvergent gegen $\mathbf{x} \in \mathbb{R}^n$ genau dann, wenn gilt:

(3.41) $\forall \varepsilon > 0\, \exists N(\varepsilon) \in \mathbb{N} : \forall \ell > N(\varepsilon)\ \mathbf{x}_\ell \in \mathcal{U}_\varepsilon(\mathbf{x})$.

Definition 3.39: *$\mathcal{M}$ heißt* **offen** *in $\mathbb{R}^n$, wenn gilt:*

(3.42) $\forall \mathbf{x} \in \mathcal{M}\, \exists \varepsilon > 0 : \quad \mathcal{U}_\varepsilon(\mathbf{x}) \subset \mathcal{M}$.

Definition 3.40: $\mathbf{x} \in \mathcal{M}$ *heißt* **innerer Punkt** *von $\mathcal{M}$, wenn gilt:*

(3.43) $\exists \varepsilon > 0 : \mathcal{U}_\varepsilon(\mathbf{x}) \subset \mathcal{M}$.

Die Menge $\underline{\mathcal{M}}$ aller inneren Punkte von $\mathcal{M}$ heißt **offener Kern** *von $\mathcal{M}$.*

Folgerung 3.41: *$\underline{\mathcal{M}}$ ist offen in $\mathbb{R}^n$.*

Beweis: Sei $\mathbf{x} \in \underline{\mathcal{M}}$ beliebig. Wähle ein $\varepsilon > 0$ so, daß gilt: $\mathcal{U}_\varepsilon(\mathbf{x}) \subset \mathcal{M}$. $\mathbf{y} \in \mathcal{U}_{\varepsilon/2}(\mathbf{x})$ sei beliebig gewählt. Für alle $\mathbf{z} \in \mathcal{U}_{\varepsilon/2}(\mathbf{y})$ gilt: $|\mathbf{z}-\mathbf{y}| < \frac{\varepsilon}{2}$ Dann ist

$$|\mathbf{z}-\mathbf{x}| \le |\mathbf{z}-\mathbf{y}| + |\mathbf{y}-\mathbf{x}| < \frac{\varepsilon}{2} + \frac{\varepsilon}{2} = \varepsilon$$

und daher $\mathcal{U}_{\varepsilon/2}(\mathbf{y}) \subset \mathcal{U}_\varepsilon(\mathbf{x}) \subset \underline{\mathcal{M}}$ d.h. $\mathbf{y} \in \underline{\mathcal{M}}$. Dies gilt für jeden Punkt $\mathbf{y}$, also ist $\bigcup_{\mathbf{y}}\{\mathbf{y}\} = \mathcal{U}_{\varepsilon/2}(\mathbf{x}) \subset \underline{\mathcal{M}}$. Mit jedem beliebigen Punkt $\mathbf{x} \in \underline{\mathcal{M}}$ ist also auch $\mathcal{U}_{\varepsilon/2}(\mathbf{x}) \subset \underline{\mathcal{M}}$, nach Definition (3.42) ist dann $\underline{\mathcal{M}}$ ist offen. □

Definition 3.42: $\mathbf{x}$ *heißt* **Häufungspunkt** *von $\mathcal{M}$, wenn gilt:*

(3.44) $\forall \varepsilon > 0 : \mathcal{U}_\varepsilon(\mathbf{x}) \cap \mathcal{M} \neq \emptyset$.

Definition 3.43:

(3.45) $\overline{\mathcal{M}} := \{\mathbf{x} \,|\, \mathbf{x}$ *ist Häufungspunkt von* $\mathcal{M}\}$

heißt **abgeschlossene Hülle** *von $\mathcal{M}$. Es ist also $\mathcal{M} \subset \overline{\mathcal{M}}$.*

Definition 3.44: *$\mathcal{A}$ heißt* **abgeschlossen**, *wenn gilt:*

(3.46) $\mathbb{R}^n \setminus \mathcal{A}$ *ist offen in* $\mathbb{R}^n$.

Die Abgeschlossenheit von $\overline{\mathcal{M}}$ wird weiter unten in Satz 3.47 gezeigt.

Definition 3.45:

(3.47) $\partial\mathcal{M} := \overline{\mathcal{M}} \setminus \underline{\mathcal{M}}$

heißt **Rand** *von $\mathcal{M}$.*

Satz 3.46: *Der Rand $\partial\mathcal{M}$ hat folgende Eigenschaften:*

(3.48) $\mathbf{x} \in \overline{\mathcal{M}}$ *liegt entweder in $\underline{\mathcal{M}}$ oder auf $\partial\mathcal{M}$.*

(3.49) $\mathbf{x} \in \mathcal{M}$ *liegt entweder in $\underline{\mathcal{M}}$ oder auf $\partial\mathcal{M} \cap \mathcal{M}$.*

(3.50) $\mathbf{x} \in \partial\mathcal{M} \Leftrightarrow \{\forall \varepsilon > 0\, \exists \mathbf{y}, \mathbf{y}' \in \mathcal{U}_\varepsilon(\mathbf{x}) : \mathbf{y} \in \mathcal{M},\, \mathbf{y}' \notin \mathcal{M}\}$.

Beweis:
Zu (3.48): Für $\mathbf{x} \in \overline{\mathcal{M}}$ gilt entweder $\mathbf{x} \in \underline{\mathcal{M}} \subset \mathcal{M} \subset \overline{\mathcal{M}}$ oder $\mathbf{x} \in \overline{\mathcal{M}} \backslash \underline{\mathcal{M}} = \partial \mathcal{M}$.
Zu (3.49): Für $\mathbf{x} \in \mathcal{M}$ gilt entweder $\mathbf{x} \in \underline{\mathcal{M}} \subset \mathcal{M}$ oder $\mathbf{x} \in \mathcal{M} \backslash \underline{\mathcal{M}} = \mathcal{M} \cap \left(\overline{\mathcal{M}} \backslash \underline{\mathcal{M}}\right) = \mathcal{M} \cap \partial \mathcal{M}$.
Zu (3.50):

i. Für jedes $\mathbf{x} \in \partial \mathcal{M}$ ist $\mathcal{U}_\varepsilon(\mathbf{x}) \cap \mathcal{M} \neq \emptyset$ für jedes $\varepsilon > 0$, denn zu $\mathbf{x} \in \partial \mathcal{M} \subset \overline{\mathcal{M}}$ existiert für jedes $\varepsilon > 0$ ein $\mathbf{y} \in U_\varepsilon(\mathbf{x}) \cap \mathcal{M} \subset \mathcal{M}$.

Ist $\mathbf{x} \notin \mathcal{M}$, dann wähle man $\mathbf{y}' := \mathbf{x}$ und dann gilt $\mathbf{x} = \mathbf{y}' \in \mathcal{U}_\varepsilon(\mathbf{x})$ für jedes $\varepsilon > 0$.

Nun sei $\mathbf{x} \in \mathcal{M}$ und $\varepsilon > 0$ sei beliebig aber fest gewählt. Nimmt man an, daß für jedes $\mathbf{y}' \in \mathcal{U}_\varepsilon(\mathbf{x})$ gilt $\mathbf{y}' \in \mathcal{M}$, dann ist $\mathbf{x}$ innerer Punkt von $\mathcal{M}$, d.h. $\mathbf{x} \in \underline{\mathcal{M}}$, also $\mathbf{x} \notin \overline{\mathcal{M}} \backslash \underline{\mathcal{M}} = \partial \mathcal{M}$ im Widerspruch zur Voraussetzung $\mathbf{x} \in \partial \mathcal{M}$. Also existiert ein $\mathbf{y}' \in \mathcal{U}_\varepsilon(\mathbf{x})$ mit $\mathbf{y}' \notin \mathcal{M}$.

ii. Für jedes $\varepsilon > 0$ gebe es einen Punkt $\mathbf{y} \in \mathcal{U}_\varepsilon(\mathbf{x}) \cap \mathcal{M}$ und einen Punkt $\mathbf{y}' \in \mathcal{U}_\varepsilon(x) \setminus \mathcal{M}$. Dann ist $\mathbf{x} \in \overline{\mathcal{M}}$. Außerdem gilt wegen $\mathbf{y}' \notin \mathcal{M}$, daß $\mathbf{x} \notin \underline{\mathcal{M}}$. Insgesamt gilt also $\mathbf{x} \in \overline{\mathcal{M}} \backslash \underline{\mathcal{M}} = \partial \mathcal{M}$. □

Satz 3.47 : *Zur Abgeschlossenheit einer Menge $\mathcal{M} \subset \mathbb{R}^n$ sind folgende Aussagen äquivalent:*

(3.51) $\mathcal{M} = \overline{\mathcal{M}}$.

(3.52) *Für alle Folgen* $\{\mathbf{x}_\ell\}_{\ell \in \mathbb{N}} \subset \mathcal{M}$ *mit* $\mathbf{x}_\ell \to \mathbf{x}$ *folgt:* $\mathbf{x} \in \mathcal{M}$.

(3.53) $\{\mathbf{h} \in \mathbb{R}^n \mid \mathbf{h}$ *ist Häufungspunkt von* $\mathcal{M} \backslash \{\mathbf{h}\}\} \subset \mathcal{M}$.

Beweis von (3.51):

i. Sei $\mathcal{M}$ abgeschlossen, d.h. $\mathbb{R}^n \backslash \mathcal{M}$ offen.
Annahme: Es existiert ein $\mathbf{x} \in \overline{\mathcal{M}} \backslash \mathcal{M} \neq \emptyset$. Dann existiert eine Zahl $\varepsilon > 0$, so daß gilt: $\mathcal{U}_\varepsilon(\mathbf{x}) \subset \mathbb{R}^n \backslash \mathcal{M}$. Das bedeutet aber: $\mathcal{U}_\varepsilon(\mathbf{x}) \cap \mathcal{M} = \emptyset$, also $\mathbf{x}$ ist kein Häufungspunkt von $\mathcal{M}$. Demnach gilt: $\mathbf{x} \notin \overline{\mathcal{M}}$ im Widerspruch zur obigen Annahme. Stattdessen gilt also $\overline{\mathcal{M}} \backslash \mathcal{M} = \emptyset$. Wegen $\mathcal{M} \subset \overline{\mathcal{M}}$ folgt daraus $\mathcal{M} = \overline{\mathcal{M}}$.

ii. Sei $\mathcal{M} = \overline{\mathcal{M}}$ und $\mathbf{x} \in \mathbb{R}^n \backslash \mathcal{M}$. Folglich gilt $\mathbf{x} \notin \overline{\mathcal{M}}$ und Kontraposition von (3.44) liefert: $\exists \varepsilon_0 > 0 : \mathcal{U}_{\varepsilon_0}(\mathbf{x}) \cap \mathcal{M} = \emptyset$, d. h. $\mathcal{U}_{\varepsilon_0}(\mathbf{x}) \subset \mathbb{R}^n \backslash \mathcal{M}$.
Da $\mathbf{x}$ beliebig gewählt war, gilt dies für jedes $\mathbf{x} \in \mathbb{R}^n \backslash \mathcal{M}$. Also ist $\mathbb{R}^n \backslash \mathcal{M}$ offen, das heißt $\mathcal{M}$ ist abgeschlossen.

Die Äquivalenzen zu (3.52) und (3.53) beweist man ganz analog; wir überlassen dies dem Leser. □

Für $\mathcal{M} \subset \mathbb{R}^n$ gilt

(3.54) $\overline{\overline{\mathcal{M}}} = \overline{\mathcal{M}}$.

Definition 3.48: *$\mathcal{M} \subset \mathbb{R}^n$ heißt* **kompakt** *genau dann, wenn jede Folge von Elementen aus $\mathcal{M}$ mindestens eine konvergente Teilfolge mit Grenzwert in $\mathcal{M}$ enthält.*

Folgerung 3.49: *$\mathcal{M} \subset \mathbb{R}^n$ ist kompakt genau dann, wenn $\mathcal{M}$ abgeschlossen und beschränkt ist.*

Satz 3.50 (Satz von Heine–Borel) : *$\mathcal{M}$ sei kompakt in $\mathbb{R}^n$. Dann enthält jede offene Überdeckung von $\mathcal{M}$ bereits eine endliche Überdeckung. Ist also $\mathcal{O}_\alpha$ mit $\alpha \in I$ ein System offener Mengen mit*

(3.55) $$\mathcal{M} \subset \bigcup_{\alpha \in I} \mathcal{O}_\alpha,$$

dann gibt es bereits endlich viele Indizes $\alpha_1, \ldots, \alpha_m \in I$, so daß gilt

(3.56) $$\mathcal{M} \subset \bigcup_{j=1}^{m} \mathcal{O}_{\alpha_j}.$$

Beweis: (Widerspruchsbeweis)
Annahme: eine unendliche Überdeckung sei unumgänglich. Dann sind auch unendlich viele $\mathcal{O}_\alpha$ für die Überdeckung von $J_0 \cap \mathcal{M}$ nötig, wobei J_0 einen geeigneten Würfel mit $J_0 \supset \mathcal{M}$ bezeichnet. Nun halbieren wir die Seitenlänge des Würfels J_0 und zerlegen ihn in 2^n Teilwürfel. Für die Abschließung mindestens einer dieser Teilwürfel J_1 sind unendlich viele $\mathcal{O}_\alpha$ zur Überdeckung von $J_1 \cap \mathcal{M}$ nötig. Nun zerlegen wir J_1 durch Seitenhalbierung und wählen als J_2 wieder einen unter den Teilwürfeln, für den unendlich viele der $\mathcal{O}_\alpha$ zur Überdeckung von $J_2 \cap \mathcal{M}$ nötig sind. Durch Fortsetzung dieses Verfahrens ergibt sich eine Intervallschachtelung im $\mathbb{R}^n$, deren Intervallängen nach Konstruktion gegen Null streben und bei der für jedes m zur Überdeckung von $J_m \cap \mathcal{M}$ unendlich viele $\mathcal{O}_\alpha$ nötig sind. Daher existiert genau ein Punkt $\mathbf{x}$ mit

$$\{\mathbf{x}\} = \bigcap_m J_m \text{ und } \mathbf{x} \in \overline{\mathcal{M}} = \mathcal{M}.$$

Demnach gilt

$$\mathbf{x} \in \bigcap_m (J_m \cap \mathcal{M}).$$

Nun sei α_0 einer derjenigen Indizes, für die $\mathbf{x} \in \mathcal{O}_{\alpha_0}$ gilt. Da $\mathcal{O}_{\alpha_0}$ offen ist, existiert ein $\varepsilon > 0$ mit $\mathbf{x} \in \mathcal{U}_\varepsilon(\mathbf{x}) \subset \mathcal{O}_{\alpha_0}$. Dann gilt für alle $m \geq M$

$$(J_m \cap \mathcal{M}) \subset J_m \subset \mathcal{U}_\varepsilon(\mathbf{x}) \subset \mathcal{O}_{\alpha_0}.$$

Folglich ist $J_M \subset \mathcal{O}_{\alpha_0}$, das heißt J_M wird von $\mathcal{O}_{\alpha_0}$ *alleine* überdeckt und die unendliche Überdeckung ist **nicht** unumgänglich. □

Satz 3.51 : *Sei $\emptyset \neq \mathcal{M} \subset \mathbb{R}^n$, und $\mathcal{M}$ sei sowohl offen als auch abgeschlossen. Dann gilt $\mathcal{M} = \mathbb{R}^n$.*

Beweis: (Widerspruchsbeweis)
Annahme: $\mathbb{R}^n \setminus \mathcal{M}$ sei nicht leer. Dann existiert ein Punkt $\mathbf{y} \in \mathbb{R}^n \setminus \mathcal{M} \neq \emptyset$ und, wegen $\mathcal{M} \neq \emptyset$, ein zweiter Punkt $\mathbf{z} \in \mathcal{M}$. Durch $\mathbf{x}_t = t\mathbf{z} + (1-t)\mathbf{y}$ für $t \in [0,1]$ ist dann die Verbindungsstrecke zwischen $\mathbf{y}$ und $\mathbf{z}$ gegeben.
Sei $\tau := \sup\{t \,|\, \mathbf{x}_t \in \mathcal{M} \wedge t \in [0,1]\}$. Dann existiert eine Folge $t_j \to \tau$ mit $t_j < \tau$ und $\mathbf{x}_{t_j} \in \mathcal{M}$, und es gilt

$$|\mathbf{x}_{t_j} - \mathbf{x}_\tau| \leq |t_j - \tau|\,(|\mathbf{y}| + |\mathbf{z}|) \to 0 \quad \text{für } j \to \infty\,.$$

Folglich ist $\mathbf{x}_\tau \in \overline{\mathcal{M}} = \mathcal{M}$ und deshalb $\tau < 1$. Für $0 < \varepsilon < 1 - \tau$ gilt dann $\mathbf{x}_{\tau+\varepsilon/2} \notin \mathcal{M}$ und $\mathbf{x}_{\tau+\varepsilon/2} \in \mathcal{U}_\varepsilon(\mathbf{x}_\tau)$. Also ist $\mathbf{x}_\tau \in \partial\mathcal{M}$, folglich $\partial\mathcal{M} \neq \emptyset$.
Andererseits gilt im Gegensatz hierzu $\partial\mathcal{M} = \overline{\mathcal{M}} \setminus \underline{\mathcal{M}} = \mathcal{M} \setminus \mathcal{M} = \emptyset$ nach Voraussetzung. Die Annahme $\mathbb{R}^n \setminus \mathcal{M} \neq \emptyset$ führt demnach zu einem Widerspruch, also gilt $\mathcal{M} = \mathbb{R}^n$. □

3.5.5 Der Banachsche Fixpunktsatz

Sowohl babylonisches Wurzelziehen (1.36) als auch das divisionsfreie Dividieren (3.14) sind Verfahren der sukzessiven Approximation

$$(3.57) \quad \mathbf{x}_{k+1} = \mathbf{\Phi}(\mathbf{x}_k) \quad \text{für } k = 0, 1, 2, \ldots$$

mit einer Funktion $\mathbf{\Phi} : D \to \mathbb{R}^n$ und $D \subset \mathbb{R}^n$.
Die Funktion $\mathbf{\Phi}$ erfüllt eine **Lipschitz–Bedingung** mit der **Lipschitz–Konstanten** L, wenn gilt

$$(3.58) \quad \forall \boldsymbol{\xi}, \boldsymbol{\eta} \in D: \quad |\mathbf{\Phi}(\boldsymbol{\xi}) - \mathbf{\Phi}(\boldsymbol{\eta})| \leq L \cdot |\boldsymbol{\xi} - \boldsymbol{\eta}|\,.$$

Die Abbildung $\mathbf{\Phi}$ heißt **Kontraktion** in D, falls $\mathbf{\Phi}$ einer Lipschitz–Bedingung mit $L = q < 1$ genügt; d.h. für alle $\boldsymbol{\xi}$, $\boldsymbol{\eta} \in D$ gilt

$$|\mathbf{\Phi}(\boldsymbol{\xi}) - \mathbf{\Phi}(\boldsymbol{\eta})| \leq q \cdot |\boldsymbol{\xi} - \boldsymbol{\eta}| \quad \text{mit } q < 1.$$

Satz 3.52 (Banachscher Fixpunktsatz im $\mathbb{R}^n$) : *Sei $D \subset \mathbb{R}^n$ abgeschlossen und die Abbildung $\mathbf{\Phi} : D \to D \subset \mathbb{R}^n$ eine Kontraktion in D. Dann hat die Fixpunktgeichung*

$$(3.59) \quad \mathbf{z} = \mathbf{\Phi}(\mathbf{z})$$

genau eine Lösung $\mathbf{z} \in D$, den sogenannten Fixpunkt. Bildet man mit $\mathbf{x}_0 \in D$ die sukzessive Approximation (3.57), *so gelten die a–priori und a–posteriori Abschätzungen*

$$(3.60) \quad |\mathbf{z} - \mathbf{x}_k| \leq \frac{q^k}{1-q}\,|\mathbf{x}_1 - \mathbf{x}_0|,$$

$$(3.61) \quad |\mathbf{z} - \mathbf{x}_k| \leq \frac{q}{1-q}\,|\mathbf{x}_k - \mathbf{x}_{k-1}|$$

für $k \in \mathbb{N}_0$. *Insbesondere konvergiert also* $\{\mathbf{x}_k\}_{k\in\mathbb{N}}$ *gegen* $\mathbf{z}$.

Beweis: Es soll gezeigt werden, daß die Gleichung $\mathbf{z} = \mathbf{\Phi}(\mathbf{z})$ eine Lösung hat, die man mit Hilfe eines beliebigen Startwertes $\mathbf{x}_0 \in D$ und der sukzessiven Approximation annähern kann. Dabei muß man zuerst $\mathbf{x}_k \in D$ und die Konvergenz von $\{\mathbf{x}_k\}$ zeigen. Sei $\mathbf{x}_0 \in D$ beliebig gewählt.

i. Durch vollständige Induktion zeigen wir zunächst $\mathbf{x}_k \in D$ für alle $k \in \mathbb{N}$. Für $k = 1$ ergibt sich die Induktionsverankerung aus $\mathbf{x}_0 \in D$ und $\mathbf{x}_1 = \mathbf{\Phi}(\mathbf{x}_0) \in \mathbf{\Phi}(D) \subset D$. Damit ist $\mathbf{x}_1 \in D$ erfüllt. Der Induktionsschluß von k auf $k+1$ folgt aus $\mathbf{x}_k \in D$ und $\mathbf{x}_{k+1} = \mathbf{\Phi}(\mathbf{x}_k) \in \Phi(D) \subset D$. Für alle $k \in \mathbb{N}_0$ gilt also $\mathbf{x}_k \in D$ und somit liegen $\{\mathbf{x}_k\}_{k\in\mathbb{N}}$ und $\{\mathbf{\Phi}(\mathbf{x}_k)\}_{k\in\mathbb{N}}$ in D.

ii. Für alle $k \in \mathbb{N}_0$ gilt $|\mathbf{x}_{k+1} - \mathbf{x}_k| \le q^k|\mathbf{x}_1 - \mathbf{x}_0|$. Der Nachweis erfolgt wieder durch vollständige Induktion. Für $k = 1$ ergibt sich aus der Kontraktion von $\mathbf{\Phi}$ die Induktionsverankerung $|\mathbf{x}_2 - \mathbf{x}_1| = |\mathbf{\Phi}(\mathbf{x}_1) - \mathbf{\Phi}(\mathbf{x}_0)| \le q\,|\mathbf{x}_1 - \mathbf{x}_0|$. Der Induktionsschluß von k auf $k+1$ folgt aus

$$\begin{aligned}
|\mathbf{x}_{k+2} - \mathbf{x}_{k+1}| &= |\mathbf{\Phi}(\mathbf{x}_{k+1}) - \mathbf{\Phi}(\mathbf{x}_k)| \le q\,|\mathbf{x}_{k+1} - \mathbf{x}_k| \\
&\le q\,q^k|\mathbf{x}_1 - \mathbf{x}_0| \le q^{k+1}|\mathbf{x}_1 - \mathbf{x}_0|.
\end{aligned}$$

Das ist die behauptete Ungleichung mit dem Index $(k+1)$ statt k.

iii. Wir zeigen nun, daß $\{\mathbf{x}_k\}_{k\in\mathbb{N}}$ und $\{\mathbf{\Phi}(\mathbf{x}_k)\}_{k\in\mathbb{N}}$ konvergieren, indem wir nachweisen, daß $\{\mathbf{x}_k\}_{k\in\mathbb{N}}$ Cauchy–Folge ist. Sei $p \in \mathbb{N}_0$ beliebig vorgegeben. Dann gilt

$$\begin{aligned}
|\mathbf{x}_{k+p} - \mathbf{x}_k| &= |\mathbf{x}_{k+p} - \mathbf{x}_{k+p-1} + \mathbf{x}_{k+p-1} - \ldots - \mathbf{x}_{k+1} + \mathbf{x}_{k+1} - \mathbf{x}_k| \\
&\le |\mathbf{x}_{k+p} - \mathbf{x}_{k+p-1}| + |\mathbf{x}_{k+p-1} - \mathbf{x}_{k+p-2}| + \ldots + |\mathbf{x}_{k+1} - \mathbf{x}_k| \\
&\le q^{k+p-1}|\mathbf{x}_1 - \mathbf{x}_0| + q^{k+p-2}|\mathbf{x}_1 - \mathbf{x}_0| + \ldots + q^k|\mathbf{x}_1 - \mathbf{x}_0| \\
&= q^k \left\{q^{p-1} + q^{p-2} + q^{p-3} + \ldots + 1\right\} |\mathbf{x}_1 - \mathbf{x}_0| \\
&= q^k \frac{1-q^p}{1-q} |\mathbf{x}_1 - \mathbf{x}_0| \le q^k \frac{1}{1-q} |\mathbf{x}_1 - \mathbf{x}_0|.
\end{aligned}$$

Für $\varepsilon > 0$ wählen wir

$$N(\varepsilon) := \left[\frac{|\mathbf{x}_1 - \mathbf{x}_0|}{\varepsilon(1-q)^2}\right] + 1.$$

Dann ist

$$\frac{1}{N}\frac{|\mathbf{x}_1 - \mathbf{x}_0|}{(1-q)^2} < \varepsilon$$

so daß für $k \geq N$, $p \geq 0$ und $m := k + p$ folgt

$$\begin{aligned} |\mathbf{x}_m - \mathbf{x}_k| &= |\mathbf{x}_{k+p} - \mathbf{x}_k| \leq \frac{q^k}{1-q} |\mathbf{x}_1 - \mathbf{x}_0| \\ &\leq \frac{q^N}{1-q} |\mathbf{x}_1 - \mathbf{x}_0| \leq \frac{1}{N} \frac{|\mathbf{x}_1 - \mathbf{x}_0|}{(1-q)^2} < \varepsilon. \end{aligned}$$

Also ist $\{\mathbf{x}_k\}$ Cauchy–Folge.

iv. Nach Satz 3.36 existiert dann $\mathbf{z} = \lim\limits_{m\to\infty} \mathbf{x}_m = \lim\limits_{p\to\infty} \mathbf{x}_{k+p}$. Somit ist

$$|\mathbf{z} - \mathbf{x}_k| = |\lim_{p\to\infty} (\mathbf{x}_{k+p} - \mathbf{x}_k)| \leq \frac{q^k}{1-q} |\mathbf{x}_1 - \mathbf{x}_0|.$$

Da D abgeschlossen und $\mathbf{z}$ Grenzwert von $\{\mathbf{x}_k\} \subset D$ ist, gilt $\mathbf{z} \in \overline{D} = D$.

v. Wir zeigen nun, daß der Grenzwert $\mathbf{z}$ Fixpunkt von $\mathbf{\Phi}$ ist. Aus

$$\begin{aligned} |\mathbf{z} - \mathbf{\Phi}(\mathbf{z})| &= |\mathbf{z} - \mathbf{\Phi}(\mathbf{x}_k) + \mathbf{\Phi}(\mathbf{x}_k) - \mathbf{\Phi}(\mathbf{z})| \\ &\leq |\mathbf{z} - \mathbf{\Phi}(\mathbf{x}_k)| + |\mathbf{\Phi}(\mathbf{x}_k) - \mathbf{\Phi}(\mathbf{z})| \leq |\mathbf{z} - \mathbf{x}_{k+1}| + q\,|\mathbf{x}_k - \mathbf{z}| \end{aligned}$$

folgt mit *iv.*

$$|\mathbf{z} - \mathbf{\Phi}(\mathbf{z})| \leq \frac{1}{1-q} |\mathbf{x}_1 - \mathbf{x}_0| \left[q^{k+1} + q^k\, q\right] = 2q^{k+1} \frac{|\mathbf{x}_1 - \mathbf{x}_0|}{1-q}$$

und mit $k \to \infty$ ergibt sich daraus

$$|\mathbf{z} - \mathbf{\Phi}(\mathbf{z})| = 2 \frac{|\mathbf{x}_1 - \mathbf{x}_0|}{1-q} \lim_{k\to\infty} q^{k+1} = 0.$$

vi. Wir zeigen nun die Eindeutigkeit des Fixpunktes $\mathbf{z}$. Für zwei Fixpunkte $\mathbf{z} = \mathbf{\Phi}(\mathbf{z}) \in D$ und $\mathbf{z}_1 = \mathbf{\Phi}(\mathbf{z}_1) \in D$ gilt

$$|\mathbf{z} - \mathbf{z}_1| = |\mathbf{\Phi}(\mathbf{z}) - \mathbf{\Phi}(\mathbf{z}_1)| \leq q \cdot |\mathbf{z} - \mathbf{z}_1|.$$

Wegen $0 \leq (1-q)\,|\mathbf{z} - \mathbf{z}_1| \leq 0$ folgt $\mathbf{z} = \mathbf{z}_1$, d.h. die Fixpunkte sind gleich.

□

Satz 3.53: *Sei* $\mathbf{\Phi} : \mathcal{U}_\beta(\mathbf{0}) \to \mathbb{R}^n$ *Kontraktion in einer* β*–Umgebung* $\mathcal{U}_\beta(\mathbf{0})$ *des Nullpunktes mit einer Konstanten* $\beta > 0$ *und erfülle darüberhinaus*

(3.62) $|\mathbf{\Phi}(\mathbf{0})| < \beta\,(1-q)$

mit $q = L < 1$*, der Lipschitz–Konstanten aus* (3.58)*. Dann gelten für* $\mathbf{x}_0 \in \mathcal{U}_\beta(\mathbf{0})$ *alle Behauptungen von Satz 3.52 in* $\mathcal{U}_\beta(\mathbf{0})$*.*

Beweis: Für $\mathbf{x} \in \mathbb{R}^n$ mit $|\mathbf{x}| = \beta$ definiere man durch

$$\mathbf{\Phi}(\mathbf{x}) := \lim_{\mathcal{U}_\beta(\mathbf{0}) \ni \mathbf{x}_j \to \mathbf{x}} \mathbf{\Phi}(\mathbf{x}_j)$$

die Funktion $\mathbf{\Phi}$ auch noch auf dem Rand $\partial\mathcal{U}_\beta(\mathbf{0}) = \{\mathbf{x} \in \mathbb{R}^n \mid |\mathbf{x}| = \beta\}$ von $\mathcal{U}_\beta(\mathbf{0})$, denn dieser Grenzwert existiert, weil $\{\mathbf{\Phi}(\mathbf{x}_j)\}_{j \in \mathbb{N}}$ wegen

$$|\mathbf{\Phi}(\mathbf{x}_j) - \mathbf{\Phi}(\mathbf{x}_k)| \leq q\,|\mathbf{x}_j - \mathbf{x}_k|$$

für die konvergente Folge $\mathbf{x}_j \in \mathbb{R}^n$ eine Cauchy–Folge ist. Dann wähle man für die fortgesetzte Funktion $\mathbf{\Phi}(\mathbf{x})$ den neuen **abgeschlossenen** Definitionsbereich $D := \overline{\mathcal{U}_\beta(\mathbf{0})}$. Aus Voraussetzung (3.62) ergibt sich für $\mathbf{y} \in D = \overline{\mathcal{U}_\beta(\mathbf{0})}$

$$|\mathbf{\Phi}(\mathbf{y})| \leq |\mathbf{\Phi}(\mathbf{y}) - \mathbf{\Phi}(\mathbf{0})| + |\mathbf{\Phi}(\mathbf{0})| \leq q\beta + (1-q)\,\beta = \beta,$$

d.h. $\mathbf{\Phi}(\mathbf{y}) \in \overline{\mathcal{U}_\beta(\mathbf{0})}$ bzw. $\mathbf{\Phi} : D \to \overline{\mathcal{U}_\beta(\mathbf{0})}$ und Satz 3.52 liefert nun die Behauptung. □

Bemerkung 3.54: *Die Methode der sukzessiven Approximation läßt sich leicht veranschaulichen, wie weiter unten skizziert. Der Banachsche Fixpunktsatz gilt in sehr großer Allgemeinheit für kontraktive Abbildungen in metrischen Räumen und bildet deshalb heute eines der Fundamente der Lösungstheorie von Gleichungen in der Analysis und Funktionalanalysis. Wegen der konstruktiven Bestimmung von z nach (3.57) und der Fehlerabschätzung (3.60) begründet er darüberhinaus eine Vielzahl von Berechnungsverfahren in der Numerischen Mathematik.*

Bemerkung 3.55: *Da Abstand und Konvergenz in $\mathbb{C}$ und $\mathbb{R}^2$ identisch sind, gelten alle Sätze und Definitionen, insbesondere Folgerung 3.35 und Satz 3.26 sowohl in $\mathbb{R}^2$ als auch in $\mathbb{C}$.*

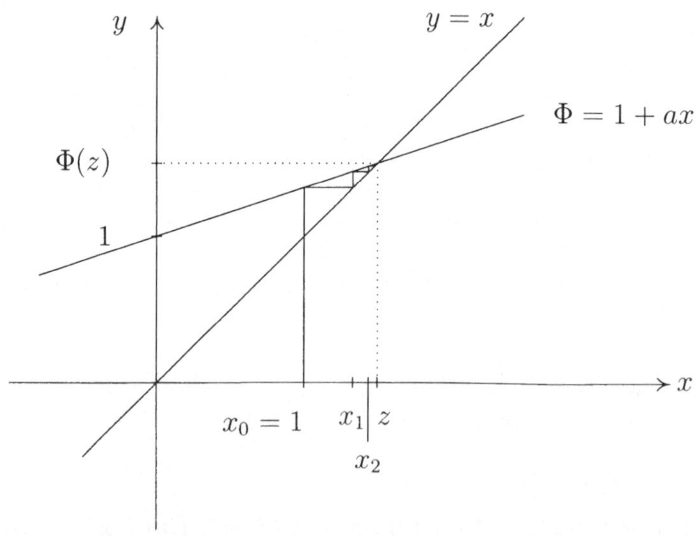

Abbildung 3.2: Banachscher Fixpunktsatz.

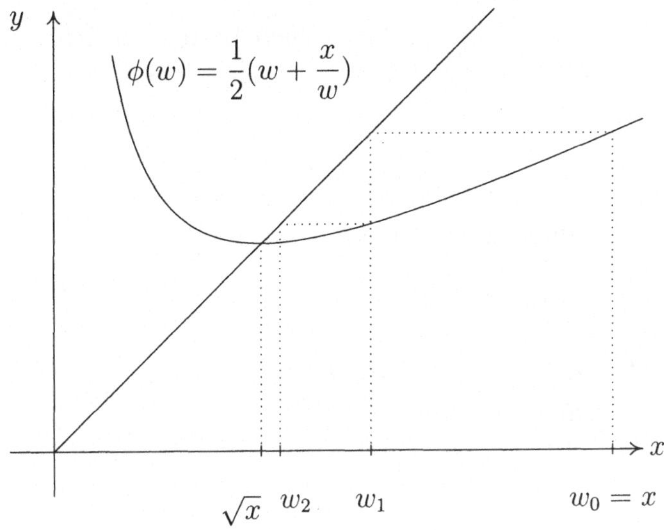

Abbildung 3.3: Babylonisches Wurzelziehen (1.36).

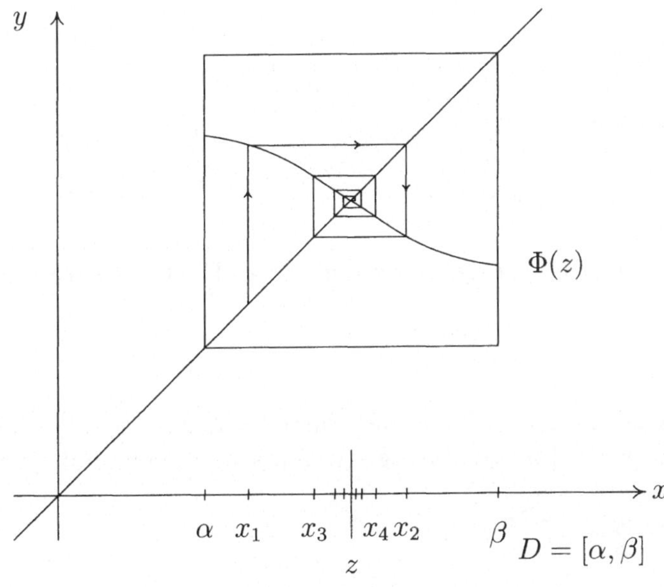

Abbildung 3.4

3.5.6 Häufungsgrenzen in $\mathbb{R}$

Besitzt eine beschränkte Folge $\{a_k\}_{k\in\mathbb{N}}$ einen **größten Häufungspunkt**, so heißt dieser **limes superior**, in Zeichen

$$\overline{\lim_{k\to\infty}}\, a_k.$$

Besitzt eine beschränkte Folge $\{a_k\}_{k\in\mathbb{N}}$ einen **kleinsten Häufungspunkt**, so heißt dieser **limes inferior**, in Zeichen

$$\varliminf_{k\to\infty} a_k .$$

Satz 3.56 : *Sei $\{a_k\}_{k\in\mathbb{N}} \subset \mathbb{R}$ beschränkt. Dann gelten:*

$$(3.63)\quad \varlimsup_{k\to\infty} a_k = \lim_{k\to\infty} \left(\sup\{a_j \mid j \geq k\}\right),$$

$$(3.64)\quad \varliminf_{k\to\infty} a_k = \lim_{k\to\infty} \left(\inf\{a_j \mid j \geq k\}\right).$$

Für jede Teilfolge $\{a_{k'}\}_{k'\in\mathbb{N}'}$ von $\{a_k\}_{k\in\mathbb{N}}$ gilt

$$(3.65)\quad \varliminf_{k\to\infty} a_k \leq \varliminf_{k'\to\infty} a_{k'} \leq \varlimsup_{k'\to\infty} a_{k'} \leq \varlimsup_{k\to\infty} a_k .$$

Die Folge $\{a_k\}_{k\in\mathbb{N}}$ ist genau dann konvergent, wenn

$$(3.66)\quad \varliminf_{k\to\infty} a_k = \varlimsup_{k\to\infty} a_k .$$

Den Beweis dieses Satzes überlassen wir dem Leser als Übungsaufgabe.

3.6 Reihen

Sei $\{\mathbf{a}_k\}_{k\in\mathbb{N}}$ eine Folge in $\mathbb{R}^n$. Dann heißt $\{\mathbf{s}_k\}_{k\in\mathbb{N}}$ mit

$$(3.67)\quad \mathbf{s}_k := \sum_{j=1}^{k} \mathbf{a}_j \quad \text{für } k = 1, 2, \ldots$$

Reihe. Die $\mathbf{a}_j$ heißen **Reihenglieder** und die $\mathbf{s}_k$ **Partialsummen**. Die Reihe

$$\left\{\sum_{j=1}^{k} \mathbf{a}_j\right\}_{k\in\mathbb{N}} = \{\mathbf{s}_k\}_{k\in\mathbb{N}}$$

heißt **konvergent**, wenn die Folge der Partialsummen $\{\mathbf{s}_k\}_{k\in\mathbb{N}}$ konvergiert, sie heißt **divergent**, wenn $\{\mathbf{s}_k\}_{k\in\mathbb{N}}$ divergiert. Wir schreiben im Falle der Konvergenz

$$(3.68)\quad \mathbf{s} = \lim_{k\to\infty} \mathbf{s}_k = \sum_{j=1}^{\infty} \mathbf{a}_j .$$

Beispiel 3.57: *Die* **geometrische Reihe in $\mathbb{C}$**:

$$(3.69)\quad \sum_{j=0}^{\infty} z^j = \lim_{k\to\infty} \sum_{j=0}^{k} z^j = \lim_{k\to\infty} \left(\frac{1-z^{k+1}}{1-z}\right)$$

$$= \frac{1 - \lim\limits_{k\to\infty} z^{k+1}}{1-z} = \frac{1}{1-z} \quad \textit{für } |z| < 1.$$

Die geometrische Reihe konvergiert für $|z| < 1$. Für $|z| > 1$ und $z = 1$ sind die Partialsummen unbeschränkt, so daß die Reihe in diesen Fällen divergiert.

Beispiel 3.58: Exponentialreihe

$$\sum_{j=0}^{\infty} \frac{1}{j!} = e. \tag{3.70}$$

Lemma 3.59: *Die harmonische Reihe*

$$\sum_{\nu=1}^{\infty} \frac{1}{\nu} = 1 + \frac{1}{2} + \frac{1}{3} + \frac{1}{4} + \frac{1}{5} + \frac{1}{6} + \ldots + \frac{1}{n} + \ldots \tag{3.71}$$

ist divergent.

Beweis: Wegen

$$\begin{aligned} s_{2^k} &= 1 + \frac{1}{2} + \frac{1}{3} + \frac{1}{4} + \frac{1}{5} + \frac{1}{6} + \frac{1}{7} + \frac{1}{8} + \ldots + \frac{1}{2^k} \\ &= 1 + \frac{1}{2} + \left(\frac{1}{3} + \frac{1}{4}\right) + \left(\frac{1}{5} + \frac{1}{6} + \frac{1}{7} + \frac{1}{8}\right) + \ldots + \frac{1}{2^k} \\ &> \frac{1}{2} + \frac{1}{2} + \frac{1}{2} + \frac{1}{2} + \ldots + \frac{1}{2} = \frac{k}{2} \end{aligned}$$

ist s_m für $m = 2^k \to \infty$ unbeschränkt, das heißt die Reihe divergiert. □

Satz 3.60 : *Die Reihe* $\sum_{j=1}^{\infty} \mathbf{a}_j$ *sei konvergent. Dann ist die Folge* $\{\mathbf{a}_j\}$ *eine Nullfolge, das heißt*

$$\lim_{j\to\infty} \mathbf{a}_j = \mathbf{0}.$$

Beweis: Nach Voraussetzung folgt aus der Konvergenz der Folge $\{\mathbf{s}_k\}$ für ein beliebig vorgegebenes $\varepsilon > 0$ die Existenz eines Indizes N, so daß für alle $k, m > N$ die Ungleichung $|\mathbf{s}_k - \mathbf{s}_m| < \varepsilon$ erfüllt wird. Wählt man speziell: $m := k + 1$, dann gilt

$$|\mathbf{s}_{k+1} - \mathbf{s}_k| = |\mathbf{a}_{k+1}| < \varepsilon.$$

Für alle $j \geq N + 1$ ist also $|\mathbf{a}_j| < \varepsilon$, d.h. $|\mathbf{a}_j - \mathbf{0}| < \varepsilon$ und somit $\lim\limits_{j\to\infty} \mathbf{a}_j = \mathbf{0}$. □

Satz 3.61 (Leibnizsches Konvergenzkriterium in $\mathbb{R}$) :
Sei $\{a_j\}_{j\in\mathbb{N}}$ *eine alternierende reelle Zahlenfolge mit*

i. $|a_{j+1}| \leq |a_j|$ *und* $\lim\limits_{j\to\infty} |a_j| = 0$,

ii. $\operatorname{sign} a_j = -\operatorname{sign} a_{j+1}$.[1)]

Dann ist die Reihe $\sum\limits_{j=1}^{\infty} a_j$ *konvergent in* $\mathbb{R}$.

---

[1] Für $x \in \mathbb{R}$ sei $\operatorname{sign} x := \begin{cases} +1 & \text{für } x \geq 0, \\ -1 & \text{für } x < 0. \end{cases}$

Beweis: Sei $\varepsilon > 0$ beliebig vorgegeben, dann kann dazu ein Index $N(\varepsilon)$ derart gewählt werden, so daß $|a_k| < \varepsilon$ für alle $k \geq N$ gilt. Daraus folgt, daß für alle $m \geq k \geq N(\varepsilon)$ gilt:

$$\begin{aligned}
|s_m - s_k| &= |a_{k+1} + a_{k+2} + a_{k+3} + \cdots + a_m| \\
&= (|a_{k+1}| - |a_{k+2}|) + (|a_{k+3}| - |a_{k+4}|) + \ldots + \begin{cases} |a_m| \\ \text{oder } 0 \end{cases} \\
&= |a_{k+1}| - (|a_{k+2}| - |a_{k+3}|) - (|a_{k+4}| - |a_{k+5}|) - \ldots - \begin{cases} (|a_{m-1}| - |a_m|) \\ \text{oder } |a_m| \end{cases} \\
&\leq |a_{k+1}| < \varepsilon .
\end{aligned}$$

Demnach ist $\{s_m\}$ Cauchy–Folge in $\mathbb{R}$, nach dem Cauchy–Kriterium also konvergent. □

Bemerkung 3.62: *Aus $a_k < 0$ folgt für eine alternierende Folge die Einschließung*

$$s_k = a_1 + a_2 + \ldots + a_k \leq s \leq s_{k+1} = a_1 + a_2 + \ldots + a_k + a_{k+1} .$$

Beispiel 3.63:

$$\sum_{k=1}^{\infty} \frac{(-1)^{k+1}}{k} = 1 - \frac{1}{2} + \frac{1}{3} - \frac{1}{4} + \frac{1}{5} \pm \ldots = 0.69314\ldots .$$

Rechnen mit Reihen:

Satz 3.64: *Seien $\sum\limits_{\nu=1}^{\infty} a_\nu$ und $\sum\limits_{\nu=1}^{\infty} b_\nu$ konvergent in $\mathbb{C}$. Dann gelten*

$$(3.72) \quad \sum_{\nu=1}^{\infty} (\alpha a_\nu + \beta b_\nu) = \alpha \sum_{\nu=1}^{\infty} a_\nu + \beta \sum_{\nu=1}^{\infty} b_\nu \quad \text{für alle } \alpha, \beta \in \mathbb{C}$$

und

$$(3.73) \quad \lim_{k\to\infty} \left\{ \sum_{j,\ell=1}^{k} a_j b_\ell \right\} = \lim_{k\to\infty} \left\{ \left(\sum_{j=1}^{k} a_j \right) \left(\sum_{\ell=1}^{k} b_\ell \right) \right\} = \left(\sum_{j=1}^{\infty} a_j \right) \left(\sum_{\ell=1}^{\infty} b_\ell \right).$$

Sind $\sum\limits_{\nu=1}^{\infty} \mathbf{a}_\nu$ und $\sum\limits_{\nu=1}^{\infty} \mathbf{b}_\nu$ konvergent in $\mathbb{R}^n$, dann gelten

$$(3.74) \quad \sum_{\nu=1}^{\infty} (\alpha \mathbf{a}_\nu + \beta \mathbf{b}_\nu) = \alpha \sum_{\nu=1}^{\infty} \mathbf{a}_\nu + \beta \sum_{\nu=1}^{\infty} \mathbf{b}_\nu \quad \text{für alle } \alpha, \beta \in \mathbb{R}$$

und

$$(3.75) \quad \lim_{k\to\infty} \left\{ \sum_{j,\ell=1}^{k} \mathbf{a}_j \cdot \mathbf{b}_\ell \right\} = \lim_{k\to\infty} \left\{ \left(\sum_{j=1}^{k} \mathbf{a}_j \right) \cdot \left(\sum_{\ell=1}^{k} \mathbf{b}_\ell \right) \right\} = \left(\sum_{j=1}^{\infty} \mathbf{a}_j \right) \cdot \left(\sum_{\ell=1}^{\infty} \mathbf{b}_\ell \right).$$

Beweis: Man wende die Limes–Regeln (Satz 3.21) auf die konvergenten Folgen

$$s_k := \sum_{j=1}^{k} a_j \quad \text{und} \quad \sigma_k := \sum_{j=1}^{k} b_j$$

in $\mathbb{C}$ bzw.

$$\mathbf{s}_k := \sum_{j=1}^{k} \mathbf{a}_j \quad \text{und} \quad \boldsymbol{\sigma}_k := \sum_{j=1}^{k} \mathbf{b}_j$$

in $\mathbb{R}^n$ an. □

Die Partialsummen und damit auch die Summationsreihenfolge in der Reihe sind in (3.67) genau vorgeschrieben. Oft möchte man die Reihen umordnen, dafür braucht man stärkere Eigenschaften.

Definition 3.65: *Die Reihe $\sum_{j=1}^{\infty} a_j$ heißt in $\mathbb{C}$* **absolut konvergent**, *wenn die Reihe $\sum_{j=1}^{\infty} |a_j|$ konvergiert. Die Reihe $\sum_{j=1}^{\infty} \mathbf{a}_j$ heißt in $\mathbb{R}^n$* **absolut konvergent**, *wenn die Reihe $\sum_{j=1}^{\infty} |\mathbf{a}_j|$ konvergiert.*

Satz 3.66 : *Jede absolut konvergente Reihe ist konvergent.*

Beweis: Die durch $\mathcal{S}_k := \sum_{j=1}^{k} |\mathbf{a}_j|$ gegebene Folge sei konvergent. Dann ist $\{\mathcal{S}_k\}$ Cauchy–Folge, d.h. für jedes $\varepsilon > 0$ existiert ein N, so daß für alle $k, m \geq N$ gilt:

$$|\mathcal{S}_k - \mathcal{S}_m| < \varepsilon.$$

Für alle $m \geq k \geq N$ ist dann

$$|\mathbf{s}_m - \mathbf{s}_k| = \left| \sum_{j=k+1}^{m} \mathbf{a}_j \right| \leq \sum_{j=k+1}^{m} |\mathbf{a}_j| = \mathcal{S}_m - \mathcal{S}_k < \varepsilon.$$

Folglich ist $\{\mathbf{s}_k\}$ Cauchy–Folge und daraus ergibt sich die Konvergenz der Reihe. In $\mathbb{C}$ verläuft der Beweis analog. □

Satz 3.67 (Majorantenkriterium) : *Sei $\sum_{j=1}^{\infty} b_j$ konvergent in $\mathbb{R}$, und für alle $j \in \mathbb{N}$ gelte $|a_j| \leq b_j$ bzw. $|\mathbf{a}_j| \leq b_j$. Dann ist $\sum_{j=1}^{\infty} a_j$ absolut konvergent in $\mathbb{C}$ bzw. $\sum_{j=1}^{\infty} \mathbf{a}_j$ absolut konvergent in $\mathbb{R}^n$.*

Beweis: Zunächst ist

$$\begin{aligned} |s_k| &= |a_1 + a_2 + \ldots + a_k| \leq |a_1| + |a_2| + \ldots + |a_k| =: \mathcal{S}_k \\ &\leq b_1 + b_2 + \ldots + b_k = \sum_{j=1}^{k} b_j. \end{aligned}$$

Zu $\varepsilon > 0$ existiert ein Index $N \in \mathbb{N}$, so daß für $m \geq k \geq N$

$$\left| \sum_{j=1}^{m} b_j - \sum_{j=1}^{k} b_j \right| = \sum_{j=k+1}^{m} b_j < \varepsilon$$

gilt. Daher ist

$$|\mathcal{S}_m - \mathcal{S}_k| = \sum_{j=k+1}^{m} |a_j| \leq \sum_{j=k+1}^{m} b_j < \varepsilon .$$

Folglich ist $\sum_{j=1}^{\infty} a_j$ in $\mathbb{C}$ absolut konvergent. Der Beweis für Reihen in $\mathbb{R}^n$ ist völlig analog. □

Satz 3.68 (Cauchy–Produkt): *Seien $\sum_{j=1}^{\infty} a_j$ und $\sum_{j=1}^{\infty} b_j$ absolut konvergent in $\mathbb{C}$. Dann ist das Cauchy–Produkt $\sum_{\ell=2}^{\infty} \sum_{j+k=\ell} a_j b_k$ ebenfalls absolut konvergent und es gilt*

$$(3.76) \quad \left(\sum_{j=1}^{\infty} a_j\right)\left(\sum_{j=1}^{\infty} b_j\right) = \sum_{\ell=2}^{\infty}\left(\sum_{j+k=\ell} a_j b_k\right) = \sum_{\ell=2}^{\infty}(a_1 b_{\ell-1} + a_2 b_{\ell-2} + a_3 b_{\ell-3} + \cdots + a_{\ell-1} b_1) .$$

Sind $\sum_{j=1}^{\infty} \mathbf{a}_j$ und $\sum_{j=1}^{\infty} \mathbf{b}_j$ absolut konvergent in $\mathbb{R}^n$, so ist das Skalar–Cauchy–Produkt $\sum_{\ell=2}^{\infty} \sum_{j+k=\ell} \mathbf{a}_j \bullet \mathbf{b}_k$ absolut konvergent in $\mathbb{R}$ und es gilt

$$(3.77) \quad \left(\sum_{j=1}^{\infty} \mathbf{a}_j\right) \bullet \left(\sum_{j=1}^{\infty} \mathbf{b}_j\right) = \sum_{\ell=2}^{\infty}\left(\sum_{j+k=\ell} \mathbf{a}_j \bullet \mathbf{b}_k\right) .$$

Beweis:

i. Für $m \geq 2$ gilt mit der Gaußschen Klammer (3.8) die Abschätzung

$$\left(\sum_{j=1}^{[\frac{m}{2}]} |a_j|\right)\left(\sum_{k=1}^{[\frac{m}{2}]} |b_k|\right) \leq \sum_{\ell=2}^{m} \sum_{j+k=\ell} |a_j||b_k| \leq \left(\sum_{j=1}^{m-1} |a_j|\right)\left(\sum_{k=1}^{m-1} |b_k|\right) .$$

Dazu skizziere man sich z.B. in einem quadratischen Schema die Indizes der jeweils auftretenden Produkte.

Daraus folgt, daß nach dem Einschließungskriterium und (3.73) für $m \to \infty$ beide Seiten sowie die mittlere Reihe konvergieren,

$$\left(\sum_{j=1}^{\infty} |a_j|\right)\left(\sum_{k=1}^{\infty} |b_k|\right) \leq \sum_{\ell=2}^{\infty} \sum_{j+k=\ell} |a_j||b_k| \leq \left(\sum_{j=1}^{\infty} |a_j|\right)\left(\sum_{k=1}^{\infty} |b_k|\right)$$

woraus sich die Gleichheit ergibt.

ii. In der Abschätzung

$$\begin{aligned}\left|\left(\sum_{j=1}^{m-1} a_j\right)\left(\sum_{k=1}^{m-1} b_k\right) - \sum_{\ell=2}^{m}\sum_{j+k=\ell} a_j b_k\right| &= \left|\sum_{m<j+k\wedge j\le m-1\wedge k\le m-1} a_j b_k\right| \\ &\le \sum_{m<j+k\wedge j\le m-1\wedge k\le m-1} |a_j||b_k| \\ &= \left|\left(\sum_{j=1}^{m-1} |a_j|\right)\left(\sum_{k=1}^{m-1} |b_k|\right) - \sum_{\ell=2}^{m}\sum_{j+k=\ell} |a_j||b_k|\right| \to 0\end{aligned}$$

konvergiert der rechts stehende Ausdruck für $m \to \infty$ nach Teil *i.* gegen Null. Also gilt die Behauptung,

$$\lim_{m\to\infty}\left\{\left(\sum_{j=1}^{m-1} a_j\right)\left(\sum_{k=1}^{m-1} b_k\right) - \sum_{\ell=2}^{m}\sum_{j+k=\ell} a_j b_k\right\} = 0.$$

Der Beweis für das Skalar–Cauchy–Produkt verläuft ganz genauso. □

Beispiel 3.69: *Das Reihenprodukt*

$$\left(\sum_{j=1}^{\infty}\frac{(-1)^{j+1}}{\sqrt{j}}\right)\left(\sum_{j=1}^{\infty}\frac{(-1)^{j+1}}{\sqrt{j}}\right)$$

existiert, während das Cauchy–Produkt

$$\sum_{\ell=1}^{\infty} c_\ell = \sum_{\ell=1}^{\infty}\left\{(-1)^{\ell+1}\left(\frac{1}{\sqrt{1}\sqrt{\ell}} + \frac{1}{\sqrt{2}\sqrt{\ell-1}} + \ldots + \frac{1}{\sqrt{\ell}\sqrt{1}}\right)\right\}$$

jedoch wegen

$$|c_\ell| \ge \left\{\frac{1}{\frac{1}{2}(1+\ell)} + \frac{1}{\frac{1}{2}(2+\ell-1)} + \ldots + \frac{1}{\frac{1}{2}(\ell+1)}\right\} = \frac{2\ell}{\ell+1} \ge 1$$

divergiert.

Beispiel 3.70: *Für $p \in \mathbb{N}$ und $|z| < 1$ gilt*

$$\frac{1}{(1+z)^p} = \sum_{j=0}^{\infty}\binom{j+p-1}{p-1} z^j .$$

Den Beweis überlassen wir dem Leser.

Satz 3.71 (Umordnungssatz): *Sei $\sum_{j=1}^{\infty} a_j$ absolut konvergent in $\mathbb{C}$, und $\sigma : \mathbb{N} \to \mathbb{N}$ sei bijektiv. Dann ist die umgeordnete Reihe $\sum_{j=1}^{\infty} a_{\sigma(j)}$ absolut konvergent in $\mathbb{C}$ und es gilt*

$$(3.78)\quad \sum_{j=1}^{\infty} a_j = \sum_{k=1}^{\infty} a_{\sigma(k)}.$$

Der entsprechende Satz gilt auch für Reihen im $\mathbb{R}^n$.

Beweis: Wir betrachten zunächst reelle Reihen mit $a_j \geq 0$ für alle $j \in \mathbb{N}$. Die Partialsummenfolgen

$$s_\ell := \sum_{j=1}^{\ell} a_j \quad \text{und} \quad \Sigma_\ell := \sum_{k=1}^{\ell} a_{\sigma(k)}$$

sind beide monoton steigend, d.h. $s_{\ell+1} \geq s_\ell$ und $\Sigma_{\ell+1} \geq \Sigma_\ell$. Setze

$$M := \sup\{s_\ell\} = \sum_{j=1}^{\infty} a_j \quad \text{und} \quad M' := \sup\{\Sigma_\ell\} = \lim_{\ell\to\infty} \Sigma_\ell,$$

falls dieser Grenzwert existiert.
Sei $\ell \in \mathbb{N}$ beliebig gewählt. Dann existiert $m := \max\{\sigma(k) \mid k \leq \ell\}$ aufgrund der Wohlordnungseigenschaft (1.64). Daraus folgt

$$\Sigma_\ell = \sum_{k=1}^{\ell} a_{\sigma(k)} \leq \sum_{j=1}^{m} a_j = s_m \leq M.$$

Daher ist $\Sigma_\ell \leq M$ für alle $\ell \in \mathbb{N}$, daraus folgt $M' \leq M$ und $M' \in \mathbb{R}$ **existiert** und für $\ell \to \infty$ folgt $\Sigma_\ell \to M'$.
Sei $\mu := \max\{\sigma^{-1}(k) \mid k \leq \ell\} = \max\{m \mid \sigma(m) = j \leq \ell\}$. Dann ist

$$s_\ell = \sum_{j=1}^{\ell} a_j \leq \sum_{m=1}^{\mu} a_{\sigma(m)} = \Sigma_\mu \leq M' \leq M.$$

Daraus folgt, daß $s_\ell \leq M' \leq M$ für alle $\ell \in \mathbb{N}$ gilt. Also ist $M \leq M' \leq M$, d.h.

$$\sum_{j=1}^{\infty} a_j = M = M' = \sum_{k=1}^{\infty} a_{\sigma(k)}.$$

Für Reihen mit beliebigen Gliedern $a_j = \alpha_j + i\beta_j \in \mathbb{C}$ schreiben wir

$$a_j = \alpha_j^+ - \alpha_j^- + i(\beta_j^+ - \beta_j^-)$$

mit

$$\alpha_j^+ := \begin{cases} \alpha_j & \text{für } \alpha_j \geq 0, \\ 0 & \text{für } \alpha_j < 0, \end{cases} \qquad \alpha_j^- := \begin{cases} 0 & \text{für } \alpha_j \geq 0, \\ -\alpha_j & \text{für } \alpha_j < 0. \end{cases}$$

Aufgrund der absoluten Konvergenz von $\sum a_j$ und mit dem Bisherigen ist

$$\begin{aligned} \sum_{j=1}^{\infty} a_j &= \sum_{j=1}^{\infty} \alpha_j^+ - \sum_{j=1}^{\infty} \alpha_j^- + i\sum_{j=1}^{\infty} \beta_j^+ - i\sum_{j=1}^{\infty} \beta_j^- \\ &= \sum_{k=1}^{\infty} \alpha_{\sigma(k)}^+ - \sum_{k=1}^{\infty} \alpha_{\sigma(k)}^- + i\sum_{k=1}^{\infty} \beta_{\sigma(k)}^+ - i\sum_{k=1}^{\infty} \beta_{\sigma(k)}^- = \sum_{k=1}^{\infty} a_{\sigma(k)}, \end{aligned}$$

denn $\sum_{j=1}^{\infty} \alpha_j^+$, $\sum_{j=1}^{\infty} \alpha_j^-$, $\sum_{j=1}^{\infty} \beta_j^+$ und $\sum_{j=1}^{\infty} \beta_j^-$ können jeweils nach den obigen Betrachtungen für reelle Reihen umgeordnet werden. □

Satz 3.72 (Riemannscher Umordnungssatz) : *Sei $\sum_{j=1}^{\infty} a_j$ in $\mathbb{R}$ konvergent, aber nicht absolut konvergent. Dann gibt es zu jedem $S \in \mathbb{R}$ eine Umordnung $\sigma(j)$, so daß*

$$S = \sum_{k=1}^{\infty} a_{\sigma(k)}.$$

Für jedes Intervall $I \subset \mathbb{R}$ läßt sich sogar eine Umordnung so finden, daß die Folge $\Sigma_n := \sum_{k=1}^{n} a_{\sigma(k)}$ genau die Punkte in $\overline{I}$ als Häufungspunkte hat, siehe [91].

Beweisskizze (Riemanns Idee):
Man summiert solange positive Reihenglieder bis ihre Summe größer als S wird. Dann addiert man solange negative Reihenglieder bis die Summe kleiner als S ist, dann wieder positive und so fort. Auf diese Weise erhält man durch die jeweiligen Teilsummen eine Intervallschachtelung, die S als Grenzwert hat. □

Bemerkung 3.73: *Reihen, die man beliebig umordnen kann, ohne ihren Grenzwert zu ändern, heißen auch* **unbedingt konvergent**. *Wir haben gezeigt: Reihen sind* **unbedingt konvergent** *genau dann wenn sie* **absolut konvergent** *sind. Reihen sind* **bedingt konvergent** *genau dann wenn sie* **nicht absolut konvergent**, *aber* **konvergent** *sind.*

Satz 3.74 (D'Alembertsches Quotientenkriterium) :
Sei $0 \neq a_\nu \in \mathbb{C}$ für $\nu \geq n_0$ und $q < 1$ mit

$$(3.79) \qquad \left|\frac{a_{\nu+1}}{a_\nu}\right| \leq q < 1 \quad \text{für alle } \nu \geq n_0.$$

Dann ist $\sum_{j=1}^{\infty} a_j$ absolut konvergent in $\mathbb{C}$. Gilt hingegen

$$(3.80) \qquad \left|\frac{a_{\nu+1}}{a_\nu}\right| \geq 1 \quad \text{für alle } \nu \geq n_0,$$

dann ist $\sum_{j=1}^{\infty} a_j$ divergent.

Beweis:

i. Für alle $\nu \geq n_0$ gilt:

$$|a_{\nu+1}| \leq q\,|a_\nu| \leq \ldots \leq q^{\nu+1-n_0}\,|a_{n_0}|.$$

Daraus folgt, daß die geometrische Reihe

$$\sum_{\nu=n_0}^{\infty} q^{\nu-n_0}|a_{n_0}| = \frac{|a_{n_0}|}{1-q}$$

konvergente Majorante zu $\sum_{j=n_0}^{\infty} a_j$ ist. Nach Satz 3.67 (Majorantenkriterium) folgt die Behauptung.

ii. Für alle $\nu \geq n_0$ gilt $|a_\nu| \geq |a_{n_0}|$. Daraus folgt, daß $|a_\nu|$ nicht gegen Null konvergiert. Daher ist $\sum_{j=1}^\infty a_j$ nach Satz 3.60 divergent.

□

Aus Satz 3.74 ergibt sich sofort der folgende Spezialfall:

Korollar 3.75: *Existiert für $a_\nu \in \mathbb{C}$ der Grenzwert*

$$(3.81) \quad \lim_{\nu\to\infty} \left|\frac{a_{\nu+1}}{a_\nu}\right| = q_0 < 1, \quad \textit{so ist } \sum_{j=1}^\infty a_j \textit{ absolut konvergent.}$$

Existiert

$$(3.82) \quad \lim_{\nu\to\infty} \left|\frac{a_{\nu+1}}{a_\nu}\right| = Q_0 > 1, \quad \textit{so ist } \sum_{j=1}^\infty a_j \textit{ divergent.}$$

Man beachte, daß im Falle $Q_0 = q_0 = 1$ alles möglich ist.

Beispiel 3.76: *Für die harmonische Reihe $\sum_{j=1}^\infty \frac{1}{\nu}$ ist*

$$\lim_{\nu\to\infty} \left|\frac{a_{\nu+1}}{a_\nu}\right| = \lim_{\nu\to\infty} \frac{\nu}{\nu+1} = 1$$

und Korollar 3.75 versagt. Die harmonische Reihe ist divergent.

Beispiel 3.77: *Für die Reihe $\sum_{\nu=0}^\infty \nu^r z^\nu$ mit $r \in \mathbb{Q}$ gilt nach dem Quotientenkriterium*

$$\lim_{\nu\to\infty} \left|\frac{a_{\nu+1}}{a_\nu}\right| = \lim_{\nu\to\infty} \left(\frac{\nu+1}{\nu}\right)^r \frac{|z|^{\nu+1}}{|z|^\nu} = |z| \lim_{\nu\to\infty} \left(1+\frac{1}{\nu}\right)^r = |z|.$$

Das heißt, die Reihe $\sum_{\nu=0}^\infty \nu^r z^\nu$ ist konvergent für $|z| < 1$ und divergent für $|z| > 1$. Im Falle $z = -1$ und $r < 0$ folgt Konvergenz aus dem Leibnizschen Kriterium (Satz 3.61). Den Fall $z = +1$ behandeln wir später.

Satz 3.78 (Cauchysches Wurzelkriterium):

i. Es existiere $n_0 \in \mathbb{N}$ und $q < 1$, so daß

$$(3.83) \quad \sqrt[\nu]{|a_\nu|} \leq q < 1 \quad \textit{für alle } \nu \geq n_0.$$

Dann ist $\sum_{j=1}^\infty a_j$ absolut konvergent in $\mathbb{C}$.

ii. Für unendlich viele $\nu \in \mathbb{N}$ gelte $\sqrt[\nu]{|a_\nu|} \geq 1$. Dann ist $\sum_{j=1}^\infty a_j$ divergent.

Beweis:

i. Für alle $\nu \geq n_0$ gilt $|a_\nu| \leq q^\nu$. Daraus folgt, daß die Reihe

$$\sum_{\nu=n_0}^{\infty} q^\nu = \frac{q^{n_0}}{1-q}$$

konvergente Majorante zu $\sum_{\nu=n_0}^{\infty} |a_\nu|$ ist. Daraus ergibt sich mit dem Majorantenkriterium die Behauptung.

ii. Es ist $|a_\nu| \geq 1$ für unendlich viele $\nu \in \mathbb{N}$. Daraus folgt $|a_\nu| \not\to 0$, also nach Satz 3.60 Divergenz.

□

Korollar 3.79: *Existiert die Häufungsgrenze*

$$(3.84) \quad \overline{\lim_{\nu\to\infty}} \sqrt[\nu]{|a_\nu|} = q < 1,$$

so ist die Reihe $\sum_{j=1}^{\infty} a_j$ *absolut konvergent. Existiert die Häufungsgrenze*

$$\overline{\lim}_{\nu\to\infty} \sqrt[\nu]{|a_\nu|} = Q > 1,$$

so ist $\sum a_j$ *divergent.*

Im Fall $\lim\limits_{\nu\to\infty} \sqrt[\nu]{|a_\nu|} = 1$ ist alles möglich.

Beispiel 3.80: *Für* $a_\nu = \left(\dfrac{z}{\nu}\right)^\nu$ *ist*

$$(3.85) \quad \sum_{\nu=0}^{\infty} \frac{z^\nu}{\nu^\nu} = \sum_{\nu=0}^{\infty} a_\nu .$$

Damit folgt $\sqrt[\nu]{|a_\nu|} = \frac{|z|}{|\nu|} \to 0$ *für* $\nu \to \infty$ *und jedes* $z \in \mathbb{C}$. *Folglich konvergiert die Reihe (3.85) für jedes* $z \in \mathbb{C}$ *absolut.*

Satz 3.81 (Konvergenzkriterium von Raabe) : *Es gebe einen Index* $n_0 \in \mathbb{N}$, *so daß* $0 < a_\nu \in \mathbb{R}$ *für* $\nu \geq n_0$ *gilt.*

i. Falls es eine Zahl q gibt, so daß für alle $\nu \geq n_0$

$$(3.86) \quad \nu\left(\frac{a_{\nu+1}}{a_\nu} - 1\right) \leq q < -1$$

gilt, dann ist $\sum\limits_{\nu=1}^{\infty} a_\nu$ *konvergent.*

ii. Falls für alle $\nu \geq n_0$

$$(3.87)\quad \nu\left(\frac{a_{\nu+1}}{a_\nu}-1\right) \geq -1$$

gilt, dann ist $\sum\limits_{\nu=1}^{\infty} a_\nu$ *divergent.*

Einen Beweis findet man in [64].

Korollar 3.82:

i. Sei $0 < a_\nu \in \mathbb{R}$ *für alle* $\nu \geq n_0$ *und es existiere*

$$(3.88)\quad \lim_{\nu\to\infty} \nu\left(\frac{a_{\nu+1}}{a_\nu}-1\right) < -1,$$

dann ist $\sum\limits_{\nu=1}^{\infty} a_\nu$ *konvergent.*

ii. Existiert der Grenzwert

$$(3.89)\quad \lim_{\nu\to\infty} \nu\left(\frac{a_{\nu+1}}{a_\nu}-1\right) > -1,$$

dann ist $\sum_{\nu=1}^{\infty} a_\nu$ *divergent.*

Im Falle $\lim\limits_{\nu\to\infty} \nu\left(\frac{a_{\nu-1}}{a_\nu}-1\right) = -1$ wird **keine** Aussage gemacht.

Satz 3.83 (Cauchyscher Verdichtungssatz): *Sei* $0 \leq a_{n+1} \leq a_n \in \mathbb{R}$ *für alle* $n \in \mathbb{N}$. *Dann ist* $\sum a_j$ *genau dann konvergent (divergent), wenn* $\sum 2^k a_{2^k}$ *konvergent (divergent) ist.*

Beweis: Im Falle $n < 2^{k+1}$ ist wegen der Monotonie der a_n

$$s_n \leq a_1 + 2a_2 + 4a_4 + \ldots + 2^k a_{2^k} =: t_k.$$

Anderseits ist für $n \geq 2^k$

$$s_n \geq a_1 + a_2 + 2a_4 + 4a_8 + \ldots + 2^k a_{2^{k+1}} = \frac{1}{2}t_k + \frac{a_1}{2}.$$

Aus dem Einschließungs– und dem Majorantenkriterium folgt die Behauptung.

□

3.7 Abschließende Bemerkungen

Motivierung der präzisen Grenzwertdefinition (Aus [18, S.42/43]): „Es ist nicht zu verwundern, daß jemand, der zum ersten Mal die abstrakte Definition des Grenzwertes einer Folge hört, sie nicht in ein paar Minuten ganz erfassen kann.
Die Definition suggeriert ein Spiel zwischen zwei Personen **A** und **B**; **A** fordert, daß die feste Größe a durch a_n in solcher Weise angenähert werden soll, daß die Abweichung kleiner als eine von **A** willkürlich gesetzte Schranke $\varepsilon = \varepsilon_1$ ist. **B** erfüllt diese Forderung, indem er beweist, daß es eine gewisse ganze Zahl $N = N_1$ gibt derart, daß alle a_n von dem Element a_{N_1} ab der ε_1–Forderung genügen. Dann mag **A** eine neue, kleinere Schranke $\varepsilon = \varepsilon_2$ festsetzen. **B** seinerseits erfüllt diese Forderung, indem er eine (vielleicht viel größere) ganze Zahl $N = N_2$ findet usw. Falls **B** immer **A** zufriedenstellen kann, wie klein auch immer **A** seine Schranke setzt, dann haben wir die Situation, die in $a_n \to a$ ausgedrückt ist.“

Jean le Roud D'Alembert (1717–1783), Sohn eines Generals und Pariser Findelkind, war Mitglied der Pariser und der Berliner Akademie und der Academie Française. In Berlin hat er es bis zum Pensionär Friedrichs des II. gebracht. Mitbegründer der Mechanik (D'Alembertsches Prinzip), Funktionentheorie, partielle Differentialgleichungen (schwingende Saite). Hat mit Diderot die Encyclopédie herausgebracht.

Stefan Banach (1892–1945), ist der bedeutendste Vertreter der berühmten funktionalanalytischen Schule in Lemberg, die er zusammen mit seinem Lehrer Steinhaus begründete. Promotion ohne reguläres Studium, kurz darauf (1922) berufen zum Professor und korrespondierenden Mitglied der polnischen Akademie der Wissenschaften. Hatte viele Schüler mit denen er gemeinsam die Funktionalanalysis konsequent aufbaute. Sein Buch [3] wird als das bedeutendste mathematische Werk zwischen den Kriegen betrachtet. Er selbst hat selten Aufzeichnungen gemacht, viele seiner bedeutenden Ideen wurden von seinen Schülern im Kaffeehaus bei Gesprächen mit Banach notiert. Dort fand auch die wesentlichste Arbeit im Gespräch mit seinen Freunden und Schülern statt. (Siehe auch [77].)

Bernard Bolzano (1781–1848), tschechischer Philosoph und Mathematiker, lehrte in Prag Religionsphilsophie, bis er 1819 wegen demokratischer Äußerungen entlassen wurde. In der Mathematik wurde er durch seine Grundlagenforschungen zur Analysis bekannt sowie durch den ersten Versuch einer Analysis mit unendlich großen und unendlich kleinen Zahlen. Als Gegner Kants war er einer der bahnbrechenden Logiker des 19. Jahrhunderts.

Emile Borel (1871–1956), französischer Mathematiker und Politiker. Ab 1909 Professor an der Faculté des Sciences in Paris und ab 1934 Präsident der Akademie und des Collège de France; bis 1936 Marineminister. Begründer der Theorie der reellen Funktionen und der Maßtheorie.

Augustin Louis Cauchy (1789–1857), französischer Mathematiker. Studium bei seinem Vater und an der Ecole Polytechique sowie an der Hochschule für Ingenieurwesen 1805-1809. Leitet Hafenbau in Cherboug bis 1813. Unter Napoleon Schwierigkeiten wegen seiner katholischen Strenggläubigkeit. Ab 1815 Professor an der Ecole Polytechique. 1830 Flucht an die Univ. Fribourg, 1831 Univ. Turin, 1933-1838 Prag. Ab 1838 wegen Verweigerung des Eides ohne Anstellung in Paris. Ab 1848 wieder Professor an der Ecole Polytechique. Neben seinen Untersuchungen der Konvergenz Begründer der komplexen Funktionentheorie, Differentialgleichungen, Geometrie, Algebra, Mechanik, Optik.

Leonhard Euler (1707–1783), Schüler von Daniel Bernoulli in Basel, bereits 1723 Magister (das heißt mit 16 Jahren!). Vater Johann Bernoulli hatte Eulers eigenen Vater unterrichtet. Er studierte Theologie, Medizin, Mathematik, Physik und orientalische Sprachen. Gerade 20–jährig ging er an die Akademie nach Petersburg, wo er 1733 eine Mathematik-Professur erhielt. Von 1741 an verbrachte er fast 2 Jahrzehnte an der Berliner Akademie, kehrte aber schließlich nach Petersburg zurück. Eulers Lebenswerk ist gigantisch, es umfaßt nahezu 900 Titel aus den Gebieten: Praktische Analysis, Differentialgeometrie, Zahlentheorie, Begründung der Variationsrechnung, Hydrodynamik, Kreiseltheorie. Besonders bekannt sind heute noch der Eulersche Polyedersatz oder die Eulersche Gerade im Dreieck. Er hatte viele Kinder, von denen unter anderem 3 Söhne Mathematiker wurden.

Eduard Heine (1821–1881), Professor in Halle/Sachsen. Potentialtheorie, Funktionentheorie, partielle Differentialgleichungen.

Charles Hermite (1822–1901) war Professor an der Sorbonne. Er arbeitete auf dem Gebiet der Algebra und der Analysis. Seine bedeutendsten Ergebnisse waren die Auflösung der allgemeinen Gleichung fünften Grades mit Hilfe elliptischer Funktionen sowie der Transzendenzbeweis für e.

Rudolf Lipschitz (1832–1903), lehrte in Breslau und Bonn. Beiträge zur Theorie der Differentialgleichungen, Potentialtheorie und zur Rechenlehre.

Karl Weierstraß (1815–1897), zunächst Gymnasiallehrer in Deutsch–Krone und Braunsberg, wirkte später an der Berliner Universität. Sein Lebenswerk ist die Neubegründung und der Aufbau der Funktionentheorie auf der Basis der Potenzreihenentwicklungen. Weierstraß leistete wichtige Beiträge zur Theorie der elliptischen Funktionen, zur Differentialgeometrie und zur Variationsrechnung. Fundamentale Bedeutung gewann der von ihm geprägte Begriff des Elementarteilers in der Algebra.

Kapitel 4

Funktionen in $\mathbb{R}^n$ und in $\mathbb{C}$

Der Begriff der Funktionen bildet die Grundlage der gesamten Analysis; in ihr sind bereits die meisten zentralen Konzepte zu finden. Eine besondere Rolle spielen dabei die Begriffe des Funktionenlimes und der Stetigkeit.

Zur Motivation dieser Begriffe geben wir Richard Courant das Wort [18]:

Die Definition (4.14) des Grenzwertes und die damit zusammenhängende Charakterisierung (4.5) der Stetigkeit sind das kondensierte Resultat jahrzehntelanger Bestrebungen, diese Begriffe auf eine strenge mathematische Basis zu bringen.
In ihrem Studium von Bewegung und Funktion betrachteten die Mathematiker des 17. und 18. Jahrhunderts als selbstverständlich den Begriff einer unabhängigen Variablen, der zeitlichen Größe x, die stetig einem Grenzwert x_0 zufließt.
Zu diesem primären Fluß der unabhängigen Variablen x wird dann ein sekundärer Wert $u = f(x)$ mitgeführt, sozusagen der Bewegung von x folgend. Der intuitiven Vorstellung, daß $f(x)$ einem festen Wert a „zustrebt" oder „sich nähert", wenn x nach x_0 fließt, wollte man eine genaue mathematische Formulierung geben.
Aber seit der Zeit von Zeno und seinen Paradoxien sind Versuche einer exakten mathematischen Formulierung des intuitiven physikalischen oder metaphysischen Begriffs der stetigen Bewegung mißglückt.
Eine diskrete Folge von Werten $a_1, a_2, a_3, \ldots$ kann Schritt für Schritt durchlaufen werden. Aber wenn es sich um eine stetige Veränderliche x handelt, deren Werte ein ganzes Intervall der Zahlengeraden erfüllen, dann besteht die Schwierigkeit zu erklären, wie x sich dem festen Wert x_0 nähern soll, daß x hintereinander und in der richtigen Reihenfolge alle Werte des Intervalls annimmt. Die Punkte einer Geraden bilden eine dichte Punktmenge, und es gibt keinen „nächsten" Punkt, wenn man einen gewissen Punkt erreicht hat.
Die intuitive Idee eines Kontinuums und eines stetigen Fließens ist völlig natürlich. Aber man kann sich nicht auf sie berufen, wenn man eine mathematische Situation aufklären will; zwischen der intuitiven Idee und der mathematischen Formulierung, welche die wissenschaftlichen wichtigen Elemente unserer Intuition in präzisen Ausdrücken beschreiben soll, wird immer eine Lücke bleiben. Zenos

Paradoxien weisen auf diese Lücke hin.
Es war Cauchys Verdienst einzusehen, daß die mathematische Begriffsbildung die Beziehung zur ursprünglichen intuitiven Idee der stetigen Bewegung vermeiden kann und sogar muß. Wie auch sonst wurde hier der Weg zu wissenschaftlicher Klarheit gefunden dadurch, daß man Begriffe formulierte, die prinzipiell „beobachtbaren" Phänomenen entsprechen.
Wenn wir uns überlegen, was für eine konkrete Vorstellung wir bei den Worten „stetige Annäherung" haben und wie wir in einem konkreten Fall vorgehen müssen, um sie festzustellen, dann sehen wir uns gezwungen, eine Definition wie Cauchys anzunehmen.
Diese Definition ist statisch; sie benutzt den intuitiven Begriff der Bewegung nicht. Im Gegenteil, nur eine statische Definition ermöglicht eine genaue mathematische Analyse der stetigen Bewegung, und löst Zenons Paradoxien auf, soweit es die Mathematik anbetrifft.
In der Definition (4.14) bewegt sich die unabhängige Veränderliche nicht; sie „strebt" nicht einem Grenzwert x_0 zu oder „nähert" sich ihm in irgendeinem physikalischen Sinn. Diese Ausdrücke und das Symbol „$\rightarrow$" behält man bei, und kein Mathematiker soll das anschauliche Bild aufgeben, das sie suggerieren. Aber wenn es sich darum handelt nachzuprüfen, ob ein Grenzwert existiert, dann ist es die Definition (4.14), die angewendet werden muß.
Ob diese Definition genügend gut mit dem anschaulichen „dynamischen" Begriff von Annäherung übereinstimmt, ist eine Frage derselben Art wie die, ob die Axiome der Geometrie den anschaulichen Raumbegriff hinreichend beschreiben. Beide Formulierungen sind unvollständig in dem Sinn, daß sie nur einen Teil unserer intuitiven Vorstellung erfassen, aber sie geben uns ein zuverlässiges mathematisches Gerüst, um die intuitiven Erfahrungen einzuordnen."

Der Begriff der Stetigkeit hat seinen Ursprung in der klassischen Physik. Er läßt sich bis zum Griechischen Altertum zurückverfolgen. Bis ins 18. Jahrhundert wurde er allerdings nur unpräzise mit ebenfalls unpräzisen Begriffen wie den „unendlich großen" oder „unendlich kleinen" Größen verknüpft.

Erst Bolzano hat 1817 (siehe in [91, Band I, S.538]) das heutige Konzept der Stetigkeit begründet. Cauchy übernahm und entwickelte dies 1821 weiter, seine Definition der Stetigkeit war allerdings nur im $\mathbb{R}^1$ richtig (im $\mathbb{R}^n$ war sie inkorrekt). Die von uns benutzte Definition der Stetigkeit in der Form (4.14) wurde erst von Weierstraß 1860 getroffen.

4.1 Stetige Funktionen

An den Beispielen (1.36) und (3.14) haben wir bereits gesehen, daß man oft genötigt ist, Näherungsverfahren zur Ermittlung der Lösungen von Gleichungen anzuwenden. Diese führten zum **Konzept der Konvergenz**. Betrachtet man beliebige Funktionen bei allgemeineren Verfahren als der sukzessiven Approximation zur Lösung einer Gleichung $f(x) = a$ und kann man die Konvergenz von Näherungen x_k gegen einen Grenzwert zeigen, $x_k \to x$, so stellt sich sofort die Frage, ob der Grenzwert x eine Lösung der Gleichung ist, das heißt ob $f(x) = a$ gilt. Dies ist zweifellos der Fall, wenn mit $x_k \to x$ auch die Folge $f(x_k) \to f(x)$ konvergiert. Verlangt man, daß diese Eigenschaft universal für **alle** konvergenten Folgen $x_k \to x$ auftritt, so wird man auf das **Konzept der Stetigkeit** geführt.

Definition 4.1: *Die Funktion* $f : D \to \mathbb{R}^m$ *(oder* $\mathbb{C}$*) heißt* **stetig** *in* $\mathbf{x}_0 \in D \subset \mathbb{R}^n$ *(oder* $D \subset \mathbb{C}$*) genau dann, wenn* **jede** *konvergente Folge* $\mathbf{x}_k \in D$*, mit* $\mathbf{x}_k \to \mathbf{x}_0$ *für* $k \to \infty$ *eine konvergente Folge von Bildern erzeugt und wenn gilt:*

$$(4.1) \qquad \lim_{k\to\infty} f(\mathbf{x}_k) = f(\lim_{k\to\infty} \mathbf{x}_k) = f(\mathbf{x}_0).$$

Andernfalls ist die Funktion $f : D \to \mathbb{R}^m$ *(oder* $\mathbb{C}$*) in* $\mathbf{x}_0$ **unstetig**.

Definition 4.2: *Die Funktion* $f : D \to \mathbb{R}^m$ *heißt* **stetig in** $D \subset \mathbb{R}^n$ *(oder* $D \subset \mathbb{C}$*) genau dann wenn* f *stetig in* $\mathbf{x}_0$ *ist für alle* $\mathbf{x}_0 \in D$.

Lemma 4.3: *Erfüllt* f *in* $\mathbf{x}_0 \in D$ *eine Lipschitz–Bedingung, dann ist* f *in* $\mathbf{x}_0$ *stetig.*

Beweis: Sei $\{\mathbf{x}_j\}$ eine konvergente Folge in D. Dann gilt $\lim\limits_{j\to\infty} \mathbf{x}_j = \mathbf{x}_0 \in D$ und mit der Lipschitz–Bedingung ergibt sich

$$0 \le |f(\mathbf{x}_j) - f(\mathbf{x}_0)| \le L|\mathbf{x}_j - \mathbf{x}_0| \to 0 \quad \text{mit } L \in \mathbb{R} \text{ fest.}$$

Somit folgt mit dem Einschließungskriterium (Satz 3.22), daß

$$\lim_{j\to\infty} |f(\mathbf{x}_j) - f(\mathbf{x}_0)| = 0, \text{ das heißt } f(\mathbf{x}_0) = \lim_{j\to\infty} f(\mathbf{x}_j).$$

Da dies für **jede** gegen $\mathbf{x}_0$ konvergente Folge $\{\mathbf{x}_j\}$ gilt, ist die behauptete Stetigkeit bewiesen. □

Beispiel 4.4: $f(x) = \sqrt{x}$ *ist in* $D = \{x | x \ge 0\} \subset \mathbb{R}$ **stetig**, *aber* **nicht Lipschitz–stetig**: *Wir wählen* $x_0 = 0$, $0 < x_j \to 0$. *Dann gilt* $f(x_j) = \sqrt{x_j} \to 0$, *das heißt* f *ist stetig in* x_0. *Aber die Ungleichung*

$$|f(x_j) - f(x_0)| = \sqrt{x_j} \le L\,|x_j - 0|$$

impliziert $1 \le L\sqrt{x_j} \to 0$ *und somit einen Widerspruch.*

Satz 4.5 : f *ist genau dann stetig in* $\mathbf{x}_0 \in D$ *wenn gilt:*

$$(4.2) \qquad \forall \varepsilon > 0 \quad \exists \delta > 0 \ : \ \forall \mathbf{x} \in D \text{ mit } |\mathbf{x} - \mathbf{x}_0| < \delta \ : \ |f(\mathbf{x}) - f(\mathbf{x}_0)| < \varepsilon.$$

Bemerkung 4.6: (4.2) *ist gleichbedeutend mit:*

$$(4.3) \qquad \forall \varepsilon > 0 \quad \exists \delta > 0 \ : \ \forall \mathbf{x} \in D \cap \mathcal{U}_\delta(\mathbf{x}_0) \ : \ |f(\mathbf{x}) - f(\mathbf{x}_0)| < \varepsilon.$$

δ *hängt im allgemeinen von* $\mathbf{x}_0$ *und* $\varepsilon > 0$ *ab!*

Beweis: (in zwei Richtungen)

„$\Rightarrow$“ Annahme: f ist in $\mathbf{x}_0$ stetig und (4.5) gilt nicht, d.h.

$$\exists\, \varepsilon_0 > 0 \quad \forall\, \delta > 0 \quad \exists\, \mathbf{x}_\delta \in D \cap \mathcal{U}_\delta(\mathbf{x}_0) : |f(\mathbf{x}_\delta) - f(\mathbf{x}_0)| \geq \varepsilon_0.$$

Für beliebiges $k \in \mathbb{N}$ und $\delta = 1/k$ gibt es ein $\mathbf{x}_k \in D$ $|\mathbf{x}_k - \mathbf{x}_0| < \delta$, d.h.

$$\mathbf{x}_0 = \lim_{k\to\infty} \mathbf{x}_k \quad \text{und} \quad |f(\mathbf{x}_k) - f(\mathbf{x}_0)| \geq \varepsilon_0 > 0.$$

Dies ist ein Widerspruch zur Annahme, daß f in $\mathbf{x}_0$ stetig ist.

„$\Leftarrow$“ (4.5) ist gültig. Sei $\mathbf{x}_j \to \mathbf{x}_0$ irgendeine konvergente Folge, $\mathbf{x}_j \in D$ und $\varepsilon > 0$ beliebig. Dann gibt es ein $\delta > 0$ gemäß (4.5) und es gibt ein $N(\delta) \in \mathbb{N}$, so daß $|\mathbf{x}_j - \mathbf{x}_0| < \delta$ für alle $j \geq N(\delta)$. Wegen (4.5) ist $|f(\mathbf{x}_j) - f(\mathbf{x}_0)| < \varepsilon$. Damit ist die Konvergenz $f(\mathbf{x}_j) \to f(\mathbf{x}_0)$ gezeigt.

□

Bemerkung 4.7: *Man beachte, daß in der Definition der Stetigkeit, Lemma 4.3 und Satz 4.5 für die Funktion $f : D \to \mathbb{R}^m$ oder $f : D \to \mathbb{C}$ immer nur der Abstand bzw. die Konvergenz von $\mathbf{x} \to \mathbf{x}_0$ in D und von den Bildern $f(\mathbf{x}) \to f(\mathbf{x}_0)$ in $\mathbb{R}^m$ oder in $\mathbb{C}$ benötigt wird.*

Wir treffen nun noch einige weitere Charakterisierungen der Stetigkeit von Funktionen (s.a. [93, S.70]).

Definition 4.8: *Eine* **monotone Nullfunktion** *ist eine Abbildung $\alpha : [0,\infty) \to [0,\infty)$, für die gilt:*

(4.4) $$\{\forall\, r_1, r_2 \in [0,\infty) \wedge r_1 < r_2 : \alpha(r_1) \leq \alpha(r_2)\} \wedge \{\forall\, \varepsilon > 0 \exists\, r > 0 : \alpha(r) < \varepsilon\}.$$

Die Funktion

(4.5) $$\omega_f(\mathbf{x}_0, r) := \sup_{\mathbf{x}\in D \wedge |\mathbf{x}-\mathbf{x}_0| \leq r} |f(\mathbf{x}) - f(\mathbf{x}_0)|$$

heißt **Stetigkeitsmodul** *von f in $\mathbf{x}_0$. (Wir lassen $\omega_f = \infty$ zu.)*

Beispiel 4.9: *Betrachtet wird der Stetigkeitsmodul von $f(x) = x^2$:*

i. f ist monoton in $\mathbb{R}_+$. Dort gilt deshalb für $0 \leq r \leq x_0$:

$$\begin{aligned}
\omega_f(x_0, r) &= \max\{|f(x_0 + r) - f(x_0)|, |f(x_0) - f(x_0 - r)|\} \\
&= \max\{|(x_0 + r)^2 - x_0^2|, |(x_0 - r)^2 - x_0^2|\} \\
&= \max\{2rx_0 + r^2, |2rx_0 - r^2|\} \\
&= 2rx_0 + r^2
\end{aligned}$$

ii. *Da f gerade ist, $f(-x) = f(x)$, gilt $\omega_f(x_0, r) = 2|x_0| + r^2$ für $x_0 < 0$ und $r \leq |x_0|$. Für $f(x) = x^2$ ist demnach $\omega_f(x_0, r) = 2r|x_0| + r^2$ der Stetigkeitsmodul für $r \leq |x_0|$.*

Dies ist auch der Stetigkeitsmodul für beliebeige $r > 0$; den Nachweis hierfür überlassen wir dem Leser.

Satz 4.10: *Die folgenden Aussagen sind äquivalent zur Stetigkeit von f in $\mathbf{x}_0 \in D \subset \mathbb{R}^n$ oder $D \subset \mathbb{C}$:*

(4.6) $\quad \forall \varepsilon > 0 \quad \exists \delta > 0 \; : \; f(\mathcal{U}_\delta(\mathbf{x}_0) \cap D) \subset \mathcal{U}_\varepsilon(f(\mathbf{x}_0))$.

(4.7) $\quad \forall \varepsilon > 0 \quad \exists \delta > 0 \; : \; f^{-1}(\mathcal{U}_\varepsilon f(\mathbf{x}_0)) \supset \mathcal{U}_\delta(\mathbf{x}_0) \cap D$.

Oder in Worten: das Urbild jeder offenen Umgebung von $f(\mathbf{x}_0)$ ist offen in D und Umgebung von $\mathbf{x}_0$.

(4.8) $\quad \omega_f(\mathbf{x}_0, r)$ *ist monotone Nullfunktion.*

(4.9) $\quad$ *Zu f und $\mathbf{x}_0 \in D$ existiert eine monotone Nullfunktion $\alpha_{\mathbf{x}_0}(r)$, so daß*

$$\forall \mathbf{x} \in D : |f(\mathbf{x}) - f(\mathbf{x}_0)| \leq \alpha_{\mathbf{x}_0}(|\mathbf{x} - \mathbf{x}_0|)\,.$$

Beweis: Zunächst sehen wir, daß (4.6) äquivalent ist zu:

$$\forall \varepsilon > 0 \quad \exists \delta > 0 \quad \forall \mathbf{x} \in D \text{ mit } |\mathbf{x} - \mathbf{x}_0| < \delta : |f(\mathbf{x}) - f(\mathbf{x}_0)| < \varepsilon.$$

Das ist gerade die Aussage (4.2), deren Äquivalenz zur Stetigkeit schon in Satz 4.5 gezeigt wurde.
Nun sei (4.6) erfüllt, dann folgt aus $f^{-1}(f(M)) \supset M$ für jede Menge $M \subset D$ mit $M = \mathcal{U}_\delta(\mathbf{x}_0) \cap D$ und (4.6) auch

$$f^{-1}\left(\mathcal{U}_\varepsilon\left(f(\mathbf{x}_0)\right)\right) \supset f^{-1}\left(f\left(\mathcal{U}_\delta(\mathbf{x}_0) \cap D\right)\right) \supset \mathcal{U}_\delta(\mathbf{x}_0) \cap D,$$

also (4.7). Aus (4.7), nämlich

$$\begin{aligned} f^{-1}\left(\mathcal{U}_\varepsilon\left(f(\mathbf{x}_0)\right)\right) &= \{\mathbf{x} \in D \mid |f(\mathbf{x}) - f(\mathbf{x}_0)| < \varepsilon\} \supset (\mathcal{U}_\delta(\mathbf{x}_0) \cap D) \\ &= \{\mathbf{x} \in D \mid |\mathbf{x} - \mathbf{x}_0| < \delta\} \end{aligned}$$

folgt (4.6) nach Anwendung von f:

$$f(f^{-1}(\mathcal{U}_\varepsilon(f(\mathbf{x}_0)))) \supset f(\mathcal{U}_\delta(\mathbf{x}_0)) \cap D.$$

Nun zeigen wir, daß (4.6) die Aussage (4.8) impliziert. Aufgrund der Definition des Stetigkeitsmoduls ist $\omega_f(\mathbf{x}_0, r)$ eine monotone Funktion bezüglich r. Sei $\varepsilon > 0$ beliebig gewählt. Dann existiert zu $f(\mathbf{x})$ nach (4.6) bzw. (4.2) zu $\frac{\varepsilon}{2} > 0$ eine Zahl $\delta > 0$, so daß gilt

$$\omega_f\left(\mathbf{x}_0, \frac{\delta}{2}\right) = \sup\left\{|f(\mathbf{x}) - f(\mathbf{x}_0)| \mid \mathbf{x} \in D \wedge |\mathbf{x} - \mathbf{x}_0| \leq \frac{\delta}{2} < \delta\right\} \leq \frac{\varepsilon}{2} < \varepsilon.$$

Mit $r := \frac{\delta}{2} > 0$ ist damit die zweite Forderung in (4.4) erfüllt, d.h. $\omega_f(\mathbf{x}_0, r)$ ist monotone Nullfunktion, wie in (4.8) gefordert.

Mit $\alpha_{\mathbf{x}_0}(r) := \omega_f(\mathbf{x}_0, r)$ ist (4.9) triviale Folgerung aus (4.8).

Nun sei (4.9) erfüllt, wir zeigen (4.6) bzw. (4.2). Dafür sei $\varepsilon > 0$ beliebig gewählt. Dann existiert nach (4.4) eine Zahl $r > 0$, so daß $\alpha_{\mathbf{x}_0}(r) < \varepsilon$. Ist $\{\mathbf{x}_j\}$ irgendeine gegen $\mathbf{x}_0$ konvergente Folge von Punkten mit $\mathbf{x}_j \in D$, $\mathbf{x}_0 \in D$, dann existiert zu o.g. $r > 0$ ein Index N, so daß für alle $j \geq N$ gilt $|\mathbf{x}_j - \mathbf{x}_0| < r$. Aus (4.9) ergibt sich dann

$$|f(\mathbf{x}_j) - f(\mathbf{x}_0)| \leq \alpha_{\mathbf{x}_0}(|\mathbf{x}_j - \mathbf{x}_0|) \leq \alpha_{\mathbf{x}_0}(r) < \varepsilon.$$

Das bedeutet $f(\mathbf{x}_0) = \lim_{j\to\infty} f(\mathbf{x}_j)$.
Dies gilt für *jede* gegen $\mathbf{x}_0$ konvergente Folge $\{\mathbf{x}_j\}_{j\in N}$, somit ist $f(\mathbf{x})$ in $\mathbf{x}_0$ stetig und nach Satz 4.5 gilt (4.2) bzw. (4.6).

Mit den Implikationen

$$(4.7) \Leftrightarrow (4.6) \Rightarrow (4.8) \Rightarrow (4.9) \Rightarrow (4.6)$$

sind demnach die Äquivalenzen von Satz 4.10 gezeigt. □

Beispiel 4.11: *$f(z) = z$ in $D \subset \mathbb{C}$. Dann ist $\alpha_{z_0}(r) := r$ monotone Nullfunktion und $|f(z) - f(z_0)| = |z - z_0| = \alpha_{z_0}(|z - z_0|)$. Aus $D \ni z_j \to z_0$ folgt auch $f(z_j) = z_j \to z_0 = f(z_0)$. Also ist die Funktion stetig.*

Beispiel 4.12: *$f(z) = z^2$ in $D \subset \mathbb{C}$. Aus $D \ni z_j \to z_0$ folgt $f(z_j) = z_j^2 \to z_0^2 = f(z_0)$ aufgrund der Grenzwertregeln. Also ist z^2 stetig. $\alpha_{z_0}(r) = 2|z_0|r + r^2$ kann hier wie im Reellen gewählt werden.*

Satz 4.13: *Seien $f : D \to \mathbb{R}^m$, $g : D \to \mathbb{R}^m$ stetig in $\mathbf{x}_0 \in D$, und sei $c \in \mathbb{R}$. Dann sind die Funktionen*

$$(4.10) \quad |f(\mathbf{x})|, \quad c \cdot f(\mathbf{x}), \quad f(\mathbf{x}) + g(\mathbf{x}), \quad f(\mathbf{x}) \bullet g(\mathbf{x})$$

stetig in $\mathbf{x}_0 \in D$.

Falls darüberhinaus $g : D \to \mathbb{R}$ gilt und $g(\mathbf{x}_0) \neq 0$ ist, dann ist auch $\dfrac{f(\mathbf{x})}{g(\mathbf{x})}$ in $\mathbf{x}_0$ stetig.

Falls $f : D \to R$ und $f(\mathbf{x}) \geq 0$, dann ist auch $\sqrt[p]{f(\mathbf{x})}$ für $p \in \mathbb{N}$ in $\mathbf{x}_0$ stetig.

Beweis mit Hilfe der Limesregeln: Sei $\mathbf{x}_j \to \mathbf{x}_0 \in D$. Dann folgt daraus $f(\mathbf{x}_j) \to f(\mathbf{x}_0)$ und $g(\mathbf{x}_j) \to g(\mathbf{x}_0)$. Die Limesregel (3.18) liefert $|f(\mathbf{x}_j)| \to |f(\mathbf{x}_0)|$, und aus (3.19) folgt $cf(\mathbf{x}_j) \to cf(\mathbf{x}_0)$.
(3.20) impliziert $f(\mathbf{x}_j) + g(\mathbf{x}_j) \to f(\mathbf{x}_0) + g(\mathbf{x}_0)$ und $f(\mathbf{x}_j) \bullet g(\mathbf{x}_j) \to f(\mathbf{x}_0) \bullet g(\mathbf{x}_0)$ folgt aus (3.22).

Wenn $g(\mathbf{x}_j)$ und $g(\mathbf{x}_0) \neq 0$ sind, gilt nach (3.23)

$$\frac{f(\mathbf{x}_j)}{g(\mathbf{x}_j)} \to \frac{f(\mathbf{x}_0)}{g(\mathbf{x}_0)}.$$

Die Voraussetzung $f(\mathbf{x}_j) \geq 0$ liefert $f(\mathbf{x}_0) \geq 0$ und wegen (3.24) folgt schließlich $\sqrt[p]{f(\mathbf{x}_j)} \to \sqrt[p]{f(\mathbf{x}_0)}$. □

Folgerung 4.14: *Es seien $f : D \to \mathbb{C}$ und $g : D \to \mathbb{C}$ stetig in $z_0 \in D \subset \mathbb{C}$ und $c \in \mathbb{C}$. Dann sind die Funktionen*

(4.11) $|f(z)|, \quad c \cdot f(z), \quad f(z) + g(z), \quad f(z) \cdot g(z)$

stetig in $z_0 \in D$. Falls darüberhinaus $g(z_0) \neq 0$ gilt, dann ist auch $\dfrac{f(z)}{g(z)}$ in z_0 stetig.

Korollar 4.15: *Jedes Polynom P_k*

(4.12) $P_k(z) := a_0 + a_1 z + a_2 z^2 + \ldots + a_k z^k$ mit $a_j \in \mathbb{C}$

ist stetig in $z_0 \in \mathbb{C}$. Rationale Funktionen

(4.13) $f(z) := \dfrac{P_k(z)}{Q_m(z)}$

mit Polynomen P_k und Q_m sind stetig in z_0 für $Q_m(z_0) \neq 0$.

Satz 4.16: *Seien $f : D \to \mathbb{R}^m$ stetig in $\mathbf{x}_0 \in D$ und $h : f(D) \to \mathbb{R}^\ell$ stetig in $f(\mathbf{x}_0)$. Dann ist $F := h \circ f : D \to \mathbb{R}^\ell : \mathbf{x} \mapsto F(\mathbf{x}) := h(f(\mathbf{x}))$ stetig in $\mathbf{x}_0$.*

Beweis: Sei $\mathbf{x}_j \in D$ eine Punktfolge mit $\mathbf{x}_j \to \mathbf{x}_0 \in D$. Dann folgt daraus wegen der Stetigkeit von f, daß $\mathbf{y}_j := f(\mathbf{x}_j) \to f(\mathbf{x}_0) := \mathbf{y}_0$. Daraus folgt

$$h(\mathbf{y}_j) = F(\mathbf{x}_j) = h(f(\mathbf{x}_j)) \to h(f(\mathbf{x}_0)) = F(\mathbf{x}_0) = h(\mathbf{y}_0)$$

wegen der Stetigkeit von h. □

Definition 4.17: *Sei $\mathbf{x}_0$ Häufungspunkt von $D \backslash \{\mathbf{x}_0\}$. Dann heißt $\mathbf{a} = \lim_{\mathbf{x} \to \mathbf{x}_0} f(\mathbf{x})$* **Funktionenlimes** *genau dann wenn gilt:*

(4.14) $\forall \varepsilon > 0 \quad \exists \delta > 0 \quad \forall \mathbf{x} \in D$ *mit* $0 < |\mathbf{x} - \mathbf{x}_0| < \delta : |f(\mathbf{x}) - \mathbf{a}| < \varepsilon.$

Man beachte, daß es bei dieser Definition auf den Funktionswert $f(\mathbf{x}_0)$ **nicht** *ankommt.*

Satz 4.18: *f ist in $\mathbf{x}_0 \in D$ stetig genau dann wenn für $\mathbf{x}_0 \in \overline{D \setminus \{\mathbf{x}_0\}}$ gilt*

(4.15) $f(\mathbf{x}_0) = \lim\limits_{\mathbf{x} \to \mathbf{x}_0} f(\mathbf{x}),$

oder $\mathbf{x}_0$ kein Häufungspunkt von $D \setminus \{\mathbf{x}_0\}$ ist.

Beweis:

i. Sei $f(\mathbf{x})$ stetig in $\mathbf{x}_0$ und $\mathbf{x}_0$ Häufungspunkt von $D\setminus\{\mathbf{x}_0\}$. Sei $\varepsilon > 0$ beliebig gewählt. Nach Satz 4.5 existiert dann ein $\delta > 0$, so daß für alle $\mathbf{x} \in D$ mit $0 < |\mathbf{x} - \mathbf{x}_0| < \delta$ gilt: $|f(\mathbf{x}) - f(\mathbf{x}_0)| < \varepsilon$, d.h. $f(\mathbf{x}_0) = \lim_{\mathbf{x}\to\mathbf{x}_0} f(\mathbf{x})$.

ii. a) $\mathbf{x}_0$ sei ein Häufungspunkt von $D \setminus \{\mathbf{x}_0\}$ und $f(\mathbf{x}_0) = \lim_{\mathbf{x}\to\mathbf{x}_0} f(\mathbf{x})$. Sei $\varepsilon > 0$ beliebig gewählt. Es existiert dann ein $\delta > 0$, so daß für alle $\mathbf{x} \in D$ mit $\mathbf{x} \neq \mathbf{x}_0$ und $|\mathbf{x} - \mathbf{x}_0| < \delta$ gilt: $|f(\mathbf{x}) - f(\mathbf{x}_0)| < \varepsilon$. Für $\mathbf{x} = \mathbf{x}_0$ gilt diese Abschätzung ebenfalls, so daß f stetig ist.
b) $\mathbf{x}_0 \in D$ sei kein Häufungspunkt von $D\setminus\{\mathbf{x}_0\}$. Dann existiert ein $\delta_0 > 0$ so daß $D \cap \mathcal{U}_{\delta_0}(\mathbf{x}_0) = \{\mathbf{x}_0\}$. Sei $\varepsilon > 0$ beliebig gegeben. Wähle $\delta(\varepsilon) := \delta_0 > 0$ und für alle $\mathbf{x} \in D \cap \mathcal{U}_\delta(\mathbf{x}_0)$ ist $\mathbf{x} = \mathbf{x}_0$. Daraus folgt $|f(\mathbf{x}) - f(\mathbf{x}_0)| = |f(\mathbf{x}_0) - f(\mathbf{x}_0)| = 0 < \varepsilon$, das heißt f ist stetig in $\mathbf{x}_0$.

□

Beobachtung 4.19: *F ist Funktionenlimes von f in $\mathbf{x}_0 \in \overline{D}$ genau dann, wenn eine der folgenden Aussagen gilt:*

(4.16) $\forall\varepsilon > 0 \quad \exists\delta > 0 \quad \forall\mathbf{x} \in \mathcal{U}_\delta(\mathbf{x}_0) \cap D \setminus \{\mathbf{x}_0\} \ : \ |f(\mathbf{x}) - F| < \varepsilon,$

(4.17) $\forall\varepsilon > 0 \quad \exists\delta > 0 \ : \ f(\mathcal{U}_\delta(\mathbf{x}_0) \setminus \{\mathbf{x}_0\}) \subset \mathcal{U}_\varepsilon(F),$

(4.18) $\forall\varepsilon > 0 \quad \exists\delta > 0 \ : \ f^{-1}(\mathcal{U}_\varepsilon(F)) \supset (\mathcal{U}_\delta(\mathbf{x}_0) \cap D) \setminus \{\mathbf{x}_0\},$

(4.19) *Zu f und $\mathbf{x}_0$ gibt es eine monotone Nullfunktion $\alpha_{\mathbf{x}_0}(r)$ mit*
$\forall\delta > 0\ \forall\mathbf{x} \in \mathcal{U}_\delta(\mathbf{x}_0) \cap D$ *mit* $\mathbf{x} \neq \mathbf{x}_0 : |F - f(\mathbf{x})| \leq \alpha_{\mathbf{x}_0}(\delta).$

Satz 4.20: *Die Funktionenlimites $F = \lim_{\mathbf{x}\to\mathbf{x}_0} f(\mathbf{x})$ und $G = \lim_{\mathbf{x}\to\mathbf{x}_0} g(\mathbf{x})$ mögen für $f, g : D \to \mathbb{R}^m$ existieren. Dann existieren auch die folgenden Funktionenlimites und es gilt:*

(4.20) $\lim\limits_{\mathbf{x}\to\mathbf{x}_0} |f(\mathbf{x})| = |\lim\limits_{\mathbf{x}\to\mathbf{x}_0} f(\mathbf{x})|,$

(4.21) $\lim\limits_{\mathbf{x}\to\mathbf{x}_0} cf(\mathbf{x}) = c \lim\limits_{\mathbf{x}\to\mathbf{x}_0} f(\mathbf{x}) = cF$ *für* $c \in \mathbb{R},$

(4.22) $\lim\limits_{\mathbf{x}\to\mathbf{x}_0} (f(\mathbf{x}) + g(\mathbf{x})) = \lim\limits_{\mathbf{x}\to\mathbf{x}_0} f(\mathbf{x}) + \lim\limits_{\mathbf{x}\to\mathbf{x}_0} g(\mathbf{x}) = F + G,$

(4.23) $\lim\limits_{\mathbf{x}\to\mathbf{x}_0} (f(\mathbf{x}) \cdot g(\mathbf{x})) = (\lim\limits_{\mathbf{x}\to\mathbf{x}_0} f(\mathbf{x})) \cdot (\lim\limits_{\mathbf{x}\to\mathbf{x}_0} g(\mathbf{x})) = F \cdot G,$

(4.24) $\lim\limits_{\mathbf{x}\to\mathbf{x}_0} \dfrac{f(\mathbf{x})}{g(\mathbf{x})} = \dfrac{F}{G},$ *falls* $G \neq 0$ *und* $g : D \to \mathbb{R},$

(4.25) $\lim\limits_{\mathbf{x}\to\mathbf{x}_0} \sqrt[p]{f(\mathbf{x})} = \sqrt[p]{F},$ *falls* $f : D \to \mathbb{R}$ *und* $f(\mathbf{x}) \geq 0.$

Dieser Satz gilt bis auf (4.25) wörtlich genauso für $D \subset \mathbb{C}$ und $f, g : D \to \mathbb{C}$ sowie $c \in \mathbb{C}$ und wenn $\mathbf{x}$ durch z und $\mathbf{x}_0$ durch z_0 ersetzt werden.

Der Beweis ist völlig analog zum Beweis der Limes–Regeln in Satz 3.21. Eine andere Beweismöglichkeit ergibt sich mit der Definition von

$$\tilde{f}(\mathbf{x}) := \begin{cases} f(\mathbf{x}) & \text{für } \mathbf{x} \neq \mathbf{x}_0, \\ F & \text{für } \mathbf{x} = \mathbf{x}_0, \end{cases}$$

und $\tilde{g}(\mathbf{x})$ entsprechend. Dann sind $\tilde{f}$ und $\tilde{g}$ in $\mathbf{x}_0$ stetig und (4.20)–(4.25) folgen aus den Sätzen 4.13,4.16 für f und g zusammen mit Satz 4.18.

Definition 4.21: *Sei $f : D \to \mathbb{R}^m$ und $D \subset \mathbb{R}$.*

(4.26) $\quad F = \lim\limits_{x \to +\infty(-\infty)} f(x)$

heißt **uneigentlicher Limes** *von f, wenn*

$$\forall \varepsilon > 0 \ \exists K \ \forall x \in D \text{ mit } x > K \ \ (x < K\ ): \ \ |\, f(x) - F\,| < \varepsilon.$$

Außer den obigen Definitionen von Funktionenlimes und Stetigkeit benötigt man häufig noch die folgenden einseitigen Varianten.

Definition 4.22: *F heißt* **linksseitiger Grenzwert** *von $f : D \to \mathbb{R}^m$ mit $D \subset \mathbb{R}$ in x_0 und wir schreiben*

(4.27) $\quad F = \lim\limits_{x \to x_0 - 0} f(x)$

genau dann, wenn

$$F = \lim_{x \to x_0} \left(f_{|D \cap \{x \in \mathbb{R} | x < x_0\}} \right) = \lim_{k \to \infty} f(x_k)$$

für jede konvergente Folge $x_k < x_0$, $D \ni x_k \to x_0$ existiert. Entsprechend wird der **rechtsseitige Grenzwert** $\lim\limits_{x \to x_0 + 0} f(x)$ *definiert, wobei $x_0 < 0$ und $x_0 < x_k$ zu nehmen sind.*

Definition 4.23: *$f(x)$ heißt in $x_0 \in D \subset \mathbb{R}$* **linksseitig (rechtsseitig) stetig** *genau dann, wenn*

(4.28) $\quad f(x_0) = \lim\limits_{x \to x_0 \mp 0} f(x).$

Lemma 4.24: *f ist in $x_0 \in D \subset \mathbb{R}$ stetig dann und nur dann, wenn f in x_0 sowohl links– als auch rechtsseitig stetig ist.*

Definition 4.25: *$f : D = [a, b] \to \mathbb{R}^m$ heißt* **stückweise stetig** *genau dann, wenn gilt: Es gibt endlich viele Teilintervalle $D_j = [a_j, a_{j+1}]$, $j = 1, \ldots, N$, mit $a = a_1$, $a_j < a_{j+1}$, $a_{N+1} = b$, so daß auf jedem Teilintervall $f_{|(a_j, a_{j+1})}$ in (a_j, a_{j+1}) stetig ist und in a_j bwz. a_{j+1} einen rechts– bzw. linksseitigen Grenzwert besitzt. Unter Hinzunahme dieser Grenzwerte läßt sich $f_{|(a_j, a_{j+1})}$ jeweils zu einer auf $D_j = [a_j, a_{j+1}]$ stetigen Funktion ergänzen.*

Definition 4.26: *$f : D \to \mathbb{R}$ heißt in $\mathbf{x}_0 \in D \subset \mathbb{R}^n$* **nach oben halbstetig** *genau dann, wenn*

$$(4.29)\quad \forall \varepsilon > 0 \quad \exists \delta > 0 \quad \forall \mathbf{x} \in D \wedge |\mathbf{x} - \mathbf{x}_0| < \delta \ : \ f(\mathbf{x}) < f(\mathbf{x}_0) + \varepsilon.$$

Mit anderen Worten: f ist in $\mathbf{x}_0$ nach oben halbstetig genau dann, wenn für jede Punktfolge $\{\mathbf{x}_j\} \subset D$ mit $\mathbf{x} \to \mathbf{x}_0$

$$\overline{\lim_{\mathbf{x}_j \to \mathbf{x}_0}} f(\mathbf{x}_j) \leq f(\mathbf{x}_0)$$

gilt. Bei der Halbstetigkeit nach unten muß statt dessen in (4.29) $f(\mathbf{x}) > f(\mathbf{x}_0) - \varepsilon$ bzw. $\underline{\lim}_{\mathbf{x}_j \to \mathbf{x}_0} f(\mathbf{x}_j) \geq f(\mathbf{x}_0)$ gelten.

Bemerkung 4.27: *$f(\mathbf{x})$ ist stetig in $\mathbf{x}_0$ genau dann, wenn f in $\mathbf{x}_0$ sowohl nach oben als auch nach unten halbstetig ist.*

Beispiel 4.28:

$$\begin{aligned} f(x,y) &:= \begin{cases} \dfrac{xy}{x^2+y^2} & \text{für } x^2+y^2>0 \text{ und } (x,y) \in D, \\ 0 & \text{für } x=y=0, \end{cases} \\ D &:= \left\{(x,y) \mid x^2+y^2 \leq 1,\ x \geq 0,\ y^2 \leq x^6\right\}. \end{aligned}$$

Da xy und x^2+y^2 stetig sind, ist $f(x,y)$ stetig für $x^2+y^2>0$. In der Nähe des Nullpunktes gilt für $(0,0) \neq (x,y) \in D$ die Abschätzung

$$\begin{aligned} |f(x,y) - f(0,0)| &= \left|\frac{xy}{x^2+y^2}\right| \leq \frac{x^4}{x^2+y^2} \leq x^2 \\ &\leq x^2+y^2 = |(x,y)-(0,0)|^2. \end{aligned}$$

Wählen wir also $\alpha_0(r) = r^2$ als monotone Nullfunktion, so erkennen wir auch im Nullpunkt die Stetigkeit von f.

Beispiel 4.29: *Mit der gleichen Original–Bild–Relation, aber mit* **anderem Definitionsbereich** *sei*

$$(4.30)\quad \widetilde{f}(x,y) := \frac{xy}{x^2+y^2} \quad \text{in } \widetilde{D} := \left\{(x,y) \mid 0 < x^2+y^2 \leq 1\right\}.$$

Offensichtlich ist $\widetilde{f}$ in $\widetilde{D}$ stetig. Vergleicht man mit dem vorherigen Beispiel, so stellt sich die Frage, ob $\widetilde{f}$ durch Hinzunahme des Funktionenlimes im Nullpunkt zu einer stetigen Funktion ergänzt werden kann. Wir untersuchen dazu spezielle Punktfolgen im $\mathbb{R}^2$, die auf einer der Geraden $y = \alpha x$ gegen den Nullpunkt streben:

$$\lim_{x\to 0, y=\alpha x} \widetilde{f}(x) = \lim_{x \to 0} \frac{\alpha x^2}{x^2+\alpha x^2} = \frac{\alpha}{1+\alpha^2}.$$

Da dieser Grenzwert von α abhängt, existiert der Funktionenlimes von $\widetilde{f}$ **nicht** *im Nullpunkt, $\widetilde{f}$ ist dort also* **nicht stetig ergänzbar**. *$\widetilde{f}$ ist aber wegen $2xy \leq x^2+y^2$ in $\widetilde{D}$ durch $\frac{1}{2}$ beschränkt.*

4.2 Polynome in $\mathbb{C}$

Eine Funktion

$$(4.31)\quad P_m(z) := \sum_{j=0}^{m} a_j z^j = a_0 + a_1 z + \cdots + a_m z^m$$

mit $a_j \in \mathbb{C}$ für $j = 1, \ldots, m$ und $z \in \mathbb{C}$ heißt **Polynom vom Grade** m, falls $a_m \neq 0$. Zur Berechnung von Polynomen dient das **Horner–Schema**. Setzt man zur Berechnung des Polynoms in z_0 Klammern wie folgt

$$(4.32)\quad P_m(z_0) = b_0 = (\cdots((a_m z_0 + a_{m-1})z_0 + a_{m-2})z_0 + \cdots a_1)z_0 + a_0$$

und berechnet die Klammer–Ausdrücke „von innen nach außen“, so erhält man den folgenden Algorithmus:

$$(4.33)\quad b_m := a_m,\ \ b_{j-1} := b_j z_0 + a_{j-1}, \quad \text{für } j = m, m-1, \ldots, 1.$$

Der englische Mathematiker W. G. Horner hat diesen Algorithmus zu einem Rechenschema zusammengefaßt:

	a_m		a_{m-1}		a_{m-2}	$\cdots$	a_0	
$z_0 \downarrow +$	0		$b_m z_0$		$b_{m-1} z_0$	$\cdots$	$b_1 z_0$	
	b_m	$\nearrow$	b_{m-1}	$\nearrow$	b_{m-2}	$\cdots$	b_0	$= P_m(z_0)$

Beispiel 4.30:

P_3	$=$	z^3	$-$	$4z^2$	$+$	$5z$	$-$	2	
		1		-4		5		-2	
$z_0 = 3:$		0		3		-3		6	
		1		-1		2		4	$= b_0 = P_3(3)$

Satz 4.31 : $b_m = a_m, b_{j-1} = b_j z_0 + a_{j-1}, j = m, \ldots, 1$, *seien die Koeffizienten des Horner–Schemas von* $P_m(z_0)$. *Dann gilt:*

$$(4.34)\quad P_m(z) = P_m(z_0) + (z - z_0)\{b_m z^{m-1} + b_{m-1} z^{m-2} + \cdots + b_1\}.$$

Beweis: Mit (4.33) erhalten wir

$$\begin{aligned} b_j z^j &= b_j z^j - z^{j-1}(b_j z_0 - b_{j-1} + a_{j-1}) \\ &= (z - z_0) b_j z^{j-1} + b_{j-1} z^{j-1} - a_{j-1} z^{j-1}. \end{aligned}$$

Diese Gleichung verwenden wir rekursiv mit absteigendem Index in

$$\begin{aligned} a_m z^m = b_m z^m &= (z - z_0) b_m z^{m-1} + b_{m-1} z^{m-1} - a_{m-1} z^{m-1} \\ &= (z - z_0) b_m z^{m-1} + (z - z_0) b_{m-1} z^{m-2} \\ &\qquad -a_{m-1} z^{m-1} - a_{m-2} z^{m-2} + b_{m-2} z^{m-2} \\ &\ \ \vdots \\ &= (z - z_0)\left\{b_m z^{m-1} + b_{m-1} z^{m-2} + \cdots + b_1\right\} + b_0 z^0 \\ &\qquad -a_{m-1} z^{m-1} - a_{m-2} z^{m-2} - \cdots - a_0. \end{aligned}$$

Sammlung des ursprünglichen Polynoms auf der linken Seite ergibt

$$P_m(z) = b_0 + (z - z_0)\left\{b_m z^{m-1} + \cdots b_1\right\} = P_m(z_0) + (z - z_0)P_{m-1}(z). \quad \square$$

Folgerungen 4.32 :

i. *Ein nicht identisch verschwindendes Polynom m–ten Grades hat höchstens m Nullstellen.*

ii. *Sind $\zeta_1, \ldots, \zeta_m$ die Nullstellen von $P_m(z)$, so gilt*

$$(4.35) \quad P_m(z) = a_m \prod_{j=1}^{m} (z - \zeta_j).$$

iii. *Ein Polynom $P_m(z)$ mit $m + 1$ Nullstellen kann nur das Nullpolynom sein, das heißt $a_0 = a_1 = \ldots = a_m = 0$.*

Beweis:

i. Die Behauptung ergibt sich unmittelbar aus (4.35), so daß wir zuerst diese Darstellung beweisen.

ii. Wählen wir für z_0 in (4.34), $z_{01} = \zeta_1$, so ergibt sich mit $P_m(\zeta_1) = 0$

$$P_m(z) = (z - \zeta_1)P_{m-1}(z).$$

Für $P_{m-1}(z)$ verwenden wir wieder (4.34), jetzt mit $z_{02} := \zeta_2$ und erhalten mit $P_{m-1}(\zeta_2) = 0$ die Darstellung

$$P_m(z) = (z - \zeta_1)(z - \zeta_2)P_{m-2}(z)$$

Nach m–maliger Anwendung von (4.34) bekommen wir schließlich

$$P_m(z) = a_m \prod_{j=1}^{m} (z - \zeta_j),$$

wie behauptet.

iii. Wir nehmen an, das Polynom hätte $m + 1$ verschiedene Nullstellen ζ_j mit $j = 1, \ldots, m + 1$. Wegen $\zeta_{m+1} - \zeta_j \neq 0$ ergibt sich aus

$$P_m(\zeta_{m+1}) = a_m \prod_{j=1}^{m} \underbrace{(\zeta_{m+1} - \zeta_j)}_{\neq 0} = 0$$

schließlich $a_m = 0$. Damit folgt

$$P_m(\zeta_{m+1}) = P_{m-1}(\zeta_{m+1}) = a_{m-1} \prod_{j=1}^{m-1} (\zeta_{m+1} - \zeta_j) = 0$$

und wie eben $a_{m-1} = 0$. Fahren wir so fort, erhalten wir nach m Schritten $a_j = 0$ für $j = m, m - 1, \cdots, 0$. Daraus folgt auch *i.* $\square$

4.3 Potenzreihen in $\mathbb{C}$

In Kapitel 3 haben wir mit Hilfe von Reihen (bzw. Folgen) komplexe Zahlen approximiert und oben lernten wir Polynome als besonders einfache stetige Funktionen kennen. Wir werden nun beide Ideen kombinieren, um eine große Klasse von Funktionen einzuführen, die insbesondere stetig sind. Dazu sei $\{a_m\}_{m\in\mathbb{N}}$ eine Zahlenfolge in $\mathbb{C}$, die „unendlich vielen" Polynomkoeffizienten entspricht und statt eines Polynoms erhält man jetzt eine **Potenzreihe**. Eine gute Einführung in die Theorie der Reihen findet man in [56] und [57].

Definition 4.33: *Für $z \in \mathbb{C}$ und Koeffizienten $a_\nu \in \mathbb{C}$ heißt die z–abhängige Reihe*

$$(4.36) \quad p(z) := \sum_{\nu=0}^{\infty} a_\nu z^\nu$$

Potenzreihe.

Der Potenzreihe ordnen wir die folgenden beiden Mengen zu:

$$\begin{aligned} \textbf{Konvergenzbereich} &:= \{z \in \mathbb{C} \mid \sum_{\nu=0}^{\infty} a_\nu z^\nu \text{ konvergiert }\},\\ \textbf{Divergenzbereich} &:= \{z \in \mathbb{C} \mid \sum_{\nu=0}^{\infty} a_\nu z^\nu \text{ divergiert }\}. \end{aligned}$$

$p : D \to \mathbb{C}$ ist als Funktion wohldefiniert, wenn für D der Konvergenzbereich gewählt wird.

Beispiel 4.34: *Die geometrische Reihe $p(z) = \sum_{j=0}^{\infty} z^j$ konvergiert (absolut) für $|z| < 1$ und divergiert für $|z| \geq 1$.*

Lemma 4.35:

i. Voraussetzung: $\sum_{\nu=0}^{\infty} a_\nu \eta^\nu$ konvergiere für ein $|\eta| > 0$.

Behauptung: $\forall z \in \mathbb{C} \wedge |z| < |\eta| : \sum_{\nu=0}^{\infty} a_\nu z^\nu$ ist absolut konvergent.

ii. Voraussetzung: $\sum_{\nu=0}^{\infty} a_\nu \zeta^\nu$ divergiere für ein $|\zeta| > 0$.

Behauptung: $\sum_{\nu=0}^{\infty} a_\nu z^\nu$ ist divergent für jedes $z \in \mathbb{C}$ mit $|z| > |\zeta|$.

Beweis: Aus der vorausgesetzten Konvergenz folgt

i. $|a_\nu \eta^\nu| \to 0$ für $\nu \to \infty$. Folglich existiert eine Schranke M, so daß für alle $\nu \in \mathbb{N}$ gilt $|a_\nu \eta^\nu| \le M$.

Sei $z \in \mathbb{C}$ beliebig gegeben mit $|z| < |\eta|$. Dann können wir z ersetzen durch $z = \lambda\eta$ mit $|\lambda| < 1$. Dann besitzt die Reihe

$$\sum_{\nu=0}^{\infty} |a_\nu z^\nu| = \sum_{\nu=0}^{\infty} |\lambda|^\nu \, |a_\nu \eta^\nu| \quad \text{die Reihe} \quad \sum_{\nu=0}^{\infty} |\lambda|^\nu M = \frac{1}{1-|\lambda|} \cdot M$$

als konvergente Majorante. Daraus folgt mit dem Majorantenkriterium die absolute Konvergenz von $\sum_{\nu=0}^{\infty} a_\nu z^\nu$.

ii. Widerspruchsannahme: Für $z \in \mathbb{C}$ mit $|z| > |\zeta|$ sei $\sum_{\nu=0}^{\infty} a_\nu z^\nu$ konvergent. Dann folgt mit *i.*, daß $\sum_{\nu=0}^{\infty} a_\nu \zeta^\nu$ absolut konvergent ist im Widerspruch zur Annahme der Divergenz. □

Korollar 4.36: *$p(z) = \sum_{\nu=0}^{\infty} a_\nu z^\nu$ sei konvergent für jedes $z \in \mathbb{C}$. Dann ist $p(z)$ für alle $z \in \mathbb{C}$ absolut konvergent.*

Beweis: Sei $z \in \mathbb{C}$ beliebig gewählt. Wähle η mit $|\eta| > |z|$. Da auch $\sum_{\nu=0}^{\infty} a_\nu \eta^\nu$ konvergiert, folgt absolute Konvergenz von $\sum_{\nu=0}^{\infty} a_\nu z^\nu$ aus Lemma 4.35. □

Satz 4.37: *Die Reihe*

$$p(z) = \sum_{\nu=0}^{\infty} a_\nu z^\nu$$

sei für $z = \eta$ mit $|\eta| > 0$ konvergent und für $z = \zeta \in \mathbb{C}$ divergent. Dann existiert $\rho \in \mathbb{R}$ mit den folgenden Eigenschaften:
Für alle $z \in \mathbb{C}$ mit $|z| < \rho$ ist $p(z) = \sum_{\nu=0}^{\infty} a_\nu z^\nu$ absolut konvergent und für alle $z \in \mathbb{C}$ mit $|z| > \rho$ ist $p(z)$ divergent.

Beweis: Wir definieren zunächst die Menge

$$\mathcal{M} := \left\{ |z| \in \mathbb{R} \;\middle|\; \sum_{\nu=0}^{\infty} a_\nu z^\nu \text{ ist konvergent in } z \in \mathbb{C} \right\} \subset \mathbb{R}.$$

Lemma 4.35 liefert $(-|\eta|, |\eta|) \subset \mathcal{M} \subset (-|\zeta|, |\zeta|)$. Folglich ist $\mathcal{M}$ beschränkt und deshalb existiert $\rho := \sup \mathcal{M} \in \mathbb{R}$.

i. Nun sei $z \in \mathbb{C}$ mit $|z| < \rho$ beliebig gewählt. Nach Lemma 1.23 existiert zu $\varepsilon := \frac{1}{2}(\rho - |z|) > 0$ ein $r \in \mathcal{M}$, so daß $\rho - \varepsilon < r \le \rho$ und ein $\eta \in \mathbb{C}$ mit $|\eta| = r$, so daß $\sum_{\nu=0}^{\infty} a_\nu \eta^\nu$ konvergent ist. Für z gilt

$$|z| = \frac{1}{2}(|z| + \rho) - \varepsilon < \rho - \varepsilon < r,$$

somit ist $\sum_{\nu=0}^{\infty} a_\nu z^\nu$ nach Lemma 4.35 absolut konvergent.

ii. Wir nehmen an, daß die Reihe $\sum_{j=0}^{\infty} a_j \zeta^j$ für irgendein $\zeta \in \mathbb{C}$ mit $|\zeta| > \rho$ konvergent ist. Dann gilt $|\zeta| \in \mathcal{M}$ und $|\zeta| \leq \sup \mathcal{M} = \rho$ im Widerspruch zu $\rho < |\zeta|$. □

Definition 4.38: *Für eine Potenzreihe $p(z) = \sum_{j=0}^{\infty} a_j z^j$ heißt*

$$(4.37) \quad \rho := \begin{cases} \sup \mathcal{M} & \text{für beschränktes } \mathcal{M}, \\ \infty & \text{für unbeschränktes } \mathcal{M} \end{cases}$$

der **Konvergenzradius** *von $p(z)$.*

Folgerung 4.39: *Aus dem Beweis von Satz* 4.37 *und Definition* (4.37) *folgt, daß $p(z) = \sum_{\nu=0}^{\infty} a_\nu z^\nu$ für $|z| < \rho$ absolut konvergiert und für $|z| > \rho$ divergiert.*

Satz 4.40 : *Es gilt die* **Formel von Cauchy–Hadamard**

$$(4.38) \quad \rho = \left\{ \overline{\lim_{j\to\infty}} \sqrt[j]{|a_j|} \right\}^{-1},$$

wobei $\rho = \infty$ gesetzt wird, falls $\overline{\lim} \sqrt[j]{|a_j|} = 0$.
Falls

$$(4.39) \quad \tau = \lim_{j\to\infty} \sqrt[j]{|a_j|} \text{ existiert, gilt } \rho = \frac{1}{\tau}.$$

Falls $a_\nu \neq 0$ für $\nu \geq n_0$ und

$$(4.40) \quad \sigma = \lim_{j\to\infty} \left| \frac{a_{j+1}}{a_j} \right| \text{ existiert, gilt } \rho = \frac{1}{\sigma}.$$

Beweis: Wir beweisen zunächst (4.38):

i. Entweder $\{\sqrt[k]{|a_k|}\}$ ist unbeschränkt, dann ist auch $|z|\sqrt[k]{|a_k|}$ für jedes $z \neq 0$ unbeschränkt und $a_k z^k$ ist unbeschränkt, das heißt $\sum\limits_{k=0}^{\infty} a_k z^k$ divergiert für $z \neq 0$; oder die Folge

$$\alpha_j := \sup \left\{ \sqrt[k]{|a_k|} \mid k \geq j \right\} \geq \sqrt[j]{|a_j|}$$

ist beschränkt und aufgrund ihrer Definition monoton fallend und durch Null nach unten beschränkt. Folglich existiert

$$\tau = \lim_{j\to\infty} \alpha_j = \overline{\lim_{k\to\infty}} \sqrt[k]{|a_k|}$$

und es gilt

$$\lim_{j\to\infty} \sqrt[j]{\alpha_j^j |z|^j} = \lim_{j\to\infty} \alpha_j |z| = \tau |z|\,.$$

Folglich konvergiert nach dem Cauchyschen Wurzel–Kriterium (Satz 3.78) die Majorante $\sum_{j=0}^{\infty} \alpha_j^j |z|^j$ zu $\sum_{j=0}^{\infty} |a_j||z|^j$ für $|z| < \frac{1}{\tau}$. Demnach konvergiert auch $p(z)$ für jedes z mit $|z| < \frac{1}{\tau}$ absolut. Also gilt $\frac{1}{\tau} \le \rho$.

Im Fall $\tau = 0$ bleibt unsere Schlußweise für *jedes* $z \in \mathbb{C}$ gültig.

ii. Nach Definition des $\overline{\lim}$ existiert eine gegen τ konvergente Teilfolge, das heißt eine unendliche Indexmenge $\mathbb{N}' \subset \mathbb{N}$, so daß

$$\lim_{\mathbb{N}' \ni j' \to\infty} \sqrt[j']{|a'_j|} = \overline{\lim_{j\to\infty}} \sqrt[j]{|a_j|} = \tau$$

gilt, das heißt

$$\lim_{j'\to\infty} \sqrt[j']{|a'_j|\,|z|^{j'}} = \tau|z|.$$

Für $|z| > \frac{1}{\tau}$ gilt demnach $1 < |a'_j||z|^{j'} \not\to 0$, das bedeutet, daß $p(z)$ divergiert. Also gilt $\rho \le \frac{1}{\tau}$.

Aus *i.* und *ii.* folgt mit (4.38) die Behauptung: $\rho = \frac{1}{\tau}$. (4.39) ist eine direkte Folgerung aus (4.38). Die Beziehung (4.40) zeigt man genauso, indem man das D'Alembertsche Konvergenzkriterium (Satz 3.74) statt des Cauchyschen Wurzelkriteriums benutzt. Wir empfehlen dem Leser, diesen Beweis selbst zu führen.

□

Lemma 4.41: *Für den Konvergenzradius ρ von $p(z)$ gilt*

$$(4.41) \quad \rho\Big(\sum_{j=0}^{\infty} a_j z^j\Big) = \rho\Big(\sum_{k=1}^{\infty} (k a_k) z^k\Big).$$

Beweis: Für den Beweis zeigen wir zunächst die nachfolgenden beiden Eigenschaften:

i. Aus

$$\left(1+\frac{1}{k}\right)^k = \sum_{\ell=0}^{k} \frac{k!}{\ell!(k-\ell)!k^\ell} \le \sum_{\ell=0}^{k} \frac{1}{\ell!} \le e \le k \quad \text{für } k \ge 3$$

folgt

$$1+\frac{1}{k} \le \sqrt[k]{k} \quad \text{und daraus} \quad \sqrt[k+1]{k+1} \le \sqrt[k]{k} \quad \text{für } k \ge 3.$$

ii. Da $1 \leq \sqrt[k]{k}$ eine monoton fallende nach unten beschränkte reelle Zahlenfolge ist, existiert der Grenzwert

$$1 \leq c = \lim_{k\to\infty} \sqrt[k]{k}.$$

Mit Satz 3.14, das heißt $\lim\limits_{k\to\infty} \sqrt[k]{\varepsilon} = 1$ für $0 < \varepsilon < 1$ folgt daraus

$$c = \lim_{k\to\infty} \sqrt[k]{\varepsilon} \cdot c = \lim_{k\to\infty} \sqrt[k]{\varepsilon}\sqrt[k]{k} = \lim_{k\to\infty} \sqrt[k]{k \cdot \varepsilon},$$

woraus sich mit der Bernoullischen Ungleichung (Satz 1.40)

$$c \leq 1 + \lim_{k\to\infty} \frac{\varepsilon \cdot k - 1}{k} = 1 + \varepsilon$$

ergibt. Somit gilt für jedes $\varepsilon > 0$ die Beziehung $1 \leq c \leq 1 + \varepsilon$ und deshalb $c = 1$.

Also gilt $\lim\limits_{k\to\infty} \sqrt[k]{k} = 1$.

iii. Einschließung für $j \geq 3$:

$$\alpha_j := \sup_{k\geq j} \sqrt[k]{|a_k|} \leq A_j := \sup_{k\geq j} \sqrt[k]{k|a_k|} = \sup_{k\geq j} \sqrt[k]{k}\sqrt[k]{|a_k|}$$

und mit *ii.* und $k \geq j$ erhalten wir

$$A_j \leq \sup_{k\geq j} \sqrt[j]{j}\sqrt[k]{|a_k|} = \sqrt[j]{j} \sup_{k\geq j} \sqrt[k]{|a_k|} = \sqrt[j]{j}\, \alpha_j.$$

Es ist also

$$\alpha_j \leq A_j \leq \sqrt[j]{j}\alpha_j$$

für $j \to \infty$ und mit *i.* gilt

$$\lim_{j\to\infty} \alpha_j \leq \lim_{j\to\infty} A_j \leq \lim_{j\to\infty} \alpha_j$$

und damit die behauptete Gleichheit. □

Satz 4.42 : *Jede Potenzreihe* $p(z) = \sum_{j=0}^{\infty} a_j z^j$ *definiert in*

$$\mathcal{U}_\rho(0) = \{z \in \mathbb{C} \mid |z| < \rho\}$$

eine stetige Funktion.

Beweis: Zunächst ist

$$z^j - z_0^j = (z - z_0) \sum_{k=0}^{j-1} z^k z_0^{j-k-1},$$

wie man durch Ausmultiplizieren der rechten Seite leicht nachrechnet, und wir erhalten

$$|p(z) - p(z_0)| \leq |z - z_0| \left(\sum_{j=1}^{\infty} |a_j| \sum_{k=0}^{j-1} |z|^k |z_0|^{j-k-1} \right).$$

Nun sei $R > 0$ mit $R < \rho$ beliebig, aber für das folgende fest gewählt. Dann gilt für alle $z, z_0 \in \mathbb{C}$ mit $|z| \leq R$ und $|z_0| \leq R$

$$\begin{aligned} |p(z) - p(z_0)| &\leq |z - z_0| \sum_{j=1}^{\infty} |a_j| \sum_{k=0}^{j-1} R^k R^{j-k-1} \\ &= |z - z_0| \frac{1}{R} \sum_{j=0}^{\infty} |a_j| j R^{j-1} = M_R |z - z_0| \end{aligned}$$

mit $M_R = \sum_{j=1}^{\infty} |a_j| j R^{j-1}$. Diese Reihe für M_R ist wegen $R < \rho$, Lemma 4.41 und Folgerung 4.39 konvergent. Nun ist $\alpha_R(r) := r M_R$ monotone Nullfunktion, und es gilt

$$|p(z) - p(z_0)| \leq M_R |z - z_0| = \alpha_R(|z - z_0|).$$

$p(z)$ ist also sogar Lipschitz–stetig für alle z mit $|z| \leq R$. □

Bemerkung 4.43: *In* $D := \mathcal{U}_\rho(0)$, *das heißt für* $|z_0| < \rho$ *gilt*

$$p(z_0) = \lim_{z \to z_0} \sum_{j=0}^{\infty} a_j z^j = \sum_{j=0}^{\infty} a_j z_0^j = \sum_{j=0}^{\infty} a_j (\lim_{z \to z_0} z)^j.$$

Dort dürfen wir $\sum_0^{\infty}$ *und* $\lim_{z \to z_0}$ *miteinander vertauschen, während im allgemeinen das Vertauschen zweier Limites* **nicht** *erlaubt ist!*

4.4 Spezielle Funktionen

In diesem Abschnitt wollen wir einige spezielle stetige Funktionen kennenlernen und diskutieren, die nicht nur für die Mathematik selbst von Bedeutung sind, sondern die vor allem auch in den Naturwissenschaften und in der Technik eine Fülle von Anwendungsmöglichkeiten besitzen. Dabei folgen wir weitgehend der Darstellung in [64]. Für Additionstheoreme, Kurven, Tabellen etc. siehe zum Beispiel [13, 80]. Wir beginnen mit der

4.4.1 Die Exponentialfunktion in $\mathbb{C}$

Die Exponentialfunktion wird durch die Reihe

$$(4.42)\quad \exp z := \sum_{\nu=0}^{\infty} \frac{z^\nu}{\nu!}$$

definiert. Für den Konvergenzradius ergibt sich aus

$$\lim_{\nu\to\infty} \left|\frac{a_{\nu+1}}{a_\nu}\right| = \lim_{\nu\to\infty} \frac{\nu!}{(\nu+1)!} = \lim_{\nu\to\infty} \frac{1}{(\nu+1)} = 0 \quad \text{und somit } \rho = \infty.$$

Demnach gilt für die Exponentialfunktion $\exp z : \mathbb{C} \to \mathbb{C}$, daß sie für alle $z \in \mathbb{C}$ absolut konvergent ist. Aus (4.42) erhalten wir ferner

$$(4.43)\quad \exp 0 = 1, \quad \exp 1 = e.$$

Nach Satz 4.37 und Satz 3.68 gilt für das **Cauchy–Produkt**

$$\begin{aligned}
\exp a \exp b &= \left(\sum_{j=0}^{\infty} \frac{a^j}{j!}\right)\left(\sum_{k=0}^{\infty} \frac{b^k}{k!}\right) \\
&= \sum_{\ell=0}^{\infty} \left\{\frac{a^\ell}{\ell!}\frac{b^0}{0!} + \frac{a^{\ell-1}}{(\ell-1)!}\frac{b}{1!} \cdots + \frac{a^0}{0!}\frac{b^\ell}{\ell!}\right\} \\
&= \sum_{\ell=0}^{\infty} \frac{1}{\ell!}\left\{\frac{a^\ell}{1}\frac{b^0}{1} + \frac{\ell!}{(\ell-1)!1!}a^{\ell-1}b + \frac{\ell!}{(\ell-2)!2!}a^{\ell-2}b^2 + \cdots + \frac{a^0}{1}a^0\frac{b^\ell}{1}\right\} \\
&= \sum_{\ell=0}^{\infty} \frac{1}{\ell!}\left\{\binom{\ell}{0}a^\ell b^0 + \binom{\ell}{1}a^{\ell-1}b + \binom{\ell}{2}a^{\ell-2}b^2 + \cdots a^0 b^\ell\binom{\ell}{0}\right\} \\
&= \sum_{\ell=0}^{\infty} \frac{1}{\ell!}(a+b)^\ell = \exp(a+b)\,.
\end{aligned}$$

Also ist für alle $a, b \in \mathbb{C}$ die Gleichung

$$(4.44)\quad \exp a \exp b = \exp(a+b)$$

erfüllt, woraus wir

$$(4.45)\quad \exp(-z) = \frac{1}{\exp z} \quad \text{und daraus } \exp z \neq 0 \quad \text{für alle } z \in \mathbb{C}$$

folgern.

4.4.2 Die Trigonometrischen Funktionen in $\mathbb{C}$

Unter dem **Kosinus** und dem **Sinus** einer komplezen Zahl $z \in \mathbb{C}$ versteht man die Funktionen

$$(4.46)\quad \cos z := \sum_{j=0}^{\infty} \frac{(-1)^j}{(2j)!} z^{2j}, \quad \sin z := \sum_{j=0}^{\infty} \frac{(-1)^j}{(2j+1)!} z^{2j+1}.$$

Beide Funktionen gehören zur Klasse der **trigonometrischen** oder **Kreisfunktionen**. Denkt man sich in beiden Reihen die fehlenden Potenzen durch entsprechende Glieder mit verschwindenden Koeffizienten ergänzt, so ergibt sich die absolute Konvergenz beider Reihen für alle $z \in \mathbb{C}$ aus dem Umstand, daß sie die konvergente Majorante

$$\exp(|z|) = \sum_{\nu=0}^{\infty} \frac{|z|^\nu}{\nu!} = 1 + \frac{|z|}{1!} + \frac{|z|^2}{2!} + \ldots$$

mit Konvergenzradius ∞ besitzen. Für die Konvergenzradien gilt also

$$\rho(\cos z) = \rho(\sin z) = \infty$$

und beide Funktionen sind nach Satz 4.42 in ganz $\mathbb{C}$ stetig. Mit

$$(4.47)\quad \cos z = \frac{1}{2}(\exp(iz) + \exp(-iz)), \quad \sin z = \frac{1}{2i}(\exp(iz) - \exp(-iz))$$

folgt durch Addition die **Eulersche Formel**

$$(4.48)\quad \exp(iz) = \cos z + i \sin z.$$

Kombiniert man diese mit (4.44), so erhält man (nach n–facher Anwendung) für $n \in \mathbb{N}$ die **Formel von Moivre**:

$$(4.49)\quad \exp(niz) = (\cos z + i \sin z)^n = \cos(nz) + i \sin(nz).$$

Aus (4.46) folgen weiterhin die Symmetrieeigenschaften

$$(4.50)\quad \cos(-z) = \cos z, \quad \sin(-z) = -\sin z.$$

Man sagt, $\cos z$ sei eine **gerade** oder **symmetrische** und $\sin z$ eine **ungerade** oder **asymmetrische** Funktion. Aus der Definition (4.46) ergeben sich außerdem sofort

$$(4.51)\quad \cos 0 = 1, \quad \sin 0 = 0.$$

Für zwei beliebige Zahlen $a, b \in \mathbb{C}$ können wir nunmehr mit Hilfe der Cauchy–Produkte folgende **Additionstheoreme** beweisen:

$$(4.52)\quad \cos(a \pm b) = \cos a \cdot \cos b \mp \sin a \cdot \sin b,$$

$$(4.53)\quad \sin(a \pm b) = \sin a \cdot \cos b \pm \cos a \cdot \sin b.$$

Zum Beweis der Additionstheoreme berechnen wir die zwei Cauchy–Produkte der rechten Seite von (4.52):

$$\begin{aligned}
\cos a \cos b &= \sum_{\ell=0}^{\infty} \left\{ \frac{(-1)^{\ell}}{(2\ell)!} \frac{(-1)^0}{0!} a^{2\ell} b^0 + \frac{(-1)^{\ell-1}}{(2\ell-2)!} \frac{(-1)^1}{2!} a^{2\ell-2} b^2 + \cdots \right. \\
&\qquad \left. + \frac{(-1)^0}{0!} \frac{(-1)^{\ell}}{(2\ell)!} a^0 b^{2\ell} \right\} \\
&= \sum_{\ell=0}^{\infty} \frac{(-1)^{\ell}}{(2\ell)!} \left\{ \binom{2\ell}{0} a^{2\ell} b^0 + \binom{2\ell}{2} a^{2\ell-2} b^2 + \cdots + \binom{2\ell}{2\ell} a^0 b^{2\ell} \right\}, \\
\sin a \sin b &= \sum_{\ell=0}^{\infty} \left\{ \frac{(-1)^{\ell}}{(2\ell+1)!} \frac{(-1)^0}{1!} a^{2\ell+1} b^1 + \frac{(-1)^{\ell-1}}{(2\ell-1)!} \frac{(-1)^1}{3!} a^{2\ell-1} b^3 + \cdots \right. \\
&\qquad \left. + \frac{(-1)^0}{1!} \frac{(-1)^{l}}{(2\ell+1)!} a^1 b^{2\ell+1} \right\} \\
&= \sum_{\ell=1}^{\infty} \frac{(-1)^{\ell-1}}{(2\ell)!} \left\{ \binom{2\ell}{1} a^{2\ell-1} b^1 + \binom{2\ell}{3} a^{2\ell-3} b^3 + \cdots + \binom{2\ell}{2\ell-1} a^1 b^{2\ell-1} \right\}.
\end{aligned}$$

Durch Subtraktion bzw. Addition ergibt sich (4.52). Entsprechend zeigt man (4.53) mit Hilfe der Cauchy–Produkte von $\sin a \cos b$ und $\cos a \sin b$, wir überlassen dies dem Leser.

Aus (4.52) entsteht für $a = b = z$ die wichtige Identität

(4.54) $\sin^2 z + \cos^2 z = 1.$

Für $a = b = z$ ergeben sich aus (4.52) sowie (4.53) weiterhin

(4.55) $\cos 2z = \cos^2 z - \sin^2 z, \quad \sin 2z = 2 \sin z \cdot \cos z.$

Auf diese Weise kann man auch zu **Rekursionsformeln** für $\cos nz$ und $\sin nz$ für $n \in \mathbb{N}$ gelangen. Wichtig sind in diesem Zusammenhang noch zwei Beziehungen für die Funktionswerte an der Stelle $\frac{z}{2}$. Zu diesem Zweck schreiben wir (4.55) mit Hilfe von (4.54) in der Form

$$\cos 2z = \cos^2 z - 1 + 1 - \sin^2 z = 2\cos^2 z - 1 = 1 - 2\sin^2 z,$$

ersetzen z durch $\dfrac{z}{2}$ und lösen nach $\cos \dfrac{z}{2}$ bzw. $\sin \dfrac{z}{2}$ auf:

(4.56) $\cos^2 \dfrac{z}{2} = \dfrac{1}{2}(1 + \cos z), \quad \sin^2 \dfrac{z}{2} = \dfrac{1}{2}(1 - \cos z).$

Schließlich sind noch folgende Identitäten von Bedeutung, die der Leser selbst durch Zurückführen auf die Additionstheorem beweisen möge:

(4.57) $\cos a \pm \cos b = \pm 2 \begin{matrix}\cos\\ \sin\end{matrix} \left(\dfrac{a+b}{2}\right) \cdot \begin{matrix}\cos\\ \sin\end{matrix} \left(\dfrac{a-b}{2}\right),$

(4.58) $\sin a \pm \sin b = 2 \cos \left(\dfrac{a \mp b}{2}\right) \cdot \left(\sin \dfrac{a \pm b}{2}\right).$

Abschließend definieren wir noch **Tangens** und **Cotangens** für $k \in \mathbb{Z}$ als

$$(4.59)\quad \tan z \;=\; \frac{\sin z}{\cos z} = -i\,\frac{\exp(iz)-\exp(-iz)}{\exp(iz)+\exp(-iz)} \quad \text{für } z \in \mathbb{C},\ z \neq (\frac{1}{2}+k)\pi,$$

$$(4.60)\quad \cot z \;=\; \frac{\cos z}{\sin z} = i\,\frac{\exp(iz)+\exp(-iz)}{\exp(iz)-\exp(-iz)} \quad \text{für } z \neq k\pi,$$

sowie die **Hyperbelfunktionen**

$$(4.61)\quad \sinh z \;=\; \frac{1}{2}(\exp z - \exp(-z)) \;=\; -i\sin(iz),$$

$$(4.62)\quad \cosh z \;=\; \frac{1}{2}(\exp(z)+\exp(-z)) \;=\; \cos(iz) \quad \text{für } z \in \mathbb{C}.$$

4.4.3 Stetige Funktionen im Reellen; Zwischenwertsatz, der Satz von Weierstrass, exp x und die trigonometrischen Funktionen im Reellen

Für $x \in \mathbb{R}$ folgt für die durch

$$\exp x = \sum_{\ell=0}^{\infty} \frac{x^\ell}{\ell!}$$

erklärte Exponentialfunktion $\exp x > 1$ für $x > 0$ und $0 < \exp x < 1$ für $x < 0$.

Folgerung 4.44: *Für $n, m \in \mathbb{N}$ gelten*

$$(\exp x)^n = \exp(nx), \quad e^n = \exp n, \quad e = \exp\frac{m}{m} = (\exp\frac{1}{m})^m.$$

Also gilt

$$\sqrt[m]{e} = \exp\frac{1}{m},$$

und

$$(4.63)\quad e^r := e^{\frac{n}{m}} = \exp(\frac{n}{m}) = \exp r$$

für alle rationalen $r \in \mathbb{Q}$.

Man schreibt deshalb auch $e^x := \exp x$ für alle $x \in \mathbb{R}$ und $e^z := \exp z$ für $z \in \mathbb{C}$. Wir berechnen für $x_1 < x_2$

$$1 < e^{x_2 - x_1} = \exp(x_2 - x_1) = e^{-x_1}e^{x_2} = \frac{e^{x_2}}{e^{x_1}},$$

also gilt für $x_1 < x_2$ die Ungleichung

$$(4.64)\quad e^{x_1} < e^{x_2},$$

insbesondere ist daher $e^x : \mathbb{R} \to (0, \infty)$ **injektiv**.

Definition 4.45: *$f : D \to \mathbb{R}$ heißt* **monoton steigend** *genau dann, wenn*

$$(4.65) \quad \forall x_1, x_2 \in D \wedge x_1 \leq x_2 : f(x_1) \leq (x_2).$$

f heißt **streng monoton steigend** *genau dann, wenn*

$$(4.66) \quad \forall x_1, x_2 \in D \wedge x_1 < x_2 : f(x_1) < f(x_2).$$

Entsprechend heißt f **monoton fallend** *für $f(x_1) \geq f(x_2)$ und für $f(x_1) > f(x_2)$* **streng monoton fallend**. *f heißt (streng)* **monoton**, *wenn f entweder (streng) monoton steigend oder fallend ist.*

Die Funktion e^x ist auf $\mathbb{R}$ streng monoton steigend.

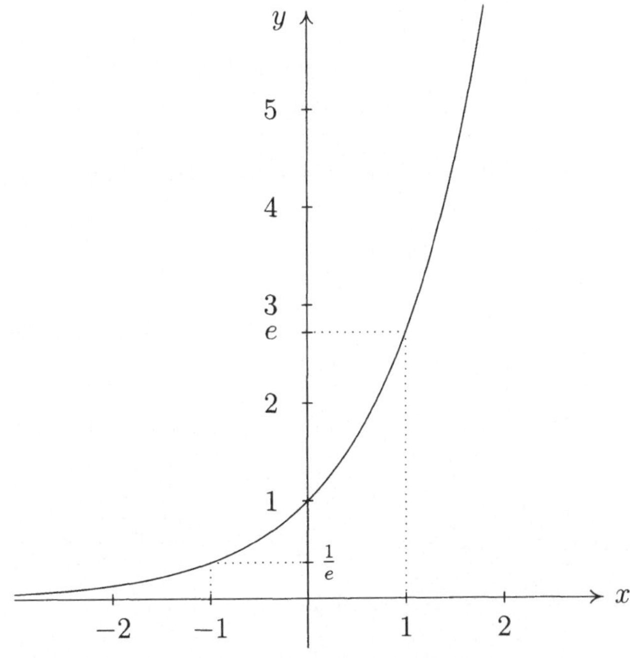

Abbildung 4.1: Graph der Funktion e^x

Satz 4.46 (Zwischenwertsatz von Bolzano):
Sei $f(x)$ stetig auf $[a, b]$ und $f(a) \neq f(b)$. Dann gilt

$$(4.67) \quad \forall \eta \in (f(a), f(b)) \cup (f(b), f(a)) \ \exists \xi \in (a, b) : \eta = f(\xi),$$

das heißt $f(x)$ nimmt jeden Wert zwischen $f(a)$ und $f(b)$ an.

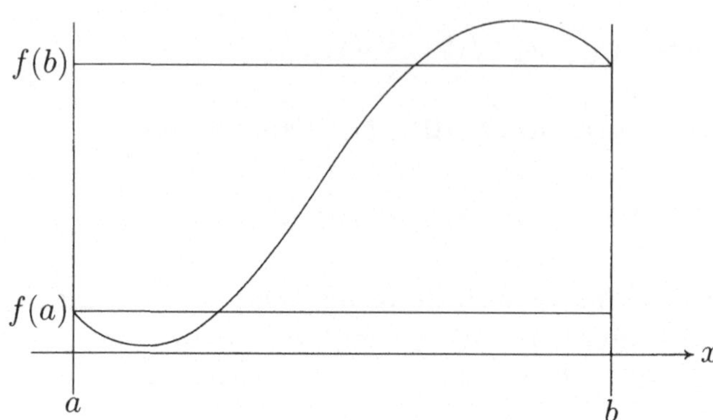

Abbildung 4.2: Zwischenwertsatz von Bolzano

Beweis: Wir führen den Beweis mit einer Intervallschachtelung. Diese Intervallschachtelung ist übrigens das schnellste numerische Verfahren zur Bestimmung von ξ, und liefert auch noch gleichzeitig eine Einschließung der Lösung sowie eine Fehlerabschätzung.
Ohne Beschränkung der Allgemeinheit sei $f(b) > f(a)$. Wir definieren rekursiv

$$\begin{aligned} J_0 &:= [a,b],\ a_0 := a;\ b_0 := b, \\ J_{k+1} &:= [a_{k+1}, b_{k+1}] \\ &:= \begin{cases} \left[\frac{1}{2}(a_k+b_k), b_k\right], & \text{falls } f\left(\frac{1}{2}(a_k+b_k)\right) \le \eta \le f(b_k), \\ \left[a_k, \frac{1}{2}(a_k+b_k),\right], & \text{falls } f(a_k) \le \eta < f\left(\frac{1}{2}(a_k+b_k)\right). \end{cases} \end{aligned}$$

Durch wiederholtes Einsetzen der Rekursionsformel erhalten wir für die Intervallängen

$$b_{k+1} - a_{k+1} = \frac{1}{2}(b_k - a_k) = \cdots = \frac{1}{2^{k+1}}(b-a) \to 0 \text{ für } k \to \infty.$$

Dann existiert nach Satz 3.30 genau eine reelle Zahl

$$\xi \in \bigcap_{k=0}^{\infty} J_k \subset [a,b] \text{ mit } \xi = \lim_{k\to\infty} a_k = \lim_{k\to\infty} b_k.$$

Die Stetigkeit von f impliziert $f(\xi) = \lim_{k\to\infty} f(a_k) = \lim_{k\to\infty} f(b_k)$ und wegen $f(a_k) \le \eta \le f(b_k)$ auch $\eta = f(\xi)$. Wegen $f(a) < \eta < f(b)$ kann ξ weder mit a noch mit b zusammenfallen. □

Bemerkung 4.47: *Im Zwischenwertsatz kann auf keine der Voraussetzungen verzichtet werden (siehe zum Beispiel [64, I, S. 100]).*

Korollar 4.48: *$f(x)$ sei stetig auf $[a,b]$ und erfülle $f(a)\cdot f(b)<0$. Dann gibt es eine Stelle $\xi\in(a,b)$ mit $f(\xi)=0$.*

Beweis: Wegen $f(a)\neq 0\neq f(b)$ und $f(a)\neq f(b)$ liefert der Zwischenwertsatz mit $\eta=0$ die Behauptung. □

Bemerkung 4.49: *Dieses Korollar ist eine sehr einfache Version des Satzes von Borsuk (siehe dazu [93]).*

Satz 4.50 : *$f : D\to\mathbb{R}^m$ (oder $\mathbb{C}$) sei stetig und $D\subset\mathbb{R}^n$ (oder $\mathbb{C}$) sei kompakt. Dann ist $\{f(\mathbf{x})\mid\mathbf{x}\in D\}$ beschränkt.*

Beweis: Zu $\mathbf{y}\in D$ und $\varepsilon=1$ existiert wegen der Stetigkeit von f ein $\delta(\mathbf{y},1)>0$, so daß $\forall\mathbf{x}\in\mathcal{U}_\delta(\mathbf{y})\cap D : |f(\mathbf{x})-f(\mathbf{y})|<1$. Dann ist $\mathcal{O}_\mathbf{y}:=\mathcal{U}_\delta(\mathbf{y})$ offen in $\mathbb{R}^n$ und

$$D\subset\bigcup_{\mathbf{y}\in D}\mathcal{O}_\mathbf{y}$$

definiert eine offene Überdeckung von D. Dann liefert Satz 3.50 von Heine–Borel wegen der Kompaktheit von D die Existenz **endlich vieler** Punkte $\mathbf{y}_j\in D$ für $j=1,\ldots,M$, so daß gilt

$$D\subset\bigcup_{j=1}^{M}\mathcal{O}_{\mathbf{y}_j}\,.$$

Sei $\mathbf{x}\in D$ beliebig. Dann ist $\mathbf{x}\in\mathcal{O}_{\mathbf{y}_\ell}$ für (mindestens) ein ℓ, $1\le\ell\le M$ und

$$\begin{aligned}|f(\mathbf{x})| &\le |f(\mathbf{x})-f(\mathbf{y}_\ell)| + |f(\mathbf{y}_\ell)|\\ &\le 1+\max\{|f(\mathbf{y}_1)|,\ldots,|f(\mathbf{y}_M)|\} =: K\,.\end{aligned}$$

□

Satz 4.51 von Weierstraß : *$f : D\to\mathbb{R}$ sei stetig und $D\subset\mathbb{R}^n$ (oder $\mathbb{C}$) sei kompakt. Dann nimmt die Funktion $f(\mathbf{x})$ auf D ihr Maximum und ihr Minimum an.*

Bemerkung 4.52: *Weder auf Stetigkeit noch Kompaktheit kann verzichtet werden.*

Beweis: Sei $\eta:=\sup\{f(\mathbf{x})\mid\mathbf{x}\in D\}$. Zu jedem $j\in\mathbb{N}$ und $\varepsilon=\frac{1}{j}>0$ existiert dann nach Lemma 1.23 ein $\mathbf{x}_j\in D$, so daß gilt $\eta-\frac{1}{j}<f(\mathbf{x}_j)\le\eta$. Nach dem Satz von Bolzano–Weierstraß existiert eine Teilfolge $\mathbf{x}_{j'}\to\boldsymbol{\xi}$ mit $j'\in\mathbb{N}'$ und wegen $\mathbf{x}_{j'}\in D=\overline{D}$ gilt $\boldsymbol{\xi}\in D$. Wegen der Stetigkeit von f gilt

$$\eta\le\lim_{j'\to\infty}f(\mathbf{x}_{j'})=f(\boldsymbol{\xi})\le\eta$$

und wir erhalten $f(\boldsymbol{\xi})=\eta$. □

Satz 4.53 : *f sei stetig auf dem Intervall $D = I$. Dann ist $f(I)$ ein Intervall oder eine reelle Zahl.*

Beweis: Falls f konstant ist, gilt $f(x) = c \in \mathbb{R}$ und wir sind fertig. Wir nehmen jetzt an, f sei nicht konstant.

i. $I = [a, b] = D = \overline{D}$. Da f nicht konstant ist, existieren nach Satz 4.51 Punkte $x_0, x_1 \in I$, so daß gilt

$$m = f(x_0) = \min\{f(I)\} < M = f(x_1) = \max\{f(I)\}.$$

Also gilt $f(I) \subset [m, M]$. Nach dem Satz 4.46 von Bolzano existiert zu jedem $\eta \in [m, M]$ ein $\xi \in I$ mit $f(\xi) = \eta$. Folglich gilt $[m, M] \subset f(I)$ und mit der oben gezeigten Inklusion die Behauptung $f(I) = [m, M]$.

ii. Nun sei I ein halboffenes Intervall, $I = [a, b)$. Wir betrachten eine streng monotone Folge $\beta_j \in I$ für $j \in \mathbb{N}$ mit $\beta_j < \beta_{j+1} \to b$ für $j \to \infty$ und nehmen an, daß f auf $[a, \beta_j]$ nicht konstant ist für genügend große j. Dann gilt

$$m_{j+1} \leq m_j := \min\{f[a, \beta_j]\} \leq M_j := \max\{f[a, \beta_j]\}$$

und nach *i.* $f([a, \beta_{j+1}]) = [m_{j+1}, M_{j+1}] \supset [m_j, M_j]$. Damit ergeben sich genau die folgenden Möglichkeiten:

L1) m_j nach unten beschränkt, dann existiert $\lim\limits_{j\to\infty} m_j = m$.
L2) m_j nicht nach unten beschränkt, dann gilt $m_j \to -\infty$ für $j \to \infty$.
R1) M_j nach oben beschränkt, dann existiert $\lim\limits_{j\to\infty} M_j = M$
R1) M_j nicht nach oben beschränkt, dann gilt $M_j \to \infty$ für $j \to \infty$.

Also gilt $f(I) = (m, M)$ oder $[m, M)$ oder $[m, M]$ oder (m, M), wie behauptet.

Die Fälle *iii.* $I = (a, b]$ und *iv.* $I = (a, b)$ erledigen wir entsprechend. □
Der Zwischenwertsatz erlaubt den Beweis weiterer Eigenschaften der trigonometrischen Funktionen (siehe [64, I, §§18–19]):

Lemma 4.54: *Die Funktion* $\sin x$ *für* $x \in \mathbb{R}$ *ist in* $0 \leq x \leq 2$ *positiv, es gilt* $\sin 4 < 0$ *und* $\sin x$ *besitzt genau eine Nullstelle im Intervall* $(2, 4)$. *Diese Nullstelle heißt* π.

Beweis: Für $0 < x \leq 4$ gilt

$$\frac{x^{2j+3}}{(2j+3)!} \Big/ \frac{x^{2j+1}}{(2j+1)!} = \frac{x^2}{(2j+3)(2j+2)} \leq \frac{16}{5 \cdot 4} < 1.$$

Dort ist $\sin x$ also durch eine alternierende Reihe mit monoton fallenden Gliederbeträgen definiert.

i. Für $0 < x \leq 2$ gilt

$$0 < x\left(1 - \frac{4}{6}\right) \leq x - \frac{x^3}{3!} < \sin x < x - \left(\frac{x^3}{3!} - \frac{x^5}{5!}\right) < x.$$

Also gelten

$$\sin 2 > 0 \text{ und } \sin 4 < \frac{4}{1!} - \frac{4^3}{3!} + \frac{4^5}{5!} - \frac{4^7}{7!} + \frac{4^9}{9!} = -\frac{268}{405} < 0.$$

Folglich existiert nach Korollar 4.48 $x_0 \in (2,4)$ mit $\sin x_0 = 0$.

ii. Sei $2 < x_1 < x_2 < 4$ und $\sin x_1 = \sin x_2 = 0$. Dann gilt

$$\xi := x_2 - x_1 \in (0,2)$$

und

$$\sin \xi = \sin(x_2 - x_1) = \sin x_2 \cos x_1 - \sin x_1 \cos x_2 = 0\,.$$

Dies ist aber ein Widerspruch zu *i.* Demnach ist $x_0 \in (2,4)$ dort die **einzige** Nullstelle. □

Die trigonometrischen Funktionen genügen weiterhin den folgenden Relationen:

$$\cos \pi = -1, \quad \sin \pi = 0, \tag{4.68}$$

$$\cos \frac{\pi}{2} = 0, \quad \sin \frac{\pi}{2} = 1, \tag{4.69}$$

$$\cos \frac{\pi}{4} = \sin \frac{\pi}{4} = \frac{1}{2}\sqrt{2}, \tag{4.70}$$

$$\cos 2\pi = 1, \quad \sin 2\pi = 0, \tag{4.71}$$

$$\cos(\pi \pm x) = -\cos x, \quad \sin(\pi \pm x) = \mp \sin x, \tag{4.72}$$

$$\cos(\frac{\pi}{2} \pm x) = \mp \sin x, \quad \sin(\frac{\pi}{2} \pm x) = \cos x. \tag{4.73}$$

Zum Beweis von (4.68) setze man $\sin \pi = 0$ in (4.54) ein. Man erhält $\cos^2 \pi = 1$. $\cos \pi = 1$ würde mit (4.56) zu $\sin \frac{\pi}{2} = 0$ führen. Dies steht im Widerspruch dazu, daß π kleinste Nullstelle von $\sin x$ ist. Mit (4.56) und $x = \pi$ erhält man (4.69). (4.70) folgt aus (4.56) mit (4.69). (4.71) ergibt sich aus (4.55) und (4.52) mit (4.53) implizieren (4.72) und (4.73).

Satz 4.55:

i. *Für $\cos x$ und $\sin x$ ist 2π die kleinste positive Periode.*

ii. *Für $0 < x < \pi$ gilt $\sin x > 0$, für $\pi < x < 2\pi$ gilt $\sin x < 0$.*

iii. *In $[0, \frac{\pi}{2}]$ ist $\sin x$ streng monoton steigend und in $[0, \frac{\pi}{2}]$ ist $\cos x$ streng monoton fallend.*

Den Beweis dieser Eigenschaften überlassen wir dem Leser als Aufgabe.

4.5 Monotone und inverse Funktionen

Definition 4.56: *$f : D \to M$ sei* **injektiv**, *das heißt zu jedem $\mathbf{y} \in f(D)$ existiert genau ein $\mathbf{x} \in D$ mit $f(\mathbf{x}) = \mathbf{y}$. Dann heißt*

$$\begin{aligned} f^{-1} : f(D) &\to D \\ \mathbf{y} &\mapsto \mathbf{x} \quad \text{mit } \mathbf{y} = f(\mathbf{x}) \end{aligned}$$

die **inverse Abbildung**. *Für diese gelten die Identitäten*

$$\forall \mathbf{x} \in D : f^{-1}(f(\mathbf{x})) = \mathbf{x} \quad \wedge \quad \forall \mathbf{y} \in f(D) : f(f^{-1}(\mathbf{y})) = \mathbf{y}\,. \tag{4.74}$$

Satz 4.57: *Sei $f : I \to \mathbb{R}$ streng monoton und $I \subset \mathbb{R}$ sei ein Intervall. Dann ist f injektiv und die Umkehrfunktion f^{-1} ist auf $W := f(I)$ streng monoton und stetig.*

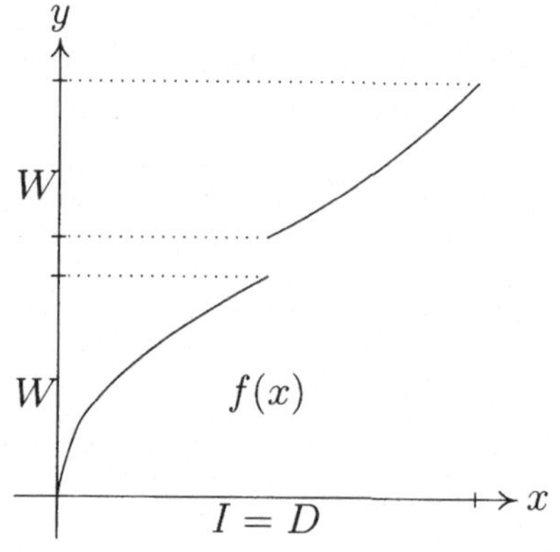

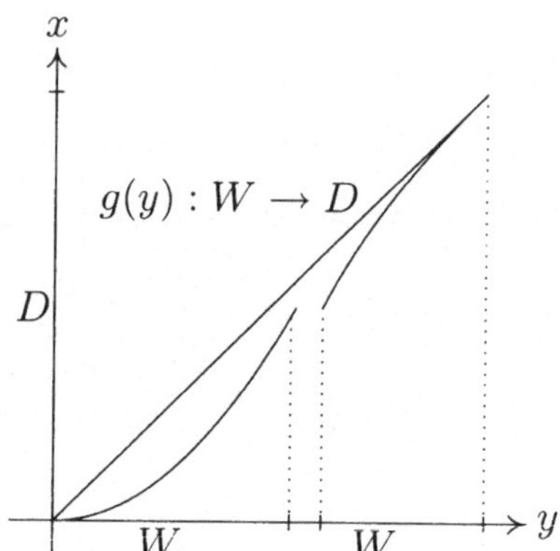

Abbildung 4.3: Graphen: $g(y)$ Spiegelung an $y = x$

Beweis: Ohne Beschränkung der Allgemeinheit kann angenommen werden, daß f **streng monoton steigend** ist.

i. Für $x_1 < x_2$ gilt $y_1 = f(x_1) < f(x_2) = y_2$. Aus $x_1 \neq x_2$ folgt hiermit $y_1 \neq y_2$, also die Injektivität von f. Dann ist $g(y) := f^{-1}(y) : W \to D$ eine wohldefinierte Funktion.

ii. Nun sei $y_1 < y_2$ mit $y_1, y_2 \in W$. Dann muß gelten $x_1 = g(y_1) < g(y_2) = x_2$, das heißt g ist **streng monoton wachsend**.

iii. Sei $y_0 \in W$ mit $x_0 = g(y_0) = f^{-1}(y_0)$, $\quad y_0 = f(x_0)$ beliebig gewählt. Wir nehmen an, g sei in y_0 **unstetig**, das heißt es gilt die Negation der Aussage (4.2):

$$\neg \{\forall \varepsilon > 0 \quad \exists \delta > 0 \quad \forall y \in W \wedge |y - y_0| < \delta : |g(y) - g(y_0)| < \varepsilon\}\,.$$

Dies ist äquivalent zu:

$$\exists\,\varepsilon_0 > 0 \quad \forall\,\delta > 0 \quad \exists\, y_\delta \in W \wedge |y_\delta - y_0| < \delta : |g(y_\delta) - g(y_0)| \geq \varepsilon_0 \,.$$

Lassen wir δ eine Nullfolge, etwa $\delta = \frac{1}{j}$ durchlaufen, so bedeutet das, es gibt zugehörige $y_j \in W$ mit $|y_j - y_0| \to 0$, so daß gilt

$$|g(y_j) - g(y_0)| = |x_j - x_0| \geq \varepsilon_0 > 0.$$

Zur Folge y_j gibt es dann mindestens eine der folgenden Teilfolgen $y_{j'} = f(x_{j'})$:

Erste Möglichkeit:

$$x_{j'} \;\leq\; x_0 - \varepsilon_0, \quad j' \in \mathbb{N}' \subset \mathbb{N}$$

mit unendlicher Indexmenge $\mathbb{N}'$. Dann gilt wegen der Monotonie

$$y_{j'} \;=\; f(x_{j'}) \;\leq\; f(x_0 - \varepsilon_0)$$

und folglich

$$y_0 \;\leq\; f(x_0 - \varepsilon_0) \;<\; f(x_0) \;=\; y_0.$$

Dies ist aber ein Widerspruch!

Zweite Möglichkeit:

$$x_{j''} \;\geq\; x_0 + \varepsilon_0, \quad j'' \in \mathbb{N}'' \subset \mathbb{N}$$

mit unendlicher Indexmenge $\mathbb{N}'' \subset \mathbb{N}$. Wegen der Monotonie gilt dann

$$y_0 \;=\; f(x_0) \;<\; f(x_0 + \varepsilon_0) \;\leq\; f(x_{j''}) \;=\; y_{j''} \to y_0.$$

Auch dies ist ein Widerspruch!

Also muß $g(y)$ in y_0 stetig sein. □

Korollar 4.58: *$f : I \to \mathbb{R}$ sei streng monotone stetige Funktion auf dem Intervall $I \subset \mathbb{R}$. Dann ist die inverse Funktion f^{-1} streng monoton und stetig und $W = f(I)$ ist ein Intervall.*

In den folgenden Abschnitten wollen wir einige Umkehrfunktionen diskutieren, die als spezielle Funktionen nicht nur in der Mathematik von Bedeutung sind, sondern die in der Naturwissenschaft und Technik eine Fülle von Anwendungen besitzen. Wir folgen hier der Darstellung in [64].

4.5.1 Die Logarithmus–Funktion:

Die Umkehrfunktion der streng monotonen Exponentialfunktion

$$y = e^x, \quad -\infty < x < \infty,$$

heißt der **natürliche Logarithmus** oder auch kurz **Logarithmus** und wird bezeichnet als

(4.75) $y = \ln x, \quad 0 < x < \infty, \quad$ (oder auch mit $y = \log x$).

Im Gegensatz zur e–Funktion ist also der Definitionsbereich des Logarithmus auf die positiven reellen Zahlen beschränkt. Hinsichtlich der praktischen Berechnung von $y = \ln x$ für $x > 0$, müssen wir uns vorerst mit der Feststellung begnügen, daß es prinzipiell durch „Probieren“ möglich ist, eine Zahl y mit der Eigenschaft $e^y = x$ zu finden.

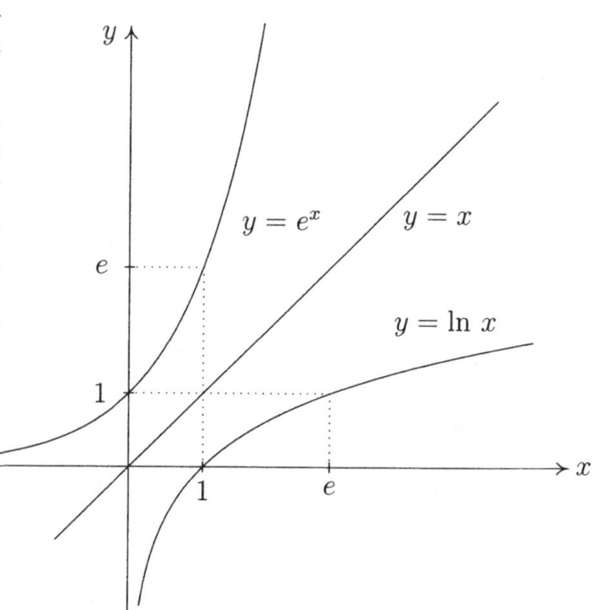

Abbildung 4.4: Graph der Funktion $\ln x$

Ausgezeichnete Werte des Logarithmus sind

(4.76) $\ln 1 = 0, \quad \ln e = 1$.

Das Verhalten des natürlichen Logarithmus für sehr kleine positive und sehr große Argumente x wird beschrieben durch die Aussagen

(4.77) $\lim\limits_{x\to 0} \ln x = -\infty, \quad \lim\limits_{x\to\infty} \ln x = \infty,$

die man sich an Hand der Tatsache, daß $\ln x$ die Umkehrfunktion von e^x ist, leicht klar macht.

Für zwei reelle Zahlen $u > 0$ und $v > 0$ liefert das Additionstheorem der e–Funktion

$$uv = e^{\ln u} e^{\ln v} = e^{\ln u + \ln v}.$$

Übergang zum Logarithmus auf beiden Seiten der Gleichung ergibt dann die wichtige Beziehung

$$(4.78)\quad \ln(uv) = \ln u + \ln v\,.$$

Entsprechendes gilt sofort für endlich viele positive Zahlen. Mit $u = x > 0$ und $v = 1/x$ folgt aus (4.76) und (4.78)

$$(4.79)\quad \ln\frac{1}{x} = -\ln x\,.$$

Für den Logarithmus der n–ten Potenz einer reellen Zahl $x > 0$ gilt

$$(4.80)\quad \ln x^n = n\ln x \qquad \text{für } n \text{ ganz}$$

in den Fällen $n = 0$ und $n = 1$ trivialerweise, in den Fällen $n = 2, 3, 4, \ldots$ infolge der verallgemeinerten Gleichung (4.78) und in den Fällen $n = -1, -2, -3, \ldots$ wegen (4.79). Bedeutet n eine natürliche Zahl und ersetzt man x in (4.80) durch $\sqrt[n]{x}$, so wird

$$(4.81)\quad \ln\sqrt[n]{x} = \frac{1}{n}\ln x, \quad n = 1, 2, 3, \ldots.$$

Der natürliche Logarithmus ermöglicht ferner die folgende

Definition 4.59: *Sei a eine positive und x eine beliebige reelle Zahl, so versteht man unter der x–ten* **Potenz** *von a die reelle Zahl*

$$(4.82)\quad a^x := e^{x\ln a}.$$

Bemerkung 4.60: *Diese Definition hat natürlich nur dann einen Sinn, wenn sie für $a = e$ mit der Definition (4.75) und für rationale $x = \frac{m}{n}$, m ganz und n natürlich, mit $\sqrt[n]{a^m}$ übereinstimmt. Das erste ist wegen (4.76) gesichert, und für rationales x folgt in der Tat aus (4.80) bis (4.82)*

$$a^{\frac{m}{n}} = e^{\frac{m}{n}\ln a} = e^{\frac{1}{n}\ln a^m} = e^{\ln\sqrt[n]{a^m}} = \sqrt[n]{a^m}\,.$$

Immer unter der wichtigen Voraussetzung $a > 0$ sind

$$(4.83)\quad a^0 = 1, \quad a^1 = a,$$

die einfachsten Spezialfälle von (4.82). Mit beliebigen reellen u und v bekommen wir ferner

$$a^{u+v} = e^{(u+v)\ln a} = e^{u\ln a + v\ln a} = e^{u\ln a}e^{v\ln a}$$

und somit das Additionstheorem

$$(4.84)\quad a^{u+v} = a^u a^v.$$

Für das praktische Rechnen bedeutet dies, daß man mit reellen Exponenten so umgehen kann wie mit rationalen. Der Übergang zum Logarithmus in (4.82) ergibt die vielbenutzte Regel

(4.85) $\ln a^x = x \ln a,$

die eine Verallgemeinerung von (4.80) darstellt. Wieder mit reellem u und v folgt aus (4.82) und (4.85)

$$(a^u)^v = e^{v \ln a^u} = e^{vu \ln a}$$

und damit die weitere Regel

(4.86) $(a^u)^v = a^{uv}.$

Man setzt schließlich noch

(4.87) $0^x = 0 \quad$ für $x > 0.$

Für $x = 0$ ist 0^0 im allgemeinen nicht definiert.

4.5.2 Zyklometrische Funktionen

Die Umkehrfunktionen der trigonometrischen Funktionen heißen Zyklometrische Funktionen. Da die trigonometrischen Funktionen nur auf Teilbereichen der reellen Achse monoton sind, muß man sich auf diese beschränken.
Nimmt man die im folgenden gewählten Teilbereiche, so nennt man die zugehörigen Umkehrfunktionen die „Hauptwerte". Wir stellen sie im Folgenden zusammen.

(4.88) $y = \sin x, \quad x = \mathrm{arc}_H \sin y,$

für

$$-\frac{\pi}{2} \leq x \leq \frac{\pi}{2}, \quad -1 \leq y \leq 1.$$

(4.89) $y = \cos x, \quad x = \mathrm{arc}_H \cos y,$

für

$$0 \leq x \leq \pi, \quad -1 \leq y \leq 1.$$

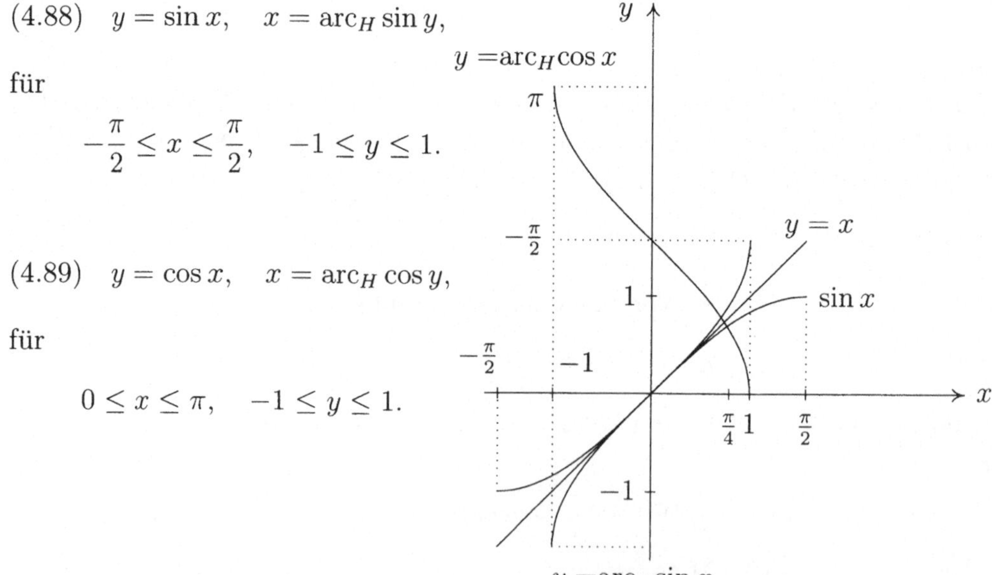

Abbildung 4.4: Zyklometrische Funktionen

(4.90) $\tan x = \frac{\sin x}{\cos x} = y, \quad x = \mathrm{arc}_H \tan y, \quad$ für $-\frac{\pi}{2} < x < \frac{\pi}{2}.$

(4.91) $\cot x = \frac{\cos x}{\sin x} = y, \quad x = \mathrm{arc}_H \cot y, \quad$ für $0 < x < \pi.$

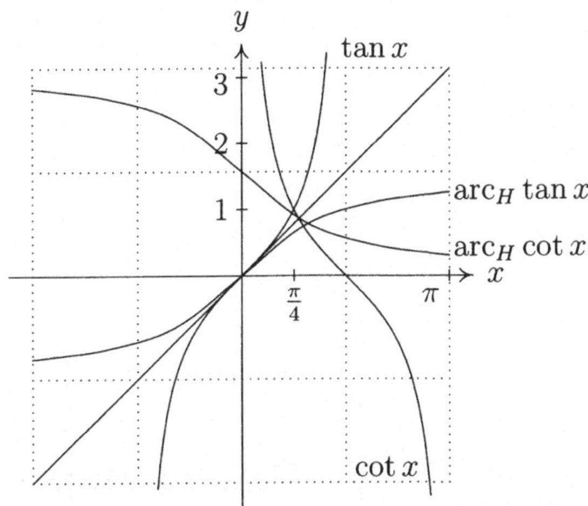

Abbildung 4.5: Zyklometrische Funktionen

4.5.3 Hyperbelfunktionen

(4.92) $y = \sinh x := \frac{1}{2}\left(e^x - e^{-x}\right), \quad x = \mathrm{Arsinh}\, y \quad$ für $y \in \mathbb{R}.$

(4.93) $y = \cosh x := \frac{1}{2}\left(e^x + e^{-x}\right), \quad x = \mathrm{Arcosh}\, y, \quad$ Hauptwert für $1 \leq y.$

(4.94) $y = \tanh x := \frac{\sinh x}{\cosh x}, \quad x = \mathrm{Artanh}\, y \quad$ für $-1 < y < 1.$

(4.95) $y = \coth x := \frac{\cosh x}{\sinh x}, \quad x = \mathrm{Arcoth}\, y \quad$ für $|y| > 1.$

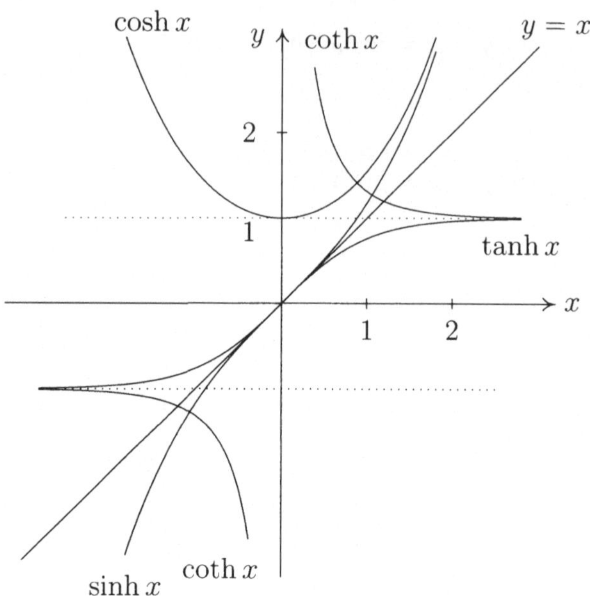

Abbildung 4.6: Hyperbelfunktionen

4.6 Mehr über stetige Funktionen

Definition 4.61: *f heißt in D* **gleichmäßig stetig** *genau dann, wenn*

(4.96) $\forall \varepsilon > 0\ \exists \delta > 0\ \forall \mathbf{x}, \mathbf{y} \in D \wedge |\mathbf{x} - \mathbf{y}| < \delta : |f(\mathbf{x}) - f(\mathbf{y})| < \varepsilon.$

Man beachte, daß $\delta = \delta(\varepsilon)$ von ε abhängt, aber unabhängig von $\mathbf{x}$ und $\mathbf{y}$ ist.

Definition 4.62:

(4.97) $$\omega_f(r) := \sup_{\boldsymbol{\xi}, \boldsymbol{\eta} \in D \wedge |\boldsymbol{\xi} - \boldsymbol{\eta}| \le r} |f(\boldsymbol{\xi}) - f(\boldsymbol{\eta})|$$

heißt **Stetigkeitsmodul** *von f auf D.*

Satz 4.63: *Die folgenden Aussagen sind äquivalent:*

i. f auf D ist gleichmäßig stetig.

ii. Es gibt ein $r_0 > 0$ und der Stetigkeitsmodul $\omega_f(r)$ ist eine monotone Nullfunktion für $0 < r \le r_0$.

iii. Es gibt ein $r_0 > 0$ und eine monotone Nullfunktion $\alpha(r)$ für $0 < r \le r_0$, mit der gilt

(4.98) $\forall \mathbf{x}, \mathbf{y} \in D : |f(\mathbf{x}) - f(\mathbf{y})| \le \alpha(|\mathbf{x} - \mathbf{y}|).$

Man beachte, daß hier α nicht von $\mathbf{x}$ oder $\mathbf{y}$ abhängt.

Beweis:

1. f sei gleichmäßig stetig auf D. Zu $\varepsilon := 1$ existiert $\delta_1 > 0$, so daß gilt

$$\begin{aligned}\omega_f\left(\frac{\delta_1}{2}\right) &= \sup_{|\mathbf{x}-\mathbf{y}|\le\frac{\delta_1}{2}\wedge\mathbf{x},\mathbf{y}\in D} |f(\mathbf{x})-f(\mathbf{y})| \\ &\le \sup_{|\mathbf{x}-\mathbf{y}|<\delta_1\wedge\mathbf{x},\mathbf{y}\in D} |f(\mathbf{x})-f(\mathbf{y})| \le 1.\end{aligned}$$

   Daher ist $\omega_f(r)$ definiert und beschränkt für alle $0 < r \le \frac{\delta_1}{2}$ und monoton nach Definition.

   Sei $0 < \varepsilon \le 1$ beliebig gewählt. Dann existiert nach *i.* $\delta(\frac{\varepsilon}{2}) > 0$, so daß gilt:

$$\begin{aligned}\omega_f\left(\frac{\delta}{2}\right) &= \sup_{|\mathbf{x}-\mathbf{y}|\le\frac{\delta}{2}\wedge\mathbf{x},\mathbf{y}\in D} |f(\mathbf{x})-f(\mathbf{y})| \\ &\le \sup_{|\mathbf{x}-\mathbf{y}|<\delta\wedge\mathbf{x},\mathbf{y}\in D} |f(\mathbf{x})-f(\mathbf{y})| \le \frac{\varepsilon}{2} < \varepsilon\,,\end{aligned}$$

   das heißt mit $r = \frac{\delta}{2} > 0$ ist $\omega_f(r) < \varepsilon$, demnach Nullfunktion. Aus *i.* folgt somit *2.*

2. $\omega_f(r)$ sei jetzt monotone Nullfunktion für $0 < r \le r_0 > 0$. Wir setzen $\alpha(r) := \omega_f(r)$ und erhalten *iii.*

3. Sei α eine monotone Nullfunktion mit $|f(\mathbf{x})-f(\mathbf{y})| \le \alpha(|\mathbf{x}-\mathbf{y}|)$ und $\varepsilon > 0$. Dann existiert $r > 0$ so, daß $\alpha(r) < \varepsilon$. Wählen wir $0 < \delta := r$, dann gilt für alle $\mathbf{x}, \mathbf{y} \in D$ mit $|\mathbf{x}-\mathbf{y}| < \delta$ die Ungleichung

$$|f(\mathbf{x})-f(\mathbf{y})| \le \alpha(|\mathbf{x}-\mathbf{y}|) \le \alpha(\delta) < \varepsilon.$$

   Aus *iii.* folgt demnach *i.*

Wir fassen obige Folgerungen zusammen: *i.* $\Rightarrow$ *ii.* $\Rightarrow$ *iii.* $\Rightarrow$ *i.* Also sind *i.–iii.* äquivalent. □

Beispiel 4.64: *Für* $f(x) = \sin x$ *ist*

$$|\sin x - \sin y| = \left|2\cos\frac{x+y}{2}\sin\frac{x-y}{2}\right| \le 2\cdot 1\left|\frac{x-y}{2}\right| = |x-y|.$$

$\alpha(r) := r$ *ist daher monotone Nullfunktion mit* $|\sin x - \sin y| \le \alpha(|x-y|) = |x-y|$. *Die Funktion* $\sin x$ *ist auf* $\mathbb{R}$ *gleichmäßig stetig.*

Beispiel 4.65: *Für* $f(\mathbf{x}) = \mathbf{x}$ *ist*

$$|f(\mathbf{x})-f(\mathbf{y})| = |\mathbf{x}-\mathbf{y}| =: \alpha(|\mathbf{x}-\mathbf{y}|)$$

mit $\alpha(r) = r$. f *ist gleichmäßig stetig auf* $\mathbb{R}$, *aber unbeschränkt!*

Beispiel 4.66: *Für $f(x) = x^2$ auf $D = \mathbb{R}$ ist $\omega_f(x_0, r) = 2r|x_0| + r^2$ für $x_0 \in \mathbb{R}$. Wir stellen die Frage, ob f auf D gleichmäßig stetig ist. Zu $r > 0$ definieren wir dazu*

$$M_r := \{m = |\xi + \eta||\xi - \eta|\,|\,|\xi - \eta| \leq r \text{ für } \xi, \eta \in \mathbb{R}\}.$$

Für jedes $r > 0$ ist M_r **unbeschränkt**, *denn zu beliebigem $k > 0$ wähle $\xi := \frac{k}{2r}$ und $\eta = \xi + r$. Dann gilt*

$$m = \left|\frac{k}{2r} + \left(\frac{k}{2r} + r\right)\right| \cdot r = k + r^2 > k$$

und $m \in M_r$. Also existiert $\omega_f(r) = \sup M_r$ für kein einziges $r > 0$. Folglich kann x^2 auf $D = \mathbb{R}$ auch **nicht** *gleichmäßig stetig sein.*

Beispiel 4.67: *Sei $f(x) = x^2$ auf $D = [0, 1] \neq \mathbb{R}$. Dies ist wegen der verschiedenen Definitionsbereiche, hier $D \neq \mathbb{R}$, eine andere Abbildung!*
Sei $r \leq 1 = r_0$.

$$\begin{aligned}\omega_f(r) &= \sup_{\substack{\xi, \eta \in [0,1], \\ |\xi - \eta| \leq r}} |\xi^2 - \eta^2| \\ &= \sup_{\substack{0 \leq \eta \leq \xi \leq 1, \\ |\xi - \eta| \leq r}} (\xi^2 - \eta^2) = 1 - (1 - r)^2 = 2r - r^2.\end{aligned}$$

Auf $D = [0, 1]$ ist $f(x) = x^2$ also gleichmäßig stetig.

Satz 4.68 (Satz von Heine) : *Jede auf einer kompakten Menge stetige Funktion ist dort gleichmäßig stetig.*

Beweis: (Widerspruchsbeweis)
Annahme: D ist kompakt und f sei auf D stetig, aber nicht gleichmäßig stetig, das heißt

$$\neg \{\forall \varepsilon > 0\ \exists\ \delta > 0\ \forall \mathbf{x}, \mathbf{y} \in D \wedge |\mathbf{x} - \mathbf{y}| < \delta : |f(\mathbf{x}) - f(\mathbf{y})| < \varepsilon\}.$$

Letzteres ist äquivalent zu:

$$\exists\, \varepsilon_0 > 0\ \forall \delta > 0\ \exists\, \mathbf{x}_\delta, \mathbf{y}_\delta \in D \wedge |\mathbf{x}_\delta - \mathbf{y}_\delta| < \delta : |f(\mathbf{x}_\delta) - f(\mathbf{y}_\delta)| \geq \varepsilon_0.$$

Wir setzen $\delta = \frac{1}{k}$, $\mathbf{x}_k := \mathbf{x}_\delta, \mathbf{y}_k := \mathbf{y}_\delta$ und haben also Folgen $\{\mathbf{x}_k\}, \{\mathbf{y}_k\} \subset D \subset \mathbb{R}^n$. Aus der Definition der Kompaktheit folgt dann die Existenz einer konvergenten Teilfolge $\mathbf{x}_{k'} \to \boldsymbol{\xi} \in D = \overline{D}$. Des weiteren gilt $|\mathbf{x}_{k'} - \mathbf{y}_{k'}| < \frac{1}{k'} \to 0$ und somit auch $\mathbf{y}_{k'} \to \boldsymbol{\xi}$. Durch

$$0 < \varepsilon_0 \leq |f(\mathbf{x}_{k'}) - f(\mathbf{y}_{k'})| \leq |f(\mathbf{x}_{k'}) - f(\boldsymbol{\xi})| + |f(\boldsymbol{\xi}) - f(\mathbf{y}_{k'})| \to 0$$

gelangen wir wegen der Stetigkeit von f in $\boldsymbol{\xi}$ zu einem Widerspruch. Also muß f gleichmäßig stetig sein. □

4.7 Abschließende Bemerkungen

„Is Mathematical analysis... only a vain play of the mind? It can give to the physicist only a convenient language; is this not the mediocre service, which, strictly speaking, could be done without; and even is it not to be feared that this artificial language may well be interposed between reality and the eye of the physicist? Far from it: without this language most of the intimate analogies of things would have remained forever unknown to us; and we should forever have been ignorant of the internal harmony of the world, which is ... the only true objective reality.“

Henri Poincaré

„Mine is a long and sad tale“ said the mouse, turning to Alice and sighing. "It is a long tail, certainly" said Alice, looking down with wonder at the mouse's tail; „but why do you call it sad ?“

Lewis Caroll

Jaques Hadamard (1865–1963), Studium an der Ecole Normale Supérieur im Paris. Gymnasiallehrer von 1890–1893; Habilitation 1892, 1893–97 Professor am Collège de France und der Ecole Polytechnique sowie ab 1920 an der Ecole Centrale des Arts et Manufactures. Leiter des berühmten Seminars am Collège de France. Er hatte drei Söhne und zwei Töchter. Er verlor zwei seiner Söhne im ersten und den letzten Sohn im zweiten Weltkrieg. 1940 mußte er vor dem deutschen Einmarsch in Frankreich fliehen, bekam in Princeton und London eine Professur und kehrte 1945 nach Frankreich zurück. Untersuchungen über den Zusammenhang von Singularitäten und Konvergenzradius komplex analytischer Funktionen. Beweis des Primzahlensatzes; führte den Begriff der Ordnung für Singularitäten ein und fand den grundlegenden Lückensatz komplexer Potenzreihen. Seine Untersuchungen über singuläre Integrale liefern die Grundlage für die Regularisierung von Distributionen. Wesentliche Arbeiten zur Lösung hyperbolischer partieller Differentialgleichungen. Charakterisierung der "korrekten Stellung" von Problemen der Mathematischen Physik. Wesentliche Beiträge zur Funktionanalysis. Diskutierte Fragen der Berechtigung des Auswahlaxioms und schrieb Artikel zur Elementar- und Schulmathematik.

William George Horner (1786–1837), englischer Mathematiker. Das nach ihm benannte Rechenverfahren bei Polynomen ist eine Wiederentdeckung des in Vergessenheit geratenen Verfahrens von Ts'in Kiu-Shao (1247).

Abraham de Moivre (1667–1754), französischer Mathematiker, wurde infolge seines protestantischen Bekenntnisses nach London vertrieben. Dort wurde er Mitglied der Royal Society, gab den polynomischen Lehrsatz an und schrieb unter anderem ein bedeutendes Lehrbuch über Wahrscheinlichkeitsrechnung.

Henri Poincaré (1854–1912), Professor an der Sorbonne in Paris. Wohl der größte französische Mathematiker der vorigen Jahrhunderte. Er hat ganz wesentliche Beiträge zu fast allen Gebieten der Analysis, Mathematischen Physik, Astronomie geleistet: Potentialtheorie, Optik, Elektrizität, Wärmeleitung, Kapillarität, Thermodynamik, Wahrscheinlichkeitsrechnung, gewöhnliche und partielle Differentialgleichungen, Integralgleichungen, asymptotische Entwicklungen, Differentialgeometrie, Topologie, Grundlagen der Mathematik. Sein Werk hat für die Relativitätstheorie, Kosmogonie, Topologie und Wahrscheinlichkeitsrechnung entscheidende Grundlagen geliefert. (Lenin konnte Poincaré's philosophische Werke nicht leiden — und hat sie wohl auch nicht begriffen.)

Kapitel 5

Funktionenfolgen

5.1 Konvergenz von Funktionenfolgen

Funktionenfolgen treten bei vielen Berechnungsverfahren auf, denn in den meisten Problemen der Anwendungen werden **Funktionen** und nicht nur Zahlenwerte als Lösungen gesucht. Wir werden später Funktionenfolgen bei der Definition des Integrals, der Lösung von Differentialgleichungen, der Bestimmung der Umkehrfunktion, konformen Abbildungen, der Lösung von Variationsproblemen und vielem anderen mehr benötigen.

Definition 5.1: $\{f_j(\mathbf{x})\}_{j\in\mathbb{N}}$ *heißt* **Funktionenfolge** *auf D, wenn für alle $j \in \mathbb{N}$ jede der Funktionen $f_j(\mathbf{x})$ den gleichen Definitionsbereich $D \subset \mathbb{R}^n$ sowie Werte in der gleichen Zielmenge $\mathbb{R}^m$ hat. Entsprechendes gilt für $D \subset \mathbb{C}$ und/oder Zielmenge $\mathbb{C}$.*

Beispiel 5.2: $f_j(z) = z^j \in \mathbb{C}$ *auf* $D := \{z \in \mathbb{C} \mid |z| < 1\}$.

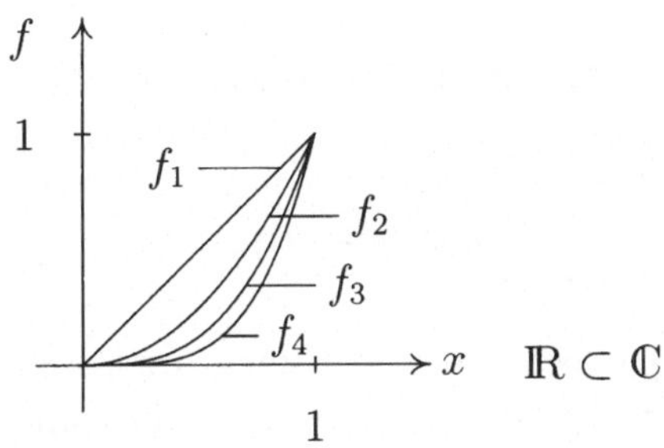

Abbildung 5.1: Funktionenfolgen

Definition 5.3: *Die Funktionenfolge* $\{f_j(\mathbf{x})\}_{j\in\mathbb{N}}$ *heißt* **punktweise konvergent** *in D genau dann, wenn*

$$(5.1) \qquad \forall \mathbf{x} \in D \quad \exists\, f(\mathbf{x}) \in \mathbb{R}^m \text{ (oder in } \mathbb{C}) \; : \; f(\mathbf{x}) = \lim_{j\to\infty} f_j(\mathbf{x}).$$

Die Definition (5.3) ist äquivalent zu:

$$\exists f : D \to \mathbb{R}^m \; \forall \mathbf{x} \in D \; \forall \varepsilon > 0 \; \exists N(\mathbf{x}, \varepsilon) \; \forall j \geq N : |f_j(\mathbf{x}) - f(\mathbf{x})| < \varepsilon .$$

Bei der **punktweisen Konvergenz** wird nur an **jeder** Stelle $\mathbf{x} \in D$ die Konvergenz der Funktionswerte $f_j(\mathbf{x})$ verlangt.

Definition 5.4: *Die Funktionenfolge* $\{f_j(\mathbf{x})\}_{j\in\mathbb{N}}$ *heißt in* D **gleichmäßig konvergent** *genau dann, wenn*

$$(5.2) \quad \exists f : D \to \mathbb{R}^m \; \forall \varepsilon > 0 \; \exists N(\varepsilon) \in \mathbb{N} \; \forall j \geq N \; \forall \mathbf{x} \in D : |f_j(\mathbf{x}) - f(\mathbf{x})| < \varepsilon$$

beziehungsweise

$$(5.3) \quad \exists f : D \to \mathbb{R}^m \; \forall \varepsilon > 0 \; \exists N(\varepsilon) \in \mathbb{N} \; \forall j \geq N : \sup_{\mathbf{x}\in D} |f_j(\mathbf{x}) - f(\mathbf{x})| < \varepsilon .$$

Die gleiche Definition wird für $D \subset \mathbb{C}$ *und/oder Zielmenge* $\mathbb{C}$ *getroffen.*

Bemerkung 5.5: *Bei der* **gleichmäßigen Konvergenz** *existiert zu vorgegebenem* $\varepsilon > 0$ *ein Index* N*, so daß für alle* $j \geq N$ **alle Funktionswerte von** $f_j(\mathbf{x})$ *in einer* ε*–Umgebung um* $f(\mathbf{x})$ *liegen. Der Index* N *hängt hierbei allein vom jeweils gewählten* ε *ab,* **nicht** *vom* $\mathbf{x}$.
Der entscheidende Unterschied zwischen der **gleichmäßigen** *und der* **punktweisen Konvergenz** *besteht darin, daß bei der* **punktweisen Konvergenz** N *im allgemeinen nicht nur von* ε *sondern auch noch von* $\mathbf{x}$ *abhängt.*

Beispiel 5.6: $f_j(x) = x^j$ *auf* $D := [0, 1]$*:*

$$f(x) = \lim_{j\to\infty} f_j(x) = \lim_{j\to\infty} x^j = \begin{cases} 0 & \text{für } 0 \leq x < 1, \\ 1 & \text{für } x = 1. \end{cases}$$

Während x^j *für jedes* $j \in \mathbb{N}$ *auf* $[0, 1]$ *stetig ist, wird die Grenzfunktion* $f(x)$ *in* $x = 1$ *unstetig. Insbesondere gilt*

$$0 = \lim_{x\to 1}(\lim_{j\to\infty} x^j) \neq \lim_{j\to\infty}(\lim_{x\to 1} x^j) = 1.$$

Offensichtlich ist $f_j(x)$ **punktweise konvergent** *gegen* $f(x)$*. Anderseits kann man zu* $\varepsilon_0 = \frac{1}{2}$ *und jedem Index* N *ein* $\xi_N \in (0, 1)$ *(nahe genug an 1) so finden, daß*

$$|f_N(\xi_N) - f(\xi_N)| = \xi_N > \frac{1}{2}$$

gilt, zum Beispiel $\xi_N = \sqrt[N+1]{\frac{1}{2}}$*. Dies steht im Widerspruch zur Aussage (5.2) und somit ist* $f_j(x) = x^j$ **nicht** *gleichmäßig konvergent in* $[0, 1]$*, wohl aber punktweise konvergent.*

Satz 5.7 : *Sei $f_j(\mathbf{x})$ für alle $j \in \mathbb{N}$ stetig auf D und $\{f_j(\mathbf{x})\}_{j\in\mathbb{N}}$ konvergiere auf D gleichmäßig. Dann ist auch $f(\mathbf{x})$ in D stetig.*

Beweis: $\mathbf{x}_0 \in D$ und $\varepsilon > 0$ seien beliebig gewählt. Wegen (5.2) existiert ein Index $N(\varepsilon)$, so daß für alle $\mathbf{x} \in D$ gilt:

$$|f_N(\mathbf{x}) - f(\mathbf{x})| < \frac{\varepsilon}{3}.$$

f_N ist stetig in D. Folglich existiert eine Zahl $\delta(\varepsilon, N(\varepsilon), \mathbf{x}_0) > 0$, so daß

$$|f_N(\mathbf{x}) - f_N(\mathbf{x}_0)| < \frac{\varepsilon}{3} \quad \text{für alle } \mathbf{x} \in D \text{ mit } |\mathbf{x} - \mathbf{x}_0| < \delta$$

gilt. Folglich gilt für diese $\mathbf{x}$

$$\begin{aligned} |f(\mathbf{x}) - f(\mathbf{x}_0)| &= |f(\mathbf{x}) - f_N(\mathbf{x}) + f_N(\mathbf{x}) - f_N(\mathbf{x}_0) + f_N(\mathbf{x}_0) - f(\mathbf{x}_0)| \\ &\le |f(\mathbf{x}) - f_N(\mathbf{x})| + |f_N(\mathbf{x}) - f_N(\mathbf{x}_0)| + |f_N(\mathbf{x}_0) - f(\mathbf{x}_0)| \\ &< \frac{\varepsilon}{3} + \frac{\varepsilon}{3} + \frac{\varepsilon}{3} = \varepsilon. \end{aligned}$$

Da dies für jedes $\varepsilon > 0$ richtig ist, muß $f(\mathbf{x})$ in $\mathbf{x}_0$ stetig sein. $\mathbf{x}_0 \in D$ ist beliebig, folglich ist $f(\mathbf{x})$ in ganz D stetig. □

5.2 Vektorräume

Definition 5.8: *$\mathcal{X}$ heißt* **linearer Raum** *oder* **Vektorraum** *über $\mathbb{R}$ genau dann, wenn die Menge $\mathcal{X}$ die folgenden Eigenschaften hat:*
Auf $\mathcal{X}$ sind eine Addition + und eine Skalar–Multiplikation · erklärt mit:

$$\begin{array}{llcll} (5.4) & + : \mathcal{X} \times \mathcal{X} & \rightarrow & \mathcal{X} & \text{mit } (A_2) - (A_4) \quad \text{(Abelsche Gruppe)}, \\ & \cdot : \mathbb{R} \times \mathcal{X} & \rightarrow & \mathcal{X}, & \\ (5.5) & (\lambda + \mu) \cdot f & = & \lambda \cdot f + \mu \cdot f & \text{für } \lambda, \mu \in \mathbb{R}; f \in \mathcal{X}, \\ (5.6) & \lambda \cdot (f + g) & = & \lambda \cdot f + \lambda \cdot g & \text{für } \lambda \in \mathbb{R}, f, g \in \mathcal{X}, \\ (5.7) & \lambda \cdot (\mu \cdot f) & = & \lambda\mu \cdot f & \text{für } \lambda, \mu \in \mathbb{R}, f \in \mathcal{X}, \\ (5.8) & 1 \cdot f & = & f & \text{für } f \in \mathcal{X}. \end{array}$$

Beispiel 5.9: *Der Raum $\mathcal{F}$ der beschränkten Funktionen:*

$$\begin{array}{llll} (5.9) & \mathcal{F} & := & \{f : D \rightarrow \mathbb{R} \mid f \text{ beschränkt}\}, \\ (5.10) & f + g & : & \mathbf{x} \mapsto f(\mathbf{x}) + g(\mathbf{x}) \quad \text{für } \mathbf{x} \in D, \\ (5.11) & \lambda \cdot f & : & \mathbf{x} \mapsto \lambda \cdot f(\mathbf{x}) \quad \text{für } \mathbf{x} \in D. \end{array}$$

Beispiel 5.10: *Der Raum $C^0(D)$ der beschränkten und stetigen Funktionen:*

$$(5.12) \quad C^0(D) := \{g : D \rightarrow \mathbb{R} \mid g \in \mathcal{F} \wedge g \text{ stetig in } D\} \subset \mathcal{F}.$$

$C^0(D)$ ist ein Untervektorraum von $\mathcal{F}$.

5.3 Normen

Definition 5.11: *Sei $f \in \mathcal{F}$, dann heißt*

(5.13) $\|f\|_{\mathcal{F}} := \sup_{\mathbf{x} \in D} |f(\mathbf{x})|$

Supremum–Norm *auf $\mathcal{F}$.*

Mit Hilfe der **Supremum–Norm** kann man die gleichmäßige Konvergenz (5.3) auch kürzer schreiben: $\{f_j(\mathbf{x})\}_{j \in \mathbb{N}}$ ist **gleichmäßig konvergent** genau dann, wenn

$$\lim_{j \to \infty} \left(\sup_{\mathbf{x} \in D} |f_j(\mathbf{x}) - f(\mathbf{x})| \right) = \lim_{j \to \infty} \|f_j - f\|_{\mathcal{F}} = 0.$$

Für $g \in C^0(D)$ und mit **kompaktem** Definitionsbereich D wird aufgrund des Satzes von Weierstraß aus der Supremum–Norm (5.13) die **Maximum–Norm**

$$\|g\|_{\mathcal{F}} = \sup_{\mathbf{x} \in D} |g(\mathbf{x})| = \max_{\mathbf{x} \in D} |g(\mathbf{x})| = \|g\|_{C^0(D)} \,.$$

Lemma 5.12: *Die Supremum–Norm hat folgende Eigenschaften:*

(5.14) $\|\cdot\|_{\mathcal{F}} \,:\, \mathcal{F} \to \mathbb{R}_+ = \{x \in \mathbb{R} \,|\, x \geq 0\}$ *(bzw.* $\|\cdot\|_{\mathcal{F}} \,:\, C^0(D) \to \mathbb{R}_+$*),*

(5.15) $\forall f \in \mathcal{F} \,:\, \|f\|_{\mathcal{F}} \geq 0, \quad \|f\|_{\mathcal{F}} = 0 \Leftrightarrow f = 0$ *in* $\mathcal{F}$, d.h. $f(\mathbf{x}) = 0 \; \forall \mathbf{x} \in D$,

(5.16) $\Big| \|f\|_{\mathcal{F}} - \|g\|_{\mathcal{F}} \Big| \leq \|f + g\|_{\mathcal{F}} \leq \|f\|_{\mathcal{F}} + \|g\|_{\mathcal{F}}$, *(Dreiecksungleichung)*

(5.17) $\|\lambda \cdot f\|_{\mathcal{F}} = |\lambda| \, \|f\|_{\mathcal{F}}$ *für* $\lambda \in \mathbb{R}$ *(bzw. für* $\lambda \in \mathbb{C}$*),*

(5.18) $\|f \bullet g\|_{\mathcal{F}} \leq \|f\|_{\mathcal{F}} \, \|g\|_{\mathcal{F}}$ *mit* $f \bullet g : \mathbf{x} \mapsto f(\mathbf{x}) \bullet g(\mathbf{x})$.

Hierbei ist $\bullet$ entweder das komplexe Produkt in $\mathbb{C}$ oder das Skalarprodukt in $\mathbb{R}^m$.

Beweis: (5.14) und (5.15) folgen direkt aus der Definition (5.13) der Supremum–Norm. Für den Beweis von (5.16) verwenden wir die Rechenregeln für obere Schranken und das Supremum:

$$\|f + g\| = \sup_{\mathbf{x} \in D} |f(\mathbf{x}) + g(\mathbf{x})|_{\mathcal{F}} \leq \sup_{\mathbf{x} \in D} |f(\mathbf{x})| + \sup_{\mathbf{x} \in D} |g(\mathbf{x})| = \|f\|_{\mathcal{F}} + \|g\|_{\mathcal{F}} \,.$$

(5.17) folgt direkt aus der Definition der Supremum–Norm. Zum Beweis von (5.18) betrachten wir, daß für **jedes** $\mathbf{x} \in D$

$$|f(\mathbf{x}) \cdot g(\mathbf{x})| \leq \sup_{\mathbf{y} \in D} |f(\mathbf{y})| \cdot \sup_{\mathbf{y} \in D} |g(\mathbf{y})|$$

gilt, woraus die Behauptung

$$\sup_{\mathbf{x} \in D} |f(\mathbf{x}) \cdot g(\mathbf{x})| \leq \sup_{\mathbf{x} \in D} |f(\mathbf{x})| \cdot \sup_{\mathbf{x} \in D} |g(\mathbf{x})|$$

folgt. □

Mit der Supremum–Norm haben wir eine **Abstandsmessung zwischen Funktionen** definiert, die uns erlaubt, Konvergenz und Genauigkeit für Funktionen zu beschreiben.

Folgerung 5.13: *Für $f_j, f \in \mathcal{F}$ folgt aus*

$$(5.19)\quad \lim_{j\to\infty} \|f_j - f\|_{\mathcal{F}} = 0 \quad \textit{auch} \quad \lim_{j\to\infty} \|f_j\|_{\mathcal{F}} = \|f\|_{\mathcal{F}},$$

das heißt die „Norm ist stetig“.

Der Beweis ergibt sich sofort aus der Dreiecksungleichung

$$0 \le \Big| \|f\|_{\mathcal{F}} - \|f_j\|_{\mathcal{F}} \Big| \le \|f - f_j\|_{\mathcal{F}} \to 0 \quad \text{für } j \to \infty.$$

Satz 5.14 : *Versehen wir $C^0(D)$ mit der Supremum–Norm, so ist jede Cauchy–Folge $\{f_j\}_{j\in\mathbb{N}}$ mit $f_j \in C^0(D)$ bezüglich der Supremum–Norm auch gleichmäßig konvergent gegen eine stetige beschränkte Grenzfunktion $f \in C^0(D)$. Man sagt, daß $C^0(D)$ ein* **vollständiger normierter Vektorraum** *oder auch* **Banach–Raum** *ist.*

Beweis: $\{f_j\}_{j\in\mathbb{N}}$ ist nach Definition eine Cauchy–Folge in D, wenn gilt:

$$(5.20)\quad \forall \varepsilon > 0\, \exists N \in \mathbb{N}\, \forall j, k \ge N: \ \|f_j - f_k\|_{\mathcal{F}} < \varepsilon.$$

Sei $\mathbf{x} \in D$ zunächst beliebig, aber fest gewählt. Dann liefert (5.20)

$$\forall \varepsilon > 0\, \exists N \in \mathbb{N}\, \forall j, k \ge N\, \forall \mathbf{x} \in D: \ |f_j(\mathbf{x}) - f_k(\mathbf{x})| \le \|f_j - f_k\|_{\mathcal{F}} < \varepsilon.$$

Die Funktionswerte in $\mathbf{x}$ bilden eine Cauchy–Folge in $\mathbb{R}^m$ (oder in $\mathbb{C}$). Also existiert für jedes $\mathbf{x} \in D$ ein Grenzwert $f(\mathbf{x}) \in \mathbb{R}^m$ (oder $\mathbb{C}$).
Nun sei $\varepsilon > 0$ beliebig gewählt, dann existiert ein $N(\frac{\varepsilon}{2})$, so daß für beliebiges $p \ge 0$, $j = k + p$ und alle $k \ge N$ sowie alle $\mathbf{x} \in D$ gilt:

$$|f_{k+p}(\mathbf{x}) - f_k(\mathbf{x})| < \frac{\varepsilon}{2}.$$

Für $p \to \infty$ geht $f_{k+p}(\mathbf{x})$ gegen $f(\mathbf{x})$ und wir erhalten

$$\forall k \ge N \quad \forall \mathbf{x} \in D: \quad |f(\mathbf{x}) - f_k(\mathbf{x})| \le \frac{\varepsilon}{2} < \varepsilon.$$

N hängt nur von ε, aber nicht von $\mathbf{x}$ ab. Daher konvergiert $f_k \in C^0(D)$ **gleichmäßig** gegen $f(\mathbf{x})$. Nach Satz 5.7 ist $f(\mathbf{x})$ dann stetig.
Wegen

$$|f(\mathbf{x})| \le \frac{\varepsilon}{2} + \|f_{N(\frac{\varepsilon}{2})}\|_{\mathcal{F}}$$

ist $f(\mathbf{x})$ auf D auch beschränkt. Folglich gilt $f \in C^0(D)$. □

5.4 Normierte Vektorräume

Die Menge E sei ein Vektorraum über $\mathbb{R}$ (oder über $\mathbb{C}$). Dann definiert die Abbildung $\|\cdot\| : E \to \mathbb{R}_+$ eine **Norm** genau dann, wenn sie folgende Eigenschaften besitzt:

(5.21) $\quad \|f\| \geq 0 \quad \forall f \in E \quad \text{und} \quad \|f\| = 0 \Leftrightarrow f = 0,$

das heißt f das Nullelement in E ist.
Für alle Elemente f und g aus E gilt die Dreiecksungleichung

(5.22) $\quad \big|\|f\| - \|g\|\big| \leq \|f + g\| \leq \|f\| + \|g\| \quad \forall f, g \in E.$

Die Norm ist positiv homogen,

(5.23) $\quad \|\lambda f\| = |\lambda| \, \|f\| \quad \forall \lambda \in \mathbb{R} \quad (\text{oder } \lambda \in \mathbb{C}), \quad \forall f \in E.$

Wir nennen eine **Elementfolge** $\{f_i\}_{i \in \mathbb{N}}$ aus E **konvergent** in E, wenn sie folgende Eigenschaften besitzt: $\{f_i\}_{i \in \mathbb{N}}$ besitzt ein Grenzelement f, das ebenfalls in E liegt und es gilt

$$\lim_{i \to \infty} \|f_i - f\| = 0.$$

Das heißt in anderen Worten:

(5.24) $\quad \exists f \in E \quad \forall \varepsilon > 0 \quad \exists N \in \mathbb{N} \quad \forall j \geq N : \|f - f_j\| < \varepsilon\,.$

Eine Folge $\{f_i\}_{i \in \mathbb{N}}$ heißt **Cauchy–Folge** in E, wenn gilt:

(5.25) $\quad \forall \varepsilon > 0 \quad \exists N \in \mathbb{N} \quad \forall j, k \geq N : \|f_j - f_k\| < \varepsilon\,.$

Definition 5.15: *Ein normierter Vektorraum E heißt* **vollständig**, *wenn jede Cauchy–Folge in E einen Grenzwert in E besitzt. Man nennt einen vollständigen normierten Vektorraum auch einen* **Banach–Raum**. *Eine Teilmenge $D \subseteq E$ heißt* **abgeschlossen**, *falls sie mit $\overline{D}$, der Menge aller ihrer Häufungspunkte (in E bezüglich $\|\cdot\|$) übereinstimmt.*

Beispiele für Banach–Räume:

1. $E = \mathbb{R}$ mit $\|a\|_{\mathbb{R}} := |a|$,
2. $E = \mathbb{C}$ mit $\|a\|_{\mathbb{C}} := |a|$,
3. $E = \mathbb{R}^n$ mit $\|a\|_{\mathbb{R}^n} := \sqrt{a_1^2 + a_2^2 + \cdots + a_n^2} = |a|$,
4. $E = \mathcal{F}$ mit $\|f\|_{\mathcal{F}} := \sup\limits_{\mathbf{x} \in D} |f(\mathbf{x})|$,
5. $E = C^0(D)$ mit kompaktem Definitionsbereich D, $\|f\|_{C^0(D)} := \max\limits_{\mathbf{x} \in D} |f(\mathbf{x})|$.

5.5 Funktionenreihen

Sei $\{f_\ell\}_{\ell\in\mathbb{N}}$ eine Funktionenfolge auf D. Dann bezeichnet man

$$(5.26)\quad s(\mathbf{x}) = \sum_{\ell=1}^{\infty} f_\ell(\mathbf{x}) \quad \text{für } \mathbf{x} \in D$$

als **Funktionenreihe**. Sie heißt **punktweise konvergent**, wenn die Folge ihrer Teilsummen

$$s_k(\mathbf{x}) := \sum_{\ell=1}^{k} f_\ell(\mathbf{x})$$

punktweise konvergent ist. Analog wird die Funktionenreihe $\sum_{\ell=1}^{\infty} f_\ell(\mathbf{x})$ als **gleichmäßig konvergent** bezeichnet, falls $s_k(\mathbf{x})$ gleichmäßig konvergiert und als **absolut konvergent** bezeichnet, falls $s_k(\mathbf{x})$ absolut konvergiert, das heißt $\sum_{\ell=1}^{\infty} |f_\ell(\mathbf{x})|$ konvergent ist.

Satz 5.16 : *$\sum_{\ell=1}^{\infty} f_\ell(\mathbf{x})$ habe in D eine von $\mathbf{x}$ unabhängige Majorante, das heißt für alle ℓ aus $\mathbb{N}$ und alle $\mathbf{x}$ aus dem Definitionsbereich gelte*

$$(5.27)\quad |f_\ell(\mathbf{x})| \le M_\ell$$

und die Reihe $\sum_{\ell=1}^{\infty} M_\ell$ sei konvergent. Dann ist die Funktionenreihe $\sum_{\ell=1}^{\infty} f_\ell(\mathbf{x})$ in D absolut und gleichmäßig konvergent.

Beweis: Für jedes $\mathbf{x} \in D$ können wir das Majorantenkriterium anwenden. Folglich existiert der Grenzwert $\sum_{\ell=1}^{\infty} f_\ell(\mathbf{x}) = s(\mathbf{x})$.
Alle Teilsummen $s_k(\mathbf{x}) = \sum_{\ell=1}^{k} f_\ell(\mathbf{x})$ sind Elemente des Vektorraumes $\mathcal{F}$. Somit gilt

$$(5.28)\quad \begin{aligned} |s(\mathbf{x}) - s_k(\mathbf{x})| &= |\sum_{\nu=k+1}^{\infty} f_\nu(\mathbf{x})| \le \sum_{\nu=k+1}^{\infty} |f_\nu(\mathbf{x})| \\ &\le \sum_{\nu=k+1}^{\infty} M_\nu = \sum_{\nu=1}^{\infty} M_\nu - \sum_{\nu=1}^{k} M_\nu \to 0 \text{ für } k \to \infty \end{aligned}$$

für alle $\mathbf{x} \in D$, das heißt gleichmäßige und absolute Konvergenz. □

Folgerung 5.17: *Sind die Funktionen f_ℓ aus Satz 5.16 überdies in D stetig, so ist auch die Grenzfunktion der Reihe*

$$\sum_{\ell=1}^{\infty} f_\ell(\mathbf{x}) = s(\mathbf{x})$$

in D stetig.

Satz 5.18 (Satz von Abel) : *Eine für jedes reelle x aus dem Intervall $[a, b]$ konvergente Potenzreihe $\sum_{j=0}^{\infty} a_j x^j$ ist in ihrem Definitionsbereich $[a, b]$ auch gleichmäßig konvergent. Demnach ist diese Potenzreihe dort auch stetig.*

Einen Beweis findet man zum Beispiel in [64, III, S. 73]

5.6 Banachscher Fixpunktsatz

Zu diesem Abschnitt siehe auch [21].

Sei $(E, \|\cdot\|)$ ein Banach–Raum und D eine abgeschlossene Teilmenge von E.

Definition 5.19: *Eine Abbildung* $\mathbf{T} : D \to E$, $f \to \mathbf{T}(f)$ *heißt* **stetig**, *wenn jede in* E *konvergente Elementfolge* $f_j \in D$ *mit* $\lim_{j\to\infty} \|f_j - f\| = 0$ *für* $j \to \infty$ *und* $f \in D$ *eine konvergente Bildfolge* $\mathbf{T}(f_j)$ *in* E *erzeugt, deren Grenzwert* $\mathbf{T}(f)$ *ebenfalls in* E *liegt:*

$$\lim_{j\to\infty} \|\mathbf{T}(f_j) - \mathbf{T}(f)\| = 0.$$

Definition 5.20: *Die Abbildung* $\mathbf{T} : D \to E$ *heißt* **Lipschitz–stetig**, *wenn es eine Konstante* L *gibt, so daß die Lipschitz–Bedingung*

$$(5.29) \quad \forall f, g \in D : \|\mathbf{T}(f) - \mathbf{T}(g)\| \le L\,\|f - g\|$$

erfüllt ist. Die Abbildung $\mathbf{T}$ *heißt* **Kontraktion** *in* D, *wenn* $\mathbf{T}$ *in* D *Lipschitz–stetig ist und die Lipschitz–Konstante* $L = q < 1$ *erfüllt.*

Definition 5.21: *Für eine Teilmenge* $A \subset E$ *heißt* $\varphi \in E$ **Häufungspunkt** *von* A *in* E, *falls zu* φ *eine gegen* φ *konvergente Elementfolge* $\{f_j\}_{j\in\mathbb{N}} \in A$ *existiert, d.h.*

$$\lim_{j\to\infty} \|\varphi - f_j\| = 0\,.$$

Die Menge aller Häufungspunkte zu A *bezeichnen wir mit* $\overline{A}$. *Die Menge* A *heißt* **abgeschlossen**, *falls* $A = \overline{A}$ *gilt.*

Satz 5.22 (Banachscher Fixpunktsatz) : *Gegeben seien der Banach–Raum* $(E; \|\cdot\|)$, *eine abgeschlossene Teilmenge* $D = \overline{D}$ *von* E *und eine Kontraktion* $\mathbf{\Phi}$: $D \to D \subset E$. *Dann hat die Fixpunktgleichung*

$$(5.30) \quad z = \mathbf{\Phi}(z)$$

genau eine Lösung $z \in D$, *das heißt* $\mathbf{\Phi}$ *besitzt genau einen Fixpunkt in* D. *Bildet man für ein Anfangselement* $z_0 \in D$ *die sukzessive Approximation*

$$(5.31) \quad z_{k+1} = \mathbf{\Phi}(z_k) \quad \text{für } k = 0, 1, 2, 3, \ldots,$$

so kann man die folgenden zwei Fehlerabschätzungen zeigen:
die a–priori–Abschätzung

$$(5.32) \quad \|z - z_k\| \le \frac{q^k}{1-q}\,\|z_1 - z_0\|$$

und die a–posteriori–Abschätzung

$$(5.33) \quad \|z - z_k\| \le \frac{q}{1-q}\,\|z_k - z_{k-1}\|.$$

Beweis: Der Beweis verläuft analog zu dem von Satz 3.52.

i. Für $z_0 \in D$ folgt nach Voraussetzung $\mathbf{\Phi}: D \to D$, daß $z_1 = \mathbf{\Phi}(z_0) \in D$. Also gilt nach k Schritten auch $z_{k+1} = \mathbf{\Phi}(z_k) \in D \quad$ für $k \in \mathbb{N}$.

ii. Durch k–maliges Anwenden der Kontraktionseigenschaft ergibt sich

$$\begin{aligned}
\|z_{k+1} - z_k\| &= \|\mathbf{\Phi}(z_k) - \mathbf{\Phi}(z_{k-1})\| \le q\,\|z_k - z_{k-1}\| \\
&= q\,\|\mathbf{\Phi}(z_{k-1}) - \mathbf{\Phi}(z_{k-2})\| \le q^2\,\|z_{k-1} - z_{k-2}\| \\
&\le \ldots \le q^k\,\|z_1 - z_0\|\,.
\end{aligned}$$

iii. Für beliebige $k, p \in \mathbb{N}$ ergibt sich daraus mit der Dreiecksungleichung

$$\begin{aligned}
\|z_{k+p} - z_k\| &\le \|z_{k+p} - z_{k+p-1}\| + \|z_{k+p-1} - z_{k+p-2}\| + \ldots + \|z_{k+1} - z_k\| \\
&\le \left(q^{k+p} + q^{k+p-1} + \cdots + q^k\right)\|z_1 - z_0\| \\
&\le q^k \sum_{j=0}^{\infty} q^j\,\|z_1 - z_0\| = \frac{q^k}{1-q}\|z_1 - z_0\|\,.
\end{aligned}$$

Nun sei $\varepsilon > 0$ beliebig gewählt. Dazu wähle man den Index N als

$$N(\varepsilon) = \left[\left|\ln\left(\frac{\varepsilon(1-q)}{\|z_1 - z_0\|}\right)\Big/\ln q\right|\right] + 1,$$

dann gilt für alle $k \ge N$ und für alle p

$$\|z_{k+p} - z_k\| \le \frac{q^k}{1-q}\|z_1 - z_0\| \le \left(\exp\ln\frac{\varepsilon(1-q)}{\|z_1 - z_0\|}\right)\frac{\|z_1 - z_0\|}{1-q} = \varepsilon\,.$$

Demnach ist z_j für $j \in \mathbb{N}$ aus D in E eine Cauchy–Folge.

iv. Da E laut Voraussetzung ein Banach–Raum ist, existiert der Grenzwert z der Cauchy–Folge $\{z_j\}_{j\in\mathbb{N}}$ in E:

$$z = \lim_{j\to\infty} z_j \in \overline{D} = D.$$

Um zu zeigen, daß z Fixpunkt zu $\mathbf{\Phi}$ ist, nutzen wir die Lipschitz–Stetigkeit:

$$\begin{aligned}
\|z - \mathbf{\Phi}(z)\| &\le \|z - \mathbf{\Phi}(z_k)\| + \|\mathbf{\Phi}(z_k) - \mathbf{\Phi}(z)\| \\
&\le \|z - z_{k+1}\| + q\,\|z_k - z\|
\end{aligned}$$

Für $k \to \infty$ konvergieren beide Ausdrücke auf der rechten Seite gegen Null, also ist in z die Fixpunktgleichung (5.30) erfüllt.

v. Zum Beweis der a–priori Abschätzung nutzen wir die in *iii.* gezeigte Ungleichung und lassen $p \to \infty$ streben. Dann folgt mit

$$\|z_{k+p} - z\| \to 0$$

die behauptete Ungleichung. Die a–priori–Abschätzung (5.32) ergibt sich aus

$$\|z - z_k\| = \lim_{p\to\infty} \|z_{k+p} - z_k\| \leq \frac{q^k}{1-q} \|z_1 - z_0\| .$$

vi. Zum Beweis der a–posteriori Abschätzung (5.33) wählen wir $\tilde{z}_0 := z_{k-1}$ und erhalten dann mit $\tilde{z}_1 = \mathbf{\Phi}(\tilde{z}_0) = \mathbf{\Phi}(z_{k-1}) = z_k$ aus der schon bewiesenen Ungleichung (5.32).

$$\|z - z_k\| = \|z - \tilde{z}_1\| \leq \frac{q}{1-q} \|\tilde{z}_1 - \tilde{z}_0\| = \frac{q}{1-q} \|z_k - z_{k-1}\|.$$

vii. Die Eindeutigkeit von $z \in D$ folgt aus der Kontraktion von $\mathbf{\Phi}$ wegen

$$\|z - z'\| = \|\mathbf{\Phi}(z) - \mathbf{\Phi}(z')\| \leq q \|z - z'\|$$

und

$$0 \leq (1-q) \|z - z'\| \leq 0$$

für je zwei Fixpunkte z und z' von $\mathbf{\Phi}$. □

Satz 5.23 : *Sei* $\mathcal{U}_\beta(0) := \{f \in E \mid \mid \|f\| < \beta\}$ *und die Abbildung* $\mathbf{\Phi}: \mathcal{U}_\beta(0) \to E$ *sei eine Kontraktion. Weiterhin gelte*

(5.34) $\quad \|\mathbf{\Phi}(0)\| < \beta(1-q).$

Dann gibt es in $\mathcal{U}_\beta(0)$ *genau einen Fixpunkt* $\mathbf{z}$ *und für* $\mathbf{z}_0 \in \mathcal{U}_\beta(0)$ *gelten* (5.32)–(5.33) *sinngemäß.*

Beweis: Die Zahl

$$\delta := \min\{(\beta(1-q) - \|\mathbf{\Phi}(0)\|), (\beta - \|\mathbf{z}_0\|)\} > 0$$

ist nach Voraussetzung positiv. Dann wird die abgeschlossene Kugel

$$D := \{f \in \mathcal{U}_\beta(0) \mid \|f\| \leq \beta - \delta\} = \overline{D} \subset \mathcal{U}_\beta(0)$$

zum Definitionsbereich von $\mathbf{\Phi}$ gemäß Satz 5.22. Dann folgt aus

$$\begin{aligned}\|\mathbf{\Phi}(f)\| &\leq \|\mathbf{\Phi}(f) - \mathbf{\Phi}(0)\| + \|\mathbf{\Phi}(0)\| \leq q\|f\| + \|\mathbf{\Phi}(0)\| \\ &\leq q\beta + \|\mathbf{\Phi}(0)\| = \beta - \{(1-q)\beta - \|\mathbf{\Phi}(0)\|\} \leq \beta - \delta,\end{aligned}$$

daß $\mathbf{\Phi} : D \to D = \overline{D}$ auf D Kontraktion ist. Mit Satz 5.22 gelangt man nun zur Behauptung. □

5.7 Ein Beispiel für die Anwendung des Banachschen Fixpunktsatzes

Für die direkte Berechnung der inversen Funktion $z(y)$ zu

$$(5.35)\quad y = e^x$$

gilt

$$y = e^{z(y)}.$$

Sei E der Vektorraum der auf $[0.8, 1.2]$ stetigen und beschränkten Funktionen f versehen mit der Maximum–Norm:

$$\begin{aligned} E &:= C^0([0.8,1.2]) = \{f(x)\,|\,\text{stetig auf } 0.8 \le x \le 1.2\}, \\ \|f\| &= \max_{0.8\le x\le 1.2} |f(x)| = \|f\|_{\mathcal{F}}, \\ \mathcal{U}_\beta(0) &:= \{f \in C^0,\ \|f\| < \beta\}, \end{aligned}$$

wobei wir, nach einigem Probieren, wählen

$$\beta := 0.35\,.$$

Die Fixpunktgleichung lautet:

$$z(x) = z(x) + x - e^{z(x)}$$

und die Abbildung $\Phi(f)$ wird durch

$$(5.36)\quad (\Phi(f))\,(x) := f(x) + x - e^{f(x)}$$

definiert. Dann gilt offensichtlich

$$\Phi : C^0([0.8,1.2]) \to C^0([0.8,1.2]).$$

Nun zeigen wir, daß die Voraussetzungen von Satz 5.23 erfüllt sind: Zum Nachweis der Kontraktion seien f und g zwei Funktionen mit $\|g\| < 0.35$, $\|f\| < 0.35$. Dann gilt

$$\begin{aligned} \|\Phi(g) - \Phi(f)\| &= \max_{0.8\le x\le 1.2} \left| g(x) + x - e^{g(x)} - f(x) - x + e^{f(x)} \right| \\ &= \max_{0.8\le x\le 1.2} \left| \frac{1}{2!}\Big(g^2(x) - f^2(x)\Big) + \frac{1}{3!}\Big(g^3(x) - f^3(x)\Big) + \cdots \right| \\ &\le \max_{0.8\le x\le 1.2} \left| g(x) - f(x) \right| \cdot \max_{0.8\le x\le 1.2} \left\{ \frac{1}{2!}\Big(|g(x)| + |f(x)|\Big) \right. \\ &\qquad \left. + \frac{1}{3!}\Big(|g(x)|^2 + |g(x)|\cdot|f(x)| + |f(x)|^2\Big) + \cdots \right\} \\ &\le \|g - f\| \left\{ \frac{2}{2!}\cdot 0.35 + \frac{3}{3!}\cdot(0.35)^2 + \frac{4}{4!}\cdot(0.35)^3 + \cdots \right\} \\ &\le \|g - f\| \Big(e^{0.35} - 1\Big) \le 0.42\,\|g - f\|, \end{aligned}$$

woraus

$$(5.37) \quad \|\Phi(g) - \Phi(f)\| \;\leq\; 0.42\,\|g - f\|\,.$$

folgt.
Demnach können wir als Lipschitz– und Kontraktionskonstante $q = 0.42 < 1$ wählen. $f \equiv 0$ ist das Null–Element von $E = C^0$. Demnach ist das Bild von 0

$$\Phi(0)|_x \;=\; 0 + x - e^0 \;=\; x - 1$$

und

$$\begin{aligned} \|\Phi(0)\| &= \max_{0.8 \leq x \leq 1.2} |x - 1| \;=\; 0.2 \\ &< \beta(1 - q) \;=\; 0.35(1 - 0.42) \;=\; 0.203\,. \end{aligned}$$

Hiermit sind die Voraussetzungen von Satz 5.23 erfüllt. Die sukzessive Approximation

$$(5.38) \quad z_{k+1}(x) := \Phi(z_k)|_x = z_k(x) + x - e^{z_k(x)} \quad \text{mit } z_0(x) = 0$$

konvergiert demnach für $k \to \infty$ gleichmäßig in $[0.8, 1.2]$ gegen

$$z(x) \;=\; \ln(x)\,.$$

Aus der a–priori Abschätzung für $0.8 \leq x \leq 1.2$ folgt

$$|z_k(x) - \ln x| \;\leq\; \|z_k - z\| \;\leq\; \frac{(0.42)^k}{1 - 0.42}\,\|x - 1\| \;\leq\; 0.35 \cdot (0.42)^k\,.$$

Für die ersten drei Schritte der Iteration erhält man so

$$\begin{aligned} &z_1 = x - 1, && z_1(1.2) = 0.2, \\ &z_2 = 2x - 1 - e^{(x-1)}, && z_2(1.2) = 0.179, \\ &z_3 = 3x - 1 - e^{(x-1)} - e^{\left(2x - 1 - e^{(x-1)}\right)}, && z_3(1.2) = 0.183. \end{aligned}$$

Mit $z_3(1.2) = 0.183$ erhält man den Wert von $\ln 1.2$ bereits auf drei Stellen genau.

5.8 Abschließende Bemerkungen

Niels Henrik Abel (1802–1829), norwegischer Mathematiker, ist trotz seines kurzen Lebens einer der bedeutendsten Mathematiker. Schon als Schüler bemerkte er bei der Lektüre der damaligen mathematischen Klassiker mehrere Beweislücken. Er arbeitete bahnbrechend auf den Gebieten der algebraischen Gleichungen und algebraischen Funktionen. Auch in der Analysis leistete er tiefgreifende Beiträge und begründete hier die Theorie der elliptischen Funktionen. Der von ihm geführte Beweis von Satz 5.18 ist allerdings nicht völlig klar, da die entscheidende Gleichmäßigkeit nicht von ihm erwähnt wird.

Kapitel 6

Integration

In diesem Kapitel wollen wir mit verschiedenen mathematischen Techniken den Begriff des Integrals begründen. Wir gehen zu diesem Zweck von der anschaulichen Eigenschaft des Integrals als Flächeninhalt aus. Das Konzept der Integration trat schon sehr früh beim Problem der Flächenberechnung für Bereiche auf, die von krummlinigen Kurven umschlossen werden. So hatte Archimedes bereits das Prinzip des Riemann–Integrals benutzt und die Fläche einer Kreisscheibe sowie die unter einer quadratischen Kurve berechnet. Integration wird überall dort benötigt, wo ändernde Ursachen sich zu einer Gesamtwirkung summieren. Die Bedeutung der Integration als mathematische Operation wurde von Newton und von Leibniz im 17. Jahrhundert durch die Entdeckung des **Hauptsatzes** der Differential– und Integralrechnung erkannt. Das Integral einer Funktion auf einem bestimmten Intervall erlaubt es, den Inhalt der Fläche zwischen der x–Achse und dem Graphen, der durch die Funktion definiert wird, zu berechnen. Sehr einfach läßt sich eine solche Fläche berechnen, wenn sie aus lauter Rechtecken besteht, wenn sich also die **Kurve** aus lauter waagerechten Strecken zusammensetzt (vgl. Abb. 6.1). Solche Funktionen werden Treppenfunktionen genannt und im folgenden definiert. Für Rechtecke ist uns der Flächeninhalt als Produkt der Seitenlängen geläufig. Wir werden deshalb das Integral zunächst durch Addition von Rechteckflächen definieren. Benutzt man diese Definition, um für allgemeinere Gebiete den **Flächeninhalt** durch einen Näherungsprozeß einzuführen, so kann man die Konvergenz durch verschiedene Methoden erzwingen. Dies führt zu verschiedenen Integralbegriffen. Wir werden hier das Cauchysche, das Riemannsche und das Lebesguesche Integral kennenlernen. Siehe zu diesem Kapitel auch [21, 29, 42].

6.1 Treppenfunktionen

In diesem Abschnitt werden Funktionen auf $D = [a, b] \subset \mathbb{R}$, mit $a, b \in \mathbb{R}$ und $a < b$ betrachtet. Der Definitionsbereich D ist also ein abgeschlossenes Intervall aus $\mathbb{R}$. Um die Treppenfunktionen bequem definieren zu können, definieren wir zunächst die Zerlegung von D.

Definition 6.1:

(6.1) $\mathcal{Z} := \{x_0, x_1, \ldots, x_n\}$

heißt eine **Zerlegung** *von* $[a, b]$, *wenn für* $n \in \mathbb{N}$ *gilt:*

$$a = x_0 < x_1 < \ldots < x_{n-1} < x_n = b.$$

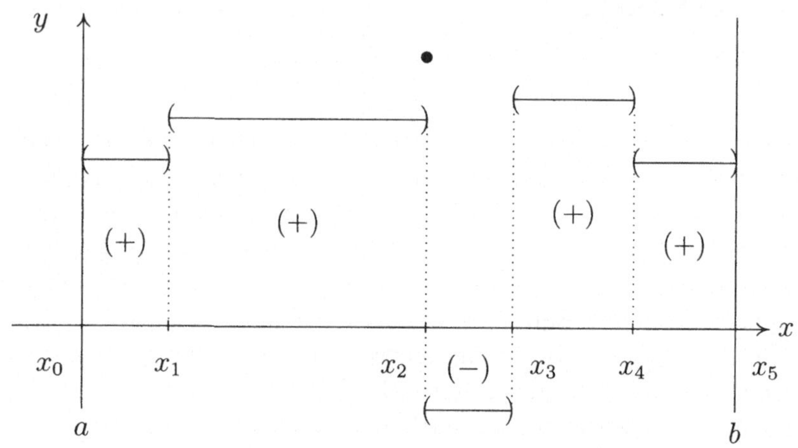

Abbildung 6.1: Treppenfunktion

Das heißt, aus dem abgeschlossenen Intervall $[a, b]$ werden endlich viele voneinander verschiedene $x_j \in [a, b]$ ausgewählt. Dadurch läßt sich das Intervall $[a, b]$ in endlich viele Teilintervalle einteilen. Wählt man die Intervalle offen, also (x_{j-1}, x_j), so sind all diese Intervalle sogar paarweise disjunkt.

Diese Intervalle sollen nun die Breite unserer Rechtecke bestimmen (vergleiche Abbildung 6.1). Der Graph der Treppenfunktion soll auf jedem dieser offenen Intervalle eine waagerechte Strecke sein.

Definition 6.2: *Eine Funktion* $f : [a, b] \to \mathbb{R}$ *heißt* **Treppenfunktion** , *wenn* $f \in \mathcal{F}$ *(siehe Definition (5.9)) ist und eine Zerlegung* $\mathcal{Z} = \{x_0, x_1, \ldots, x_n\}$ *existiert, so daß mit* $f_j \in \mathbb{R}$ $(j = 1, \ldots, n)$ *folgendes gilt:*

(6.2) $\forall\, x \in (x_{j-1}, x_j) : f(x) = f_j, \quad j = 1, \ldots, n\ .$

Das heißt, daß auf jedem der offenen Teilintervalle, in die wir $[a, b]$ zerlegt haben, der Funktionswert $f(x)$ konstant ist, daß also für alle x zwischen x_{j-1} und x_j der Funktionswert eine feste Zahl f_j aus $\mathbb{R}$ ist. Über die Funktionswerte an den Enden der Teilintervalle wird dabei nichts ausgesagt. Der Wert $f(x)$ an einer solchen Intervallgrenze x_j kann also jeden Wert annehmen, das heißt der Graph der

Funktion kann an dieser Stelle einen **Ausreißerpunkt** haben, wie zum Beispiel in Abbildung 6.1 an der Stelle x_2.

Die Klasse der Treppenfunktionen wollen wir mit $\mathcal{E}$ bezeichnen und treffen deshalb die folgende

Definition 6.3:

$$(6.3)\qquad \mathcal{E} := \{\, f : [a,b] \to \mathbb{R} \mid f \textit{ ist Treppenfunktion} \}$$

Damit ist $\mathcal{E}$ ein Vektorraum. Man kann sich leicht davon überzeugen, daß $\mathcal{E}$ die in der Definition (5.4)–(5.8) eines solchen linearen Raumes geforderten Voraussetzungen erfüllt.

Die Fläche, die von der x–Achse und einer Funktion eingeschlossen wird, wollen wir als das Integral der Funktion über dem betreffenden Intervall bezeichnen. Das Integral ist also eine Zahl und keine Funktion. Für unsere Funktionen aus $\mathcal{E}$ läßt sich das Integral damit wie folgt definieren:

Definition 6.4:

$$(6.4)\qquad \int_a^b f(x)dx := \sum_{j=1}^{n} f_j(x_j - x_{j-1}) = \sum_{j=1}^{n} f_j \triangle x_j,$$

$$(6.5)\qquad \int_b^a f(x)dx := -\int_a^b f(x)dx.$$

Mit der Gleichung (6.5) wird die Orientierung des Integrals festgelegt, das heißt, daß der Wert des Integrals mit der Durchlaufrichtung zwischen den Integrationsgrenzen verknüpft wird.

In dem nun folgenden Satz sind einige Eigenschaften des so definierten Integrals zusammengefaßt, die übrigens mehr oder weniger offensichtlich sind.

Satz 6.5 : *Es seien $f, g \in \mathcal{E}$ und $c \in \mathbb{R}$. Dann gelten:*

(6.6) *Der Wert des Integrals hängt nicht von der speziellen Zerlegung ab.*

$$(6.7)\qquad \int_a^b c\,dx = c(b-a),$$

$$(6.8)\qquad \int_a^b c\,f(x)\,dx = c\int_a^b f(x)\,dx,$$

$$(6.9)\qquad \int_a^b \big(f(x)+g(x)\big)\,dx = \int_a^b f(x)\,dx + \int_a^b g(x)\,dx,$$

$$(6.10)\qquad \int_a^b f(x)\,dx = \int_a^c f(x)\,dx + \int_c^b f(x)\,dx \quad \text{für } a \le c \le b.$$

Schwarzsche Ungleichung:

$$(6.11)\quad \int_a^b f(x)g(x)\,dx \le \sqrt{\int_a^b [f(x)]^2\,dx}\,\sqrt{\int_a^b [g(x)]^2\,dx}\,.$$

Monotonie:

$$(6.12)\quad \text{Aus } f(x) \le g(x) \text{ für } x \in [a,b] \text{ folgt } \int_a^b f(x)\,dx \le \int_a^b g(x)\,dx.$$

$$(6.13)\quad \left|\int_a^b f(x)\,dx\right| \le \int_a^b |f(x)|\,dx.$$

$$(6.14)\quad \int_a^a f(x)\,dx = 0.$$

Sei $f(x) \le g(x)$ für $x \in [a,b]$ und es gebe ein Intervall $[\alpha,\beta]$ mit $a \le \alpha < \beta \le b$ und $f(\xi) < g(\xi)$ für alle $\xi \in [\alpha,\beta]$. Dann gilt

$$(6.15)\quad \int_a^b f(x)\,dx < \int_a^b g(x)\,dx.$$

Bemerkung 6.6: *Die Eigenschaften (6.8) und (6.9) bedeuten die Linearität der Abbildung $\int_a^b \cdot\,dx : \mathcal{E} \to \mathbb{R}$, die Eigenschaft (6.10) nennt man Additivität.*

Beweis von Satz 6.5: Die meisten Beweise sind so einfach, daß sie dem Leser überlassen, beziehungsweise hier nur angedeutet werden.

Zu (6.6): Mit den Zerlegungen $\mathcal{Z}_1$ und $\mathcal{Z}_2$ für f ist auch $\mathcal{Z} := \mathcal{Z}_1 \cup \mathcal{Z}_2$ eine Zerlegung von f. Damit ist die Behauptung offensichtlich.

(6.7) und (6.8) folgen direkt aus der Definition (6.4).

Zu (6.9): Man wählt $\mathcal{Z}_{f+g} := \mathcal{Z}_f \cup \mathcal{Z}_g$ als neue Zerlegung. Damit erhält man zusätzlich zu den Intervallknoten x_k der Zerlegung $\mathcal{Z}_f$ auch die Knoten der Zerlegung $\mathcal{Z}_g$. Die neue Zerlegung ist also im allgemeinen feiner als die ursprünglichen. Betrachtet man die Funktionen $f(x), g(x)$ und $f(x)+g(x)$ über dieser neuen Zerlegung, so ist die Behauptung mit (6.6) offensichtlich.

Zu (6.10): Fügt man c als neuen Knoten x_k zu der Zerlegung für f hinzu, das heißt $\mathcal{Z} := \mathcal{Z}_f \cup \{c\}$, so folgt die Behauptung sofort aus (6.6).

Zu (6.11): Wir wählen wieder die gleiche Zerlegung wie in (6.9): $\mathcal{Z}_{f\cdot g} := \mathcal{Z}_f \cup \mathcal{Z}_g$. Mit der Schwarzschen Ungleichung (1.35) aus Satz 1.14 erhalten wir

$$\begin{aligned}\int_a^b f(x)g(x)\,dx &= \sum_{j=1}^n f_j g_j \Delta x_j \le \sqrt{\sum_{j=1}^n [f_j(x)]^2 \Delta x_j}\,\sqrt{\sum_{j=1}^n [g_j(x)]^2 \Delta x_j} \\ &\le \sqrt{\int_a^b [f(x)]^2\,dx}\,\sqrt{\int_a^b [g(x)]^2\,dx}.\end{aligned}$$

Zu (6.12): Auch hier ist der Beweis offensichtlich, wenn man wieder die Zerlegung $\mathcal{Z} := \mathcal{Z}_f \cup \mathcal{Z}_g$ wählt.

(6.13) folgt direkt aus der Definition (6.4).

(6.14) folgt sofort aus (6.5).

Zu (6.15): Wir wählen wieder die Zerlegung, die wir auch in den vorherigen Beweisen benutzt haben, fügen als Intervallknoten noch α und β hinzu und erhalten somit die neue Zerlegung $\mathcal{Z} := \mathcal{Z}_f \cup \mathcal{Z}_g \cup \{\alpha\} \cup \{\beta\}$. Für $\alpha < x < \beta$ existiert eine positive Zahl δ, die wir folgendermaßen definieren:

$$\delta := \min\{g_\ell - f_\ell = g(\xi) - f(\xi) \mid \alpha \le x_{\ell-1} < \xi < x_\ell \le \beta\} > 0$$

Damit erhalten wir

$$\begin{aligned} \int_a^b f(x)\,dx &= \sum_{j=1}^n f_j \Delta x_j < \sum_{\alpha \le x_{\ell-1} \wedge x_\ell \le \beta} (f_\ell + \delta)\Delta x_\ell + \sum_{\text{Rest}} f_j \Delta x_j \\ &\le \sum_{j=1}^n g_j \Delta x_j = \int_a^b g(x)\,dx. \end{aligned}$$ □

Mit den Ungleichungen (6.12) und (6.13) aus Satz 6.5 erhält man sofort den folgenden

Satz 6.7: *Für $f \in \mathcal{E}$ gilt*

$$\left| \int_a^b f(x)\,dx \right| \le (b-a)\,\|f\|_{\mathcal{F}}. \tag{6.16}$$

Beweis: Nach der Definition (5.13) der Supremumnorm gilt $|f(x)| \le \|f\|_{\mathcal{F}}$. Damit ist

$$\left| \int_a^b f(x)\,dx \right| \overset{(6.13)}{\le} \int_a^b |f(x)|dx \overset{(6.12)}{\le} \int_a^b \|f\|_{\mathcal{F}} dx \overset{(6.7)}{=} (b-a)\|f\|_{\mathcal{F}}.$$ □

Die Operation des Integrierens ist also eine lineare, beschränkte Abbildung des normierten Vektorraums $(\mathcal{E}, \|\cdot\|_{\mathcal{F}})$ in $\mathbb{R}$.

$$\begin{aligned} \int_a^b \cdot\, dx \;:\; &\mathcal{E} \to \mathbb{R}, \\ &f \mapsto \int_a^b f(x)\,dx. \end{aligned} \tag{6.17}$$

Die Definition des Integrals für $f \in \mathcal{E}$ ist trivial. Wir wollen nun versuchen, diese Definition so zu erweitern, daß wir auch Flächen unter allgemeineren Kurven $f(x)$ berechnen können. Um dieses zu erreichen, werden wir die lineare Abbildung (6.17) von $\mathcal{E}$ auf allgemeinere Funktionenräume **fortsetzen**, wobei die Eigenschaften (6.7)–(6.16) nach dem Permanenzprinzip erhalten bleiben sollen. Wir werden also $f \notin \mathcal{E}$ durch eine Folge $\{g_j(x)\}_{j\in\mathbb{N}}$ von Treppenfunktionen $g_j \in \mathcal{E}$ annähern und das Integral für f mittels eines Grenzprozesses definieren:

$$(6.18)\quad \lim_{j\to\infty} \int_a^b g_j(x)\,dx = I := \int_a^b f(x)\,dx.$$

Man hat damit die Möglichkeit, (6.18) mit **verschiedenen** Eigenschaften von f und $\{g_j(x)\}$ zu erzwingen. Dies führt zu **verschiedenen Integralbegriffen**. Wir wollen uns nun drei verschiedenen Integralbegriffen zuwenden, nämlich dem Cauchy–, dem Riemann– und dem Lebesgue–Integral.

6.2 Das Cauchy–Integral

In Satz 5.14 hatten wir bereits gezeigt, daß $(C^0(D), \|\cdot\|_{\mathcal{F}})$ ein Banachraum ist. Es gilt sogar:

Lemma 6.8: *$(\mathcal{F}, \|\cdot\|_{\mathcal{F}})$ ist ein Banachraum.*

Beweis: Es ist noch zu zeigen, daß der Grenzwert jeder Cauchy–Folge von beschränkten Funktionen wieder eine beschränkte Funktion ist. Sei nun $\{f_j\}_{j\in\mathbb{N}} \subset \mathcal{F}(D)$ eine solche Cauchy–Folge. Das heißt

$$\forall\,\varepsilon > 0\ \exists\,N \in \mathbb{N}\ \forall\,j,k \geq N: \quad \sup_{x\in D} |f_j(x) - f_k(x)| < \varepsilon.$$

Also ist $\{f_j(x)\}_{j\in\mathbb{N}}$ für jedes $x \in D$ eine Cauchy–Folge in $\mathbb{R}$ und damit konvergent. Deshalb existiert für jedes $x \in D$ die punktweise Grenzfunktion

$$f(x) := \lim_{j\to\infty} f_j(x).$$

Wir müssen nun noch zeigen, daß auch die Grenzfunktion beschränkt ist. Dazu wählen wir zum Beispiel $\varepsilon = 1$. Nach der Definition (3.39) der Cauchy–Folge existiert dann zu diesem speziellen ε ein $N(\varepsilon) = N(1)$, so daß für alle $p \in \mathbb{N}_0$ und für alle $x \in D$ gilt

$$|f_{N+p}(x) - f_N(x)| < 1.$$

Das heißt, ab einem Index $N = N(1)$ ist der Abstand zweier beliebiger Folgenglieder kleiner als 1. Läßt man nun p gegen ∞ gehen, so erhält man

$$|f(x) - f_N(x)| \leq 1 \quad \forall x \in D,$$

und daraus folgt

$$|f(x)| \leq 1 + \sup_{x\in D} |f_N(x)|\,.$$

Da f_N beschränkt ist, muß auch f beschränkt sein, das heißt $f \in \mathcal{F}$. Da wir zunächst die punktweise Grenzfunktion betrachtet hatten, müssen wir nun noch die gleichmäßige Konvergenz von $\{f_j\}_{j\in\mathbb{N}}$ gegen f nach (5.3) zeigen. Wir wissen, daß sich für alle $\varepsilon > 0$ ein $N(\frac{\varepsilon}{2}) \in \mathbb{N}$ finden läßt, so daß für alle $j \geq N(\frac{\varepsilon}{2})$ gilt

$$\|f_j - f\|_{\mathcal{F}} = \sup_{x\in D} |f_j(x) - f(x)| \leq \frac{\varepsilon}{2} < \varepsilon,$$

das heißt

$$\lim_{j\to\infty} \|f_j - f\|_{\mathcal{F}} = 0.$$

Also konvergiert jede Cauchy–Folge in $(\mathcal{F}, \|\cdot\|_{\mathcal{F}})$ gegen ein Element $f \in \mathcal{F}$. □

Wir machen uns nun das soeben bewiesene Lemma zunutze, um unseren Raum der Treppenfunktionen entscheidend zu erweitern. Wir tun dies natürlich, um unseren bisherigen Integralbegriff auf kompliziertere Funktionen ausdehnen zu können. Und tatsächlich werden wir mit diesem neuen Raum, dem Raum der sogenannten **Regelfunktionen**, die meisten der **normalen** Funktionen abdecken können.

Die neuen Funktionen erhält man, indem man für eine Treppenfunktion immer feinere Zerlegungen wählt. Wir gehen dazu von den Treppenfunktionen $\mathcal{E}([a,b]) \subset \mathcal{F}([a,b])$ aus und bilden den neuen Funktionenraum aus den Grenzwerten der Cauchy–Folgen von Funktionen aus $\mathcal{E}([a,b]) \subset \mathcal{F}([a,b])$, die ja nach unserem Lemma 6.8 alle wieder in $\mathcal{F}([a,b])$ liegen.

Im ersten Kapitel hatten wir die reellen Zahlen übrigens entsprechend als Grenzwerte von Cauchy–Folgen der rationalen Zahlen erhalten können.

Definition 6.9:

$$\text{(6.19)} \quad \bar{\mathcal{E}}\,([a,b]) := \left\{ f \in \mathcal{F}([a,b]) \,\middle|\, \exists\, \{f_j\}_{j\in\mathbb{N}} \subset \mathcal{E}\,([a,b]) \wedge \lim_{j\to\infty} \|f_j - f\|_{\mathcal{F}} = 0 \right\}$$

heißt der **Raum der Regelfunktionen**.

Damit ist

$$\text{(6.20)} \quad \bar{\mathcal{E}}\,([a,b]) \subset \mathcal{F}\,([a,b])$$

mit der Norm $\|\cdot\|_{\mathcal{F}}$ ein vollständiger Untervektorraum von $\mathcal{F}\,([a,b])$. Man beachte, daß damit zwar die Addition zweier Regelfunktionen sowie die skalare Multiplikation mit einer festen Zahl aus $\mathbb{R}$ nicht aus dem Raum herausführen, daß aber zum Beispiel die Verknüpfung $f \circ g$ zweier Regelfunktionen f und g nicht mehr Element von $\bar{\mathcal{E}}([a,b])$ sein muß.

Nun werden wir den bisherigen Integralbegriff von den Treppenfunktionen auf die Regelfunktionen erweitern. Dadurch erhalten wir das Cauchy–Integral.

Satz 6.10 (Das Cauchy–Integral) : *Sei* $f \in \bar{\mathcal{E}}([a,b])$, $\{f_j\}_{j\in\mathbb{N}} \subset \mathcal{E}([a,b])$ *mit*

$$\lim_{j\to\infty} \|f_j - f\|_{\mathcal{F}} = 0.$$

Dann existiert

$$(6.21) \quad \int_a^b f(x)\,dx := I = \lim_{j\to\infty} \int_a^b f_j(x)\,dx,$$

und I *ist von der speziellen* f *approximierenden Folge* $\{f_j\}_{j\in\mathbb{N}} \subset \mathcal{E}$ *unabhängig.* I *heißt das* **Cauchy–Integral** *von* f*.*

Beweis:

i. Zunächst müssen wir überprüfen, ob der Grenzwert der Integrale über die einzelnen Funktionen der Funktionenfolge existiert. Die Integrale über die einzelnen Glieder der Funktionenfolge nennen wir

$$I_j := \int_a^b f_j(x)\,dx \quad \text{mit } f_j \in \mathcal{E}.$$

Sei $\varepsilon > 0$ beliebig. Dann existiert ein $N_\varepsilon \in \mathbb{N}$ mit der Eigenschaft

$$\forall j \geq N_\varepsilon : \|f_j - f\|_{\mathcal{F}} < \frac{\varepsilon}{2(b-a)}.$$

Damit ergibt sich für alle $\ell, k \geq N_\varepsilon$ folgende Abschätzung:

$$\begin{aligned} |I_\ell - I_k| &= \left| \int_a^b (f_\ell(x) - f_k(x))\,dx \right| \\ &\leq (b-a)\|f_\ell - f_k\|_{\mathcal{F}} \quad \text{nach (6.16)} \\ &\leq (b-a)\{\|f_\ell - f\|_{\mathcal{F}} + \|f - f_k\|_{\mathcal{F}}\} \\ &< (b-a)\,2\left(\frac{\varepsilon}{2(b-a)}\right) = \varepsilon. \end{aligned}$$

Also bildet die Folge $\{\mathrm{I}_j\}_{j\in\mathbb{N}} \subset \mathbb{R}$ eine Cauchy–Folge. Nach Satz 3.36 existiert also $I = \lim_{j\to\infty} I_j$.

ii. Nun ist noch zu zeigen, daß dieser Grenzwert I wirklich unabhängig ist von der approximierenden Folge $\{f_j\}_{j\in\mathbb{N}}$ von Treppenfunktionen. Dazu wählen wir zu der Folge $\{f_j\}_{j\in\mathbb{N}}$ eine zweite Folge $\{h_j\}_{j\in\mathbb{N}}$ von Treppenfunktionen, die ebenfalls gegen f konvergiert und nennen die Integrale über die Glieder dieser Folge $\hat{I}_j$. Wir haben also

$$I_j = \int_a^b f_j(x)\,dx \to I, \quad \hat{I}_j = \int_a^b h_j(x)\,dx \to \hat{I} \quad \text{für } j \to \infty.$$

Mit der Dreiecksungleichung (1.31) ergibt sich hieraus

$$|I_j - \hat{I}_j| \to |I - \hat{I}| \quad \text{für } j \to \infty.$$

Man kann nun $|I_j - \hat{I}_j|$ mit Hilfe der Eigenschaften des Integrals für Treppenfunktionen in Satz 6.5 folgendermaßen abschätzen:

$$\begin{aligned} |I_j - \hat{I}_j| &= \left| \int_a^b (f_j - h_j)\, dx \right| \le (b-a)\, \|f_j - h_j\|_{\mathcal{F}} \\ &\le (b-a)\left\{ \|f_j - f\|_{\mathcal{F}} + \|f - h_j\|_{\mathcal{F}} \right\} \to 0 \quad \text{für } j \to \infty. \end{aligned}$$

Der Grenzübergang $j \to \infty$ liefert $|I_j - \hat{I}_j| \le 0$ und damit wegen der Nichtnegativität des Betrages $|I_j - \hat{I}_j| = 0$. Also sind die Grenzwerte I und $\hat{I}$ bezüglich verschiedener approximierender Folgen $\{f_j\}$ und $\{h_j\}$ stets identisch.

□

Beispiel 6.11: *Wir wählen $f(x) = x$ als einfache Funktion, die keine Treppenfunktion ist. Das Integral wollen wir versuchen, wie in der Abbildung 6.2 gezeigt, anzunähern.*

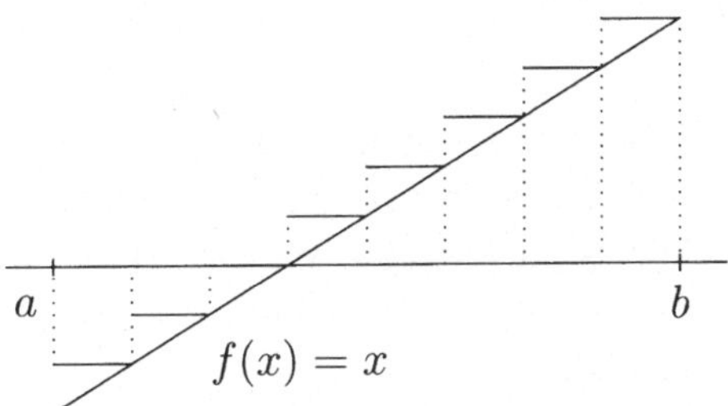

Abbildung 6.2

Mit $x_k := a + (b-a)k/j$ für $k = 0, \ldots, j$ nehmen wir als f approximierende Funktionenfolge die Folge $\{f_j\}_{j\in\mathbb{N}}$ von Treppenfunktionen mit

$$f_j(x) := \begin{cases} a + \dfrac{b-a}{j} k & \text{für } x_{k-1} \le x < x_k,\ k = 0, \ldots, j, \\ b & \text{für } x = b = x_j. \end{cases}$$

Offensichtlich ist $f_j \in \mathcal{E}([a,b])$, und die Folge $\{f_j\}_{j\in\mathbb{N}}$ approximiert die Funktion f, denn es gilt

$$\|f - f_j\|_{\mathcal{F}} = \sup_{a \le x \le b} |f_j(x) - x| = \frac{b-a}{j} \to 0 \quad \text{für } j \to \infty.$$

Damit läßt sich nun das Integral I auf dem Intervall $[a,b]$ über die Funktion $f(x)=x$ wie folgt berechnen:

$$\begin{aligned} I_j &= \int_a^b f_j(x)\,dx = \sum_{k=1}^{j} \frac{b-a}{j}\left\{a+\frac{b-a}{j}k\right\} = a(b-a)+\frac{(b-a)^2}{j^2}\sum_{k=1}^{j} k \\ &= ab-a^2+\frac{(b-a)^2}{j^2}\frac{1}{2}j(j+1) = \frac{1}{2}b^2-\frac{1}{2}a^2+\frac{(b-a)^2}{2j}. \end{aligned}$$

Also ist damit nach Definition das Integral gegeben durch

$$I = \int_a^b x\,dx = \lim_{j\to\infty} I_j = \frac{1}{2}b^2-\frac{1}{2}a^2.$$

Wir wollen nun nach dem Permanenzprinzip die Eigenschaften (6.7)–(6.14) aus Satz 6.5 für die Integrale über Treppenfunktionen auf das Cauchy–Integral über Regelfunktionen übertragen. Daß dies möglich ist, beweist der folgende

Satz 6.12 : *Seien f und g Regelfunktionen, das heißt $f,g\in\bar{\mathcal{E}}([a,b])$ und $c\in\mathbb{R}$. Dann gelten auch für das Cauchy–Integral über diese Funktionen die Eigenschaften (6.7)–(6.14) aus Satz 6.5 sowie auch (6.16) aus Satz 6.7. Außerdem gilt in etwas abgewandelter Form auch noch (6.15) aus Satz 6.5, nämlich:*
Sei $f(x)\le g(x)$ für alle $x\in[a,b]$. Gibt es Konstanten $\delta>0$ und $\alpha,\beta\in[a,b]$ mit $\alpha<\beta$, so daß $f(x)+\delta\le g(x)$ für alle $x\in[\alpha,\beta]$ erfüllt ist, dann gilt

$$(6.22)\quad \int_a^b f(x)dx < \int_a^b g(x)dx.$$

Beweis: Wie schon des öfteren, zum Beispiel beim Beweis des Satzes 4.13, läßt sich der Beweis mit Hilfe der Limesregeln (3.18)–(3.24) aus Satz 3.21 führen. Es werden hier deshalb nur einige Gleichungen exemplarisch bewiesen. An dieser Stelle sei auch auf den Beweis zu Satz 6.5 verwiesen.
Zu (6.9): Es seien $f,g\in\bar{\mathcal{E}}$ mit den konvergenten Funktionenfolgen $f_j\to f$ und $g_j\to g$ in $(\bar{\mathcal{E}},\|\cdot\|_{\mathcal{F}})$. Damit ist

$$\|(f_j+g_j)-(f+g)\|_{\mathcal{F}} \le \|f_j-f\|_{\mathcal{F}}+\|g_j-g\|_{\mathcal{F}}\to 0 \quad \text{für } j\to\infty.$$

Also ist auch $f+g\in\bar{\mathcal{E}}$. Es konvergieren also

$$\begin{array}{ccccc} \int_a^b (f_j(x)+g_j(x))\,dx &=& \int_a^b f_j(x)dx &+& \int_a^b g_j(x)dx \\ \downarrow && \downarrow && \downarrow \\ \int_a^b (f(x)+g(x))\,dx &=& \int_a^b f(x)dx &+& \int_a^b g(x)dx \end{array}$$

Zu (6.11): Es seien wieder $f,g\in\bar{\mathcal{E}}$ mit den konvergenten Funktionenfolgen $f_j\to f$ und $g_j\to g$ in $(\bar{\mathcal{E}},\|\cdot\|_{\mathcal{F}})$. Damit ist

$$\begin{aligned} \|(f_j\cdot g_j)-(f\cdot g)\|_{\mathcal{F}} &\le \|(f_j-f)\cdot g_j\|_{\mathcal{F}}+\|f\cdot(g_j-g)\|_{\mathcal{F}} \\ &\le \|(f_j-f)\|_{\mathcal{F}}\cdot\|g_j\|_{\mathcal{F}}+\|f\|_{\mathcal{F}}\cdot\|(g_j-g)\|_{\mathcal{F}} \\ &\to 0\cdot\|g\|_{\mathcal{F}}+\|f\|_{\mathcal{F}}\cdot 0 = 0 \quad \text{für } j\to\infty. \end{aligned}$$

Also konvergiert $f_j(x) \cdot g_j(x) \to f(x) \cdot g(x)$ gleichmäßig auf $[a,b]$ für $j \to \infty$. Speziell also auch $f_j^2(x) \to f^2(x)$ und $g_j^2(x) \to g^2(x)$. Auf Grund der Stetigkeit der Betrags– und der Wurzelfunktion finden wir also wieder die Konvergenz und erhalten

$$\begin{array}{ccccc} \left|\int_a^b f_j(x)\cdot g_j(x)dx\right| & \leq & \sqrt{\int_a^b [f_j(x)]^2dx} & \cdot & \sqrt{\int_a^b [g_j(x)]^2dx} \\ \downarrow & & \downarrow & & \downarrow \\ \left|\int_a^b f(x)\cdot g(x)dx\right| & \leq & \sqrt{\int_a^b [f(x)]^2dx} & \cdot & \sqrt{\int_a^b [g(x)]^2dx} \end{array}$$

Zu (6.22): Dies folgt aus (6.12) mit $\delta \cdot (\beta - \alpha) > 0$. □

Mit den Eigenschaften (6.8), (6.9) und Ungleichung (6.16) ist die Integration eine **lineare stetige Abbildung** von $bar\mathcal{E}$ nach $\mathbb{R}$. Man sagt auch, sie ist ein **stetiges lineares Funktional** (Abbildungen nach $\mathbb{R}$ oder $\mathbb{C}$ nennt man auch Funktionale) auf $\bar{\mathcal{E}}$. Definiert haben wir dieses durch stetige Fortsetzung von $\mathcal{E}$ nach $\bar{\mathcal{E}}$. Weil jedes $f \in \bar{\mathcal{E}}$ durch eine Folge $f_j \in \mathcal{E}$ bezüglich der Norm $\|\cdot\|_{\mathcal{F}}$ von $\mathcal{E}$ und $\bar{\mathcal{E}}$ approximiert werden kann, sagt man auch $\mathcal{E}$ liegt **dicht** in $\bar{\mathcal{E}}$. Mit unserer Definition der Abschließung (Abschnitt 5.4) ist $\bar{\mathcal{E}}$ die Abschließung von $\mathcal{E}$ bezüglich der Supremumnorm.

Wir haben das Integral auf $\bar{\mathcal{E}}$ demnach erklärt durch die stetige Fortsetzung eines auf $\mathcal{E}$ stetigen linearen Funktionals nach $\bar{\mathcal{E}}$, der Abschließung von $\mathcal{E}$. Zentrales Hilfsmittel waren die Stetigkeit des linearen Funktionals sowie das Cauchysche Kriterium für die Konvergenz von Zahlenfolgen und bezüglich $\|\cdot\|_{\mathcal{F}}$ in $\overline{\mathcal{E}}$.

Wir wollen nun einige Klassen von Funktionen finden, die zu den Regelfunktionen gehören und damit Cauchy–integrierbar sind. Wir beginnen mit den in Definition 4.25 erklärten stückweise stetigen Funktionen.

Satz 6.13 : *Jede auf $[a,b]$ stückweise stetige Funktion ist Regelfunktion, das heißt Cauchy–integrierbar.*

Beweis: Nach Definition 4.25 ist eine auf $[a,b]$ stückweise stetige Funktion f auf den offenen Intervallen einer Zerlegung von $[a,b]$ stetig und die links– und rechtsseitigen Grenzwerte der Funktionswerte an den Intervallgrenzen existieren. Auf Grund der Additivität des Integrals (6.10) genügt es deshalb zu zeigen, daß es zu jeder auf einem Intervall $[c,d]$ stetigen Funktion f eine Folge $\{f_j\}_{j\in\mathbb{N}}$ von Treppenfunktionen gibt, die auf $[c,d]$ gleichmäßig gegen f konvergiert.

Es sei also $f : [c,d] \to \mathbb{R}$ stetig. Dazu wählen wir eine Folge von Zerlegungen $\{\mathcal{Z}_j\}_{j\in\mathbb{N}}$ mit $x_{j,k} := c + k \cdot h_j$ mit $k = 0, 1, \ldots, 2^j$ und $h_j = (d-c)2^{-j}$. Wir definieren nun eine Funktionenfolge durch

$$f_j(x) := \max_{x_{j,k-1} \leq \xi \leq x_{j,k}} f(\xi) \quad \text{für } j \in \mathbb{N},\ x \in [x_{j,k-1}, x_{j,k}) \text{ und } k = 1, \ldots, 2^j.$$

Außerdem wird noch $f_j(d) := f(d)$ gesetzt. Damit ist offenbar f_j eine Treppenfunktion und es gilt $f(x) \le f_j(x)$. Nun können wir zeigen, daß $f_j \to f$ gleichmäßig konvergiert, das heißt, daß $\|f_j - f\|_{\mathcal{F}} = 0$ für $j \to \infty$ gilt. Dazu werden wir auch den in (4.97) definierten Stetigkeitsmodul ω_f verwenden, wobei wir als Argument der Funktion ω_f gerade h_j wählen:

$$\begin{aligned}
\|f_j - f\|_{\mathcal{F}} &= \sup_{c\le x\le d} |f_j(x) - f(x)| = \max_k \sup_{x_{j,k-1}\le x\le x_{j,k}} |f_j(x) - f(x)| \\
&\le \max_{x_{j,k-1}\le x,\xi\le x_{j,k}} |f(\xi) - f(x)| \le \sup_{|x-\xi|\le h_j} |f(\xi) - f(x)| \\
&= \omega_f(h_j) \qquad \text{(nach Satz 4.63)} \\
&\to 0 \quad \text{für } j \to \infty \quad \text{wegen } h_j \to 0.
\end{aligned}$$

□

Bemerkung 6.14: *Damit sind also Funktionen Cauchy–integrierbar, die an endlich vielen Stellen unstetig sind. Wir werden später mit Hilfe eines anderen Integralbegriffs sogar viel allgemeinere Funktionen integrieren können.*

Satz 6.15 : *Jede auf $[a, b]$ monotone und beschränkte Funktion f ist Regelfunktion.*

Beweis: Falls $f(a) = f(b)$ ist, handelt es sich offensichtlich bei f um eine Treppenfunktion, denn auf Grund der Monotonie muß der Graph von f dann eine waagerechte Gerade sein. Es genügt also, einen der beiden Fälle $f(a) < f(b)$ oder $f(a) > f(b)$ zu untersuchen, denn durch Spiegelung an der x–Achse läßt sich der eine Fall sofort aus dem anderen herleiten.

Es sei also $f(a) < f(b)$. Wir müssen nun zeigen, daß es zu jedem $\varepsilon > 0$ eine Treppenfunktion $t : [a, b] \to \mathbb{R}$ gibt, so daß für $x \in [a, b]$ gilt $\sup|f(x) - t(x)| < \varepsilon$. Um dies zu erreichen, wählen wir zunächst ein $n \in \mathbb{N}$, so daß gilt

$$h := \frac{f(b) - f(a)}{n} \le \frac{\varepsilon}{2},$$

was offensichtlich immer möglich ist, denn wir müssen ja n nur größer wählen als die Differenz $f(b) - f(a)$ dividiert durch $\frac{\varepsilon}{2}$. Je kleiner also ε vorgegeben ist, desto größer müssen wir n wählen. Wir können nun mit Hilfe des eben definierten h das Intervall $[f(a), f(b)]$ auf der y–Achse, in dem ja alle Funktionswerte der monotonen Funktion f liegen müssen, zerlegen. Wir wählen eine Zerlegung in n gleich große Intervalle mit $y_j := f(a) + j \cdot h$ für $j = 0, \dots, n$.
Es sei nun $x_0 := a$, und für $j = 1, \dots, n$ sei $x_j := \sup\{x \in [a, b] \mid f(x) < y_j\}$. Damit ist für alle $j = 1, \dots, n$ offensichtlich $x_{j-1} \le x_j$. Nun streicht man noch diejenigen x_j, für die $x_{j-1} = x_j$ ist, das heißt, wenn man mehrere gleiche x–Werte hat, so streicht man alle bis auf einen. Dann definieren die $\{x_j\}$ eine Zerlegung des Intervalls $[a, b]$ auf der x–Achse. Auf dieser Zerlegung wollen wir nun versuchen, unsere gesuchte Treppenfunktion t zu finden und definieren dazu die

Funktionswerte für x–Werte aus dem Inneren der Intervalle als $t(x) := y_j$ für $x \in (x_{j-1}, x_j)$. Für die Knoten, also die Intervallgrenzen, setzen wir $t(x_j) := f(x_j)$ für $j = 0, \ldots, n$.
Daß dies eine Treppenfunktion ist, ist evident. Wir müssen nur noch die Konvergenz nachprüfen, das heißt nachweisen, daß t die geforderte Bedingung

$$\sup |f(x) - t(x)| < \varepsilon$$

erfüllt. Wir haben aber nach unserer Konstruktion von h und y_j offensichtlich

$$0 \leq t(x) - f(x) \leq t(x) - y_{j-1} = y_j - y_{j-1} = h \leq \frac{\varepsilon}{2} < \varepsilon.$$

Damit ist für alle $x \in [a, b]$ auch $|f(x) - t(x)| < \varepsilon$ und speziell

$$\sup_{x \in [a,b]} |f(x) - t(x)| < \varepsilon,$$

wie verlangt war. □

Satz 6.16 : *$f(x)$ ist auf $[a, b]$ Regelfunktion dann und nur dann, wenn für jedes $x_0 \in [a, b]$ die rechts– und linksseitigen Grenzwerte existieren.*

Beweis:

i. Wir zeigen zunächst die eine Richtung der Äquivalenz, das heißt die Existenz der rechts– und linksseitigen Grenzwerte für Regelfunktionen.

Es sei f eine Regelfunktion, $x_0 \in (a, b]$ und $x_j \in [a, b]$ mit $x_j \to x_0$ für $j \to \infty$ und $x_j < x_0$ eine beliebig gewählte Punktfolge. Wir müssen nun zeigen, daß dann $f(x_j)$ konvergiert, um den gewünschten linksseitigen Grenzwert zu erhalten.

Es sei $\varepsilon > 0$ beliebig gewählt. Dann existiert nach Definition der Regelfunktionen eine approximierende Folge von Treppenfunktionen $\{f_k\}$ und zu dieser ein Index $N = N(\frac{\varepsilon}{2})$, so daß

$$\sup_{x \in [a,b]} |f(x) - f_N(x)| = \|f - f_N\|_{\mathcal{F}} < \frac{\varepsilon}{2} \quad \text{mit } f_N \in \mathcal{E}.$$

Es sei die zu f_N gehörige Zerlegung

$$\mathcal{Z}(f_N) = \{a = \xi_0 < \xi_1 < \ldots < \xi_L = b\}.$$

Dann ist $\xi_N := \max\{\xi_\nu \mid \xi_\nu < x_0 \text{ mit } \nu = 0, \ldots, L\}$ wohldefiniert und für $\xi_N < x < x_0$ ist $f_N(x)$ konstant. Wegen der Konvergenz $x_j \to x_0$ läßt sich ein Index $M \in \mathbb{N}$ in Abhängigkeit von $N(\varepsilon)$ finden, so daß für alle $j \geq M$

$\xi_N < x_j < x_0$ gilt. Also ergibt sich mit der oben angeführten Abschätzung $\|f - f_N\|_{\mathcal{F}} < \frac{\varepsilon}{2}$ für alle Indizes $\ell, k \geq M$

$$|f(x_\ell) - f(x_k)| \leq |f(x_\ell) - f_N(x_\ell)| + |f_N(x_k) - f(x_k)| < \frac{\varepsilon}{2} + \frac{\varepsilon}{2} = \varepsilon$$

wegen $f_N(x_\ell) = f_N(x_k)$. Also ist $\{f(x_j)\}_{j \in \mathbb{N}}$ eine Cauchy–Folge in $\mathbb{R}$ und damit existiert der Grenzwert $\lim\limits_{x_\ell \to x_0 - 0} f(x_\ell)$.

Entsprechend läßt sich die Existenz auch des rechtsseitigen Grenzwertes zeigen.

ii. Nun müssen wir noch beweisen, daß eine Funktion, deren rechts– und linksseitige Grenzwerte existieren, immer eine Regelfunktion ist.

Dazu wählen wir $\varepsilon := \frac{1}{n} > 0$ für $n \in \mathbb{N}$. Zu diesem ε und zu jedem $\xi \in D := [a, b]$ existiert nach Definition des links– beziehungsweise des rechtsseitigen Grenzwertes (4.27) und der Definition des Funktionenlimes (4.14) ein $\delta(\xi) > 0$, so daß sowohl für alle Paare $(x, y) \in (\xi - \delta, \xi)^2$ als auch für alle $(x, y) \in (\xi, \xi + \delta)^2$ die Ungleichung $|f(x) - f(y)| < \varepsilon = \frac{1}{n}$ erfüllt ist. Damit gilt

$$[a, b] = D \subset \bigcup_{\xi \in D} (\xi - \delta, \xi + \delta).$$

Nach dem Satz von Heine–Borel (Satz 3.50) gibt es bereits eine endliche Überdeckung mit diesen Eigenschaften. Es existieren also endlich viele $\xi_1 < \xi_2 < \ldots < \xi_N$ mit den dazugehörigen $\delta_1, \ldots, \delta_N$, so daß gilt

$$D \subset \bigcup_{j=1}^{N} (\xi_j - \delta_j, \xi_j + \delta_j).$$

Wir können ohne Beschränkung der Allgemeinheit voraussetzen, daß $\xi_j + \delta_j < \xi_{j+1}$ ist (vergleiche Abbildung 6.3). Wir werden nun Punkte η_j aus denjenigen Bereichen herausgreifen, in denen sich zwei benachbarte δ–Umgebungen überlappen. Dieser Bereich ist immer ein offenes Intervall und kein einzelner Punkt, weil ja die δ–Umgebungen selbst offene Intervalle sind. Wir setzen nun

$$\eta_j := \frac{1}{2} \{(\xi_j + \delta_j) + (\xi_{j+1} - \delta_{j+1})\},$$

also

$$\eta_j \in (\xi_j, \xi_j + \delta_j) \cap (\xi_{j+1} - \delta_{j+1}, \xi_{j+1}).$$

Wir definieren uns nun eine Folge $\{f_n(x)\}_{n\in\mathbb{N}}$ von Funktionen mit $n = \frac{1}{\varepsilon}$ wie in der Abbildung unten angedeutet durch

$$f_n(x) := \begin{cases} f(a) & \text{für} \quad a \leq x < \xi_1, \\ f(\xi_j) & \text{für} \quad x = \xi_j, \\ f(\eta_j) & \text{für} \quad \xi_j < x < \xi_{j+1}, \\ f(b) & \text{für} \quad \xi_N < x \leq b. \end{cases}$$

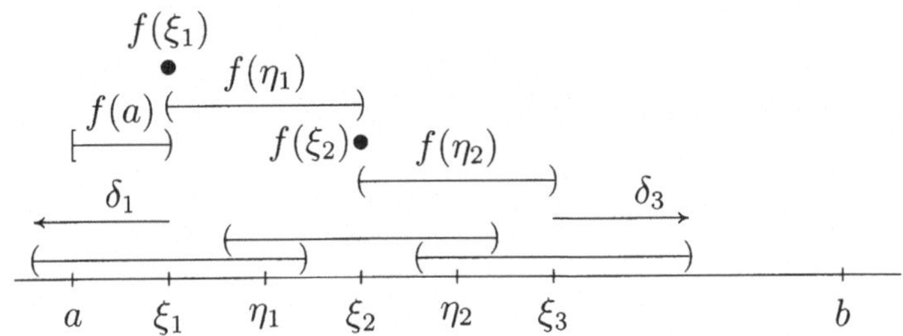

Abbildung 6.3

Dann gilt $|f_n(x) - f(x)| < \frac{1}{n}$ für jedes $x \in D$, denn für $x \in (\xi_j, \xi_j + \delta_j)$ gilt wegen $\eta_j \in (\xi_j, \xi_j + \delta_j)$

$$|f_n(x) - f(x)| = |f(\eta_j) - f(x)| < \frac{1}{n}.$$

Wir erhalten also schließlich, daß $f_n(x)$ nach Konstruktion eine Treppenfunktion ist und für $n \to \infty$ erhalten wir die Abschätzung

$$\sup_{x\in D} |f_n(x) - f(x)| = \|f_n - f\|_{\mathcal{F}} \leq \frac{1}{n} \to 0.$$

Damit ist die Funktion f also als gleichmäßiger Grenzwert von Treppenfunktionen tatsächlich eine Regelfunktion. □

Mit diesen drei Sätzen haben wir Kriterien für die Cauchy–Integrierbarkeit von Funktionen. Mit Satz 6.16 ist es uns auch möglich zu entscheiden, wann eine Funktion keine Regelfunktion ist. Es folgen zwei Sätze, die etwas darüber aussagen, wann beim Cauchy–Integral die Grenzübergänge $\int$ und lim, beziehungsweise $\int$ und $\sum$ vertauscht werden dürfen.

Satz 6.17 : *Es seien f und $f_j \in \overline{\mathcal{E}}([a,b])$ für jedes $j \in \mathbb{N}$, und es gelte*

(6.23) $$\lim_{j\to\infty} \|f_j - f\|_{\mathcal{F}} = 0.$$

Dann gilt für $x \in [a,b]$

$$(6.24)\quad \int_a^x f(\xi)d\xi = \int_a^x \lim_{j\to\infty} f_j(\xi)d\xi = \lim_{j\to\infty} \int_a^x f_(\xi)d\xi$$

gleichmäßig, das heißt man darf unter der Voraussetzung (6.23) $\int$ und lim *vertauschen. Außerdem ist $\int_a^x f(\xi)d\xi$ als Funktion von x auf $[a,b]$ stetig.*

Beweis: Es seien

$$F(x) := \int_a^x f(\xi)d\xi, \quad F_j(x) := \int_a^x f_j(\xi)d\xi.$$

Dann können wir abschätzen

$$\begin{aligned} |F(x) - F_j(x)| &= \left|\int_a^x (f(\xi) - f_j(\xi))\, d\xi\right| \\ &\le |x-a|\, \|f - f_j\|_{\mathcal{F}} \le (b-a)\, \|f - f_j\|_{\mathcal{F}}. \end{aligned}$$

Damit ist dann für $j \to \infty$

$$\|F - F_j\|_{\mathcal{F}} = \sup_{x\in[a,b]} |F(x) - F_j(x)| \le (b-a)\, \|f - f_j\|_{\mathcal{F}} \to 0.$$

Also konvergiert F_j gleichmäßig gegen F.
Für den Nachweis der Stetigkeit wählen wir ein weiteres $x' \in [a,b]$. Damit erhalten wir sofort

$$|F(x) - F(x')| = \left|\int_{x'}^x f(\xi)d\xi\right| \le |x - x'|\, \|f\|_{\mathcal{F}}.$$

Also ist F auf $[a,b]$ sogar Lipschitz–stetig mit der Lipschitz–Konstanten $\|f\|_{\mathcal{F}}$. □

Korollar 6.18: *Es sei $g_j \in \bar{\mathcal{E}}([a,b])$ für jedes $j \in \mathbb{N}$ und $\sum\limits_{j=1}^{\infty} g_j(x)$ konvergiere in $[a,b]$ gleichmäßig. Dann gilt für $x \in [a,b]$*

$$(6.25)\quad \int_a^x \sum_{j=1}^{\infty} g_j(\xi)d\xi = \sum_{j=1}^{\infty} \int_a^x g_j(\xi)d\xi$$

gleichmäßig und definiert dort eine stetige Funktion. Man darf also für eine gleichmäßig konvergente Reihe Integration und Summation vertauschen.

Beweis: Die Behauptung folgt direkt aus Satz 6.17, wenn man $f_n(\xi) := \sum\limits_{j=1}^{n} g_j(\xi)$ setzt. □

Bemerkung 6.19: *Man beachte, daß wir immer* **gleichmäßige** *Konvergenz vorausgesetzt haben. Punktweise Konvergenz reicht im allgemeinen nicht aus.*

6.3 Das Riemann–Integral

Wir wollen nun einen weiteren Integralbegriff einführen, der uns erlaubt, noch mehr Funktionen zu integrieren. Bisher hatten wir die zu integrierende Funktion immer durch **eine** geeignet gewählte Folge von Treppenfunktionen angenähert. Nun werden wir zwei Folgen zur Annäherung benutzen und zwar wählen wir diese Folgen so, daß die eine sich **von oben** nähert, daß also die Funktionswerte der Treppenfunktion immer größer sind als die Werte der betrachteten Funktion, und die andere Funktionenfolge die Funktion **von unten** her annähert. Wenn die Grenzwerte der Integrale über die Funktionen dieser beiden Folgen übereinstimmen, werden wir diesen Grenzwert das Integral der Funktion nennen. Wir werden die einzelnen Funktionen der beiden Funktionenfolgen als Ober– beziehungsweise Unterfunktion bezeichnen und das Integral einer solchen Funktion Ober– beziehungsweise Untersumme nennen.
Während beim Cauchy–Integral das **Cauchy–Kriterium** in $\mathbb{R}$ zur Erweiterung der Integration von Treppen– zu Regelfunktionen benutzt wurde, ist es hier für das Riemann–Integral das **Einschließungskriterium**.
Es sei nun wieder $\mathcal{Z} = \{a = x_0 < x_1 < \ldots < x_n = b\}$ mit $n \in \mathbb{N}$ eine Zerlegung von $[a, b]$ und $f \in \mathcal{F}([a, b])$.

Definition 6.20: *Für $k = 1, \ldots, n$ bezeichnet*

$$\bar{f}(x) := \sup_{x_{k-1} \leq \xi < x_k} f(\xi) \quad \text{für } x_{k-1} \leq x < x_k$$

die **Oberfunktion** *zu f bezüglich $\mathcal{Z}$ und*

$$\underline{f}(x) := \inf_{x_{k-1} \leq \xi < x_k} f(\xi) \quad \text{für } x_{k-1} \leq x < x_k$$

die Unterfunktion von f zu $\mathcal{Z}$.

Definition 6.21:
Obersumme

$$S(\mathcal{Z}, f) := \int_a^b \bar{f}(x)dx = \sum_{k=1}^{n} (x_k - x_{k-1}) \sup_{x_{k-1} \leq \xi < x_k} f(\xi) \tag{6.26}$$

Untersumme

$$s(\mathcal{Z}, f) := \int_a^b \underline{f}(x)dx = \sum_{k=1}^{n} (x_k - x_{k-1}) \inf_{x_{k-1} \leq \xi < x_k} f(\xi) \tag{6.27}$$

Definition 6.22: *Die Zerlegung $\mathcal{Z}_2$ ist eine* **Verfeinerung** *der Zerlegung $\mathcal{Z}_1$, wenn alle Knoten (das sind die Intervallgrenzen) von $\mathcal{Z}_1$ auch Knoten von $\mathcal{Z}_2$ sind. Das heißt man erhält $\mathcal{Z}_2$, indem man zu $\mathcal{Z}_1$ noch Knoten hinzufügt. Wir schreiben dafür $\mathcal{Z}_1 \prec \mathcal{Z}_2$.*

Damit gilt offensichtlich mit $\mathcal{Z}_1 \prec \mathcal{Z}_2$ für Ober– und Untersummen

$$S(\mathcal{Z}_1, f) \geq S(\mathcal{Z}_2, f) \geq s(\mathcal{Z}_2, f) \geq s(\mathcal{Z}_1, f).$$

Nun definieren wir das Oberintegral als die kleinste mögliche Obersumme und entsprechend das Unterintegral.

Definition 6.23:
Riemannsches **Oberintegral**

$$(6.28) \quad J^*(f) := \overline{\int_a^b} f(x)dx := \inf\{S(\mathcal{Z}, f) \mid \mathcal{Z} \text{ Zerlegung von } f\}$$

Riemannsches **Unterintegral**

$$(6.29) \quad J_*(f) := \underline{\int_a^b} f(x)dx := \sup\{s(\mathcal{Z}, f) \mid \mathcal{Z} \text{ Zerlegung von } f\}.$$

Das Riemann–Integral wird als Wert des Ober– oder des Unterintegrals definiert, falls beide Werte gleich sind. Wir treffen also folgende

Definition 6.24: *Die Funktion f heißt genau dann* **Riemann–integrierbar**, *wenn gilt*

$$(6.30) \quad \forall \varepsilon > 0 \; \exists \mathcal{Z} : \quad S(\mathcal{Z}, f) - s(\mathcal{Z}, f) < \varepsilon,$$

das heißt, wenn Ober– und Unterintegral gleich sind.

$$(6.31) \quad \int_a^b f(x)\,dx := J^*(f) = J_*(f)$$

heißt das **Riemann–Integral** *für die Riemann–integrierbare Funktion f.*

Wir erwarten nun natürlich, daß wir über die Regelfunktionen, die wir nach Cauchy integrieren können, auch das Riemann–Integral berechnen können und daß die beiden Werte dann auch übereinstimmen. Dies bestätigt uns der folgende

Satz 6.25: *Jede Regelfunktion auf $[a, b]$ ist Riemann–integrierbar.*
Für $f \in \bar{\mathcal{E}}([a, b])$ stimmen Cauchy– und Riemann–Integral überein.

Beweis: Sei $f \in \bar{\mathcal{E}}$. Dann existiert eine Folge $\{f_k\}_{k\in\mathbb{N}}$ von Treppenfunktionen f_k, die gleichmäßig gegen f konvergiert, das heißt $\|f - f_k\|_{\mathcal{F}} = \varepsilon_k \to 0$ für $k \to \infty$. Damit können wir die Funktion $f(x)$ durch zwei neue Funktionen einschließen, die wir wie folgt definieren:

$$g_k(x) := f_k(x) + \varepsilon_k \geq f(x) \geq f_k(x) - \varepsilon_k =: h_k(x).$$

Es sei nun $\mathcal{Z}_k = \{x_0, x_1, \ldots, x_{n_k}\}$ die zu f_k gehörige Zerlegung. Wir verfeinern diese, indem wir eine neue Zerlegung $\widetilde{\mathcal{Z}}_k$ folgendermaßen festlegen:

$$\widetilde{\mathcal{Z}}_k = \left\{x_0, x_0 + 2^{-k}\Delta x_1, x_1 - 2^{-k}\Delta x_1, x_1, x_1 + 2^{-k}\Delta x_2, x_2 - 2^{-k}\Delta x_2, x_2, \ldots\right\}.$$

Für $k = 1$ wird zu der Zerlegung $\mathcal{Z}_k$ noch jeweils ein neuer Knoten zwischen die alten hinzugefügt, zum Beispiel $x_0 + \frac{1}{2}(x_1 - x_0) = x_1 - \frac{1}{2}(x_1 - x_0)$ zwischen die Knoten x_0 und x_1. Für $k \geq 2$ sind es jeweils zwei verschiedene Knoten, zum Beispiel zwischen x_0 und x_1 die Knoten $x_0 + \frac{1}{2^k}(x_1 - x_0)$ und $x_1 - \frac{1}{2^k}(x_1 - x_0)$. Für wachsendes k konvergieren diese Knoten also von rechts gegen x_0 und von links gegen x_1 oder, für die gesamte Zerlegung betrachtet, konvergieren die neuen Knoten jeweils von beiden Seiten gegen die alten Knoten (für x_0 und x_{n_k} natürlich nur von einer Seite). Es ist also $\mathcal{Z}_k \prec \widetilde{\mathcal{Z}}_k$, und $\widetilde{\mathcal{Z}}_k$ ist Zerlegung zu g_k, f_k und h_k. Wenn wir nun die Obersumme über dieser neuen Zerlegung berechnen wollen, müssen wir drei verschiedene Arten von Intervallen betrachten, nämlich die Intervalle „neuer Knoten, neuer Knoten“, „neuer Knoten, alter Knoten“ und „alter Knoten, neuer Knoten“. Entsprechend müssen wir auch drei Summen berechnen, wobei wir in der Gleichung die eben genannte Reihenfolge benutzen. Wir können dann die Obersumme von f über dieser neuen Zerlegung folgendermaßen abschätzen :

$$\begin{aligned}
S(\widetilde{\mathcal{Z}}_k, f) &= \sum_{j=1}^{n_k} \Delta x_j \left(1 - 2^{-k+1}\right) \sup_{x_{j-1}+2^{-k}\Delta x_j \leq \xi < x_j - 2^{-k}\Delta x_j} f(\xi) \\
&\quad + \sum_{j=1}^{n_k} \Delta x_j 2^{-k} \sup_{x_j - 2^{-k}\Delta x_j \leq \xi < x_j} f(\xi) + \sum_{j=0}^{n_k-1} \Delta x_j 2^{-k} \sup_{x_j \leq \xi < x_j + 2^{-k}\Delta x_{j+1}} f(\xi), \\
S(\widetilde{\mathcal{Z}}_k, f) &\leq \sum_{j=1}^{n_k} \Delta x_j g_k\Big|_{(x_{j-1}, x_j)} + 2^{-k+1}(b-a)\, \|f\|_{\mathcal{F}} \\
&\leq \int_a^b f_k(x)\, dx + (b-a)\left\{\varepsilon_k + 2^{-k+1}\|f\|_{\mathcal{F}}\right\} \\
&\leq \int_a^b f_k(x)\, dx + 2(b-a)\left\{\varepsilon_k + 2^{-k}\|f\|_{\mathcal{F}}\right\}.
\end{aligned}$$

Genauso läßt sich zeigen, daß gilt

$$s(\widetilde{\mathcal{Z}}_k, f) \geq \int_a^b f_k(x)\, dx - 2(b-a)\left\{\varepsilon_k + 2^{-k}\|f\|_{\mathcal{F}}\right\}.$$

Nach den Definitionen (6.28) und (6.29) erhalten wir also für die Differenz von Ober– und Unterintegral die Abschätzung

$$0 \leq J^* - J_* \leq 4(b-a)\left\{\varepsilon_k + 2^{-k}\|f\|_{\mathcal{F}}\right\}.$$

Der Grenzübergang $k \to \infty$ liefert $0 \leq J^* - J_* \leq 0$, das heißt $J^* = J_*$. Also sind die Regelfunktionen nach der Definition für Riemann–integrierbare Funktionen (6.30) und (6.31) Riemann–integrierbar.

Nun müssen wir noch zeigen, daß die Werte für das Riemann– und für das Cauchy–Integral übereinstimmen, daß also

$$|J^* - \int_a^b f(x)\, dx| = 0$$

erfüllt ist. Wir haben

$$\begin{aligned}\int_a^b f(x)\,dx - 2(b-a)\left\{\varepsilon_k + 2^{-k}\|f\|_{\mathcal{F}}\right\} &\le J_* \\ = J^* \le \int_a^b f_k(x)\,dx + 2(b-a)\left\{\varepsilon_k + 2^{-k}\|f\|_{\mathcal{F}}\right\}&.\end{aligned}$$

Damit erhalten wir also schließlich

$$\left|J^* - \int_a^b f(x)\,dx\right| \le 4(b-a)\left\{\varepsilon_k + 2^{-k}\|f\|_{\mathcal{F}}\right\} \to 0 \quad \text{für } k \to \infty. \qquad \square$$

6.3.1 Das uneigentliche Integral

Bisher hatten wir immer über einem abgeschlossenen Intervall $[a,b] \subset \mathbb{R}$ integriert. Wir können nun aber unter bestimmten Voraussetzungen auch noch zwei andere Fälle betrachten. Zum einen können wir in günstigen Fällen das Integral auch für Funktionen berechnen, die sich für $x \to \infty$ oder auch für $x \to -\infty$ asymptotisch der x–Achse nähern. Zum anderen lassen sich auch Funktionen mit senkrechter Asymptote, das heißt Funktionen, deren Funktionswerte für $x \to x_0$ gegen ∞ oder $-\infty$ konvergieren, unter gewissen Bedingungen integrieren. Diese Integrale nennt man **uneigentliche Integrale**.

Definition 6.26: *Die Funktion f sei auf $[a, x_0)$ definiert und Regelfunktion oder Riemann–integrierbar auf jedem Teilintervall $[a,\eta] \subset [a, x_0)$. Wenn der Grenzwert*

$$\lim_{\eta \to x_0 - 0} \int_a^\eta f(\xi) d\xi = \lim_{\eta \to x_0 - 0} F(\eta)$$

existiert, dann nennen wir dieses Integral **uneigentliches** *Cauchy–Integral beziehungsweise uneigentliches Riemann Integral und schreiben*

$$\text{(6.32)} \qquad \int_a^{x_0} f(\xi) d\xi := \lim_{\eta \to x_0 - 0} \int_a^\eta f(\xi) d\xi$$

und ganz entsprechend

$$\int_{x_0}^b f(\xi) d\xi := \lim_{\zeta \to x_0 + 0} \int_\zeta^b f(\xi) d\xi.$$

Diese beiden Fälle können auch gleichzeitig auftreten, so daß wir dann für $x_0 \in (a,b)$ definieren

$$\text{(6.33)} \qquad \int_a^b f(\xi) d\xi := \lim_{\eta \to x_0 - 0} \int_a^\eta f(\xi) d\xi + \lim_{\zeta \to x_0 + 0} \int_\zeta^b f(\xi) d\xi,$$

wobei hier die Existenz beider Limites unabhängig voneinander verlangt wird.

Den zuvor angedeuteten Fall einer Funktion, die sich asymptotisch der x–Achse nähert, erhält man, indem man zum Beispiel im Fall einer auf $[a, x_0)$ definierten Funktion „$x_0 = \infty$“ setzt. Der Grenzwert über die Integrale wird ja dann für $\eta \to \infty$ oder entsprechend für $\zeta \to -\infty$ betrachtet.

Wir werden nun noch einen dritten Integralbegriff einführen, mit dem sich noch weit mehr Funktionen integrieren lassen werden. Dennoch gibt es Funktionen, die sich mit Hilfe des nun folgenden Lebesgue–Integrals nicht integrieren lassen, aber deren uneigentliches Riemann-Integral existiert.

6.4 Das Lebesgue–Integral

Die nun folgende Integral–Definition geht auf H. Lebesgue in seiner Dissertation zurück, wobei wir uns zum Teil an die Darstellungen in [42] und [79] sowie [91, Teil II] halten.

6.4.1 Vorbemerkungen über Intervalle

Wir betrachten zunächst das folgende Mengensystem

$$\mathfrak{I} = \{I \subset \mathbb{R} \,|\, I \text{ ist Intervall oder } I = \emptyset\}$$

Dabei sind auch die entarteten Intervalle $[a, a]$ zugelassen ($a \in \mathbb{R}$).

Lemma 6.27: *Für $I, J \in \mathfrak{I}$ gelten die beiden Beziehungen*

$$(6.34) \quad I \cap J \in \mathfrak{I},$$

$$(6.35) \quad I \setminus J = I_1 \cup I_2 \text{ mit geeigneten disjunkten } I_1, I_2 \in \mathfrak{I}.$$

Außerdem läßt sich für $\mathbb{N}' \subset \mathbb{N}$ die Vereinigung $G = \bigcup_{i \in \mathbb{N}'} I_i$ von Mengen aus $\mathfrak{I}$ stets auch disjunkt darstellen[1]*:*

$$(6.36) \quad G = \bigcup_{j \in \mathbb{N}''} J_j$$

$\mathbb{N}'' \subset \mathbb{N}$ ist sogar endlich, falls dies schon für $\mathbb{N}'$ gilt.

Beweis: (6.34) und (6.35) sind unmittelbar klar. Für (6.36) können wir ohne Beschränkung der Allgemeinheit $\mathbb{N}' = \mathbb{N}$ oder $\mathbb{N}' = \{1, 2, 3, \ldots, N\}$ annehmen. Mit

$$K_i := I_i \setminus \Big(\bigcup_{j=1}^{i-1} I_j\Big)$$

gilt $G = \bigcup_{i \in \mathbb{N}'} K_i$. Da die K_i sicher disjunkt sind (denn für $i_1 < i_2$ und $x \in K_{i_1}$ ist $x \in I_{i_1}$ beziehungsweise $x \notin K_{i_2}$), ist der Beweis komplett, wenn wir noch zeigen, daß sich jedes K_i als Vereinigung endlich vieler disjunkter Intervalle schreiben läßt. K_i ist aber ein Intervall, von dem $i - 1$ Intervalle weggenommen wurden. Für $i = 1$ ist die Behauptung also trivial und für $i \geq 2$ können wir $I_i \setminus I_{i-1}$ wegen

[1] Eine Darstellung heißt hierbei disjunkt, wenn für $k \neq j$ stets $J_k \cap J_j = \emptyset$ gilt.

(6.35) als disjunkte Vereinigung zweier Intervalle J_{i1} und J_{i2} darstellen und die Behauptung folgt dann induktiv aus

$$K_i = (I_i \setminus I_{i-1}) \setminus (\bigcup_{j=1}^{i-2} I_j) = \big(J_{i1} \setminus (\bigcup_{j=1}^{i-2} I_j)\big) \cup \big(J_{i2} \setminus (\bigcup_{j=1}^{i-2} I_j)\big).$$

□

Satz 6.28: *Jede in* $\mathbb{R}$ *offene Menge* G *besitzt eine höchstens abzählbare Darstellung*

$$G = \bigcup_{i \in \mathbb{N}'} I_i, \quad \mathbb{N}' \subset \mathbb{N}$$

durch paarweise disjunkte Intervalle I_i *mit* $\overline{I_i} \subset G$.

Beweis: Wenn G offen in $\mathbb{R}$ ist, dann gibt es zu jedem $x \in G$ ein $\varepsilon > 0$, so daß $U_\varepsilon(x)$ ganz in G enthalten ist. Diese ε–Umgebung enthält wiederum ein Intervall $I_r(x)$ mit rationalen Endpunkten und

$$x \in I_r(x) \subset \overline{I_r(x)} \subset U_\varepsilon(x) \subset G.$$

Damit gilt

$$G = \bigcup_{x \in G} I_r(x).$$

Da es überhaupt nur abzählbar viele Intervalle mit rationalen Endpunkten $a_r < b_r$ gibt [2], läßt sich die rechte Seite als abzählbare Vereinigung von Intervallen I_r mit $\overline{I_r} \subset G$ schreiben. Lemma 6.27 liefert dann die Behauptung. □

6.4.2 Lebesgue–meßbare Teilmengen von $\mathbb{R}$

Für Intervalle $I = [a, b]$ können wir leicht eine Länge $|I| := b - a$ angeben. Unser Ziel ist es nun, für allgemeinere Mengen reeller Zahlen etwas Entsprechendes einzuführen. Dabei hilft die folgende

Definition 6.29: *Sei* $A \subset \mathbb{R}$. *Dann wird durch*

$$(6.37) \quad \lambda(A) := \inf\Big\{\sum_{i=1}^{\infty} |I_i| \,\Big|\, \bigcup_{i=1}^{\infty} I_i \supset A\Big\}$$

das **äußere Lebesgue–Maß** *definiert*[3]. *Mengen vom äußeren Lebesgue–Maß Null heißen* **Nullmengen**.

---

[2] Die Abbildung $f : \mathbb{Q} \mapsto \mathbb{N}$ mit $f(\frac{p}{q}) = p + (|p| + q)(|p| + q - 1)$ ist — wie man sich leicht überlegen kann — injektiv. Dabei soll der Bruch $\frac{p}{q}$ vollständig gekürzt sein mit $q > 0$. Das bedeutet, $\mathbb{Q}$ und folglich auch die Menge der Paare (a_r, b_r) ist abzählbar.

[3] Wenn es in (6.37) keine Überdeckung von A mit endlichem $\sum_{i=1}^{\infty} |I_i|$ gibt, setzen wir $\lambda(A) = +\infty$.

Satz 6.30: *Das äußere Lebesgue–Maß hat folgende Eigenschaften:*

(6.38) $\lambda(\emptyset) = 0,$

(6.39) $0 \leq \lambda(A) \leq \infty \quad \forall A \subset \mathbb{R},$

(6.40) $\lambda(A) \leq \lambda(B)$ *für* $A \subset B \subset \mathbb{R},$ (Monotonie)

(6.41) $\lambda(\bigcup_{i=1}^{\infty} A_i) \leq \sum_{i=1}^{\infty} \lambda(A_i),$ (σ–Additivität)

(6.42) $\forall i \in \mathbb{N} : \lambda(N_i) = 0 \quad \Rightarrow \quad \lambda(\bigcup_{i=1}^{\infty} N_i) = 0.$

Beweis: (6.38) bis (6.40) folgen unmittelbar aus der Definition des äußeren Maßes; beispielsweise ist die leere Menge Teilmenge jedes noch so kleinen Intervalls. Wir nehmen an, die rechte Seite in (6.41) sei nicht ∞. Andernfalls ist die Behauptung sowieso richtig. Für beliebig vorgegebenes $\varepsilon > 0$ läßt sich jede einzelne Menge A_i aufgrund der Definition des äußeren Maßes und Lemma 1.23 mit Intervallen der Gesamtlänge $\lambda(A_i) + 2^{-i}\varepsilon$ vollständig überdecken. $\bigcup_{i=1}^{\infty} A_i$ wird dann durch abzählbar viele Intervalle der Gesamtlänge $\sum_{i=1}^{\infty} (\lambda(A_i) + 2^{-i}\varepsilon)$ überdeckt, das bedeutet

$$\lambda\Big(\bigcup_{i\in\mathbb{N}} A_i\Big) \leq \sum_{i=1}^{\infty} \lambda(A_i) + \varepsilon.$$

Der Grenzübergang $\varepsilon \to 0$ liefert (6.41) und zusammen mit (6.39) auch (6.42). □

Definition 6.31: *Eine Aussage gilt* **fast überall** *in A genau dann, wenn es eine Nullmenge N gibt, so daß die Aussage in $A \setminus N$ gilt.*

Definition 6.32: $A \subset \mathbb{R}$ *heißt* **(Lebesgue–)meßbar**, *wenn*

(6.43) $\forall E \subset \mathbb{R} : \quad \lambda(E) = \lambda(E \cap A) + \lambda(E \cap A^c).$

Dabei bedeutet $A^c = \mathbb{R} \setminus A$. Die Klasse der Lebesgue–meßbaren Mengen wird mit $\mathcal{L}$ bezeichnet. Für $A \in \mathcal{L}$ heißt $\lambda(A)$ das **Lebesgue–Maß**.

Satz 6.33: *Nullmengen sind meßbar.*

Beweis: Sei $\lambda(A) = 0$ und $E \subset \mathbb{R}$ beliebig. Dann gilt

$$\begin{aligned} \lambda(E) &= \lambda((E \cap A) \cup (E \cap A^c)) \overset{(6.41)}{\leq} \lambda(E \cap A) + \lambda(E \cap A^c) \\ &\overset{(6.40)}{\leq} \lambda(A) + \lambda(E) = \lambda(E). \end{aligned}$$

Also muß überall Gleichheit gelten. □

Definition 6.34: *Ein System $\mathcal{S}$ von Teilmengen von* $\mathbb{R}$ *heißt* **(Mengen–)Algebra**, *wenn*

$$(6.44)\quad A \in \mathcal{S} \quad \Rightarrow \quad A^c := \mathbb{R} \setminus A \in \mathcal{S}$$

und

$$(6.45)\quad A, B \in \mathcal{S} \quad \Rightarrow \quad A \cup B \in \mathcal{S}.$$

$\mathcal{S}$ *heißt* σ–**Algebra**, *wenn* $\mathcal{S}$ *Algebra ist und zudem für jede abzählbare Folge von paarweise disjunkten Mengen* $A_j \in \mathcal{S}$, $(j = 1, 2, \ldots)$

$$(6.46)\quad \bigcup_{j=1}^{\infty} A_j \in \mathcal{S}$$

gilt.

Lemma 6.35: *In einer* σ*–Algebra gilt mit* $A, B, A_j \in \mathcal{S}$ $(j = 1, 2, \ldots)$ *auch*

$$(6.47)\quad A \cap B \in \mathcal{S} \quad \text{und} \quad A \setminus B \in \mathcal{S},$$

$$(6.48)\quad \bigcup_{j=1}^{\infty} A_j \in \mathcal{S} \quad \text{und} \quad \bigcap_{j=1}^{\infty} A_j \in \mathcal{S}.$$

Beweis: Die ersten beiden Beziehungen folgen aus $A \cap B = (A^c \cup B^c)^c$ und aus $A \setminus B = (A^c \cup B)^c$. $\bigcup_{j=1}^{\infty} A_j \in \mathcal{S}$ beweist man dann genauso wie Gleichung (6.36) in Lemma 6.27, und schließlich ergibt sich der Rest aus $\bigcap_{j=1}^{\infty} A_j = \left(\bigcup_{j=1}^{\infty} A_j{}^c\right)^c$. □

Satz 6.36 (Hauptsatz über das Lebesgue–Maß) : *Die Familie aller in* $\mathbb{R}$ *meßbaren Mengen ist eine* σ*–Algebra. Insbesondere gehören mit* A, B, A_j $(j \in \mathbb{N})$ *stets auch*

$$A^c, \quad A \cup B, \quad A \cap B, \quad A \setminus B, \quad \bigcup_{j=1}^{\infty} A_j \quad \text{und} \quad \bigcap_{j=1}^{\infty} A_j$$

zu $\mathcal{L}$ *und es gelten*

$$(6.49)\quad \lambda(A \setminus B) = \lambda(A) - \lambda(B) \quad \text{für } B \subset A \text{ und } \lambda(B) < \infty,$$

$$(6.50)\quad \lambda\Big(\bigcup_{j=1}^{\infty} A_j\Big) = \sum_{j=1}^{\infty} \lambda(A_j) \quad \text{für paarweise disjunkte } A_j,$$

$$(6.51)\quad \lambda\Big(\bigcup_{j=1}^{\infty} A_j\Big) = \lim_{j\to\infty} \lambda(A_j) \quad \text{für } A_{j+1} \supset A_j \ (j \in \mathbb{N}),$$

$$(6.52)\quad \lambda\Big(\bigcap_{j=1}^{\infty} A_j\Big) = \lim_{j\to\infty} \lambda(A_j) \quad \text{für } A_{j+1} \subset A_j \ (j \in \mathbb{N}), \quad \text{falls } \lambda(A_1) < \infty.$$

Beweis: Wir müssen zuerst die Eigenschaften (6.44) bis (6.46) einer σ–Algebra für $\mathcal{S} = \mathcal{L}$ zeigen:

i. (6.44) folgt aus $(A^c)^c = A$ und (6.43).

ii. Sind A und B meßbar, dann gilt auch

$$(6.53)\quad \begin{aligned}\lambda(E \cap (A \cup B)) &= \lambda(E \cap (A \cup B) \cap A) + \lambda(E \cap (A \cup B) \cap A^c) \\ &= \lambda(E \cap A) + \lambda(E \cap B \cap A^c)\end{aligned}$$

und (mit $E \cap A^c$ statt E in (6.43))

$$(6.54)\quad \begin{aligned}\lambda\,(E \cap (A \cup B)^c) &= \lambda(E \cap A^c \cap B^c) + \lambda(E \cap A^c \cap B) - \lambda(E \cap A^c \cap B) \\ &= \lambda(E \cap A^c) - \lambda(E \cap A^c \cap B).\end{aligned}$$

Durch Addition von (6.53) und (6.54) erhalten wir

$$\lambda(E \cap (A \cup B)) + \lambda(E \cap (A \cup B)^c) = \lambda(E \cap A) + \lambda(E \cap A^c) = \lambda(E).$$

Das bedeutet $A \cup B \in \mathcal{L}$, also (6.45).

iii. Falls $A \cap B = \emptyset$, gilt $B = B \cap A^c$ und aus (6.53) wird

$$\lambda(E \cap (A \cup B)) = \lambda(E \cap A) + \lambda(E \cap B).$$

Wähle $C_j := A_j \backslash (\bigcup_{\ell=1}^{j-1} A_\ell)$. Dann ist

$$S_p := \bigcup_{j=1}^{p} A_j = \bigcup_{j=1}^{p} C_j, \quad S := \bigcup_{j=1}^{\infty} A_j = \bigcup_{j=1}^{\infty} C_j$$

und die C_j sind paarweise disjunkt. Mittels vollständiger Induktion folgt

$$S_p \in \mathcal{L} \quad \text{und} \quad \lambda\Big(E \cap \bigcup_{j=1}^{p} C_j\Big) = \sum_{j=1}^{p} \lambda(E \cap C_j).$$

Wegen $S^c \subset S_p^c$ und der Monotonie des Lebesgue–Maßes gilt dann

$$\lambda(E) = \lambda(E \cap S_p) + \lambda(E \cap S_p^c) \geq \sum_{j=1}^{p} \lambda(E \cap C_j) + \lambda(E \cap S^c)$$

für alle $p \in \mathbb{N}$ und daher auch

$$\lambda(E) \geq \sum_{j=1}^{\infty} \lambda(E \cap C_j) + \lambda(E \cap S^c).$$

Andererseits läßt sich $\lambda(E)$ nach oben durch denselben Term abschätzen:

$$\begin{aligned} \lambda(E) &= \lambda((E \cap S) \cup (E \cap S^c)) \leq \lambda(E \cap S) + \lambda(E \cap S^c) \\ &= \lambda\Big(\bigcup_{j=1}^{\infty} (E \cap C_j)\Big) + \lambda(E \cap S^c) \leq \sum_{j=1}^{\infty} \lambda(E \cap C_j) + \lambda(E \cap S^c). \end{aligned}$$

Daraus folgt

$$\lambda(E) = \sum_{j=1}^{\infty} \lambda(E \cap C_j) + \lambda(E \cap S^c) \tag{6.55}$$

sowie

$$\lambda(E) = \lambda(E \cap S) + \lambda(E \cap S^c), \quad \text{das heißt } S = \bigcup_{j=1}^{\infty} A_j \in \mathcal{L}.$$

Wegen Lemma 6.35 wissen wir also, daß alle angegebenen Mengen zu $\mathcal{L}$ gehören.

iv. (6.50) ergibt sich mit $S = E$ aus (6.55) und für $B \subset A$, also $(A \setminus B) \cup B = A$ folgt daraus

$$\lambda(A) = \lambda(B \cup (A \setminus B)) = \lambda(B) + \lambda(A \setminus B).$$

Damit ist auch (6.49) bewiesen.

Zu (6.51) und (6.52): Die Grenzwerte existieren wegen (6.40) und des Monotoniekriteriums. Für $A_{j+1} \supset A_j$ $(j \in \mathbb{N})$ gilt unter Verwendung von (6.49) und (6.50)

$$\begin{aligned} \lambda\Big(\bigcup_{j=1}^{\infty} A_j\Big) &= \lambda\Big(A_1 \cup \bigcup_{j=1}^{\infty} (A_{j+1} \setminus A_j)\Big) = \lambda(A_1) + \sum_{j=1}^{\infty} (\lambda(A_{j+1}) - \lambda(A_j)) \\ &= \lim_{k \to \infty} \Big(\lambda(A_1) + \sum_{j=1}^{k} (\lambda(A_{j+1}) - \lambda(A_j))\Big) = \lim_{k \to \infty} \lambda(A_{k+1}) \end{aligned}$$

und deshalb für $A_{j+1} \subset A_j$ $(j \in \mathbb{N}) \Leftrightarrow A_1 \setminus A_{j+1} \supset A_1 \setminus A_j$ $(j \in \mathbb{N})$ auch

$$\begin{aligned} \lambda\Big(\bigcap_{j=1}^{\infty} A_j\Big) &= \lambda\Big(\bigcap_{j=1}^{\infty} A_1 \setminus (A_1 \setminus A_j)\Big) = \lambda\Big(A_1 \setminus \bigcup_{j=1}^{\infty} (A_1 \setminus A_j)\Big) \\ &= \lambda(A_1) - \lim_{j \to \infty} (\lambda(A_1) - \lambda(A_j)) = \lim_{j \to \infty} \lambda(A_j). \end{aligned}$$

Damit sind auch (6.51) und (6.52) bewiesen. □

Folgerung 6.37: *Jede in $\mathbb{R}$ offene Menge G ist wegen der Sätze 6.28 und 6.36 meßbar. Dann sind auch alle abgeschlossenen Mengen sowie die G_δ–Mengen*

$$H = \bigcap_{k\in\mathbb{N}} G_k, \quad G_k \text{ offen in } \mathbb{R}$$

meßbar.

Satz 6.38 : *Für das äußere Lebesgue–Maß und eine beliebige Menge $A \subset \mathbb{R}$ gilt*

(6.56) $\lambda(A) = \inf\{\lambda(G) \,|\, G \text{ offen in } \mathbb{R} \text{ mit } A \subset G\}$

und zu A existiert eine G_δ–Menge $H \supset A$ mit

(6.57) $\lambda(A) = \lambda(H)$.

Äquivalent zu $A \in \mathcal{L}$ ist

(6.58) $\forall \varepsilon > 0\, \exists G \text{ offen in } \mathbb{R} : A \subset G \wedge \lambda(G \setminus A) < \varepsilon$

beziehungsweise

(6.59) $\exists G_\delta\text{–Menge } H \supset A \text{ mit } \lambda(H \setminus A) = 0$.

Beweis:

i. Nach der Definition des äußeren Lebesgue–Maßes in (6.37) und Lemma 1.23 existiert zu $\varepsilon > 0$ eine Familie von (endlichen) Intervallen

$$I_i \text{ mit } \bigcup_{i=1}^{\infty} I_i \supset A \text{ und } \sum_{i=1}^{\infty} |I_i| \le \lambda(A) + \frac{\varepsilon}{2}.$$

Jedes I_i kann wiederum mit einem **offenen** Intervall J_i überdeckt werden, so daß außerdem $|J_i| < |I_i| + 2^{-(i+1)}\varepsilon$ gilt. Die Menge $G_\varepsilon := \bigcup_{i=1}^{\infty} J_i$ ist dann offen als Vereinigung offener Mengen und enthält A. Schließlich ist

$$\begin{aligned} \lambda(G_\varepsilon) &\le \sum_{i=1}^{\infty} \lambda(J_i) \le \sum_{i=1}^{\infty} \left(|I_i| + 2^{-(i+1)}\varepsilon\right) \\ &\le \lambda(A) + \frac{\varepsilon}{2} + \sum_{i=1}^{\infty} 2^{-(i+1)}\varepsilon = \lambda(A) + \varepsilon. \end{aligned}$$

Andererseits gilt für jedes $G \supset A$

$$\lambda(G) \ge \lambda(A)$$

und damit

$$\lambda(A) \le \lambda(G_\varepsilon) \le \lambda(A) + \varepsilon.$$

Läßt man $\varepsilon > 0$ eine Nullfolge durchlaufen, so folgt die Behauptung mit Lemma 1.23.

ii. In *i.* können wir speziell $\varepsilon = \frac{1}{k}$ wählen, um für jedes $k \in \mathbb{N}$ ein $G_k \supset A$ zu finden, mit

$$\lambda(G_k) \leq \lambda(A) + \frac{1}{k}.$$

Die G_δ–Menge $H := \bigcap_{k=1}^\infty G_k$ erfüllt dann die Bedingung von (6.57), da A in allen Mengen G_k, also auch in H enthalten ist, und für alle $k \in \mathbb{N}$

$$\lambda(A) \leq \lambda(H) \leq \lambda(G_k) \leq \lambda(A) + \frac{1}{k}$$

erfüllt ist. Für $k \to \infty$ erhalten wir daraus jedoch gerade (6.57).

iii. („$A \in \mathcal{L} \Rightarrow$ (6.58)“) Sei $A \in \mathcal{L}$. Dann gibt es eine höchstens abzählbare Familie **beschränkter** meßbarer A_k mit $A = \bigcup_{k=1}^\infty A_k$. Sei $\varepsilon > 0$ beliebig. Nach (6.56) können wir zu A_k eine offene Menge $G_k \supset A_k$ finden mit

$$\lambda(G_k) < \lambda(A_k) + 2^{-(k+1)}\varepsilon.$$

Wegen (6.49) bedeutet das

$$\lambda(G_k \setminus A_k) = \lambda(G_k) - \lambda(A_k) < 2^{-(k+1)}\varepsilon.$$

Die Menge $G := \bigcup_{k=1}^\infty G_k$ ist eine Obermenge zu A, weil A_k in G_k enthalten ist $(k = 1, 2, \ldots)$, und es gilt

$$G \setminus A = \bigcup_{k=1}^\infty (G_k \setminus A) \subset \bigcup_{k=1}^\infty (G_k \setminus A_k).$$

Deshalb ist auch

$$\lambda(G \setminus A) \leq \sum_{k=1}^\infty \lambda(G_k \setminus A_k) \leq \sum_{k=1}^\infty 2^{-(k+1)}\varepsilon = \frac{\varepsilon}{2} < \varepsilon.$$

iv. („(6.58) $\Rightarrow$ (6.59)“) Setzen wir $\varepsilon = \frac{1}{k} > 0$, dann zeigt sich, daß es zu jedem $k \in \mathbb{N}$ eine offene Menge $G_k \supset A$ gibt mit $\lambda(G_k \setminus A) < \frac{1}{k}$. Die Menge

$$H := \bigcap_{k=1}^\infty G_k$$

erfüllt die Behauptung in (6.59), da für alle $k \in \mathbb{N}$

$$\lambda(H \setminus A) \leq \lambda(G_k \setminus A) < \frac{1}{k}.$$

v. („(6.59) $\Rightarrow$ $A \in \mathcal{L}$“) Ist mit einer G_δ–Menge $H \supset A$ die Gleichung $\lambda(H \setminus A) = 0$ erfüllt, so sind $H \setminus A$ (als Nullmenge) und H (als G_δ–Menge) Lebesgue–meßbar, das heißt

$$A = H \setminus (H \setminus A) \in \mathcal{L}.$$

□

6.4.3 Das Lebesgue–Integral für positive Funktionen

Im folgenden sei $D \subset \mathbb{R}$ ein fest gewähltes abgeschlossenes Intervall und gemeinsamer Definitionsbereich aller betrachteten Funktionen. Es ist hier sinnvoll, den Begriff der Treppenfunktion auf unbeschränkte Definitionsbereiche auszudehnen durch die

Definition 6.39: *Mit $\mathcal{E}(D)$ wird die Menge aller Funktionen $\varphi \in \mathcal{F}(D)$ bezeichnet, zu denen es $-\infty < a_\varphi < b_\varphi < \infty$ und eine Funktion $\widetilde{\varphi} \in \mathcal{E}\left([a_\varphi, b_\varphi]\right)$ gibt, so daß*

$$\varphi(x) = \begin{cases} \widetilde{\varphi}(x) & \text{für } x \in D \cap [a_\varphi, b_\varphi], \\ 0 & \text{für } x \in D \setminus [a_\varphi, b_\varphi]. \end{cases}$$

Funktionen aus $\mathcal{E}(D)$ heißen auch **Treppenfunktionen** *und werden mit kleinen griechischen Buchstaben bezeichnet.*

M_+ sei die Menge aller Funktionen $f : D \to \overline{\mathbb{R}_+} := [0, \infty]$, die für fast alle $x \in D$ Grenzfunktion einer Folge $\{\varphi_k\}_{k\in\mathbb{N}} \subset \mathcal{E}(D)$ von Treppenfunktionen mit

$$(6.60) \quad 0 \leq \varphi_k(x) \leq \varphi_{k+1}(x) \quad \text{für alle } k \in N$$

sind[4].

Wir können bereits das Integral $\int_D \varphi(x)\,dx$[5] angeben, auch wenn der Definitionsbereich D unbeschränkt ist, da die Konstanzintervalle von $\widetilde{\varphi}$ (vgl. Def. oben) Intervalle bleiben, wenn sie mit D geschnitten werden, und φ außerhalb eines endlichen Intervalls sowieso verschwindet. Außerdem folgt mit Satz 6.36, daß der Wert des Integrals von der speziellen Zerlegung zu φ unabhängig ist.

Satz 6.40 (1. Hauptsatz von Lebesgue): *Gegeben sei eine Folge von Treppenfunktionen η_j mit*

$$(6.61) \quad \eta_j(x) \geq \eta_{j+1}(x) \geq 0 \quad \text{für alle } x \in D \text{ und } j \in \mathbb{N}$$

sowie

$$(6.62) \quad \lim_{j\to\infty} \eta_j(x) = 0 \quad \text{für fast alle } x \in D.$$

Dann gilt

$$(6.63) \quad \lim_{j\to\infty} \int_D \eta_j(\xi)\,d\xi = 0.$$

---

[4]Die Bedeutung des Buchstabens „M" wird erst später beim Approximationssatz 6.46 klar werden.

[5]Zur Bezeichnung: Solange $D = [a, b]$ ein Intervall ist, bedeutet $\int_D \ldots$ dasselbe wie $\int_a^b \ldots$; jedoch läßt sich $\int_D \ldots$ weiter verallgemeinern, z.B. auf $D \subset \mathbb{R}^n$.

Beweis: Da $\eta_1 \in \mathcal{E}(D)$, gibt es ein Intervall $[a,b]$ mit $\eta_1(x) = 0$ für $x \in D \setminus [a,b]$. Aus (6.61) sehen wir, daß dann auch $\eta_j(x) = 0$ für alle $x \in D \setminus [a,b]$ gilt, und wir deshalb für die weiteren Überlegungen D durch $[a,b]$ ersetzen können.
N_1 sei die Nullmenge, für die (6.62) nicht gilt und

$$N_2 := \bigcup_{j=1}^{\infty} \{x \mid \eta_j \text{ unstetig in } x\}$$

die Menge der Stellen, an denen irgendeine Treppenfunktion η_k unstetig ist. Da $\{x \mid \eta_j \text{ unstetig in } x\}$ für jedes j endlich ist, ist N_2 abzählbar und wegen Satz 6.30 Nullmenge. Folglich ist auch $\lambda(N_1 \cup N_2) = 0$.
Sei $\varepsilon > 0$ beliebig gewählt. Dann läßt sich $N_1 \cup N_2$ mit offenen Intervallen I_i mit Gesamtlänge kleiner als $\frac{\varepsilon}{2\|\eta_1\|_{\mathcal{F}}}$ überdecken. Wir betrachten nun die „Restmenge" $R := [a,b] \setminus (\bigcup_{i=1}^{\infty} I_i)$. Weil $R \cap N_1 = \emptyset$, strebt für alle $\xi \in R$ die Funktionenfolge $\eta_k(\xi)$ monoton fallend gegen Null, für $k \to \infty$. Daher gibt es ein $N(\xi)$ mit

$$\eta_k(\xi) \leq \eta_N(\xi) \leq \frac{\varepsilon}{2(b-a)} \quad \text{für alle } k \geq N(\xi).$$

Weil $R \cap N_2 = \emptyset$, ist η_N in $U_\xi = (\xi - \delta, \xi + \delta) \cap R$ stückweise konstant mit höchstens einer Sprungstelle, das heißt

$$\eta_k(y) \leq \eta_N(y) = \eta_N(\xi) < \frac{\varepsilon}{2(b-a)} \quad \text{für alle } k \geq N \text{ und } y \in U_\xi \cap R.$$

Wir haben nun eine offene Überdeckung

$$\bigcup_{i=1}^{\infty} I_i \cup \bigcup_{\xi \in R} (\xi - \delta, \xi + \delta) \supset [a,b]$$

der kompakten Menge $[a,b]$. Nach dem Satz von Heine–Borel genügt bereits ein endliches Teilsystem zur Überdeckung:

$$\bigcup_{\ell=1}^{L} I_{i_\ell} \cup \bigcup_{j=1}^{J} (\xi_j - \delta_j, \xi_j + \delta_j) \supset [a,b]$$

Die Mengen $\Sigma_1 := D \cap \bigcup_{\ell=1}^{L} I_{i_\ell}$ und $\Sigma_2 := [a,b] \setminus \Sigma_1$ sind jeweils die Vereinigung endlich vieler beschränkter Intervalle (vergleiche Lemma 6.27) und für alle $k \geq N' := \max_{j=1,2,\ldots,J} \{N(\xi_j)\}$ gilt

$$\begin{aligned}
\int_D \eta_k(y)\,dy &= \int_{\Sigma_1} \eta_k(y)\,dy + \int_{\Sigma_2} \eta_k(y)\,dy \leq \int_{\Sigma_1} \eta_1(y)\,dy + \int_{\Sigma_2} \eta_{N'}(y)\,dy \\
&\leq \|\eta_1\|_{\mathcal{F}} \sum_{l=1}^{L} |I_{i_l}| + (b-a)\frac{\varepsilon}{2(b-a)} \\
&\leq \|\eta_1\|_{\mathcal{F}} \sum_{l=1}^{\infty} |I_{i_l}| + (b-a)\frac{\varepsilon}{2(b-a)} < \frac{\varepsilon}{2} + \frac{\varepsilon}{2} = \varepsilon.
\end{aligned}$$

Das bedeutet $\lim_{k\to\infty} \int_D \eta_k(y)\,dy = 0$. □

Aufgrund von (6.60) gilt für die dort definierte Folge $\{\varphi_k\}_{k\in\mathbb{N}}$

$$0 \le \int_D \varphi_k(\xi)\,d\xi \le \int_D \varphi_{k+1}(\xi)\,d\xi.$$

Nach dem Monotoniekriterium konvergiert die Folge der Integrale $\int_D \varphi_k(\xi)\,d\xi$, falls sie nach oben beschränkt ist.

Definition 6.41: *Für $f \in M_+$ setze*

$$\int_D f(\xi)\,d\xi := \lim_{k\to\infty} \int_D \varphi_k(\xi)\,d\xi. \tag{6.64}$$

Wenn der Grenzwert existiert, nennen wir ihn das **Lebesgue–Integral**.

$$L_+ := \left\{ f \in M_+ \middle| \int_D f(\xi)\,d\xi < \infty \right\} \tag{6.65}$$

Wir müssen zunächst noch zeigen, daß die Definition (6.64) vernünftig ist; insbesondere darf das Lebesgue–Integral nicht davon abhängen, mit welcher Folge f approximiert wird. Das ergibt sich jedoch aus dem noch folgenden Lemma 6.43 für $f = g$ ($\Leftrightarrow f \ge g \wedge g \ge f$).

Definition 6.42: *Wir bezeichnen mit*

$$f^+(x) := \sup\{f(x), 0\} \text{ und } f^-(x) := -\inf\{f(x), 0\} = \sup\{-f(x), 0\}$$

den **positiven** *bzw.* **negativen Anteil** *von f.*
Achtung: *f^- nimmt nur nichtnegative Werte an!*

Lemma 6.43: *Konvergieren die beiden monoton wachsenden Folgen φ_k bzw. ψ_k von Treppenfunktionen fast überall gegen f bzw. g mit $f(x) \ge g(x)$, dann gilt*

$$I := \lim_{k\to\infty} \int_D \varphi_k(x)\,dx \ge J := \lim_{k\to\infty} \int_D \psi_k(x)\,dx. \tag{6.66}$$

Beweis: Sei $m \in \mathbb{N}$ fest. Wir betrachten die Folge

$$\eta_n(x) := [\psi_m(x) - \varphi_n(x)]^+.$$

Da $\varphi_k(x)$ monoton wächst, ist

$$\psi_m(x) - \varphi_{n+1}(x) \le \psi_m(x) - \varphi_n(x)$$

bzw. $\eta_{n+1} \le \eta_n$ und

$$\lim_{n\to\infty} \eta_n(x) = \lim_{n\to\infty} [\psi_m(x) - \varphi_n(x)]^+ = [\psi_m(x) - f(x)]^+ = 0$$

fast überall in D. Unter Beachtung von

$$\begin{aligned} \int_D \psi_m(x)\,dx - \int_D \varphi_n(x)\,dx &= \int_D (\psi_m(x) - \varphi_n(x))\,dx \\ &\le \int_D [\psi_m(x) - \varphi_n(x)]^+\,dx = \int_D \eta_n(x)\,dx \end{aligned}$$

folgt mit Satz 6.40 für $n \to \infty$

$$\int_D \psi_m(x)\,dx - I \le 0 \quad \text{für alle } m \in \mathbb{N}$$

und für $m \to \infty$ erhalten wir $I \ge J$. □

Mit Lemma 6.21 ist nun klar, daß die Definition des Lebesgue–Integrals in (6.64) für $f \in M_+$ von der approximierenden Folge monoton wachsender Treppenfunktionen ϕ_k unabhängig ist, denn für $f = g$ ergibt sich aus (6.66) $I \le \mathcal{J}$ sowie $\mathcal{J} \le I$, also Gleichheit.

6.4.4 Meßbare Funktionen

Definition 6.44: $f : D \mapsto \overline{\mathbb{R}}$ *heißt* **meßbar**, *wenn die Mengen* $\{x \in D | f(x) < c\}$ *für jedes* $c \in \mathbb{R}$ *meßbar sind.*

Folgerungen 6.45 : *f ist meßbar genau dann, wenn eines der folgenden Mengensysteme nur aus meßbaren Mengen besteht:*

$$\forall c \in \mathbb{R} : \{x \in D \,|\, f(x) \le c\}$$

$$\forall c \in \mathbb{R} : \{x \in D \,|\, f(x) > c\}$$

$$\forall c \in \mathbb{R} : \{x \in D \,|\, f(x) \ge c\}$$

$$\forall c_1, c_2 \in \mathbb{R} : \{x \in D \,|\, c_1 \le f(x) < c_2\}$$

Weiter ist mit f auch f^+, f^- und $|f|$ meßbar. Die meßbaren Funktionen mit der üblichen Addition und Skalar–Multiplikation bilden einen Vektorraum.

Satz 6.46 (Approximationssatz von H. Lebesgue) :
Die Funktion $f : D \to \mathbb{R}$, $f(x) \ge 0$ ist meßbar dann und nur dann, falls $f \in M_+$.

Beweis: Wir führen hier den Beweis nur für $D = [a, b]$. Die Fälle anderer Definitionsintervalle D lassen sich durch „Abschneiden" leicht auf diesen zurückführen.

i. („⇒") $f(x) \ge 0$ sei meßbar, $n \in \mathbb{N}$ beliebig.

$$\begin{aligned} E_j &:= \Big\{x \in D \,\Big|\, \frac{j-1}{n} \le f(x) < \frac{j}{n}\Big\} \text{ für } j = 1, 2, \ldots, n^2, \\ E_{n^2+1} &:= \{x \in D \,|\, n \le f(x)\} \end{aligned}$$

bilden eine disjunkte Zerlegung von $[a, b]$ in meßbare Mengen. Nach Definition (9.36) und Lemma 1.23 sowie Lemma 6.27 existiert zu E_j ein System $I_{j\ell}$ von paarweise disjunkten Intervallen, so daß $[a, b] \setminus E_j \subset \bigcup_{\ell=1}^{\infty} I_{j\ell}$ ist und

$$\lambda([a, b] \setminus E_j) \le \sum_{\ell=1}^{\infty} |I_{j\ell}| < \lambda([a, b] \setminus E_j) + \frac{1}{2n(n^2+1)}.$$

Weiter sei

$$F_j := [a,b] \setminus \bigcup_{\ell=1}^{\infty} I_{j\ell} \subset E_j.$$

Damit gilt

$$\lambda(E_j \setminus F_j) = \lambda(E_j) - \lambda(F_j) \leq \lambda(E_j) - (b-a) + \sum_{\ell=1}^{\infty} |I_{j\ell}| < \frac{1}{2n(n^2+1)}. \tag{6.67}$$

Wir bilden nun noch eine meßbare Obermenge $\widetilde{F}_j$ zu F_j folgendermaßen: Aus der Konvergenz von $\sum\limits_{\ell=1}^{\infty} |I_{j\ell}|$ folgt, daß ein $L \in \mathbb{N}$ existiert, so daß

$$\sum_{\ell=L+1}^{\infty} |I_{j\ell}| < \frac{1}{2n(n^2+1)}.$$

Mit diesem L sei also

$$\widetilde{F}_j := [a,b] \setminus \bigcup_{\ell=1}^{L} I_{j\ell} \supset F_j.$$

Es gilt

$$\lambda(\widetilde{F}_j \setminus F_j) = \lambda(\bigcup_{\ell=L+1}^{\infty} I_{j\ell}) = \sum_{\ell=L+1}^{\infty} |I_{j\ell}| < \frac{1}{2n(n^2+1)}. \tag{6.68}$$

Die beiden Ungleichungen (6.67) und (6.68) liefern uns zusammen

$$\lambda(E_j \setminus \widetilde{F}_j) + \lambda(\widetilde{F}_j \setminus E_j) \leq \lambda(E_j \setminus F_j) + \lambda(\widetilde{F}_j \setminus F_j) < \frac{1}{n(n^2+1)},$$

weil $F_j \subset \widetilde{F}_j$ und $F_j \subset E_j$. Weiter ist damit

$$\begin{aligned} \lambda\Big(\bigcup_{j=1}^{n^2+1} \big((E_j \setminus \widetilde{F}_j) \cup (\widetilde{F}_j \setminus E_j)\big)\Big) &\leq \sum_{j=1}^{n^2+1} \big(\lambda(E_j \setminus \widetilde{F}_j) + \lambda(\widetilde{F}_j \setminus E_j)\big) \\ &< (n^2+1)\frac{1}{n(n^2+1)} = \frac{1}{n} \end{aligned}$$

und deshalb

$$\lambda\Big(\bigcap_{n=m}^{\infty} \bigcup_{j=1}^{n^2+1} \big((E_j \setminus \widetilde{F}_j) \cup (\widetilde{F}_j \setminus E_j)\big)\Big) = 0,$$

das heißt

$$A := \bigcup_{m=1}^{\infty} \bigcap_{n=m}^{\infty} \bigcup_{j=1}^{n^2+1} \big((E_j \setminus \widetilde{F}_j) \cup (\widetilde{F}_j \setminus E_j)\big)$$

ist eine Nullmenge.

Die Funktionen $\widetilde{f}_n$ seien so bestimmt, daß für $j = 1, 2, \ldots, n^2 + 1$

$$\widetilde{f}_{n|\widetilde{F}_j \setminus \bigcup_{i=1}^{j-1} \widetilde{F}_i} = \frac{j-1}{n}$$

und überall sonst $\widetilde{f}_n = 0$. Damit definieren wir für $n = 1, 2, \ldots$

$$f_n(x) := \max\{\widetilde{f}_1(x), \widetilde{f}_2(x), \ldots, \widetilde{f}_n(x)\}.$$

Sei $x \notin A$. Das bedeutet

$$\forall m \in \mathbb{N}\, \exists n_m \geq m : x \notin \bigcup_{j=1}^{n_m^2+1} \big((E_j \setminus \widetilde{F}_j) \cup (\widetilde{F}_j \setminus E_j)\big).$$

Es bleiben zwei Fälle zu unterscheiden:

a) $f(x) < \infty$: x ist sicher in einer der zu n_m gehörenden Mengen E_j enthalten ($1 \leq j \leq n^2 + 1$), aber weil

$$x \notin \big((E_j \setminus \widetilde{F}_j) \cup (\widetilde{F}_j \setminus E_j)\big) = \big((E_j \cup \widetilde{F}_j) \setminus (\widetilde{F}_j \cap E_j)\big),$$

muß $x \in E_j \cap \widetilde{F_j}$ gelten und damit

$$0 \leq f(x) - f_{n_m}(x) \leq \frac{1}{n_m} \leq \frac{1}{m}$$

bzw. $\lim\limits_{m\to\infty} f_{n_m}(x) = f(x)$. Da $f_m(x)$ eine monoton steigende Zahlenfolge ist, gilt dann auch $\lim\limits_{m\to\infty} f_m(x) = f(x)$.

b) $f(x) = \infty$: Dann gilt $f_{n_m}(x) = n_m$, also ebenfalls $\lim\limits_{m\to\infty} f_m(x) = f(x)$.

ii. ("$\Leftarrow$") Sei $f \in M_+$. Die Mengen $A_{nc} := \{x \in D \,|\, \varphi_n(x) \leq c\}$ bestehen aus endlich vielen Intervallen bzw. Knotenpunkten und sind daher meßbar. Dann gilt mit (6.60) und Satz 6.36:

$$A_c := \{x \in D \,|\, f(x) \leq c\} = \bigcap_{n\in\mathbb{N}} A_{nc} \in \mathcal{L}.$$

□

Mit dem Approximationssatz haben wir eine sehr nützliche Charakterisierung für meßbare Funktionen, allerdings vorläufig nur für Funktionen mit positiven Funktionswerten. Wir beseitigen diese Einschränkung mit Hilfe einer neuen

Definition 6.47: *Mit f^+ und f^- wie auf Seite 169 sei*

$$M(D) := \{f : D \mapsto \mathbb{R} \mid f^+ \in M_+ \text{ und } f^- \in M_+\}. \tag{6.69}$$

Unter Verwendung von Folgerung 6.45 liefert uns der Approximationssatz nun das folgende Lemma.

Lemma 6.48: *$f : D \mapsto \mathbb{R}$ ist meßbar dann und nur dann, wenn $f \in M(D)$.*

Satz 6.49 (2. Hauptsatz von Lebesgue):
Eine Folge von Treppenfunktionen φ_k mit

$$0 \leq \varphi_k \leq \varphi_{k+1} \quad \forall x \in D,\ \forall k \in \mathbb{N}$$

sei gegeben und die Folge der Integrale $\int_D \varphi_k(\xi)\,d\xi$ möge gegen ein $S \in \mathbb{R}$ konvergieren. Dann gibt es eine Funktion $f \in L_+$, so daß fast überall in D

$$\lim_{k\to\infty} \varphi_k(x) = f(x) < \infty$$

gilt und

$$\int_D f(\xi)\,d\xi = S = \lim_{k\to\infty} \int_D \varphi_k(\xi)\,d\xi.$$

Beweis: Wir betrachten zu beliebigem $\varepsilon > 0$ die Mengen

$$\Sigma_{\varepsilon,k} := \Big\{x \in D \,|\, \varphi_k(x) \geq \frac{S}{\varepsilon}\Big\}.$$

Da φ_k Treppenfunktion ist, ist $\Sigma_{\varepsilon,k}$ Vereinigung von endlich vielen Intervallen. Insbesondere gilt

$$\frac{S}{\varepsilon}\,\lambda(\Sigma_{\varepsilon,k}) \leq \int_D \varphi_k(\xi)\,d\xi \leq S$$

und deshalb $\lambda(\Sigma_{\varepsilon,k}) \leq \varepsilon$. Weil außerdem $\Sigma_{\varepsilon,k} \subset \Sigma_{\varepsilon,k+1}$ für alle $k \in \mathbb{N}$ aufgrund der Monotonie von $\{\varphi_k\}_{k\in\mathbb{N}}$ (denn $\varphi_k(\xi) \geq S/\varepsilon \Rightarrow \varphi_{k+1}(\xi) \geq S/\varepsilon$), gilt mit (6.51)

$$\lambda\Big(\bigcup_{k=1}^{\infty} \Sigma_{\varepsilon,k}\Big) = \lim_{k\to\infty} \lambda(\Sigma_{\varepsilon,k}) \leq \varepsilon.$$

Die Menge

$$N := \Big\{x \in D \,\Big|\, \{\varphi_k(x)\}_{k\in\mathbb{N}} \text{ unbeschränkt}\Big\}$$

ist aber offensichtlich Teilmenge von

$$\bigcup_{k=1}^{\infty} \Sigma_{\varepsilon,k} = \{x \in D \,|\, \exists\, k \in \mathbb{N} : \varphi_k(x) \geq \frac{S}{\varepsilon}\},$$

das heißt $\lambda(N) \leq \varepsilon$. Da $\varepsilon > 0$ beliebig war, muß N Nullmenge sein, $\varphi_k(x)$ konvergiert also fast überall in D gegen einen endlichen Grenzwert. Dann ist $f \in L_+(D)$ und das Lebesgue–Integral existiert. □

Satz 6.46 und Satz 6.49 liefern uns das

Korollar 6.50:

(6.70) $L_+ = \Big\{f : D \mapsto \overline{\mathbb{R}_+} \,\Big|\, f \text{ meßbar und } \int_D f(\xi)\, d\xi < \infty\Big\}.$

Satz 6.51 : *Seien* $f, g \in L_+$ *und* $c \in \mathbb{R}_+$. *Dann gelten*

(6.71) $f + g \in L_+ \quad \text{mit} \quad \int_D \big(f(\xi) + g(\xi)\big) d\xi = \int_D f(\xi)\, d\xi + \int_D g(\xi)\, d\xi,$

(6.72) $c \cdot f \in L_+ \quad \text{mit} \quad \int_D c \cdot f(\xi)\, d\xi = c \cdot \int_D f(\xi)\, d\xi$

sowie

(6.73) $h, H \in L_+$ *für* $h(x) := \inf\{f(x), g(x)\}$ *und* $H(x) := \sup\{f(x), g(x)\}$,

(6.74) $f(x) \leq g(x)$ *fast überall in* $D \quad \Rightarrow \quad \int_D f(\xi)\, d\xi \leq \int_D g(\xi)\, d\xi,$

(6.75) $\int_D f(\xi)\, d\xi = 0 \quad \Rightarrow \quad f(x) = 0$ *fast überall in* D.

Beweis: f und g sollen fast überall Grenzfunktion der monoton wachsenden Folge von Treppenfunktionen φ_k bzw. ψ_k sein. Für jedes $k \in \mathbb{N}$ ist auch $\varphi_k + \psi_k$ eine Treppenfunktion und die Folge dieser Treppenfunktionen wächst monoton und konvergiert fast überall gegen $f + g$. Mit Satz 6.5 gilt

$$\begin{aligned}\lim_{k\to\infty} \int_D \big(\varphi_k(\xi) + \psi_k(\xi)\big) d\xi &= \lim_{k\to\infty} \int_D \varphi_k(\xi)\, d\xi + \lim_{k\to\infty} \int_D \psi_k(\xi)\, d\xi \\ &= \int_D f(\xi)\, d\xi + \int_D g(\xi)\, d\xi < \infty.\end{aligned}$$

Daraus folgt (6.71). (6.72) erhalten wir durch den Grenzübergang $k \to \infty$ aus Satz 6.5 für Treppenfunktionen φ_k.
Durch $h_k(x) := \inf\{\varphi_k(x), \psi_k(x)\}$ und $H_k(x) := \sup\{\varphi_k(x), \psi_k(x)\}$ sind zwei gegen h bzw. H konvergente, wachsende Folgen von Treppenfunktionen definiert, deren Integrale wegen

$$\begin{aligned}\int_D h_k(\xi)\, d\xi \leq \int_D H_k(\xi)\, d\xi &\leq \int_D (\varphi_k(\xi) + \psi_k(\xi)) d\xi \\ &\leq \int_D f(\xi)\, d\xi + \int_D g(\xi)\, d\xi < \infty\end{aligned}$$

nach oben beschränkt sind, also aufgrund des Monotoniekriteriums konvergieren. Daher gilt auch (6.73). (6.74) haben wir bereits in Lemma 6.43 bewiesen.
Gilt für $f \in L_+$ $\int_D f(\xi)\,d\xi = 0$ und $f(x) = 0$ **nicht** fast überall in D, dann wählen wir ein $x_0 \in D$ mit $f(x_0) > 0$, das nicht Knoten irgendeiner Funktion φ_k ist, aber so, daß $\lim_{k\to\infty} \varphi_k(x_0) = f(x_0)$. Das ist bei obiger Annahme möglich, denn alle Knoten sowie die Stellen, an denen $\{\varphi_k(x)\}_{k\in\mathbb{N}}$ nicht gegen $f(x)$ konvergieren, bilden als abzählbare Vereinigung von Nullmengen nach (6.42) wieder eine Nullmenge. Da die Folge $\{\varphi_k(x_0)\}_{k\in\mathbb{N}}$ gegen einen positiven Wert konvergiert, gibt es ein $k_0 \in \mathbb{N}$ mit $\varphi_{k_0}(x_0) > 0$. Wir haben x_0 so gewählt, daß es kein Knoten von φ_{k_0} ist, daher ist φ_{k_0} in einer Umgebung von x_0 echt größer als 0, das heißt

$$0 < \int_D \varphi_{k_0}(x)\,dx \le \lim_{k\to\infty} \int_D \varphi_k(x)\,dx = \int_D f(\xi)\,d\xi$$

im Widerspruch zu $\int_D f(\xi)\,dx = 0$. □

6.4.5 Das Lebesgue–Integral für Funktionen mit beliebigen Werten

Wir haben in Abschnitt 6.4.3 die Definition des Lebesgue–Integrals für positive Funktionen kennengelernt, würden aber gerne auch Funktionen mit negativen Werten integrieren können. Es liegt nahe, das ähnlich wie bei der Definition von M in (6.69) zu versuchen, indem wir den auf Seite 169 eingeführten positiven Anteil $f^+(x) = \sup\{f(x), 0\}$ der Funktion f und ihren negativen Anteil $f^-(x) = -\inf\{0, f(x)\}$ getrennt betrachten:

Definition 6.52: *Eine Funktion $f : D \to \overline{\mathbb{R}}$ heißt* **Lebesgue–integrierbar** *oder* **summierbar**[6], *wenn $f^+, f^- \in L_+$. Die Menge der summierbaren Funktionen wird mit L bezeichnet. Für $f \in L$ ist durch*

$$\text{(6.76)} \quad \int_D f(\xi)\,d\xi := \int_D f^+(\xi)\,d\xi - \int_D f^-(\xi)\,d\xi$$

das **Lebesgue–Integral** *gegeben.*

Folgerungen 6.53: *Aufgrund von Lemma 6.48 und Folgerung 6.45 gehören mit f und g stets auch $f+g$ und $c \cdot f$ zu M. Deshalb ist $[f+g]^+$ fast überall Grenzfunktion einer Folge von Treppenfunktionen, deren Integrale konvergieren, da sie durch $\int_D (f^+(x) + g^+(x))\,dx$ beschränkt sind. Analog folgt $[f+g]^- \in L_+$.*

$$\begin{aligned} [f+g]^+ - [f+g]^- &= f+g = f^+ - f^- + g^+ - g^- \\ \Leftrightarrow \quad [f+g]^+ + f^- + g^- &= [f+g]^- + f^+ + g^+ \end{aligned}$$

[6]Diese Bezeichnung ist die von Lebesgue verwendete.

liefert mit Satz 6.51

$$\int_D [f+g]^+\,dx + \int_D f^-\,dx + \int_D g^-\,dx = \int_D [f+g]^-\,dx + \int_D f^+\,dx + \int_D g^+\,dx$$

$$\Leftrightarrow \int_D [f+g]^+\,dx - \int_D [f+g]^-\,dx = \int_D f^+\,dx - \int_D f^-\,dx + \int_D g^+\,dx - \int_D g^-\,dx.$$

L ist also mit der üblichen Addition und Skalarmultiplikation von Funktionen ein Vektorraum über $\mathbb{R}$. Für $f \in L$ folgt $|f| \in L_+$. Ist umgekehrt $|f| \in L_+$ und f meßbar, dann ist $f^+ \in M_+$, nach dem Approximationssatz ist f^+ also fast überall Grenzfunktion einer wachsenden Folge von Treppenfunktionen φ_k^+, deren Integrale nach oben durch $\int_D |f(x)|\,dx < \infty$ beschränkt sind. Ebenso ist dann $f^- \in L_+$, das heißt $f \in L$.
Sind $f, g \in L(D)$, so gelten (6.7) bis (6.10) und (6.12) bis (6.14) auch für Lebesgue–Integrale. Für $f^2, g^2 \in L$, $f, g \in M$ gilt auch die Schwarzsche Ungleichung (6.11).

6.4.6 Die Sätze von Levi, Lebesgue und Fatou

Wir haben in 6.4.3 das Lebesgue–Integral als Grenzwert einer Folge von Integralen von Treppenfunktionen erhalten, die eine gegebene Funktion fast überall von unten approximieren. Dadurch können wir eine viel umfangreichere Funktionenklasse L_+ integrieren. Nun ist es plausibel — nach dem Motto „was einmal gut ging, klappt meist auch beim zweiten Mal" — zu versuchen, die Klasse der integrierbaren Funktionen weiter auszudehnen, indem wir Funktionen betrachten, die fast überall Grenzfunktion einer wachsenden Folge in L_+ ist. Das zweite Korollar zum folgenden Satz von Beppo Levi sagt aber genau das Gegenteil aus: Wir erhalten durch das oben beschriebene Verfahren immer wieder nur Funktionen aus L_+, also nichts Neues.

Satz 6.54 von Beppo Levi: *Sei $\{f_k\}_{k\in\mathbb{N}} \subset L_+(D)$ eine Funktionenfolge mit*

$$0 \le f_k(x) \le f_{k+1}(x) \quad \textit{fast überall in } D.$$

Dann existiert fast überall der Grenzwert

$$f(x) = \lim_{k\to\infty} f_k(x) \in \overline{\mathbb{R}_+}.$$

Es gilt $f \in M_+$, und genau dann, wenn $\lim_{k\to\infty} \int_D f_k(x)\,dx$ existiert, ist sogar $f \in L_+$ mit

$$(6.77) \quad \int_D f(x)\,dx = \lim_{k\to\infty} \int_D f_k(x)\,dx.$$

Beweis: Die Existenz der Grenzfunktion f fast überall folgt sofort aus dem Monotoniekriterium. Da sich weder an der Meßbarkeit noch an der (Lebesgue–)Integrierbarkeit und dem Wert des Lebesgue–Integrals etwas ändert, wenn wir eine Funktion auf einer Nullmenge abändern, nehmen wir ohne Beschränkung der Allgemeinheit an, daß die Folge der $f_k(x)$ sogar für alle $x \in D$ monoton wächst und dort gegen $f(x)$ konvergiert. Dann sind die Mengen

$$A_c := \{x \in D \,|\, f(x) \leq c\} = \bigcap_{k=1}^{\infty} \{x \in D \,|\, f_k(x) \leq c\}$$

alle meßbar, da $f_k \in L_+$, und es gilt deshalb zumindest $f \in M_+$.
Die Folge der Integrale $\int_D f_k(x)\,dx$ wächst monoton, da $f_k(x)$ fast überall wächst (vergleiche Lemma 6.43). Deshalb können zwei Fälle auftreten:

i. $\int_D f_k(x)\,dx \to \infty$ für $k \to \infty$: Wäre $f \in L_+$, dann wäre aber die Folge der Integrale $\int_D f_k(x)\,dx$ durch $\int_D f(x)\,dx$ nach oben beschränkt, da fast überall $f_k(x) \leq f(x)$ gilt. Dies ist ein Widerspruch.

ii. $\int_D f_k(x)\,dx \to A < \infty$ für $k \to \infty$: Wir betrachten zu jedem f_k eine wachsende Folge $\{\varphi_{k,m}\}_{m\in\mathbb{N}} \subset \mathcal{E}(D)$, die fast überall gegen f_k konvergiert und außerdem die Treppenfunktionen ψ_m mit

$$\psi_m(x) := \sup_{i=1,2,\dots,m} \{\varphi_{i,m}(x)\}.$$

Offensichtlich ist auch diese Folge für alle $x \in D$ monoton wachsend. Fast überall gilt

$$\varphi_{i,m}(x) \leq f_i(x) \leq f_m(x) \quad \text{für } i \leq m.$$

Darum ist auch fast überall

$$\psi_m(x) \leq f_m(x)$$

und damit

$$\int_D \psi_m(x)\,dx \leq \int_D f_m(x)\,dx \leq A.$$

Mit dem zweiten Hauptsatz von Lebesgue (Satz 6.49) folgt daraus die Existenz einer Grenzfunktion $\psi \in L_+$ der Folge ψ_m.
Aus $\varphi_{i,m}(x) \leq \psi_m(x) \leq f(x)$ für $i \leq m$ wird für $m \to \infty$

$$f_i(x) \leq \psi(x) \leq f(x) \quad \text{fast überall.}$$

Weil aber fast überall $f_i(x) \to f(x)$ für $i \to \infty$, gilt also

$$f(x) = \psi(x) \quad \text{fast überall.}$$

Das bedeutet aber nichts anderes, als daß ψ_k eine f approximierende Folge von Treppenfunktionen ist, und deshalb

$$\int_D f(x)\,dx = \lim_{k\to\infty} \int_D \psi_k(x)dx \leq \lim_{k\to\infty} \int_D f_k(x)dx \leq \int_D \psi(x)dx = \int_D f(x)dx.$$ □

Korollar 6.55: *Sei $k_m \in L(D)$ gegeben mit*

$$\sum_{m=1}^{\infty} \int_D |k_m(x)|\,dx < \infty.$$

Dann konvergiert

$$h(x) := \sum_{m=1}^{\infty} k_m(x)$$

für fast alle $x \in D$ und es gilt $h \in L(D)$ mit

$$(6.78) \quad \sum_{m=1}^{\infty} \int_D k_m(x)\,dx = \int_D \sum_{m=1}^{\infty} k_m(x)\,dx = \int_D h(x)\,dx.$$

Beweis: Der Beweis folgt sofort aus Satz 6.54, wenn man den positiven und den negativen Anteil getrennt betrachtet. □

Korollar 6.56: *Ist f_k eine monotone Folge summierbarer Funktionen und ist die Folge ihrer Integrale beschränkt, so ist $f(x) := \lim_{k\to\infty} f_k(x)$ summierbar und*

$$(6.79) \quad \lim_{k\to\infty} \int_D f_k(x)\,dx = \int_D f(x)\,dx.$$

Beweis: Ohne Beschränkung der Allgemeinheit sei $f_{k+1}(x) \geq f_k(x)$ (sonst betrachten wir $-f_k(x)$ und $-f(x)$).

$$h_k(x) := f_k(x) - f_1(x) \geq 0$$

erfüllt dann die Voraussetzungen des Satzes von Beppo Levi. $h(x) := \lim_{k\to\infty} h_k(x)$ existiert also fast überall, und da die Folge der Integrale

$$\int_D h_k(x)\,dx = \int_D f_k(x) - f_1(x)\,dx = \int_D f_k(x)\,dx - \int_D f_1(x)\,dx$$

laut Voraussetzung beschränkt ist, gilt $h \in L_+$ und

$$\int_D h(x)\,dx = \lim_{k\to\infty} \int_D h_k(x)\,dx,$$

woraus (6.79) folgt. □

Satz 6.57 von Lebesgue über die majorisierte Konvergenz:
Sei f_k eine Folge meßbarer Funktionen und g summierbar mit

$$\forall k \in \mathbb{N}\ \forall x \in D : |f_k(x)| \leq g(x)$$

und $f(x) := \lim_{k\to\infty} f_k(x)$ existiere fast überall in D. Dann sind alle f_k sowie f summierbar und es gilt

$$(6.80) \quad \lim_{k\to\infty} \int_D f_k(x)\,dx = \int_D f(x)\,dx.$$

Beweis: Wir nehmen wieder (ohne Beschränkung der Allgemeinheit — vergleiche Beweis zum Satz 6.54) an, daß sogar für alle $x \in D$ der Limes existiert, und außerdem, daß $g(x)$ überall endlich ist (denn weil $g \in L_+$, ist $g(x)$ sowieso fast überall endlich). Nach Satz 6.36 sind die Mengen

$$\{x \in D \,|\, f^+(x) \le c\} = \bigcap_{n=1}^{\infty} \bigcap_{j=1}^{\infty} \bigcup_{k=j}^{\infty} \{x \in D \,|\, f_k^+(x) \le c + \frac{1}{n}\}$$

für jedes $c \in R$ meßbar. Damit gilt $f^+ \in M_+$. Die Funktionen f_k^+ und f_k^- sowie f^+ und f^- lassen sich also jeweils als Grenzfunktion einer wachsenden Folge von Treppenfunktionen darstellen, und deren Integrale sind wegen $|f_k(x)| \le g(x)$ und $|f(x)| = \lim_{k\to\infty} |f_k(x)| \le g(x)$ durch $\int_D g(x)\,dx$ beschränkt. Deshalb sind die f_k und f summierbar.
Die Funktionen

$$h_p(x) := \sup_{k \ge p}\{|f_k(x) - f(x)|\}$$

sind wegen

$$\{x \in D \,|\, h_p(x) \le c\} = \bigcap_{n=1}^{\infty} \bigcup_{k \ge p} \{x \in D \,|\, |f_k(x) - f(x)| \le c + \frac{1}{n}\}$$

meßbar und wegen $h_p(x) \le \sup_{k\ge p} |f_k(x)| + |f(x)| \le 2g(x)$ auch Lebesgue–integrierbar (Beweis wie oben für f_k). Außerdem gilt $0 \le h_{p+1}(x) \le h_p(x)$ und $\lim_{p\to\infty} h_p(x) = 0$. Korollar 6.56 liefert dann

$$\lim_{p\to\infty} \int_D h_p(x)\,dx = 0$$

und mit

$$\begin{aligned} \left|\int_D f_k(x)\,dx - \int_D f(x)\,dx\right| &= \left|\int_D (f_k(x) - f(x))dx\right| \\ &\le \int_D |f_k(x) - f(x)|\,dx \le \int_D h_k(x)\,dx \end{aligned}$$

erhalten wir daraus die Gleichung (6.80). □

Ist D ein endliches Intervall, dann sind nach diesem Satz insbesondere alle beschränkten, meßbaren Funktionen und alle Grenzfunktionen von solchen Funktionen summierbar.

Lemma 6.58 von Fatou : *Für $f_k \in M_+(D)$ gilt*

$$(6.81) \quad \int_D \varliminf_{k\to\infty} f_k(x)\,dx \le \varliminf_{k\to\infty} \int_D f_k(x)\,dx.$$

Also folgt auch für $g(x) := \varliminf_{k\to\infty} f_k(x)$, falls die rechte Seite in (6.81) existiert, $g \in L_+$.

Beweis: Sei

$$g_p(x) := \inf_{k\geq p}\{f_k(x)\}.$$

Für alle $k > p$ gilt dann

$$0 \leq g_p(x) \leq g_{p+1}(x) \leq f_k(x)$$

und die Mengen

$$\{x \in D \,|\, g_p(x) \leq c\} = \bigcap_{n=1}^{\infty} \bigcup_{k=p}^{\infty} \{x \in D \,|\, f_k(x) \leq c + \frac{1}{n}\}$$

sind alle meßbar, das heißt $g_p \in M_+$ für jedes $p \in \mathbb{N}$. Weil außerdem

$$\int_D g_p(x)\,dx \leq \varliminf_{k\to\infty} \int_D f_k(x)\,dx$$

gilt, liefert der Satz von Beppo Levi $g(x) = \lim_{p\to\infty} g_p(x)$ fast überall mit $g \in M_+$ und, wenn die rechte Seite in (6.81) existiert, auch $g \in L_+$ und (6.81). □

6.5 Sonstiges zur Integration

6.5.1 Riemann– und Lebesgue–integrierbare Funktionen

Der folgende Satz klärt, in welcher Beziehung Riemann– und Lebesgue–integrierbare Funktionen zueinander stehen.

Satz 6.59 : *$f \in \mathcal{F}([a,b])$ sei Riemann integrierbar, $D = [a,b]$. Dann ist f summierbar und Riemann– und Lebesgue–Integral haben den gleichen Wert.*

Beweis: Wenn f Riemann–integrierbar ist, gibt es eine Folge von Zerlegungen von $[a,b]$, so daß die zugehörigen Untersummen $\int_D \underline{\varphi}_k(x)\,dx$ und die Obersummen $\int_D \overline{\varphi}_k(x)\,dx$ gegen $\int_a^b f(x)\,dx$ konvergieren. Außerdem können wir die Zerlegungen so wählen, daß jede eine Verfeinerung der vorhergehenden ist und daher

$$\underline{\varphi}_k(x) \leq \underline{\varphi}_{k+1}(x) \leq f(x) \leq \overline{\varphi}_{k+1}(x) \leq \overline{\varphi}_k(x) \quad \text{fast überall.}$$

Nach dem Korollar 6.56 zum Satz von Beppo Levi existieren summierbare Funktionen

$$\underline{\varphi}(x) := \lim_{k\to\infty} \underline{\varphi}_k(x) \quad \text{und}\; \overline{\varphi}(x) := \lim_{k\to\infty} \overline{\varphi}_k(x).$$

Für diese gilt fast überall

$$\underline{\varphi}(x) \leq f(x) \leq \overline{\varphi}(x) \tag{6.82}$$

und

$$\int_D \underline{\varphi}(x)\,dx = \lim_{k\to\infty}\int_D \underline{\varphi}_k(x)\,dx = \int_a^b f(x)\,dx = \lim_{k\to\infty}\int_D \overline{\varphi}_k(x)\,dx = \int_D \overline{\varphi}(x)\,dx.$$

$\overline{\varphi} - \underline{\varphi}$ ist summierbar und nichtnegativ, und es gilt $\int_D (\overline{\varphi}(x) - \underline{\varphi}(x))\,dx = 0$. Nach Satz 6.51 folgt daraus $\overline{\varphi}(x) = \underline{\varphi}(x)$ fast überall, wir erhalten mit (6.82) also $f(x) = \overline{\varphi}(x)$ fast überall, das heißt $f \in L$. □

Die Umkehrung dieses Satzes gilt nicht!

Beispiel 6.60: *Die Dirichlet–Funktion $D : [0,1] \mapsto \{0,1\}$ mit $D(x) = 0$ für rationale x und $D(x) = 1$ für irrationale x ist nicht Riemann–integrierbar, weil alle Untersummen den Wert 0 und alle Obersummen den Wert 1 haben. Aus Lemma 6.62 folgt aber, daß das Lebesgue–Integral von D existiert und den Wert 1 hat.*

Definition 6.61: *Die* **charakteristische Funktion** *oder* **Indikatorfunktion** $\chi_A : \mathbb{R} \mapsto \{0,1\}$ *einer beliebigen Menge $A \in \mathbb{R}$ ist definiert durch*

$$(6.83)\quad \chi_A(x) := \begin{cases} 1 & \text{für } x \in A, \\ 0 & \text{für } x \notin A. \end{cases}$$

Lemma 6.62: *Für $A \in \mathcal{L}$ ist die charakteristische Funktion χ_A meßbar und*

$$(6.84)\quad \int_D \chi_A(x)\,dx \;=\; \lambda(A).$$

Beweis: Die Meßbarkeit von χ_A ist wegen $A \in \mathcal{L}$ und $A^c \in \mathcal{L}$ trivial. Zu beliebigem $\varepsilon > 0$ können wir nach (6.58) eine offene Menge G finden mit $A \in G$ und $\lambda(G \setminus A) < \varepsilon$. G läßt sich als disjunkte Vereinigung von Intervallen I_i darstellen ($i \in \mathbb{N}$), das heißt

$$\lambda(G) \;=\; \sum_{i=1}^{\infty} |I_i|.$$

Wir betrachten nun die durch

$$\varphi_k(x) \;:=\; \sum_{i=1}^{k} \chi_{I_i}(x)$$

gegebene Funktionenfolge. Sie ist offensichtlich für alle $x \in \mathbb{R}$ monoton wachsend und konvergiert punktweise gegen χ_G. Deshalb ist mit dem Satz von Beppo Levi

$$\begin{aligned}\int_D \chi_A(x)dx \;&=\; \lim_{k\to\infty}\int_D \chi_A(x)\cdot\varphi_k(x)\,dx \le \lim_{k\to\infty}\int_D \varphi_k(x)\,dx \\ &= \lim_{k\to\infty}\sum_{i=1}^{k}|I_i| = \sum_{i=1}^{\infty}|I_i| \;=\; \lambda(G) \;=\; \lambda(A) + \lambda(G\setminus A) \;<\; \lambda(A) + \varepsilon.\end{aligned}$$

Da $\varepsilon > 0$ beliebig war, gilt

$$(6.85) \quad \int_D \chi_A(x)\,dx \le \lambda(A).$$

Wir erhalten nun für $[a,b] \subset D$

$$\begin{aligned}\int_D \chi_{[a,b]\cap A}(x)dx &= \int_D (\chi_{[a,b]}(x) - \chi_{[a,b]\setminus A}(x))dx = (b-a) - \int_D \chi_{[a,b]\setminus A}(x)dx \\ &\overset{(a)}{\ge} (b-a) - \lambda([a,b]\setminus A) = (b-a) - ((b-a) - \lambda([a,b]\cap A)) \\ &= \lambda([a,b]\cap A) \overset{(b)}{\ge} \int_D \chi_{[a,b]\cap A}(x)\,dx,\end{aligned}$$

wobei an den Stellen (a) und (b) die Ungleichung (6.85) für $[a,b]\setminus A$ bzw. $[a,b]\cap A$ statt A verwendet wurde. Damit ist bewiesen:

$$\int_D \chi_{[a,b]\cap A}(x)\,dx = \lambda([a,b]\cap A).$$

Also gilt

$$\sum_{\substack{\ell\in\mathbb{Z}\\ |\ell|\le L}} \int_D \chi_{A\cap[\ell,\ell+1]}(x)\,dx = \sum_{\substack{\ell\in\mathbb{Z}\\ |\ell|\le L}} \lambda(A\cap[\ell,\ell+1]).$$

Mit dem Satz von Beppo Levi folgt daraus für $L \to \infty$ die Behauptung. □

Definition 6.63: *Eine Funktion der Bauart*

$$(6.86) \quad f(x) = \sum_{i=1}^{\infty} f_i \cdot \chi_{A_i}(x),$$

wo $D = \bigcup_{i=1}^{\infty} A_i$ *eine disjunkte Zerlegung ist, heißt* **Elementarfunktion** *oder* **einfache Funktion**.

Satz 6.64: *Falls* $f_i \ge 0$ $(\forall i \in \mathbb{N})$, *gilt für die oben definierte Elementarfunktion* $f \in M_+$ *und*

$$(6.87) \quad \int_D f(x)\,dx = \sum_{i=1}^{\infty} f_i \cdot \lambda(A_i).$$

Ist die rechte Seite beschränkt, so gilt $f \in L_+$.
Können die f_i *auch negativ sein, dann ist* $f \in M$ *und* $f \in L$ *genau dann, wenn*

$$f^+(x) = \sum_{i=1}^{\infty} f_i^+ \chi_{A_i}(x) \in L_+ \ \wedge\ f^-(x) = \sum_{i=1}^{\infty} f_i^- \chi_{A_i}(x) \in L_+.$$

Beweis: Aus $0 \le f_i \in \mathbb{R}$ folgt

$$f_k(x) := \sum_{i=1}^{k} f_i \cdot \chi_{A_i}(x) \le f_{k+1}(x) \to f(x) \quad \text{für alle } x \in D.$$

Lemma 6.62 liefert

$$\int_D f_k(x)\,dx = \sum_{i=1}^{k} f_i \cdot \int_D \chi_{A_i}(x)\,dx = \sum_{i=1}^{k} f_i \cdot \lambda(A_i),$$

und darauf den Satz 6.54 von Beppo Levi angewandt:

$$\int_D f(x)\,dx = \sum_{i=1}^{\infty} f_i \cdot \lambda(A_i).$$

Der Rest ist aufgrund der Definition von M und L klar. □

6.5.2 Der Mittelwertsatz der Integralrechnung

Satz 6.65 (Mittelwertsatz der Integralrechnung): *Sei $g \in L_+$ und $f \in C^0([a,b])$. Dann gibt es im offenen Intervall (a,b) eine Stelle ξ, so daß*

$$(6.88)\qquad \int_a^b f(x)g(x)\,dx = f(\xi)\int_a^b g(x)\,dx.$$

Im Spezialfall $g \equiv 1$ ist

$$(6.89)\qquad \int_a^b f(x)\,dx = (b-a)f(\xi).$$

Beweis: Wir betrachten eine fast überall gegen g konvergierende Folge $g_k \in \mathcal{E}$ mit $0 \le g_k(x) \le g_{k+1}(x)$. Mit g_k ist auch $f \cdot g_k$ stückweise stetig, das heißt $f \cdot g_k$ ist Regelfunktion und deshalb sicher summierbar. Außerdem konvergiert $f(x)g_k(x)$ fast überall gegenc$f(x)g(x)$ und es gilt $|f(x)g_k(x)| \le \|f\|_{\mathcal{F}} \cdot |g(x)| \in L_+$. Nach dem Lebesgueschen Satz 6.57 folgt daraus $f \cdot g \in L$.
Nun können zwei Fälle eintreten:
a) $\int_a^b g(x)\,dx = 0$: Dann gilt fast überall $g(x) = 0$, also auch $f(x)g(x) = 0$. Daraus erhalten wir $\int_a^b f(x)g(x)\,dx = 0$, das heißt (6.88) ist für beliebiges $\xi \in (a,b)$ erfüllt.
b) $\gamma := \int_a^b g(x)\,dx > 0$: Sei

$$f_{\min} := \min_{t\in[a,b]} f(t), \qquad f_{\max} := \max_{t\in[a,b]} f(t).$$

Dann ist

$$\gamma \cdot f_{\min} = \int_a^b f_{\min} \cdot g(x)\,dx \le \int_a^b f(x)g(x)\,dx \le \int_a^b f_{\max} \cdot g(x)\,dx = \gamma \cdot f_{\max}.$$

Wir setzen $\eta := \frac{1}{\gamma}\int_a^b f(x)g(x)\,dx$ und unterscheiden nochmals drei Fälle:
α) $f_{\min} = f(x_1) < \eta < f(x_2) = f_{\max}$ mit $a \le x_1, x_2 \le b$: Nach dem Zwischenwertsatz gibt es — da f als stetig vorausgesetzt war — ein ξ zwischen x_1 und

x_2, so daß $f(\xi) = \eta$ gilt, und offensichtlich ist dann ξ von x_1 und x_2 und deshalb auch von a und b verschieden. Dieses ξ erfüllt dann (6.88).
β) $f_{\min} = f(x_1) = \eta$ mit $a < x_1 < b$: Hier gilt (6.88) mit $\xi = x_1$.
γ) $f_{\min} = f(a) = \eta$: Aus

$$\int_a^b (f(x) - \eta)g(x)\,dx = \int_a^b f(x)g(x)\,dx - \eta \int_a^b g(x)\,dx = 0$$

und

$$(f(x) - \eta)g(x) = (f(x) - f_{\min})g(x) \geq 0$$

folgt

$$(f(x) - \eta)g(x) = 0 \quad \text{fast überall.}$$

Weil $\gamma > 0$, gibt es eine Menge $A \subset [a, b]$ mit $\lambda(A) > 0$, so daß für $x \in A$ $g(x) > 0$ gilt, also $f(x) - \eta = 0$. Damit haben wir auch ein $\xi \in (a, b)$ gefunden mit $f(\xi) - \eta = 0$, das heißt

$$f(\xi) = \eta = \frac{1}{\int_a^b g(x)\,dx} \int_a^b f(x)g(x)\,dx.$$

□

6.5.3 Das unbestimmte Integral

Definition 6.66: *Die Klasse aller Funktionen*

$$(6.90) \quad F_\alpha(x) := \int_\alpha^x f(\xi)\,d\xi \quad \text{mit } \alpha, x \in [a, b]$$

heißt **unbestimmtes Integral**; *man schreibt auch*

$$(6.91) \quad \int^x f(\xi)\,d\xi.$$

Man erhält **Äquivalenzklassen** $\int^x f(\xi)\,d\xi$ mit der **Äquivalenzrelation**

$$F_\alpha(x) \sim F_\beta(x) \Leftrightarrow F_\beta(x) = F_\alpha(x) + \wp, \quad \wp \in \mathbb{R}.$$

Satz 6.67: *Für $f \in L([a, b])$ und $\alpha \in [a, b]$ ist*

$$(6.92) \quad F(x) := \int_\alpha^x f(\xi)\,d\xi$$

eine auf $[a, b]$ gleichmäßig stetige Funktion von x.

Beweis: Sei $x \in [a,b]$ und $\{x_n\}_{n\in\mathbb{N}}$ eine Folge mit $x_n \to x$. Dann ist

$$f_\xi(t) := \begin{cases} 0 & \text{für } t > \xi \\ f(t) & \text{für } t \leq \xi \end{cases}$$

meßbar und wegen $|f_\xi| \leq |f|$ integrierbar. Da $f_{x_n} \to f_x$ fast überall und wegen der Beschränkung durch $|f|$ folgt aus dem Satz von der majorisierten Konvergenz

$$\int_a^{x_n} f(t)\,dt = \int_a^b f_{x_n}(t)\,dt \to \int_a^b f_x(t)\,dt = \int_a^x f(t)\,dt,$$

und die stetige Abhängigkeit des Integrals von der Obergrenze ist bewiesen. Da $[a,b]$ kompakt ist, folgt die gleichmäßige Stetigkeit. □

6.6 Abschließende Bemerkungen

Integrationsmethoden zur Bestimmung von Flächen und Volumen mit allgemeinen Rändern sind schon lange bekannt; die von Archimedes entwickelte Exhaustions– oder Kompressionsmethode nimmt schon die Idee des Riemann–Integrals vorweg.

Cavalieri erkannte die Linearität des Integrals:

$$\int_a^b (\lambda f + \mu g)dx = \lambda \int_a^b f\,dx + \mu \int_a^b g\,dx \quad \text{für } \lambda, \mu \in \mathbb{R} \text{ und } f, g \text{ integrierbar}.$$

Bonaventura Francesco Cavalieri (1598–1647), Schüler Galileis. Erster Mathematik–Professor an der Universität Bologna. In seinen Büchern *Geometria indivisibilibus* und *Exercititationes geometricae sex* werden Grundlagen der heutigen Integrationstheorie gelegt.

Archimedes waren bereits die Integrale $\int x\,dx$ und $\int x^2\,dx$ explizit bekannt; wahrscheinlich auch $\int x^n\,dx$. Letztere integriert Fermat systematisch.

Pierre de Fermat (1601–1665), war Jurist in Toulouse. Geometrie, Algebra, Zahlentheorie, Vorarbeiten zur Differentialrechnung und zur Wahrscheinlichkeitsrechnung. Von ihm stammt der *große Fermatsche Satz*, wonach

$$x^n + y^n = z^n \quad \text{für } x, y, z, n \in \mathbb{N} \text{ für } n > 2$$

nicht gelten soll. Fermat kannte angeblich einen einfachen Beweis, der aber in seinem Nachlaß nicht gefunden wurde. An diesem Problem arbeiteten Kummer (1847) und G. Faltings, der dafür 1986 die Fields–Medaille erhielt. 1994 ist schließlich nach 330 Jahren der Beweis dieses Satzes dem englischen Mathematiker A. Wiles (Princeton) mit Unterstützung durch seinen Schüler R. Taylor gelungen. Beteiligt waren viele Zahlentheoretiker dieses Jahrhunderts und der Beweis wird augenblicklich viel diskutiert und vereinfacht.

Newton führte das unbestimmte Integral ein und berechnete viele Integrale durch Nutzen von Potenzreihenentwicklungen. Unsere heutige Bezeichnungsweise geht auf Leibniz zurück. Die große Leistung von Newton und von Leibniz in der Differential- und Integralrechnung liegt aber im Hauptsatz, auf den wir noch zurückkommen werden.

Isaac Newton (1643–1727), Sohn eines Hofbesitzers in Lincolnshire (England). Studierte in Cambridge, wo er bereits mit 26 Jahren zum Professor berufen wurde. Ab 1696 übernahm er erst als Aufseher, dann als Präsident die Britische Münze. Newton begründete die axiomatische Mechanik und fand u.a. das Gravitationsgesetz, mit dem die Keplerschen Gesetze bewiesen werden konnten. (*Philosophiae naturalis principia mathematica* 1687). Grundlegende Arbeiten in Astronomie und Optik. Er hat außerordentliche Beiträge zur Potentialtheorie, Algebra und Reihenlehre geleistet, seine größte Leistung bestand in der Begründung der Differential- und Integralrechnung. Diese hatte er vor Leibniz entwickelt, aber erst nach diesem publiziert. Seine unpräzise Ausdrucksweise führte später zu heftiger Kritik, der enorme mathematische Gehalt seiner Ideen wirkt trotzdem bis heute.

Gottfried Wilhelm Freiherr von Leibniz (1646–1716), der Philosophie und Rechte studierte, wirkte nach ausgedehnten Reisen seit 1676 in Hannover. Er war Mitglied der Royal Society sowie erster Präsident der Berliner Akademie. Berühmt wurde der Prioritätsstreit mit Newton um die Infinitesimalrechnung, deren Grundlagen beide um 1675 kannten. Leibniz, dem wir vieles unserer heutigen mathematischen Formelsprache in der Infinitesimalrechnung verdanken, suchte die Verbindung von Naturwissenschaft und Theologie und wollte in seinem philosophischen Hauptwerk *Essai de Theodicée* beweisen, daß die bestehende die beste aller möglichen Welten sei. Er gilt als der letzte Universalgelehrte.

Die Einführung des Integrals stetiger Funktionen mit Riemannschen Summen ist Cauchy zu danken, der die Konvergenz der Riemannschen Summen beweist. Sein Beweis ist wegen der fehlenden gleichmäßigen Stetigkeit allerdings nicht vollständig.

Ober- und Untersummen wurden von Darboux eingeführt. Aber erst Riemann erkannte die Notwendigkeit, die Gleichheit der Grenzwerte von Ober- und Untersummen zusätzlich zu verlangen und gab in seiner Habilitationsschrift die Definition des heute nach ihm benannten Integrals. Darin schloß er auch die Beweislücke im Satz von Cauchy über die Integrierbarkeit stetiger Funktionen.

Jean Gaston Darboux (1842–1917), Professor am Collège de France in Paris. Differentialgeometrie, Differentialgleichungen, Mechanik.

Volterra führte Ober– und Unterintegrale ein. Borel führte das Maß abzählbarer Vereinigungen von disjunkten Intervallen ein sowie die Grundregeln der Maßtheorie. Damit ist bereits ein (anderes als das Lebesguesche) Maß bestimmt. Die darauf aufbauende Integrationstheorie führt auf „Borel–Maße“ und „Lebesgue–Stieltjes-Integrale“ sowie die Funktionen beschränkter Totalvariation und die „Youngschen“ bzw. „Radonschen Maße“. Die heute nach Lebesgue benannte Integrationstheorie wurde gleichzeitig und unabhängig auch von Young entwickelt. Die meisten wichtigen Sätze der Integrationstheorie stammen von Lebesgue selbst.

Henri Lebesgue (1875–1941), der in Rennes, Poitiers und Paris wirkte, war Mitglied der Académie des Sciences in Paris, der London Mathematical Society und der Royal Society. In seiner berühmten Dissertation aus dem Jahre 1902 gewann er den nach ihm benannten Maß– und Integralbegriff, der sich als überaus fruchtbar für die moderne Analysis erwiesen hat. Der auf dem Lebesgueschen Integral aufbauende Begriff der Lebesgueschen Vektorräume wurde von besonderer Bedeutung für die Entwicklung der Funktionalanalysis. Weitere Arbeiten widmete er den Anwendungen des neuen Integralbegriffs, insbesondere auf die Theorie der Fourierschen Reihen. (Siehe auch [77].)

Emile Borel (1871–1956), Mathematiker und Politiker. Reelle Funktionen und Maßtheorie. Professor in Paris, Präsident der Akademie des Collège de France. 12 Jahre Mitglied des Abgeordnetenhauses, kurzzeitig Marineminister.

Grace Chisholm Young (1868–1944), Studium in Cambridge und Göttingen, Schülerin von Felix Klein. Verheiratet mit **William Henry Young** (1863–1942), London. Algebra, Geometrie, Grundlagen der Analysis und Maß– und Integrationstheorie, die sie gemeinsam mit ihrem Ehemann entwickelte. Das Ehepaar Young geht von abzählbaren Zerlegungen in meßbare Teilmengen von D aus.

Beppo Levi (1875–1961), Professor in Mailand.

Pierre Fatou (1878–1929), Professor in Paris. Maß– und Integrationstheorie, komplexe Funktionentheorie, Astronomie.

Bernhard Riemann (1826–1866), studierte in Göttingen, Berlin und wieder in Göttingen von 1845 bis 1850. Seine Dissertation schuf die „Grundlagen für eine allgemeine Theorie der Functionen einer veränderlichen complexen Größe“. Er habilitierte sich bei Gauß mit einem Vortrag über die Grundlagen der Geometrie, erhielt aber erst 1859 nach dem Tode Dirichlets ein Ordinariat. Er arbeitete auf dem Gebiet der Funktionentheorie und untersuchte die („Riemannsche“) ζ–Funktion, welche bei der Untersuchung von Primzahlen eine Rolle spielt. Die „Riemannsche“ Metrik, welche auf seinen Habilitationsvortrag zurückgeht, wird durch ein Differential beschrieben.

Kapitel 7

Differential– und Integralrechnung

Die Differential– und Integralrechnung geht vor allem auf zwei Mathematiker zurück: Auf Isaac Newton und Gottfried Wilhelm Freiherr von Leibniz.

Leibniz hatte bereits etwa 1675 Tangenten an Kurven berechnet und mit Hilfe von Differenzenformeln Flächeninhalte und Differentialquotienten berechnet. Er hat auch den Hauptsatz der Differential– und Integralrechnung erkannt und Rechenregeln für Differentiation und Integration zusammengestellt. Auf Leibniz geht unsere heutige Formelsprache der Infinitesimalrechnung im wesentlichen zurück.

Newton hatte Differentialquotienten etwa in der heutigen Form definiert, während bei Leibniz das Integrieren mehr im Vordergrund stand. Newton verwendete für seine Rechnungen vor allem Potenzreihen. Obwohl ihm ebenfalls Rechenregeln und Hauptsatz wohlbekannt waren, hat er diese mehr als Handwerkszeug aufgefaßt und ihnen nicht besondere Bedeutung beigemessen.

Die Leistung von Newton und Leibniz bestand vor allem darin, die Analysis von der Geometrie unabhängig gemacht zu haben, Arithmetik und algebraische Strukturen in den Kalkül eingeführt und Differentiation und Integration als zueinander inverse Operationen erkannt zu haben.

Obwohl beide die wesentlichen Tatsachen der Differential– und Integralrechnung voneinander unabhängig gefunden hatten, entstand ein Streit um die Priorität, der nach ihrem Tod mit besonderer Heftigkeit fortgeführt wurde und zu einer langen Trennung der Mathematiker in England von denen auf dem Festland führte. Die Entwicklung der Mathematik in England wurde dadurch für längere Zeit gehemmt.

Da zu Newtons und Leibniz' Zeiten der Grenzwertbegriff noch nicht klar war, blieben Differential– und Integralrechnung noch lange Zeit als nicht exakt umstritten und setzten sich nur langsam durch. Johann **Bernoulli** bemühte sich sehr um eine strengere Begründung, aber erst 1742 erschien sein Buch über Integralrechnung; sein Band über Differentialrechnung sogar erst 1924. Letzteren hatte

L'Hospital überarbeitet und 1696 unter seinem Namen veröffentlicht, dies war das erste Lehrbuch über die Differentialrechnung. Es hat der Arbeit vieler Mathematiker bis ins 19. Jahrhundert bedurft, bis die Differential- und Integralrechnung ihre heutige exakte Form gefunden hat. Eine ausführliche historische Darstellung der Anfänge der Differentialrechnung findet man zum Beispiel in *Geschichte der Analysis* [46], und in W. Walters Buch [91].

7.1 Differentiation in einer Veränderlichen

Definition 7.1: *Seien $f : D \to \mathbb{R}$ und x_0 als Häufungspunkt von $D \setminus \{x_0\}$ gegeben.*

$$(7.1) \qquad x \mapsto \frac{f(x) - f(x_0)}{x - x_0} \quad \text{für } x \in D \setminus \{x_0\}$$

heißt **Differenzenquotient**. *f heißt* **differenzierbar** *in x_0, wenn der Funktionenlimes*

$$(7.2) \qquad \frac{df}{dx}(x_0) := f'(x_0) := \lim_{x \to x_0} \frac{f(x) - f(x_0)}{x - x_0}$$

existiert. Der Quotient $\frac{df}{dx}$ heißt **Differentialquotient**.

Nach Satz 4.18 und Definition 4.1 ist (7.2) gleichbedeutend damit, daß für jede Folge $x_n \to x_0$ mit $x_n \in D$, $x_n \neq x_0$, der gleiche Grenzwert

$$f'(x_0) := \lim_{x_n \to x_0} \frac{f(x_n) - f(x_0)}{x_n - x_0}$$

existiert.

Definition 7.2: *f heißt* **differenzierbar in** *$D' \subset D$ genau dann, wenn f differenzierbar ist für alle $x \in D'$. f heißt* **stetig differenzierbar** *in $D' \subset D$ genau dann, wenn $f'(x)$ stetig ist für alle $x \in D'$.*

Beispiel 7.3: *Für $f(x) = \sin x$ ist wegen dem Additionstheorem (4.58)*

$$\begin{aligned}
\frac{\sin x - \sin x_0}{x - x_0} &= \frac{2}{x - x_0} \cdot \cos\left(\frac{x + x_0}{2}\right) \cdot \sin\left(\frac{x - x_0}{2}\right) \\
&= \cos\left(\frac{x + x_0}{2}\right) \cdot \frac{2}{x - x_0} \cdot \left\{\left(\frac{x - x_0}{2}\right) - \frac{1}{3!}\left(\frac{x - x_0}{2}\right)^3 + - \cdots\right\} \\
&= \cos\left(\frac{x + x_0}{2}\right) \cdot \left\{1 - \frac{1}{3!}\left(\frac{x - x_0}{2}\right)^2 + - \cdots\right\}.
\end{aligned}$$

Zu $\left\{1 - \frac{1}{3!}\left(\frac{x - x_0}{2}\right)^2 + - \cdots\right\}$ ist die Reihe $\exp\left\{\left|\frac{x - x_0}{2}\right|\right\}$ eine konvergente

Majorante. Folglich ist $\{\cdots\}$ *eine in* $\mathbb{R}$ *stetige Funktion. Deshalb existiert der Funktionenlimes*

$$(\sin x_0)' = \lim_{x \to x_0} \frac{\sin x - \sin x_0}{x - x_0} = \cos x_0 \cdot \exp 0 = \cos x_0.$$

Also ist

$$(7.3) \qquad (\sin x)' = \cos x.$$

Bemerkung 7.4: *Den Begriff des Differentialquotienten benötigt man zum Beispiel für die Erklärung der Geschwindigkeit. Sei* $s(t)$ *der bis zur Zeit* t *bei geradliniger Bewegung zurückgelegte Weg eines Massenpunktes, entsprechend* $s^* = s(t^*)$ *der bis zur Zeit* t^* *zurückgelegte Weg. Bei einer* **gleichförmigen** *Bewegung ist der Quotient*

$$\frac{s(t^*) - s(t)}{t^* - t} = v$$

von den Zeitpunkten t *und* t^* *unabhängig und gibt die Geschwindigkeit an. Für eine beschleunigte Bewegung dagegen kann* v *nur eine Durchschnittsgeschwindigkeit sein. Zur Erklärung der* **Momentangeschwindigkeit** *benötigt man folglich den Grenzwert*

$$v(t) = \lim_{t^* \to t} \frac{s(t^*) - s(t)}{t^* - t} = s'(t),$$

also die Ableitung von $s(t)$.

Definition 7.5: *Analog zur Definition* (4.27) *des einseitigen Funktionenlimes definieren wir die* **linksseitige Ableitung**

$$(7.4) \qquad f'(x_0-) := \lim_{x \to x_0 - 0} \frac{f(x) - f(x_0)}{x - x_0}$$

sowie die **rechtsseitige Ableitung**

$$(7.5) \qquad f'(x_0+) := \lim_{x \to x_0 + 0} \frac{f(x) - f(x_0)}{x - x_0}.$$

Bemerkung 7.6: f *ist genau dann differenzierbar in* x_0*, wenn die links– und die rechtsseitigen Ableitungen in* x_0 *existieren und übereinstimmen.*

Beispiel 7.7: *Für* $f(x) = |x|$ *ist* $f'(0-) = -1$ *bzw.* $f'(0+) = 1$. f *ist in* $x_0 = 0$ *nicht differenzierbar, da die links– und rechtsseitigen Ableitungen nicht übereinstimmen.*

Satz 7.8: *Sei* $f(x)$ *differenzierbar in* x_0*, dann ist* f *in* x_0 *auch stetig.*

Beweis: Nach Voraussetzung existiert

$$f'(x_0) = \lim_{n\to\infty} \delta_n := \lim_{n\to\infty} \frac{f(x_n) - f(x_0)}{x_n - x_0} \quad \text{mit } x_n \to x_0 \quad \text{für } n \to \infty.$$

Dann ist $f(x_n) - f(x_0) = \delta_n \cdot (x_n - x_0)$ und mit den Limesregeln folgt

$$\begin{aligned} \lim_{n\to\infty} [f(x_n) - f(x_0)] &= \lim_{n\to\infty} \delta_n \cdot (x_n - x_0) \\ &= \lim_{n\to\infty} \delta_n \cdot \lim_{n\to\infty} (x_n - x_0) = f'(x_0) \cdot 0. \end{aligned}$$

Also ist $\lim_{n\to\infty}[f(x_n) - f(x_0)] = 0$ für **jede** Folge $x_n \to x_0$ mit $x_n \neq x_0$. Demnach ist f in x_0 stetig. □

Bemerkung 7.9: *Die Umkehrung dieses Satzes ist falsch, wie das vorher gezeigte Beispiel mit $f(x) = |x|$ und $x_0 = 0$ zeigt. Aus der Differenzierbarkeit in einem Punkt folgt also die Stetigkeit, nicht aber umgekehrt!*

Lemma 7.10: *f sei stetig in D und differenzierbar in $x_0 \in D$. Dann ist die Funktion*

$$\text{(7.6)} \qquad \Phi(x) := \begin{cases} \dfrac{f(x) - f(x_0)}{x - x_0} & \text{für } x \neq x_0, \\ f'(x_0) & \text{für } x = x_0 \end{cases}$$

stetig in D.

Beweis:

i. Für $x \neq x_0$ folgt die Stetigkeit sofort wegen $x - x_0 \neq 0$ aus der Stetigkeit von f.

ii. Betrachte eine Folge $x_n \to x_0$. Dann ist

$$|\Phi(x_n) - \Phi(x_0)| = \left| \frac{f(x_n) - f(x_0)}{x_n - x_0} - f'(x_0) \right|$$

und

$$\begin{aligned} \lim_{n\to\infty} |\Phi(x_n) - \Phi(x_0)| &= \lim_{n\to\infty} \left| \frac{f(x_n) - f(x_0)}{x_n - x_0} - f'(x_0) \right| \\ &= \left| \lim_{n\to\infty} \frac{f(x_n) - f(x_0)}{x_n - x_0} - f'(x_0) \right| \\ &= \left| \lim_{n\to\infty} \Phi(x_n) - f'(x_0) \right| = 0, \end{aligned}$$

da der vorletzte und damit der letzte Grenzwert existiert. Daraus folgt

$$\lim_{n\to\infty} \Phi(x_n) = \lim_{n\to\infty} \frac{f(x_n) - f(x_0)}{x_n - x_0} = f'(x_0).$$

□

Geometrische Deutung der Ableitung:

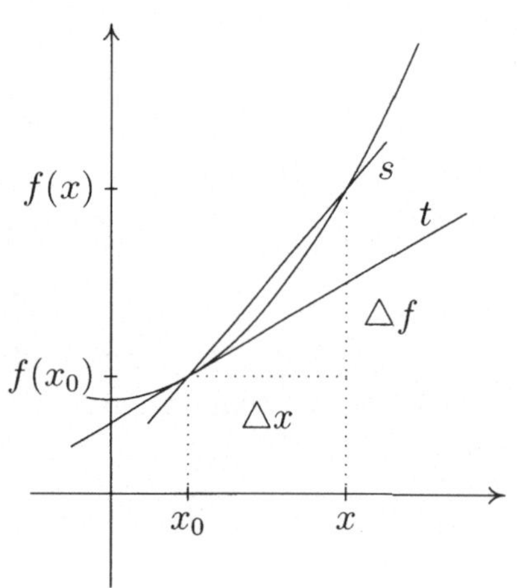

Abbildung 7.1

Die Steigung der Sekante **s** ist

$$\frac{\Delta f}{\Delta x} = \frac{f(x) - f(x_0)}{x - x_0},$$

und für $x \to x_0$ wird

$$\begin{aligned} f'(x_0) &= \lim_{x \to x_0} \frac{f(x) - f(x_0)}{x - x_0} \\ &= \lim_{\Delta x \to 0} \frac{\Delta f}{\Delta x} \end{aligned}$$

die Steigung der Tangente **t** an die Kurve im Punkt $(x_0, f(x_0))$.

Aus den Regeln für das Rechnen mit Grenzwerten folgen die **Differentiationsregeln**. Seien f und g differenzierbar und $\alpha \in \mathbb{R}$. Dann gelten:

(7.7) $$(\alpha \cdot f(x))' = \alpha \cdot f'(x)$$

(7.8) $$(f(x) + g(x))' = f'(x) + g'(x)$$ (Linearität der Differentiation)

(7.9) $$(f(x) \cdot g(x))' = f'(x) \cdot g(x) + f(x) \cdot g'(x)$$ (Produktregel)

(7.10) $$\left(\frac{f(x)}{g(x)}\right)' = \frac{f'(x)}{g(x)} - \frac{f(x)}{g^2(x)} \cdot g'(x)$$ (Quotientenregel)

(7.11) $$(f(g(x)))' = f'(g(x)) \cdot g'(x)$$ (Kettenregel)

Beweis: Die Differentiationsregeln folgen aus den Regeln für das Rechnen mit Grenzwerten (Satz 3.21). Wir greifen hier nur den Beweis der Kettenregel heraus; die restlichen Beweise überlassen wir dem Leser.

Beweis von (7.11**):** Betrachte

$$\Phi(x) := \begin{cases} \dfrac{f(g(x)) - f(g(x_0))}{g(x) - g(x_0)} & \text{für } g(x) \neq g(x_0), \\ f'(g(x_0)) & \text{für } g(x) = g(x_0). \end{cases}$$

Dann gilt für $x_n \neq x_0$

$$\frac{f(g(x_n)) - f(g(x_0))}{x_n - x_0} = \Phi(x_n) \cdot \frac{g(x_n) - g(x_0)}{x_n - x_0}$$

und für $x_n \to x_0$ folgt wegen der Stetigkeit von g, daß auch $g(x_n)$ gegen $g(x_0)$ strebt. Φ ist stetig nach Lemma 7.10 und deswegen gilt

$$\begin{aligned}\lim_{x_n\to x_0}\frac{f(g(x_n))-f(g(x_0))}{x_n-x_0} &= \lim_{x_n\to x_0}\left(\Phi(g(x_n))\cdot\frac{g(x_n)-g(x_0)}{x_n-x_0}\right)\\ &= \lim_{x_n\to x_0}(\Phi(g(x_n)))\cdot\lim_{x_n\to x_0}\frac{g(x_n)-g(x_0)}{x_n-x_0} = f'(g(x_0))\cdot g'(x_0),\end{aligned}$$

da beide Limites existieren. □

Definition 7.11: *Eine Funktion f hat in x_0 ein* **lokales Minimum**, *falls*

(7.12) $\exists\delta>0:\forall x\in U_\delta(x_0):f(x)\geq f(x_0)$,

entsprechend hat f in x_0 ein **lokales Maximum**, *falls*

(7.13) $\exists\delta>0:\forall x\in U_\delta(x_0):f(x)\leq f(x_0)$.

Lemma 7.12: *f sei differenzierbar in x_0 und habe dort ein lokales Maximum. Dann ist dort*

(7.14) $f'(x_0)=0$.

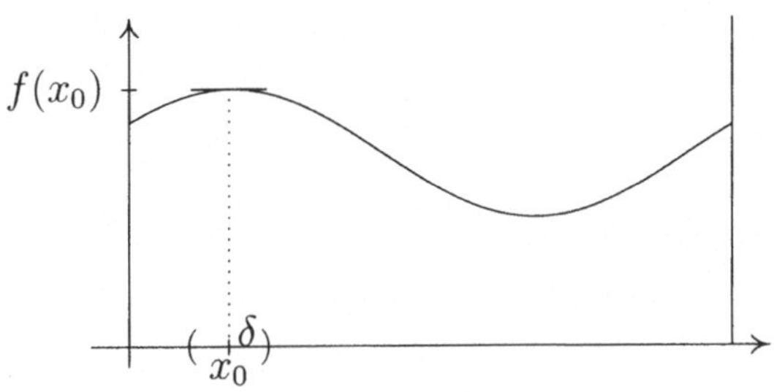

Abbildung 7.2

Beweis: Für $0<h<\delta$ gilt

$$0\leq\frac{f(x_0-h)-f(x_0)}{(-h)}\quad\text{sowie}\quad\frac{f(x_0+h)-f(x_0)}{h}\leq 0.$$

Da f in x_0 differenzierbar ist, gilt für $h\to 0$

$$0\leq\lim_{h\to0}\frac{f(x_0-h)-f(x_0)}{(-h)}=f'(x_0)=\lim_{h\to0}\frac{f(x_0+h)-f(x_0)}{h}\leq 0,$$

also $f'(x_0)=0$. □

Bemerkung 7.13: *Das Lemma gilt entsprechend für ein lokales Minimum in x_0. Es wird falsch, wenn man $U_\delta(x_0)$ durch eine einseitige Umgebung ersetzt (zum Beispiel am Rande eines Definitionsintervalles). In einem „Randextremum“*

braucht also die (einseitige) Ableitung nicht Null zu sein. Wohl aber gilt für ein lokales Maximum im rechten Randpunkt $f'(x_0-) \geq 0$ und im linken Randpunkt $f'(x_0+) \leq 0$. Entsprechende Ungleichungen gelten für ein lokales Minimum in einem der Randpunkte.

Satz 7.14 von Rolle: *Sei f stetig in $[a, b]$ und differenzierbar in (a, b). Ferner sei*

(7.15) $f(a) = f(b)$.

Dann gibt es mindestens eine Stelle $\xi \in (a, b)$ mit

(7.16) $f'(\xi) = 0$.

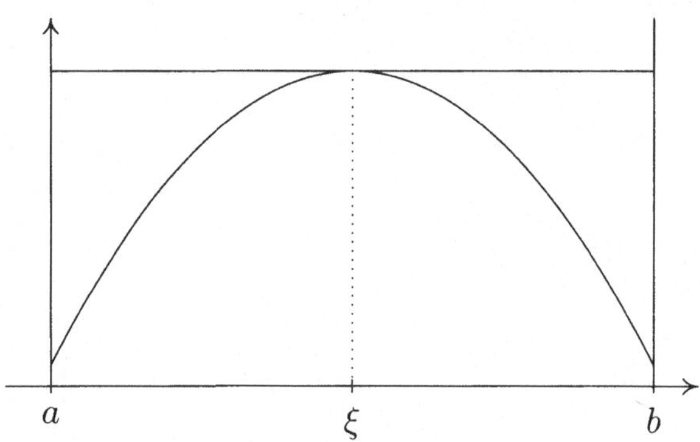

Abbildung 7.3: Satz von Rolle.

Beweis: Nach dem Satz von Weierstraß nimmt eine auf $[a, b]$ stetige Funktion dort ihr Maximum und ihr Minimum an. Folglich existieren $\eta, \zeta \in [a, b]$ mit

$$f(\eta) = \min_{x \in [a,b]} f(x) \quad \text{und} \quad f(\zeta) = \max_{x \in [a,b]} f(x).$$

Wir können nun die folgenden Fälle unterscheiden:

i. $f(\eta) = f(\zeta)$: Dann ist die Funktion konstant, das heißt es ist $f(x) = c$ für alle $x \in [a, b]$, und damit $f'(x) = 0$ für alle $x \in [a, b]$.

ii. $f(\eta) < f(\zeta)$: Dann ist

α) $f(a) = f(b) < f(\zeta)$ und damit $\zeta \in (a, b)$. In diesem Fall hat f in ζ ein lokales Maximum. Nach Lemma 7.12 ist dort $f'(\zeta) = 0$.

β) $f(a) = f(b) > f(\eta)$ und damit $\eta \in (a, b)$. Jetzt hat f in η ein lokales Minimum. Wieder nach Lemma 7.12 ist dort $f'(\eta) = 0$.

□

Satz 7.15 (Mittelwertsatz der Differentialrechnung) : *Sei f stetig in $[a, b]$ und differenzierbar in (a, b). Dann gibt es mindestens eine Stelle $\xi \in (a, b)$ mit*

$$f(b) - f(a) = (b - a) \cdot f'(\xi). \tag{7.17}$$

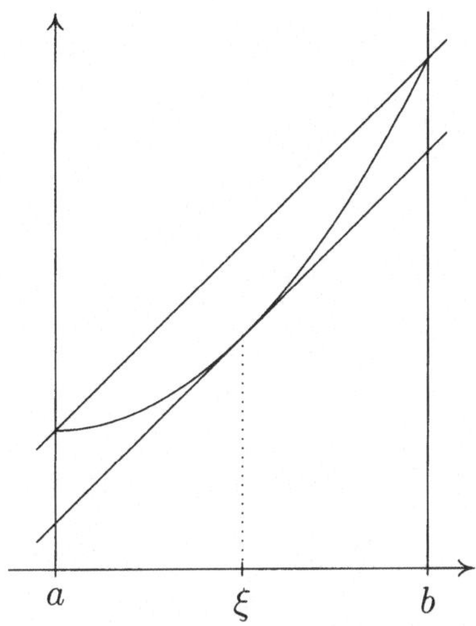

Abbildung 7.4: Mittelwertsatz der Differentialrechnung.

Beweis: Wir betrachten

$$g(x) := (b - a) \cdot f(x) - (b - x) \cdot f(a) - (x - a) f(b).$$

Diese Funktion ist in $[a, b]$ stetig und in (a, b) differenzierbar. Zudem gilt $g(a) = g(b)$, also können wir den Satz von Rolle auf $g(x)$ anwenden. Demnach gibt es dann eine Stelle $\xi \in (a, b)$ mit

$$g'(\xi) = 0 = (b - a) \cdot f'(\xi) + f(a) - f(b)$$

beziehungsweise

$$f(b) - f(a) = (b - a) \cdot f'(\xi).$$

□

Korollar 7.16: *Seien f und g stetig in $[a, b]$ und differenzierbar auf (a, b) mit $g'(x) \neq 0$ für alle $x \in (a, b)$ und $g(a) \neq g(b)$. Dann gibt es eine Stelle $\xi \in (a, b)$ mit*

$$\frac{f(b) - f(a)}{g(b) - g(a)} = \frac{f'(\xi)}{g'(\xi)}. \tag{7.18}$$

Zum Beweis verwende man die Hilfsfunktion

$$(7.19)\quad h(x) := f(x) - f(a) - (g(x) - g(a))\frac{f(b) - f(a)}{g(b) - g(a)}$$

und verfahre wie im Beweis von Satz 7.15.

Satz 7.17: *Sei f stetig in $[a, b]$ und differenzierbar in (a, b) mit*

$$(7.20)\quad f'(x) > 0 \quad \text{für alle } x \in (a, b).$$

Dann ist $f(x)$ in $[a, b]$ streng monoton steigend.

Beweis: Sei $\xi < \eta$ mit $[\xi, \eta] \subset [a, b]$. Nach dem Mittelwertsatz 7.15 gibt es dann eine Stelle $\zeta \in (\xi, \eta)$, in der gilt:

$$f(\eta) - f(\xi) = (\eta - \xi) \cdot f'(\zeta).$$

Nach Voraussetzung sind $f'(\zeta) > 0$ und $\eta - \xi > 0$, also gilt $f(\eta) > f(\xi)$. □

Bemerkung 7.18: *Satz 7.17 gilt entsprechend für*

i. $f'(x) \geq 0$, *dann ist $f(x)$ monoton steigend,*

ii. $f'(x) \leq 0$, *dann ist $f(x)$ monoton fallend,*

iii. $f'(x) < 0$, *dann ist $f(x)$ streng monoton fallend.*

Satz 7.19 (Implizite Differentiation): *Sei f stetig in $[a, b]$ und differenzierbar in (a, b) mit*

$$(7.21)\quad f'(x) > 0 \quad \text{für alle } x \in (a, b).$$

Dann existiert die inverse Funktion $g : [f(a), f(b)] \to [a, b]$ und ist dort stetig sowie differenzierbar in $(f(a), f(b))$ mit

$$(7.22)\quad g'(y) = \frac{1}{f'(g(y))} \quad \text{für } y \in (f(a), f(b)).$$

Bemerkung 7.20: *Ist zudem $f'(a) > 0$, so gilt (7.22) auch in $y = f(a)$, entsprechend für $f'(b) > 0$ in $f(b)$. Der Satz gilt entsprechend für eine streng monoton fallende Funktion mit $f'(x) < 0$ in (a, b).*

Beweis von Satz 7.19: Nach Satz 7.17 ist f in $[a, b]$ streng monoton steigend. Nach Satz 4.57 existiert dann die Umkehrfunktion, ist stetig und nach Korollar 4.58 ist ihr Wertebereich $[f(a), f(b)]$, also ist $g \in C^0[f(a), f(b)]$ und es gilt $f(g(y)) = y$.

Wir betrachten jetzt eine Folge $y_n \to y_0$ mit $y_n \in (f(a), f(b))$ und $y_n \neq y_0$. Da g stetig ist, konvergiert auch $g(y_n) =: x_n$ gegen $x_0 := g(y_0)$, und es ist $x_n \neq x_0$ wegen der strengen Monotonie von f. Damit gilt

$$\frac{g(y_n) - g(y_0)}{y_n - y_0} = \frac{x_n - x_0}{f(x_n) - f(x_0)} = \frac{1}{\dfrac{f(x_n) - f(x_0)}{x_n - x_0}},$$

und der Grenzwert

$$\lim_{x_n \to x_0} \frac{1}{\dfrac{f(x_n) - f(x_0)}{x_n - x_0}} = \frac{1}{\lim\limits_{x_n \to x_0} \dfrac{f(x_n) - f(x_0)}{x_n - x_0}} = \frac{1}{f'(x_0)} = \frac{1}{f'(g(y_0))}$$

existiert wegen der Differenzierbarkeit von f. Also existiert auch

$$\lim_{y_n \to y_0} \frac{g(y_n) - g(y_0)}{y_n - y_0} = g'(y_0) = \frac{1}{f'(g(y_0))}.$$

□

Beispiel 7.21: *Für $f(x) = e^x$ ist*

$$\begin{aligned}
\frac{d}{dx}(e^x) &= \lim_{h \to 0} \frac{1}{h} \cdot \left(\sum_{j=0}^{\infty} \frac{(x+h)^j}{j!} - \sum_{j=0}^{\infty} \frac{x^j}{j!} \right) \\
&= \lim_{h \to 0} \frac{1}{h} \cdot \left(\sum_{j=0}^{\infty} \frac{(x+h)^j - x^j}{j!} \right) \\
&= \lim_{h \to 0} \sum_{j=0}^{\infty} \left\{ \frac{(x+h)^{j-1} + x \cdot (x+h)^{j-2} + \ldots + x^{j-1}}{j!} \right\}.
\end{aligned}$$

Zu dieser Reihe ist $\exp(|x| + |h|) = e^{|x|+|h|}$ *eine konvergente Majorante und bei festem x bezüglich $h \to 0$ stetig. Also gilt*

$$(e^x)' = \lim_{h \to 0} \frac{e^{x+h} - e^x}{h} = \sum_{j=1}^{\infty} \frac{j \cdot x^{j-1}}{j!} = \sum_{j=1}^{\infty} \frac{x^{j-1}}{(j-1)!} = \sum_{k=0}^{\infty} \frac{x^k}{k!} = e^x.$$

Damit erhält man jetzt für die inverse Funktion $g(y) = \ln y$ für $y > 0$

$$\frac{d}{dy}(\ln y) = \frac{1}{\dfrac{d}{dx}(e^x)\,|_{x=\ln y}} = \frac{1}{e^x} = \frac{1}{e^{\ln y}} = \frac{1}{y}.$$

Es gelten also

$$\text{(7.23)} \quad (\ln |y|)' = \frac{1}{y} \quad \text{und} \quad (e^x)' = e^x.$$

Differentiation von Polynomen: Sei

$$(7.24)\quad P_n(x) = a_n x^n + a_{n-1}x^{n-1} + \ldots + a_1 x + a_0$$

ein gegebenes Polynom vom Grade n. Nach Satz 4.31 läßt sich für jedes gewählte x_0 das Polynom $P_n(x)$ umschreiben in

$$(7.25)\quad P_n(x) = P_n(x_0) + (x - x_0) \cdot \left\{ b_n x^{n-1} + \ldots + b_2 x + b_1 \right\}.$$

Bildet man damit den Differenzenquotienten, so erhält man

$$(7.26)\quad \frac{P_n(x) - P_n(x_0)}{x - x_0} = \left\{ b_n x^{n-1} + \ldots + b_2 x + b_1 \right\}.$$

Die Ableitung eines Polynoms $P_n(x)$ an einer Stelle x_0 ist also

$$(7.27)\quad \frac{d}{dx} P_n(x)_{|x=x_0} = b_n x_0^{n-1} + \ldots + b_2 x_0 + b_1.$$

Das Polynom (7.27) ist also gerade das Restpolynom, das wir mit dem **Horner–Schema** (4.34) bestimmt hatten. Wir können deshalb das **Horner–Schema** erweitern, um auch den Wert des abgeleiteten Polynoms an einer Stelle x_0 zu bestimmen:

$$(7.28)\quad \begin{array}{cccccc} a_n & a_{n-1} & a_{n-2} & \ldots & a_1 & a_0 \\ 0 & b_n x_0 & b_{n-1} x_0 & \ldots & b_2 x_0 & b_1 x_0 \\ \hline b_n & b_{n-1} & b_{n-2} & \ldots & b_1 & P_n(x_0) \\ 0 & c_n x_0 & c_{n-1} x_0 & \ldots & c_2 x_0 & \\ \cline{1-5} c_n & c_{n-1} & \ldots & & P_n'(x_0) & \end{array}$$

Folgerung 7.22: *Einsetzen von $P_n(x) = x^n$ in das* **Horner–Schema** (7.28) *liefert*

$$(7.29)\quad \frac{d}{dx} x^n = n \cdot x^{n-1}.$$

7.2 Die Hauptsätze der Differential– und Integralrechnung

Satz 7.23 (Der erste Hauptsatz für stetige Funktionen) :
Sei f stetig in $[a, b]$. Wir definieren das Parameter–abhängige Integral

$$(7.30)\quad F(x) := \int_a^x f(\xi)d\xi \quad \text{für } x \in [a, b].$$

Dann ist $F(x)$ stetig differenzierbar in $[a, b]$ und es gilt

$$(7.31)\quad F'(x) = f(x).$$

Beweis: Mit dem Mittelwertsatz der Integralrechnung (Satz 6.65 mit $g \equiv 1$) erhält man

$$\frac{F(x_n) - F(x_0)}{x_n - x_0} = \frac{1}{x_n - x_0} \cdot \int_{x_0}^{x_n} f(\xi) d\xi = \frac{1}{x_n - x_0} \cdot f(\xi_n) \cdot (x_n - x_0) = f(\xi_n)$$

mit einer Zwischenstelle $\xi_n \in (x_0, x_n) \cup (x_n, x_0)$. Für $x_n \to x_0$ gilt folglich auch $\xi_n \to x_0$, und da f stetig ist, existiert der Grenzwert

$$f(x_0) = \lim_{x_n \to x_0} f(\xi_n) = \lim_{x_n \to x_0} \frac{F(x_n) - F(x_0)}{x_n - x_0} = F'(x_0).$$ □

Satz 7.24 (Der erste Hauptsatz für Regelfunktionen) :
Sei f Regelfunktion in $[a, b]$ und es gelte wieder

$$F(x) := \int_a^x f(\xi) d\xi \quad \text{für } x \in [a, b].$$

Dann existieren in jedem Punkt die links– und die rechtsseitigen Ableitungen von $F(x)$ mit

$$(7.32) \quad F'(x_0-) = \lim_{x \to x_0 - 0} f(x) \quad \textit{und} \quad F'(x_0+) = \lim_{x \to x_0 + 0} f(x).$$

Beweis: Da f Regelfunktion ($f \in \overline{\mathcal{E}}(D)$) ist, existiert eine Folge f_n von Treppenfunktionen, die gleichmäßig gegen f konvergiert, also

$$\lim_{n \to \infty} \|f_n - f\|_{\mathcal{F}} = \lim_{n \to \infty} \sup_{x \in [a,b]} |f_n(x) - f(x)| = 0.$$

Nun betrachte man $f_n(x)$ für ein festes n und $h \neq 0$. Dann liegt für ein fest gewähltes x_0 entweder x_0 in einem Konstanzintervall (im Bild x_{0_1}) und für genügend kleines h auch $x_0 + h$ in diesem Konstanzintervall, oder x_0 ist Knoten (im Bild x_{0_2}). Im zweiten Fall liegen alle Punkte $x_0 + h$ für genügend kleines positives h in einem Konstanzintervall und für negatives h diese Punkte gegebenenfalls in einem anderen Konstanzintervall. In jedem Fall aber gilt

$$\int_{x_0}^{x_0+h} f_n(\xi) d\xi = h \cdot f_n(x_0 + h).$$

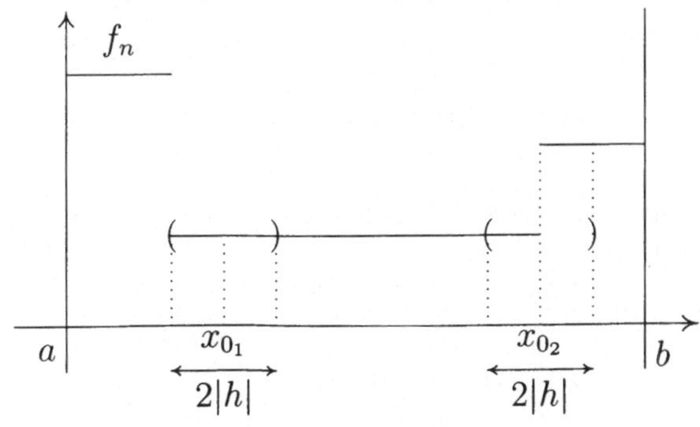

Abbildung 7.5

Folglich gilt für diese $h \neq 0$

$$\begin{aligned}\frac{F(x_0+h)-F(x_0)}{h} &= \frac{1}{h}\cdot\int_{x_0}^{x_0+h} f_n(\xi)\,d\xi + \frac{1}{h}\cdot\int_{x_0}^{x_0+h}(f(\xi)-f_n(\xi))\,d\xi \\ &= f_n(x_0+h)+\frac{1}{h}\cdot\int_{x_0}^{x_0+h}(f(\xi)-f_n(\xi))\,d\xi.\end{aligned}$$

Damit erhält man

$$\begin{aligned}&\left|\frac{F(x_0+h)-F(x_0)}{h}-f(x_0+h)\right| \\ &\qquad \le |f_n(x_0+h)-f(x_0+h)|+\frac{1}{|h|}\cdot|h|\cdot\|f_n-f\|_{\mathcal{F}} \\ &\qquad \le \sup_{\xi\in[a,b]}|f_n(\xi)-f(\xi)|+\|f_n-f\|_{\mathcal{F}} = 2\cdot\|f_n-f\|_{\mathcal{F}}.\end{aligned}$$

Also gilt (zunächst für festes n)

$$\overline{\lim_{h\to 0}}\left|\frac{F(x_0+h)-F(x_0)}{h}-f(x_0+h)\right| \le 2\cdot\|f_n-f\|_{\mathcal{F}}.$$

Diese Abschätzung gilt aber für jedes n, da die linke Seite überhaupt nicht von n abhängt. Also hat man für $n\to\infty$

$$\overline{\lim_{h\to 0}}\left|\frac{F(x_0+h)-F(x_0)}{h}-f(x_0+h)\right| \le 2\cdot\lim_{n\to\infty}\|f_n-f\|_{\mathcal{F}} = 0.$$

Da der Limes superior dieser nichtnegativen Folge Null ist, existiert auch der Grenzwert

$$\lim_{h\to 0}\left|\frac{F(x_0+h)-F(x_0)}{h}-f(x_0+h)\right| = 0.$$

Da f Regelfunktion ist, existieren nach Satz 6.16 für $f(x_0+h)$ der links- und der rechtsseitige Grenzwert

$$\lim_{0<h\to 0} f(x_0+h) \quad \text{sowie} \quad \lim_{0>h\to 0} f(x_0+h),$$

deshalb kann man diese oben verwenden und erhält die Behauptung

$$\begin{aligned}F'(x_0+) &= \lim_{0<h\to 0}\frac{F(x_0+h)-F(x_0)}{h} = \lim_{0<h\to 0} f(x_0+h) = \lim_{x\to x_0+0} f(x), \\ F'(x_0-) &= \lim_{0>h\to 0}\frac{F(x_0+h)-F(x_0)}{h} = \lim_{0>h\to 0} f(x_0+h) = \lim_{x\to x_0-0} f(x).\end{aligned}$$

□

Definition 7.25: *D sei ein Intervall. Dann heißt $f : D \to \mathbb{R}$* **absolutstetig** *(oder* **totalstetig***), genau dann wenn für alle $\varepsilon > 0$ ein $\delta > 0$ existiert, so daß für jedes endliche System paarweise disjunkter Intervalle $(\alpha_i, \beta_i) \subset D$, $i = 1 \ldots p$ gilt:*

$$(7.33)\quad \text{Aus } \sum_{i=1}^{p}(\beta_i - \alpha_i) < \delta \quad \text{folgt} \quad \sum_{i=1}^{p}|f(\beta_i) - f(\alpha_i)| < \varepsilon.$$

Bemerkung 7.26: *Für $p = 1$ ist das die Definition der gleichmäßigen Stetigkeit. Die Absolutstetigkeit ist also eine sehr viel schärfere Bedingung als die gleichmäßige Stetigkeit, da die Bedingung (7.33) ja für* **jedes** *beliebige endliche System von paarweise disjunkten Intervallen gelten soll und nicht nur für ein einziges Intervall, wie bei der gleichmäßigen Stetigkeit.*

Satz 7.27 (Der erste Hauptsatz für Lebesgue–integrierbare Funktionen): *Sei D ein Intervall und $f : D \to \mathbb{R}$ Lebesgue–integrierbar (das heißt $f \in L(D)$) und wieder*

$$F(x) := \int_a^x f(\xi)\, d\xi \quad \text{für } x \in D.$$

Dann ist F in D absolutstetig und es gilt

$$(7.34)\quad f(x) = F'(x) \quad \text{fast überall in } D.$$

Dieser Satz wird hier nicht bewiesen. Man findet den Beweis zum Beispiel in [69].

Wir fassen nun die Formulierungen des ersten Hauptsatzes nochmals zusammen:

Der erste Hauptsatz in seinen drei Versionen: Für

$$F(x) := \int_a^x f(\xi)\, d\xi, \quad x \in D$$

gilt

$$F'(x_0 \pm 0) = f(x_0 \pm 0)$$

i. in ganz D für stetiges f, das heißt $f \in C^0(D)$;

ii. links- und rechtsseitig für Regelfunktionen, das heißt $f \in \overline{\mathcal{E}}(D)$;

iii. fast überall in D für $f \in L(D)$.

Satz 7.28 (Der zweite Hauptsatz):

1. *Sei F in $[a, b]$ stetig differenzierbar. Dann gilt für $x \in D = [a, b]$*

$$(7.35)\quad F(x) - F(a) = \int_a^x F'(\xi)\, d\xi.$$

2. *Sei F in $[a, b]$ absolutstetig. Dann ist F in $[a, b]$ fast überall differenzierbar mit $F' \in L(D)$ und wieder gilt (7.35).*

Beweis: Wir führen den Beweis nur unter den starken Voraussetzungen von Fall 1. Für den zweiten Fall absolutstetiger Funktionen verweisen wir auf [69, Kapitel IX, §2].
Nach dem ersten Hauptsatz gilt für $f(x) = F'(x)$

$$\left(\int_a^x f(\xi)d\xi\right)' = f(x).$$

Folglich gilt für

$$H(x) := F(x) - F(a) - \int_a^x f(\xi)\,d\xi$$

$H'(x) = 0$ für alle $x \in D$ und $H(a) = 0$. Mit dem Mittelwertsatz (Satz 7.15) ist dann

$$F(t) - \int_a^t f(\xi)\,d\xi = H(t) - H(a) = (t-a)\cdot H'(\eta) = 0 \quad \text{für } t \in [a,b]$$

mit einer geeigneten Zwischenstelle $\eta \in (a,t)$. Daraus folgt

$$F(t) - F(a) = \int_a^t f(\xi)\,d\xi.$$

□

Definition 7.29: *Sei $f : D \to \mathbb{R}$ Lebesgue–integrierbar und D ein Intervall. Dann heißt jede Funktion $F(x)$ mit $F'(x) = f(x)$* **Stammfunktion** *zu $f(x)$. Die Äquivalenzklasse aller Stammfunktionen zu f heißt* **unbestimmtes Integral** *zu f und es ist für $f \in L(D)$*

(7.36) $$\int f(\xi)\,d\xi = \{F(x) \mid F'(x) = f(x)\}.$$

Folgerungen 7.30:

i. *Sei $f \in L(D)$, D ein Intervall und $F_1, F_2 \in \int f(\xi)d\xi$. Dann gilt*

(7.37) $$F_1(x) - F_2(x) = \alpha = \text{const},$$

das heißt je zwei Stammfunktionen zu f unterscheiden sich höchstens um eine Konstante.

ii. *Für differenzierbare bzw. absolutstetige Funktionen mit integrierbarer Ableitung ist die Differentiation die zur Integration inverse Operation und das unbestimmte Integral die zur Differentiation inverse Operation, das heißt es gilt*

$$\frac{d}{dx}\int F'(\xi)d\xi = F'(\xi) \quad \text{und} \quad F(x) \in \int F'(\xi)\,d\xi.$$

iii. *Aus jeder* **Differentiationsregel** *läßt sich mittels der Hauptsätze eine* **korrespondierende Integrationsregel** *gewinnen.*

Beispiel 7.31: *Für $x \neq 0$ sei $F(x) = \ln|x|$. Es ist*

$$\ln|x| \in \int \frac{d\xi}{\xi} \quad \text{für } x \in (0,\infty) \text{ bzw. } x \in (-\infty, 0).$$

Beim Bilden eines unbestimmten Integrals dürfen die Definitionsgrenzen nicht übersprungen werden, denn

$$\int_{-1}^{1} \frac{d\xi}{\xi}$$

existiert nicht als uneigentliches Riemann–Integral und auch nicht als Lebesgue–Integral, denn es ist

$$\int_{\varepsilon}^{1} \frac{d\xi}{\xi} = -\ln\varepsilon \to \infty \quad \text{für } \varepsilon \to 0.$$

Folglich ist $\ln|x| \in \int \frac{d\xi}{\xi}$ nur sinnvoll, wenn die Grenzen aus dem gleichen Definitionsintervall (entweder $(-\infty, 0)$ oder $(0,\infty)$) gewählt werden.
Also: Beim Integrieren Vorsicht mit den Definitionsbereichen!

7.3 Spezielle Integrationsregeln

Satz 7.32 (Partielle Integration): *Seien f, g absolutstetig auf $[a,b]$. Dann gilt*

$$\text{(7.38)} \quad \begin{aligned} \int_a^b f'(x)\cdot g(x)\,dx &= f(x)\cdot g(x)|_a^b - \int_a^b f(x)\cdot g'(x)\,dx \\ &= f(b)\cdot g(b) - f(a)\cdot g(a) - \int_a^b f(x)\cdot g'(x)\,dx. \end{aligned}$$

Folgerung 7.33: (7.38) *gilt für differenzierbare Funktionen f, g mit $f', g' \in \overline{\mathcal{E}}$, also insbesondere auch, falls f, g stetig differenzierbar sind.*

Beweis: Da f, g absolutstetig sind, sind nach dem zweiten Hauptsatz die Ableitungsfunktionen f', g' Lebesgue–integrierbar. Dann gilt

$$(f\cdot g)' = f'\cdot g + f\cdot g' \in L(D).$$

Nach dem ersten Hauptsatz ist dann auch $f\cdot g$ absolutstetig auf $[a,b]$ und wieder mit dem zweiten Hauptsatz gilt dann

$$\int_a^b (f\cdot g)'\,dx = \int_a^b (f'\cdot g + f\cdot g')\,dx = f\cdot g|_a^b,$$

woraus die Behauptung folgt. □

Satz 7.34 (Integration durch Substitution): *Sei f in $[A, B]$ Lebesgue–integrierbar ($f \in L([A, B])$) und $X(t)$ stetig in $[\alpha, \beta]$ und differenzierbar mit $X'(t) \in \overline{\mathcal{E}}([\alpha, \beta])$. Weiter sei*

$$(7.39) \quad a = X(\alpha), \quad b = X(\beta), \quad X([\alpha, \beta]) \subset [A, B],$$

und $f(X(t)) \cdot X'(t)$ sei summierbar **oder** *$X(t)$ stückweise streng monoton. Dann gilt*

$$(7.40) \quad \int_a^b f(x)\, dx = \int_\alpha^\beta f(X(t)) \cdot X'(t)\, dt.$$

Bemerkung 7.35: *Die Bedingung, daß der Bildbereich $X([\alpha, \beta])$ von $X(t)$ Teil des Definitionsbereiches $D = [A, B]$ von f sein muß, ist wichtig und darf auf keinen Fall vergessen werden, sonst wird die Behauptung (7.40) falsch. Diese Bedingung ist zum Beispiel erfüllt, falls X monoton und $a = A$ bzw. $b = B$ ist.*

Beweis:

i. Sei

$$F(x) = \int_a^x f(\xi)\, d\xi$$

und $f(X(t)) \cdot X'(t)$ sei summierbar. Nach der Kettenregel gilt in allen Punkten, in denen F und X differenzierbar sind,

$$\frac{d}{dt} F(X(t)) = F'(X(t)) \cdot X'(t) = f(X(t)) \cdot X'(t),$$

und wegen $f(X(t)) \cdot X'(t) \in L$ kann man den ersten und zweiten Hauptsatz anwenden. Es ergibt sich mit (7.35)

$$\int_\alpha^\beta f(X(t)) \cdot X'(t) dt = F(X(\beta)) - F(X(\alpha)) = F(b) - F(a) = \int_a^b f(\xi) d\xi.$$

ii. Ist $X(t)$ stückweise streng monoton, so genügt es, (7.40) auf den Monotonieintervallen zu beweisen sowie für f^+ und f^- getrennt.

Ohne Beschränkung der Allgemeinheit sei jetzt $X'(t) > 0$ auf $[\alpha, \beta]$, also X streng monoton steigend. Zu f^+ auf $[A, B]$ existiert dann eine Folge von Treppenfunktionen, die fast überall punktweise monoton gegen f^+ konvergiert, also

$$0 \leq \varphi_k(x) \leq \varphi_{k+1}(x) \to f^+(x) \quad \text{fast überall.}$$

Dann ist auch

$$\varphi_k(X(t)) \leq \varphi_{k+1}(X(t))$$

eine Folge von Treppenfunktionen bezüglich t. Für jedes k ist dann $\varphi_k(X(t)) \cdot X'(t)$ Regelfunktion und damit summierbar.

Des weiteren gilt

$$0 \le \varphi_k(X(t)) \cdot X'(t) \le \varphi_{k+1}(X(t)) \cdot X'(t),$$

und nach *i.* gilt auch

$$\int_a^b \varphi_k(x)\,dx = \int_\alpha^\beta \varphi_k(X(t)) \cdot X'(t)\,dt.$$

Für $k \to \infty$ gilt nach Definition des Lebesgue–Integrals

$$\lim_{k\to\infty} \int_a^b \varphi_k(x)\,dx = \int_a^b f^+(\xi)\,d\xi,$$

und nach dem Satz von Beppo Levi gilt auch

$$\lim_{k\to\infty} \int_\alpha^\beta \varphi_k(X(t)) \cdot X'(t)\,dt = \int_\alpha^\beta f^+(X(t)) \cdot X'(t)\,dt.$$

Also hat man insgesamt, da für f^- Entsprechendes gilt,

$$\int_a^b f(\xi)\,d\xi = \int_\alpha^\beta f(X(t)) \cdot X'(t)\,dt.$$

□

Bemerkung 7.36: *Mit Hilfe der partiellen Integration und der Integration durch Substitution ist es möglich, viele spezielle Integrale elementar zu berechnen. Auf die sogenannte* **Partialbruchzerlegung**, *mit der man kompliziertere rationale Funktionen integrieren kann, soll am Schluß dieses Kapitels nochmals eingegangen werden.*

7.4 Differentiation von Funktionenfolgen und –reihen

Satz 7.37 (Differentiation von Funktionenfolgen) : *Sei $f_j \in C^0([a,b])$ und für irgendein $x_0 \in [a,b]$ existiere*

$$\varphi_0 = \lim_{j\to\infty} f_j(x_0).$$

Weiterhin gelte eine der folgenden Bedingungen:

i. $f_j' \in C^0([a,b])$ *und die Folge der Ableitungen f_j' konvergiere gleichmäßig in $[a,b]$.*

ii. f_j' *meßbar und $|f_j'| \le g \in L^+$ (das heißt es existiere eine summierbare Majorante) und f_j' konvergiere punktweise fast überall.*

Dann konvergiert die Funktionenfolge f_j gleichmäßig gegen eine Grenzfunktion $f(x)$ und es gilt für die Ableitungen

$$(7.41)\quad f'(x) = \lim_{j\to\infty} f_j'(x) = \frac{d}{dx}\left(\lim_{j\to\infty} f_j(x)\right)$$

im Fall i. gleichmäßig in $[a,b]$, im Fall ii. punktweise fast überall.

Bemerkung 7.38: *Im Fall i. kann die Bedingung $f_j' \in C^0([a,b])$ ersetzt werden durch die schwächere Bedingung $f_j' \in \overline{\mathcal{E}}([a,b])$.*

Beweis: Im Fall *i.* existiert wegen der gleichmäßigen Konvergenz von f_j' nach Satz 5.7 eine stetige Grenzfunktion

$$\Psi(x) := \lim_{j\to\infty} f_j'(x).$$

Dann ist wegen des zweiten Hauptsatzes nach (7.35)

$$\int_{x_0}^{x} f_j'(\xi)\, d\xi = f_j(x) - f_j(x_0),$$

und wegen der gleichmäßigen Konvergenz der f_j' folgt nach Satz 6.17 über die Integration von Funktionenfolgen:

$$\lim_{j\to\infty}\int_{x_0}^{x} f_j'(\xi)\, d\xi = \int_{x_0}^{x}\Psi(\xi)\, d\xi.$$

Nach Voraussetzung ist $\lim_{j\to\infty} f_j(x_0) = \varphi_0$, also ist insgesamt für $j\to\infty$

$$\lim_{j\to\infty}\int_{x_0}^{x} f_j'(\xi)\, d\xi + \lim_{j\to\infty} f_j(x_0) = \lim_{j\to\infty} f_j(x)$$

sowie

$$(7.42)\quad \int_{x_0}^{x}\Psi(\xi)\, d\xi + \varphi_0 = f(x).$$

Zur Konvergenz: Es ist

$$|f_j(x) - f(x)| \le \left|\int_{x_0}^{x}\left(f_j'(\xi) - \Psi(\xi)\right) d\xi\right| + |f_j(x_0) - \varphi_0|,$$

also auch

$$\begin{aligned}\sup_{x\in D}|f_j(x) - f(x)| &\le \sup_{x\in D}\left|\int_{x_0}^{x}\left(f_j'(\xi) - \Psi(\xi)\right) d\xi\right| + |f_j(x_0) - \varphi_0| \\ &\le (b-a)\cdot \|f_j' - \Psi\|_{\mathcal{F}} + |f_j(x_0) - \varphi_0|,\end{aligned}$$

und für $j\to\infty$ gelten nach Voraussetzung

$$\lim_{j\to\infty}|f_j(x_0) - \varphi_0| = 0, \quad \lim_{j\to\infty}\|f_j' - \Psi\|_{\mathcal{F}} = 0.$$

Die Folge f_j konvergiert also gleichmäßig und aus (7.42) folgt dann mit dem ersten Hauptsatz

$$\frac{d}{dx} f(x) = \Psi(x),$$

denn wenn die linke Seite in (7.42) differenzierbar ist, ist es auch die rechte.
Fall *ii.*:

a. Nach Voraussetzung existiert die Grenzfunktion

$$f^{(I)}(\xi) = \lim_{j\to\infty} f_j'(\xi) \quad \text{für fast alle } \xi \in [a,b].$$

Des weiteren gilt $|f_j'(\xi)| \leq g(\xi)$ fast überall und g ist summierbar ($g \in L_+$). Also ist nach dem Satz von Lebesgue (Satz 6.57) auch $f^{(I)}$ summierbar ($f^{(I)} \in L$) und es ist

$$|f^{(I)}(\xi)| \leq g(\xi) \quad \text{fast überall.}$$

b. Man betrachtet

$$f(x) := \int_{x_0}^{x} f^{(I)}(\xi)\, d\xi + \varphi_0.$$

Dann gilt nach dem ersten Hauptsatz für summierbare Funktionen (Satz 7.27)

$$f'(\xi) = f^{(I)}(\xi)$$

und $f(x)$ und die $f_j(x)$ sind absolutstetig ebenfalls nach Satz 7.27.

c. Es gilt für $j \to \infty$

$$|f_j'(\xi) - f'(\xi)| \to 0 \quad \text{fast überall}$$

und deswegen folgt aus dem Satz von Lebesgue (Satz 6.57)

$$\lim_{j\to\infty} \int_a^b |f_j'(\xi) - f'(\xi)|\, d\xi = 0.$$

Sei jetzt $\varepsilon > 0$ beliebig gegeben. Dann existiert dazu $N(\varepsilon)$ so, daß für alle $j \geq N$ und alle $x \in [a,b]$ gilt

$$|f_j(x) - f(x)| = \left|\int_{x_0}^{x} (f_j'(\xi) - f'(\xi))\, d\xi\right| \leq \int_a^b |f_j'(\xi) - f'(\xi)|\, d\xi < \varepsilon.$$

Demnach konvergiert die Folge der $f_j(x)$ gleichmäßig gegen $f(x)$. □

Satz 7.39 (Differentiation von Funktionenreihen): *Seien* $h_\ell \in C^0([a,b])$ *und für ein* $x_0 \in [a,b]$ *konvergiere die Reihe* $\varphi_0 = \sum_{\ell=1}^{\infty} h_\ell(x_0)$.
Weiter gelte eine der folgenden Bedingungen:

i. $h'_\ell \in C^0([a,b])$ *und die Reihe der Ableitungen* $\sum_{\ell=1}^{\infty} h'_\ell(x)$ *konvergiere gleichmäßig in* $[a,b]$.

ii. $h'_\ell \in L$ *und die Reihe* $\sum_{\ell=1}^{\infty} \int_a^b |h'_\ell(x)|\, dx$ *konvergiere.*

Dann konvergiert die Reihe

$$f(x) = \sum_{\ell=1}^{\infty} h_\ell(x)$$

gleichmäßig in $[a,b]$, *und es gilt*

$$f'(x) = \sum_{\ell=1}^{\infty} h'_\ell(x) \tag{7.43}$$

im Fall i. gleichmäßig in $[a,b]$ *und im Fall ii. punktweise fast überall.*

Bemerkung 7.40: *Im Fall i. kann man wieder die Bedingung* $h'_\ell \in C^0([a,b])$ *ersetzen durch die schwächere Bedingung* $h'_\ell \in \overline{\mathcal{E}}$.

Beweis: Der Beweis im Fall *i.* verläuft vollkommen analog zum Beweis von Satz 7.37. Im Fall *ii.* verwende man anstatt des Satzes über die majorisierte Konvergenz das Korollar 6.55 zum Satz von Beppo Levi. □

Satz 7.41: *Potenzreihen dürfen im Inneren ihres Konvergenzintervalles gliedweise differenziert werden, das heißt es gilt*

$$\frac{d}{dx}\left(\sum_{\nu=0}^{\infty} a_\nu x^\nu\right) = \sum_{\nu=1}^{\infty} \nu \cdot a_\nu x^{\nu-1}, \tag{7.44}$$

und die gliedweise differenzierte Reihe (7.44) konvergiert gleichmäßig für $|x| \le \delta < \rho$ *für jedes* $\delta < \rho$, *wobei* ρ *der Konvergenzradius der ursprünglichen Reihe ist.*

Beweis: Nach Lemma 4.41 gilt für den Konvergenzradius der formal gliedweise differenzierten Potenzreihe (7.44)

$$\rho\left(\sum_{\nu=1}^{\infty} \nu \cdot a_\nu x^{\nu-1}\right) = \rho\left(\sum_{\nu=0}^{\infty} a_\nu x^\nu\right).$$

Die gliedweise differenzierte Reihe konvergiert also gleichmäßig für $x \in [-\delta, \delta] \subset (-\rho, \rho)$, da

$$\sum_{\nu=1}^{\infty} |\nu \cdot a_\nu| \cdot \delta^{\nu-1}$$

eine konvergente Majorante ist. Damit erfüllt die Reihe die Voraussetzungen von Satz 7.39, Fall *i.*, da außerdem für $x_0 = 0$ die Funktionswerte

$$\varphi_0(0) = \sum_{\nu=0}^{\infty} a_\nu x_0^\nu = a_0$$

eine stationäre Folge bilden. □

Beispiel 7.42:

$$f(x) = \sinh x = \sum_{k=0}^{\infty} \frac{x^{2k+1}}{(2k+1)!},$$

und die Exponentialreihe ist Majorante, also ist $\rho = \infty$. *Damit ist*

$$f'(x) = \frac{d}{dx} \sinh x = \sum_{k=0}^{\infty} (2k+1) \cdot \frac{x^{2k}}{(2k+1)!} = \sum_{k=0}^{\infty} \frac{x^{2k}}{(2k)!} = \cosh x.$$

7.5 Höhere Ableitungen

Ist eine Funktion f in D stetig differenzierbar, so kann man nach der Ableitung der Ableitungsfunktion $f'(x)$ in D fragen. Falls auch $f'(x)$ differenzierbar ist, das heißt $\frac{d}{dx}\left(\frac{df}{dx}\right)$ existiert, dann heißt f **zweimal differenzierbar**.

Definition 7.43:

(7.45) $$f''(x) := \frac{d}{dx}\left(\frac{d}{dx}\right) f(x) = \frac{d}{dx} f'(x)$$

und rekursiv

$$f^{(n)}(x) := \frac{d}{dx} f^{(n-1)}(x) = \left(\frac{d}{dx}\right)^n f(x), \quad n = 1, 2, \ldots.$$

Damit können wir auf D den Raum der n–mal stetig differenzierbaren Funktionen definieren, deren Ableitungen bis zur n–ten Ordnung auf D beschränkt sind:

(7.46) $$C^n(D) := \left\{ f : D \to \mathbb{R} \mid \forall j \in \mathbb{N} \wedge j \leq n : f^{(j)} \in C^0(D) \wedge \|f\|_{C^n} < \infty \right\}$$

mit

$$\|f\|_{C^n} := \sum_{j=0}^{n} \|f^{(j)}\|_{\mathcal{F}} = \sum_{j=0}^{n} \sup_{x \in D} |f^{(j)}(x)|.$$

$C^n(D)$ bildet mit $\|f\|_{C^n}$ und mit der üblichen Addition und Skalar–Multiplikation (wie in $C^0(D)$) einen normierten Vektorraum.

Lemma 7.44: *$C^n(D)$ ist ein Banachraum und der Differentialoperator*

$$\left(\frac{d}{dx}\right)^k \quad : \quad C^n(D) \to C^{n-k}(D) \quad \text{für} \quad 0 \le k \le n$$

ist eine stetige lineare Abbildung von C^n nach C^{n-k}. Des weiteren gilt für diese k

$$(7.47) \quad \|\frac{d^k}{dx^k} f(x)\|_{C^{n-k}(D)} \le \|f\|_{C^n(D)}.$$

Erklärung: Leitet man eine n–mal stetig differenzierbare Funktion k–mal ab, so ist die Ergebnisfunktion noch $(n-k)$–mal stetig differenzierbar. Die Abbildung $\left(\frac{d}{dx}\right)^k$ führt also aus $C^n(D)$ in $C^{n-k}(D)$. Die Ungleichung (7.47) folgt sofort aus der Definition (7.46):

$$\|f^{(k)}\|_{C^{n-k}} = \sum_{j=0}^{n-k} \|f^{(k+j)}\|_{\mathcal{F}} \le \sum_{\ell=0}^{n} \|f^{(\ell)}\|_{\mathcal{F}} = \|f\|_{C^n}$$

Bemerkung 7.45: *Aus Satz 7.41 folgt, daß Potenzreihen im Inneren ihres Konvergenzintervalles $(-\rho, \rho)$ unendlich oft differenzierbar sind. Sie liegen also in* **jedem** *$C^n([-\delta, \delta])$, für jedes δ mit $0 < \delta < \rho$.*

7.6 Die Taylorsche Formel

Bei unseren bisherigen Überlegungen zeigte sich immer wieder, daß **Polynome** einfach zu handhabende Funktionen sind. Dies gilt nicht nur für das Differenzieren und Integrieren, auch auf Rechenmaschinen sind Polynome bzw. rationale Funktionen die einzigen, die sich vollständig darstellen und berechnen lassen. Sind Funktionen durch Potenzreihen definiert, so wird man bei vorgegebener Genauigkeit die Potenzreihe bis zu einer geeigneten Potenz n aufsummieren, also auch hier ein Polynom n–ten Grades zur Berechnung benutzen. Damit stellt sich die Frage, wie weit beliebige Funktionen durch Polynome ersetzbar sind. Diese Frage kann man in verschiedenen Richtungen präzisieren. Wir befassen uns zunächst mit der sogenannten **Taylorschen Formel**.

Satz 7.46 (Taylorsche Formel): *Sei $f(x)$ in $D = [a,b]$ $(n+1)$–mal stetig differenzierbar. Dann gilt für $x, x_0 \in D$*

$$(7.48) \quad f(x) = f(x_0) + \frac{(x-x_0)}{1!} f'(x_0) + \frac{(x-x_0)^2}{2!} f''(x_0) + \ldots$$
$$\ldots + \frac{(x-x_0)^n}{n!} f^{(n)}(x_0) + R_n(x, x_0)$$

mit dem Restglied

$$(7.49)\quad \begin{aligned} R_n(x,x_0) &= \frac{1}{n!}\int_{x_0}^{x}(x-t)^n\, f^{(n+1)}(t)\,dt \\ &= \frac{1}{n!}(x-x_0)^{n+1}\int_0^1 (1-s)^n\, f^{(n+1)}(x_0+s\,(x-x_0))\,ds. \end{aligned}$$

Das Restglied $R_n(x,x_0)$ ist stetig für $x\in[a,b]$ bei festem x_0 und für $x_0\in[a,b]$ bei festem x. Es hat außerdem die **Lagrangesche Darstellung**

$$(7.50)\quad R_n(x,x_0) = \frac{1}{(n+1)!}\,(x-x_0)^{n+1}\, f^{(n+1)}(\xi)$$

mit einer geeigneten, von f, x und x_0 abhängenden Zwischenstelle $\xi\in(x_0,x)\cup(x,x_0)$.

Beweis:

i. Wir beweisen die Taylorformel durch vollständige Induktion. Für $n=0$ folgt die **Verankerung** aus den beiden Hauptsätzen

$$f(x)-f(x_0) = \int_{x_0}^{x} f'(t)dt = R_0(x,x_0),$$

das heißt (7.48) mit (7.49) ist für $n=0$ gültig.

Schluß von n auf $n+1$: Sei jetzt $f\in C^{n+2}([a,b])$ und für f gelte die Taylorformel bis zum n–ten Glied, also

$$\begin{aligned} f(x) &= f(x_0)+\frac{(x-x_0)}{1!}\,f'(x_0)+\frac{(x-x_0)^2}{2!}\,f''(x_0)+\dots \\ &\qquad \dots+\frac{(x-x_0)^n}{n!}\,f^{(n)}(x_0)+\frac{1}{n!}\int_{x_0}^{x}(x-t)^n\, f^{(n+1)}(t)\,dt. \end{aligned}$$

Wählt man in $R_n(x,x_0)$ jetzt $u'(t) := (x-t)^n$ und $v(t) := f^{(n+1)}(t)$, dann erhält man mit

$$u(t) = -\frac{(x-t)^{n+1}}{n+1},\quad v'(t) = f^{(n+2)}(t)$$

durch partielle Integration

$$\begin{aligned} R_n(x,x_0) &= \frac{1}{n!}\int_{x_0}^{x}(x-t)^n\, f^{(n+1)}(t)\,dt \\ &= -\frac{(x-t)^{n+1}}{(n+1)\,n!}\, f^{(n+1)}(t)\Big|_{x_0}^{x} + \frac{1}{n!}\int_{x_0}^{x}\frac{(x-t)^{n+1}}{n+1}\, f^{(n+2)}(t)\,dt \\ &= \frac{(x-x_0)^{n+1}}{(n+1)!}\, f^{(n+1)}(x_0)+\frac{1}{(n+1)!}\int_{x_0}^{x}(x-t)^{n+1}\, f^{(n+2)}(t)\,dt. \end{aligned}$$

Man hat also insgesamt

$$\begin{aligned} f(x) &= f(x_0) + \frac{x-x_0}{1!} f'(x_0) + \frac{(x-x_0)^2}{2!} f''(x_0) + \ldots \\ &\quad \ldots + \frac{(x-x_0)^n}{n!} f^{(n)}(x_0) + \frac{(x-x_0)^{n+1}}{(n+1)!} f^{(n+1)}(x_0) \\ &\quad + \frac{1}{(n+1)!} \int_{x_0}^{x} (x-t)^{n+1} f^{(n+2)}(t)\, dt. \end{aligned}$$

Dies ist genau die Behauptung (7.48) mit (7.49) für $n+1$.

ii. Gültigkeit der weiteren Darstellungen von $R_n(x, x_0)$: Für die zweite Form von (7.49) wählt man die Substitution

$$t = x_0 + s\,(x - x_0), \quad dt = (x - x_0)\, ds, \quad x - t = (x - x_0)(1 - s)$$

und erhält

$$\begin{aligned} R_n(x, x_0) &= \frac{1}{n!} \int_{x_0}^{x} (x-t)^n f^{(n+1)}(t)\, dt \\ &= \frac{1}{n!} \int_{s=0}^{1} (x-x_0)^n (1-s)^n f^{(n+1)}(x_0 + s\,(x-x_0))\,(x-x_0)\, ds \\ &= \frac{1}{n!}\,(x-x_0)^{n+1} \int_0^1 (1-s)^n f^{(n+1)}(x_0 + s\,(x-x_0))\, ds. \end{aligned}$$

Die Lagrangesche Darstellung von $R_n(x, x_0)$ ergibt sich, wenn man den Mittelwertsatz der Integralrechnung (Satz 6.65) auf $R_n(x, x_0)$ anwendet, denn es gilt $g(t) = (x-t)^n \neq 0$ für $t \neq x$:

$$\begin{aligned} R_n(x, x_0) &= \frac{1}{n!} \int_{x_0}^{x} (x-t)^n f^{(n+1)}(t)\, dt = \frac{1}{n!} f^{(n+1)}(\xi) \int_{x_0}^{x} (x-t)^n\, dt \\ &= \frac{1}{n!} f^{(n+1)}(\xi) \left[-\frac{1}{n+1}\,(x-t)^{n+1} \right]_{x_0}^{x} \\ &= \frac{1}{(n+1)!}\,(x-x_0)^{n+1} f^{(n+1)}(\xi) \end{aligned}$$

mit einer Zwischenwertstelle $\xi \in (x_0, x) \cup (x, x_0)$.

iii. Stetigkeit von $R_n(x, x_0)$: Setzt man

$$S_n(x, x_0) := \int_0^1 (1-s)^n f^{(n+1)}(x_0 + s(x - x_0))\, ds,$$

dann ist

$$R_n(x,x_0) = \frac{1}{n!}(x-x_0)^{n+1} S_n(x,x_0).$$

Damit bildet man jetzt

$$|S_n(x,x_0) - S_n(y,x_0)| =$$
$$= \left| \int_0^1 (1-s)^n \left[f^{(n+1)}(x_0 + s(x-x_0)) - f^{(n+1)}(x_0+s(y-x_0)) \right] ds \right|,$$

und da nach Voraussetzung $f^{(n+1)} \in C^0([a,b])$ gilt (f sollte ja $(n+1)$–mal stetig differenzierbar sein), existiert nach der Definition der Stetigkeit zu $f^{(n+1)}(x)$ eine monotone Nullfunktion $\alpha(r)$ mit der Eigenschaft

$$\left| f^{(n+1)}(\xi) - f^{(n+1)}(\eta) \right| \leq \alpha(|\xi - \eta|).$$

Damit folgt dann, unter Verwendung von $0 \leq s \leq 1$,

$$\left| f^{(n+1)}(x_0 + s(x-x_0)) - f^{(n+1)}(x_0 + s(y-x_0)) \right| \leq \alpha(s|x-y|) \leq \alpha(|x-y|)$$

und deswegen ist

$$\begin{aligned} |S_n(x,x_0) - S_n(y,x_0)| &\leq \int_0^1 (1-s)^n \alpha(|x-y|)\, ds \\ &= \alpha(|x-y|) \int_0^1 (1-s)^n\, ds \\ &= \alpha(|x-y|) \left[-\frac{1}{n+1}(1-s)^{n+1} \right]_0^1 \\ &= \frac{1}{n+1} \alpha(|x-y|), \end{aligned}$$

und folglich ist $S_n(x,x_0)$ stetig. Da $(x-x_0)^{n+1}$ stetig ist, ist auch das Restglied

$$R_n(x,x_0) = \frac{1}{n!}(x-x_0)^{n+1} S_n(x,x_0)$$

stetig. □

Beispiel 7.47: *Für die Exponentialfunktion e^x erhalten wir für $x_0 = 0$ und mit $(e^x)^{(n)} = e^x$ für alle $n \in \mathbb{N}$*

$$(7.51) \quad e^x = 1 + \frac{x}{1!} + \frac{x^2}{2!} + \ldots + \frac{x^n}{n!} + \frac{x^{n+1}}{(n+1)!} e^{\vartheta x}$$

mit geeignetem $\vartheta \in (0,1)$, wobei wir die Lagrangesche Restglieddarstellung benutzen.

Beispiel 7.48: *Für die Funktion* $\sqrt{1+x}$ *ergibt sich um* $x_0 = 0$ *wegen*

$$\begin{aligned}\left(\sqrt{1+x}\right)' &= \frac{1}{2}(1+x)^{-1/2},\\ \left(\sqrt{1+x}\right)'' &= -\frac{1}{4}(1+x)^{-3/2},\\ \left(\sqrt{1+x}\right)^{(3)} &= \frac{3}{8}(1+x)^{-5/2}\end{aligned}$$

die Formel

$$\text{(7.52)}\quad \sqrt{1+x} = 1 + \frac{1}{2}x - \frac{1}{8}x^2 + \frac{1}{16}x^3\,(1+\vartheta x)^{-5/2}$$

mit $\vartheta \in (0,1)$ *für* $-1 < x$.

Beispiel 7.49: *Für* $\cos x$ *ergibt sich um* $x_0 = 0$

$$\begin{aligned}\text{(7.53)}\quad \cos x &= 1 + \frac{x}{1!}\cdot 0 + \frac{x^2}{2!}\cdot(-1) + \frac{x^3}{3!}\cdot 0 + \frac{x^4}{4!}\cdot 1 - \frac{x^5}{5!}\cdot\sin\xi\\ \text{(7.54)}\quad &= 1 - \frac{x^2}{2!} + \frac{x^4}{4!} - \frac{x^5}{5!}\sin\xi\end{aligned}$$

mit einer geeigneten Zwischenstelle ξ *mit* $0 < \xi < x$ *oder* $x < \xi < 0$ *bzw.*

$$\cos x = 1 - \frac{x^2}{2!} + \frac{x^4}{4!} - \frac{x^6}{6!} + \frac{x^7}{7}\sin\eta$$

mit $0 < \eta < x$ *oder* $x < \eta < 0$, *da* $(\cos x)' = -\sin x$, $(\cos x)'' = -\cos x$, $(\cos x)^{(3)} = \sin x$ *usw. Hieraus erhält man außerdem die folgende Einschließung der Kosinus–Funktion:*

$$\text{(7.55)}\quad 1 - \frac{x^2}{2!} + \frac{x^4}{4!} - \frac{x^6}{6!} < \cos x < 1 - \frac{x^2}{2!} + \frac{x^4}{4!}.$$

Beispiel 7.50: *Für die allgemeine Potenz* $f(x) = (1+x)^\alpha$ *mit* $\alpha \in \mathbb{R}$ *erhält man um* $x_0 = 0$

$$f(0) = 1 = \binom{\alpha}{0}, \quad f'(x) = \alpha(1+x)^{\alpha-1}, \quad f'(0) = \alpha = \binom{\alpha}{1},$$

$$f''(x) = \alpha(\alpha-1)(1+x)^{\alpha-2}, \quad \frac{1}{2!}f''(0) = \frac{1}{2!}\alpha(\alpha-1) = \binom{\alpha}{2},$$

$$f^{(n)}(x) = \alpha(\alpha-1)(\alpha-2)\cdots(\alpha-(n-1))\,(1+x)^{\alpha-n},$$

$$\frac{1}{n!}f^{(n)}(0) = \frac{\alpha(\alpha-1)\cdots(\alpha-(n-1))}{n!} = \binom{\alpha}{n}.$$

Mit der Taylorschen Formel (7.48) ergibt sich

$$(7.56)\quad (1+x)^\alpha = \binom{\alpha}{0} + \binom{\alpha}{1}x + \binom{\alpha}{2}x^2 + \ldots + \binom{\alpha}{n}x^n + R_n(x,x_0).$$

Für die Bestimmung des Restgliedes $R_n(x,x_0)$ nach (7.49) ist

$$\begin{aligned}\frac{1}{n!}\,f^{(n+1)}(t) &= \frac{1}{n!}\,\alpha(\alpha-1)(\alpha-2)\cdots(\alpha-n)(1+t)^{\alpha-(n+1)}\\ &= \binom{\alpha}{n+1}(n+1)\,(1+t)^{\alpha-n-1}\end{aligned}$$

und somit

$$R_n(x,x_0) = (n+1)\binom{\alpha}{n+1}\int_0^x (x-t)^n(1+t)^{\alpha-n-1}\,dt\,.$$

Mit $|x-t| \le |x|$ für $t \in [0,x]$ erhält man daraus die Abschätzung

$$|R_n(x,x_0)| \le \left|\binom{\alpha-1}{n}\right|\,|(1+x)^\alpha - 1|\,|x|^n \quad \text{für } |x| < 1\,.$$

Für $0 \le x < 1$ und $\alpha > 0$ erhält man hieraus mit

$$\left|\binom{\alpha-1}{n}\right| x^n < 1$$

die **Einschließung** *der Funktion $(1+x)^\alpha$:*

$$\begin{aligned}\frac{1}{1+\left|\binom{\alpha-1}{n}\right|x^n}\left\{\binom{\alpha}{0}+\ldots+\binom{\alpha}{n}x^n+\left|\binom{\alpha-1}{n}\right|x^n\right\} &\le (1+x)^\alpha\\ \frac{1}{1-\left|\binom{\alpha-1}{n}\right|x^n}\left\{\binom{\alpha}{0}+\ldots+\binom{\alpha}{n}x^n-\left|\binom{\alpha-1}{n}\right|x^n\right\} &\ge (1+x)^\alpha\,.\end{aligned}$$

Im Fall $0 < \alpha < 1$ folgt die Bedingung $\left|\binom{\alpha}{n}\right| x^n < 1$ bereits aus $0 \le x < 1$.

7.6.1 Die Limes–Regeln von L'Hospital

Satz 7.51 : *f und g seien in (a,b) m–mal stetig differenzierbar und in $x_0 \in (a,b)$ gelte*

$$(7.57)\quad f(x_0) = f'(x_0) = \ldots = f^{(m-1)}(x_0) = 0$$

und

$$(7.58)\quad g(x_0) = g'(x_0) = \ldots = g^{(m-1)}(x_0) = 0$$

sowie

$$(7.59)\quad g^{(m)}(x_0) \neq 0\,.$$

Dann gilt

$$(7.60)\quad \lim_{x\to x_0}\frac{f(x)}{g(x)} = \lim_{x\to x_0}\frac{f^{(m)}(x)}{g^{(m)}(x)} = \frac{f^{(m)}(x_0)}{g^{(m)}(x_0)}\,.$$

Beweis: Aus der Taylorschen Formel (7.48) mit $n = m-1$ und dem Restglied (7.50) folgt mit der Voraussetzung (7.57)

$$f(x) = \sum_{k=0}^{m-1}\frac{(x-x_0)^k}{k!}f^{(k)}(x_0) + \frac{(x-x_0)^m}{m!}f^{(m)}(\xi_x) = \frac{(x-x_0)^m}{m!}f^{(m)}(\xi_x)$$

mit einer geeigneten Zwischenwertstelle ξ_x zwischen x und x_0 beziehungsweise ist mit (7.58)

$$g(x) = \sum_{k=0}^{m-1}\frac{(x-x_0)^k}{k!}g^{(k)}(x_0) + \frac{(x-x_0)^m}{m!}g^{(m)}(\theta_x) = \frac{(x-x_0)^m}{m!}g^{(m)}(\theta_x)$$

wiederum mit einer geeigneten Zwischenwertstelle zwischen x und x_0. Daraus folgt

$$\frac{f(x)}{g(x)} = \frac{f^{(m)}(\xi_x)}{g^{(m)}(\theta_x)}.$$

Für $x \to x_0$ gilt $\xi_x \to x_0$ beziehungsweise $\theta_x \to x_0$, also ist

$$\lim_{x\to x_0}\frac{f(x)}{g(x)} = \lim_{x\to x_0}\frac{f^{(m)}(\xi_x)}{g^{(m)}(\theta_x)} = \frac{f^{(m)}(x_0)}{g^{(m)}(x_0)}\,,$$

da der rechts stehende Grenzwert nach Voraussetzung existiert. □

Beispiel 7.52:

$$\lim_{x\to 0}\frac{x}{\sin x} = \lim_{x\to 0}\frac{1}{\cos x} = 1.$$

Die l'Hospitalsche Regel gilt auch noch unter schwächeren Voraussetzungen an f und g.

Satz 7.53: *f und g seien in (a,b) differenzierbar und in $(a,b]$ stetig, und es sei $f(b) = g(b) = 0$ und $g'(x) \neq 0$ für alle $x \in (a,b)$. Dann gilt*

$$(7.61)\quad \lim_{b>x\to b}\frac{f(x)}{g(x)} = \lim_{b>x\to b}\frac{f'(x)}{g'(x)}\,,$$

falls der Grenzwert auf der rechten Seite existiert.

f und g seien in (a,b) differenzierbar und es gelte $|g(x)| \to \infty$ für $b > x \to b$ und $g'(x) \neq 0$ für alle $x \in (a,b)$. Dann gilt

$$(7.62)\quad \lim_{b>x\to b} \frac{f(x)}{g(x)} = \lim_{b>x\to b} \frac{f'(x)}{g'(x)},$$

falls der Grenzwert auf der rechten Seite existiert.

Den Beweis überlassen wir dem Leser.

Weitere Fälle für L'Hospital: Mit Satz 7.51 konnten wir Grenzwerte von Brüchen der Gestalt '$\frac{0}{0}$' bestimmen. Den Grenzwert für '$\frac{\infty}{\infty}$' erhält man, indem man Satz 7.53 anwendet. Manchmal führt auch die Umformung

$$\frac{g(x)}{f(x)} = \frac{\frac{1}{f(x)}}{\frac{1}{g(x)}}$$

zum Ziel.

Den Grenzwert für $x \to \pm\infty$ erhält man durch die Substitution $t := \dfrac{1}{x} \to 0$.

i. $\lim\limits_{x\to x_0} f(x) = \infty,\ \lim\limits_{x\to x_0} g(x) = \infty$:

$$(7.63)\quad \lim_{x\to x_0} [f(x) - g(x)] = \lim_{x\to x_0} \frac{[f(x)]^2 - [g(x)]^2}{f(x) + g(x)},$$

Ausdrücke der Form '$\infty - \infty$' werden zurückgeführt auf den Fall '$\frac{\infty}{\infty}$'.

ii. $\lim\limits_{x\to x_0} f(x) = 0,\ \lim\limits_{x\to x_0} g(x) = \infty$:

$$(7.64)\quad \lim_{x\to x_0} [f(x) \cdot g(x)] = \lim_{x\to x_0} \frac{f(x)}{\frac{1}{g(x)}},$$

Ausdrücke der Form '$0 \cdot \infty$' werden zurückgeführt auf Ausdrücke der Form '$\frac{0}{0}$'.

iii. $\lim\limits_{x\to x_0} f(x) = 0,\ \lim\limits_{x\to x_0} g(x) = 0$:

$$(7.65)\quad G = \lim_{x\to x_0} [f(x)]^{g(x)}, \quad \ln G = \lim_{x\to x_0} g(x) \ln f(x) = \lim_{x\to x_0} \frac{g(x)}{\frac{1}{\ln f(x)}}$$

Ausdrücke der Form '0^0' werden zurückgeführt auf Ausdrücke der Form '$\frac{0}{0}$'.

iv. $\lim\limits_{x\to x_0} f(x) = \infty,\ \lim\limits_{x\to x_0} g(x) = 0$:

$$(7.66)\quad G = \lim_{x\to x_0} [f(x)]^{g(x)}, \quad \ln G = \lim_{x\to x_0} g(x) \ln f(x) = \lim_{x\to x_0} \frac{g(x)}{\frac{1}{\ln f(x)}}$$

Ausdrücke der Form '∞^0' werden zurückgeführt auf Ausdrücke der Form '$\frac{0}{0}$'.

v. $\lim\limits_{x \to x_0} f(x) = 1, \lim\limits_{x \to x_0} g(x) = \infty$:

$$(7.67) \quad G = \lim_{x \to x_0} [f(x)]^{g(x)}, \quad \ln G = \lim_{x \to x_0} g(x) \ln f(x) = \lim_{x \to x_0} \frac{\ln f(x)}{\frac{1}{g(x)}}$$

Ausdrücke der Form '1^∞' werden zurückgeführt auf Ausdrücke der Form '$\frac{0}{0}$'.

7.6.2 Das vollständige Horner–Schema

Für ein Polynom $P_n(x)$ vom n–ten Grad ist die $(n+1)$–te Ableitung identisch Null. Folglich ist in diesem Fall $R_n(x, x_0) = 0$ und aus der Taylorschen Formel (7.48) folgt:

Korollar 7.54: *$P_n(x)$ sei ein Polynom n–ten Grades. Dann gilt*

$$(7.68) \quad P_n(x) = P_n(x_0) + (x - x_0)'_n(x_0) + \frac{1}{2!}(x - x_0)^2 P''_n(x - x_0) + \ldots$$
$$\ldots + \frac{1}{n!}(x - x_0)^n P_n^{(n)}(x_0).$$

Die bei der Umordnung von $P_n(x)$ um x_0 in (7.68) auftretenden Koeffizienten $P_n^{(k)}(x_0)$ können nach (7.28) mit Hilfe des **vollständigen Horner–Schemas** berechnet werden:

(7.69)

a_n	a_{n-1}	a_{n-2}	$\ldots$	a_1	a_0
0	$b_n x_0$	$b_{n-1} x_0$	$\ldots$	$b_2 x_0$	$b_1 x_0$
b_n	b_{n-1}	b_{n-2}	$\ldots$	b_1	$\frac{1}{0!} P_n(x_0)$
0	$c_n x_0$	$c_{n-1} x_0$	$\ldots$	$c_2 x_0$	
c_n	c_{n-1}	$\ldots$		$\frac{1}{1!} P'_n(x_0)$	
0	$d_n x_0$	$\ldots$			
d_n	d_{n-1}	$\ldots$	$\frac{1}{2!} P''_n(x_0)$		
$\vdots$					
$\frac{1}{n!} P_n^{(n)}(x_0)$					

Für $x \in \mathbb{R}$ und $a_k \in \mathbb{R}$ für alle $k = 0, \ldots, n$ sowie

$$P_n(x) = a_n x^n + P_{n-1} x^{n-1} + \ldots + a_1 x + a_0$$

liefert das Horner–Schema (4.33)

$$P_n(x) = P_{n-1}(x)(x - x_0) + b_0$$

mit einem Polynom

$$P_{n-1}(x) = b_n x^{n-1} + b_{n-1} x^{n-2} + \ldots + b_1$$

und einer Zahl

$$b_0 = \frac{1}{0!} P_n(x_0) = P_n(x_0).$$

Durch Differenzieren von $P_n(x)$ folgt

$$P_n'(x) = P_{n-1}'(x)(x - x_0) + P_{n-1}(x_0) \cdot 1,$$

für $x = x_0$ gilt also

$$P_n'(x_0) = P_{n-1}(x_0).$$

Die Ableitung von $P_n'(x_0)$ und alle weiteren Ableitungen erhält man durch wiederholtes Fortführen des Horner–Schemas (vollständiges Horner–Schema).

Beispiel 7.55: *Entwicklung von* $P_3(x) = x^3 - 4x^2 + 5x - 2$ *um* $x_0 = 3$*:*

1	−4	5	−2
0	3	−3	6
1	−1	2	$4 = P_3(3)$
0	3	6	
1	2	$8 = \frac{1}{1!} P_3'(3)$	
0	3		
1	$5 = \frac{1}{2!} P_3''(3)$		
0			
$1 = \frac{1}{3!} P_3^{(3)}(3)$			

Mit der Taylorschen Formel (7.48) *ergibt sich dann*

$$P_3(x) = 4 + 8\,(x-3) + 5\,(x-3)^2 + (x-3)^3.$$

7.6.3 Sukzessive Approximation und Konvergenzordnung

Wir betrachten wieder die Fixpunktgleichung (3.59),

$$z = \Phi(z).$$

Den Fixpunkt z bestimmen wir durch die Iteration (3.57),

$$x_{n+1} := \Phi(x_n) \quad \text{für } n = 0, 1, 2, \ldots.$$

Wir wollen nun annehmen, daß die Existenz von z gesichert ist und darüberhinaus die Ableitungen von $\Phi(x)$ in z bekannt sind.

Satz 7.56 : *Sei $\Phi(x)$ eine in $[a, b]$ m–mal stetig differenzierbare Funktion und im Fixpunkt $z \in (a, b)$ gelte*

$$(7.70) \quad \Phi'(z) = \Phi''(z) = \ldots = \Phi^{(m-1)}(z) = 0.$$

Dann gibt es eine Umgebung von z,

$$U_\delta(z) = \{ x \mid |x - z| < \delta \}, \quad \delta > 0,$$

so daß für $x_0 \in U_\delta(z)$ die sukzessive Approximation (3.57) *konvergiert und darüberhinaus für den Fehler nach $n + 1$ Schritten gilt*

$$(7.71) \quad |x_{n+1} - z| \leq |x_n - z|^m \cdot \frac{1}{m!} \cdot \max_{|\xi - z| \leq \delta} \left| \Phi^{(m)}(\xi) \right|.$$

Man sagt, das Verfahren konvergiert mit der Ordnung m.

Beweis: Nach dem Mittelwertsatz der Differentialrechnung (Satz 7.15) gilt für beliebige $\xi, \eta \in (a, b)$

$$(7.72) \quad |\Phi(\xi) - \Phi(\eta)| = |\xi - \eta| \cdot |\Phi'(z + \zeta)|,$$

wobei $z + \zeta$ cinc geeignete Stelle zwischen ξ und η ist. Nach Voraussetzung ist $\Phi'(x)$ stetig in $U_\delta(z)$. Deshalb gibt es nach (4.9) eine monotone Nullfunktion $\alpha_z(r)$, so daß

$$|\Phi'(z + \zeta) - \Phi'(z)| \leq \alpha_z(|(z + \zeta) - z|) = \alpha_z(|\zeta|).$$

Nach Voraussetzung ist $\Phi'(z) = 0$, deshalb gilt für alle $|\zeta| \leq \delta$

$$|\Phi'(z + \zeta)| \leq \alpha_z(\delta).$$

Wähle $\delta > 0$ nun so klein, daß $\alpha_z(\delta) < 1$ ist. Dann ist Φ in $[z - \delta, z + \delta]$ eine Kontraktion, da mit (7.72)

$$|\Phi(\xi) - \Phi(\eta)| \leq q \; |\xi - \eta|$$

gilt, wobei die Lipschitz-Konstante $q = \alpha_z(\delta) < 1$ gewählt werden kann. Wir wählen nun ohne Beschränkung der Allgemeinheit unser Koordinatensystem so, daß $z = 0$ gilt. Dann ist $\Phi(z) = \Phi(0) = 0$ und wir können Satz 3.53 mit $\beta = \delta$ und $q = \alpha_z(\delta)$ anwenden, denn die Forderung (3.62) ist erfüllt.

Mit der Taylorschen Formel (7.48) um z und der Lagrangeschen Restglieddarstellung (7.49) ergibt sich

$$|x_{n+1} - z| = |\Phi(x_n) - \Phi(z)| = \left|\frac{(x_n - z)^m}{m!} \cdot \Phi^{(m)}(\chi)\right|,$$

wobei χ eine geeignete Zwischenstelle zwischen x_n und z ist. Dann gilt auch $|\chi - z| \leq \delta$ und

$$|x_{n+1} - z| \leq |x_n - z|^m \cdot \frac{1}{m!} \cdot \max_{|\xi - z| \leq \delta} \left|\Phi^{(m)}(\xi)\right|.$$

□

Definition 7.57: *Ein Verfahren heißt* **konvergent von der Ordnung** m, *wenn mit Konstanten* c *und* m *für alle* $n \in \mathbb{N}$ *gilt*

$$|x_{n+1} - z| \leq c \cdot |x_n - z|^m.$$

7.6.4 Das Newton–Verfahren

Gesucht ist die Nullstelle z einer genügend glatten, mindestens stetigen Funktion $f \in C^0([a, b])$, $f(z) = 0$. Gegeben sei außer f noch ein Näherungswert x_0 von z. Beim **Newton–Verfahren** ersetzen wir die Funktion f durch die in x_0 tangierende Gerade und bringen diese mit der x–Achse zum Schnitt. Dieser Schnittpunkt x_1 dient als neue Näherung:

$$\frac{\Delta x}{\Delta y} = \frac{f(x_0) - 0}{x_0 - x_1} = f'(x_0).$$

Auflösen nach x_1 liefert

$$x_1 = x_0 - \frac{f(x_0)}{f'(x_0)}.$$

Damit gewinnen wir das Iterationsverfahren

$$x_{n+1} := x_n - \frac{f(x_n)}{f'(x_n)} \quad \text{für } n = 0, 1, 2, \ldots . \tag{7.73}$$

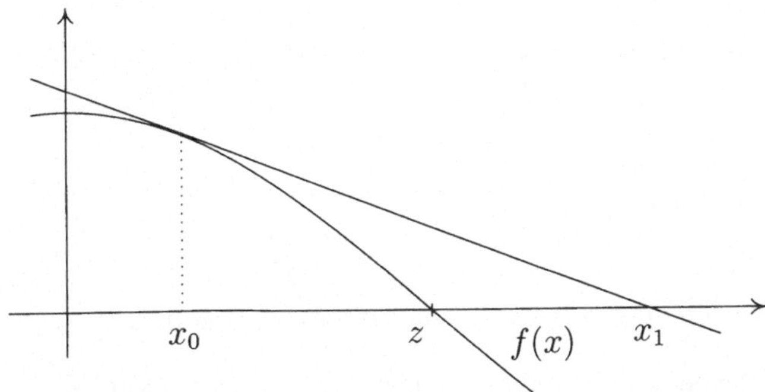

Abbildung 7.6: Newtonsches Iterationsverfahren.

Satz 7.58: *Sei f in $[a,b]$ dreimal stetig differenzierbar mit $z \in (a,b)$, $f(z) = 0$ und $f'(z) \neq 0$. Dann gibt es eine Umgebung $U_\delta(z)$, $\delta > 0$, in der das Newton–Verfahren*

$$(7.74) \quad x_{n+1} := x_n - \frac{f(x_n)}{f'(x_n)} \quad \text{für } n = 0, 1, 2, \ldots$$

quadratisch konvergiert.

Beweis: Wir definieren die Funktion

$$(7.75) \quad \Phi(x) := x - \frac{f(x)}{f'(x)},$$

mit der die Nullstellengleichung für f in die Fixpunktgleichung für Φ mit $\Phi(z) = z$ übergeht, und die Fixpunktgleichung ist äquivalent zu $f(z) = 0$. Dann gilt

$$\Phi'(x) = 1 - \frac{f'(x)}{f'(x)} + \frac{f(x)}{[f'(x)]^2}\, f''(x) = \frac{f(x)\, f''(x)}{[f'(x)]^2}$$

und im Fixpunkt von Φ ist $\Phi'(z) = 0$ erfüllt.
$\Phi'(x)$ ist wegen $f'(z) \neq 0$ in einer geeigneten Umgebung

$$\overline{U_\delta(z)} = \{x \in \mathbb{R} \mid |x - z| \leq \delta\}, \quad \delta > 0,$$

von z stetig. Mit Satz 7.56 folgt dann für $m = 2$

$$|x_{n+1} - z| \leq |x_n - z|^2 \cdot \frac{1}{2!} \cdot \max_{|\xi - z| \leq \delta} |\Phi^{(2)}(\xi)|\,.$$

□

Bemerkung 7.59: *Satz 7.58 gilt auch noch für zweimal stetig differenzierbare Funktionen f. Dazu setze man in (7.74) die Taylorsche Formel (7.48) mit $m = 1$ ein.*

Die Schwäche dieses Satzes liegt in der Tatsache, daß der Anfangspunkt x_0 an der noch zu berechnenden Lösung nahe genug gewählt sein muß und daß nur in den seltensten Fällen δ bekannt ist. In der Praxis muß x_0 so lange ausprobiert werden, bis Konvergenz eintritt.

Satz 7.60: *Die Funktion f sei in (a,b) zweimal stetig differenzierbar und es existiere genau ein $z \in (a,b)$ mit $f(z) = 0$. Sei $f'(x) \neq 0$ für $x \neq z$ und $x_0 \in (a,b)$. Weiterhin gelte*

$$(7.76) \quad \operatorname{sign} f(x) = \operatorname{sign} f''(\xi)$$

für $a < z \leq \xi \leq x < b$ oder für $a < x \leq \xi \leq z < b$. Dann konvergiert die Folge $\{x_n\}_{n \in N}$ des Newton–Verfahrens (7.74) monoton gegen z.

Beweis: Der Beweis wird hier für den Fall $x_\nu \leq z$ durchgeführt, der Beweis für $x_\nu \geq z$ verläuft entsprechend.

Aus der Taylorschen Formel (7.48) und (7.50) ergibt sich

$$0 = f(z) = f(x_\nu) + (z - x_\nu)f'(x_\nu) + \frac{1}{2}(z - x_\nu)^2 f''(\xi), \quad x_\nu < \xi < z.$$

Durch Umformen erhält man

$$z = x_\nu - \frac{f(x_\nu)}{f'(x_\nu)} - \frac{1}{2}(z - x_\nu)^2 \frac{f''(\xi)}{f'(x_\nu)}.$$

Nach (7.74) ist

$$x_\nu - \frac{f(x_\nu)}{f'(x_\nu)} =: x_{\nu+1},$$

also gilt

$$z - x_{\nu+1} = -\frac{1}{2}(z - x_\nu)^2 \frac{f''(\xi)}{f'(x_\nu)}.$$

Durch Multiplikation beider Seiten mit $f(x_\nu)$ ergibt sich

$$f(x_\nu)(z - x_{\nu+1}) = \frac{1}{2}(z - x_\nu)^2 f''(\xi) \left(-\frac{f(x_\nu)}{f'(x_\nu)}\right).$$

Mit Gleichung (7.74) folgt

$$f(x_\nu)(z - x_{\nu+1}) = \frac{1}{2}(z - x_\nu)^2 f''(\xi)(x_{\nu+1} - x_\nu). \tag{7.77}$$

Für $x_\nu = z$ ist der Beweis fertig, also gelte ab jetzt $x_\nu < z$ (für $x_\nu \neq z$ folgt aus den Voraussetzungen $f(x_\nu) \neq 0$). Daraus ergeben sich die folgenden beiden Fälle:

i. $x_\nu < x_{\nu+1} \leq z$,

ii. $x_{\nu+1} < x_\nu < z$.

ii. impliziert mit der Gleichung (7.77) den Widerspruch $x_{\nu+1} - x_\nu > 0$, da $\operatorname{sign} f(x) = \operatorname{sign} f''(\xi)$ nach Voraussetzung, also ist nur der Fall *i.* möglich.
Wir erhalten demnach aus $x_0 < z$ eine durch z nach oben beschränkte monoton wachsende Folge

$$x_\nu < x_{\nu+1} \leq z.$$

Nach dem Monotoniekriterium (Satz 3.24) konvergiert $\{x_\nu\}_{\nu\in\mathbb{N}}$, das heißt der Grenzwert $\zeta = \lim_{\nu\to\infty} x_\nu$ existiert. Nach Gleichung (7.74) gilt

$$(x_{n+1} - x_n) \cdot f'(x_n) = -f(x_n),$$

also auch

$$\lim_{n\to\infty} (x_{n+1} - x_n) f'(x_n) = -\lim_{n\to\infty} f(x_n).$$

Mit der Stetigkeit von f folgt daraus

$$0 = -f(\zeta),$$

also ist $z = \zeta$. □

Beispiel 7.61: *Das babylonische Wurzelziehen (vergleiche (1.36)) für $a > 0$:*

$$(7.78)\quad f(x) = x^2 - a, \quad z = \sqrt{a}, \quad f'(x) = 2x \neq 0, \quad f''(x) = 2.$$

Mit dem Newton–Verfahren (7.74) entsteht das Iterationsverfahren des babylonischen Wurzelziehens:

$$x_{n+1} = x_n - \frac{x_n^2 - a}{2x_n} = \frac{1}{2}\left(x_n + \frac{a}{x_n}\right).$$

Für $0 < z \leq \xi \leq x$ gilt $\operatorname{sign}(x^2 - a) = \operatorname{sign}(2)$, *und für $x_0 > z$ erhalten wir nun mit Satz 7.60 eine monoton fallende Folge $\{x_n\}_{n\in\mathbb{N}}$ mit dem Grenzwert $z = \sqrt{a}$.*

7.6.5 Die Steffensen–Iteration

Zur Bestimmung des Fixpunktes $z = \Psi(z)$ auch bei nicht kontraktivem $\Psi(x)$ ersetzt Steffensen die Kurve $\Psi(x)$ zwischen den Punkten $(x_n, \Psi(x_n))$ und $(\Psi(x_n), \Psi(\Psi(x_n)))$ durch eine Sekante und bringt diese mit der Geraden $y = x$ zum Schnitt.

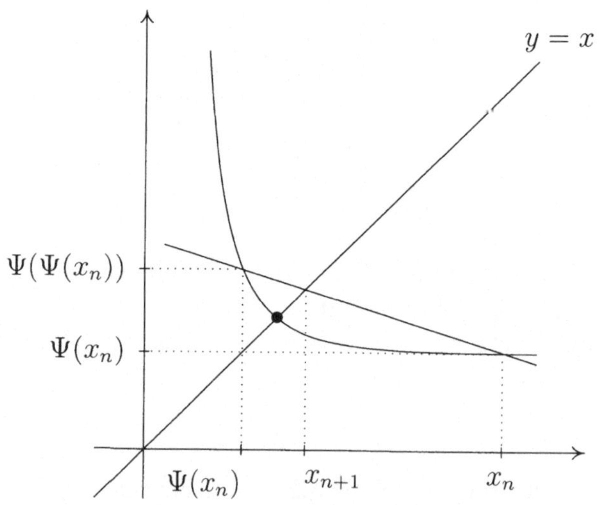

Abbildung 7.7: Steffensen–Iteration.

Für die Steigung $\frac{\Delta y}{\Delta x}$ der Sekante gilt

$$\frac{x_{n+1} - \Psi(x_n)}{x_{n+1} - x_n} \quad \text{bzw.} \quad \frac{\Psi(\Psi(x_n)) - \Psi(x_n)}{\Psi(x_n) - x_n}.$$

Setzt man diese beiden Terme gleich und löst dann nach x_{n+1} auf, so erhält man die Iterationsvorschrift des **Steffensen–Verfahrens**:

$$(7.79)\quad x_{n+1} = \frac{\Psi(\Psi(x_n))x_n - \Psi(x_n)^2}{x_n + \Psi(\Psi(x_n)) - 2\Psi(x_n)} = \Psi(x_n) + \left(\frac{1}{x_n - \Psi(x_n)} + \frac{1}{\Psi(\Psi(x_n)) - \Psi(x_n)}\right)^{-1}.$$

Satz 7.62: *Ψ sei in (a, b) zweimal stetig differenzierbar und besitze einen Fixpunkt $z \in (a, b)$ mit $\Psi'(z) \neq 1$. Dann gibt es eine Umgebung $U_\delta(z)$, $\delta > 0$, in der das Steffensen-Verfahren quadratisch konvergiert.*

Beweisskizze: Zum Beweis betrachte man für $x \neq z$ und $\Phi(z) = z$ die Funktion

$$\Phi(x) := \Psi(x) + \left(\frac{1}{x - \Psi(x)} + \frac{1}{\Psi(\Psi(x)) - \Psi(x)}\right)^{-1}.$$

Durch Ausklammern von $(x - z)$ und Anwendung der Taylorschen Formel (7.48) ergibt sich ein Ausdruck der Form

$$\Phi(x) := \Psi(x) + \frac{x - z}{\frac{1}{\left\{1-\Psi'(z)-\frac{(x-z)}{2}S(x,z)\right\}} - \frac{1}{(\Psi'(z)-\frac{(x-z)}{2}S)\cdot\left\{1-\Psi'(z)-\frac{\Psi(x)-\Psi(z)}{2}\tilde{S}\right\}}}.$$

Man zeigt nun, daß die Funktion Φ alle Voraussetzungen von Satz 7.56 mit $m = 2$ erfüllt, das heißt also, daß Φ in einer Umgebung von z zweimal stetig differenzierbar ist und $\Phi'(z) = 0$ gilt. Aus (7.71) folgt dann die quadratische Konvergenz.

Eine andere Möglichkeit besteht im Nachweis der Voraussetzungen von Satz 7.56 und (7.70) für

$$\Phi(x) = x - \frac{(x - \Psi(x))^2}{x + \Psi(\Psi(x)) - 2\Psi(x)},$$

indem man Φ, Φ' und Φ'' für $x \to z$ mit Hilfe der Limes–Regeln von L'Hospital in Abschnitt 7.6.1 untersucht.

7.7 Numerische Integration

Integration ist eine Grenzwertbildung, die man für numerische Belange durch möglichst einfache und genaue Folgen ersetzen muß. Es gibt die verschiedensten Methoden, hier sollen nur ganz besonders einfache behandelt werden. An sehr guten seien genannt: **Gaußsche Integrationsformeln** bei explizit berechenbaren Integranden. **Romberg–Stiefel–Integration** bei äquidistanten Stützstellen, siehe dazu zum Beispiel [34].

7.7.1 Rechteckformel

Wir erinnern uns an unsere Integral–Definition: Zu jeder Regelfunktion $f \in \overline{\mathcal{E}}$ gibt es eine Funktionenfolge $f_j \in \mathcal{E}$ von Treppenfunktionen f_j, so daß $\|f - f_j\|_{\mathcal{F}} \to 0$ für $j \to \infty$ gilt. Dann konvergieren die zugehörigen Integrale

$$I_j = \sum_{k=1}^{n(j)} f_{jk}(x_k - x_{k-1}) \to \int_a^b f(x)\,dx.$$

Dies legt eine numerische Integrationsformel, die sogenannte **Rechteckformel**

$$(7.80) \quad \int_a^b f(x)\,dx = \sum_{k=1}^{n} h\, f(\frac{x_k + x_{k-1}}{2}) + R_n = I_n[f] + R_n$$

nahe. Dabei ist $h := \frac{b-a}{n}$ die Intervallänge und $f(\frac{x_k+x_{k-1}}{2})$ ist der Funktionswert an der Intervallmitte.

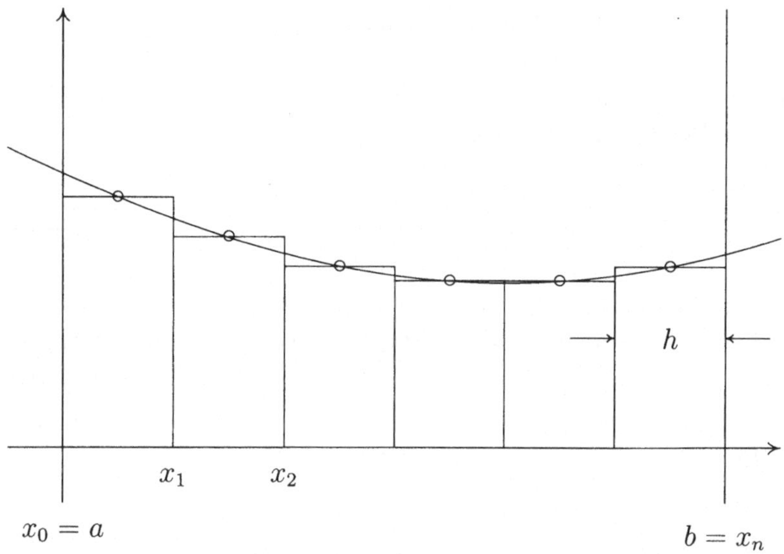

Abbildung 7.8: Rechteckformel.

Satz 7.63 : *f sei auf $[a,b]$ zweimal stetig differenzierbar. Dann gilt für das Restglied R_n in (7.80)*

$$(7.81) \quad R_n = \frac{1}{24} h^2 (b-a) f''(\xi)$$

mit einem geeignetem $\xi \in (a,b)$.

Den **Beweis** kann man genauso führen, wie weiter unten für die Trapezregel. Wir überlassen ihn dem Leser.

Der Nachteil der Rechteckformel (7.80) ist, daß bei einer Schrittweitenhalbierung jedesmal alle Funktionswerte neu berechnet werden müssen. Für die reine Integration ist (7.80) also zu aufwendig. Diesen Nachteil vermeidet die Trapezregel.

7.7.2 Trapezregel

Nun wird der Flächeninhalt unter der Kurve f durch Trapeze angenähert, indem die Kurve durch stückweise lineare Interpolation durch die Knoten ersetzt und das Integral der Interpolation genommen wird. Dies liefert für ein einzelnes Trapez den Flächeninhalt

$$T_k := \frac{f(x_{k-1}) + f(x_k)}{2} h \quad \text{für } k = 1, \ldots, n$$

und nach Summation

$$(7.82) \quad \int_a^b f(x)\,dx = h\left\{\frac{1}{2}f(x_0) + f(x_1) + \ldots + f(x_{n-1}) + \frac{1}{2}f(x_n)\right\} + R_n.$$

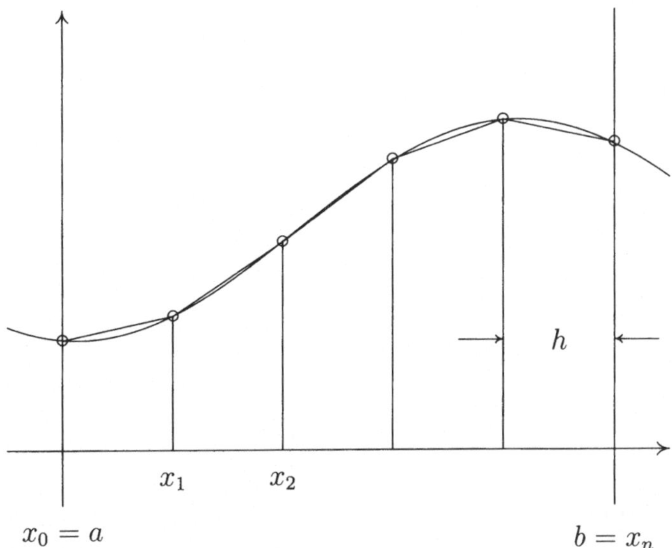

Abbildung 7.9: Trapezregel.

Satz 7.64: *f sei auf $[a,b]$ zweimal stetig differenzierbar. Dann gilt für das Restglied R_n in (7.82)*

$$(7.83) \quad R_n = -\frac{1}{12} h^2 (b-a) f''(\xi)$$

mit geeignetem $\xi \in (a,b)$.

Beweis: $R(h)$ sei der Rest für ein Trapez, den wir nun als Funktion der Trapezbreite h deuten,

$$R(h) := \int_0^h f(x)\,dx - \frac{1}{2} h\,(f(0) + f(h)), \quad R(0) = 0.$$

Differentiation nach h liefert

$$\begin{aligned} R'(h) &= f(h) - \frac{1}{2}(f(0) + f(h)) - \frac{h}{2}f'(h), \quad R'(0) = 0, \\ R''(h) &= f'(h) - \frac{1}{2}f'(h) - \frac{1}{2}f'(h) - \frac{1}{2}h\,f''(h) = -\frac{h}{2}f''(h), \quad R''(0) = 0. \end{aligned}$$

Wir wenden nun den zweiten Hauptsatz der Differentialrechnung (Satz 7.28) an und erhalten

$$R'(h) = -\int_0^h \frac{1}{2}\,t\,f''(t)\,dt.$$

Nochmalige Anwendung des Hauptsatzes liefert

$$R(h) = -\int_0^h \int_0^\tau \frac{1}{2}\,t\,f''(t)\,dt\,d\tau.$$

Nun wollen wir die Integrationsreihenfolge vertauschen.

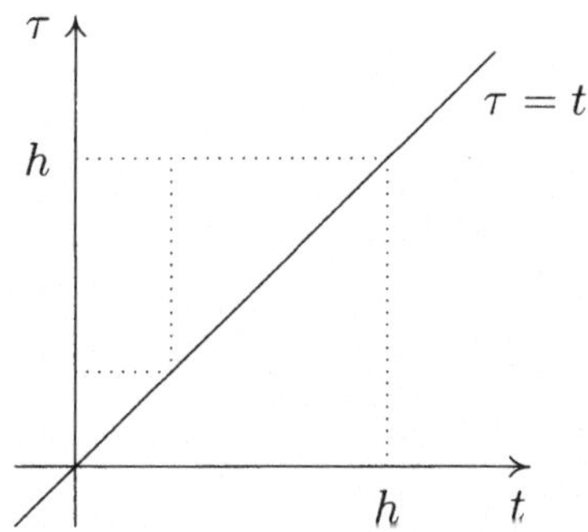

Abbildung 7.10: Vertauschung der Integrationsreihenfolge.

Wie in der Abbildung 7.10 ersichtlich ist, bedeutet die Vertauschung der Integration, daß τ zwischen $\tau = t$ und $\tau = h$ variiert und wir erhalten

$$R(h) = -\int_0^h \int_{\tau=t}^h d\tau \frac{1}{2}\,t\,f''(t)\,dt = -\frac{1}{2}\int_0^h (h-t)\,t\,f''(t)\,dt.$$

Mit dem Mittelwertsatz der Integralrechnung (Satz 6.65) für die Funktion $g(t) = t(h-t) > 0$ für $t \in (0,h)$ folgt

$$R(h) = -\frac{1}{2}f''(\xi_k)\int_0^h t\,(h-t)\,dt = -\frac{1}{2}f''(\xi_k)\left[\frac{1}{2}ht^2 - \frac{1}{3}t^3\right]_0^h = -\frac{1}{12}h^3 f''(\xi_k).$$

Für das Restglied R_n, den Rest für n Trapeze, erhalten wir durch Summation

$$R_n = \sum_{k=1}^n R_k(h) = -\frac{1}{12}\,h^3 \sum_{k=1}^n f''(\xi_k).$$

Wegen

$$\min_{\eta\in[a,b]} f''(\eta) \le \frac{1}{n}\sum_{k=1}^{n} f(\xi_k) \le \max_{\eta\in[a,b]} f''(\eta)$$

folgt mit dem Zwischenwertsatz von Bolzano (Satz 4.46)

$$\frac{1}{n}\sum_{k=1}^{n} f''(\xi_k) = f''(\xi)$$

mit einer geeigneten Zwischenstelle $\xi \in (a,b)$. Mit $n = \dfrac{b-a}{h}$ ergibt sich dann

$$R_n = -\frac{1}{12} h^2 f''(\xi)(b-a).$$ □

7.7.3 Die Integrationsformel von Simpson (Torricelli)

Für gerades n ersetzt man nun $f(x)$ durch eine stückweise quadratische Interpolationsfunktion durch je drei benachbarte Knoten und integriert die so erhaltene Interpolationskurve, so erhält man die **Simpson–Toricelli–Formel**:

$$(7.84)\quad \int_a^b f(x)\,dx = \frac{1}{3}h\,\{f(x_0)+4f(x_1)+2f(x_2)+4f(x_3)+\dots \\ \dots+4f(x_{n-1})+f(x_n)\}+R_n.$$

Für diese Integrationsformel gilt die Restgliedabschätzung von Peano:

Satz 7.65 (Peano): *f sei auf $[a,b]$ 4–mal stetig differenzierbar. Dann gilt für das Restglied R_n in (7.84)*

$$(7.85)\quad R = -\frac{1}{180} h^4\,(b-a)\,f^{(4)}(\xi)$$

mit geeignetem $\xi \in (a,b)$.

Der **Beweis** kann wie für die Trapezregel erbracht werden. Dies ist eine gute Übungsaufgabe für den Leser.

7.8 Kurvendiskussion

Für eine gegebene Funktion $f(x)$ ist der Graph der Funktion zu beschreiben. Dabei kann man etwa wie folgt vorgehen:

1. Wie kann ein möglichst großer Definitionsbereich gefunden werden? Man bestimme gegebenenfalls alle Punkte, wo $f(x)$ singulär wird, diskutiere den Verlauf des Graphen in der Umgebung der Singularitäten und bestimme die senkrechten Asymptoten.

2. Man bestimme lokale Maxima und Minima sowie Wendepunkte von f.

3. Man bestimme gegebenenfalls Asymptoten für $x \to \pm\infty$.

Satz 7.66: *Eine hinreichende Bedingung für ein lokales Maximum ist*

$$(7.86) \quad f'(x_0) = 0 \quad \textit{und} \quad f''(x_0) < 0.$$

Eine hinreichende Bedingung für ein lokales Minimum ist

$$(7.87) \quad f'(x_0) = 0 \quad \textit{und} \quad f''(x_0) > 0.$$

Eine hinreichende Bedingung für einen Wendepunkt ist

$$(7.88) \quad f''(x_0) = 0 \quad \textit{und} \quad f^{(3)}(x_0) \neq 0.$$

Zu beachten ist, daß lokale Extrema oder Wendepunkte auch dann vorliegen können, wenn weitere Ableitungen in x_0 verschwinden. Der lokale Kurvenverlauf kann in jedem Fall mit Hilfe der Taylorschen Formel (7.48) diskutiert werden.

Definition 7.67: *Die Gerade $y = mx + \mu$ heißt* **Asymptote** *von $f(x)$ bei $+\infty$ bzw. bei $-\infty$, falls*

$$(7.89) \quad \lim_{x \to +\infty} |f(x) - mx - \mu| = 0 \quad \text{bzw.} \quad \lim_{x \to -\infty} |f(x) - mx - \mu| = 0$$

erfüllt ist.

Wenn es eine Asymptote gibt, bedeutet das, daß die Grenzwerte

$$(7.90) \quad m = \lim_{x \to +\infty} \frac{f(x)}{x} \quad \text{und} \quad \mu = \lim_{x \to +\infty} (f(x) - mx)$$

bzw. entsprechend für $x \to -\infty$ existieren müssen.

Beispiel 7.68: *Man diskutiere die Funktion* $f(x) := \dfrac{x^3+x}{x^2-1}$:

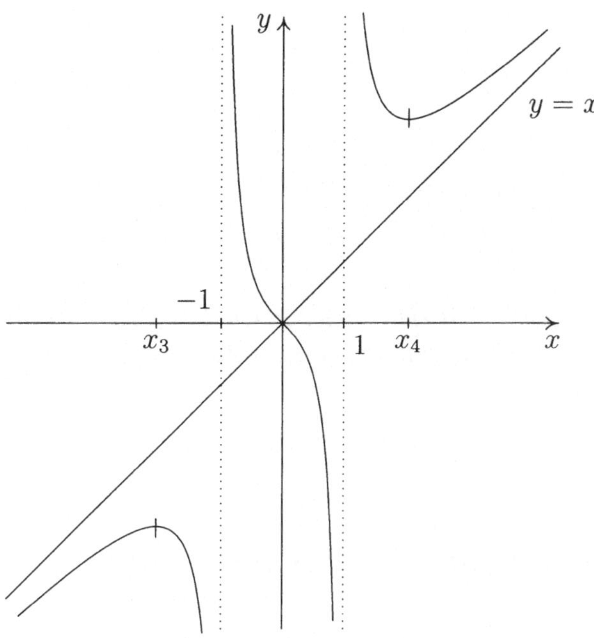

Abbildung 7.11: Kurvendiskussion.

1. *Der Definitionsbereich der Funktion* f *ist* $D = \mathbb{R} \setminus \{-1; 1\}$, *da* $f(x)$ *bei* $x_1 = -1$ *und* $x_2 = 1$ *singulär wird.*
   Für $x \to -1$ *und* $x < -1$ *strebt* $f(x)$ *gegen* $-\infty$.
   Für $x \to -1$ *und* $x > -1$ *strebt* $f(x)$ *gegen* $+\infty$.
   Für $x \to \ \ 1$ *und* $x < -1$ *strebt* $f(x)$ *gegen* $-\infty$.
   Für $x \to \ \ 1$ *und* $x > -1$ *strebt* $f(x)$ *gegen* $+\infty$.
   Deshalb sind die Geraden mit den Gleichungen $x = -1$ *und* $x = 1$ *senkrechte Asymptoten an den Graphen von* f.

2. *Als Ableitungen von* $f(x)$ *erhält man:*

   $$f'(x) = \frac{x^4 - 4x^2 - 1}{(x^2-1)^2}, \quad f''(x) = \frac{4x(x^2+3)}{(x^2-1)^3}, \quad f'''(x) = -\frac{12(x^4+6x^2+1)}{(x^2-1)^4}.$$

   Die Nullstellen der ersten Ableitung sind

   $$x_3 = \sqrt{2+\sqrt{5}}, \quad x_4 = -\sqrt{2+\sqrt{5}}.$$

   Da $f''(x_3) > 0$ *und* $f''(x_4) < 0$ *ist, befindet sich an der Stelle* x_3 *ein lokales Minimum und an der Stelle* x_4 *ein lokales Maximum.*

   Einzige Nullstelle der zweiten Ableitung ist $x_5 = 0$. *Da* $f'''(x_5) \neq 0$ *ist, ist* $(0,0)$ *Wendepunkt des Graphen von* f.

3. *Bestimmung der Asymptoten für $x \to +\infty$ und $x \to -\infty$. Mit (7.90) ergibt sich*

$$m_{\pm} = \lim_{x\to\pm\infty} \frac{f(x)}{x} = \lim_{x\to\pm\infty} \frac{x^2+1}{x^2-1} = 1,$$

$$\mu_{\pm} = \lim_{x\to\pm\infty} \left\{ \frac{x^3+x}{x^2-1} - x \right\} = \lim_{x\to\pm\infty} \left\{ \frac{2x}{x^2-1} \right\} = 0.$$

Also ist die Gerade mit der Gleichung $y = x$ Asymptote an den Graphen von f für $x \to \pm\infty$, da mit ihr (7.89) erfüllt ist:

$$\lim_{x\to\pm\infty} \left| \frac{x^3+x}{x^2-1} - x \right| = 0.$$

7.9 Entwicklung in Potenzreihen

7.9.1 Taylorsche Reihe

Mit Hilfe der Taylorschen Formel (7.48) haben wir Funktionen durch Polynome vom Grade n angenähert, wobei das Restglied $R_n(x, x_0)$ den Fehler angab. Was liefert nun bei dieser Approximation der Grenzübergang $n \to \infty$? Als Grundvoraussetzung, um diesen überhaupt durchführen zu können, benötigt man, daß $f(x)$ unendlich oft differenzierbar ist. Wir kürzen das ab mit $f \in C^\infty$.

Definition 7.69: *f sei im Intervall D unendlich oft differenzierbar. Dann heißt*

$$(7.91) \quad \sum_{n=0}^{\infty} \frac{(x-x_0)^n}{n!} f^{(n)}(x_0) \quad \text{für } x, x_0 \in D$$

die **Taylorsche Reihe** *zu f um x_0.*

Bevor wir auf die Bedeutung von (7.91) weiter eingehen, betrachten wir zwei Beispiele.

Beispiel 7.70: *Die Exponentialfunktion (vergleiche (4.42))*

$$(7.92) \quad e^x = \sum_{n=0}^{\infty} \frac{(x-0)^n}{n!}.$$

Man rechnet sofort nach, daß die Potenzreihenentwicklung von e^x mit der Taylorschen Reihe übereinstimmt.

Beispiel 7.71: *Für*

$$f(x) = \begin{cases} e^{-1/x} & \text{für } x > 0, \\ 0 & \text{für } x \leq 0 \end{cases} \tag{7.93}$$

gilt $f'(x) = x^{-2}e^{-1/x}$ *für* $x > 0$ *und* $f'(0) = \lim_{x\to 0} f'(x) = 0$ *sowie* $f^{(n)}(0) = 0$ *für jedes* $n \in \mathbb{N}$. *Dann ergibt sich für die Taylorsche Reihe um* $x_0 = 0$

$$\sum_{n=0}^{\infty} \frac{x^n}{n!} f^{(n)}(0) \equiv 0$$

und

$$f(x) \neq \sum_{n=0}^{\infty} \frac{x^n}{n!} f^{(n)}(0) \equiv 0 \quad \text{für } x > 0. \tag{7.94}$$

Es gibt also unendlich oft differenzierbare Funktionen, deren Taylorsche Reihe überall konvergiert, bei denen aber Taylorsche Reihe und Funktion verschieden sind.

Definition 7.72: *D sei ein Intervall und* $f \in C^{\infty}(D)$. *f heißt in D genau dann* **(reell) analytisch**, *wenn es für jedes*$x_0 \in D$ *ein* $\delta > 0$ *gibt, so daß für alle* $x \in U_{\delta}(x_0) \cap D$ *Taylorsche Reihe und* $f(x)$ *übereinstimmen,*

$$f(x) = \sum_{n=0}^{\infty} \frac{(x-x_0)^n}{n!} f^{(n)}(x_0).$$

Beispiel 7.73: *Die Funktion* e^x *ist in* $\mathbb{R}$ *analytisch.* $f(x)$ *aus* (7.93) *ist analytisch in* $\mathbb{R} \setminus \{0\}$, *aber nicht analytisch in* $x_0 = 0$.

Mit unserem jetzigen Wissen können wir die folgende Kette von Einschließungen aufstellen:

$$\mathcal{F}(D) \supset \overline{\mathcal{E}} \supset C^0(D) \supset \ldots \supset C^n(D) \supset C^{\infty}(D) \supset \mathcal{A} := \{f \mid f \text{ analytisch in } D\}.$$

Beispiel 7.74: *Für* $x \in (-1, +1]$ *ist*

$$g(x) := \ln(1+x) = \sum_{n=1}^{\infty} (-1)^{n+1} \frac{x^n}{n},$$

da $g(0) = 0$ *und*

$$\begin{aligned} g'(x) &= \frac{1}{1+x}, \quad g'(0) = 1, \\ g''(x) &= -\frac{1}{(1+x)^2}, \quad g''(0) = -1, \\ g^{(3)}(x) &= \frac{2}{(1+x)^3}, \quad g^{(3)}(0) = 2, \\ g^{(n)}(x) &= \frac{(-1)^{n+1}(n-1)!}{(1+x)^n}, \quad g^{(n)}(0) = (-1)^{n+1}(n-1)!. \end{aligned}$$

Für das Restglied $R_n(x,0)$ der Taylorschen Formel ist mit einer Zwischenwertstelle $\xi \in (-1,+1)$, und unter Verwendung von (7.56),

$$\begin{aligned}|R_n(x,0)| &= \left|\frac{1}{n!}(x-0)^n g^{(n)}(\xi)\right| = \left|\frac{1}{n!}x^n\frac{(-1)^{n+1}(n-1)!}{(1+\xi)^n}\right| \\ &= \frac{1}{n}\frac{1}{|1+x|^n} \le \frac{1}{n|1+n\xi|} \to 0 \quad \text{für } n\to\infty .\end{aligned}$$

Eine Funktion $f(x)$ ist demnach genau dann reell analytisch in D, wenn für jedes $x_0 \in D$ das Restglied $R_n(x,x_0)$ der Taylorschen Formel für $n\to\infty$ verschwindet.

Lemma 7.75: *$f(x)$ sei eine Potenzreihe mit Konvergenzradius $\rho > 0$. Dann ist $f(x)$ für $|x| < \rho$ reell analytisch und Taylor– und Potenzreihe sind dort identisch.*

Den **Beweis** verschieben wir auf einen späteren Zeitpunkt.

7.9.2 Approximationsaufgabe von Tschebyscheff

In der Taylorschen Formel wird $f(x)$ durch ein Polynom vom Grade n ersetzt, und für den Fehler, den man dabei macht, gilt die Restgliedabschätzung

$$\left|f(x) - \sum_{k=0}^{n} a_k(x-x_0)^k\right| \le |R_n(x,x_0)|$$

mit

$$a_k = \frac{1}{k!}f^{(k)}(x_0), \quad R_n(x,x_0) = \frac{1}{(n+1)!}(x-x_0)^{n+1} f^{(n+1)}(\xi) .$$

Damit ist noch längst nicht gesagt, daß dieses Polynom das „beste" ist, um f in einem gegebenen Intervall $[a,b]$ anzunähern. Um ein „bestes" Polynom in Bezug auf die Supremum–Norm zu finden, stellt man die **Approximationsaufgabe von Tschebyscheff**: Bestimme Polynom–Koeffizienten $a_0, \ldots, a_n$ derart, so daß gilt

$$\begin{aligned}(7.95) \quad \left\|f - \sum_{k=0}^{n} a_k(x-x_0)^k\right\|_{\mathcal{F}} &= \sup_{x\in[a,b]}\left|f(x) - \sum_{k=0}^{n} a_k(x-x_0)^k\right| \\ &= \min_{b_0,\ldots,b_n\in\mathbb{R}}\left\{\sup_{x\in[a,b]}\left|f(x) - \sum_{k=0}^{n} b_k(x-x_0)^k\right|\right\} \\ &= \min_{b_0,\ldots,b_n\in\mathbb{R}}\left\|f - \sum_{k=0}^{n} b_k(x-x_0)^k\right\|_{\mathcal{F}} .\end{aligned}$$

Bei der Tschebyscheff–Approximation wird die Supremumnorm zugrundegelegt. Die Lösung dieses Problems gehört in die Approximationstheorie und führt auf den sogenannten Remez–Stiefel–Algorithmus, bei dem eine Folge von linearen Optimierungsproblemen zu lösen ist und dessen Erläuterung über den Inhalt dieser Vorlesung weit hinaus führt. Einfacher lösen läßt sich die folgende Approximationsaufgabe von Gauß.

7.9.3 Approximationsaufgabe von Gauß

Bei dieser Aufgabe wird eine ganz andere Abstandsmessung zwischen gegebener Funktion und approximierendem Polynom zugrunde gelegt, nämlich die L^2–Norm. Die Aufgabe lautet hier: Bestimme Polynom–Koeffizienten $a_0, \ldots, a_n$ derart, so daß gilt

$$(7.96)\quad \left\| f - \sum_{k=0}^{n} a_k (x-x_0)^k \right\|^2_{L^2([a,b])} = \int_a^b \left| f(x) - \sum_{k=0}^{n} a_k (x-x_0)^k \right|^2 dx$$

$$= \min_{b_0,\ldots,b_n \in \mathbb{R}} \left\{ \int_a^b \left| f(x) - \sum_{k=0}^{n} beta_k (x-x_0)^k \right|^2 dx \right\}$$

$$= \min_{b_0,\ldots,b_n \in \mathbb{R}} \left\| f - \sum_{k=0}^{n} b_k (x-x_0)^k \right\|^2_{L^2([a,b])} .$$

Hier wird die Approximation bezüglich des Fehlers „im Quadratmittel“ vorgenommen. Diese Aufgabe werden wir bald auf die Lösung eines linearen Gleichungssystem zurückführen.

7.10 Integration mittels Partialbruchzerlegung

Zu berechnen sind Integrale $\int R(x)\,dx$ mit

$$(7.97)\quad R(x) = \frac{P(x)}{Q(x)},$$

wobei $P(x)$ und $Q(x)$ reelle Polynome seien. Dabei sei $Q(x)$ nicht das Nullpolynom. Die Integration mittels Partialbruchzerlegung wird in vier Schritten durchgeführt:

Erster Schritt: Man dividiert, bis der Grad des Zählerpolynoms kleiner ist als der des Nennerpolynoms:

$$R(x) = h(x) + \frac{\widetilde{P}(x)}{Q(x)} .$$

Zweiter Schritt: Man bestimmt die Nullstellen des Nennerpolynoms und faßt konjugiert komplexe Nullstellen zu quadratischen Ausdrücken zusammen. Daß dies immer möglich ist, zeigt der Fundamentalsatz der Algebra (siehe dazu [88]).

Satz 7.76 (Fundamentalsatz der Algebra) : *Für ein Polynom*

$$(7.98)\quad Q(x) = \sum_{k=0}^{n} a_k x^k$$

mit reellen Koeffizienten $a_k \in \mathbb{R}$ und $a_n \neq 0$ existieren reelle x_i, b_j, c_j und natürliche Zahlen r, n_i, s, m_j, so daß $Q(x)$ in der Form

$$(7.99)\quad Q(x) = a_n \prod_{i=1}^{r}(x - x_i)^{n_i} \prod_{j=1}^{s}(x^2 + 2b_jx + c_j)^{m_j}$$

dargestellt werden kann mit

$$n_1 + \ldots + n_r + 2m_1 + \ldots + 2m_s = n\,.$$

Die Darstellung (7.99) ist eindeutig, und für die quadratischen Faktoren gilt

$$x^2 + 2b_jx + c_j = (x + b_j)^2 + c_j - b_j^2 \geq c_j - b_j^2 > 0$$

für alle reellen x, das heißt sie haben keine reellen Nullstellen.

Auf den **Beweis** dieses Satzes verzichten wir hier.

Der Fundamentalsatz sagt nichts über die Konstruktion der Nullstellen x_i bzw. der Koeffizienten c_j und b_j. Dazu dienen entweder das Newton–Verfahren, auch im Komplexen, oder das Bairstow–Verfahren, eine geeignete Modifikation des Newton–Verfahrens, das speziell auf die Bestimmung der Reduktion (7.99) zugeschnitten ist. Letzteres gehört zu den Standardverfahren der Numerischen Mathematik.

Dritter Schritt: Wenn die x_i, b_j und c_j bekannt sind, macht man den Ansatz

$$\frac{\widetilde{P}(x)}{Q(x)} = \sum_{i=1}^{r}\sum_{t=1}^{n_i}\frac{A_{it}}{(x - x_i)^t} + \sum_{j=1}^{s}\sum_{\ell=1}^{m_j}\frac{B_{j\ell}x + C_{j\ell}}{(x^2 + 2b_jx + c_j)^{\ell}}\,.$$

Man multipliziert mit $Q(x)$ und bestimmt die Koeffizienten A_{it}, $B_{j\ell}$ und $C_{j\ell}$. Dies kann entweder durch Koeffizientenvergleich geschehen (dies führt auf lineare Gleichungen für die Koeffizienten), oder man setzt nacheinander für x die Nullstellen x_i von Q ein. Dadurch lassen sich die Koeffizienten mit $t = n_i$ bzw. $\ell = m_j$ bestimmen. Die bekannten Koeffizienten bringt man auf die linke Seite, dividiert durch

$$\prod_{i=1}^{r}(x - x_i) \prod_{j=1}^{s}(x^2 + 2b_jx + c_j)$$

und setzt die noch verbleibenden Nullstellen ein. Dieses Verfahren läßt sich fortführen, bis alle Koeffizienten bestimmt sind.

Satz 7.77 (Partialbruchzerlegung) : *(Siehe dazu [88, S. 108]) Zur reellen rationalen Funktion $R(x)$ aus (7.97) existieren ein reelles Polynom $h(x)$ sowie reelle Koeffizienten A_{it}, $B_{j\ell}$ und $C_{j\ell}$, so daß $R(x)$ als Partialbruchzerlegung dargestellt werden kann:*

$$(7.100)\quad R(x) = h(x) + \sum_{i=1}^{r}\sum_{t=1}^{n_i}\frac{A_{it}}{(x - x_i)^t} + \sum_{j=1}^{s}\sum_{\ell=1}^{m_j}\frac{B_{j\ell}x + C_{j\ell}}{(x^2 + 2b_jx + c_j)^{\ell}}$$

für alle $x \neq x_i$. Die Nullstellen x_i, die Koeffizienten b_j, c_j und die Indizes r, s , n_i, m_j sind diejenigen aus Satz 7.76.

Vierter Schritt: Alle verbleibenden Integrationen sind durch partielle Integration bzw. durch Zurückführung auf bekannte Integrale elementar ausführbar.

Beispiel 7.78: *Die Funktion*

$$R(x) = \frac{P(x)}{Q(x)} = \frac{x^4+1}{x^4-x^3-x+1}$$

soll mit Hilfe der Partialbruchzerlegung integriert werden.
Erster Schritt: *Polynomdivision*

$$R(x) = \frac{x^4-x^3-x+1+x^3+x-1+1}{x^4-x^3-x+1} = 1+\frac{x^3+x}{x^4-x^3-x+1}.$$

Zweiter Schritt: *Bestimmung der Nullstellen des Nennerpolynoms durch Polynomdivision mit Hilfe des Horner–Schemas:*

$$x^4-x^3-x+1 = (x-1)(x^3-1) = (x-1)(x-1)(x^2+x+1).$$

Dritter Schritt: *Ansatz für die Partialbruchzerlegung:*

$$\begin{aligned}\frac{\widetilde{P}(x)}{Q(x)} &= \frac{x^3+x}{x^4-x^3-x+1} = \frac{x^3+x}{(x-1)^2\,(x^2+x+1)}\\ &= \frac{A_{11}}{(x-1)}+\frac{A_{12}}{(x-1)^2}+\frac{B_{11}x+C_{11}}{(x^2+x+1)}.\end{aligned}$$

Bestimmung der Koeffizienten A_{11}, A_{12}, B_{11} und C_{11}: Zuerst wird mit $Q(x)$ multipliziert. Das liefert

$$x^3+x = A_1(x-1)(x^2+x+1) + A_2(x^2+x+1) + (Bx+C)(x-1)^2. \tag{7.101}$$

Nun kann man auf zwei Arten fortfahren:
a) *Koeffizientenvergleich: Dazu multipliziert man zuerst den rechten Term aus,*

$$x^3+x = A_1(x^3-1)+A_2(x^2+x+1)+B(x^3-2x^2+x)+C(x^2-2x+1),$$

und ordnet dann nach den Potenzen von x um,

$$x^3+x = (A_1+B)x^3+(A_2-2B+C)x^2+(A_2+B-2C)x+(-A_1+A_2+C).$$

Da die linke Seite gleich der rechten sein soll, müssen die folgenden vier Gleichungen wegen der Eindeutigkeit von Poynomen gelten:

$$\begin{aligned}A_1+B &= 1,\\ A_2-2B+C &= 0,\\ A_2+B-2C &= 1,\\ -A_1+A_2+C &= 0.\end{aligned}$$

Löst man das so entstandene lineare Gleichungssystem auf, so erhält man

$$A_1 = \frac{2}{3}, \quad A_2 = \frac{2}{3}, \quad B = \frac{1}{3}, \quad C = 0.$$

b) *Wähle $x = 1$ (Nullstelle). Dann ergibt sich aus (7.101)*

$$2 = 0 + A_2 \cdot 3 + 0$$

und damit

$$A_2 = \frac{2}{3},$$

also

$$x^3 + x - \frac{2}{3}(x^2 + x + 1) = \left[A_1(x^2 - x - 1) + (Bx + C)(x - 1)\right](x - 1).$$

Weil das rechte Polynom durch $(x - 1)$ teilbar ist, ist es auch das linke. Mit dem Hornerschema

$$\begin{array}{cccccc} & & 1 & -\frac{2}{3} & \frac{1}{3} & -\frac{2}{3} \\ 1 & & 0 & 1 & \frac{1}{3} & \frac{2}{3} \\ \hline & & 1 & \frac{1}{3} & \frac{2}{3} & 0 \end{array}$$

folgt

$$x^3 + x - \frac{2}{3}(x^2 + x + 1) = (x - 1)(x^2 + \frac{1}{3}x + \frac{2}{3}).$$

Also kann man durch $(x - 1)$ durchdividieren und es gilt

$$(x^2 + \frac{1}{3}x + \frac{2}{3}) = A_1(x^2 + x + 1) + (Bx + C)(x - 1).$$

Man wählt nochmals $x = 1$, dann ergibt sich

$$2 = A_1 \cdot 3 + 0$$

und damit

$$A_1 = \frac{2}{3},$$

also

$$(x^2 + \frac{1}{3}x + \frac{2}{3}) - \frac{2}{3}(x^2 + x + 1) = (Bx + C)(x - 1).$$

Wie oben ist das linke Polynom durch $(x - 1)$ teilbar und man erhält

$$(x^2 + \frac{1}{3}x + \frac{2}{3}) - \frac{2}{3}(x^2 + x + 1) = \frac{1}{3}x^2 - \frac{1}{3}x = \frac{x}{3}(x - 1).$$

Daraus ergibt sich

$$\frac{x}{3} = (Bx + C).$$

Setzt man wiederum $x = 0$, *so erhält man* $C = 0$. *Aus*

$$\frac{1}{3}x = Bx$$

folgt dann

$$B = \frac{1}{3}.$$

Die gegebene rationale Funktion hat also folgende Darstellung in Partialbruchzerlegung,

$$R(x) = 1 + \frac{x^3 + x}{x^4 - x^3 - x + 1} = 1 + \frac{2}{3(x-1)} + \frac{2}{3(x-1)^2} + \frac{x}{3(x^2+x+1)}.$$

Vierter Schritt: *Nun kann man die Partialbrüche von* $R(x)$ *gliedweise integrieren,*

$$\begin{aligned}\int \frac{x^4+1}{x^4 - x^3 - x + 1} dx &= \int \left[1 + \frac{2}{3(x-1)} + \frac{2}{3(x-1)^2} + \frac{x}{3(x^2+x+1)}\right] dx \\ &= x + \frac{2}{3}\int \frac{1}{(x-1)}\, dx + \frac{2}{3}\int \frac{1}{(x-1)^2}\, dx + \frac{1}{3}\int \frac{x}{(x^2+x+1)}\, dx.\end{aligned}$$

Die Substitution $\tau = x - 1$ *mit* $d\tau = dx$ *liefert*

$$\begin{aligned}\frac{2}{3}\int \frac{dx}{x-1} &= \frac{2}{3}\int \frac{d\tau}{\tau} = \frac{2}{3}\ln|\tau| = \frac{2}{3}\ln|x-1|, \\ \frac{2}{3}\int \frac{dx}{(x-1)^2} &= \frac{2}{3}\int \frac{d\tau}{\tau^2} = -\frac{2}{3}\frac{1}{\tau} = -\frac{2}{3}\frac{1}{(x-1)}.\end{aligned}$$

Im verbleibenden Integral

$$\int \frac{x}{x^2+x+1} dx = \frac{1}{2}\int \frac{2x+1}{x^2+x+1} dx - \frac{1}{2}\int \frac{1}{x^2+x+1} dx$$

nehmen wir die Substitution $\tau = x^2 + x + 1$ *mit* $d\tau = (2x+1)dx$ *vor und erhalten*

$$\begin{aligned}\int \frac{x}{x^2+x+1} dx &= \frac{1}{2}\int \frac{d\tau}{\tau} - \frac{1}{2}\int \frac{1}{(x+\frac{1}{2})^2 + \frac{3}{4}} dx \\ &= \frac{1}{2}\ln|x^2+x+1| - \frac{2}{3}\int \frac{1}{\left(\sqrt{\frac{4}{3}}(x+\frac{1}{2})\right)^2 + 1} dx.\end{aligned}$$

Die Substitution $\tau = \frac{2}{\sqrt{3}}(x + \frac{1}{2})$ *mit* $d\tau = \frac{2}{\sqrt{3}}\,dx$ *führt auf*

$$\begin{aligned}\int \frac{x}{x^2+x+1}dx &= \frac{1}{2}\ln|x^2+x+1| - \frac{1}{\sqrt{3}}\int \frac{d\tau}{\tau^2+1}\\ &= \frac{1}{2}\ln|x^2+x+1| - \frac{1}{\sqrt{3}}\arctan\tau\,.\end{aligned}$$

Insgesamt erhalten wir

$$\begin{aligned}\int R(x)\,dx &= x + \frac{2}{3}\ln|x-1| - \frac{2}{3}\frac{1}{(x-1)} + \frac{1}{2}\ln|x^2+x+1|\\ &\quad -\frac{1}{\sqrt{3}}\arctan\left(\frac{2}{\sqrt{3}}\left(x+\frac{1}{2}\right)\right).\end{aligned}$$

Auch Integrale der Gestalt

$$(7.102)\quad \int R(\sin x, \cos x)\,dx$$

mit einem rationalen Ausdruck $R(y, z)$ von den beiden Veränderlichen y und z kann man auf Integrale mit rationalen Integranden der Gestalt $\int R(t)\,dt$ zurückführen. Hierunter fallen auch rationale Ausdrücke von $\tan x$ und $\cot x$, denn diese kann man durch $\sin x/\cos x$ bzw. $\cos x/\sin x$ ersetzen. Hier führt man die Substitution

$$(7.103)\quad t = \tan\frac{x}{2}, \quad x = 2\arctan t, \quad dx = \frac{2\,dt}{1+t^2}$$

durch und verwendet die Additionstheoreme

$$(7.104)\quad \sin x = \frac{2\tan\frac{x}{2}}{1+\tan^2\frac{x}{2}} = \frac{2t}{1+t^2}, \quad \cos x = \frac{1-\tan^2\frac{x}{2}}{1+\tan^2\frac{x}{2}} = \frac{1-t^2}{1+t^2}.$$

Mit (7.103) und (7.104) geht (7.102) über in

$$(7.105)\quad \int R(\sin x, \cos x)\,dx = \int R\left(\frac{2t}{1+t^2}, \frac{1-t^2}{1+t^2}\right)\frac{2\,dt}{1+t^2},$$

ein Integral von der Gestalt (7.97), das mit Partialbruchzerlegung berechnet werden kann.

Definition 7.79: *Funktionen, die sich durch rationale Ausdrücke, Wurzeln, Exponentialfunktionen, trigonometrische Funktionen und ihre Inversen ausdrücken lassen, nennt man auch* **elementare Funktionen**.
Funktionen, deren Integrale elementare Funktionen ergeben, nennt man **elementar integrierbar**.

Tabellen elementar integrierbarer Funktionen findet man in [13, 28].

7.11 Elementar integrierbare gewöhnliche Differentialgleichungen erster Ordnung

Gewöhnliche Differentialgleichungen wurden bereits zu Beginn der Entwicklung der Differential- und Integralrechnung gefunden und wohl zuerst für einfache Elastizitätsprobleme (Galileo Galilei, Hooke), Optik (Huygens) und Schwingungsprobleme (J. Bernoulli und I. Newton) im 17. Jahrhundert untersucht. Sie gewannen für die Physik zentrale Bedeutung im Zusammenhang mit den Bewegungsgleichungen, dem Prinzip der größten Wirkung und Variationsproblemen.
Heute treten gewöhnliche Differentialgleichungen in allen Bereichen auf, in denen mathematische Modelle kontinuierlicher Vorgänge oder Vorgänge mit einer Großzahl von „Individuen" beschrieben werden (wie in Physik und Technik, Astronomie, Chemie, Biologie, Medizin, Wirtschaftswissenschaften, Zukunftsforschung, um nur einige zu nennen). Die Theorie der gewöhnlichen Differentialgleichungen ist auch keineswegs abgeschlossen. So wird heute zum Beispiel über gewöhnliche Differentialgleichungen besonders aktiv in der System- und Kontrolltheorie, bei der Vorhersage von Singularitäten (Katastrophen), bei nichtlinearen Phänomenen (Verzweigungsprobleme, nichtlineare Wellen, zum Beispiel Solitonen etc.), Langzeitphänomenen (Stabilitätstheorie dynamischer Systeme, Chaos, Synergetik) sowie im Zusammenhang mit effektiven Lösungsmethoden einschließlich Numerik geforscht.
Es kann hier nur eine sehr oberflächliche Einführung gegeben werden. Moderne Fragestellungen erfordern viel breitere und tiefere Kenntnisse der verschiedensten Gebiete der Analysis und können deshalb hier nur am Rande behandelt werden. Wir beschränken uns auf wenige Standard-Probleme. Dabei werden wir im wesentlichen einen Ausschnitt aus [90] und [17] behandeln. In die Aspekte der Kontrolltheorie wird in [17] eingeführt. Das klassische Standardwerk mit einer Unmenge expliziter Lösungen ist [48, 49]. Viele schöne, zum Teil auch einfache Anwendungen findet man in [11].

Als einführendes Beispiel betrachten wir Populationsmodelle für die Evolution einer Spezies. Bezeichnen $p(t)$ die Population zur Zeit t und $r(t,p)$ die Differenz zwischen Geburts- und Sterberate pro Individuum in einem isolierten System, das nicht durch äußere Einflüsse gestört wird, dann gilt die sogenannte Wachstumsgleichung

$$(7.106)\quad \frac{dp}{dt} = r(t,p(t))\,p(t)\,.$$

Modell von Malthus (1798)
Malthus hat $r(t,p) = a$ als konstant angenommen. Dann erhalten wir die Differentialgleichung

$$(7.107)\quad \frac{dp}{dt} = a\,p(t)\,.$$

Division durch p und Integration von t_0 bis t ergibt

$$\int_{p(t_0)}^{p(t)} \frac{dp}{p} = \int_{t_0}^{t} \frac{1}{p(\tau)} \frac{dp}{d\tau}\, d\tau = \int_{t_0}^{t} a\, d\tau = (t - t_0)\, a\,,$$

woraus folgt

$$\ln|p(t)| - \ln|p(t_0)| = (t - t_0)\, a\,.$$

Also ist die Lösung der Differentialgleichung (7.107) zu einer beliebigen Zeit $t > t_0$ gegeben durch

$$(7.108)\quad p(t) = p(t_0)\, e^{a(t-t_0)}\,.$$

Als Beispiel für die Population einer Spezies sollen für den Menschen einige Zahlenwerte berechnet werden. Aufgrund von demographischen Beobachtungen über mehrere Jahrhunderte wählen wir

$$a = 0.02 = 2\%\,.$$

Als Ausgangspunkt betrachten wir das Jahr 1961 mit einer Bevölkerung von ca. 3 Milliarden Menschen. Dann ergeben sich die folgenden Prognosen:

$$\begin{array}{lll} 1997: & p(1997) = p(1961)e^{0.02\cdot 36} & \approx 6.16 \text{ Milliarden,} \\ 2051: & p(2051) = p(1961)e^{0.02\cdot 90} & \approx 18.15 \text{ Milliarden,} \\ 2461: & p(2461) = p(1961)e^{0.02\cdot 500} & \approx 7\cdot 10^4 \text{ Milliarden} \end{array}$$

Logistisches Wachstum

Inzwischen hat man das Malthussche Gesetz wie folgt modifiziert. Der statistische Durchschnitt der Anzahl der Kontakte zweier Individuen pro Zeiteinheit ist p^2 und man geht davon aus, daß dieser dem Wachstum entgegen wirkt. Somit gilt

$$(7.109)\quad \frac{dp}{dt} = ap - bp^2; \quad r(t,p) = a - bp\,.$$

Integration liefert mit Partialbruchzerlegung

$$\int_{t_0}^{t} \left[\frac{1}{ap - bp^2}\right] \frac{dp}{d\tau}\, d\tau = \int_{t_0}^{t} \left[\frac{1}{ap} + \frac{b}{a(a - bp)}\right] \frac{dp}{d\tau} d\tau = t - t_0$$

und damit die implizite Darstellung der Lösung

$$(7.110)\quad a(t - t_0) = \ln\left(\frac{p}{p_0}\right) - \ln\left(\frac{a - bp}{a - bp_0}\right) = \ln\left(\frac{p(a - bp_0)}{p_0(a - bp)}\right).$$

Logarithmieren ergibt

$$p(a - bp_0) = p_0(a - bp)e^{a(t-t_0)}$$

und durch Auflösen nach p erhält man die explizite Darstellung

$$(7.111)\quad p(t) = \frac{ap_0}{bp_0 + (a - bp_0)e^{-a(t-t_0)}}.$$

Für $t \to \infty$ folgt damit das Langzeitverhalten

$$\lim_{t\to\infty} p(t) = \frac{a}{b} \quad \text{und} \quad p(t) < \frac{a}{b} \quad \text{für alle endlichen } t.$$

Auch hier sollen einige Werte ausgerechnet werden, Ausgangspunkt ist 1997 mit $p = 6.16$ Milliarden Menschen. Mit $a = 0.02$ und $p_\infty = 10^9$ ergibt sich die empirische Konstante

$$b = \frac{a}{p_\infty} = 2 \cdot 10^{-11}.$$

Prognosen:

1997	p(1997)	$\approx$ 6.16 Milliarden,
2051	p(2051)	$\approx$ 1.4 Milliarden,
2461	p(2461)	$\approx$ 1 Milliarde.

Dieses Beispiel zeigt, daß eine nur kleine Änderung des Modells, hier der Differentialgleichung (7.107) zu (7.109) mit $b = 2 \cdot 10^{-11}$ das Langzeitverhalten völlig ändern kann!

Es gibt eine ganze Reihe von Differentialgleichungen, die mit Hilfe der Integrationsregeln eine geschlossene Lösung erlauben, das heißt die Lösungen der Differentialgleichung können mit Hilfe elementarer Funktionen und eventuell mit Integralen formelmäßig geschlossen angegeben werden. Die bedeutendste Sammlung solcher Probleme mit Lösungen findet man in Kamkes Werk [48]. Viele Anwender glauben deshalb, eine formelmäßige geschlossene Lösung müßte für **jede** Differentialgleichung möglich sein. Dies ist aber leider nicht so, sondern gerade die in der Praxis vorkommenden Gleichungen sind meist nur mit Hilfe von Näherungsverfahren näherungsweise lösbar. Von größter Bedeutung sind elementar integrierbare Differentialgleichungen dagegen für Übungsaufgaben und Tests von Näherungsverfahren in Mechanik und allen anderen Bereichen der Physik, ja allen Natur- und Ingenieurwissenschaften.
Hier sollen einige der einfachsten und wichtigsten Typen elementar integrierbarer Differentialgleichungen erster Ordnung behandelt werden. (Siehe auch [90, S. 9–30], [64, §11], [48].)

Für die Lösung der Differentialgleichung

$$(7.112)\quad y'(x) = f(x)$$

verwenden wir

Satz 7.80: *Sei* $\Phi(x) := \int^x f(\xi)\, d\xi$ *Stammfunktion zu* f. *Dann ist die Lösungsgesamtheit zu (7.112) gegeben durch*

(7.113) $y(x) \;=\; \Phi(x) + c\,.$

Die Konstante $c \in \mathbb{R}$ *nennt man auch* **Integrationskonstante**.
Das Anfangswertproblem in $[\alpha,\beta] \subset \mathbb{R}$ *mit* $f \in C^0([\alpha,\beta])$,

(7.114) $y'(x) = f(x), \quad y(x_0) = y_0, \quad (x, x_0 \in [\alpha,\beta])$

hat in $[\alpha,\beta]$ *genau eine stetig differenzierbare Lösung*

(7.115) $$y(x) \;=\; y_0 + \int\limits_{x_0}^{x} f(\xi)\, d\xi\,.$$

Satz 7.81: *Die Differentialgleichung*

(7.116) $y'(x) \;=\; g(y)$

mit $g \in C^0([a,b])$, $g(y) \neq 0$, *besitzt jede zur in* $[a,b]$ *monotonen Funktion*

(7.117) $$\chi(y) \;:=\; \int\limits_a^y \frac{d\eta}{g(\eta)} + c, \qquad c \in \mathbb{R} \text{ beliebig}$$

inverse Funktion $Y(x)$ *(mit* $\chi(Y(x)) = x$*) als Lösung, und die Lösungsgesamtheit ist durch (7.117) bestimmt. Das Anfangswertproblem*

(7.118) $y'(x) \;=\; g(y), \quad y(x_0) = y_0, \quad (y, y_0 \in [a,b])$

besitzt genau eine Lösung, die durch die zu

(7.119) $$\chi(y) \;=\; x_0 + \int\limits_{y_0}^{y} \frac{d\eta}{g(\eta)}, \qquad y \in [a,b]$$

inverse Funktion $Y(x)$ *gegeben ist.*

Beweis:

i. Ohne Beschränkung der Allgemeinheit sei $g(y) > 0$ in einer Umgebung von $y_0 = y(x_0)$. Daraus folgt $1/g > 0$, und die Funktion

$$\chi(y) \;=\; \int\limits_a^y \frac{d\eta}{g(\eta)} + c$$

ist streng monoton steigend. Deshalb existiert die inverse Funktion $Y(x)$ mit $\chi(Y(x)) = x$ und $Y(\chi(y)) = y$. Differentiation nach x ergibt mit der Kettenregel

$$\frac{d\chi}{dy}\frac{dY}{dx} = 1,$$

und durch Einsetzen der Definition von $\chi(y)$

$$Y'(x)\,\frac{1}{g(Y(x))} = 1, \quad \text{das heißt} \quad Y'(x) = g(Y(x)).$$

Das ist die Differentialgleichung.

ii. Seien

$$\chi(\eta) := x_0 + \int_{y_0}^{\eta} \frac{d\zeta}{g(\zeta)}$$

und $Y(x)$ die dazu inverse Funktion. Dann ist nach *i.* $y(x) := Y(x)$ eine Lösung von $Y'(x) = g(Y(x))$ und

$$x_0 = \chi(Y(x_0)) = x_0 + \int\limits_{y_0}^{Y(x_0)} \frac{d\zeta}{g(\zeta)}, \quad \text{also} \quad Y(x_0) = y_0.$$

Folglich ist $Y(x)$ Lösung des Anfangswertproblems (7.118).

Nun seien $y_1(x)$ und $y_2(x)$ zwei Lösungen von (7.118). Dann gelten

$$\begin{aligned}\chi(y_1(x)) &= \int\limits_{x_0}^{x} \frac{dy_1'}{d\tau}\cdot\chi'(y_1(\tau))d\tau = \int\limits_{y_0}^{y_1(x)} \frac{d\eta}{g(\eta)} \\ &= \int\limits_{x_0}^{x} d\xi = \int\limits_{y_0}^{y_2(x)} \frac{d\eta}{g(\eta)} = \int\limits_{x_0}^{x} \frac{dy_2'}{d\tau}\cdot\chi'(y_2(\tau))d\tau = \chi(y_2(x)).\end{aligned}$$

Wegen der strengen Monotonie von $\chi(\cdot)$ folgt die Injektivität von $\chi(\cdot)$ und somit $y_1(x) = y_2(x)$ für alle $x \in D$; das bedeutet Eindeutigkeit.

□

Beispiel 7.82: *Betrachtet wird die Differentialgleichung*

$$y'(x) = \sqrt{y} \quad \text{für } y > 0.$$

Dann ergibt sich

$$\chi(y) = \int^{y} \frac{d\eta}{\sqrt{\eta}} = 2\,\sqrt{y} + c \qquad \text{mit } c \in \mathbb{R}$$

mit der Umkehrfunktion

$$Y(x) = \left(\frac{x-c}{2}\right)^2 .$$

Zur Bestimmung des Definitionsbereichs erhalten wir durch Differentiation

$$0 \leq Y'(x) = \frac{x-c}{2} \quad \text{und somit } x \geq c \,.$$

Für $x \leq c$ ist die Lösung gegeben durch $Y(x) \equiv 0$.

Satz 7.83 (Trennung der Veränderlichen) : *Gegeben sei die Differentialgleichung*

$$(7.120)\quad y'(x) = f(x) \cdot g(y) \,.$$

Seien $f \in C^0([\alpha,\beta])$ und $g \in C^0([a,b])$ sowie $g \neq 0$. Dann ist die Gesamtheit aller stetig differenzierbaren Lösungen gegeben durch

$$(7.121)\quad y(x) = H\left(\int_{\alpha}^{x} f(\xi)\, d\xi + c\right), \quad c \in \mathbb{R},$$

wobei $H(\cdot)$ die zu

$$(7.122)\quad \chi(y) := \int_{a}^{y} \frac{d\eta}{g(\eta)}$$

inverse Funktion auf $G := [\chi(a),\chi(b)] \cup [\chi(b),\chi(a)]$ ist. Der Definitionsbereich von $y(x)$ ist hierbei durch

$$D(y) = [\alpha,\beta] \cap \left\{ x \mid \int_{\alpha}^{x} f(\xi)\, d\xi + c \in G \right\}.$$

bestimmt. Das Anfangswertproblem

$$(7.123)\quad y'(x) = f(x) \cdot g(y), \quad y(x_0) = y_0$$

mit $(x_0, y_0) \in [\alpha,\beta] \times [a,b]$ hat genau eine stetig differenzierbare Lösung, die dargestellt wird durch

$$(7.124)\quad y(x) = H\left(\int_{x_0}^{x} f(\xi)\, d\xi\right)$$

mit der zu

$$(7.125)\quad \chi(y) := \int_{y_0}^{y} \frac{d\eta}{g(\eta)}$$

inversen Funktion $H(\cdot)$.

Beweis:

i. Wegen

$$\begin{aligned}\frac{d}{dx}H\left(\int\limits_{x_0}^{x} f(\xi)\,d\xi\,+\,c\right) &= \left(\frac{dH}{d\zeta}\right)\left(\int\limits_{x_0}^{x} f(\xi)\,d\xi + c\right) f(x)\\ &= f(x)\Big/\chi'\left(H\left(\int\limits_{x_0}^{x} f(\xi)\,d\xi + c\right)\right) = g(y(x))\,f(x)\end{aligned}$$

erfüllt $H(\cdot)$ die Differentialgleichung (7.120) und wegen

$$y(x_0) = H(0) = y_0$$

auch die Anfangsbedingungen, also ist $H(\cdot)$ Lösung des Anfangswertproblems (7.123).

ii. Zu zeigen bleibt die Eindeutigkeit. Seien also $y_1(x), y_2(x)$ zwei Lösungen von (7.123). Wegen

$$\chi(y_1(x)) = \int\limits_{y_0}^{y_1(x)} \frac{dy}{g(y)} = \int\limits_{x_0}^{x} f(\xi)\,d\xi = \int\limits_{y_0}^{y_2(x)} \frac{dy}{g(y)} = \chi(y_2(x))$$

folgt dann $y_1(x) = y_2(x)$ aus der strengen Monotonie von χ. □

Im folgenden betrachten wir Differentialgleichungen, die sich durch geeignete Transformationen auf die bereits behandelten Fälle zurückführen lassen.
Als **homogene Differentialgleichungen** werden Differentialgleichungen der Gestalt

$$(7.126)\quad y'(x) = f\left(\frac{y}{x}\right)$$

bezeichnet. Mit der Transformation

$$(7.127)\quad u(x) := \frac{1}{x}\,y(x)$$

erhält man eine Differentialgleichung mit getrennten Veränderlichen,

$$u'(x) = \frac{1}{x}(f(u) - u)\,.$$

Die Differentialgleichung

$$(7.128)\quad y'(x) = f(ax + by + c), \quad b \neq 0$$

kann mit der Transformation

(7.129) $u(x) := a\,x + b\,y + c$

umgeformt werden in

$$u'(x) = a + b\,y'(x) = a + b\,f(u)\ .$$

Differentialgleichungen der Gestalt

(7.130) $y'(x) = f\left(\dfrac{ax+by+c}{\alpha x+\beta y+\gamma}\right)$ mit $\begin{vmatrix} a & b \\ \alpha & \beta \end{vmatrix} \neq 0$

können mit der Transformation

(7.131) $\tilde{x} := x - \hat{x}, \quad \tilde{y} := y - \hat{y}$ mit $\begin{cases} a\,\hat{x} + b\,\hat{y} + c = 0 \\ \alpha\,\hat{x} + \beta\,\hat{y} + \gamma = 0 \end{cases}$

in die homogene Differentialgleichung

$$\frac{d\tilde{y}}{d\tilde{x}} = f\left(\frac{a + b\frac{\tilde{y}}{\tilde{x}}}{\alpha + \beta\frac{\tilde{y}}{\tilde{x}}}\right)$$

überführt werden.

Homogene lineare Differentialgleichungen erster Ordnung der Form

(7.132) $y'(x) + g(x)\,y(x) = 0$

können durch Trennung der Veränderlichen gelöst werden, man erhält

$$\int_{x_0}^{x} \frac{y'(\tau)}{y(\tau)}d\tau = -\int_{x_0}^{x} g(\tau)d\tau \Rightarrow \ln|y(x)| - \ln|y(x_0)| = -\int_{x_0}^{x} g(\tau)d\tau$$

und somit die explizite Darstellung

(7.133) $y(x) = y(x_0)\,e^{-\int_{x_0}^{x} g(\tau)d\tau}\ .$

Die Lösung der inhomogenen linearen Differentialgleichung erster Ordnung

(7.134) $y'(x) + g(x)\,y(x) + q(x) = 0$

wird beschrieben durch

Satz 7.84: *Seien $g, q \in C^0([\alpha,\beta])$. Dann ist die Lösungsgesamtheit der in $[\alpha,\beta]$ stetig differenzierbaren Lösungen von (7.134) mit $c \in \mathbb{R}$ gegeben durch*

(7.135) $y(x) = \exp\left(-\int_{\alpha}^{x} g(\xi)d\xi\right) \cdot \left\{c - \int_{\alpha}^{x} q(\xi)\exp\left(\int_{\alpha}^{\xi} g(\eta)d\eta\right)d\xi\right\}.$

Die Anfangswertaufgabe

(7.136) $y'(x) + g(x)y(x) + q(x) = 0, \quad y(x_0) = y_0$

hat genau eine Lösung in $C^1([\alpha, \beta])$. *Diese wird dargestellt durch*

(7.137) $$y(x) = \exp\left(-\int_{x_0}^{x} g(\xi)d\xi\right) \cdot \left\{y_0 - \int_{x_0}^{x} q(\xi)\exp\left(\int_{x_0}^{\xi} g(\eta)d\eta\right)d\xi\right\}.$$

Beweis:

i. Bei der von D'Alembert eingeführten Variation der Konstanten erhält man mit dem Ansatz

$$y(x) = u(x)\exp\left(-\int_{\alpha}^{x} g(\xi)d\xi\right)$$

aus der Differentialgleichung

$$\begin{aligned} y'(x) &= u'(x)\exp\left(-\int_{\alpha}^{x} g(\xi)d\xi\right) - u(x)g(x)\exp\left(-\int_{\alpha}^{x} g(\xi)d\xi\right) \\ &= u'(x)\exp\left(-\int_{\alpha}^{x} g(\xi)d\xi\right) - g(x)\,y(x) \\ &= u'(x)\exp\left(-\int_{\alpha}^{x} g(\xi)d\xi\right) + y'(x) + q(x), \end{aligned}$$

das heißt $u(x)$ ist Lösung der Differentialgleichung

$$u'(x) = -q(x)\ \exp\left(\int_{\alpha}^{x} g(\xi)\ d\xi\right).$$

Daraus erhalten wir zunächst

$$u(x) = c - \int_{\alpha}^{x} q(\xi)\exp\left(\int_{\alpha}^{\xi} g(\eta)\ d\eta\right)d\xi$$

und damit insgesamt

$$y(x) = \left\{c - \int_{\alpha}^{x} q(\xi)\exp\left(\int_{\alpha}^{\xi} g(\eta)\ d\eta\right)d\xi\right\}\exp\left(-\int_{\alpha}^{x} g(\xi)d\xi\right),$$

das heißt (7.135) ist Lösung von (7.134).

ii. Zu zeigen bleibt die Eindeutigkeit. Für zwei Lösungen $y_1(x), y_2(x)$ von (7.136) sei $w(x) := y_1(x) - y_2(x)$ mit $w(x_0) = 0$. Für $w(x)$ ergibt sich die Differentialgleichung

$$\begin{aligned} w'(x) + g(x)w(x) &= [y_1'(x) - y_2'(x)] + g(x)[y_1(x) - y_2(x)] + q(x) - q(x) \\ &= 0 \end{aligned}$$

mit der allgemeinen Lösung

$$w(x) = c \exp\left(-\int_{x_0}^{x} g(\xi)\, d\xi\right).$$

Aus der Anfangsbedingung $w(x_0) = 0$ folgt $c = 0$, das heißt $w(x) \equiv 0$ bzw. $y_1(x) = y_2(x)$.

□

Die **Bernoullische Differentialgleichung**

(7.138) $y'(x) + g(x)y(x) + h(x)[y(x)]^\alpha = 0 \quad \text{mit } \alpha \neq 1$

kann mit der Transformation

(7.139) $u(x) := [y(x)]^{1-\alpha}$

in die lineare Differentialgleichung

$$u'(x) + (1-\alpha)g(x)u(x) + (1-\alpha)h(x) = 0$$

überführt werden.

7.12 Das Anfangswertproblem der expliziten Differentialgleichung

Die Differentialgleichung des Anfangswertproblems

(7.140) $y'(x) = f(x, y), \quad y(x_0) = y_0$

nennt man explizit, da sie nach y' aufgelöst ist. Durch die Differentialgleichung (7.140) wird jedem Punkt (x, y) durch die Funktion $f(x, y)$ der Anstieg der Lösung $y(x)$ in x zugeordnet, das heißt der Verlauf der allgemeinen Lösung kann durch das **Richtungsfeld** $\mathbf{z} = (\mathbf{1}, f(x, y))^\top$ graphisch veranschaulicht werden.

Beispiel 7.85:

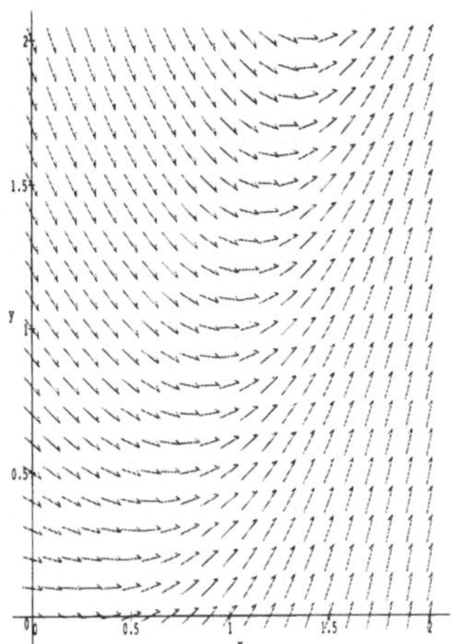

Abbildung 7.12: Richtungsfeld $\mathbf{z} = (1, x^2 - y)^\top$ *der Differentialgleichung* $y'(x) = x^2 - y$.

Die Lösung $y(x)$ des Anfangswertproblems (7.140) genügt der **Volterraschen Integralgleichung**

$$(7.141)\quad y(x) = y_0 + \int_{x_0}^{x} f(\xi, y(\xi))d\xi$$

beziehungsweise der **Fixpunktgleichung**

$$y(x) = (\Phi y)(x) := y_0 + \int_{x_0}^{x} f(\xi, y(\xi))d\xi.$$

Zur Lösung von (7.141) verwenden wir das **Verfahren von Picard–Lindelöf**, dies entspricht der Methode der sukzessiven Approximation, das heißt wir betrachten die Iterationsvorschrift

$$(7.142)\quad y_{k+1}(x) := (\Phi y_k)(x) := y_0 + \int_{x_0}^{x} f(\xi, y_k(\xi))d\xi, \quad \text{für } k = 0, 1, 2, \ldots$$

mit $y_0(x) = y_0$.

Zur (numerischen) Berechnung der Lösung des Anfangswertproblems (7.140) ist die Iterationsvorschrift (7.142) nicht unbedingt geeignet; aber sie stellt ein wichtiges Hilfsmittel zur Lösbarkeitsuntersuchung von (7.140) dar:

Satz 7.86 : *Die Funktion* $f \in C^0([\alpha,\beta]\times[a,b])$ *erfülle eine Lipschitz–Bedingung bezüglich* y*, das heißt es gelte*

$$(7.143)\quad |f(x,y)-f(x,\eta)| \le L\,|y-\eta|$$

für alle $(x,y),(x,\eta)\in\mathcal{B}:=[\alpha,\beta]\times[a,b]$.
Dann konvergiert die durch (7.142) definierte Funktionenfolge gleichmäßig gegen die Lösung $y\in C^1$ *des Anfangswertproblems (7.140). In* $[x_-,x_+]$ *mit*

$$(7.144)\quad \begin{array}{rcl} x_- &:=& \inf\{x \mid (\xi,y(\xi))\in\mathcal{B} \text{ für alle } \xi\in[x,x_0]\}\\ x_+ &:=& \sup\{x \mid (\xi,y(\xi))\in\mathcal{B} \text{ für alle } \xi\in[x_0,x]\}\end{array}$$

ist $y(x)$ *die einzige stetig differenzierbare Lösung des Anfangswertproblems. Der Graph der Lösung verläßt* $\mathcal{B}$ *in* $(x_-,y(x_-))\in\mathcal{B}$ *und* $(x_+,y(x_+))\in\mathcal{B}$.

Beispiel 7.87: *Für das Anfangswertproblem*

$$y'(x) = x+y(x),\quad y(0)=y_0=0$$

erhalten wir als Folge der Picard–Iterierten:

$$\begin{aligned} y_1(x) &= 0+\int_0^x(\xi+0)d\xi = \frac{x^2}{2},\\ y_2(x) &= 0+\int_0^x\left(\xi+\frac{\xi^2}{2}\right)d\xi = \frac{x^2}{2}+\frac{x^3}{3!},\\ &\vdots\\ y_k(x) &= 0+\int_0^x\left(\xi+\frac{\xi^2}{2!}+\ldots+\frac{\xi^k}{k!}\right)d\xi = \frac{x^2}{2}+\frac{x^3}{3!}+\ldots+\frac{x^{k+1}}{(k+1)!}\\ &= \sum_{j=2}^{k+1}\frac{x^j}{j!} \to \sum_{j=2}^{\infty}\frac{x^j}{j!} = e^x-x-1 = y(x)\quad \text{für } k\to\infty. \end{aligned}$$

Zur Probe rechnen wir

$$y'(x) = e^x-1 = y(x)+x,\quad y(0) = 0.$$

Beweis von Satz 7.86:

i. Zunächst definieren wir die Fortsetzung

$$(7.145)\quad f_F(x,y) := \begin{cases} f(x,b) & \text{für } x\in[\alpha,\beta], b<y,\\ f(x,y) & \text{für } x\in[\alpha,\beta], a\le y\le b,\\ f(x,a) & \text{für } x\in[\alpha,\beta], y<a.\end{cases}$$

Dann gilt (7.143) für alle $(x,y),(x,\eta) \in [\alpha,\beta] \times \mathbb{R}$. Nun versehen wir $C^0([\alpha,\beta])$ mit der **gewichteten Bielecki–Norm** und definieren den Funktionenraum

$$(7.146)\quad E := \left\{ g \in C^0([\alpha,\beta]) \;\Big|\; \|g\| := \max_{\alpha \le x \le \beta} \left| g(x) e^{-\gamma|x-x_0|} \right| \right\}$$

mit geeignetem $\gamma > 0$. Man rechnet sofort nach, daß gilt:

$$e^{-\gamma(\beta-\alpha)}\, \|g\|_{\mathcal{F}} \le \|g\| \le \|g\|_{\mathcal{F}} .$$

Folglich ist $\|g_k - g\| \to 0$ äquivalent zu $\|g_k - g\|_{\mathcal{F}} \to 0$, das ist gerade die gleichmäßige Konvergenz. Also ist E äquivalent zu $C^0([\alpha,\beta])$ und somit **Banachraum**.

ii. Wir zeigen nun, daß alle Voraussetzungen des Banachschen Fixpunktsatzes für Φ in E und $\gamma > L$ erfüllt sind.
Ist $g \in C^0([\alpha,\beta])$, dann ist $f(\xi, g(\xi))$ stetig, also auch $\int_{x_0}^{x} f(\xi, g(\xi))d\xi$ in Abhängigkeit von der oberen Grenze; das heißt $\Phi : E \to E$.
Des weiteren ist

$$\max_{(x,\eta)\in[\alpha,\beta]\times\mathbb{R}} |f(x,\eta)| =: M < \infty,$$

also

$$\begin{aligned}
\|\Phi(y)\| &= \max_{x\in[\alpha,\beta]} \left| e^{-\gamma|x-x_0|} \left\{ y_0 + \int_{x_0}^{x} f(\xi, y(\xi))d\xi \right\} \right| \\
&\le |y_0| + M \max_{x\in[\alpha,\beta]} \left(|x-x_0| e^{-\gamma|x-x_0|} \right) \le |y_0| + \frac{M}{\gamma\, e}
\end{aligned}$$

für alle $y \in E$. Weiterhin ist

$$\begin{aligned}
\|\Phi(g) - \Phi(h)\| &= \max_{x\in[\alpha,\beta]} \left| e^{-\gamma|x-x_0|} \int_{x_0}^{x} \{ f(\xi, g(\xi)) - f(\xi, h(\xi)) \}\, d\xi \right| \\
&\le \max_{x\in[\alpha,\beta]} \left| e^{-\gamma|x-x_0|} \int_{x_0}^{x} e^{\gamma|\xi-x_0|} \cdot L \cdot |g(\xi) - h(\xi)| \cdot e^{-\gamma|\xi-x_0|} d\xi \right| \\
&\le \max_{x\in[\alpha,\beta]} L \left| e^{-\gamma|x-x_0|} \right| \cdot \underbrace{\left| \int_{x_0}^{x} e^{\gamma|\xi-x_0|} d\xi \right|}_{= \frac{1}{\gamma}\left\{ e^{\gamma|x-x_0|} - 1 \right\}} \cdot \|g-h\| \\
&\le \frac{L}{\gamma}\, \|g-h\| = q\, \|g-h\|
\end{aligned}$$

mit $q = \frac{L}{\gamma} < 1$, wenn die Konstante γ mit $\gamma > L$ gewählt wird. Also ist $\Phi : E \to E$ Kontraktion. Der Banachsche Fixpunktsatz, Satz 5.22, stellt sicher, daß (7.142) in E konvergiert, das heißt $y_k(x)$ konvergiert gegen den einzigen Fixpunkt $y(x)$ in E, also als Funktionenfolge gleichmäßig.

Sind $y(x)$ und $z(x)$ zwei Lösungen von (7.140), dann sind sie auch beide Lösungen von

$$y'(x) = f_F(x, y(x)), \quad y(x_0) = y_0 \quad \text{für } x \in [x_-, x_+] \subset [\alpha, \beta]$$

und wir haben zugehörige Fixpunkte $y, z \in E$ mit $y(x) = (\Phi(y))(x)$ und $z(x) = (\Phi(z))(x)$.

Aufgrund der Eindeutigkeit des Fixpunkts in E nach dem Banachschen Fixpunktsatz folgt $y = z$ in E, das heißt $|y(x) - z(x)| = 0$ für alle $x \in [\alpha, \beta]$, daraus folgt die Behauptung.

Für $x \in [x_-, x_+]$ gilt insbesondere

$$y(x) = y_0 + \int_{x_0}^{x} f(\xi, y(\xi)) d\xi,$$

das heißt (7.141). □

Folgerung 7.88: *Für $q = \dfrac{L}{\gamma} < 1$ gelten die a–priori–Abschätzung*

$$(7.147)\quad |y_k(x) - y(x)| \leq e^{\gamma|x-x_0|} \frac{q^k}{1-q} \max_{\tilde{x} \in [\alpha,\beta]} \left| e^{-\gamma|\tilde{x}-x_0|} \int_{x_0}^{\tilde{x}} f(\xi, y_0) d\xi \right|$$

sowie die a–posteriori–Abschätzung

$$(7.148)\quad |y_k(x) - y(x)| \leq e^{\gamma|x-x_0|} \frac{q}{1-q} \max_{\tilde{x} \in [\alpha,\beta]} \left| e^{-\gamma|\tilde{x}-x_0|} (y_k(\tilde{x}) - y_{k-1}(\tilde{x})) \right|.$$

Dies sind die Abschätzungen aus dem Banachschen Fixpunktsatz.

Das Euler–Cauchysches Polygonzugverfahren:
Für das Anfangswertproblem (7.140),

$$y'(x) = f(x, y), \quad y(x_0) = y_0,$$

betrachten wir nun das durch

$$\begin{aligned} x_{k+1} &:= x_k + h; \quad h := \frac{1}{N}; \quad k = 0, 1, \ldots, N; \\ (7.149)\qquad \tilde{y}_{k+1} &:= \tilde{y}_k + h\, f(x_k, \tilde{y}_k), \quad \tilde{y}_0 = y_0; \\ \tilde{y}_N(x) &:= \frac{1}{h} \{(x_{k+1} - x)\tilde{y}_k + (x - x_k)\tilde{y}_{k+1}\} \quad \text{für } x_k \leq x \leq x_{k+1}. \end{aligned}$$

definierte Näherungsverfahren und untersuchen, ob für $h \to 0$ bzw. $N \to \infty$ die Folge der Näherungslösungen gegen die Lösung von (7.140) konvergiert: $\widetilde{y}_N(x) \to y(x)$. Für die folgenden Betrachtungen setzen wir $f \in C^0(\mathcal{B})$ voraus.

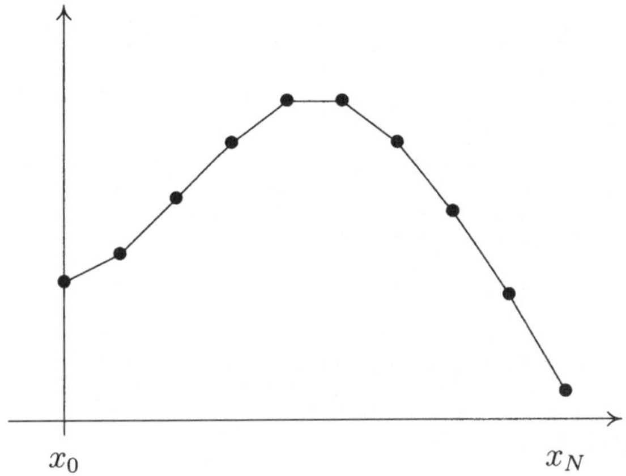

Abbildung 7.13: Euler–Cauchysches Polygonzugverfahren.

Definition 7.89: *Eine Menge* $\mathcal{K} \subset \mathcal{X}$ *heißt* **relativ kompakt** *im Banach–Raum* $\mathcal{X}$, *wenn gilt: Jede Folge* $g_j \in \mathcal{K}$, $j \in \mathbb{N}$ *enthält eine in* $\mathcal{X}$ *konvergente Teilfolge, das heißt* $\exists g \in \mathcal{X}$ *und* $\mathbb{N}' \subset N$ *mit*

$$(7.150) \quad \lim_{j' \to \infty} \|g_{j'} - g\|_{\mathcal{X}} = 0, \; j' \in \mathbb{N}'.$$

Eine Menge $\mathcal{K} \subset \mathcal{X}$ *heißt* **kompakt**, *wenn* $\mathcal{K}$ *in* $\mathcal{X}$ *relativ kompakt ist und* $\mathcal{K} = \overline{\mathcal{K}}$ *in* $\mathcal{X}$ *gilt, das heißt* $g \in \mathcal{K}$ *in (7.150).*

Für das Polygonzugverfahren wählen wir $\mathcal{X} := C^0([\alpha, \beta])$, das heißt für $g \in C^0([\alpha, \beta])$ ist

$$\|g\|_{C^0([\alpha,\beta])} = \sup_{\alpha \le x \le \beta} |g(x)| = \max_{\alpha \le x \le \beta} |g(x)|,$$

und wir benötigen eine Charakterisierung der Kompaktheit in $\mathcal{X} = C^0([\alpha, \beta])$.

Definition 7.90: *Die Funktionenfolge* $\{g_j\}_{j \in I}$ *heißt in* D **gleichgradig stetig**, *wenn gilt:*

$$(7.151) \quad \forall x_0 \in D \; \forall \varepsilon > 0 \; \exists \delta(x_0, \varepsilon) > 0 \; \forall |x - x_0| < \delta \; \forall j \in I : \; |g_j(x) - g_j(x_0)| < \varepsilon.$$

Die Konstante δ *ist hierbei* **unabhängig** *von* j.

Definition 7.91: *Die Funktionenfamilie* $\{g_j\}_{j \in I}$ *heißt in* D **gleichgradig gleichmäßig stetig**, *wenn gilt:*

$$(7.152) \quad \forall \varepsilon > 0 \; \exists \delta(\varepsilon) > 0 \; \forall x, y \in D \wedge |x - y| < \delta \; \forall j \in I \; : \; |g_j(x) - g_j(y)| < \varepsilon.$$

Lemma 7.92: *Die Funktionenfamilie* $\{g_j\}_{j\in I}$ *ist in* D *genau dann gleichgradig stetig, wenn für jedes* $x_0 \in D$ *eine monotone Nullfunktion* $\alpha_{x_0}(r)$ *existiert, so daß gilt:*

$$|g_j(x) - g_j(x_0)| \leq \alpha_{x_0}(|x - x_0|) \quad \forall x \in D,\ \forall j \in I.$$

Den **Beweis** überlassen wir dem Leser als Übungsaufgabe.

Definition 7.93: *Die Funktionenfamilie* $\{g_j\}_{j\in I}$ *heißt in* D **gleichgradig beschränkt**, *wenn gilt:*

$$(7.153)\ \exists c \in \mathbb{R} \quad : \quad |g_j(x)| \leq c \quad \forall x \in D,\ \forall j \in I\,.$$

Für das **Eulersche Polygonzugverfahren (7.149)** betrachten wir wieder $f \in C^0([\alpha,\beta]\times[a,b])$ und setzen wie in (7.145) $f(\cdot,\cdot)$ für $y \in \mathbb{R}$ stetig und beschränkt fort, das heißt es gilt

$$|f(x,y)| \leq M \quad \text{für alle } (x,y) \in [\alpha,\beta]\times\mathbb{R}\,.$$

Definieren wir durch

$$\widetilde{f}_N(\xi) := f(x_k, \widetilde{y}_k) \quad \text{für } \xi \in [x_k, x_{k+1})$$

die Steigung von $\widetilde{y}_N$, dann können wir die in (7.149) definierten Polygonfunktionen auch schreiben als

$$\widetilde{y}_N(x) = y_0 + \int_{x_0}^{x} \widetilde{f}_N(\xi)\,d\xi.$$

Damit erhalten wir

$$|\widetilde{y}_N(x)| \leq |y_0| + (\beta - \alpha)\cdot M,$$

das heißt die **gleichgradige Beschränktheit**. Wegen

$$\begin{aligned} |\widetilde{y}_N(z) - \widetilde{y}_N(x)| &= \left| y_0 + \int_{x_0}^{z} \widetilde{f}_N(\xi)d\xi - y_0 - \int_{x_0}^{x} \widetilde{f}_N(\xi)d\xi \right| \\ &= \left| \int_{x}^{z} \widetilde{f}_N(\xi)d\xi \right| \leq M\cdot|z - x| \end{aligned}$$

ist die Funktionenfamilie $\{\widetilde{y}_N(x)\}_{N\in\mathbb{N}}$ auch **gleichgradig gleichmäßig stetig** auf $[\alpha,\beta]$.

Satz 7.94: *Die Funktionenfamilie sei auf einem kompakten Definitionsbereich* D *gleichgradig stetig. Dann ist sie auf* D *gleichgradig gleichmäßig stetig.*

Der Beweis ist völlig analog zum Beweis des Satzes von Heine (Satz 4.68) und wir überlassen ihn dem Leser als Übungsaufgabe für die Anwendung des Satzes von Heine–Borel.

Satz 7.95 von Arzelà–Ascoli: *Eine auf $D = [\alpha, \beta]$ gleichgradig stetige gleichgradig beschränkte Funktionenfamilie $\{g_j\}_{j \in I}$ ist in $C^0([\alpha, \beta])$ relativ kompakt, das heißt es gibt eine in $[\alpha, \beta]$ gleichmäßig konvergente Teilfolge $g_{j'}(x)$.*

Beweis: Bezeichnen wir mit

$$\mathbb{Q}' := \mathbb{Q} \cap [\alpha, \beta] = \{x_1, x_2, x_3, \ldots\}$$

und sei $I = \mathbb{N}$. Aus der Beschränktheit $|g_j(x_1)| \leq M$ folgt mit dem Satz von Bolzano–Weierstraß die Existenz einer unendlichen Indexmenge $\mathbb{N}' \subset \mathbb{N}$ mit

$$\lim_{j' \to \infty} g_{j'}(x_1) =: g(x_1) \quad \text{für } j' \in \mathbb{N}' \,.$$

Entsprechend existiert wegen $|g_{j'}(x_2)| \leq M$ eine unendliche Indexmenge $\mathbb{N}'' \subset \mathbb{N}' \subset \mathbb{N}$ mit

$$\lim_{j'' \to \infty} g_{j''}(x_2) =: g(x_2) \quad \text{für alle } j'' \in \mathbb{N}''$$

und so fortfahrend erhalten wir wegen $|g_{j^{(k-1)}}(x_k)| \leq M$ die Existenz einer unendlichen Indexmenge $\mathbb{N}^{(k)} \subset \mathbb{N}^{(k-1)} \subset \ldots \subset \mathbb{N}$ mit

$$\lim_{j^{(k)} \to \infty} g_{j^{(k)}}(x_k) =: g(x_k) \quad \text{für } j^{(k)} \in \mathbb{N}^k \,.$$

Nach Konstruktion gilt

$$\lim_{j^{(k)} \to \infty} g_{j^{(k)}}(x_\ell) \quad \text{für } 1 \leq \ell \leq k,$$

weil $g_{j^{(k)}}(x_\ell)$ Teilfolge von $g_{j^{(\ell)}}(x_\ell)$ ist. Dann gilt für jedes ℓ, das heißt für jedes $x_\ell \in \mathbb{Q}'$

$$\lim_{k \to \infty} g_{j_k^{(k)}}(x_\ell) = g(x_\ell)$$

mit der Diagonalfolge $\{g_{j_k^{(k)}}\}_{k \in \mathbb{N}}$.
Sei

$$\phi_k(x) := g_{j_k^{(k)}}(x) \quad \text{für } k \in \mathbb{N} \,.$$

Wir zeigen nun

$$\forall \varepsilon > 0 \; \exists N_0(\varepsilon) \; \forall \ell, m > N_0 \; \forall x \in D : \quad |\phi_\ell(x) - \phi_m(x)| < \varepsilon.$$

Seien $\varepsilon > 0$ und $x' \in \mathbb{Q}'$ beliebig gewählt. Wegen der gleichgradigen Stetigkeit der Funktionenfamilie $\{\phi_\ell(x)\}_{\ell\in\mathbb{N}}$ existiert ein $\delta(\varepsilon, x') > 0$, so daß

$$|\phi_\ell(x) - \phi_\ell(x')| < \frac{\varepsilon}{3} \quad \forall x \in D \wedge |x - x'| < \delta \quad \forall \ell \in \mathbb{N}\,.$$

Für das kompakte Intervall $[\alpha, \beta]$ ist

$$[\alpha, \beta] \subset \bigcup_{x'\in\mathbb{Q}'} U_{\delta(\varepsilon,x')}(x')$$

eine offene Überdeckung. Aus dem Satz 3.50 von Heine–Borel folgt die Existenz einer Zahl $M(\varepsilon)$, so daß gilt:

$$[\alpha, \beta] \subset \bigcup_{j=1}^{M(\varepsilon)} U_{\delta(\varepsilon,x_j')}(x_j') \quad \text{mit } x_1', \ldots, x_M' \in \mathbb{Q}'.$$

Dann existiert ein $N_0(\varepsilon, M(\varepsilon))$, so daß für alle $\ell, m \geq N_0$

$$|\phi_\ell(x_j') - \phi_m(x_j')| < \frac{\varepsilon}{3} \quad \text{für alle } x_1', \ldots, x_M' \quad \text{erfüllt ist.}$$

Sei $x \in [\alpha, \beta]$ beliebig gewählt und sei j_0 mit $x \in U_{\delta(\varepsilon,x_{j_0}')}(x_{j_0}')$. Für alle $\ell, m \geq N_0$ folgt dann

$$\begin{aligned}
|\phi_\ell(x) - \phi_m(x)| &\leq |\phi_\ell(x) - \phi_\ell(x_{j_0}')| + |\phi_\ell(x_{j_0}') - \phi_m(x_{j_0}')| \\
&\qquad + |\phi_m(x_{j_0}') - \phi_m(x)| \\
&< \frac{\varepsilon}{3} + \frac{\varepsilon}{3} + \frac{\varepsilon}{3} = \varepsilon.
\end{aligned}$$

$\{\phi_\ell\}_{\ell\in\mathbb{N}}$ ist also Cauchy–Folge in $\mathcal{X} = C^0([\alpha, \beta])$ bezüglich der Maximum– bzw. Supremum–Norm. $\mathcal{X}$ ist vollständig bezüglich der gleichmäßigen Konvergenz, daraus folgt die Stetigkeit von $g(x)$ für $x \in [\alpha, \beta]$. □

Satz 7.96 (Der Existenzsatz von Peano) :
Sei $f \in C^0(\mathcal{B})$, $(x_0, y_0) \in \mathcal{B} := [\alpha, \beta] \times [a, b]$. Dann existiert eine stetig differenzierbare Lösung von (7.140), deren Graph in $\mathcal{B}$ verläuft und der $\mathcal{B}$ in

$$x_- := \min\{x \in [\alpha, \beta] \mid \forall \xi \in [x, x_0] \ : \ (\xi, y(\xi)) \in \mathcal{B}\}\,, \quad y(x_-)$$

und

$$x_+ := \max\{x \in [\alpha, \beta] \mid \forall \xi \in [x_0, x] \ : \ (\xi, y(\xi)) \in \mathcal{B}\}\,, \quad y(x_+)$$

verläßt; $y(x)$ für $x_- \leq x \leq x_+$ ist Lösung von (7.140).

Beweis: Zunächst definieren wir wieder die Fortsetzung (7.145)

$$f_F(x, y) := \begin{cases} f(x, b) & \text{für } y > b, \\ f(x, y) & \text{für } a \leq y \leq b, \\ f(x, a) & \text{für } y < b \end{cases}$$

im Streifen $[\alpha, \beta] \times \mathbb{R}$ und benutzen

$$|f_F(x,y)| \leq M := \max_{(x,y)\in\mathcal{B}} |f(x,y)|.$$

Wir behandeln jetzt das Anfangswertproblem

$$y'(x) = f_F(x,y), \quad y(x_0) = y_0$$

mit dem Euler–Cauchyschen Polygonzugverfahren für $N \to \infty$. Dann hat die Familie $\{\widetilde{y}_N(x)\}_{N\in\mathbb{N}}$ von Polygonzügen (7.149) die folgenden Eigenschaften:

$$\begin{aligned}
|\widetilde{y}_N(x) - \widetilde{y}_N(\xi)| &\leq M\,|x-\xi| \quad \text{für } x, \xi \in [\alpha, \beta], \\
|\widetilde{y}_N(x)| &\leq |y_0| + |\widetilde{y}_N(x) - y_0| \\
&\leq |y_0| + M\,|x - x_0| \leq |y_0| + M(\beta - \alpha).
\end{aligned}$$

Also ist $\{\widetilde{y}_N\}_{N\in\mathbb{N}} \subset C^0([\alpha,\beta])$ eine Familie gleichgradig gleichmäßig stetiger, gleichgradig beschränkter Funktionen, das heißt in $\mathcal{X} = C^0([\alpha,\beta])$ relativ kompakt. Nach dem Satz von Arzelà–Ascoli gibt es eine gleichmäßig konvergente Teilfolge $\widetilde{y}_{N'}(x) \to g(x) \in C^0([\alpha,\beta])$ für $x \in [\alpha,\beta]$, mit anderen Worten

$$\lim_{N'\to\infty} \|\widetilde{y}_{N'} - g\|_{\mathcal{F}} = 0\,.$$

Für

$$\widetilde{y}_{N'}(x) = y_0 + \int\limits_{x_0}^{x} \widetilde{f}_{N'}(\xi)d\xi \quad \text{mit } \widetilde{f}_{N'}(\xi) = f_F(x_k, \widetilde{y}_k) \quad \text{für } x_k \leq \xi < x_{k+1}$$

erhalten wir wegen $\widetilde{f}_{N'} \in \mathcal{E}$

$$\widetilde{y}_{N'}(\xi) = \widetilde{y}_k + (\xi - x_k) f_F(x_k, \widetilde{y}_k), \quad \text{also} \quad |\widetilde{y}_{N'}(\xi) - \widetilde{y}_k| \leq \frac{1}{N} \cdot M\,.$$

Aus der gleichmäßigen Stetigkeit von $f_F(\cdot,\cdot)$ folgt mit der zu f_F gehörenden monotonen Nullfunktion

$$\begin{aligned}
|\widetilde{f}_{N'}(\xi) - f_F(\xi, g(\xi))| &\leq |f_F(x_k, \widetilde{y}_k) - f_F(\xi, \widetilde{y}_{N'}(\xi))| \\
&\quad + |f_F(\xi, \widetilde{y}_{N'}(\xi)) - f_F(\xi, g(\xi))| \\
&\leq \alpha_{f_F}\left(|x_k - \xi| + |\widetilde{y}_k - \widetilde{y}_{N'}(\xi)|\right) + \alpha_{f_F}\left(|\widetilde{y}_{N'}(\xi) - g(\xi)|\right) \\
&\leq \alpha_{f_F}\left(\frac{1}{N} + \frac{M}{N}\right) + \alpha_{f_F}\left(\|\widetilde{y}_{N'} - g\|_{\mathcal{F}}\right)
\end{aligned}$$

und somit

$$\sup_{\xi\in[\alpha,\beta]} |\widetilde{f}_{N'}(\xi) - f(\xi, g(x))| \to 0 \quad \text{für } N' \to \infty,$$

das heißt die Treppenfunktionen $\widetilde{f}_{N'}(\xi)$ konvergieren gleichmäßig gegen $f(\xi, g(\xi))$. Damit ergibt sich

$$\begin{array}{rcll} \widetilde{y}_{N'}(x) & = & y_0 + \int\limits_{x_0}^{x} \widetilde{f}_{N'}(\xi) d\xi & \\ \downarrow & & \qquad\quad \downarrow & \\ g(x) & = & y_0 + \int\limits_{x_0}^{x} f(\xi, g(\xi)) d\xi & \text{für } N' \to \infty, \end{array}$$

woraus folgt, daß g das Anfangswertproblem löst:

$$\frac{dg}{dx} = f(x, g(x)) \quad \text{und} \quad g(x_0) = y_0.$$

□

Im allgemeinen ist die Lösung **nicht eindeutig**, wie das folgende Beispiel gezeigt.

Beispiel 7.97: *Jede reelle Lösung des Anfangswertproblems*

$$y'(x) \;=\; \sqrt{y(x)}, \quad y(0) \;=\; 0 \quad \textit{für } (x,y) \in [\alpha, \beta] \times [0, b]$$

ist für beliebiges $c \in [\alpha, \beta]$ *gegeben durch*

$$y_c(x) = \begin{cases} 0 & \textit{für } x \in [\alpha, c), \\ \left(\dfrac{x-c}{2}\right)^2 & \textit{für } x \in [c, \beta]. \end{cases}$$

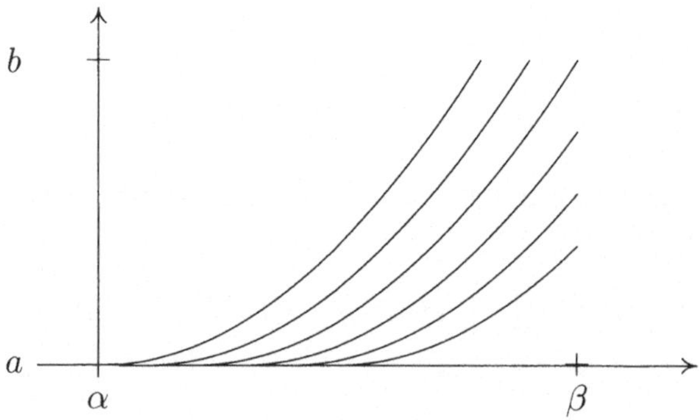

Abbildung 7.14: Allgemeine Lösung von $y'(x) = \sqrt{y(x)},\ y(0) = 0$.

Satz 7.98 [Eindeutigkeitssatz von Osgood] : *Sei* $\mathcal{B} = [\alpha, \beta] \times [a, b]$ *und für* $f \in C^0(\mathcal{B})$ *gelte*

(7.154) $|f(x, y_1) - f(x, y_2)| \leq \omega(|y_1 - y_2|) \quad \forall (x, y_1), (x, y_2) \in \mathcal{B}$

mit einer monotonen Nullfunktion (Modulfunktion) $\omega(r) > 0$ für $r > 0$ sowie

$$(7.155) \quad \lim_{\varepsilon \to 0+} \int_{\varepsilon}^{\widetilde{y}} \frac{d\eta}{\omega(\eta)} = \infty \quad \textit{für ein } \widetilde{y} > 0.$$

Dann hat die Anfangswertaufgabe (7.140) in $\mathcal{B}$ höchstens eine Lösung.

Mit dem Existenzsatz von Peano bedeutet das, daß das Anfangswertproblem (7.140) unter Voraussetzung (7.154) in $\mathcal{B}$ für $x_- \leq x \leq x_+$ **genau eine Lösung** besitzt.

Beweis von Satz 7.98 : Seien $y_1(x), y_2(x)$ zwei Lösungen von (7.140), das heißt es gelte

$$y_j'(x) = f_F(x, y_j), \quad y_j(x_0) = y_0 \quad \text{für } j = 1, 2.$$

Für

$$Y(x) := y_1(x) - y_2(x) \quad \text{gilt dann } Y(x_0) = 0\,.$$

Annahme: Es existiere ein ξ_0 mit $Y(\xi_0) \neq 0$, ohne Beschränkung der Allgemeinheit seien $x_0 < \xi_0$ und $Y(\xi_0) > 0$. Sei

$$\widetilde{x} := \sup\{x < \xi_0 \mid Y(x) = 0\}\,,$$

dann folgt

$$Y(x) > 0 \quad \text{für } \widetilde{x} < x \leq \xi_0\,, \quad Y(\widetilde{x}) = 0.$$

Aus der Definition von $Y(\cdot)$ und Voraussetzung (7.154) ergibt sich

$$Y'(x) = f(x, y_1(x)) - f(x, y_2(x)) \leq \omega(Y(x)),$$

Integration liefert

$$\int_{Y(x)}^{Y(\xi_0)} \frac{d\eta}{\omega(\eta)} = \int_{x}^{\xi_0} \frac{1}{\omega(Y(\xi))} \frac{dY}{d\xi} d\xi \leq \xi_0 - x,$$

Grenzwertbildung $x \to \widetilde{x}$ bzw. $Y(x) \to 0$ liefert

$$+\infty = \lim_{x \to \widetilde{x}} \int_{Y(x)}^{Y(\xi_0)} \frac{d\eta}{\omega(\eta)} \leq (\xi_0 - \widetilde{x}),$$

was wegen der Beschränktheit der rechten Seite einen Widerspruch darstellt. Daraus folgt $Y(x) \equiv 0$ bzw. $y_1(x) = y_2(x)$. □

Korollar 7.99: *Unter den Voraussetzungen von Satz 7.98 konvergiert die gesamte Polygonzugfolge $\widetilde{y}_N(x)$ gegen die einzige Lösung des Anfangswertproblems:*

$$\lim_{N\to\infty} \|\widetilde{y}_N - y\|_{\mathcal{F}} = \lim_{N\to\infty} \left\{ \sup_{x\in[\alpha,\beta]} |\widetilde{y}_N(x) - y(x)| \right\} = 0 .$$

Beweis:
Annahme: $\widetilde{y}_N \not\to y$ in $\mathcal{X} = C^0([\alpha,\beta])$. Dann existiert eine **unendliche** Indexmenge $\widetilde{\mathbb{N}} \subset \mathbb{N}$ mit

$$\|\widetilde{y}_{\widetilde{N}} - y\|_{\mathcal{F}} \geq \varepsilon_0 > 0 \quad \text{für alle } \widetilde{N} \in \widetilde{\mathbb{N}}.$$

Die Folge $\{\widetilde{y}_N\}_{N\in\mathbb{N}}$ ist aber gleichgradig gleichmäßig stetig und gleichgradig beschränkt, dies gilt dann auch für die Folge $\{\widetilde{y}_{\widetilde{N}}\}_{\widetilde{N}\in\widetilde{\mathbb{N}}}$. Also existiert eine unendliche Indexmenge $\widetilde{\mathbb{N}}' \subset \widetilde{\mathbb{N}}$, und $\widetilde{y}_{\widetilde{N}'} \to g(x)$ konvergiert gleichmäßig. g ist Lösung des Anfangswertproblems. Aus der eindeutigen Lösbarkeit ergibt sich $g = y$ und mit

$$\varepsilon_0 \leq \|\widetilde{y}_{\widetilde{N}'} - y\|_{\mathcal{F}} \to 0$$

im Widerspruch zur obigen Annahme. □

Satz 7.100 : *Sei $f(\tau;x,y)$ stetig in $(\tau,x,y) \in \mathcal{B}^* := [\gamma,\delta] \times \mathcal{B} = [\gamma,\delta] \times [\alpha,\beta] \times [a,b]$ und erfülle dort die bezüglich τ und x gleichmäßige Osgood–Bedingung*

$$|f(\tau;x,y_1) - f(\tau;x,y_2)| \leq \omega(|y_1 - y_2|)$$

mit (7.155). Dann hängt die Lösungsfamilie von

$$y' = f(\tau;x,y) \quad \textit{und} \quad y(\tau;x_0(\tau)) = y_0(\tau)$$

für stetige Vorgaben $(x_0(\tau), y_0(\tau)) \in \mathcal{B}$ von τ stetig ab, das heißt

$$\text{(7.156)} \quad \lim_{\tau\to\tau_0} \|y(\tau;\cdot) - y(\tau_0;\cdot)\|_{\mathcal{F}} = \lim_{\tau\to\tau_0} \left\{ \sup_{x\in[\alpha,\beta]} |y(\tau;x) - y(\tau_0;x)| \right\} = 0.$$

Beweis: Für $\tau \in [\gamma,\delta]$ ist die Lösungsfamilie wegen

$$y(\tau;x) = y_0(\tau) + \int_{x_0(\tau)}^{x} f_F(\tau;\xi,y(\tau;\xi))\,d\xi$$

und

$$\begin{aligned} |y(\tau;x) - y(\tau;z)| &\leq M\,|x - z|\,, \\ |y(\tau;x)| &\leq |y_0(\tau)| + M\cdot(\beta - \alpha) \end{aligned}$$

auf $[\alpha,\beta]$ gleichgradig gleichmäßig stetig und gleichgradig beschränkt. Sei $\tau_j \to \tau_0$ eine beliebige Parameterfolge, $\tau_j \in [\gamma,\delta]$. Dann existiert nach dem Satz von Arzelá–Ascoli eine gegen eine stetige Grenzfunktion $g(x)$ in $[\alpha, \beta]$ gleichmäßig konvergente Teilfolge $y(\tau_{j'}; \cdot) \in C^0([\alpha, \beta])$ mit

$$\lim_{j' \to \infty} \|y(\tau_{j'}; \cdot) - g(\cdot)\|_{\mathcal{F}} = 0 .$$

Wie im Beweis des Peanoschen Existenzsatzes ergibt sich $g \in C^1([\alpha, \beta])$ und g ist Lösung von

$$g' = f(x, g), \quad g(x_0(\tau_0)) = y_0(\tau_0) .$$

Die Lösung dieses Anfangswertproblems ist auch $y(\tau_0; x)$. Aufgrund der eindeutigen Lösbarkeit muß gelten

$$g(x) = y(\tau_0; x) \quad \text{für alle } x \in [\alpha, \beta].$$

Wie in Korollar 7.99 folgt aus der Eindeutigkeit der Grenzfunktion dann für die gesamte Folge $y(\tau_j; x)$:

$$\lim_{j \to \infty} \|y(\tau_j; \cdot) - y(\tau_0; \cdot)\|_{\mathcal{F}} = 0,$$

wie behauptet. □

7.13 Abschließende Bemerkungen

MAXIMA UND MINIMA, ein Zitat aus [73, S. 185]:

Da die Einrichtung der ganzen Welt die vorzüglichste ist, und da sie vom weisesten Schöpfer herstammt, wird nichts in der Welt angetroffen, woraus nicht irgendeine Maximum- oder Minimumeigenschaft hervorleuchtete.

EULER

Aufgaben, in denen es sich um größte und um kleinste Werte handelt, oder Maximum- und Minimumaufgaben, sind vielleicht reizvoller als mathematische Aufgaben von ähnlichem Niveau, und das mag einem ganz primitiven Grund zuzuschreiben sein. Jeder hat seine persönlichen Probleme. Beachten Sie, daß diese Probleme sehr oft etwas von Maximum- und Minimumaufgaben an sich haben. Wir wollem einen gewissen Gegenstand zu dem niedrigstmöglichen Preis erwerben; oder die größtmögliche Wirkung mit einem bestimmten Aufwand erreichen; oder die maximale Arbeitsleistung in einer festgesetzten Zeit zustandebringen; und natürlich wollen wir das minimale Risiko auf uns nehmen. Mathematische Aufgaben über Maxima und Minima sagen uns, glaub ich, zu, weil sie unsere alltäglichen Probleme idealisieren.

Wir neigen sogar dazu, uns vorzustellen, daß die Natur so werkt, wie wir es möchten, indem sie die größte Wirkung mit dem geringsten Aufwand hervorbringt. Es ist den Physikern gelungen, Ideen dieser Art auf klare und zweckmäßige

Grundprinzipien zu reduzieren; sie beschreiben gewisse physikalische Phänomene im Rahmen von „Minimumprinzipien". Das erste dynamische Prinzip dieser Art (das „Prinzip der kleinsten Wirkung", das meistens unter dem Namen *Maupertuis* zitiert wird) ist im wesentlichen von Euler entwickelt worden; seine zu Beginn des Kapitels zitierten Worte beschreiben lebendig einen gewissen Aspekt der Aufgaben über Maxima und Minima, der in seinem Jahrhundert vielen Gelehrten zugesagt haben mag.

Arthur Schopenhauer: Die Welt als Vorstellung, zweite Betrachtung, aus §36:

> Außerdem wird noch die logische Behandlung der Mathematik dem Genius widerstehen, da diese, die eigentliche Einsicht verschließend, nicht befriedigt, sondern eine bloße Verkettung von Schlüssen, nach dem Satz des Erkennungsgrundes darbietet, von allen Geisteskräften am meisten das Gedächtnis in Anspruch nimmt, um nämlich immer alle die früheren Sätze, darauf man sich beruft, gegenwärtig zu haben. Auch hat die Erfahrung bestätigt, daß große Genien in der Kunst zur Mathematik keine Fähigkeiten haben.

Morris Kline: Mathematics, A Cultural Approach, Addison–Wesley, 1962, p. 434:

> ... So many physical principles are most effectively formulated as differential equations that GOD has often been credited with using these equations as HIS starting point in designing the universe.

Erich Kamke: Aus dem Vorwort zur ersten Auflage von [49]:

> ... Dieses Buch ist dadurch veranlaßt, daß ich als Student trotz mehrfacher Anläufe wegen mangelnden Verständnisses immer sehr bald aus den Vorlesungen über Differentialgleichungen fortgeblieben bin und später als Dozent, gleichsam zur Strafe dafür, in die Lage kam, über dieses Gebiet selber vorzutragen.
>
> Das mangelnde Verständnis, daß ich als Student auch nicht mit Hilfe der vorhandenen Literatur beheben konnte, rührte daher, daß auf einer Anzahl von Gebieten die sonst in der Analysis üblichen Schärfe der Begriffsbildung und Beweisführung fehlte und daher oft genug die Tragweite der Methoden und die Richtigkeit der zudem häufig nur verschwommen formulierten Behauptungen keineswegs feststand.

Cesare Arzelá (1847–1912), italienischer Mathematiker, lehrte an den Universitäten in Palermo und Bologna.

Giulio Ascoli (1843–1896), italienischer Mathematiker, lehrte am Polytechnikum in Mailand.

William George Horner (1786–1837), englischer Mathematiker. Das nach ihm benannte Rechenverfahren bei Polynomen ist eine Wiederentdeckung des in Vergessenheit geratenen Verfahrens von Ts'in Kiu–Shao (1247).

Erich Kamke (1890–1961), Sohn eines Eisenbahners, studierte in Gießen und Göttingen vor dem ersten Weltkrieg. Tätigkeit als Realschul– und Gymnasiallehrer. Promotion 1919 bei Landau. 1920–26 Studienrat in Hagen, 1922–26 Privatdozent an der Universität Münster. 1926–37 Professor in Tübingen. 1937–45 Zwangsversetzung in den Ruhestand aus politischen Gründen und wegen seiner jüdischen Frau. Während dieser Zeit war er freier Mitarbeiter bei der Deutschen Versuchsgesellschaft für Luftfahrt und Deutschen Forschungsgemeinschaft und schrieb sein Standardwerk [49]. 1945–58 Professor in Tübingen. Wesentliche Beiträge zur Zahlentheorie, Mengenlehre und der Theorie der Differentialgleichungen im Großen. Didaktische und philosophische Arbeiten.

Wilhelm Martin Kutta (1867–1944), hat an der Universität Stuttgart von 1910 bis 1944 gelehrt. Er war ein hervorragender mathematischer Lehrer mit vielseitigen Kenntnissen, die sich auch in fachfremde Gebiete wie Literatur und Geschichte erstreckten. Der Name von Wilhelm M. Kutta ist verbunden mit dem Runge–Kutta–Verfahren für die numerische Lösung von Differentialgleichungen und mit der Kutta–Joukowskischen Auftriebsformel in der Strömungsmechanik.

Joseph Louis Lagrange (1736–1813), geborener Franzose, lehrte mit 19 Jahren bereits an der Artillerieschule in Turin. Trat 1766 die Nachfolge Eulers an und ging nach dem Tode Friedrichs II. an die Pariser Akademie. Lagrange begründete die analytische Mechanik. Besondere Beiträge zur Himmelsmechanik (Dreikörperproblem), zur Variationsrechnung,zu komplexer Funktionentheorie.

Guillaume Francois Antoine L'Hospital (1661–1704), ein Vertreter des französischen Hochadels, befaßte sich mit mathematischen Studien und stand mit Huygens, Leibniz und Johann Bernoulli in Briefwechsel.

Ernst Leonhard Lindelöf (1870–1946), begründete in Helsinki die finnische funktionentheoretische Schule. Neben Arbeiten zur Theorie der ganzen Funktionen leistete er wichtige Beiträge zur Theorie der gewöhnlichen Differentialgleichungen.

William Fogg Osgood (1864–1943), Studium in Harvard, Göttingen und Erlangen. Ab 1903 Professor an der Harvard Universität. Grundlegende Arbeiten in der Funktionentheorie, insbesondere konforme Abbildungen und Uniformisierung.

Giuseppe Peano (1858–1932), Professor für Differentialrechnung an der Universität von Turin, von 1887–1901 auch an der Militärakademie. Formale Logik und Sprachen. Axiome für die natürlichen Zahlen, Peano–Kurve, Satz 7.96.

Emile Picard (1856–1941), wirkte in Toulouse und Paris. Als einer der bedeutendsten Vertreter der modernen Analysis erzielte er die ersten wichtigen Ergebnisse zur Wertverteilungslehre der analytischen Funktionen.

Michael Rolle (1652–1719), französischer Mathematiker, Mitglied der Academie des Sciences. Befaßte sich u.a. mit algebraischen Gleichungen höheren Grades.

Carl David Tolmè Runge (1856–1927), Studium in München und Berlin. Unbezahlter Privatdozent in Berlin 1883–1886. Ordinarius für Mathematik, TH Hannover, 1886–1904. Ordinarius für Angewandte Mathematik in Göttingen 1904–1924. Fundamentale Beiträge zur Angewandten Mathematik und Numerischen Mathematik sowie zur Funktionentheorie.

Thomas Simpson (1710–1761), war ursprünglich Weber und Schulmeister in Derby. Mathematik eignete er sich als Autodidakt an und wirkte dann an der Militärakademie Woolwich. Simpson verfaßte zahlreiche, in der damaligen Zeit sehr beliebte Lehrbücher.

Brook Taylor (1683–1731), englischer Mathematiker, war zeitweilig Sekretär der Royal Society. Tat sich als eifriger Newtonianer beim Prioritätsstreit um die Erfindung der Infinitesimalrechnung hervor.

Vito Volterra (1860–1940), Professor in Turin und Rom, leistete Beiträge zur Theorie der Differential- und Integralgleichungen.

Kapitel 8

Differentiation im $\mathbb{R}^n$

Bei der Beschreibung der Realität kann man nicht mit Funktionen einer Veränderlichen auskommen; lehrt uns doch schon die naive Beobachtung, daß drei räumliche und eine zeitliche Veränderliche nötig sind, um Vorgänge unserer Umgebung zuzuordnen.
Um das Verhalten von Funktionen beschreiben zu können, benötigen wir also zuerst eine Beschreibung möglicher Definitionsbereiche. Dazu wollen wir uns hier mit der einfachen Situation begnügen, diese im Euklidischen Raum $\mathbb{R}^n$ zu wählen.

8.1 Gebiet und Bereich

Definition 8.1:

$$\overline{\mathbf{xy}} := \{\mathbf{z}_t := t\mathbf{x} + (1-t)\mathbf{y} \mid t \in [0,1]\} \tag{8.1}$$

heißt **gerade Strecke** *von* $\mathbf{x}$ *nach* $\mathbf{y}$ *in* $\mathbb{R}^n$.

Definition 8.2:

$$\mathcal{P} = \bigcup_{j=0}^{m} \overline{\mathbf{p}_j\mathbf{p}_{j+1}} \tag{8.2}$$

heißt **Polygonzug** *von* $\mathbf{p}_0$ *nach* $\mathbf{p}_{m+1}$.

Definition 8.3: *Eine Menge* $\mathcal{G} \subset \mathbb{R}^n$ *heißt (Polygonzug–)***zusammenhängend**, *wenn gilt:*

$$\forall\, \mathbf{x}, \mathbf{y} \in \mathcal{G}\, \exists \text{ Polygonzug } \mathcal{P} \subset \mathcal{G} \text{ von } \mathbf{x} \text{ nach } \mathbf{y}. \tag{8.3}$$

Definition 8.4: $\mathcal{G} \subset \mathbb{R}^n$ *heißt* **Gebiet**, *wenn gilt:* $\mathcal{G}$ *ist offen in* $\mathbb{R}^n$, *und* $\mathcal{G}$ *ist zusammenhängend.*

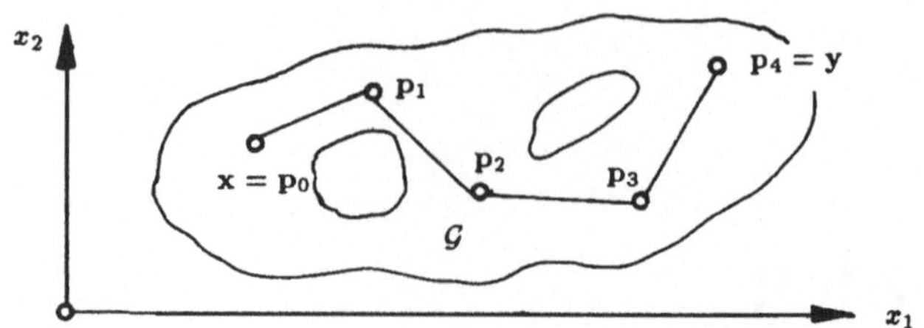

Abbildung 8.1: Skizze eines Gebietes und Polygonzuges.

Bemerkung 8.5: *In allgemeinen topologischen Räumen wird der Zusammenhang anders definiert. Für offene Mengen im $\mathbb{R}^n$ fällt diese Definition mit (8.3) zusammen.*

Satz 8.6 [Zwischenwertsatz von Bolzano] : *Sei f eine im Gebiet $\mathcal{D} \subset \mathbb{R}^n$ stetige Funktion, seien $\mathbf{a}, \mathbf{b} \in \mathcal{D}$ und*

$$f(\mathbf{a}) < f(\mathbf{b}).$$

Dann wird in $\mathcal{D}$ jeder Zwischenwert von f angenommen,

$$\forall \eta \in (f(\mathbf{a}), f(\mathbf{b}))\, \exists\, \mathbf{p} \in \mathcal{D} : \eta = f(\mathbf{p}). \tag{8.4}$$

Beweis: Aufgrund des Zusammenhangs von $\mathcal{D}$ existieren in $\mathcal{D}$ Punkte $\mathbf{p}_0 := \mathbf{a}$, $\mathbf{p}_1, \ldots, \mathbf{p}_m := \mathbf{b}$ derart, daß der durch

$$\mathbf{x}(t) := \mathbf{p}_j + (t-j)(\mathbf{p}_{j+1} - \mathbf{p}_j) \quad \text{für } j \le t \le j+1 \text{ und } j = 0, \ldots, m-1$$

definierte Polygonzug $\mathcal{P}$ ganz in $\mathcal{D}$ enthalten ist. Offenbar ist $\tilde{f}(t) := f(\mathbf{x}_t)$ stetig auf $[0, m]$, denn

$$|\mathbf{x}(t) - \mathbf{x}(t_0)| \le |t - t_0| \cdot \max_{0 \le j < m} |\mathbf{p}_{j+1} - \mathbf{p}_j| .$$

Dann liefert der Zwischenwertsatz in $\mathbb{R}$, Satz 4.46 die Behauptung. □

8.2 Richtungsableitungen und Fréchet–Differenzierbarkeit

Will man die Differenzierbarkeit für Funktionen im $\mathbb{R}^n$ definieren, so stellt man zunächst fest, daß man sehr viel mehr Möglichkeiten zur Erklärung von Differenzenquotienten hat und, wie einfache Beispiele zeigen, daß der Differenzenquotient je nach Annäherung an $\mathbf{x}$ verschiedenen Grenzwerten zustrebt. Aus diesem Grunde muß man **partielle** Ableitungen und **Richtungsableitungen** einführen. Die partielle Differentiation geht zurück auf Euler und d'Alembert und tritt seit etwa Mitte des 18. Jahrhunderts auf.

Definition 8.7: *$f(x_1,\ldots,x_n)$ sei in einem Gebiet $\mathcal{G} \subset \mathrm{I\!R}^n$ gegeben. Dann heißt f in $\mathbf{x} \in \mathcal{G}$* **partiell differenzierbar nach** *x_k und $\dfrac{\partial f}{\partial x_k} = f_{x_k}$ die* **partielle Ableitung** *von f nach x_k in $\mathbf{x} = (x_1,\ldots,x_n)^\top$, wenn der Grenzwert*

$$f_{x_k}(x_1,\ldots,x_n) = \lim_{h\to 0} \frac{f(x_1,\ldots,x_{k-1},x_k+h,x_{k+1},\ldots,x_n) - f(x_1,\ldots,x_k,\ldots,x_n)}{h}$$

existiert. f heißt **in $\mathcal{G}$ partiell differenzierbar nach** *x_k, falls f in $\mathcal{G}$ differenzierbar ist nach x_k für* **jedes $\mathbf{x} \in \mathcal{G}$**.

Bemerkung 8.8: *Wegen Definition 8.7 ist $f_{x_k}(\mathbf{x})$ genau dann die partielle Ableitung, falls*

$$\lim_{h\to 0} \left| \frac{f(\ldots,x_k+h,\ldots) - f(\ldots,x_k,\ldots)}{h} - f_{x_k}(\mathbf{x}) \right| = 0$$

oder falls gilt, $\forall \varepsilon > 0\ \exists \delta > 0\ \forall |h| < \delta$:

$$(8.5) \qquad |f(\ldots,x_k+h,\ldots) - f(\ldots,x_k,\ldots) - h f_{x_k}(\mathbf{x})| \le \varepsilon |h|.$$

Beispiel 8.9: *Wir betrachten wieder die Funktion*

$$f(x,y) = \frac{xy}{x^2+y^2}$$

mit dem Definitionsgebiet

$$\underline{\mathcal{D}} = \mathcal{G} = \left\{ (x,y) | 0 < x^2+y^2 < 1 \land x > 0 \land y^2 < x^6 \right\}.$$

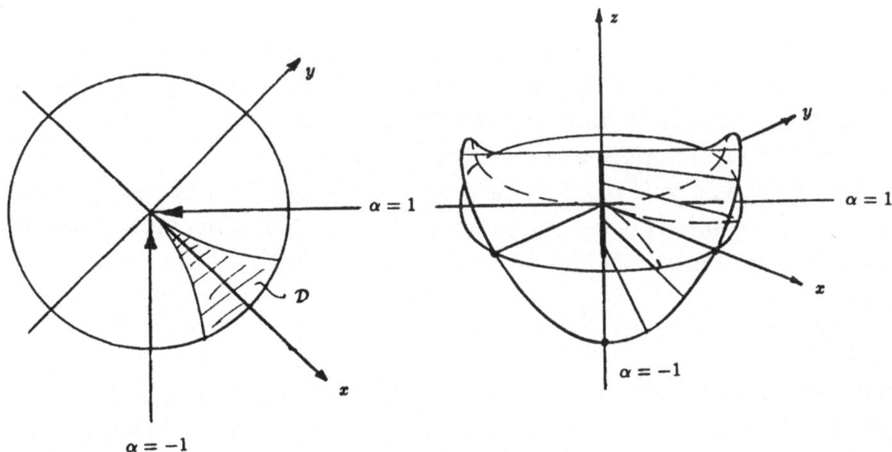

Abbildung 8.2: Skizze der Definitionsbereiche und Graphen.

Dann ist

$$f_x(x,y) = \frac{y}{x^2+y^2} - \frac{xy\cdot 2x}{(x^2+y^2)^2}$$

stetig in $\underline{\mathcal{D}}$ *und in* $\overline{\mathcal{D}}$ *stetig ergänzbar. Hingegen ist*

$$f_y(x,y) = \frac{x}{x^2+y^2} - \frac{xy\cdot 2y}{(x^2+y^2)^2}$$

stetig in $\underline{\mathcal{D}}$, *aber in* $\overline{\mathcal{D}}$ **nicht** *stetig ergänzbar.*

Definition 8.10: *f heißt in* $\mathbf{x}$ *nach* x_k **partiell stetig differenzierbar** *genau dann, wenn* $\frac{\partial f}{\partial x_k}(\mathbf{y})$ *in* $\mathbf{y} = \mathbf{x}$ *stetig ist.*

Da man auf dem Rand $\partial\mathcal{G}$ des Definitionsbereiches $\mathcal{G}$ häufig noch nicht einmal die Differenzenquotienten sinnvoll definieren kann, geht man dort anders vor.

Definition 8.11: $\mathcal{B} \subset \mathbb{R}^n$ *heißt* **Bereich**, *wenn* $\underline{\mathcal{B}}$ *ein Gebiet ist und* $\mathcal{B} \subset \overline{(\underline{\mathcal{B}})}$ *gilt . Durch die letzte Forderung werden* **isolierte Punkte** *ausgeschlossen.*

Definition 8.12: $f : \mathcal{B} \to \mathbb{R}$ *heißt im Bereich* $\mathcal{B}$ **nach** x_k **partiell stetig differenzierbar**, *wenn* $f_{x_k} : \underline{\mathcal{B}} \to \mathbb{R}$ *dort stetig ist und für jedes* $\mathbf{x} \in \partial\mathcal{B} \cap \mathcal{B}$ *existiert sowie*

$$(8.6) \qquad f_{x_k}(\mathbf{x}) := \lim_{\underline{\mathcal{B}} \ni \mathbf{y} \to \mathbf{x}} f_{x_k}(\mathbf{y})$$

im Sinne des Funktionenlimes gilt.

Bemerkung 8.13: *Die durch* (8.6) *definierte Fortsetzung von* $\underline{\mathcal{B}}$ *nach* $\mathcal{B}$ *ist per definitionem stetig in* $\mathcal{B}$, *wenn sie existiert. Sie ist wegen der Eindeutigkeit des Funktionenlimes auch eindeutig.*

Lemma 8.14: *Wenn man in einem Randpunkt den Funktionenlimes überhaupt berechnen kann und f nach x_k partiell stetig differenzierbar ist, dann stimmen Differentialquotient und Definition* (8.6) *überein.*
Dies können wir auch anders wie folgt beschreiben:
Sei $\mathbf{x} \in \partial\mathcal{B}$, *$f$ nach x_k in* $\mathcal{B}$ *partiell stetig differenzierbar, und es gebe eine Strecke der Länge* $|h_0| > 0$ *mit* $\{\overline{(\mathbf{x}, \mathbf{x} + h_0\mathbf{e}_k)} \backslash \{\mathbf{x}\}\} \subset \underline{\mathcal{B}}$. *Dabei bezeichne* $\mathbf{e}_k$ *den Basis–Einheitsvektor auf der* x_k*–Achse. Dann gilt für* $\mathbf{x} + h\mathbf{e}_k \in \underline{\mathcal{B}}$

$$\frac{\partial f}{\partial x_k}(\mathbf{x}) = \lim_{h\to 0} \frac{f(\mathbf{x} + h\mathbf{e}_k) - f(\mathbf{x})}{h}\,.$$

Beweis: Sei ohne Beschränkung der Allgemeinheit $\mathbf{e}_k := \mathbf{e}_1\,, h_0 > 0$ und der Einfachheit halber $n = 2$. Bei festgehaltenem y folgt aus dem Mittelwertsatz der Differentialrechnung

$$\frac{f(x+h,y) - f(x,y)}{h} = f_x(\xi(h), y)$$

mit einer geeigneten Zwischenstelle $\xi(h)$ mit $x < \xi(h) < x + h$. Daher gilt

$$\lim_{h\to 0} \frac{f(x+h,y) - f(x,y)}{h} = \lim_{h\to 0} f_x(\xi(h),y) = f_x(x,y),$$

denn $\xi(h) \to x$ für $h \to 0$ und f_x ist nach Voraussetzung stetig. Somit existiert der Differentialquotient, und er stimmt mit dem Funktionenlimes von f_x in (x, y) überein. □

Definition 8.15: *Sei* $\mathbf{a} = (a_1, \ldots, a_n)^\top$ *ein* **Richtungsvektor** *bzw. Einheitsvektor mit*

$$(8.7) \qquad |\mathbf{a}|^2 = \mathbf{a}\cdot\mathbf{a} = \sum_{j=1}^{n} a_j^2 = 1.$$

Dann heißt für $\mathbf{x} \in \mathcal{G}$ *im Gebiet* $\mathcal{G}$ *der Grenzwert*

$$(8.8) \qquad \frac{\partial f}{\partial \mathbf{a}}(\mathbf{x}) := \lim_{h\to 0} \frac{f(\mathbf{x}+h\mathbf{a}) - f(\mathbf{x})}{h} = \frac{d}{dt}[f(\mathbf{x}+t\mathbf{a})]_{|t=0}$$

die **Richtungsableitung** *von* f *in Richtung* $\mathbf{a}$ *im Punkt* $\mathbf{x}$.

Mit (8.8) gleichbedeutend ist gemäß (8.5) auch

$$(8.9) \qquad \forall \varepsilon > 0 \quad \exists \delta_{\mathbf{a}} > 0 \quad \forall |h| < \delta_{\mathbf{a}} : \ |f(\mathbf{x}+h\mathbf{a}) - f(\mathbf{x}) - h\cdot \frac{\partial f}{\partial \mathbf{a}}(\mathbf{x})| \le \varepsilon |h|\,.$$

Existiert die Richtungsableitung in $\mathbf{x}$ in **jeder** Richtung, dann nennt man f auch **Gateaux–differenzierbar** in $\mathbf{x}$. Man beachte, daß $\delta_{\mathbf{a}}$ in (8.9) und damit die Konvergenz in (8.8) von der Richtung $\mathbf{a}$ abhängen. Dies gibt Anlaß zur Definition des folgenden stärkeren Differentiationsbegriffs.

Definition 8.16: $f(\mathbf{x})$ *heißt* **differenzierbar** *oder* **Fréchet–differenzierbar**, *falls* f *in* $\mathbf{x}$ *in* **jeder** *Richtung differenzierbar ist und darüberhinaus alle Richtungsableitungen in* (8.8) **gleichmäßig** *konvergieren, das heißt*

$$(8.10) \qquad \forall \varepsilon > 0 \quad \exists \delta > 0 \quad \forall \mathbf{a}\ \forall |h| < \delta : \ |f(\mathbf{x}+h\mathbf{a}) - f(\mathbf{x}) - h\cdot \frac{\partial f}{\partial \mathbf{a}}(\mathbf{x})| \le \varepsilon |h|,$$

und wenn die Richtungsableitung darüberhinaus von $\mathbf{a}$ *bei festem* $\mathbf{x}$ **linear abhängt**, *das heißt: Für alle* $\mathbf{b} = \alpha_1\mathbf{a}_1 + \alpha_2\mathbf{a}_2$ *mit* $\alpha_1, \alpha_2 \in \mathbb{R}$ *und* $|\mathbf{b}| = 1$ *muß gelten*

$$(8.11) \qquad \frac{\partial f}{\partial \mathbf{b}}(\mathbf{x}) = \alpha_1 \frac{\partial f}{\partial \mathbf{a}_1}(\mathbf{x}) + \alpha_2 \frac{\partial f}{\partial \mathbf{a}_2}(\mathbf{x}).$$

Lemma 8.17: *Wenn* f *in* $\mathbf{x}$ *Fréchet–differenzierbar ist, dann gilt für die Richtungsableitung*

$$(8.12) \qquad \frac{\partial f}{\partial \mathbf{a}}(\mathbf{x}) = \sum_{j=1}^{n} a_j \frac{\partial f}{\partial x_j}(\mathbf{x})$$

Der Beweis des Lemmas folgt direkt aus Gleichung (8.11).

Satz 8.18: *f sei in $\mathbf{x}$ Fréchet–differenzierbar. Dann ist f in $\mathbf{x}$ stetig.*

Beweis: Nach Voraussetzung gelten (8.10) und (8.11). Außerdem seien

$$\mathbf{a} := \frac{\mathbf{y}-\mathbf{x}}{|\mathbf{y}-\mathbf{x}|}, \quad h := |\mathbf{y}-\mathbf{x}|.$$

Dann gilt wegen (8.12)

$$\begin{aligned}
|f(\mathbf{y}) - f(\mathbf{x})| &= |f(\mathbf{x}+h\mathbf{a}) - f(\mathbf{x})| \\
&= |f(\mathbf{x}+h\mathbf{a}) - f(\mathbf{x}) - h\frac{\partial f}{\partial \mathbf{a}}(\mathbf{x}) + h\frac{\partial f}{\partial \mathbf{a}}(\mathbf{x})| \\
&\le |f(\mathbf{x}+h\mathbf{a}) - f(\mathbf{x}) - h\frac{\partial f}{\partial \mathbf{a}}(\mathbf{x})| + |h\frac{\partial f}{\partial \mathbf{a}}(\mathbf{x})| \\
&\le \varepsilon h + h\left|\sum_{j=1}^{n} a_j \frac{\partial f}{\partial x_j}\right| \\
&\le \varepsilon h + h\left\{\sum_{j=1}^{n} a_j^2\right\}^{\frac{1}{2}} \left\{\sum_{j=1}^{n}\left|\frac{\partial f}{\partial x_j}(\mathbf{x})\right|^2\right\}^{\frac{1}{2}} \\
&\le |\mathbf{x}-\mathbf{y}|\{\varepsilon + 1\cdot M\},
\end{aligned}$$

wobei

$$M = \left\{\sum_{j=1}^{n}\left|\frac{\partial f}{\partial x_j}(\mathbf{x})\right|^2\right\}^{\frac{1}{2}}.$$

Sei nun $\varepsilon > 0$ beliebig fest gewählt. Nach Definition der Fréchet–Differenzierbarkeit existiert ein $\delta > 0$ derart, daß (8.10) gilt, und wir erhalten für

$$\delta_1 := \min\{\delta, \frac{1}{2}, \frac{\varepsilon}{2M}\} > 0$$

und $\mathbf{y} \in \mathcal{D}$, $|\mathbf{y}-\mathbf{x}| < \delta_1$ die Ungleichung

$$|f(\mathbf{x}) - f(\mathbf{y})| < \delta_1\{\varepsilon + M\} \le \frac{\varepsilon}{2} + \frac{\varepsilon}{2} = \varepsilon,$$

das heißt, die behauptete Stetigkeit. □

Bemerkung 8.19: *Die Gâteaux–Differenzierbarkeit ist im allgemeinen für die Stetigkeit nicht ausreichend, ebenso wenig wie der Verzicht auf die Linearität* (8.11) .

Satz 8.20: *Seien $\mathcal{G} \subset \mathbb{R}^n$ ein Gebiet, $\mathbf{x}_0 \in \mathcal{G}$, $\mathbf{a} \in \mathbb{R}^n$ mit $|\mathbf{a}| = 1$ und die Funktionen $f, g : \mathcal{G} \to \mathbb{R}$ in $\mathbf{x}_0$ in Richtung $\mathbf{a}$ differenzierbar (bzw. in $\mathbf{x}_0$ Fréchet–differenzierbar). Die Funktion $h : f(\mathcal{G}) \to \mathbb{R}$ sei differenzierbar in $f(\mathbf{x}_0)$, $c \in \mathbb{R}$. Dann sind mit f und g auch*

$$f+g, \quad f\cdot g, \quad c\cdot f \quad \text{sowie } h\circ f, \quad \text{und wenn } g(\mathbf{x}_0) \neq 0 \text{ auch } \frac{1}{g} \text{ und } \frac{f}{g}$$

in $\mathbf{x}_0$ *differenzierbar in Richtung* $\mathbf{a}$ *(bzw. in* $\mathbf{x}_0$ *Fréchet-differenzierbar), und es gelten die Differentiationsregeln (vergleiche (7.7)–(7.11))*

$$\begin{aligned}
\frac{\partial}{\partial \mathbf{a}}(f+g)(\mathbf{x}_0) &= \frac{\partial f}{\partial \mathbf{a}}(\mathbf{x}_0) + \frac{\partial g}{\partial \mathbf{a}}(\mathbf{x}_0)\,,\\
\frac{\partial}{\partial \mathbf{a}}(f\cdot g)(\mathbf{x}_0) &= \frac{\partial f}{\partial \mathbf{a}}(\mathbf{x}_0)\cdot g(\mathbf{x}_0) + f(\mathbf{x}_0)\cdot \frac{\partial g}{\partial \mathbf{a}}(\mathbf{x}_0)\,,\\
\frac{\partial}{\partial \mathbf{a}}(c\cdot f)(\mathbf{x}_0) &= c\cdot \frac{\partial f}{\partial \mathbf{a}}(\mathbf{x}_0)\,,\\
\frac{\partial}{\partial \mathbf{a}}(h\circ f)(\mathbf{x}_0) &= h'(f(\mathbf{x}_0))\cdot \frac{\partial f}{\partial \mathbf{a}}(\mathbf{x}_0)\,,\\
\frac{\partial}{\partial \mathbf{a}}\left(\frac{1}{g}\right)(\mathbf{x}_0) &= -\frac{1}{g^2(\mathbf{x}_0)}\cdot \frac{\partial g}{\partial \mathbf{a}}(\mathbf{x}_0)\,,\\
\frac{\partial}{\partial \mathbf{a}}\left(\frac{f}{g}\right)(\mathbf{x}_0) &= \frac{1}{g(\mathbf{x}_0)}\cdot \frac{\partial f}{\partial \mathbf{a}}(\mathbf{x}_0) - \frac{f(\mathbf{x}_0)}{g^2(\mathbf{x}_0)}\cdot \frac{\partial g}{\partial \mathbf{a}}(\mathbf{x}_0)\,.
\end{aligned}$$

Die Beweise ergeben sich elementar aus den Grenzwertregeln und wir überlassen sie dem Leser.

Definition 8.21: *Die Funktion* f *heißt in* $\mathbf{x}$ *(oder in* $\mathcal{B}$*)* **stetig differenzierbar**, *wenn* f *für alle* $j = 1,\ldots,n$ *nach* x_j *stetig differenzierbar in* $\mathbf{x}$ *(oder in* $\mathcal{B}$ *) ist.*

Satz 8.22: $\mathcal{B}$ *sei Bereich und* f *in* $\mathcal{B}$ *stetig differenzierbar. Dann ist* f *in* $\mathcal{B}$ **Fréchet–differenzierbar**, *und jede Richtungsableitung* $\frac{\partial f}{\partial \mathbf{a}}(\mathbf{x})$ *ist in* $\mathcal{B}$ *eine stetige Funktion von* $\mathbf{x}$ *und von* $\mathbf{a}$.

Beweis:

i. Sei $\mathbf{x} \in \underline{\mathcal{B}}$. Dann existiert ein $\delta_0 > 0$, so daß $\overline{\mathcal{U}_{\delta_0}(\mathbf{x})} \subset \underline{\mathcal{B}}$. Nun sei $\varepsilon > 0$ beliebig fest gewählt. Zu ε existiert ein $\delta > 0$ mit $\delta < \delta_0$, so daß für alle $\mathbf{x}, \mathbf{y}$ mit $|\mathbf{y} - \mathbf{x}| = h < \delta$ und für alle $\mathbf{a} \in \mathbb{R}^n$ mit $|\mathbf{a}| = 1$ aufgrund der Stetigkeit von f_{x_j} für jedes $j = 1,\ldots,n$ gilt

$$|f_{x_j}(\mathbf{y}) - f_{x_j}(\mathbf{x})| < \frac{\varepsilon}{n}\,.$$

Wieder wegen der Stetigkeit der partiellen Ableitungen gilt dann

$$\begin{aligned}
\left|\frac{f(\mathbf{x}+h\mathbf{a}) - f(\mathbf{x})}{h} - \sum_{j=1}^{n} a_j \frac{\partial f}{\partial x_j}(\mathbf{x})\right| &\le \left|\frac{f(\mathbf{x}+ha_1\mathbf{e}_1) - f(\mathbf{x})}{h} - a_1\frac{\partial f}{\partial x_1}(\mathbf{x})\right|\\
&+ \left|\frac{f(\mathbf{x}+ha_1\mathbf{e}_1+ha_2\mathbf{e}_2) - f(\mathbf{x}+ha_1\mathbf{e}_1)}{h} - a_2\frac{\partial f}{\partial x_1}(\mathbf{x})\right| + \ldots +\\
&+ \left|\frac{f(\mathbf{x}+h\mathbf{a}) - f(\mathbf{x}+h(a_1\mathbf{e}_1+\ldots+a_{n-1}\mathbf{e}_{n-1}))}{h} - a_n\frac{\partial f}{\partial x_n}(\mathbf{x})\right|.
\end{aligned}$$

Mit dem Mittelwertsatz für Funktionen einer Veränderlichen, Satz 7.15, jeweils bezüglich x_j folgt mit geeigneten Zwischenstellen $x_j + \xi_j$ und $|\xi_j| \leq |ha_j|$

$$\left|\frac{f(\mathbf{x}+h\mathbf{a})-f(\mathbf{x})}{h} - \sum_{j=1}^{n} a_j \frac{\partial f}{\partial x_j}(\mathbf{x})\right| \leq |a_1 f_{x_1}(\mathbf{x}+\xi_1\mathbf{e}_1) - a_1 f_{x_1}(\mathbf{x})|$$

$$+ |a_2 f_{x_2}(\mathbf{x}+ha_1\mathbf{e}_1+\xi_2\mathbf{e}_2) - a_2 f_{x_2}(\mathbf{x})| + \ldots + |a_n f_{x_n}(\mathbf{x}+h\xi) - a_n f_{x_n}(\mathbf{x})|$$

$$< |a_1|\frac{\varepsilon}{n} + |a_2|\frac{\varepsilon}{n} + \ldots + |a_n|\frac{\varepsilon}{n} < \frac{\varepsilon}{n} + \frac{\varepsilon}{n} + \ldots + \frac{\varepsilon}{n} = \varepsilon.$$

Obige Ungleichung gilt gleichmäßig für alle Richtungen $\mathbf{a}$, und δ hängt von $\mathbf{a}$ nicht ab. Also ist f Fréchet–differenzierbar mit

$$\text{(8.13)} \quad \frac{\partial f}{\partial \mathbf{a}}(x) = \sum_{j=1}^{n} a_j \frac{\partial f}{\partial x_j}(\mathbf{x})\,.$$

ii. Es sei $\mathbf{x}_0 \in \partial\mathcal{B} \cap \mathcal{B}$. In Gleichung (8.13) hängt die linke Seite stetig von $\mathbf{x}$ ab, weil das die rechte tut.

□

Definition 8.23:

$$\text{(8.14)} \quad \nabla := \left(\frac{\partial}{\partial x_1}, \frac{\partial}{\partial x_2}, \ldots, \frac{\partial}{\partial x_n}\right)^{\top}$$

heißt **Nabla–Operator**.

Definition 8.24:

$$\text{(8.15)} \quad \operatorname{grad} f(\mathbf{x}) = \nabla f(\mathbf{x}) := \left(\frac{\partial f}{\partial x_1}, \frac{\partial f}{\partial x_2}, \ldots, \frac{\partial f}{\partial x_n}\right)^{\top}(\mathbf{x})$$

heißt der **Gradient** *von f in $\mathbf{x}$. Er entspricht dem Produkt des „Vektors“ ∇ mit dem „Skalar“ f.*

Satz 8.25: *f ist genau dann Fréchet–differenzierbar in $\mathbf{x}$, wenn ein Vektor $\mathbf{c} \in \mathbb{R}^n$ existiert mit*

$$\text{(8.16)} \quad \lim_{\mathbf{y}\to\mathbf{x}} \frac{f(\mathbf{y}) - f(\mathbf{x}) - (\mathbf{y}-\mathbf{x})\cdot\mathbf{c}}{|\mathbf{y}-\mathbf{x}|} = 0,$$

oder äquivalent:

$$\text{(8.17)} \quad \forall\, \varepsilon > 0 \quad \exists\, \delta > 0\, \forall \mathbf{y} \in \mathcal{U}_\delta(\mathbf{x}) : |f(\mathbf{y}) - f(\mathbf{x}) - (\mathbf{y}-\mathbf{x})\cdot\mathbf{c}| \leq \varepsilon\, |\mathbf{y}-\mathbf{x}|.$$

Ist f Fréchet–differenzierbar in $\mathbf{x}$, so gilt $\mathbf{c} = \nabla f(\mathbf{x})$.

Beweis: Wir schreiben

$$\mathbf{y} = \mathbf{x} + \frac{\mathbf{y}-\mathbf{x}}{|\mathbf{y}-\mathbf{x}|}|\mathbf{y}-\mathbf{x}| =: \mathbf{x} + h\mathbf{a}.$$

Nun gilt für die Richtungsableitung

$$h\frac{\partial f}{\partial \mathbf{a}} = h\sum_{j=1}^{n} a_j \frac{\partial f}{\partial x_j}(\mathbf{x}) = \sum_{j=1}^{n}(y_j - x_j)\frac{\partial f}{\partial x_j}(\mathbf{x}) = (\mathbf{y}-\mathbf{x})\cdot\nabla f.$$

Damit ist (8.17) zu (8.10) äquivalent. □

Die Richtungsableitung schreibt sich folglich für jede Fréchet–differenzierbare Funktion f als Skalarprodukt

$$(8.18)\qquad \frac{\partial f}{\partial \mathbf{a}}(\mathbf{x}) = \mathbf{a}\cdot\nabla f(\mathbf{x}).$$

Wegen

$$(8.19)\qquad \left|\frac{\partial f}{\partial \mathbf{a}}\right| \le |\mathbf{a}|\ |\mathrm{grad}\, f| = |\mathrm{grad}\, f|$$

wird die Richtungsableitung am größten, wenn $\mathbf{a}$ in Richtung von ∇f gewählt wird. Der Gradient grad$f$ zeigt also in **Richtung** der **größten Änderung** von f.

Satz 8.26 (Satz von Schwarz) : *Sei f im Bereich $\mathcal{B} \subset \mathbb{R}^2$ stetig differenzierbar und sei*

$$\frac{\partial^2 f}{\partial x \partial y} := \frac{\partial}{\partial x}\left(\frac{\partial f}{\partial y}\right)$$

stetig in $\mathcal{B}$. Dann existiert auch $\frac{\partial}{\partial y}\left(\frac{\partial f}{\partial x}\right)$, und es gilt die Schwarzsche Vertauschungsformel

$$(8.20)\qquad \frac{\partial^2 f}{\partial y \partial x} = \frac{\partial^2 f}{\partial x \partial y}.$$

Beweis: Es genügt, den Satz in $\underline{\mathcal{B}}$ zu beweisen. Für $\mathbf{x} \in \partial\mathcal{B}$ folgt (8.20) dann durch Grenzübergang $\underline{\mathcal{B}} \ni \mathbf{y} \to \mathbf{x} \in \partial\mathcal{B} \cap \mathcal{B}$ nach Definition der Stetigkeit in $\mathcal{B}$. Sei also $\mathbf{x} = (x,y) \in \underline{\mathcal{B}}$. Dann ist aufgrund zweimaliger Anwendung des Mittelwertsatzes und der Differenzierbarkeitsvoraussetzungen

$$\begin{aligned}
&\frac{f_x(x,y+k) - f_x(x,y)}{k} = \\
&= \lim_{h\to 0}\frac{(f(x+h,y+k) - f(x,y+k)) - (f(x+h,y) - f(x,y))}{k\,h} \\
&= \lim_{h\to 0}\frac{f_y(x+h,\eta) - f_y(x,\eta)}{h} = \lim_{h\to 0}\left(\frac{\partial}{\partial x}f_y\right)(\xi(h,k),\eta(h,k)).
\end{aligned}$$

Hierbei sind $\xi(h,k) \in (x-|h|, x+|h|)$ und $\eta(h,k) \in [y-|k|, y+|k|]$ geeignete Zwischenstellen. Für jedes feste genügend kleine k existieren die Grenzwerte wegen der Stetigkeit von f_y und von $\frac{\partial}{\partial x} f_y$. Da $[y-|k|, y+|k|]$ kompakt ist, existiert für $h \to 0$ eine konvergente Teilfolge von $\eta(h,k)$, sagen wir $\eta(h_\ell, k) \to \eta^*(k) \in [y-|k|, y+|k|]$, und wegen der Stetigkeit von $\frac{\partial}{\partial x} f_y(\xi, \eta)$ gilt dann für jedes (genügend kleine) $k > 0$

$$\frac{f_x(x, y+k) - f_x(x,y)}{k} = \lim_{h_\ell \to 0} \frac{\partial}{\partial x} f_y(\xi(h_\ell, k), \eta(h_\ell, k)) = \frac{\partial}{\partial x} f_y(x, \eta^*(k)).$$

Betrachten wir jetzt $k \to 0$, so muß wegen $\eta^*(k) \in [y-|k|, y+|k|]$ die Folge von Zwischenstellen mit $\eta^*(k) \to y$ konvergieren. Aufgrund der Stetigkeit von $\frac{\partial}{\partial x} f_y$ existiert der Grenzwert der rechten Seite, somit auch auf der linken Seite, und es gilt

$$\lim_{k \to 0} \frac{f_x(x, y+k) - f_x(x,y)}{k} = \lim_{k \to 0} \frac{\partial}{\partial x} f_j(x, \eta^*(k)) = \frac{\partial}{\partial x} f_y(x,y).$$

Der Grenzwert der linken Seite definiert gerade die Ableitung $\frac{\partial}{\partial y} \left(\frac{\partial f}{\partial x} \right)(x,y)$, deren Existenz behauptet wurde. □

Bemerkung 8.27: *Entsprechende Vertauschungen gelten sowohl im $\mathbb{R}^n$ als auch für höhere Ableitungen*

$$f_{xxy} = f_{xyx} = f_{yxx},$$

falls nur eine dieser Ableitungen existiert und stetig ist.

8.3 Mittelwertsatz und Taylorsche Formel

Im folgenden werden wir den Mittelwertsatz der Differentialrechnung und die Taylorsche Formel von einer auf n Veränderliche mit Hilfe von Richtungsableitungen übertragen.

Satz 8.28 (Mittelwertsatz): *f sei stetig im Bereich $\mathcal{B}$ und stetig differenzierbar im offenen Kern $\underline{\mathcal{B}}$ von $\mathcal{B}$. Seien $\mathbf{x}$ und $\mathbf{y}$ aus $\mathcal{B}$ und ihre Verbindungsstrecke mit eventueller Ausnahme von $\mathbf{x}$ und $\mathbf{y}$ in $\underline{\mathcal{B}}$:*

$$\{\mathbf{x}_t := \mathbf{x} + t(\mathbf{y} - \mathbf{x}) \mid 0 < t < 1\} \subset \underline{\mathcal{B}}.$$

Dann existiert ein $\tau \in (0,1)$ und $\mathbf{x}_\tau$ auf der Verbindungsstrecke, so daß mit $\mathbf{x} = (x_1, \ldots, x_n)^\top, \mathbf{y} = (y_1, \ldots, y_n)^\top$ gilt

$$\begin{aligned} (8.21) \quad f(\mathbf{y}) - f(\mathbf{x}) &= (\mathbf{y} - \mathbf{x}) \cdot \nabla f(\mathbf{x}_\tau) \\ &= (y_1 - x_1) f_{x_1}(\mathbf{x}_\tau) + (y_2 - x_2) f_{x_2}(\mathbf{x}_\tau) + \ldots + (y_n - x_n) f_{x_n}(\mathbf{x}_\tau). \end{aligned}$$

Beweis: Wir definieren für feste $\mathbf{x}$ und $\mathbf{y}$ die Funktion einer Veränderlichen,

$$\tilde{f}(t) := f(\mathbf{x}_t) = f(\mathbf{x}+t(\mathbf{y}-\mathbf{x})) \quad \text{für } t \in [0,1].$$

Dann existiert mit $\mathbf{a} = \dfrac{(\mathbf{y}-\mathbf{x})}{|\mathbf{y}-\mathbf{x}|}$ der Grenzwert

$$\begin{aligned}\lim_{h\to 0}\frac{\tilde{f}(t+h)-f(t)}{h} &= |\mathbf{y}-\mathbf{x}| \lim_{(|\mathbf{y}-\mathbf{x}||h|)\to 0}\frac{f(\mathbf{x}_t+h|\mathbf{y}-\mathbf{x}|\mathbf{a})-f(\mathbf{x}_t)}{|\mathbf{y}-\mathbf{x}|\,h}\\ &= |\mathbf{y}-\mathbf{x}|\,\frac{\partial f}{\partial \mathbf{a}}(\mathbf{x}_t) = |\mathbf{y}-\mathbf{x}|\,\mathbf{a}\cdot\nabla f(\mathbf{x}_t) = (\mathbf{y}-\mathbf{x})\cdot\nabla f(\mathbf{x}_t)\end{aligned}$$

als Richtungsableitung und ist stetig. Dies ist die Definition der Ableitung $\frac{d\tilde{f}}{dt}$. Folglich können wir auf $\tilde{f}$ den Mittelwertsatz in einer Veränderlichen, Satz 7.15, anwenden, und der liefert

$$f(\mathbf{y})-f(\mathbf{x}) = \tilde{f}(1)-\tilde{f}(0) = \frac{d\tilde{f}}{dt}(\tau) = (\mathbf{y}-\mathbf{x})\cdot\nabla f(\mathbf{x}_\tau)$$

mit einer geeigneten Zahl $\tau \in (0,1)$. □

Mit Hilfe des Mittelwertsatzes 8.28 können wir nun eine wichtige Verallgemeinerung der Kettenregel beweisen.

Satz 8.29 (Kettenregel): *Die Funktion $g(\mathbf{x})$ sei im Bereich $\mathcal{B} \in \mathbb{R}^n$ stetig differenzierbar. $I \subset \mathbb{R}$ sei ein Intervall positiver Intervallänge mit $g(\mathcal{B}) \subset I$. Die Funktion $F(\mathbf{x}, y)$ mit $F : \mathcal{B}\times I \to \mathbb{R}$ sei in $\mathcal{B}\times I$ stetig differenzierbar. Dann gilt für $\ell = 1,\ldots,n$ die Kettenregel*

$$\frac{\partial}{\partial x_\ell}F(\mathbf{x},g(\mathbf{x})) = \frac{\partial F}{\partial x_\ell}(\mathbf{x},g(\mathbf{x})) + \frac{\partial F}{\partial y}(\mathbf{x},g(\mathbf{x}))\,\frac{\partial g}{\partial x_\ell}(\mathbf{x}). \tag{8.22}$$

Beweis: Beim Beweis beschränken wir uns auf den Fall $(\mathbf{x}, y) \in \underline{\mathcal{B}}\times\underline{I}$, für Randpunkte ergibt sich (8.22) durch stetige Fortsetzung auf den Rand. Wir verwenden im Differenzenquotienten zur Approximation der linken Seite von (8.22) zunächst den Mittelwertsatz 8.28 für

$$g(\mathbf{x}+h\mathbf{e}_\ell) = g(\mathbf{x}) + h\,\frac{\partial g}{\partial x_\ell}(\tilde{\mathbf{x}})$$

mit einer Zwischenstelle $\tilde{\mathbf{x}} = \mathbf{x}+\vartheta h\mathbf{e}_\ell$ mit geeignetem $\vartheta \in (0,1)$. Dann gilt

$$\begin{aligned}&\frac{F((\mathbf{x}+h\mathbf{e}_\ell), g(\mathbf{x}+h\mathbf{e}_\ell)) - F(\mathbf{x},g(\mathbf{x}))}{h} =\\ &= \frac{F(\mathbf{x}+h\mathbf{e}_\ell, g(\mathbf{x})+h\frac{\partial g}{\partial x_\ell}(\tilde{x})) - F(\mathbf{x},g(\mathbf{x}))}{h}.\end{aligned}$$

Für diesen Quotienten wenden wir nochmals den Mittelwertsatz an, nunmehr im $\mathbb{R}^{n+1}$, und erhalten

$$= \frac{F(\mathbf{x}, g(\mathbf{x})) + h\,\frac{\partial F}{\partial x_\ell}(\widehat{\mathbf{x}}, \widehat{y}) + h\,\frac{\partial g}{\partial x_\ell}(\widetilde{\mathbf{x}})\,\frac{\partial F}{\partial y}(\widehat{\mathbf{x}}, \widehat{y}) - F(\mathbf{x}, g(\mathbf{x}))}{h}$$
$$= \frac{\partial F}{\partial x_\ell}(\widehat{\mathbf{x}}, \widehat{y}) + \frac{\partial F}{\partial y}(\widehat{\mathbf{x}}, \widehat{y})\,\frac{\partial g}{\partial x_\ell}(\widetilde{\mathbf{x}}),$$

wobei $(\widehat{\mathbf{x}}, \widehat{y})$ jetzt geeigneter Zwischenpunkt ist mit

$$\widehat{\mathbf{x}} = \mathbf{x} + \tau h \mathbf{e}_\ell, \quad \widehat{y} = g(\mathbf{x}) + \tau h \frac{\partial g}{\partial x_\ell}(\widetilde{\mathbf{x}}), \quad 0 < \tau < 1.$$

Lassen wir jetzt $h \to 0$ gehen, so gelten

$$\lim_{h\to 0} \widetilde{\mathbf{x}} = \mathbf{x} \quad \text{in } \mathbb{R}^n, \quad \lim_{h\to 0}(\widehat{\mathbf{x}}, \widehat{y}) = (\mathbf{x}, y) \quad \text{in } \mathbb{R}^{n+1}.$$

Da nach Voraussetzung die partiellen Ableitungen

$$\frac{\partial g}{\partial x_\ell}, \quad \frac{\partial F}{\partial x_\ell}, \quad \frac{\partial F}{\partial y}$$

stetig sind, existiert der Grenzwert der rechten Seite für $h \to 0$ und somit auch der der linken. Letzterer definiert die gewünschte Ableitung, und wir erhalten

$$\begin{aligned} \frac{\partial}{\partial x_\ell} F(\mathbf{x}, g(\mathbf{x}) &= \lim_{h\to 0} \frac{\partial F}{\partial x_\ell}(\widehat{\mathbf{x}}, \widehat{y}) + \lim_{h\to 0}\left[\frac{\partial g}{\partial x_\ell}(\widetilde{\mathbf{x}})\,\frac{\partial F}{\partial y}(\widehat{\mathbf{x}}, \widehat{y})\right] \\ &= \frac{\partial F}{\partial x_\ell}(\mathbf{x}, g(\mathbf{x})) + \frac{\partial g}{\partial x_\ell}(\mathbf{x})\,\frac{\partial F}{\partial y}(\mathbf{x}, g(\mathbf{x})). \end{aligned}$$

□

Verwenden wir Multiindices

(8.23) $\alpha = (\alpha_1, \ldots, \alpha_n) \in \mathbb{N}_0$

mit $\alpha! := \alpha_1! \ldots \alpha_n!$ und der Schreibweise $|\alpha| = \alpha_1 + \ldots + \alpha_n$, sowie die partiellen Ableitungen

$$\frac{\partial^{|\alpha|} f}{\partial \mathbf{x}^\alpha} := \frac{\partial^{|\alpha|} f}{\partial x_1^{\alpha_1} \ldots \partial x_n^{\alpha_n}}$$

und die Potenzen

$$(\mathbf{x} - \mathbf{x}_0)^\alpha = \prod_{j=1}^{n} (x_j - x_{0j})^{\alpha_j},$$

so lassen sich Differentiationen höherer Ordnung und Taylorsche Formel im $\mathbb{R}^n$ wie folgt formulieren.

Satz 8.30: *Sei $\mathcal{B} \subset \mathbb{R}^n$ ein Bereich und $\mathbf{x}, \mathbf{x}_0 \in \mathcal{B}$ sowie*

$$\{\mathbf{x}_t := \mathbf{x}_0 + t(\mathbf{x} - \mathbf{x}_0) \text{ für } t \in [0,1]\} \subset \mathcal{B}.$$

Sei f in $\mathcal{B}$ eine r–mal stetig differenzierbare Funktion. Dann gilt

$$\begin{aligned}(8.24)\quad \left(\frac{d}{dt}\right)^r f(\mathbf{x}_t) &= \left(\left[(\mathbf{x}-\mathbf{x}_0)\cdot\nabla_{(\mathbf{y})}\right]^r f(\mathbf{y})\right)_{|\mathbf{y}=\mathbf{x}_t} \\ &= \sum_{|\alpha|=r} \frac{r!}{\alpha!}(\mathbf{x}-\mathbf{x}_0)^\alpha \cdot \left(\frac{\partial^r f}{\partial \mathbf{x}^\alpha}\right)(\mathbf{x}_t).\end{aligned}$$

Beweis: Der Beweis wird mit vollständiger Induktion nach r durchgeführt. Der Einfachheit halber formulieren wir ihn nur für den Fall $n = 2$ und setzen dazu $\mathbf{x}_0 = (x,y)^\top$ und $\mathbf{x} = (\xi, \eta)^\top$. Der Beweis im $\mathbb{R}^n$ verläuft ganz genauso.

i. Verankerung für $r = 0$: Für $r = 0$ steht auf beiden Seiten in (8.24) das Gleiche.

ii. Schluß von r auf $r+1$: Wir leiten beide Seiten von (8.24) nochmals nach t ab und erhalten mit (8.21)

$$\begin{aligned}\frac{d}{dt}\left[\left(\frac{d}{dt}\right)^r \tilde{f}(t)\right] &= \frac{d}{dt}\left\{\sum_{\varrho=0}^r \binom{r}{\varrho}(\xi-x)^{r-\varrho}(\eta-y)^\varrho \frac{\partial^r f}{\partial x^{r-\varrho}\partial y^\varrho}(\mathbf{x}_t)\right\} \\ = \sum_{\varrho=0}^r \binom{r}{\varrho}(\xi-x)^{r-\varrho}(\eta-y)^\varrho &\left[(\xi-x)\frac{\partial^{r+1}f}{\partial x^{r+1-\varrho}\partial y^\varrho} + (\eta-y)\frac{\partial^{r+1}f}{\partial x^{r-\varrho}\partial y^{\varrho+1}}\right]\end{aligned}$$

und mit Ausmultiplizieren sowie $\tilde{\varrho} = \varrho + 1$ in der letzten Summe, daß

$$\begin{aligned}\frac{d}{dt}\left[\left(\frac{d}{dt}\right)^r \tilde{f}(t)\right] &= (\xi-x)^{r+1}\frac{\partial^{r+1}f}{\partial x^{r+1}} \\ &\quad + \sum_{\varrho=1}^r \binom{r}{\varrho}(\xi-x)^{r+1-\varrho}(\eta-y)^\varrho \frac{\partial^{r+1}f}{\partial x^{r+1-\varrho}\partial y^\varrho} \\ &\quad + \sum_{\tilde{\varrho}=1}^{r+1} \binom{r}{\tilde{\varrho}-1}(\xi-x)^{r+1-\tilde{\varrho}}(\eta-y)^{\tilde{\varrho}} \frac{\partial^{r+1}f}{\partial x^{(r+1)-\tilde{\varrho}}\partial y^{\tilde{\varrho}}} \\ = (\xi-x)^{r+1}\frac{\partial^{r+1}f}{\partial x^{r+1}} &+ \sum_{\ell=1}^r \left[\binom{r}{\ell} + \binom{r}{\ell-1}\right](\xi-x)^{r+1-\ell}(\eta-y)^\ell \frac{\partial^{r+1}f}{\partial x^{r+1-\ell}\partial y} \\ &\quad + (\eta-y)^{r+1}\frac{\partial^{r+1}f}{\partial y^{r+1}} \\ = \sum_{\ell=0}^{r+1}\binom{r+1}{\ell}(\xi-x)^{r+1-\ell}&(\eta-y)^\ell \frac{\partial^{r+1}f}{\partial x^{r+1-\ell}\partial y^\ell}(\mathbf{x}_t),\end{aligned}$$

wobei wir $\binom{r+1}{\ell} = \binom{r}{\ell} + \binom{r}{\ell-1}$ und $\binom{r+1}{0} = 1$ verwendet haben. □

Satz 8.31 (Taylorsche Formel im $\mathbb{R}^n$): *$\mathcal{B} \subset \mathbb{R}^n$ sei ein Bereich und*

$$\mathbf{x}_t := \mathbf{x}_0 + t(\mathbf{x} - \mathbf{x}_0) \in \mathcal{B} \quad \text{für } t \in [0, 1].$$

Die Funktion f sei $(m+1)$–mal stetig differenzierbar in $\mathcal{B}$. Dann gilt die Taylorsche Formel im $\mathbb{R}^n$:

$$(8.25)\quad f(\mathbf{x}) = \sum_{\varrho=0}^{m} \sum_{|\alpha|=\varrho} \frac{1}{\alpha!}(\mathbf{x} - \mathbf{x}_0)^\alpha \frac{\partial^\varrho f}{\partial \mathbf{x}^\alpha}(\mathbf{x}_0) + R_m(\mathbf{x}, \mathbf{x}_0)$$

mit dem Restglied

$$(8.26)\quad R_m(\mathbf{x}, \mathbf{x}_0) = \sum_{|\alpha|=m+1} \frac{1}{\alpha!}(\mathbf{x} - \mathbf{x}_0)^\alpha \frac{\partial^{m+1} f}{\partial \mathbf{x}^\alpha}(\mathbf{x}_0 + \vartheta(\mathbf{x} - \mathbf{x}_0))$$

$$= (m+1) \sum_{|\alpha|=m+1} \frac{1}{\alpha!}(\mathbf{x} - \mathbf{x}_0)^\alpha \int_0^1 (1-s)^m \frac{\partial^{m+1} f}{\partial \mathbf{x}^\alpha}(\mathbf{x}_0 + s(\mathbf{x} - \mathbf{x}_0))\, ds$$

mit einer geeigneten Zahl $0 < \vartheta < 1$.

Beweis: Der Beweis folgt sofort aus der Taylorschen Formel, Satz 7.46 in einer Variablen für $\tilde{f}(t) := f(\mathbf{x} + t(\mathbf{y} - \mathbf{x}))$. Wir führen den Beweis der Einfachheit halber wieder im $\mathbb{R}^2$. Im $\mathbb{R}^n$ verläuft er völlig analog.

$$f(\mathbf{y}) = \tilde{f}(1) = \tilde{f}(0) + \tilde{f}'(0) + \ldots + \frac{1}{m!}\tilde{f}^{(m)}(0) + R_m$$

mit

$$R_m = \frac{1}{m!} \int_0^1 (1-s)^m \tilde{f}^{(m+1)}(s)\, ds.$$

Ersetzen wir überall die Ableitungen von $\tilde{f}$ durch (8.24), dann ergibt sich

$$f(\mathbf{y}) = \sum_{\mu=0}^{m} \frac{1}{\mu!} \left[\sum_{\varrho=0}^{\mu} \binom{\mu}{\varrho} (x - x_0)^{\mu-\varrho}(y - y_0)^\varrho \frac{\partial^\mu f}{\partial x^{\mu-\varrho} \partial y^\varrho}(x_0, y_0) \right] + R_m$$

und

$$(8.27)\quad R_m = \frac{1}{m!} \left[\sum_{\varrho=0}^{m+1} \binom{m+1}{\varrho} (x - x_0)^{m+1-\varrho}(y - y_0)^\varrho \times \right.$$

$$\left. \times \int_0^1 (1-s)^m \frac{\partial^{m+1} f}{\partial x^{m+1-\varrho} \partial y^\varrho}(x_0 + s(x - x_0), y_0 + s(y - y_0))ds \right].$$

Mit der Lagrangeschen Restgliedformel (7.50) gilt mit einer geeigneten Zahl ϑ mit $0 < \vartheta < 1$ dann auch

$$R_m = \frac{1}{(m+1)!}\widetilde{f}^{(m+1)}(\vartheta) = \frac{1}{(m+1)!}\sum_{\varrho=0}^{m+1}\binom{m+1}{\varrho}(x-x_0)^{m+1-\varrho}(y-y_0)^{\varrho}\times$$
$$\times\frac{\partial^{m+1}f}{\partial x^{m+1-\varrho}\partial y^{\varrho}}(x_0+\vartheta(x-x_0), y_0+\vartheta(y-y_0)). \qquad \square$$

Definition 8.32: *f heißt in $\mathcal{B}$* **reell analytisch** *genau dann, wenn f in $\mathcal{B}$ beliebig oft stetig differenzierbar ist und*

$$\forall \mathbf{x} = (x_1,\ldots,x_n)^\top \in \mathcal{B}\,\exists\delta > 0\,\forall\,\mathbf{y} = (\xi_1,\ldots,\xi_n)^\top \in \mathcal{U}_\delta(\mathbf{x})\cap\mathcal{B}, \text{ so daß}$$

$$(8.28)\quad f(\xi_1,\ldots,\xi_n) = \sum_{\varrho=0}^{\infty}\frac{1}{\varrho!}([(\mathbf{y}-\mathbf{x})\cdot\nabla_{(\mathbf{z})}]^{\varrho}f(\mathbf{z}))_{|\mathbf{z}=\mathbf{x}}$$

das heißt f **wird durch seine eigene Taylor–Reihe in $\mathcal{U}_\delta(\mathbf{x})\cap\mathcal{B}$ dargestellt.**

Bemerkung 8.33 zur Differenzierbarkeit von Folgen und Reihen im $\mathbb{R}^n$: *Entsprechend den Sätzen 7.37 und 7.39 gilt: Eine Funktionenfolge oder Funktionenreihe darf elementweise bzw. gliedweise differenziert werden, wenn die differenzierte Folge beziehungsweise Reihe* **gleichmäßig** *konvergiert.*

Der Euklidische Raum [20]:

Was mach ich armer Teufel bloß?
Nun bin ich alt und arbeitslos.

Ich diente viele hundert Jahr
ergeben, redlich, treu und wahr,
mit Umsicht, Tatkraft und Geschick
im hohen Hause der Physik. Verdiente meinen guten Lohn.

Doch plötzlich war das alles aus.
Ein neuer Herr bezog das Haus.
Der sprach: "Ich geb Ihnen hiermit zu wissen:
Sie lassen leider ganz vermissen
die unumgängliche Präzision.
Die angenäherte Schlampigkeit,
die geht mir, das muß ich schon sagen, zu weit.
Sie können mir daher nicht weiter dienen,
und kurz und gut, ich kündige Ihnen
hiermit zum Ersten des folgenden Jahres."

Ich war sprachlos, doch so war es.

Und finden Sie mich morgens mal
erhängt an einem Integral —
ach, reden hat je keinen Zweck!

So ging der Raum betrübt hinweg.

Kapitel 9

Einige Anwendungen und Bemerkungen zu Funktionen von mehreren Veränderlichen

In diesem Abschnitt sollen einige Anwendungen der Differentialrechnung im $\mathbb{R}^n$ behandelt werden. Dazu gehören Extremwertaufgaben, die globale Beschreibung von Flächen, nichtlineare Gleichungen und Iterationsverfahren sowie der Satz über implizite Funktionen.

9.1 Extremwertaufgaben und Polynom–Approximation im $\mathbb{R}^n$

Wir betrachten zunächst die **Tschebyscheff–Aufgabe** (7.95): Gegeben ist eine stetige Funktion $f = f(t)$ für $t \in [a, b]$. Man bestimme Koeffizienten $\alpha_1, \dots, \alpha_n$ eines Polynoms derart, daß

$$(9.1) \qquad F(\alpha_1, \dots, \alpha_n) := \sup_{t \in [a,b]} \left| f(t) - \sum_{j=1}^{n} \alpha_j t^{j-1} \right|$$

minimal wird.

Durch (9.1) wird offensichtlich eine Funktion F im $\mathbb{R}^n$ definiert, und die Tschebyscheff–Aufgabe besteht darin, dort das absolute Minimum von F zu bestimmen: Finde $\mathbf{a} := (\alpha_1, \dots, \alpha_n) \in \mathbb{R}^n$ derart, daß

$$F(\mathbf{a}) = \|f - \sum_{j=1}^{n} \alpha_j t^{j-1}\|_{\mathcal{F}} = \min_{\mathbf{b} \in \mathbb{R}^n} \|f - \sum_{j=1}^{n} \beta_j t^{j-1}\|_{\mathcal{F}} = \min_{\mathbf{b} \in \mathbb{R}^n} F(\mathbf{b}),$$

wobei $\mathbf{b} = (\beta_1, \dots, \beta_n)$.

Wir werden mit dem Satz von Weierstraß zeigen, daß es eine Lösung der Tschebyscheff–Aufgabe, also ein Polynom gibt, das $f(t)$ bezüglich der Supremum–Norm optimal approximiert. Die Konstruktion der $\alpha_1, \ldots, \alpha_n$ kann mit Hilfe der **linearen Optimierung** gewonnen werden. Man beachte, daß schon für $f = 0$ und $n = 1$ die Funktion $F(\mathbf{a}) = |\mathbf{a}|$ im Minimum **nicht differenzierbar** ist!

Um den Satz von Weierstraß, Satz 4.51, anwenden zu können, benötigen wir statt $\mathbb{R}^n$ einen **kompakten** Definitionsbereich $\mathcal{M}$ und die Stetigkeit von F.

Lemma 9.1: *$F(\mathbf{b})$ ist im $\mathbb{R}^n$ stetig.*

Beweis: Für zwei Vektoren $\mathbf{b}$ und $\mathbf{c}$ gilt mit der Dreiecksungleichung (5.16) und Schwarzscher Ungleichung die Abschätzung

$$\begin{aligned}
|F(\mathbf{b}) - F(\mathbf{c})| &= \left| \|f - \sum_{j=1}^{n} \beta_j\, t^{j-1}\|_{\mathcal{F}} - \|f - \sum_{j=1}^{n} \gamma_j\, t^{j-1}\|_{\mathcal{F}} \right| \\
&\leq \|f - f - \sum_{j=1}^{n} (\beta_j - \gamma_j) t^{j-1}\|_{\mathcal{F}} \leq \sum_{j=1}^{n} |\beta_j - \gamma_j| \sup_{a \leq t \leq b} |t^{j-1}| \\
&\leq \left[\sum_{j=1}^{n} (\beta_j - \gamma_j)^2 \right]^{1/2} \left[\sum_{j=1}^{n} \|t^{j-1}\|_{\mathcal{F}}^2 \right]^{1/2} \\
&= C(n, a, b)\, |\mathbf{b} - \mathbf{c}| = \alpha(|\mathbf{b} - \mathbf{c}|)
\end{aligned}$$

mit der monotonen Nullfunktion $\alpha(r) = C(n, a, b)\, r$. Folglich ist F in $\mathbb{R}^n$ Lipschitz–stetig. □

Bemerkung 9.2: *Aus der speziellen Gestalt von $\alpha(r)$ entnimmt man, daß F in $\mathbb{R}^n$ sogar* **gleichmäßig** *stetig ist.*

Lemma 9.3: *Es gilt*

$$\lim_{|\mathbf{b}| \to \infty} F(\mathbf{b}) = +\infty \qquad (9.2)$$

gleichmäßig bezüglich aller Richtungen, das heißt

$$\forall M \in \mathbb{R}\ \exists K \in \mathbb{R}\ \forall\ \mathbf{b} \in \mathbb{R}^n \wedge |\mathbf{b}| > K : F(\mathbf{b}) > M.$$

Beweis: Die Dreiecksungleichung liefert

$$F(\mathbf{b}) = \|f - \sum_{j=1}^{n} \beta_j t^{j-1}\|_{\mathcal{F}} \geq \|\sum_{j=1}^{n} \beta_j t^{j-1}\|_{\mathcal{F}} - \|f\|_{\mathcal{F}} \geq |\mathbf{b}|\, F_0\left(\frac{\mathbf{b}}{|\mathbf{b}|}\right) - \|f\|_{\mathcal{F}},$$

wobei

$$F_0\left(\frac{\mathbf{b}}{|\mathbf{b}|}\right) = \|\sum_{j=1}^{n} \frac{\beta_j}{|\mathbf{b}|} t^{j-1}\|_{\mathcal{F}} = \|\sum_{j=1}^{n} \vartheta_j t^{j-1}\|_{\mathcal{F}} \quad \text{für } |\boldsymbol{\Theta}| = 1.$$

F_0 ist stetig auf $\{\mathbf{\Theta} \in \mathbb{R}^n \mid |\mathbf{\Theta}| = 1\}$. Diese Menge ist **kompakt**, also nimmt F_0 als stetige Funktion dort ihr Minimum an:

$$0 \leq m := \min_{|\mathbf{\Theta}|=1} F_0(\mathbf{\Theta}) = \|\sum_{j=1}^{n} \vartheta_j' t^{j-1}\|_{\mathcal{F}}.$$

Wäre $m = 0$, dann wäre in der Minimalstelle $\mathbf{\Theta}'$ auch

$$\sup |\sum_{j=1}^{n} \vartheta_j' t^{j-1}| = 0,$$

also wäre

$$\sum_{j=1}^{n} \vartheta_j' t^{j-1} = 0 \quad \text{für } a \leq t \leq b.$$

Dies ist ein Polynom $(n-1)$–ten Grades, das nach Folgerung 4.32 nur das Nullpolynom sein kann. Folglich gilt $\vartheta_j' = 0$ für $j = 1, \ldots, n$. Dies ist ein Widerspruch zu $|\mathbf{\Theta}'| = 1$. Folglich gilt

$$F(\mathbf{b}) \geq m\,|\mathbf{b}| - \|f\|_{\mathcal{F}} \quad \text{mit } m > 0,$$

und wir können in der Behauptung $K = \dfrac{M + \|f\|_{\mathcal{F}}}{m}$ wählen. □

Lemma 9.4: *Die Menge* $\mathcal{M} := \{\mathbf{b} \in \mathbb{R}^n | F(\mathbf{b}) \leq 2\|f\|_{\mathcal{F}}\}$ *ist kompakt.*

Beweis:

i. $\mathcal{M}$ ist beschränkt, denn mit $M = 2\|f\|_{\mathcal{F}}$ in (9.3) folgt mit dem zugehörigen K: Gilt $|\mathbf{c}| > K$, so folgt $F(\mathbf{c}) > 2\|f\|_{\mathcal{F}}$, das heißt $\mathbf{c} \notin \mathcal{M}$. Für jedes $\mathbf{b} \in \mathcal{M}$ ergibt sich somit $|\mathbf{b}| \leq K$.

ii. Es gilt $\mathcal{M} = \overline{\mathcal{M}}$, denn für eine Punktfolge $\mathbf{b}_j \in \mathcal{M}$ mit $\mathbf{b}_j \to \mathbf{c}$ folgt aus der Stetigkeit von F mit $|F(\mathbf{b}_j)| \leq 2\|f\|_{\mathcal{F}}$ die Ungleichung $|F(\mathbf{c})| \leq 2\|f\|_{\mathcal{F}}$. Folglich gilt $\mathbf{c} \in \mathcal{M}$.

□

Satz 9.5: *Die Tschebyscheff–Aufgabe (9.2) hat mindestens eine Lösung.*

Beweis: $F(\mathbf{b})$ nimmt auf $\mathcal{M}$ nach dem Satz von Weierstraß, Satz 4.51, sein Minimum an, das heißt es existiert ein Vektor $\mathbf{a} \in \mathcal{M}$ mit

$$F(\mathbf{a}) = \min_{\mathbf{b} \in \mathcal{M}} F(\mathbf{b}) = \inf_{\mathbf{b} \in \mathcal{M}} F(\mathbf{b}).$$

Weil für $\mathbf{c} \notin \mathcal{M}$ gilt $F(\mathbf{a}) \leq 2\|f\|_{\mathcal{F}} < F(\mathbf{c})$, ist $\mathbf{a}$ auch das **globale** Minimum:

$$F(\mathbf{a}) = \min_{\mathbf{b} \in \mathbb{R}^n} F(\mathbf{b}).$$

□

Bemerkung 9.6: *Wenn f stetig ist, ist* **a** *sogar* **eindeutig**. *Hingegen für $[a,b] = [-1,1]$ und $f = \operatorname{sign} x$ ist αx beste Tschebyscheff–Approximation für* **jedes** $\alpha \in [0,2]$.

Definition 9.7: *f sei in einem Bereich $\mathcal{D} \subset \mathbb{R}^n$ definiert. Dann heißt $f(\mathbf{x}_0)$* **lokales Maximum (Minimum)** *genau dann, wenn*

$$(9.3) \qquad \exists \delta > 0 \ : \ \mathcal{U}_\delta(\mathbf{x}_0) \subset \mathcal{D} \wedge \forall \mathbf{y} \in \mathcal{U}_\delta(\mathbf{x}_0) \ : \ f(\mathbf{y}) \le f(\mathbf{x}_0).$$

Für ein lokales **Minimum** *gilt entsprechend $f(\mathbf{y}) \ge f(\mathbf{x}_0)$.*
Ein **Extremwert** *ist ein Maximum oder Minimum.*

Satz 9.8 : *Falls f in $\mathcal{D}$ stetig differenzierbar ist und in $\mathbf{x}_0$ ein lokales Extremum hat, dann gilt für alle $j = 1,\ldots,n$*

$$(9.4) \qquad \frac{\partial f}{\partial x_j}(\mathbf{x}_0) = 0,$$

mit anderen Worten $\nabla f(\mathbf{x}_0) = 0$.

Beweis: **a** sei eine beliebig gewählte feste Richtung. Dann hat $\tilde{f}(t) = f(\mathbf{x}_0 + t\mathbf{a})$ bei $t = 0$ ein lokales Extremum. Folglich gilt für $\tilde{f}$ gemäß Lemma 7.12 mit (7.14)

$$0 = \left(\frac{d}{dt}\tilde{f}(t)\right)\bigg|_{t=0} = \mathbf{a}\cdot\nabla f(\mathbf{x}_0).$$

Für $\mathbf{a} = \mathbf{e}_j$ folgt dann $\dfrac{\partial f}{\partial x_j}(\mathbf{x}_0) = 0$ für $j = 1,\ldots,n$. □

Die Bedingung (9.4) ist **notwendig**. Damit stellt sich die Frage, ob es auch **hinreichende** Bedingungen für das Vorliegen eines lokalen Extremwertes gibt. Für ein solches Kriterium dient das folgende Lemma als Motivation.

Lemma 9.9: *Ist f im Bereich $\mathcal{D}$ zweimal stetig differenzierbar, das heißt alle Ableitungen*

$$\frac{\partial^\lambda f}{\partial x_1^{\ell_1}\partial x_2^{\ell_2}\ldots\partial x_n^{\ell_n}}$$

mit $0 \le |\lambda| \le 2$ und dem Indexvektor $\lambda = (\ell_1,\ldots,\ell_n)$ sind in $\mathcal{D}$ stetig, dann gilt (9.4), und die quadratische Form

$$(9.5) \qquad \sum_{j,k=1}^{n} a_j a_k \frac{\partial^2 f}{\partial x_j \partial x_k}(\mathbf{x}_0)$$

ist im lokalen Maximum $\mathbf{x}_0$ negativ semidefinit (im lokalen Minimum positiv semidefinit).

Beweis: Sei $\mathcal{D} \subset \mathbb{R}^2$ und wir schreiben $x_1 = x$, $x_2 = y$ sowie $\mathbf{x} = \mathbf{x}_0 + t\mathbf{a}$ mit $\mathbf{a} = (a_1, a_2)^\top$, $|t| \leq 1$. Aus (8.25) folgt mit (9.4)

$$\widetilde{f}(t) := f(\mathbf{x}_t) = f(\mathbf{x}_0) + \frac{1}{2}t^2\{a_1^2 f_{xx}(\xi,\eta) + 2a_1a_2 f_{xy}(\xi,\eta) + a_2^2 f_{yy}(\xi,\eta)\} \leq f(\mathbf{x}_0)$$

mit einer geeigneten Zwischenstelle

$$(\xi,\eta)^\top = \mathbf{x}_0 + \vartheta t\mathbf{a} \quad \text{mit } 0 < \vartheta(\mathbf{x}_0, t, \mathbf{a}) < 1.$$

Der Grenzübergang $t \to \infty$ liefert demnach, daß für alle $\mathbf{a} \in \mathbb{R}^2$ mit $|\mathbf{a}| = 1$ die Ungleichung

$$a_1^2 f_{xx}(\mathbf{x}_0) + 2a_1a_2 f_{xy}(\mathbf{x}_0) + a_2^2 f_{yy}(\mathbf{x}_0) \leq 0$$

erfüllt wird, das heißt die quadratische Form (9.5) ist negativ semidefinit. Wählen wir $a_1 = 1$ und $a_2 = 0$ so folgt $f_{xx}(\mathbf{x}_0) \leq 0$ und mit $a_1 = 0$ und $a_2 = 1$ folgt $f_{yy}(\mathbf{x}_0) \leq 0$. Die Wahl $a_1 = -f_{xy}$ und $a_2 = f_{xx} < 0$ liefert die explizite Bedingung

$$f_{xx}f_{xy}^2 - 2f_{xx}f_{xy}^2 + f_{xx}^2 f_{yy} = f_{xx}(f_{xx}f_{yy} - f_{xy}^2) \leq 0$$

beziehungsweise

$$(f_{xx}f_{yy} - f_{xy}^2)(\mathbf{x}_0) \geq 0.$$

Für $n > 2$ erhält man das entsprechende Ergebnis, wenn man die quadratische Form (9.5) mit Hilfe einer linearen Koordinatentransformation auf Hauptachsen transformiert. Dies ist eine der Grundaufgaben der linearen Algebra und führt die quadratische Form (9.5) auf den einfachen Fall einer diagonalen Hesse–Matrix mit

$$\frac{\partial^2 f}{\partial x_j \partial x_k}(\mathbf{x}_0) = 0$$

für $j \neq k$ zurück. □

Im folgenden geben wir hinreichende Bedingungen für das Vorliegen eines lokalen Extremums an.

Satz 9.10: *Die Funktion f sei im Bereich $\mathcal{D}$ zweimal stetig differenzierbar, und für $\mathbf{x}_0 \in \underline{\mathcal{D}}$ gilt*

(9.6) $\quad \nabla f(\mathbf{x}_0) = 0.$

Die quadratische Hesse–Matrix

(9.7) $$\left(\frac{\partial^2 f}{\partial x_j \partial x_k}(\mathbf{x}_0)\right)_{j,k=1,\ldots,n}$$

sei definit sowie $f_{x_jx_j}(\mathbf{x}_0) < 0$ (bzw. > 0). Dann hat f in $\mathbf{x}_0$ ein lokales Maximum (bzw. Minimum). Im Fall $n = 2$ ist die Definitheit äquivalent zu

(9.8) $\quad (f_{xx}f_{yy} - f_{xy}^2)(\mathbf{x}_0) > 0.$

Beweis: Wir führen den Beweis wieder für den Fall $n = 2$ explizit durch:

i. Wegen $\mathbf{x}_0 \in \underline{\mathcal{D}}$ und $f \in C^2$ existiert ein $\delta(\mathbf{x}_0) > 0$ derart, so daß für alle (ξ, η) mit $|(\xi, \eta) - \mathbf{x}_0| < \delta$ aufgrund der Stetigkeit gelten

$$f_{xx}(\xi,\eta) < 0, \quad f_{yy}(\xi,\eta) < 0, \quad (f_{xx}f_{yy} - f_{xy}^2)(\xi,\eta) > 0.$$

ii. Nun sei $\mathbf{x} \in \mathcal{D}$ mit $0 < |\mathbf{x} - \mathbf{x}_0| < \delta$ beliebig gewählt. Dort gilt wegen des Mittelwertsatzes

$$\begin{aligned}
f(\mathbf{x}) &= f(\mathbf{x}_0) + \frac{1}{2!}\Big[(x-x_0)^2 f_{xx}(\xi,\eta) + 2(x-x_0)(y-y_0)f_{xy}(\xi,\eta) \\
&\qquad + (y-y_0)^2 f_{yy}(\xi,\eta)\Big] \\
&= f(\mathbf{x}_0) + \frac{1}{4f_{xx}(\xi,\eta)}\Big[((x-x_0)f_{xx}(\xi,\eta))^2 + ((y-y_0)f_{xy}(\xi,\eta))^2 \\
&\qquad + 2\,(x-x_0)f_{xx}(\xi,\eta)(y-y_0)f_{xy}(\xi,\eta) \\
&\qquad + (y-y_0)^2[f_{xx}(\xi,\eta)f_{yy}(\xi,\eta) - f_{xy}^2(\xi,\eta)]\Big] \\
&\quad + \frac{1}{4f_{yy}(\xi,\eta)}\Big[((y-y_0)f_{yy}(\xi,\eta))^2 + ((x-x_0)f_{xy}(\xi,\eta))^2 \\
&\qquad + 2\,(x-x_0)f_{yy}(\xi,\eta)(y-y_0)f_{xy}(\xi,\eta) \\
&\qquad + (x-x_0)^2[f_{xx}(\xi,\eta)f_{yy}(\xi,\eta) - f_{xy}^2(\xi,\eta)]\Big]\,.
\end{aligned}$$

Mit

$$\begin{aligned}
&\frac{1}{4f_{xx}(\xi,\eta)}\left[(x-x_0)f_{xx}(\xi,\eta) + (y-y_0)f_{xy}(\xi,\eta)\right]^2 \\
&\quad + \frac{1}{4f_{yy}(\xi,\eta)}\left[(x-x_0)f_{xy}(\xi,\eta) + (y-y_0)f_{yy}(\xi,\eta)\right]^2 \le 0
\end{aligned}$$

folgt hieraus unter Verwendung der Ungleichungen für die Diskriminante und $f_{xx}(\xi,\eta) < 0$, $f_{yy}(\xi,\eta) < 0$ schließlich

$$\begin{aligned}
f(\mathbf{x}) &\le f(\mathbf{x}_0) + \frac{1}{4}(f_{xx}(\xi,\eta)f_{yy}(\xi,\eta) - f_{xy}^2(\xi,\eta))\left[\frac{(x-x_0)^2}{f_{yy}(\xi,\eta)} + \frac{(y-y_0)^2}{f_{xx}(\xi,\eta)}\right] \\
&< f(\mathbf{x}_0)
\end{aligned}$$

für alle (x, y) mit

$$0 < (x-x_0)^2 + (y-y_0)^2 \le \delta^2.$$

Also hat f in $\mathbf{x}_0$ ein lokales Maximum wie behauptet.

Im Fall $n \ge 2$ erhält man das gleiche Resultat nach der Transformation auf die Hauptachsenkoordinaten der quadratischem Form (9.7). □

Während wir bei der Tschebyscheffschen Approximationsaufgabe die Funktion $F(\mathbf{b})$ im Minimum nicht differenzieren konnten, ist dies bei der Gaußschen Approximationsaufgabe wegen der Analytizität von $[F(\mathbf{b})]^2$ immer möglich.

Bei der Gaußschen Approximationsaufgabe ist eine Funktion $f(t)$ in $[a,b]$ gegeben, die dort der Einfachheit halber stetig sei (allgemeiner braucht $f^2(t)$ sogar nur Lebesgue–integrierbar zu sein).

Dann lautet die **Gaußsche Approximationsaufgabe**: Man bestimme Koeffizienten $\alpha_1, \ldots, \alpha_n$ eines Polynoms derart, daß

$$(9.9) \qquad F(\alpha_1,\ldots,\alpha_n) := \left[\int_a^b \left| f(t) - \sum_{j=1}^n \alpha_j t^{j-1}\right|^2 dt\right]^{1/2}$$

minimal wird, das heißt finde $\mathbf{a} = (\alpha_1, \ldots, \alpha_n)^\top \in \mathbb{R}^n$ derart, daß

$$(9.10) \qquad \begin{aligned} F(\mathbf{a}) &= \|f - \sum_{j=1}^n \alpha_j t^{j-1}\|_{L_2([a,b])} \\ &= \min_{\mathbf{b}\in\mathbb{R}^n} \|f - \sum_{j=1}^n \beta_j t^{j-1}\|_{L_2([a,b])} = \min_{\mathbf{b}\in\mathbb{R}^n} F(\mathbf{b}) \end{aligned}$$

gilt.

Lemma 9.11: *Die Funktion $F(\mathbf{b})$ ist stetig im $\mathbb{R}^n$.*

Der Beweis ist der gleiche wie für Lemma 9.1.

Lemma 9.12: *Es gilt*

$$(9.11) \qquad \lim_{|\mathbf{b}|\to\infty} F(\mathbf{b}) = +\infty$$

gleichmäßig *bezüglich aller Richtungen.*

Der Beweis ist der gleiche wie für Lemma 9.3.

Lemma 9.13: *Die Menge $\mathcal{M} := \{\mathbf{b} \in \mathbb{R}^n \mid F(\mathbf{b}) \le 2\|f\|_{L_2}\}$ ist kompakt.*

Der Beweis ist der gleiche wie für Lemma 9.4.

Lemma 9.14: *Die Gaußsche Approximationsaufgabe (9.10) hat eine Lösung.*

Der Beweis ist der gleiche wie für Satz 9.5.

Bemerkung 9.15: *Wegen $F(\mathbf{a}) \le F(\mathbf{0}) = \|f\|_{L_2} < 2\ \|f\|_{L_2}$ für $f \not\equiv 0$ erkennen wir, daß* **a** *im Innern von $\mathcal{M}$ liegt. Das* **lokale** *Minimum von F ist also auch* **globales** *Minimum.*

Betrachten wir statt $F(\mathbf{b})$ die Funktion

$$(9.12)\quad \Phi(\mathbf{b}) := [F(\mathbf{b})]^2 = \int_a^b [f(t) - \sum_{j=1}^n \beta_j t^{j-1}]^2 dt,$$

so hat F sein Minimum $\mathbf{a}$ genau dort, wo $\Phi(\mathbf{a})$ sein Minimum hat, und $\Phi(\mathbf{a})$ ist sowohl globales als auch lokales Minimum.

Satz 9.16: *Im Minimum erfüllt* $\mathbf{a}$ *die Gaußschen Normalgleichungen*

$$(9.13)\quad \sum_{j=1}^n \alpha_j \int_a^b t^{j-1}t^{k-1}dt = \int_a^b f(t)t^{k-1}dt \quad \text{für } k = 1, \ldots, n.$$

Die Normalgleichungen sind ein lineares Gleichungssystem für $\alpha_1, \ldots, \alpha_n$,

$$(9.14)\quad \sum_{j=1}^n \gamma_{kj}\alpha_j = f_k \quad \text{für } k = 1, \ldots, n$$

mit den gegebenen Koeffizienten

$$\gamma_{kj} = \int_a^b t^{k-1}t^{j-1}dt$$

und gegebenen rechten Seiten

$$f_k = \int_a^b f(t)t^{k-1}dt.$$

Beweis: Für $\Phi(\mathbf{x})$ errechnen wir explizit

$$\begin{aligned} \Phi(\mathbf{x}) &:= \int_a^b [f(t) - \sum_{\ell=1}^n x_\ell t^{\ell-1}]^2 dt \\ &= \int_a^b [f(t)]^2 dt - 2\sum_{\ell=1}^n x_\ell \int_a^b f(t)t^{\ell-1}dt + \sum_{j,\ell=1}^n x_j\, x_\ell \int_a^b t^{j-1}t^{\ell-1}dt. \end{aligned}$$

Im lokalen Minimum $\mathbf{a}$ muß dann Φ nach Satz 9.8 die notwendigen Bedingungen

$$\begin{aligned} \frac{\partial\Phi}{\partial x_k}(\mathbf{a}) &= -2\int_a^b f(t)t^{k-1}dt + \sum_{\ell=1}^n \alpha_\ell \int_a^b t^{k-1}t^{\ell-1}dt + \sum_{j=1}^n \alpha_j \int_a^b t^{j-1}t^{k-1}dt \\ &= 2\left[\sum_{j=1}^n \alpha_j \int_a^b t^{j-1+k-1}dt - \int_a^b f(t)t^{k-1}dt\right] = 0 \end{aligned}$$

für alle $k = 1, \ldots, n$ erfüllen. Damit folgen die behaupteten Normalgleichungen (9.13),

$$\sum_{j=1}^{n} \alpha_j \int_a^b t^{j+k-2} dt = \int_a^b f(t) t^{k-1} dt \quad \text{für } k = 1, \ldots, n.$$

□

Satz 9.17 : *Die Gaußschen Normalgleichungen* (9.14) *haben zu jeder Funktion* $f(t)$ *stets genau eine Lösung* $\mathbf{a}$, *und diese bestimmt die eindeutige Lösung der Gaußschen Approximationsaufgabe.*

Beweis: Wir zeigen zuerst die Eindeutigkeit: Wegen der Linearität der Gaußschen Normalgleichungen genügt es, den Fall $f \equiv 0$ zu betrachten. Hier gilt für eine Lösung $\mathbf{a}^0$ der homogenen Gleichungen wegen $f = 0$

$$0 = \sum_{j=1}^{n} \alpha_j^0 \int_a^b t^{j+k-2} dt = \sum_{j=1}^{n} \gamma_{kj} \alpha_j^0.$$

Daraus folgt nach Multiplikation mit α_k^0 und Summation, daß $\mathbf{a}^0$ auch die Gleichung

$$0 = \sum_{k,j=1}^{n} \alpha_j^0 \alpha_k^0 \int_a^b t^{j-1+k-1} dt = \int_a^b \sum_{k,j=1}^{n} \alpha_j^0 t^{j-1} \alpha_k^0 t^{k-1} dt = \int_a^b [\sum_{j=1}^{n} \alpha_j^0 t^{j-1}]^2 dt$$

erfüllen muß. Somit gilt für das zugehörige Polynom

$$\sum_{j=1}^{n} \alpha_j^0 t^{j-1} = 0 \quad \text{für alle } a \leq t \leq b.$$

Ein Polynom $(n-1)$–ten Grades hat aber höchstens nur $n-1$ Nullstellen, es sei denn, es verschwindet identisch (siehe Folgerung 4.32). Daher gilt

$$\alpha_1^0 = \ldots = \alpha_n^0 = 0.$$

Das homogene lineare Gaußsche Gleichungssystem hat also nur die triviale Lösung. Mit dem Alternativsatz der linearen Algebra folgt aus der soeben gezeigten Eindeutigkeit, daß das lineare Gleichungssystem (9.14) **stets eindeutig lösbar ist**.

Nun zeigen wir, daß die eindeutige Lösung $\mathbf{a}$ der Gaußschen Normalgleichungen das globale Minimum $\Phi(\mathbf{a})$ von Φ definiert. Zunächst ist die notwendige Bedingung (9.4) für ein lokales Extremum, $\nabla\Phi(\mathbf{a}) = 0$, erfüllt. Für die Hesse–Matrix gilt

$$\frac{\partial^2 \Phi}{\partial \alpha_j \partial \alpha_k} = 2 \int_a^b t^{j-1} t^{k-1} dt = 2\gamma_{kj}.$$

Nun ist

$$\sum_{j,k=1}^{n} 2\gamma_{kj}\beta_k\beta_j = 2\int_a^b (\sum_{j=1}^{n} \beta_j t^{j-1})^2 dt > 0$$

für jedes $\mathbf{b} = (\beta_1, \ldots, \beta_n) \neq \mathbf{0}$. Somit ist die Hesse–Matrix positiv definit. Daher hat Φ in $\mathcal{M}$ ein lokales Minimum, das nach Bemerkung 9.15 auch einziges globales Minimum ist. □

Beispiel 9.18: *Seien $a = -1/2$, $b = 1/2$, $n = 2$ und $f(t) = e^t$. Dann ergeben sich*

$$\gamma_{kj} = \int_{-1/2}^{1/2} t^{k-1}t^{j-1}dt = \frac{1}{k+j-1}[t^{k+j-1}]_{-1/2}^{1/2}$$

und somit

$$\gamma_{11} = 1, \quad \gamma_{12} = \gamma_{21} = 0, \quad \gamma_{22} = \frac{1}{12}.$$

Weiterhin ergibt sich

$$f_1 = \int_{-1/2}^{1/2} e^t\,dt = 2\sinh\frac{1}{2}, \quad f_2 = \int_{-1/2}^{1/2} t\,e^t, dt = \cosh\frac{1}{2} - 2\sinh\frac{1}{2}.$$

Die Gaußschen Normalgleichungen lauten also

$$\begin{pmatrix} 1 & 0 \\ 0 & \frac{1}{12} \end{pmatrix} \begin{pmatrix} \alpha_1 \\ \alpha_2 \end{pmatrix} = \begin{pmatrix} 2\sinh\frac{1}{2} \\ \cosh\frac{1}{2} - 2\sinh\frac{1}{2} \end{pmatrix}.$$

Die im Mittel beste Polynomapproximation von e^t auf $[-1/2, 1/2]$ ist also die Funktion

$$\sum_{j=1}^{2} \alpha_j t^{j-1} = 2\sinh\frac{1}{2} + (12\cosh\frac{1}{2} - 24\sinh\frac{1}{2})\,t.$$

Die Taylorsche Formel für e^t bei $t = 0$ hingegen liefert

$$e^t = 1 + t + R_1,$$

wobei $R_1 = \mathcal{O}(t^2)$ ist. Das bedeutet, daß die Taylorsche Formel im allgemeinen nicht die optimale Approximation mit Polynomen liefert.

9.2 Geometrische Interpretationen

Tangentialebene und Differentiale: Sei $\mathbf{a}$ eine Richtung, dann ist

(9.15) $\mathbf{x}_t = \mathbf{x}_0 + t\,\mathbf{a} \quad \text{für } t \in \mathbb{R}$

eine **Gerade** im $\mathbb{R}^n$ durch $\mathbf{x}_0$. Weiterhin ist

(9.16) $\tilde{f}(t) := f(\mathbf{x}_0 + t\,\mathbf{a}) \quad \text{für } \mathbf{x}_0 + t\,\mathbf{a} \in \mathcal{D}$

eine Funktion der reellen Veränderlichen t. Die Punktmenge

$$(\mathbf{x}_0 + t\,\mathbf{a}, f(\mathbf{x}_0 + t\,\mathbf{a})) \subset \mathcal{G} \subset \mathbb{R}^{n+1}$$

ist Teilmenge des Graphen $\{\mathbf{x}, f(\mathbf{x})\} = \mathcal{G}$ und beschreibt eine **Kurve** auf dem Graphen im $\mathbb{R}^{n+1}$. **Tangente** an diese Kurve ist die Gerade im $\mathbb{R}^{n+1}$

(9.17) $\mathbf{y}(t) = (\mathbf{x}_0 + t\,\mathbf{a}, \tilde{f}(0) + t\,\dfrac{d\tilde{f}}{dt}(0)),$

und mit $\dfrac{d\tilde{f}}{dt}(0) = \mathbf{a} \cdot \nabla f(\mathbf{x}_0)$ finden wir die **Tangentendarstellung**

(9.18) $\mathbf{y}(t) = (\mathbf{x}_0 + t\,\mathbf{a}, f(\mathbf{x}_0) + t\,\mathbf{a} \cdot \nabla f(\mathbf{x}_0)),$

die Geradengleichung der Tangente an die Fläche $z = f(\mathbf{x})$ im Punkt $\mathbf{x}_0$ in Richtung $\mathbf{a}$.

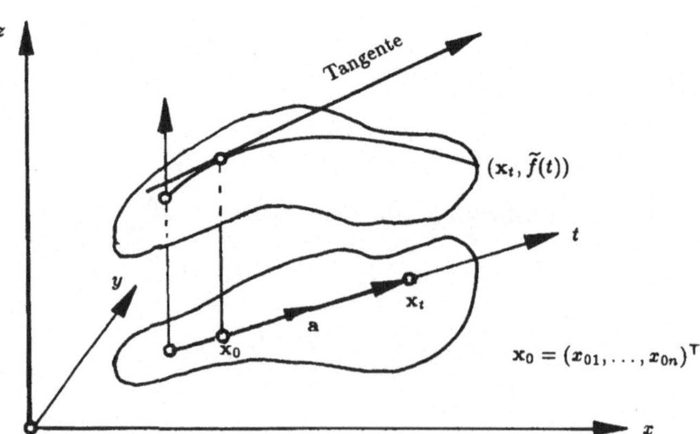

Abbildung 9.1: Bild der Tangente an eine Fläche.

Setzen wir $\mathbf{x}_t = \mathbf{x}_0 - t\,\mathbf{a}$, so lautet wegen $t\,\mathbf{a} = \mathbf{x}_t - \mathbf{x}_0$ die Geradengleichung auch

$$z = x_{n+1} = f(\mathbf{x}_0) + (\mathbf{x}_t - \mathbf{x}_0) \cdot \nabla f(\mathbf{x}_0).$$

Läßt man $\mathbf{a}$ alle Richtungen durchlaufen, so erhält man die **Gesamtheit aller Tangenten** an $z = f(\mathbf{x})$ in $\mathbf{x}_0$

$$(9.19) \quad \mathbf{x}(\tau) = (\mathbf{x}_0 + \tau, f(\mathbf{x}_0) + \sum_{j=1}^{n} \tau_j f_{x_j}(\mathbf{x}_0))^\top$$

mit $\tau_j = ta_j \in \mathbb{R}$. (9.19) ist die Parameterdarstellung einer n–dimensionalen Ebene, diese heißt die **Tangentialebene** an $z = f(\mathbf{x})$ in $\mathbf{x}_0$.
Die Tangentialebene kann auch noch beschrieben werden durch die Gleichung

$$(9.20) \quad x_{n+1} = z = f(\mathbf{x}_0) + \sum_{j=1}^{n} (x_j - x_{0j}) f_{x_j}(\mathbf{x}_0)$$

oder mit $\mathbf{y} = (x_1, \ldots, x_n, x_{n+1})^\top$ als

$$(9.21) \quad (\mathbf{y} - (\mathbf{x}_0, f(\mathbf{x}_0))) \cdot (\nabla f(\mathbf{x}_0), -1) = 0.$$

Die **Normale** zur Tangentialebene ist offensichtlich durch

$$(9.22) \quad \mathbf{N}(\mathbf{x}_0, f(\mathbf{x}_0)) = (\nabla f(\mathbf{x}_0), -1)^\top \in \mathbb{R}^n \times \mathbb{R} = \mathbb{R}^{n+1}$$

gegeben. Setzen wir $\mathbf{h} = (h_1, h_2, \ldots, h_n)^\top$ in die Taylorsche Formel ein, so schreibt sich diese als

$$(9.23) \quad \begin{aligned} f(\mathbf{x}_0 + \mathbf{h}) &= f(\mathbf{x}_0) + (\mathbf{h} \cdot \nabla) f(\mathbf{x}_0) + \frac{1}{2!} (\mathbf{h} \cdot \nabla)^2 f(\mathbf{x}_0) + \ldots \\ &\quad \ldots + \frac{1}{m!} (\mathbf{h} \cdot \nabla)^m f(\mathbf{x}_0) + R_m. \end{aligned}$$

Setzen wir schließlich noch

$$h_1 = dx_1, \ldots, h_n = dx_n,$$

so haben wir mit den Definitionen

$$(9.24) \quad \begin{aligned} df &:= f_{x_1} dx_1 + f_{x_2} dx_2 + \ldots + f_{x_n} dx_n \\ &= (dx_1, \ldots, dx_n)^\top \cdot \nabla f = d\mathbf{x} \cdot \nabla f \end{aligned}$$

und für $\mu \in \mathbb{N}_0$ mit

$$(9.25) \quad \begin{aligned} d^\mu f &:= ((dx_1, \ldots, dx_n)^\top \cdot \nabla)^\mu f = \sum_{|\alpha| = \mu} \frac{\mu!}{\alpha!} (\frac{\partial}{\partial \mathbf{x}})^\alpha f \cdot d\mathbf{x}^\alpha \\ &= \sum_{\substack{\alpha_1 + \alpha_2 + \ldots + \alpha_n = \mu \\ 0 \le \alpha_j \le \mu}} \frac{\mu!}{\alpha_1! \alpha_2! \ldots \alpha_n!} \frac{\partial^\mu f}{\partial x_1^{\alpha_1} \ldots \partial x_n^{\alpha_n}} (dx_1)^{\alpha_1} \ldots (dx_n)^{\alpha_n} \end{aligned}$$

statt (9.23) die Taylorsche Formel auch als

$$(9.26) \quad f(\mathbf{x}) = f(\mathbf{x}_0) + df(\mathbf{x}_0) + \frac{1}{2!} d^2 f(\mathbf{x}_0) + \ldots + \frac{1}{m!} d^m f(\mathbf{x}_0) + R_m.$$

df in (9.24) heißt das **vollständige Differential**, und die Definition (9.24) erlaubt die folgende Deutung von (9.20): **Das vollständige Differential beschreibt die Tangentialebene an f in $(\mathbf{x}_0)$.**

Definition 9.19:

$$(9.27) \quad z_1(\mathbf{x}) = f(\mathbf{x}_0) + (\mathbf{x} - \mathbf{x}_0) \cdot \nabla f(\mathbf{x}_0)$$

heißt **oskulierende Fläche 1. Grades**. *Dies ist die Tangentialebene im* $\mathbb{R}^{n+1}$. *Die Fläche*

$$(9.28) \quad z_2(\mathbf{x}) := f(\mathbf{x}_0) + (\mathbf{x} - \mathbf{x}_0) \cdot \nabla f(\mathbf{x}_0) + \frac{1}{2!}[(\mathbf{x} - \mathbf{x}_0) \cdot \nabla]^2 f(\mathbf{x}_0)$$

heißt **oskulierende Fläche 2. Grades**.
Entsprechend definieren wir die **oskulierende Fläche** m**-ten Grades** *durch*

$$(9.29) \quad z_m(\mathbf{x}) := f(\mathbf{x}_0) + (\mathbf{x} - \mathbf{x}_0) \cdot \nabla f(\mathbf{x}_0) + \ldots + \frac{1}{m!}[(\mathbf{x} - \mathbf{x}_0) \cdot \nabla]^m f(\mathbf{x}_0).$$

Beispiel 9.20: *Wir betrachten das Ellipsoid*

$$z^2 + \frac{1}{4}x^2 + \frac{1}{4}y^2 = 1 \quad \text{oder} \quad z = f(x,y) = \pm\sqrt{1 - \frac{1}{4}(x^2 + y^2)}$$

im Punkt

$$\mathbf{x}_0 = \left(\sqrt{\frac{3}{2}}, \sqrt{\frac{3}{2}}\right)$$

auf dem "oberen" Teil des Ellipsoids $f(\mathbf{x}_0) = 1/2$. Mit den Ableitungen

$$f_x = \frac{1}{2\sqrt{1 - \frac{1}{4}(x^2 + y^2)}}\left(-\frac{2x}{4}\right), \quad f_y = \frac{1}{2\sqrt{1 - \frac{1}{4}(x^2 + y^2)}}\left(-\frac{2y}{4}\right)$$

erhalten wir die **Tangentialebene**

$$z_1 = (x - x_0)\left(\frac{-x_0}{4\sqrt{1 - \frac{1}{4}(x_0^2 + y_0^2)}}\right) + (y - y_0)\left(\frac{-y_0}{4\sqrt{1 - \frac{1}{4}(x_0^2 + y_0^2)}}\right) + z_0$$

bzw.

$$z_1 = \left(x - \sqrt{\frac{3}{2}}\right)\left(-\frac{1}{2}\sqrt{\frac{3}{2}}\right) + \left(y - \sqrt{\frac{3}{2}}\right)\left(-\frac{1}{2}\sqrt{\frac{3}{2}}\right) + \frac{1}{2}$$

mit dem Normalenvektor

$$\mathbf{N} = \left(-\sqrt{\frac{3}{8}}, -\sqrt{\frac{3}{8}}, -1\right)^{\top}.$$

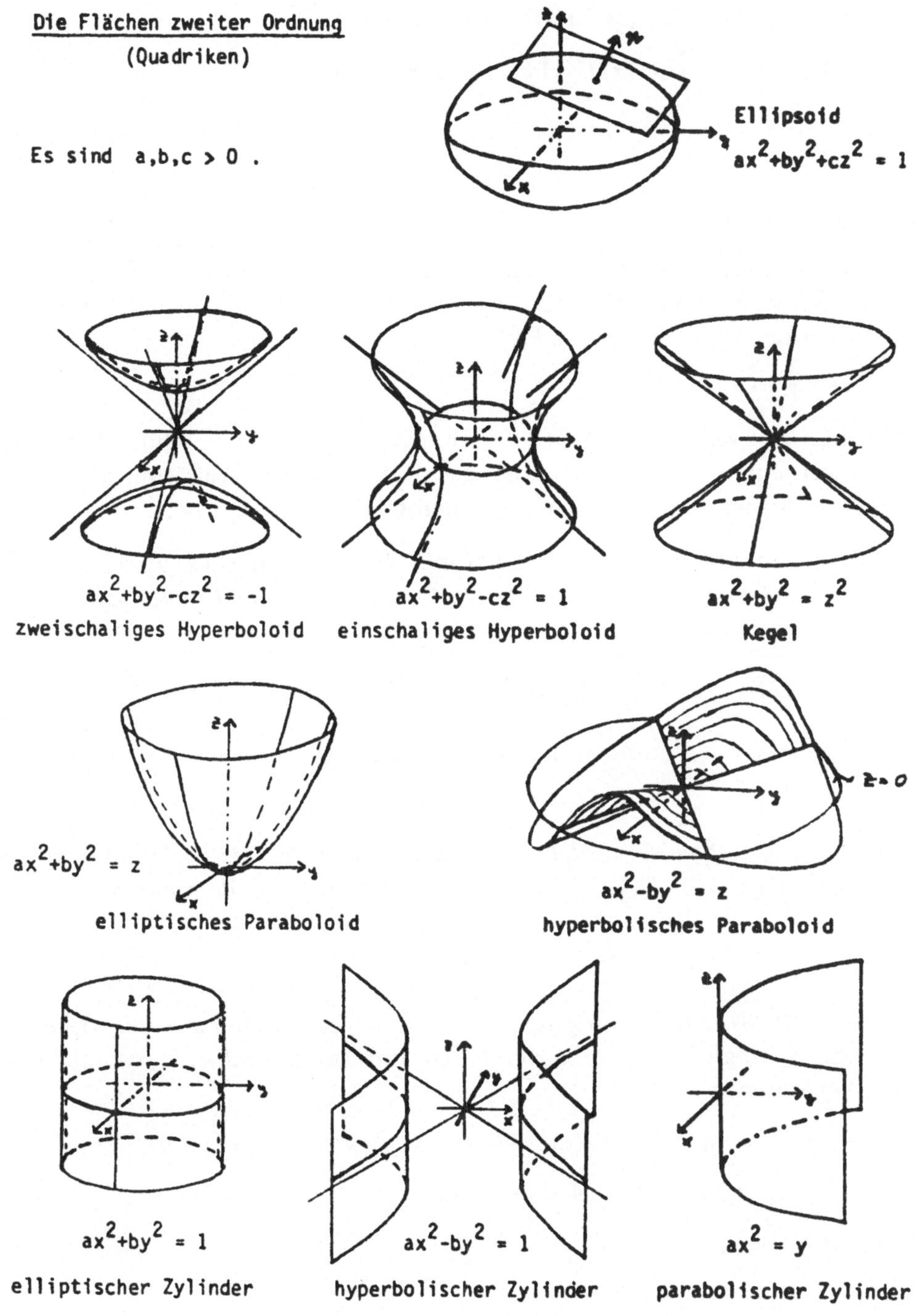

Abbildung 9.2: Flächen zweiter Ordnung.

9.3 Implizit gegebene Kurven und die implizite Funktion

Als weitere Anwendung der Taylor–Formel betrachten wir eine **implizit gegebene Kurve**

(9.30) $F(x,y) = 0$

in der Ebene. Dabei versucht man, die durch (9.30) definierte Punktmenge $(x,y)^\top \in \mathbb{R}^2$ als Graphen einer **Kurve** zu deuten und diese Kurve zumindest „lokal" in gewohnter Weise in der Form

(9.31) $y = g(x)$

darzustellen. Wir wollen nun gleich annehmen, daß x nicht nur **eine** Veränderliche, sondern ein Punkt $\mathbf{x} = (x_1, \ldots, x_n)^\top \in \mathbb{R}^n$ ist. Die Auflösung (9.31) der Gleichung (9.30) wird beschrieben durch den folgenden Satz.

Satz 9.21 über die implizite Funktion: *$F(\mathbf{x},y)$ und $F_y(\mathbf{x},y)$ seien stetige Funktionen im Gebiet $\mathcal{G} \subset \mathbb{R}^n \times \mathbb{R}$. Des weiteren sei ein Punkt $(\mathbf{x}_0, y_0) \in \mathcal{G}$ bekannt mit*

(9.32) $F(\mathbf{x}_0, y_0) = 0, \wedge \dfrac{\partial F}{\partial y}(\mathbf{x}_0, y_0) \neq 0.$

Dann gibt es eine Kugel um $\mathbf{x}_0$, in der die Gleichung

(9.33) $F(\mathbf{x}, y) = 0$

eindeutig nach y aufgelöst werden kann; das heißt es gibt eine Zahl $\delta > 0$ und eine Funktion $g(\mathbf{x})$, $y \in C^0(\{\mathbf{x} \mid \ |\mathbf{x}-\mathbf{x}_0| \le \delta\})$, so daß für alle $\mathbf{x}$ mit $|\mathbf{x}-\mathbf{x}_0| \le \delta$ gilt

(9.34) $F(\mathbf{x}, g(\mathbf{x})) = 0.$

Diese durch (9.33) implizit gegebene Funktion $g(\mathbf{x})$ kann man mit Hilfe des für $|\mathbf{x} - \mathbf{x}_0| \le \delta$ gleichmäßig konvergenten Iterationsverfahrens (vereinfachtes Newton–Verfahren)

(9.35) $g_{k+1}(\mathbf{x}) := g_k(\mathbf{x}) - (F_y(\mathbf{x}_0, y_0))^{-1} F(\mathbf{x}, g_k(\mathbf{x})), \quad g_0(\mathbf{x}) := y_0,$

für $k = 0, 1, 2, \ldots$ näherungsweise berechnen.

Beweis: Wir setzen

$$g(\mathbf{x}) = y_0 + z(\mathbf{x}).$$

Dann können wir (9.34) auch als Fixpunktgleichung

$$z(\mathbf{x}) = z(\mathbf{x}) - (F_y(\mathbf{x}_0, y_0))^{-1} F(\mathbf{x}, y_0 + z(\mathbf{x}))$$

für die Funktion $z(\mathbf{x})$ schreiben.

Wir zeigen nun, wie wir die Voraussetzungen für den Banachschen Fixpunktsatz in der Form von Satz 5.23 sicherstellen können. Dazu wird zuerst die Kontraktionskonstante q mit $0 < q < 1$ beliebig, aber für das Folgende **fest** gewählt. Wegen der Stetigkeit von F_y existieren $d > 0$ und $\beta > 0$, so daß für alle $|\mathbf{x} - \mathbf{x}_0| < d$ und alle $|y - y_0| < \beta$ die Ungleichung

$$|(F_y(\mathbf{x}_0, y_0)^{-1})(F_y(\mathbf{x}_0, y_0) - F_y(\mathbf{x}, y))| \leq q$$

erfüllt wird. Zu diesen Konstanten können wir schließlich aufgrund der Stetigkeit von F noch eine weitere Konstante δ mit $0 < \delta \leq d$ finden, so daß für alle $\mathbf{x}$ mit $|\mathbf{x} - \mathbf{x}_0| \leq \delta$ gilt

$$|(F_y(\mathbf{x}_0, y_0))^{-1}(F(\mathbf{x}, y_0) - F(\mathbf{x}_0, y_0))| < \beta(1 - q)\,.$$

Jetzt liegen $\delta > 0$, β und q fest. Wir wählen nun

$$E := C^0(\{\mathbf{x} \mid |\mathbf{x} - \mathbf{x}_0| \leq \delta\})$$

mit der Maximium–Norm

$$\|f\|_{\mathcal{F}} = \max_{|\mathbf{x}-\mathbf{x}_0|\leq\delta} |f(\mathbf{x})|.$$

E ist ein Banach–Raum, das heißt ein normierter vollständiger Vektorraum, und wir definieren die Abbildung

$$\Phi(f)(\mathbf{x}) := f(\mathbf{x}) - (F_y(\mathbf{x}_0, y_0))^{-1}F(\mathbf{x}, y_0 + f(\mathbf{x}))$$

mit $\Phi : \mathcal{U}_\beta(0) \to E$ und

$$\mathcal{U}_\beta(0) := \{f \in E \mid |f(\mathbf{x})| \leq \|f\|_{\mathcal{F}} < \beta\}.$$

Die Abbildung Φ ist in $\mathcal{U}_\beta(0)$ eine **Kontraktion**:

$$\begin{aligned}
&\|\Phi(h) - \Phi(f)\|_{\mathcal{F}} = \\
&\quad = \max_{|\mathbf{x}-\mathbf{x}_0|\leq\delta} |h(\mathbf{x}) - f(\mathbf{x}) - (F_y(\mathbf{x}_0, y_0))^{-1}\{F(\mathbf{x}, y_0 + h(\mathbf{x})) - F(\mathbf{x}, y_0 + f(\mathbf{x}))\}| \\
&\quad = \max_{|\mathbf{x}-\mathbf{x}_0|\leq\delta} |h(\mathbf{x}) - f(\mathbf{x}) - (F_y(\mathbf{x}_0, y_0))^{-1}\{F_y(\mathbf{x}, \tilde{y}(\mathbf{x}))(h(\mathbf{x}) - f(\mathbf{x}))| \\
&\quad \leq \max_{|\mathbf{x}-\mathbf{x}_0|\leq\delta} |(F_y(\mathbf{x}_0, y_0))^{-1}(F_y(\mathbf{x}, \tilde{y}(\mathbf{x})) - F_y(\mathbf{x}_0, y_0))(h(\mathbf{x}) - f(\mathbf{x}))|.
\end{aligned}$$

Dabei ist $\tilde{y}(\mathbf{x}) = y_0 + \vartheta(\mathbf{x})h(\mathbf{x}) + (1 - \vartheta(\mathbf{x}))f(\mathbf{x})$. Wegen

$$|\tilde{y}(\mathbf{x}) - y_0| \leq |\vartheta h(\mathbf{x})| + (1 - \vartheta)|f(\mathbf{x})| \leq \vartheta\beta + (1 - \vartheta)\beta = \beta$$

erhalten wir aus obiger Ungleichung

$$\|\Phi(h) - \Phi(f)\|_{\mathcal{F}} \leq q \max_{|\mathbf{x}-\mathbf{x}_0|\leq\delta} |h(\mathbf{x}) - f(\mathbf{x})| = q\,\|h - f\|_{\mathcal{F}}.$$

Außerdem ist

$$\|\Phi(0)\|_{\mathcal{F}} = \max_{|\mathbf{x}-\mathbf{x}_0|\leq\delta} |0 - (F_y(\mathbf{x}_0, y_0)^{-1})(F(\mathbf{x}, y_0 + 0) - F(\mathbf{x}_0, y_0))| < \beta.$$

Damit sind alle Voraussetzungen des Banachschen Fixpunktsatzes in der Form von Satz 5.23 erfüllt. Also konvergiert

$$z_{k+1}(\mathbf{x}) + y_0 := z_k(\mathbf{x}) + y_0 - (F_y(\mathbf{x}_0, y_0))^{-1} F(\mathbf{x}, y_0 + z_k(\mathbf{x}))$$

gleichmäßig in $|\mathbf{x}-\mathbf{x}_0| \leq \delta$ gegen den einzigen Fixpunkt $z(\mathbf{x})$ in $\mathcal{U}_\beta(0)$ für $k \to \infty$. Demnach konvergiert auch die Funktionenfolge

$$g_{k+1}(\mathbf{x}) := g_k(\mathbf{x}) - (F_y(\mathbf{x}_0, y_0))^{-1} F(\mathbf{x}, g_k(\mathbf{x}))$$

gleichmäßig gegen $g(\mathbf{x})$. □

Beispiel 9.22: *Als Beispiel für die Anwendung von Satz 9.21 seien*

$$F(x, y) := x^2 + y^2 - 1 = 0 \quad \text{mit } x_0 = 0,\ y_0 = 1 \text{ und } F(x_0, y_0) = 0$$

gegeben. Hier soll die Schnittkurve der Ebene $z = 0$ mit der Paraboloid–Fläche

$$z = F(x, y) = x^2 + y^2 - 1$$

bestimmt werden. In der Umgebung des vorgegebenen Punktes $(x_0, y_0) = (0, 1)$ können wir $F = 0$ auch **explizit** *auflösen und erhalten dort*

$$g(x) = \sqrt{1 - x^2}.$$

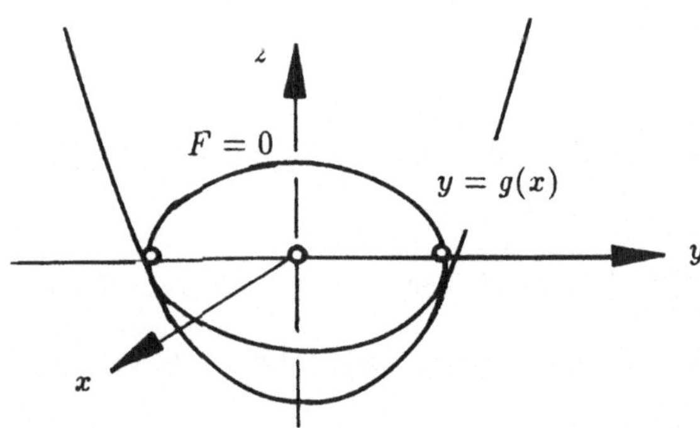

Abbildung 9.3: Paraboloid schneidet Ebene.

Um das Verfahren (9.35) für dieses Beispiel anzuwenden, berechnen wir

$$F_y = 2y \quad \text{und } F_y(x_0, y_0) = 2.$$

Wir erhalten durch die Iteration

$$g_{k+1}(x) := g_k(x) - \frac{1}{2}[x^2 + g_k^2(x) - 1]$$

die Näherungen

$$\begin{aligned} g_0(x) &= 1, \\ g_1(x) &= 1 - \frac{1}{2}[x^2 + 1^2 - 1] = 1 - \frac{1}{2}x^2, \\ g_2(x) &= 1 - \frac{1}{2}x^2 - \frac{1}{2}[x^2 + (1 - \frac{1}{2}x^2)^2 - 1] = 1 - \frac{1}{2}x^2 - \frac{1}{8}x^4, \\ g_3(x) &= 1 - \frac{1}{2}x^2 - \frac{1}{8}x^4 - \frac{1}{16}x^6 - \frac{1}{128}x^8. \end{aligned}$$

Dies sind nach Konstruktion und Satz 9.21 Näherungen für

$$g(x) = \sqrt{1 - x^2} = 1 - \frac{1}{2}x^2 - \frac{1}{8}x^4 - \frac{1}{16}x^6 - \frac{5}{128}x^8 - \dots,$$

und sie stimmen mit den entsprechenden Gliedern der Taylor–Reihe von $g(x)$ bei $x = 0$ überein.

Beispiel 9.22 zeigt auch, daß der Satz 9.21 über implizite Funktionen nur eine Aussage über die **lokale** eindeutige Auflösbarkeit der Gleichung (9.33) bedeutet, denn

$$F(x, y) = x^2 + y^2 - 1 = 0$$

hat in der Umgebung von $x_0 = 0$ **global zwei** Lösungen

$$y = g_1(x) = \sqrt{1 - x^2} \quad \text{und } y = g_2(x) = -\sqrt{1 - x^2}.$$

Erst die zusätzliche Forderung $y_0 = 1$ legt fest, nach welcher dieser beiden Lösungen aufgelöst werden soll. **Global** ist das Lösen von (9.33) also keineswegs eindeutig.

Als Anwendung des Iterationsverfahrens (9.35) überlegen wir uns jetzt, wie man die **inverse Funktion** näherungsweise berechnen kann. Sei f stetig differenzierbar und $f'(y_0) \neq 0$. Dann definieren wir

$$F(x, y) := x - f(y) \quad \text{und } x_0 := f(y_0).$$

Nach Satz 7.19 ist in einer genügend kleinen Umgebung von y_0 die Funktion f invertierbar. Die Auflösung von $F(x, y) = 0$ nach y ist gleichbedeutend mit $y = f^{-1}(x)$. Die Voraussetzungen des Satzes über die implizite Funktion sind dann erfüllt und wir erhalten das folgende Verfahren.

Korollar 9.23: (Berechnung der inversen Abbildung) *Die Funktion $f(y)$ sei in (a, b) stetig differenzierbar und für $y_0 \in (a, b)$ gelte $f'(y_0) \neq 0$. Dann existiert ein $\delta > 0$ und eine Umgebung $\mathcal{U}_\delta(x_0)$, in der das Iterationsverfahren*

$$\text{(9.36)} \quad g_0(x) := y_0, \quad g_{k+1}(x) := g_k(x) + \frac{1}{f'(y_0)}[x - f(g_k(x))]$$

für $k = 0, 1, 2, \dots$ gleichmäßig gegen die inverse Funktion f^{-1} konvergiert.

Nun wenden wir uns der Differentiation einer implizit gegebenen Funktion zu und beweisen den folgenden Satz.

Satz 9.24 über die implizite Differentiation : *Die Funktion $F(\mathbf{x}, y)$ sei ρ–mal stetig differenzierbar in $\mathcal{G}$ mit $\rho \geq 1$. Sei $g(\mathbf{x})$ eine Funktion mit*

$$(9.37) \quad F(\mathbf{x}, g(\mathbf{x})) = 0 \quad \text{und } F_y(\mathbf{x}, g(\mathbf{x})) \neq 0 \text{ für } |\mathbf{x} - \mathbf{x}_0| \leq \delta.$$

Dann ist $g(\mathbf{x})$ eine ρ–mal stetig differenzierbare Funktion. Die partiellen Ableitungen von g lassen sich allein durch Ableitungen von F ausdrücken und insbesondere gilt

$$(9.38) \quad \frac{\partial g}{\partial x_\ell}(\mathbf{x}) = -[F_y(\mathbf{x}, g(\mathbf{x}))]^{-1} F_{x_\ell}(\mathbf{x}, g(\mathbf{x})).$$

Beweis:

i. Für $\rho = 1$ wenden wir die Kettenregel, Satz 8.29, auf (9.37) formal an und erhalten

$$\frac{\partial}{\partial x_\ell}[F(\mathbf{x}, g(\mathbf{x}))] = F_{x_\ell}(\mathbf{x}, g(\mathbf{x})) + F_y(\mathbf{x}, g(\mathbf{x})) g_{x_\ell}(\mathbf{x}) = 0.$$

Lösen wir diese Gleichung nach $g_{x_\ell}(\mathbf{x})$ auf, so ergibt sich (9.38). Da $g(\mathbf{x})$ und die Ableitung von F stetig sind, ist die rechte Seite stetig.

ii. Für $\rho = 2$ wird die Kettenregel (8.22) nochmals auf (9.38) angewendet und liefert

$$\begin{aligned} g_{x_\ell x_j} &= -\left[[F_y(\mathbf{x}, g(\mathbf{x}))]^{-1} F_{x_\ell}(\mathbf{x}, g(\mathbf{x}))\right]_{x_j} \\ &= [F_y(\mathbf{x}, g(\mathbf{x}))]^{-2}\left[F_{y x_j}(\mathbf{x}, g(\mathbf{x})) + F_{yy}(\mathbf{x}, g(\mathbf{x})) g_{x_j}(\mathbf{x})\right] F_{x_\ell}(\mathbf{x}, g(\mathbf{x})) \\ &\quad -[F_y(\mathbf{x}, g(\mathbf{x}))]^{-1}\left[F_{x_\ell x_j}(\mathbf{x}, g(\mathbf{x})) + F_{x_\ell y}(\mathbf{x}, g(\mathbf{x})) g_{x_j}(\mathbf{x})\right] \end{aligned}$$

und Einsetzen von (9.38) ergibt die Behauptung.

Für beliebiges ρ erhält man die Aussage durch vollständige Induktion. □

Da für $F_y(\mathbf{x}_0, y_0) \neq 0$ die Gleichung (9.33) lokal nach y aufgelöst werden kann, stellt sich die Frage, wie der Graph der Punktmenge mit $F(\mathbf{x}, y) = 0$ im bislang ausgeschlossenen Fall $F_y(\mathbf{x}_0, y_0) = 0$ beschrieben werden kann. Dazu betrachten wir im Folgenden nur den Fall $x \in \mathbb{R}$, das heißt $(x, y) \in \mathbb{R}^2$.

Definition 9.25: $(x_0, y_0) \in \mathbb{R}^2$ *heißt* **kritischer Punkt** *von $F(x, y) = 0$, wenn die drei Bedingungen*

$$(9.39) \quad F(x_0, y_0) = F_x(x_0, y_0) = F_y(x_0, y_0) = 0$$

erfüllt sind.

In einer genügend kleinen Umgebung $\mathcal{U}_\delta(x_0, y_0)$ eines isolierten kritischen Punktes (x_0, y_0) wird die Lösungsmenge von $F(x, y) = 0$ beschrieben durch den folgenden Satz.

Satz 9.26 von Morse: *Sei F zweimal stetig differenzierbar in einem Gebiet $\mathcal{G} \subset \mathbb{R}^2$, sei (x_0, y_0) kritischer Punkt von $F(x, y) = 0$ mit $F_{yy}(x_0, y_0) \neq 0$ und*

$$\mathcal{C} := \{(x, y) \in \mathcal{U}_\delta(x_0, y_0) \mid F(x, y) = 0\}$$

die Nullstellenmenge von F in $\mathcal{U}_\delta(x_0, y_0)$. Dann gilt für die Tangenten jeder differenzierbaren Lösungskurve $g(x)$ von $F(x, g(x)) = 0$ mit $g(x_0) = y_0$

$$(9.40)\quad g'(x_0) = -\frac{1}{F_{yy}(x_0, y_0)} \left[F_{xy}(x_0, y_0) \pm \sqrt{F_{xy}^2(x_0, y_0) - F_{xx}(x_0, y_0) F_{yy}(x_0, y_0)}\right].$$

Sei

$$(9.41)\quad D(x_0, y_0) := [F_{xy}(x_0, y_0)]^2 - F_{xx}(x_0, y_0) F_{yy}(x_0, y_0).$$

Ist (x_0, y_0) isolierter kritischer Punkt, dann existiert eine Umgebung $\mathcal{U}_\delta(x_0, y_0)$ mit $\delta > 0$, so daß sich die Menge $\mathcal{C}$ je nach Vorzeichen von D schreiben läßt als:

$D < 0$: Die Nullstellenmenge $\mathcal{C}$ besteht nur aus einem **isolierten Punkt** *$\mathcal{C} = \{(x_0, y_0)\}$.*

$D > 0$: $\mathcal{C}$ ist die Vereinigung der Graphen zweier stetig differenzierbarer Kurven $g_1(x)$ und $g_2(x)$ mit $g_{1/2}(x_0) = y_0$, mit $g_1(x) \neq g_2(x)$ für $x \neq x_0$, und x_0 ist innerer Punkt der Definitionsbereiche von g_1 und g_2. Für die Tangenten gilt

$$g'_{1/2}(x_0) = -\frac{1}{F_{yy}(x_0, y_0)} \left[F_{xy}(x_0, y_0) \pm \sqrt{D(x_0, y_0)}\right].$$

Für diesen Fall heißt (x_0, y_0) **Knoten**.

$D = 0$: Hier unterscheiden wir die folgenden Fälle:

i. $\mathcal{C}$ ist ein isolierter Punkt,

ii. $\mathcal{C}$ ist ein Knoten mit

$$g'_1(x_0) = g'_2(x_0) = -\frac{F_{xy}(x_0, y_0)}{F_{yy}(x_0, y_0)},$$

iii. $\mathcal{C}$ ist die Vereinigung der Graphen zweier stetig differenzierbarer Kurven $g_1(x)$, $g_2(x)$ mit $g_{1/2}(x_0) = y_0$ und $g_1(x) \neq g_2(x)$ für $x \neq x_0$. Für die Tangenten gilt

$$g'_1(x_0) = g'_2(x_0) = -\frac{F_{xy}(x_0, y_0)}{F_{yy}(x_0, y_0)},$$

und x_0 ist rechter (bzw. linker) Randpunkt der Definitionsbereiche von g_1 und g_2. Hier liegt in x_0 eine **Spitze** *vor.*

iv. $\mathcal{C}$ ist der Graph einer stetig differenzierbaren Funktion g mit $g(x_0) = y_0$. Für die Tangente gilt

$$g'(x_0) = -\frac{F_{xy}(x_0, y_0)}{F_{yy}(x_0, y_0)}$$

und x_0 ist innerer Punkt des Definitionsbereichs von g.

Beweis:[1] Wir führen hier den Beweis nur für $D \neq 0$. Der Fall $D = 0$ ist sehr viel schwieriger; dazu verweisen wir den interessierten Leser zum Beispiel auf [6].
In der Umgebung des kritischen Punktes (x_0, y_0) liefert die Taylorsche Formel (8.25) mit (8.26)

$$(9.42)\quad 0 = F(x_0 + h, y_0 + k) = F(x_0, y_0) + hF_x(x_0, y_0) + kF_y(x_0, y_0) + \frac{1}{2}\left[h^2 F_{xx}(\tilde{\mathbf{x}}) + 2hkF_{xy}(\tilde{\mathbf{x}}) + k^2 F_{yy}(\tilde{\mathbf{x}})\right]$$

für $h^2 + k^2 > 0$ mit geeigneter Zwischenstelle

$$\tilde{x} = x_0 + \vartheta h, \quad \tilde{y} = y_0 + \vartheta k, \quad \vartheta \in (0,1).$$

Im Fall $D < 0$ folgt aus der Stetigkeit der zweiten Ableitung von F auch $D(\tilde{x}) < 0$ in einer Umgebung $\mathcal{U}_\delta(x_0, y_0)$ mit $\delta > 0$, und die Gleichung (9.42) kann deshalb dort nur die Lösung $h = k = 0$ haben. Demnach hat die Gleichung $F(x,y) = 0$ in ganz $\mathcal{U}_\delta(x_0, y_0)$ nur den kritischen Punkt als Lösung, der dort isoliert ist.
Nun betrachten wir den Fall $D > 0$ und setzen

$$\eta(x) := \frac{g(x) - g(x_0)}{x - x_0} \quad \text{bzw.} \quad g(x) = y_0 + (x - x_0)\eta(x).$$

Dann ist für $x \neq x_0$

$$F(x, y_0 + (x - x_0)\eta(x)) = 0,$$

also mit der Taylorschen Formel um (x_0, y_0) auch

$$\begin{aligned}
\frac{F(x, y_0 + (x - x_0)\eta(x))}{(x - x_0)^2} &= \\
= \frac{1}{(x - x_0)^2}\Bigg[& F(x_0, y_0) + (x - x_0)F_x(x_0, y_0) + (x - x_0)\eta(x)F_y(x_0, y_0) \\
& + \frac{1}{2}(x - x_0)^2 \int_0^1 (1 - s)F_{xx}(x_0 + s(x - x_0), y_0 + s(x - x_0)\eta(x))ds \\
& + (x - x_0)^2\eta(x) \int_0^1 F_{xy}(x_0 + s(x - x_0), y_0 + s(x - x_0)\eta(x))ds \\
& + \frac{1}{2}(x - x_0)^2[\eta(x)]^2 \int_0^1 F_{yy}(x_0 + s(x - x_0), y_0 + s(x - x_0)\eta(x))ds \Bigg] = 0.
\end{aligned}$$

[1]Einen schönen Beweis findet man in [2, S. 89/90].

Deshalb untersuchen wir nun die Funktion ϕ definiert durch

$$\phi(x,\eta) := \frac{F(x, y_0 + (x - x_0)\eta)}{(x - x_0)^2} \quad \text{für } x \neq x_0,$$

bzw.

$$\phi(x_0,\eta) := \frac{1}{2}F_{xx}(x_0, y_0) + \eta F_{xy}(x_0, y_0) + \frac{1}{2}\eta^2 F_{yy}(x_0, y_0) \quad \text{für } x = x_0,$$

das ist eine stetige Funktion von x und η. Außerdem ist

$$\begin{aligned}\phi_\eta(x,\eta) &= \frac{1}{(x - x_0)}F_y(x, y_0 + (x - x_0)\eta) \\ &= F_{xy}(x_0 + \vartheta(x - x_0), y_0 + \vartheta(x - x_0)\eta) \\ &\qquad +\eta F_{yy}(x_0 + \vartheta(x - x_0), y_0 + \vartheta(x - x_0)\eta)\end{aligned}$$

für $x \neq x_0$ stetig und durch

$$\phi_\eta(x_0,\eta) = F_{xy}(x_0, y_0) + \eta F_{yy}(x_0, y_0)$$

stetig ergänzbar. Somit sind $\phi(x,\eta)$ und $\phi_\eta(x,\eta)$ in einer Umgebung von $x_0, \eta_0^\pm$ mit

$$\eta_0^\pm = -\frac{1}{F_{yy}(x_0, y_0)}\left\{F_{xy}(x_0, y_0) \pm \sqrt{D}\right\}$$

stetig und es gelten

$$\begin{aligned}\phi(x_0,\eta_0^\pm) &= \frac{1}{2}F_{xx}(x_0, y_0) + \eta_0^\pm F_{xy}(x_0, y_0) + \frac{1}{2}(\eta_0^\pm)^2 F_{yy}(x_0, y_0) = 0\,, \\ \phi_\eta(x_0,\eta_0^\pm) &= F_{xy}(x_0, y_0) - \left\{F_{xy}(x_0, y_0) \pm \sqrt{D}\right\} = \mp\sqrt{D} \neq 0\,.\end{aligned}$$

Folglich können wir Satz 9.21 über die implizite Funktion anwenden, das heißt es existieren stetige Funktionen $\eta^\pm(x)$ mit

$$F(x, y_0 + (x - x_0)\eta^\pm(x)) = F(x, g_{1/2}(x)) = 0$$

und mit

$$g_{1/2}(x) := y_0 + (x - x_0)\eta^\pm(x)\,.$$

Die stetige Differenzierbarkeit von $g_{1/2}(x)$ ergibt sich wie folgt: Für $x \neq x_0$ gilt

$$\begin{aligned}0 &= \frac{1}{x - x_0}(F_x(x, g_1(x)) + F_y(x, g_1(x))g_1'(x)) \\ (9.43)\qquad &= \int_0^1 F_{xx}(x_0 + s(x - x_0), y_0 + s(x - x_0)\eta^+(x))ds + \eta^+(x)\int_0^1 F_{xy}(\cdots)ds \\ &\qquad + \left[\int_0^1 F_{xy}(\cdots)ds + \eta^+(x)\int_0^1 F_{yy}(\cdots)ds\right] g_1'(x)\,.\end{aligned}$$

Dabei sind alle rechts stehenden Funktionen außer $g_1'(x)$ wohldefiniert und stetig in einer Umgebung von x_0. Insbesondere gilt für den Faktor $[\cdot]$ an der Stelle $x = x_0$

$$[\cdots](x_0) = F_{xy}(x_0, y_0) + \eta^+(x_0) F_{yy}(x_0, y_0) = -\sqrt{D}(x_0, y_0) \neq 0\,.$$

Also existiert eine Umgebung $\mathcal{U}_{\delta'}(x_0) \ni x_0$ mit $\delta' > 0$, wo $[\cdots](x) \neq 0$ ist. Somit kann man obige Gleichung (9.43) dort nach $g_1'(x)$ auflösen:

$$g_1'(x) = -\frac{\int\limits_0^1 F_{xx}(\cdots)ds + \eta^+(x)\int\limits_0^1 F_{xy}(\cdots)ds}{[\cdots](x)} \qquad \text{für } x \neq x_0\,,$$

und die rechte Seite ist stetig in $\mathcal{U}_{\delta'}(x_0)$. In x_0 gilt

$$\begin{aligned}\int\limits_0^1 F_{xx}(\cdots)ds + \eta_0^+(x_0)\int\limits_0^1 F_{xy}(\cdots)ds &= F_{xx}(x_0, y_0) + \eta_0^+ F_{xy}(x_0, y_0) \\ &= \sqrt{D(x_0, y_0)}\,\eta_0^+,\end{aligned}$$

also ist $g_1'(x)$ durch η_0^+ im Punkt x_0 stetig ergänzbar, und das ist auch der Wert, der sich aus $g_1(x) = y_0 + (x - x_0)\eta^+(x)$ mit dem Differenzenquotienten in x_0 ergibt. Also ist $g_1(x)$ in $\mathcal{U}_{\delta'}(x_0)$ überall stetig differenzierbar, wie behauptet. Für $g_2(x) = y_0 + (x - x_0)\eta^-(x)$ geht man genauso vor.

Damit ist für $D \neq 0$ das Morsesche Lemma bewiesen. □

Beispiel 9.27: *Als Beispiel führen wir eine Kurvendiskussion für die durch*

$$F(x, y) = -8x^3 + y(y^2 + 3x) = 0$$

implizit gegebene Kurve im $\mathbb{R}^2$ *durch. Hier gelten*

$$F_x(x, y) = -24x^2 + 3y, \quad F_y(x, y) = 3y^2 + 3x$$

und kritischer Punkt ist $x_0 = 0$, $y_0 = 0$. *Mit*

$$F_{xx}(x, y) = -48x, \quad F_{xy}(x, y) = 3, \quad F_{yy}(x, y) = 6y$$

erhalten wir für die Diskriminante im kritischen Punkt

$$D(x_0, y_0) = [F_{xy}(x_0, y_0)]^2 - F_{xx}(x_0, y_0)F_{yy}(x_0, y_0) = 9 > 0.$$

Folglich gibt es hier nach dem Satz 9.26 von Morse zwei Tangenten. Diese erhält man aus

$$\begin{aligned} g_{1/2}'(x_0) &= -\lim_{x\to 0, y\to 0} \frac{1}{F_{yy}(x, y)}\left[F_{xy}(x, y) \pm \sqrt{[F_{xy}(x, y)]^2 - F_{xx}(x, y)F_{xy}(x, y)}\right] \\ &= -\lim_{x\to 0, y\to 0} \frac{1}{6y}\left[3 \pm \sqrt{9 + 6\cdot 48xy}\right] \\ &= -\lim_{x\to 0, y\to 0} \frac{1}{6y}\left[3 \pm 3(1 + 16xy + \ldots)\right].\end{aligned}$$

Für das – Zeichen erhalten wir den Grenzwert $g_1'(x_0) = 0$, während sich für das + Zeichen $g_2'(x_0) = \infty$ ergibt. Für diesen Fall ist also zu untersuchen, ob für den zweiten Ast tatsächlich eine senkrechte Tangente vorliegt. Hierzu genügt es, eine Drehung des Koordinatensystems mit $x = \frac{1}{2}(\widetilde{x}+\widetilde{y}), y = \frac{1}{2}(\widetilde{x}-\widetilde{y})$ vorzunehmen, die neuen Koordinaten in $F(x, y)$ einzusetzen und dann obige Diskussion nochmals durchzuführen. Man erhält dann im kritischen Punkt $\widetilde{x} = \widetilde{y} = 0$ die zweiten Ableitungen

$$F_{\widetilde{x}\widetilde{x}}(0,0) = \frac{3}{2}, \quad F_{\widetilde{x}\widetilde{y}}(0,0) = 0, \quad F_{\widetilde{y}\widetilde{y}}(0,0) = -\frac{3}{2}$$

und

$$\widetilde{g}_{1/2}'(0) = \pm 1.$$

Nach Satz 9.26 entspricht dies dem Fall zweier Kurven $\widetilde{g}_1(\widetilde{x})$, $\widetilde{g}_2(\widetilde{x})$, die sich im Nullpunkt schneiden.

Außer kritischen Punkten spielen die **Asymptoten** für die Kurvendiskussion eine entscheidende Rolle. Ihre Bestimmung nach (7.89) und (7.90) überträgt sich auch auf implizit gegebene Funktionen. **Existieren** die Grenzwerte

$$m = \lim_{x\to+\infty} \frac{g(x)}{x} \quad \text{und } \mu = \lim_{x\to+\infty} (g(x) - mx),$$

so kann man diese mit

$$\widetilde{m}(x) := \frac{g(x)}{x} \quad \text{und } \widetilde{\mu}(x) := (g(x) - mx)$$

nacheinander über $\widetilde{m}(x) \to m$ und $\widetilde{\mu}(x) \to \mu$ aus

$$\lim_{x\to+\infty} F(x, x\,\widetilde{m}(x)) = 0 \quad \text{sowie} \quad \lim_{x\to+\infty} F(x, mx + \widetilde{\mu}(x)) = 0$$

berechnen und findet so die Asymptoten an $g(x)$ für $x \to +\infty$. Entsprechend prüft man für $x \to -\infty$ das Vorhandensein einer Asymptote. Für senkrechte Asymptoten tauscht man x und y aus.

Beispiel 9.28: *In Beispiel 9.27 setzen wir $y = \widetilde{m}\,x$ in $F(x, y)$ ein und erhalten*

$$F(x, x\,\widetilde{m}) = -8x^3 + x\widetilde{m}(x^2\widetilde{m}^2 + 3x) = x^3[-8 + \widetilde{m}(\widetilde{m}^2 + \frac{3}{x})] = 0.$$

Für $x \to \infty$ gilt $\widetilde{m}(x) \to m$, wenn $m^3 - 8 = 0$, das heißt $m = 2$ gewählt wird. Weiter gilt mit $\widetilde{\mu} = g - x\,m$

$$F(x, 2x + \widetilde{\mu}) = -8x^3 + (2x + \widetilde{\mu})[(2x + \widetilde{\mu})^2 + 3x] = 0,$$

woraus folgt

$$\left[\widetilde{\mu}^3 + 6x\widetilde{\mu}^2 + 12x^2\widetilde{\mu} + 3x\widetilde{\mu} + 6x^2\right] x^{-2} = 0$$

sowie mit $x \to \infty$: $\mu = -\frac{1}{2}$.

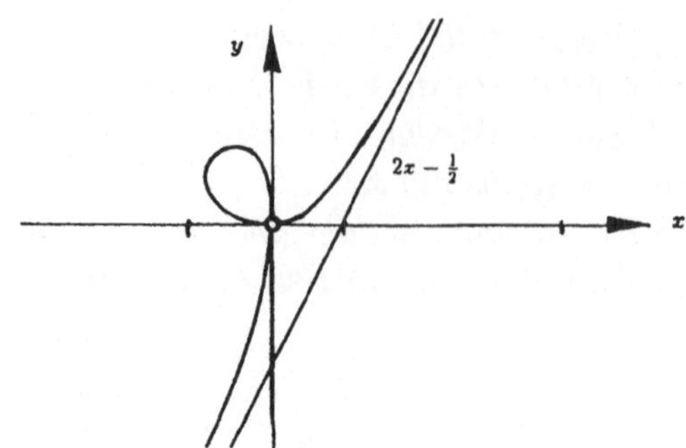

Abbildung 9.4: Die Kurve $-8x^3 + y(y^2 + 3x) = 0$.

9.4 Abbildungen im $\mathbb{R}^n$

Eine Abbildung

$$(9.44)\quad \mathbf{F} : \begin{cases} \mathcal{B} & \rightarrow & \mathbb{R}^n \quad \text{mit } \mathcal{B} \subset \mathbb{R}^m \\ \mathbf{x} & \mapsto & \mathbf{F}(\mathbf{x}) = (F_1(\mathbf{x}), \ldots, F_n(\mathbf{x}))^\top, \quad \mathbf{x} \in \mathbb{R}^m \end{cases}$$

bezeichnet man auch als **Feld**. Ein Feld ist also gegeben durch n Funktionen $F_1(\mathbf{x}), \ldots, F_n(\mathbf{x})$ von jeweils m Veränderlichen. Die Funktionen

$$F_j(\mathbf{x}) = F_j(x_1, \ldots, x_m)$$

definieren die n Komponenten der Vektor–wertigen Funktion $\mathbf{F}$.

Beispiele für Felder sind Strömungsfelder, wo $\mathbf{F}$ dem Geschwindigkeitsvektor entspricht; elektromagnetische Felder mit den Vektoren der elektrischen und magnetischen Feldstärke und vieles andere mehr.

Man kann eine Abbildung des $\mathbb{R}^n$ **in sich** ($m = n$) auch als **Transformation** deuten:

$$(9.45)\quad \mathbf{x}(\mathbf{u}) = \mathbf{G}(\mathbf{u}) = \begin{pmatrix} x_1 \\ x_2 \\ \vdots \\ x_n \end{pmatrix} = \begin{pmatrix} G_1(u_1, \ldots, u_n) \\ G_2(u_2, \ldots, u_n) \\ \vdots \\ G_n(u_1, \ldots, u_n) \end{pmatrix}$$

Das Feld $\mathbf{F}(\mathbf{x})$ heißt **stetig** in $\mathbf{x}_0$ oder in $\mathcal{B}$ genau dann, wenn alle Komponentenfunktionen $F_j(\mathbf{x})$ für $j = 1, \ldots, n$ stetig in $\mathbf{x}_0$ (in $\mathcal{B}$) sind. Entsprechend heißt das Feld $\mathbf{F}(\mathbf{x})$ **differenzierbar** in Richtung $\mathbf{a} \in \mathbb{R}^m$, $|\mathbf{a}| = 1$ (und entsprechend partiell differenzierbar, Gateaux–differenzierbar, Frechet–differenzierbar, stetig differenzierbar) in $\mathbf{x}_0$ (in $\mathcal{B}$) genau dann, wenn alle Komponentenfunktionen $F_j(\mathbf{x}), j = 1, \ldots, n$ differenzierbar in Richtung $\mathbf{a}$ (partiell differenzierbar, Gateaux–differenzierbar, Frechet–differenzierbar, stetig differenzierbar) in $\mathbf{x}_0$ (in $\mathcal{B}$) sind.

Satz 9.29 [Kettenregel und Transformation des Gradienten]:
Sei $\mathbf{G} : \mathcal{B} \to \mathbb{R}^n$ ein im Bereich $\mathcal{B} \subset \mathbb{R}^m$ stetig differenzierbares Feld und $f : \mathcal{D} \to \mathbb{R}$ eine im Bereich $\mathcal{D} \subset \mathbb{R}^n$ stetig differenzierbare Funktion. Sei $\mathbf{G}(\mathcal{B}) \subset \mathcal{D}$. Dann ist die zusammengesetzte Funktion $h := f \circ \mathbf{G}$ mit

$$h(\mathbf{u}) := f(G_1(\mathbf{u}), \cdots, G_n(\mathbf{u})) = f(\mathbf{G}(\mathbf{u}))$$

stetig differenzierbar in $\mathcal{B}$ und es gilt die Kettenregel

$$\begin{aligned} \text{(9.46)}\quad \frac{\partial h}{\partial u_j}(\mathbf{u}) &= \frac{\partial}{\partial u_j}\left[f(G_1(\mathbf{u}), \ldots, G_n(\mathbf{u}))\right] \\ &= \sum_{k=1}^{n} \left(\frac{\partial f}{\partial x_k} \circ \mathbf{G}(\mathbf{u})\right) \frac{\partial G_k}{\partial u_j}(\mathbf{u}) \\ &= \left((\nabla f) \circ \mathbf{G}(\mathbf{u})\right)^\top \cdot \frac{\partial \mathbf{G}}{\partial u_j}(\mathbf{u}). \end{aligned}$$

Beweis: Die linke Seite ist als Grenzwert des Differenzenquotienten definiert, für den wir unter Verwendung des Mittelwertsatzes 8.28 für jede der Funktionen G_k erhalten:

$$\begin{aligned} &\frac{1}{\xi_j}\left[f(\mathbf{G}(\mathbf{u} + \xi_j \mathbf{e}_j)) - f(\mathbf{G}(\mathbf{u}))\right] = \\ &\qquad = \frac{1}{\xi_j}\left[f(\mathbf{G}(\mathbf{u}) + \xi_j \sum_{k=1}^{n} \frac{\partial G_k}{\partial u_j}(\tilde{\mathbf{u}}_{(k)})\mathbf{e}_{(k)}) - f(\mathbf{G}(\mathbf{u}))\right]. \end{aligned}$$

Setzen wir nun

$$\mathbf{x} = \mathbf{G}(\mathbf{u}) \quad \text{und } \mathbf{y} = \mathbf{G}(\mathbf{u}) + \xi_j \sum_{k=1}^{n} \frac{\partial G_k}{\partial u_j}(\tilde{\mathbf{u}}_{(k)})\mathbf{e}_k,$$

so liefert die nochmalige Anwendung des Mittelwertsatzes 8.28 für f

$$\begin{aligned} \frac{1}{\xi_j}[h(\mathbf{u} + \xi_j \mathbf{e}_j) - h(\mathbf{u})] &= \frac{1}{\xi_j}(\mathbf{y} - \mathbf{x}) \cdot \nabla_{\mathbf{x}} f(\tilde{\mathbf{x}}) \\ &= \sum_{k=1}^{n} \frac{\partial G_k}{\partial u_j}(\tilde{\mathbf{u}}_{(k)})\mathbf{e}_k \cdot \nabla_{\mathbf{x}} f(\tilde{\mathbf{x}}) = \sum_{k=1}^{n} \frac{\partial G_k}{\partial u_j}(\tilde{\mathbf{u}}_{(k)}) \frac{\partial f}{\partial x_k}(\tilde{\mathbf{x}}) \end{aligned}$$

in einer geeigneten Zwischenstelle $\tilde{\mathbf{x}} = \mathbf{x} + \vartheta(\mathbf{y} - \mathbf{x})$ mit $\vartheta \in (0,1)$. Für $\xi_j \to 0$ gelten $\tilde{\mathbf{u}}_{(k)} \to \mathbf{u}$ und wegen der Stetigkeit von $\frac{\partial \mathbf{G}}{\partial u_j}$ auch $\tilde{\mathbf{x}} \to \mathbf{x}$. Dann folgt aus der Stetigkeit der rechten Seite die Existenz des Grenzwertes für $\xi_j \to 0$, das heißt die Differenzierbarkeit von h und

$$\frac{\partial h}{\partial u_j} = (\nabla_{\mathbf{x}} f)^\top \cdot \frac{\partial \mathbf{G}}{\partial u_j},$$

wie behauptet. □

Für den Gradienten ergibt sich also

$$(9.47)\quad \begin{aligned}(\nabla_u h(\mathbf{u}))^\top &= (\nabla_{\mathrm{u}}(f(\mathbf{G}(\mathbf{u}))))^\top \\ &= ((\nabla_{\mathrm{x}} f)\circ \mathbf{G}(\mathbf{u}))^\top \frac{\partial(G_1,\ldots,G_n)}{\partial(u_1,\ldots,u_m)}(\mathbf{u}) \\ &:= (f_{x_1}, f_{x_2},\ldots,f_{x_n}) \begin{pmatrix} \frac{\partial G_1}{\partial u_1} & \cdots & \frac{\partial G_1}{\partial u_m} \\ \vdots & & \vdots \\ \frac{\partial G_n}{\partial u_1} & \cdots & \frac{\partial G_n}{\partial u_m}\end{pmatrix},\end{aligned}$$

wobei die $n \times m$–Matrix

$$(9.48)\quad \mathbf{J} = \frac{\partial(G_1,\ldots,G_n)}{\partial(u_1,\ldots,u_m)} := \begin{pmatrix} \frac{\partial G_1}{\partial u_1} & \cdots & \frac{\partial G_1}{\partial u_m} \\ \vdots & & \vdots \\ \frac{\partial G_n}{\partial u_1} & \cdots & \frac{\partial G_n}{\partial u_m}\end{pmatrix} = \frac{\partial \mathbf{G}}{\partial \mathbf{u}}$$

die **Funktionalmatrix** oder **Jacobi–Matrix** des Feldes **G** genannt wird.

Bemerkung 9.30: *Ist $n = m$, und* **G** *die Transformation (9.44) mit*

$$\mathbf{x}(\mathbf{u}) = \mathbf{G}(\mathbf{u}) = (G_1(\mathbf{u}),\ldots,G_n(\mathbf{u}))^\top, \quad \tilde{f}(\mathbf{u}) := f(\mathbf{x}(\mathbf{u})),$$

so wird in abgekürzter Schreibweise

$$(9.49)\quad \frac{\partial \tilde{f}}{\partial u_j} = \frac{\partial}{\partial u_j}[f(\mathbf{x}(\mathbf{u}))] = \sum_{k=1}^{n} \frac{\partial f}{\partial x_k}\frac{\partial G_k}{\partial u_j} =: \nabla_x f \cdot \frac{\partial \mathbf{x}}{\partial u_j}$$

und der Gradient transformiert sich so:

$$(9.50)\quad (\nabla_u \tilde{f})^\top := \nabla_u[f(\mathbf{x}(\mathbf{u}))]^\top = (\nabla_x f)^\top \frac{\partial(G_1,\ldots,G_n)}{\partial(u_1,\ldots,u_n)}.$$

Sind $f(\mathbf{x})$ und $x(\mathbf{u}) = (G_1(\mathbf{u}),\ldots,G_n(\mathbf{u}))^\top$ gegeben, so können wir mit (9.47 $\nabla_{\mathrm{u}} f(\mathbf{x}(\mathbf{u}))$ ausrechnen. (9.47) kann aber auch zur **Berechnung** von $\nabla_{\mathrm{x}} f$ dienen, falls $\tilde{f}(\mathbf{u}) = f(\mathbf{x}(\mathbf{u}))$ und $\mathbf{x}(\mathbf{u})$ gegeben sind. Dann ist allerdings nötig, daß die Funktionalmatrix (9.46) in (9.47) **invertierbar** ist, und das ist genau dann der Fall, wenn die **Funktionaldeterminante** oder **Jacobi–Determinante**

$$(9.51)\quad \det \mathbf{J} := \det \frac{\partial \mathbf{G}}{\partial \mathbf{u}} = \begin{vmatrix} \frac{\partial G_1}{\partial u_1}, & \ldots, & \frac{\partial G_1}{\partial u_n} \\ \vdots & & \vdots \\ \frac{\partial G_n}{\partial u_1}, & \ldots, & \frac{\partial G_n}{\partial u_n}\end{vmatrix} \neq 0$$

nicht verschwindet.

Man erhält

$$(9.52)\quad (\nabla_x f)^\top = (\nabla_u \widetilde{f})^\top \mathbf{J}^{-1} = (\nabla_u \widetilde{f})^\top \left(\frac{\partial(G_1, \ldots, G_n)}{\partial(u_1, \ldots, u_n)}\right)^{-1}.$$

Beispiel 9.31: *Wir wollen als Beispiel die Transformation des Gradienten in* **Kugelkoordinaten** *und insbesondere das Feld einer im Nullpunkt angebrachten Quelle oder Punktladung betrachten. Mit* $\mathbf{x} = (x, y, z)$ *und* $\mathbf{u} = (r, \vartheta, \varphi)$ *gelten*

$$(9.53)\quad \begin{aligned} x &= G_1(r, \varphi, \vartheta) &= r \cos\varphi \sin\vartheta, \\ y &= G_2(r, \varphi, \vartheta) &= r \sin\varphi \sin\vartheta, \\ z &= G_3(r, \varphi, \vartheta) &= r \cos\vartheta \end{aligned}$$

und

$$(9.54)\quad r = |\mathbf{x}|^2 = \sqrt{x^2 + y^2 + z^2}.$$

Man beachte, daß $r = 0$ *dem Nullpunkt* $\mathbf{x} = \mathbf{0}$ *entspricht;* $\vartheta = 0$ *und* **beliebiges** φ *dem einzigen Punkt* $\mathbf{x} = (0, 0, r)$ *entspricht und* $\vartheta = \pi$ *und* **beliebiges** φ *entspricht für gewähltes* r *dem einzigen Punkt* $\mathbf{x} = (0, 0, -r)$*; überall dort die Transformation* **nicht** *bijektiv ist. Die Jacobi–Matrix ergibt sich als*

$$(9.55)\quad \mathbf{J} = \frac{\partial(x, y, z)}{\partial(r, \vartheta, \varphi)} = \begin{pmatrix} \cos\varphi \sin\vartheta & r \cos\varphi \cos\vartheta & -r \sin\varphi \sin\vartheta \\ \sin\varphi \sin\vartheta & r \sin\varphi \cos\vartheta & r \cos\varphi \sin\vartheta \\ \cos\vartheta, & -r \sin\vartheta & 0 \end{pmatrix}.$$

Damit ergeben sich für die transformierte Funktion $\widetilde{f}(r, \vartheta, \varphi) = f \circ \mathbf{x}(r, \vartheta, \varphi)$ *die Ableitungen*

$$(9.56)\quad \begin{aligned} (f \circ \mathbf{x}(r, \vartheta, \varphi))_r &= \cos\varphi \sin\vartheta f_x + \sin\varphi \sin\vartheta f_y + \cos\vartheta f_z, \\ (f \circ \mathbf{x}(r, \vartheta, \varphi))_\vartheta &= r \cos\varphi \cos\vartheta f_x + r \sin\varphi \cos\vartheta f_y - r \sin\vartheta f_z, \\ (f \circ \mathbf{x}(r, \vartheta, \varphi))_\varphi &= -r \sin\varphi \sin\vartheta f_x + r \cos\varphi \sin\vartheta f_y \end{aligned}$$

und für die Funktionaldeterminante

$$\det \mathbf{J} = r^2 \sin\vartheta.$$

Die Funktionaldeterminante verschwindet, falls $\vartheta = 0, \vartheta = \pi$ *oder* $r = 0$ *gilt. Dies sind gerade die Ebenen von* $\partial\mathcal{B}$*, wo einem Punkt in* $\mathbb{R}^3 = \mathcal{D}$ *mehrere Punkte in* $\mathcal{B}$ *entsprechen.*

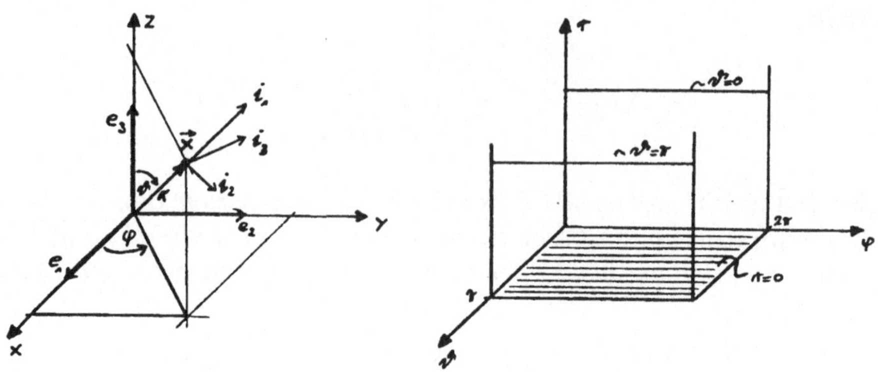

Abbildung 9.5: Transformation mit Kugelkoordinaten.

Die inverse Matrix $\mathbf{J}^{-1}$ *von* $\mathbf{J}$ *ergibt sich zu*

$$(9.57)\quad \mathbf{J}^{-1} = \begin{pmatrix} \cos\varphi\sin\vartheta & \sin\varphi\sin\vartheta & \cos\vartheta \\ \frac{1}{r}\cos\varphi\cos\vartheta & \frac{1}{r}\sin\varphi\cos\vartheta & -\frac{1}{r}\sin\vartheta \\ -\frac{1}{r}\frac{\sin\varphi}{\sin\vartheta} & \frac{1}{r}\frac{\cos\varphi}{\sin\vartheta} & 0 \end{pmatrix},$$

woraus sich die nach f_x, f_y, f_z *aufgelösten Gleichungen*

$$(9.58)\quad \begin{aligned} f_x &= \cos\varphi\sin\vartheta\tilde{f}_r + \frac{1}{r}\cos\varphi\cos\vartheta\tilde{f}_\vartheta - \frac{\sin\varphi}{r\sin\vartheta}\tilde{f}_\varphi, \\ f_y &= \sin\varphi\sin\vartheta\tilde{f}_r + \frac{1}{r}\sin\varphi\cos\vartheta\tilde{f}_\vartheta + \frac{\cos\varphi}{r\sin\vartheta}\tilde{f}_\varphi, \\ f_z &= \cos\vartheta\tilde{f}_r - \frac{1}{r}\sin\vartheta\tilde{f}_\vartheta \end{aligned}$$

ergeben. Das ist gerade die zu (9.56) inverse Beziehung.

Das Feld einer im Nullpunkt angebrachten **Quelle** *oder* **Punktladung** *ist gegeben durch*

$$(9.59)\quad (\nabla_x f) \quad \text{mit } (f\circ\mathbf{x})(r,\vartheta,\varphi) = \frac{1}{2\pi r} = \tilde{f}(r,\vartheta,\varphi).$$

Folglich sind $\tilde{f}_\vartheta = \tilde{f}_\varphi = 0$. *Der Definitionsbereich von* $\tilde{f}$ *ist gegeben durch* $r > 0$ *und* $(\vartheta,\varphi) \in \mathbb{R}^2$. *Aus (9.56) erhalten wir*

$$\nabla_x f = -\frac{1}{2\pi r^2}\begin{pmatrix} \cos\varphi\sin\vartheta \\ \sin\varphi\sin\vartheta \\ \cos\vartheta \end{pmatrix} = -\frac{1}{2\pi r^3}\begin{pmatrix} x \\ y \\ z \end{pmatrix}$$

und mit (9.50)

$$(9.60)\quad \nabla_x \frac{1}{2\pi r} = \nabla_x f = -\frac{1}{2\pi r^3}(x,y,z)^\top = -\frac{1}{2\pi r^3}\mathbf{x}.$$

Dieses Ergebnis hätten wir mit (9.51) auch direkt berechnen können, indem wir

$$(9.61)\quad \nabla_x(\mathbf{x}\cdot\mathbf{x}) = 2\,\mathbf{x}$$

verwenden. Mit der Kettenregel gilt dann

$$\nabla_x\left(\frac{1}{2\pi\sqrt{\mathbf{x}\cdot\mathbf{x}}}\right) = -\frac{1}{4\pi\sqrt{r^2}^3}\nabla_{\mathrm{x}}(\mathbf{x}\cdot\mathbf{x}) = -\frac{1}{2\pi r^3}\mathbf{x}.$$

Außer dem Gradienten spielen in der Feldtheorie und ihren Anwendungen noch die folgenden Operatoren eine wichtige Rolle.

Die **Divergenz** eines Feldes **F** ist definiert durch

$$(9.62)\quad \operatorname{div}\mathbf{F} := \nabla_x\cdot\mathbf{F} = \frac{\partial}{\partial x_1}F_1 + \frac{\partial}{\partial x_2}F_2 + \ldots + \frac{\partial}{\partial x_n}F_n.$$

Hier wird das Skalarprodukt des **Nabla–Operators** mit dem Feld $\mathbf{F} = (F_1, \cdots, F_n)$ gebildet.

Die **dyadische Ableitung** von **F**:

$$(9.63)\quad (\mathbf{F}\,\overleftarrow{\nabla}^{\top}) = \nabla * \mathbf{F} := \begin{pmatrix} F_1 \\ F_2 \\ \vdots \\ F_n \end{pmatrix}\left(\frac{\overleftarrow{\partial}}{\partial x_1}, \frac{\overleftarrow{\partial}}{\partial x_2}, \ldots, \frac{\overleftarrow{\partial}}{\partial x_n}\right)$$

$$(9.64)\quad = \begin{pmatrix} \frac{\partial F_1}{\partial x_1} & \cdots & \frac{\partial F_1}{\partial x_n} \\ \vdots & & \vdots \\ \frac{\partial F_n}{\partial x_1} & \cdots & \frac{\partial F_n}{\partial x_n} \end{pmatrix} = \frac{\partial(F_1, \ldots, F_n)}{\partial(x_1, \ldots, x_n)} = \frac{\partial\mathbf{F}}{\partial\mathbf{x}}.$$

Hier wird das **Matrizenprodukt** des Vektors $\mathbf{F} = (F_1, \cdots, F_n)^{\top}$ mit dem Nabla–Operator von rechts gebildet, wobei $\frac{\overleftarrow{\partial}}{\partial x_j}$ bedeutet, daß der Operator auf den davorstehenden Ausdruck angewendet wird. Dies ist also nur eine **andere** Bezeichnung für die Funktionalmatrix.

Im $\mathbb{R}^3$ kann man außerdem das **äußere Produkt** von ∇ und **F** bilden, die **Rotation** von **F**:

$$(9.65)\quad \mathbf{rot}\,\mathbf{F} = \nabla\times\mathbf{F} = \left(\frac{\partial}{\partial x_1}, \frac{\partial}{\partial x_2}, \frac{\partial}{\partial x_3}\right)^{\top} \times (F_1, F_2, F_3)^{\top}$$

$$= \left(\frac{\partial F_3}{\partial x_2} - \frac{\partial F_2}{\partial x_3}, \frac{\partial F_1}{\partial x_3} - \frac{\partial F_3}{\partial x_1}, \frac{\partial F_2}{\partial x_1} - \frac{\partial F_1}{\partial x_2}\right)^{\top}.$$

Verknüpft man die Rechenregeln der Vektorrechnung gemäß des vektoriellen Charakters von ∇ mit den Rechenregeln der Differentiation, so erhält man die sogenannte **Nabla–Rechnung**, die sich beim Modellieren vieler Naturgesetze erfolgreich als Kalkül bewährt hat.

9.5 Iterationsverfahren zur Lösung von Gleichungssystemen im $\mathbb{R}^n$

Wir betrachten im Folgenden n Gleichungen für die n Unbekannten $z_1, \ldots, z_n$, die auch nichtlinear sein dürfen:

$$(9.66) \quad \begin{aligned} z_1 &= \varphi_1(z_1, \ldots, z_n), \\ &\vdots \\ z_n &= \varphi_n(z_1, \ldots, z_n) \end{aligned}$$

oder mit den Vektoren $\mathbf{z} = (z_1, \ldots, z_n)^\top$ und der Abbildung

$$\mathbf{\Phi}(\mathbf{x}) = (\varphi_1(\mathbf{x}), \ldots, \varphi_n(\mathbf{x})^\top \quad \text{für } \mathbf{x} = (x_1, \ldots, x_n))^\top \in \mathcal{B}$$

als Fixpunktgleichung

$$(9.67) \quad \mathbf{z} = \mathbf{\Phi}(\mathbf{z}).$$

Wenn die Abbildung $\mathbf{\Phi}$ im Definitionsbereich $\mathcal{B}$ Kontraktion ist, das heißt

$$(9.68) \quad \exists q < 1 \ : \ \forall \mathbf{x}, \mathbf{y} \in \mathcal{B} \ : \ |\mathbf{\Phi}(\mathbf{x}) - \mathbf{\Phi}(\mathbf{y})| \leq q\,|\mathbf{x} - \mathbf{y}|$$

und $\mathbf{\Phi}$ die weiteren Voraussetzungen von Satz 5.22 oder Satz 5.23 in $E = \mathbb{R}^n$ mit der Euklidischen Norm $|\cdot|$ oder auch anderen Normen im $\mathbb{R}^n$ erfüllt, dann kann man zur Lösung von (9.67) die sukzessive Approximation

$$(9.69) \quad \mathbf{x}_{j+1} := \mathbf{\Phi}(\mathbf{x}_j)$$

benutzen. Dieses Verfahren kann auch zur Lösung **linearer Gleichungssysteme**

$$\mathbf{z} = \mathbf{A}\mathbf{z} + \mathbf{b}$$

verwendet werden, falls

$$\begin{aligned} \varphi_1(x_1, \ldots, x_n) &= a_{11}x_1 + \ldots + a_{1n}x_n + b_1 \\ \vdots \quad &\quad \vdots \\ \varphi_n(x_1, \ldots, x_n) &= a_{n1}x_1 + \cdots + a_{nn}x_n + b_n \end{aligned}$$

als lineare Funktionen mit der Matrix $\mathbf{A} = ((a_{jk}))$ und dem Vektor $\mathbf{b} = (b_1, \ldots, b_n)$ vorgegeben werden. Die Kontraktionsvoraussetzung (9.68) lautet dann

$$|\mathbf{A}\mathbf{x} + \mathbf{b} - \mathbf{A}\mathbf{y} - \mathbf{b}| = |\mathbf{A}(\mathbf{x} - \mathbf{y})| \leq q|\mathbf{x} - \mathbf{y}|,$$

das heißt die Elemente der Matrix $\mathbf{A}$ müssen **klein genug** sein. Hinreichende Bedingungen für die Kontraktionsbedingung $q < 1$ sind zum Beispiel

$$\sum_{j,k=1}^{n} |a_{jk}|^2 < 1,$$

dies ist die mit der Euklidischen Norm $|x|$ verträgliche **Hilbert–Schmidt–Norm** (Frobenius–Norm) der Matrix $\mathbf{A}$;

$$\max_{j=1,\ldots,n} \sum_{k=1}^{n} |a_{jk}| < 1,$$

dies ist das **Zeilensummenkriterium**, bei dem die Kontraktion bezüglich der **Maximum–Norm**

$$\|\mathbf{x}\|_\infty = \max_{j=1,\cdots,n} |x_j|$$

folgt;

$$\max_{k=1,\ldots,n} \sum_{j=1}^{n} |a_{jk}| < 1,$$

dies ist das **Spaltensummenkriterium**, bei dem die Kontraktion bezüglich der ℓ_1–Norm

$$\|\mathbf{x}\|_1 = \sum_{k=1}^{n} |x_k|$$

folgt. Die Iteration (9.67) heißt dann **Gesamtschrittverfahren** oder **Jacobi–Verfahren** und findet in der Numerischen Mathematik häufig Anwendung.

Auch das **Newton–Verfahren** (7.73) kann für nichtlineare Gleichungssysteme im $\mathbb{R}^n$ verallgemeinert werden. Dazu sei die Nullstelle $\mathbf{z}$ der nichtlinearen Gleichungen

$$\begin{aligned} f_1(z_1,\ldots,z_n) &= 0 \\ \vdots \qquad & \quad \vdots \\ f_n(z_1,\ldots,z_n) &= 0 \end{aligned} \tag{9.70}$$

oder $\mathbf{F}(\mathbf{z}) = 0$ gesucht. Sei $\mathbf{x}_0 = (x_1,\ldots,x_n)^\top$ ein gegebener Anfangspunkt in der Nähe von $\mathbf{z}$. Dann ersetzen wir $\mathbf{F}$ in der Umgebung von $\mathbf{x}_0$ durch die n Tangentialebenen an $f_1,\ldots,f_n$, indem wir $f_1,\ldots,f_n$ jeweils durch die linearen Terme der Taylor–Formel (8.25) ersetzen und das Restglied R_1 fortlassen:

$$\begin{aligned} 0 &= f_1(\mathbf{x}_0) + (\xi_1 - x_{01}) f_{1x_1}(\mathbf{x}_0) + \ldots + (\xi_n - x_{0n}) f_{1x_n}(\mathbf{x}_0), \\ \vdots \ & \quad \vdots \\ 0 &= f_n(\mathbf{x}_0) + (\xi_1 - x_{01}) f_{nx_1}(\mathbf{x}_0) + \ldots + (\xi_n - x_{0n}) f_{nx_n}(\mathbf{x}_0). \end{aligned} \tag{9.71}$$

Das ist ein **lineares Gleichungssystem** zur Ermittlung von $\mathbf{x}_1 = (\xi_1, \xi_2, \ldots, \xi_n)^\top$, das mit den Methoden der linearen Algebra gelöst werden kann. Mit Hilfe der Jacobi–Matrix (9.46) können wir (9.71) auch schreiben als

$$\frac{\partial(f_1,\ldots,f_n)}{\partial(x_1,\ldots,x_n)}(\mathbf{x}_0) \begin{pmatrix} \xi_1 - x_{01} \\ \vdots \\ \xi_n - x_{0n} \end{pmatrix} = - \begin{pmatrix} f_1(\mathbf{x}_0) \\ \vdots \\ f_n(\mathbf{x}_0) \end{pmatrix}$$

oder mit $\mathbf{x}_1 - \mathbf{x}_0 = (\xi_1 - x_{01}, \ldots, \xi_n - x_{0n})^\top$ auch in kompakter Schreibweise

$$\frac{\partial \mathbf{F}}{\partial \mathbf{x}}(\mathbf{x}_0)(\mathbf{x}_1 - \mathbf{x}_0) = -\mathbf{F}(\mathbf{x}_0)$$

oder

$$\mathbf{x}_1 = \mathbf{x}_0 - \left(\frac{\partial \mathbf{F}}{\partial \mathbf{x}}(\mathbf{x}_0)\right)^{-1} \mathbf{F}(\mathbf{x}_0).$$

Damit erhält man das **Newtonsche Iterationsverfahren** im $\mathbb{R}^n$

$$(9.72)\quad \frac{\partial \mathbf{F}}{\partial \mathbf{x}}(\mathbf{x}_j)(\mathbf{x}_{j+1} - \mathbf{x}_j) = -\mathbf{F}(\mathbf{x}_j) \quad \text{für } j = 0, 1, 2, \ldots$$

oder

$$(9.73)\quad \mathbf{x}_{j+1} := \mathbf{x}_j - \left(\frac{\partial \mathbf{F}}{\partial \mathbf{x}}(\mathbf{x}_j)\right)^{-1} \mathbf{F}(\mathbf{x}_j) \quad \text{für } j = 0, 1, 2, \ldots$$

Die Vorschrift (9.73) entspricht ganz der Vorschrift (7.73) im $\mathbb{R}^1$.
Als Spezialfall betrachten wir noch einmal das Newton–Verfahren im $\mathbb{R}^2$ mit

$$x = x_1, \quad y = x_2, \quad g = f_1, \quad h = f_2,$$

das hier die Gestalt

$$\begin{aligned} (x_{j+1} - x_j)g_x(x_j, y_j) + (y_{j+1} - y_j)g_y(x_j, y_j) &= -g(x_j, y_j), \\ (x_{k+1} - x_j)h_x(x_j, y_j) + (y_{j+1} - y_j)h_y(x_j, y_j) &= -h(x_j, y_j) \end{aligned}$$

für $j - 0, 1, 2, \ldots$ annimmt. Dabei ist für **jeden** Schritt j dieses lineare Gleichungssystem neu aufzulösen.
Dieses Verfahren kann benutzt werden, um die komplexen Nullstellen eines komplexen Polynoms $P_k(z)$ zu berechnen. Dazu schreiben wir

$$P_k(z) := a_0 + a_1 z + \ldots + a_k(x + iy)^k = U(x, y) + iV(x, y)$$

mit $z = x + iy$, dessen Nullstelle $\tilde{z}$ die Gleichung

$$P_k(\tilde{z}) = U(\tilde{x}, \tilde{y}) + i\,V(\tilde{x}, \tilde{y}) = 0$$

erfüllt. Für Real– und Imaginärteil erhalten wir das System reeller Gleichungen

$$U(\tilde{x}, \tilde{y}) = 0, \quad V(\tilde{x}, \tilde{y}) = 0 \quad \text{in } \mathbb{R}^2.$$

Für die partiellen Ableitungen erhält man

$$U_x + iV_x = \sum_{\ell=1}^{k} a_\ell \ell (x + iy)^{\ell-1}, \quad U_y + iV_y = i \sum_{\ell=1}^{k} a_\ell \ell (x + iy)^{\ell-1},$$

so daß für die Durchführung des Newton–Verfahrens

$$\begin{pmatrix} x_{j+1} \\ y_{j+1} \end{pmatrix} = \begin{pmatrix} x_j \\ y_j \end{pmatrix} - \begin{pmatrix} U_x & U_y \\ V_x & V_y \end{pmatrix}^{-1} (x_j, y_j) \begin{pmatrix} U(x_j, y_j) \\ V(x_j, y_j) \end{pmatrix}$$

für $j = 0, 1, 2, \ldots$ ausschließlich die Polynome $P_k(z_j)$ und

$$\sum_{\ell=1}^{k} a_\ell \ell z_j^{\ell-1}$$

mit dem Horner–Schema auszuwerten sind.

Satz 9.32 [Newton–Verfahren im $\mathbb{R}^n$] : *Das Feld* $\mathbf{F}$ *sei im Definitionsbereich* $\mathcal{B}$ *dreimal stetig differenzierbar und besitze in* $\mathbf{z} \in \mathcal{B}$ *eine Nullstelle* $\mathbf{F}(\mathbf{z}) = 0$ *mit*

$$\text{(9.74)} \quad \det \mathbf{J}(\mathbf{z}) = \det \frac{\partial(f_1, \cdots, f_n)}{\partial(x_1, \cdots, x_n)}(\mathbf{z}) \neq 0.$$

Dann gibt es eine Umgebung $\mathcal{U}_\delta(\mathbf{z}) = \{\mathbf{x} \mid |\mathbf{x} - \mathbf{z}| < \delta\}$ *mit geeignetem* $\delta > 0$, *in der das Newton–Verfahren für jeden Anfangspunkt* $\mathbf{x}_0 \in \mathcal{U}_\delta(\mathbf{z})$ *quadratisch konvergiert.*

Wie im Abschnitt 7.6.3 nennen wir ein Verfahren **quadratisch konvergent**, vwenn es eine Konstante C gibt, so daß für die Folge $\mathbf{x}_k$ die Abschätzung

$$|\mathbf{x}_{k+1} - \mathbf{z}| \leq C\,|\mathbf{x}_k - \mathbf{z}|^2 \quad \text{für } k = 1, 2 \ldots$$

gültig ist.

Beweis: Im Newton–Verfahren (9.73) ist die Jacobi–Matrix

$$\mathbf{J} = \frac{\partial \mathbf{F}}{\partial \mathbf{x}}$$

invertierbar und stetig differenzierbar in einer Umgebung von $\mathbf{z}$. Es existiert also eine Konstante $d > 0$, so daß sowohl $\mathbf{J}(\mathbf{x})$ als auch $(\mathbf{J}(\mathbf{x}))^{-1}$ in

$$\overline{\mathcal{U}_d(\mathbf{z})} = \{\mathbf{x} \mid |\mathbf{x} - \mathbf{z}| \leq d\}$$

zweimal stetig differenzierbar sind. Dort können wir deshalb das Newton–Verfahren (9.73) auch als sukzessive Approximation

$$\mathbf{x}_{j+1} = \mathbf{\Phi}(\mathbf{x}_j) := \mathbf{x}_j - \left(\frac{\partial \mathbf{F}}{\partial \mathbf{x}}(\mathbf{x}_j)\right)^{-1} \mathbf{F}(\mathbf{x}_j)$$

schreiben. Weiter gilt mit der so definierten Abbildung $\mathbf{\Phi}$, daß $\mathbf{z}$ Fixpunkt von $\mathbf{\Phi}$ ist: $\mathbf{z} = \mathbf{\Phi}(\mathbf{z})$. Außerdem folgt aus der Definition von $\mathbf{\Phi}$, daß für jedes $r = 1, \ldots, n$ und jedes $s = 1, \ldots, n$ gilt:

$$\begin{aligned} 0 &= \frac{\partial}{\partial x_s}\left[\sum_{\ell=1}^{n} \frac{\partial f_r}{\partial x_\ell}(\varphi_\ell(\mathbf{x}) - x_\ell) + f_r(\mathbf{x})\right] \\ &= \sum_{\ell=1}^{n}\left[\frac{\partial^2 f_r}{\partial x_\ell \partial x_s}(\varphi_\ell - x_\ell) + \frac{\partial f_r}{\partial x_\ell}\frac{\partial \varphi_\ell}{\partial x_s} - \frac{\partial f_r}{\partial x_\ell}\delta_{\ell s}\right] + \frac{\partial f_r}{\partial x_s}. \end{aligned}$$

Wählen wir nun $\mathbf{x} = \mathbf{z}$, so folgt daraus wegen $\varphi_\ell = z_\ell$ die Gleichung

$$\sum_{\ell=1}^{n} \frac{\partial \varphi_\ell}{\partial x_s}(\mathbf{z}) \frac{\partial f_r}{\partial x_\ell}(\mathbf{z}) = 0 \quad \text{oder} \quad \left(\frac{\partial \mathbf{\Phi}}{\partial x_s}(\mathbf{z}) \right)^\top \mathbf{J}(\mathbf{z}) = 0 \quad \text{für } s = 1, \ldots, n.$$

Da $\mathbf{J}^{-1}(\mathbf{z})$ existiert, gilt

$$\frac{\partial \varphi_\ell}{\partial x_s}(\mathbf{z}) = 0.$$

Also liefert die Taylorsche Formel für $\mathbf{\Phi}$ in der Umgebung von $\mathbf{z}$

$$\begin{aligned}
|\mathbf{x}_{j+1} - \mathbf{z}| &= |\mathbf{\Phi}(\mathbf{x}_j) - \mathbf{\Phi}(\mathbf{z})| \\
&= \left| \frac{\partial \mathbf{\Phi}}{\partial \mathbf{x}}(\mathbf{x}_j - \mathbf{z}) + \sum_{\substack{\alpha_1 + \ldots + \alpha_n = 2 \\ 0 \le \alpha_j \le 2}} \frac{1}{\alpha_1! \cdot \ldots \cdot \alpha_n!} (x_{1j} - z_1)^{\alpha_1} \cdots (x_{nj} - z_n)^{\alpha_n} \begin{pmatrix} \frac{\partial^2 \varphi_1}{\partial \mathbf{x}^\alpha}(\tilde{x}_1) \\ \vdots \\ \frac{\partial^2 \varphi_n}{\partial \mathbf{x}^\alpha}(\tilde{x}_n) \end{pmatrix} \right| \\
&\le n \binom{n}{3} \left(\max_{\substack{1 \le \ell \le n, |\tilde{\mathbf{x}} - \mathbf{z}| \le d \\ |\beta| = 2}} \left| \frac{\partial^2 \varphi_\ell}{\partial \mathbf{x}^\beta} \right| \right) \cdot \left(\sum_{|\alpha| = 2} \frac{1}{\alpha!} |(\mathbf{x}_j - \mathbf{z})^\alpha| \right).
\end{aligned}$$

Wegen

$$\sum_{|\alpha|=2} \frac{1}{\alpha!} |(\mathbf{x}_i - \mathbf{z})^\alpha| = (|x_{1j} - z_1| + \ldots + |x_{nj} - z_n|)^2 \le \left[\binom{n}{2} + 1 \right] |\mathbf{x}_j - \mathbf{z}|^2$$

erhalten wir schließlich die behauptete quadratische Abschätzung

$$|\mathbf{x}_{j+1} - \mathbf{z}| \le c(d) \, |\mathbf{x}_j - \mathbf{z}|^2.$$

Wählen wir nun $\delta > 0$ so, daß $\delta < \min\{d, c(d)^{-1}\}$ gilt, dann folgt mit $q := \delta \, c(d) < 1$ für $\mathbf{x}_0 \in \mathcal{U}_\delta(\mathbf{z})$ und für alle $j \in \mathbb{N}$ die Abschätzung

$$|\mathbf{x}_{j+1} - \mathbf{z}| \le q \, |\mathbf{x}_j - \mathbf{z}| \le q^{j+1} |\mathbf{x}_0 - \mathbf{z}|$$

und damit Konvergenz sowie quadratische Konvergenz. □

Wir wollen noch einmal auf die Methode der sukzessiven Approximation im Zusammenhang mit dem **Banachschen Fixpunktsatz** zurückkommen. Dazu betrachten wir neben dem stetigen Feld $\mathbf{\Phi} : \mathbb{R}^{m+n} \to \mathbb{R}^n$, das der Einfachheit halber in ganz $\mathbb{R}^{m+n}$ definiert sei, stetige Felder

$$\mathbf{F}(\mathbf{x}), \quad \mathbf{F} : \mathcal{B} \to \mathbb{R}^n, \quad \mathcal{B} = \overline{\mathcal{B}} \subset \mathbb{R}^m$$

mit gemeinsamem abgeschlossenem Definitionsbereich $\mathcal{B}$. Diese Felder bilden einen **Vektorraum** über dem Skalarkörper $\mathbb{R}$, und versehen mit der Supremum–Norm

$$(9.75) \quad \|\mathbf{F}\|_{\mathcal{F}} := \sup_{\mathbf{x} \in \mathcal{B}} |\mathbf{F}(\mathbf{x})| = \sup_{\mathbf{x} \in \mathcal{B}} \left[f_1^2(\mathbf{x}) + \cdots + f_m^2(\mathbf{x}) \right]^{1/2}$$

wird $E := \{\mathbf{F} : \mathcal{B} \to \mathbb{R}^n \mid \mathbf{F} \text{ stetig in } \mathcal{B} \wedge \|\mathbf{F}\|_{\mathcal{F}} < \infty\} =: C^0(\mathcal{B})$ der mit der Norm $\|\mathbf{F}\|_{\mathcal{F}}$ nach (9.83) normierter lineare Raum. Da die Konvergenz in E äquivalent zur gleichmäßigen Konvergenz jeder Folge von Komponentenfunktionen ist, impliziert Bemerkung 8.33 die **Vollständigkeit** von E, das heißt E ist **Banachraum** mit der $\|\cdot\|_{\mathcal{F}}$–Norm.

Von $\mathbf{\Phi}$ verlangen wir nun, daß $\mathbf{\Phi}$ Kontraktion bezüglich der letzten Veränderlichen ist. Dazu sei $M > 0$ eine für das Folgende fest gewählte Zahl. Die Kontraktion von $\mathbf{\Phi}$ verlangen wir in der Form

$$(9.76) \quad \exists q < 1 \; : \forall \mathbf{x} \in \mathcal{B} \; \forall \; \mathbf{s}, \mathbf{v} \in \mathbb{R}^n \wedge |\mathbf{v}|, |\mathbf{s}| \leq M : \; |\mathbf{\Phi}(\mathbf{x}, \mathbf{s}) - \mathbf{\Phi}(\mathbf{x}, \mathbf{v})| \leq q|\mathbf{s} - \mathbf{v}|.$$

Dann können wir zur Lösung der Gleichung

$$(9.77) \quad \mathbf{z}(\mathbf{x}) = \mathbf{\Phi}(\mathbf{x}, \mathbf{z}(\mathbf{x})) \quad \text{für } \mathbf{x} \in \mathcal{B}$$

den Banachschen Fixpunktsatz in E anwenden.

Satz 9.33 : *Sei $\mathcal{D} = \overline{\mathcal{D}} \subset E$ eine beschränkte abgeschlossene Familie von stetigen Feldern in E und M eine Schranke von $\mathcal{D}$. Es gelte (9.76) und $\mathbf{\Phi}(\cdot, \mathbf{F}(\cdot)) \in \mathcal{D}$ für jedes $\mathbf{F} \in \mathcal{D}$. Dann konvergiert die sukzessive Approximation*

$$(9.78) \quad \mathbf{z}_{j+1}(\mathbf{x}) := \mathbf{\Phi}(\mathbf{x}, \mathbf{z}_j(\mathbf{x})) \quad \text{für } j = 0, 1, 2, \ldots$$

für jedes Feld $\mathbf{F}_0 \in \mathcal{D}$ gleichmäßig in $\mathcal{B}$ gegen $\mathbf{z}(\mathbf{x})$, die einzige Lösung der Fixpunktgleichung (9.77) in $\mathcal{D}$.

Satz 9.34 : *Sei $\mathcal{U}_\beta(0) = \{\mathbf{F} \in E \mid \|\mathbf{F}\|_{\mathcal{F}} < \beta\}$ und $\beta \leq M$. Sei außer (9.76) noch*

$$(9.79) \quad \sup_{\mathbf{x} \in \mathcal{B}} |\mathbf{\Phi}(\mathbf{x}, 0)| < \beta(1 - q)$$

erfüllt. Dann konvergiert die sukzessive Approximation (9.78) gleichmäßig in $\mathcal{B}$ gegen die einzige Lösung $\mathbf{z}(\mathbf{x})$ der Fixpunktgleichung (9.77) in $\mathcal{U}_\beta(0)$.

Die Beweise von Satz 9.33 und Satz 9.34 ergeben sich sofort aus den Sätzen 5.22 und 5.23 mit oben genannten Banach–Raum E.

9.6 Implizite Funktionen und inverse Abbildungen im $\mathbb{R}^n$

Satz 9.35 über implizite Funktionen :
Es sei $\mathcal{G} \subset \mathbb{R}^{m+n}$ ein $(m + n)$–dimensionales Gebiet, und wir schreiben die Veränderlichen als Paare $(\mathbf{x}, \mathbf{y}) \in \mathbb{R}^m \times \mathbb{R}^n$ mit $\mathbf{x} = (x_1, \ldots, x_m)^\top$ und $\mathbf{y} = (y_1, \ldots, y_n)^\top$ sowie $(\mathbf{x}^0, \mathbf{y}^0) \in \mathcal{G}$. In $\mathcal{G}$ seien n stetige Funktionen $F_1, \ldots, F_n$ gegeben, deren partielle Ableitungen

$$\frac{\partial F_j}{\partial y_k} \quad \text{für } j, k = 1, \ldots, n$$

in $\mathcal{G}$ ebenfalls stetig seien.

Im Punkt $(\mathbf{x}^0, \mathbf{y}^0) \in \mathcal{G}$ *mögen die* n *Gleichungen*

$$(9.80)\quad \begin{array}{lcl} F_1(x_1^0, \ldots, x_m^0; y_1^0, \ldots, y_n^0) & = & 0, \\ \vdots & & \vdots \\ F_n(x_1^0, \ldots, x_m^0; y_1^0, \ldots, y_n^0) & = & 0 \end{array}$$

erfüllt sein. Die Funktionaldeterminante $\det\left(\frac{\partial \mathbf{F}}{\partial \mathbf{y}}\right)$ *sei nicht Null in* $(\mathbf{x}^0, \mathbf{y}^0)$, *das heißt*

$$(9.81)\quad \begin{vmatrix} \frac{\partial F_1}{\partial y_1} & \cdots & \frac{\partial F_1}{\partial y_n} \\ \vdots & & \vdots \\ \frac{\partial F_n}{\partial y_1} & \cdots & \frac{\partial F_n}{\partial y_n} \end{vmatrix} (\mathbf{x}^0, \mathbf{y}^0) \neq 0.$$

Dann existiert eine Kugel vom Radius $\delta > 0$ *um* $\mathbf{x}^0$ *und auf*

$$\mathcal{B} := \{\mathbf{x} \in \mathbb{R}^m \mid |\mathbf{x} - \mathbf{x}^0| \leq \delta\}$$

existieren eindeutig bestimmte stetige Funktionen $g_1, \ldots, g_n \in C^0(\mathcal{B})$ *mit*

$$(9.82)\quad \begin{array}{lcl} F_1(x_1, \ldots, x_m; g_1(x_1, \ldots, x_m), \ldots, g_n(x_1, \ldots, x_m)) & = & 0 \\ \vdots & & \vdots \\ F_n(x_1, \ldots, x_m; g_1(x_1, \ldots, x_m), \ldots, g_n(x_1, \ldots, x_m)) & = & 0 \end{array}$$

für alle $(x_1, \ldots, x_m) \in \mathcal{B}$. *Mit anderen Worten: Die Gleichung im* $\mathbb{R}^n$

$$(9.83)\quad \mathbf{F}(\mathbf{x}; \mathbf{y}) = 0$$

ist in einer geeigneten Umgebung von $(\mathbf{x}^0, \mathbf{y}^0)$ *lokal auflösbar nach den implizit durch (9.80) bestimmten Funktionen*

$$(9.84)\quad \mathbf{y} = (g_1(\mathbf{x}), \ldots, g_n(\mathbf{x}))^\top =: \mathbf{G}(\mathbf{x}).$$

Die Funktionen $g_1(\mathbf{x}), \ldots, g_n(\mathbf{x})$ *können mit Hilfe der sukzessiven Approximation des vereinfachten Newton–Verfahrens*

$$(9.85)\quad \mathbf{G}_{k+1}(\mathbf{x}) := \mathbf{\Phi}(\mathbf{x}, \mathbf{G}_k(\mathbf{x})) := \mathbf{G}_k(\mathbf{x}) - \left(\frac{\partial \mathbf{F}}{\partial \mathbf{y}}(\mathbf{x}^0, \mathbf{y}^0)\right)^{-1} \mathbf{F}(\mathbf{x}, \mathbf{G}_k(\mathbf{x}))$$

für $k = 0, 1, 2, \ldots$ *mit* $\mathbf{G}_0 := \mathbf{y}^0$ *bestimmt werden, die eine in* $\mathcal{B}$ *gleichmäßig gegen* $\mathbf{G}(\mathbf{x})$ *konvergente Folge* $\mathbf{G}_k$ *von stetigen Feldern definiert.*

Beweis: Der Beweis entspricht fast wörtlich dem Beweis von Satz 9.21. Wir definieren gemäß (9.85) die Abbildung $\mathbf{\Phi}(\mathbf{x}, \mathbf{s}) := \mathbf{s} - \mathbf{J}_0^{-1}\mathbf{F}(\mathbf{x}, \mathbf{s})$. Seien $\mathbf{s}, \mathbf{v} \in \mathbb{R}^n$ mit $|\mathbf{s} - \mathbf{y}^0| < \beta_0$, $|\mathbf{v} - \mathbf{y}^0| < \beta_0$, so daß $\mathcal{B} \times \mathcal{U}_{\beta_0}(\mathbf{y}^0) \subset \mathcal{G}$ erfüllt ist. Dann folgt aus dem Mittelwertsatz 8.28 für jede Komponentenfunktion $F_1, \ldots, F_n$ und mit der Schwarzschen Ungleichung

$$(9.86)\quad |\mathbf{\Phi}(\mathbf{x},\mathbf{s}) - \mathbf{\Phi}(\mathbf{x},\mathbf{v})| =$$

$$= \left|(\mathbf{s}-\mathbf{v}) - \mathbf{J}_0^{-1}\begin{pmatrix} \frac{\partial F_1}{\partial y_1}(\mathbf{x},\widetilde{\mathbf{h}}_1) & \ldots & \frac{\partial F_1}{\partial y_n}(\mathbf{x},\widetilde{\mathbf{h}}_1) \\ \vdots & & \vdots \\ \frac{\partial F_n}{\partial y_1}(\mathbf{x},\widetilde{\mathbf{h}}_n) & \ldots & \frac{\partial F_n}{\partial y_n}(\mathbf{x},\widetilde{\mathbf{h}}_n) \end{pmatrix}(\mathbf{s}-\mathbf{v})\right|$$

$$= \left|(\mathbf{s}-\mathbf{v}) - (\mathbf{J}_0^{-1})\{\mathbf{J}_0 + (\widetilde{\mathbf{J}} - \mathbf{J}_0)\}(\mathbf{s}-\mathbf{v})\right|$$

$$= \left|\mathbf{J}_0^{-1}(\widetilde{\mathbf{J}} - \mathbf{J}_0)(\mathbf{s}-\mathbf{v})\right|$$

$$\leq c_0\,|\mathbf{s}-\mathbf{v}| \left[\sum_{\ell,k=1}^{n}\left|\frac{\partial \mathbf{F}_l}{\partial y_k}(\mathbf{x},\widetilde{\mathbf{h}}_\ell) - \frac{\partial \mathbf{F}_l}{\partial y_k}(\mathbf{x}^0,\mathbf{y}^0)\right|^2\right]^{1/2},$$

wobei $\widetilde{\mathbf{h}}_1, \ldots, \widetilde{\mathbf{h}}_n$ geeignete Zwischenpunkte zu $F_1, \ldots, F_n$ auf der Strecke von $\mathbf{s}$ nach $\mathbf{v}$ sind,

$$\widetilde{\mathbf{J}} = \begin{pmatrix} \frac{\partial F_1}{\partial y_1}(\mathbf{x},\widetilde{\mathbf{h}}_1) & \ldots & \frac{\partial F_1}{\partial y_n}(\mathbf{x},\widetilde{\mathbf{h}}_1) \\ \vdots & & \vdots \\ \frac{\partial F_n}{\partial y_1}(\mathbf{x},\widetilde{\mathbf{h}}_n) & \ldots & \frac{\partial F_n}{\partial y_n}(\mathbf{x},\widetilde{\mathbf{h}}_n) \end{pmatrix}.$$

Die Konstante c_0 berechnet sich ausschließlich aus den Komponenten c_{jk} von $\mathbf{J}_0^{-1}$ als

$$c_0 = \left[\sum_{j,k=1}^{n} c_{jk}^2\right]^{1/2}.$$

Nun wähle man $d > 0$ und $\beta > 0$ gemäß der Stetigkeit von $\frac{\partial F_l}{\partial y_k}$ derart, daß

$$(9.87)\quad c_0 \left[\sum_{\ell,k=1}^{n}\left|\frac{\partial F_l}{\partial y_k}(\mathbf{x},\widetilde{\mathbf{h}}_\ell) - \frac{\partial F_\ell}{\partial y_k}(\mathbf{x}^0,\mathbf{y}^0)\right|^2\right]^{1/2} \leq q < 1$$

für alle $|\mathbf{x}-\mathbf{x}_0| \leq d$ und $|\widetilde{\mathbf{h}}_\ell - \mathbf{y}^0| \leq \beta$ ausfällt. Sodann wähle man δ mit $0 < \delta \leq d$ derart, daß

$$(9.88)\quad \forall |\mathbf{x}-\mathbf{x}_0| \leq \delta : |\mathbf{J}_0^{-1}(\mathbf{F}(\mathbf{x},\mathbf{y}^0) - \mathbf{F}(\mathbf{x}^0,\mathbf{y}^0))| < \beta(1-q)$$

erfüllt wird. Daraus folgt (9.74) mit $\mathcal{B} := \{\mathbf{x} \mid |\mathbf{x}-\mathbf{x}^0| \leq \delta\}$ und $M = \beta_0$ aus (9.86) und mit (9.87), und dem neuen Nullpunkt $\mathbf{y}^0$ von $\mathbb{R}^n$ und $(\mathbf{x}^0, \mathbf{y}^0)$ von

$\mathbb{R}^m \times R^n$ entspricht (9.86) der Voraussetzung (9.79). Demnach liefert Satz 9.34 die gleichmäßige Konvergenz von (9.83) und die Existenz genau eines stetigen Feldes $\mathbf{G}(\mathbf{x}), \mathbf{G} \in \mathcal{U}_\beta(\mathbf{y}^0)$, das

$$(g_1(\mathbf{x}), \ldots, g_n(\mathbf{x}))^\top = \mathbf{G}(\mathbf{x}) = \mathbf{G}(\mathbf{x}) - \mathbf{J}_0^{-1}\mathbf{F}(\mathbf{x}, \mathbf{G}(\mathbf{x}))$$

und damit die Gleichung (9.80) erfüllt. □

Für das implizit durch (9.80) gegebene Feld $\mathbf{G}$ gilt:

Satz 9.36 über implizites Differenzieren: *Sei $\mathbf{F}(\mathbf{x}, \mathbf{y})$ in $\mathcal{G}$ eine ρ–mal stetig differenzierbare Funktion mit $\rho \geq 1$ und sei $\mathbf{G}(\mathbf{x})$ ein Feld mit*

$$(9.89) \quad \mathbf{F}(\mathbf{x}, \mathbf{G}(\mathbf{x})) = 0$$

sowie

$$\det \frac{\partial \mathbf{F}}{\partial \mathbf{y}}(\mathbf{x}, \mathbf{G}(\mathbf{x})) = \det \mathbf{J}(\mathbf{x}, \mathbf{G}(\mathbf{x})) \neq 0$$

für alle $\mathbf{x} \in \mathcal{B} := \{\mathbf{x} \mid |\mathbf{x} - \mathbf{x}^0| \leq \delta\}$. Dann ist $\mathbf{G}$ ebenfalls ρ–mal stetig differenzierbar, und die partiellen Ableitungen lassen sich allein mit denen von $\mathbf{F}$ ausdrücken. Insbesondere gilt

$$(9.90) \quad \frac{\partial \mathbf{G}}{\partial x_k} = -\mathbf{J}^{-1}(\mathbf{x}, \mathbf{G}(\mathbf{x}))\frac{\partial \mathbf{F}}{\partial x_k}(\mathbf{x}, \mathbf{G}(\mathbf{x})) \quad \text{für } k = 1, \ldots, m.$$

Korollar 9.37: *Sei*

$$(9.91) \quad \begin{array}{ccc} x_1 & = & \phi_1(u_1, \ldots, u_n) \\ \vdots & & \vdots \\ x_n & = & \phi_n(u_1, \ldots, u_n) \end{array}$$

oder $\mathbf{x} = \mathbf{\Phi}(\mathbf{u})$ im Gebiet $\mathcal{G}$ eine ρ–mal stetig differenzierbare Transformation, $\rho \geq 1$, mit $\mathbf{x} = (x_1, \ldots, x_n)^\top$, $\mathbf{u} = (u_1, \ldots, u_n)^\top$, deren Funktionaldeterminante in $\mathbf{u}^0 \in \mathcal{G}$ nicht verschwindet:

$$(9.92) \quad \det \frac{\partial \mathbf{\Phi}}{\partial \mathbf{u}}(\mathbf{u}^0) \neq 0.$$

Dann gibt es eine Kugel $|\mathbf{u} - \mathbf{u}^0| \leq \delta$ um $\mathbf{u}^0$ mit dem Radius $\delta > 0$, so daß in ihr die Abbildung (9.91) auf den Bildbereich umkehrbar eindeutig wird; das heißt lokal existiert die inverse Transformation

$$(9.93) \quad \begin{array}{ccc} u_1 & = & g_1(x_1, \ldots, x_n), \\ \vdots & & \vdots \\ u_n & = & g_n(x_1, \ldots, x_n). \end{array}$$

Diese ist ρ–mal stetig differenzierbar, und die Jacobi–Matrizen zu (9.91) und (9.93) sind zueinander invers; das heißt sie erfüllen

$$(9.94)\quad \sum_{\ell=1}^{n} \frac{\partial \phi_j}{\partial u_\ell} \frac{\partial g_\ell}{\partial x_k} = \begin{cases} 1 & \text{für} \quad j = k \\ 0 & \text{für} \quad j \neq k \end{cases}$$

mit $j, k = 1, \ldots, n$ oder in Matrizen–Schreibweise $\frac{\partial \mathbf{x}}{\partial \mathbf{u}} \frac{\partial \mathbf{u}}{\partial \mathbf{x}} = \mathbf{I}$, wobei $\mathbf{I}$ die Einheitsmatrix bezeichnet.

Beweis: Seien $\mathbf{F}(\mathbf{x}, \mathbf{y}) := \mathbf{x} - \mathbf{\Phi}(\mathbf{y})$ und $\mathbf{x}^0 = \mathbf{\Phi}(\mathbf{u}^0)$ gegeben. Dann gilt

$$\det \left.\frac{\partial \mathbf{F}}{\partial \mathbf{y}}\right|_{\mathbf{y}=\mathbf{u}^0} = -\det \left.\frac{\partial \mathbf{\Phi}}{\partial \mathbf{u}}\right|_{\mathbf{u}=\mathbf{u}^0} \neq 0.$$

Mit dem Satz 9.35 über implizite Funktionen folgt die Existenz von inversen Funktionen $g_1, \ldots, g_n$, so daß die Gleichungen

$$\varphi_j(g_1(\mathbf{x}), \ldots, g_n(\mathbf{x})) = x_j$$

und

$$\frac{\partial}{\partial x_k}[\varphi_j(g_1(\mathbf{x}), \ldots, g_n(\mathbf{x}))] = \frac{\partial x_j}{\partial x_k} = \delta_{jk} = \sum_{\ell=1}^{n} \frac{\partial \varphi_j}{\partial u_\ell} \frac{\partial g_\ell}{\partial x_k}$$

für $j, k = 1, \ldots, n$ und alle $\mathbf{x} \in \mathbf{\Phi}(\overline{\mathcal{U}_\delta(\mathbf{u}^0)})$ erfüllt sind. □

9.7 Lagrange–Multiplikatoren

Sei $(\mathbf{x}, \mathbf{y}) \in \mathcal{G} \subset \mathbb{R}^{n+m}$ und $\mathbf{\Phi} : \mathcal{G} \to \mathbb{R}^n$; $f : \mathcal{G} \to \mathbb{R}$. Gesucht sind die Extrema von $f(\mathbf{x}, \mathbf{y})$ unter den n Nebenbedingungen

$$(9.95)\quad \mathbf{\Phi}(\mathbf{x}, \mathbf{y}) = \mathbf{0}.$$

f und $\mathbf{\Phi}$ seien in $\mathcal{G}$ stetig differenzierbar.

Satz 9.38 (Lagrange 1797) : *Sei $\mathcal{G} \subset \mathbb{R}^{m+n}$ offen, $(\mathbf{x}, \mathbf{y}) \in \mathcal{G}$,*

$$\det \left(\frac{\partial \mathbf{\Phi}}{\partial \mathbf{y}} (\mathbf{x}^0, \mathbf{y}^0) \right) \neq 0$$

und f habe in $(\mathbf{x}^0, \mathbf{y}^0)$ unter Nebenbedingung (9.95) einen Extremwert. Dann existieren n Lagrange–Multiplikatoren $\boldsymbol{\lambda}^0 = (\lambda_1^0, \ldots, \lambda_n^0)^\top$, so daß die Funktion

$$(9.96)\quad H(\mathbf{x}, \mathbf{y}, \boldsymbol{\lambda}) := f(\mathbf{x}, \mathbf{y}) + \boldsymbol{\lambda}^\top \mathbf{\Phi}(\mathbf{x}, \mathbf{y})$$

in $(\mathbf{x}^0, \mathbf{y}^0, \boldsymbol{\lambda}^0)$ *einen kritischen Punkt hat, das heißt*

$$(9.97)\quad \begin{cases} \dfrac{\partial H}{\partial x_j}(\mathbf{x}^0, \mathbf{y}^0, \boldsymbol{\lambda}^0) & = & \dfrac{\partial f}{\partial x_j}(\mathbf{x}^0, \mathbf{y}^0) + \sum\limits_{\ell=1}^{n} \lambda_\ell^0 \dfrac{\partial \Phi_\ell}{\partial x_j}(\mathbf{x}^0, \mathbf{y}^0) & = & 0, \\ \dfrac{\partial H}{\partial y_k}(\mathbf{x}^0, \mathbf{y}^0, \boldsymbol{\lambda}^0) & = & \dfrac{\partial f}{\partial y_k}(\mathbf{x}^0, \mathbf{y}^0) + \sum\limits_{\ell=1}^{n} \lambda_\ell^0 \dfrac{\partial \Phi_\ell}{\partial y_k}(\mathbf{x}^0, \mathbf{y}^0) & = & 0, \\ \dfrac{\partial H}{\partial \lambda_k}(\mathbf{x}^0, \mathbf{y}^0, \boldsymbol{\lambda}^0) & = & \Phi_k(\mathbf{x}^0, \mathbf{y}^0) & = & 0 \end{cases}$$

für $j = 1, \ldots, m$ *und* $k = 1, \ldots, n$ *sind notwendige Bedingungen.*

Beweis: Nach dem Satz 9.21 über implizite Funktionen können die Nebenbedingungen (9.95) in $\mathcal{U}_\delta(\mathbf{x}^0)$ als

$$\mathbf{y} = \mathbf{G}(\mathbf{x}) \quad \text{mit } \mathbf{G} : \mathcal{U}_\delta(\mathbf{x}^0) \to \mathbb{R}^n, \quad \mathbf{y}^0 = \mathbf{G}(\mathbf{x}^0)$$

geschrieben werden, und

$$h(\mathbf{x}) := f(\mathbf{x}, \mathbf{G}(\mathbf{x})) \quad \text{für } \mathbf{x} \in \mathcal{U}_\delta(\mathbf{x}^0)$$

hat in $\mathbf{x}^0$ ein lokales Extremum ohne Nebenbedingungen. Folglich gilt dort

$$\frac{\partial h}{\partial \mathbf{x}} = \frac{\partial f}{\partial \mathbf{x}} + \frac{\partial f}{\partial \mathbf{y}} \frac{\partial \mathbf{G}}{\partial \mathbf{x}}(\mathbf{x}^0, \mathbf{y}^0) = 0.$$

Wegen (9.90) haben wir

$$\frac{\partial \mathbf{G}}{\partial \mathbf{x}} = -\left(\frac{\partial \boldsymbol{\Phi}}{\partial \mathbf{y}}\right)^{-1} \frac{\partial \boldsymbol{\Phi}}{\partial \mathbf{x}},$$

also

$$\frac{\partial f}{\partial \mathbf{x}} - \left\{\left(\frac{\partial f}{\partial \mathbf{y}}\right)\left(\frac{\partial \boldsymbol{\Phi}}{\partial \mathbf{y}}\right)^{-1}\right\} \frac{\partial \boldsymbol{\Phi}}{\partial \mathbf{x}} = \mathbf{0} \quad \text{in } (\mathbf{x}^0, \mathbf{y}^0).$$

Also sind mit

$$\boldsymbol{\lambda}^0 := -\left[\frac{\partial f}{\partial \mathbf{y}}\left(\frac{\partial \boldsymbol{\Phi}}{\partial \mathbf{y}}(\mathbf{x}^0, \mathbf{y}^0)\right)^{-1}\right]^\top \in \mathbb{R}^n$$

die ersten und letzten Gleichungen in (9.97) bereits erfüllt. Lösen wir die Gleichung für $\boldsymbol{\lambda}^0$ nach $\frac{\partial f}{\partial \mathbf{y}}$ auf, so ergibt sich

$$-(\boldsymbol{\lambda}^0)^\top \frac{\partial \boldsymbol{\Phi}}{\partial \mathbf{y}}(\mathbf{x}^0, \mathbf{y}^0) = \frac{\partial f}{\partial \mathbf{y}}(\mathbf{x}^0, \mathbf{y}^0),$$

das ist die zweite der Gleichungen in (9.97). □

Korollar 9.39: *Seien* $f(\mathbf{x})$ *und ebenso* $\mathbf{\Phi}(\mathbf{x}) = (\Phi_1(\mathbf{x}), \ldots, \Phi_n(\mathbf{x}))$, $n < m$ *in der offenen Menge* $\mathcal{G} \subset \mathbb{R}^m$ *stetig differenzierbar. Hat* f *in* $\mathbf{x}^0 \in \mathcal{G}$ *unter den Nebenbedingungen* $\mathbf{\Phi}(\mathbf{x}) = \mathbf{0}$ *ein lokales Extremum und hat die Funktionalmatrix* $\frac{\partial \mathbf{\Phi}}{\partial \mathbf{x}}(\mathbf{x}^0)$ *den Rang* n, *so gibt es ein* $\boldsymbol{\lambda}^0 = (\lambda_1^0, \ldots, \lambda_n^0)^\top \in \mathbb{R}^n$ *derart, daß für die Funktion*

$$H(\mathbf{x}, \boldsymbol{\lambda}) := f(\mathbf{x}) + \boldsymbol{\lambda}^\top \mathbf{\Phi}(\mathbf{x})$$

in $(\mathbf{x}^0, \mathbf{y}^0)$ *ein kritischer Punkt vorliegt.*

Der Beweis folgt sofort durch Auswahl von n Indices, so daß $\det \frac{\partial \mathbf{\Phi}}{\partial \mathbf{x}}(\mathbf{x}^0) \neq 0$ gilt. Dann wende man Satz 9.26 mit $\mathbf{y} := \mathbf{x}$ an.

9.8 Abschließende Bemerkungen

Über das lokale Verhalten von Flächen [70]:

Der gute Eindruck

Wo du gesessen hast, blieb eine Delle
im Kissen, das auf meinem Sofa liegt.
Ich streichle oft die eingedrückte Stelle,
an die sich deine Bäckchen angeschmiegt.
Den Eindruck hast Du bei mir hinterlassen,
und einen anderen, den hab' ich nicht!
Ist auch egal, Gesprochenes muß verblassen,
doch dieser Eindruck, der fällt ins Gewicht.
Konkav nennt man Gebilde, die nach innen
sich wölben, doch ich hoffe konzentiert,
ich werde dein Konvexchen auch gewinnen,
wodurch sich dieses Dellchen eingraviert.

Carl Gustav Jacobi (1804–1851), Berliner Mathematiker, stammt aus einer berühmten Gelehrtenfamilie. Professor in Königsberg und Berlin. Arbeitete über elliptische Funktionen in der Funktionentheorie, Differentialgleichungen, Vektoranalysis, Variationsrechnung.

Harold Calvin Marston Morse (1892–1977), amerikanischer Mathematiker, Farmerssohn. Promovierte an der Harvard–University, wohin er nach Tätigkeiten an der Cornell–University und der Brown–University zurückkehrte, 1935–1977 in Princeton. Ihm sind wesentliche Beiträge zur Variationsrechnung im Großen, zur Topologie und zur Quantenmechanik zu danken. Nach ihm ist eine Ungleichung zwischen der Anzahl von kritischen Punkten und Zusammenhangsverhältnisen einer Mannigfaltigkeit benannt.

Kapitel 10

Parameterabhängige und mehrfache Integrale im $\mathbb{R}^n$

Um im $\mathbb{R}^n$ integrieren zu können, wird man zunächst versuchen, die Integration auf die einfache Integration in $\mathbb{R}$ zurückzuführen. Denkt man aber an die urspüngliche Idee, das Integral als Grenzwert von geeigneten Näherungsflächen oder –volumina aufzufassen, so wird man für allgemeinere Integralbegriffe diesen Näherungsprozess entsprechend dem im Kapitel 6 **gleich** im $\mathbb{R}^n$ durchführen müssen. Dies führt auf die Maß– und Integrationstheorie im $\mathbb{R}^n$.
Entsprechend den Überlegungen in Kapitel 6 werden wir hier am Ende dieses Abschnitts eine kurze Einführung in diese Theorie andeuten .

10.1 Parameterabhängige Integrale

Zuerst betrachten wir in einem Bereich $\mathcal{B} \subset \mathbb{R}^n$ Integrale der Gestalt

$$(10.1)\quad \Phi(x_1,\ldots,x_n) := \int\limits_{a(x_1,\ldots,x_n)}^{b(x_1,\ldots,x_n)} f(x_1,\ldots,x_n,\xi)\,d\xi$$

für $\mathbf{x} = (x_1,\ldots,x_n)^\top \in \mathcal{B} \subset \mathbb{R}^n$. Ohne Beschränkung der Allgemeinheit sei dabei

$$(10.2)\quad a(\mathbf{x}) \le b(\mathbf{x}) \quad \text{für alle } \mathbf{x} \in \mathcal{B}$$

und darüberhinaus wollen wir im folgenden voraussetzen, daß a und b **stetige** Funktionen sind. Zu $\mathcal{B}$ definieren wir

$$(10.3)\quad \mathcal{B}^* := \{(\mathbf{x},\xi) = (x_1,\ldots,x_n,\xi)^\top \in \mathbb{R}^{n+1} | \, \mathbf{x} \in \mathcal{B} \wedge a(\mathbf{x}) \le \xi \le b(\mathbf{x})\}\,.$$

Lemma 10.1: *f sei stetig in $\mathcal{B}^*$. Dann ist $f(\mathbf{x},\xi)$ bezüglich ξ gleichmäßig stetig, das heißt für alle $\mathbf{x}_0 \in \mathcal{B}$ und für alle $\varepsilon > 0$ existiert ein $\delta > 0$, so daß*

$$(10.4)\quad |f(\mathbf{x},\xi) - f(\mathbf{x}_0,\xi)| < \varepsilon \quad \text{für alle } (\mathbf{x},\xi) \in \mathcal{B}^* \text{ mit } |\mathbf{x} - \mathbf{x}_0| < \delta.$$

Beweis: Im folgenden wird $\mathbf{x}_0 \in \mathcal{B}$ beliebig aber fest gewählt. Sei $\varepsilon > 0$ beliebig vorgegeben. Dann existiert aufgrund der Stetigkeit von f für jedes $\xi \in [a(\mathbf{x}_0), b(\mathbf{x}_0)]$ jeweils eine Zahl $\widetilde{\delta} = \widetilde{\delta}(\mathbf{x}_0, \xi, \varepsilon) > 0$, so daß für $(\mathbf{x}_0, \xi) \in \mathcal{B}^*$ und für alle $(\mathbf{x}, \chi) \in \mathcal{B}^*$ mit $|(\mathbf{x}, \chi) - (\mathbf{x}_0, \xi)| < \widetilde{\delta}$ gilt

$$|f(\mathbf{x}, \chi) - f(\mathbf{x}_0, \xi)| < \frac{\varepsilon}{2}.$$

Jeder Zahl ξ ordnen wir nun das offene Intervall

$$\mathcal{U}_{\widetilde{\delta}/2}(\xi) := \left\{\chi \in \mathbb{R} \mid |\chi - \xi| < \frac{\widetilde{\delta}}{2}\right\}$$

zu. Dann definiert

$$\bigcup_{a(\mathbf{x}_0) \leq \xi \leq b(\mathbf{x}_0)} \mathcal{U}_{\widetilde{\delta}/2}(\xi) \supset [a(\mathbf{x}_0), b(\mathbf{x}_0)]$$

eine offene Überdeckung des kompakten Intervalls $[a(\mathbf{x}_0), b(\mathbf{x}_0)]$. Folglich gibt es nach Satz 3.50 von Heine–Borel ein **endliches** Teilsystem von offenen Intervallen $\mathcal{U}_{\widetilde{\delta}_j/2}(\xi_j)$, $j = 1, \ldots, M$, welches das Intervall $[a(\mathbf{x}_0), b(\mathbf{x}_0)]$ überdeckt:

$$\bigcup_{j=1}^{M} \mathcal{U}_{\widetilde{\delta}_j/2}(\xi_j) \supset [a(\mathbf{x}_0), b(\mathbf{x}_0)],$$

und $\delta := \min\limits_{j=1,\ldots,M} \dfrac{\widetilde{\delta}_j}{2} > 0$. Nach Konstruktion hängt δ nur noch von $\mathbf{x}_0$ und ε ab.

Zu einem beliebigen Punkt $(\mathbf{x}, \xi) \in \mathcal{B}^*$ mit $|\mathbf{x} - \mathbf{x}_0| < \delta$ existiert ein Index ℓ, so daß $\xi \in \mathcal{U}_{\widetilde{\delta}_\ell/2}(\xi_\ell)$. Außerdem gilt

$$|(\mathbf{x}, \xi) - (\mathbf{x}_0, \xi_\ell)| < \delta + \frac{\widetilde{\delta}_\ell}{2} \leq \widetilde{\delta}_\ell$$

und damit

$$\begin{aligned} |f(\mathbf{x}, \xi) - f(\mathbf{x}_0, \xi)| &\leq |f(\mathbf{x}, \xi) - f(\mathbf{x}_0, \xi_\ell)| + |f(\mathbf{x}_0, \xi_\ell) - f(\mathbf{x}_0, \xi)| \\ &< \frac{\varepsilon}{2} + \frac{\varepsilon}{2} = \varepsilon. \end{aligned}$$

Mit der oben gefundenen Zahl $\delta(\mathbf{x}_0, \varepsilon) > 0$ gilt also die behauptete Ungleichung (10.4). □

Satz 10.2: *Seien a und b in $\mathcal{B}$ und f in $\mathcal{B}^*$ stetig. Dann ist das parameterabhängige Integral*

$$\Phi(\mathbf{x}) = \int_{a(\mathbf{x})}^{b(\mathbf{x})} f(\mathbf{x}, \xi)\, d\xi$$

stetig in $\mathcal{B}$.

Beweis: Wir zeigen die Stetigkeit für einen beliebig, für das folgende fest gewählten Punkt $\mathbf{x}_0 \in \mathcal{B}$. Des weiteren sei $\varepsilon > 0$ beliebig vorgegeben. Nach Lemma 10.1 existiert eine Zahl $\delta(\mathbf{x}_0, \varepsilon) > 0$, so daß (10.4) gilt. Da $f(\mathbf{x}_0, \xi)$ stetige Funktion bezüglich $\xi \in [a(\mathbf{x}_0), b(\mathbf{x}_0)]$ ist, existiert nach dem Satz 4.51 von Weierstrass das Maximum

$$M(\mathbf{x}_0) := \max_{a(\mathbf{x}_0) \le \xi \le b(\mathbf{x}_0)} |f(\mathbf{x}_0, \xi)|,$$

und es gilt für alle $\mathbf{x} \in \mathcal{B}$ mit $(\mathbf{x}, \xi) \in \mathcal{B}^*$ und $|\mathbf{x} - \mathbf{x}_0| < \delta$ die Abschätzung

$$|f(\mathbf{x}, \xi)| \le |f(\mathbf{x}_0, \xi)| + |f(\mathbf{x}, \xi) - f(\mathbf{x}_0, \xi)| < M + \varepsilon.$$

Mit

$$\widetilde{a} := \max\{a(\mathbf{x}), a(\mathbf{x}_0)\}, \quad \widetilde{b} := \min\{b(\mathbf{x}), b(\mathbf{x}_0)\}$$

ergibt sich dann

$$\begin{aligned} |\Phi(\mathbf{x}) - \Phi(\mathbf{x}_0)| \le & \left| \int_{\widetilde{a}}^{\widetilde{b}} |f(\mathbf{x}, \xi) - f(\mathbf{x}_0, \xi)| \, d\xi \right| \\ & + \int_{a(\mathbf{x})}^{\widetilde{a}} |f(\mathbf{x}, \xi)| \, d\xi + \int_{a(\mathbf{x}_0)}^{\widetilde{a}} |f(\mathbf{x}_0, \xi)| \, d\xi \\ & + \int_{\widetilde{b}}^{b(\mathbf{x})} |f(\mathbf{x}, \xi)| \, d\xi + \int_{\widetilde{b}}^{b(\mathbf{x}_0)} |f(\mathbf{x}_0, \xi)| \, d\xi \\ \le & \ \varepsilon \, |\widetilde{b} - \widetilde{a}| + 2 \, |a(\mathbf{x}_0) - a(\mathbf{x})| \, (M + \varepsilon) + 2 \, |b(\mathbf{x}_0) - b(\mathbf{x})| \, (M + \varepsilon) \\ \le & \ \varepsilon \, |b(\mathbf{x}_0) - a(\mathbf{x}_0)| + 2 \, (M + \varepsilon) \, [|a(\mathbf{x}_0) - a(\mathbf{x})| + |b(\mathbf{x}_0) - b(\mathbf{x})|] \, . \end{aligned} \tag{10.5}$$

Für positives $\widetilde{\varepsilon} > 0$ ist

$$\varepsilon := \frac{\widetilde{\varepsilon}}{|2(b(\mathbf{x}_0) - a(\mathbf{x}_0))|} > 0,$$

und mit oben gefundenem $\delta(\mathbf{x}_0, \varepsilon) > 0$ gilt die Ungleichung (10.5). Wegen der Stetigkeit von $a(\mathbf{x})$ und $b(\mathbf{x})$ in $\mathbf{x}_0$ existiert auch $\widetilde{\delta} > 0$, so daß für $\mathbf{x} \in \mathcal{B}$ mit $|\mathbf{x}_0 - \mathbf{x}| < \widetilde{\delta}$ gilt

$$|a(\mathbf{x}_0) - a(\mathbf{x})| + |b(\mathbf{x}_0) - b(\mathbf{x})| < \frac{\widetilde{\varepsilon}}{4(M + \varepsilon)}.$$

Für alle $\mathbf{x} \in \mathcal{B}$ mit $|\mathbf{x} - \mathbf{x}_0| < \min\{\delta(\mathbf{x}_0, \varepsilon), \widetilde{\delta}\} > 0$ folgt aus (10.5) schließlich die Ungleichung

$$|\Phi(\mathbf{x}) - \Phi(\mathbf{x}_0)| < \widetilde{\varepsilon},$$

das heißt die Stetigkeit von Φ in $\mathbf{x}_0$. □

Als Anwendung betrachten wir eine spezielle Klasse von sogenannten **Volterraschen Integralgleichungen**

$$(10.6)\quad u(t) = \int_{a(t)}^{b(t)} k(t,\xi,u(\xi))\,d\xi + f(t) \quad \text{für } t \in [c,d].$$

Hierbei sind $f(t)$, $a(t)$, $b(t)$ stetige gegebene Funktionen für $t \in [c,d]$ und der sogenannte **Kern** $k(\xi,\eta,\zeta)$ ist eine gegebene stetige Funktion, für die verlangt wird, daß $k(t,\xi,f(\xi)+\eta)$ stetig ist in

$$\mathcal{M} := \{(t,\xi,\eta) \in \mathbb{R}^3 |\, c \le t \le d, a(t) \le \xi \le b(t), -\beta < \eta < \beta\}.$$

Die Funktion $u(t)$ ist gesucht. Mit

$$(10.7)\quad z(t) := u(t) - f(t)$$

schreibt sich (10.6) auch als Fixpunktgleichung $z = \Phi(z)$ oder

$$(10.8)\quad z(t) = \int_{a(t)}^{b(t)} k(t,\xi,f(\xi)+z(\xi))d\xi =: [\Phi(z)](t)$$

im Banachraum $E = C^0([c,d])$ mit der Maximumnorm

$$\|u\|_{\mathcal{F}} = \max_{c \le t \le d} |u(t)|.$$

Mit Hilfe des Banachschen Fixpunktsatzes in der Version Satz 5.23 können wir dann unter den folgenden hinreichenden Voraussetzungen die Integralgleichung (10.6) bzw. (10.8) lösen.

Satz 10.3: *Zu k möge es eine bezüglich ξ summierbare Funktion $L(t,\xi)$ geben mit*

$$(10.9)\quad |k(t,\xi,\eta+f(\xi)) - k(t,\xi,\zeta+f(\xi))| \le L(t,\xi)\,|\eta-\zeta|$$

für alle $(t,\xi,\eta), (t,\xi,\zeta) \in \mathcal{M}$ und

$$(10.10)\quad \sup_{c \le t \le d} \left| \int_{a(t)}^{b(t)} L(t,\xi)\,d\xi \right| = q < 1.$$

Des weiteren sei

$$(10.11)\quad \sup_{c \le t \le d} \left| \int_{a(t)}^{b(t)} k(t,\xi,f(\xi))\,d\xi \right| < \beta(1-q).$$

Dann besitzt die Integralgleichung (10.7) genau eine in $[c,d]$ stetige Lösung $u(t)$ mit $|u(t)-f(t)| < \beta$, und die sukzessive Approximation

$$(10.12)\quad u_{\ell+1}(t) := \int_{a(t)}^{b(t)} k(t,\xi,u_\ell(\xi))\,d\xi + f(t) \quad \text{mit } u_0(t) := f(t), \quad \ell = 0,1,2,\ldots$$

konvergiert in $[c,d]$ gleichmäßig gegen $u(t)$.

Beweis: Wir wählen den Banach–Raum $E = C^0([c,d])$ der auf $[c,d]$ stetigen Funktionen mit der Maximum–Norm $\|\cdot\|_{\mathcal{F}}$ und wenden Satz 5.23 an. Dazu sei mit der oben gegebenen Zahl $\beta > 0$

$$\mathcal{U}_\beta(0) := \{h \in C^0([c,d]) \mid \|h\|_{\mathcal{F}} < \beta\}.$$

Für $h \in \mathcal{U}_\beta(0)$ ist nach Satz 10.2 die durch die Abbildung (10.8) definierte Bildfunktion

$$[\Phi(h)](t) := \int_{a(t)}^{b(t)} k(t,\xi,f(\xi)+h(\xi))\,d\xi$$

stetig, also gilt $\Phi : \mathcal{U}_\beta(0) \to E$. Außerdem gilt für $h, g \in \mathcal{U}_\beta(0)$ die Abschätzung

$$\begin{aligned}
\|\Phi(h)-\Phi(g)\|_{\mathcal{F}} &\le \sup_{t\in[c,d]} \left| \int_{a(t)}^{b(t)} |k(t,\xi,f(\xi)+h(\xi)) - k(t,\xi,f(\xi)+g(\xi))|\,d\xi \right| \\
&\le \sup_{t\in[c,d]} \left| \int_{a(t)}^{b(t)} L(t,\xi)\,|h(\xi)-g(\xi)|\,d\xi \right| \\
&\le \|h-g\|_{\mathcal{F}} \sup_{t\in[c,d]} \left| \int_{a(t)}^{b(t)} L(t,\xi)\,d\xi \right| = q\,\|h-g\|_{\mathcal{F}}.
\end{aligned}$$

Demnach ist Φ wegen $q < 1$ Kontraktion auf $\mathcal{U}_\beta(0)$. Schließlich gilt

$$\|\Phi(0)\|_{\mathcal{F}} = \sup_{t\in[c,d]} \left| \int_{a(t)}^{b(t)} k(t,\xi,f(\xi)+0)\,d\xi \right| < \beta(1-q)$$

nach Voraussetzung (10.11). Damit sind alle Voraussetzungen des Banachschen Fixpunktsatzes in der Version von Satz 5.23 erfüllt, und dieser liefert die Konvergenz von

$$z_{\ell+1}(t) = \int_{a(t)}^{b(t)} k(t,\xi,f(\xi)+z_\ell(\xi))\,d\xi$$

in $E = C^0([c,d])$ bezüglich der Maximum–Norm, das heißt gleichmäßige Konvergenz gegen die einzige stetige Grenzfunktion $z(t)$ in $[c,d]$.
Mit $u_\ell(t) = f(t) + z_\ell(t)$ und $u(t) = f(t) + z(t)$ folgt die Behauptung. □

Lemma 10.4: *Seien $\mathcal{B} \subset \mathbb{R}^n$ und $\mathcal{D} \subset \mathbb{R}^m$ zwei Bereiche. Dann ist*

(10.13) $\mathcal{B}^* := \mathcal{B} \times \mathcal{D} \subset \mathbb{R}^{n+m}$

Bereich und

(10.14) $\underline{\mathcal{B}}^* = \underline{\mathcal{B}} \times \underline{\mathcal{D}}$.

Den Beweis dieses Lemmas überlassen wir dem Leser.

Satz 10.5 (Leibnizsche Differentiationsregel): *Sei $\mathcal{B} \subset \mathbb{R}^n$ Bereich, $a(\mathbf{x})$ und $b(\mathbf{x})$ seien zusammen mit a_{x_1} und b_{x_1} stetig in $\mathcal{B}$. Des weiteren seien $f(\mathbf{x}, \xi)$ und $f_{x_1}(\mathbf{x}, \xi)$ stetig in*

$$\mathcal{B}^* := \{(\mathbf{x}, \xi) \in \mathbb{R}^{n+1} |\ \mathbf{x} \in \mathcal{B} \wedge \xi \in [a(\mathbf{x}), b(\mathbf{x})] \cup [b(\mathbf{x}), a(\mathbf{x})]\}\,.$$

Dann gilt die Leibnizsche Differentiationsregel

$$\begin{aligned}(10.15)\quad \frac{\partial}{\partial x_1}\Phi(\mathbf{x}) &= \frac{\partial}{\partial x_1}\left[\int_{a(\mathbf{x})}^{b(\mathbf{x})} f(\mathbf{x}, \xi) d\xi\right] \\ &= \int_{a(\mathbf{x})}^{b(\mathbf{x})} f_{x_1}(\mathbf{x}, \xi) d\xi + b_{x_1}(\mathbf{x}) f(\mathbf{x}, b(\mathbf{x})) - a_{x_1}(\mathbf{x}) f(\mathbf{x}, a(\mathbf{x}))\,.\end{aligned}$$

Beweis: Wir betrachten für

$$\tilde{a} := \max\{a(\mathbf{x}), a(\mathbf{x} + h\mathbf{e}_1)\}, \quad \tilde{b} := \min\{b(\mathbf{x}), b(\mathbf{x} + h\mathbf{e}_1)\}$$

den Fall $\tilde{a} = a(\mathbf{x})$, $\tilde{b} = b(\mathbf{x}+h\mathbf{e}_1)$ mit dem Einheits–Basis–Vektor $\mathbf{e}_1$ zur x–Achse. Jede der anderen drei Möglichkeiten läßt einen entsprechenden Beweis zu. Für den Differenzenquotienten ergibt sich

$$\begin{aligned}\frac{\Phi(\mathbf{x} + h\mathbf{e}_1) - \Phi(\mathbf{x})}{h} &= \frac{1}{h}\int_{\tilde{a}}^{\tilde{b}} [f(\mathbf{x} + h\mathbf{e}_1, \xi) - f(\mathbf{x}, \xi)]\, d\xi \\ &+\frac{1}{h}\int_{a(\mathbf{x}+h\mathbf{e}_1)}^{a(\mathbf{x})} f(\mathbf{x} + h\mathbf{e}_1, \xi)\, d\xi - \frac{1}{h}\int_{b(\mathbf{x}+h\mathbf{e}_1)}^{b(\mathbf{x})} f(\mathbf{x}, \xi)\, d\xi,\end{aligned}$$

und mit dem Mittelwertsatz der Differentialrechnung, Satz 8.28 für den ersten Term sowie dem Mittelwertsatz der Integralrechnung, Satz 6.65 für den zweiten und den dritten Term erhalten wir

$$\begin{aligned}= &\int_{a(\mathbf{x})}^{b(\mathbf{x}+h\mathbf{e}_1)} f_{x_1}(\mathbf{x} + \vartheta_\xi h\mathbf{e}_1, \xi)\, d\xi \\ &+\frac{1}{h}\left(a(\mathbf{x}) - a(\mathbf{x} + h\mathbf{e}_1)\right) f\left(\mathbf{x} + h\mathbf{e}_1, a(\mathbf{x}) + \vartheta_1(a(\mathbf{x} + h\mathbf{e}_1) - a(\mathbf{x}))\right) \\ &-\frac{1}{h}\left(b(\mathbf{x}) - b(\mathbf{x} + h\mathbf{e}_1)\right) f\left(\mathbf{x}, b(\mathbf{x}) + \vartheta_2(b(\mathbf{x} + h\mathbf{e}_1) - b(\mathbf{x}))\right),\end{aligned}$$

wobei $0 < \vartheta_\ell < 1, \ell = 1, 2$. Satz 7.46 stellt sicher, daß die Funktion $f_{x_1}(\mathbf{x}+\vartheta_\xi h\mathbf{e}_1, \xi)$ von ξ stetig abhängt. Bei $h = 0$ sind Grenzen und Integrand also stetig in allen Veränderlichen, so daß der erste Ausdruck rechts nach Satz 10.2 für $h \to 0$ konvergiert. Die Differenzenquotienten in den beiden restlichen Termen konvergieren für $h \to 0$ gegen die entsprechenden Ableitungen $-a_{x_1}$ und $-b_{x_1}$ wegen der vorausgesetzten Differenzierbarkeit von a und b. Folglich konvergiert die Folge der Differenzenquotienten für $h \to 0$; das bedeutet die behauptete Differenzierbarkeit von Φ und die Gültigkeit von Formel (10.4). □

Folgerung 10.6: *Nach Satz 10.2 ist das Integral (10.15) von* $\mathbf{x}$ *stetig abhängig,* $\Phi(\mathbf{x})$ *also* **stetig** *differenzierbar, falls* a, b *und* f *stetig differenzierbar sind.*

Beispiel 10.7: *Das Strömungspotential der Überschallströmung um einen schlanken Rotationskörper, der mit Überschallgeschwindigkeit* $w_0 > a_0$ *fliegt (*a_0 *Schallgeschwindigkeit), ist nach von Karman gegeben durch*

$$\Phi(x,r) = -\int_0^{x-\alpha r} \frac{f(\xi)\,d\xi}{\sqrt{(x-\xi)^2-\alpha^2 r^2}} = \int_{\eta=\operatorname{Ar}\cosh\frac{x}{\alpha r}}^{0} f(x-\alpha r\cosh\eta)\,d\eta,$$

wobei

$$\alpha = \sqrt{\frac{w_0^2}{a_0^2}-1}, \quad \xi = x - \alpha r \cosh\eta.$$

Das Geschwindigkeitsfeld ist dann gegeben durch Φ_x *und* Φ_r*, wobei*

$$\begin{aligned}
\Phi_x &= \int_{\eta=\operatorname{Ar}\cosh\frac{x}{\alpha r}} f'(x-\alpha r\cosh\eta)d\eta - \frac{f(0)}{\sqrt{\frac{x^2}{\alpha^2 r^2}-1}}\frac{1}{\alpha r} \\
&= -\int_0^{x-\alpha r} \frac{f'(\xi)}{\sqrt{(x-\xi)^2-\alpha^2r^2}}d\xi - \frac{f(0)}{\sqrt{x^2-\alpha^2r^2}}, \\
\Phi_r &= -\int_{\eta=\operatorname{Ar}\cosh\frac{x}{\alpha r}}^{0} f'(x-\alpha r\cosh\eta)\alpha\cosh\eta d\eta - \frac{f(0)}{\sqrt{\frac{x^2}{\alpha^2r^2}-1}}\left(-\frac{x}{\alpha r^2}\right) \\
&= \frac{1}{r}\int_0^{x-\alpha r} \frac{f'(\xi)(x-\xi)}{\sqrt{(x-\xi)^2-\alpha^2r^2}}d\xi + \frac{x}{r}\frac{f(0)}{\sqrt{x^2-\alpha^2r^2}}.
\end{aligned}$$

10.2 Mehrfache Integrale

Indem man Integrationen der Gestalt (10.1) mehrfach hintereinander ausführt, erhält man **mehrfache iterierte Integrale**. Diese gestatten eine rekursive Zurückführung auf einfache Integrale, wenn man Integrationen wie folgt mit Hilfe zylinderartiger Bereiche vom ein– bis zum n–dimensionalen Fall aufbaut:

(10.16) $\mathcal{B}_1 := [a,b]$

Auf $\mathcal{B}_1$ seien $\varphi_1, \psi_1 \in C^0(\mathcal{B}_1)$ gegeben mit $\varphi_1(x_1) \le \psi_1(x_1)$.

(10.17) $\mathcal{B}_2 := \{(x_1,x_2)^\top \in \mathbb{R}^2 \mid x_1 \in \mathcal{B}_1 \wedge \varphi_1(x_1) \le x_2 \le \psi_1(x_1)\}$.

Auf $\mathcal{B}_2$ seien $\varphi_2, \psi_2 \in C^0(\mathcal{B}_2)$ gegeben mit $\varphi_2(x_1,x_2) \le \psi_2(x_1,x_2)$.

(10.18) $\mathcal{B}_3 := \{(x_1,x_2,x_3)^\top \in \mathbb{R}^3 \mid (x_1,x_2) \in \mathcal{B}_2 \wedge \varphi_2(x_1,x_2) \le x_3 \le \psi_2(x_1,x_2)\}$

und enstprechend

$$(10.19)\ \mathcal{B}_n := \{(x_1,\ldots,x_n)^\top \in \mathbb{R}^n \mid (x_1,\ldots,x_{n-1})^\top \in \mathcal{B}_{n-1} \wedge \varphi_{n-1}(x_1,\ldots,x_{n-1}) \le x_n \le \psi_{n-1}(x_1,\ldots,x_{n-1})\}.$$

Definition 10.8: *$\mathcal{B}_n$ heißt* **kanonischer Bereich** *bezüglich* $\{x_1, x_2, \ldots, x_n\}$.

Natürlich ist die gewählte Zuordnung von x_1 zu $\mathcal{B}_1$, x_2 zu $\mathcal{B}_2$ etc. in (10.16) bis (10.19) willkürlich gewesen. Genauso könnte man mit dem Intervall für x_2 oder x_n beginnen, zum Beispiel

$$\mathcal{B}_1 := \{x_n \mid x_n \in [a,b]\}; \quad \varphi_1(x_n) \le \psi_1(x_n),$$

$$\mathcal{B}_2 := \{(x_n, x_3) \in \mathbb{R}^2 \mid x_n \in \mathcal{B}_1 \wedge \varphi_1(x_n) \le x_3 \le \psi_1(x_n)\}$$

und so weiter. Hier hätten wir einen kanonischen Bereich bezüglich $\{x_n, x_3, \ldots\}$ definiert.

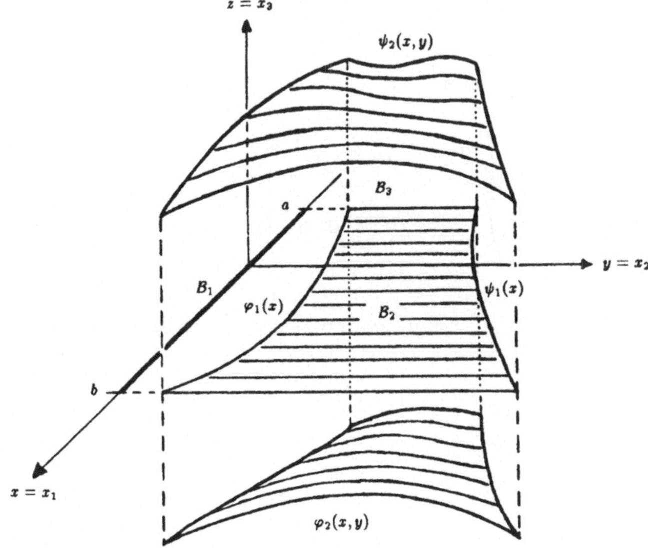

Abbildung 10.1: Skizze eines $\{x, y, z\}$–kanonischen Bereiches.

Definition 10.9: *Sei $\mathcal{B}_n$ kanonischer Bereich bezüglich $\{x_1, x_2, \ldots, x_n\}$ und sei $f \in C^0(\mathcal{B}_n)$. Dann heißt*

$$(10.20)\ \int\limits_{\mathcal{B}_n} f(x_1, x_2, \ldots, x_n)\, dx_n dx_{n-1} \ldots dx_1 :=$$

$$= \int\limits_a^b \int\limits_{\varphi_1(x_1)}^{\psi_1(x_1)} \int\limits_{\varphi_2(x_1,x_2)}^{\psi_2(x_1,x_2)} \cdots \int\limits_{\varphi_{n-1}(x_1,\ldots,x_{n-1})}^{\psi_{n-1}(x_1,\ldots,x_{n-1})} f(x_1, x_2, \ldots, x_n)\, dx_n dx_{n-1} \ldots dx_3 dx_2 dx_1$$

das **n–fach iterierte Integral** *von f über $\mathcal{B}_n$. dabei heißt f* **Integrand** *und $\mathcal{B}_n$* **Integrationsbereich**.

Definition 10.10: *$\mathcal{B} \subset \mathbb{R}^n$ sei kanonischer Bereich. Dann heißt*

$$(10.21)\quad V(\mathcal{B}) := \int_{\mathcal{B}} dx_n \ldots dx_1 = \int_{\mathcal{B}} dV(\mathbf{x})$$

das n–dimensionale **Volumen** *von $\mathcal{B}$ im $\mathbb{R}^n$.*

In der **Mechanik** definiert man mit der Massendichte $\rho(x,y,z)$ die **Masse** des $\mathcal{B}$ ausfüllenden Körpers

$$(10.22)\quad M := \int_{\mathcal{B}} \rho(x,y,z)\, dzdydx.$$

Die **statischen Momente** sind definiert als

$$(10.23)\quad \begin{cases} M_1 = M_x := \displaystyle\int_{\mathcal{B}} x\,\rho(x,y,z)\, dzdydx, \\ M_2 = M_y := \displaystyle\int_{\mathcal{B}} y\,\rho(x,y,z)\, dzdydx, \\ M_3 = M_z := \displaystyle\int_{\mathcal{B}} z\,\rho(x,y,z)\, dzdydx, \end{cases}$$

und der **Schwerpunkt** von $\mathcal{B}$ ist gegeben durch den Ortsvektor

$$(10.24)\quad \mathbf{S} := \frac{1}{M}(M_1, M_2, M_3)^\top.$$

In der Wahrscheinlichkeitsrechnung und Statistik entsprechen M_1, M_2 und M_3 den Erwartungswerten.

Beispiel 10.11: *Der Kreiskegel vom Radius R und der Höhe h als $\{x,y,z\}$–kanonischer Bereich $\mathcal{B}_3$,*

$$\begin{aligned}
\mathcal{B}_1 &:= \{x \in \mathbb{R} \mid -R \le x \le R\}, \\
&\quad\ \varphi_1(x) = -\sqrt{R^2-x^2}, \quad \psi_1(x) = \sqrt{R^2-x^2}, \\
\mathcal{B}_2 &:= \{(x,y) \in \mathbb{R}^2 \mid x \in \mathcal{B}_1 \wedge -\sqrt{R^2-x^2} \le y \le \sqrt{R^2-x^2}\}, \\
&\quad\ \varphi_2(x,y) = 0, \quad \psi_2(x,y) = h - \frac{h}{R}\sqrt{x^2+y^2}, \\
\mathcal{B}_3 &:= \{(x,y,z) \in \mathbb{R}^3 \mid (x,y) \in \mathcal{B}_2 \wedge 0 \le z \le h - \frac{h}{R}\sqrt{x^2+y^2}\}.
\end{aligned}$$

mit dem Volumen

$$
\begin{aligned}
V &= \int\limits_{x=-R}^{R} \int\limits_{y=-\sqrt{R^2-x^2}}^{\sqrt{R^2-x^2}} \int\limits_{z=0}^{h-\frac{h}{R}\sqrt{x^2+y^2}} dzdydx \\
&= \int\limits_{x=-R}^{R} \int\limits_{y=-\sqrt{R^2-x^2}}^{\sqrt{R^2-x^2}} \left[h - \frac{h}{R}\sqrt{x^2+y^2}\right] dydx \\
&= \int\limits_{x=-R}^{R} \left[hy - \frac{h}{R}(\frac{y}{2}\sqrt{x^2+y^2} + \frac{x^2}{2}\ln(y+\sqrt{x^2+y^2}))\right]_{y=-\sqrt{R^2-x^2}}^{\sqrt{R^2-x^2}} dx \\
&= 2h\int_0^R \left[\sqrt{R^2-x^2} - \frac{x^2}{2R}\ln\frac{R+\sqrt{R^2-x^2}}{R-\sqrt{R^2-x^2}}\right] dx\,.
\end{aligned}
$$

Mit der Variablentransformation $x = R\sin\varphi$ *und* $dx = R\cos\varphi d\varphi$ *erhalten wir*

$$
V = R^2 2h \int_{\varphi=0}^{\frac{\pi}{2}} \left[\cos^2\varphi - \frac{1}{2}\sin^2\varphi\cos\varphi\cdot\ln(\frac{1+\cos\varphi}{1-\cos\varphi})\right] d\varphi
$$

und mit partieller Integration

$$
\begin{aligned}
V &= 2hR^2\left[\frac{\pi}{4} - \frac{1}{6}\sin^3\varphi\ln\frac{1+\cos\varphi}{1-\cos\varphi}\bigg|_0^{\frac{\pi}{2}} - \frac{2}{6}\int_0^{\frac{\pi}{2}}\sin^2\varphi d\varphi\right] \\
&= 2hR^2\frac{\pi}{4}\left[1-\frac{1}{3}\right] = \frac{1}{3}\pi hR^2.
\end{aligned}
$$

Für mehrfache Integrale gelten bezüglich Parameterabhängigkeit die folgenden Analoga zu den Sätzen 10.2 und 10.5.

Satz 10.12: *Sei* $\mathcal{B}_m \subset \mathbb{R}^m$ *ein beliebiger Bereich,* $\mathcal{B}_n \subset \mathbb{R}^n$ *ein kanonischer Bereich und* $f = f(x_1,\ldots,x_m;y_1,\ldots,y_n)$ *sei stetig in* $\mathcal{B}_m \times \mathcal{B}_n$. *Dann ist das parameterabhängige Integral*

$$
\begin{aligned}
(10.25)\quad \Phi(x_1,\ldots,x_m) &:= \int\limits_{\mathcal{B}_n} f(x_1,\ldots,x_m;y_1,\ldots,y_n)dy_n\ldots dy_1 \\
&= \int\limits_{\mathcal{B}_n} f(\mathbf{x},\mathbf{y})dV(\mathbf{y})
\end{aligned}
$$

stetig in $\mathcal{B}_m$.

Satz 10.13: *Zusätzlich zu den Voraussetzungen zu Satz 10.12 sei die partielle Ableitung* f_{x_j} *stetig in* $\mathcal{B}_m \times \mathcal{B}_n$. *Dann gilt*

$$
\begin{aligned}
(10.26)\quad &\frac{\partial}{\partial x_j}\int\limits_{\mathcal{B}_n} f(x_1,\ldots,x_m;y_1,\ldots,y_n)\,dy_n\cdots dy_1 = \\
&= \int\limits_{\mathcal{B}_n}\frac{\partial f}{\partial x_j}(x_1,\ldots,x_m;y_1,\ldots,y_n)\,dy_n\cdots dy_1 = \int\limits_{\mathcal{B}_n}\frac{\partial f}{\partial x_j}(\mathbf{x},\mathbf{y})\,dV(\mathbf{y}).
\end{aligned}
$$

Bemerkung 10.14: *In* (10.25) *hängen die Integrationsgrenzen bzw.* $\mathcal{B}_n$ *nicht von* $x_1, \ldots, x_m$ *ab. Für parameterabhängige Gebietsgrenzen werden wir das* n*–dimensionale Analogon zur Leibnizschen Differentiationsregel erst viel später formulieren und beweisen können, wenn Oberflächenintegrale eingeführt worden sind.*

Im Falle von **konstanten** Funktionen φ_j und ψ_j in (10.19) etc., das heißt im Falle eines Quaders

(10.27) $\mathcal{B}_n = [a_1, b_1] \times [a_2, b_2] \times \ldots \times [a_n, b_n]$

stellt sich die Frage, ob der Wert des Integrals unabhängig davon ist, **wie** $\mathcal{B}_n$ als kanonischer Bereich aufgebaut wird, denn ein Quader $\mathcal{B}_n$ ist kanonisch bezüglich **jeder** Anordnung von $\{x_1, \ldots, x_n\}$. Wir werden auf diese Frage mit dem Satz von Fubini weiter unten zurückkommen.

10.3 Intervalle im $\mathbb{R}^n$

In Verallgemeinerung der Intervallsysteme im Abschnitt 6.4.1 nennen wir $I \subset \mathbb{R}^n$ ein **Intervall** (oder **Quader**), wenn

(10.28) $I = \prod_{j=1}^{n} I^{(j)}$ mit Intervallen $I^{(j)} \subset \mathbb{R}$ für jedes $j = 1, \ldots, n$.

Jedes Intervall $I^{(j)}$ in $\mathbb{R}$ hat die jeweiligen unteren und oberen Intervallenden a_j und b_j; der Vektor $\mathbf{a} = (a_1, \ldots, a_n)^\top \in \mathbb{R}^n$ heißt **unterer** und der Vektor $\mathbf{b} = (b_1, \ldots, b_n)^\top \in \mathbb{R}^n$ **oberer Eckpunkt** von I.
Für Mengensysteme $\mathfrak{I}$ von Intervallen I_ρ, bei denen ρ eine Indexmenge Ω durchläuft,

$$\mathfrak{I} := \{I_\rho \subset \mathbb{R}^n \mid \forall \rho \in \Omega : I_\rho \text{ Intervall}\},$$

gelten Lemma 6.27 und Satz 6.28 auch im $\mathbb{R}^n$. Folglich können wir zu einem quaderförmigen Definitionsbereich $I \subset \mathbb{R}^n$ wie in einer Dimension Zerlegungen $\mathcal{Z} = \{I_\rho\}$ von I durch paarweise disjunkte n–dimensionale Teilintervalle I_ρ für $\rho = 1, \ldots, m$ mit $I = \cup_{\rho=1}^m I_\rho$ und $I_\rho \cap I_\sigma = \emptyset$ für $\rho \neq \sigma$ definieren sowie auf $\mathcal{Z}$ Treppenfunktionen $f : I \to \mathbb{R}$ untersuchen, die durch die Eigenschaft

(10.29) $f(\mathbf{x}) = f_\rho$ für alle $\mathbf{x} \in I_\rho$, $\rho = 1, \ldots, m$

definiert sind. Des weiteren ist für einen beschränkten Quader oder Intervall sein **Volumen** oder **Maß** durch

(10.30) $V(I) := \prod_{j=1}^{n} (b_j - a_j)$

in sinnvoller Weise entsprechend unserer Anschauung definiert und stimmt für den Integranden 1 mit unserer Definition des n–fachen Integrals auf dem kanonischen Bereich I überein. (10.30) geht für $n = 1$ in die in Kapitel 6 getroffene Definition über.

10.4 Das Cauchy–Integral im $\mathbb{R}^n$

Genauso wie im Eindimensionalen sind für ein beschränktes n–dimensionales Intervall I als Definitionsbereich die stetigen Funktionen $C^0(I)$, die Regelfunktionen $\overline{\mathcal{E}}(I)$ und die beschränkten Funktionen $\mathcal{F}(I)$ versehen mit der Supremum–Norm $\|\cdot\|_{\mathcal{F}}$ Banachräume mit $C^0(I) \subset \overline{\mathcal{E}}(I) \subset \mathcal{F}(I)$. Die Regelfunktionen sind wieder durch (6.19) definiert, wobei nun $[a, b]$ durch I zu ersetzen ist. Für eine Treppenfunktion $f \in \mathcal{E}(I)$ ist das mehrfache Integral durch

$$(10.31)\quad \int_I f(\mathbf{x})\, dV(\mathbf{x}) := \sum_{\rho=1}^{M} f_\rho V(I_\rho) \quad \text{für eine zu } f \text{ gehörende Zerlegung } \mathcal{Z}$$

wohldefiniert und hat (sinngemäß) wieder alle in Satz 6.5 zusammengestellten Eigenschaften. Folglich kann man auf I für jede Regelfunktion $f \in \overline{\mathcal{E}}$ das **Cauchy–Integral** wie in Satz 6.10 einführen:

$$(10.32)\quad \int_I f(\mathbf{x})\, dV(\mathbf{x}) = \lim_{j\to\infty} \int_I f_j(\mathbf{x})\, dV(\mathbf{x}).$$

Hierbei ist $f_j \in \mathcal{E}$ irgendeine Folge von Treppenfunktionen mit

$$\|f - f_j\|_{\mathcal{F}(I)} \to 0 \quad \text{für } j \to \infty.$$

Für das Cauchy–Integral im $\mathbb{R}^n$ gilt Satz 6.12. Entsprechend Satz 6.13 erweist sich jede auf einem kompakten Intervall I stetige Funktion als Regelfunktion.

10.5 Das Riemann–Integral im $\mathbb{R}^n$

Da die Definition von Ober– und Unterfunktionen zu einer Intervallzerlegung $\mathcal{Z} = \{I_\rho\}$ von I wie in Definition (6.20) durch

$$(10.33)\quad \overline{f}(x) := \sup_{\xi\in I_\rho} f(\xi), \quad \underline{f}(x) := \inf_{\xi\in I_\rho} f(\xi) \quad \text{für } x \in I_\rho,\ \rho = 1, \ldots, M$$

gegeben werden kann, sind für jede beschränkte Funktion $f \in \mathcal{F}(I)$ Ober– und Untersummen entsprechend (6.26) und (6.27) durch

$$S(\mathcal{Z}, f) = \int_I \overline{f}(\mathbf{x})\, dV(\mathbf{x}) := \sum_{\rho=1}^{M} \overline{f}_{|I_\rho} V(I_\rho)$$

und

$$s(\mathcal{Z}, f) = \int_I \underline{f}(\mathbf{x})\, dV(\mathbf{x}) := \sum_{\rho=1}^{M} \underline{f}_{|I_\rho} V(I_\rho)$$

definiert. Bei einer Verfeinerung der Zerlegung $\mathcal{Z}$ nimmt die Obersumme allenfalls ab und die Untersumme allenfalls zu. Demnach sind wieder **Riemannsches Oberintegral** durch

$$J^*(f) := \int_I f(\mathbf{x})\, d\mathbf{x} := \inf\{S(\mathcal{Z}, f) \mid \mathcal{Z} \text{ Zerlegung von } I \text{ für } f\}$$

und **Riemannsches Unterintegral** durch

$$J_*(f) := \int_I f(\mathbf{x})\, d\mathbf{x} := \sup\{s(\mathcal{Z}, f) \mid \mathcal{Z} \text{ Zerlegung von } I \text{ für } f\}$$

wohldefiniert, und die Funktion $f \in \mathcal{F}(I)$ heißt **Riemann-integrierbar** genau dann, wenn (6.30) gilt. Der dann gemeinsame Wert von Ober– und Unterintegral

$$\int_I f(\mathbf{x})\, d\mathbf{x} := J^*(f) = J_*(f)$$

heißt das n–dimensionale **Riemann–Integral** . Satz 6.25, der besagt, daß jede Regelfunktion auf I auch Riemann–integrierbar ist und daß dann Cauchy– und Riemann–Integral gleich sind, gilt auch hier für $n > 1$. Der im Eindimensionalen geführte Beweis läßt sich leicht übertragen.

10.6 Lebesgue–meßbare Mengen im $\mathbb{R}^n$

Für Intervalle $I \subset \mathbb{R}^n$ haben wir mit (10.30) ihr n–dimensionales Volumen $|I| := V(I)$ definiert. Dann können wir auch die Definition 6.29 des **äußeren Lebesgue–Maßes** einer beliebigen Menge $A \subset \mathbb{R}^n$ entsprechend treffen:

$$(10.34)\quad V(A) := \inf\left\{\sum_{i=1}^{\infty} |I_i| \;\middle|\; \bigcup_{i=1}^{\infty} I_i \supset A\right\},$$

wobei die I_i ein System n–dimensionaler Intervalle bilden.

Satz 6.14 gilt ohne Änderung: *Das äußere n–dimensionale Lebesgue–Maß ist nichtnegativ, monoton und σ–additiv. Jede abzählbare Vereinigung von n–dimensionalen Null–Mengen ist n–dimensionale Null–Menge.*

Folglich können Lebesgue–Meßbarkeit mit Definition 6.32 und die Klasse $\mathcal{L}$ der n–dimensionalen Lebesgue–meßbaren Mengen entsprechend definiert werden. (Dabei ersetzen wir λ durch V im $\mathbb{R}^n$). Satz 6.36, der Hauptsatz über das Lebesgue–Maß, bleibt wörtlich auch im $\mathbb{R}^n$ gültig. **$\mathcal{L}$ ist also wieder eine σ–Algebra.** Schließlich erweisen sich im $\mathbb{R}^n$ offene sowie abgeschlossene Mengen und G_δ–Mengen als n–dimensional meßbar, auch **Satz 6.38 bleibt im $\mathbb{R}^n$ gültig**.

10.7 Das Lebesgue–Integral im $\mathbb{R}^n$

Im folgenden sei $\mathcal{D} \subset \mathbb{R}^n$ ein fest gewähltes abgeschlossenes n–dimensionales Intervall und gemeinsamer Definitionsbereich aller betrachteten Funktionen. Mit $\mathcal{E}(\mathcal{D})$ wird wie in Abschnitt 6.4.3 der Vektorraum aller Funktionen $\varphi \in \mathcal{F}(\mathcal{D})$ bezeichnet, zu denen es jeweils ein kompaktes n–dimensionales Intervall I_φ gibt, so daß $\varphi_{|I_\varphi} \in \mathcal{E}(I_\varphi)$, das heißt dort ist φ Treppenfunktion und verschwindet außerhalb I_φ identisch. M_+ ist definiert wie in (6.60), das heißt für $f \in M_+$ existiert eine Folge von Treppenfunktionen $\{\varphi_k\}_{k\in\mathbb{N}} \subset \mathcal{E}(\mathcal{D})$ mit

(10.35) $0 \leq \varphi_k(x) \leq \varphi_{k+1}(x)$ für jedes $k \in \mathbb{N}$ und $x \in \mathcal{D}$,

so daß

(10.36) $f(x) = \lim_{k\to\infty} \varphi_k(x)$ für fast alle $x \in \mathcal{D}$.

"Fast alle" $x \in \mathcal{D}$ heißt nun für alle $x \in \mathcal{D} \setminus \mathcal{N}$ mit einer Menge $\mathcal{N}$ vom n–dimensionalen Maß Null.

Satz 6.40, der erste Hauptsatz von Lebesgue, gilt auch im $\mathbb{R}^n$; sein Beweis bleibt **wörtlich** richtig, wenn wir nur beachten, daß für eine Treppenfunktion η_j im $\mathbb{R}^n$ die Punktmenge $\{\mathbf{x}|\eta_j$ unstetig in $x\}$ das n–dimensionale Lebesgue–Maß Null hat. Nach Lebesgue ist durch (6.64) auch das n–dimensionale Lebesgue–Integral und L_+, die Menge aller positiven summierbaren Funktionen definiert. Lemma 6.43 bleibt wörtlich gültig; das heißt, zu $f \in L_+(\mathcal{D})$ wähle man eine monoton steigende Folge von Treppenfunktionen $\varphi_k \in \mathcal{E}(\mathcal{D})$ mit (10.35) und (10.36), dann konvergiert die monoton steigende Folge von Integralen aufgrund des Monotoniekriteriums in $\mathbb{R}$ gegen das Lebesgue–Integral von f

(10.37) $0 \leq \lim_{k\to\infty} \int_D \varphi_k(\mathbf{x})\, dV(\mathbf{x}) = \int_D f(\mathbf{x})\, dV(\mathbf{x}) < \infty.$

Auch der Approximationssatz von Lebesgue , Satz 6.46, ist im $\mathbb{R}^n$ gültig; sein Beweis bleibt im $\mathbb{R}^n$ wörtlich der gleiche. Das bedeutet, daß M_+ mit den auf $\mathcal{B}$ nichtnegativen meßbaren Funktionen übereinstimmt, und $M(\mathcal{D})$ wird durch (6.69) definiert. Also heißt auch im $\mathbb{R}^n$ eine Funktion $f : \mathcal{D} \to \mathbb{R}$ **Lebesgue–integrierbar** oder **summierbar**, wenn $f = f^+ - f^-$ mit $f^+, f^- \in L_+$, und für $f \in L$ ist durch

(10.38) $\int_{\mathcal{D}} f(\mathbf{x})\, dV(\mathbf{x}) = \int_{\mathcal{D}} f^+(\mathbf{x})\, dV(\mathbf{x}) - \int_{\mathcal{D}} f^-(\mathbf{x})\, dV(\mathbf{x})$

das n–dimensionale Lebesgue–Integral gegeben. Ersetzt man also die ein– durch die n–dimensionalen Intervalle, so ist klar, daß die Abschnitte 6.4.5, 6.4.6 und 6.5.1 für das n–dimensionale Lebesgue–Integral gültig bleiben, man ersetze nur "dx" durch "$dV(\mathbf{x})$" und λ durch V.

Zusammenfassung: Die Sätze von Beppo Levi (Satz 6.54 und Korollare 6.55 und 6.56), von Lebesgue über die majorisierte Konvergenz (Satz 6.57) und das Lemma von Fatou (Lemma 6.58) gelten auch im $\mathbb{R}^n$. Auch die Sätze und Lemmata 6.59, 6.62 und 6.64 bleiben im $\mathbb{R}^n$ unverändert gültig.

10.8 Der Satz von Fubini

Am Schluß von Abschnitt 10.2 hatten wir bereits bei n-fach iterierten Integralen die Frage aufgeworfen, ob dabei die Integrationsreihenfolge wesentlich ist. Wir zeigen zunächst, daß die Integrationsreihenfolge bei Treppenfunktionen keine Rolle spielt.

Satz 10.15 von Fubini für Treppenfunktionen :
Die Funktion $\varphi : \mathcal{B}_n \times \mathcal{B}'_m \to \mathbb{R}$ sei auf $\mathcal{B} := \mathcal{B}_n \times \mathcal{B}'_m$ Treppenfunktion, und $\mathcal{B}_n \subset \mathbb{R}^n$,$\mathcal{B}'_m \subset \mathbb{R}^m$ seien n– bzw. m–dimensionale Intervalle. V_n bzw. V_m und V seien die zugehörigen n– bzw. m– bzw. $(n+m)$–dimensionalen Maße. Dann gelten:

i. Die Funktion $\varphi_{(\mathbf{x})}(\mathbf{y}) := \varphi(\mathbf{x},\mathbf{y})$ ist für jedes $\mathbf{x} \in \mathcal{B}_n$ eine Treppenfunktion auf $\mathcal{B}'_m$.

ii. Für jedes $\mathbf{x} \in \mathcal{B}_n$ existiert

$$(10.39)\quad F(\mathbf{x}) = \int_{\mathcal{B}'_m} \varphi(\mathbf{x},\mathbf{y})\, dV_m(\mathbf{y}) \quad \text{und } F \in \mathcal{E}(\mathcal{B}_n).$$

iii. Es gilt

$$(10.40)\quad \int_{\mathcal{B}_n} \left[\int_{\mathcal{B}'_m} \varphi(\mathbf{x},\mathbf{y})\, dV_m(\mathbf{y}) \right] dV(\mathbf{x}) = \int_{\mathcal{B}} \varphi(\mathbf{x},\mathbf{y})\, dV(\mathbf{x},\mathbf{y}).$$

Beweis: Zu $\varphi \in \mathcal{E}(\mathcal{B})$ existiert eine Zerlegung in M paarweise disjunkte $(n+m)$–dimensionale Teilintervalle I_ρ, so daß gilt

$$\mathcal{B} = \bigcup_{\rho=1}^{M} I_\rho \quad \text{und } \varphi(\mathbf{x},\mathbf{y}) = \sum_{\rho=1}^{M} f_\rho \chi_{I_\rho}(\mathbf{x},\mathbf{y})$$

mit den charakteristischen Funktionen

$$\chi_{I_\rho}(\mathbf{x},\mathbf{y}) = \begin{cases} 1 & \text{für } (\mathbf{x},\mathbf{y}) \in I_\rho \\ 0 & \text{sonst.} \end{cases}$$

Jedes Intervall I_ρ läßt sich als Produktmenge

$$I_\rho = I_{\rho n} \times I_{\rho m} \quad \text{mit } I_{\rho n} \subset \mathcal{B}_n,\ I_{\rho m} \subset \mathcal{B}'_m$$

schreiben, wobei

$$I_\rho = \prod_{j=1}^{n+m} I_\rho^{(j)}, \quad I_{\rho n} = \prod_{j=1}^{n} I_\rho^{(j)}, \quad I_{\rho m} = \prod_{j=1}^{m} I_\rho^{(n+j)}.$$

Außerdem rechnet man sofort die Beziehung

$$\chi_{I_\rho}(\mathbf{x},\mathbf{y}) = \chi_{I_{\rho n}}(\mathbf{x}) \cdot \chi_{I_{\rho m}}(\mathbf{y})$$

nach. Folglich ist die Funktion

$$\varphi_{(\mathbf{x})}(\mathbf{y}) = \sum_{\rho=1}^{M} \left(f_\rho \chi_{I_{\rho n}}(\mathbf{x})\right) \cdot \chi_{I_{\rho m}}(\mathbf{y})$$

für jedes feste $\mathbf{x} \in \mathcal{B}_n$ eine Treppenfunktion auf $\mathcal{B}'_m$.
Aus der Definition (10.31) ergibt sich für jedes $\mathbf{x} \in \mathcal{B}_n$

$$\begin{aligned} F(\mathbf{x}) &= \int_{\mathcal{B}'_m} \varphi_{(\mathbf{x})}(\mathbf{y})\, dV_m(\mathbf{y}) = \sum_{\rho=1}^{M} \int_{\mathcal{B}'_m} \left(f_\rho \chi_{I_{\rho n}}(\mathbf{x})\right) \chi_{I_{\rho m}}(\mathbf{y})\, dV_m(\mathbf{y}) \\ &= \sum_{\rho=1}^{M} f_\rho V_m(I_{\rho m}) \chi_{I_{\rho n}}(\mathbf{x}). \end{aligned}$$

Demnach ist $F \in \mathcal{E}(\mathcal{B}_n)$, das heißt Treppenfunktion auf $\mathcal{B}_n = \bigcup_{\rho=1}^{M} I_{\rho n}$. Integration der Treppenfunktion F liefert

$$\text{(10.41)} \quad \begin{aligned} \int_{\mathcal{B}_n} F(\mathbf{x})\, dV_n(\mathbf{x}) &= \sum_{\rho=1}^{M} f_\rho V_m(I_{\rho m}) \int_{\mathcal{B}_n} \chi_{I\rho n}(\mathbf{x})\, dV_n(\mathbf{x}) \\ &= \sum_{\rho=1}^{M} f_\rho V_m(I_{\rho m}) \cdot V_n(I_{\rho n}). \end{aligned}$$

Ist $\mathbf{a} = (a_1, \ldots, a_{n+m})^\top$ untere und $\mathbf{b} = (b_1, \ldots, b_{n+m})^\top$ obere Ecke von I_ρ, so sind $(a_1, \ldots, a_n)^\top$ und $(b_1, \ldots, b_n)^\top$ sowie $(a_{n+1}, \ldots, a_{n+m})^\top$ und $(b_{n+1}, \ldots, b_{n+m})^\top$ die unteren und oberen Ecken zu $I_{\rho n}$ bzw. $I_{\rho m}$. Dann folgt aus (10.31)

$$V(I_\rho) = \prod_{j=1}^{n+m} (b_j - a_j) = \prod_{j=1}^{n} (b_j - a_j) \prod_{k=1}^{m} (b_{n+k} - a_{n+k}) = V_n(I_{\rho n}) \cdot V_m(I_{\rho m}).$$

Setzt man dies in (10.41) ein, so folgt

$$\begin{aligned} \int_{\mathcal{B}_n} \left[\int_{\mathcal{B}'_m} \varphi(\mathbf{x},\mathbf{y})\, dV_m(\mathbf{y})\right] dV_n(\mathbf{x}) &= \sum_{\rho=1}^{M} f_\rho V(I_\rho) \\ &= \sum_{\rho=1}^{M} f_\rho \int_{\mathcal{B}} \chi_{I_\rho}(\mathbf{x},\mathbf{y}) dV(\mathbf{x},\mathbf{y}) = \int_{\mathcal{B}} \varphi(\mathbf{x},\mathbf{y})\, dV(\mathbf{x},\mathbf{y}), \end{aligned}$$

die behauptete Gleichung (10.40). □

Lemma 10.16: *$\mathcal{N}_{n+m} \subset \mathcal{B} \subset \mathbb{R}^{n+m}$ sei $(n+m)$–dimensionale Nullmenge und $\mathcal{B} = \mathcal{B}_n \times \mathcal{B}'_m$ ein $(n+m)$–dimensionales Intervall. Dann existiert eine n–dimensionale Nullmenge $\mathcal{N}_n \subset \mathcal{B}_n$, mit $V_n(\mathcal{N}_n) = 0$, so daß für jedes $\mathbf{x} \in \mathcal{B}_n \setminus \mathcal{N}_n$ die zugehörige m–dimensionale Menge*

$$\text{(10.42)} \quad \mathcal{N}_{(\mathbf{x})} := \{\mathbf{y} \in \mathcal{B}'_m | (\mathbf{x},\mathbf{y}) \in \mathcal{N}_{n+m}\}$$

Nullmenge in $\mathcal{B}'_m$ ist: $V_m(\mathcal{N}_{(\mathbf{x})}) = 0$.

Beweis: Nach Definition 6.29 des äußeren Lebesgue–Maßes existiert zu $\mathcal{N}_{n+m}$ und zu irgendeiner vorgegebenen Zahl $\ell \in \mathbb{N}$ eine abzählbare Familie von $(n+m)$–dimensionalen Intervallen $\{I_{j(\ell)}\}_{j\in\mathbb{N}}$, so daß

$$\mathcal{N}_{n+m} \subset \bigcup_{j=1}^{\infty} I_{j(\ell)} \quad \text{und} \quad \sum_{j=1}^{\infty} V(I_{j(\ell)}) < \frac{1}{\ell}.$$

Hierbei bezeichnet V das $(n+m)$–dimensionale Lebesgue–Maß. Nach Satz 10.15 ist dann

$$h_k^{(\ell)}(\mathbf{x}) := \sum_{j\leq k} \int_{\mathcal{B}'_m} \chi_{I_{j(\ell)}}(\mathbf{x},\mathbf{y})\, dV_m(\mathbf{y}) \leq h_{k+1}^{(\ell)}(\mathbf{x}), \quad k \in \mathbb{N},$$

eine Folge von Treppenfunktionen auf $\mathcal{B}'_n$, die zudem nach Definition nichtnegativ und monoton wachsend ist. Des weiteren gilt wegen (10.40) in Satz 10.15

$$\int_{\mathcal{B}_n} h_k^{(\ell)}(\mathbf{x})\, dV_n(\mathbf{x}) = \sum_{j\leq k} \int_{\mathcal{B}} \chi_{I_{j(\ell)}}(\mathbf{x},\mathbf{y})\, dV(\mathbf{x},\mathbf{y}) = \sum_{j=1}^{k} V(I_{j(\ell)}) < \frac{1}{\ell}$$

für alle $k \in \mathbb{N}$. Also konvergieren die Funktionen $h_k^{(\ell)}(\mathbf{x})$ nach dem Satz 6.54 von Beppo Levi für alle $\mathbf{x} \in \mathcal{B}_n \backslash \mathcal{N}_{n(\ell)}$ gegen eine in $\mathcal{B}_n$ summierbare Funktion $h^{(\ell)}(\mathbf{x})$:

$$h^{(\ell)} \in L_+(\mathcal{B}_n) \text{ mit } \lim_{k\to\infty} h_k^{(\ell)}(\mathbf{x}) = h^{(\ell)}(\mathbf{x}) \text{ für } \mathbf{x} \in \mathcal{B}_n \setminus \mathcal{N}_{n(\ell)}\,,\ V_n(\mathcal{N}_{n(\ell)}) = 0,$$

$$(10.43)\quad \lim_{k\to\infty} \int_{\mathcal{B}_n} h_k^{(\ell)}(\mathbf{x})\, dV_n(\mathbf{x}) = \int_{\mathcal{B}_n} h^{(\ell)}(\mathbf{x})\, dV_n(\mathbf{x}) \leq \frac{1}{\ell}.$$

Für jedes $\ell \in \mathcal{N}$ erhalten wir demnach eine nichtnegative Funktion $h^{(\ell)} \in L_+(\mathcal{B}_n)$. Nach dem Lemma 6.58 von Fatou folgt des weiteren für $\ell \to \infty$ aus (10.43)

$$\varliminf_{\ell\to\infty} h^{(\ell)}(\mathbf{x}) = 0 \quad \text{für alle} \mathbf{x} \in \mathcal{B}_n \setminus \mathcal{N}_{n(0)}$$

mit einer geeigneten n–dimensionalen Nullmenge $\mathcal{N}_{n(0)}$, $V_n(\mathcal{N}_{n(0)}) = 0$. Wir wählen nun

$$\mathcal{N}_n := \bigcup_{\ell=0}^{\infty} \mathcal{N}_{n(\ell)},$$

dann ist $V_n(\mathcal{N}_n) = 0$ nach (6.42). Nun sei $\mathbf{x} \in \mathcal{B}_n \setminus \mathcal{N}_n$. Dann gilt für jedes $\ell \in \mathbb{N}$

$$\begin{aligned}(10.44)\quad \mathcal{N}_{(\mathbf{x})} &= \{\mathbf{y} \in \mathcal{B}_m | (\mathbf{x},\mathbf{y}) \in \mathcal{N}_{n+m}\} \\ &\subset \{\mathbf{y} \in \mathcal{B}'_m | (\mathbf{x},\mathbf{y}) \in \bigcup_{j=1}^{\infty} I_{j(\ell)}\} = \{\mathbf{y} \in \mathcal{B}'_m | (\mathbf{x},\mathbf{y}) \in \bigcup_{j\in J(\ell)} I_{j(\ell)}\},\end{aligned}$$

wobei die Indexmenge durch $J(\ell) = \{j \in \mathbb{N} | (\mathbf{x},\mathbf{y}) \in I_{j(\ell)}\}$ gegeben ist.

Wenn $\mathcal{N}_{(\mathbf{x})} \neq \emptyset$, dann ist $J(\ell) \neq \emptyset$. Außerdem gilt für $j \in J(\ell)$ wegen $(\mathbf{x},\mathbf{y}) \in I_{j(\ell)}$ auch $\mathbf{x} \in I_{jn(\ell)}$ und damit $\chi_{I_{jn(\ell)}}(\mathbf{x}) = 1$. Aus (10.44) entnehmen wir deshalb

$$\begin{aligned} V_m(\mathcal{N}_{(\mathbf{x})}) &\le \sum_{j\in J(\ell)} V_m(I_{jm(\ell)}) = \sum_{j\in J(\ell)} \chi_{I_{jn(\ell)}}(\mathbf{x}) \int_{\mathcal{B}'_m} \chi_{I_{jm(\ell)}}(\mathbf{y})\, dV_m(\mathbf{y}) \\ &\le \int_{\mathcal{B}'_m} \left[\sum_{j\in J(\ell)} \chi_{I_{j(\ell)}}(\mathbf{x},\mathbf{y})\right] dV_m(\mathbf{y}) \\ &\le \int_{\mathcal{B}'_m} \left[\sum_{j=1}^{\infty} \chi_{I_{j(\ell)}}(\mathbf{x},\mathbf{y})\right] dV_m(\mathbf{y}) = \lim_{k\to\infty} h_k^{(\ell)}(\mathbf{x}) = h^{(\ell)}(\mathbf{x}) \end{aligned}$$

wegen $\mathbf{x} \notin \mathcal{N}_{n(\ell)}$, und diese Ungleichung gilt für **jedes** $\ell \in \mathbb{N}$. Wegen $\mathbf{x} \notin \mathcal{N}_{n(0)}$ folgt daraus

$$0 \le V_m(\mathcal{N}_{(\mathbf{x})}) \le \lim_{\ell\to\infty} h^{(\ell)}(\mathbf{x}) = 0,$$

falls $\mathcal{N}_{(\mathbf{x})} \neq \emptyset$. Ist $\mathcal{N}_{(\mathbf{x})} = \emptyset$, so ist nach (6.38) ebenfalls $V_m(\mathcal{N}_{(\mathbf{x})}) = 0$. □

Satz 10.17 von Fubini: *Die Funktion* $f : \mathcal{B}_n \times \mathcal{B}'_m \to \mathbb{R}$ *sei summierbar in* $\mathcal{B} := (\mathcal{B}_n \times \mathcal{B}'_m) \subset \mathbb{R}^{n+m}$ *und* $\mathcal{B}_n \subset \mathbb{R}^n$, $\mathcal{B}'_m \subset \mathbb{R}^m$ *seien* n*– bzw.* m*–dimensionale gegebene Intervalle sowie* V_n *bzw.* V_m *die* n*– bzw.* m*–dimensionalen Lebesgue–Maße,* V *das* $(n+m)$*–dimensionale Lebesgue–Maß. Dann gelten:*

i. Die Funktion $f_{(\mathbf{x})}(\mathbf{y}) := f(\mathbf{x},\mathbf{y})$ *gehört zu* $L(\mathcal{B}'_m)$ *für jedes* $\mathbf{x}$ *außerhalb einer* n*–dimensionalen Nullmenge* $\mathcal{N}_n \subset \mathcal{B}_n$.

ii. Für jedes $\mathbf{x} \in \mathcal{B}_n \setminus \mathcal{N}_n$ *existiert*

$$(10.45)\quad F(\mathbf{x}) := \int_{\mathcal{B}'_m} f(\mathbf{x},\mathbf{y})\, dV_m(\mathbf{y}) \quad \text{und } F \in L(\mathcal{B}_n).$$

iii. Es gilt

$$(10.46)\quad \int_{\mathcal{B}_n} \left[\int_{\mathcal{B}'_m} f(\mathbf{x},\mathbf{y})\, dV_m(\mathbf{y})\right] dV_n(\mathbf{x}) = \int_{\mathcal{B}} f(\mathbf{x},\mathbf{y})\, dV(\mathbf{x},\mathbf{y}).$$

Beweis: Wir betrachten zunächst $f \in L_+(\mathcal{B})$. Dann existiert nach Definition der positiven summierbaren Funktionen eine monoton steigende Folge von Treppenfunktionen

$$0 \le \varphi_k(\mathbf{x},\mathbf{y}) \le \varphi_{k+1}(\mathbf{x},\mathbf{y}) \le f(\mathbf{x},\mathbf{y}),$$

für die

$$\lim_{k\to\infty} \varphi_k(\mathbf{x},\mathbf{y}) = f(\mathbf{x},\mathbf{y})$$

gilt für alle $(\mathbf{x},\mathbf{y}) \in \mathcal{B}\setminus\mathcal{N}_{n+m}$ mit $V(\mathcal{N}_{n+m}) = 0$. Bei festgehaltenem $\mathbf{x} \in \mathcal{B}_n \setminus \mathcal{N}_n$ mit der n–dimensionalen Nullmenge aus Lemma 10.16 folgt daraus die Konvergenz der Treppenfunktionen $\varphi_{k(\mathbf{x})}(\mathbf{y})$ auf $\mathcal{B}'_m$,

$$(10.47)\quad \lim_{k\to\infty} \varphi_{k(\mathbf{x})}(\mathbf{y}) = \lim_{k\to\infty} \varphi_k(\mathbf{x},\mathbf{y}) = \varphi_{(\mathbf{x})}(\mathbf{y}) = f(\mathbf{x},\mathbf{y})$$

für alle $\mathbf{y} \in \mathcal{B}'_m \setminus \mathcal{N}_{(\mathbf{x})}$ mit $\mathcal{N}_{(\mathbf{x})}$ aus Lemma 10.16. Wegen des Satzes 6.54 von Beppo Levi ist $\varphi_{(\mathbf{x})}(\mathbf{y})$ nichtnegativ und meßbar in $\mathcal{B}'_m$.
Für die Treppenfunktionen

$$(10.48)\quad F_k(\mathbf{x}) := \int_{\mathcal{B}'_m} \varphi_k(\mathbf{x},\mathbf{y})\,dV_m(\mathbf{y}) \le F_{k+1}(\mathbf{x}) \quad \text{mit } F_k \in \mathcal{E}(\mathcal{B}_n)$$

finden wir wieder mit dem Satz 6.54 von Beppo Levi unter Verwendung von Satz 10.15,

$$\begin{aligned}\int_{\mathcal{B}_n} F_k(\mathbf{x})\,dV_n(\mathbf{x}) &= \int_{\mathcal{B}_n}\left[\int_{\mathcal{B}'_m} \varphi_k(\mathbf{x},\mathbf{y})\,dV_m(\mathbf{y})\right] dV_n(\mathbf{x})\\ &= \int_{\mathcal{B}} \varphi_k(\mathbf{x},\mathbf{y})\,dV(\mathbf{x},\mathbf{y})\\ &\le \int_{\mathcal{B}} f(\mathbf{x},\mathbf{y})\,dV(\mathbf{x},\mathbf{y}) =: A < \infty\end{aligned}$$

für alle $k \in \mathbb{N}$, daß

$$\lim_{k\to\infty} F_k(\mathbf{x}) = F(\mathbf{x}) \quad \text{und } F_k(\mathbf{x}) \le F(\mathbf{x})$$

mit einer nichtnegativen summierbaren Funktion F fast überall in $\mathcal{B}_n$, das heißt für $\mathbf{x} \in \mathcal{B}_n \setminus \mathcal{N}'$ mit $V_n(\mathcal{N}') = 0$, gilt. Außerdem folgt für $k \to \infty$

$$\begin{aligned}\int_{\mathcal{B}_n} F(\mathbf{x})\,dV_n(\mathbf{x}) &= \lim_{k\to\infty}\int_{\mathcal{B}_n} F_k(\mathbf{x})\,dV_n(\mathbf{x})\\ &= \lim_{k\to\infty}\int_{\mathcal{B}} \varphi_k(\mathbf{x},\mathbf{y})\,dV(\mathbf{x},\mathbf{y}) = \int_{\mathcal{B}} f(\mathbf{x},\mathbf{y})\,dV(\mathbf{x},\mathbf{y}).\end{aligned}$$

Andererseits folgt aus (10.47) und (10.48) nochmals mit dem Satz 6.54 von Beppo Levi, daß für alle $\mathbf{x} \notin \mathcal{N}' \cup \mathcal{N}_n$ gilt

$$(10.49)\quad \lim_{k\to\infty} F_k(\mathbf{x}) = \lim_{k\to\infty}\int_{\mathcal{B}'_m} \varphi_{k(\mathbf{x})}(\mathbf{y})\,dV_m(\mathbf{y}) = \int_{\mathcal{B}'_m} f_{(\mathbf{x})}(\mathbf{y})\,dV_m(\mathbf{y}) = F(\mathbf{x}).$$

Wegen (10.49) ist *i.* und *ii.* gezeigt. Außerdem erhalten wir

$$\int_{\mathcal{B}_n}\left[\int_{\mathcal{B}'_m} f(\mathbf{x},\mathbf{y})\,dV_m(\mathbf{y})\right] dV_n(\mathbf{x}) = \int_{\mathcal{B}} f(\mathbf{x},\mathbf{y})\,dV(\mathbf{x},\mathbf{y}),$$

das ist (10.46). Damit haben wir den Satz für $f \in L_+(\mathcal{B})$ bewiesen.
Für $f \in L(\mathcal{B})$ zerlegen wir $f = f^+ - f^-$, verwenden den Satz 10.15 für f^+ und f^- getrennt und nutzen die Linearität der Integration. □

Da im Satz 10.17 von Fubini die Bereiche $\mathcal{B}_n$ und $\mathcal{B}'_m$ symmetrisch auftreten, kann dort die Reihenfolge von $\mathcal{B}_n$ und $\mathcal{B}'_m$ ausgetauscht werden. Setzt man für **beliebige** kanonische Bereiche $\mathcal{B}_n$ und $\mathcal{B}'_m$ die Funktion $f(\mathbf{x},\mathbf{y})$ außerhalb $\mathcal{B}_n \times \mathcal{B}'_m$ durch Null fort und ersetzt anschließend $\mathcal{B}_n$ und $\mathcal{B}'_m$ durch genügend große Quader (Intervalle) in $\mathbb{R}^n$ und $\mathbb{R}^m$, so erhält man die folgende Version des Satzes.

Korollar 10.18: *$\mathcal{B}_n \subset \mathbb{R}^n$ und $\mathcal{B}'_m \subset \mathbb{R}^m$ seien beliebige kanonische Bereiche. f sei in $\mathcal{B} := \mathcal{B}_n \times \mathcal{B}'_m$ summierbar. Dann gelten:*

i. *Es gibt zwei Nullmengen $\mathcal{N}_n \subset \mathcal{B}_n$ und $\mathcal{N}'_m \subset \mathcal{B}'_m$, so daß $f(\mathbf{x},\mathbf{y})$ für jedes $\mathbf{x} \in \mathcal{B}_n \setminus \mathcal{N}_n$ in $\mathcal{B}'_m$ und für jedes $\mathbf{y} \in \mathcal{B}'_m \setminus \mathcal{N}_m$ in $\mathcal{B}_n$ summierbar ist.*

ii.
$$\int\limits_{\mathcal{B}'_m} f(\mathbf{x},\mathbf{y})\,dV_m(\mathbf{y}) \in L(\mathcal{B}_n) \quad \text{und} \int\limits_{\mathcal{B}_n} f(\mathbf{x},\mathbf{y})\,dV_n(\mathbf{x}) \in L(\mathcal{B}'_m).$$

iii.

$$\begin{aligned}(10.50)\quad \int\limits_{\mathcal{B}_n}\int\limits_{\mathcal{B}'_m} f(\mathbf{x},\mathbf{y})\,dV_m(\mathbf{y})\,dV_n(\mathbf{x}) &= \int\limits_{\mathcal{B}'_m}\int\limits_{\mathcal{B}_n} f(\mathbf{x},\mathbf{y})\,dV_n(\mathbf{x})\,dV_m(\mathbf{y}) \\ &= \int\limits_{\mathcal{B}} f(\mathbf{x},\mathbf{y})\,dV(\mathbf{x},\mathbf{y}).\end{aligned}$$

Bemerkung 10.19: *Bei allgemeinen kanonischen Bereichen $\mathcal{B}$ ist bei Vertauschen der Integrationsreihenfolgen in* (10.50) *darauf zu achten, daß die Integrationsbereiche bzw. Träger von f richtig beschrieben werden.*

10.9 Abschließende Bemerkungen

Guido Fubini (1879–1943), italienischer Mathematiker und Professor in Turin. Er hat 1907–1908 seine berühmte Arbeit über die iterierten Integrale und die Lebesguesche Integrationstheorie publiziert. Von ihm stammen des weiteren hervorragende Arbeiten zur Differentialgeometrie, ferner Beiträge zur Gruppentheorie und zur komplexen Funktionentheorie.

Kapitel 11

Die Integralsätze von Gauß, Ostrogradski und Green

Da im $\mathbb{R}^n$ der Rand eines Integrationsbereiches sehr viel komplizierter ist als Endpunkte eines Intervalles im $\mathbb{R}^1$, führt die partielle Integration im Raum zu komplizierteren Formeln, in denen auch noch Integrationen über Randkurven und Randflächen auftreten. Diese Beziehungen zwischen Rand– und Volumenintegralen sowie Flächenintegralen sind das Fundament aller Erhaltungsaussagen, die in allen Anwendungen als Grundgesetze auftreten. Sie stellen den Zusammenhang zwischen sogenannten **Quelldichten** im räumlichen Bereich und den **Flüssen** durch deren Ränder her. Die mathematische Formulierung dieser Integralsätze bildet das Fundament so wichtiger Gebiete wie der Variationsrechnung, partieller Differentialgleichungen, numerischer Verfahren mit finiten Elementen, Differenzenverfahren und vielem anderen.

Die Integralsätze sind schon früh formuliert und für einfachere Gebiete bewiesen worden (1760 von Lagrange und 1825 von Poisson). M. Ostrogradski bewies 1826 den Integralsatz und legte ihn der Pariser Akademie vor; Poisson war Gutachter und benutzte diese Version 1828. Ostrogradskis Beweis wurde 1831 in St. Petersburg veröffentlicht. C. F. Gauß publizierte 1840 einen Beweis unabhängig hiervon. Der von G. Green 1828 gefundene Beweis wurde erst 1846 von Lord Kelvin publiziert. Der Zusammenhang zwischen Flächen– und Kurvenintegralen wurde von G. G. Stokes Mitte des Jahrhunderts gefunden. G. F. B. Riemann erkannte die Bedeutung dieses Satzes für die komplexe Funktionentheorie und Differentialgeometrie, und E. Cartan brachte die verschiedenen Versionen dieser Integralsätze auf eine sehr einfache gemeinsame Form, die je nach Wahl der darin auftretenden Größen auf die verschiedenen Integralsätze durch Spezialisierung führt. Inzwischen hat sich herausgestellt, daß geeignete Versionen des Integralsatzes nicht nur in der komplexen Funktionentheorie, Differentialgeometrie, Variationsrechnung, partiellen Differentialgleichungen, sondern auch in der Allgemeinen Algebra, der Graphentheorie und der topologischen Algebra auftreten.

Zu diesem Kapitel siehe zum Beispiel auch [4, 22, 31, 50, 71, 83, 91].

Wir beginnen mit dem einfachsten, dem zweidimensionalen Fall und treffen zunächst einige Definitionen.

11.1 Kurvenintegrale

Definition 11.1: *Eine Punktmenge $\mathcal{C} \subset \mathbb{R}^n$ heißt* **parametrisierte Kurve** *mit der Parameterdarstellung* $\mathbf{r}$, *falls* $\mathbf{r}$ *Vektor–wertige Funktion der reellen Parameterveränderlichen t ist:*

$$\begin{aligned} \mathbf{r} : [a,b] &\rightarrow \mathbb{R}^n \\ t &\mapsto \mathbf{r}(t) =: (\varphi_1(t), \ldots, \varphi_n(t))^\top \quad \text{mit } a < b,\ a, b \in \mathbb{R}. \end{aligned} \tag{11.1}$$

$\mathbf{r}$ sei stetig auf $[a,b]$ und $\mathbf{r}([a,b]) = \mathcal{C}$. Der Punkt $\mathbf{r}_a := \mathbf{r}(a)$ heißt **Anfangs–** und $\mathbf{r}_b := \mathbf{r}(b)$ **Endpunkt** der parametrisierten Kurve. $\mathbf{r}$ heißt k–mal **stetig differenzierbare Parameterdarstellung**, falls $\varphi_j \in C^k([a,b])$ für $j = 1, \ldots, n$. $\mathbf{r}$ heißt **regulär**, falls $\mathbf{r}$ stetig differenzierbar ist und

$$\left|\frac{d\mathbf{r}}{dt}\right| = \left[\left(\frac{d\varphi_1}{dt}\right)^2 + \ldots + \left(\frac{d\varphi_n}{dt}\right)^2\right]^{1/2} > 0 \quad \text{auf } [a,b]. \tag{11.2}$$

Definition 11.2: $g : [a^*, b^*] \rightarrow [a,b]$ *heißt* **Parametertransformation**, *falls g stetig, monoton und surjektiv ist. Die Parametertransformation heißt* **regulär**, *falls sie zudem injektiv, das heißt streng monoton ist.*

Wir sagen: $\mathbf{r}^*(\tau) := \mathbf{r}(g(\tau))$ ist die parametertransformierte Kurvendarstellung, oder: $\mathbf{r}^*$ geht aus $\mathbf{r}$ durch Parametertransformation hervor.

Zwei Parameterdarstellungen $\mathbf{r}$ und $\mathbf{r}^*$ einer parametrisierten Kurve $\mathcal{C} \subset \mathbb{R}^n$ heißen **äquivalent**, falls

$$\mathbf{r} \text{ aus } \mathbf{r}^* \quad \text{oder} \quad \mathbf{r}^* \text{ aus } \mathbf{r} \tag{11.3}$$

durch reguläre Parametertransformation hervorgeht. Dadurch wird auf der Menge aller Parameterdarstellungen von $\mathcal{C}$ eine **Äquivalenzrelation** definiert.

Definition 11.3: *Die Äquivalenzklassen der Relation (11.3) heißen* **Kurven**. *Ist klar, um welche Klasse es sich handelt, so wird die Kurve wieder mit $\mathcal{C}$ bezeichnet.*

Definition 11.4: *Ordnen wir einer Kurve $\mathcal{C}$ eine Durchlaufrichtung zu, etwa von $\mathbf{r}_a$ nach $\mathbf{r}_b$, so nennen wir dies eine* **Orientierung**.

Die Parametertransformationen, für die $g(a^*) = a$ und $g(b^*) = b$ gilt, das heißt die monoton **steigenden** Parametertransformationen, heißen auch **orientierungserhaltend**.

Verlangen wir in (11.3), daß alle vorkommenden Parametertransformationen orientierungserhaltend sind, so ergibt sich wieder eine Äquivalenzrelation. Die Äquivalenzklassen dieser Relation heißen **orientierte Kurven**. Ist $\mathbf{r} : [a,b] \rightarrow \mathbb{R}^n$

eine Parameterdarstellung der orientierten Kurve $\mathcal{C}$, so ist $\tilde{\mathbf{r}} : [-b, -a] \to \mathbb{R}^n$, $\tilde{\mathbf{r}}(t) := \mathbf{r}(-t)$ eine Parameterdarstellung der zu $\mathcal{C}$ entgegengesetzt orientierten Kurve. Diese wird mit $-\mathcal{C}$ bezeichnet. Wir sagen auch, $-\mathcal{C}$ wird in umgekehrter Richtung durchlaufen wie $\mathcal{C}$.

Definition 11.5: *$\mathcal{C}$ heißt* **doppelpunktfrei**, *wenn $\mathcal{C}$ eine Parameterdarstellung $\mathbf{r}$ besitzt und $\mathbf{r}_{|[a,b)}$ injektiv ist sowie $\mathbf{r}(b) \notin \mathbf{r}((a,b))$. $\mathcal{C}$ heißt* **geschlossen**, *wenn $\mathbf{r}(a) = \mathbf{r}(b)$. $\mathcal{C}$ heißt* **Jordankurve**, *wenn $\mathcal{C}$ eine geschlossene doppelpunktfreie Kurve ist.*

Definition 11.6: *$\mathcal{C}$ sei eine orientierte Kurve mit einmal stetig differenzierbarer Parameterdarstellung $\mathbf{r}(t)$, die von $\mathbf{r}(a)$ nach $\mathbf{r}(b)$ durchlaufen werde und*

$$\mathbf{f} = (f_1(x_1, \ldots, x_n), \ldots, f_n(x_1, \ldots, x_n))^\top$$

sei stetiges Feld. Dann heißt

$$\int_{\mathcal{C}} \omega := \int_{\mathcal{C}} f_1 dx_1 + \ldots + f_n dx_n = \int_{\mathcal{C}} \mathbf{f} \cdot d\mathbf{x}$$

$$(11.4) \qquad := \int_a^b \left[f_1(\mathbf{r}(t)) \frac{dx_1}{dt} + \ldots + f_n(\mathbf{r}(t)) \frac{dx_n}{dt} \right] dt$$

das **Kurvenintegral** *der* **Differentialform** *oder* **Pfaffschen Form**

$$(11.5) \quad \omega := f_1 dx_1 + f_2 dx_2 + \ldots + f_n dx_n$$

über $\mathcal{C}$. Dabei haben wir abgekürzt geschrieben

$$\frac{dx_j}{dt} = \frac{d\varphi_j}{dt}(t) \quad \text{sowie } d\mathbf{x} = (dx_1, \ldots, dx_n)^\top.$$

Es gilt

$$(11.6) \quad \int_{-\mathcal{C}} \omega = -\int_{\mathcal{C}} \omega .$$

Beispiel 11.7: *Wir betrachten auf der Kurve*

$$\mathcal{C} : x = \cos\frac{t}{2}, \quad y = \sin\frac{t}{2}$$

zum Feld

$$\mathbf{f}(x,y) = (x, x+y)^\top \quad \text{mit } \omega = x dx + (x+y) dy$$

das Kurvenintegral von $(1,0)^\top$ zum Punkt $(x_0, y_0)^\top$ und erhalten

$$\begin{aligned}
\int_{\mathcal{C}} \omega &= \int_{t=0}^{t_0} \left[\cos\frac{t}{2} \left(-\frac{1}{2} \sin\frac{t}{2} \right) + \left(\cos\frac{t}{2} + \sin\frac{t}{2} \right) \left(\frac{1}{2} \cos\frac{t}{2} \right) \right] dt \\
&= \frac{1}{2} \int_{t=0}^{t_0} \cos^2\frac{t}{2} \, dt = \frac{1}{2} \left[\sin\frac{t}{2} \cos\frac{t}{2} + \frac{t}{2} \right]_0^{t_0} \\
&= \frac{1}{2} x_0 \, y_0 + \frac{1}{2} \arcsin y_0 .
\end{aligned}$$

Wählt man von $(0,1)$ *nach* (x_0, y_0) *eine* **andere** *Kurve, zum Beispiel*

$$C' : x = \tau, \quad y = (\tau - 1)\frac{y_0}{x_0 - 1},$$

so ergibt sich

$$\begin{aligned}\int\limits_{C'} \omega &= \int\limits_{\tau=1}^{x_0} \left[\tau + \left(\tau + \frac{y_0}{x_0 - 1}(\tau - 1)\right)\frac{y_0}{x_0 - 1}\right] d\tau \\ &= \frac{x_0^2 - 1}{2} + \frac{y_0}{x_0 - 1}\left(\frac{x_0^2 - 1}{2} + \frac{y_0}{x_0 - 1}\frac{(x_0 - 1)^2}{2}\right).\end{aligned}$$

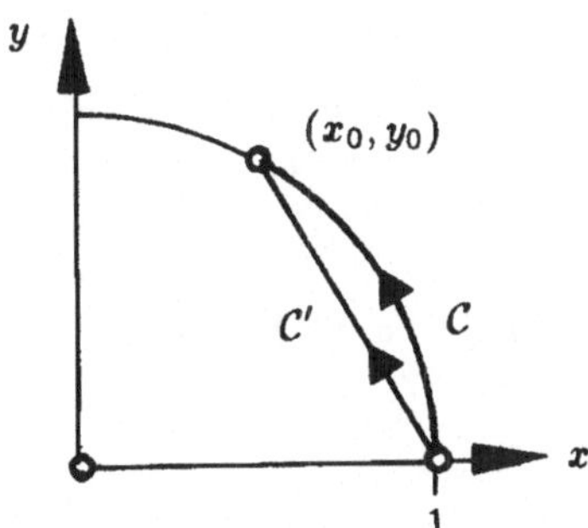

Abbildung 11.1: Integrationswege in Beispiel 11.7.

Bemerkung 11.8: *Der Wert eines Kurvenintegrals hängt ab vom Integranden, das heißt von* ω*, von Anfangs– und Endpunkt und dem* **Integrationsweg** C *einschließlich seiner Orientierung.*

Satz 11.9: *Der Wert des Kurvenintegrals ist gegenüber differenzierbaren regulären Parametertransformationen invariant, das heißt er ändert sich nicht, falls die orientierte Kurve* C *durch verschiedene differenzierbare Parameterdarstellungen dargestellt wird.*

Beweis: Der Beweis läßt sich auf Integration durch Substitution zurückführen. Seien $\mathbf{r}(t) = (\varphi_1(t), \ldots, \varphi_n(t))^\top$ und $\mathbf{r}^*(\tau) = (\psi_1(\tau), \ldots, \psi_n(\tau))^\top$ mit $\tau = g(t)$, $a^* = g(a)$, $b^* = g(b)$ zwei zueinander äquivalente reguläre Parameterdarstellungen derselben Kurve C, dann gelten nach (11.3)

$$C : x_1 = \varphi_1(t) = \psi_1(g(t)), \ldots, x_n = \varphi_n(t) = \psi_n(g(t))$$

und deshalb nach der Kettenregel

$$\frac{d\varphi_j}{dt} = \frac{d\psi_j}{d\tau} g'(t).$$

Folglich können wir im Kurvenintegral $\frac{d\varphi_j}{dt}$ ersetzen und erhalten mit der Substitutionsregel (9.46) für die neue Integrationsveränderliche $\tau = g(t)$

$$\begin{aligned}\int_a^b \sum_{j=1}^n f_j(\varphi_1(t),\ldots,\varphi_n(t))\frac{d\varphi_j}{dt}dt &= \sum_{j=1}^n \int_a^b f_j(\psi_1(g(t)),\ldots,\psi_n(g(t)))\frac{d\psi_j}{d\tau}\frac{dg}{dt}dt \\ &= \sum_{j=1}^n \int_{a^*}^{b^*} f_j(\psi_1(\tau),\ldots,\psi_n(\tau))\frac{d\psi_j}{d\tau}d\tau.\end{aligned}$$

□

Kurvenintegrale sind aber nicht nur gegenüber Parameter– sondern auch gegenüber Koordinatentransformationen invariant.

Satz 11.10: *Sei*

(11.7) $x_1 = g_1(u_1,\ldots,u_n),\ldots,x_n = g_n(u_1,\ldots,u_n)$

oder $\mathbf{x} = \mathbf{G}(\mathbf{u})$ *eine stetig differenzierbare Koordinatentransformation des Bereiches* $\mathcal{B} \subset \mathbb{R}^n$ *in* $\mathcal{B}' = \mathbf{G}(\mathcal{B}) \subset \mathbb{R}^\setminus$ *und sei* $\mathcal{L} \subset \mathcal{B}'$ *das Bild der Kurve* $\mathcal{C} \subset \mathcal{B}$ *unter dieser Transformation:*

(11.8) $\mathcal{L} : x_1{=}x_1(t) = g_1(u_1(t),\ldots,u_n(t)),\ldots,x_n{=}x_n(t) = g_n(u_1(t),\ldots,u_n(t))$

oder $\mathbf{r}(t) = \mathbf{G}(\mathbf{u}(t))$,

$$\mathcal{C} : u_1 = u_1(t),\ldots,u_n = u_n(t)$$

oder $\mathbf{u} = \mathbf{u}(t)$. *Dann gilt*

(11.9)
$$\begin{aligned}\int_{\mathcal{L}} \omega &= \int_{\mathcal{L}} (f_1 dx_1 + \ldots + f_n dx_n) = \int_{\mathcal{C}} \sum_{j=1}^n \sum_{k=1}^n f_j \frac{\partial g_j}{\partial u_k} du_k \\ &= \int_{\mathcal{C}} \left[\sum_{j=1}^n f_j \frac{\partial g_j}{\partial u_1} du_1 + \ldots + \sum_{j=1}^n f_j \frac{\partial g_j}{\partial u_n} du_n\right],\end{aligned}$$

das heißt in die Differentialform ω *hat man für* $dx_1,\ldots,dx_n$ *nur die vollständigen Differentiale von (11.7) einzusetzen:*

(11.10)
$$\begin{aligned}\omega_{|\mathcal{L}} &= \sum_{j=1}^n f_j dx_{j|\mathcal{L}} = \mathbf{f}\cdot d\mathbf{x}_{|\mathcal{L}} = \mathbf{f}^\top \frac{\partial \mathbf{G}}{\partial \mathbf{u}} d\mathbf{u} \\ &= \sum_{k=1}^n \left(\sum_{j=1}^n f_j \frac{\partial g_j}{\partial u_k}\right) du_{k|\mathcal{C}} = \sum_{j=1}^n f_j\, dx_{j|\mathcal{C}} = \omega_{|\mathcal{C}}.\end{aligned}$$

Beweis: Der Beweis beruht auf der Kettenregel (9.46),

$$\frac{d}{dt} g_j(\mathbf{u}(t)) = \sum_{k=1}^n \frac{\partial g_j}{\partial u_k}\frac{du_k}{dt},$$

mit der folgt

$$\int_{\mathcal{L}} \sum_{j=1}^{n} f_j \, dx_j = \sum_{j=1}^{n} \int_a^b f_j(\mathbf{G}(\mathbf{u}(t))) \frac{d}{dt}[g_j(\mathbf{u}(t))] \, dt$$

$$= \sum_{j=1}^{n} \int_a^b \sum_{k=1}^{n} f_j \frac{\partial g_j}{\partial u_k} \frac{du_k}{dt} \, dt = \int_{\mathcal{C}} \sum_{k=1}^{n} \left[\sum_{j=1}^{n} f_j \frac{\partial g_j}{\partial u_k} \right] du_k. \qquad \square$$

Wir **definieren** deshalb die **Transformation** der Differentialform ω unter der Koordinatentransformation (11.7) durch (11.10).
Man erkennt nun auch den Vorteil der Schreibweise (11.5) der Pfaffschen Formen ω, denn sie berücksichtigt auf natürliche Weise die in den Sätzen 11.9 und 11.10 gezeigten Transformationseigenschaften.

Bemerkung 11.11: *Die Pfaffschen Formen (oder Differentialformen ersten Grades) bilden mit der Addition und Skalar–Multiplikation n–Vektor–wertiger Funktionen $\mathbf{f} = (f_1(x), \ldots, f_n(x))^\top$ einen Vektor–Raum, wobei $dx_1, \ldots, dx_n$ auch als Abkürzungen einer Basis aufgefaßt werden können. Ist $\mathbf{f} \in (C^p(\mathcal{B}))^n$ mit festem $p \in \mathbb{N}_0$ und gegebenem Definitionsbereich $\mathcal{B} \subset \mathbb{R}^n$, so ist der Vektor–Raum der Pfaffschen Formen $\omega = \sum_{j=1}^n f_j(x) dx_j$ äquivalent zum Vektor–Raum $(C^p(\mathcal{B}))^n$. Betrachtet man zwei Kopien des $\mathbb{R}^n$ und eine Koordinatentransformation (Diffeomorphismus) $\mathcal{G} : \widetilde{\mathcal{B}} \to \mathcal{B}$ aus $C^{p+1}(\widetilde{\mathcal{B}})$ und $\mathbf{x} = (g_1(\mathbf{u}), \ldots, g_n(\mathbf{u}))^\top$, so definiert dieser eine (kontragrediente) punktweise lineare Abbildung der Pfaffschen Formen,*

$$\sum_{j=1}^{n} f_j dx_j = \sum_{k=1}^{n} \left[\sum_{j=1}^{n} \frac{\partial g_j}{\partial u_k} f_j \right] du_k$$

wobei die im Punkt $\mathbf{x}$ lineare Transformation der Koeffizienten mit Hilfe der Jacobi–Matrix beschrieben wird.

Definition 11.12: *Die Kurve $\mathcal{C}$ besitze eine einmal stetig differenzierbare Parameterdarstellung, und ihre Orientierung sei so gewählt, daß sie in Richtung wachsender $t \in [a, b]$ durchlaufen wird. Dann heißt*

$$\text{(11.11)} \quad s(t) := \int_a^t |d\mathbf{x}| = \int_a^t \left[\left(\frac{d\varphi_1}{d\tau} \right)^2 + \ldots + \left(\frac{d\varphi_n}{d\tau} \right)^2 \right]^{1/2} d\tau$$

die **Bogenlänge** *auf $\mathcal{C}$.*

$$\text{(11.12)} \quad L := s(b) = \int_a^b |d\mathbf{x}|$$

heißt die **Länge** *der orientierten Kurve $\mathcal{C}$.*

Folgerung 11.13: *Die Bogenlänge ist invariant gegenüber orientierungserhaltenden differenzierbaren Parametertransformationen. Es gibt genau eine stetige Parameterdarstellung von $\mathcal{C}$ mit s, der Bogenlänge als Parameter. Wenn die orientierte Kurve $\mathcal{C}$ eine reguläre Parameterdarstellung hat, dann ist die Parametertransformation (11.11) $t \mapsto s(t)$ regulär, das heißt auch die inverse Abbildung $s \mapsto t(s)$ existiert, und die Parameterdarstellung mit der Bogenlänge s als Parameter ist ebenfalls differenzierbar.*

Definition 11.14: *Die Kurve $\mathcal{C}$ heißt k–***mal stetig differenzierbar***, falls die Parameterdarstellung* **mit der Bogenlänge als Parameter**

$$\mathcal{C} : \mathbf{r}(s) \quad \text{mit } 0 \leq s \leq L$$

k–mal stetig differenzierbar ist. Einmal stetig differenzierbare Kurven heißen **glatt**. *$\mathcal{C}$ heißt* **stückweise glatt**, *wenn die Parameterdarstellung mit der Bogenlänge als Parameter stetig und stückweise stetig differenzierbar ist (siehe auch Definition 4.25).*

Folgerung 11.15: *$\mathcal{C}$ ist genau dann k–mal stetig differenzierbar, wenn $\mathcal{C}$ eine reguläre k–mal stetig differenzierbare Parameterdarstellung besitzt.*

Definition 11.16: *Für eine Kurve $\mathcal{C}$ mit stetiger Parameterdarstellung definieren wir*

$$(11.13) \quad S(t) := \sup_{\mathcal{Z}(t)} \left[\sum_{j=1}^{m} |\mathbf{r}(t_j) - \mathbf{r}(t_{j-1})| \right]$$

über alle Zerlegungen $\mathcal{Z}(t)$ mit $a = t_0 \leq \ldots \leq t_m = t$. Ist $S(t)$ beschränkt für alle $a \leq t \leq b$, so heißt $\mathcal{C}$ **rektifizierbar**.

Satz 11.17 : *Hat $\mathcal{C}$ eine einmal stetig differenzierbare Parameterdarstellung, so ist $\mathcal{C}$ rektifizierbar und*

$$(11.14) \quad s(t) = S(t).$$

Beweis:

i. Ist $\mathcal{Z}(t)$ irgendeine der Zerlegungen in (11.13), so gilt mit dem Hauptsatz der Differential– und Integralrechnung, Satz 7.28

$$S_m(t) := \sum_{j=1}^{m} |\mathbf{r}(t_j) - \mathbf{r}(t_{j-1})| = \sum_{j=1}^{m} \left| \int_{t_{j-1}}^{t_j} \frac{d\mathbf{r}}{dt} dt \right| \leq \sum_{j=1}^{m} \int_{t_{j-1}}^{t_j} \left| \frac{d\mathbf{r}}{dt} \right| dt = s(t).$$

Da diese Ungleichung für **jede** Zerlegung von $[a, t]$ gilt, folgt

$$0 \leq S_m(t) \leq S(t) \leq s(t).$$

ii. Aus der eben gezeigten Ungleichung folgt auch für irgendeine der Zerlegungen in (11.13)

$$\begin{aligned} 0 \ &\leq \ s(t) - \sum_{j=1}^{m} |\mathbf{r}(t_j) - \mathbf{r}(t_{j-1})| \ = \ s(t) - S_m(t) \\ &= \ \sum_{j=1}^{m} \left[\int_{t_{j-1}}^{t_j} \left(\left|\frac{d\mathbf{r}}{dt}(t)\right| - \left|\frac{d\mathbf{r}}{dt}(t_{j-1})\right| \right) dt \right. \\ &\qquad + \int_{t_{j-1}}^{t_j} \left|\frac{d\mathbf{r}}{dt}(t_{j-1})\right| dt - \left| \int_{t_{j-1}}^{t_j} \frac{d\mathbf{r}}{dt}(t_{j-1})\, dt \right| \\ &\qquad \left. + \left| \int_{t_{j-1}}^{t_j} \frac{d\mathbf{r}}{dt}(t_{j-1})\, dt \right| - \left| \int_{t_{j-1}}^{t_j} \frac{d\mathbf{r}}{dt}(t)\, dt \right| \right] . \end{aligned}$$

Wegen des konstanten Integranden gilt

$$\int_{t_{j-1}}^{t_j} \left|\frac{d\mathbf{r}}{dt}(t_{j-1})\right| dt \ = \ (t_j - t_{j-1}) \left|\frac{d\mathbf{r}}{dt}(t_{j-1})\right| \ = \ \left| \int_{t_{j-1}}^{t_j} \frac{d\mathbf{r}}{dt}(t_{j-1})\, dt \right| ,$$

so daß oben der mittlere Ausdruck wegfällt und sich mit zweimaliger Anwendung der Dreiecksungleichung die Abschätzung

$$0 \ \leq \ s(t) - S_m(t) \ \leq \ 2(b-a) \max_{\substack{t \in [t_{j-1}, t_j] \\ j=1,\ldots,m}} \left| \frac{d\mathbf{r}}{dt}(t) - \frac{d\mathbf{r}}{dt}(t_{j-1}) \right|$$

ergibt. Nach Voraussetzung ist

$$\frac{d\mathbf{r}}{dt} = \left(\frac{d\varphi_1}{dt}, \ldots, \frac{d\varphi_n}{dt} \right)^{\top}$$

eine auf dem kompakten Intervall $[a, b]$ stetige Funktion und damit nach dem Satz von Heine, Satz 4.68 dort gleichmäßig stetig. Folglich ist der zugehörige Stetigkeitsmodul

$$\omega(\delta) \ := \ \sup_{\substack{|t-\tau| \leq \delta \\ t, \tau \in [a,b]}} \left| \frac{d\mathbf{r}}{dt}(t) - \frac{d\mathbf{r}}{dt}(\tau) \right|$$

nach Satz 4.63 eine monotone Nullfunktion, und wir erhalten

$$0 \ \leq \ s(t) - S_m(t) \ \leq \ 2(b-a)\omega(\delta(\mathcal{Z}))$$

mit

$$\delta(\mathcal{Z}) = \max_{j=1,\dots,m} (t_j - t_{j-1})$$

für jede Zerlegung aus (11.13). Aus der Definition in (11.13) ist mit der Dreiecksungleichung klar, daß für eine feinere Zerlegung $S_m(t)$ zunimmt. Wir können demnach eine Folge von Zerlegungen $\{\mathcal{Z}_m\}$ mit $\delta(\mathcal{Z}_m) \to 0$ für $m \to \infty$ so finde n, daß $S_m(t) \to S(t)$ gilt, und wir erhalten

$$0 \le s(t) - \lim_{m\to\infty} S_m(t) = s(t) - S(t) \le 2(b-a) \lim_{m\to\infty} \omega(\delta(\mathcal{Z}_m)) = 0,$$

woraus (11.14) folgt. □

Ist $S(b) = L < \infty$, so sagt man auch, die vektorwertige Funktion $\mathbf{r}(t)$ ist eine **Funktion beschränkter Totalvariation.** $\mathcal{C}$ ist also rektifizierbar genau dann, wenn es eine Parameterdarstellung beschränkter Totalvariation gibt. (Mehr dazu siehe [63, Band III, Abschnitt IV.]). Damit liegt die Vermutung nahe, daß es Kurven mit stetiger Parameterdarstellung gibt, die **nicht** rektifizierbar sind. Für Kurven mit stetiger Parameterdarstellung können neben unendlicher Länge aber noch erstaunlichere Pathologien auftreten. So hat G. Peano eine Kurve mit stetiger Parameterdarstellung konstruiert, die durch **jeden** Punkt eines abgeschlossenen Dreiecks geht. Rektifizierbarkeit oder darüberhinaus gehende Glattheit von Kurven sind also für ein im naiven Sinne gutartiges Verhalten notwendige Forderungen. (Siehe dazu [63, Band II, No. 143.])
Aus dem Beweis zu Satz 11.17 wird deutlich, daß für feiner werdende Zerlegungen der Vektor

$$\frac{\mathbf{r}(t_j) - \mathbf{r}(t_{j-1})}{t_j - t_{j-1}}$$

gegen den Vektor

$$\frac{d\mathbf{r}}{dt} = \left(\frac{dx_1}{dt}, \dots, \frac{dx_n}{dt}\right)^\top$$

strebt. Wir treffen deshalb in Analogie zu (9.18) die

Definition 11.18:

$$\frac{d\mathbf{r}}{dt} = \left(\frac{dx_1}{dt}, \frac{dx_2}{dt}, \dots, \frac{dx_n}{dt}\right)^\top \tag{11.15}$$

heißt **Tangentenvektor** *an die Kurve* $\mathcal{C}$.

Aus der Definition der Bogenlänge (11.11) folgt sofort

$$\frac{d\mathbf{r}}{dt} = \frac{d\mathbf{r}}{ds}\frac{ds}{dt} = \frac{d\mathbf{r}}{ds}\left|\frac{d\mathbf{r}}{dt}\right|,$$

folglich ist $\frac{d\mathbf{r}}{ds}$ der **Tangenten–Einheitsvektor**.

Folgerung 11.19: **f** *sei ein stetiges Vektorfeld und* $\mathcal{C}$ *sei rektifizierbar. Dann gilt*

$$\left|\int_{\mathcal{C}} \omega\right| = \left|\int_{\mathcal{C}} \mathbf{f} \cdot d\mathbf{r}\right| \leq L \max_{\mathbf{x}\in\mathcal{C}} |\mathbf{f}(\mathbf{x})|,$$

wobei $L = \int_{\mathcal{C}} ds$ *die Bogenlänge von* $\mathcal{C}$ *ist.*

Wir betrachten zwei Beispiele wegabhängiger Kurvenintegrale aus der Physik.

Beispiel 11.20: Arbeit in einem Kraftfeld.

$$\mathbf{K} = (k_1(x,y,z), k_1(x,y,z), k_3(x,y,z))^\top$$

ist ein gegebenes **Kraftfeld** *im* $\mathbb{R}^3$, *und ein* **Massenpunkt** *im Punkt* **r** *bewege sich auf der Kurve* $\mathcal{C}$ *von* $\mathbf{r}_a$ *nach* $\mathbf{r}_b$. *Dann ist die zugehörige* **Arbeit** *gegeben durch*

$$\begin{aligned}(11.16)\quad A &= \int_a^b \mathbf{K}\cdot\frac{d\mathbf{r}}{dt}dt \\ &= \int_a^b [k_1(x(t),y(t),z(t))dx(t) + k_2(x(t),y(t),z(t))dy(t) \\ &\qquad + k_3(x(t),y(t),z(t))dz(t)] \\ &= \int_{\mathcal{C}} \omega \quad \text{mit } \omega = k_1dx + k_2dy + k_3dz.\end{aligned}$$

Beispiel 11.21: Wärmeänderung eines idealen Gases.
Für ein ideales Gas ist das **Gasgesetz:** $pv = RT$.

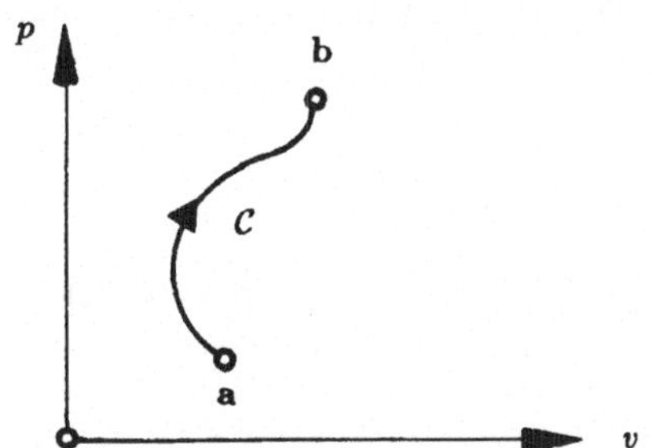

p	*Druck*
v	*spezifisches Volumen*
R	*Gaskonstante*
c_p	*spezifische Wärme bei konstantem Druck*
c_v	*spezifische Wärme bei konstantem Volumen*

Abbildung 11.2: Zustandsebene.

Die Wärmemenge $Q_{\mathbf{ab}}$, die bei Änderung des Zustandes **a** *in den Zustand* **b** *längs des Prozesses $\mathcal{C}$ entsteht, ist gegeben durch*

$$(11.17)\quad Q_{\mathbf{ab}} = \int_{\mathbf{a}_{\mathcal{C}}}^{\mathbf{b}} \left[c_v \frac{1}{R} v dp + c_p \frac{1}{R} p dv\right] = \int_{\mathbf{a}_{\mathcal{C}}}^{\mathbf{b}} \left[c_v dT + \frac{c_p - c_v}{R} p dv\right] = \int_{\mathbf{a}_{\mathcal{C}}}^{\mathbf{b}} \omega_Q$$

mit

$$(11.18)\quad \omega_Q = c_v dT + \frac{c_p - c_v}{R} p dv = c_v \left[\frac{\partial T}{\partial p} dv + \frac{\partial T}{\partial p} dp\right] + \frac{c_p - c_v}{R} p dv\,.$$

Man beachte, daß ω_Q eine Differentialform aber **kein** *vollständiges Differential ist. Deshalb kann man in einem Kreisprozess selbst bei idealen Gasen Energie nie ohne Verlust gewinnen (siehe auch den 3. Hauptsatz der Wärmelehre).*

11.2 Begleitendes Dreibein, Frenetsche Formeln, kanonische Kurvendarstellung im $\mathbb{R}^3$

Wir setzen jetzt voraus, dass die Kurve $\mathcal{C}$ viermal stetig differenzierbar ist. Dann liefert die Taylorsche Formel, wobei wir $\frac{d}{ds}\varphi = \varphi'$ schreiben wollen,

$$(11.19)\quad \mathcal{C} : \mathbf{x} = \mathbf{r}(s) = \mathbf{r}(s_0) + (s - s_0)\mathbf{r}'(s_0) + \frac{1}{2!}(s - s_0)^2 \mathbf{r}''(s_0) + \frac{1}{3!}(s - s_0)^3 \mathbf{r}'''(s_0) + \mathcal{O}\left((s - s_0)^4\right).$$

Hierbei ist wegen (11.15)

$$(11.20)\quad \mathbf{r}' := \frac{d}{ds}\mathbf{r} =: \mathbf{t}$$

der **Einheitstangentenvektor** an die Kurve $\mathcal{C}$. Aus

$$\mathbf{r}'(s) \cdot \mathbf{r}'(s) = 1$$

ergibt sich dann nach Differentiation

$$(11.21)\quad \mathbf{r}'' \cdot \mathbf{r}' = 0,$$

das bedeutet, daß der Vektor $\mathbf{r}''$ zu $\mathbf{t}$ orthogonal ist. Die Euklidische Länge von $\mathbf{r}''$,

$$(11.22)\quad \frac{1}{\rho} = |\mathbf{r}''| = \sqrt{\mathbf{r}'' \cdot \mathbf{r}''}$$

heißt die **Krümmung** von $\mathcal{C}$ und ρ der **Krümmungsradius**. Den Einheitsvektor

$$(11.23)\quad \mathbf{n} = \rho\,\mathbf{r}'' = \frac{\mathbf{r}''}{|\mathbf{r}''|}$$

nennt man die **Hauptnormale** an die Kurve $\mathcal{C}$. Dann ergänzt man $\mathbf{t}$ und $\mathbf{n}$ zu einem lokalen Orthonormalsystem dreier Einheitsvektoren durch Hinzunahme der sogenannten **Binormalen**

(11.24) $\mathbf{b}(s) := \mathbf{t}(s) \times \mathbf{n}(s).$

Das System der drei Vektoren $\mathbf{t}(s)$, $\mathbf{n}(s)$, $\mathbf{b}(s)$ nennt man das **begleitende Dreibein**, auf das man alle Vektoren des $\mathbb{R}^3$ beziehen kann.

Die Änderungen des begleitenden Dreibeins entlang $\mathcal{C}$ beschreiben die **Frenetschen Formeln**, die sich wie folgt ergeben:

Aus der Definition von $\mathbf{n}$ folgt sofort

(11.25) $\dfrac{d}{ds}\mathbf{t}(s) = \mathbf{t}'(s) = \dfrac{1}{\rho}\mathbf{n}.$

Aus $\mathbf{n}\cdot\mathbf{n} = 1$ folgt durch Differenzieren $\mathbf{n}'\cdot\mathbf{n} = 0$, ebenso ergibt sich aus $\mathbf{n}\cdot\mathbf{t} = 0$

$$\mathbf{n}'\cdot\mathbf{t} + \mathbf{n}\cdot\mathbf{t}' = 0 = \mathbf{n}'\cdot\mathbf{t} + \frac{1}{\rho}.$$

Demnach erhalten wir

(11.26) $\dfrac{d}{ds}\mathbf{n}(s) = \mathbf{n}'(s) = -\dfrac{1}{\rho}\mathbf{t} + \dfrac{1}{\tau}\mathbf{b},$

wobei der Faktor bei $\mathbf{b}$, die Größe $\dfrac{1}{\tau}$ die **Torsion** von $\mathcal{C}$ genannt wird, die durch

(11.27) $\dfrac{1}{\tau} = \mathbf{n}'\cdot\mathbf{b}$

definiert wird. Wegen $\mathbf{n} = \rho\,\mathbf{r}''$ und $\mathbf{b} = \rho\,(\mathbf{r}'\times\mathbf{r}'')$ ergibt sich für die Torsion auch

$$\frac{1}{\tau} = (\rho\,\mathbf{r}'')'\cdot(\rho\,\mathbf{r}'\times\mathbf{r}'') = \rho^2\,(\mathbf{r}'\times\mathbf{r}'')\cdot\mathbf{r}''',$$

also

(11.28) $\dfrac{1}{\tau} = \dfrac{\det(\mathbf{r}',\mathbf{r}'',\mathbf{r}''')}{\mathbf{r}''\cdot\mathbf{r}''}.$

Differenziert man die Definitionsgleichung von $\mathbf{b}$, so erhält man

(11.29) $\dfrac{d}{ds}\mathbf{b}(s) = \mathbf{b}'(s) = (\mathbf{t}\times\mathbf{n})' = \dfrac{1}{\tau}(\mathbf{t}\times\mathbf{b}) = -\dfrac{1}{\tau}\mathbf{n}(s).$

(11.25), (11.26), (11.29) sind die **Frenetschen Formeln**. Aus $\mathbf{r}'' = \frac{1}{\rho}\mathbf{n}$ erhält man demnach

$$\mathbf{r}''' = -\frac{\rho'}{\rho^2}\mathbf{n} + \frac{1}{\rho}\mathbf{n}' = -\frac{\rho'}{\rho^2}\mathbf{n} - \frac{1}{\rho^2}\mathbf{t} + \frac{1}{\rho\tau}\mathbf{b}$$

und die Taylorsche Formel kann auch geschrieben werden als **kanonische** oder **natürliche** Kurvendarstellung von $\mathcal{C}$ um $\mathbf{r}_0 = \mathbf{r}(s_0)$:

$$\begin{aligned} \mathbf{r}(s) &= \mathbf{r}_0 + \left[(s-s_0) - \frac{(s-s_0)^3}{3!\rho_0^2}\right]\mathbf{t}_0 - \left[\frac{(s-s_0)^2}{2\rho_0} - \frac{1}{3!}\frac{\rho_0'}{\rho_0^2}(s-s_0)^3\right]\mathbf{n}_0 \\ &\quad + \frac{1}{3!}(s-s_0)^3\frac{1}{\rho_0\tau_0}\mathbf{b}_0 + \mathcal{O}\left((s-s_0)^4\right). \end{aligned} \tag{11.30}$$

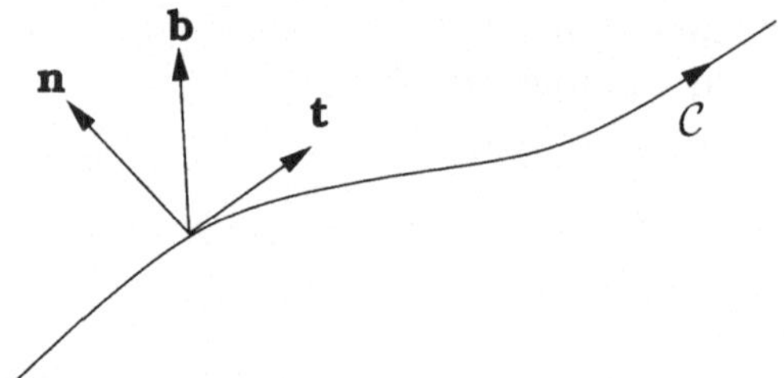

Abbildung 11.3: Begleitendes Dreibein.

Aus (11.30) ergeben sich dann für die Projektion in die durch $\mathbf{b}_0$ und $\mathbf{n}_0$ aufgespannte **Normalenebene**

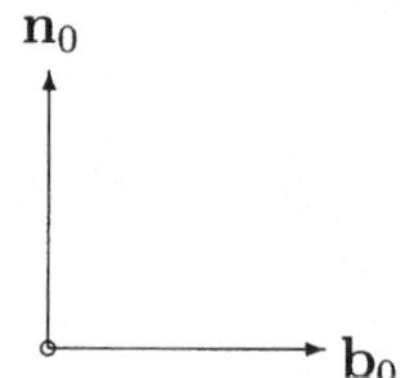

Abbildung 11.4: Normalenebene.

bis auf Glieder mindestens zweiter Ordnung ein Punkt, für die Projektion in die durch $\mathbf{t}_0$ und $\mathbf{n}_0$ aufgespannte **Schmiegungsebene** eine bis auf Glieder dritter Ordnung quadratische Kurve,

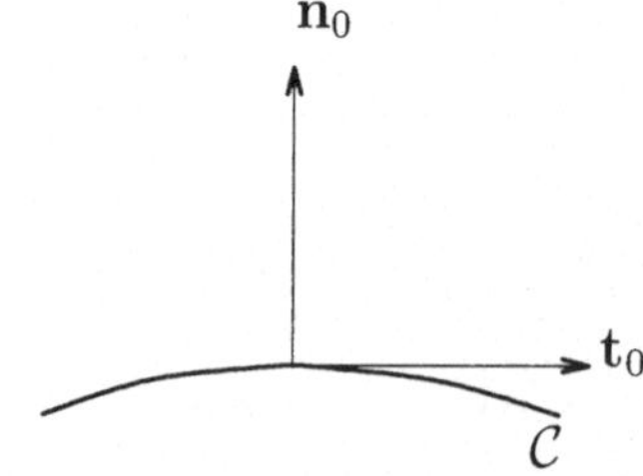

Abbildung 11.5: Schmiegungsebene.

deren Krümmungsradius ρ_0 ist, und für die Projektion in die durch $\mathbf{t}_0$ und $\mathbf{b}_0$ aufgespannte **rektifizierende Ebene** eine bis auf Glieder vierter Ordnung kubische Kurve wie etwa in der in Abbildung 11.6 skizzierten Gestalt.

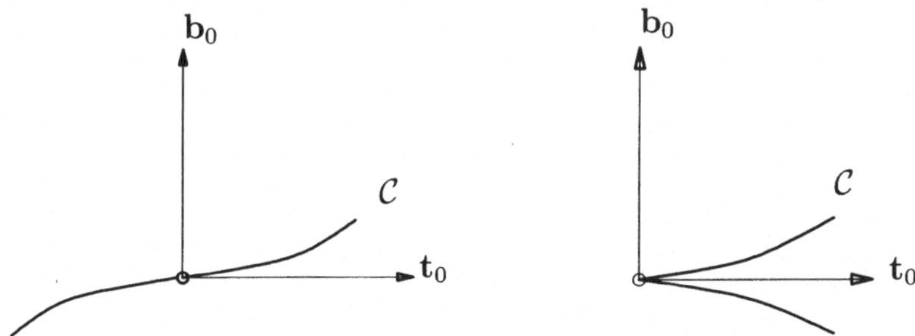

Abbildung 11.6: Rektifizierende Ebene.

11.3 Integralsätze in der Ebene

Um den Gaußschen Integralsatz zunächst für ebene Bereiche zu formulieren, wollen wir das **äußere Produkt** zweier Differentialformen definieren: ω_1 und ω_2 seien zwei gegebene Pfaffsche Formen ersten Grades

$$(11.31)\quad \omega_1 = \sum_{j=1}^{n} f_j dx_j, \quad \omega_2 = \sum_{j=1}^{n} g_j dx_j.$$

Dann definieren wir das **äußere Produkt** als

$$(11.32)\quad [\omega_1 \wedge \omega_2] := \sum_{j,k=1}^{n} f_j g_k [dx_j \wedge dx_k],$$

wobei die asymmetrische Vertauschungsregel

$$(11.33)\quad [\omega_1 \wedge \omega_2] = -[\omega_2 \wedge \omega_1]$$

gelten soll. Folglich fallen in (11.32) alle Glieder mit $j = k$ fort. Da die Differentialformen ersten Grades einen Vektorraum bilden, ergibt sich aus der Definition (11.32), daß das Distributionsgestz gilt:

$$[\omega_1 \wedge (\omega_2 + \omega_3)] = [\omega_1 \wedge \omega_2] + [\omega_1 \wedge \omega_3].$$

Definition 11.22: *Der durch*

$$\begin{aligned}(11.34)\quad [\mathbf{d} \wedge \omega] &:= [(\frac{\partial}{\partial x_1} dx_1 + \ldots + \frac{\partial}{\partial x_n} dx_n) \wedge \omega] \\ &:= \sum_{j=1}^{n} \sum_{\substack{k=1 \\ k \neq j}}^{n} [(\frac{\partial f_j}{\partial x_k} dx_k) \wedge dx_j] = \sum_{j=1}^{n} [df_j \wedge dx_j]\end{aligned}$$

definierte Differentialoperator heißt die **äußere Ableitung** *von* ω.

Definition 11.23:

$$(11.35)\ \Omega = \sum_{j,k=1}^{n} P_{jk}[dx_j \wedge dx_k]$$

heißt **Differentialform zweiten Grades**.

Bemerkung 11.24: *Für Koeffizientenfunktionen $P_{jk} \in C^p(\mathcal{B})$ mit $p \in \mathbb{N}_0, \mathbf{x} \in \mathcal{B}$ bilden die Formen zweiten Grades*

$$\Omega = \sum_{j<k}^{1,n} \widetilde{P}_{jk}(\mathbf{x})[dx_j \wedge dx_k] \quad \text{mit} \widetilde{P}_{jk} = P_{jk} - P_{kj}$$

einen Vektor–Raum (über $\mathbb{R}$), der zu $(C^p(\mathcal{B}))^{\binom{n}{2}}$ äquivalent ist. Das alternierende Produkt (11.31), (11.33) definiert eine bilineare antisymmetrische Abbildung $(C^p(\mathcal{B}))^n \times (C^p(\mathcal{B}))^n \to (C^p(\mathcal{B}))^{\binom{n}{2}}$ und die äußere Differentiation **d** *(11.34) eine lineare Abbildung $(C^{p+1}(\mathcal{B}))^n \to (C^p(\mathcal{B}))^{\binom{n}{2}}$.*

Wir verallgemeinern nun die orientierten eindimensionalen Integrale auf zwei Dimensionen.

Definition des Integrals einer Differentialform zweiten Grades im $\mathbb{R}^2$: Das x–y–Koordinatensystem bilde ein **Rechtssystem**. Dann definieren wir

$$(11.36)\ \int_{\mathcal{B}} P(x,y)[dx \wedge dy] := \int_{\mathcal{B}} P(x,y)dV_2(x,y) = -\int_{\mathcal{B}} P(x,y)[dy \wedge dx].$$

Das Integral (11.36) ist also immer dann definiert, wenn $\mathcal{B}$ zweidimensional meßbar ist, sich also zum Beispiel aus endlich vielen kanonischen Bereichen zusammensetzen läßt [71, S.218ff].

Satz 11.25 (Zerschneidungssatz) : *$\mathcal{G}$ sei ein beschränktes Gebiet mit stückweise glattem Rand $\partial\mathcal{G}$. Dann läßt sich $\mathcal{G}$ in endlich viele kanonische Teilbereiche zerschneiden.*

Satz 11.26 (Der Gaußsche Integralsatz in der Ebene) : *$\mathcal{B} \in \mathbb{R}^2$ sei ein beschränkter abgeschlossener ebener Bereich, das x–y–Koordinatensystem bilde ein Rechtssystem, der Rand $\partial\mathcal{B}$ setze sich aus endlich vielen glatten Kurvenstücken zusammen und sei so orientiert, daß beim Durchlaufen von $\partial\mathcal{B}$ der Bereich $\mathcal{B}$ zur Linken liegt. Das heißt, die äußere Normale $\mathbf{n} = \left(\frac{dy}{ds}, -\frac{dx}{ds}\right)$ von $\partial\mathcal{B}$ und die Tangente $\mathbf{t} = \left(\frac{dx}{ds}, \frac{dy}{ds}\right)$ von $\partial\mathcal{B}$ bilden ebenfalls ein Rechtssystem. Die Funktionen $f(x,y)$ und $g(x,y)$ seien in $\mathcal{B}$ stetig differenzierbar. Dann gilt*

$$(11.37) \oint_{\partial\mathcal{B}} (f dy - g dx) = \oint_{\partial\mathcal{B}} \omega = \int_{\mathcal{B}} [\mathbf{d} \wedge \omega] = \int_{\mathcal{B}} (f_x + g_y)[dx \wedge dy] = \int_{\mathcal{B}} (f_x + g_y) dV_2(x,y).$$

Beweis: Wir beweisen den Satz in zwei Schritten:

i. $\mathcal{B}$ sei ein $\{x,y\}$–kanonischer Bereich, das heißt

$$\mathcal{B} = \{(x,y)|x \in [a,b] \wedge \varphi(x) \leq y \leq \psi(x)\}.$$

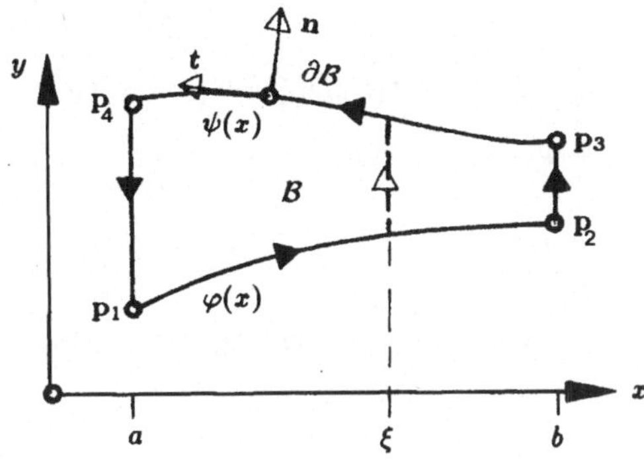

Abbildung 11.7: $\{x,y\}$–kanonischer Bereich.

Für den zweiten Term in (11.37) verwenden wir partielle Integration.

$$\iint_{\mathcal{B}} g_y[dx \wedge dy] = \iint_{\mathcal{B}} g_y(x,y)dV(x,y) = \int_{x=a}^{b} \int_{y=\varphi(x)}^{\psi(x)} g_y(x,y)dydx$$

$$= \int_{x=a}^{b} \{g(x,\psi(x)) - g(x,\varphi(x))\}dx$$

$$= -\int_{P_1 \partial\mathcal{B}}^{P_2} g(x,y)dx - \int_{P_2 \partial\mathcal{B}|x=b}^{P_3} g(x,y)dx - \int_{P_3 \partial\mathcal{B}}^{P_4} g(x,y)dx - \int_{P_4 \partial\mathcal{B}|x=a}^{P_1} g(x,y)dx$$

$$= -\oint_{\partial\mathcal{B}} g dx\,.$$

Für den ersten Term in (11.37) betrachten wir

$$\mathcal{B}(\xi) := \{(x,y)\,|\, a \leq x \leq \xi \wedge \varphi(x) \leq y \leq \psi(x)\}$$

und definieren

$$\text{(11.38)}\quad \Phi(\xi) \;:=\; \int_{\mathcal{B}(\xi)} f_x dydx - \oint_{\partial\mathcal{B}(\xi)} f dy$$

$$= \int_{x=a}^{\xi} \int_{\varphi(x)}^{\psi(x)} f_x dy\, dx - \int_{a}^{\xi} f(x,\varphi(x))\varphi'(x)dx - \int_{\varphi(\xi)}^{\psi(\xi)} f(\xi,y)dy$$

$$- \int_{\xi}^{a} f(x,\psi(x))\psi'(x)dx - \int_{\psi(a)}^{\varphi(a)} f(a,y)dy\,.$$

Für Φ gelten dann $\Phi(a) = 0$ und unter Verwendung der Leibnizschen Differentiationsregel (10.15)

$$\begin{aligned}\frac{d\Phi}{d\xi} &= \int_{\varphi(\xi)}^{\psi(\xi)} f_x(\xi,y)dy - f(\xi,\varphi(\xi))\varphi'(\xi) - \int_{\varphi(\xi)}^{\psi(\xi)} f_x(\xi,y)dy - f(\xi,\psi(\xi))\psi'(\xi) \\ &\quad + f(\xi,\varphi(\xi))\varphi'(\xi) + f(\xi,\psi(\xi))\psi'(\xi) = 0 .\end{aligned}$$

Folglich gilt $\Phi(b) = \Phi(a) = 0$, das heißt

$$\int_{\mathcal{B}} f_x dydx - \oint_{\partial\mathcal{B}} f dy = 0.$$

ii. $\mathcal{B}$ wird in endlich viele kanonische Bereiche zerschnitten. Dies ist möglich nach dem Zerschneidungssatz (Satz 11.25).

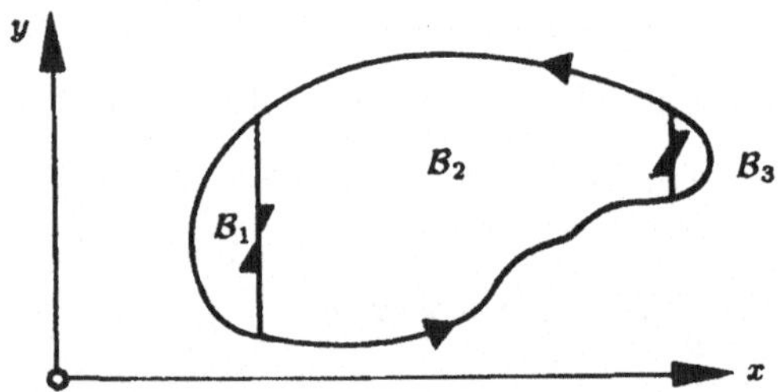

Abbildung 11.8: Zerschneidungssatz.

Für jeden Teilbereich ist (11.37) bereits gezeigt. Addieren wir die entsprechenden Formeln (11.37), so treten je zwei Kurvenintegrale über die Schnittkurven auf, die einmal in positiver und einmal in negativer Richtung durchlaufen werden. Nach (11.6) heben sich diese Paare gegenseitig auf und (11.37) für den Vereinigungsbereich bleibt übrig. □

Definition 11.27: *$\mathcal{G}$ heißt* **Gaußsches Normalgebiet**, *falls $\mathcal{G}$ beschränktes Gebiet ist und für* **alle** *in $\overline{\mathcal{G}}$ stetigen Funktionen f, g mit in $\overline{\mathcal{G}}$ stetigen Ableitungen f_x und g_y der Gaußsche Integralsatz, das heißt (11.37) gilt.*

Bemerkung 11.28: *Bezeichnen wir mit $\mathbf{F}(\mathbf{x}) = (f(x,y), g(x,y))^\top$ ein Feld und beachten mit der Bogenlänge s von $\partial\mathcal{B}$, daß $\mathbf{n}(s) = (\frac{dy}{ds}, -\frac{dx}{ds})^\top$ der äußere Einheitsnormalvektor ist, so lautet (11.37) auch*

$$(11.39)\quad \oint_{\partial\mathcal{B}} \mathbf{F}\cdot\mathbf{n}(s)ds = \int_{\mathcal{B}} \nabla\cdot\mathbf{F}dV(x,y) = \int_{\mathcal{B}} \operatorname{div}\mathbf{F}dV(x,y)\,.$$

Das bedeutet: Die Ergiebigkeit $\int_{\mathcal{B}} \operatorname{div}\mathbf{F}dV$ von Quellen des Feldes $\mathbf{F}$ in $\mathcal{B}$ ist gleich dem Fluß $\oint_{\partial\mathcal{B}} \mathbf{F}\cdot\mathbf{n}(s)ds$ durch den Rand $\partial\mathcal{B}$.

Nun wollen wir die Transformation von Volumenintegralen (11.36), hier also Doppelintegralen, bei Koordinatentransformation untersuchen. Sei

$$(11.40)\quad x = g(u,v), \quad y = h(u,v) \quad \text{mit } \det \frac{\partial(g,h)}{\partial(u,v)} \geq 0$$

eine **injektive stetig differenzierbare Koordinatentransformation** mit **stetigen gemischten zweiten Ableitungen**, welche das Gaußsche Normalgebiet $\widetilde{\mathcal{G}}$ der u–v–Ebene auf das Gaußsche Normalgebiet $\mathcal{G}$ der x–y–Ebene und $\widetilde{\mathcal{B}} := \overline{\widetilde{\mathcal{G}}}$ auf $\mathcal{B} := \overline{\mathcal{G}}$ abbildet.

Satz 11.29 : *Das Flächenintegral im* $\mathbb{R}^2$ *transformiert sich unter obigen Voraussetzungen wie folgt:*

$$(11.41)\quad \begin{aligned} \int_{\mathcal{B}} \Omega_{|\mathcal{B}} &:= \int_{\mathcal{B}} P(x,y)[dx \wedge dy] \\ &= \int_{\widetilde{\mathcal{B}}} P(g(u,v)\,, h(u,v))[(\frac{\partial g}{\partial u}du + \frac{\partial g}{\partial v}dv) \wedge (\frac{\partial h}{\partial u}du + \frac{\partial h}{\partial v}dv)] \\ &= \int_{\widetilde{\mathcal{B}}} P(g(u,v)\,, h(u,v))\{\det \frac{\partial(x,y)}{\partial(u,v)}\}[du \wedge dv] \\ &= \int_{\widetilde{\mathcal{B}}} P(g(u,v)\,, h(u,v))[dg(u,v) \wedge dh(u,v)] = \int_{\widetilde{\mathcal{B}}} \Omega_{|\widetilde{\mathcal{B}}}\,. \end{aligned}$$

Man muß in die Differentialform zweiten Grades $\Omega = P[dx \wedge dy]$ also nur die vollständigen Differentiale $dx = dg = g_u du + g_v dv$ und $dy = dh = h_u du + h_v dv$ der Transformation (11.40) einsetzen. Das heißt, die Differentialform Ω transformiert sich bei diesen Koordinatentransformationen genau so, daß der Wert des Integrals (11.41) unverändert bleibt.

Beweis: Wir führen hier den Beweis für einen stückweise glatten Rand $\partial\widetilde{\mathcal{G}}$ vor. Für allgemeinere Ränder erhält man das Ergebnis durch geeignete Approximationen. $(u(t), v(t))$ sei die Parameterdarstellung von $\partial\widetilde{\mathcal{G}}$ in der u–v–Ebene. Dann ist

$$x = \hat{x}(t) := g(u(t), v(t)), \quad y = \hat{y}(t) := h(u(t), v(t))$$

eine Parameterdarstellung des Rand $\partial\mathcal{G}$ in der x–y–Ebene. Wir setzen

$$R(x,y) := \int_0^x P(\xi, y)\,d\xi,$$

dann ist

$$P = R_x.$$

Mit dem Gaußschen Satz 11.26 erhalten wir

$$\begin{aligned}\int_{\mathcal{G}} \Omega &= \int_{\mathcal{G}} P(x,y)[dx \wedge dy] = \int_{\mathcal{G}} [dR \wedge dy] \\ &= \int_{\mathcal{G}} [\mathbf{d} \wedge R dy] = \oint_{\partial\mathcal{G}} R(x,y)dy = \oint_{\partial\mathcal{G}} R(\hat{x}(t),\hat{y}(t))\frac{d\hat{y}}{dt}dt.\end{aligned}$$

Für das Kurvenintegral nutzen wir die Invarianz unter Koordinatentransformation nach Satz 11.10 und erhalten

$$\begin{aligned}\int_{\mathcal{G}} \Omega &= \oint_{\partial\widetilde{\mathcal{G}}} R\left(g(u,v)\,,\, h(u,v)\right)\left(h_u\frac{du}{dt} + h_v\frac{dv}{dt}\right)dt \\ &= \oint_{\partial\widetilde{\mathcal{G}}} R\left(g(u,v)\,,\, h(u,v)\right)\left(h_u du + h_v dv\right).\end{aligned}$$

Auf das Randintegral $\partial\widetilde{\mathcal{G}}$ wenden wir den Gaußschen Satz 11.26 an, diesmal in der u–v–Ebene und erhalten

$$\begin{aligned}\int_{\mathcal{G}} \Omega &= \int_{\widetilde{\mathcal{G}}} [\mathbf{d} \wedge (R(g(u,v)\,,\, h(u,v))\,(h_u du + h_v dv)] \\ &= \int_{\widetilde{\mathcal{G}}} \Big(-(R_x g_v + R_y h_v))h_u - R h_{uv} + (R_x g_u + R_y h_u)h_v + R h_{vu}\Big)[du \wedge dv] \\ &= \int_{\widetilde{\mathcal{G}}} P\left(g(u,v)\,,\, h(u,v)\right)\left(g_u h_v - h_u g_v\right)[du \wedge dv]\,.\end{aligned}$$

Das ist die gewünschte Transformationsformel. □

Beispiel 11.30: *Zur Berechnung des Integrals*

$$I = \int_{x^2+y^2<R^2} (x^2+y^2)\, dV(x,y)$$

verwenden wir Polarkoordinaten

$$x = u\cos v, \quad y = u \sin v\,.$$

Dann ist

$$\widetilde{\mathcal{G}} := \{(u,v)\,|\, 0 < u < R \wedge 0 < v < 2\pi\}.$$

Man beachte, daß das Bild von $\widetilde{\mathcal{G}}$ die **geschlitzte** *Kreisscheibe ist, siehe Abbildung 11.9.*

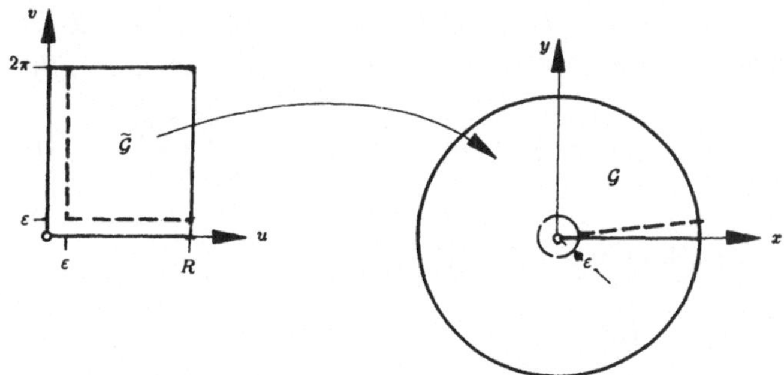

Abbildung 11.9: Polarkoordinaten in der Ebene.

Nun hat aber die Strecke $(0,0),(1,0)$ das zweidimensionale Maß Null und kann im Integral I auch fortgelassen werden. Außerdem verschwindet die Funktionaldeterminante

$$\begin{vmatrix} \cos v & -u\sin v \\ \sin v & u\cos v \end{vmatrix} = u$$

für $u = 0$ bzw. $x = y = 0$. Wir wählen deshalb zu $\varepsilon > 0$ mit $\varepsilon < \min\{R, 2\pi\}$ das Gebiet $\tilde{\mathcal{G}}_\varepsilon := (\varepsilon, R) \times (\varepsilon, 2\pi)$ und das zugehörige Bildgebiet $\mathcal{G}_\varepsilon$. Dort sind die Voraussetzungen von Satz 11.29 erfüllt, und mit

$$\begin{aligned}[dx \wedge dy] &= [(\cos v du - u\sin v dv) \wedge (\sin v du + u\cos v dv)] \\ &= (u\sin^2 v + u\cos^2 v)[du \wedge dv] = u[du \wedge dv]\end{aligned}$$

erhalten wir

$$\begin{aligned} I_\varepsilon &:= \int\limits_{\mathcal{G}_\varepsilon} (x^2+y^2)dV(x,y) = \int\limits_{\tilde{\mathcal{G}}_\varepsilon} u^3[du \wedge dv] \\ &= \int\limits_{\tilde{\mathcal{G}}_\varepsilon} u^3 dV(u,v) = \int\limits_{v=\varepsilon}^{2\pi}\int\limits_{u=\varepsilon}^{R} u^3 du dv = \frac{(2\pi-\varepsilon)}{4}(R^4-\varepsilon^4)\,. \end{aligned}$$

Grenzübergang $\varepsilon \to 0$ liefert das gewünschte Ergebnis

$$I = \int\limits_{x^2+y^2<R^2} (x^2+y^2)\,dV(x,y) = \frac{\pi R^4}{2}.$$

Aus Satz 11.29 erhält man auch die folgende Version für Lebesgue–Integrale.

Satz 11.31 (Transformationssatz) : *$\mathcal{G}$ und $\tilde{\mathcal{G}}$ seien offene Teilmengen des $\mathbb{R}^2$. Die Koordinatentransformation (11.40) bilde $\tilde{\mathcal{G}}$ bijektiv und nebst ihrer inversen stetig differenzierbar auf $\mathcal{G}$ ab. Dann ist die Funktion*

$$P\,(g(u,v), h(u,v)) \cdot \det \frac{\partial(g,h)}{\partial(u,v)} \quad \text{in } \tilde{\mathcal{G}}$$

genau dann zweidimensional Lebesgue–integrierbar, wenn die Funktion $P(x,y)$ in $\mathcal{G}$ zweidimensional Lebesgue–integrierbar ist; des weiteren gilt

$$\int_{\mathcal{G}} P(x,y)dV_2(x,y) = \int_{\widetilde{\mathcal{G}}} P\left(g(u,v)\,,\,h(u,v)\right)\det\frac{\partial(g,h)}{\partial(u,v)}dV_2(u,v). \tag{11.42}$$

Beweis: Wir werden hier nur für den Fall

$$\det\frac{\partial(g,h)}{\partial(u,v)} > 0 \quad \text{in } \widetilde{\mathcal{G}}$$

eine Beweisskizze vorführen. Für den vollständigen Beweis siehe zum Beispiel [4, Band II, S.320], [91, Band II, S.248], [31, Band III, S.113], [69, S.374], [95]. Es reicht aus, den Fall einer Lebesgue–integrierbaren Funktion $P \geq 0$ zu betrachten. Wenn $\mathcal{G}$ ein Quader und $P \equiv 1$ sind, ist (11.42) mit Satz 11.29 gezeigt. Folglich gilt (11.42) für beliebige Treppenfunktionen P. Approximiert man $P \geq 0$ durch eine Folge φ_ℓ von fast überall punktweise konvergenten monoton steigenden Treppenfunktionen, dann gilt

$$\int_{\mathcal{G}} \varphi_\ell(x,y)dV_2(x,y) = \int_{\widetilde{\mathcal{G}}} \varphi_\ell\left(g(u,v),h(u,v)\right)\det\frac{\partial(g,h)}{\partial(u,v)}dV_2(u,v)$$

und die Folge

$$\left(\varphi_\ell\left(g(u,v),h(u,v)\right)\det\frac{\partial(g,h)}{\partial(u,v)}\right.$$

ist meßbar, punktweise fast überall konvergent und monoton steigend. Da die φ_ℓ gegen P und die zugehörigen Integrale konvergieren, tun dies auch die rechten Integrale, und dank des Satzes von Beppo Levi, Satz 6.54, konvergieren $\varphi_\ell \det\frac{\partial(g,h)}{\partial(u,v)}$ dann ebenfalls fast überall in $\widetilde{\mathcal{G}}$ gegen $P\det\frac{\partial(g,h)}{\partial(u,v)}$, wobei die Grenzfunktion zweidimensional Lebesgue–integrierbar ist. □

Wir kehren nun zurück zur Frage der Wegabhängigkeit von Kurvenintegralen. Da Kurvenintegrale im allgemeinen wegabhängig sind, stellt sich die Frage nach Bedingungen für die **Wegunabhängigkeit**. Dazu benötigen wir den Begriff des **einfachen** Zusammenhangs.

Definition 11.32: *Ein Gebiet $\mathcal{G}$ heißt* **einfach zusammenhängend**, *wenn sich jede geschlossene Kurve in $\mathcal{G}$ auf einen Punkt in $\mathcal{G}$ zusammenziehen läßt.*

Beispiel 11.33:

$\mathcal{G} := \{(x,y)\,|\,0 \leq x^2+y^2 < 1\}$ *ist einfach zusammenhängend,*
$\mathcal{G} := \{(x,y)\,|\,\frac{1}{2} < x^2+y^2 < 1\}$ *ist nicht einfach zusammenhängend,*
$\mathcal{G} := \{(x,y,z)\,|\,0 \leq x^2+y^2+z^2 < 1\}$ *ist einfach zusammenhängend,*
$\mathcal{G} := \{(x,y,z)\,|\,\frac{1}{2} < x^2+y^2+z^2 < 1\}$ *ist einfach zusammenhängend.*

Satz 11.34 von Cartan und Poincaré : *$\mathcal{G} \subset \mathbb{R}^2$ sei einfach zusammenhängendes Gebiet. Das Kurvenintegral von $\mathbf{x}_0$ nach $\mathbf{x}$ ist für zwei Punkte $\mathbf{x}_0, \mathbf{x} \in \mathcal{G}$ vom rektifizierbaren Integrationsweg $\mathcal{C}$ unabhängig, das heißt die Funktion*

$$(11.43)\quad \varphi(\mathbf{x}) = \int_{\mathcal{C}} \omega = \int_{\mathbf{x}_0}^{\mathbf{x}} (f dy - g dx) = \int_{\mathbf{x}_0}^{\mathbf{x}} \mathbf{F} \cdot \mathbf{n}(s) ds \text{ mit } \mathbf{F} = (f, g)^\top$$

ist für stetig differenzierbare Funktionen f und g eine wohldefinierte Funktion von $\mathbf{x}$ dann und nur dann, wenn ω ein vollständiges Differential ist. In diesem Fall existiert eine Funktion h mit

$$(11.44)\quad \omega = dh = h_x dx + h_y dy,$$

und das ist genau dann der Fall, wenn

$$[\mathbf{d} \wedge \omega] = [\mathbf{d} \wedge (f dy - g dx)] = (f_x + g_y)[dx \wedge dy] = 0 \cdot [dx \wedge dy],$$

erfüllt ist, das heißt

$$(11.45)\quad f_x + g_y = 0.$$

Mit anderen Worten, $\varphi(\mathbf{x})$ ist wohldefiniert und ist vom Weg unabhängig dann, wenn

$$\operatorname{div} \mathbf{F} = \nabla \cdot \mathbf{F} = f_x + g_y = 0,$$

das heißt das Feld in $\mathcal{G}$ divergenzfrei ist. In diesem Fall gilt mit $\omega = dh$

$$\varphi(\mathbf{x}) = h(\mathbf{x}) - h(\mathbf{x}_0).$$

Beweis:

i. Auf Grund von Satz 11.17 können wir die Kurvenintegrale in (11.43) für rektifizierbare Kurven $\mathcal{C}_1$ und $\mathcal{C}_2$ durch die Kurvenintegrale auf Polygonapproximationen der Kurven approximieren. Gilt (11.45) und sind $\mathcal{C}_1$ und $\mathcal{C}_2$ zwei polygonale Kurven von $\mathbf{x}_0$ nach $\mathbf{x}$, so gehört das von ihnen umschlossene Gebiet $\mathcal{D}$ ganz zu $\mathcal{G}$, und der Gaußsche Satz liefert

$$\int_{\mathbf{x}_0, \mathcal{C}_1}^{\mathbf{x}} \omega - \int_{\mathbf{x}_0, \mathcal{C}_2}^{\mathbf{x}} \omega = \oint_{\partial \mathcal{D}} \omega = \int_{\mathcal{D}} [\mathbf{d} \wedge \omega] = 0,$$

also

$$\int_{\mathbf{x}_0, \mathcal{C}_1}^{\mathbf{x}} \omega = \int_{\mathbf{x}_0, \mathcal{C}_2}^{\mathbf{x}} \omega,$$

das heißt die Unabhängigkeit vom polygonalen Weg.

Grenzübergang zu den rektifizierbaren Kurven $\mathcal{C}_1$ und $\mathcal{C}_2$ liefert die behauptete Wegunabhängigkeit im allgemeinen Fall. Insbesondere ist

$$h(\mathbf{x}) := \int\limits_{\mathbf{x}_0}^{\mathbf{x}} (f(\xi,\eta)d\eta - g(\xi,\eta)d\xi)$$

wegen der Unabhängigkeit vom Weg wohldefiniert in $\mathcal{G}$. Zum Nachweis von (11.44) berechnen wir

$$\begin{aligned} h(x+\delta x, y) - h(x,y) &= \int\limits_{\mathbf{x}_0}^{(x+\delta x,y)} (f(\xi,\eta)d\eta - g(\xi,\eta)d\xi) \\ &\quad - \int\limits_{\mathbf{x}_0}^{(x,y)} (f(\xi,\eta)d\eta - g(\xi,\eta)d\xi) \\ &= \int\limits_{(x,y)}^{(x+\delta x,y)} (f(\xi,\eta)d\eta - g(\xi,\eta)d\xi), \end{aligned}$$

indem wir im ersten Integral einen Weg durch $\mathbf{x} = (x,y)$ wählen. Im verbliebenen Integral können wir auf der speziellen Geraden $\eta = y$ bei konstantem y von (x,y) nach $(x+\delta x, y)$ integrieren. Wir erhalten mit $\eta = y$, $d\eta = 0$ und mit dem Mittelwertsatz

$$h(x+\delta x, y) - h(x,y) = -\int\limits_{\xi=x}^{x+\delta x} g(\xi, y)d\xi = -\delta x \cdot g(x + \vartheta\delta x, y),$$

mit geeignetem $0 < \vartheta < 1$, daß der Grenzwert

$$\lim_{\delta x \to 0} \frac{1}{\delta x}(h(x+\delta x,y) - h(x,y)) = -\lim_{\delta x \to 0} g(x+\vartheta\delta x, y) = -g(x,y)$$

und somit $h_x = -g(x,y)$ existiert. Ganz entsprechend bekommt man $h_y = f(x,y)$, also (11.44).

ii. Ist $\varphi(\mathbf{x})$ vom Wege unabhängig, so gilt wegen des einfachen Zusammenhanges von $\mathcal{G}$

$$\int_{\mathcal{C}_1} \omega - \int_{\mathcal{C}_2} \omega = \int\limits_{\mathcal{D}} [\mathbf{d} \wedge \omega] = 0$$

für jede Wahl von $\mathcal{C}_1$ und $\mathcal{C}_2$ zwischen je zwei Punkten $\mathbf{x}_0, \mathbf{x} \in \mathcal{G}$, demnach für **jedes** durch stückweise glatte Kurven berandete Gebiet $\mathcal{D} \subset \mathcal{G}$:

$$(11.46)\quad \int_{\mathcal{D}} [\mathbf{d} \wedge \omega] = \int_{\mathcal{D}} (f_x + g_y)[dx \wedge dy] = 0 \quad \text{für alle} \mathcal{D} \subset \mathcal{G}.$$

Wäre $(f_x + g_y)(\mathbf{x}_1) > 0$ für irgendeinen Punkt $\mathbf{x}_1 \in \mathcal{G}$, so würde es eine Kreisscheibe

$$\mathcal{D}_\delta(\mathbf{x}_1) = \{\mathbf{x} = (x, y) \mid |\mathbf{x} - \mathbf{x}_1| < \delta\}$$

geben, in der wegen der Stetigkeit von $(f_x + g_y)$ gelten würde

$$(f_x + g_y) > 0 \quad \text{in } \mathcal{D}_\delta.$$

Folglich wäre

$$\int_{\mathcal{D}\delta} (f_x + g_y)[dx \wedge dy] > 0$$

im Gegensatz zu (11.46). Ebensowenig kann $(f_x + g_y)$ kleiner als Null sein. Also hat (11.46) für den stetigen Integranden zur Folge

$$f_x + g_y = 0 \quad \text{in } \mathcal{G},$$

das heißt

$$[\mathbf{d} \wedge \omega] = 0.$$

□

Bemerkung 11.35: *Bezeichnen wir die Differentialform in* (11.43) *mit*

$$\omega = w_1 dx + w_2 dy,$$

das heißt $w_1 = -g$ *und* $w_2 = f$ *und führen statt* $\mathbf{F}$ *das zu* $\mathbf{F}$ *senkrechte Feld* $\mathbf{W} = (w_1, w_2)^\top$ *ein, so ist das Linienintegral*

$$\varphi(\mathbf{x}) = \int_{\mathbf{x}_0}^{\mathbf{x}} \mathbf{W} \cdot d\mathbf{r}$$

genau dann vom Weg unabhängig, wenn gilt

$$\frac{\partial w_2}{\partial x} - \frac{\partial w_1}{\partial y} = 0.$$

Fassen wir $\mathbf{W}$ *als* **ebenes** *Vektorfeld im* $\mathbb{R}^3$ *auf,*

$$\mathbf{W} = (w_1(x,y), w_2(x,y), 0)^\top,$$

so ist die Wegunabhängigkeit jetzt äquivalent zur **Rotationsfreiheit** *von* $\mathbf{W}$ *(siehe* (9.65)*):*

$$\mathbf{rot}\mathbf{W} = \left(0, 0, \frac{\partial w_2}{\partial x} - \frac{\partial w_1}{\partial y}\right)^\top = 0.$$

11.4 Flächenintegrale und Stokesscher Satz

Lemma 11.36 (Satz von Poincaré) : *Sei f in $\mathcal{G} \subset \mathbb{R}^n$ einmal stetig differenzierbar und seien alle gemischten partiellen zweiten Ableitungen stetig. Dann gilt*

(11.47) $[\mathbf{d} \wedge df] = 0.$

Beweis:

$$[\mathbf{d} \wedge df] = \sum_{\substack{j,k=1 \\ j \neq k}}^{n} \frac{\partial^2 f}{\partial x_j \partial x_k} [dx_j \wedge dx_k] = -\sum_{\substack{j,k=1 \\ j \neq k}}^{n} \frac{\partial^2 f}{\partial x_j \partial x_k} [dx_k \wedge dx_j] .$$

Unter oben genannten Voraussetzungen gelten die Schwarzschen Vertauschungsregeln (Satz 8.26)

$$\frac{\partial^2 f}{\partial x_j \partial x_k} = \frac{\partial^2 f}{\partial x_k \partial x_j}$$

das heißt

$$[\mathbf{d} \wedge df] = -\sum_{\substack{j,k=1 \\ j \neq k}}^{n} \frac{\partial^2 f}{\partial x_k \partial x_j} [dx_k \wedge dx_j] = -[\mathbf{d} \wedge df],$$

somit

$$2\,[\mathbf{d} \wedge df] = 0,$$

woraus die Behauptung folgt. □

Definition 11.37: *Eine Punktmenge $\mathcal{F} \subset \mathbb{R}^n$ heißt* **zweidimensionales parametrisiertes Flächenstück** *mit einer k–mal stetig differenzierbaren* **Parameterdarstellung**, *falls $\mathcal{U} \subset \mathbb{R}^2$ ein gegebener abgeschlossener Bereich ist und*

(11.48)
$$\begin{aligned} \mathbf{\Phi} : \mathcal{U} &\rightarrow \mathbb{R}^n, \quad \mathcal{U} = \overline{\mathcal{U}} \subset \mathbb{R}^2, \mathbf{\Phi}(\mathcal{U}) = \mathcal{F} \\ (u,v) &\mapsto \mathbf{\Phi}(u,v) = (\varphi_1(u,v), \ldots, \varphi_n(u,v))^\top \end{aligned}$$

und $\varphi_1, \ldots, \varphi_n \in C^k(\mathcal{U})$. Das Flächenstück heißt **regulär**, *falls $\mathbf{\Phi}$ injektiv ist und für alle $(u,v) \in \mathcal{U}$ gilt:*

(11.49) $$Rang\left(\frac{\partial(\varphi_1, \ldots, \varphi_n)}{\partial(u,v)}(u,v)\right) = Rang\frac{\partial \mathbf{\Phi}}{\partial \mathbf{u}} = 2,$$

das heißt

$$\sum_{1 \leq j < k \leq n} \left[\det \frac{\partial(\varphi_j, \varphi_k)}{\partial(u,v)}\right]^2 > 0.$$

Definition 11.38: $\mathbf{\Psi} : \mathcal{U} \to \widetilde{\mathcal{U}}$ *mit* $\mathbf{\Psi}(u,v) = (\tilde{u}, \tilde{v})^\top$ *heißt* **reguläre Parametertransformation**, *falls* $\mathbf{\Psi}$ *stetig differenzierbar und bijektiv ist mit*

$$(11.50)\quad \det \frac{\partial(\tilde{u},\tilde{v})}{\partial(u,v)} \neq 0.$$

Definition 11.39: $\mathcal{F} \subset \mathbb{R}^n$ *heißt glatte zweidimensionale* **Fläche** *oder zweidimensionale* C^1–**Mannigfaltigkeit** , *wenn zu* $\mathcal{F}$ *eine Familie, ein* **Atlas** $\mathcal{A}$ *von regulären parametrisierten Flächenstücken, genannt* **Karten**, *mit den folgenden Eigenschaften existiert:*

$$(11.51)\quad \mathcal{A} = \{\mathcal{F}_\Phi | \mathbf{\Phi} : \mathcal{U}_\Phi \to \mathbb{R}^n \quad \textit{mit}\ \mathcal{F}_\Phi = \mathbf{\Phi}(\mathcal{U}_\Phi) \subset \mathcal{F}.$$

Mit

$$\underline{\mathcal{F}}_\Phi := \mathbf{\Phi}(\underline{\mathcal{U}}_\Phi) \quad \text{sei} \bigcup_{\mathcal{F}_\Phi \in \mathcal{A}} \underline{\mathcal{F}}_\Phi = \mathcal{F}$$

und für je zwei Flächenstücke mit Überlappungsgebiet $\underline{\mathcal{F}}_{\Phi_1} \cap \underline{\mathcal{F}}_{\Phi_2} \neq \emptyset$ gelte: $\mathbf{\Phi}_i^{-1}(\mathcal{F}_{\Phi_1} \cap \mathcal{F}_{\Phi_2})$ ist abgeschlossener Bereich für $i = 1, 2$, und die Transformation

$$(11.52)\quad \begin{array}{rcl} \mathbf{\Psi} : \mathbf{\Phi}_1^{-1}(\mathcal{F}_{\Phi_1} \cap \mathcal{F}_{\Phi_2}) & \to & \mathbf{\Phi}_2^{-1}(\mathcal{F}_{\Phi_1} \cap \mathcal{F}_{\Phi_2}) \\ (u,v) & \mapsto & (\tilde{u},\tilde{v}) := \mathbf{\Phi}_2^{-1}(\mathbf{\Phi}_1(u,v)) \end{array}$$

ist reguläre Parametertransformation.

Ist $\mathcal{F}$ beschränkt und abgeschlossen, das heißt kompakt, so läßt sich $\mathcal{F}$ nach dem Satz von Heine–Borel , Satz 3.50, mit **endlich** vielen Karten beschreiben.

Im $\mathbb{R}^3$ haben wir also auf einer glatten Fläche

$$(11.53)\quad x = \varphi_1(u,v), \quad y = \varphi_2(u,v), \quad z = \varphi_3(u,v)$$

mit

$$(11.54)\quad \left[\det \frac{\partial(\varphi_2,\varphi_3)}{\partial(u,v)}\right]^2 + \left[\det \frac{\partial(\varphi_3,\varphi_1)}{\partial(u,v)}\right]^2 + \left[\det \frac{\partial(\varphi_1,\varphi_2)}{\partial(u,v)}\right]^2 \neq 0.$$

Nehmen wir einmal an, $\det \frac{\partial(\varphi_1,\varphi_2)}{\partial(u,v)} \neq 0$ ist erfüllt, dann können wir nach dem Satz über implizite Funktionen, Satz 9.35, die beiden ersten Gleichungen von (11.53) nach u und v als Funktionen von x und y auflösen, dies in φ_3 einsetzen und erhalten die Darstellung $z = \chi(x,y)$ mit x, y als Unabhängige. Die Bedingung (11.54) sichert also, daß eine glatte Fläche in Teilstücke zerlegt werden kann, deren jedes eine Parameterdarstellung mit (x,y) oder (y,z) oder (z,x) als Unabhängige besitzt.

Durch

$$(11.55)\quad \left(\frac{\partial\varphi_1}{\partial u}, \ldots, \frac{\partial\varphi_n}{\partial u}\right)^\top = \frac{\partial\mathbf{\Phi}}{\partial u} \quad \text{und} \quad \left(\frac{\partial\varphi_1}{\partial v}, \ldots, \frac{\partial\varphi_n}{\partial v}\right)^\top = \frac{\partial\mathbf{\Phi}}{\partial v}$$

werden zwei Tangentialvektoren festgelegt. Für eine Fläche im $\mathbb{R}^3$ sind das insbesondere

$$(11.56) \quad \left(\frac{\partial \varphi_1}{\partial u}, \frac{\partial \varphi_2}{\partial u}, \frac{\partial \varphi_3}{\partial u}\right)^\top \quad \text{und} \quad \left(\frac{\partial \varphi_1}{\partial v}, \frac{\partial \varphi_2}{\partial v}, \frac{\partial \varphi_3}{\partial v}\right)^\top .$$

Ihr **äußeres Produkt** liefert den Vektor

$$(11.57) \quad \mathbf{N}(u,v) = \frac{\partial \mathbf{\Phi}}{\partial u} \times \frac{\partial \mathbf{\Phi}}{\partial v} = \left(\det \frac{\partial(\varphi_2,\varphi_3)}{\partial(u,v)}, \det \frac{\partial(\varphi_3,\varphi_1)}{\partial(u,v)}, \det \frac{\partial(\varphi_1,\varphi_2)}{\partial(u,v)}\right)^\top ,$$

der senkrecht auf der Tangentialebene steht. $\mathbf{N}$ ist also ein **Normalenvektor**. Dieser legt eine **Seite** von $\mathcal{F}$ fest, wenn wir in $\mathbf{x} \in \mathcal{F}$ eine bestimmte Parameterdarstellung $\mathbf{x} = \mathbf{\Phi}(u,v)$ gewählt haben.
Nun verschieben wir $\mathbf{x}$ auf $\mathcal{F}$, das heißt u und v werden geändert, eventuell müssen wir zu einer anderen Parameterdarstellung übergehen. Dabei verlangen wir, daß die Funktionaldeterminante der Parametertransformation im Überlappungsbereich die Bedingung

$$(11.58) \quad \det \frac{\partial(u,v)}{\partial(\tilde{u},\tilde{v})} > 0 \quad \text{mit } \mathbf{\Phi}_1(u,v) = \mathbf{\Phi}_2(\tilde{u},\tilde{v})$$

erfüllt, das heißt positiv ist. Nun lassen wir $\mathbf{x}$ ganz $\mathcal{F}$ durchlaufen und lassen dabei des weiteren alle Parameterdarstellungen zu, die (11.58) in den jeweiligen Überlappungsbereichen erfüllen. Solche Parametertransformationen heißen **orientierungserhaltend**.

Definition 11.40: *$\mathcal{F}$ heißt* **orientierbar** *, wenn es eine Familie von Flächenstücken gibt, die (11.52) und (11.58) erfüllt, so daß alle Parametertransformationen (11.52) orientierungserhaltend sind. Der Normalenvektor* $\mathbf{N}$ *bleibt dann beim Verschieben immer auf einer Seite von $\mathcal{F}$, das heißt es gilt immer $\widetilde{\mathbf{N}}(\tilde{u},\tilde{v}) = \lambda\, \mathbf{N}(u,v)$ mit $\lambda = \det \frac{\partial(u,v)}{\partial(\tilde{u},\tilde{v}} > 0$.*

Nicht jede glatte Fläche im $\mathbb{R}^3$ ist orientierbar, zum Beispiel ist das Möbiusband **nicht** orientierbar.

Durch Normieren des Normalenvektors $\mathbf{N}(u,v)$ erhält man den **Einheitsnormalenvektor**

$$(11.59) \quad \mathbf{n}(u,v) := \left|\frac{\partial \mathbf{\Phi}}{\partial u} \times \frac{\partial \mathbf{\Phi}}{\partial v}\right|^{-1} \left(\frac{\partial \mathbf{\Phi}}{\partial u} \times \frac{\partial \mathbf{\Phi}}{\partial v}\right)$$

$$= \left[\left(\det \frac{\partial(\varphi_2,\varphi_3)}{\partial(u,v)}\right)^2 + \left(\det \frac{\partial(\varphi_3,\varphi_1)}{\partial(u,v)}\right)^2 + \left(\det \frac{\partial(\varphi_1,\varphi_2)}{\partial(u,v)}\right)^2\right]^{-1/2} \cdot \left(\det \frac{\partial(\varphi_2,\varphi_3)}{\partial(u,v)}, \det \frac{\partial(\varphi_3,\varphi_1)}{\partial(u,v)}, \det \frac{\partial(\varphi_1,\varphi_2)}{\partial(u,v)}\right)^\top .$$

$\mathcal{F}$ ist genau dann orientierbar, wenn es ein stetiges Einheitsnormalenfeld $\mathbf{n}(\mathbf{x})$ für alle $\mathbf{x} \in \mathcal{F}$ besitzt, und jedes stetige Einheitsnormalenfeld legt eine Orientierung von $\mathcal{F}$ fest.

Betrachtet man im $\mathbb{R}^n$ den Normalen-„Vektor"

$$\mathbf{N} \sim \Big(\det \frac{\partial(\varphi_j,\varphi_k)}{\partial(u,v)}\Big)_{1\le j<k\le n} \in (C^0(\mathcal{U}))^{\binom{n}{2}}$$

oder die Formen zweiten Grades

$$(11.60)\quad [d\varphi_j \wedge d\varphi_k] = \det \frac{\partial(\varphi_j,\varphi_k)}{\partial(u,v)}[du \wedge dv] = [dx_j \wedge dx_k]_{|\mathcal{F}},$$

so kann mit ihnen wieder die Orientierbarkeit definiert werden. Dazu verschieben wir wieder $\mathbf{x} \in \mathcal{F}$ unter Beachtung von (11.58) in Überlappungsbereichen. $\mathcal{F}$ heißt wieder **orientierbar**, wenn es eine Familie von Flächenstücken bzw. Karten gibt, die (11.58) erfüllt, so daß alle Parametertransformationen (11.52) orientierungserhaltend sind und für $\mathbf{x} = \mathbf{\Phi}_1(u,v) = \mathbf{\Phi}_2(\tilde{u},\tilde{v}) \in \mathcal{F}$ immer $\widetilde{\mathbf{N}}(\tilde{u},\tilde{v}) = \lambda\,\mathbf{N}(u,v)$ mit $\lambda > 0$ gilt.

Nun sind wir in der Lage, analog zur Definition von Kurvenintegralen auch Flächenintegrale einzuführen.

Definition 11.41: *$\mathcal{F}$ sei ein reguläres Flächenstück mit stetig differenzierbarer Parameterdarstellung*

$$x_1 = \varphi_1(u,v), \ldots, x_n = \varphi_n(u,v)$$

und $P_{jk}(x_1,\ldots,x_n)$ seien stetige Funktionen, $j,k = 1,\ldots,n$. Dann heißt

$$(11.61)\quad \int\limits_{\mathcal{F}} \Omega = \int\limits_{\mathcal{F}} \sum_{j,k=1}^{n} P_{jk}[dx_j \wedge dx_k] := \int\limits_{\mathcal{U}} \sum_{j,k=1}^{n} P_{jk}(\varphi_1(u,v),\ldots,\varphi_n(u,v)) \det \frac{\partial(\varphi_j,\varphi_k)}{\partial(u,v)}[du \wedge dv]$$

das **orientierte Flächenintegral** *der* **Differentialform**

$$\Omega = \sum_{j,k=1}^{n} P_{jk}[dx_j \wedge dx_k]$$

über $\mathcal{F}$. Ist $\mathcal{F}$ eine abgeschlossene, beschränkte, orientierbare Fläche, so wird das Flächenintegral über $\mathcal{F}$ durch Addition der Flächenintegrale über endlich viele geeignete Teilstücke definiert.

Satz 11.42: *Das Flächenintegral ist gegenüber regulären Parametertransformationen invariant, das heißt sein Wert ändert sich nicht, falls $\mathcal{F}$ durch verschiedene Parameterdarstellungen dargestellt wird, die durch eine reguläre orientierungserhaltende Parametertransformation auseinander hervorgehen.*

Beweis: Seien

$$x_1 = \psi_1(\tilde{u},\tilde{v}),\ldots,x_n = \psi_n(\tilde{u},\tilde{v})$$

für $(\tilde{u},\tilde{v}) \in \tilde{\mathcal{U}}$ und

$$x_1 = \varphi_1(u,v),\ldots,x_n = \varphi_n(u,v)$$

für $(u,v) \in \mathcal{U}$ zwei Parameterdarstellungen von $\mathcal{F}$, verknüpft durch die Parametertransformation

$$\tilde{u} = g_1(u,v), \quad \tilde{v} = g_2(u,v)$$

und

$$\varphi_j(u,v) = \psi_j(g_1(u,v),g_2(u,v)) \quad \text{für } j = 1,\ldots,n.$$

Für eines der Integrale in (11.61) gilt dann mit Satz 11.29

$$\begin{aligned}
\int\limits_{\tilde{\mathcal{U}}} P_{jk} \det \frac{\partial(\psi_j,\psi_k)}{\partial(\tilde{u},\tilde{v})}[d\tilde{u}\wedge d\tilde{v}] &= \int\limits_{\mathcal{U}} P_{jk} \det \frac{\partial(\psi_j,\psi_k)}{\partial(\tilde{u},\tilde{v})}[dg_1(u,v)\wedge dg_2(u,v)] \\
&= \int\limits_{\mathcal{U}} P_{jk}[(\psi_{j\tilde{u}}dg_1 + \psi_{j\tilde{v}}dg_2)\wedge(\psi_{k\tilde{u}}dg_1 + \psi_{k\tilde{v}}dg_2)] \\
&= \int\limits_{\mathcal{U}} P_{jk}[((\psi_{j\tilde{u}}g_{1u} + \psi_{j\tilde{v}}g_{2u})du + (\psi_{j\tilde{u}}g_{1v} + \psi_{j\tilde{v}}g_{2v})dv) \\
&\qquad \wedge((\psi_{k\tilde{u}}g_{1u} + \psi_{k\tilde{v}}g_{2u})du + (\psi_{k\tilde{u}}g_{1v} + \psi_{k\tilde{v}}g_{2v})dv)] \\
&= \int\limits_{\mathcal{U}} P_{jk}[(\varphi_{ju}du + \varphi_{jv}dv)\wedge(\varphi_{ku}du + \varphi_{kv}dv)] \\
&= \int\limits_{\mathcal{U}} P_{jk}[d\varphi_j\wedge d\varphi_k] = \int\limits_{\mathcal{U}} P_{jk}\Big\{\det\frac{\partial(\varphi_j,\varphi_k)}{\partial(u,v)}\Big\}[du\wedge dv]\,.
\end{aligned}$$

□

Satz 11.43: *Sei*

(11.62) $x_1 = g_1(y_1,\ldots,y_n),\ldots x_n = g_n(y_1,\ldots,y_n)$

eine C^1–Koordinatentransformation und sei $\mathcal{F}$ das Bild des Flächenstücks $\tilde{\mathcal{F}}$ unter dieser Transformation:

$$(11.63)\quad \begin{aligned}
\mathcal{F}:\ & \begin{cases} x_1 = x_1(u,v) = g_1(\varphi_1(u,v),\ldots,\varphi_n(u,v)), \\ \vdots \\ x_n = x_n(u,v) = g_n(\varphi_1(u,v),\ldots,\varphi_n(u,v)), \end{cases} \\
\tilde{\mathcal{F}}:\ & \begin{cases} y_1 = \varphi_1(u,v), \\ \vdots \\ y_n = \varphi_n(u,v). \end{cases}
\end{aligned}$$

Dann gilt

$$
\begin{aligned}
\int_{\mathcal{F}} \Omega_{|\mathcal{F}} &:= \int_{\mathcal{F}} \sum_{j,k=1}^{n} P_{jk}[dx_j \wedge dx_k]_{|\mathcal{F}} \\
&= \int_{\mathcal{U}} \frac{1}{2} \sum_{j,k,l,m=1}^{n} P_{jk} \left[\det \frac{\partial(g_j, g_k)}{\partial(y_l, y_m)}\right] \left[\det \frac{\partial(y_l, y_m)}{\partial(u, v)}\right] [du \wedge dv] \\
&= \int_{\widetilde{\mathcal{F}}} \sum_{l,m=1}^{n} \left[\frac{1}{2} \sum_{j,k=1}^{n} P_{jk} \det \frac{\partial(g_j, g_k)}{\partial(y_l, y_m)}\right] [dy_l \wedge dy_m] \\
&= \int_{\widetilde{\mathcal{F}}} \sum_{j,k=1}^{n} P_{jk}[dg_j(y_1, \ldots, y_n) \wedge dg_k(y_1, \ldots, y_n)] \\
&=: \int_{\widetilde{\mathcal{F}}} \Omega|_{\widetilde{\mathcal{F}}}, \qquad (11.64)
\end{aligned}
$$

das heißt in die Differentialform Ω kann man für $dx_1, \ldots, dx_n$ die vollständigen Differentiale $dg_1(y_1, \ldots, y_n), \ldots, dg_n(y_1, \ldots, y_n)$ der Koordinatentransformation (11.62) einsetzen, und dann erhält man das transformierte Integral.

Beweis: Für den Beweis muß man nur (11.63), die Kettenregel sowie die Produktregel für Determinanten beachten. Für einen der Summanden der linken Seite in (11.64) gilt

$$
\begin{aligned}
\int_{\mathcal{F}} P_{jk}[dx_j \wedge dx_k] &= \int_{\mathcal{U}} P_{jk}[(g_j(\varphi_1(u,v), \ldots, \varphi_n(u,v))_u du \\
&\qquad + g_j(\varphi_1(u,v), \ldots, \varphi_n(u,v))_v dv) \\
&\qquad \wedge (g_k(\varphi_1(u,v), \ldots, \varphi_n(u,v))_u du + g_k(\varphi_1(u,v), \ldots, \varphi_n(u,v))_v dv)]
\end{aligned}
$$

wegen der Darstellung von $\mathcal{F}$ nach (11.63) und Definition (11.61). Nun verwenden wir die Kettenregel und erhalten

$$
\begin{aligned}
\int_{\mathcal{F}} P_{jk}[dx_j \wedge dx_k] &= \int_{\mathcal{U}} P_{jk}\Big[\sum_{\ell=1}^{n} \frac{\partial g_j}{\partial y_\ell}(\varphi_{\ell u} du + \varphi_{\ell v} dv) \wedge \sum_{m=1}^{n} \frac{\partial g_k}{\partial y_n}(\varphi_{mu} du + \varphi_{mv} dv)\Big] \\
&= \int_{\mathcal{U}} P_{jk} \sum_{\ell \neq m=1}^{n} \Big(\frac{\partial g_j}{\partial y_\ell}\varphi_{\ell u} \frac{\partial g_k}{\partial y_m}\varphi_{mv} - \frac{\partial g_j}{\partial y_\ell}\varphi_{\ell v} \frac{\partial g_k}{\partial y_m}\varphi_{mu}\Big)[du \wedge dv] \\
&= \int_{\mathcal{U}} P_{jk} \sum_{\ell \neq m=1}^{n} \frac{\partial g_j}{\partial y_\ell} \frac{\partial g_k}{\partial y_m} \det \frac{\partial(\varphi_\ell, \varphi_m)}{\partial(u,v)}[du \wedge dv] \\
&= \int_{\mathcal{U}} P_{jk} \sum_{\ell \neq m=1}^{n} \frac{\partial g_j}{\partial y_\ell} \frac{\partial g_k}{\partial y_m}[d\varphi_\ell \wedge d\varphi_m] \\
&= \int_{\mathcal{U}} P_{jk} \frac{1}{2} \sum_{1 \le \ell < m \le n} \Big(\frac{\partial g_j}{\partial y_\ell} \frac{\partial g_k}{\partial y_m} - \frac{\partial g_j}{\partial y_m} \frac{\partial g_k}{\partial y_\ell}\Big)[d\varphi_\ell \wedge d\varphi_m]
\end{aligned}
$$

$$= \int\limits_{\widetilde{\mathcal{F}}} P_{jk} \sum_{\ell \neq m=1}^{n} \frac{\partial g_j}{\partial y_\ell} \frac{\partial g_k}{\partial y_m} [dy_\ell \wedge dy_m]_{|\tilde{\mathcal{F}}}$$

$$= \int\limits_{\widetilde{\mathcal{F}}} P_{jk} [dg_j(y_1, \ldots, y_n) \wedge dg_k(y_1, \ldots, y_n)].$$

□

Zur Vorbereitung des Stokesschen Satzes zeigen wir folgende wichtige Formel:

Satz 11.44: $\mathcal{F}: x_j = \varphi_j(u,v),\ j = 1, \ldots, n$ *sei ein reguläres Flächenstück mit* **stetigen gemischten zweiten Ableitungen** $\varphi_{juv}(u,v)$, *das heißt, die Schwarzsche Vertauschungsregel* $\varphi_{juv} = \varphi_{jvu},\ j = 1, \ldots, n$ *ist gültig. Dann gilt*

(11.65) $[\mathbf{d}_{(\mathbf{x})} \wedge \omega]_{|\mathcal{F}} = [\mathbf{d}_{(\mathbf{u})} \wedge \omega_{|\mathcal{F}}]$

für jede Form ω *mit stetig differenzierbaren Koeffizienten.*

Beweis: Zum Beweis rechnen wir die beiden Seiten in (11.65) getrennt aus.

i. Die linke Seite ergibt sich für

$$\omega = \sum_{k=1}^{n} P_k(\mathbf{x}) dx_k$$

als

$$\begin{aligned}
[\mathbf{d}_{(\mathbf{x})} \wedge \omega]_{|\mathcal{F}} &= \sum_{\substack{j,k=1 \\ j \neq k}}^{n} \frac{\partial P_k}{\partial x_j} [dx_j \wedge dx_k]_{|\mathcal{F}} \\
&= \sum_{\substack{j,k=1 \\ j \neq k}}^{n} \frac{\partial P_k}{\partial x_j}\Big|_{\mathcal{F}} [d\varphi_j \wedge d\varphi_k] \\
&= \sum_{\substack{j,k=1 \\ j \neq k}}^{n} \frac{\partial P_k}{\partial x_j}\Big|_{\mathcal{F}} \Big(\frac{\partial \varphi_j}{\partial u} \frac{\partial \varphi_k}{\partial v} - \frac{\partial \varphi_j}{\partial v} \frac{\partial \varphi_k}{\partial u} \Big) [du \wedge dv] \\
&= \sum_{\substack{j,k=1 \\ j \neq k}}^{n} \frac{\partial P_k}{\partial x_j}\Big|_{\mathcal{F}} \det \frac{\partial(\varphi_j, \varphi_k)}{\partial(u,v)} [du \wedge dv].
\end{aligned}$$

ii. Für die Form ersten Grades auf $\mathcal{F}$ erhalten wir zunächst

$$\omega|_{\mathcal{F}} = \sum_{k=1}^{n} P_k|_{\mathcal{F}} d\varphi_k = \sum_{k=1}^{n} P_k(\mathbf{\Phi}(\mathbf{u})) \Big(\frac{\partial \varphi_k}{\partial u} du + \frac{\partial \varphi_k}{\partial v} dv \Big).$$

Damit folgt

$$[\mathbf{d}_{(\mathbf{u})} \wedge \omega|_{\mathcal{F}}] = \left(\frac{\partial}{\partial u} \left[\sum_{k=1}^{n} (P_k \circ \mathbf{\Phi}) \frac{\partial \varphi_k}{\partial v} \right] - \frac{\partial}{\partial v} \left[\sum_{k=1}^{n} (P_k \circ \mathbf{\Phi}) \frac{\partial \varphi_k}{\partial u} \right] \right) [du \wedge dv],$$

und die Anwendung von Kettenregel und Produktregel liefert für die rechte Seite

$$\begin{aligned}[\mathbf{d}_{(\mathbf{u})} \wedge \omega|_{\mathcal{F}}] &= \sum_{k=1}^{n}\sum_{j=1}^{n}\Big(\frac{\partial P_k}{\partial x_j}\Big|_{\mathcal{F}} \frac{\partial \varphi_j}{\partial u}\frac{\partial \varphi_k}{\partial v} - \frac{\partial P_k}{\partial x_j}\Big|_{\mathcal{F}} \frac{\partial \varphi_j}{\partial v}\frac{\partial \varphi_k}{\partial u}\Big)[du \wedge dv] \\ &\quad + \sum_{k=1}^{n} P_k|_{\mathcal{F}}\Big\{\frac{\partial}{\partial u}\Big(\frac{\partial \varphi_k}{\partial v}\Big) - \frac{\partial}{\partial v}\Big(\frac{\partial \varphi_k}{\partial u}\Big)\Big\}[du \wedge dv] \\ &= \sum_{\substack{j,k=1 \\ j\neq k}} \frac{\partial P_k}{\partial x_j}\Big|_{\mathcal{F}} \det \frac{\partial(\varphi_j, \varphi_k)}{\partial(u,v)}[du \wedge dv]\,.\end{aligned}$$

□

Nun sei $\mathcal{F}$ ein **reguläres Flächenstück**, gegeben durch

$$x_j = \varphi_j(u,v) \quad \text{für } (u,v) \in \mathcal{U},\ j = 1, \ldots, n,$$

und sein Rand $\partial\mathcal{F}$ sei eine stückweise glatte Jordankurve. In der Parameterebene u, v wählen wir ein Rechtssystem, damit liegt die Normale $\mathbf{N}$ bzw. $\mathbf{n}$ und das Vorzeichen der Funktionaldeterminanten in (11.60) fest. Der Rand $\partial\mathcal{F}$ ist das Bild von $\partial\mathcal{U}$ unter der Abbildung $\mathbf{\Phi}$. $\partial\mathcal{U}$ möge in der u–v–Ebene positiv durchlaufen werden, dann wird die Durchlaufungsrichtung, das heißt die Orientierung von $\partial\mathcal{F}$ festgelegt; man sagt, $\partial\mathcal{F}$ **trägt die durch** $\mathcal{F}$ **induzierte Orientierung**.

Satz 11.45 (Integralsatz von Stokes): *$\mathcal{F}$ sei ein reguläres orientierbares Flächenstück mit* **stetigen gemischten zweiten Ableitungen** *$\varphi_{juv}(u,v)$ und sein Rand $\partial\mathcal{F}$ sei eine stückweise glatte Jordankurve. Die Randkurve $\partial\mathcal{F}$ trage die durch $\mathcal{F}$ induzierte Orientierung. Die Differentialform ω sei stetig differenzierbar in einer Umgebung von $\mathcal{F}$. Dann gilt*

$$(11.66)\quad \oint_{\partial\mathcal{F}} \omega = \int_{\mathcal{F}} [\mathbf{d} \wedge \omega].$$

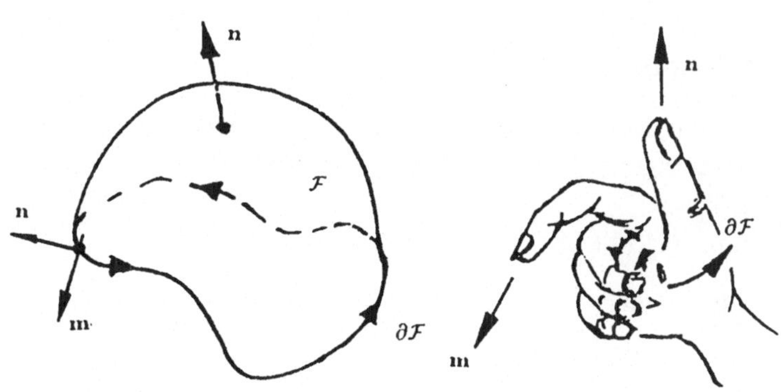

Abbildung 11.10: Induzierte Orientierung für $\mathcal{F} \subset \mathbb{R}^3$.

Beweis: Wir setzen die Parameterdarstellung von $\mathcal{F}$ ein, benutzen $\partial\mathcal{F} = \mathbf{\Phi}(\partial\mathcal{U})$ und erhalten unter Verwendung des Gaußschen Satzes in der Ebene, Satz 11.26, die Gleichung

$$\oint_{\partial\mathcal{F}} \omega = \oint_{\partial\mathcal{U}} \omega_{|\mathcal{F}} = \int_{\mathcal{U}} [\mathbf{d}_{(\mathbf{u})} \wedge \omega_{|\mathcal{F}}].$$

Nun verwenden wir Satz 11.44, wobei wir den Schwarzschen Vertauschungssatz für $\frac{\partial^2\varphi_j}{\partial u\partial v} = \frac{\partial^2\varphi_j}{\partial v\partial u}$, also die Stetigkeit der gemischten zweiten Ableitungen der Flächendarstellung benötigen:

$$\oint_{\partial\mathcal{F}} \omega = \int_{\mathcal{U}} [\mathbf{d}_{(\mathbf{u})} \wedge \omega_{|\mathcal{F}}] = \int_{\mathcal{U}} [\mathbf{d}_{(\mathbf{x})} \wedge \omega]_{|\mathcal{F}} = \int_{\mathcal{F}} [\mathbf{d} \wedge \omega].$$

□

Erläuterung: Im $\mathbb{R}^3$ haben wir insbesondere mit der Pfaffschen Form

$$\omega = Pdx + Qdy + Rdz$$

die Darstellung

$$(11.67) \quad \oint_{\partial\mathcal{F}} (Pdx + Qdy + Rdz) =$$

$$= \int_{\mathcal{F}} \{(R_y - Q_z)[dy \wedge dz] + (P_z - R_x)[dz \wedge dx] + (Q_x - P_y)[dx \wedge dy]\}.$$

Man beachte, daß man durch eine einzige geschlossene Kurve $\partial\mathcal{F}$ **beliebig viele** Flächen $\mathcal{F}$ legen kann.

Im Dreidimensionalen schreibt man den Stokesschen Integralsatz wie folgt auch häufig mit Hilfe des **äußeren Vektorprodukts**.

Definition 11.46:

$$(11.68)\ d\sigma := \left[\det\Big(\frac{\partial(\varphi_2,\varphi_3)}{\partial(u,v)}\Big)^2 + \det\Big(\frac{\partial(\varphi_3,\varphi_1)}{\partial(u,v)}\Big)^2 + \det\Big(\frac{\partial(\varphi_1,\varphi_2)}{\partial(u,v)}\Big)^2\right]^{1/2} [du\wedge dv]$$

heißt das **Oberflächenelement** *von* $\mathcal{F}$.

Man beobachtet nach Einsetzen einer Parametertransformation, daß die Definition (11.68) invariant gegenüber regulären orientierungserhaltenden Parametertransformationen ist.
Mit (11.57) können wir (11.68) auch schreiben als

$$(11.69)\ d\sigma = \left|\frac{\partial\mathbf{\Phi}}{\partial u} \times \frac{\partial\mathbf{\Phi}}{\partial v}\right| [du \wedge dv] = \sqrt{EG - F^2}[du \wedge dv]$$

mit

$$(11.70)\ E = \frac{\partial\mathbf{\Phi}}{\partial u} \cdot \frac{\partial\mathbf{\Phi}}{\partial u}, \quad G = \frac{\partial\mathbf{\Phi}}{\partial v} \cdot \frac{\partial\mathbf{\Phi}}{\partial v}, \quad F = \frac{\partial\mathbf{\Phi}}{\partial u} \cdot \frac{\partial\mathbf{\Phi}}{\partial v}.$$

Die Größen E, F, G in (11.70) heißen auch **Gaußsche Fundamentalgrößen erster Art** zur Fläche $\mathcal{F}$. Schreiben wir außerdem für die Einheitsnormale

$$(11.71)\ \mathbf{n} = (\nu_1, \nu_2, \nu_3)^\top = \left|\frac{\partial \mathbf{\Phi}}{\partial u} \times \frac{\partial \mathbf{\Phi}}{\partial v}\right|^{-1} \left(\frac{\partial \mathbf{\Phi}}{\partial u} \times \frac{\partial \mathbf{\Phi}}{\partial v}\right)$$

und definieren für die Koeffizienten von ω das Feld

$$(11.72)\ \mathbf{f} := (P, Q, R)^\top,$$

dann gilt

$$\begin{aligned}
[\mathbf{d} \wedge \omega]_{|\mathcal{F}} &= \Big[(R_y - Q_z) \det \frac{\partial(y,z)}{\partial(u,v)} + (Q_x - P_y) \det \frac{\partial(x,y)}{\partial(u,v)} \\
&\qquad + (P_z - R_x) \det \frac{\partial(z,x)}{\partial(u,v)}\Big] [du \wedge dv] \\
(11.73) \qquad &= [(R_y - Q_z)\nu_1 + (P_z - R_x)\nu_2 + (Q_x - P_y)\nu_3]\, d\sigma.
\end{aligned}$$

Nach Definition (9.65) der **Rotation** von $\mathbf{f}$ fassen wir die in (11.73) auftretenden Ableitungen von $\mathbf{f}$ zusammen als

$$\begin{aligned}
(11.74)\ \mathbf{rot\, f} = \nabla \times \mathbf{f} &= \nabla \times (P, Q, R)^\top \\
&:= ((R_y - Q_z), (P_z - R_x), (Q_x - P_y))^\top.
\end{aligned}$$

Die Komponenten von **rot f** sind die drei Komponenten von

$$\begin{aligned}
(11.75)\quad &[\mathbf{d} \wedge (Pdx + Qdy + Rdz)] \\
&= (R_y - Q_z)[dy \wedge dz] + (P_z - R_x)[dz \wedge dx] + (Q_x - P_y)[dx \wedge dy].
\end{aligned}$$

Der Differentialoperator **rot** ist also nur eine andere Schreibweise der äußeren Differentiation im $\mathbb{R}^3$! Aus (11.73) wird dann mit (11.74)

$$(11.76)\ [\mathbf{d} \wedge \omega]_{|\mathcal{F}} = \mathbf{rot\ f} \cdot \mathbf{n}\, d\sigma.$$

Beachten wir andererseits

$$(11.77)\ \omega_{|\partial\mathcal{F}} = (Pdx + Qdy + Rdz)_{|\partial\mathcal{F}} = \mathbf{f} \cdot d\mathbf{r} = \mathbf{f} \cdot \mathbf{t}\, ds$$

mit dem Tangentenvektor

$$(11.78)\ \mathbf{t} = \left(\frac{dx}{ds}, \frac{dy}{ds}, \frac{dz}{ds}\right)^\top \quad \text{auf } \partial\mathcal{F}$$

und der Bogenlänge s von $\partial\mathcal{F}$, so schreibt sich der

Stokessche Integralsatz im $\mathbb{R}^3$: *Unter den gleichen Voraussetzungen wie im Satz* 11.45 *gilt*

$$(11.79)\ \oint_{\partial\mathcal{F}} \mathbf{f} \cdot \mathbf{t}\, ds = \int_{\mathcal{F}} \mathbf{rot\ f} \cdot \mathbf{n}\, d\sigma$$

oder in Komponenten

(11.80) $$\oint_{\partial\mathcal{F}} (Pdx + Qdy + Rdz) = \\ = \int_{\mathcal{F}} [(R_y - Q_z)\nu_1 + (P_z - R_x)\nu_2 + (Q_x - P_y)\nu_3]\, d\sigma.$$

Wir kehren nun noch einmal zur Frage der Wegunabhängigkeit von Kurvenintegralen im Raum zurück und betrachten das Integral

(11.81) $$\varphi(\mathbf{x}) = \int_{\mathbf{x}_0,\mathcal{C}}^{\mathbf{x}} \omega = \int_{\mathbf{x}_0,\mathcal{C}}^{\mathbf{x}} \sum_{j=1}^{n} f_j(\mathbf{y})dy_j$$

entlang einer (genügend glatten) Kurve $\mathcal{C}$ von $\mathbf{x}_0$ nach $\mathbf{x}$ als Funktion von $\mathbf{x}$. Entsprechend Satz 11.34 gilt hier:

Satz 11.47 von Cartan und Poincaré im $\mathbb{R}^n$: *$\mathcal{G} \subset \mathbb{R}^n$ sei einfach zusammenhängendes Gebiet. Dann ist die Funktion $\varphi(\mathbf{x})$ in (11.81) genau dann vom (mindestens rektifizierbaren) Integrationsweg $\mathcal{C}$ unabhängig, wenn ω ein vollständiges Differential ist, das heißt es gibt in $\mathcal{G}$ eine stetig differenzierbare Funktion $h(\mathbf{x})$, mit der gilt*

$$\omega = dh = \sum_{j=1}^{n} \frac{\partial h}{\partial x_j} dx_j.$$

ω ist vollständiges Differential genau dann, wenn gilt

(11.82) $[\mathbf{d} \wedge \omega] = 0.$

Beweis: Sind $\mathcal{C}$ und $\mathcal{C}_1$ zwei verschiedene genügend glatte Kurven von $\mathbf{x}_0$ nach $\mathbf{x}$, die sich nicht schneiden, so legen wir durch die nun geschlossene Kurve $\mathcal{C} \cup \{-\mathcal{C}_1\}$ eine genügend glatte Fläche $\mathcal{F}$ mit dem Rand $\partial\mathcal{F} = \mathcal{C} \cup \{-\mathcal{C}_1\}$. Die Wegunabhängigkeit ist dann äquivalent zu

$$\int_{\partial\mathcal{F}} \omega = \int_{\mathcal{F}} [d \wedge \omega] = 0.$$

Ist $\varphi(\mathbf{x})$ vom Weg unabhängig, so folgt

$$\int_{\mathcal{F}} [d \wedge \omega] = 0$$

für **jedes** Flächenstück $\mathcal{F} \subset \mathcal{B}$ mit $\mathbf{x}_0, \mathbf{x} \in \partial\mathcal{F}$. Folglich gilt (11.82).
Umgekehrt, ist (11.82) erfüllt, so folgt $\int_{\partial\mathcal{F}} \omega = 0$ und daraus die Wegunabhängigkeit von $\varphi(\mathbf{x})$.

Gilt $\omega = dh$, so ergibt sich (11.82) aus (11.65). Ist hingegen (11.82) in $\mathcal{B}$ erfüllt, so konstruiert man $h(\mathbf{x})$ wie im Beweis von Satz 11.34 mit $h \in C^1$ und h hat stetige gemischte zweite Ableitungen. $\square$

Bemerkung 11.48: *Ist $\mathbf{x} = \mathbf{G}(\mathbf{u}) = (g_1(u_1, \dots, u_m), \dots, g_n(u_1, \dots, u_m))^\top$ eine gegebene $p+1$–mal stetig differenzierbare Abbildung von $\widetilde{\mathcal{B}} \subset \mathbb{R}^m$ nach $\mathcal{B} \subset \mathbb{R}^n$, so wird durch das Einsetzen der Differentiale $dx_j = dg_j$ mit*

$$\sum_{j<k}^{1,n} P_{jk}[dx_j \wedge dx_k] = \sum_{q<r}^{1,m} \left\{ \sum_{j<k}^{1,n} P_{jk} \left(\frac{\partial g_j}{\partial u_q}\frac{\partial g_k}{\partial u_r} - \frac{\partial g_j}{\partial u_r}\frac{\partial g_k}{\partial u_q} \right) \right\} [du_q \wedge du_r]$$

eine lineare Abbildung der Formen und entsprechende Abbildung der Koeffizientenfunktionen $(\mathcal{C}^p(\widetilde{\mathcal{B}}))^{\binom{n}{2}} \to (\mathcal{C}^p(\mathcal{B}))^{\binom{m}{2}}$ definiert. Für die Formen zweiten Grades und $m = 2$ ist die resultierende Form zweiten Grades

$$\sum_{j<k}^{1,n} P_{jk} \left(\frac{\partial g_j}{\partial u_1}\frac{\partial g_k}{\partial u_2} - \frac{\partial g_j}{\partial u_2}\frac{\partial g_k}{\partial u_1} \right) [du_1 \wedge du_2]$$

Integrand eines gewöhnlichen zweidimensionalen Volumenintegrals.

11.5 Gaußscher Satz im $\mathbb{R}^3$ und Satz von Cartan

Um im folgenden den Gaußschen Satz im $\mathbb{R}^3$ zu formulieren, wollen wir folgendermaßen vorgehen:

1. Wir zeigen zuerst den Gaußschen Satz durch partielle Integration für spezielle Integranden und $\{x, y, z\}$–kanonischen Bereich sowie für Quader.

2. Wir zeigen die Transformation von Volumenintegralen, wenn der transformierte Integrationsbereich ein Quader ist.

3. Durch Angabe einer speziellen Transformation beweisen wir den Gaußschen Satz für beliebige Integranden und kanonische Bereiche.

4. Mit Hilfe des Zerschneidungssatzes wird der Gaußsche Satz für beliebige beschränkte stückweise glatt berandete Bereiche gezeigt.

5. Der Transformationssatz von räumlichen Integralen bei Koordinatentransformation wird gezeigt.

6. Wir formulieren den Gaußschen Satz in der von E. Cartan gegebenen Formulierung.

Wir beginnen mit den **Differentialformen dritten Grades**. Im $\mathbb{R}^n$, $n \geq 3$, schreiben wir für diese

$$\Omega^{(3)} = \sum_{j,k,\ell=1}^{n} \widetilde{P}_{jk\ell}(\mathbf{x})[dx_j \wedge dx_k \wedge dx_\ell],$$

wobei wir die Vertauschungsregeln

$$(11.83) \quad [dx_j \wedge dx_k \wedge dx_\ell] = -[dx_k \wedge dx_j \wedge dx_\ell] = [dx_k \wedge dx_\ell \wedge dx_j]$$

verlangen. Demnach können wir die Koeffizienten jeder Form dritten Grades zusammenfassen und geordnet summieren:

$$(11.84) \quad \begin{aligned} \Omega^{(3)} &= \sum_{j<k<\ell} P_{jk\ell}(\mathbf{x})[dx_j \wedge dx_k \wedge dx_\ell], \\ P_{jk\ell} &= \widetilde{P}_{jk\ell} - \widetilde{P}_{j\ell k} + \widetilde{P}_{k\ell j} - \widetilde{P}_{kj\ell} + \widetilde{P}_{\ell jk} - \widetilde{P}_{\ell kj}. \end{aligned}$$

Mit der Addition

$$(11.85) \quad \begin{aligned} &\sum_{j<k<\ell}^{1,n} P_{jk\ell}(\mathbf{x})[dx_j \wedge dx_k \wedge dx_\ell] + \sum_{j<k<\ell}^{1,n} Q_{jk\ell}[dx_j \wedge dx_k \wedge dx_\ell] \\ &:= \sum_{j<k<\ell}^{1,n} (P_{jk\ell} + Q_{jk\ell})[dx_j \wedge dx_k \wedge dx_\ell] \end{aligned}$$

und Skalar–Multiplikation für $\alpha \in \mathbb{R}$,

$$\alpha \sum_{j<k<\ell}^{1,n} P_{jk\ell}(\mathbf{x})[dx_j \wedge dx_k \wedge dx_\ell] := \sum_{j<k<\ell}^{1,n} \alpha P_{jk\ell}(\mathbf{x})[dx_j \wedge dx_k \wedge dx_\ell]$$

werden die Formen dritten Grades mit Koeffizientenfunktionen $P_{jk\ell} \in C^p(\mathcal{B})$ für $p \in \mathbb{N}_0$ zu einem Vektorraum, der zum Vektorraum der $\binom{n}{3}$–vektorwertigen Funktionen $(C^p(\mathcal{B}))^{\binom{n}{3}}$ isomorph ist.

Nun definieren wir das äußere Produkt dreier Pfaffscher Formen ersten Grades

$$\omega_1 = \sum_{j=1}^{n} P_j dx_j, \quad \omega_2 = \sum_{j=1}^{n} Q_j dx_j, \quad \omega_3 = \sum_{j=1}^{n} R_j dx_j$$

durch

$$(11.86) \quad [\omega_1 \wedge \omega_2 \wedge \omega_3] := \sum_{j,k,\ell}^{1,n} P_j Q_k R_\ell [dx_j \wedge dx_k \wedge dx_\ell]$$

unter Beachtung der Regeln (11.83). Sind die Koeffizientenfunktionen in $C^p(\mathcal{B})$), $p \in \mathbb{N}_0$, so wird durch (11.86) eine trilineare Abbildung der Formen ersten Grades oder der vektorwertigen Funktionen von $((C^p(\mathcal{B}))^n)^3$ in die Formen dritten Grades oder nach $(C^p(\mathcal{B}))^{\binom{n}{3}}$ definiert: Aus den Vektoreigenschaften der Formen ersten und der Formen dritten Grades entnimmt man aus der Definition (11.86), daß das dreifache Produkt das Distributivgesetz

$$[(\omega_1 + \widetilde{\omega}_1) \wedge \omega_2 \wedge \omega_3] = [\omega_1 \wedge \omega_2 \wedge \omega_3] + [\widetilde{\omega}_1 \wedge \omega_2 \wedge \omega_3].$$

erfüllt. Zudem gilt

$$[\omega_1 \wedge \omega_2 \wedge \omega_3] = -[\omega_2 \wedge \omega_1 \wedge \omega_3] = [\omega_2 \wedge \omega_3 \wedge \omega_1].$$

Außer (11.86) definieren wir nun auch noch das äußere Produkt einer Form ersten mit einer Form zweiten Grades,

$$\left[\left(\sum_{j=1}^{n} P_j dx_j\right) \wedge \left(\sum_{k,\ell=1}^{n} Q_{k\ell}[dx_k \wedge dx_\ell]\right)\right] := \sum_{j,k,\ell}^{1,n} P_j Q_{k\ell}[dx_j \wedge dx_k \wedge dx_\ell]$$

und das einer Form zweiten mit einer ersten Grades,

$$\left[\left(\sum_{k,\ell}^{1,n} Q_{k\ell}[dx_k \wedge dx_\ell]\right) \wedge \left(\sum_{j=1}^{n} P_j dx_j\right)\right] := \sum_{j,k,\ell}^{1,n} Q_{k\ell} P_j [dx_k \wedge dx_\ell \wedge dx_j].$$

Man überzeugt sich leicht davon, daß nun Distributivgesetz und Assoziativgesetz gelten,

$$[\omega_1 \wedge \omega_2 \wedge \omega_3] = [[\omega_1 \wedge \omega_2] \wedge \omega_3] = [\omega_1 \wedge [\omega_2 \wedge \omega_3]].$$

Wie oben die Formen dritten Grades kann man entsprechend die Formen p–ten Grades einführen. Verlangen wir für die Basiselemente einer Form p–ten Grades die Vertauschungsregel

$$(11.87)\quad [dx_{j_1} \wedge \ldots \wedge dx_{j_r} \wedge dx_{j_{r+1}} \wedge \ldots \wedge dx_{j_p}] =$$
$$(11.88)\quad = -[dx_{j_1} \wedge \ldots \wedge dx_{j_{r+1}} \wedge dx_{j_r} \wedge \ldots \wedge dx_{j_p}]$$

für $r = 1, \ldots, p-1 < n$, so können wir eine ganze Hierarchie von Pfaffschen Formen, die sogenannte **äußere Algebra** der Differentialformen p–ten Grades für $1 \le p \le n$ aufbauen und zwischen zwei Formen

$$\Omega^{(p)} = \sum_{j_1,\ldots,j_p}^{1,n} P_{j_1\ldots j_p}(\mathbf{x})[dx_{j_1} \wedge \ldots \wedge dx_{j_p}],$$
$$\Omega^{(q)} = \sum_{k_1,\ldots,k_q}^{1,n} Q_{k_1\ldots k_q}(\mathbf{x})[dx_{k_1} \wedge \ldots \wedge dx_{k_q}]$$

die äußeren Produkte

$$(11.89)\quad \Omega^{(p+q)} := [\Omega^{(p)} \wedge \Omega^{(q)}]$$
$$:= \sum_{j_1,\ldots,j_p,k_1,\ldots,k_q}^{1,n} P_{j_1\ldots j_p} Q_{k_1\ldots k_q} [dx_{j_1} \wedge \ldots \wedge dx_{j_p} \wedge dx_{k_1} \wedge \ldots \wedge dx_{k_q}]$$

für $p+q \leq n$ einführen, wobei (11.87) zu beachten ist. Schließlich definieren wir für $p < n$ die **äußere Differentiation** durch

$$(11.90)\quad [\mathbf{d} \wedge \Omega^{(p)}] := \sum_{j_1,\dots,j_p}^{1,n} [dP_{j_1\dots j_p} \wedge dx_{j_1} \wedge \dots dx_{j_p}],$$

wobei (11.89) verwendet wird und $dP_{j_1\dots j_p}$ die durch das vollständige Differential definierte Form ersten Grades ist.

Kehren wir zurück zum Fall $n=3$, dann gilt hier insbesondere für die Differentiation einer Form zweiten Grades

$$(11.91)\quad \begin{aligned} &[\mathbf{d} \wedge (P[dy \wedge dz] + Q[dz \wedge dx] + R[dx \wedge dy])] \\ &:= [dP \wedge [dy \wedge dz]] + [dQ \wedge [dz \wedge dx]] + [dR \wedge [dx \wedge dy]] \\ &= (P_x + Q_y + R_z)[dx \wedge dy \wedge dz]. \end{aligned}$$

Satz 11.49: *$\Omega^{(p)}$ und $\Omega^{(q)}$ seien Differentialformen mit stetig differenzierbaren Koeeffizienten. Dann gilt die Produktregel*

$$(11.92)\quad [\mathbf{d} \wedge [\Omega^{(p)} \wedge \Omega^{(q)}]] = [[\mathbf{d} \wedge \Omega^{(p)}] \wedge \Omega^{(q)}] + (-1)^p [\Omega^{(p)} \wedge [\mathbf{d} \wedge \Omega^{(q)}]].$$

Den elementaren Beweis überlassen wir dem Leser.

Im speziellen Fall $n=3$ hat jede Form dritten Grades die Gestalt

$$(11.93)\quad \Omega^{(3)} = f(x,y,z)[dx \wedge dy \wedge dz].$$

Für eine Form dritten Grades können wir das orientierte Volumenintegral im $\mathbb{R}^3$ definieren. Dazu setzen wir voraus, daß das x–y–z–Kordinatensystem ein **Rechtssystem** bildet. $\mathcal{B}$ sei endliche Vereinigung kanonischer Bereiche, die paarweise disjunkt sind. Dann definieren wir das **orientierte Volumenintegral** durch

$$(11.94)\quad \int_{\mathcal{B}} \Omega^{(3)} = \int_{\mathcal{B}} f(x,y,z)[dx \wedge dy \wedge dz] := \int_{\mathcal{B}} f dV_3(x,y,z),$$

wobei das Integral ganz rechts ein gewöhnliches Volumenintegral ist. Bildet das Koordinatensystem ein Linkssystem, so hat man in (11.94) das negative Vorzeichen zu wählen.

Im folgenden sei x, y, z ein Rechtssystem und der Rand $\partial\mathcal{B}$ sei immer stückweise glatt. Wählen wir die lokalen Parameterdarstellungen von $\partial\mathcal{B}$ immer so, daß die Normale $\mathbf{N}$ (11.57) bzw. $\mathbf{n}$ (11.59) jeweils immer in das Äußere von $\mathcal{B}$ weist, so sagt man, $\partial\mathcal{B}$ trägt die **induzierte Orientierung**. Im folgenden trage $\partial\mathcal{B}$ immer die induzierte Orientierung.

Satz 11.50: *$\mathcal{B}$ sei $\{x,y,z\}$–kanonisch und erfülle im übrigen oben genannten Voraussetzungen. Sei $R \in C^1(\overline{\mathcal{B}})$. Dann gilt die folgende einfache Version des Gaußschen Satzes*

$$(11.95)\quad \oint_{\partial\mathcal{B}} R\,[dx \wedge dy] = \int_{\mathcal{B}} [\mathbf{d} \wedge (R\,[dx \wedge dy])] = \int_{\mathcal{B}} \frac{\partial R}{\partial z}[dx \wedge dy \wedge dz].$$

Beweis: Der Beweis basiert auf partieller Integration. $\partial\mathcal{B}$ setzt sich nach der Definition in Abschnitt 10.2 (siehe auch Abbildung 10.1) aus folgenden Teilen zusammen:

i. $x = a$, y und x beliebig. Parameterdarstellung: $x = a$, $y = v$, $z = u$,

$$\begin{aligned} dx &= x_u du + x_v dv = 0, \quad dy = y_u du + y_v dv = dv, \\ [dx \wedge dy] &= [0 \wedge dv] = 0. \end{aligned}$$

ii. $x = b$, y und z beliebig. Parameterdarstellung: $x = b$, $y = u$, $z = v$,

$$[dx \wedge dy] = [(x_u du + x_v dv) \wedge (y_u du + y_v dv)] = 0.$$

iii. $y = \varphi_1(x)$, x und z beliebig.
Parameterdarstellung: $x = u$, $z = v$, $y = \varphi_1(u)$,

$$[dx \wedge dy] = [du \wedge \varphi_1' du] = 0$$

iv. $y = \psi_1(x)$, x und z beliebig.
Parameterdarstellung: $z = u$, $x = v$, $y = \psi_1(v)$,

$$[dx \wedge dy] = [dv \wedge \psi_1' dv] = 0$$

v. $z = \varphi_2(x, y)$, x und y beliebig.
Parameterdarstellung: $y = u$, $x = v$, $z = \varphi_2(v, u)$.
Normale:

$$\begin{aligned} [dy \wedge dz] &= [du \wedge (\varphi_{2u} du + \varphi_{2v} dv)] = \varphi_{2x}[du \wedge dv]\,, \\ [dz \wedge dx] &= [(\varphi_{2u} du + \varphi_{2v} dv) \wedge dy] = \varphi_{2y}[du \wedge dv]\,, \\ [dx \wedge dy] &= [dv \wedge du] = -[du \wedge dv]\,, \\ \mathbf{N} &= (\varphi_{2x}, \varphi_{2y}, -1)^\top . \end{aligned}$$

$\mathbf{N}$ zeigt im wesentlichen in Richtung der negativen z–Achse, das heißt ins Äußere von $\mathcal{B}$ auf der unteren Randfläche.

vi. $y = \psi_2(x, y)$, x und y beliebig.
Parameterdarstellung: $x = u$, $y = v$, $z = \psi_2(u, v)$.
Normale:

$$\begin{aligned} [dy \wedge dz] &= [dv \wedge (\psi_{2u} du + \psi_{2v} dv)] = -\psi_{2x}[du \wedge dv]\,, \\ [dz \wedge dx] &= [(\psi_{2u} du + \psi_{2v} dv) \wedge du] = -\psi_{2y}[du \wedge dv]\,, \\ [dx \wedge dy] &= [du \wedge dv]\,, \\ \mathbf{N} &= (-\psi_{2x}, -\psi_{2y}, 1)^\top . \end{aligned}$$

$\mathbf{N}$ zeigt im wesentlichen in Richtung z–Achse, das heißt wieder ins Äußere von $\mathcal{B}$.

Setzen wir die obigen Darstellungen ein, so reduziert sich das Randintegral in (11.95) zu

$$\begin{aligned}
\oint_{\partial\mathcal{B}} R[dx\wedge dy] &= -\int_{v=a}^{b}\int_{u=\varphi_1(v)}^{\psi_1(v)} R(v,u,\varphi_2(v,u))[du\wedge dv] \\
&\quad + \int_{u=a}^{b}\int_{v=\varphi_1(u)}^{\psi_1(u)} R(u,v,\psi_2(u,v))[du\wedge dv] \\
&= -\int_{\xi=a}^{b}\int_{\eta=\varphi_1(\xi)}^{\psi_1(\xi)} R(\xi,\eta,\varphi_2(\xi,\eta))d\eta d\xi \\
&\quad + \int_{\xi=a}^{b}\int_{\eta=\varphi_1(\xi)}^{\psi_1(\xi)} R(\xi,\eta,\psi_2(\xi,\eta))d\eta d\xi \\
&= \int_{\xi=a}^{b}\int_{\eta=\varphi_1(\xi)}^{\psi_1(\xi)} (R(\xi,\eta,\psi_2(\xi,\eta)) - R(\xi,\eta,\varphi_2(\xi,\eta)))d\eta d\xi\,.
\end{aligned}$$

Nun verwenden wir im letzten Ausdruck den Hauptsatz der Differential- und Integralrechnung und erhalten

$$\oint_{\partial\mathcal{B}} R[dx\wedge dy] = \int_{\xi=a}^{b}\int_{\eta=\varphi_1(\xi)}^{\psi_1(\xi)}\int_{\zeta=\varphi_2(\xi,\eta)}^{\psi_2(\xi,\eta)} \frac{\partial R}{\partial z}(\xi,\eta,\zeta)d\zeta d\eta d\xi = \int_{\mathcal{B}} \frac{\partial R}{\partial z}[dx\wedge dy\wedge dz].$$ □

Da ein Quader $\mathcal{Q} = [a,b]\times[c,d]\times[e,f]$ kanonisch bezüglich **aller** Permutationen von x, y, z ist, haben wir als einfache Folgerung von Satz 11.50:

Satz 11.51 : *$\mathcal{Q}$ sei ein achsenparalleler Quader und P, Q, R in der Form zweiten Grades*

(11.96) $\Omega^{(2)} = P[dy\wedge dz] + Q[dz\wedge dx] + R[dx\wedge dy]$

seien in $\overline{\mathcal{Q}}$ stetig differenzierbar. Dann gilt der Gaußsche Integralsatz

(11.97) $\displaystyle\oint_{\partial\mathcal{Q}} \Omega^{(2)} = \int_{\mathcal{Q}} [d\wedge\Omega^{(2)}]$

oder ausgeschrieben

(11.98) $\displaystyle\oint_{\partial\mathcal{Q}} \{P([dy\wedge dz]+Q[dz\wedge dx]+R[dx\wedge dy]\} = \int_{\mathcal{Q}} (P_x+Q_y+R_z)[dx\wedge dy\wedge dz].$

Zur Vorbereitung des Transformationssatzes haben wir entsprechend Satz 11.44 bei einer Transformation

(11.99) $x = g(\xi,\eta,\zeta),\quad y = h(\xi,\eta,\zeta),\quad z = k(\xi,\eta,\zeta)$

folgenden

Satz 11.52: *Die Transformation (11.99) sei stetig differenzierbar mit stetigen gemischten zweiten Ableitungen und $\Omega^{(2)}$ in (11.96) habe stetig differenzierbare Koeffizienten. Dann gilt*

$$(11.100)\quad [\mathbf{d}_{(x,y,z)} \wedge \Omega^{(2)}]_{|(x,y,z)=(g(\xi,\eta,\zeta),h(\xi,\eta,\zeta),k(\xi,\eta,\zeta))} = \\ = [\mathbf{d}_{(\xi,\eta,\zeta)} \wedge \Omega^{(2)}_{|(x,y,z)=(g(\xi,\eta,\zeta),h(\xi,\eta,\zeta),k(\xi,\eta,\zeta))}],$$

das heißt man erhält das Gleiche, wenn man $\Omega^{(2)}$ erst ableitet und dann transformiert oder wenn man erst transformiert und dann bezüglich ξ, η, ζ äußerlich ableitet.

Beweis: Mit der Kettenregel und dem Satz von Poincaré, Lemma 11.36, wird aus der rechten Seite

$$\begin{aligned} &[\mathbf{d}_{(\xi,\eta,\zeta)} \wedge (P[dh(\xi,\eta,\zeta) \wedge dg(\xi,\eta,\zeta)] + Q[dk \wedge dg] + R[dg \wedge dh])] \\ &= [P_x dg \wedge dh \wedge dk] + [Q_y dh \wedge dk \wedge dg] + [R_z dk \wedge dg \wedge dh] \\ &= (P_x + Q_y + R_z)[dx \wedge dy \wedge dz]_{|(x,y,z)=(g,h,k)} \\ &= [\mathbf{d}_{(x,y,z)} \wedge (P[dy \wedge dz] + Q[dz \wedge dx] + R[dx \wedge dy])]_{|(x,y,z)=(g,h,k)}, \end{aligned}$$

und das ist die linke Seite in (11.100). □

Nun sei $\mathcal{Q}$ wie oben achsenparalleler Quader im ξ–η–ζ–Raum und

$$(11.101)\quad \mathcal{G} := \{(x,y,z) \mid x = g(\xi,\eta,\zeta), y = h(\xi,\eta,\zeta), z = k(\xi,\eta,\zeta),\ (\xi,\eta,\zeta) \in \mathcal{Q}\}$$

sei überdies $\{x,y,z\}$–kanonisch. g, h, k seien stetig differenzierbar mit stetigen gemischten zweiten Ableitungen, es sei $\det \frac{\partial(g,h,k)}{\partial(\xi,\eta,\zeta)} > 0$ und die Koordinatentransformation (11.99) sei injektiv.

Satz 11.53: *Für die speziellen Bereiche $\mathcal{Q}$ und $\mathcal{G}$ mit (11.101) transformiert sich das Volumenintegral wie folgt:*

$$\begin{aligned} (11.102)\quad &\int_{\mathcal{G}} f(x,y,z)[dx \wedge dy \wedge dz] \\ &= \int_{\mathcal{Q}} f(g(\xi,\eta,\zeta), h(\xi,\eta,\zeta), k(\xi,\eta,\zeta))[dg(\xi,\eta,\zeta) \wedge dh(\xi,\eta,\zeta) \wedge dk(\xi,\eta,\zeta)] \\ &= \int_{\mathcal{Q}} f \left(\det \frac{\partial(g,h,k)}{\partial(\xi,\eta,\zeta)}\right) [d\xi \wedge d\eta \wedge d\zeta], \end{aligned}$$

das heißt in die Differentialform $\Omega^{(3)} = f[dx \wedge dy \wedge dz]$ kann man für dx, dy, dz die vollständigen Differentiale $dg(\xi,\eta,\zeta)$, $dh(\xi,\eta,\zeta)$, $dk(\xi,\eta,\zeta)$ der Koordinatentransformation (11.99) einsetzen und erhält das transformierte Integral.

Beweis: Wir führen mit $F_z = f$ die Hilfsfunktion

$$F := \int_{t=0}^{z} f(x,y,t)dt$$

ein. Dann gilt mit Satz 11.50 und dann mit Satz 11.43:

$$\begin{aligned}\int_{\mathcal{G}} \frac{\partial F}{\partial z}[dx \wedge dy \wedge dz] &= \oint_{\partial\mathcal{G}} F[dx \wedge dy] \\ &= \oint_{\partial\mathcal{Q}} F(g(\xi,\eta,\zeta),h(\xi,\eta,\zeta),k(\xi,\eta,\zeta))[dg \wedge dh]_{|\partial\mathcal{Q}} \\ &= \oint_{\partial\mathcal{Q}} F[(g_\xi d\xi + g_\eta d\eta + g_\zeta d\zeta) \wedge (h_\xi d\xi + h_\eta d\eta + h_\zeta d\zeta)]\,.\end{aligned}$$

Auf das letzte Integral wenden wir den Gaußschen Satz 11.51 an und erhalten

$$\int_{\mathcal{G}} \frac{\partial F}{\partial z}[dx \wedge dy \wedge dz] = \int_{\mathcal{Q}} [\mathbf{d} \wedge F[dg \wedge dh]].$$

Auf das Resultat wenden wir Lemma 11.36, den Satz von Poincaré, an,

$$\int_{\mathcal{G}} \frac{\partial F}{\partial z}[dx \wedge dy \wedge dz] = \int_{\mathcal{Q}} [dF \wedge dg \wedge dh],$$

woraus unter Verwendung der Kettenregel

$$dF = F_x dg + F_y dh + F_z dk$$

schließlich das gewünschte Resultat folgt:

$$\begin{aligned}&\int_{\mathcal{G}} F_z[dx \wedge dy \wedge dz] = \int_{\mathcal{Q}} [(F_x dg + F_y dh + F_z dk) \wedge dg \wedge dh] = \int_{\mathcal{Q}} F_z[dg \wedge dh \wedge dk] \\ &= \int_{\mathcal{Q}} f(g,h,k)[(g_\xi d\xi + g_\eta d\eta + g_\zeta d\zeta) \wedge (h_\xi d\xi + h_\eta d\eta + h_\zeta d\zeta) \wedge (k_\xi d\xi + k_\eta d\eta + k_\zeta d\zeta)] \\ &= \int_{\mathcal{Q}} f\left(\det \frac{\partial(g,h,k)}{\partial(\xi,\eta,\zeta)}\right)[d\xi \wedge d\eta \wedge d\zeta].\end{aligned}$$

□

Satz 11.54: *$\mathcal{B}$ sei $\{x,y,z\}$-kanonischer Bereich mit den zugehörigen Funktionen φ_1, ψ_1, φ_2, ψ_2. Diese seien stetig differenzierbar und die gemischten zweiten Ableitungen φ_{2xy} und ψ_{2xy} seien stetig. Die Form zweiten Grades $\Omega^{(2)}$ habe stetig differenzierbare Koeffizienten. Dann gilt der Gaußsche Integralsatz*

$$\begin{aligned}(11.103)\quad \oint_{\partial\mathcal{B}} \Omega^{(2)} &= \oint_{\partial\mathcal{B}} (P[dy \wedge dz] + Q[dz \wedge dx] + R[dx \wedge dy]) \\ &= \int_{\mathcal{B}} (P_x + Q_y + R_z)[dx \wedge dy \wedge dz] = \int_{\mathcal{B}} [\mathbf{d} \wedge \Omega^{(2)}]\,.\end{aligned}$$

Beweis: Wir benutzen folgende Koordinatentransformation:

$$\begin{aligned} x = g(\xi) &:= \xi, \\ y = h(\xi,\eta) &:= \varphi_1(\xi) + \eta\{\psi_1(\xi) - \varphi_1(\xi)\}, \\ z = k(\xi,\eta,\zeta) &:= \varphi_2(\xi, h(\xi,\eta)) + \zeta[\psi_2(\xi, h(\xi,\eta)) - \varphi_2(\xi, h(\xi,\eta))]. \end{aligned}$$

Dann ist $\mathcal{B}$ das Bild von $\mathcal{Q} = [a,b] \times [0,1] \times [0,1]$ unter der obigen Transformation. Für die Jacobi–Determinante berechnet man leicht

$$\det \frac{\partial(g,h,k)}{\partial(\xi,\eta,\zeta)} = (\psi_1(\xi) - \varphi_1(\xi))(\psi_2(\xi, h(\xi,\eta)) - \varphi_2(\xi, h(\xi,\eta))) > 0$$

und aus

$$\begin{aligned} \xi &= x, \\ \eta &= [y - \varphi_1(x)\}\{\psi_1(x) - \varphi_1(x)]^{-1}, \\ \zeta &= [z - \varphi_2(x,y)]\,[\psi_2(x,y) - \varphi_2(x,y)]^{-1} \end{aligned}$$

entnimmt man, daß die Abbildung bijektiv und regulär ist. Der Gaußsche Satz 11.51 liefert dann zusammen mit Satz 11.44

$$\oint_{\partial\mathcal{B}} \Omega^{(2)} = \oint_{\partial\mathcal{Q}} \Omega^{(2)}_{|(x,y,z)=(g,h,k)} = \int_{\mathcal{Q}} [\mathbf{d}_{(\xi,\eta,\zeta)} \wedge \Omega^{(2)}_{|(x,y,z)=(g,h,k)}].$$

Für den letzten Integranden können wir Satz 11.52 und sodann die Transformationsformel in Satz 11.53 für Quader verwenden:

$$\oint_{\partial\mathcal{B}} \Omega^{(2)} = \int_{\mathcal{Q}} [\mathbf{d}_{(x,y,z)} \wedge \Omega^{(2)}]_{|(x,y,z)=(g,h,k)} = \int_{\mathcal{B}} [\mathbf{d} \wedge \Omega^{(2)}].$$

□

Mit dem Zerschneidungssatz 11.25 können wir ein beliebiges stückweise glatt berandetes Gebiet $\mathcal{G}$ zerlegen und auf jeden Teil den Gaußschen Satz 11.54 anwenden. An den Schnittflächen treten je zwei Flächenintegrale mit einander entgegengesetzten Normalen aber jeweils gleichen Integranden auf — diese heben sich weg. Man erhält also

Satz 11.55 (Integralsatz von Gauß, Green, Ostrogradski) : *$\mathcal{G}$ sei beschränktes Gebiet mit stückweise glatter Randfläche $\partial\mathcal{G}$ mit der durch $\mathcal{G}$ induzierten Orientierung . $\Omega^{(2)}$ sei eine Differentialform zweiten Grades mit in $\overline{\mathcal{G}}$ stetig differenzierbaren Koeffizienten. Dann gilt*

$$(11.104)\quad \begin{aligned} \oint_{\partial\mathcal{G}} \Omega^{(2)} &= \oint_{\partial\mathcal{G}} (P[dy \wedge dz] + Q[dz \wedge dx] + R[dx \wedge dy]) \\ &= \int_{\mathcal{G}} (P_x + Q_y + R_z)[dx \wedge dy \wedge dz] = \int_{\mathcal{G}} [\mathbf{d} \wedge \Omega^{(2)}]. \end{aligned}$$

Verwenden wir im Oberflächenintegral (11.68), (11.69) *und* (11.71) *sowie*

$$\mathrm{div}\mathbf{f} = \nabla \cdot \mathbf{f} = (P_x + Q_y + R_z),$$

so schreibt sich (11.104) *auch als*

$$(11.105)\quad \oint_{\partial\mathcal{G}} \Omega^{(2)} = \oint\limits_{\partial\mathcal{G}} \mathbf{f}\cdot\mathbf{n}\,d\sigma = \oint_{\partial\mathcal{G}} (P\nu_1 + Q\nu_2 + R\nu_2)d\sigma$$
$$= \int\limits_{\mathcal{G}} (\mathrm{div}\ \mathbf{f})dV_3(x,y,z) = \int\limits_{\mathcal{G}} (P_x + Q_y + R_z)dV_3(x,y,z).$$

Da wir in Satz 11.43 bereits die Invarianz des Flächenintegrals unter Koordinatentransformationen des Raumes bewiesen haben, können wir auch die Transformationsformel (11.102) von Volumenintegralen für allgemeinere Gebiete $\mathcal{G}$ beweisen.

Satz 11.56 (Transformationssatz) : *$\widetilde{\mathcal{G}}$ sei ein beschränktes stückweise glatt berandetes Gebiet und* (11.99) *transformiere $\widetilde{\mathcal{G}}$ in $\mathcal{G}$ regulär mit stetigen gemischten zweiten Ableitungen. Dann gilt*

$$(11.106)\quad \int\limits_{\mathcal{G}} f[dx\wedge dy\wedge dz] = \int\limits_{\widetilde{\mathcal{G}}} f[dg\wedge dh\wedge dk]$$
$$= \int\limits_{\widetilde{\mathcal{G}}} f\left(\det\frac{\partial(g,h,k)}{\partial(\xi,\eta,\zeta)}\right)[d\xi\wedge d\eta\wedge d\zeta].$$

Beweis: Wir führen mit $F_z = f$ wieder die Hilfsfunktion

$$F := \int\limits_{t=0}^{z} f(x,y,t)dt$$

ein. Dann können wir das dreidimensionale Volumenintegral auf ein Randintegral über $\partial\mathcal{G}$ zurückführen. Für dieses nutzen wir seine Eigenschaften unter Koordinatentransformationen, so daß sich ein Randintegral über $\partial\widetilde{\mathcal{G}}$ ergibt. Nochmalige Verwendung des Gaußschen Satzes in $\widetilde{\mathcal{G}}$ liefert das gewünschte Resultat.

$$\int\limits_{\mathcal{G}} f[dx\wedge dy\wedge dz] = \int\limits_{\mathcal{G}} [d\wedge F[dx\wedge dy]]$$
$$= \oint\limits_{\partial\mathcal{G}} F[dx\wedge dy] = \oint\limits_{\partial\widetilde{\mathcal{G}}} F[dg\wedge dh]$$
$$= \int\limits_{\widetilde{\mathcal{G}}} [\mathbf{d}_{(\xi,\eta,\zeta)} \wedge F(g(\xi,\eta,\zeta),h(\xi,\eta,\zeta),k(\xi,\eta,\zeta))[dg\wedge dh]]$$
$$= \int\limits_{\widetilde{\mathcal{G}}} F_z[dg\wedge dh\wedge dk] = \int\limits_{\widetilde{\mathcal{G}}} f[dg\wedge dh\wedge dk]$$

□

Bemerkung 11.57: *Satz 11.56 läßt sich durch geeignete Approximation zu dem Satz 11.31 entsprechenden Ergebnis für meßbare Teilmengen des $\mathbb{R}^3$ und für summierbare Funktionen erweitern.*

Beispiel 11.58: *Wir betrachten den Kegel aus Beispiel 10.11. Verwenden wir Zylinderkoordinaten*

$$x = r\cos\varphi, \quad y = r\sin\varphi, \quad z = \zeta,$$

so haben wir

$$\begin{aligned}
\tilde{\mathcal{G}} &:= \left\{(r,\varphi,\zeta)\Big|\, 0 \le \zeta \le \frac{h}{R}(R-r) \wedge 0 \le r \le R \wedge 0 \le \varphi \le 2\pi\right\},\\
dx &= \cos\varphi dr - r\sin\varphi d\varphi,\\
dy &= \sin\varphi dr + r\cos\varphi d\varphi,\\
dz &= d\zeta.
\end{aligned}$$

Dann transformiert sich das Volumenelement wie

$$\begin{aligned}
[dx \wedge dy \wedge dz] &= [(\cos\varphi dr - r\sin\varphi d\varphi) \wedge (\sin\varphi dr + r\cos\varphi d\varphi) \wedge d\zeta]\\
&= r[dr \wedge d\varphi \wedge d\zeta].
\end{aligned}$$

Folglich gilt für das Kegelvolumen:

$$\begin{aligned}
V &= \int_{\mathcal{B}} dV_3(x,y,z) = \int_{r=0}^{R}\int_{\varphi=0}^{2\pi}\int_{\zeta=0}^{\frac{h}{R}(R-r)} r\,d\zeta d\varphi dr\\
&= 2\pi\int_{r=0}^{R} r\frac{h}{R}(R-r)dr = \pi h R^2 - 2\pi\frac{h}{3R}R^3 = \frac{1}{3}\pi h R^2 .
\end{aligned}$$

Vergleichen wir diese kurze Rechnung mit der in Beispiel 10.11, so erkennen wir die Nützlichkeit des Transformationssatzes 11.56.
Bei dieser Umformung haben wir allerdings unterschlagen, daß die Transformation auf Zylinderkoordinaten bei $r = 0$ und $\varphi = 0$ nicht mehr bijektiv ist. Deshalb muß man obige Umformung zunächst für den angebohrten angeschnittenen Kegel

$$0 < \varepsilon \le r \le R, \quad 0 < \varphi_0 \le \varphi \le 2\pi \quad \text{und}\, 0 \le z \le h(R-\varepsilon)/R$$

durchführen. Grenzübergang $\varepsilon \to 0$ und $\varphi_0 \to 0$ liefert oben genanntes Resultat.

Vergleichen wir den Gaußschen Integralsatz in der Ebene, Satz 11.26, den Stokesschen Satz, Satz 11.45 und den Gaußschen Satz im Raum, Satz 11.55, so stellen wir fest, daß bei Verwendung der Pfaffschen Formen alle diese Sätze die gleiche Gestalt haben. Es ist das Verdienst von E. Cartan, dies erkannt zu haben und den Integralsatz für allgemeine Situationen auf eine gemeinsame Form gebracht zu haben.

Sei $\mathcal{F} \subset \mathbb{R}^n$ eine glatte m–dimensionale orientierbare Fläche (Mannigfaltigkeit) mit stetigen gemischten zweiten Ableitungen einer Parameterdarstellung und mit stückweise glatter $(m-1)$–dimensionaler Randfläche (Randmannigfaltigkeit) $\partial\mathcal{F}$, $m \leq n$. $\partial\mathcal{F}$ trage die durch $\mathcal{F}$ induzierte Orientierung. Sei $\Omega^{(m-1)}$ eine Differentialform (oder Pfaffsche Form) $(m-1)$–ten Grades. Dann gilt der

Satz 11.59 von Gauß–Stokes–Cartan:

$$\oint_{\partial\mathcal{F}} \Omega^{(m-1)} = \int_{\mathcal{F}} [\mathbf{d} \wedge \Omega^{(m-1)}].$$

Mehr über Mannigfaltigkeiten und den Integralsatz findet man zum Beispiel in [12, 15, 36, 44].

11.6 Erhaltungssätze und Reynoldssches Transporttheorem

Die Grundgesetze der thermodynamischen Strömungsvorgänge sowie die Grundgesetze der Festkörpermechanik beruhen auf Erhaltungs– und Bilanzbeziehungen für physikalische Feldgrößen, die strömenden Objekten in einem Kontrollvolumen zugeordnet werden. Wir betrachten deshalb im Folgenden ein Strömungsfeld mit gegebenen Geschwindigkeitsfeld $\mathbf{v}(t, \mathbf{x})$, das zur Zeit t am Ort $\mathbf{x}$ die Geschwindigkeit eines Partikels oder Objektes in dem betrachteten Feld angibt. Markieren wir zur Zeit t_0 die in einem Kontrollvolumen $\Omega(t_0)$ befindlichen Partikel, so werden sich diese entlang den Bahnkurven mit der angegebenen Geschwindigkeit bewegen und zum Zeitpunkt t ein neues, das Langrangesche Kontrollvolumen $\Omega(t)$ besetzen. Wir treffen deshalb die folgenden Definitionen:

Bahnkurven werden die Lösungskurven des Anfangswertproblems für das System gewöhnlicher Differentialgleichungen

$$(11.107)\ \mathbf{y}(t) : \frac{d\mathbf{y}}{dt} = \mathbf{v}(t, \mathbf{y}(t)) \quad \text{mit}\ \mathbf{y}(t_0) = \mathbf{x}$$

genannt. Die Bahnkurven

$$(11.108)\ \mathbf{y}(t) = \mathbf{G}(t, t_0, \mathbf{x})$$

beschreiben also den Ort desjenigen Partikels zur Zeit t, welches sich zur Zeit t_0 an der Stelle x befunden hat, das heißt den Partikelfluss. Durch (11.108) wird also für $t \geq t_0$ eine Transformation der Punkte $\mathbf{x}$ nach $\mathbf{y}(t)$ beschrieben. Diese Transformation hat die **Gruppeneigenschaft**

$$(11.109)\ \mathbf{G}(t_0, t_0, \mathbf{x}) = \mathbf{x} \quad \text{und}\ \mathbf{G}(t, \sigma, \mathbf{G}(\sigma, t_0, \mathbf{x})) = \mathbf{G}(t, t_0, \mathbf{x}).$$

Setzen wir $t_0 = 0$, so nennen wir

$$(11.110)\ \Omega(t) := \{\mathbf{y}(t) = \mathbf{G}(t, 0, \mathbf{x}) | \mathbf{x} \in \Omega(0)\}$$

das **Lagrangesche Kontrollvolumen** .

Mit $F(t,\mathbf{y})$ bezeichnen wir die Dichte einer Größe einer Partikeleigenschaft, zum Beispiel die Dichte ρ, pro Volumeneinheit. Mit $\Psi(t,\mathbf{y})$ bezeichnen wir die Quelldichte für diese Größe $F(t,\mathbf{y})$ pro Zeiteinheit. Dann besagt die Bilanzgleichung für diese Größe, dass die zeitliche Änderung der dem gesamten Langrangeschen Kontrollvolumen zugeordneten Partikeleigenschaft gleich dem Zuwachs durch die Quellen in diesem Kontrollvolumen sein muss. Dies ergibt die **Bilanzgleichung**

$$(11.111)\quad \frac{d}{dt}I(t) := \frac{d}{dt}\int\limits_{\Omega(t)} F(t,\mathbf{y})[dy_1\wedge\ldots\wedge dy_n] = \int\limits_{\Omega(t)} \Psi(t,\mathbf{y})[dy_1\wedge\ldots\wedge dy_n].$$

Ist die Quelldichte $\Psi\equiv 0$, so spricht man auch von einer **Erhaltungsgleichung**.

Die mathematische Grundlage aller Bilanzierungsgleichungen in der mathematischen Physik ist der folgende Integralsatz, den wir aus dem Gaußschen Integralsatz herleiten werden.

Satz 11.60 (Reynoldssche Transporttheorem) : *Seien* $\mathbf{v}$, $F\in C^1([0,T]\times\mathbf{G})$ *gegeben und* $\Omega(t)$ *ein stückweise glatt berandetes Kontrollvolumen zum Gaußschen Normalgebiet* $\Omega(0)$, $0\le t\le\delta_0$, *wobei* $\delta_0>0$ *so klein ist, daß* $\mathbf{G}(t,\mathbf{0},\mathbf{x})$ *für jedes* $t\in[0,\delta_0]$ *einen Diffeomorphismus von* $\Omega(0)$ *auf* $\Omega(t)$ *definiert. Dann gelten*

$$(11.112)\quad \frac{d}{dt}\int\limits_{\Omega(t)} F(t,\mathbf{y})[dy_1\wedge\ldots\wedge dy_n] =$$

$$= \int\limits_{\Omega(t)}\left[\frac{\partial F}{\partial t}+\mathrm{div}_{\mathbf{y}}(F(t,\mathbf{y})\mathbf{v}(t,\mathbf{y}))\right][dy_1\wedge\ldots\wedge dy_n]$$

$$= \int\limits_{\Omega(t)}\frac{\partial F}{\partial t}dV_n + \int\limits_{\partial\Omega(t)} F(t,\mathbf{y})\mathbf{v}\cdot\mathbf{n}(\mathbf{y})\,d\sigma.$$

Beweis: Für jedes $t\in[0,\delta_0]$ ist $\mathbf{y}=\mathbf{G}(t,0,\mathbf{x})$ reguläre bijektive Transformation wegen

$$\det\frac{\partial\mathbf{G}}{\partial\mathbf{x}}(t,0,\mathbf{x}) = \det\frac{\partial\mathbf{G}}{\partial\mathbf{x}}(0,0,\mathbf{x})+\mathcal{O}(t) = 1+\mathcal{O}(t)$$

und $\mathcal{O}(t)\le\mathcal{O}(\delta_0)$, falls δ_0 klein genug gewählt worden ist. Nach Konstruktion gilt

$$\frac{\partial g_j}{\partial t} = \frac{dy_j(t)}{dt} = v_j,$$

also nach nochmaliger Differentiation nach $\mathbf{x}$ und mit der Kettenregel,

$$\frac{\partial}{\partial t}dg_j = d_{(\mathbf{x})}v_j = \sum_{\ell=1}^{n}\frac{\partial v_j}{\partial y_\ell}dy_\ell = \frac{\partial v_j}{\partial y_\ell}d_{(\mathbf{x})}g_\ell.$$

Mit Hilfe des Transformationssatzes können wir $I(t)$ als Integral über $\Omega(0)$ darstellen:

$$I(t) = \int\limits_{\Omega(0)} F(t, \mathbf{G}(t,0,\mathbf{x}))[d_{(\mathbf{x})}g_1 \wedge \ldots \wedge d_{(\mathbf{x})}g_n].$$

Wegen des nun **festen** Volumens $\Omega(0)$ liefert die Leibnizsche Differentiationsregel, Satz 10.5,

$$\begin{aligned}
\frac{dI}{dt} &= \int\limits_{\Omega(0)} \frac{\partial}{\partial t}(F \circ \mathbf{G})[dg_1 \wedge \ldots \wedge dg_n] + \int\limits_{\Omega(0)} F\frac{\partial}{\partial t}[dg_1 \wedge \ldots \wedge dg_n] \\
&= \int\limits_{\Omega(0)} \left[\left(\frac{\partial F}{\partial t}(t,\mathbf{y})\right)_{|\mathbf{y}=\mathbf{G}(t,0,\mathbf{x})} + (\nabla_{(\mathbf{y})} f(t,\mathbf{y}))^\top \frac{\partial \mathbf{G}}{\partial t}\right][dg_1 \wedge \ldots \wedge dg_n] \\
&\quad + \int\limits_{\Omega(0)} f(t, \mathbf{G}(t,0,\mathbf{x})) \sum_{k=1}^{n} [dg_1 \wedge \ldots \wedge d\frac{\partial}{\partial t}g_k \wedge \ldots \wedge dg_n] \\
&= \int\limits_{\Omega(t)} \left[\frac{\partial F}{\partial t} + \mathbf{v}\cdot\nabla_{(\mathbf{y})}F\right][dy_1 \wedge \ldots \wedge dy_n] \\
&\quad + \int\limits_{\Omega(0)} F(t,\mathbf{G}) \sum_{\substack{k,\,\ell=1 \\ \ell=k}}^{n} [dg_1 \wedge \ldots \wedge \frac{\partial v_k}{\partial y_\ell} dg_\ell \wedge \ldots \wedge dg_n] \\
&= \int\limits_{\Omega(t)} \left[\frac{\partial F}{\partial t} + \mathbf{v}\cdot\nabla_{(\mathbf{y})}F(t,\mathbf{y})\right] dV_n(\mathbf{y}) + \int\limits_{\Omega(t)} F(t,\mathbf{y}) \sum_{k=1}^{n} \frac{\partial v_k}{\partial y_k}[dy_1 \wedge \ldots \wedge dy_n] \\
&= \int\limits_{\Omega(t)} \left[\frac{\partial F}{\partial t} + \nabla_{(\mathbf{y})}\cdot(F\,\mathbf{v})\right] dV_n(\mathbf{y}).
\end{aligned}$$

Dies ist die erste der Beziehungen in (11.112). Mit dem Gaußschen Satz in der Form (11.105) erhalten wir daraus

$$\frac{dI}{dt} = \int\limits_{\Omega(t)} \frac{\partial F}{\partial t}(t,\mathbf{y}) dV_n(\mathbf{y}) + \int\limits_{\partial\Omega(t)} F\,\mathbf{v}\cdot\mathbf{n}\,d\sigma,$$

das ist die zweite der behaupteten Beziehungen in (11.112). □

Folgerung 11.61: *Die Bilanzgleichung* (11.111) *ist äquivalent zu*

$$\text{(11.113)} \quad \int\limits_{\Omega(0)} \left[\frac{\partial F}{\partial t}(t,\mathbf{x}) + \operatorname{div}_{(\mathbf{x})}(f(t,\mathbf{x})\mathbf{v}(t,\mathbf{x})) - \Psi(t,\mathbf{x})\right] dV_n = 0$$

oder

$$\text{(11.114)} \quad \int\limits_{\Omega(0)} \left[\frac{\partial F}{\partial t}(t,\mathbf{x}) - \Psi(t,\mathbf{x})\right]_{|t=0} dV_n(\mathbf{x}) + \int\limits_{\partial\Omega(0)} F(0,\mathbf{x})\,\mathbf{v}(0,\mathbf{x})\cdot\mathbf{n}\,d\sigma = 0$$

für **jedes** *Kontrollvolumen* $\Omega(0)$.

Das ist die Formulierung, die auch für **unstetige** Felder und Dichten gilt.

Folgerung 11.62: *Für stetige Quellstärke Ψ und stetig differenzierbare Felder F und $\mathbf{v}$ folgt aus* (11.111) *die partielle Differentialgleichung*

$$(11.115)\quad \frac{\partial F}{\partial t}(t,\mathbf{x}) - \Psi(t,\mathbf{x}) + \operatorname{div}_{(\mathbf{x})}(F\,\mathbf{v}) \;=\; 0.$$

Dies ist die Bilanzgleichung in lokaler oder differenzieller Form.

Anwendungen:

Massenerhaltungsgleichung: $F(t,\mathbf{x}) = \rho$ sei die Massendichte und sei $\Psi = 0$. Dann lautet die Massenerhaltungsgleichung

$$(11.116)\quad \frac{\partial \rho}{\partial t} + \operatorname{div}_{(\mathbf{x})}(\rho\mathbf{v}) \;=\; 0$$

Impulssatz: $\mathbf{K} = (K_1,\ldots,K_n)^\top$ bezeichne die Massenkräfte, dann ist ρK_j die Impulsquelldichte, die durch K_j erzeugt wird; p sei der Druck. Dann lautet die Impulsbilanz

$$\begin{aligned}(11.117)\quad \frac{d}{dt}\int\limits_{\Omega(t)} \rho v_j[dy_1\wedge\ldots dy_n] \;&=\; \int\limits_{\Omega(t)} \rho K_j[dy_1\wedge\ldots\wedge dy_n] - \int\limits_{\partial\Omega(t)} p n_j d\sigma \\ &=\; \int\limits_{\Omega(t)} \left(\rho K_j - \frac{\partial p}{\partial y_j}\right)[dy_1\wedge\ldots\wedge dy_n].\end{aligned}$$

Aus (11.117) ergeben sich dann in differenzieller Form die **Eulerschen Gleichungen**

$$(11.118)\quad \frac{\partial}{\partial t}(\rho v_j) + \operatorname{div}_{(\mathbf{x})}((\rho v_j)\mathbf{v}) \;=\; \rho K_j - \frac{\partial p}{\partial x_j} \quad \text{für } j = 1,\ldots,n.$$

Massen- und Impulserhaltungsgleichungen lauten in der sogenannten **konservativen Formulierung:** Für jedes Gaußsche Kontrollvolumen Ω gilt

$$(11.119)\quad \int\limits_{\Omega} \left[\frac{\partial \rho}{\partial t} + \operatorname{div}_{(\mathbf{x})}(\rho\mathbf{v})\right] dV_n(\mathbf{x}) \;=\; 0$$

bzw.

$$\int\limits_{\Omega} \frac{\partial \rho}{\partial t} dV_n + \int\limits_{\partial\Omega} \rho\,\mathbf{v}\cdot\mathbf{n}\,d\sigma \;=\; 0,$$

sowie

$$(11.120)\quad \int\limits_{\Omega} \left[\frac{\partial}{\partial t}(\rho v_j) - \rho K_j + \operatorname{div}_{(\mathbf{x})}((\rho v_j)\mathbf{v}) + \frac{\partial p}{\partial x_j}\right] dV_n(\mathbf{x}) \;=\; 0$$

bzw.

$$\int_{\Omega} \left(\frac{\partial}{\partial t}(\rho v_j) - \rho K_j \right) dV_n(\mathbf{x}) + \int_{\partial\Omega} (\rho v_j \mathbf{v} \cdot \mathbf{n} + p n_j) d\sigma = 0. \tag{11.121}$$

Die konservativen Formulierungen von Erhaltungs– und Bilanzgleichungen bilden die Grundlage der sogenannten Finite Volumenmethoden, die in modernen numerischen Simulationsmethoden in der gesamten Strömungsmechanik eingesetzt werden.

11.7 Abschließende Bemerkungen

Johann–Friedrich Pfaff (1765–1826), Professor an der Universität Helmstedt. Arbeiten über Differentialgleichungen, Differentialformen, Lineare Algebra. Doktor–Vater von Gauß.

Carl Friedrich Gauß (1777–1855), Sohn eines Maurers und Gelegenheitsarbeiters. Lesen brachte er sich selbst bei; mit sieben Jahren fiel er durch seine außerordentliche Rechenbegabung auf. Im Alter von 14 Jahren legte er das Abitur ab. Mit einem Stipendium des Herzogs von Braunschweig studierte er an den Universitäten von Braunschweig, Helmstedt und Göttingen. Mit 18 Jahren löste er mit Hilfe seiner zahlentheoretischen Untersuchungen ein 2000 Jahre altes Problem: Die Konstruierbarkeit des 17–Ecks mit Zirkel und Lineal. 1799 promovierte Gauß in absentia und unter Erlaß der mündlichen Prüfung an der Universität Helmstedt bei J F. Pfaff mit einer berühmt gewordenen Arbeit, einem Beweis des Fundamentalsatzes der Algebra. 1801 erschien sein großes Werk "Disquisitiones arithmeticae" über Zahlentheorie. Er entwickelte die Methode der kleinsten Fehlerquadrate und wandte sie auf astronomische Probleme an, er berechnete insbesondere die Position des verschwundenen Planetoiden Ceres, der dadurch wiedergefunden wurde. Es folgten zahlreiche astronomische Arbeiten in Braunschweig. 1807 folgte er einem Ruf nach Göttingen als Astronom. Er wandte sich der Geodäsie zu und fertigte im Auftrag des dänischen Königs eine Gradvermessungskarte des Hannoverschen an. Ab 1830 arbeitete er zusammen mit Weber über Magnetismus, entwickelte u.a. den Telegraphen und begründete die mathematische Theorie der Optik. Diese Periode endete 1843, nachdem Weber, einer der "Göttinger Sieben" entlassen worden war. Im Alter schrieb er seinen vierten Beweis des Fundamentalsatzes und lernte Russisch. Gauß begründete die Zahlentheorie, Himmelsmechanik, mathematische Geodäsie, Differentialgeometrie, Mechanik, Vektoranalysis, Potentialtheorie und Algebra. Er hat wesentliche Beiträge geleistet zur Topologie, Funktionentheorie, Statistik und zur numerischen Mathematik.

Elie Cartan (1895–1951), französischer Mathematiker am Collège de France. Erweiterung der komplexen zu den hyperkomplexen Zahlen, wesentliche Beiträge zu partiellen Differentialgleichungen, Differentialformen, Differentialgeometrie und Lieschen Gruppen.

Henri Poincaré (1854–1912), Professor an der Sorbonne in Paris. Wohl der größte französische Mathematiker des vorigen Jahrhunderts. Er hat ganz wesentliche Beiträge zu fast allen Gebieten der Analysis, Mathematischen Physik, Astronomie geleistet: Potentialtheorie, Optik, Elektrizität, Wärmeleitung, Kapillarität, Thermodynamik, Wahrscheinlichkeitsrechnung, gewöhnliche und partielle Differentialgleichungen, Integralgleichungen, asymptotische Entwicklungen, Differentialgeometrie, Topologie, Grundlagen der Mathematik. Sein Werk hat für die Relativitätstheorie, Kosmogonie, Topologie und Wahrscheinlichkeitsrechnung entscheidende Grundlagen geliefert. (Lenin konnte Poincarés philosophische Werke nicht leiden — und hat sie wohl auch nicht begriffen.)

George Gabriel Stokes (1819–1903), Mathematik–Professor in Cambridge. Wesentliche Arbeiten in der Mathematischen Physik, insbesondere Optik, Strömungslehre, Elektrizität, Elastizität. Mathematische Beiträge zu divergenten Reihen, Differentialgleichungen, Vektoranalysis, gleichmäßiger Konvergenz. Sein berühmter Integralsatz taucht als Examensfrage bei der Prüfung für einen Preis auf, zu der Zeit (1854) war ihm der Beweis bereits bekannt. Die erste Formulierung des Satzes stammt wohl von Lord Kelvin.

George Green (1793–1841), Müllerssohn, Autodidakt, begründete die mathematische Theorie der Elektrizität und des Magnetismus sowie die Vektoranalysis; Begründer der mathematischen Physik, Analysis, partielle Differentialgleichungen. Lehrte in Cambridge.

Michael Ostrogradski (1801–1861), russischer Mathematiker in Petersburg. Entdeckte den Integralsatz im Zusammenhang mit einer Begründung der Variationsrechnung. Wichtige Arbeiten in Mechanik, Analysis, Hamilton–Jacobi–Theorie.

Georg Friedrich Bernhard Riemann (1826–1866), Sohn eines Landpfarrers. Studium in Göttingen, Schüler von Gauß. 1854 Privatdozent und 1859 Professor in Göttingen. Begründer der komplexen Funktionentheorie, Topologie, partielle Differentialgleichungen, Variationsrechnung, Fourier–Reihen, Grundlagen der Analysis, Grundlagen der Geometrie, Differentialgeometrie, Wärmelehre, Zahlentheorie. Seine größten Leistungen hat er in der Funktionentheorie vollbracht (Riemannsche Funktionentheorie).

Kapitel 12

Anfangswertprobleme gewöhnlicher Differentialgleichungen

Dieser Abschnitt über gewöhnliche Differentialgleichungen gliedert sich wie folgt: Behandelt werden Existenz, Eindeutigkeitsfragen sowie die Abhängigkeit von Anfangsbedingungen für explizite Systeme von Differentialgleichungen. Sodann folgt ein längerer Abschnitt über lineare Systeme erster Ordnung einschließlich des D'Alembertschen Reduktionsverfahrens und der Methode der Variation der Konstanten. Für lineare Systeme mit konstanten Koeffizienten wird die Transformation auf die Jordansche Normalform der Koeffizientenmatrix behandelt und für diese die Gestalt der allgemeinen Lösung. Sodann werden Anfangswertprobleme für lineare Gleichungen höherer Ordnung auf solche für Systeme erster Ordnung zurückgeführt. Ein weiterer Abschnitt ist dem Langzeitverhalten der Lösungen und der Stabilität von Gleichgewichtslagen gewidmet. Eine kurze Einführung in die Theorie der Attraktoren dynamischer Systeme schließt sich an. Danach wird ein einfaches Beispiel der Regelungstheorie behandelt, wobei in diesem Abschnitt auf die entsprechenden Beweise verzichtet wird. Die Clairautsche Differentialgleichung dient sodann als ein Beispiel für die Eigenschaften implizierter Differentialgleichungen und ihrer singulären Lösungen.

12.1 Die exakte Differentialgleichung erster Ordnung

Zur Pfaffschen Differentialform ersten Grades

(12.1) $\omega := A(x,y)dx + B(x,y)dy$

suchen wir solche Kurven $\mathcal{C} : x = x(t)$, $y = y(t)$, auf denen die Form ω identisch verschwindet: Finde $\mathcal{C}$, so daß gilt

$$(12.2)\quad \omega_{|\mathcal{C}} = \left[A(x(t),y(t))\frac{dx}{dt} + B(x(t),y(t))\frac{dy}{dt}\right] dt = 0$$

für alle $t \in [\alpha, \beta]$, dem Definitionsbereich von $\mathcal{C}$.
Offensichtlich ist (12.2) äquivalent zur expliziten Differentialgleichung

$$(12.3)\quad \frac{dy}{dx} = -\frac{A(x,y)}{B(x,y)},$$

falls $x = t$ als Parameter gewählt werden kann und $B \neq 0$ erfüllt ist. Aus den Sätzen 7.96 und 7.98 von Peano und Osgood sind Existenz und für $(x_0, y_0) \in \mathcal{C}$ auch Eindeutigkeit gesichert, falls A/B stetig ist und die Osgood–Bedingung erfüllt.
Für den Fall eines vollständigen Differentials $\omega = dF$ lassen sich die Lösungen zu (12.2) sehr einfach beschreiben.

Definition 12.1: (12.2) *heißt* **exakte Differentialgleichung** *falls die Integrabilitätsbedingung*

$$(12.4)\quad [\mathbf{d} \wedge \omega] = 0 \quad \textit{oder}\ \mathrm{rot}_2(A,B)^\top = 0 \ \textit{bzw.}\ A_y = B_x$$

erfüllt ist.

Satz 12.2 : *Die Lösungsgesamtheit der exakten Differentialgleichung* (12.2) *(das heißt mit* $[\mathbf{d} \wedge \omega] = 0$*) wird implizit gegeben durch das wegunabhängige Kurvenintegral*

$$(12.5)\quad \begin{aligned} F(x,y) - F(x_0,y_0) &= \int_{(x_0,y_0)}^{(x,y)} \omega = \int_{x_0}^{x} A(s,y_0)ds + \int_{y_0}^{y} B(x,t)dt \\ &= \int_{x_0}^{x} A(s,y)ds + \int_{y_0}^{y} B(x_0,t)dt = 0. \end{aligned}$$

Der Name **exakte Differentialgleichung** suggeriert, daß es auch nicht exakte Differentialgleichungen gibt, die man mit etwas Glück in exakte Differentialgleichungen umwandeln kann und zwar mittels Multiplikation mit einer Funktion $\mu(x,y)$.

Definition 12.3: $\mu(x,y) \neq 0$ *heißt* **integrierender Faktor** *zur Differentialgleichung* (12.2), *falls*

$$dF = \mu\omega = \mu A dx + \mu B dy$$

vollständiges Differential ist.

Definition (12.3) bedeutet,

$$(12.6)\quad \mu(x,y)\,A(x,y) + \mu(x,y)\,B(x,y)y' = 0$$

wird exakt. Dies ist gleichbedeutend nach Satz 11.47 mit

$$[\mathbf{d} \wedge \mu\omega] = [\mathbf{d}\mu \wedge \omega] + \mu[\mathbf{d} \wedge \omega] = 0$$

oder

$$(12.7)\quad \mu_x B - \mu_y A + (B_x - A_y)\mu = 0.$$

Das ist eine partielle Differentialgleichung erster Ordnung, deren Lösung im allgemeinen auf eine Schar von gewöhnlichen Differentialgleichungen zurückgeführt wird. Damit ist für (12.6) zunächst einmal nichts gewonnen.
Oft aber gibt es integrierende Faktoren μ, die nur abhängig sind von x (von y, $x+y$ oder xy); die partielle Differentialgleichung geht dann in eine gewöhnliche Differentialgleichung über.

Beispiel 12.4:

$$\omega = (x+2y)dx + xdy = 0$$

Ansatz:

$$\mu = \mu(x) \,:\, \mu'(x)\,x - 0 + (1-2)\mu(x) = 0.$$

Folglich muß $\dfrac{d\mu}{\mu} = \dfrac{dx}{x}$ *gelten, also ist* $\mu = x$ *integrierender Faktor und*

$$\mu\omega = (x^2+2xy)dx + x^2dy = d\left[yx^2 + \frac{x^3}{3}\right].$$

Also sind alle implizit gegebenen Kurven

$$\mathcal{C} \,:\, yx^2 + \frac{x^3}{3} = c$$

mit jeder Konstanten $c \in \mathbb{R}$ *Lösungen von* $\omega_{|\mathcal{C}} = 0$.

12.2 Runge–Kutta–Verfahren

Zur konstruktiven Lösung des Anfangswertproblems

$$(12.8)\quad y' = f(x,y) \quad \text{und } y(x_0) = y_0$$

hatten wir das Picard–Lindelöfsche Iterationsverfahren (7.142) sowie das Euler–Cauchysche Polygonzugverfahren (7.149) kennengelernt, wobei letzteres zu jeder gewählten Schrittweite $h > 0$ ein leicht zu implementierendes numerisches

Verfahren liefert. Ist die Osgoodsche Bedingung (7.154) erfüllt, so konvergiert das Polygonzugverfahren für $h \to 0$ nach Korollar 7.99 auf dem Intervall $[\alpha, \beta]$ gleichmäßig gegen die einzige Lösung von (12.8).
Damit stellt sich die Frage, ob unter stärkeren Voraussetzungen an $f(x, y)$ mit ähnlichen Algorithmen nicht mehr über die Konvergenz ausgesagt werden könnte. Dies leisten die folgenden Verfahren:

Heunsche Methode: Man bestimmt wieder in den Punkten $x_1 = x_0 + h$ etc. Näherungswerte, indem man zur Berechnung der Steigungen die Näherungen (7.149) verwendet:

$$(12.9) \quad \widehat{y}_{\ell+1} := \widehat{y}_\ell + \frac{h}{2}\left[f(x_\ell, \widehat{y}_\ell) + f(x_\ell + h, \widehat{y}_\ell + h\, f(x_\ell, \widehat{y}_\ell))\right].$$

Dazwischen kann man wieder linear interpolieren:

$$(12.10) \quad \widehat{y}(x) := \frac{1}{h}\left[(x_{\ell+1} - x)\widehat{y}_\ell + (x - x_\ell)\, \widehat{y}_{\ell+1}\right] \quad \text{für } x_\ell \le x \le x_{\ell+1}.$$

Die Heunsche Methode ist ein spezielles **Runge–Kutta–Verfahren** zweiter Ordnung. Häufig werden solche Verfahren auch **Prädiktor–Korrektor–Verfahren** genannt.

Runge–Kutta–Verfahren [32, 94]: Für einen Näherungswert $\widetilde{y}$ der Lösung in $x_0 + h$

$$(12.11) \quad \widetilde{y}(x_0 + h) = y_0 + k$$

machte Kutta den Ansatz

$$k = h \sum_{\nu=1}^{m} \gamma_\nu k_\nu$$

mit

$$(12.12) \quad \begin{aligned} k_1 &= f(x_0, y_0), \\ k_2 &= f(x_0 + \alpha_2 h, y_0 + h\beta_{21}k_1), \\ k_3 &= f(x_0 + \alpha_3 h, y_0 + h[\beta_{31}k_1 + \beta_{32}k_2]), \\ k_4 &= f(x_0 + \alpha_4 h, y_0 + h[\beta_{41}k_1 + \beta_{42}k_2 + \beta_{43}k_3]), \\ &\vdots \end{aligned}$$

und $0 \le \alpha_j \le 1$, $0 < \gamma_\nu$, wobei die Konstanten

$$(12.13) \quad \begin{array}{c|cccc} 0 & & & & \\ \alpha_2 & \beta_{21} & & & \\ \alpha_3 & \beta_{31} & \beta_{32} & \ddots & \\ \vdots & \vdots & & \ddots & \\ \alpha_m & \beta_{m1} & & \beta_{mm-1} & \\ \hline & \gamma_1 & & \gamma_{m-1} & \gamma_m \end{array}$$

noch durch eine sinnvolle Forderung festzulegen sind.

Definition 12.5: *Sei* $n \in \mathbb{N}$. *Dann heißt das Verfahren* (12.11)–12.12) *ein* **Runge–Kutta–Verfahren** n*–ter Ordnung, falls gilt: Zu* n *existieren ein (minimales)* $m \in \mathbb{N}$ *sowie zugehörige Konstanten* $\alpha_2, \ldots, \alpha_m, \beta_{21}, \ldots \beta_{m,m-1}, \gamma_1, \ldots \gamma_m$, *so daß in einer Umgebung von* (x_0, y_0) *gilt:*

$$(12.14)\ \forall\, f \in C^1\ \exists\, C \wedge h_0 > 0\ \forall\, 0 < h \leq h_0 : |y(x_0 + h) - y_0 - k| \leq C h^{n+1} .$$

Mit Hilfe von Definition 12.5 und Taylor–Entwicklung nach h können die Konstanten in (12.13) bestimmt werden. Als Beispiel betrachten wir das

Verfahren 2–ter Ordnung mit $n = 2$ und $m = 2$: Forderung (12.14) lautet für $y \in C^3$:

$$\begin{aligned}(12.15)\ y(x_0 + h) &= y_0 + h y'(x_0) + \frac{1}{2} h^2 y'' + h^3 \{\ldots\} \\ &= y_0 + h\gamma_1 f(x_0, y_0) + h\gamma_2 f(x_0 + \alpha_2 h, y_0 + h\beta_{21} f(x_0, y_0)) + h^3 \{\ldots\}.\end{aligned}$$

Durch Einsetzen bzw. Differenzieren der Differentialgleichung (12.8) erhalten wir in (12.15) für die linke Seite

$$(12.16) = y_0 + h\, f(x_0, y_0) + \frac{1}{2} h^2 \left[f_x(x_0, y_0) + f_y(x_0, y_0)\, f(x_0, y_0)\right] + h^3 \{\ldots\}$$

sowie durch Taylor–Entwicklung von $f \in C^2$ für die rechte Seite

$$\begin{aligned}(12.17)\quad = \ & y_0 + h\gamma_1 f(x_0, y_0) + h\,\gamma_2 \left[f(x_0, y_0) + \alpha_2 h f_x(x_0, y_0)\right. \\ & \left. + \beta_{21} h f_y(x_0, y_0)\, f(x_0, y_0)\right] + h^3\{\ldots\}.\end{aligned}$$

Setzt man diese Entwicklungen in (12.15) ein und führt einen Koeffizientenvergleich bezüglich Potenzen von h durch, so erhält man

$$(12.18)\ f(x_0, y_0) = (\gamma_1 + \gamma_2) f(x_0, y_0)$$

für h und

$$\begin{aligned}(12.19)\quad & \frac{1}{2} \left[f_x(x_0, y_0) + f(x_0, y_0) f_y(x_0, y_0)\right] = \\ & = \gamma_2 \left[\alpha_2 f_x(x_0, y_0) + \beta_{21} f(x_0, y_0) f_y(x_0, y_0)\right]\end{aligned}$$

für h^2. Wenn wir ein universelles Runge–Kutta–Verfahren 2–ter Ordnung haben wollen, müssen (12.18) und (12.19) für **jede** Funktion $f \in C^2$ mit den **gleichen** Konstanten α, β, γ erfüllt sein. Das bedeutet, die **drei** (nichtlinearen) Gleichungen

$$(12.20)\ \gamma_1 + \gamma_2 = 1, \quad \alpha_2\, \gamma_2 = \frac{1}{2}, \quad \beta_{21}\, \gamma_2 = \frac{1}{2}$$

für die **vier** dort auftretenden Konstanten müssen erfüllt sein. Im allgemeinen gibt es (zu jeder Ordnung n) also unendlich viele Runge–Kutta–Formeln! Insbesondere für

$$\beta_{21} = \alpha_2 = 1, \quad \Rightarrow \quad \gamma_2 = \frac{1}{2}, \quad \Rightarrow \quad \gamma_1 = \frac{1}{2}.$$

erhalten wir die **Heunsche Methode** (12.9),

$$(12.21)\ y_0 + k := y_0 + \frac{1}{2}\, h\, [f(x_0, y_0) + f(x_0 + h, y_0 + hf(x_0, y_0))]\,.$$

Für

$$\beta_{21} = \alpha_2 = \frac{1}{2}, \quad \Rightarrow \quad \gamma_2 = 1, \Rightarrow \gamma_1 = 0$$

erhalten wir die sogenannte **Mittelwertmethode**

$$(12.22)\ y_0 + k := y_0 + h\, f(x_0 + \frac{h}{2}, y_0 + \frac{h}{2} f(x_0, y_0)),$$

die sich zum Beispiel bei gasdynamischen Berechnungen für Überschallströmungen sehr bewährt hat.

Folgerung 12.6: *Für eine rechte Seite $f \in C^2(\mathcal{B})$ sind die Heunsche Methode* (12.9) *sowie die Mittelwertmethode* (12.22) *beides Runge–Kutta–Verfahren zweiter Ordnung.*

Runge–Kutta–Verfahren 4–ter Ordnung: Hier setzen wir $f \in C^4(\mathcal{B})$ voraus. Die symmetrischen traditionellen Runge–Kutta–Formeln lauten

$$(12.23) \left\{ \begin{array}{lcl} k_1 & := & f(x_0, y_0), \\ k_2 & := & f(x_0 + \frac{h}{2}, y_0 + \frac{h}{2} k_1), \\ k_3 & := & f(x_0 + \frac{h}{2}, y_0 + \frac{h}{2} k_2), \\ k_4 & := & f(x_0 + h, y_0 + hk_3), \\ y_0 + k & := & y_0 + \frac{h}{6}\, [k_1 + 2k_2 + 2k_3 + k_4]\,. \end{array} \right.$$

Verlangen wir die gleichen Voraussetzungen wie in Satz 7.98, so können wir bei allen oben konstruierten Runge–Kutta–Verfahren zu jeder Schrittweite $h = \frac{1}{N}(\beta - x_0) > 0$ (bzw. $h = \frac{1}{N}(\alpha - x_0) < 0$) durch die berechneten Punkten $(x_\ell, \widetilde{y}_\ell)$ jeweils einen stetigen Polygonzug legen. Aufgrund der Mittelung in (12.15) sind dann die Steigungen der Verbindungsstrecken aller dieser Polygonzüge durch die gemeinsame Konstante

$$M = \max_{(x,y) \in [\alpha,\beta] \times [a,b]} |f(x, y)|$$

beschränkt. Folglich gelten

$$|\tilde{y}_N(x) - \tilde{y}_N(\xi)| \le M\,|x - \xi| \quad \text{und} \quad |\tilde{y}_N(x)| \le |y_0| + M\,|\beta - \alpha|$$

für alle diese Polygonzugfunktionen (wie im Beweis von Satz 7.98). Sie sind also gleichgradig stetig und gleichgradig beschränkt, und der Satz 7.95 von Arzelá und Ascoli liefert folgende Folgerung.

Satz 12.7: *Ist $f(x,y)$ in $\mathcal{B} = [\alpha,\beta] \times [a,b]$ stetig und erfüllt die Osgood–Bedingungen* (7.154) *und* (7.155), *dann konvergieren die Verfahren von Euler–Cauchy, von Heun und von Runge–Kutta auf $[\alpha,\beta]$ gleichmäßig gegen die einzige Lösung $y(x)$ des Anfangswertproblems* (12.8)*:*

$$\lim_{N\to\infty} \|\tilde{y}_N(x) - y(x)\|_{\mathcal{F}} = 0.$$

Im Folgenden werden wir diese Konvergenzaussage versuchen zu quantifizieren. Alle diese drei Verfahren sind spezielle, sogenannte **explizite Einschrittverfahren**, die definiert sind durch

$$(12.24) \quad \tilde{y}_{\ell+1} = \tilde{y}_\ell + h\,F(x_\ell, \tilde{y}_\ell, h),$$

bei denen man die Steigung an der unbekannten Stelle durch den Näherungswert $F(x_\ell, \tilde{y}_\ell, h)$ ersetzt hat, dann gelten für das Verfahren von Euler–Cauchy

$$F(x_\ell, \tilde{y}_\ell, h) := f(x_\ell, \tilde{y}_\ell),$$

für das Verfahren von Heun

$$F(x_\ell, \tilde{y}_\ell, h) := \frac{1}{2}\left[f(x_\ell, \tilde{y}_\ell) + f(x_\ell + h, \tilde{y}_\ell + hf(x_\ell, \tilde{y}_\ell))\right]$$

und für das Runge–Kutta–Verfahren

$$F(x_\ell, \tilde{y}_\ell, h) = \frac{1}{6}\left[k_1 + 2k_2 + 2k_3 + k_4\right],$$

wobei die Parameter k_i durch (12.23) bestimmt sind.
Man sagt, das Einschrittverfahren (12.24) besitzt die **Konsistenzordnung** p, wenn es Konstanten h_0 und C gibt, so daß für die Lösungen $y(x)$ des Anfangswertproblems (12.8) gilt:

$$(12.25) \quad \left|\frac{y(x+h) - y(x)}{h} - F(x, y(x), h)\right| \le C\,h^p.$$

Aufgrund der Herleitung der Runge–Kutta–Verfahren gelten demnach die Konsistenzordnungen $p = 1$ für das Euler–Verfahren, $p = 2$ für das Verfahren von Heun und $p = 4$ für das Runge–Kutta–Verfahren.

Satz 12.8 : *Falls F eine Lipschitz–Bedingung*

(12.26) $|F(x,y,h) - F(x,\eta,h)| \leq L\,|y-\eta|$

erfüllt, so gilt mit der Konstanten C aus (12.25)

(12.27) $|y(x_\ell) - \widetilde{y}_\ell| \leq C\,h^p\,\frac{1}{L}\left[e^{\ell Lh} - 1\right].$

Beweis: Im Punkt $x_{\ell+1}$ gilt die Ungleichung

$$\begin{aligned}
|y(x_{\ell+1}) - \widetilde{y}(x_{\ell+1})| &= |y(x_{\ell+1}) - (\widetilde{y}_\ell + h\,F(x_\ell,\widetilde{y}_\ell,h))| \\
&= |y(x_\ell + h) - y(x_\ell) + y(x_\ell) - \widetilde{y}_\ell - h\,F(x_\ell,\widetilde{y}_\ell,h)| \\
&\leq h\left|\frac{y(x_\ell+h) - y(x_\ell)}{h} - F(x_\ell,\widetilde{y}_\ell,h)\right| \\
&\quad + h|F(x_\ell,y(x_\ell),h) - F(x_\ell,\widetilde{y}_\ell,h)| + |y(x_\ell) - \widetilde{y}_\ell|.
\end{aligned}$$

Setzt man (12.25) und (12.26) rechts ein, so erhält man

$$|y(x_{\ell+1}) - \widetilde{y}_{\ell+1}| \leq C\,h^{p+1} + (hL+1)\,|x(y_\ell - \widetilde{y}_\ell| \quad \text{für } \ell = 0,1,\ldots.$$

Nun beweisen wir (12.27) durch Induktion nach ℓ: Für $\ell = 0$ gilt $\widetilde{y}_0 = y_0 = y(x_0)$ und damit (12.27). Ist (12.27) bereits für den Index ℓ erfüllt, so können wir diese Ungleichung rechts einsetzen und erhalten

$$\begin{aligned}
|y(x_\ell + h) - \widetilde{y}_{\ell+1}| &\leq C\,h^p\,\frac{1}{L}\left[Lh + (hL+1)(e^{\ell Lh} - 1)\right] \\
&\leq C\,h^p\,\frac{1}{L}\left[(1+hL)e^{\ell Lh} - 1\right] \\
&\leq C\,h^p\,\frac{1}{L}\left[e^{hL}\cdot e^{\ell Lh} - 1\right] = C\,h^p\,\frac{1}{L}\left[e^{(\ell+1)Lh} - 1\right].
\end{aligned}$$

Das ist die Abschätzung (12.27) mit $(\ell+1)$ statt ℓ, so daß (12.27) für alle $\ell = 0,1,\ldots$ gelten muß, wie behauptet. □

Runge–Kutta–Verfahren können auch für Systeme gewöhnlicher Differentialgleichungen entsprechend eingesetzt werden, worauf wir demnächst zurückkommen werden.

12.3 Anfangswertprobleme für Systeme erster und für eine Gleichung n–ter Ordnung

Wir betrachten das Anfangswertproblem für n gesuchte Funktionen

$$\mathbf{y}(x) = (y_1(x),\ldots,y_n(x))^\top$$

mit

$$(12.28) \quad \begin{cases} y_1'(x) &= f_1(x, y_1(x), \ldots, y_n(x)), & y_1(x_0) &= y_1^0, \\ \vdots & \vdots & \vdots \\ y_n'(x) &= f_n(x, y_1(x), \ldots, y_n(x)), & y_n(x_0) &= y_n^0. \end{cases}$$

Mit Vektor–wertigen Funktionen schreiben wir (12.28) auch als

$$(12.29) \quad \mathbf{y}'(x) = \mathbf{f}(x, \mathbf{y}(x)), \quad \mathbf{y}(x_0) = \mathbf{y}^0.$$

Beispiel 12.9: Schwingung eines Fahrzeugs

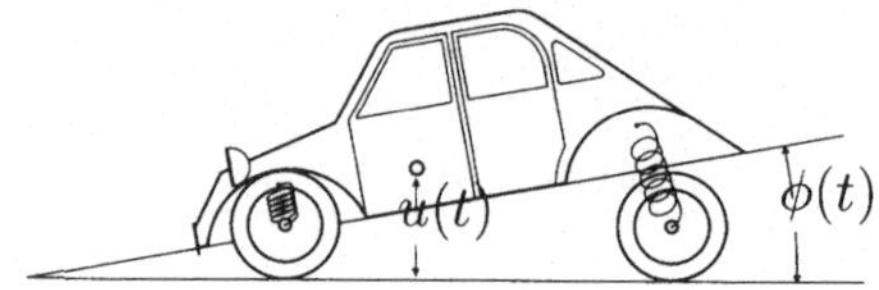

Abbildung 12.1: Schwingung eines Fahrzeugs.

Sei M die Masse, Θ das Trägheitsmoment, $u(t)$ die Schwerpunkthöhe und $\phi(t)$ der Nickwinkel. Mit den Konstanten $a_{11}, \ldots, a_{22}$, die Federkonstanten und Geometrie enthalten sowie $b_{11}, \ldots, b_{22}$, die die Dämpfungskonstanten enthalten, ergibt sich das System

$$\begin{aligned} M\ddot{u} &= -a_{11}u - a_{12}\phi - b_{11}\dot{u} - b_{12}\dot{\phi}, \\ \Theta\ddot{\phi} &= -a_{21}u - a_{22}\phi - b_{21}\dot{u} - b_{22}\dot{\phi}, \end{aligned}$$

das mit den neuen gesuchten Funktionen

$$\mathbf{y} := \left(u, \dot{u}, \phi, \dot{\phi},\right)^\top$$

übergeht in das System

$$(12.30) \quad \dot{\mathbf{y}} = \begin{pmatrix} y_2 \\ -\dfrac{a_{11}}{M} y_1 - \dfrac{b_{11}}{M} y_2 - \dfrac{a_{12}}{M} y_3 - \dfrac{b_{12}}{M} y_4 \\ y_4 \\ -\dfrac{a_{21}}{\Theta} y_1 - \dfrac{b_{21}}{\Theta} y_2 - \dfrac{a_{22}}{\Theta} y_3 - \dfrac{b_{22}}{\Theta} y_4 \end{pmatrix}.$$

Beispiel 12.10: Dialyse bei der künstlichen Niere

Wegen des Ausfalls der natürlichen Entgiftung durch die Niere muß ein Mensch an eine künstliche Niere regelmäßig für den Zeitraum $t_d(= 360\text{min})$ alle zwei Tage, das heißt mit der Periode $t_e(= 2880\text{min})$ angeschlossen werden. Um bei den wenigen vorhandenen künstlichen Nieren eine möglichst gute Ausnutzung und zugleich geringe Belastung des Patienten zu gewährleisten, muß man zunächst ein geeignetes Dialysemodell untersuchen und geeignete Daten für seine Beschreibung finden. Modell ist ein Mensch mit 68 kg Körpergewicht.

$K_Z(t)$	*Harnstoffkonzentration im Zellularbereich (in g/ℓ)*
$K_E(t)$	*Harnstoffkonzentration im Extrazellularbereich (in mg/ℓ)*
C_Z	*Durchlässigkeit der Zellmembranen ($0,5\,\ell/min$)*
B_Z	*Volumen der Intrazellularflüssigeit ($27,2\,\ell$)*
B_E	*Volumen der Extrazellularflüssigeit ($13,6\,\ell$)*
L	*Giftstoffzerlegung im Extrazellulärbereich ($10^{-2}\,g/min$)*
$C(t)$	*Durchlässigkeit der Dialysefilter* $C(t) = C_0 \exp(-0,001\,t)$ *mit* $C_0 = 0,132\,\ell/min$.

Die Konzentrationsgleichgewichte liefern das folgende System von Differentialgleichungen

$$(12.31)\quad \begin{aligned} \dot{K}_E &= a_{11}K_E + a_{12}K_Z + c_1, \\ \dot{K}_Z &= a_{21}K_E + a_{22}K_Z \end{aligned}$$

mit

$$\begin{aligned} a_{11}(t) &= \begin{cases} -(C_Z + C(t))/B_E & \text{für } 0 \le t < t_d, \\ -C_Z/B_E & \text{für } t_d \le t < t_e, \end{cases} \\ a_{12} &= C_Z/B_E, \\ a_{21} &= C_Z/B_Z, \\ a_{22} &= -C_Z/B_Z, \\ c_1 &= L/B_E. \end{aligned}$$

Gibt man $K_E(0)$ und $K_Z(0)$ vor, so wird mit (12.31) ein **Anfangswertproblem** *für $K_E(t)$, $K_Z(t)$ beschrieben. Wie wir sehen werden, können wir dann $K_E(t)$ und $K_Z(t)$ eindeutig ermitteln, insbesondere $K_E(t_e)$, $K_Z(t_e)$. Diese Endwerte sind im allgemeinen verschieden von $K_E(0)$ und $K_Z(0)$. Die erste Aufgabe für das Dialysemodell besteht deshalb darin, solche Anfangswerte $K_E(0)$ und $K_Z(0)$ zu ermitteln, für die gilt*

$$K_E(t_e) = K_E(0), \quad K_Z(t_e) = K_Z(0).$$

Durch das Lösen des Anfangswertproblems (12.31) wird demnach eine **Abbildung**

$$T : (K_E(0), K_Z(0)) \to (K_E(t_e), K_Z(t_e))$$

definiert, für die ein Fixpunkt gesucht ist. Dieser kann durch die Methode der sukzessiven Approximation (sieher Banachscher Fixpunktsatz) ermittelt werden. Für **jeden Schritt** *dieser Iteration muß ein vollständiges Anfangswertproblem (12.31) gelöst werden.*

Wir befassen uns deshalb nochmals mit den Anfangswertproblemen für **Systeme** von expliziten Differentialgleichungen, die völlig analog zu Kapitel 7 behandelt werden können. Sei $\mathcal{B} = \overline{\mathcal{B}}$ abgeschlossener beschränkter Bereich in $\mathbb{R} \times \mathbb{R}^n$,

$(x_0, \mathbf{y}^0) \in \mathcal{B}$ und $\partial\mathcal{B}$ sei stückweise glatt. Weiterhin gelte die **globale Lipschitz–Bedingung**

$$(12.32)\quad \exists\, L\ \forall\ (x, \mathbf{y}),\ (x, \boldsymbol{\eta}) \in \mathcal{B}:\ |\mathbf{f}(x, \mathbf{y}) - \mathbf{f}(x, \boldsymbol{\eta})| \leq L\,|\mathbf{y} - \boldsymbol{\eta}|.$$

Hierbei ist $|\cdot|$ der euklidische Abstand im $\mathbb{R}^n$. Die Lösung des Anfangswertproblems (12.29) kann durch das **Verfahren von Picard–Lindelöf**

$$(12.33)\quad \mathbf{y}_{(m+1)}(x) := \int\limits_{x_0}^{x} \mathbf{f}(\xi, \mathbf{y}_{(m)}(\xi))\, d\xi + \mathbf{y}^0 \quad \text{für } m = 0, 1, 2, \ldots,\ \mathbf{y}_{(0)} := \mathbf{y}^0$$

bestimmt werden.

Satz 12.11 von Picard–Lindelöf: $\mathbf{f} \in C^0(\mathcal{B})$ *erfülle die globale Lipschitz–Bedingung* (12.32). *Dann konvergiert die in* (12.33) *definierte Folge stetiger Vektor–wertiger Funktionen* $\mathbf{y}_{(m)}(x)$ *in* $\mathcal{B}$ *komponentenweise gleichmäßig gegen die einzige stetig differenzierbare Lösung* $\mathbf{y}(x)$ *des Anfangswertproblems* (12.29) *für* $x_- \leq x \leq x_+$, *wobei* x_- *und* x_+ *definiert sind als*

$$(12.34)\quad \begin{aligned} x_- &:= \inf\{x | (\xi, \mathbf{y}(\xi)) \in \mathcal{B} \text{ für alle } \xi \in [x, x_0]\}, \\ x_+ &:= \sup\{x | (\xi, \mathbf{y}(\xi)) \in \mathcal{B} \text{ für alle } \xi \in [x_0, x]\}. \end{aligned}$$

Der Graph der Lösung trifft $\partial\mathcal{B}$ *in* x_- *und* x_+.

Beweis: Zum Beweis führen wir nach [7, 8] eine gewichtete Maximum–Norm ein

$$(12.35)\quad \|\mathbf{g}\| := \max_{a \leq x \leq b} e^{-\alpha|x - x_0|} |\mathbf{g}(x)| \quad \text{mit } \alpha > \frac{L}{q},\ 0 < q < 1.$$

Der restliche Beweis verläuft wörtlich wie der zu Satz 7.86. □

Für den Nachweis der **lokalen Existenz und Fortsetzung** der Lösung **bis zum Rand** sei $\mathcal{D} \subset \mathbb{R} \times \mathbb{R}^n$ ein $(n+1)$–dimensionales Gebiet und es gelte die **lokale Lipschitz–Bedingung**

$$(12.36)\quad \forall\, \mathcal{K} \Subset \mathcal{D}\ \exists\, L\ \forall (x, \mathbf{y}),\ (x, \boldsymbol{\eta}) \in \mathcal{K}:\ |f(x, \mathbf{y}) - f(x, \boldsymbol{\eta})| \leq L\,|\mathbf{y} - \boldsymbol{\eta}|.$$

Satz 12.12: $\mathbf{f} \in C^0(\mathcal{D})$ *erfülle die lokalen Lipschitz–Bedingungen* (12.36) *im Definitionsbereich* $\mathcal{D} \subset \mathbb{R}^{n+1}$. *Dann besitzt das Anfangswertproblem*

$$(12.37)\quad \mathbf{y}'(x) = \mathbf{f}(x, \mathbf{y}(x)) \quad \text{mit } \mathbf{y}(x_0) = \mathbf{y}^0 \text{ für } (x_0, \mathbf{y}^0) \in \mathcal{D}$$

in $\mathcal{D}$ *genau eine stetig differenzierbare Lösung* $\mathbf{y}(x)$ *mit Graph* $(\mathbf{y}) \subset \mathcal{D}$, *das heißt es gibt ein Intervall* $I \subset \mathbb{R}$ *mit* $x_0 \in I$, *so daß für alle* $x \in I$ *gilt:* $(x, y_1(x), \ldots, y_n(x))^\top \in \mathcal{D}$. *Die Lösung kommt sowohl für* $x < x_0$ *als auch für* $x > x_0$ *dem Rand von* $\mathcal{D} \subset \mathbb{R}^{n+1}$ *beliebig nahe.*

Bemerkung 12.13: *Das Picardsche Iterationsverfahren*

$$\mathbf{y}_{(m+1)}(x) := \mathbf{y}^0 + \int_{x_0}^{x} \mathbf{f}(\xi, \mathbf{y}_{(m)}(\xi))\, d\xi \quad \textit{mit}\ \mathbf{y}_{(0)} := \mathbf{y}^0$$

kann auch bei lokaler Lipschitz–Bedingung durchgeführt werden und konvergiert in jedem (geeignet gewählten) Kompaktum $\mathcal{K} \Subset \mathcal{D}$ *gleichmäßig gegen* $\mathbf{y}(x)$.

Wir wollen nun ein solches $\mathcal{K}$ ohne Kenntnis der Lösung angeben. $\gamma, \beta > 0$ seien so gewählt, daß der abgeschlossene Quader

$$(12.38)\quad Q' := \{(x, \mathbf{y}) \mid |x - x_0| \le \gamma \wedge \forall\, j = 1, \ldots, n \,:\, |y_j - y_j^0| \le \beta\} \subset \mathcal{D}$$

in $\mathcal{D}$ liegt. Da $\mathbf{f}(x, \mathbf{y})$ auf Q' stetig ist, nimmt $|\mathbf{f}(x, \mathbf{y})|$ dort sein Maximum M' an:

$$(12.39)\quad M' = \max_{Q'} |\mathbf{f}(x, \mathbf{y})| < \infty.$$

Sei $M > M'$, wir wählen einen kleineren Quader Q mit

$$(12.40)\quad \begin{cases} \delta := \min\{\gamma, \frac{\beta}{M}\},\ \eta := M\,\delta, \\ Q := \{(x, \mathbf{y}) \mid |x - x_0| \le \delta \wedge \forall\, j = 1, \ldots, n \,:\, |y_j - y_j^0| \le \eta\} \subset \mathcal{D}. \end{cases}$$

Dann verläßt jede Näherungslösung $\mathbf{y}_{(m)}(x)$ den kompakten Quader Q immer bei $x = \pm\delta + x_0$ und **das Iterationsverfahren kann vollständig in Q durchgeführt werden**.
Sei L die zu $Q = \mathcal{K}$ nach (12.36) gehörende Lipschitz–Konstante, $\alpha > L$ gewählt, $a = x_0 - \delta$, $b = x_0 + \delta$, $q = \frac{L}{\alpha}$. Dann ist für jedes m die Näherungslösung $\mathbf{y}_{(m)}(x)$ in $|x - x_0| \le \delta$ definiert, insbesondere gilt in der Bielecki–Norm die Fehlerabschätzung

$$(12.41)\quad \|\mathbf{y}_{(m)} - \mathbf{y}\| \le \frac{q}{1-q}\, \|\mathbf{y}_{(m)} - \mathbf{y}_{(m-1)}\| \le \frac{q^m}{1-q}\, \|\mathbf{y}_{(1)} - \mathbf{y}^0\|.$$

Anschließend setze man die Lösung in einen Nachbarquader fort und schöpfe schließlich $\mathcal{D}$ mit Quadern aus.

Wie wir gesehen haben, ändert sich beim Übergang von einer Differentialgleichung zu einem System erster Ordnung bezüglich des Picardschen Iterationsverfahrens und des Picard–Lindelöfschen Existenz– und Eindeutigkeitssatzes nichts Wesentliches. Also bleibt auch der Satz 7.100 über die stetige Abhängigkeit der Lösung von Parametern τ und von $(x_0, \mathbf{y}^0)$ gültig. Das gleiche gilt für den **Peanoschen Existenzsatz** , Satz 7.96 und den **Eindeutigkeitssatz von Osgood**, Satz 7.98: Diese Sätze **bleiben voll gültig** für das Anfangswertproblem (12.29), wenn überall y durch $\mathbf{y}$ und f durch $\mathbf{f}$ sinngemäß ersetzt werden.

Auch die im Abschnitt 12.2 eingeführten Näherungsverfahren, wie das **Euler–Cauchysche Polygonzugverfahren** und die **Runge–Kutta–Verfahren** können ganz genauso für Systeme angewendet werden. So lauten für ein System

$$\mathbf{y}'(x) = \mathbf{f}(x, \mathbf{y}(x)),\ \mathbf{y}(x_0) = \mathbf{y}^0$$

die (12.23) entsprechenden **Runge–Kutta–Formeln vierter Ordnung**

$$(12.42)\quad \begin{cases} \mathbf{k}_1 & := & \mathbf{f}(x_0, \mathbf{y}^0), \\ \mathbf{k}_2 & := & \mathbf{f}(x_0 + \frac{h}{2}, \mathbf{y}^0 + \frac{h}{2}\mathbf{k}_1), \\ \mathbf{k}_3 & := & \mathbf{f}(x_0 + \frac{h}{2}, \mathbf{y}^0 + \frac{h}{2}\mathbf{k}_2), \\ \mathbf{k}_4 & := & \mathbf{f}(x_0 + h, \mathbf{y}^0 + h\mathbf{k}_3), \end{cases}$$

$$\mathbf{y}(x_0 + h) \sim \tilde{\mathbf{y}}(x_0 + h) := \mathbf{y}^0 + \mathbf{k} := \mathbf{y}^0 + \frac{h}{6}\left[\mathbf{k}_1 + 2\mathbf{k}_2 + 2\mathbf{k}_3 + \mathbf{k}_4\right].$$

Zum Schluß dieses Abschnitts wollen wir noch die Untersuchung von Differentialgleichungen n–ter Ordnung auf Systeme zurückführen. **Das Anfangswertproblem für eine Differentialgleichung n–ter Ordnung** lautet

$$(12.43)\quad \begin{cases} w^{(n)}(x) & = & f(x, w(x), w'(x), \ldots, w^{(n-1)}(x)), \\ w(x_0) & = & k_0, \\ w'(x_0) & = & k_1, \\ \vdots & & \\ w^{(n-1)}(x_0) & = & k_{n-1}. \end{cases}$$

Zu diesem Anfangswertproblem erhält man durch Einführung neuer gesuchter Funktionen

$$(12.44)\quad y_1(x) := w(x), \quad y_2(x) := w'(x), \ldots, y_n(x) := w^{(n-1)}(x)$$

ein Anfangswertproblem für das folgende System

$$(12.45)\quad \begin{cases} y_1'(x) & = & y_2, & y_1(x_0) & = & k_0, \\ y_2'(x) & = & y_3, & y_2(x_0) & = & k_1, \\ \vdots & & & \vdots & & \\ y_{(n-1)}'(x) & = & y_n, & y_{n-1}(x_0) & = & k_{n-2}, \\ y_n'(x) & = & f(x, y_1, \ldots, y_{n-1}), & y_n(x_0) & = & k_{n-1}. \end{cases}$$

Offensichtlich sind (12.43) und (12.45) einander äquivalent, das heißt w ist Lösung von (12.43) genau dann, wenn $\mathbf{y} = (y_1, \ldots, y_n)^\top$ mit $w = y_1, \ldots, w^{(n-1)} = y_n$ Lösung von (12.45) ist.

Folgerung 12.14: *Für das Anfangswertproblem* (12.43) *gelten (sinngemäß) Satz* 12.12 *und Bemerkung* 12.13.

Arthur Schopenhauer: Die Welt als Vorstellung, zweite Betrachtung, aus §36:

> Außerdem wird noch die logische Behandlung der Mathematik dem Genius widerstehen, da diese die eigentliche Einsicht verschließend, nicht befriedigt, sondern eine bloße Verkettung von Schlüssen, nach dem Satz des Erkennungsgrundes darbietet, von allen Geisteskräften am meisten das Gedächtnis in Anspruch nimmt, um nämlich immer alle die früheren Sätze, darauf man sich beruft, gegenwärtig zu haben. Auch hat die Erfahrung bestätigt, daß große Genien in der Kunst zur Mathematik keine Fähigkeiten haben.

Morris Kline: Mathematics, A Cultural Approach, Addison-Wesley 1962, p. 434:

> ... So many physical principles are most effectively formulated as differential equations that GOD has often been credited with using these equations as HIS starting point in designing the universe.

Wilhelm Martin Kutta (1867–1944), Studium in Breslau, München und Cambridge. Unbezahlter Privatdozent in München 1902–1910. 1910 Ordinarius für Mathematik in Aachen, 1911–1935 in Stuttgart. Beiträge zur Angewandten Mathematik, insbesondere komplexen Funktionentheorie und Strömungslehre.

Carl David Tolmé Runge (1856–1927), Studium in München und Berlin. Unbezahlter Privatdozent in Berlin 1883–1886. Ordinarius für Mathematik an der TH Hannover 1886–1904. Ordinarius für Angewandte Mathematik in Göttingen 1904-1924. Fundamentale Beiträge zur Angewandten und zur Numerischen Mathematik sowie zur komplexen Funktionentheorie.

12.4 Lineare Systeme erster Ordnung

Definition 12.15: *Ein Differentialgleichungssystem (12.28) heißt* **linear**, *wenn es die Gestalt*

$$(12.46)\quad \begin{cases} w_1'(x) & = & a_{11}(x)w_1(x) + \ldots + a_{1n}(x)w_n(x) + g_1(x), \\ \vdots & & \\ w_n' & = & a_{n1}(x)w_1(x) + \ldots + a_{nn}(x)w_n(x) + g_n(x) \end{cases}$$

hat. Das System heißt **homogen**, *wenn $g_1 = g_2 = \ldots = g_n \equiv 0$ gelten. Ein nicht homogenes System heit auch* **inhomogen**.

Mit

$$(12.47)\quad \mathbf{A}(x) := \begin{pmatrix} a_{11}(x) & \ldots & a_{1n}(x) \\ \vdots & & \vdots \\ a_{n1}(x) & \ldots & a_{nn}(x) \end{pmatrix}, \quad \mathbf{g}(x) := \begin{pmatrix} g_1(x) \\ \vdots \\ g_n(x) \end{pmatrix}$$

lautet das **lineare Anfangswertproblem**

$$(12.48)\quad \mathbf{w}' = \mathbf{A}(x)\mathbf{w}(x) + \mathbf{g}(x), \quad \mathbf{w}(x_0) = \mathbf{w}^0.$$

Satz 12.16 : *Sei $I \subset \mathbb{R}$ Intervall und für $j,k = 1,\ldots,n$ gelte $a_{jk}, g_k \in C^0(I)$ sowie $x_0 \in I$. Dann hat das Anfangswertproblem (12.48) in I genau eine stetig differenzierbare Lösung $\mathbf{w}(x)$.*

Bemerkung 12.17: *Außer den Voraussetzungen von Satz 12.16 gelte noch*

$$(12.49)\quad L := \sup_{x\in I} \sqrt{\sum_{j,k=1}^{n} (\gamma_{jk}(x))^2} < \infty.$$

Dann ist für $\gamma > L$ die Ungleichung

$$(12.50)\quad \forall\, x \in I \,:\, |\mathbf{w}(x)| \le \frac{e^{\gamma|x-x_0|}}{1-\frac{L}{\gamma}} \left[\frac{1}{\gamma e} \sup_{x\in I} |\mathbf{g}(x)| + |\mathbf{w}^0|\right]$$

erfüllt, das heißt die Lösung hängt von der rechten Seite $\mathbf{g}(x)$ und vom Anfangswert $\mathbf{w}^0$ stetig ab.

Bemerkung 12.18: *Wenn $a_{jk}(x)$ und $g_k(x)$ in I nur* **stückweise stetig** *sind, behalten (12.8) und (12.11) ihre Gültigkeit, wenn man die Differentialgleichung (12.48) nur in den Stetigkeitspunkten erfüllt sowie "stetig differenzierbar" ersetzt durch "stetig sowie stückweise stetig differenzierbar".*

Satz 12.19 (Superpositionsprinzip) : *Seien $\mathbf{w}_1$ und $\mathbf{w}_2$ gegeben mit*

$$(12.51)\quad \mathbf{w}_1' = \mathbf{A}\mathbf{w}_1 + \mathbf{g}_1, \quad \mathbf{w}_2' = \mathbf{A}\mathbf{w}_2 + \mathbf{g}_2.$$

Dann gilt

$$(12.52)\quad (c_1\mathbf{w}_1 + c_2\mathbf{w}_2)' = \mathbf{A}(c_1\mathbf{w}_1 + c_2\mathbf{w}_2) + (c_1\mathbf{g}_1 + c_2\mathbf{g}_2) \quad \text{für alle } c_1, c_2 \in \mathbb{R}.$$

Satz 12.20 : *Unter den Voraussetzungen von Satz 12.16 (oder Bemerkung 12.18) bilden die Lösungen des linearen homogenen Systems einen n-dimensionalen lineare Vektorraum $\mathcal{L}(\mathbf{0})$. Ist $\mathbf{w}_p$ eine Partikulärlösung des inhomogenen Systems*

$$(12.53)\quad \mathbf{w}_p' = \mathbf{A}\mathbf{w}_p + \mathbf{g},$$

so hat die **Lösungsgesamtheit** *$\mathcal{L}(\mathbf{g})$ des inhomogenen Systems die Gestalt*

$$(12.54)\quad \mathcal{L}(\mathbf{g}) = \{\mathbf{w} = \mathbf{w}_p + \mathbf{y} \mid \mathbf{y} \in \mathcal{L}(\mathbf{0})\}.$$

Im folgenden wollen wir den Zusammenhang zwischen Lösungsraum $\mathcal{L}(\mathbf{g})$, $\mathcal{L}(\mathbf{0})$ und Anfangswertproblem untersuchen.
Im Intervall $I \subset \mathbb{R}$ mit $x_0 \in I$ seien $\mathbf{y}_1(x), \ldots, \mathbf{y}_n(x)$ gegebene Lösungen des homogenen linearen Systems

$$(12.55)\quad \mathbf{y}_j' = \mathbf{A}\mathbf{y}_j,\ j = 1, \ldots, n,$$

in Komponenten,

$$(12.56)\quad y_{jk}'(x) = \sum_{s=1}^{n} a_{js}(x) y_{sk}(x),\ k = 1, \ldots, n,$$

und mit Anfangswerten $\mathbf{y}_j(x_0) = \mathbf{k}_j^0$.

Eine gesuchte Lösung $\mathbf{y}$ des Anfangswertproblems

$$(12.57)\quad \mathbf{y}'(x) = \mathbf{A}(x)\mathbf{y}(x) \quad \text{mit } \mathbf{y}(x_0) = \mathbf{k}$$

wollen wir als Linearkombination von $\mathbf{y}_1, \ldots, \mathbf{y}_n$ darstellen:

$$(12.58)\quad \mathbf{y}(x) = c_1\mathbf{y}_1(x) + \ldots + c_n\mathbf{y}_n(x).$$

Dann müssen die Koeffizienten $c_1, \ldots, c_n$ wegen der Anfangsbedingungen in (12.57) das lineare Gleichungssystem

$$(12.59)\quad \begin{cases} c_1 y_{11}(x_0) + \ldots + c_n y_{1n}(x_0) &= k_1, \\ \vdots & \vdots \\ c_1 y_{n1}(x_0) + \ldots + c_n y_{nn}(x_0) &= k_n \end{cases}$$

erfüllen. Für die Koeffizientendeterminante trifft man die

Definition 12.21:

$$(12.60)\quad W(x) := \begin{vmatrix} y_{11}(x) & \cdots & y_{1n}(x) \\ \vdots & & \vdots \\ y_{n1}(x) & \ldots & y_{nn}(x) \end{vmatrix}$$

heißt **Wronski–Determinante** *der Lösungen* $\mathbf{y}_1, \ldots, \mathbf{y}_n$ *des Systems* (12.55) *in* x. *Jede Spalte von* W *ist ein Lösungsvektor* $\mathbf{y}_j(x)$.

Definition 12.22: n *Lösungen* $\mathbf{y}_1(x), \ldots, \mathbf{y}_n(x)$ *des homogenen linearen Systems* (12.56) *heißen* **Fundamentalsystem** *genau dann, wenn* $\mathbf{y}_1(x), \ldots, \mathbf{y}_n(x)$ *linear unabhängig in* E *sind, das heißt aus*

$$(12.61)\quad c_1\mathbf{y}_1(x) + \ldots + c_n\mathbf{y}_n(x) = \mathbf{0} \quad \textit{für alle } x \in I$$

folgt $c_1 = \ldots = c_n = 0$.

Satz 12.23 : *Folgende Aussagen sind äquivalent:*

$$(12.62)\quad \exists\, x_0 \in I \,:\, W(x_0) \neq 0,$$

$$(12.63)\quad \forall\, x \in I \,:\, W(x) \neq 0,$$

(12.64) $\mathbf{y}_1, \ldots, \mathbf{y}_n$ *bilden ein Fundamentalsystem.*

Zum Beweis von Satz 12.23 benötigen wir

Lemma 12.24: *In* I *gilt*

$$(12.65)\quad W'(x) = W(x) \sum_{k=1}^{n} a_{kk}(x) = W(x)\,\mathrm{Spur}\,\mathbf{A}(x)).$$

Den Beweis von Lemma 12.24 überlassen wir dem Leser. Wegen (12.65) gilt dann

$$W(x) = W(x_0)e^{\int\limits_{x_0}^{x} \operatorname{Spur} \mathbf{A}(\xi)d\xi},$$

woraus die Behauptungen von Satz 12.23 folgen.

Definition 12.25:

(12.66) $\mathbf{Y}(x) := \begin{pmatrix} y_{11}(x) & \cdots & y_{1n}(x) \\ \vdots & \vdots & \\ y_{n1}(x) & \cdots & y_{nn}(x) \end{pmatrix} = (\mathbf{y}_1(x), \ldots, \mathbf{y}_n(x))$

heißt **Fundamentalmatrix** *genau dann, wenn* $\mathbf{y}_1, \ldots, \mathbf{y}_n$ *ein Fundamentalsystem bilden.*

Aus Satz 12.20 über $\mathcal{L}(\mathbf{0})$ folgt, daß unter der Voraussetzung, daß $\mathbf{A}(x)$ stückweise stetig ist, eine Fundamentalmatrix existiert. Sie genügt der **Matrix–Differentialgleichung**

(12.67) $\mathbf{Y}'(x) = \mathbf{A}(x)\mathbf{Y}(x)$.

Definition 12.26: *Die spezielle Fundamentalmatrix*

(12.68) $\mathbf{Y}(x, x_0) := \mathbf{Y}(x)\mathbf{Y}^{-1}(x_0)$

heißt **Übergangsmatrix** *genau dann, wenn* $\mathbf{Y}(x)$ *eine Fundamentalmatrix ist.*

Folgerung 12.27: *Die Übergangsmatrix* $\mathbf{Y}(x, x_0)$ *erfüllt*

(12.69) $\mathbf{Y}(x_0, x_0) = \mathbf{1}$ *(Einheitsmatrix im* $\mathbb{R}^n$*).*

Zu $x_0 \in I$ *existiert genau eine Übergangsmatrix.*
Sind $\mathbf{Y}(x)$ *und* $\widetilde{\mathbf{Y}}(x)$ *zwei Fundamentalmatrizen, dann existiert eine reguläre konstante Matrix* $\mathbf{C}$ *mit*

(12.70) $\mathbf{Y}(x) = \widetilde{\mathbf{Y}}(x)\mathbf{C}$ *für alle* $x \in I$.

Als Folgerung dieser Eigenschaften ergibt sich demnach der folgende Satz:

Satz 12.28 : *Die vektorwertige Funktion* $\mathbf{y}(x; x_0, \mathbf{y}^0)$ *ist die Lösung des Anfangswertproblems*

$$\mathbf{y}'(x) = \mathbf{A}(x)\mathbf{y}(x), \quad \mathbf{y}(x_0) = \mathbf{y}^0$$

genau dann, wenn gilt

(12.71) $\mathbf{y}(x) = \mathbf{Y}(x, x_0)\mathbf{y}^0$.

Die Abbildung

$$(12.72)\quad \begin{array}{rcccl} \Phi_{x,x_0} & : & \mathbb{R}^n & \to & \mathbb{R}^n \\ & & \mathbf{y}^0 & \longmapsto & \Phi_{x,x_0}(\mathbf{y}^0) := \mathbf{y}(x; x_0, \mathbf{y}^0) := \mathbf{Y}(x, x_0)\mathbf{y}^0 \end{array}$$

ist ein Automorphismus und hat die Verknüpfungseigenschaft

$$(12.73)\quad \Phi_{x,x_0} = \Phi_{x,x_1}\,\Phi_{x_1,x_0} \quad \textit{für alle } x, x_1, x_0 \in I.$$

Führt man das Picardsche Iterationsverfahren für die Matrix–Differentialgleichung (12.67) und die Übergangsmatrix (12.68) mit (12.69) durch, so erhält man wegen der Linearität von (12.67) bzw. des zugeordneten Integraloperators $\int_{x_0}^{x} \mathbf{A}(\xi)\,d\xi$ eine Reihendarstellung für die Übergangsmatrix. Dazu wird also für

$$(12.74)\quad \mathbf{Y}'(x, x_0) = \mathbf{A}(x)\,\mathbf{Y}(x, x_0) \text{ mit } \mathbf{Y}(x_0, x_0) = \mathbf{1} \text{ und } x, x_0 \in I$$

das Picard–Lindelöfsche Iterationsverfahren (gleichzeitig für alle n Spalten) durchgeführt, und man erhält:

$$(12.75)\quad \begin{cases} \mathbf{Y}_0(x, x_0) = \mathbf{1}, \\ \mathbf{Y}_1(x, x_0) = \mathbf{1} + \int\limits_{x_0}^{x} \mathbf{A}(\xi)\,d\xi, \\ \mathbf{Y}_2(x, x_0) = \mathbf{1} + \int\limits_{x_0}^{x} \mathbf{A}(\xi)\,d\xi + \int\limits_{x_0}^{x} \mathbf{A}(\xi) \int\limits_{x_0}^{\xi} A(\sigma)\,d\sigma d\xi, \\ \vdots \\ \mathbf{Y}_j(x, x_0) = \mathbf{1} + \int\limits_{x_0}^{x} A(\xi)\,d\xi + \int\limits_{x_0}^{x} \mathbf{A}(\xi) \int\limits_{x_0}^{\xi} \mathbf{A}(\sigma)\,d\sigma d\xi + \ldots \\ \qquad \ldots + \underbrace{\int\limits_{x_0}^{x} \mathbf{A}(\xi) \int\limits_{x_0}^{\xi} \mathbf{A}(\sigma) \int\limits_{x_0}^{\sigma} \mathbf{A}(\tau) \int \ldots d\tau d\sigma d\xi}_{j\text{–mal}}, \end{cases}$$

oder mit der rekursiven Vorschrift

$$(12.76)\quad \mathbf{B}_0 := \mathbf{1}, \quad \mathbf{B}_j(x, x_0) := \int\limits_{x_0}^{x} \mathbf{A}(\xi)\mathbf{B}_{j-1}(\xi, x_0)\,d\xi \quad \text{für } j = 1, 2, \ldots,$$

die Reihendarstellung

$$(12.77)\quad \mathbf{Y}(x, x_0) = \sum_{j=0}^{\infty} \mathbf{B}_j(x, x_0).$$

Diese Reihe konvergiert aufgrund der Sätze 12.11, 12.12 und Bemerkung 12.13 in jedem Teilintervall $[a, b] \subset I$ gleichmäßig. Wegen der Linearität des Systems können wir hier sogar genauere Aussagen über die Konvergenz machen.

Dazu betrachten wir zunächst die nichtkommutative Matrizenalgebra mit der Matrizen–Addition und –Multiplikation. Für sie trifft die folgende Definition zu:

Definition 12.29: *Ein normierter Vektorraum E heißt* **normierte Algebra**, *wenn ein Produkt in E erklärt ist mit den Eigenschaften*

(12.78) $\forall\, f, g, h \in E \;:\; f \cdot g \in E \wedge \forall\, \alpha, \beta \in \mathbb{R} \;:\; h \cdot (\alpha f + \beta g) = \alpha h \cdot f + \beta h \cdot g$

sowie

(12.79) $\|f \cdot g\| \;\leq\; \|f\|\,\|g\|.$

Ist die normierte Algebra ein vollständiger Vektorraum, so heißt sie **Banach–Algebra**.

Ein Beispiel für eine Banach–Algebra ist der Raum der stetigen Funktionen $C^0([a,b])$ mit der Maximum–Norm, denn mit $f, g \in C^0([a,b])$ ist auch das Produkt $(f \cdot g)(x) := f(x) \cdot g(x)$ stetig in $[a,b]$ und es gilt

$$\|f \cdot g\|_{\mathcal{F}} \;\leq\; \|f\|_{\mathcal{F}} \|g\|_{\mathcal{F}}.$$

Ein weiteres Beispiel ist die Matrizen–Algebra der quadratischen $n \times n$–Matrizen mit der üblichen Matrizenaddition

$$\begin{pmatrix} \alpha a_{11} + \beta b_{11} & \ldots & \alpha a_{1n} + \beta b_{1n} \\ \vdots & & \vdots \\ \alpha a_{n1} + \beta b_{n1} & \ldots & \alpha a_{nn} + \beta b_{nn} \end{pmatrix} := \alpha \begin{pmatrix} a_{11} & \ldots & a_{1n} \\ \vdots & & \vdots \\ a_{n1} & \ldots & a_{nn} \end{pmatrix} + \beta \begin{pmatrix} b_{11} & \ldots & b_{1n} \\ \vdots & & \vdots \\ b_{n1} & \ldots & b_{nn} \end{pmatrix}$$

und der Matrizenmultiplikation

$$\mathbf{C} = \mathbf{A}\,\mathbf{B} \;:\;\Leftrightarrow\quad c_{jk} \;=\; \sum_{m=1}^{n} a_{jm}\, b_{mk}$$

sowie einer mit der Multiplikation im Sinne von (12.79) verträglichen Norm $\|\cdot\|$. Eine solche Norm ist aufgrund der Cauchy–Schwarzschen Ungleichung zum Beispiel die **Hilbert–Schmidt–Norm (Frobenius–Norm)**

(12.80) $\|\mathbf{B}\|_F \;=\; \left[\sum_{j,k=1}^{n} |b_{jk}|^2\right]^{1/2}.$

Mit (12.80) ist die Matrizenalgebra eine Banach–Algebra. Mit der Matrizennorm $\|\cdot\|_F$ können wir für Matrix–wertige Funktionen

(12.81) $\mathbf{B}(x) := \begin{pmatrix} b_{11}(x) & \ldots & b_{1n}(x) \\ \vdots & & \vdots \\ b_{n1}(x) & \ldots & b_{nn}(x) \end{pmatrix}$ für $x \in I$

durch

$$(12.82)\quad \|\mathbf{B}\| := \sup_{x\in I}\|\mathbf{B}(x)\|_F = \sup_{x\in I}\left[\sum_{j,k=1}^{n}|b_{jk}(x)|^2\right]^{1/2}$$

eine Norm über dem linearen Raum in der in I beschränkten (stückweise) stetigen Matrix–wertigen Funktionen einführen.
Mit diesen Hilfsmitteln ergibt sich sofort der folgende

Satz 12.30 : *Die Koeffizientenmatrix* $\mathbf{A}(x)$ *des linearen System* (12.48) *sei stückweise stetig in* I *und erfülle*

$$(12.83)\quad \alpha = \|\mathbf{A}\| = \sup_{x\in I}\|\mathbf{A}(x)\|_F < \infty.$$

Dann ist

$$(12.84)\quad \|\mathbf{1}\|_F + \sum_{j=1}^{\infty}\frac{(\alpha|x-x_0|)^j}{j!} \qquad \text{für alle } x\in I$$

Majorante zur Reihe (12.77).

Unter gewissen Einschränkungen läßt sich die Übertragungsmatrix sogar mit nur einer einzigen Integration in einer Reihe darstellen. Dazu treffen wir die

Definition 12.31: *Für eine* $n\times n$*–Matrix* $\mathbf{B}$ *wird die* **Exponentialmatrix** *erklärt durch*

$$(12.85)\quad \exp(\mathbf{B}) = e^{\mathbf{B}} := \sum_{j=0}^{\infty}\frac{1}{j!}\mathbf{B}^j \qquad \text{mit } \mathbf{B}^0 = \mathbf{1}.$$

Bemerkung 12.32: $\exp(\mathbf{B})$ *ist wohldefiniert, denn für* $m\le k$ *gilt*

$$\|\sum_{j=0}^{k}\frac{1}{j!}\mathbf{B}^j - \sum_{j=0}^{m}\frac{1}{j!}\mathbf{B}^j\|_F \le \sum_{j=m+1}^{\infty}\frac{1}{j!}\|\mathbf{B}\|_F \to 0 \quad \text{für } m\to\infty.$$

Die Matrix–Teilsummen in (12.85) *bilden also eine Cauchy–Folge. Aufgrund der Definition* (12.80) *bilden dann die Teilsummen der Matrixelemente* n^2 *Cauchy–Folgen in* $\mathbb{R}$ *und sind nach dem Cauchyschen Konvergenzkriterium konvergent gegen* n^2 *Grenzwerte, welche die Matrix* $e^{\mathbf{B}}$ *bilden.*

Satz 12.33 : $\mathbf{A}(x)$ *sei in* I *(stückweise) stetig und es sei die* **Kommutatorbedingung**

$$(12.86)\quad \mathbf{A}(x)\mathbf{A}(\xi) = \mathbf{A}(\xi)\mathbf{A}(x) \qquad \text{für alle } x,\xi\in I$$

erfüllt. Dann gilt für die Übergangsmatrix $\mathbf{Y}$ *des Systems* (12.74)

$$(12.87)\quad \mathbf{Y}(x,x_0) = \exp\left(\int_{x_0}^{x}\mathbf{A}(\xi)\,d\xi\right).$$

Beweis: Wir definieren die Matrix–wertige Funktion

$$\mathbf{C}(x,x_0) = \sum_{j=1}^{\infty} \frac{1}{j!} \left[\int_{x_0}^{x} \mathbf{A}(\xi)\, d\xi \right]^j + \mathbf{1} \quad \text{für } x \in I.$$

Dann liefert Differentiation und Anwendung von (12.86)

$$\begin{aligned} \mathbf{C}'(x,x_0) &= \sum_{j=1}^{\infty} \frac{1}{j!} \frac{d}{dx} \left[\int_{x_0}^{x} \mathbf{A}(\xi)\, d\xi \right] \\ &= \sum_{j=1}^{\infty} \frac{1}{j!} j \left[\int_{x_0}^{x} \mathbf{A}(\xi)\, d\xi \right]^{j-1} \frac{d}{dx} \int_{x_0}^{x} \mathbf{A}(\xi)\, d\xi \\ &= \sum_{j=1}^{\infty} \frac{1}{(j-1)!} \left[\int_{x_0}^{x} \mathbf{A}(\xi)\, d\xi \right]^{j-1} \mathbf{A}(x) \\ &= \mathbf{A}(x) \exp\left(\int_{x_0}^{x} \mathbf{A}(\xi)\, d\xi \right) = \mathbf{A}(x)\, \mathbf{C}(x,x_0). \end{aligned}$$

Außerdem ist $\mathbf{C}(x_0,x_0) = \mathbf{1}$. Da die Lösung des Anfangswertproblems eindeutig ist, muß $\mathbf{C}(x,x_0)$ mit $\mathbf{Y}(x,x_0)$ übereinstimmen; demnach hat $\mathbf{Y}(x,x_0)$ die Gestalt (12.87). □

Häufig treten lineare Systeme mit komplexen Matrizen und komplex–Vektor–wertigen Funktionen auf. Den Zusammenhang dieser Systeme mit reellen Systemen wollen wir im folgenden nach [55, §2.6] formulieren.

Definition 12.34: $\mathbf{w}(x)$, $\mathbf{g}(x)$ *heißen komplex–Vektor wertige Funktionen in* $I \subset \mathbb{R}$, *wenn mit reell–Vektor–werige Funktionen* $\mathbf{u}$, $\mathbf{v}$, $\mathbf{g}_1$ *und* $\mathbf{g}_2$

$$(12.88) \quad \mathbf{w}(x) = \mathbf{u}(x) + i\mathbf{v}(x), \quad \mathbf{g}(x) = \mathbf{g}_1(x) + i\mathbf{g}_2(x)$$

für alle $x \in I \subset \mathbb{R}$ *gilt.* $\mathbf{A}(x)$ *heißt komplex–Matrix–wertige Funktion, wenn*

$$\mathbf{A}(x) = \mathbf{A}_1(x) + i\mathbf{A}_2(x)$$

mit reellen Matrizenfunktionen $\mathbf{A}_1, \mathbf{A}_2$ *gilt.*

Satz 12.35 : *Das System von* n *komplexen Differentialgleichungen*

$$(12.89) \quad \mathbf{w}'(x) = \mathbf{u}' + i\mathbf{v}' = \mathbf{A}(x)\mathbf{w}(x) + \mathbf{g}(x)$$

in $I \subset \mathbb{R}$ *für die* n *gesuchten komplexwertigen Funktionen* $w_1(x), \ldots, w_n(x)$ *ist äquivalent zu dem System von* $2n$ *reellen Differentialgleichungen*

$$(12.90) \quad \begin{aligned} \mathbf{u}'(x) &= \mathbf{A}_1(x)\mathbf{u}(x) - \mathbf{A}_2(x)\mathbf{v}(x) + \mathbf{g}_1(x), \\ \mathbf{v}'(x) &= \mathbf{A}_2(x)\mathbf{u}(x) + \mathbf{A}_1(x)\mathbf{v}(x) + \mathbf{g}_2(x) \end{aligned}$$

für die $2n$ *gesuchten reellwertigen Funktionen* $u_1, \ldots u_n(x)$, $v_1, \ldots, v_n(x)$.

Satz 12.36 : $\mathbf{A}(x)$ *sei reelle Matrix–wertige Funktion und*

(12.91) $\mathbf{y}(x) = \mathbf{y}_1(x) + i\mathbf{y}_2(x)$

sei komplex–Vektor–wertige Lösung des homogenen Systems

(12.92) $\mathbf{y}'(x) = \mathbf{A}\mathbf{y}(x).$

Dann sind $\operatorname{Re}\mathbf{y}(x) = \mathbf{y}_1(x)$ *und* $\operatorname{Im}\mathbf{y}(x) = \mathbf{y}_2(x)$ *reell–Vektor–wertige Lösungen des homogenen reellen Systems, das heißt*

(12.93) $\mathbf{y}_1' = \mathbf{A}\mathbf{y}_1, \quad \mathbf{y}_2' = \mathbf{A}\mathbf{y}_2.$

Satz 12.37 : $\mathbf{A}(x)$ *sei reelle Matrix–wertige Funktion und* $\mathbf{y}(x) = \mathbf{y}_1(x) + i\mathbf{y}_2(x)$ *und* $\overline{\mathbf{y}(x)} = \mathbf{y}_1(x) - i\mathbf{y}_2(x)$ *seien komplex linear unabhängige Vektor–wertige Lösungen des homogenen Systems (12.92). Dann sind* $\operatorname{Re}\mathbf{y}(x) = \mathbf{y}_1(x)$ *und* $\operatorname{Im}\mathbf{y}(x) = \mathbf{y}_2(x)$ *linear unabhängige reelle Lösungen des homogenen Systems (12.92).*

Bemerkung 12.38: $\mathbf{A}(x)$ *sei reell und* $\mathbf{w}(x) = \mathbf{u}(x) + i\mathbf{v}(x)$ *sei Lösung von*

(12.94) $\mathbf{w}' = \mathbf{A}\mathbf{w} + (\mathbf{g}_1 + i\mathbf{g}_2).$

Dann zerfällt das System in $\mathbf{u}' = \mathbf{A}\mathbf{u} + \mathbf{g}_1$ *und* $\mathbf{v}' = \mathbf{A}\mathbf{v} + \mathbf{g}_2$.

Der Beweis folgt aus (12.90) mit $\mathbf{A}_2 = \mathbf{0}$.

Josef Maria Hosné–Wronski (1778–1853), polnischer Mathematiker, der als Privatgelehrter in Paris wirkte. Arbeiten zur Analysis und philosophische Schriften. (Nach [26], S. 16)

12.5 Das Reduktionsverfahren von D'Alembert

Es sei $\mathbf{y}_1(x) \not\equiv \mathbf{0}$ eine bekannte Lösung des homogenen Systems

(12.95) $\mathbf{y}_1' = \mathbf{A}(x)\mathbf{y}_1(x) \quad \text{für } x \in I.$

Dann kann man die Bestimmung irgendeiner Lösung $\mathbf{y}(x)$ des Systems (12.95) zurückführen auf ein **kleineres** System mit nur $n-1$ Gleichungen und gesuchten Funktionen. Dazu sei ohne Beschränkung der Allgemeinheit $y_{11}(x) \neq 0$ vorausgesetzt. D'Alembert machte den **Ansatz**

(12.96) $$\mathbf{y}(x) = \phi(x)\mathbf{y}_1(x) + \begin{pmatrix} 0 \\ z_2(x) \\ \vdots \\ z_n(x) \end{pmatrix} = \phi(x)\mathbf{y}_1(x) + \mathbf{z}(x)$$

mit einer noch zu bestimmenden Funktion $\phi(x)$, mit $z_1(x) \equiv 0$ sowie neuen gesuchten Funktionen $z_2(x), \ldots, z_n(x)$. Einsetzen in die Differentialgleichung liefert

$$\begin{aligned} \mathbf{y}'(x) &= \phi(x)\mathbf{y}_1'(x) + \phi'(x)\mathbf{y}_1(x) + \mathbf{z}'(x) \\ &= \phi(x)\mathbf{A}\mathbf{y}_1(x) + \phi'(x)\mathbf{y}_1(x) + \mathbf{z}'(x) \\ &\overset{!}{=} \mathbf{A}\mathbf{y}(x) = \phi(x)\mathbf{A}\mathbf{y}_1(x) + \mathbf{A}\mathbf{z} \end{aligned}$$

und somit das System

$$\phi'(x)\mathbf{y}_1(x) + \mathbf{z}'(x) = \mathbf{A}\mathbf{z}(x).$$

Daraus folgt wegen $z_1 \equiv 0$ für die erste Komponente eine Differentialgleichung für die unbekannte Funktion $\phi(x)$,

$$(12.97)\quad y_{11}(x)\phi'(x) = \sum_{k=2}^{n} a_{1k}(x)z_k(x).$$

In der Gleichung der j–ten Komponente, $j = 2, \ldots, n$,

$$y_{j1}(x)\phi'(x) + z_j'(x) = \sum_{k=2}^{n} a_{jk}(x)z_k(x),$$

eliminieren wir $\phi'(x)$ mittels (12.97) und erhalten mit

$$(12.98)\quad z_j'(x) = \sum_{k=2}^{n} \left(a_{jk}(x) - \frac{y_{j1}(x)}{y_{11}(x)} a_{1k}(x) \right) z_k(x) \quad \text{für } j = 2, \ldots, n$$

ein System von $n-1$ Differentialgleichungen für die $n-1$ Funktionen $z_2, \ldots, z_n$. Wenn man dieses System lösen kann, dann sind $z_2, \ldots, z_n$ bekannt, und man erhält aus

$$(12.99)\quad \phi(x) = \int^{x} \frac{1}{y_{11}(\xi)} \sum_{k=2}^{n} a_{1k}(\xi)z_k(\xi)d\xi$$

die Funktion $\phi(x)$. Einsetzen in (12.96) liefert die Lösung $\mathbf{y}$ des ursprünglichen Systems. Wir fassen das Ergebnis wie folgt zusammen.

Satz 12.39 : $\mathbf{z}_2(x), \ldots, \mathbf{z}_n(x)$ *sei ein Fundamentalsystem des homogenen Systems* (12.98) *und* $\mathbf{y}_1$ *sei eine gegebene Lösung von* (12.95) *mit* $y_{11}(x) \neq 0$ *in* I. *Dann bilden die Vektor–wertigen Funktionen* $\mathbf{y}_1(x)$, *und für* $m = 2, \ldots, n$ *die Funktionen*

$$(12.100)\quad \mathbf{y}_m(x) := \phi_m(x)\mathbf{y}_1(x) + \begin{pmatrix} 0 \\ \mathbf{z}_m(x) \end{pmatrix}$$

mit

$$\phi_m(x) = \int^{x} \frac{1}{y_{11}(\xi)} \sum_{k=2}^{n} a_{1k}(\xi)z_{km}(\xi)d\xi$$

ein Fundamentalsystem der ursprünglichen Gleichungen (12.95).

12.6 Inhomogene lineare Systeme und Variation der Konstanten

Nachdem wir in Abschnitt 12.4 die homogenen linearen Systeme mit $\mathbf{g} \equiv \mathbf{0}$ vollständig lösen konnten, wollen wir nun mit Hilfe der Variation der Konstanten das inhomogene System (12.46) lösen. Das lineare inhomogene System erster Ordnung hat die Gestalt

$$(12.101)\quad \mathbf{w}'(x) = \mathbf{A}(x)\mathbf{w}(x) + \mathbf{g}(x) \quad \text{für } x \in I,$$

wobei die Vektor–wertige Funktion $\mathbf{g}(x) = (g_1(x), \dots, g_n(x))^\top$ gegeben ist. Sei $\mathbf{Y}(x)$ eine bereits bekannte Fundamentalmatrix des homogenen Systems,

$$\mathbf{Y}'(x) = \mathbf{A}(x)\,\mathbf{Y}(x),$$

dann lautet der **Ansatz der Variation der Konstanten**

$$(12.102)\quad \mathbf{w}(x) = \mathbf{Y}(x)\,\mathbf{u}(x).$$

Einsetzen in (12.101),

$$\begin{aligned}\mathbf{Y}'(x)\mathbf{u}(x) + \mathbf{Y}(x)\mathbf{u}'(x) &= \mathbf{A}(x)\mathbf{Y}(x)\mathbf{u}(x) + \mathbf{Y}(x)\mathbf{u}'(x)\\ &\overset{!}{=} \mathbf{A}(x)\mathbf{Y}(x)\mathbf{u}(x) + \mathbf{g}(x),\end{aligned}$$

liefert für $\mathbf{u}$ das System

$$(12.103)\quad \mathbf{Y}(x)\mathbf{u}'(x) = \mathbf{g}(x),$$

das nach Multiplikation mit $\mathbf{Y}^{-1}(x)$ (die Fundamentalmatrix $\mathbf{Y}(x)$ ist für jedes x regulär, weil ihre Determinante als Wronski–Determinante nach Satz 12.23 nirgends in I verschwindet) übergeht in das **explizite** System

$$(12.104)\quad \mathbf{u}'(x) = \mathbf{Y}^{-1}(x)\mathbf{g}(x),$$

das sofort integriert werden kann:

$$(12.105)\quad \mathbf{u}(x) = \int_{x_0}^{x} \mathbf{Y}^{-1}(\xi)\mathbf{g}(\xi)\,d\xi.$$

Einsetzen in (12.102) liefert die **Partikulärlösung**

$$\mathbf{w}_p(x) = \mathbf{Y}(x)\int_{x_0}^{x} \mathbf{Y}^{-1}(\xi)\mathbf{g}(\xi)\,d\xi,$$

oder mit (12.68), der Definition der Übergangsmatrix $\mathbf{Y}(x,\xi)$

$$(12.106)\quad \mathbf{w}_p(x) = \int_{x_0}^{x} \mathbf{Y}(x,\xi)\mathbf{g}(\xi)\,d\xi.$$

Folglich lautet nach den Sätzen 12.19 und 12.20 die **allgemeine Lösung**

$$(12.107)\quad \mathbf{w}(x) = \mathbf{Y}(x,x_0)\mathbf{k} + \int_{x_0}^{x} \mathbf{Y}(x,\xi)\mathbf{g}(\xi)\,d\xi \quad \text{für } x, x_0 \in I,\ \forall \mathbf{k} \in \mathbb{R}^n.$$

Zusammenfassend erhalten wir

Satz 12.40 : $\mathbf{Y}(x,x_0)$ *sei in* I *die Übergangsmatrix zu* $\mathbf{Y}'(x) = \mathbf{A}(x)\mathbf{Y}(x)$. *Dann ist die Lösung des Anfangswertproblems*

$$\mathbf{w}'(x) = \mathbf{A}(x)\mathbf{w}(x) + \mathbf{g}(x), \quad \mathbf{w}(x_0) = \mathbf{k} \text{ mit } x_0 \in I$$

gegeben durch

$$(12.108)\quad \mathbf{w}(x) = \mathbf{Y}(x,x_0)\mathbf{k} + \int_{x_0}^{x} \mathbf{Y}(x,\xi)\mathbf{g}(\xi)\,d\xi \quad \text{für } x \in I.$$

Bemerkung 12.41: *Alle Überlegungen sind gültig bei nur stückweise stetigen* $\mathbf{A}(x)$, $\mathbf{g}(x)$: *Man stückelt an den Unstetigkeitsstellen von* $\mathbf{A}$, $\mathbf{g}$ *die Lösung* $\mathbf{w}$ *stetig aneinander.*

Durch die Darstellungsformel (12.108) wird die Bezeichnung Übergangsmatrix gerechtfertigt.

Zur Frage, wie man auf die Variation der Konstanten kommt [73, S. 10 ff.]:

> Die Mathematik wird als demonstrative Wissenschaft angesehen. Doch ist das nur einer ihrer Aspekte. Die fertige Mathematik in fertiger Form dargestellt erscheint als rein demonstrativ. Sie besteht nur aus Beweisen. Aber die im Entstehen begriffene Mathematik gleicht jeder anderen Art menschlichen Wissens, das im Entstehen ist. Man muß einen mathematischen Satz erraten, ehe man ihn beweist; man muss die Idee eines Beweises erraten, ehe man die Details ausführt. Man muß Beobachtungen kombinieren und Analogien verfolgen; man muß immer und immer wieder probieren. Das Resultat der schöpferischen Tätigkeit des Mathematikers ist demonstratives Erraten. Wenn das Erlernen der Mathematik einigermaßen ihre Erfindung wiederspiegeln soll, so muß es einen Platz für Erraten, für plausibles Schließen haben.
>
> Wie wir sagten, gibt es zwei Arten des Schließens, demonstratives Schließen und plausibles Schließen. Ich möchte bemerken, daß sich die beiden nicht widersprechen; im Gegenteil, sie ergänzen sich. Im strengen Schließen ist es Hauptsache, Beweis von Vermutung zu unterschieden, eine gültige Beweisführung von einem ungültigen Versuch. Im plausiblen Schließen ist es Hauptsache, Vermutung von Vermutung, eine vernünftigere von einer weniger vernüftigen zu unterscheiden. Wenn Sie Ihre Aufmerksamkeit auf beide Unterscheidungen richten, werden beide vielleicht klarer.

Wer sich ernsthaft mit der Mathematik befaßt und sich ihr ganz widmet, muß demonstratives Schließen lernen, das ist sein Beruf und ist das auszeichnende Merkmal seiner Wissenschaft. Wenn er jedoch wirklich Erfolg haben will, muß er auch plausibles Schließen lernen; das ist die Schlußweise, von der seine schöpferische Tätigkeit abhängen wird. Auch wer sich nicht als Fachmann mit der Mathematik befaßt, sollte mit demonstrativem Schließen bekannt werden; er mag wenig Gelegenheit haben, es direkt zu gebrauchen, aber er sollte sich eine Norm aneignen, mit der er angebliche Beweise aller Art vergleichen kann, die im modernen Leben auf ihn losgelassen werden. Dagegen wird er plausibles Schließen brauchen bei allem was immer er anfängt. Jedenfalls sollte jeder, der das Studium der Mathematik mit einigem Ehrgeiz betreibt, versuchen, was auch seine anderen Interessen sein mögen, beide Schlußweisen, die demonstrative und die plausible, zu lernen.

Ich glaube nicht, daß es eine unfehlbare Methode gibt, das Erraten zu lernen. Jedenfalls kenne ich sie nicht, wenn es eine solche gibt, und maße mich ganz gewiß nicht an, sie auf den folgenden Seiten darzustellen. Die zweckmäßige Anwendung plausiblen Schließens ist eine praktische Kunstfertigkeit und wird wie jede andere praktische Kunstfertigkeit durch Nachahmung und Übung erlernt.

12.7 Lineare homogene Systeme mit konstanten Koeffizienten

In diesem Abschnitt betrachten wir spezielle lineare Systeme der Gestalt

(12.109) $\mathbf{y}'(x) = \mathbf{A}\mathbf{y}(x)$

mit einer reellen **konstanten** $n \times n$–Matrix $\mathbf{A}$. Wegen $\mathbf{A}(x) = \mathbf{A} = \mathbf{A}(\xi)$ ist die Kommutatoreigenschaft (12.86) erfüllt, und Satz 12.33 liefert folglich die Übergangsmatrix von (12.101) in der Gestalt

(12.110) $\mathbf{Y}(x, x_0) = \exp((x - x_0)\mathbf{A})$.

Lemma 12.42: $\mathbf{0} \neq \mathbf{z} \in \mathbb{C}^n$ *sei Eigenvektor zu* $\mathbf{A}$ *und* $\lambda \in \mathbb{C}$ *zugehöriger Eigenwert, das heißt*

(12.111) $\mathbf{A}\mathbf{z} = \lambda\mathbf{z}$.

Dann gilt für die Lösung $\mathbf{y}$ *des Anfangswertproblems*

$$\mathbf{y}' = \mathbf{A}\mathbf{y}, \quad \mathbf{y}(0) = \mathbf{z}$$

die Darstellung

(12.112) $\mathbf{y}(x) = e^{\lambda x}\mathbf{z}$.

Beweis: Für $x_0 = 0$ gilt

$$\mathbf{Y}(x, 0) = e^{x\mathbf{A}} = \sum_{\ell=0}^{\infty} \frac{x^\ell}{\ell!} \mathbf{A}^\ell.$$

Für $\mathbf{y}(0) = \mathbf{z}$ ergibt sich dann

$$\mathbf{y}(x) = \sum_{\ell=0}^{\infty} \frac{x^\ell}{\ell!} \mathbf{A}^\ell \mathbf{z} = \left(\sum_{\ell=0}^{\infty} \frac{x^\ell}{\ell!} \lambda^\ell \right) \mathbf{z} = e^{\lambda x} \mathbf{z}.$$

□

Satz 12.43 : A *besitze n* **linear unabhängige Eigenvektoren** $\mathbf{z}_1, \ldots, \mathbf{z}_n \in \mathbb{C}^n$ *mit den Eigenwerten* $\lambda_1, \ldots, \lambda_n \in \mathbb{C}$, *das heißt für* $j = 1, \ldots, n$ *gilt* $\mathbf{A}\mathbf{z}_j = \lambda_j \mathbf{z}_j$ *mit* $\mathbf{z}_j \neq \mathbf{0}$. *Durch*

(12.113) $\mathbf{y}_j(x) := e^{\lambda_j x} \mathbf{z}_j$ *für* $j = 1, \ldots, n$

wird dann ein Fundamentalsystem von (12.109) *definiert.*

Beweis: Mit Lemma 12.42 ist jede Vektor–wertige Funktion $\mathbf{y}_j(x)$ aus (12.113) Lösung von (12.109). Also ist nur noch die lineare Unabhängigkeit zu prüfen. Sei

$$\sum_{j=1}^{n} \alpha_j \mathbf{y}_j(x) = \mathbf{0} \text{ in } E,$$

dann gilt insbesondere

$$\sum_{j=1}^{n} a_j \mathbf{y}_j(0) = 0 = \sum_{j=1}^{n} \alpha_j \mathbf{z}_j.$$

Dies impliziert $\alpha_1 = \ldots = \alpha_n = 0$, da $\mathbf{z}_1, \ldots, \mathbf{z}_n$ in $\mathbb{C}^n$ linear unabhängig sind. Also sind auch $\mathbf{y}_1(x), \ldots, \mathbf{y}_n(x)$ in E linear unabhängig und bilden ein Fundamentalsystem. Auch Eigenvektoren zu verschiedenen Eigenwerten sind paarweise linear unabhängig, denn sei $\mathbf{A}\mathbf{z}_1 = \lambda_1 \mathbf{z}_1$, $\mathbf{A}\mathbf{z}_2 = \lambda_2 \mathbf{z}_2$ und ohne Beschränkung der Allgemeinheit $\lambda_1 \neq 0$ sowie $z_{11} \neq 0$. Dann ergeben sich aus

$$\alpha \mathbf{z}_1 + \beta \mathbf{z}_2, = \mathbf{0} \quad \text{und} \quad \alpha z_{11} + \beta z_{12} = 0$$

die zwei Gleichungen

$$\lambda_1 \alpha z_{11} + \lambda_2 \beta z_{12} = 0 \quad \text{und} \quad \alpha = -\frac{\lambda_2}{\lambda_1} \beta \frac{z_{12}}{z_{11}} = \frac{\lambda_2}{\lambda_1} \alpha,$$

das heißt $\alpha = 0$ und $\beta = 0$. Mittels Induktion folgt die lineare Unabhängigkeit aller Lösungen (12.113). □

Der in Satz 12.43 behandelte Fall ist genau der, in dem die Jordansche Normalform von **A** Diagonalgestalt hat. Auf diesen Fall bezieht sich auch der folgende Satz.

Satz 12.44: *Die Matrix* $\mathbf{A}$ *sei reell.*

i. $\lambda = \mu + i\nu$ *sei komplexer Eigenwert der reellen Matrix* $\mathbf{A}$, *das heißt* $\nu \neq 0$, *und* $\mathbf{z} = \mathbf{a} + i\mathbf{b}$ *sei zugehöriger Eigenvektor. Dann ergeben sich aus der komplexen Lösung*

$$\mathbf{y}(x) = e^{\lambda x}\mathbf{z}$$

zwei reelle Lösungen der Gestalt

$$(12.114)\quad \begin{aligned} \mathbf{u}(x) &= \operatorname{Re}\mathbf{y}(x) = e^{\mu x}\left[\cos\nu x\,\mathbf{a} - \sin\nu x\,\mathbf{b}\right], \\ \mathbf{v}(x) &= \operatorname{Im}\mathbf{y}(x) = e^{\mu x}\left[\sin\nu x\,\mathbf{a} + \cos\nu x\,\mathbf{b}\right]. \end{aligned}$$

ii. *Es seien* $2p$ *komplexe Eigenwerte* $\lambda_1, \ldots, \lambda_p$; $\lambda_{p+1} = \overline{\lambda}_1, \ldots, \lambda_{2p} = \overline{\lambda}_p$ *und* q *weitere reelle Eigenwerte* $\lambda_{2p+1}, \ldots, \lambda_{2p+q}$ *vorhanden. Die zugehörigen* $p + q$ *Eigenvektoren* $\mathbf{z}_j$ *seien linear unabhängig in* $\mathbb{C}^n$ *und die Eigenvektoren* $\mathbf{z}_{2p+1}, \ldots, \mathbf{z}_{2p+q}$ *reell. Dann bilden*

$$(12.115)\quad \begin{aligned} \mathbf{u}_j(x) &= \operatorname{Re} e^{\lambda_j x}\mathbf{z}_j \quad \text{für}\quad j = 1, \ldots, p, \\ \mathbf{v}_j(x) &= \operatorname{Im} e^{\lambda_j x}\mathbf{z}_j \quad \text{für}\quad j = 1, \ldots, p, \\ \mathbf{y}_j(x) &= e^{\lambda_j x}\mathbf{z}_j \quad \text{für}\quad j = 2p+1, \ldots, 2p+q \end{aligned}$$

ein System von $2p + q$ *linear unabhängigen Lösungen von* (12.109).
Ist $2p + q = n$, *so bilden die Lösungen in* (12.115) *ein reelles Fundamentalystem.*

Beweis: Im Fall *i.* brauchen wir nur zu zeigen, daß $\mathbf{a}$ und $\mathbf{b}$ linear unabhängig sind. Sei

$$\mathbf{A}(\mathbf{a} + i\mathbf{b}) = (\mu + i\nu)(\mathbf{a} + i\mathbf{b}) \quad \text{mit } \nu \neq 0$$

erfüllt. Dann gelten

$$\mathbf{Aa} = \mu\mathbf{a} - \nu bfb \quad \text{und} \quad \mathbf{Ab} = \nu\mathbf{a} + \mu\mathbf{b}.$$

Sei nun

$$\alpha\mathbf{a} + \beta\mathbf{b} = \mathbf{0} \quad \text{und } a_{11}^2 + b_{11}^2 > 0.$$

Dann ergibt sich nach Anwendung von $\mathbf{A}$ auch

$$(\alpha\mu + \beta\nu)\mathbf{a} + (\mu\beta - \nu\alpha)\mathbf{b} = \mathbf{0},$$

das heißt

$$\begin{aligned} \alpha a_{11} \quad &+ \quad \beta b_{11} &= 0, \\ \alpha(\mu a_{11} - \nu b_{11}) \quad &+ \quad \beta(\nu a_{11} + \mu b_{11}) &= 0. \end{aligned}$$

Faßt man dies als zwei lineare Gleichungen für α und β auf, dann folgt für die Determinante

$$\det = a_{11}^2\nu + \mu a_{11}b_{11} - \mu b_{11}a_{11} + \nu b_{11}^2 = \nu(a_{11}^2 + b_{11}^2) \neq 0.$$

Demnach erhält man $\alpha = \beta = 0$, was zu beweisen war. □

Der Fall der Jordanschen Normalform mit Nebendiagonalen führt auf Lösungen etwas allgemeinerer Gestalt. Seien k_j die Vielfachheiten der Nullstellen λ_j des charakteristischen Polynoms

$$(12.116)\quad p(x) = \det(\mathbf{A} - \lambda\mathbf{1}) = (\lambda_1 - \lambda)^{k_1} \dots (\lambda_r - \lambda)^{k_r},$$

so gelten auch

$$(12.117)\quad \det\mathbf{A} = \prod_{j=1}^{r} \lambda_j^{k_j}, \quad \operatorname{Spur}\mathbf{A} = \sum_{j=1}^{r} k_j\lambda_j.$$

Dann ist k_j die **algebraische Vielfachheit** und $\dim(\operatorname{Kern}(\mathbf{A} - \lambda_j\mathbf{1}))$ die **geometrische Vielfachheit** des Eigenwertes λ_j.
Für die Transformation auf die Jordansche Normalform definieren wir die **Jordan–Ketten** $\{\mathbf{b}_j, \mathbf{b}_{j+1}, \dots, \mathbf{b}_{j+\kappa}\}$ von **Hauptvektoren** der Stufen 1 bis κ zu $\mathbf{b}_j \neq \mathbf{0}$. Dabei ist $\kappa \leq k_j - \dim(\operatorname{Kern}(\mathbf{A} - \lambda_j\mathbf{1}))$.

$$(12.118)\quad \begin{aligned} (\mathbf{A} - \lambda_j\mathbf{1})\mathbf{b}_j &= \mathbf{0}, \\ (\mathbf{A} - \lambda_j\mathbf{1})\mathbf{b}_{j+1} &= \mathbf{b}_j, \\ &\vdots \\ (\mathbf{A} - \lambda_j\mathbf{1})\mathbf{b}_{j+\kappa} &= \mathbf{b}_{j+\kappa-1}. \end{aligned}$$

Dabei sind $\mathbf{b}_j, \mathbf{b}_{j+1}, \dots, \mathbf{b}_{j+k}$ linear unabhängig für $\mathbf{b}_j \neq \mathbf{0}$.

Zur Bestimmung der Jordan–Ketten kann man von dem Gleichungssystem (12.118) ohne die Forderung $\mathbf{b}_j \neq \mathbf{0}$ ausgehen und die nichttrivialen Lösungen dieses $(\kappa + 1)n$–dimensionalen homogenen Systems bestimmen. Alle Vektoren $\mathbf{b}_{j+\kappa} \neq \mathbf{0}$ bilden dann übrigens den algebraischen Eigenraum zu λ_j. Eine Basis dieser $(\kappa + 1)\,n$–dimensionalen Vektoren ordnen wir so, daß zunächst die ersten n Komponenten nicht alle gleichzeitig Null sind. Dies entspricht den voneinander linear unabhängigen längsten Jordan–Ketten. Dann gibt es weitere Basis–Vektoren, deren erste n Komponenten alle Null sind. In diesen streichen wir diese n ersten Nullen und erhalten Vektoren der Länge $n\,\kappa$. Unter diesen bestimmen wir eine Basis, die von den Vektoren der ersten $\kappa\, n$ Komponenten der zuvor bestimmten längsten Jordan–Ketten linear unabhängig sind und ordnen diese neuen Basisvektoren so, daß zunächst wieder die ersten Komponenten nicht alle Null sind. Wenn es solche Vektoren gibt, definieren diese neue, kürzere Jordan–Ketten der Länge κ. In den restlichen Basisvektoren mit ersten n Komponenten Null streichen wir wieder diese Nullen und bestimmen unter den verbliebenen Vektoren der Länge $(\kappa - 1)n$ wieder eine Basis, die von den ersten $(\kappa - 1)n$ Komponenten–Vektoren aller bisher gewählten Jordan–Ketten linear unabhängig sind. Indem wir in dieser Weise fortfahren, erhalten wir nach endlich vielen Schritten alle Jordan–Ketten zum Eigenwert λ_j.

Bildet man zu einer dieser Jordan–Ketten mit ihrem Eigenvektor $\mathbf{b}_j \neq \mathbf{0}$ und den zugehörigen Hauptvektoren die Matrix

(12.119) $\mathbf{B}_j := (\mathbf{b}_j, \mathbf{b}_{j+1}, \ldots, \mathbf{b}_{j+\kappa})$,

so gilt wegen der Gleichungen (12.118) die Matrizengleichung

(12.120) $$\mathbf{A}\,\mathbf{B}_j = \mathbf{B}_j \begin{pmatrix} \lambda_j & 1 & & 0 \\ & \ddots & \ddots & \\ & & \ddots & 1 \\ 0 & & & \lambda_j \end{pmatrix},$$

wobei rechts der Jordan–Block zur Jordan–Kette (12.119) entsteht. Bildet man also aus **allen** $\widetilde{r}$ linear unabhängigen Jordan–Ketten und den zugehörigen Eigen– und Hauptvektoren die Matrix

(12.121) $\mathbf{B} := (\mathbf{B}_1, \mathbf{B}_2, \ldots, \mathbf{B}_{\widetilde{r}})$,

dann ist diese eine reguläre $(n \times n)$–Matrix und wir erhalten aus (12.120) den folgenden Satz.

Satz 12.45 : [75, Band IV, §7] *Zu* $\mathbf{A}$ *existiert eine Basis der Jordan–Ketten, so daß mit der Matrix* $\mathbf{B}$ *aus* (12.121) *gilt*

(12.122) $$\mathbf{AB} = \mathbf{B} \begin{pmatrix} \lambda_1 & 1 & & & & & & \\ & \ddots & \ddots & & & & & \\ & & \ddots & 1 & & & & \\ & & & \lambda_1 & & & & \\ & & & & \ddots & & & \\ & & & & & \lambda_{\widetilde{r}} & 1 & \\ & & & & & & \ddots & \ddots \\ & & & & & & \ddots & 1 \\ & & & & & & & \lambda_{\widetilde{r}} \end{pmatrix}$$

mit det $\mathbf{B} \neq 0$. *Die Matrix* $\mathbf{B}$ *liefert demnach die Transformation von* $\mathbf{A}$ *auf die Jordansche Normalform*

(12.123) $$\mathbf{B}^{-1}\mathbf{AB} = \mathbf{J} = \begin{pmatrix} \lambda_1 & 1 & & & & & & \\ & \ddots & \ddots & & & & & \\ & & \ddots & 1 & & & & \\ & & & \lambda_1 & & & & \\ & & & & \ddots & & & \\ & & & & & \lambda_{\widetilde{r}} & 1 & \\ & & & & & & \ddots & \ddots \\ & & & & & & \ddots & 1 \\ & & & & & & & \lambda_{\widetilde{r}} \end{pmatrix}.$$

Aus (12.123) folgt übrigens, daß die Zeilenvektoren in $\mathbf{B}^{-1} = \mathbf{C}^\top$ Links–Jordan–Ketten zu den Eigenwerten λ_j sind. Für $\mathbf{C} = (\mathbf{B}^{-1})^\top$ gelten die Gleichungen

$$(12.124)\quad \begin{aligned} \mathbf{c}_j^\top(\mathbf{A} - \lambda_j \mathbf{1}) &= \mathbf{0}, \\ \mathbf{c}_{j+1}^\top(\mathbf{A} - \lambda_j \mathbf{1}) &= \mathbf{c}_j^\top, \\ &\vdots \\ \mathbf{c}_{j+\kappa}^\top(\mathbf{A} - \lambda_j \mathbf{1}) &= \mathbf{c}_{j+\kappa-1}^\top, \end{aligned}$$

und es gelten die Orthogonalitätsbeziehungen

$$(12.125)\quad \mathbf{c}_\ell^\top \mathbf{b}_k = \delta_{\ell k}.$$

Statt des Systems (12.109) betrachten wir nun zunächst das System zu einem einzigen Jordan–Kasten

$$(12.126)\quad \mathbf{w}'(x) = \begin{pmatrix} \lambda & 1 & & & \\ & \lambda & 1 & & \\ & & \ddots & \ddots & \\ & & & \ddots & 1 \\ & & & & \lambda \end{pmatrix} \begin{pmatrix} w_1(x) \\ \vdots \\ \vdots \\ w_r(x) \end{pmatrix} = \lambda \mathbf{w}(x) + \mathbf{F}\mathbf{w}(x)$$

mit der sogenannten **Shift–Matrix**

$$(12.127)\quad \mathbf{F} = \begin{pmatrix} 0 & 1 & & & \\ & 0 & 1 & & \\ & & \ddots & \ddots & \\ & & & \ddots & 1 \\ & & & & 0 \end{pmatrix}.$$

Nach (12.110) ist die Übergangsmatrix zu (12.125) gegeben durch

$$(12.128)\quad \mathbf{W}(x,0) = e^{x(\lambda \mathbf{1} + \mathbf{F})} = e^{\lambda x} e^{x\mathbf{F}}.$$

Mit dem Kronecker–Symbol können wir $\mathbf{F}$ in (12.127) auch schreiben als

$$(12.129)\quad F = \left(\delta_{j,k-1}\right)_{j,k=1,\ldots,r}.$$

Dann ergibt Induktion nach $t \in \mathbb{N}$

$$(12.130)\quad \mathbf{F}^t = \left(\delta_{j,\ell-t}\right)_{j,\ell=1,\ldots,r}.$$

Insbesondere ist $\mathbf{F}^t = \mathbf{0}$ für $t \geq r$, so daß in (12.128) nur endlich viele Summanden der Exponentialreihe $e^{x\mathbf{F}}$ auftreten:

$$\mathbf{W}(x,0) = e^{\lambda x}\mathbf{1} + x e^{\lambda x}\mathbf{F} + \frac{x^2}{2!} e^{\lambda x}\mathbf{F}^2 + \ldots + \frac{x^{r-1}}{(r-1)!} e^{\lambda x}\mathbf{F}^{r-1},$$

bzw.

$$(12.131)\ \mathbf{W}(x,0) = \begin{pmatrix} e^{\lambda x} & xe^{\lambda x} & \frac{x^2}{2}e^{\lambda x} & \cdots & \cdots & \frac{x^{r-1}}{(r-1)!}e^{\lambda x} \\ & e^{\lambda x} & xe^{\lambda x} & & & \vdots \\ & & e^{\lambda x} & & & \vdots \\ & & & \ddots & & \vdots \\ & & & & e^{\lambda x} & xe^{\lambda x} \\ & & & & & e^{\lambda x} \end{pmatrix}.$$

Die Spalten dieser Matrix bilden ein Fundamentalsystem von (12.126).

Als nächsten etwas allgemeineren Fall betrachten wir ein System mit Koeffizientenmatrix in **Jordanscher Normalform**. In der Diagonalen stehen Jordan–Matrizen der Gestalt von (12.126),

$$(12.132)\ \mathbf{w}'(x) = \begin{pmatrix} \lambda_1 & 1 & & & & & & \\ & \ddots & 1 & & & & & \\ & & \lambda_1 & & & & & \\ & & & \lambda_2 & & & & \\ & & & & \lambda_3 & 1 & & \\ & & & & & \ddots & 1 & \\ & & & & & & \lambda_3 & \\ & & & & & & & \ddots \end{pmatrix} \begin{pmatrix} w_1 \\ \vdots \\ w_{r_1} \\ w_{r_1+1} \\ w_{r_1+r_2+1} \\ \vdots \\ w_{r_1+r_2+r_3} \\ \vdots \\ w_n \end{pmatrix}.$$

Dieses System zerfällt in Einzelsysteme der Gestalt (12.126) mit den einzelnen Jordan–Matrizen in (12.125). Durch Superposition der einzelnen Fundamentalmatrizen (12.131) erhalten wir deshalb hier die Übergangsmatrix

$$(12.133)\ W(x,0) = \begin{pmatrix} e^{\lambda_1 x} & \cdots & \frac{x^{r_1-1}}{(r_1-1)!}e^{\lambda_1 x} & & & & & \\ & \ddots & \vdots & & & & & \\ & & e^{\lambda_1 x} & & & & & \\ & & & e^{\lambda_2 x} & & & & \\ & & & & e^{\lambda_3 x} & \cdots & \frac{x^{r_3-1}}{(r_3-1)!}e^{\lambda_3 x} & \\ & & & & & \ddots & \vdots & \\ & & & & & & e^{\lambda_3 x} & \\ & & & & & & & \ddots \end{pmatrix}.$$

Ihre Spalten bilden ein Fundamentalsystem. Durch Transformation von **A** auf die Jordansche Normalform führen wir dann das allgemeine System (12.109) auf ein spezielles mit Jordanscher Normalform (12.132) zurück, indem wir für die Lösung des allgemeinen Systems (12.109), $\mathbf{y}' = \mathbf{A}\mathbf{y}(x)$, die gesuchten Funktionen mit der Transformationsmatrix $\mathbf{B}$ aus Satz 12.45 transformieren:

$$(12.134)\quad \mathbf{y}(x) = \mathbf{B}\mathbf{w}(x).$$

Dann erhält man ein äquivalentes System für $\mathbf{w}$ in der Gestalt

$$(12.135)\quad \mathbf{w}'(x) = \mathbf{B}^{-1}\mathbf{y}' = \mathbf{B}^{-1}\mathbf{A}\mathbf{B}\mathbf{w} = \mathbf{J}\mathbf{w}(x).$$

Für (12.135) kennen wir die Übergangsmatrix $\mathbf{W}(x,0)$. Folglich können wir eine Fundamentalmatrix des ursprünglichen Systems in der Gestalt

$$(12.136)\quad \mathbf{Y}(x) = \mathbf{B}\mathbf{W}(x,0) = \mathbf{B}\begin{pmatrix} e^{\lambda_1 x} & xe^{\lambda_1 x} & \cdots & \frac{x^{r_1-1}}{(r_1-1)!}e^{\lambda_1 x} & \\ & e^{\lambda_1 x} & & \vdots & \\ & & \ddots & \vdots & \\ & & & e^{\lambda_1 x} & \\ & & & & \ddots \end{pmatrix}$$

erhalten. Dieses Ergebnis läßt sich auch folgendermaßen formulieren:

Satz 12.46 : *Zu einer k–fachen Nullstelle λ des charakteristischen Polynoms $p(\lambda)$ gibt es k linear unabhängige Lösungen der Gestalt*

$$(12.137)\quad \begin{aligned} \mathbf{y}_1(x) &= e^{\lambda x}\mathbf{p}_0, \\ \mathbf{y}_2(x) &= e^{\lambda x}\mathbf{p}_1(x), \\ &\vdots \\ \mathbf{y}_k(x) &= e^{\lambda x}\mathbf{p}_{k-1}(x), \end{aligned}$$

wobei jedes Element von $\mathbf{p}_m(x) = (p_{1m}(x), \ldots, p_{km}(x))^\top$ ein Polynom vom Grade höchstens m ist.

Diese Konstruktion führt, wenn sie für jeden Eigenwert ausgeführt wird, auf n Lösungen, welche ein Fundamentalsystem bilden. Für eine reelle Matrix $\mathbf{A}$ erhält man hieraus ein reelles Fundamentalsystem, indem man bei nichtreellem Eigenwert λ aus jeder der k Lösungen $\mathbf{y}_j(x)$ zwei reelle Lösungen $\mathbf{u}_j(x) = \operatorname{Re}\mathbf{y}_j(x)$, $\mathbf{v}_j(x) = \operatorname{Im}\mathbf{y}_j(x)$ bildet; die entsprechenden Lösungen für den konjugiert komplexen Eigenwert $\overline{\lambda}$ können dann gestrichen werden.

Beispiel 12.47: *Für*

$$\mathbf{y}'(x) = \begin{pmatrix} 1 & -1 \\ 4 & -3 \end{pmatrix}\mathbf{y}(x)$$

lautet das charakteristische Polynom

$$p(\lambda) = \det\begin{pmatrix} 1-\lambda & -1 \\ 4 & -3-\lambda \end{pmatrix} = (1+\lambda)^2.$$

Einziger Eigenwert ist $\lambda = -1$. Aus

$$\begin{pmatrix} 2 & -1 \\ 4 & -2 \end{pmatrix} \begin{pmatrix} z_1 \\ z_2 \end{pmatrix} = \mathbf{0}$$

folgt, daß $\mathbf{z} = \begin{pmatrix} 1 \\ 2 \end{pmatrix}$ *(bis auf Dehnungen) einziger Eigenvektor ist. Zugehörige Lösung ist*

$$\mathbf{y}_1(x) = e^{-x} \begin{pmatrix} 1 \\ 2 \end{pmatrix}.$$

Gemäß Satz 12.46 machen wir für eine zweite Lösung den Ansatz

$$\mathbf{y}_2(x) = e^{-x} \begin{pmatrix} a + bx \\ c + dx \end{pmatrix}.$$

Um die Konstanten a, b, c, d zu bestimmen, setzen wir $\mathbf{y}_2$ in das Differentialgleichungssystem ein und erhalten

$$\mathbf{y}_2'(x) = e^{-x} \begin{pmatrix} -b - a - bx \\ d - c - dx \end{pmatrix} \stackrel{!}{=} e^{-x} \mathbf{A} \begin{pmatrix} a + bx \\ c + dx \end{pmatrix}.$$

Koeffizientenvergleich liefert die Gleichungssysteme

$$(\mathbf{A} + \mathbf{1}) \begin{pmatrix} b \\ d \end{pmatrix} = \mathbf{0} \quad \text{und} \quad (\mathbf{A} + \mathbf{1}) \begin{pmatrix} a \\ c \end{pmatrix} = \begin{pmatrix} b \\ d \end{pmatrix}.$$

Dies sind übrigens dieselben Gleichungen wie (12.117) zur Bestimmung der Jordan Kette! Dies impliziert

$$\begin{pmatrix} b \\ d \end{pmatrix} = \mathbf{z} = \begin{pmatrix} 1 \\ 2 \end{pmatrix} \quad \text{und} \quad \begin{pmatrix} 2 & -1 \\ 4 & -2 \end{pmatrix} \begin{pmatrix} a \\ c \end{pmatrix} = \begin{pmatrix} 1 \\ 2 \end{pmatrix}.$$

Eine Lösung ist

$$\begin{pmatrix} a \\ c \end{pmatrix} = \begin{pmatrix} 1 \\ 1 \end{pmatrix}.$$

Das ist ein Hauptvektor erster Stufe zum Eigenvektor $\mathbf{z}$. Eine zweite Lösung ist demnach

$$\mathbf{y}_2(x) = e^{-x} \begin{pmatrix} 1 + x \\ 1 + 2x \end{pmatrix},$$

und $\mathbf{y}_1(x), \mathbf{y}_2(x)$ bilden ein Fundamentalsystem.

Die bisherigen Überlegungen können wir nun zu einer Lšungsmethode zusammenfassen. Man bestimme zunächst alle Eigenwerte von $\mathbf{A}$. Mitunter ergibt sich dann eine der folgenden Möglichkeiten.

Einfache Situation (Satz 12.44):
Die Koeffizientenmatrix $\mathbf{A}$ des Systems (12.109) besitzt n **verschiedene** reelle oder komplexe Eigenwerte $\lambda_1, \ldots, \lambda_n$, und $\mathbf{z}_1, \ldots \mathbf{z}_n$ seien die zugehörigen Eigenvektoren. Dann bilden

$$(12.138)\ \mathbf{y}_1(x) = \mathbf{z}_1 e^{\lambda_1 x}, \mathbf{y}_2(x) = \mathbf{z}_2 e^{\lambda_2 x}, \ldots, \mathbf{y}_n(x) = \mathbf{z}_n e^{\lambda_n x}$$

ein Fundamentalsystem. Insbesondere hat die allgemeine Lösung des homogenen Differentialgleichungssystems (12.109) die Gestalt

$$(12.139)\ \mathbf{y}(x) = \gamma_1 \mathbf{z}_1 e^{\lambda_1 x} + \gamma_2 \mathbf{z}_2 e^{\lambda_2 x} + \ldots + \gamma_n \mathbf{z}_n e^{\lambda_n x}$$

und

$$(12.140)\ \mathbf{Y}(x) = \left(\mathbf{z}_1 e^{\lambda_1 x}, \mathbf{z}_2 e^{\lambda_2 x}, \ldots, \mathbf{z}_n e^{\lambda_n x}\right)$$

ist Fundamentalmatrix.

Hermitesche Matrix A:
Entsprechend einfach ist die Situation für eine hermitesche Koeffizientenmatrix $\mathbf{A}$. Hier gilt nämlich $\overline{\mathbf{A}^\top} = \mathbf{A}$. Dann sind alle Eigenwerte von $\mathbf{A}$ reell. Ist λ ein s–facher Eigenwert, dann gibt es genau s linear unabhängige Eigenvektoren zu λ. Außerdem stehen die Eigenvektoren zu verschiedenen Eigenwerten senkrecht aufeinander. In diesem Fall gibt es also genau n linear unabhängige Eigenvektoren $\mathbf{z}_1, \ldots, \mathbf{z}_n$ zu $\mathbf{A}$, und die allgemeine Lösung von (12.109) hat die Gestalt (12.139), und (12.140) ist Fundamentalmatrix.

Mit der Methode der Variation der Konstanten kann man wieder die allgemeine Lösung des linearen Systems erster Ordnung mit **konstanten Koeffizienten** bestimmen:

$$(12.141)\ \mathbf{w}'(x) = \mathbf{A}\mathbf{w}(x) + \mathbf{g}(x).$$

Die Übergangsmatrix haben wir aus der Fundamentalmatrix (12.136) bestimmt. Für spezielle rechte Seiten jedoch, wie zum Beispiel

$$(12.142)\ \mathbf{g}(x) = x^j e^{\omega x} \mathbf{d}$$

führt der **Ansatz vom Typ der rechten Seite**

$$(12.143)\ \mathbf{w}_p(x) = \sum_{\ell=0}^{t} x^\ell \mathbf{p}_\ell e^{\omega x} \quad \text{mit geeignetem } t \geq j$$

zum Ziel. Setzt man (12.143) in (12.141) ein, so führt dies nach Koeffizientenvergleich ($e^{\omega x}, x e^{\omega x}, \ldots, x^t e^{\omega x}$ sind linear unabhängig) zu einem linearen Gleichungssystem für die Vektoren $\mathbf{p}_0, \ldots, \mathbf{p}_t$.

Die Rache der Normalformen:

Das folgende Beispiel von Franz Rellich (1937) zeigt, daß die Transformation auf die Normalform selbst bei C^∞–Störungen zu erheblichen Unstetigkeiten führen kann.

Wir betrachten das System

$$\text{(12.144)}\quad \mathbf{y}'(x) = \mathbf{A}(\tau)\mathbf{y}(x) \quad \text{mit } \mathbf{A}(\tau) = e^{-1/\tau^2}\begin{pmatrix} \cos\frac{2}{\tau} & \sin\frac{2}{\tau} \\ \sin\frac{2}{\tau} & -\cos\frac{2}{\tau} \end{pmatrix}.$$

Dies ist ein parameterabhängiges Problem, das von $\tau \in [0,1]$ unendlich oft differenzierbar abhängt.

Das charakteristische Polynom ist

$$p(\lambda) = \lambda^2 - e^{-2/\tau^2}$$

und die Eigenwerte sind

$$\lambda_{1/2} = \pm e^{-1/\tau^2} =: \pm\lambda_0 \to 0 \quad \text{für } \tau \to 0.$$

Für die Eigenvektoren zu λ_1 gilt

$$\begin{pmatrix} \cos\frac{2}{\tau} - 1 & \sin\frac{2}{\tau} \\ \sin\frac{2}{\tau} & -1 - \cos\frac{2}{\tau} \end{pmatrix}\begin{pmatrix} z_1 \\ z_2 \end{pmatrix} = \begin{pmatrix} 0 \\ 0 \end{pmatrix},$$

und mit $\cos\frac{2}{\tau} - 1 = -2\sin^2\frac{1}{\tau}$ und $\sin\frac{2}{\tau} = 2\sin\frac{1}{\tau}\cos\frac{1}{\tau}$ erhält man

$$\mathbf{z}_1 = \left(\cos\frac{1}{\tau}, \sin\frac{1}{\tau}\right)^\top.$$

Entsprechend bekommt an zu $\lambda_2 = -e^{-1/\tau^2}$ den Eigenvektor

$$\mathbf{z}_2 = \left(\sin\frac{1}{\tau}, -\cos\frac{1}{\tau}\right)^\top.$$

Die Lösungen zur Jordanschen Normalform lauten dann

$$\text{(12.145)}\quad \begin{aligned} \mathbf{w}_1(\tau;x) &= e^{\lambda_0(\tau)\,x}\left(\cos\frac{1}{\tau}, \sin\frac{1}{\tau}\right)^\top, \\ \mathbf{w}_2(\tau;x) &= e^{-\lambda_0(\tau)\,x}\left(\sin\frac{1}{\tau}, -\cos\frac{1}{\tau}\right)^\top \end{aligned}$$

und sind für $\tau \to 0$ unstetig! Hingegen ist die Übergangsmatrix

$$\text{(12.146)}\quad \mathbf{Y}(\tau; x_0, 0) := \mathbf{1} + \sum_{j=1}^{\infty}\frac{x^j}{j!}(\mathbf{A}(\tau))^j$$

von τ in $[0,1]$ unendlich oft differenzierbar abhängig!

Die Transformation auf Normalform für elliptische Systeme partieller Differentialgleichungen hat die Entwicklung der zugehörigen Analysis für etwa 25 Jahre aufgehalten! Vorsicht vor Normalformen ist also geboten!

Camille Jordan (1838–1922), französischer Mathematiker und Professor an der Ecole Polytechnique in Paris. Algebra und Gruppentheorie, Analysis und Topologie (Homotopie) sowie Wahrscheinlichkeitsrechnung.

Das Brückenunglück von Tacoma (Auszug aus [11])
Die Brücke über der Bucht von Puget in der Nähe von Tacoma im U. S. – Bundesstaat Washington wurde am 1. Juli 1940 vollendet und für den Verkehr freigegeben. Schon ab dem ersten Tag ihrer Benutzung begann die Brücke immer stärker auf– und abzuschaukeln – ein Umstand, der ihr schon bald den Spitznamen "Die galoppierende Gertie" eintrug. Aber seltsam, wie es nun einmal auf der Welt zugeht, wuchs der Brückenverkehr ganz gewaltig an, und zwar als Ergebnis des neumodischen Verhaltens der Brücke. Hunderte von Meilen weit reisten die Leute im Auto an, um sich den Nervenkitzel zu genehmigen, über die galoppierende, schwankende Brücke gefahren zu sein. So trug die Brücke vier Monate lang zu schwungvollem Geschäftsgang bei. Je mehr Tage vergingen, umso mehr wuchs das Vertrauen der verantwortlichen Behörden in die Zuverlässigkeit dieser Brücke – ein Vertrauen, dessen steigendes Ausmaß daraus ersichtlich wird, daß die Behörden allen Ernstes schon geplant hatten, die für die Brücke abgeschlossene Versicherungspolice zu kündigen.
Am Morgen des 7. November 1940, etwa ab 7 Uhr, begann "Gertie" sich wellenförmig zu bewegen und schwankte etwa drei Stunden lang hartnäckig weiter. Manche Abschnitte des Brückenbogens hoben und senkten sich bis zu knapp einem Meter periodisch auf und ab. Gegen 10 Uhr morgens schien irgendetwas zu reißen, und nun geriet die Brücke wie wild ins Schaukeln. Von einem Augenblick zum nächsten schlug die Fahrbahnhöhe zwischen den Brückenenden hin und her: Das jeweilige Brückenende lag eben noch etwa achteinhalb Meter höher, aber schon im nächsten Augenblick achteinhalb Meter tiefer als das andere. Um etwa 10.30 Uhr begann die Brücke zu bersten und brach schießlich um 11.10 Uhr ganz zusammen. Zum Glück befand sich nur ein einziger Wagen auf der Brücke, als sie einstürzte. Er gehörte einem Zeitungsreporter, der den Wagen und seinen einzigen Insassen, ein Hündchen, verlassen mußte, als die wilden ruckartigen Brückenbewegungen eingesetzt hatten. Der Zeitungsmann erreichte wohlbehalten, wenn auch zerschürft und blutend den Brückenrand, bis zu dem er sich auf allen Vieren kriechend durchgeschlagen hatte. Sein Hündchen aber sauste mit Auto und Brückenbogen zusammen in die Tiefe. Immerhin war es das einzige Lebewesen, das bei dem Unglück den Tod fand.
Der Einsturz der Tacoma–Brücke entbehrte nicht einer Vielzahl komischer und spaßiger Begleitumstände. Auf das Einsetzen der heftigen Brückenbewegungen hin hatten die Behörden Professor F. B. Farquharson von der Universität Washington verständigt. Professor Farquharson hatte ein der Brücke nachgebildetes Modell zahlreichen Prüfungen unterzogen und jedermann davon in Kenntnis gesetzt, daß die Brücke an Stabilität nicht zu wünschen übrig lasse. Und eben dieser Professor hatte die sinkende Brücke als letzter verlassen. Selbst dann noch,

als der Brückenbogen schon achteinhalb Meter hohe Wellen schlug, erhob er gewissenhaft seine Befunde und gab der Brücke wenig oder gar keine Chance, im nächsten Augenblick einzustürzen. Als die Brückenoszillationen orkanartige Ausmaße erreichten, brachte er sich in Sicherheit, indem er seine wissenschaftliche Aufmerksamkeit voller Zuversicht auf den gelben Mittelstreifen der Straße konzentrierte. Niemand war denn auch nur annähernd so erstaunt wie der Professor, als der Brückenbogen krachend in die Tiefe stürzte.
Eine der auf die Brücke laufenden Versicherungspolicen, sie belief sich auf die stattliche Summe von 800 000 Dollar, hatte der ortsansässige Versicherungsagent ausgefüllt. Aber anstatt sie der Versicherungsgesellschaft anzuzeigen, hatte er die Prämie in der eigenen Tasche verschwinden lassen. Bei der Gerichtsverhandlung, die ihm eine Gefängnisstrafe einbrachte, betonte er zur allgemeinen Belustigung, daß seine Unterschlagung womöglich nie entdeckt worden wäre, wenn die Brücke nur noch eine einzige, winzige Woche länger gehalten hätte, weil dann die zuständigen Behörden ihren Plan verwirklicht und die Police gekündigt hätten.
Am Rand der Zufahrtsstraße zur Brücke machte eine Bank am Ort Reklame mit einem großen Schild, auf dem als Werbetext zu lesen stand "Sicher wie die Tacoma–Brücke". Kaum aber war die Brücke eingestürzt, da konnte man auch schon mehrere höhere Bankleute in unvornehmer Eile aus der Bank heraushetzen sehen, mit dem Ziel, ihr stolzes Plakat schleunigst wieder einzuholen.
Der Gouverneur des Staates Washington ließ nach dem Brückensturz von Tacoma eine gefühlvolle Ansprache vom Stapel, wobei er unter anderem versicherte: "Genau die gleiche Brücke werden wir wieder bauen, genauso wie zuvor." Der weithin bekannte Ingenieur von Karman kabelte, kaum daß ihm diese Passage aus der Gouverneurs–Rede bekannt geworden war, unverzüglich zurück: "Wenn Sie genau die gleiche Brücke genauso bauen wollen, wie die vorige, dann wird sie mit derselben Genauigkeit auch in genau denselben Fluß fallen."
Ursache des Brückeneinsturzes von Tacoma war eine aerodynamische Erscheinung, die unter der Bezeichung "Sackflugflattern" bekannt ist. Der damit bezeichnete Vorgang läßt sich etwa so erklären: Steht strömender Luft oder Flüssigkeit ein Hindernis entgegen, dann kommt es auf der Rückseite des Hindernisses zur Ausbildung einer "Wirbelstraße" mit sich in bestimmter Periodizität ablösenden Wirbeln. Die Periodizität hängt dabei sowohl von der Form und den Abmessungen des Gebildes als auch von der Geschwindigkeit des Stromes ab. Diese Wirbel, die sich abwechselnd von beiden Seiten des Hindernisses ablösen, bewirken eine periodische Kraft, die senkrecht auf der Stromrichtung stehend die Größe $F_0 \cos t$ besitzt. Der Koeffizient F_0 hängt von der Form des Gebildes ab: Je geringer die Stromlinienform, desto größer der Koeffizient F_0 und damit die Amplitude der Kraft. Der Fluß um die Tragfläche eines Flugzeugs etwa verläuft bei kleinen Anstellwinkeln fast reibungslos, so daß die Wirbelstraße nicht genau umrissen und der Koeffzient F_0 sehr klein ist. Ganz anders dagegen sieht es mit der geringen Stromlinienform einer Hängebrücke aus: Man kann erwarten, daß eine Kraft mit einer groen Amplitude auftritt. Hängt auf dieser Weise ein Gebilde in einem

Luftstrom, so erfährt es die Wirkung dieser Kraft und gerät in einen Zustand erzwungener Schwingungen. Das Ausmaß der Gefährlichkeit solcher Bewegungen hängt dann davon ab, wie nahe die natürliche Frequenz des Gebildes (man denke daran, daß Brücken gewöhnlich aus Stahl, einem hochelastischen Material, gemacht werden) bei der Frequenz der angreifenden Kraft liegt. Stimmen die beiden Frequenzen überein, entsteht Resonanz, wobei die Schwingungen destruktiv wirken, wenn das System keine ausreichende Dämpfung besitzt. Inzwischen ist es ein anerkanntes Ergebnis, daß Oszillationen dieser Art für den Zusammenbruck der Tacoma–Brücke verantwortlich zu machen sind. Resonanzen durch die Ablösung von Wirbeln sind auch an Schornsteinen von Stahlfabriken und Periskopen von Unterseebooten beobachtet worden.
Das Resonanzphänomen war auch die Ursache für den Zusammenbruch der Broughton–Hängebrücke in der Nähe von Manchester im Jahre 1831. Dort war eine Militär–Kolonne im Gleichschritt über die Brücke marschiert und hatte damit eine periodische Kraft von sehr großer Amplitude hervorgerufen. Da die Frequenz dieser Kraft mit der natürlichen Frequenz der Brücke übereinstimmte, entstanden derartige Schwingungen, daß die Brücke einstürzte. Seit damals erhalten Soldaten den Befehl, Brücken nie im Gleichschritt zu überqueren.

12.8 Lineare Differentialgleichungen höherer Ordnung

Eine lineare Differentialgleichung n–ter Ordnung hat die Gestalt

(12.147) $$Lw := a_0(x)w(x) + a_1 w'(x) + \ldots + a_n(x)w^{(n)}(x) = f(x).$$

Ist $f \equiv 0$, so nennt man (12.147) **homogen**, sonst **inhomogen**. Im folgenden wollen wir für (12.147) die **Generalvoraussetzung** $a_n(x) \neq 0$ für $x \in I$ fordern, wobei $I \subset \mathbb{R}$ ein vorgegebenes Intervall ist. Mit

(12.148) $$\mathbf{u}(x) := \big(w(x), w'(x), \ldots, w^{(n-1)}(x)\big)^{\top}$$

geht (12.147) nach (12.43) in das äquivalente System erster Ordnung

(12.149) $$\mathbf{u}(x) := \begin{pmatrix} 0 & 1 & \ldots & 0 \\ \vdots & \vdots & \ddots & \vdots \\ 0 & 0 & & 1 \\ -\frac{a_0(x)}{a_n(x)} & -\frac{a_1(x)}{a_n(x)} & \ldots & -\frac{a_{n-1}(x)}{a_n(x)} \end{pmatrix} \mathbf{u}(x) + \begin{pmatrix} 0 \\ \vdots \\ 0 \\ \frac{f(x)}{a_n(x)} \end{pmatrix}.$$

über. Folglich können wir alle Sätze der Abschnitte 12.3–12.7 auf (12.147) sinngemäß übertragen. Wir betrachten zunächst das **homogene Anfangswertproblem**

$$Ly := a_0(x)y(x) + a_1(x)y'(x) + \ldots + a_n(x)y^{(n)}(x) = 0 \quad \text{für } x \in I$$

mit Koeffizienten $a_0, \ldots, a_n \in C^0(I)$, $a_n(x) \neq 0$, und mit den Anfangsbedingungen

$$(12.150)\; y(x_0) = k_0, \quad y'(x_0) = k_1, \ldots, y^{(n-1)}(x_0) = k_{n-1}, \quad x_0 \in I$$

mit $k_0, \ldots, k_{n-1} \in \mathbb{R}$.

Satz 12.48 (Eindeutigkeit) : *$y \in C^n(I)$ sei Lösung des Anfangswertproblems mit $k_0 = k_1 = \ldots = k_{n-1} = 0$. Dann ist $y(x) = 0$ für alle $x \in I$.*

Hat man ein System von n Lösungen $y_1, y_2, \ldots, y_n$ der linearen homogenen Differentialgleichung in (12.147) zur Verfügung, so erhält man für die Linearkombination

$$(12.151)\; y(x) := \sum_{j=1}^{n} c_j\, y_j(x)$$

aus den Anfangsbedingungen in (12.147) das lineare Gleichungssystem

$$(12.152) \left\{ \begin{array}{ccccccccc} c_1 y_1(x_0) & + & c_2 y_2(x_0) & + & \ldots & + & c_n y_n(x_0) & = & k_0, \\ c_1 y_1'(x_0) & + & c_2 y_2'(x_0) & + & \ldots & + & c_n y_n'(x_0) & = & k_1, \\ \vdots & & & & & & & & \\ c_1 y_1^{(n-1)}(x_0) & + & c_2 y^{(n-1)}(x_0) & + & \ldots & + & c_n y^{(n-1)}(x_0) & = & k_{n-1} \end{array} \right.$$

von n Gleichungen für die Koeffizienten $c_1, \ldots, c_n$. Mit $\mathbf{u}$ entspricht dieses gerade (12.59) und seine Koeffizientendeterminante ist die Wronski–Determinante (12.60) für

$$(12.153)\; \mathbf{u}_1 = \begin{pmatrix} y_1 \\ y_1' \\ \vdots \\ y_1^{(n-1)} \end{pmatrix}, \ldots, \mathbf{u}_n = \begin{pmatrix} y_n \\ y_n' \\ \vdots \\ y_n^{(n-1)} \end{pmatrix}.$$

Sie heißt auch hier **Wronski–Determinante**

$$(12.154)\; W(x) := \begin{vmatrix} y_1(x) & \ldots & y_n(x) \\ y_1'(x) & \ldots & y_n'(x) \\ \vdots & & \vdots \\ y_1^{(n-1)}(x) & \ldots & y_n^{(n-1)}(x) \end{vmatrix}.$$

Gemäß Lemma 12.24 erfüllt sie die Differentialgleichung erster Ordnung

$$(12.155)\frac{dW}{dx} = -\frac{a_{n-1}(x)}{a_n(x)}\, W(x)\, \mathrm{Spur} \begin{pmatrix} 0 & 1 & 0 & \cdots & 0 \\ 0 & 0 & 1 & & \vdots \\ \vdots & \vdots & & \ddots & 0 \\ 0 & 0 & & & 1 \\ -\frac{a_0}{a_n} & -\frac{a_1}{a_n} & \ldots & \ldots & -\frac{a_{n-1}}{a_n} \end{pmatrix} = W(x)\,.$$

Trennung der Veränderlichen liefert

$$(12.156)\ W(x) = W(x_0)\exp\left(-\int_{x_0}^{x}\frac{a_{n-1}(\xi)}{a_n(\xi)}\,d\xi\right).$$

Gemäß (12.61) treffen wir auch hier die

Definition 12.49: *Sind die Lösungen $y_1,\dots,y_n \in C^n(I)$ der homogenen linearen Differentialgleichung $Ly_j = 0$ in $C^n(I)$ linear unabhängig, so heißen die $y_1,\dots,y_n$* **Fundamentalsystem** *der Differentialgleichung $Ly = 0$.*

Aus Satz 12.23 erhalten wir dann

Satz 12.50: *Folgende Aussagen sind äquivalent:*

(12.157) $\exists\, x_0 \in I\ :\ W(x_0) \neq 0,$

(12.158) $\forall\, x \in I\ :\ W(x) \neq 0,$

(12.159) $y_1,\dots,y_n$ *bilden ein Fundamentalsystem.*

Folgerung 12.51: *Ein Fundamentalsystem spannt die Lösungsgesamtheit einer homogenen linearen Differentialgleichung auf.*

Beweis: Sei $y \in C^n(I)$ Lösung von $Ly = 0$. Dann betrachten wir

$$w := y - \sum_{j=1}^{n} c_j y_j$$

mit Konstanten $c_1,\dots,c_n$, die aus dem linearen Gleichungssystem

$$\begin{array}{ccccccc} c_1y_1(x_0) & + & \dots & + & c_ny_n(x_0) & = & y(x_0), \\ c_1y_1'(x_0) & + & \dots & + & c_ny_n'(x_0) & = & y'(x_0), \\ \vdots & & & & & & \\ c_1y^{(n-1)}(x_0) & + & \dots & + & c_ny_n^{(n-1)}(x_0) & = & y^{(n-1)}(x_0) \end{array}$$

eindeutig berechnet werden. Für w gilt dann

$$Lw = 0 \quad \text{und} \quad w(x_0) = w'(x_0) = \dots = w^{(n-1)}(x_0) = 0.$$

Daraus folgt mit Satz 12.48 $w \equiv 0$. Demnach besitzt y die Darstellung

$$y(x) = \sum_{j=1}^{n} c_j y_j(x) \quad \text{für alle } x \in I.$$

□

Wir betrachten nun die **inhomogene** lineare Differentialgleichung (12.147),

$$Lw := a_0(x)w(x) + a_1w'(x) + \dots + a_n(x)w^{(n)}(x) = f(x),$$

im Intervall $I \subset \mathbb{R}$ mit stetigen Koeffizienten $a_0, \ldots, a_n \in C^0(I)$ und stetiger rechter Seite $f \in C^0(I)$. Ist w_p irgendeine Lösung von (12.147), so nennt man diese auch **Partikulärlösung**.

Satz 12.52: *Sei $y_1, \ldots, y_n \in C^n(I)$ Fundamentalsystem und $w_p \in C^n(I)$ Partikulärlösung von (12.147), dann ist die Lösungsgesamtheit von (12.147) gegeben als*

$$(12.160)\; w = \sum_{j=1}^{n} c_j y_j + w_p \quad \textit{mit } c_1, \ldots, c_n \in \mathbb{R}.$$

Der Beweis ergibt sich sofort aus der Linearität von $L : C^n(I) \to C^0(I)$ sowie der Folgerung 12.51.

Satz 12.53: *Sei $y_1, \ldots, y_n \in C^n(I)$ Fundamentalsystem und $w_p \in C^n(I)$ Partikulärlösung von (12.147), dann hat das Anfangswertproblem*

$$a_0(x)w(x) + \ldots + a_n(x)w^{(n)}(x) = f(x),\; w(x_0) = k_0, \ldots, w^{(n-1)}(x_0) = k_{n-1}$$

genau eine Lösung.

Bestimmung einer Partikulärlösung durch Variation der Konstanten

Mit dem **Ansatz**

$$(12.161)\; w_p(x) = \sum_{j=1}^{n} v_j(x) y_j(x)$$

erhält man für $\mu = 0, ldots, n-1$

$$w_p^{(\mu)}(x) = \sum_{j=1}^{n} v_j y_j^{(\mu)},$$

falls

$$\sum_{j=1}^{n} v_j'(x) y_j(x) = \ldots = \sum_{j=1}^{n} v_j'(x) y_j^{(n-2)}(x) = 0$$

gefordert wird, sowie

$$w_p^{(n)}(x) = \sum_{j=1}^{n} v_j y_j^{(n)} + \sum_{j=1}^{n} v_j' y_j^{(n-1)}.$$

Aus der Differentialgleichung $Lw_p = f$ ergibt sich dann

$$\sum_{j=1}^{n} v_j'(x) y_j^{(n-1)}(x) = \frac{f(x)}{a_n(x)}.$$

Diese n Gleichungen für $v_1', \dots, v_n'$ können eindeutig aufgelöst werden, da nach Satz 12.50 die Koeffizientendeterminante $W(x) \neq 0$ ist ($y_1, \dots y_n$ sind ein Fundamentalsystem). Löst man die obigen Gleichungen mit der Cramerschen Regel, so benötigt man nur die Minoren

$$(12.162)\; W_j(x) := \begin{vmatrix} y_1(x) & \dots & y_{j-1}(x) & y_{j+1}(x) & \dots & y_n(x) \\ \vdots & & \vdots & \vdots & & \vdots \\ y_1^{(n-2)}(x) & \dots & y_{j-1}^{(n-2)}(x) & y_{j+1}^{(n-2)}(x) & \dots & y_n^{(n-2)}(x) \end{vmatrix}$$

und erhält das integrierbare System

$$(12.163)\; v_j'(x) = (-1)^{n+1} \frac{W_j(x)\, f(x)}{W(x)\, a_n(x)}.$$

Wir fassen zusammen und erhalten den

Satz 12.54: *Sei $y_1, \dots, y_n \in C^n(I)$ ein Fundamentalsystem und $f \in C^0(I)$. Dann ist*

$$(12.164)\; w_p(x) := \sum_{j=1}^{n} y_j(x)(-1)^{n+j} \int\limits_{x_0}^{x} \frac{W_j(\xi) f(\xi)}{a_n(\xi) W(\xi)}\, d\xi$$

Partikulärlösung mit $w_p \in C^n(I)$.

Wenn die lineare Differentialgleichung (12.147) **konstante Koeffizienten** $a_0, \dots, a_n$ hat, dann kann man wie bei den Systemen mit konstanten Koeffizienten die Lösung mit einfachen Exponentialansätzen direkt bestimmen.
Wir betrachten als Beispiel zuerst die homogene Differentialgleichung zweiter Ordnung

$$(12.165)\; a_0 y(x) + a_1 y'(x) + a_2 y''(x) = 0$$

mit konstanten Koeffizienten $a_0, a_1, a_2 \in \mathbb{R}$ und $a_2 \neq 0$. Sie beschreibt gedämpfte Schwingungen. Beispiele sind elektrische Schwingkreise, mechanische Schwingungen mit Flüssigkeits– oder Gaswiderstand bzw. –Reibung sowie mechanische Schwingungen mit innerer Reibung und vieles mehr.
Für eine Lösung von (12.165) machen wir den **Ansatz**

$$(12.166)\; y(x) = e^{\lambda x}.$$

Einsetzen in (12.165) liefert die **charakteristische Gleichung**

$$(12.167)\; p(\lambda) := a_0 + a_1 \lambda + a_2 \lambda^2 = 0$$

mit den Nullstellen

$$(12.168)\; \lambda_{1/2} = \frac{1}{2a_2} \left[-a_1 \pm \sqrt{a_1^2 - 4a_0 a_2} \right].$$

Im **ersten Fall** $a_1^2 - 4a_0a_2 > 0$, das heißt $\lambda_1 \neq \lambda_2$ lautet die **Lösungsgesamtheit**

(12.169) $y(x) := c_1 e^{\lambda_1 x} + c_2 e^{\lambda_2 x}$

mit beliebigen Konstanten $c_1, c_2 \in \mathbb{R}$.
Für den **zweiten Fall** $a_1^2 - 4a_0a_2 =: -\omega^2 < 0$ ist $\lambda_1 = \overline{\lambda_2} \notin \mathbb{R}$, das heißt $\lambda_{1/2} = \mu \pm i\omega$. Dann ist die **Lösungsgesamtheit** gegeben durch

(12.170) $y(x) := c_1 e^{\mu x} \cos \omega x + c_2 e^{\mu x} \sin \omega x$

mit beliebigen Konstanten $c_1, c_2 \in \mathbb{R}$. Mit den neuen Konstanten

$$A := \sqrt{c_1^2 + c_2^2}, \phi \in [0, 2\pi) \quad \text{mit } \cos \phi = \frac{c_1}{A}, \sin \phi = \frac{c_2}{A}$$

kann die Lösungsgesamtheit auch dargestellt werden durch

(12.171) $y(x) = Ae^{\mu x} \cos(\omega x - \phi)$ mit $A, \phi \in \mathbb{R}$.

Im**dritten Fall** $a_1^2 - 4a_0a_2 = 0$ ist $\lambda_1 = \lambda_2 = -\frac{a_1}{2a_2}$. Eine Lösung ist

(12.172) $y(x) = c\, e^{\lambda_1 x}$.

Für die zweite Lösung wird die **Variation der Konstanten**

$$y(x) = u(x) e^{\lambda_1 x}$$

durchgeführt. Einsetzen in die Differentialgleichung (12.165) liefert

$$e^{\lambda_1 x} \left[u(x) \left(a_0 + a_1\lambda_1 + a_2\lambda_1^2\right) + u'(x) \left(a_1 + 2\lambda_1 a_2\right) + a_2 u''(x) \right] = 0.$$

Daraus folgt $u''(x) = 0$ und demnach $u = c_1 + c_2 x$. Die **Lösungsgesamtheit** ist also durch

(12.173) $y(x) = (c_1 + c_2 x) e^{\lambda_1 x}$

mit beliebigen Konstanten $c_1, c_2 \in \mathbb{R}$ gegeben.

Lineare homogene Differentialgleichungen n–ter Ordnung mit konstanten Koeffizienten

Betrachtet wird jetzt die Differentialgleichung

(12.174) $Ly := a_0 y(x) + a_1 y'(x) + a_2 y''(x) + \ldots + a_n y^{(n)}(x) = 0$

mit $a_n \neq 0$ und $a_0, \ldots, a_n \in \mathbb{R}$. $L : C^n \to C^0$ ist ein linearer Operator, und es gilt wieder das Superpositionsprinzip. Der Ansatz $y = e^{\lambda x}$ liefert wieder die **charakteristische Gleichung**

(12.175) $p(\lambda) := a_0 + a_1\lambda + \ldots + a_n\lambda^n = 0.$

Der **Fundamentalsatz der Algebra** liefert die Existenz der komplexen Nullstellen $\lambda_1, \ldots, \lambda_n \in \mathbb{C}$ mit

$$(12.176)\ p(\lambda) = a_n \prod_{j=1}^{n} (\lambda - \lambda_j).$$

Satz 12.55 : *λ_0 sei p–fache reelle Nullstelle von $p(\lambda)$. Dann gilt für $j = 1, 2, \ldots, p$*

$$(12.177)\ y_j(x) := x^{j-1}\, e^{\lambda_0 x}.$$

$\lambda = \mu + i\omega$ sei p–fache komplexe Nullstelle von $p(\lambda)$ mit $\omega \neq 0$. Dann gilt für alle $k = 1, \ldots, p$

$$(12.178)\ u_k(x) := x^{k-1} e^{\mu x} \cos \omega x, \quad v_k(x) := x^{k-1} e^{\mu x} \sin \omega x.$$

Folgerung 12.56: *Wegen des Superpositionsprinzips ist*

$$(12.179)\ y(x) = \sum_{\lambda_t \in \mathbb{R}} \sum_{j=1}^{r_t} c_{tj} x^{j-1} e^{\lambda_t x} + \sum_{\lambda_t = \mu_t + i\omega_t, \omega_t \neq 0} \sum_{k=1}^{r_t} \left[\widehat{c}_{tk} x^{k-1} e^{\mu_t x} \cos \omega_t x + \widetilde{c}_{tk} x^{k-1} e^{\mu_t x} \sin \omega_t x \right]$$

mit beliebigen Konstanten $c_{tj}, \widehat{c}_{tk}, \widetilde{c}_{tk} \in \mathbb{R}$ Lösungsgesamtheit.

Bemerkung 12.57: *Mit komplexwertigen Funktionen $u_k + iv_k$ kann Satz 12.55 auch einheitlich formuliert werden.*

Satz 12.58 : *Die Lösungen y_j, u_k, v_k aus Satz 12.55 bilden für die lineare Differentialgleichung mit konstanten Koeffizienten (12.174) ein Fundamentalsystem.*

Bemerkung 12.59: *Da wir nun ein Fundamentalsystem zur Verfügung haben, können wir für die Differentialgleichung mit konstanten Koeffizienten das* **Anfangswertproblem** (12.150) *immer auf die Lösung des linearen Gleichungssytems (12.152) zurückführen.*

Nun betrachten wir die **inhomogene lineare Differentialgleichung** mit **konstanten Koeffizienten**

$$(12.180)\ a_0 w(x) + \ldots + a_n w^{(n)}(x) = f(x)$$

mit $a_n \neq 0$ und $a_0, \ldots, a_n \in \mathbb{R}$. Da für sie ein Fundamentalsystem bekannt ist, kann man mit (12.164) Partikulärlösungen bestimmen. Bei einigen speziellen rechten Seiten f lassen sich aber die lästigen Berechnungen von W_j vermeiden, indem man einen speziellen Ansatz für w_p in die Gleichung (12.180) einsetzt und aus ihr die Ansatzparameter durch Koeffizientenvergleich bestimmt.

(12.181)

Rechte Seite f	Ansatz w_p
$b_0 + b_1 x + \ldots + b_n x^n$	$B_0 + B_1 x + \ldots + B_n x^n$
$b e^{\lambda x}$	$B e^{\lambda x}$
$b_0 \cos mx + b_1 \sin mx$	$B_0 \cos mx + B_1 \sin mx$
$b_0 e^{\mu x} \cos mx \quad +$ $b_1 e^{\mu x} \sin mx$	$B_0 e^{\mu x} \cos mx \quad +$ $B_1 e^{\mu x} \sin mx$

Bemerkung 12.60: *Sind λ bzw. $\mu + i\,m$ Wurzeln der charakteristischen Gleichung, dann müssen die Ansätze geeignet modifiziert werden.*

Beispiel 12.61: Erzwungene Schwingungen
Betrachtet wird die Differentialgleichung

$$a_0 w(x) + a_1 w'(x) + w''(x) = b \cos mx$$

mit $a_0 > 0$, $a_1 \geq 0$, $a_0, a_1 \in \mathbb{R}$, und mit der Erregung $f(x) = b \cos mx$. Der Ansatz

$$w_p(x) = B_0 \cos mx + B_1 \sin mx = B \cos(mx - \phi)$$

führt durch Koeffzientenvergleich auf

$$B = \frac{b}{|p(i\,m)|} = \frac{b}{\sqrt{(a_0 - m^2)^2 + a_1^2 m^2}}, \quad \phi = \arctan \frac{m a_1}{a_0 - m^2}.$$

Eine Partikulärlösung ist demnach

$$w_p(x) = \frac{b}{\sqrt{(a_0 - m^2)^2 + a_1^2 m^2}} \cos(mx - \phi).$$

Diese Partikulärlösung beschreibt eine **aufgezwungene Schwingung***, die sich nach einem kurzen Einschwingvorgang einstellt. Sie besitzt eine veränderte Amplitude, die bei schwacher Dämpfung größer als die Erregeramplitude sein kann (Verstärker im Radio) sowie eine Phasenverschiebung ϕ.*
In den folgenden Abbildungen werden die neuen Amplituden B ud die Phasenverschiebungen ϕ in Abhängigkeit von der Frequenz m und dem Scharparameter a_1 skizziert.

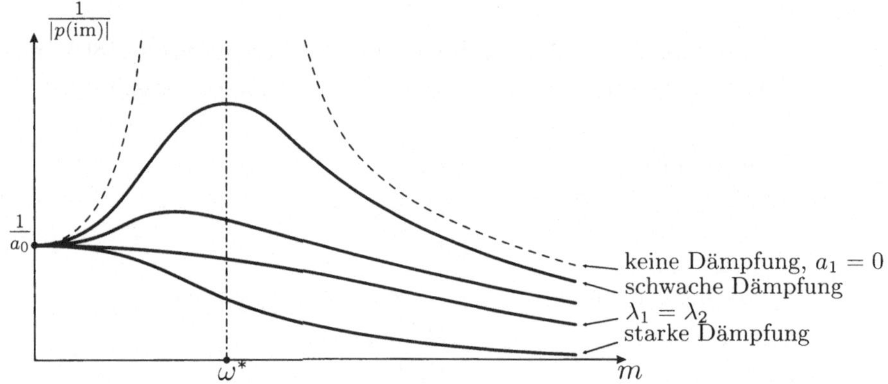

Abbildung 12.2: Amplituden $\dfrac{1}{\sqrt{(a_0 - m^2)^2 + a_1^2 m^2}}$ *für verschiedene* a_1.

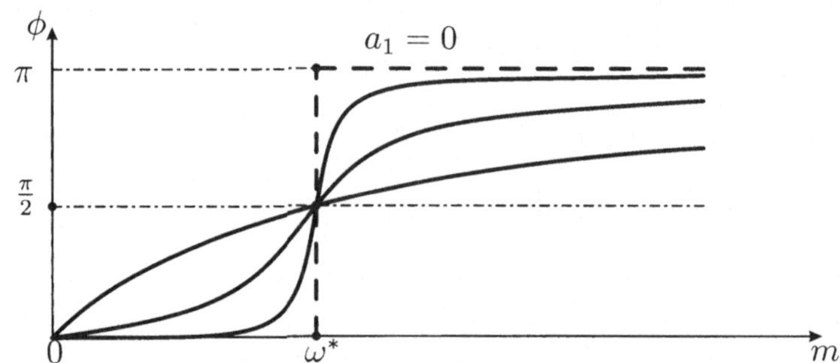

Abbildung 12.3: Phasenverschiebung ϕ *für verschiedene* a_1.

Starke Dämpfung:

$$\lambda_{1/2} = -\frac{a_1}{2} \pm \frac{1}{2}\sqrt{a_1^2 - 4a_0} < 0, \quad w(x) = \underbrace{c_1 e^{\lambda_1 x} + c_2 e^{\lambda_2 x}}_{\textit{klingt schnell ab}} + w_p(x)$$

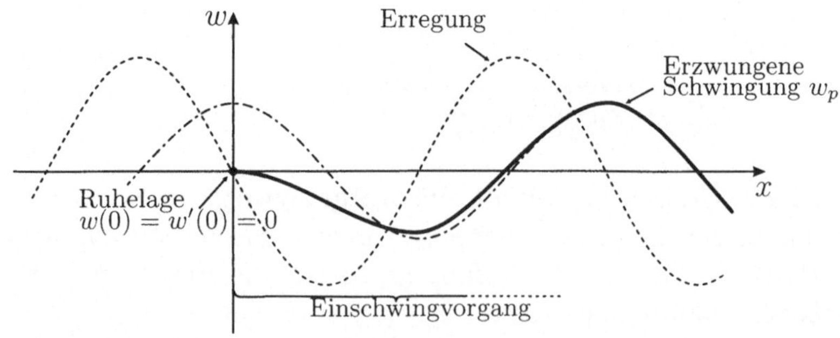

Abbildung 12.4: Aus der Ruhe erzwungene Schwingung ($w(0) = w'(0) = 0$).

Schwache Dämpfung: $a_1^2 - 4a_0 < 0$

$$\lambda_{1/2} = -\frac{a_1}{2} \pm i\omega^*, \quad w(x) = \underbrace{ce^{-a_1/2}\cos(\omega^* x - \psi)}_{\textit{klingt ab}} + w_p(x)$$

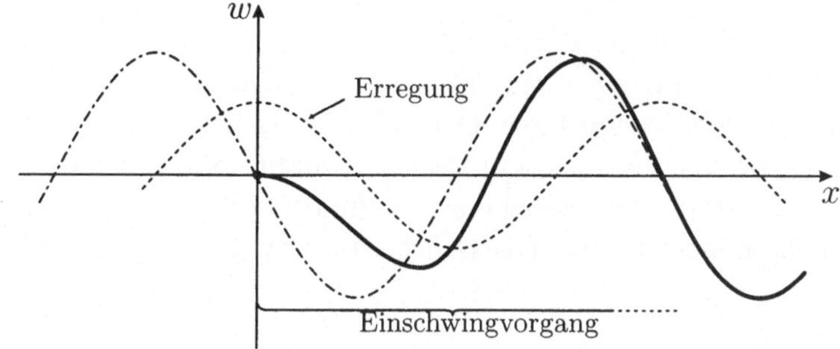

Abbildung 12.5: Aus der Ruhe erzwungene Schwingung.

Resonanzkatastrophe: $a_1 = 0$, $a_0 > 0$

$$a_0 w(x) + w''(x) = b\cos x\sqrt{a_0}.$$

Modifizierter Ansatz:

$$w_p(x) = B_0 x \cos x\sqrt{a_0} + B_1 x \sin x\sqrt{a_0}.$$

Man erhält $B_0 = 0$, $B_1 = \dfrac{b}{2\sqrt{a_0}}$, *also*

$$w_p(x) = \frac{b}{2\sqrt{a_0}} x \sin x\sqrt{a_0}.$$

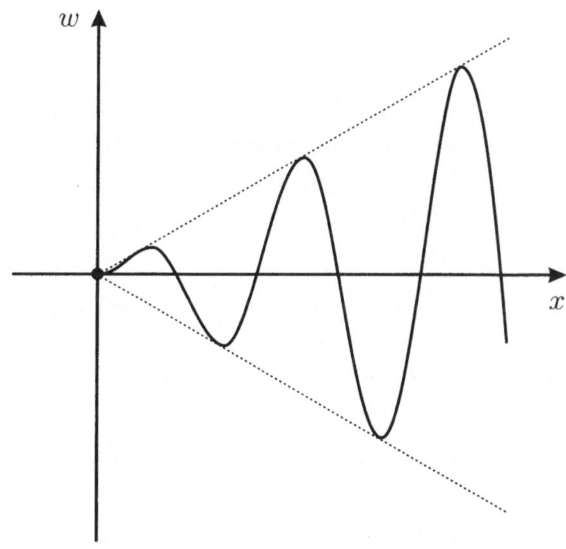

Abbildung 12.6: Resonanzkatastrophe.

Zur Resonanzkatastrophe: (Züricher Freitagszeitung, 2. Januar 1880) England. Während eines furchtbaren Windsturmes brach am 29. nachts die große Eisenbahnbrücke über den Taystrom in Schottland zusammen, im Moment als der Zug darüberfuhr. 90 Personen, nach anderen 300, kamen dabei ums Leben; der verunglückte Zug hatte nämlich sieben Wagen, die fast alle voll waren, und er stürzte über 100 Fuß tief ins Wasser hinunter. Alle 13 Brückenspannungen sind samt den Säulen, worauf sie standen, verschwunden. Die Öffnung der Brücke ist eine halbe englische Meile lang. Der Bau der Brücke hat seinerzeit 350 000 Pfund Sterling gekostet, und sie wurde im Frühjahr 1878 auf ihre Festigkeit hin geprüft. Bis jetzt waren alle Versuche zur Auffindung der Leichen oder des Trains vergeblich. (Siehe des weiteren "Die Brücke am Tay" von Theodor Fontane.)

12.9 Das Langzeitverhalten autonomer Systeme

Viele Systeme gewöhnlicher Differentialgleichungen aus der Physik haben die Gestalt

$$(12.182)\quad \frac{d\mathbf{w}}{dt} = \mathbf{w} = \mathbf{f}(\mathbf{w}),$$

das heißt die rechte Seite hängt **nicht** von der Unabhängigen t, der Zeit ab. Das hat den Grund darin, daß die (12.182) liefernden physikalischen Gesetze nicht von der Zeit abhängen. Systeme der Gestalt (12.182) heißen **autonom**. Betrachtet man die Lösung $\mathbf{w}(t)$ von (12.182) im $(w_1, w_2, \ldots, w_n)$–Raum $\mathbb{R}^n$, so definiert sie dort, im sogenannten **Phasen–Raum**, eine Raumkurve oder **Trajektorie** γ, deren Graph auch **Orbit** genannt wird:

$$(12.183)\quad \gamma := \{\mathbf{z} = \mathbf{w}(t) \in \mathbb{R}^n \,|\, t \in I = \mathbb{R}\}.$$

Da wir uns hier mit dem Verhalten der Lösungen und deren Orbits für $t \to +\infty$ (bzw. der Herkunft für $t \to -\infty$) befassen wollen, treffen wir auch noch die folgende

Definition 12.62:

$$(12.184)\quad \omega_\gamma := \left\{\mathbf{w}_0^+ \in \mathbb{R} \,|\, \exists\, t_\ell \to +\infty \,:\, \mathbf{w}_0^+ = \lim_{\ell\to\infty} \mathbf{w}(t_\ell)\right\},$$

$$(12.185)\quad \alpha_\gamma := \left\{\mathbf{w}_0^- \in \mathbb{R} \,|\, \exists\, t_\ell \to -\infty \,:\, \mathbf{w}_0^+ = \lim_{\ell\to\infty} \mathbf{w}(t_\ell)\right\}.$$

*Der ω_γ–***Limes** *beschreibt also alle möglichen End– und der α_γ–***Limes** *alle möglichen Urzustände eines Orbits.*

Der einfachste Fall von Systemen ist der mit $n = 2$. Hier nennt man den Phasen–Raum auch **Poincarésche Phasen–Ebene**.

Beispiel 12.63:

(12.186) $w_1'(x) = -w_1(x) - 8w_2(x), \quad w_2' = 8w_1(x) - w_2(x), \quad \mathbf{w}(0) = \begin{pmatrix} 1 \\ 0 \end{pmatrix}.$

Die Lösungstrajektorien sind also

(12.187) $\mathbf{w}(t) = e^{-t} \begin{pmatrix} \cos 8t \\ \sin 8t \end{pmatrix}$ *für alle* $t \in \mathbb{R}$.

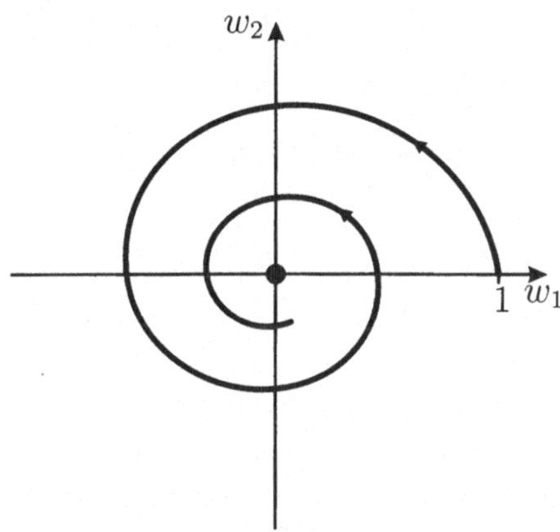

Abbildung 12.7: Phasendiagramm zu (12.186)

Ist auch nur eine der Komponenten $w_j' \neq 0$, so kann man $x = w_j$ lokal als neue Unabhängige einführen und erhält ein Differentialgleichungssystem für $n-1$ gesuchte Funktionen. Für dieses erhalten wir im Fall $n = 2$ mit $w_1' = f_1 \neq 0$ und $x = w_1$, $y = w_2$ nur eine einzige Gleichung, nämlich

$$\frac{dy}{dx} = \frac{dw_2}{dw_1} = \frac{f_2}{f_1}$$

oder

(12.188) $f_1(x, y)\, y' - f_2(x, y) =: F(x, y, y') = 0.$

Für eine allgemeine, sogenannte **implizite Differentialgleichung** der Gestalt (12.188), bzw. ein entsprechendes **implizites System** der Gestalt

(12.189) $\mathbf{F}(x, \mathbf{y}(x), \mathbf{y}'(x)) = \mathbf{0}$

von m Differentialgleichungen für m gesuchte Funktionen $\mathbf{y} = (y_1, \ldots, y_m)^\top$ heißen diejenigen Punkte $(x^0, \mathbf{y}^0, \mathbf{u}^0) \in \mathbb{R}^{2m+1}$ mit $\mathbf{F}(\mathbf{x}^0, \mathbf{y}^0, \mathbf{u}^0) = 0$, für welche die Gleichungen (12.189) nicht eindeutig nach $\mathbf{y}'$ auflösbar sind, die **singulären Punkte** der Gleichungen (12.189). Gemäß des Satzes über implizite Funktionen gelten also in singulären Punkten die Gleichungen

(12.190) $\det \frac{\partial \mathbf{F}}{\partial \mathbf{u}}(x, \mathbf{y}^0, \mathbf{u}^0) = 0 \quad \text{und} \quad \mathbf{F}(x^0, \mathbf{y}^0, \mathbf{u}^0) = \mathbf{0}.$

Für ein autonomes System der Gestalt (12.182) sind die singulären Punkte gleichzeitig die sogenannten **Gleichgewichtslagen** $\mathbf{w}^0$, die

(12.191) $\mathbf{f}(\mathbf{w}^0) = \mathbf{0}$

erfüllen. Diese Punkte der Phasenebene beschreiben also für das System (12.182) die **stationären Gleichgewichtslösungen**

(12.192) $\mathbf{w}(t) = \mathbf{w}^0 \quad$ für alle $t \in \mathbb{R}$.

Die singulären Punkte zu (12.188) und gleichzeitig die Gleichgewichtslagen des autonomen Systems (12.182) ergeben sich also für das Beispiel (12.186) aus

$$f_1(\mathbf{w}^0) = -w_1^0 - 8w_2^0 = 0, \quad f_2(\mathbf{w}^0) = 8w_1^0 - w_2^0 = 0$$

zu $\mathbf{w}^0 = (0,0)^\top$. Dem Phasendiagramm in Abbildung 12.7. können wir entnehmen, daß jede Lösung von (12.186), das ist

$$\mathbf{w}(t) = w_1(0)e^{-t}(\cos 8t, \sin 8t)^\top + w_2(0)e^{-t}(-\sin 8t, \cos 8t)^\top,$$

der Gleichgewichtslage $\mathbf{w}^0 = \mathbf{0}$ für $t \to +\infty$ zustrebt. In diesem Beispiel haben wir demnach für jeden Orbit γ die End- und Urzustände $\omega_\gamma = \mathbf{0}$ und $\alpha_\gamma = \infty$. Man erkennt an diesem Beispiel, daß für das Langzeitverhalten der Lösungen von (12.182) die singulären Punkte und Gleichgewichtslagen verantwortlich sind. Da man für ihr Studium im einfachsten Fall mit einer Taylorschen Entwicklung von $\mathbf{f}$ um einen singulären Punkt mit Gliedern erster Ordnung auskommt und $\mathbf{w}^0$ durch eine einfache Transformation

(12.193) $\mathbf{y}(x) := \mathbf{w}(x) - \mathbf{w}^0$

in den Nullpunkt geschoben werden kann, wollen wir im folgenden die einfachsten Typen singulärer Punkte zu **linearen** autonomen Systemen für $n = 2$ angeben.

Klassifikation der Gleichgewichtslagen $\mathbf{w}^0 = \mathbf{0}$ für lineare Systeme: Wir betrachten nun also

(12.194) $\dot{\mathbf{w}} = \mathbf{A}\,\mathbf{w}$

mit reeller konstanter (2×2)–Koeffizientenmatrix $\mathbf{A}$ und machen die folgenden Fallunterscheidungen.

1. Zwei reelle Eigenwerte und Rang $(\mathbf{z}_1, \mathbf{z}_2) = 2$:

1.1. $\lambda_1 < 0$ und $\lambda_2 < 0$. Mit

(12.195) $\mathbf{B} := (\mathbf{z}_1, \mathbf{z}_2) \quad$ gilt $\mathbf{B}^{-1}\mathbf{A}\,\mathbf{B} = \begin{pmatrix} \lambda_1 & 0 \\ 0 & \lambda_2 \end{pmatrix}$,

und die allgemeine Lösung ist

$$\mathbf{w}(t) = \mathbf{B}\,\mathbf{v}(t) \quad \text{mit } v_1(t) = c_1 e^{\lambda_1 t}, \quad v_2(t) = c_2 e^{\lambda_2 t}.$$

Die Orbits sind gegeben durch die Gleichung

(12.196) $v_2 = k v_1^{\lambda_2/\lambda_1}$,

wobei $k \in \mathbb{R}$ der Scharparameter ist. End- und Urzustand sind hier $\alpha_\gamma = \infty$ und $\omega_\gamma = \mathbf{0}$. Man sagt, es liegt ein **stabiler Knoten** vor.

Die verschiedenen Fälle entsprechen dann $|\lambda_2| < |\lambda_1|$ und $\lambda_1 = \lambda_2$:

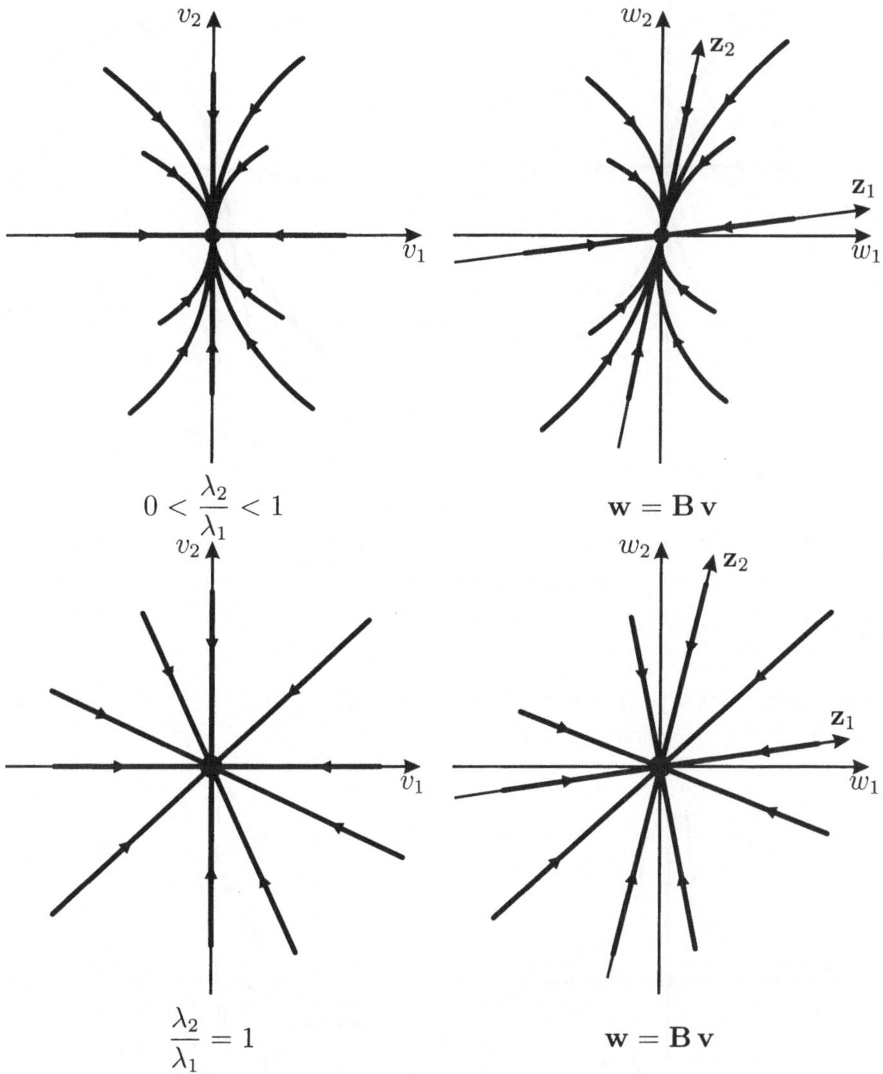

Abbildung 12.8: Stabiler Knoten.

1.2. $\lambda_1 > 0$, $\lambda_2 > 0$: In diesem Fall liegt ein **instabiler Knoten** vor. Die Gleichung für die Orbits lautet

(12.197) $v_2 = k v_1^{\lambda_2/\lambda_1}$

mit konstantem Scharparameter $k \in \mathbb{R}$. Ohne Beschränkung der Allgemeinheit sei $0 < \frac{\lambda_2}{\lambda_1} < 1$. Dann haben die Orbits die Gestalt wie in Abbildung 12.9. dargestellt. Die Orbits in der $\mathbf{w}$–Ebene ergeben sich aus $\mathbf{w} = \mathbf{B}\,\mathbf{v}$. Für Ur– und Endzustände erhalten wir hier $\alpha_\gamma = \mathbf{0}$ und $\omega_\gamma = \infty$.

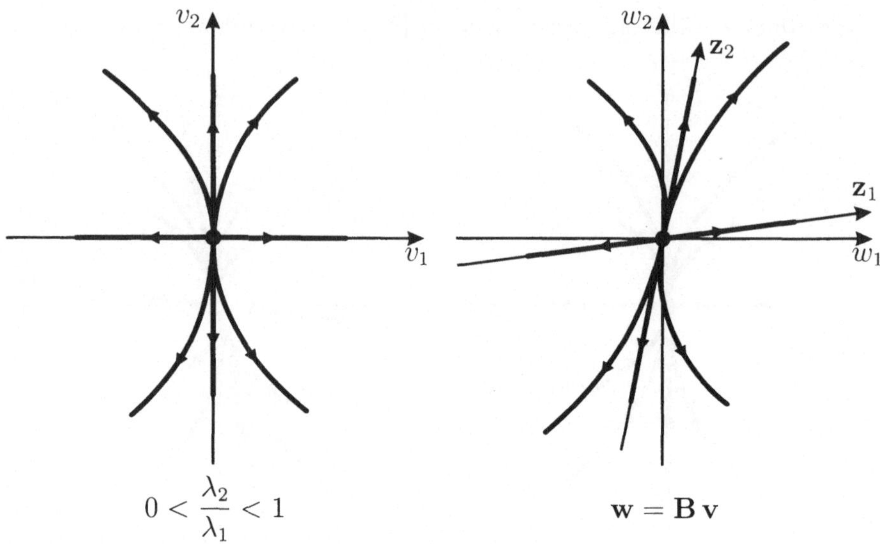

Abbildung 12.9: Instabiler Knoten.

1.3. $\lambda_1 < 0$, $\lambda_2 > 0$: Im Fall eines **Sattelpunktes** gilt für die Orbits

$$(12.198)\quad v_2 = kv_1^{-|\lambda_2/\lambda_1|}$$

mit konstantem Scharparameter $k \in \mathbb{R}$. α_γ und ω_γ hängen jetzt vom jeweiligen Orbit γ ab.

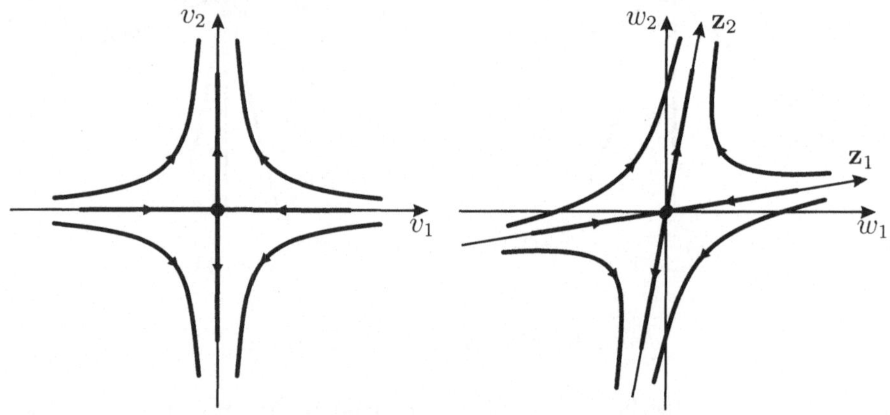

Abbildung 12.10: Sattelpunkt.

2. Zwei konjugiert komplexe Eigenwerte $\lambda = \alpha \pm i\beta$ mit $\beta > 0$ und den Eigenvektoren $\mathbf{z}_\pm = \mathbf{z}_r \pm i\mathbf{z}_i$: Hier ergibt sich die allgemeine Lösung in der Form

$$\begin{aligned}\mathbf{w}(t) &= c_1 e^{\alpha t}(\cos(\beta(t-t_0))\mathbf{z}_r - \sin(\beta(t-t_0))\mathbf{z}_i)\\ &\quad + c_2 e^{\alpha t}(\sin(\beta(t-t_0))\mathbf{z}_r + \sin(\beta(t-t_0))\mathbf{z}_i).\end{aligned}$$

In Abhängigkeit von α erhält man die folgenden Fälle.

2.1. Für $\alpha < 0$ liegt ein **stabiler Strudel** vor mit $\omega_\alpha = \infty$ und $\omega_\gamma = \mathbf{0}$.

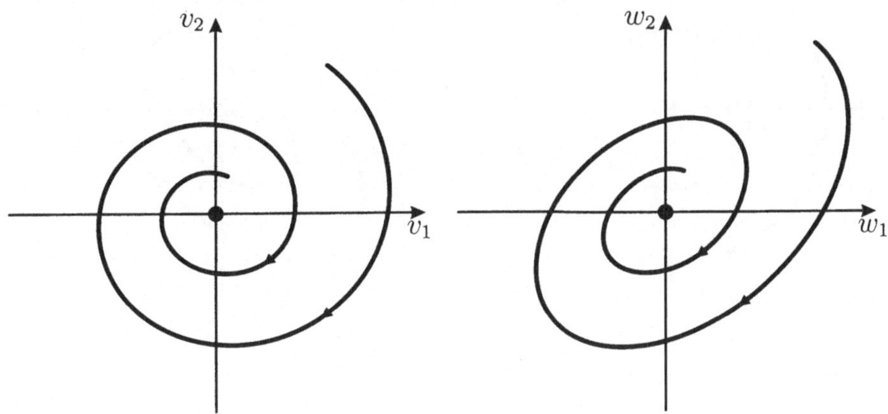

Abbildung 12.11: Stabiler Strudel.

2.2. Für $\alpha > 0$ liegt ein **instabiler Strudel** vor mit $\omega_\alpha = \mathbf{0}$ und $\omega_\gamma = \infty$.

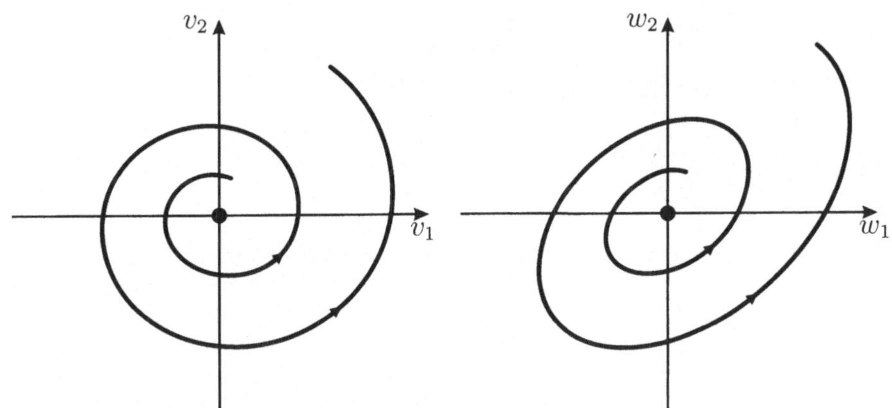

Abbildung 12.12: Instabiler Strudel.

2.3. Für $\alpha = 0$ liegt ein **Wirbelpunkt** vor. Hier lauten die Lösungen

$$\text{(12.199)}\quad \mathbf{v} = c_1 \begin{pmatrix} \cos(\beta(t-t_0)) \\ -\sin(\beta(t-t_0)) \end{pmatrix} + c_2 \begin{pmatrix} \sin(\beta(t-t_0)) \\ \cos(\beta(t-t_0)) \end{pmatrix},$$

bzw.

$$\begin{aligned} \mathbf{w}(t) &= c_1(\cos(\beta(t-t_0))\mathbf{z}_r - \sin(\beta(t-t_0))\mathbf{z}_i) \\ &\quad + c_2(\cos(\beta(t-t_0))\mathbf{z}_i + \sin(\beta(t-t_0))\mathbf{z}_r), \end{aligned}$$

mit den Integrationskonstanten $c_1, c_2 \in \mathbb{R}$. Die Orbits sind durch $|\mathbf{v}(t)|^2 = c_1^2 + c_2^2 = k^2$ für $k \in \mathbb{R}$ gegeben. Das sind nach der affinen Transformation $\mathbf{w} = \mathbf{B}\,\mathbf{v}$ mit $\mathbf{B} = (\mathbf{z}_r, \mathbf{z}_i)$ ähnliche Ellipsen um $\mathbf{0}$. Hier gelten $\alpha_\gamma = \omega_\gamma = \gamma$.

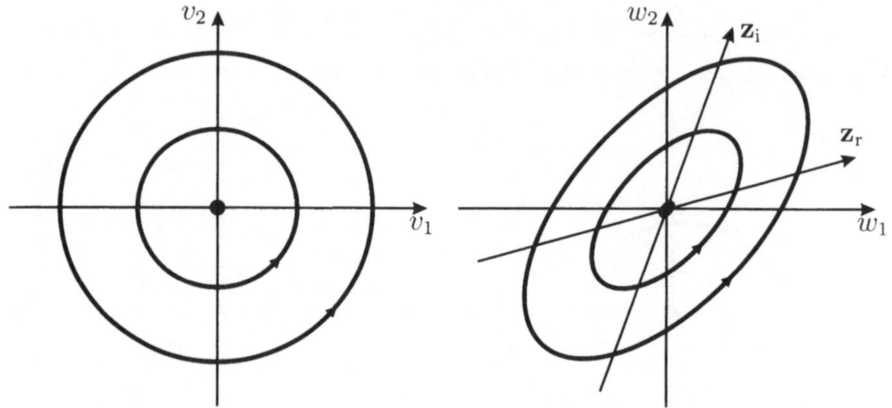

Abbildung 12.13: Wirbel.

3. Zweifacher reeller Eigenwert und nur ein Eigenvektor z. Hier lauten die Gleichungen für einen Eigenvektor **z** und einen Hauptvektor **h** zum Eigenwert λ:

$$\mathbf{A}\,\mathbf{z} = \lambda\mathbf{z} \quad \text{sowie} \quad \mathbf{A}\,\mathbf{h} = \lambda\mathbf{h} + \mathbf{z}.$$

Dann gilt für die Jordankettenmatrix $\mathbf{B} = (\mathbf{z}, \mathbf{h})$

$$\mathbf{B}^{-1}\mathbf{A}\,\mathbf{B} = \begin{pmatrix} \lambda & 0 \\ 0 & \lambda \end{pmatrix}.$$

Die allgemeine Lösung zur Jordanschen Normalform ist hier

$$\mathbf{v}(t) = c_1 e^{\lambda t}\begin{pmatrix} 1 \\ 0 \end{pmatrix} + c_2 e^{\lambda t}\begin{pmatrix} t \\ 1 \end{pmatrix}$$

mit den beiden Integrationskonstanten $c_1, c_2 \in \mathbb{R}$, und die Lösung $\mathbf{w}(t)$ wird durch

$$(12.200)\ \mathbf{w}(t) = \mathbf{B}\,\mathbf{v}(t) = e^{\lambda t}(c_1\mathbf{z} + c_2(t\mathbf{z} + \mathbf{h}))$$

beschrieben. Dann sind die Orbits durch die Gleichungen

$$(12.201)\ v_1 = kv_2 + \frac{1}{\lambda}v_2 \ln|v_2|$$

mit belieber Konstante $k \in \mathbb{R}$ gegeben. Wieder ist eine weitere Fallunterscheidung nötig.

3.1. $\lambda_1 = \lambda_2 < 0$ und nur ein Eigenvektor: Dies ist ein sogenannter stabiler Knoten dritter Art. Die durch (12.200) und (12.201) gegebenen Orbits laufen alle in den Nullpunkt. Ur– und Endzustände sind hier $\alpha_\gamma = \pm\infty\,\mathbf{z}$ und $\omega_\gamma = \mathbf{0}$.

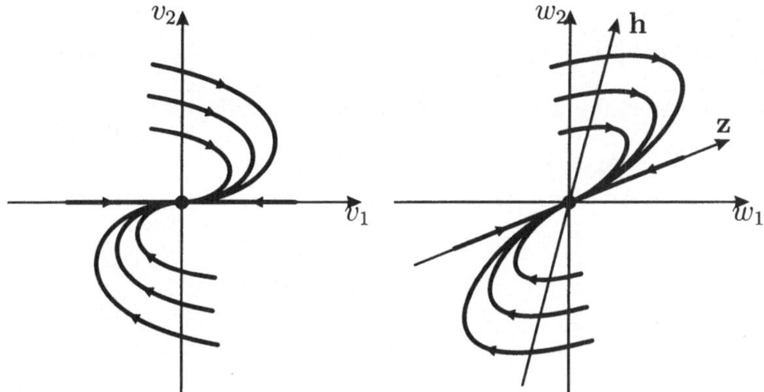

Abbildung 12.14: Stabiler Knoten dritter Art.

3.2. $\lambda_1 = \lambda_2 > 0$ **und nur ein Eigenvektor:** In diesem Fall liegt ein instabiler Knoten dritter Art vor. Hier laufen die Trajektoren vom Nullpunkt fort. Ur– und Endzustände $\alpha_\gamma = \mathbf{0}$ und $\omega_\gamma = \pm\infty\,\mathbf{z}$.

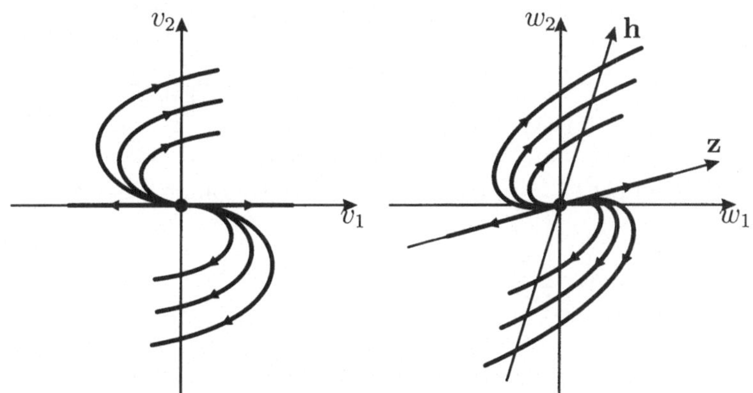

Abbildung 12.15: Instabiler Knoten dritter Art.

Die restlichen Fälle mit $\lambda_1 = 0$ überlassen wir dem Leser. Wir fassen alle möglichen Fälle nochmals in Tabelle 12.1 zusammen.

Definition 12.64: *Die Gleichgewichtslage* $\mathbf{w}^0$ *von*

(12.202) $\dot{\mathbf{w}} = \mathbf{f}(\mathbf{w}) \quad \textit{mit}\ \mathbf{f}(\mathbf{w}^0) = \mathbf{0}$

heißt **stabil im Sinne von Lyapunov** *genau dann, wenn für alle* $\varepsilon > 0$ *ein* $\delta > 0$ *existiert mit*

(12.203) $\forall \mathbf{w}(0) \in \mathcal{U}_\delta(\mathbf{w}^0) = \{\mathbf{y} \mid |\mathbf{y} - \mathbf{w}^0| < \delta\}\ \forall t \geq 0 : |\mathbf{w}(t) - \mathbf{w}^0| < \varepsilon.$

$\mathbf{w}^0$ *heißt* **asymptotisch stabil** *genau dann wenn* $\mathbf{w}^0$ *stabil im Sinne von Lyapunov ist und außerdem gilt:*

(12.204) $\exists \delta_0 > 0\, \forall \mathbf{w}(0) \in \mathcal{U}_\delta(\mathbf{w}^0) : \lim\limits_{t\to\infty} \mathbf{w}(t) = \mathbf{w}^0.$

$\begin{pmatrix} \lambda_1 & 0 \\ 0 & \lambda_2 \end{pmatrix}$	$\lambda_1 < 0 < \lambda_2$	instabil	Sattelpunkt
$\begin{pmatrix} \lambda_1 & 0 \\ 0 & \lambda_2 \end{pmatrix}$	$\lambda_1 < \lambda_2 < 0$ $0 < \lambda_1 < \lambda_2$	asymptotisch stabil instabil	Knoten 2. Art
$\begin{pmatrix} 0 & 0 \\ 0 & \lambda \end{pmatrix}$	$\lambda < 0$ $\lambda > 0$	stabil instabil	Gerade von Ruhelagen
$\begin{pmatrix} \lambda & 0 \\ 0 & \lambda \end{pmatrix}$	$\lambda < 0$ $\lambda > 0$	asymptotisch stabil instabil	Knoten 1. Art
$\begin{pmatrix} 0 & 0 \\ 0 & 0 \end{pmatrix}$		stabil	Ebene von Ruhelagen
$\begin{pmatrix} \lambda & 1 \\ 0 & \lambda \end{pmatrix}$	$\lambda < 0$ $\lambda > 0$	asymptotisch stabil instabil	Knoten 3. Art
$\begin{pmatrix} 0 & 1 \\ 0 & 0 \end{pmatrix}$		instabil	Gerade von Ruhelagen
$\begin{pmatrix} \alpha & -\beta \\ \beta & \alpha \end{pmatrix}$	$\alpha < 0 \neq \beta$ $\beta \neq 0 < \alpha$	asymptotisch stabil instabil	Strudelpunkt
$\begin{pmatrix} 0 & -\beta \\ \beta & 0 \end{pmatrix}$	$\beta \neq 0$	stabil	Zentrum

Tabelle 12.1: Langzeitverhalten autonomer Systeme.

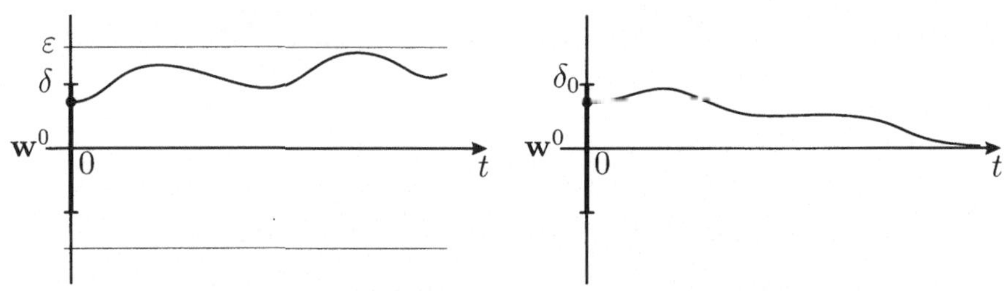

Abbildung 12.16: Asymptotische Stabilität.

Satz 12.65 : *Gilt für alle Eigenwerte des autonomen linearen Systems* (12.194)

(12.205) $\operatorname{Re} \lambda_k < \alpha$,

dann existiert eine Konstante $c \geq 0$*, so daß für alle* $t \geq 0$ *gilt:*

(12.206) $\|e^{\mathbf{A}t}\|_F \leq ce^{\alpha t}$.

(12.206) ist eine Verschärfung der Abschätzung (12.50) für (12.194).

Beweis: Nach Satz 12.46 gilt für die Übergangsmatrix

$$\mathbf{Y}(t,0) = e^{\mathbf{A}t} = (e^{\lambda_1 t}\mathbf{p}_1(t), \ldots, e^{\lambda_n t}\mathbf{p}_n(t))$$

und folglich für jede Spalte

$$|e^{\lambda_k t}\mathbf{p}_k(t)| \le e^{\alpha t} e^{-\varepsilon_0 t} |\mathbf{p}_k(t)|$$

mit

$$\varepsilon_0 := \min_{k=1,\ldots,n} (\alpha - \operatorname{Re}\lambda_k) > 0.$$

Da $|\mathbf{p}_k(t)|^2$ ein Polynom vom Grade höchstens $2n$ ist, gilt

$$\lim_{t\to+\infty} e^{-\varepsilon_0 t} |\mathbf{p}_k(t)| = 0,$$

woraus sofort (12.206) folgt. □

Satz 12.66 : *Die Gleichgewichtslage* $\mathbf{w}^0 = \mathbf{0}$ *von* (12.194) *ist für den Fall*

$$\mu := \max_{k=1,\ldots,n} \operatorname{Re}\lambda_k < 0$$

asymptotisch stabil und für den Fall $\mu > 0$ *instabil im Lyapunovschen Sinne. Für* $\mu = 0$ *ist* $\mathbf{w}^0 = \mathbf{0}$ *nicht asymptotisch stabil. Ist für* $\mu = 0$ *die Matrix* $\mathbf{A}$ *diagonalisierbar, so ist* $\mathbf{w}^0$ *noch stabil im Lyapunovschen Sinne.*

Beweis: Für $\mu < 0$ wähle man α mit $\mu < \alpha < 0$. Dann liefert (12.206) die Behauptung. Im Falle $\mu > 0$ wähle man zum Eigenwert λ_j mit $\operatorname{Re}\lambda_j = \mu$ den Anfangswert $\mathbf{w}(0) = \frac{1}{2}\delta\mathbf{z}_j$ mit einem zu λ_j gehörenden Eigenvektor $\mathbf{z}_j$ mit $|\mathbf{z}_j| = 1$. Dann gilt

$$\lim_{t\to+\infty} |\mathbf{w}(t)| = \lim_{t\to+\infty} \left|\frac{\delta}{2} e^{\lambda_j t}\mathbf{z}_j\right| = \lim_{t\to+\infty} \frac{\delta}{2} e^{\mu t} = +\infty.$$

Im Fall $\mu = 0$ und $\lambda_j = 0$ für einen der Eigenwerte λ_j wähle man wieder $\mathbf{w}(0) = \frac{1}{2}\delta\mathbf{z}_j$, dann ist $\mathbf{w}(t) = \frac{\delta}{2}\mathbf{z}_j$ konstante Lösung, die nicht für $t \to \infty$ verschwindet. Ist hingegen keiner der Eigenwerte Null, dann ist $\lambda_j = i\beta$ für einen der Eigenwerte und $\mathbf{w}(t) = \frac{\delta}{2}(\cos\beta t\,\mathbf{z}_r - \sin\beta t\,\mathbf{z}_i)$, also $|\mathbf{w}(t)| = \frac{\delta}{2} \not\to 0$.
Falls in diesem Fall $\mathbf{A}$ diagonalisierbar ist, gibt es keine Hauptvektoren und für $\mathbf{w}(t)$ mit $|\mathbf{w}(0)| \le \frac{\delta}{2}$ gilt dann $|\mathbf{w}(t)| \le \frac{\delta}{2} < \delta$ für alle $t \ge 0$, das heißt (12.203) mit $\delta := \frac{\varepsilon}{2}$. □

Um diese Eigenschaften auch für nichtlineare autonome Systeme untersuchen zu können, benötigen wir das folgende, für alle Abschätzungen zentrale Gronwallsche Lemma.

Lemma 12.67 (Das Gronwallsche Lemma) : *Die Funktion $\Phi(t)$ sei stetig für $0 \leq t \leq a$ und erfülle die Ungleichung*

$$(12.207)\ \Phi(t) \leq \alpha + \beta \int_0^t \Phi(\tau)\, d\tau \quad \text{für } 0 \leq t \leq a$$

mit Konstanten $\beta > 0$ und $\alpha \in \mathbb{R}$. Dann gilt für $\Phi(t)$ die Ungleichung

$$(12.208)\ \Phi(t) \leq \alpha e^{\beta t} \quad \text{für alle } 0 \leq t \leq a.$$

Beweis: Sei $\varepsilon > 0$ beliebig gewählt. Die Hilfsfunktion

$$\psi(t) := (\alpha + \varepsilon) e^{\beta t} \quad \text{mit } \psi(0) = \alpha + \varepsilon$$

erfüllt dann $\psi'(t) = \beta\psi(t)$, also die Integralgleichung

$$\psi(t) = \alpha + \varepsilon + \beta \int_0^t \psi(\tau)\, d\tau \quad \text{sowie } \Phi(0) \leq \alpha < \alpha + \varepsilon = \psi(0).$$

Aufgrund der Stetigkeit gibt es dann ein Intervall $[0, t_0)$, so daß

$$\Phi(t) < \psi(t) \quad \text{für } 0 \leq t < t_0 \text{ und } t \leq a$$

gilt. Wäre $t_0 \leq a$ und $\Phi(t_0) = \psi(t_0)$, so würde

$$\Phi(t_0) \leq \alpha + \beta \int_0^{t_0} \Phi(\tau)\, d\tau < \alpha + \varepsilon + \beta \int_0^{t_0} \psi(\tau)\, d\tau = \psi(t_0)$$

gefolgert werden können, ein Widerspruch. Also kann es $t_0 \leq a$ mit $\Phi(t_0) = \psi(t_0)$ nicht geben und

$$\Phi(t) < \psi(t) = (\alpha + \varepsilon) e^{\beta t} \quad \text{gilt für alle } 0 \leq t \leq a.$$

Da diese Ungleichung für jede Wahl von $\varepsilon > 0$ erfüllt ist, folgt (12.208) aus $\varepsilon \to 0$.

□

Bemerkung 12.68: *Das Gronwallsche Lemma 12.67 gilt auch für $0 \leq t < \infty$, da a in* (12.207) *und* (12.208) *dann beliebig groß gewählt werden kann.*

Nun wenden wir uns den **nichtlinearen autonomen Systemen**

$$(12.209)\ \dot{\mathbf{w}} = \mathbf{f}(\mathbf{w}) = \mathbf{A}\,\mathbf{w} + \mathbf{g}(\mathbf{w}) \quad \text{mit } \mathbf{f}(\mathbf{0}) = \mathbf{0}, \quad \mathbf{A} = \frac{\partial \mathbf{f}}{\partial \mathbf{w}}(\mathbf{0})$$

zu und setzen voraus:

$$(12.210)\ \exists\, \rho > 0 : \mathbf{g}(\mathbf{w}) \text{ stetig für } |\mathbf{w}| < \rho \text{ und } \lim_{|\mathbf{w}| \to 0} |\mathbf{w}^{-1}|\, |\mathbf{g}(\mathbf{w})|\,.$$

Satz 12.69 : $\mathbf{0}$ *sei Gleichgewichtslage zu* $\mathbf{f}$ *in* (12.209), *und* $\mathbf{f}$ *erfülle die Voraussetzung* (12.210).

i. Alle Eigenwerte λ_k *von* $\mathbf{A}$ *erfüllen* $\operatorname{Re}\lambda_k < 0$. *Dann ist* $\mathbf{w}^0 = \mathbf{0}$ *asymptotisch stabil.*

ii. Für mindestens einen Eigenwert λ_j *von* $\mathbf{A}$ *gelte* $\operatorname{Re}\lambda_j > 0$. *Dann ist* $\mathbf{w}^0 = \mathbf{0}$ *instabile Gleichgewichtslage im Sinne von Lyapunov.*

Beweis: (nach W. Walter [90]) Aus Satz 12.65 folgt, daß es im Fall *i.* Konstanten $\beta > 0$ und $c \geq 0$ so gibt, daß

$$\|e^{\mathbf{A}t}\|_F \leq c\,e^{-\beta t} \quad \text{für alle } t \geq 0$$

erfüllt ist. Aus der Voraussetzung (12.210) folgern wir, daß es eine Konstante $\delta_0 > 0$ mit $\delta_0 < \rho$ so gibt, daß für alle $|\mathbf{w}| \leq \delta_0$ die Ungleichung

$$|\mathbf{g}(\mathbf{w})| \leq \frac{\beta}{2c}|\mathbf{w}|$$

erfüllt ist. Da $\mathbf{Y}(t,0) = e^{\mathbf{A}t}$ die Übergangsmatrix zum linearen homogenen System $\dot{\mathbf{y}} = \mathbf{A}\,\mathbf{y}$ ist, gilt nach (12.108) für jede Lösung von (12.209), daß diese die Integralgleichung

$$\mathbf{w}(t) = e^{t\mathbf{A}}\mathbf{w}(0) + \int_0^t e^{(t-s)\mathbf{A}}\mathbf{g}(\mathbf{w}(s))\,ds$$

erfüllt. Folglich gilt die Abschätzung

$$|\mathbf{w}(t)| \leq c\,e^{-\beta t}\,|\mathbf{w}(0)| + c\int_0^t e^{\beta(t-s)}\frac{\beta}{2c}|\mathbf{w}(s)|\,ds.$$

Die Funktion $\varphi(t) := e^{\beta t}|\mathbf{w}(t)|$ erfüllt also die Ungleichung

$$\varphi(t) \leq c\,|\mathbf{w}(0)| + \frac{\beta}{2}\int_0^t \varphi(\tau)\,d\tau \quad \text{für } |\mathbf{w}(0)| \leq \delta_0.$$

Dann liefert das Gronwallsche Lemma 12.67 die Abschätzung

$$|\mathbf{w}(t)|\,e^{\beta t} = \varphi(t) \leq c\,|\mathbf{w}(0)|\,e^{\frac{\beta}{2}t},$$

also

$$|\mathbf{w}(t)| \leq c\,|\mathbf{w}(0)|\,e^{-\frac{\beta}{2}t} \leq c\,\delta_0\,e^{-\frac{\beta}{2}t} \quad \text{für alle } t \geq 0.$$

Das bedeutet wegen $\beta > 0$, daß (12.203) und (12.204) erfüllt werden, $\mathbf{w}^0 = \mathbf{0}$ also asymptotisch stabil ist.

Im Fall *ii.* seien λ_j die Eigenwerte mit $\operatorname{Re}\lambda_j > 0$, $j = 1, \ldots, J$, und λ_k diejenigen mit $\operatorname{Re}\lambda_k \leq 0$, $k = 1, \ldots, K$. Mit der Matrix $\mathbf{B}$ aus den Eigen– und Hauptvektoren (12.121) transformiert sich $\mathbf{A}$ auf Jordansche Normalform

$$\mathbf{J} = \mathbf{B}^{-1}\mathbf{A}\,\mathbf{B}.$$

Mit $\eta > 0$ und $0 < 6\eta < \operatorname{Re}\lambda_j$ für alle $j = 1, \ldots J$ führen wir die Hilfsmatrix

$$\mathbf{H} := \left(\delta_{\ell m}\,\eta^{\ell}\right)_{\ell,m=1,\ldots,n}$$

ein. Dann hat die Matrix

$$\mathbf{D} := \mathbf{H}^{-1}\mathbf{J}\,\mathbf{H}$$

die Gestalt

$$\begin{aligned} d_{\ell\ell} &= \lambda_\ell, \\ d_{\ell,\ell+1} &= \begin{cases} \eta, & \text{falls ein Jordan–Kasten vorliegt,} \\ 0 & \text{sonst,} \end{cases} \\ d_{\ell,m} &= 0 \quad \text{für } m \neq \ell,\, m \neq \ell+1. \end{aligned}$$

Die Lösungen $\mathbf{w}(t)$ des autonomen Systems transformieren wir mittels

$$\mathbf{w}(t) = \mathbf{B}\,\mathbf{H}\mathbf{v}(t)$$

und finden für $\mathbf{v} = \mathbf{H}^{-1}\mathbf{B}^{-1}\mathbf{w}$ das autonome System

$$\dot{\mathbf{v}} = \mathbf{D}\,\mathbf{v} + \mathbf{g}_*(\mathbf{v})$$

bzw.

$$\dot{v}_\ell = \lambda_\ell v_\ell + \eta\, v_{\ell+1} + g_{*\ell}(\mathbf{v}) \quad \text{für } \ell = 1, \ldots, n$$

mit

$$\mathbf{g}_*(\mathbf{v}) = \mathbf{H}^{-1}\mathbf{B}^{-1}\mathbf{g}(\mathbf{B}\,\mathbf{H}\,\mathbf{v}),$$

wobei der zusätzliche Term $\eta\, v_{\ell+1}$ nur auftritt, falls zu λ_ℓ ein Jordan–Kasten gehört; sonst setzen wir ihn Null. Aus der Definition von $\mathbf{g}_*$ ergibt sich die Ungleichung

$$|\mathbf{g}_*(\mathbf{v})| \leq \|\mathbf{H}^{-1}\mathbf{B}^{-1}\|_F\, c_1(\varepsilon)\, |\mathbf{B}\,\mathbf{H}\,\mathbf{v}| \leq \|\mathbf{H}^{-1}\mathbf{B}^{-1}\|_F\, c_1(\varepsilon)\eta\, |\mathbf{v}|\,.$$

Nun wählen wir für das Folgende $\varepsilon > 0$ so klein, daß $\|\mathbf{H}^{-1}\mathbf{B}^{-1}\|_F\, c_2(\varepsilon) \leq 1$ gilt! Dann haben wir

$$|\mathbf{g}_*(\mathbf{v})| \leq \eta\, |\mathbf{v}|\,.$$

Jetzt nehmen wir an, daß $\mathbf{0}$ stabil im Sinne von Lyapunov ist. Zu dem eben gewählten $\varepsilon > 0$ gibt es also ein $\delta > 0$, so daß aus $|\mathbf{w}(0)| \leq \delta$ folgt: $|\mathbf{w}(t)| < \varepsilon$ für alle $t \geq 0$. Betrachten wir im Folgenden alle Lösungen $\mathbf{v}(t)$ mit $0 < |\mathbf{v}(0)| < \varepsilon$, so gilt $|\mathbf{w}(0)| < \eta\,\varepsilon$ und unter den entsprechenden Lösungen $\mathbf{w}(t)$ sind dann auch solche, die $0 < |\mathbf{w}(0)| < \delta$ erfüllen. Unter diesen Anfangswerten wählen wir solche mit $v_k(0) = 0$, aber $0 < |\mathbf{v}(0)| < \varepsilon$. Seien nun

$$\phi(t) := \sum_{j=1}^{J} |v_j(t)|^2 \quad \text{und } \psi(t) := \sum_{k=1}^{K} |v_k(t)|^2.$$

Dann gilt $\psi(0) < \phi(0)$. Des weiteren gilt wegen der Differentialgleichungen für v_j

$$\dot{\phi}(t) = 2\sum_{j=1}^{J} \operatorname{Re}(\dot{v}_j\overline{v}_j) = 2\sum_{j=1}^{J} \left[\operatorname{Re}\lambda_j v_j\overline{v}_j + \eta\operatorname{Re}(v_{j+1}\overline{v}_j) + \operatorname{Re}(\overline{v}_j g_{*j}(\mathbf{v}))\right].$$

Des weiteren haben wir die Ungleichungen

$$\begin{aligned}
\sum_{j=1}^{J} \operatorname{Re}(v_{j+1}\overline{v}_j) &\leq \left[\sum_{j=1}^{J} |v_j|^2 \sum_{j=1}^{J-1} |v_{j+1}|^2\right]^{1/2} &\leq \phi,\\
\sum_{j=1}^{J} \operatorname{Re}(\overline{v}_j g_{*j}(\mathbf{v})) &\leq \sqrt{\phi}\,|\mathbf{g}_*(\mathbf{v})| \leq \eta\sqrt{\phi}\,|\mathbf{v}| &\leq 2\eta\phi
\end{aligned}$$

wegen $|\mathbf{v}|^2 = \phi^2 + \psi^2$ für alle $t \geq 0$, solange $\psi(t) \leq \phi(t)$ erfüllt ist. Somit erhalten wir **für diese** t:

$$\frac{1}{2}\dot{\phi}(t) > 6\eta\phi - \eta\phi - 2\eta\phi = 3\eta\phi = \eta\phi + 2\eta\phi.$$

Aus der Differentialgleichung für ψ erhalten wir auf die gleiche Weise unter Beachtung von $\operatorname{Re}\lambda_k \leq 0$ die Ungleichung

$$\frac{1}{2}\dot{\psi}(t) \leq \eta\psi + 2\eta\phi.$$

Subtraktion beider Differentialungleichungen liefert

$$(\phi(t) - \psi(t))' > 2(\phi(t) - \psi(t)) \quad \text{für } t \geq 0.$$

Daraus folgt wegen $0 \leq \phi(0) - \psi(0)$, daß $\psi(t) < \phi(t)$ tatsächlich **für alle** $t \geq 0$ gilt! Also ist auch

$$\dot{\phi}(t) > 6\eta\phi(t), \quad \text{folglich} \quad \phi(t) \geq \phi(0)e^{6\eta t} \quad \text{für alle } t \geq 0$$

erfüllt, und $|\mathbf{v}(t)|$ sowie $|\mathbf{w}(t)|$ wachsen über alle Grenzen für $t \to +\infty$. Wir haben also mindestens eine Lösung $\mathbf{w}(t)$ mit den oben gewählten Anfangsbedingungen, das heißt mit $0 < |\mathbf{w}(0)| < \delta$ gefunden, die (12.204) verletzt. $\mathbf{0}$ kann somit nicht im Sinne von Lyapunov stabile Gleichgewichtslage sein. □

Aussage *i.* des Satzes 12.69 erweist sich als Spezialfall des folgenden Stabilitätssatzes von Lyapunov.

Definition 12.70: *$V \in C^1(\mathcal{D})$ heißt* **Lyapunov–Funktion** *zu (12.182) mit Gleichgewichtslage $\mathbf{w}^0 = \mathbf{0}$ genau dann, wenn die Bedingungen*

$$(12.211)\; V(\mathbf{0}) = 0 \quad \textit{und}\; V(\mathbf{w}) > 0 \quad \textit{für}\; \mathbf{w} \in \mathcal{D}\backslash\{\mathbf{0}\}$$

und

$$(12.212)\; \nabla_{(\mathbf{w})} V(\mathbf{w})\, \mathbf{f}(\mathbf{w}) \leq 0 \quad \textit{für alle}\; \mathbf{w} \in \mathcal{D}$$

erfüllt sind.

Satz 12.71 (Stabilitätssatz von Lyapunov) : *Die rechte Seite* $\mathbf{f}$ *in* (12.182) *sei in $\mathcal{D}$ stetig, $\mathbf{f}(\mathbf{0}) = \mathbf{0}$, und zu $\mathbf{f}$ existiere eine Lyapunov–Funktion.*

i. Dann ist $\mathbf{0}$ stabil im Sinne von Lyapunov.

ii. Ist zusätzlich

$$(12.213)\; \nabla_{(\mathbf{w})} V(\mathbf{w})\, \mathbf{f}(\mathbf{w}) < 0 \quad \textit{für}\; \mathbf{w} \neq \mathbf{0}$$

erfüllt, so ist $\mathbf{0}$ asymptotisch stabil.

Den Beweis findet man zum Beispiel in [90].

Definition 12.72: *$\Phi(\mathbf{w})$ heißt* **erstes Integral** *zum autonomen System (12.182) mit der Gleichgewichtslage $\mathbf{w}^0 = \mathbf{0}$ genau dann, wenn*

$$(12.214)\; \sum_{j=1}^{n} \left(\frac{\partial \Phi}{\partial w_j} f_j\right)(\mathbf{w}) = \nabla_{(\mathbf{w})}\Phi(\mathbf{w})\, \mathbf{f}(\mathbf{w}) = 0 \quad \textit{für alle}\; \mathbf{w} \in \mathcal{D} \subset \mathbb{R}^n$$

erfüllt ist. Dabei ist $\mathcal{D}$ der Definitionsbereich von $\mathbf{f}$ und Φ und $\mathbf{0} \in \underline{\mathcal{D}}$.

(12.214) ist eine **lineare partielle Differentialgleichung erster Ordnung** für Φ, die demnach zur Bestimmung eines ersten Integrals zu lösen ist.

Lemma 12.73: *γ sei Orbit zu* (12.182) *mit Gleichgewichtslage* $\mathbf{w}^0 = \mathbf{0}$. *Dann gilt für ein erstes Integral*

$$(12.215)\; \Phi(\mathbf{w})_{|\gamma} = \Phi(\mathbf{w}(t))_{|\gamma} = c = \text{konstant}.$$

Beweis: Der Beweis folgt aus der Kettenregel und den Differentialgleichungen (12.182):

$$\frac{d}{dt}\Phi(\mathbf{w}(t))_{|\gamma} = \sum_{j=1}^{n} \frac{\partial \Phi}{\partial w_j} \frac{dw_j}{dt}_{|\gamma} = \sum_{j=1}^{n} \frac{\partial \Phi}{\partial w_j} f_{j|\gamma} = 0.$$

□

Im Zweidimensionalen bedeutet dies, daß die Niveaulinien von Φ den Orbits entsprechen. Im $\mathbb{R}^n$ bedeutet dies, daß die Orbits in den Niveauflächen von Φ verlaufen.

Satz 12.74: $\Phi_1(\mathbf{w}), \ldots, \Phi_{n-1}(\mathbf{w})$ *seien zu* $\mathbf{f}(\mathbf{w})$ *in* $\mathcal{D}$ *erste Integrale und die Gradienten* $\nabla_{(\mathbf{w})}\Phi_1, \nabla_{(\mathbf{w})}\Phi_2, \ldots, \nabla_{(\mathbf{w})}\Phi_{n-1}$ *seien für jeden Punkt* $\mathbf{w} \in \mathcal{D}$ *linear unabhängig. Dann ist jede durch*

$$\text{(12.216)}\ \Phi_1(\mathbf{w}) = c_1, \ldots, \Phi_{n-1}(\mathbf{w}) = c_{n-1}$$

mit Konstanten $c_\ell \in \Phi_\ell(\mathcal{D})$ *für* $\ell = 1, \ldots, n-1$ *implizit bestimmte Kurve ein Orbit zu* (12.216).

Beweis: Ist für einen Lösungspunkt $\mathbf{w} = \mathbf{w}^0$ der Gleichungen (12.216) $\mathbf{w}^0$ Gleichgewichtslage des Systems (12.182), dann ist $\gamma = \mathbf{w}^0$ entarteter Orbit der stationären Lösung $\mathbf{w}(t) = \mathbf{w}^0$.
Wir haben dann nur noch den Fall $\mathbf{f}(\mathbf{w}) \neq 0$ zu behandeln.
Aus dem Satz über implizite Funktionen folgt, daß wegen

$$\text{Rang}\,(\nabla_{(\mathbf{w})}\Phi_1, \ldots, \nabla_{(\mathbf{w})}\Phi_{n-1}) = (n-1)$$

durch (12.216) lokal eine Kurve $\mathcal{C}$ definiert wird, für die wir eine Parameterdarstellung $\mathbf{w} = \mathbf{w}(\tau)$ wählen. Auf dieser Kurve $\mathcal{C}$ folgen aus (12.216) die Gleichungen

$$\nabla_{(\mathbf{w})}\Phi_k \frac{d\mathbf{w}}{d\tau} = 0 \quad \text{für } k = 1, \ldots, n-1.$$

Andererseits gilt

$$\nabla_{(\mathbf{w})}\Phi_k\, \mathbf{f}(\mathbf{w}) = 0 \quad \text{für } k = 1, \ldots, n-1.$$

Da die Gradienten linear unabhängig sind, folgt aus diesen Gleichungen, daß es auf $\mathcal{C}$ eine Funktion $\chi(\tau)$ geben muß, so daß gilt

$$\frac{d\mathbf{w}}{d\tau}\chi(\tau) = \mathbf{f}(\mathbf{w}(\tau)).$$

Solange die durch (12.216) festgelegten Punkte auf $\mathcal{C}$ nicht in die Gleichgewichtslage $\mathbf{0}$ fallen, ist $\chi(\tau) \neq 0$ und

$$t - t_0 := \int_{\tau_0}^{\tau} \frac{1}{\chi(\sigma)}\, d\sigma$$

kann als neue Zeitvariable eingeführt werden. Dann geht obiges Gleichungssystem in

$$\frac{d\mathbf{w}}{dt} = \mathbf{f}(\mathbf{w})$$

auf $\mathcal{C} = \gamma$ über. □

Wir wollen nun nochmals den Fall $n = 2$ näher untersuchen und wählen zunächst als Beispiel das **Mathematische Pendel:**
Das Newtonsche Gesetz $am\ddot{w}_1 = -mg\sin w_1$ für die Winkelbeschleunigung $\ddot{w}_1$ liefert mit der Winkelgeschwindigkeit $w_2 = \dot{w}_1$ und mit $k^2 = g/a$ das autonome System

$$(12.217)\quad \dot{\mathbf{w}} = \mathbf{f}(\mathbf{w}) = \begin{pmatrix} w_2 \\ -k^2 \sin w_1 \end{pmatrix}.$$

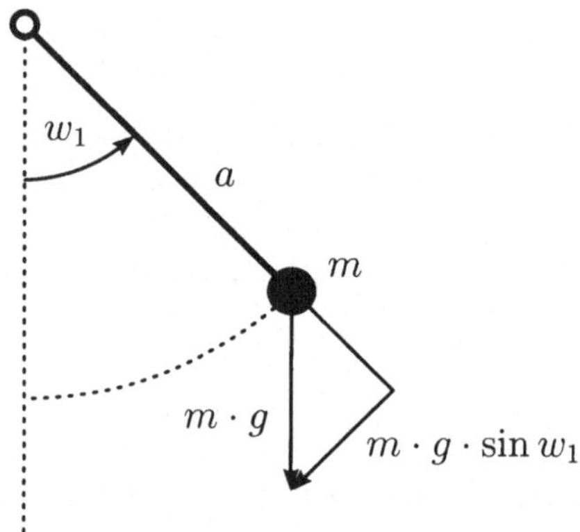

Abbildung 12.17: Mathematisches Pendel.

Hierbei ist $k^2 = g/a$ mit der Erdbeschleunigung g und der Pendellänge a. Ein erstes Integral ist hier bekannt, es lautet

$$(12.218)\quad \Phi(\mathbf{w}) = w_2^2 - 2k^2 \cos w_1.$$

Die Orbits im Phasenraum (w_1, w_2) sind also implizit durch die Kurven

$$w_2^2 - 2k^2 \cos w_1 = c = \text{konstant} = 2(E - k^2)$$

gegeben.

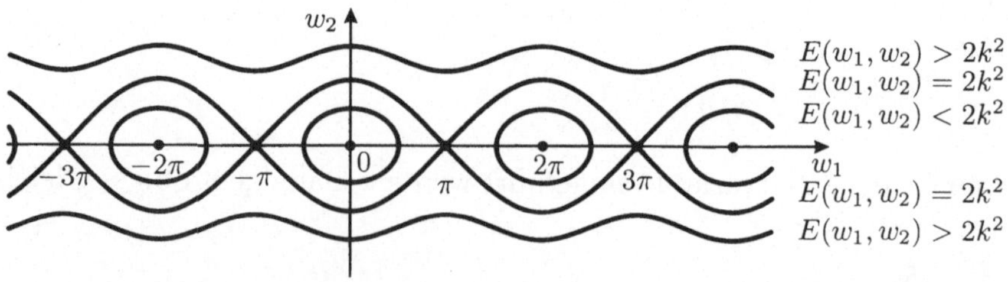

Abbildung 12.18: Phasenportrait für das ungedämpfte mathematische Pendel.

Satz 12.75: *Sei* $\mathbf{f} \in C^3(\mathcal{D})$ *und sei* $\mathbf{w}^0 = \mathbf{0} \in \mathcal{D}$ *isolierte Gleichgewichtslage.* $\mathbf{A}$ *habe nur rein imaginäre Eigenwerte, das heißt* $\operatorname{Re}\lambda_k = 0$ *für* $k = 1, \ldots, n$. *Zu* $\mathbf{f}$ *exisitiere ein erstes Integral* $\Phi \in C^3(\mathcal{D})$ *und die Hesse–Matrix von* ϕ *in* $\mathbf{0}$ *sei regulär, das heißt*

$$(12.219)\ \det\left(\frac{\partial^2\phi}{\partial w_j \partial w_k}(\mathbf{0})\right)_{j,k} \neq 0.$$

Im Fall $n = 2$ *ist dann die Gleichgewichtslage ein Wirbel, und in einer Umgebung von* $\mathbf{0}$ *sind alle Orbits einfach geschlossen.*

Beweis: Nach Voraussetzung ist $\lambda_\pm = \pm i\beta \neq 0$, $\mathbf{z}_\pm = \mathbf{z}_r \pm i\mathbf{z}_i$ und $\mathbf{C} := (\mathbf{z}_r, \mathbf{z}_i)$ transformiert $\mathbf{A}$ wie folgt:

$$\mathbf{C}^{-1}\mathbf{A}\mathbf{C} = \beta\begin{pmatrix} 0 & 1 \\ -1 & 0 \end{pmatrix}.$$

Nach der Transformation $\mathbf{w}(t) = \mathbf{C}\mathbf{v}(t)$ bzw. $\mathbf{v}(t) = \mathbf{C}^{-1}\mathbf{w}(t)$ geht das autonome System (12.209) in das neue System für $\mathbf{v}$, nämlich

$$(12.220)\ \dot{\mathbf{v}} = \beta\begin{pmatrix} 0 & 1 \\ -1 & 0 \end{pmatrix}\mathbf{v} + \mathbf{g}_*(\mathbf{v})$$

über, und der Beweis kann für Systeme in der Form (12.220) durchgeführt werden. Wir zeigen nun zuerst $\nabla_{(\mathbf{w})}\Phi(\mathbf{0}) = \mathbf{0}$ mit Hilfe eines Widerspruchsbeweises, nehmen also zunächst an, daß $\nabla_{(\mathbf{w})}\Phi(\mathbf{0}) \neq \mathbf{0}$ sei. Ohne Beschränkung der Allgemeinheit sei also

$$\frac{\partial\Phi}{\partial v_2}(\mathbf{0}) \neq 0.$$

Dann existieren nach dem Satz über implizite Funktionen eine Konstante $\delta > 0$ sowie eine Funktion $\psi_2 \in C^3$ in dem Intervall $\{v_1 \mid |v_1| \leq \delta\}$ mit $\psi_2(0) = 0$, so daß gilt

$$\Phi(v_1, \psi_2(v_1)) = 0 \quad \text{für alle } |v_1| \leq \delta.$$

Auf dieser Kurve gilt

$$\frac{d\psi_2}{dv_1} = -\frac{\partial\phi}{\partial v_1}\Big/\frac{\partial\phi}{\partial v_2} =: \chi(\mathbf{v})$$

und $\chi \in C^2$ in einer Umgebung von $\mathbf{0}$. Aufgrund des autonomen Systems ist dort auch die Gleichung

$$\frac{\dot{v}_2}{\dot{v}_1} = \frac{dv_2}{dv_1} = \chi(\mathbf{v}) = -\frac{v_1 - g_2\beta^{-1}}{v_2 - g_1\beta^{-1}}$$

erfüllt. Wegen $\mathbf{f} \in C^3$ und $\mathbf{f}(\mathbf{0}) = \mathbf{0}$ sowie $\mathbf{A} = \dfrac{\partial \mathbf{f}}{\partial \mathbf{w}}(\mathbf{0})$ entspricht $\mathbf{g}(\mathbf{w})$ dem Restglied in der Taylorformel

$$\mathbf{f}(\mathbf{w}) = \mathbf{A}\,\mathbf{w} + \mathbf{g}(\mathbf{w})$$

um die Gleichgewichtslage $\mathbf{w}^0 = \mathbf{0}$. Folglich gelten

$$\frac{\partial g_{*j}}{\partial v_k}(\mathbf{0}) = 0 \quad \text{und} \quad |\mathbf{g}_*(\mathbf{v})| \le c\,|\mathbf{v}|^2.$$

Demnach verhält sich $\chi(\mathbf{v})$ bei $\mathbf{v} = \mathbf{0}$ wie v_1/v_2, ist also im Ursprung $\mathbf{v} = \mathbf{0}$ **unstetig** im Widerspruch zu $\chi \in C^2$. Folglich muß gelten

$$\nabla_{(\mathbf{v})}\Phi(\mathbf{0}) = \mathbf{0}.$$

Mit der Hesse–Matrix $\mathbf{H}$ zu (12.220) hat $\Phi(\mathbf{v})$ also die Gestalt

$$(12.221)\quad \Phi(\mathbf{v}) = \frac{1}{2}\mathbf{v}^\top \mathbf{H}\,\mathbf{v} + \varphi(\mathbf{v}) \quad \text{und} \quad \nabla\Phi(\mathbf{v}) = \mathbf{H}\,\mathbf{v} + \nabla\varphi(\mathbf{v}).$$

Hierbei ist $|\varphi(\mathbf{v})| \le c|\mathbf{v}|^3$ und $|\nabla\varphi(\mathbf{v})| \le c|\mathbf{v}|^2$. Entlang eines Orbits gilt dann die Gleichung

$$(12.222)\quad 0 = \nabla_{(\mathbf{v})}\Phi\,\dot{\mathbf{v}} = \beta\mathbf{v}^\top \begin{pmatrix} 0 & 1 \\ -1 & 0 \end{pmatrix} \mathbf{H}\,\mathbf{v} + G(\mathbf{v}),$$

und für die Funktion G gilt $|G\mathbf{v}| \le c|\mathbf{v}|^3$.
Des weiteren ist nach Voraussetzung $\det \mathbf{H} \neq 0$.
Im Fall $\det \mathbf{H} < 0$ existieren aufgrund des Satzes 9.26 von Morse eine Konstante $\tilde{\delta} > 0$ und genau zwei Funktionen $\psi_2^\pm \in C^2$ für $|v_2| \le \tilde{\delta}$ mit

$$\Phi(v_2, \psi_2^\pm(v_1)) = 0 \quad \text{für } |v_1| \le \tilde{\delta}.$$

Wie im vorigen Fall steht dies im Widerspruch zu

$$\frac{d\psi_2^\pm}{dv_1} = \chi^\pm(v_1, \psi_2^\pm) \quad \text{mit } \chi^\pm \in C^1$$

in der Umgebung von $\mathbf{0}$, da dort wieder aufgrund des Differentialgleichungssystems (12.220) gilt

$$\frac{dv_2}{dv_1} = -\frac{v_1 - g_2\beta^{-1}}{v_2 + g_1\beta^{-1}} = \chi^\pm(v_1, v_2),$$

die Funktionen $\chi^\pm$ demnach im Ursprung unstetig sind.
Es ist also nur noch der Fall $\det \mathbf{H} > 0$ möglich. Hier führen wir Polarkoordinaten

$$\mathbf{v} = \rho\,\mathbf{u}$$

in (12.222) ein und erhalten nach Division durch ρ^2 mit $\rho \to 0$ die Gleichung

$$\beta\,\mathbf{u}^\top \begin{pmatrix} 0 & -1 \\ 1 & 0 \end{pmatrix} \mathbf{H}\,\mathbf{u} \;=\; \beta\left[h_{11}u_1u_2 - h_{22}u_1u_2 + h_{12}u_2^2 - h_{12}u_1^2\right] \;=\; 0$$

für alle $\mathbf{u} \in \mathbb{R}^2$ mit $|\mathbf{u}| = 1$. Für $u_1 = 0$, $u_2 = 1$ folgt daraus $h_{12} = 0$, und für $u_1 = u_2$ folgt $h_{11} = h_{22} \neq 0$. Die Hesse–Matrix hat also spezielle Diagonalgestalt und $h_{11} = h_{22} \neq 0$. Für die Orbits erhalten wir dann aus dem ersten Integral nach (12.215)

$$\frac{1}{2}h_{11}\left[v_1^2 + v_2^2\right] + \varphi(\mathbf{v}) \;=\; k \;=\; \text{konstant}$$

und mit Polarkoordinaten $v_1 = r\cos\vartheta$, $v_2 = r\sin\vartheta$ um $\mathbf{0}$

$$r^2 + \frac{2}{h_{11}}\varphi(r\cos\vartheta, r\sin\vartheta) \;=\; k,$$

also

$$r(\vartheta, k) \;=\; \sqrt{k}\left[1 + \frac{2}{h_{11}}\left(\frac{1}{r^2}\varphi(r\cos\vartheta, r\sin\vartheta)\right)\right]^{-1/2}.$$

Wegen $|\varphi| \leq cr^3$ ist $\left(\frac{1}{r^2}\varphi(r\cos\vartheta, r\sin\vartheta)\right)$ immer noch einmal stetig differenzierbar von r und ϑ abhängig und zudem von der Ordnung $\mathcal{O}(r)$. Dann kann man auf die Fixpunktgleichung zur Bestimmung von $r(\vartheta, k)$ die sukzessive Iteration und den Banachschen Fixpunktsatz oder auch nochmals den Satz über implizite Funktionen anwenden und erhält genau eine 2π–periodische Lösung $r(\vartheta, k)$ für genügend kleine $k > 0$ und mit dieser, wie behauptet, die geschlossenen Orbits um $\mathbf{0}$ in der Gestalt

$$v_1 \;=\; r(\vartheta, k)\cos\vartheta, \quad v_2 \;=\; r(\vartheta, k)\sin\vartheta \quad \text{für } \vartheta \in \mathbb{R}.$$

□

Definition 12.76: *$W \in C^1(\mathbb{R}^n)$ heißt* **Lyapunovsche Dissipationsfunktion** *zu* **f** *in $\mathbb{R}^n$, wenn $W(\mathbf{v}) \geq 0$ und*

(12.223) $$\lim_{|\mathbf{v}| \to \infty} W(\mathbf{v}) \;=\; +\infty$$

gleichmäßig für alle Richtungen von **v** *gelten und zudem zwei Konstanten $C \geq 0$ und $\delta > 0$ existieren, so daß die* **Lyapunovsche Dissipationsbedingung**

(12.224) $$\nabla_{(\mathbf{v})}W(\mathbf{v}) \cdot \mathbf{f}(\mathbf{v}) \;\leq\; C - \delta W(\mathbf{v}) \quad \text{für alle } \mathbf{v} \in \mathbb{R}^n$$

erfüllt ist. Häufig wird $W(\mathbf{v}) = |\mathbf{v}|^2$ gewählt, dann lautet die Dissipationsbedingung

$$2\mathbf{v} \cdot \mathbf{f}(\mathbf{v}) \;\leq\; C - \delta|\mathbf{v}|^2.$$

Lemma 12.77: $\mathbf{w}(t)$ *sei Lösung von* (12.182) *und* $\mathbf{f}$ *erfülle die Lyapunovsche Dissipationsbedingung* (12.224) *mit einer Dissipationsfunktion* W. *Dann gilt*

$$(12.225)\quad W(\mathbf{w}(t)) \leq e^{-\delta t} W(\mathbf{w}(0)) + \frac{C}{\delta} \quad \text{für alle } t \geq 0.$$

Beweis: Auf dem Orbit zu $\mathbf{w}(t)$ gilt aufgrund der Kettenregel und (12.182)

$$\frac{d}{dt} W(\mathbf{w}(t)) = (\nabla_{(\mathbf{v})} W) \cdot \dot{\mathbf{w}} = ((\nabla_{(\mathbf{v})} W) \cdot \mathbf{f})_{|\gamma} \leq C - \delta W(\mathbf{w}(t)),$$

also für $\phi(t) := W(\mathbf{w}(t))$ ist

$$\frac{d}{dt}(e^{\delta t}\phi(t)) \leq C e^{\delta t}.$$

Integration beider Seiten von 0 bis t liefert

$$e^{\delta t}\phi(t) - \phi(0) \leq \frac{C}{\delta}(e^{\delta t} - 1) \leq \frac{C}{\delta} e^{\delta t},$$

also

$$\phi(t) \leq e^{-\delta t}\phi(0) + \frac{C}{\delta}.$$

Das ist (12.225). □

Aufgrund der Bedingung (12.224) **existieren die Lösungen für alle Zeiten** $t \geq 0$. Wir können deshalb unter den Voraussetzungen in Lemma 12.77 die folgende Verallgemeinerung der Übergangsmatrix treffen.

Definition 12.78: *Durch* $\mathbf{S}(t)\mathbf{w}(0) := \mathbf{w}(t)$ *für* $t \geq 0$ *wird eine Familie von Operatoren* $\mathbf{w}(0) \mapsto \mathbf{w}(t) = \mathbf{S}(t)\mathbf{w}(0)$ *vom* $\mathbb{R}^n$ *in sich definiert. Diese Familie von Operatoren* $\{\mathbf{S}(t) \,|\, t \geq 0\}$ *bildet eine* **Halbgruppe**, *das heißt sie hat die Eigenschaften*

$$(12.226)\quad \mathbf{S}(t_1 + t_2) = \mathbf{S}(t_1)\mathbf{S}(t_2) \quad \text{für alle } t_1, t_2 \geq 0,\ \mathbf{S}(0) = \mathbf{1}.$$

Wenn wir für $\mathbf{f}$ eine lokale Lipschitz–Bedingung in jedem Punkt $\mathbf{v} \in \mathbb{R}^n$ voraussetzen, dann ist $\mathbf{S}(t) : \mathbb{R}^n \to \mathbb{R}^n$ eine stetige Abbildung und auch bezüglich $t \geq 0$ stetig. Man sagt, daß die Operatorenhalbgruppe von dem autonomen System (12.182) **erzeugt** wird.

Definition 12.79: $\mathcal{B}_0 \subset \mathbb{R}^n$ *heißt* **absorbierende Menge** *für die durch das System* (12.182) *erzeugte Halbgruppe* $\{\mathbf{S}(t) \,|\, t \geq 0\}$, *wenn sie folgende Eigenschaft hat: Zu jeder in* $\mathbb{R}^n$ *beschränkten Teilmenge* $\mathcal{B} \subset \mathbb{R}^n$ *existiert eine Zeit* $t_1(\mathcal{B}) \geq 0$, *so daß* $\mathbf{S}(t)\mathcal{B} \subseteq \mathcal{B}_0$ *für alle* $t \geq t_1(\mathcal{B})$ *erfüllt ist.*

Die absorbierende Menge fängt also jede Lösung nach einer (genügend großen) Zeit ein!

Satz 12.80: **f** *sei in* $\mathbb{R}^n$ *lokal Lipschitz–stetig und erfülle die Lyapunovsche Dissipationsbedingung* (12.224) *mit einer Dissipationsfunktion* W. *Dann ist die Menge*

$$(12.227)\ \mathcal{B}_0 := \{\mathbf{v} \in \mathbb{R}^n \,|\, W(\mathbf{v}) \leq 2\frac{C}{\delta}\}$$

absorbierend für die Halbgruppe $\{\mathbf{S}(t)\,|\,t \geq 0\}$.

Man beachte, daß wegen (12.223) die Menge $\mathcal{B}_0$ kompakte Teilmenge des $\mathbb{R}^n$ ist.

Beweis: $\mathcal{B} \subset \mathbb{R}^n$ sei beschränkte Menge. Dann gibt es eine obere Schranke $M \geq |\mathcal{B}|$ zu $\mathcal{B}$. Wegen der Stetigkeit von W gibt es zu M eine Konstante R, so daß

$$(12.228)\ W(\mathbf{v}) \leq R \quad \text{für alle } \mathbf{v} \in \mathbb{R}^n,\ |\mathbf{v}| \leq M$$

gilt. Insbesondere gilt (12.228) für alle $\mathbf{v} \in \mathcal{B}$. Für $t \geq 0$ mit $t \geq \frac{1}{\delta}\ln\frac{\delta R}{C}$ erhält man $e^{-t\delta} R \leq \frac{C}{\delta}$. Folglich gilt für alle Lösungen $\mathbf{w}(t)$ mit Anfangswerten $\mathbf{w}(0) \in \mathcal{B}$ wegen (12.225)

$$W(\mathbf{w}(t)) \leq e^{-\delta t} W(\mathbf{w}(0)) + \frac{C}{\delta} \leq e^{-\delta t} R + \frac{C}{\delta} \leq 2\frac{C}{\delta},$$

wenn $t \geq \max\{0, \frac{1}{\delta}\ln\frac{\delta R}{C}\} =: t_1(\mathcal{B})$ erfüllt ist. Für alle diese Zeiten liegt also $\mathbf{w}(t)$ in $\mathcal{B}_0$, wie behauptet. □

Definition 12.81: $\mathcal{A} \subset\subset \mathbb{R}^n$ *heißt* **globaler Attraktor** *der Halbgruppe* $\{\mathbf{S}(t)\,|\,t \geq 0\}$ *genau dann, wenn* $\mathcal{A}$ *kompakt ist und des weiteren* $\mathbf{S}(t)\mathcal{A} = \mathcal{A}$ *für alle* $t \geq 0$ *gilt und*

$$(12.229)\ \forall\, \mathcal{B} \subset \mathbb{R}^n \wedge |\mathcal{B}| < \infty\ \forall \varepsilon > 0\ \exists\, t_1(\mathcal{B},\varepsilon)\ \forall\, t \geq t_1(\mathcal{B},\varepsilon) \ :\ \mathbf{S}(t)\mathcal{B} \subset \mathcal{O}_\varepsilon(\mathcal{A}).$$

Hierbei ist

$$\mathcal{O}_\varepsilon(\mathcal{A}) := \{\mathbf{v} \in \mathbb{R}^n \,|\, \min_{\mathbf{x}\in\mathcal{A}} |\mathbf{v} - \mathbf{x}| < \varepsilon\}.$$

Die Bedingung (12.229) ist gleichbedeutend mit

$$(12.230)\ \lim_{t\to+\infty}\ \sup_{\mathbf{w}\in\mathbf{S}(t)\mathcal{B}}\ \min_{\mathbf{v}\in\mathcal{A}} |\mathbf{w} - \mathbf{v}| = 0.$$

Wenn zur Halbgruppe $\{\mathbf{S}(t)\,|\,t \geq 0\}$ ein globaler Attraktor $\mathcal{A}$ existiert, ist dieser durch die Bedingungen (12.229) eindeutig festgelegt.
In dem Buch [16] von Chepyzhov und Vishik wird der folgende Satz bewiesen.

Satz 12.82: *Die Halbgruppe* $\{\mathbf{S}(t)\,|\,t \geq 0\}$ *sei im* $\mathbb{R}^n$ *stetig und besitze eine kompakte absorbierende Menge* $\mathcal{P} \Subset \mathbb{R}^n$. *Dann existiert ein gobaler Attraktor* $\mathcal{A} \subseteq \mathcal{P}$ *und* $\mathcal{A}$ *ist zusammenhängend.*

Wir verzichten hier auf den Beweis.

Wir haben eben verlangt, daß die Halbgruppe für $t \geq 0$ definiert ist. Nun gibt es aber auch viele Systeme, bei denen der Anfangszustand zu beliebigen Zeiten, also auch in der Vergangenheit gewählt werden kann.

Definition 12.83: $\mathbf{w}(t)$ *für* $t \in \mathbb{R}$ *heißt* **vollständige Trajektorie** *der Halbgruppe* $\{\mathbf{S}(t)\,|\,t \geq 0\}$, *falls*

(12.231) $\mathbf{w}(\tau + t) = \mathbf{S}(\tau)\mathbf{w}(t)$ *für alle* $\tau \geq 0$ *und* **jedes** $t \in \mathbb{R}$

erfüllt ist. Die vollständige Trajektorie heißt **beschränkt**, *falls* $\{\mathbf{w}(t)\,|\,t \in \mathbb{R}\}$ *im* $\mathbb{R}^n$ *beschränkt ist. Die Familie* $\mathcal{K}$ *aller vollständigen beschränkten Trajektorien heißt der* **Kern des autonomen Systems** *(12.182) und die durch*

(12.232) $\mathcal{K}(\tau) := \{\mathbf{w}(\tau)\,|\,\mathbf{w} \in \mathcal{K}\}$ *für* $\tau \in \mathbb{R}$

definierte Teilmenge des $\mathbb{R}^n$ *heißt* **Kernschnitt** *zum zeitlichen Moment* τ.

Da mit $\mathbf{w}(t)$ für $\mathbf{w} \in \mathcal{K}$ auch $\mathbf{w}(t+h) =: \mathbf{w}_h(t)$ vollständige Trajektorie aus $\mathcal{K}$ ist, gilt

(12.233) $\mathcal{K}(\tau) = \mathcal{K}(0)$ für alle $\tau \in \mathbb{R}$.

Im Buch [16] von Chepyzhov und Vishik findet man den folgenden zentralen Satz.

Satz 12.84: *Unter den Voraussetzungen von Satz* 12.82 *gilt für jede kompakte absorbierende Menge* $\mathcal{P} \Subset \mathbb{R}^n$ *zur Halbgruppe* $\{\mathbf{S}(t)\,|\,t \geq 0\}$

(12.234) $\mathcal{A} = \omega(\mathcal{P}) := \bigcap_{s \geq 0} \bigcup_{t > s} \mathbf{S}(t)\,\mathcal{P}$

sowie

(12.235) $\mathcal{A} = \mathcal{K}(0)$.

Die Menge $\omega(\mathcal{P})$ heißt auch ω–**Limes** von $\mathcal{P}$.

Erläuterungen:

- Ist $C = 0$ in (12.224), so gilt $\mathcal{A} \subseteq \{\mathbf{v} \in \mathbb{R}^n\,|\,W(\mathbf{v}) = 0\}$. Falls $W(\mathbf{v})$ nur für einen einzigen Punkt $\mathbf{v} = \mathbf{v}^0$ verschwindet, gilt trivialerweise $\mathcal{A} = \{\mathbf{v}^0\}$.
- Die folgenden beschränkten vollständigen Trajektorien gehören immer zum Kern $\mathcal{K}$:
  - **Gleichgewichtslagen** $\mathbf{w}^0 = \mathbf{S}(t)\mathbf{w}^0$ für alle t;
  - **Periodische Orbits** mit der Periode p:

    $\widetilde{\mathbf{w}}(t+p) = \widetilde{\mathbf{w}}(t)$ für alle $t \in \mathbb{R}$;

  - **Quasiperiodische Lösungen**, das heißt für den skalaren Fall $n = 1$: $w(t) = \varphi(\alpha_1 t, \alpha_2 t, \ldots, \alpha_n t)$ mit Konstanten $\alpha_\ell > 0$ und einer 2π–periodischen Funktion $\varphi(\tau_1, \ldots, \tau_n)$ bezüglich jeder der Variablen τ_ℓ.
  - **Instabile Trajektorien**, deren Orbits von Gleichgewichtslagen starten.

- Im Falle $C > 0$ können die globalen Attraktoren von sehr allgemeiner Gestalt sein und sogar aus Trajektorien mit chaotischem Verhalten bestehen.

12.10 Ein Beispiel aus der Regelungstheorie

Da die Kontroll– bzw. Regelungstheorie heute in den meisten Anwendungsgebieten eine zentrale Rolle spielt, wollen wir hier wenigstens die Problematik erklären. Einführungen findet man zum Beispiel in [55] sowie in [58].

Die **Regelungstheorie** befaßt sich nicht mit der Untersuchung bzw. Entwicklung konkreter technischer Systeme (dies ist Aufgabe der Regelungstechnik), sondern mit der Untersuchung mathematischer Modelle für konkrete Systeme. Es handelt sich daher bei der Regelungstheorie um eine mathematische Disziplin, auch wenn die Terminologie in vielen Fällen konkrete Sachverhalte widerzuspiegeln scheint. Der Einfachheit halber betrachten wir ein **lineares** Problem, nämlich das System

$$(12.236)\quad \dot{\mathbf{r}}(t) = \mathbf{A}(t)\mathbf{r}(t) + \mathbf{B}(t)\mathbf{u}(t), \quad \mathbf{y}(t) = \mathbf{C}(t)\mathbf{r}(t) \quad \text{für } t \in \mathbb{R},$$

mit der **Zeit** t als Unabhängige, dem **Zustandsvektor** $\mathbf{r}(t) = (r_1(t), \ldots, r_n(t))^\top$, der **Steuerfunktion** $\mathbf{u}(t) = (u_1(t), \ldots, u_m(t))^\top$, den **meßbaren Ausgangsgrößen** $\mathbf{y}(t) = (y_1(t), \ldots, y_k(t))^\top$ sowie in $\mathbb{R}$ stückweise stetigen Matrizen $\mathbf{A}(t) \in \mathbb{R}^{n\times n}$, $\mathbf{B}(t) \in \mathbb{R}^{n\times m}$, $\mathbf{C}(t) \in \mathbb{R}^{k\times n}$.
Sei $\mathbf{R}(t, t_0)$ die Übergangsmatrix des Differentialgleichungssystems

$$\dot{\mathbf{R}} = \mathbf{A}\,\mathbf{R}.$$

Wenn der Systemzustand zur Zeit t_0 bekannt ist,

$$(12.237)\quad \mathbf{r}_0 = \mathbf{r}(t_0),$$

dann wird durch die Wahl einer Steuerfunktion $\mathbf{u}(t)$ im Intervall $[t_0, t_1]$ für alle Zeiten $t \in [t_0, t_1]$ der Zustand $\mathbf{r}(t)$ festgelegt, indem man das Anfangswertproblem (12.236), (12.237) löst. Man erhält demnach zwei Abbildungen

$$(12.238)\quad \mathbf{u} \;\mapsto\; \mathbf{r}(t, t_0, \mathbf{r}_0, \mathbf{u}) := \mathbf{R}(t, t_0)\mathbf{r}_0 + \int_{t_0}^{t} \mathbf{R}(t, s)\mathbf{B}(s)\mathbf{u}(s)ds,$$

$$(12.239)\quad \mathbf{u} \;\mapsto\; \mathbf{y}(t) := \mathbf{C}(t)\left[\mathbf{R}(t, t_0)\mathbf{r}_0 + \int_{t_0}^{t} \mathbf{R}(t, s)\mathbf{B}(s)\mathbf{u}(s)ds\right] \text{ für } t \in [t_0, t_1].$$

Für $t \in [t_0, t_1]$ ist $\mathbf{y}(t)$ die **Ausgangsgröße**, $\mathbf{r}_=\mathbf{r}(t_0)$ und $\mathbf{r}(t)$ beschreiben das **System** und $\mathbf{u}(t)$ ist die **Steuerfunktion**. Dabei beschreibt $\mathcal{V}$ die **Klasse** der zugelassenen Steuerfunktionen. Im folgenden machen wir die **Generalvoraussetzung**, daß $\mathcal{V}$ der lineare Vektorraum der in $\mathbb{R}$ stückweise stetigen Funktionen sei.

$\mathcal{Y}$ sei die Bildmenge der Abbildung (12.239). Unter unseren Voraussetzungen ist $\mathcal{Y}$ linearer Teilraum der in $\mathbb{R}$ stückweise stetigen Funktionen.

Beispiel 12.85: Satellitenproblem

Satellitenmasse	$= 1$
Radialschub	$= u_1(t)$
Horzontalschub	$= u_2(t)$
Gravitationskonstante	$= \gamma$

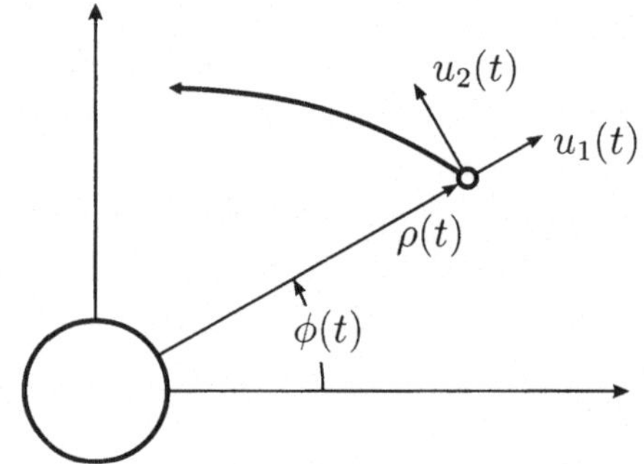

Abbildung 12.19: Satellitenproblem.

Mit dem **Newtonschem Gesetz**

$$\ddot{\rho}(t) = \rho(t)\dot{\phi}^2(t) - \frac{\gamma}{\rho^2(t)} + u_1(t), \quad \ddot{\phi}(t) = -\frac{2}{\rho}\dot{\phi}\,\dot{\rho} + \frac{1}{\rho}u_2(t)$$

ergibt sich für die Kreisbahn $u_1 = u_2 = 0$

$$\rho(t) = \rho_0 > 0, \quad \phi(t) = \omega\, t, \quad \omega = \sqrt{\rho_0^{\gamma/3}}\,.$$

Im Folgenden betrachten wir nur **Abweichungen von der speziellen Kreisbahn** $\rho_0 = 1$, $\omega = \sqrt{\gamma}$:

$$\begin{aligned} r_1(t) &:= \rho(t) - 1, \\ r_2(t) &:= \dot{\rho}, \\ r_3(t) &:= \phi(t) - \omega t, \\ r_4(t) &:= \dot{\phi} - \omega. \end{aligned}$$

Dann gehen beide Newton–Gleichungen über in das nichtlinare System

$$\begin{aligned}
\dot{r}_1 &:= r_2, \\
\dot{r}_2 &:= (r_1+1)(r_4+\omega) - \frac{\omega^2}{(r_1+1)^2} + u_1, \\
\dot{r}_3 &:= r_4, \\
\dot{r}_4 &:= -\frac{2r_2}{(r_1+1)}(r_4+\omega) + \frac{1}{(r_1+1)}u_2.
\end{aligned}$$

Durch Vernachlässigung von Gliedern höherer Ordnung erhält man das **linearisierte System**

$$\dot{\mathbf{r}} = \begin{pmatrix} 0 & 1 & 0 & 0 \\ \omega^2 & 0 & 0 & 2\omega \\ 0 & 0 & 0 & 1 \\ 0 & -2\omega & 0 & 0 \end{pmatrix} \begin{pmatrix} r_1 \\ r_2 \\ r_3 \\ r_4 \end{pmatrix} + \begin{pmatrix} 0 & 0 \\ 1 & 0 \\ 0 & 0 \\ 0 & 1 \end{pmatrix} \begin{pmatrix} u_1 \\ u_2 \end{pmatrix}.$$

Wir nehmen an, nur Radius r_1 und Winkel r_3 sind meßbar, dann sind die Ausgangsgrößen

$$\mathbf{y}(t) = \begin{pmatrix} y_1 \\ y_2 \end{pmatrix} = \begin{pmatrix} 1 & 0 & 0 & 0 \\ 0 & 0 & 1 & 0 \end{pmatrix} \mathbf{r}(t).$$

Betrachtet wird nun das **Steuerungsproblem**, für einen **vorgegebenen Systemzustand** $\mathbf{r}_0 = \mathbf{r}(t_0)$ und einen **gewünschten Endzustand** $\mathbf{r}_1 \in \mathbb{R}^n$ eine **Steuerfunktion** $\mathbf{u} \in \mathcal{V}$, so daß für $t_1 > t_0$

$$(12.240)\quad \mathbf{r}(t_1, t_0, \mathbf{r}_0, \mathbf{u}) = \mathbf{r}_1$$

erfüllt ist. Im allgemeinen wird man nicht erwarten können, daß man ein System in einen vorgegebenen Endzustand steuern kann. Man sagt deshalb, der Zustand $(t_0, \mathbf{r}_0)$ ist **steuerbar nach** $\mathbf{r}_1$, wenn es eine Steuerfunktion $\mathbf{u} \in \mathcal{V}$ und eine Zeit $t_1 > t_0$ gibt, so daß (12.240) lösbar ist. Wenn man $\mathbf{r}_1 = \mathbf{0}$ von **jedem** Ausgangszustand $(\mathbf{t}_0, \mathbf{r}_0)$ erreichen kann, sagt man, das System ist **vollständig steuerbar**. Mit Hilfe des Satzes von Caley–Hamilton aus der linearen Algebra läßt sich für lineare Systeme (12.240) der folgende Satz beweisen.

Satz 12.86 : *Im System (12.240) seien die reellen Matrizen* **A**, **B**, **C konstant**, *das heißt*

$$(12.241)\quad \dot{\mathbf{r}}(t) = \mathbf{A}\,\mathbf{r}(t) + \mathbf{B}\,\mathbf{u}(t), \quad \mathbf{y}(t) = \mathbf{C}\,\mathbf{r}(t).$$

Dann gelten:

i. $\mathbf{r}_0 \in \mathbb{R}^n$ *ist steuerbar nach* $\mathbf{r}_1 = \mathbf{0}$ *dann und nur dann, wenn*

$$(12.242)\quad \mathbf{r}(0) \in \sum_{k=0}^{n-1} (\text{Bild } \mathbf{A}^k\mathbf{B}).$$

ii. (12.236) *ist vollständig steuerbar dann und nur dann, wenn*

(12.243) $\text{Rang}\,(\mathbf{B}, \mathbf{AB}, \mathbf{A}^2\mathbf{B}, \ldots, \mathbf{A}^{n-1}\mathbf{B}) = n.$

Beispiel 12.87: Satellitenproblem
Für

$$\mathbf{B} = \begin{pmatrix} 0 & 0 \\ 1 & 0 \\ 0 & 0 \\ 0 & 1 \end{pmatrix}, \quad \mathbf{AB} = \begin{pmatrix} 1 & 0 \\ 0 & 2\omega \\ 0 & 1 \\ -2\omega & 0 \end{pmatrix}$$

ist

$$(\mathbf{B}, \mathbf{AB}, \ldots) = \begin{pmatrix} 0 & 0 & 1 & 0 & \\ 1 & 0 & 0 & 2\omega & \ldots \\ 0 & 0 & 0 & 1 & \\ 0 & 1 & -2\omega & 0 & \end{pmatrix}$$

und somit

$$\text{Rang}\,(\mathbf{B}, \mathbf{AB}, \mathbf{A}^2\mathbf{B}, \mathbf{A}^3\mathbf{B}) = 4.$$

Das Satellitenproblem ist demnach mit Radial– und Horizontalschub **vollständig steuerbar**.
Bei einem **Ausfall des Horizontalschubs** *reduziert sich* $\mathbf{u}$ *zu* u_1 *und* $\mathbf{B}$ *zu*

$$\mathbf{B} = \begin{pmatrix} 0 \\ 1 \\ 0 \\ 0 \end{pmatrix} \quad \textit{sowie} \quad (\mathbf{B}, \mathbf{AB}, \mathbf{A}^2\mathbf{B}, \mathbf{A}^3\mathbf{B}) = \begin{pmatrix} 0 & 1 & 0 & -\omega^2 \\ 1 & 0 & -\omega^2 & 0 \\ 0 & 0 & -2\omega & 0 \\ 0 & -2\omega & 0 & 2\omega^3 \end{pmatrix}.$$

Die letzte Spalte ist das $-\omega^2$*–fache der zweiten. Man bekommt*

$$\text{Rang}\,(\mathbf{B}, \mathbf{AB}, \mathbf{A}^2\mathbf{B}, \mathbf{A}^3\mathbf{B}) = 3.$$

$\mathbf{r}_0$ *ist jetzt nach* $\mathbf{0}$, *das heißt in die Kreisbahn genau dann steuerbar, wenn* $\mathbf{r}_0$ *die Gestalt*

$$\mathbf{r}_0 = \begin{pmatrix} \beta_1 \\ \beta_2 \\ \beta_3 \\ -2\omega\beta_1 \end{pmatrix}, \quad \beta_1, \beta_2, \beta_3 \in \mathbb{R}$$

hat. Bei Ausfall des Horizontalschubs ist das Satellitensystem **nicht mehr vollständig steuerbar!**

Bei einem **Ausfall des Radialschubs** *reduziert sich* $\mathbf{u}$ *zu* u_2 *und* $\mathbf{B}$ *zu*

$$\mathbf{B} = \begin{pmatrix} 0 \\ 0 \\ 0 \\ 1 \end{pmatrix} \quad \textit{sowie} \quad (\mathbf{B}, \mathbf{AB}, \mathbf{A}^2\mathbf{B}, \mathbf{A}^3\mathbf{B}) = \begin{pmatrix} 0 & 0 & 2\omega & 0 \\ 0 & 2\omega & 0 & -6\omega^3 \\ 0 & 1 & 0 & -4\omega^2 \\ 1 & 0 & -4\omega^2 & 0 \end{pmatrix}.$$

Man erhält

$$\operatorname{Rang}(\mathbf{B}, \mathbf{AB}, \mathbf{A}^2\mathbf{B}, \mathbf{A}^3\mathbf{B}) = 4,$$

das heißt trotz Ausfall des Radialschubes ist das **Satellitensystem allein mit dem Horizontalschub vollständig steuerbar**.

Natürlich wird man noch weitere Probleme zu behandeln haben, wie zum Beispiel ob man mit möglichst geringem Kraftstoffverbrauch steuern kann und wie dann $\mathbf{u}$ auszusehen hat, oder ob das System sich nicht selbst steuern kann (Rückkopplung) oder ob man ein "Gedächtnis" in das System einbaut (Selbstregulierung).

12.11 Die implizite Differentialgleichung, singuläre Lösungen und die Clairautsche Differentialgleichung

Wir betrachten in diesem Abschnitt die sogenannte **implizite Differentialgleichung**

(12.244) $F(x, y, y') = 0.$

Wenn in einer Umgebung von $(x_0, y_0, v_0) \in \mathbb{R}^3$ die Funktionen $F(x, y, v)$ und F_v stetig sind und die Bedingungen

(12.245) $F(x_0, y_0, v_0) = 0, \quad F_v(x_0, y_0, v_0) \neq 0$

erfüllt sind, läßt sich dort (12.244) aufgrund des Satzes über implizite Funktionen lokal nach y' auflösen. Wir erhalten dann die explizite Differentialgleichung

(12.246) $y'(x) = f(x, y(x)).$

Definition 12.88: $(\xi, \eta, \zeta) \in \mathbb{R}^3$ *heißt* **Linienelement** *der Differentialgleichung (12.244) genau dann, wenn gilt*

(12.247) $F(\xi, \eta, \zeta) = 0.$

Ein Linienelement heißt **regulär**, *wenn für dieses die Relation*

(12.248) $F(x, y, f(x, y)) = 0$

mit

$$\exists\,\varepsilon,\delta > 0\,\forall\,|x-\xi| < \delta \wedge |y-\eta| < \delta\,\exists\, f(x,y) \,:\, |f(x,y)-\zeta| < \varepsilon$$

gilt. Andernfalls heißt das Linienelement **singulär**.

Satz 12.89 : *$\mathcal{U} \subset \mathbb{R}^3$ sei Umgebung von (ξ,η,ζ) und $F, F_v \in C^0(\mathcal{U})$ sowie*

$$(12.249)\; F(\xi,\eta,\zeta) = 0, \quad F_v(\xi,\eta,\zeta) \neq 0.$$

Dann ist (ξ,η,ζ) reguläres Linienelement.

Definition 12.90: *$(\xi,\eta) \in \mathbb{R}^2$ heißt* **singulärer Punkt** *der Differentialgleichung (12.244), falls (ξ,η,ζ) singuläres Linienelement für mindestens ein $\zeta \in \mathbb{R}$ ist. $y(x)$ heißt im Intervall I* **singuläre Lösung**, *wenn $(x, y(x), y'(x))$ singuläres Linienelement für jedes $x \in I$ ist.*

Satz 12.91 : *$y(x)$ sei singuläre Lösung von* (12.244) *in I und F, F_v seien in einer Umgebung derselben stetig. Dann gelten*

$$(12.250)\; \forall\, x \in I \,:\, F(x,y(x),y'(x)) = 0, \quad F_v(x,y(x),y'(x)) = 0.$$

Man beachte, daß diese Bedingungen für eine singuläre Lösung **notwendig**, im allgemeinen jedoch **nicht** hinreichend sind.
Wir bemerken, daß die Lösungen der expliziten Differentialgleichung (12.244) für in $\mathcal{D}$ Lipschitz–stetige rechte Seite $f(x,y)$ sich in $(x_0,y_0) \in \mathcal{D}$ nicht verzweigen können, wohl aber auf singulären Lösungen!

Als Beispiel für eine implizite Differentialgleichung wählen wir die **Clairautsche Differentialgleichung**

$$(12.251)\; y = xy' - g(y'), \quad \text{bzw.} \quad F(x,y,y') := y - xy' + g(y') = 0.$$

Dann ist

$$(12.252)\; F_v = -x + g'(y').$$

Wir setzen nun für die gegebene Funktion $g(y')$ voraus, daß $g \in C^2$ und g' besitze eine inverse Funktion ϕ, das heißt

$$(12.253)\; \phi(g'(\zeta)) = \zeta, \quad g'(\phi(\xi)) = \xi \quad \text{für alle } \xi \in I_2 \text{ und } \zeta \in I_1$$

mit geeignetem Definitonsintervall I_1 und $g'(I_1) = I_2$.
Die Bedingungen für singuläre Linienelemente (12.241) lauten dann

$$\eta = \xi\,\zeta - g(\xi) \quad \text{sowie } \xi = g'(\zeta) \quad \text{bzw. } \zeta = \phi(\xi).$$

Elimination von ζ liefert die Gleichung

$$(12.254)\; \eta = \xi\,\phi(\zeta) - g(\phi(\xi)).$$

Satz 12.92: *g erfülle die Voraussetzungen* (12.253). *Dann ist*

(12.255) $y(x) = x\,\phi(x) - g(\phi(x))$

singuläre *Lösung der Clairautschen Differentialgleichung* (12.251).

Beweis: Wegen $x = g'(\phi(x))$ für alle $x \in I_2$ gilt entlang der durch (12.255) definierten Kurve

$$y'(x) = \phi(x) + x\phi'(x) - g'(\phi(x))\,\phi'(x) = \phi(x).$$

Dann sind auf ihr sowohl

$$F(x,y,y') = y - xy' + g(y') = y - x\phi + g(\phi) = 0$$

als auch

$$F_v(x,y,y') = -x + g'(\phi(x)) = 0$$

erfüllt, $y(x)$ ist also singuläre Lösung. □

Wenn wir das Anfangswertproblem der Clairautschen Differentialgleichung in regulären Punkten,

(12.256) $y = xy' - g(y'), \quad y(x_0) = y_0,$

lösen wollen, bestimmt man sich zunächst $\zeta = y'(x_0)$, die Anfangssteigung aus der Differentialgleichung,

(12.257) $y_0 = x_0\,\zeta - g(\zeta),$

wobei im regulären Punkt

$$F_v = -x_0 + g'(\zeta) \neq 0$$

gelten muß. Im allgemeinen gehören zu einem Anfangspunkt (x_0, y_0) mehrere Anfangssteigungen ζ. Zu jeder solchen Anfangssteigung ζ gehört dann genau eine Lösung des Anfangswertproblems (12.254). Diese ist hier gegeben durch die **Geradenschar**

(12.258) $y = x\,\zeta - g(\zeta).$

Hierbei ist ζ beliebig aus dem Definitionsbereich von g gewählt und für jede der Geraden konstant. Die Geradenschar (12.258) ist die **Gesamtheit der regulären Lösungen**, ihre **Hüllkurve** oder **Enveloppe** ist die singuläre Lösung (12.254).

Die **Hüllkurve** zu einer implizit durch

(12.259) $\psi(x, y, \zeta) = 0$

gegebenen Kurvenschar $y(x)$ mit Scharparameter $\zeta \in I_1 \subset \mathbb{R}$ ist wie folgt definiert.

Definition 12.93: *Eine Kurve $z(x)$, die in jedem ihrer Punkte eine der Kurven $y(\zeta;x)$ der Schar (12.259) berührt, das heißt dort die gleiche Tangente wie die berührte Kurve der Schar besitzt, heißt* **Einhüllende** *oder* **Enveloppe** *dieser Schar.*

Satz 12.94: *Die Funktion $\psi \in C^2(\mathcal{D})$ sei im Gebiet $\mathcal{D} \subset \mathbb{R}^3$ gegeben und die Gleichungen*

$$(12.260)\ \psi(x,z,\zeta) = 0 \quad \text{und} \quad \frac{\partial\psi}{\partial\zeta}(x,z,\zeta) = 0$$

seien in der Umgebung $\mathcal{U}_\delta(x_0,z_0,\zeta_0) \subset \mathbb{R}^3$ mit $\delta > 0$ nach $z(x)$ und $\zeta(x)$ eindeutig auflösbar, und dort sei $\frac{\partial\psi}{\partial y} \neq 0$. Dann ist $z(x)$ Enveloppe der Kurvenschar (12.259).

Beweis: Für die durch (12.260) implizit gegebene Kurve $z(x)$ gilt

$$\psi(x,z(x),\zeta(x)) = 0 \quad \text{für alle } x \in I_1$$

und Differentiation liefert mit (12.260)

$$\frac{\partial\psi}{\partial x} + \frac{\partial\psi}{\partial y}z'(x) + \frac{\partial\psi}{\partial\zeta}(x,z(x),\zeta(x))\,\zeta'(x) = 0 = \frac{\partial\psi}{\partial x} + \frac{\partial\psi}{\partial y}z'(x).$$

Im Berührungspunkt x gilt aber auch für eine der Kurven der Kurvenschar (12.259) $y(\zeta_1,x) = z(x)$ und wegen $\zeta_1 =$ konstant

$$\frac{\partial\psi}{\partial x} + \frac{\partial\psi}{\partial y}y' = \frac{\partial\psi}{\partial x}(x,z(x),\zeta_1) + \frac{\partial\psi}{\partial y}y' = 0,$$

das heißt wegen $\dfrac{\partial\psi}{\partial y} \neq 0$, daß $z'(x) = y'(x)$ für die Kurve $y(\zeta_1,x)$ mit $\zeta_1 = \zeta(x)$ gelten muß. □

Beispiel 12.95: *Als Beispiel für die Clairautsche Differentialgleichung wählen wir*

$$(12.261)\ F(x,y(x),y'(x)) = y(x) - xy'(x) - \frac{1}{|y'(x)|}.$$

Die Schar regulärer Lösungen ist demnach durch die Geradenschar

$$y(x) = \zeta x + \frac{1}{|\zeta|} \quad \text{für jedes } \zeta \in \mathbb{R}\backslash\{0\}$$

gegeben. Hier ist $g(\zeta) = -\dfrac{\operatorname{sign}\zeta}{\zeta}$ für $\zeta \neq 0$, $g'(\xi) = \dfrac{\operatorname{sign}\zeta}{\zeta^2} = \xi$ und folglich

$$\zeta = \phi(\xi) = \operatorname{sign}\xi\frac{1}{\sqrt{|\xi|}} \quad \text{für } \xi \neq 0.$$

Damit erhalten wir hier für $x \neq 0$ die Enveloppe

$$y(x) = (\operatorname{sign} x)\frac{x}{\sqrt{|x|}} - (-\operatorname{sign} x\sqrt{|x|}) = 2(\operatorname{sign} x)\sqrt{|x|}, \tag{12.262}$$

die für die Clairautsche Differentialgleichung ja auch die singuläre Lösung ist.

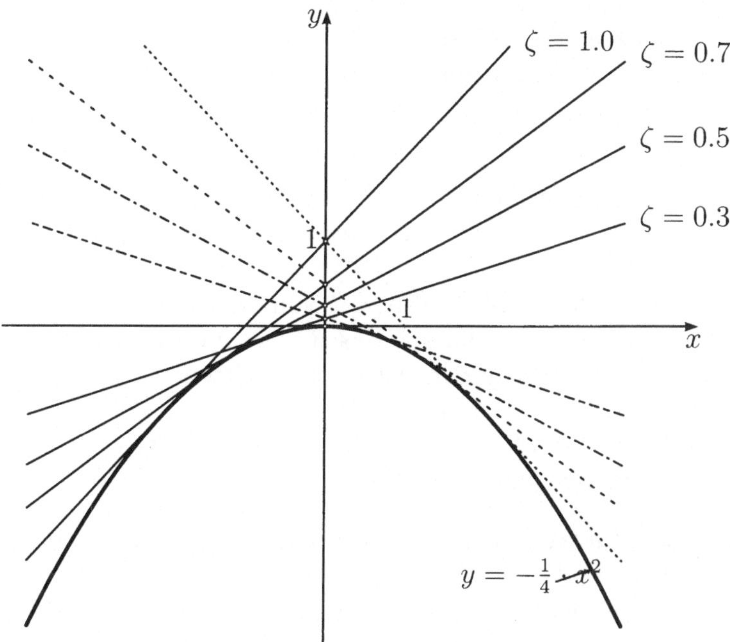

Abbildung 12.20: Reguläre Lösungsschar und singuläre Lösungen.

12.12 Abschließende Bemerkungen

Während Phänomene der Naturwissenschaften über kürzere Zeiträume und Distanzen meist gut durch lineare mathematische Modelle, insbesondere lineare Differentialgleichungen beschrieben werden, sind für die Beschreibung von Langzeitphänomenen und von Vorgängen mit hohen Energien, starken Änderungen usw. nur noch nichtlineare mathematische Modelle geeignet. Nur diese und unter ihnen die nichtlinearen Differentialgleichungen lassen Lösungen zu, bei denen auch plötzliche qualitative Änderungen auftreten können. Ein ganz einfaches Beispiel einer solchen nichtlinearen Differentialgleichung ist die oben behandelte Clairautsche Differentialgleichung. Durch jeden regulären Anfangspunkt gibt es in unserem obigen Beispiel nicht nur eine, sondern genau zwei Lösungen. Keine der beiden ist aber global auch nicht eindeutig, denn folgt man ihr bis zur singulären Lösung, so gibt es dort immer beliebig viele Verzweigungen in andere Lösungen. Das qualitative Verhalten ändert sich also im Großen ganz entscheidend.

Bei unserem speziellen obigen Beispiel kann man erkennen, daß die singläre Lösung sogar im Nullpunkt aufhört, verschwindet. Im Nullpunkt gibt es also eine **Katastrophe**. Der Differentialgleichung (12.261) kann man zwar ansehen, daß $x = y = 0$ zu $|y'| = \infty$, also einer Singularität führt, man kann ihr aber nicht ansehen, daß alle Lösungen, die von **oben** kommen, auch in dieser Katastrophe enden können.
Um solche Phänomene genauer zu beschreiben, ist in den letzten Jahren insbesondere von dem französischen Mathematiker René Thom die Katastrophentheorie entwickelt worden, siehe zum Beispiel [85] und [74].

Aus der Odyssee:

> ... da schwoll empor die mächtige Woge
> schrecklich und traf ihn von oben; es drehte das Floß
> sich im Kreise.
> Und er stürzte in das Meer weit weg von dem Floß;
> es entglitt ihm aus den Händen das Ruder. Im grausigen
> Wirbel der Winde nahte der Sturm, und mitten
> entzwei zerbrach er den Mastbaum.
> Weithin flog in das Meer mitsamt dem Segel die Rahe;
> und ihn selber versenkte der Sturm in die Flut; ...

Alexis Claude Clairaut (1713–1765), französischer Mathematiker und Astronom, mathematisches Wunderkind. Veröffentlichte mit 12 Jahren eine Abhandlung über bis dahin unbekannte Kurven und wurde bereits mit 18 in die Pariser Akademie der Wissenschaften wegen seiner differentialgeometrischen Kurvenuntersuchungen berufen. Wesentliche Beiträge zur Mechanik der Flüssigkeiten, zum Dreikörperproblem, und der Astronomie, zu Differentialgleichungen und zur Differentialgeometrie.

Kapitel 13

Rand– und Eigenwertprobleme bei gewöhnlichen Differentialgleichungen

Viele Anwendungen gewöhnlicher Differentialgleichungen in der Physik, insbesondere den klassischen Gebieten der Festkörpermechanik und Festigkeitslehre, der stationären Schwingungsvorgänge sowie kritischer Belastungen von Bauteilen und Gebäuden führen auf Randwertprobleme, unter denen diejenigen für gewöhnliche Differentialgleichungen bei räumlich eindimensionalen Problemen als einfachstes Modell dienen können. Bei den Randwertproblemen erweisen sich Eigenwertprobleme als besonders interessant, denn mit Hilfe der vollständigen Systeme von Eigenlösungen gelingt die Begründung der Entwicklung beliebiger Funktionen in Fourierreihen nach diesen Systemen. Mit ihrer Hilfe gewinnt man die Spektraldarstellung sowohl der Differentialoperatoren als auch der Lösung inhomogener Randwertaufgaben. Dieser Zugang bereitet die Spektralmethoden zur Lösung partieller Differentialgleichungen vor, die in den zugehörigen Übungsaufgaben behandelt worden sind, auf deren Darstellung wir allerdings angesichts der begrenzten Zeit für eine solche Vorlesung hier verzichtet haben. Zur Einführung in dieses Gebiet, das aus den entsprechenden Methoden zur Untersuchung quantenmechanischer Systeme in der Physik entstanden sind, werden wir uns hier nur auf den einfachen Fall der Sturmschen Randwertprobleme auf einem kompakten reellen Intervall beschränken. Die Übertragung der Methoden auf die etwas allgemeineren Sturm–Liouvilleschen Randwertprobleme dürfte dem Studierenden später nicht schwerfallen. Der Übergang zu unbeschränkten Definitionsbereichen und der Spektraltheorie unbeschränkter Operatoren in Hilbert–Räumen ist dann allerdings ein großer Schritt und sollte Spezialvorlesungen vorbehalten bleiben.

13.1 Das Sturmsche Randwertproblem

Eine gewöhnliche explizite Differentialgleichung n–ter Ordnung hat bekanntlich die Form

$$(13.1)\quad u^{(n)}(x) = f(x, u, u', \ldots, u^{(n-1)}) \quad \text{für } x \in (a, b);$$

so ist

$$u''(x) = f(x, u(x), u'(x))$$

eine Differentialgleichung zweiter Ordnung. Die **Sturmschen Randbedingungen** sind von der Form

$$(13.2)\quad R_1 u := \alpha_1 u(a) + \beta_1 u'(a) = \gamma_1, \quad R_2 u := \alpha_2 u(b) + \beta_2 u'(b) = \gamma_2.$$

R_1 und R_2 sind lineare Operatoren über dem Vektorraum der differenzierbaren Funktionen. Die sogenannten Sturm–Liouvilleschen Randbedingungen sind Verallgemeinerungen hiervon.
Die **Spezialfälle**

$$(13.3)\quad u(a) = \gamma_1, \quad u(b) = \gamma_2$$

heißen **Dirichlet–Bedingungen** ,

$$(13.4)\quad u'(a) = \gamma_1, \quad u'(b) = \gamma_2$$

heißen **Neumann–Bedingungen**. .
Die Differentialgleichung von der Form

$$\sum_{j=0}^{n} a_j(x) y^{(j)}(x) = a_n(x) y^{(n)}(x) + \ldots + a_1(x) y'(x) + a_0(x) y(x) = f(x)$$

ist eine lineare Differentialgleichung, und der durch

$$(13.5)\quad Ly := \sum_{j=0}^{n} a_j(x) y^{(j)}(x)$$

definierte Operator ist ein **linearer Differentialoperator**. Der Differentialoperator

$$(13.6)\quad L^* y := \sum_{j=0}^{n} (-1)^j (a_j(x) y(x))^{(j)}$$

heißt der zu L **formal adjungierte Differentialoperator**. (Im folgenden wird immer vorausgesetzt, daß die Koeffizienten $a_j(x)$ hinreichend oft differenzierbar sind.)

Lemma 13.1: *Definieren wir die* **Bilinearform der Energiedichte** *durch*

$$(13.7)\quad b(u,v) := \sum_{k=1}^{n}\sum_{j=0}^{k-1}(-1)^j\,(v\,a_k)^{(j)}\,u^{(k-j-1)},$$

so gilt die **Lagrangesche Identität**

$$(13.8)\quad v\cdot Lu - u\cdot L^*v = \frac{d}{dx}b(u,v).$$

Der Beweis ergibt sich durch Ausdifferenzieren mit der Kettenregel, wir überlassen ihn dem Leser.

Definition 13.2: *L heißt* **formal selbstadjungiert**, *wenn $L^* = L$ gilt.*

Wir befassen uns im folgenden nur noch mit Differentialoperatoren zweiter Ordnung. Alle Überlegungen lassen sich aber sinngemäß auf Operatoren gerader Ordnung übertragen. Für $n = 2$ ergibt eine einfache Rechnung, daß L genau dann formal selbstadjungiert ist, wenn $a_1 = a_2'$ gilt, also L in der Form

$$(13.9)\quad Lu = (pu')' + qu$$

geschrieben werden kann. Wenn man voraussetzt, daß L die obige Gestalt hat, so genügt es für die folgenden Überlegungen, $p \in C^1(a,b)$ (statt $p \in C^2$) und $q \in C^0(a,b)$ zu verlangen. Wir setzen dann (formal) $L^* = L$. Der allgemeine Differentialoperator (13.5) hat für $n = 2$ die Gestalt

$$(13.10)\quad Lu = (pu')' + \tilde{a}_1\,u' + qu.$$

Folgende **Generalvoraussetzungen** werden bei allen folgenden Sätzen getroffen, auch wenn sie nicht immer noch einmal explizit aufgeführt werden:

$$\begin{aligned}
&p \in C^1[a,b], p > 0 \text{ auf } [a,b],\\
&\tilde{a}_1 \in C^1[a,b],\\
&q, g \in C^0[a,b],\\
&\alpha_1,\alpha_2,\beta_1,\beta_2,\gamma_1,\gamma_2 \in \mathbb{R},\quad |\alpha_1|+|\beta_1|>0,\ |\alpha_2|+|\beta_2|>0.
\end{aligned}$$

Dann heißt die Aufgabe: *Finde u als Lösung von*

$$(13.11)\quad \begin{aligned}
Lu &= (pu')' + \tilde{a}_1\,u' + q\,u &&= g \quad \text{in } (a,b),\\
R_1u &= \alpha_1 u(a) + \beta_1 u'(a) &&= \gamma_1,\\
R_2u &= \alpha_2 u(b) + \beta_2 u'(b) &&= \gamma_2
\end{aligned}$$

Sturmsches Randwertproblem. Das Sturmsche Randwertproblem heißt **homogen**, wenn $g \equiv 0$ und $\gamma_1 = \gamma_2 = 0$ gilt.

Bemerkung 13.3: *Die Zuordnung $u \mapsto (Lu, R_1u, R_2u)$ ist eine* **lineare Abbildung** *von $C^2[a,b]$ in $C^0 \times \mathbb{R} \times \mathbb{R}$. Daher gilt das Superpositionsprinzip, das heißt* *die allgemeine Lösung des inhomogenen Problems setzt sich zusammen aus der allgemeinen Lösung des homogenen Problems und einer speziellen Lösung des inhomogenen Problems. Später wird die Abbildung eingeschränkt auf das Urbild von $C^0 \times \{0\} \times \{0\}$, das heißt wir führen den Raum*

$$(13.12)\quad \mathcal{A} := \{u \in C^2[a,b],\ R_1 u = R_2 u = 0\} \quad \textit{ein.}$$

Definition 13.4: *Das Randwertproblem*

$$(13.13)\quad \begin{aligned} L^* u &= g^*, \\ R_1^* v &:= [\alpha_1 p(a) - \beta_1 \tilde{a}_1(a)] v(a) + \beta_1 p(a) v'(a) &= \gamma_1^*, \\ R_2^* v &:= [\alpha_2 p(b) - \beta_2 \tilde{a}_1(b)] v(b) + \beta_2 p(b) v'(b) &= \gamma_2^* \end{aligned}$$

heißt das **adjungierte Randwertproblem**.

Lemma 13.5: *Für $u, v \in C^2[a,b]$ gilt die* **Greensche Identität**

$$(13.14)\quad \int_a^b (vLu - uL^*v)\, dx = [p(u'v - uv') + \tilde{a}_1 uv]\,\Big|_a^b .$$

Erfüllen u und v darüberhinaus noch die homogenen Randbedingungen

$$(13.15)\quad R_1 u = 0, \quad R_2 u = 0, \quad R_1^* v = 0, \quad R_2^* v = 0,$$

so gilt

$$(13.16)\quad \int_a^b (vLu - uL^*v)\, dx = 0.$$

Beweis: Es gilt $L^*v = (pv')' - (\tilde{a}_1 v)' + qv$. Daher lautet hier die Lagrangesche Identität

$$\begin{aligned} vLu - uL^*v &= v[(pu')' + \tilde{a}_1 u' + qu] - u[(pv')' - (\tilde{a}_1 v)' + qv] \\ &= p(u''v - uv'') + p'(u'v - uv') + (\tilde{a}_1\, u\, v)' \\ &= (p(u'v - uv') + \tilde{a}_1\, u\, v)' . \end{aligned}$$

Durch Integration folgt dann die Behauptung (13.14).
Nach Voraussetzung haben wir am linken Rand $x = a$ die beiden Gleichungen

$$(13.17)\quad \begin{aligned} R_1 u &= \alpha_1 u(a) + \beta_1 u'(a) = 0, \\ R_1^* v &= \alpha_1 v(a)\, p(a) + \beta_1 [p(a) v'(a) - \tilde{a}_1(a)\, v(a)] = 0. \end{aligned}$$

Nach Voraussetzung ist mindestens eine der Zahlen α_1 und β_1 von Null verschieden. Demnach verschwindet die Koeffizientendeterminante der beiden Gleichungen (13.17), das heißt

$$u(a)[p(a)v'(a) - \tilde{a}_1(a) v(a)] - u'(a) v(a)\, p(a) = 0.$$

Dies ist aber gerade die rechte Seite in (13.14) am linken Randpunkt. Da dieselbe Überlegung auch für den rechten Randpunkt richtig ist, folgt aus (13.14) die Behauptung. □

Satz 13.6 : *Sei $y_1(x)$, $y_2(x)$ ein Fundamentalsystem von $Lu = 0$. Dann gilt der folgende Alternativsatz: Das Sturmsche Randwertproblem (13.11) hat für jede Vorgabe $g \in C^0[a, b]$, $\gamma_1, \gamma_2 \in \mathbb{R}$ genau eine Lösung dann und nur dann, wenn die Determinantenbedingung*

$$(13.18)\quad \det \begin{pmatrix} R_1 y_1 & R_1 y_2 \\ R_2 y_1 & R_2 y_2 \end{pmatrix} \neq 0$$

erfüllt ist. Ist v_0 irgendeine Lösung der inhomogenen Differentialgleichung, so ist die allgemeine Lösung von der Form

$$v(x) = v_0(x) + c_1 y_1(x) + c_2 y_2(x) \quad \text{mit } Lv_0 = g,\ Ly_1 = Ly_2 = 0.$$

Die geforderten Randbedingungen lauten dann

$$(13.19)\quad \begin{aligned} R_1 v &= R_1 v_0 + c_1 R_1 y_1 + c_2 R_1 y_2 = \gamma_1, \\ R_2 v &= R_2 v_0 + c_1 R_2 y_1 + c_2 R_2 y_2 = \gamma_2 \end{aligned}$$

und sind genau dann erfüllt, wenn

$$(13.20)\quad \begin{aligned} c_1 R_1 y_1 + c_2 R_1 y_2 &= \gamma_1 - R_1 v_0, \\ c_1 R_2 y_1 + c_2 R_2 y_2 &= \gamma_2 - R_2 v_0 \end{aligned}$$

gilt.

Beweis: Die Behauptung ergibt sich unmittelbar aus dem Alternativsatz der Linearen Algebra: Offensichtlich ist das Randwertproblem genau dann eindeutig lösbar (für beliebige Vorgaben), wenn (13.20) genau eine Lösung (c_1, c_2) besitzt (für beliebige Vorgaben). Letzteres ist nach dem Alternativsatz genau dann der Fall, wenn für die Koeffizientendeterminante gerade (13.18) gilt. □

Bemerkung 13.7: *Selbstverständlich gilt der entsprechende Satz auch für Randwertprobleme höherer Ordnung. Der Beweis ist im wesentlichen derselbe.*

Bemerkung 13.8: *Wir sehen also, daß unter der zusätzlichen Voraussetzung (13.18) das Sturmsche Randwertproblem stets eindeutig lösbar ist.*

Im nächsten Kapitel werden wir zu vorgegebenem $g \in C^0[a, b]$ die Lösung $v \in C^2[a, b]$ von

$$Lv = g, \quad R_1 v = R_2 v = 0$$

mit einer Integraldarstellung erhalten. Dazu werden wir (13.18) voraussetzen. Wenn die Lösung v für jede Vorgabe $g \in C^0$ existieren soll, ist (13.18) sogar notwendig.

13.2 Grundlösung und Greensche Funktion

Wir setzen nun für L voraus

(13.21) $p(x) \geq p_0 > 0 \quad \text{für } x \in [a,b].$

Es seien

$$\begin{aligned} Q &:= [a,b] \times [a,b], \\ Q_1 &:= \{(x,\xi) \mid a \leq \xi \leq x \leq b\}, \\ Q_2 &:= \{(x,\xi) \mid a \leq x \leq \xi \leq b\}. \end{aligned}$$

Definition 13.9: *Eine Funktion $\gamma(x,\xi)$ heißt* **Grundlösung** *zum Differentialoperator L, wenn gilt*

(13.22) $\gamma \in C^0(Q), \quad \gamma_{|Q_1} \in C^2(Q_1), \quad \gamma_{|Q_2} \in C^2(Q_2),$

(13.23) $L_{(x)}\gamma = 0 \quad \text{für } x \neq \xi \quad \text{und alle } \xi \in [a,b],$

(13.24) $\lim\limits_{\xi \to x-} \gamma_x(x,\xi) - \lim\limits_{\xi \to x+} \gamma_x(x,\xi) = \dfrac{1}{p(x)}.$

Satz 13.10: *Sei $g \in C^0[a,b]$ vorgegeben und γ Grundlösung sowie*

(13.25) $v(x) := \displaystyle\int_a^b \gamma(x,\xi)\, g(\xi)\, d\xi.$

Dann ist $v \in C^2[a,b]$, und v erfüllt $Lv = g$.

Beweis: Es ist

$$v(x) = \int_a^x \gamma(x,\xi)_{|Q_1}\, g(\xi)\, d\xi + \int_x^b \gamma(x,\xi)_{|Q_2}\, g(\xi)\, d\xi,$$

und Differentiation liefert

$$\begin{aligned} v'(x) &= \gamma(x,x)_{|Q_1}\, g(x) + \int_a^x \gamma_x(x,\xi)_{|Q_1}\, g(\xi)\, d\xi \\ &\qquad -\gamma(x,x)_{|Q_2}\, g(x) + \int_x^b \gamma_x(x,\xi)_{|Q_2}\, g(\xi)\, d\xi \\ &= \int_a^x \gamma(x,\xi)_{|Q_1}\, g(\xi)\, d\xi + \int_x^b \gamma_x(x,\xi)_{|Q_2}\, g(\xi)\, d\xi, \end{aligned}$$

da $\gamma \in C^0(Q)$ nach (13.22). Nochmaliges Differenzieren ergibt

$$\begin{aligned} v''(x) &= \gamma(x,x)_{|Q_1}\, g(x) + \int_a^x \gamma_{xx}(x,\xi)_{|Q_1}\, g(\xi)\, d\xi \\ &\quad -\gamma_x(x,x)_{|Q_2}\, g(x) + \int_a^b \gamma_{xx}(x,\xi)_{|Q_2}\, g(\xi)\, d\xi \\ &= \lim_{\varepsilon\to x-} \gamma_x(x,\xi)\, g(\xi) + \int_a^x \gamma_{xx}(x,\xi)_{|Q_1}\, g(\xi)\, d\xi \\ &\quad - \lim_{\varepsilon\to x+} \gamma_x(x,\xi)\, g(\xi) + \int_x^b \gamma_{xx}(x,\xi)_{|Q_2}\, g(\xi)\, d\xi \\ &= \int_a^x \gamma_{xx}(x,\xi)_{|Q_1}\, g(\xi)\, d\xi + \int_x^b \gamma_{xx}(x,\xi)_{|Q_2}\, g(\xi)\, d\xi + \frac{1}{p(x)}\, g(x) \end{aligned}$$

nach (13.24). Summation ergibt

$$\begin{aligned} Lv &= p\,v'' + p'\,v' + \tilde{a}_1\, v' + q\, v \\ &= \int_a^x L_{(x)}\gamma(x,\xi)_{|Q_1}\, g(\xi)\, d\xi + \int_x^b L_{(x)}\gamma(x,\xi)_{|Q_2}\, g(\xi)\, d\xi + p(x)\,\frac{1}{p(x)}\, g(x) \\ &= g(x), \end{aligned}$$

da nach (13.23) jeweils die Integranden verschwinden. □

Bemerkung 13.11: *Dieser Satz liefert eine spezielle partikuläre Lösung der inhomogenen Differentialgleichung, welche irgendwelche Randwerte annimmt. Um das Randwertproblem vollständig zu lösen, werden wir die Randwerte abgleichen müssen. Deshalb werden im folgenden noch weitere Anforderungen an die Grundlösung gestellt.*

Für die Lösung des Randwertproblems genügt es offenbar, nur die inhomogene Differentialgleichung mit homogenen Randbedingungen zu lösen. Soll gelten

$$Lv = g, \quad R_1 v = \gamma_1, \quad R_2 u = \gamma_2,$$

so machen wir den Lösungsansatz $v = w + \phi$, wobei ϕ irgendeine (möglichst einfache) Funktion ist, welche die inhomogenen Randbedingungen

$$(13.26) \quad R_1\phi = \gamma_1, \quad R_2\phi = \gamma_2$$

erfüllt, das heißt die Randwerte nach $[a,b]$ fortsetzt. Dann ist $w \in C^2[a,b]$ gesucht mit

$$(13.27) \quad Lw = g - L\phi, \quad R_1 w = R_2 w = 0.$$

Ist dieses w gefunden, so löst

$$v = w + \phi$$

gerade das obige Problem. Eine solche **Fortsetzung** ϕ kann zum Beispiel wie folgt gefunden werden: Sei $\chi(x)$ eine C^∞-Funktion mit

$$\chi(x) = \begin{cases} 1 & \text{für alle} \quad x \leq a + \frac{1}{3}(b-a), \\ 0 & \text{für alle} \quad x \geq a + \frac{2}{3}(b-a), \end{cases} \tag{13.28}$$

sowie $0 \leq \chi(x) \leq 1$. Dann liefert

$$\phi(x) := \chi(x) \frac{\gamma_1}{\alpha_1^2 + \beta_1^2}[\alpha_1 + (x-a)\beta_1] + (1 - \chi(x)) \frac{\gamma_2}{\alpha_2^2 + \beta_2^2}[\alpha_2 + (x-b)\beta_2] \tag{13.29}$$

eine gewünschte Fortsetzung.

Daher konzentrieren wir uns im folgenden auf die Lösung der inhomogenen Differentialgleichung mit homogenen Randbedingungen. Wir versuchen also die Grundlösung so zu wählen, daß $v(x)$ neben der Differentialgleichung $Lv = g$ noch die homogenen Randbedingungen erfüllt.

Definition 13.12: *Eine Grundlösung $\Gamma(x,\xi)$ zu L heißt* **Greensche Funktion** *zu L, R_1, R_2, wenn zusätzlich für jedes $\xi \in [a,b]$ gilt*

$$\begin{aligned} R_1\Gamma(\cdot,\xi) &= \alpha_1\Gamma(a,\xi) + \beta_1\Gamma_x(a,\xi) = 0, \\ R_2\Gamma(\cdot,\xi) &= \alpha_2\Gamma(b,\xi) + \beta_2\Gamma_x(b,\xi) = 0. \end{aligned}$$

Satz 13.13: *Sei $g \in C^0[a,b]$ und Γ* **Greensche Funktion**. *Dann ist*

$$v(x) = \int_a^b \Gamma(x,\xi)g(\xi)\,d\xi$$

Lösung von

$$Lv = g, \quad R_1 v = R_2 v = 0.$$

Beweis: Daß v die inhomogene Differentialgleichung erfüllt, besagt Satz 13.10. Ferner gilt

$$\begin{aligned} R_1 v &= \alpha_1 v(a) + \beta_1 v'(a) \\ &= \alpha_1 \int_a^b \Gamma(a,\xi)g(\xi)\,d\xi + \beta_1 \int_a^b \Gamma_x(a,\xi)g(\xi)\,d\xi \\ &= \int_a^b [\alpha_1\Gamma(a,\xi) + \beta_1\Gamma_x(a,\xi)]\,g(\xi)\,d\xi = 0. \end{aligned}$$

Entsprechend erhält man aus $R_2\Gamma(\cdot,\xi) = 0$ auch $R_2 v = 0$. □

Satz 13.14 (Berechnung der Greenschen Funktion): *Es sei* $y_1(x)$, $y_2(x)$ *ein Fundamentalsystem von* $Ly = 0$ *und es sei*

$$\det \begin{pmatrix} R_1 y_1, & R_1 y_2 \\ R_2 y_1, & R_2 y_2 \end{pmatrix} \neq 0.$$

Dann gilt:

i. Es gibt genau eine Greensche Funktion $\Gamma(x, \xi)$, *diese wird weiter unten konstruiert.*

ii. Ist $\Gamma^*(x, \xi)$ *die Greensche Funktion zu* L^*, R_1^*, R_2^*, *so gilt die Symmetriebedingung*

$$(13.30) \quad \Gamma(x, \xi) = \Gamma^*(\xi, x).$$

Bemerkung 13.15: *Falls* $L^* = L$, *so ist* Γ *symmetrisch, das heißt es gilt*

$$(13.31) \quad \Gamma(x, \xi) = \Gamma(\xi, x).$$

Beweis: Zu *i.* **Eindeutigkeit**: Es seien $\Gamma(x, \xi)$ und $\widetilde{\Gamma}(x, \xi)$ zwei Greensche Funktionen. Dann betrachten wir die Differenz $H(x, \xi) := \Gamma(x, \xi) - \widetilde{\Gamma}(x, \xi)$. Da Γ und $\widetilde{\Gamma}$ auf Q stetig sind, ist auch H auf Q stetig. Da Γ_x und $\widetilde{\Gamma}_x$ auf $x = \xi$ beide um $1/p(\xi)$ springen, ist H_x stetig fortsetzbar nach $x = \xi$.
Da $L_x H \equiv 0$ für $x \neq \xi$ gilt, finden wir

$$H_{xx} = -\frac{1}{p(x)} \left[p' H_x + \tilde{a}_1 H_x + q\, h\right] .$$

Folglich ist auch H_{xx} stetig nach $x = \xi$ fortsetzbar und es gilt sogar $L_x H = 0$ für alle $x \in [a, b]$.
Wegen $R_1\Gamma = R_2\Gamma = R_1\widetilde{\Gamma} = R_2\widetilde{\Gamma} = 0$ folgt $R_1 H = R_2 H = 0$. Für jedes feste ξ ist daher H Lösung des homogenen Randwertproblems. Da wir (13.18) vorausgesetzt haben, folgt aus Satz 13.6, daß $H(x, \xi) = 0$ für alle $x \in [a, b]$ gilt. Da ξ beliebig war, ist also $H \equiv 0$ auf Q, das heißt $\Gamma(x, \xi) = \widetilde{\Gamma}(x, \xi)$.
Zu *i.* **Existenz:** Für $\Gamma(x, \xi)$ macht man den Ansatz

$$(13.32) \quad \Gamma(x, \xi) = \begin{cases} y_1(x)[a_1(\xi) + b_1(\xi)] + y_2(x)[a_2(\xi) + b_2(\xi)] & \text{für } \xi \leq x, \\ y_1(x)[a_1(\xi) - b_1(\xi)] + y_2(x)[a_2(\xi) - b_2(\xi)] & \text{für } \xi \geq x. \end{cases}$$

Dieser Ansatz ist vernünftig, weil in Q_1 und Q_2 jeweils $L_{(x)}\Gamma = 0$ gelten soll und $y_1(x)$, $y_2(x)$ ein Fundamentalsystem bilden.
Γ ist stetig auf der Diagonalen $x = \xi$ genau dann, wenn

$$\begin{aligned} & y_1(\xi)[a_1(\xi) + b_1(\xi)] + y_2(\xi)[a_2(\xi) + b_2(\xi)] = \\ & \quad = y_1(\xi)[a_1(\xi) - b_1(\xi)] + y_2(\xi)[a_2(\xi) - b_2(\xi)], \end{aligned}$$

also

$$(13.33)\quad y_1(\xi)\,b_1(\xi) + y_2(\xi)\,b_2(\xi) \;=\; 0$$

erfüllt wird. Γ_x erfüllt auf der Diagonalen $x = \xi$ die Sprungbedingung (13.23) genau dann, wenn

$$\begin{aligned} y_1'(\xi)[a_1(\xi)+b_1(\xi)] + y_2'(\xi)[a_2(\xi)+b_2(\xi)] & \\ -y_1'(\xi)[a_1(\xi)-b_1(\xi)] - y_2'(\xi)[a_2(\xi)-b_2(\xi)] &= \frac{1}{p(\xi)}, \end{aligned}$$

also

$$(13.34)\quad y_1'(\xi)\,b_1(\xi) + y_2'(\xi)\,b_2(\xi) \;=\; \frac{1}{2p(\xi)},$$

erfüllt wird. (13.33) und (13.34) bilden für festes ξ ein lineares Gleichungssystem für $b_1(\xi), b_2(\xi)$, wobei die Koeffizientendeterminante

$$\det\begin{pmatrix} y_1(\xi) & y_2(\xi) \\ y_1'(\xi) & y_2'(\xi) \end{pmatrix} = W(\xi)$$

gerade die Wronski–Determinante von y_1 und y_2 ist, also nirgends verschwindet, denn y_1 und y_2 bilden ein Fundamentalsystem.
Daher sind für jedes feste ξ die Funktionen $b_1(\xi)$ und $b_2(\xi)$ eindeutig bestimmbar. Mit der Cramerschen Regel erhält man explizit

$$b_1(\xi) \;=\; -\frac{y_2(\xi)}{2p(\xi)W(\xi)}, \quad b_2(\xi) \;=\; -\frac{y_1(\xi)}{2p(\xi)W(\xi)}.$$

Γ erfüllt die homogenen Randbedingungen genau dann, wenn für jedes ξ gilt

$$\begin{aligned} \alpha_1 y_1(a)\,[a_1(\xi)-b_1(\xi)] + \alpha_1 y_2(a)\,[a_2(\xi)-b_2(\xi)] & \\ +\beta_1 y_1'(a)\,[a_1(\xi)-b_1(\xi)] + \beta_1 y_2'(a)\,[a_2(\xi)-b_2(\xi)] &= 0, \\ \alpha_2 y_1(b)\,[a_1(\xi)+b_1(\xi)] + \alpha_2 y_2(b)\,[a_2(\xi)+b_2(\xi)] & \\ +\beta_2 y_1'(b)\,[a_1(\xi)-b_1(\xi)] + \beta_2 y_2'(b)\,[a_2(\xi)-b_2(\xi)] &= 0, \end{aligned}$$

also

$$(13.35)\quad \begin{aligned} a_1(\xi)\,R_1y_1 + a_2(\xi)\,R_1y_2 &= +b_1(\xi)\,R_1y_1 + b_2(\xi)\,R_1y_2 \\ a_1(\xi)\,R_2y_1 + a_2(\xi)\,R_2y_2 &= -b_1(\xi)\,R_2y_1 - b_2(\xi)\,R_2y_2. \end{aligned}$$

Dies ist für jedes feste ξ ein lineares Gleichungssystem für $a_1(\xi)$ und $a_2(\xi)$, da $b_1(\xi)$ und $b_2(\xi)$ schon bekannt sind. Da die Koeffizientendeterminante

$$D := \det\begin{pmatrix} R_1y_1 & R_1y_2 \\ R_2y_1 & R_2y_2 \end{pmatrix} \neq 0$$

nach Voraussetzung erfüllt, sind für jedes feste ξ die Funktionen $a_1(\xi)$ und $a_2(\xi)$ eindeutig bestimmbar. Wieder mit der Cramerschen Regel erhält man

$$\begin{aligned}
a_1(\xi) &= \frac{1}{D}\left[((R_1y_1)(R_2y_2)+(R_1y_2)(R_2y_1))\,b_1(\xi)+2(R_1y_2)(R_2y_2)b_2(\xi)\right],\\
a_2(\xi) &= -\frac{1}{D}\left[2(R_1y_1)(R_2y_1)b_1(\xi)+((R_2y_1)(R_1y_2)+(R_1y_1)(R_2y_2))\,b_2(\xi)\right].
\end{aligned}$$

Wählt man also im Ansatz $a_1(\xi), a_2(\xi), b_1(\xi), b_2(\xi)$ so, daß (13.33)–(13.35) erfüllt sind, so ist Γ eine Greensche Funktion. Damit ist die Existenz bewiesen.

Zu *ii.* **Symmetrie:** Wir definieren zu stetigen Funktionen g und h die folgenden Funktionen:

$$\begin{aligned}
u(x) &= \int_a^b \Gamma(x,\xi)g(\xi)d\xi \quad \text{erfüllt } Lu = g,\ R_1u = R_2u = 0,\\
v(x) &= \int_a^b \Gamma^*(x,\xi)h(\xi)d\xi \quad \text{erfüllt } L^*v = h,\ R_1^*u = R_2^*u = 0.
\end{aligned}$$

Nach der Greenschen Identität (Lemma 13.5) gilt dann

$$\int_a^b (vLu - uL^*v)dx = 0,$$

also

$$\begin{aligned}
0 &= \int_a^b\int_a^b \Gamma^*(x,\xi)\,h(\xi)d\xi\,g(x)\,dx - \int_a^b\int_a^b \Gamma(x,\xi)\,g(\xi)\,d\xi\,h(x)\,dx\\
&= \int_a^b\int_a^b \Gamma^*(\xi,x)\,h(x)\,dx\,g(\xi)\,d\xi - \int_a^b\int_a^b \Gamma(x,\xi)\,g(\xi)\,d\xi\,h(x)\,dx\\
&= \int_a^b\left(\int_a^b [\Gamma^*(\xi,x)-\Gamma(x,\xi)]\,g(\xi)\,d\xi\right)h(x)\,dx = 0.
\end{aligned}$$

Da dies für alle $h \in C^0[a,b]$ gilt, folgt

$$\int_a^b [\Gamma^*(\xi,x)-\Gamma(x,\xi)]\,g(\xi)\,d\xi = 0 \quad \text{für alle } x\in[a,b].$$

Da dies für alle $g \in C^0[a,b]$ gilt, folgt

$$\Gamma^*(\xi,x)-\Gamma(x,\xi) = 0 \quad \text{für alle } \xi\in[a,b],\ x\in[a,b],$$

also $\Gamma^*(\xi,x) = \Gamma(x,\xi)$, was zu beweisen war. □

Wir wollen nun die Ergebnisse dieses Abschnitts zusammenfassen, indem wir sie mit Hilfe geeigneter Abbildungen formulieren. Dazu sei jetzt (13.18) als erfüllt vorausgesetzt.
Wir betrachten dazu die beiden Funktionenräume

$$(13.36)\quad H := C^0([a,b]) \quad \text{und} \quad \mathcal{A} := \{u \in C^2([a,b]) \mid R_1u = R_2u = 0\}$$

als lineare Vektorräume (über dem Körper der reellen Zahlen), sowie die beiden aufgetretenen linearen Abbildungen

$$\begin{aligned} L &: \mathcal{A} \to H, \quad u \mapsto Lu, \\ T &: H \to \mathcal{A}, \quad g(\cdot) \mapsto \int_a^b \Gamma(\cdot,\xi)\, g(\xi)\, d\xi. \end{aligned}$$

Dabei ist Γ die (nach Satz 13.10 eindeutig bestimmte) Greensche Funktion. Nach Satz 13.9 gilt für $g \in C^0[a,b] : Tg \in C^2[a,b]$ und $R_1Tg = R_2Tg = 0$. Das bedeutet, daß T tatsächlich eine Abbildung von H in $\mathcal{A}$ ist. Auerdem gilt $L(Tg) = g$. Das bedeutet, daß

$$L \cdot T = 1_H = \text{Identität auf } H$$

ist. Hieraus folgt, daß $L : \mathcal{A} \to H$ eine **surjektive** Abbildung ist. Nach Satz 13.14 ist das Problem $Lu = g, R_1v = R_2v = 0$ in $C^2([a,b])$ eindeutig lösbar. Dies bedeutet, daß $L : \mathcal{A} \to H$ auch **injektiv** ist. Demnach haben wir den folgenden

Satz 13.16: *$L : \mathcal{A} \to H$ ist ein (Vektorraum–)Isomorphismus und $T : H \to \mathcal{A}$ ist der zu L inverse Isomorphismus.*

13.3 Eigenwerte und Entwicklungssatz

In diesem Abschnitt werden die Eigenwerte und Eigenfunktionen von L untersucht, und es wird gezeigt, daß sich geeignete Funktionen nach den Eigenfunktionen in eine Reihe entwickeln lassen, wobei unter Zusatzvoraussetzungen diese Reihe sogar absolut und gleichmäßig konvergiert. Dabei werden die Eigenwerte von L vermöge Satz 13.16 auf die Eigenwerte von T zurückgeführt. Die Definition von Eigenwerten und Eigenfunktionen ist jedoch noch etwas allgemeiner.

Definition 13.17: *Es sei $r(x)$ auf $[a,b]$ vorgegeben. λ heißt ein* **Eigenwert** *und $u \in C^2[a,b]$ heißt* **Eigenfunktion** *(auch* **Eigenlösung***) zum Sturmschen Randwertproblem, wenn $u \not\equiv 0$ mit λ die Gleichungen*

$$(13.37)\quad Lu = (pu')' + qu = -\lambda\, r\, u \quad \text{und} \quad R_1u = R_2u = 0$$

erfüllt. λ heißt **p–facher Eigenwert** *, wenn p die Dimension des Lösungsraums von (13.37) ist. Die Funktion $r(x)$ heißt* **Gewichtsfunktion**.

Bemerkung 13.18: *Nach Satz 13.6 ist λ genau dann ein Eigenwert, wenn für ein Fundamentalsystem $y_{1\lambda}$, $y_{2\lambda}$ von $Lu + \lambda\, r\, u = 0$ gilt*

$$D_\lambda = \det\begin{pmatrix} R_1 y_{1\lambda} & R_1 y_{2\lambda} \\ R_2 y_{1\lambda} & R_2 y_{2\lambda} \end{pmatrix} = 0.$$

Man kann daher D_λ als charakteristische Funktion für die Eigenwerte ansehen, als Verallgemeinerung des charakteristischen Polynoms aus der linearen Algebra.

Beispiel 13.19: *Gegeben sei das Eigenwertproblem*

$$u''(x) + \lambda u(x) = 0 \quad \text{für } x \in (0,\pi) \text{ mit } u(0) = u(\pi) = 0.$$

Die Gewichtsfunktion ist also hier $r(x) \equiv 1$. Ein Fundamcntalsystem ist gegeben durch

$$y_{1\lambda}(x) = \begin{cases} \cos\sqrt{\lambda}x & \text{für } \lambda > 0, \\ 1 & \text{für } \lambda = 0, \\ \cosh\sqrt{-\lambda}x & \text{für } \lambda < 0, \end{cases}$$

$$y_{2\lambda}(x) = \begin{cases} \sin\sqrt{\lambda}x & \text{für } \lambda > 0, \\ x & \text{ür } \lambda = 0, \\ \sinh\sqrt{-\lambda}x & \text{für } \lambda < 0. \end{cases}$$

Die charakteristische Funktion ist also

$$\det\begin{pmatrix} R_1 y_{1\lambda} & R_1 y_{2\lambda} \\ R_2 y_{1\lambda} & R_2 y_{2\lambda} \end{pmatrix} = \begin{cases} \sin\sqrt{\lambda}\pi & \text{für } \lambda > 0, \\ \pi & \text{ür } \lambda = 0, \\ \sinh\sqrt{-\lambda}\pi & \text{für } \lambda < 0. \end{cases}$$

und hat die Nullstellen $\lambda_n = n^2$ für alle $n \in \mathbb{N}$. Dies also sind die Eigenwerte $\lambda_n = n^2$ von $Lu = u''$ unter Dirichlet–Bedingungen nach (13.37).

Wir beschränken uns von jetzt an auf formal selbstadjungierte Differentialoperatoren, also auf

$$Lu = (pu')' + qu \quad \text{mit } p \in C^1[a,b],\ q \in C^0[a,b].$$

Dann gelten die folgenden beiden wichtigen Sätze, deren Beweise wir in mehreren Schritten erbringen werden.

Satz 13.20: *Es sei y_1, y_2 ein Fundamentalsystem von $Lu = 0$ und es sei*

$$\det\begin{pmatrix} R_1 y_1 & R_1 y_2 \\ R_2 y_1 & R_2 y_2 \end{pmatrix} \neq 0,$$

das heißt $\lambda = 0$ sei kein Eigenwert. Außerdem seien $p(x) > 0$ und $r(x) > 0$ für $x \in [a,b]$. Dann gibt es abzählbar unendlich viele Eigenwerte $\lambda_j \in \mathbb{R}$, $j \in \mathbb{N}_0$. Diese wollen wir der Betragsgröße nach ordnen,

$$|\lambda_0| \leq |\lambda_1| \leq |\lambda_2| \leq \ldots .$$

Die Folge der Eigenwerte hat keinen endlichen Häufungspunkt, das heißt es gilt

$$\lim_{n\to\infty} |\lambda_n| = \infty.$$

Satz 13.21 (Entwicklungssatz) : *Die Voraussetzungen seien wie in Satz 13.20. Dann können die Eigenfunktionen so gewählt werden (nach Gram–Schmidt), daß sie ein Orthonormalsystem bilden, das heißt*

$$(13.38)\quad \int_a^b r(\xi)\, u_j(\xi)\, u_k(\xi)\, d\xi = \delta_{jk} = \begin{cases} 0 & \text{für } j \neq k, \\ 1 & \text{für } j = k. \end{cases}$$

Dann kann jede stetige Funktion ϕ in eine **Fourierreihe** *nach den Eigenfunktionen entwickelt werden, wobei*

$$(13.39)\quad a_j := \int_a^b r(\xi)\, \phi(\xi)\, u_j(\xi)\, d\xi$$

die **Fourierkoeffizienten** *sind. Die Fourrierreihe konvergiert im L^2–Sinne, das heißt im Mittel, gegen ϕ, das heißt*

$$(13.40)\quad \lim_{n\to\infty} \int_a^b r(\xi)\, |\phi(\xi) - \sum_{j=0}^{n} a_j u_j(\xi)|^2 d\xi = 0.$$

Ist ϕ nicht nur stetig, sondern sogar $\phi \in \mathcal{A}$, das heißt $\phi \in C^2[a,b]$ und $R_1\phi = R_2\phi = 0$, dann konvergiert die Fourierreihe

$$\phi(x) = \sum_{j=0}^{\infty} a_j u_j(x)$$

sogar absolut und gleichmäßig

in $[a, b]$.

Beispiel 13.22: *Für unser gewähltes Beispiel*

$$u_j'' = -\lambda_j u_j \quad \text{für } x \in [0,\pi] \text{ mit } u_j(0) = u_j(\pi) = 0$$

haben wir die Eigenwerte $\lambda_j = j^2$ und die Eigenfunktionen

$$u_j(x) = \sqrt{\frac{2}{\pi}} \sin jx \quad \text{für} j \in \mathbb{N}.$$

Die Fourierentwicklung von $\phi(x)$ lautet dann

$$\phi(x) = \sum_{j=1}^{\infty} \frac{2}{\pi} \int_0^{\pi} \phi(\xi) \sin j\xi\, d\xi\, \sin jx.$$

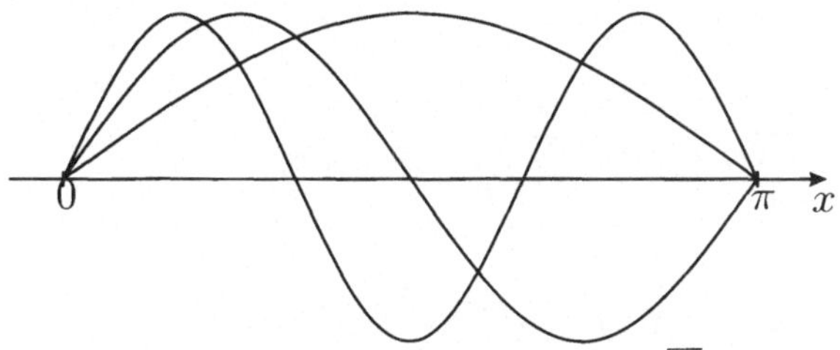

Abbildung 13.1: Eigenfunktionen $\sqrt{\frac{2}{\pi}} \sin jx$.

Es folgt zunächst eine Anwendung der beiden Sätze 13.20 und 13.21, bevor sie bewiesen werden. Gegeben sei die Differentalgleichung

$$Lv + \mu r v = r \phi$$

für $v \in C^2[a,b]$. Die Lösung v läßt sich in eine Fourrierreihe entwickeln,

$$v(x) = \sum_{j=0}^{\infty} v_j u_j(x).$$

Wenn die Reihe sogar gliedweise differenziert werden darf, dann gilt

$$Lv = -\sum_{j=0}^{\infty} \lambda_j v_j r(x) u_j(x).$$

Dies ist erlaubt, wenn die differenzierte Reihe absolut und gleichmäßig konvergiert. Entwickelt man ϕ ebenfalls in eine Fourierreihe

$$\phi(x) = \sum_{j=0}^{\infty} \phi_j u_j(x)$$

und setzt dies in die Differentialgleichung ein, so folgt

$$-\sum_{j=0}^{\infty} \lambda_j v_j r(x) u_j(x) + \sum_{j=0}^{\infty} \mu v_j r(x) u_j(x) = \sum_{j=0}^{\infty} \phi_j(x) r(x) u_j(x).$$

Multiplizieren wir mit $u_k(x)$ und integrieren anschließend gliedweise über $[a,b]$ – dies ist wegen der gleichmäßigen Konvergenz der Reihen erlaubt, dann liefert wegen der Orthogonalitätsrelation (13.38) der Koeffizientenvergleich für die Fourierkoeffizienten

$$v_j(\mu - \lambda_j) = \phi_j,$$

also

$$v_j = \frac{\phi_j}{\mu - \lambda_j}, \quad \text{falls } \mu \neq \lambda_j.$$

Es gilt damit also

$$(13.41)\quad v(x) = \sum_{j=0}^{\infty} v_j u_j(x) = \sum_{j=0}^{\infty} \frac{\phi_j}{\mu - \lambda_j} u_j(x)$$

$$= \sum_{j=0}^{\infty} \frac{1}{\mu - \lambda_j} \int_a^b r(\xi)\phi(\xi)u_j(\xi)d\xi \; u_j(x)$$

$$(13.42)\quad = \int_a^b \left[\sum_{j=0}^{\infty} \frac{1}{\mu - \lambda_j} r(\xi)u_j(\xi)u_j(x) \right] \phi(\xi)d\xi$$

$$=: \int_a^b R(\mu, \xi, x)\, \phi(\xi)\, d\xi.$$

Dabei heißt

$$R(\mu, \xi, x) := \sum_{j=0}^{\infty} \frac{1}{\mu - \lambda_j} r(\xi)u_j(\xi)u_j(x)$$

die **Resolvente**. Die Menge $\{\lambda_j\}$ aller Eigenwerte heißt das **Spektrum** von L und

$$-Lv = \sum_{j=0}^{\infty} \lambda_j v_j r(x) u_j(x)$$

heißt **Spektraldarstellung** von L.

Gehört μ nicht zum Spektrum, das heißt ist μ kein Eigenwert, so liefert diese Methode stets eine Lösung der Differentialgleichung. Ist μ ein Eigenwert, das heißt $\mu = \lambda_\ell$ für gewisse $\ell \in \mathbb{N}_0$, so gibt es genau dann (eventuell mehrere) Lösungen, wenn

$$\int_a^b r(\xi)\, \phi(\xi) u_\ell(\xi)\, d\xi = 0 \quad \text{für die Indizes } \ell \text{ mit } \mu = \lambda_\ell$$

erfüllt ist, das heißt wenn der Anteil mit $u_\ell(x)$ für diese ℓ bei ϕ nicht vorkommt. Dann ist für beliebige $c_\ell \in \mathbb{R}$ stets

$$v(x) = \sum_{j:\lambda_j \neq \mu} \frac{\phi_j}{\mu - \lambda_j} u_j(x) + \sum_{\ell:\lambda_\ell = \mu} c_\ell u_\ell(x)$$

eine Lösung, denn die $u_\ell(x)$ werden von $L + \mu$ auf 0 abgebildet.

Für die Beweise der beiden Sätze wird der Satz von Arzela–Ascoli (Satz 7.95) mehrmals angewandt.

Nun in einzelnen Schritten die Beweise zu den Sätzen 13.20 und 13.21. Um die Beweise übersichtlicher zu machen, setzen wir zusätzlich voraus, daß $r \in C^2([a, b])$

gilt. Nach Voraussetzung ist $r(x) > 0$ auf $[a,b]$, so daß dann auch $\frac{1}{\sqrt{r}} \in C^2([a,b])$ ist. Für $u \in C^2([a,b])$ setzen wir

$$w := \sqrt{r}\,u.$$

Ferner sei der Differentialoperator $\widetilde{L}_r$ definiert durch

$$\text{(13.43)}\quad \widetilde{L}_r v := \frac{1}{\sqrt{r}} L\left(\frac{1}{\sqrt{r}} v\right).$$

Dann gilt

Lemma 13.23:

i. Mit L ist auch der Differentialoperator $\widetilde{L}_r$ formal selbstadjungiert.

ii. Es sind äquivalent $Lu = -\lambda r u$ und $\widetilde{L}_r w = -\lambda w$.

Beweis: *i.* Sei L selbstadjungiert, das heißt $Lu = pu'' + p'u' + qu$. Dann ist

$$\begin{aligned}
\frac{1}{\sqrt{r}} L\left(\frac{1}{\sqrt{r}} v\right) &= \frac{1}{\sqrt{r}} p \left(\frac{1}{\sqrt{r}} v\right)'' + \frac{1}{\sqrt{r}} p' \left(\frac{1}{\sqrt{r}} v\right)' + \frac{1}{\sqrt{r}} q \frac{1}{\sqrt{r}} \\
&= \frac{1}{\sqrt{r}} p \left[\frac{1}{\sqrt{r}} v'' + 2\left(\frac{1}{\sqrt{r}}\right)' v' + \left(\frac{1}{\sqrt{r}}\right)'' v\right] \\
&\qquad + \frac{1}{\sqrt{r}} p' \left[\frac{1}{\sqrt{r}} v' + \left(\frac{1}{\sqrt{r}}\right)' v\right] + \frac{1}{r} q\, u \\
&= v'' \frac{p}{r} + v' \left(-\frac{p\, r'}{r^2} + \frac{p'}{r}\right) \\
&\qquad + v \frac{1}{\sqrt{r}} \left[p \left(\frac{1}{\sqrt{r}}\right)'' + p' \left(\frac{1}{\sqrt{r}}\right)' + q \frac{1}{\sqrt{r}}\right] \\
&= \left(\frac{p}{r} v'\right)' + \widetilde{q}\, v,
\end{aligned}$$

wobei $\widetilde{q} = \frac{1}{\sqrt{r}} L\left(\frac{1}{\sqrt{r}}\right)$. Somit ist $\widetilde{L}_r$ formal selbstadjungiert.

ii. rechnet man unmittelbar nach. □

Bemerkung 13.24: *Lemma 13.23 stellt also unter Beibehaltung der Selbstadjungiertheit die Äquivalenz zwischen dem Eigenwertproblem mit Gewichtsfunktion und dem Eigenwertproblem ohne Gewichtsfunktion her. Dies vereinfacht die folgenden Rechnungen zum Teil ganz erheblich. Die Beibehaltung der Selbstadjungiertheit ist wichtig, da die damit verbundene Symmetrie der Greenschen Funktion (Satz 13.14) und die daraus resultierenden Eigenschaften des Integraloperators T wesentlich eingehen werden.*

Wir wollen aber anmerken, daß für die praktischen Belange der Quanten–Feldtheorie $r > 0$ auf $[a, b]$ im allgemeinen nicht erfüllt ist, für viele Fälle der Entwicklungssatz aber sinngemäß richtig bleibt. Dort wird zudem die Gewichtsfunktion explizit benötigt. Nicht nur L bzw. $\widetilde{L}_r$, sondern auch der zu beweisende Entwicklungssatz 13.21 wird nunmehr auf den Fall $r \equiv 1$ zurückgeführt, indem man noch substituiert,

$$w_j(x) = \sqrt{r(x)}\, u_j(x) \quad \text{und} \quad \psi(x) = \sqrt{r(x)}\, \phi(x).$$

Die w_j sind dann die Eigenfunktionen des Differentialopertors $\widetilde{L}_r$ ohne Gewichtsfunktion. Mit ϕ durchläuft auch ψ ganz $C^0[a, b]$, da nach Voraussetzung

$$\sqrt{r(x)}, \frac{1}{\sqrt{r(x)}} \in C^2[a, b].$$

In dem jetzt zu beweisenden Entwicklungssatz kann also $r \equiv 1$ angenommen werden.

Nach Satz 13.16, welcher besagt, daß $L : \mathcal{A} \to H$ und $T : H \to \mathcal{A}$ zueinander inverse Isomorphismen sind, ergibt sich für die Eigenwerte und Eigenfunktionen der folgende grundlegende Zusammenhang:

Lemma 13.25: *Für alle $v \in \mathcal{A}$ und $\lambda \neq 0$ gilt*

$$(13.44) \quad Lv = -\lambda v \Leftrightarrow Tv = -\frac{1}{\lambda} v,$$

das heißt v ist Eigenfunktion von L zum Eigenwert λ genau dann, wenn v Eigenfunktion von T zum Eigenwert $1/\lambda$ ist.

Die Beweise der beiden Sätze 13.20 und 13.21 lassen sich also auf die Untersuchung des Eigenwertproblems für den Operator T zurückführen. Im folgenden versehen wir den Vektorraum H mit dem L^2–Skalarprodukt

$$(13.45) \quad (f, g)_{L^2} := \int_a^b f(x) g(x)\, dx$$

sowie der durch das Skalarprodukt induzierten L^2–Norm

$$(13.46) \quad \|f\|_{L^2} := (f, f)^{1/2}.$$

Mit dem Skalarprodukt (13.45) und der Norm (13.46) wird $C^0([a, b])$ ein **Prä–Hilbertraum** , das ist ein mit (13.46) normierter Vektorraum mit Skalarprodukt. Die Selbstadjungiertheit von L (Lemma 13.23) führt zu folgender Symmetrieeigenschaft des Integraloperators T.

Lemma 13.26: *Es gilt*

$$(13.47) \quad (Tg, f)_{L^2} = (g, Tf)_{L^2}$$

für alle stetigen g und f, das heißt T ist ein **symmetrischer Operator**.

Beweis: L ist nach Lemma 13.23 selbstadjungiert. Nach Satz 13.14 ist dann die Greensche Funktion symmetrisch. Es gilt also $\Gamma(x,\xi) = \Gamma(\xi, x)$. Zudem darf man bei stetigem Integranden Integrationsreihenfolgen vertauschen, so daß folgt:

$$\begin{aligned}(Tg, f)_{L^2} &= \int_a^b \int_a^b \Gamma(x,\xi)\, g(\xi)\, d\xi\, f(x)\, dx = \int_a^b \int_a^b \Gamma(x,\xi)\, g(\xi)\, f(x)\, d\xi\, dx \\ &= \int_a^b \int_a^b \Gamma(\xi,x)\, f(x)\, g(\xi)\, dx\, d\xi = \int_a^b \int_a^b \Gamma(\xi,x)\, f(x)\, dx\, g(\xi)\, d\xi \\ &= (Tf, g)_{L^2}.\end{aligned}$$

□

Bemerkung 13.27: *Setzt man* $u = Tf$ *und* $v = Tg$, *so ist* $f = Lu$ *und* $g = Lv$ *und die Symmetriebeziehung geht äquivalent über in* $(v, Lu) = (u, Lv)$. **Die Symmetrieeigenschaft ist also gerade äquivalent zur Greenschen Identität.**

Satz 13.28: *Sei* $B_c = \{\phi \in H \mid \|\phi\|_2 \le c\}$. *Dann ist die Bildmenge* $TB_c = \{T\phi \mid \phi \in B_c\}$ *gleichgradig stetig und gleichgradig beschränkt.*

Beweis: Mit der Schwarzschen Ungleichung folgt

$$\begin{aligned}|T\phi(y) - T\phi(x)| &= \left| \int_a^b [\Gamma(y,\xi) - \Gamma(x,\xi)]\, \phi(\xi)\, d\xi \right| \\ &\le \left(\int_a^b |\Gamma(y,\xi) - \Gamma(x,\xi)|^2 d\xi \right)^{1/2} \left(\int_a^b |\phi(\xi)|^2 d\xi \right)^{1/2}.\end{aligned}$$

Der zweite Faktor ist $\|\phi\|_2$, also eine durch c beschränkte Zahl. Wegen der gleichmäßigen Stetigkeit von Γ auf der kompakten Menge $[a,b] \times [a,b]$ wird der erste von ϕ unabhängige Faktor beliebig klein, wenn nur x und y hinreichend beieinander liegen.

Weiterhin ist

$$|T\phi(x)| = \left| \int_a^b \Gamma(x,\xi)\, \phi(\xi)\, d\xi \right| \le \left(\int_a^b |\Gamma(x,\xi)|^2 d\xi \right)^{1/2} \left(\int_a^b |\phi(\xi)|^2 d\xi \right)^{1/2}.$$

Der zweite Faktor ist wieder durch c beschränkt. Der erste Faktor ist beschränkt, da Γ als stetige Funktion auf der kompakten Menge $[a,b] \times [a,b]$ beschränkt ist.

□

Bemerkung 13.29: *Wegen* $S_c = \{\phi \in H \mid \|\phi\|_2 = c\} \subset B_c$ *ist auch* $TS_c = \{T\phi \mid \phi \in S_c\}$ *gleichgradig stetig und gleichgradig beschränkt.*

Lemma 13.30: *Ist* $\widetilde{H} \subset H$ *ein Untervektorraum von* H *mit* $T(\widetilde{H}) \subset \widetilde{H}$, *dann gilt*

$$(13.48) \quad \sup_{S_1 \cap \widetilde{H}} |(T\phi, \phi)| = \sup_{\phi \in S_1 \cap \widetilde{H}} \|T\phi\|_{L^2} =: \|T_{|\widetilde{H}}\|_{L^2, L^2}.$$

Beweis: Da das Skalarprodukt und die Norm linear sind in Bezug auf einen skalaren Faktor, ist die Behauptung offenbar äquivalent zu

$$\sup_{\phi \in \widetilde{H} \setminus \{0\}} \frac{(T\phi, \phi)}{(\phi, \phi)} = \sup_{\phi \in \widetilde{H} \setminus \{0\}} \frac{\|T\phi\|_2}{\|\phi\|_2}.$$

Die eine Richtung folgt sofort mit der Schwarzschen Ungleichung,

$$|(T\phi, \phi)| \leq \|T\phi\|_2 \|\phi\|_2 = \|T\phi\|_2 \Rightarrow \sup_{\phi \in S_1 \cap \widetilde{H}} |(T\phi, \phi)| \leq \sup_{\phi \in S_1 \cap \widetilde{H}} \|T\phi\|_2.$$

Für die andere Richtung wird die umgeformte Gleichung herangezogen. Definiere

$$N_T := \sup_{f \in \widetilde{H} \setminus \{0\}} \frac{(Tf, f)}{(f, f)}, \quad \|T\| = \sup_{f \in \widetilde{H} \setminus \{0\}} \frac{\|Tf\|_2}{\|f\|_2}.$$

Zu zeigen ist dann $N_T \geq \|T\|$. Es gilt für jedes $\lambda \in \mathbb{R}$

$$\begin{aligned} (T(f + \lambda Tf), f + \lambda Tf) &\leq N_T(f + \lambda Tf, f + \lambda Tf) - (T(f - \lambda Tf), f - \lambda Tf) \\ &\leq N_T(f - \lambda Tf, f - \lambda Tf). \end{aligned}$$

Addition unter Verwendung der Symmetrie von T (Lemma 13.26) ergibt

$$4\lambda (Tf, Tf) \leq 2N_T \left[(f, f) + \lambda^2 (Tf, Tf) \right].$$

Setzt man nun ganz speziell

$$\lambda := \frac{\|f\|_2}{\|Tf\|_2}, \quad \text{also } \lambda^2 = \frac{(f, f)}{(Tf, Tf)}$$

ein, so ergibt sich

$$4 \frac{\|f\|_2}{\|Tf\|_2} (Tf, Tf) \leq 4N_T (f, f),$$

also

$$\frac{\|Tf\|_2}{\|f\|_2} \leq N_T.$$

Da dies für alle $f \in \widetilde{H} \setminus \{0\}$ richtig ist, folgt

$$\|T\| = \sup_{f \in \widetilde{H} \setminus \{0\}} \frac{\|Tf\|_2}{\|f\|_2} \leq N_T.$$

Damit ist die Behauptung bewiesen. □

Der nächste Satz macht die bereits angekündigte Aussage über die Eigenwerte und Eigenfunktionen des Integraloperators T. Schließt man daraus mit Hilfe von Lemma 13.25 auf die Eigenwerte und Eigenfunktionen von L, so ergibt sich damit bereits ein Teil der zu beweisenden Behauptungen.

Satz 13.31: *Es gibt abzählbar viele Eigenwerte μ_j und zugehörige Eigenfunktionen w_j von T,*

$$(13.49)\quad Tw_j(x) = \int_a^b \Gamma(x,\xi)\, w_j(\xi)\, d\xi = \mu_j w_j(x),$$

und es gelten

$$(13.50)\quad |\mu_0| \geq |\mu_1| \geq |\mu_2| \geq \ldots, \quad \textit{sowie} \lim_{n\to\infty} |\mu_n| = 0,$$

$$(13.51)\quad (w_j, w_k) = \int_a^b w_j(x) w_k(x)\, dx = \delta_{jk}.$$

Beweis: Sei $S_1 = \{\phi \in H \mid \|\phi\|_2 = 1\}$. Nach Lemma 13.30 gilt

$$\sup_{\phi\in S_1} |(T\phi,\phi)| = \sup_{\phi\in S_1} \|T\phi\|_2.$$

Wir setzen $|\mu_0|$ gleich diesem gemeinsamen Wert. Das Vorzeichen von μ_0 kann so gewählt werden, daß es eine Folge $\{\phi_n\} \in S_1$ gibt mit

$$\mu_0 = \lim_{n\to\infty} (T\phi_n, \phi_n).$$

Es ist dann $\mu_0 \neq 0$, denn die Annahme $|\mu_0| = 0$ würde zu $N_T = \|T\| = 0$ und damit zu $\Gamma \equiv 0$ führen.
Nach Satz 13.28 sind die $T\phi_n$ gleichgradig stetig und gleichgradig beschränkt. Aufgrund des Satzes von Arzela–Ascoli konvergiert dann eine Teilfolge $\{T\phi_j\}$ mit $j \in \mathbb{N}' \subset \mathbb{N}$, $j \to \infty$, von $\{T\phi_n\}$ gleichmäßig gegen eine Grenzfunktion $\psi \in C^0$. Wir werden jetzt zeigen, daß $w_0 = \frac{1}{\mu_0}\psi$ die gewünschte normierte Eigenfunktion zum Eigenwert μ_0 ist. Man rechnet nach:

$$\begin{aligned}\|T\phi_j - \mu_0\phi_j\|_2^2 &= (T\phi_j - \mu_0\phi_j, T\phi_j - \mu_0\phi_j)\\ &= \|T\phi_j\|_2^2 - 2\mu_0 (T\phi_j, \phi_j) + \mu_0^2 \|\phi_j\|_2^2\\ &\to \mu_0^2 - 2\mu_0^2 + \mu_0^2 = 0.\end{aligned}$$

Im folgenden wird mehrmals ausgenutzt, daß aus der gleichmäßigen Konvergenz stets die L^2–Konvergenz folgt. Da (siehe oben) $T\phi_j$ gleichmäßig gegen $\mu_0 w_0$ konvergiert, folgt die L^2-Konvergenz $\|T\phi_j - \mu_0 w_0\|_2 \to 0$. Mit der Dreiecksungleichung für die Norm ergibt sich

$$\|\mu_0\phi_j - \mu_0 w_0\|_2 \leq \|\mu_0\phi_j - T\phi_j\|_2 + \|T\phi_j - \mu_0 w_0\|_2 \to 0.$$

Wir haben also $\|\phi_j - w_0\|_2 \to 0$. Hieraus folgt mit der Dreiecksungleichung

$$| \|\phi_j\|_2 - \|w_0\|_2 | \leq \|\phi_j - w_0\|_2$$

und aus $\|\phi_j\|_2 = 1$ auch $\|w_0\|_2 = 1$. Man rechnet weiter:

$$\begin{aligned} |T\phi_j(x) - Tw_0(x)| &= \left| \int_a^b \Gamma(x,\xi)[\phi_j(\xi) - w_0(\xi)]d\xi \right| \\ &\leq \|\Gamma(x,\cdot)\|_2 \|\phi_j - w_0\|_2 \to 0. \end{aligned}$$

$T\phi_j$ konvergiert also sogar gleichmäßig (und damit auch im L^2–Sinne) gegen $T\phi_0$. Es gilt die Abschätzung

$$\|Tw_0 - \mu_0 w_0\|_2 \leq \|Tw_0 - T\phi_j\|_2 + \|T\phi_j - \mu_0\phi_j\|_2 + \|\mu_0\phi_j - \mu_0 w_0\|_2 \to 0.$$

Da die linke Seite überhaupt nicht von j abhängt, muß sie folglich verschwinden. Hieraus folgt $Tw_0 = \mu_0 w_0$. Damit ist gezeigt, daß μ_0 Eigenwert ist und w_0 die zugehörige Eigenfunktion.

Der weitere Beweis verläuft mit vollständiger Induktion. Seien schon die Eigenwerte $\mu_0, \mu_1, \ldots, \mu_{n-1}$ mit $|\mu_0| \geq |\mu_1| \geq \ldots \geq |\mu_{n-1}|$ und die zugehörigen Eigenfunktionen $w_0, \ldots w_{n-1}$ gefunden und sei $\{w_0, \ldots, w_{n-1}\}$ ein Orthonormalsystem. Wir setzen dann

$$\begin{aligned} H_n &:= \{w_0, \ldots, w_{n-1}\}^\perp \\ &= \{w \in H \,|\, (w, w_0) = (w, w_1) = \ldots = (w, w_{n-1}) = 0\}. \end{aligned}$$

Für $w \in H_n$ gilt dann

$$(Tw, w_k) = (w, Tw_k) = (w, \mu_k w_k) = \mu_k(w, w_k) = 0 \quad \text{für } 0 \leq k \leq n-1,$$

also $Tw \in H_n$. Es ist also die Voraussetzung $T(H_n) \subset H_n$ von Lemma 13.30 erfüllt, so daß gilt

$$\sup \lim_{\phi \in S_1 \cap H_n} (T\phi, \phi)_{L^2} = \sup \lim_{\psi \in S_1 \cap H_n} \|T\phi\|_2 =: |\mu_n|.$$

Wir setzen $|\mu_n|$ gleich diesem gemeinsamen Wert und erhalten (ganz entsprechend den obigen Überlegungen für $n = 0$) jetzt eine normierte Eigenfunktion $w_n \in H_n$ zum Eigenwert μ_n. Nach Definition von H_n ist $w_n \perp w_k$ (für $0 \leq k \leq n-1$), so daß mit der Induktionsvoraussetzung auch $\{w_0, w_1, \ldots, w_n\}$ ein Orthonormalsystem bildet.

Da offenbar $H_n \subset H_{n-1} \subset \ldots \subset H_0 = H$ gilt, folgt aus der Definition von μ_k

$$|\mu_n| \leq |\mu_{n-1}| \leq \ldots \leq |\mu_1| \leq |\mu_0|.$$

Es bleibt noch zu zeigen, daß $\lim_{n\to\infty}|\mu_n| = 0$ erfüllt ist. Angenommen, die monoton fallende Folge $|\mu_n|$ habe einen positiven Grenzwert $\gamma > 0$, so folgte mit Hilfe von

$$w_n = \frac{1}{\mu_n}Tw_n = T\left(\frac{1}{\mu_n}w_n\right) \quad \text{und} \quad \|\frac{1}{\mu_n}w_n\|_2 \le \frac{1}{\gamma}\|w_n\|_2 = \frac{1}{\gamma}$$

mit Satz 13.28, daß die w_n gleichgradig stetig und gleichgradig beschränkt wären. Also würde es eine gleichmäßig konvergente Teilfolge $\{Tw_{n_j}\}$ von $\{Tw_n\}$ geben. Diese Teilfolge wäre dann auch L^2–konvergent und damit eine L^2–Cauchy–Folge, das heißt es wäre insbesondere

$$\|w_{n_k} - w_{n_\ell}\|_2 < 1 \quad \text{für hinreichend große } k, \ell.$$

Wegen der Orthogonalität gilt aber auch

$$\begin{aligned} 1 > \|w_{n_k} - w_{n_\ell}\|_2^2 &= (w_{n_k} - w_{n_\ell}, w_{n_k} - w_{n_\ell}) \\ &= \|w_{n_k}\|_2^2 + 2(w_{n_k}, w_{n_\ell}) + \|w_{n_\ell}\|_2^2 = 1 + 0 + 1 = 2. \end{aligned}$$

Aus diesem Widerspruch folgt $\lim\limits_{n\to\infty} |\mu_n| = 0$. □

Folgerung 13.32: *Setzen wir* $\lambda_j := -\dfrac{1}{\mu_j}$, *so folgt mit Lemma 13.25*

$$(13.52) \quad Lw_j = -\lambda_j w_j, \quad |\lambda_0| \le |\lambda_1| \le |\lambda_2| \le \dots \quad \textit{und} \quad \lim_{n\to\infty} |\lambda_n| = \infty.$$

Damit ist Satz 13.20 sowie die Orthogonalitätsbeziehung von Satz 13.21 bewiesen.

Lemma 13.33: *Für jedes $f \in H$ gilt die* **Besselsche Ungleichung**

$$(13.53) \quad \sum_{j=0}^{\infty}(f, w_j)_{L^2}^2 \le \|f\|_2^2.$$

Beweis: Da offenbar mit

$$s_n := \sum_{j=0}^{n}(f, w_j)w_j$$

die Funktionen s_n und $f - s_n$ zueinander orthogonal sind, gilt mit $s_n + (f - s_n) = f$ nach dem Satz von Pythagoras

$$(13.54) \quad \|f - s_n\|_2^2 + \|s_n\|_2^2 = \|f\|_2^2.$$

Hieraus folgt

$$\|f - \sum_{j=0}^{n}(f, w_j)w_j\|_2^2 = \|f\|_2^2 - \|\sum_{j=0}^{n}(f, w_j)w_j\|_2^2 = \|f\|_2^2 - \sum_{j=0}^{n}(f, w_j)^2 \ge 0.$$

Dies gilt für jedes $n \in \mathbb{N}$, so daß die Besselsche Ungleichung direkte Folgerung ist. □

Für den Rest des Kapitels seien $f, g \in H$, $u, v \in \mathcal{A}$, $Lu = f$, $Lv = g$ bzw. $Tf = u$, $Tg = v$.

Lemma 13.34: *Für $u \in \mathcal{A}$ gilt der* **Entwicklungssatz** *(L^2–Konvergenz)*

$$\lim_{n\to\infty} \|u - \sum_{j=0}^{n} (u, w_j) w_j\|_2^2 = 0.$$

Beweis: Zunächst ist

$$\begin{aligned} u - \sum_{j=0}^{n}(u, w_j)w_j &= Tf - \sum_{j=0}^{n}(Tf, , w_j)w_j = Tf - \sum_{0}^{n}(f, Tw_j)w_j \\ &= Tf - \sum_{0}^{n}(f, \mu_j w_j)w_j = Tf - \sum_{0}^{n}(f, w_j)\mu_j w_j \\ &= Tf - \sum_{0}^{n}(f, w_j)Tw_j = T(f - \sum_{0}^{n}(f, w_j)w_j) \\ &=: T(h_n). \end{aligned}$$

Es gilt

$$(h_n, w_k) = (f, w_k) - \sum_{0}^{n}(f, w_j)\,(w_j, w_k) = (f, w_k) - (f, w_k) = 0$$

für $0 \le k \le n$. Es ist also $h_n \in H_{n+1} = \{w_0, w_1, \ldots, w_n\}^{\perp}$. Nach Konstruktion von μ_{n+1} und $h_n \in H_{n+1}$ gilt folglich

$$\begin{aligned} \|u - \sum_{j=0}^{n}(u, w_j)w_j\|_2^2 &= \|Th_n\|_2^2 = \|T(\frac{h_n}{\|h_n\|_2})\|_2^2\,\|h_n\|_2^2 \\ &\le \sup_{\phi \in S_1 \cap H_{n+1}} \|T\phi\|_2^2\,\|h_n\|_2^2 = \mu_{n+1}^2\,\|h_n\|^2 \\ &= \mu_{n+1}^2\,\|f - \sum_{j=0}^{n}(f, w_j)w_j\|_2^2 \\ &= \mu_{n+1}^2 \left[\|f\|_2^2 - \sum_{j=0}^{n}(f, w_j)^2\right] \le \mu_{n+1}^2\,\|f\|_2^2 \to 0. \end{aligned}$$

Damit ist Lemma 13.34 bewiesen. □

Wir wollen aber mehr: Wir wollen L^2–Konvergenz für $f \in H$ und für $u \in \mathcal{A}$ sogar absolute und gleichmäßige Konvergenz.

Satz 13.35 : *Sei $u \in \mathcal{A}$ und $u = Tf$ mit $f \in H$. Dann konvergiert die Fourierreihe von u sogar absolut und gleichmäßig. Die Fourierreihe von f konvergiert wenigstens im L^2–Sinne, das heißt es gilt*

$$(13.55) \quad \lim_{n\to\infty} \|f - \sum_{j=0}^{n}(f, w_j)w_j\|_2 = 0.$$

Beweis: Zum Beweis der ersten Behauptung weisen wir nach, daß das Cauchysche Kriterium für gleichmäßige Konvergenz erfüllt ist. Mit Umformungen wie oben und der Schwarzschen Ungleichung ergibt sich

$$\begin{aligned}
\left|\sum_{j=0}^{p}(u, w_j)w_j(x) - \sum_{j=0}^{q}(u, w_j)w_j(x)\right|^2 &= \left|\sum_{j=q+1}^{p}(u, w_j)w_j(x)\right|^2 \\
= \left|\sum_{j=q+1}^{p}(Tf, w_j)w_j(x)\right|^2 &= \left|\sum_{j=q+1}^{p}(f, w_j)Tw_j(x)\right|^2 \\
= \left|\sum_{j=q+1}^{p}(f, w_j)\int_a^b \Gamma(x,\xi)\, w_j(\xi)\, d\xi\right|^2 &\le \left|\sum_{q+1}^{p}(f, w_j)^2\right| \sum_{q+1}^{p}\left|\int_a^b (x,\xi)w_j(\xi)\, d\xi\right|^2 \\
= \sum_{j=q+1}^{p}(f, w_j)^2 \left|\sum_{j=q+1}^{p}(\Gamma(x,\cdot), w_j)^2\right| &\le \sum_{j=q+1}^{p}(f, w_j)^2 \max_{a\le x\le b}\int_a^b |\Gamma(x,\xi)|^2 d\xi.
\end{aligned}$$

Dieser Ausdruck wird beliebig klein für hinreichend große p, q und unabhängig von x, da der erste Faktor als Reihenabschnitt der nach der Besselschen Ungleichung konvergenten Reihe $\sum_{j=0}^{\infty}(f, w_j)^2$ beliebig klein wird. Damit konvergiert die Fourierriehe von u gleichmäßig gegen eine stetige Grenzfunktion.
Da nach Lemma 13.34 die Grenzfunktion unter L^2–Konvergenz schon u war, kann die Grenzfunktion unter gleichmäßiger Konvergenz ebenfalls nur u sein. Damit ist die erste Behauptung bewiesen.

Nun zum Beweis der zweiten Behauptung: Im Beweis zu Lemma 13.34 steht, daß

$$\lim_{n\to\infty} \|Th_n\|_2 = 0 \quad \text{für } h_n = f - \sum_{j=0}^{n}(j, w_j)w_j$$

gilt. Für alle $\phi \in \mathcal{A}$ gilt wegen der Greenschen Identität dann auch

$$\int_a^b \phi(x)\, h_n(x)\, dx = \int_a^b \phi(x)\, L(Th_n(x))\, dx = \int_a^b L\phi(x)\, Th_n(x)\, dx.$$

Daraus folgt mit der Schwarzschen Ungleichung

$$\left|\int_a^b L\phi(x)\, Th_n(x)\, dx\right| \le \|L\phi\|_2\, \|Th_n\|_2 \to 0,$$

das heißt

$$(13.56)\quad \lim_{n\to\infty} \int_a^b \phi(x)\, h_n(x)\, dx \;=\; 0 \quad \text{für alle } \phi \in \mathcal{A}.$$

Wir wollen nun zeigen, daß dies sogar für alle $\phi \in H = C^0([a,b])$ gilt. Zu $\phi \in H$ und $\varepsilon > 0$ mit $\varepsilon \le 2\sqrt{b-1}\|\phi\|_{\mathcal{F}}$ wählen wir die stückweise lineare Interpolierende $\phi_1(x)$ mit $\phi_1(x_j) = \phi(x_j)$ in den Knoten $x_j = (b-a)j/m$ für $j = 0, 1, \ldots, m$ und m so groß, daß

$$\|\phi_1 - \phi\|_{\mathcal{F}} \;=\; \max_{a\le x\le b} |\phi_1(x) - \phi(x)| \;\le\; \frac{\varepsilon}{2\sqrt{b-a}} \;\le\; \|\phi\|_{\mathcal{F}}$$

erfüllt ist. Da ϕ_1 in x_j nicht mehr stetig differenzierbar ist, ändern wir dort geeignet ab mit Hilfe einer Funktion $\chi \in C^\infty(\mathbb{R})$ mit $0 \le \chi(\rho) \le 1$ und $\chi(\rho) = 0$ für $\rho = \frac{1}{2}$ und $\chi(\rho) = 1$ für $\rho \ge 1$, indem wir mit

$$\chi_j(x) \;:=\; \chi\left(16(m+1)\, \|\phi\|_{\mathcal{F}}^2\, \frac{1}{\varepsilon^2}\, |x - x_j|\right) \quad \text{für } j = 0, \ldots, m,$$

die Funktion $\phi_2 \in \mathcal{A}$ durch

$$\phi_2(x) \;:=\; \prod_{j=0}^{m} \chi_j(x)\phi_1(x)$$

einführen. Dann gelten

$$|\phi_2(x) - \phi_1(x)| \;\le\; \prod_{j=0}^{m}(1 - \chi_j(x))\, |\phi_1(x)| \;\le\; |\phi_1(x)| \;\le\; \|\phi_1\|_{\mathcal{F}} \;\le\; 2\, \|\phi\|_{\mathcal{F}}$$

und $\phi_2(x) \ne \phi_1(x)$ nur für

$$|x - x_j| \;<\; \frac{\varepsilon^2}{16(m+1)\|\phi\|_{\mathcal{F}}^2} \;=:\; \delta \;>\; 0.$$

Damit ergibt sich die Abschätzung

$$\begin{aligned}
\left|\int_a^b \phi(x)h_n(x)dx\right| \;&\le\; \left|\int_a^b (\phi(x) - \phi_1(x))h_n(x)dx\right| + \left|\int_a^b (\phi_1(x) - \phi_2(x))h_n(x)dx\right| \\
&\qquad + \left|\int_a^b \phi_2(x)h_n(x)dx\right| \\
&=\; \frac{\varepsilon}{2}\, \|h_n\|_{L^2} + \left[\sum_{j=0}^{m} \int_{x\in[a,b],|x-x_j|\le\delta} |\phi_1(x) - \phi_2(x)|^2 dx\right]^{1/2} \|h_n\|_{L^2} \\
&\qquad + \left|\int_a^b \phi_2(x)h_n(x)dx\right| \\
&\le\; \varepsilon\, \|f\|_{L^2} + \left|\int_a^b \phi_2(x)h_n(x)dx\right|
\end{aligned}$$

aufgrund der Besselschen Ungleichung (13.53) bzw. (13.54), das heißt $\|h_n\|_{L^2} \le \|f\|_{L^2}$. Da (13.56) für $\phi_2 \in \mathcal{A}$ gilt, erhalten wir aus obiger Ungleichung

$$\overline{\lim_{n\to\infty}} \left| \int_a^b \phi(x) h_n(x)\, dx \right| \le \varepsilon \, \|f\|_{L^2} + 0.$$

Hierin ist $\varepsilon > 0$ mit $\varepsilon \le 2\sqrt{b-a}\|\phi\|_{\mathcal{F}}$ beliebig wählbar, also gilt

$$\overline{\lim_{n\to\infty}} \left| \int_a^b \phi(x) h_n(x)\, dx \right| = 0,$$

das ist (13.56) für jedes $\phi \in C^0([a,b])$. Setzen wir speziell $\phi = f$ ein, so folgt

$$\begin{aligned} \int_a^b f(x)\, h_n(x) dx &= (f, h_n) = (f, f - \sum_0^n (f, w_j) w_j) = (f,f) - \sum_0^n (f, w_j)^2 \\ &= \|f - \sum_{j=0}^n (f, w_j) w_j\|_2^2 \to 0. \end{aligned}$$

Damit ist für $f \in H$ die L^2–Konvergenz und der Entwicklungssatz 13.21 vollständig bewiesen. □

In der Sprache des Prähilbertraums H mit dem gewichteten Skalarprodukt

$$\langle u, v \rangle = \int_a^b r(\xi)\, u(\xi)\, v(\xi)\, d\xi$$

und der induzierten Norm

$$\|v\|_2 = \langle v, v \rangle^{1/2}$$

lautet der Entwicklungssatz wie folgt:

Satz 13.36: *Unter den Voraussetzungen wie in Satz 13.20 gilt: Die Eigenfunktionen w_j können so gewählt werden, daß*

$$\langle w_j, w_k \rangle = \delta_{j,k} .$$

$a_j = \langle w_j, f \rangle$ sind die Fourierkoeffizienten und für $f \in H$ gilt

$$\lim_{n\to\infty} \|f - \sum_{j=0}^n \langle f, w_j \rangle w_j\|_2 = 0.$$

Ist sogar $f \in \mathcal{A}$, so konvergiert die Fourierreihe absolut und gleichmäßig gegen f:

$$\sum_{j=0}^\infty \langle f, w_j \rangle w_j(x) = f(x).$$

Aus der L^2–Konvergenz ergibt sich wegen der Beziehung

$$\|f - \sum_{j=0}^{n} \langle f, w_j \rangle w_j\|_2^2 = \|f\|_2^2 - \sum_{j=0}^{n} \langle f, w_j \rangle^2$$

die folgende grundlegende Folgerung.

Satz 13.37 : *Es gilt die* **Parsevalsche Gleichung**

$$(13.57)\quad \sum_{j=0}^{\infty} \langle f, w_j \rangle^2 = \|f\|_2^2 \quad \textit{für jedes } f \in H.$$

Satz 13.38 : *Zu den Eigenwerten $\{\lambda_j\}_{j=0}^{\infty}$ exisitiert ein Index j_0, so daß für alle $j \geq j_0$ die Eigenwerte positiv sind, das heißt es gilt sogar*

$$(13.58)\quad \lim_{j\to\infty} \lambda_j = +\infty.$$

Beweis: Die Eigenwertgleichung

$$Lw_j = -\lambda_j w_j, \quad R_1 w_j = R_2 w_j = 0$$

liefert nach Multiplikation mit w_j und Integration von a bis b wegen $\|w_j\|_{L^2} = 1$

$$\int_a^b (Lw_j) w_j \, dx = \int_a^b (pw_j')' w_j \, dx + \int_a^b q w_j^2 \, dx = -\lambda_j .$$

Partielle Integration des ersten Integrals liefert

$$\lambda_j = \int_a^b p(w_j')^2 dx + p(a) w_j'(a) w_j(a) - p(b) w_j'(b) w_j(b) \quad \int_a^b q w_j^2 \, dx$$

und nach Einsetzen der homogenen Randbedingungen (siehe auch (13.2)):

$$\lambda_j = \int_a^b p(w_j')^2 \, dx + \frac{\alpha_2}{\beta_2} p(b) w_j^2(b) - \frac{\alpha_1}{\beta_1} p(a) w_j^2(a) - \int_a^b q w_j^2 \, dx,$$

falls $\beta_2 \neq 0$ und $\beta_1 \neq 0$. Andernfalls fallen die entsprechenden Randterme fort. Ist $\beta_2 \neq 0$, $\alpha_2 \neq 0$, so wählen wir eine Hilfsfunktion $\psi_b \in C^\infty$ mit $\psi_b(b) = 1$ und $\psi_b(x) = 0$ für $x \leq (a+b)/2$ sowie

$$\|\psi_b\|_{L^2} \leq \varepsilon := \left[\frac{|\beta_2| p_0}{8p(b)|\alpha_2|} \right]^{1/2}, \quad p_0 := \min_{a \leq x \leq b} p(x) > 0.$$

Dies ist durch genügend kleine Wahl des Trägers von $\psi_b(x)$ immer möglich. Dann gilt

$$w_j(b) = \int_a^b (\psi_b w_j)' \, dx$$

und

$$|w_j(b)| \le \|\psi_b\|_{L^2}\|w_j'\|_{L^2} + \|\psi_b'\|_{L^2} \le \varepsilon\,\|w_j'\|_{L^2} + \|\psi_b'\|_{L^2},$$

die sogenannte **Poincaré–Friedrichs–Ungleichung**. Die gleiche Konstruktion bei a liefert

$$|w_j(a)| \le \varepsilon\,\|w_j'\|_{L^2} + \|\psi_a'\|_{L^2}.$$

Damit erhalten wir für λ_j die Ungleichung

$$\begin{aligned}\lambda_j &\ge p_0\,\|w_j'\|_{L^2}^2 - \frac{p_0}{2}\|w_j'\|_{L^2}^2 \\ &\quad - \left[2\frac{|\alpha_2|}{|\beta_2|}\,|p(b)|\,\|\psi_b'\|_{L^2}^2 + 2\frac{|\alpha_1|}{|\beta_1|}|p(a)|\,\|\psi_a'\|_{L^2}^2 - \max_{a\le x\le b}|q(x)|\right] \\ &\ge -\left[2\frac{|\alpha_2|}{|\beta_2|}\,|p(b)|\,\|\psi_b'\|_{L^2}^2 + 2\frac{|\alpha_1|}{|\beta_1|}|p(a)|\,\|\psi_a'\|_{L^2}^2 - \max_{a\le x\le b}|q(x)|\right] =: c_0,\end{aligned}$$

wobei c_0 nicht von j abhängt. Wegen $|\lambda_j| \to \infty$ für $j \to \infty$ folgt die Behauptung aus dieser Ungleichung, denn $\lambda_j \to -\infty$ ist nicht möglich. □

13.4 Abschließende Bemerkungen

In diesem Kapitel wurde für jedes formal **selbstadjungierte** Eigenwertproblem, also für das Problem

$$Ly = (p(x)y'(x))' + q(x)y(x) = -\lambda\, r(x)y(x)$$

unter gewissen Stetigkeits– und Differenzierbarkeitsvoraussetzungen an p, q, r für allgemeine Gewichtsfunktionen $r > 0$ der Entwicklungssatz bewiesen. Hieraus ergibt sich sogar der Beweis des Entwicklungssatzes für **alle** Eigenwertprobleme zweiter Ordnung, die nicht mehr formal selbstadjungiert sein müssen. Das allgemeine Eigenwertproblem

$$a_2(x)y''(x) + a_1(x)y'(x) + a_0(x)y(x) = -\lambda\, r(x)y(x)$$

ist nämlich äquivalent zu

$$d\,a_2\,y'' + d\,a_1\,y' + d\,a_0\,y = -\lambda\,(d\,r)\,y$$

wenn nur $d \ne 0$ auf $[a,b]$ erfüllt ist. Wählen wir die Funktion $d = d(x)$ so, daß letzteres Problem formal selbstadjungiert wird, also $d(x)a_1(x) = (d(x)a_2(x))'$ gilt, dann ist für das letztere Eigenwertproblem mit der Gewichtsfunktion $a\,r$ der Entwicklungssatz schon bewiesen. Die Forderung

$$d(x)a_1(x) = (d(x)a_2(x))' = d(x)a_2'(x) + d'(x)a_2(x)$$

geht über in

$$d(x)(a_1(x) - a_2'(x)) = d'(x)\,a_2(x)$$

und, wenn $a_2 \neq 0$ und $d \neq 0$ erfüllt sind, in

$$\frac{d'(x)}{d(x)} = \frac{a_1(x) - a_2'(x)}{a_2(x)}.$$

Sei $F(x)$ Stammfunktion zu $\frac{a_1(x)-a_2'(x)}{a_2(x)}$, dann liefert $d = e^{F(x)}$ einen integrierenden Faktor, welcher das Problem selbstadjungiert macht. Beispielsweise ist das nicht selbstadjungierte Eigenwertproblem

$$1\,y''(x) + 1\,y'(x) + a_0(x)y(x) = -\lambda\,r(x)y(x)$$

mit e^x durchzumultiplizieren.
Sowohl hier als auch beim Beweis des Entwicklungssatzes tritt immer wieder die Bedingung

$$a_2(x) \neq 0 \quad \text{für } a \leq x \leq b$$

auf. Außerdem hingen sehr viele Schlüsse – neben der Formulierung der Randwertaufgabe – vom **endlichen Definitionsbereich** $-\infty < a$ und $b < +\infty$ ab. Bei vielen Anwendungen, insbesondere in der Quantenfeldtheorie, sind diese Voraussetzungen aber nicht mehr gegeben.
In der Tat erfordert die Erweiterung der Theorie sowohl für Nullstellen von a_2 als auch für unendliche Definitionsbereiche zum Teil ganz erhebliche neue mathematishe Ideen. Siehe dazu die Lehrbücher [37] und [47].

Kapitel 14

Stetigkeit und Differenzierbarkeit im Komplexen

In diesem Teil der Vorlesung werden wir uns mit **komplexwertigen** Funktionen einer komplexen Veränderlichen $z = x + iy$ befassen, mit Funktionen der Gestalt

$$f(z) = u(x,y) + i\,v(x,y) \,:\, \mathbb{C} \to \mathbb{C}.$$

Dabei werden wir durch einen starken Differenzierbarkeitsbegriff, der auf der Körpereigenschaft von $\mathbb{C}$ beruht, bei den differenzierbaren Funktionen schon auf analytische Funktionen eingeschränkt. Damit gewinnen die komplex differenzierbaren Funktionen eine Vielzahl von Eigenschaften, die zu einer besonders reichhaltigen Theorie der komplexen Funktionen, zur **Funktionentheorie** führen.
Die komplexe Funktionentheorie spielt heute in allen mathematischen Gebieten eine tragende Rolle. Ihren eigentlichen Siegeszug begann sie aber, als man ihre Nützlichkeit in Gebieten wie der Elektrizitätstheorie und zweidimensionalen Strömungslehre erkannte. Inzwischen sind funktionentheoretische Überlegungen aus keinem Gebiet der Mathematik und ihren Anwendungen mehr wegzudenken.
Wir beginnen mit der komplexen Differenzierbarkeit und den Cauchy–Riemannschen Differentialgleichungen.
Wie in Kapitel 4 erläutert, ist $\mathbb{C}$ der $\mathbb{R}^2$ mit der zusätzlichen Eigenschaft der komplexen Multiplikation. Die Stetigkeit einer komplexwertigen Funktion

$$(14.1) \quad f \,:\, \mathcal{D} \to \mathbb{C} \quad \text{mit}\, \mathcal{D} \subset \mathbb{C}, \quad z \mapsto f(z) = f(x+iy) = u(x,y) + i\,v(x,y)$$

ist gleichbdeutend mit der Stetigkeit von $(u(x,y), v(x,y))$ in $z_0 \in \mathcal{D}$ bzw. in $(x_0, y_0) \in \mathcal{D} \subset \mathbb{R}^2$. Insbesondere gilt mit Satz 4.5:

Beobachtung 14.1: *$f(z)$ ist stetig in $z_0 \in \mathcal{D}$ genau dann, wenn*

$$(14.2) \quad \forall \epsilon > 0\, \exists \delta > 0\, \forall z \in \mathcal{D} \wedge |z - z_0| < \delta \,:\, |f(z) - f(z_0)| < \varepsilon$$

und dies ist äquivalent zur Stetigkeit von $u(x,y)$ und $v(x,y)$ in $(x_0, y_0) \in \mathcal{D}$ mit $z_0 = x_0 + iy_0$.

Die nun folgende Definition der komplexen Differenzierbarkeit mittels der komplexen Division ist hingegen eine folgenreiche Verschärfung der Differenzierbarkeit im $\mathbb{R}^2$, die weit über letztere hinausgeht.

Definition 14.2: *Sei $z_0 \in \underline{\mathcal{D}}$ (Punkt im offenen Kern von $\mathcal{D}$). $f(z)$ ist in z_0* **komplex differenzierbar** *genau dann, wenn*

$$(14.3) \quad f'(z_0) = \frac{df}{dz}(z_0) = \lim_{h \to 0} \frac{f(z_0 + h) - f(z_0)}{h}$$

existiert.

Der Grenzwert in (14.2) ist Funktionenlimes in $\mathbb{C}$ bzw. in $\mathbb{R}^2$, und $h \in \mathbb{C}$ ist dabei eine beliebige Nullfolge in $\mathbb{C}$. Wählt man $h = \varrho e^{i\theta}$ mit θ fest und $\varrho \in \mathbb{R}$, $\varrho \to 0$, so ist unmittelbar ersichtlich, daß eine komplex differenzierbare Funktion in z_0 Gâteaux–diferenzierbar, das heißt u und v in (x_0, y_0) Gâteaux–diferenzierbar sind. Darüberhinaus gilt der folgende Satz:

Satz 14.3: *Ist $f(z)$ in $z_0 \in \underline{\mathcal{D}} \neq \emptyset$ komplex differenzierbar, dann sind Real– und Imaginärteil, u und v, in z_0 Frèchet–differenzierbar und erfüllen dort die* **Cauchy–Riemannschen Differentialgleichungen**

$$(14.4) \quad \frac{\partial u}{\partial x} = \frac{\partial v}{\partial y} \quad \text{und} \quad \frac{\partial u}{\partial y} = -\frac{\partial v}{\partial x} \text{ in } z_0.$$

Sind u und v in $\underline{\mathcal{D}}$ reell stetig differenzierbar und erfüllen in $z_0 = x_0 + iy_0 \in \underline{\mathcal{D}}$ die Cauchy–Riemannschen Differentialgleichungen

$$(14.5) \quad u_x - v_y = 0, \quad u_y + v_x = 0,$$

so ist $f(z) := u(x, y) + iv(x, y)$ in z_0 komplex differenzierbar, und es gelten

$$(14.6) \quad \frac{df}{dz}(z_0) = u_x + iv_x = -i(u_y + iv_y).$$

Beweis:

i. $f(z)$ sei in z_0 komplex differenzierbar. Dann ist (14.2) gleichbedeutend mit der Existenz von $A + iB \in \mathbb{C}$, so daß für alle $\epsilon > 0$ ein $\delta > 0$ existiert mit

$$\left| \frac{f(z_0 + h) - f(z_0)}{h} - (A + iB) \right| < \varepsilon \quad \text{für alle } h \in \mathbb{C}, \ |h| < \delta.$$

Setze $h = \varrho e^{i\theta} = \varrho(\cos\theta + i \sin\theta)$. Dann folgt daraus

$$\begin{aligned} \lim_{\varrho \to 0} \frac{u(x_0 + \varrho\cos\theta, y_0 + \varrho\sin\theta) - u(x_0, y_0)}{\varrho} &= \operatorname{Re}\left(e^{i\theta}(A + iB)\right) \\ &= A\cos\theta - B\sin\theta, \end{aligned}$$

das heißt

$$\frac{\partial u}{\partial \mathbf{a}} = \mathbf{a} \cdot (A, -B)^\top \quad \text{mit } \mathbf{a} = (\cos\theta, \sin\theta)^\top.$$

Entsprechend ergibt sich

$$\frac{\partial v}{\partial \mathbf{a}} = \operatorname{Im}\left(e^{i\theta}(A + iB)\right) = \mathbf{a} \cdot (B, A)^\top.$$

Die Konvergenz für $\varrho \to 0$ ist dabei **gleichmäßig** bezüglich $\theta \in [0, 2\pi]$ wegen (14.2 in $\mathbb{C}$.

Also sind u und v Fréchet–differenzierbar in (x_0, y_0). Insbesondere gelten

$$\begin{aligned} \theta = 0 \quad &: \quad f'(z_0) = A + iB = u_x + iv_x; \\ \theta = \frac{\pi}{2} \quad &: \quad f'(z_0) = A + iB = v_y - iu_y. \end{aligned}$$

Also sind die Gleichungen

$$A = u_x = v_y \quad \text{und} \quad B = v_x = -u_y,$$

das heißt die Cauchy–Riemannschen Differentialgleichungen in z_0 erfüllt.

ii. $f(z) = f(x+iy) := u(x,y) + iv(x,y)$. Da u, v jetzt stetig differenzierbar vorausgesetzt werden, sind u, v auch Frechet–differenzierbar. Mit $h = \varrho e^{i\theta} = \varrho(\cos\theta + i\sin\theta)$ gilt dann für den Differenzenquotienten an der Stelle $z_0 = x_0 + iy_0$ und dem Mittelwertsatz der Differentialrechnung (Satz 8.28) mit der Richtungsableitung in Richtung $\mathbf{a} = (\cos\theta, \sin\theta)^\top$ die Abschätzung

$$\begin{aligned} &\left| \frac{f(z_0 + h) - f(z_0)}{h} - (u_x + iv_x)(x_0, y_0) \right| \\ &= \left| \frac{u(x_0 + \varrho\cos\theta, y_0 + \varrho\sin\theta) - u(x_0, y_0)}{\varrho e^{i\theta}} - u_x(x_0, y_0) \right. \\ &\qquad \left. + i\frac{v(x_0 + \varrho\cos\theta, y_0 + \varrho\sin\theta) - v(x_0, y_0)}{\varrho e^{i\theta}} - iv_x(x_0, y_0) \right| \\ &= \left| \frac{\partial u}{\partial \mathbf{a}}(\tilde{z}) + i\frac{\partial v}{\partial \mathbf{a}}(\tilde{\tilde{z}}) - e^{i\theta}\left(u_x(z_0) + iv_x(z_0)\right) \right| \\ &= \left| (u_x(\tilde{z}) - u_x(z_0))\cos\theta + (u_y(\tilde{z}) + v_x(z_0))\sin\theta \right. \\ &\qquad \left. + i\left(v_x(\tilde{\tilde{z}}) - v_x(z_0)\right)\cos\theta + i\left(v_y(\tilde{\tilde{z}}) - u_x(z_0)\right)\sin\theta \right|. \end{aligned}$$

Da u und v die Cauchy–Riemannschen Differentialgleichungen erfüllen, können wir die Ableitungen im zweiten und vierten Term ersetzen und erhalten mit der Dreiecksungleichung

$$\begin{aligned}&\left|\frac{f(z_0+h)-f(z)}{h}-(u_x+iv_x)(x_0,y_0)\right|\\ &\le |u_x(\tilde{z})-u_x(z_0)|+|u_y(\tilde{z})-u_y(z_0)|+|v_x(\tilde{\tilde{z}})-v_x(z_0)|+|v_y(\tilde{\tilde{z}})-v_y(z_0)|\\ &\le \omega^1_{z_0}(|\tilde{z}-z_0|)+\omega^2_{z_0}(|\tilde{z}-z_0|)+\omega^3_{z_0}(|\tilde{\tilde{z}}-z_0|)+\omega^4_{z_0}(|\tilde{\tilde{z}}-z_0|).\end{aligned}$$

Auf der rechten Seite stehen die Modulfunktionen bzw. monotonen Nullfunktionen der in z_0 stetigen Funktionen u_x, u_y, v_x, v_y (Satz 4.10). Wählen wir $\varepsilon > 0$ beliebig, so existiert ein $\delta > 0$, so daß $\omega^j_{z_0}(\delta) < \frac{\varepsilon}{4}$ für $j = 1, \ldots, 4$ gilt. Aus obiger Ungleichung folgt demnach für alle $|h| < \delta$ wegen $|\tilde{z}-z_0| \le |h|$ und $|\tilde{\tilde{z}}-z_0| \le |h|$, denn $\tilde{z}$ und $\tilde{\tilde{z}}$ liegen auf der Verbindungsstrecke von z_0 nach z, die Abschätzung

$$\left|\frac{f(z_0+h)-f(z_0)}{h}-(u_x+iv_x)(x_0,y_0)\right| < \varepsilon$$

für alle $h \in \mathbb{C}$ mit $|h| < \delta$. Also existiert der Funktionenlimes

$$\lim_{h\to 0}\frac{f(z_0+h)-f(z_0)}{h} = u_x(x_0,y_0)+iv_x(x_0,y_0)$$

und ist vom Richtungswinkel θ unabhängig. Demnach ist $f(z)$ in z_0 komplex differenzierbar und es gilt (14.6). □

Lassen wir z_0 eine offene Menge $\mathcal{G} \subset \underline{\mathcal{D}}$ durchlaufen. so erhalten wir aus Satz 14.3 sofort

Satz 14.4: *$f(z) = u(x,y) + iv(x,y)$ ist in der offenen Menge $\mathcal{G} \subset \underline{\mathcal{D}}$ komplex stetig differenzierbar genau dann, wenn $u(x,y)$, $v(x,y)$ in $\mathcal{G}$ partiell stetig differenzierbar sind und die Cauchy–Riemannschen Differentialgleichungen in $\mathcal{G}$ erfüllen.*

Beispiel 14.5: *Für $f(z) = e^z = e^x \cos y + ie^x \sin y$ ist*

$$\begin{aligned} u(x,y) &= e^x\cos y, & v(x,y) &= e^x \sin y,\\ u_x(x,y) &= e^x\cos y, & v_x(x,y) &= e^x \sin y,\\ u_y(x,y) &= -e^x\sin y, & v_y(x,y) &= e^x \cos y.\end{aligned}$$

Also sind die Cauchy–Riemannschen Differentialgleichungen erfüllt, $f(z)$ ist komplex stetig differenzierbar und

$$f'(z) = e^x\cos y + ie^x \sin y = e^z.$$

Beispiel 14.6: *Für* $f(z) = |z|^2 = x^2 + y^2 = u$ *ist* $v \equiv 0$. *Hier gelten*

$$u_x(x,y) = 2x, \quad u_y(x,y) = 2y, \quad v_x(x,y) = v_y(x,y) = 0.$$

$f(z)$ *ist also nur für* $x = y = 0$ *komplex differenzierbar, wohl aber reell analytisch.*

Mit den Grenzwertregeln in $\mathbb{C}$ (Satz 3.21) erhält man sofort:

Satz 14.7 : *Für die komplexe Differentiation gelten die Produkt– und Kettenregel wie im Reellen und lassen sich auch so beweisen.*

Definition 14.8: $f(z)$ *heißt in* z_0 **holomorph**, *wenn ein* $\delta > 0$ *existiert, so daß* $f(z)$ *in* $\mathcal{U}_\delta(z_0) \subset \mathcal{D}$ *komplex differenzierbar ist.*

Man beachte, daß nur Differenzierbarkeit, nicht aber **stetige** Differenzierbarkeit verlangt wird.

Satz 14.9 : *Eine komplexe Potenzreihe*

$$f(z) = \sum_{j=0}^{\infty} a_j z^j$$

ist im Konvergenzkreis $|z| < \varrho$ *mit Konvergenzradius* ϱ *komplex stetig differenzierbar, dort also auch holomorph.*

Beweis: Wir betrachten die n–te Partialsumme von f,

$$f_n(z) := \sum_{j=0}^{n} a_j z^j$$

und differenzieren

$$\frac{df_n}{dz} = f_n'(z) = \sum_{j=0}^{n} j a_j z^{j-1}.$$

Nun gilt nach Lemma 4.41 für den Konvergenzradius

$$\varrho\left(\sum_{j=1}^{\infty} j a_j z^{j-1}\right) = \varrho\left(\sum_{j=0}^{\infty} a_j z^j\right),$$

also

$$\lim_{n\to\infty}\left|f_n'(z) - \sum_{j=1}^{\infty} j a_j z^{j-1}\right| = 0$$

für $|z| \le \varrho_0 < \varrho$ und festes ϱ_0 **gleichmäßig**. Daraus folgen für Real– und Imaginärteil

$$u_x = \lim_{n\to\infty} u_{nx} = v_y = \lim_{n\to infty} v_{ny} \quad u_y = \lim_{n\to\infty} u_{ny} = -v_x = -\lim_{n\to\infty} v_{nx}$$

dort gleichmäßig, und

$$f'(z) = \sum_{j=1}^{\infty} j a_j z^{j-1}$$

ist in $|z| < \varrho$ nach Satz 4.42 stetig, also auch u_x, u_y, v_x und v_y; letztere erfüllen die Cauchy–Riemannschen Differentialgleichungen. Also ist $f(z)$ in $|z| < \varrho$ komplex stetig differenzierbar, folglich dort auch holomorph. □

Wir gehen noch kurz auf einen weiteren Differentialkalkül ein, der auf Poincaré zurückgeht, von Wirtinger ausgebaut wurde, und der besonders für die Funktionentheorie mehrerer komplexer Veränderlicher unentbehrlich ist. Zur Motivation betrachten wir z und $\overline{z}$ formal als neue Koordinaten. Wegen

$$z = x + iy, \quad \overline{z} = x - iy, \quad x = \frac{1}{2}(z + \overline{z}), \quad y = \frac{1}{2i}(z - \overline{z})$$

ist dann

$$\begin{aligned} dz &= dx + idy, & d\overline{z} &= dx - idy, \\ dx &= \frac{1}{2}(dz + d\overline{z}), & dy &= \frac{1}{2i}(dz - d\overline{z}) \end{aligned}$$

sowie

$$\begin{aligned} (14.7) \quad df &= du + idv = (u_x + iv_x)dx + (u_y + v_y)dy \\ &= \frac{1}{2}(f_x - if_y)dz + \frac{1}{2}(f_x + if_y)d\overline{z}. \end{aligned}$$

Das motiviert die folgende Definition von Ableitungsoperatoren

$$(14.8) \quad \frac{\partial f}{\partial z} = f_z = \frac{1}{2}(f_x - if_y), \quad \frac{\partial f}{\partial \overline{z}} = f_{\overline{z}} := \frac{1}{2}(f_x + if_y).$$

Für beide Operatoren gelten dann auch wieder Produkt– und Kettenregel. Aus Satz 14.3 erhält man

Folgerung 14.10: *f ist in $z_0 \in \underline{\mathcal{D}} \neq \emptyset$ komplex differenzierbar genau dann, wenn*

$$(14.9) \quad \frac{\partial f}{\partial \overline{z}} = \frac{1}{2}\left(u_x - v_y + i(u_y + v_x)\right) = 0$$

in z_0 erfüllt wird. Dann gilt

$$f'(z_0) = \frac{\partial f}{\partial z}(z_0, \overline{z}_0).$$

Faßt man z und $\overline{z}$ als unabhängige Veränderliche auf, dann sind die holomorphen Funktionen diejenigen Funktionen $f(z, \overline{z})$, die nur von z abhängen. Wie wir sehen werden, trifft dies aber nur auf die bezüglich (x, y) bzw. $(z, \overline{z})$ analytischen Funktionen zu.

Wir merken noch an, daß die Cauchy–Riemannschen Differentialgleichungen

$$(14.10) \quad \frac{\partial}{\partial \overline{z}}(u+iv) = 0$$

oder

$$(14.11) \quad u_x - v_y = 0 = \operatorname{div}(u,-v), \qquad u_y + v_x = 0 = -\operatorname{rot}_2(u,-v)$$

ein (besonders einfaches) elliptisches partielles Differentialgleichungssystem definieren. Die Eigenschaften holomorpher Funktionen sind also die der Lösungen dieses Systems.

Beispiel 14.11: *Für $f(z) = e^z$ ist*

$$\frac{\partial f}{\partial \overline{z}} = 0, \quad \frac{\partial f}{\partial z} = e^z.$$

Beispiel 14.12: *Für $f(z) = z\overline{z}$ ist*

$$\frac{\partial f}{\partial \overline{z}} = z \neq 0 \text{ für } z \neq 0 \quad \text{und} \quad \frac{\partial f}{\partial z} = \overline{z}.$$

Kapitel 15

Der Cauchysche Integralsatz

Die Cauchy–Riemannschen Differentialgleichungen führen zu einer besonderen Form des Gaußschen Integralsatzes für komplex differenzierbare Funktionen, die eine ganze Reihe spezieller Eigenschaften nach sich zieht.
Im Folgenden verwenden wir alle Eigenschaften von Integralen im $\mathbb{R}^2$ und interpretieren diese in der komplexen Zahlenebene $\mathbb{C}$.

15.1 Komplexe Integration

Definition 15.1: *Sei $\mathcal{C} \subset \mathbb{C}$ eine stückweise glatte orientierte Kurve von a nach b, das heißt von $(\text{Re } a, \text{ Im } a)^\top$ nach $(\text{Re } b, \text{ Im } b)^\top \in \mathbb{R}^2$, mit einer regulären Parametrisierung*

$$(15.1) \quad z = \tilde{z}(t) = \tilde{x}(t) + i\,\tilde{y}(t),\ t \in [\alpha, \beta] \subset \mathbb{R}, \quad \tilde{z}(\alpha) = a,\ \tilde{z}(\beta) = b.$$

Dann heißt

$$
\begin{aligned}
(15.2) \quad \int\limits_{\mathcal{C},a}^{b} f(z)\,dz &= \int\limits_{\mathcal{C}} [u(x,y) + iv(x,y)](dx + idy) \\
&:= \int\limits_{\alpha}^{\beta} [u(\tilde{x}(t), \tilde{y}(t))\dot{\tilde{x}}(t) - v(\tilde{x}(t), \tilde{y}(t))\dot{\tilde{y}}(t)]dt \\
&\quad + i \int\limits_{\alpha}^{\beta} [u(\tilde{x}(t), \tilde{y}(t))\dot{\tilde{y}}(t) + v(\tilde{x}(t), \tilde{y}(t))\dot{\tilde{x}}(t)]dt
\end{aligned}
$$

das **komplexe Kurven–Integral** *(auch Linien– oder Weg–Integral).*

Beispiel 15.2: *Gegeben sei die geschlossene Kreiskurve $\mathcal{C} : z_0 + re^{i\varphi}$ mit dem komplexen Bogenelement $dz = ire^{i\varphi}d\varphi$. Für $n \in \mathbb{Z}$ und einen fest gewählten*

Radius $r > 0$ ergibt sich aus obiger Definition

$$\begin{aligned}\oint_C (z-z_0)^n dz &= \int_{\varphi=0}^{2\pi} i\,r\,r^n e^{i(n+1)\varphi} d\varphi \\ &= \int_0^{2\pi} i\,r^{n+1}\left[\cos(n+1)\varphi + i\sin(n+1)\varphi\right] d\varphi \\ &= ir^{n+1}\begin{cases} \varphi|_0^{2\pi} & \text{für } n=-1, \\ \dfrac{1}{n+1}\left[\sin(n+1)\varphi - i\cos(n+1)\varphi\right]_0^{2\pi} & \text{für } n \neq -1, \end{cases}\end{aligned}$$

also

$$\oint_{0<r=|z-z_0|} (z-z_0)^n\, dz = \begin{cases} 2\pi i & \text{für } n=-1, \\ 0 & \text{für } n \neq -1. \end{cases} \tag{15.3}$$

Satz 15.3 : *Sei $\mathcal{C}$ rektifizierbar und f auf $\mathcal{C}$ stetig sowie $\{\mathcal{Z}_n\}_{n\in\mathbb{N}}$ eine Folge von Zerlegungen $\mathcal{Z}_n = \{\alpha = t_0 < \ldots < t_n = \beta\}$ von $[\alpha,\beta]$ mit*

$$\lim_{n\to\infty} \max_{1\le j\le n} |t_j - t_{j-1}| = 0.$$

Dann ergibt sich mit $\tau_k \in [t_{k-1}, t_k]$, $\tilde{\delta} z_k = \tilde{z}(t_k) - \tilde{z}(t_{k-1})$, $\zeta_k := \tilde{z}(\tau_k)$ die Konvergenz der Riemann–Summen in $\mathbb{C}$:

$$\lim_{n\to\infty} \sum_{k=1}^{n} f(\zeta_k)\,\tilde{\delta} z_k = \int_a^b f(z)dz. \tag{15.4}$$

Beweis: Der Beweis verläuft ähnlich dem von Satz 11.17. Wir überlegen uns hier nur die Konvergenz der Riemann–Summen in (15.4). Für jede Zerlegung $\mathcal{Z}_n$ sei

$$h_n := \max_{1\le j\le n} |t_j - t_{j-1}|$$

die Feinheit der Zerlegung und für je zwei Zerlegungen $\mathcal{Z}_n$ und $\mathcal{Z}_m$ sei

$$\mathcal{Z}_{n,m} = \mathcal{Z}_n \cup \mathcal{Z}_m = \{\alpha = \tilde{t}_0 < \tilde{t}_1 < \ldots < \tilde{t}_{n+m} = \beta\}$$

die Verfeinerung beider Zerlegungen mit $\mathcal{Z}_n \prec \mathcal{Z}_{n,m}$ und $\mathcal{Z}_m \prec \mathcal{Z}_{n,m}$ (siehe Abschnitt 6.3). Die Differenz der zu $\mathcal{Z}_n$ und $\mathcal{Z}_m$ gehörenden Riemann–Summen können wir schreiben als

$$\begin{aligned}\delta_{n,m}(f) &:= \left| \sum_{k=1}^{n} f(\tilde{z}(\tau_k^{(n)}))[\tilde{z}(t_k^{(n)}) - \tilde{z}(t_{k-1}^{(n)})] - \sum_{k=1}^{n} f(\tilde{z}(\tau_k^{(m)}))[\tilde{z}(t_k^{(m)}) - \tilde{z}(t_{k-1}^{(m)})] \right| \\ &= \left| \sum_{j=1}^{n+m} \left[f(\tilde{z}(\tilde{\tau}_j)) - f(\tilde{z}(\tilde{\tau}_{j-1}))\right]\left[\tilde{z}(\tilde{t}_j) - \tilde{z}(\tilde{t}_{j-1})\right] \right|,\end{aligned}$$

wobei

$$\widetilde{\tau}_j := \begin{cases} \tau_k^{(n)} & \text{für } [\widetilde{t}_{j-1}, \widetilde{t}_j] \subseteq [t_{k-1}^{(n)}, t_k^{(n)}], \\ \tau_k^{(m)} & \text{für } [\widetilde{t}_{j-1}, \widetilde{t}_j] \subseteq [t_{k-1}^{(m)}, t_k^{(m)}]. \end{cases}$$

Dann gilt

$$\begin{aligned} \delta_{n,m}(f) &\leq \max_{1\leq j\leq m+n} |f(\widetilde{z}(\widetilde{\tau}_j)) - f(\widetilde{z}(\widetilde{\tau}_j))| \sum_{j=1}^{m+n} \left|\widetilde{z}(\widetilde{t}_j) - \widetilde{z}(\widetilde{t}_{j-1})\right| \\ &\leq \omega_{f\circ\widetilde{z}}(2\max\{h_n, h_m\})\, L, \end{aligned}$$

wobei $\omega_{f\circ\widetilde{z}}$ der zur auf $[\alpha, \beta]$ stetigen Funktion $f \circ \widetilde{z}$ gehörende Stetigkeitsmodul ist (siehe (4.97)). Folglich ist die Folge der Riemann–Summen eine Cauchy–Folge in $\mathbb{C}$ und mithin konvergent. □

Man kann die hier benutzten Integralsummen auch aus einem anderen Blickwinkel betrachten: Aus der Rektifizierbarkeitsvoraussetzung folgt, daß $\widetilde{z}$ von beschränkter Totalvariation ist. Da dann auch $f \circ \widetilde{z}$ stetige Funktion ist, konvergieren aufgrund der gleichen Überlegungen wie im obigen Beweis von Satz 15.3 (L ist durch eine Konstante zu ersetzen) die sogenannten Riemann–Stieltjes–Summen

$$\sum_{j=1}^{n} f(\widetilde{z}(\tau_j))[\widetilde{z}(t_j) - \widetilde{z}(t_{j-1})]$$

für $h_n \to 0$. Ihren Grenzwert $\int_a^b f d\widetilde{z}$ bezeichnet man als Riemann–Stieltjes–Integral. Für Rechenregeln und Details verweisen wir zum Beispiel auf [40, Abschnitt 185.1].

Lemma 15.4: *Sei C rektifizierbar und*

$$L = \int_C |dz| = \int_C |ds|$$

sei die Länge der Kurve C, s sei der Parameter der Bogenlänge. Dann gilt

$$\left|\int_C f(z)\, dz\right| \leq L \max_{z\in C} |f(z)| \tag{15.5}$$

sowie die Schwarzsche Ungleichung in der Form

$$\left|\int_C f(z)\, g(z)\, dz\right| \leq \left[\int_0^L |f(z(s))|^2 ds\right]^{1/2} \left[\int_0^L |g(z(s))|^2 ds\right]^{1/2}. \tag{15.6}$$

Beweis: Für das komplexe Bogenelement der parametrisierbaren Kurve C ergibt sich

$$|dz| = \left|\frac{dz}{dt}\right| dt = \sqrt{[\dot{\widetilde{x}}(t)]^2 + [\dot{\widetilde{y}}(t)]^2}\, dt = ds.$$

Dann folgt (15.5) aus der Dreieckungleichung für Riemann–Summen:

$$\left|\int_{\mathcal{C}} f(z)\,dz\right| \le \int_{\mathcal{C}} |f(z)|\,|dz| = \int_{\mathcal{C}} |f(z(s))|ds \le L \max_{z\in\mathcal{C}} |f(z)|\,.$$

Analog überprüft man (15.6). □

15.2 Der Integralsatz von Riemann

Satz 15.5 von Riemann: *$\mathcal{G}$ sei Gaußsches Normalgebiet mit einer stückweise glatten Randkurve $\mathcal{C} = \partial\mathcal{G}$; es seien $u, v \in C^1(\overline{\mathcal{G}})$. Dann gilt*

$$(15.7)\quad \oint_{\mathcal{C}=\partial\mathcal{G}} f(z)\,dz = \int_{\mathcal{G}} \frac{\partial f}{\partial \overline{z}}[d\overline{z}\wedge dz] = \int_{\mathcal{G}} [-(v_x+u_y)+i(u_x-v_y)][dx\wedge dy].$$

Beweis: Aus der Definition des komplexen Wegintegrals ergibt sich mit dem Gaußschen Integralsatz (Satz 11.26)

$$\begin{aligned}\oint_{\partial\mathcal{G}}(udx-vdy)+i\oint_{\partial\mathcal{G}}(udy+vdx) &= \\ &= -\int_{\mathcal{G}}(u_y+v_x)[dx\wedge dy]+i\int_{\mathcal{G}}(u_x-v_y)[dx\wedge dy].\end{aligned}$$

Außerdem gilt

$$\begin{aligned}\frac{\partial f}{\partial \overline{z}}[d\overline{z}\wedge dz] &= \frac{1}{2}(u_x+iv_x+iu_y-v_y)[(dx-idy)\wedge(dx+idy)] \\ &= i(u_x+iv_x+iu_y-v_y)[dx\wedge dy] \\ &= [-(v_x+u_y)+i(u_x-v_y)][dx\wedge dy].\end{aligned}$$

Einsetzen ergibt (15.7) wie behauptet. □

Wir werden jetzt Satz 15.5 auf den Fall rektifizierbarer Randkurven verallgemeinern. Dazu wird $\partial\mathcal{G}$ durch Polygonzüge approximiert.

Lemma 15.6: *Für jede rektifizierbare Jordankurve $\mathcal{K} \subset \mathbb{C}$ gilt*

$$(15.8)\quad \oint_{\mathcal{K}} dz = 0.$$

Beweis: Wir erinnern uns daran, daß eine Jordan–Kurve $\mathcal{K}$ doppelpunktfrei und einfach geschlossen ist. Sei $\{z_m\}_{m=1}^{M}$ eine beliebige Familie von Punkten $z_m \in \mathcal{K}$ und $z_0 = z_M$. Dann gilt

$$(15.9)\quad \sum_{m=1}^{M}(z_m - z_{m-1}) = 0.$$

Gehören die $z_m = \tilde{z}(s_m)$ mit $\mathcal{K} : z = \tilde{z}(s)$ zu einer beliebigen Zerlegung von $[0, L(\mathcal{K})]$, so wird $\oint_{\mathcal{K}} dz$ durch die verschwindenden Riemann–Summen (15.9) approximiert. Daraus folgt (15.8). □

Satz 15.7:*(Siehe auch [5, Satz 49]) Sei $\mathcal{G} \subset \mathbb{C}$ ein Gebiet mit rektifizierbarer Jordankurve $\partial\mathcal{G}$ als Rand; $f \in C^0(\overline{\mathcal{G}})$. Dann existiert zu jedem $\varepsilon > 0$ ein in $\mathcal{G}$ liegender einfach geschlossener Polygonzug $\mathcal{P}$, so daß gelten:*

$$(15.10) \quad \left| \oint_{\partial\mathcal{G}} f(z)\,dz - \oint_{\mathcal{P}} f(z)\,dz \right| < \varepsilon,$$

$$(15.11) \quad \int_{\mathcal{G}\setminus\mathcal{G}_{\mathcal{P}}} dV_2 < \varepsilon.$$

Dabei ist $\mathcal{G}_{\mathcal{P}}$ das von $\mathcal{P}$ eingeschlossene Gebiet.

Beweis:
1. Vorbereitung: Wir zeigen zunächst, daß die Längen der kurzen Teilbögen von $\partial\mathcal{G}$ mit der Sehnenlänge gleichmäßig gegen Null streben. Dabei bedeutet „kurzer Teilbogen“, daß seine Länge höchstens gleich der halben Gesamtlänge von $\partial\mathcal{G}$ ist.

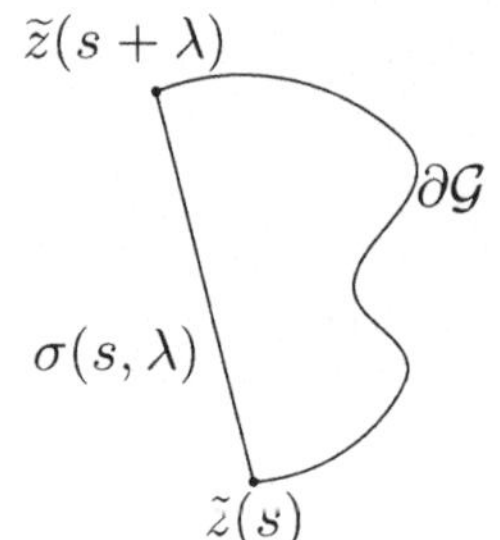

Abbildung 15.1: Kurzer Teilbogen.

$\sigma(s,\lambda)$ sei die Sehnenlänge zwischen $\tilde{z}(s)$ und $\tilde{z}(s+\lambda)$:

$$\sigma(s,\lambda) := |\tilde{z}(s+\lambda) - \tilde{z}(s)|.$$

Da

$$\sigma(s,\lambda) = \left| \int_s^{s+\lambda} \left(\frac{d\tilde{x}}{ds}(\sigma) + i\frac{d\tilde{y}}{ds}(\sigma) \right) d\sigma \right|$$

mit Lebesgue–integrierbaren Funktionen $\dot{\tilde{x}}$ und $\dot{\tilde{y}}$ gilt, ist $\sigma(s,\lambda)$ für $(s,\lambda) \in [0,L] \times [0,\frac{1}{2}L]$ eine absolutstetige Funktion bezüglich beider Variablen.

Außerdem gilt $\sigma(s,\lambda) = 0$ genau dann für $\lambda \in [0,\frac{1}{2}L]$, wenn $\lambda = 0$. Dann folgt für jedes $\varepsilon > 0$, daß

$$\delta(\varepsilon) := \min_{\lambda \geq \varepsilon > 0, \lambda \leq \frac{1}{2}L, s \in [0,L]} \sigma(s,\lambda) > 0$$

gilt, denn das Minimum wird aufgrund der Stetigkeit angenommen und ist wegen $\lambda \geq \varepsilon > 0$ auch nicht Null. Für $\sigma(\varrho,\lambda) < \varepsilon$ muß also $\lambda < \varepsilon$ gelten. Sei nun $\varepsilon_0 > 0$, dann wählen wir $\delta' := \delta(\frac{1}{2}\varepsilon_0) > 0$ und $h := \min\{\varepsilon_0/12, \delta'/8, h_0\} > 0$, wobei h_0 hinreichend klein und für den gesamten Beweis dann später fest gewählt wird.

2. Konstruktion von $\mathcal{P}$:

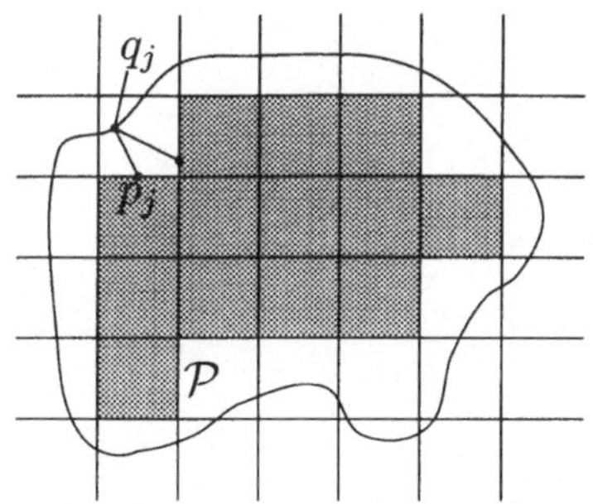

Abbildung 15.2:
Approximation von $\partial\mathcal{G}$ durch $\mathcal{P}$.

Wir überdecken $\mathcal{G}$ mit einem quadratischen Netz der Maschenweite h. Dann gibt es bei genügend kleiner Wahl von $h_0 > 0$ mindestens ein abgeschlossenes Quadrat, das ganz im Innern von $\mathcal{G}$ liegt. Von diesem Quadrat ausgehend, beginnnen wir, immer mehr Quadrate in $\mathcal{G}$ hinzuzunehmen, die mit mindestens einem der vorhergehenden eine gemeinsame Seite haben und eine einfach zusammenhängende Vereinigung von abgeschlossenen Quadraten aufzusammeln, bis jedes weitere hinzukommende Quadrat mindestens einen Randpunkt enthalten würde.

Der Rand der Quadratvereinigung definiert $\mathcal{P}$. In diesem Polygon ordnen wir jedem der Quadrate mit einem Randteil $\mathcal{R}_j$ von $\mathcal{P}$ diesen zu und numerieren $\mathcal{P} = \bigcup_{j=1}^m \mathcal{R}_j$. Zu $\mathcal{R}_j$ wählen wir zwei Punkte $p_j \in \mathcal{R}_j$ sowie $q_j \in \partial\mathcal{G}$, letzterer als nächsten Punkt auf $\partial\mathcal{G}$ zu p_j, wobei wir darauf achten, daß sich die Streckenzüge $\overline{p_j q_j}$ höchstens in einem der Punkte q_j berühren.
Jetzt definieren wir

$$\mathcal{K}_j := \{\text{Polygonzug zwischen } p_{j-1} \text{ und } p_j\} \cup \overline{p_{j-1}q_{j-1}} \cup \overline{p_j q_j} \cup \Gamma_j,$$

wobei

$$\Gamma_j := \{\tilde{z}(s) \mid s_{j-1} \le s \le s_j\} \subset \partial\mathcal{G} \text{ mit } q_j = \tilde{z}(s_j).$$

Ist $h_0 > 0$ hinreichend klein, dann gilt $|\Gamma_j| < L/2$, und Γ_j ist kurzer Teilbogen zur Sehne $\sigma(s_{j-1}, \lambda_j)$ mit $\lambda_j := s_j - s_{j-1}$.
Der Abstand zweier Punkte auf $\mathcal{R}_j$ beträgt höchstens $\sqrt{2}h$. Jedes Randstück $\mathcal{R}_j$ gehört zu nur einem Randquadrat und hat daher eine Länge $\le 3h$. Die Punkte p_{j-1} und p_j gehören zu benachbarten Randquadraten. Daher ist die Länge des Polygonzugs von p_{j-1} nach p_j höchstens $3h$, und es gilt $|\overline{p_j q_j}| \le \sqrt{2}h$. Also ist

$$\sigma(s_{j-1}, \lambda_j) = |q_{j-1}q_j| \le 3h\sqrt{2} < 8h \le \delta'$$

erfüllt; dies bewirkt nach dem 1. Schritt $\lambda_j < \varepsilon_0/2$. Also erhalten wir

$$|\mathcal{K}_j| < 2\sqrt{2}h + 3h + \frac{1}{2}\varepsilon_0 < 6h + \frac{1}{2}\varepsilon_0 \le \varepsilon_0$$

sowie

$$\sum_{j=1}^n |\mathcal{K}_j| < n\,6h + \sum_{j=1}^n \lambda_j = 6nh + L.$$

Andererseits können nach Konstruktion von 5 aufeinanderfolgenden Punkten q_j höchstens drei benachbarte q_j zusammenfallen, so daß

$$\sum_{\nu=1}^{4} \lambda_{j+\nu} \geq h, \text{ das heißt } 4L \geq n\,h$$

gilt. Dies zieht schließlich die gleichmäßige Schranke

$$\sum_{j=1}^{n} |\mathcal{K}_j| \leq 6 \cdot 4\,L + L = 25L$$

nach sich.

3. Beweis von (15.10): Mit der Konstruktion von $\mathcal{P}$ und Lemma 15.6 für jedes $\mathcal{K}_j$ erhalten wir

$$\begin{aligned} \left| \oint_{\partial\mathcal{G}} f(z)\,dz - \oint_{\mathcal{P}} f(z)\,dz \right| &= \left| \sum_{j=1}^{n} \oint_{\mathcal{K}_j} f(z)\,dz \right| \leq \sum_{j=1}^{n} \left| \oint_{\mathcal{K}_j} f(z)\,dz - f(p_j) \oint_{\mathcal{K}_j} dz \right| \\ &\leq \sum_{j=1}^{n} |\mathcal{K}_j| \max_{z\in\mathcal{K}_j} |f(z) - f(p_j)| \leq 25\,L \max_{j=1,\ldots,n} \omega_f(|\mathcal{K}_j|) \end{aligned}$$

mit dem Stetigkeitsmodul ω_f von f auf $\overline{\mathcal{G}}$.
Nun sei $\varepsilon > 0$ beliebig vorgegeben. Dann existiert $\varepsilon_0 > 0$, so daß gilt

$$25L\,\omega_f(\varepsilon_0) < \varepsilon.$$

Mit diesem $\varepsilon_0 > 0$ konstruieren wir $\mathcal{P}$ wie oben. Dann gilt mit diesem Polygon $\mathcal{P}$ wegen $|\mathcal{K}_j| < \varepsilon_0$:

$$\left| \oint_{\partial\mathcal{G}} f(z)dz - \oint_{\mathcal{P}} f(z)dz \right| \leq 25\,L \max_{j=1,\ldots,n} \omega_f(|\mathcal{K}_j|) \leq 25\,L\,\omega_f(\varepsilon_0) < \varepsilon.$$

4. Beweis von (15.11): Wir bemerken zunächst, daß die Fläche eines von einer stückweise glatten Kurve $\mathcal{C}$ berandetes Gebiet $\mathcal{F}$ gleich $\frac{1}{2i} \oint_{\mathcal{C}} \overline{z} dz$ ist. Dann führen wir die gleiche Konstruktion wie oben im Außengebiet $\mathcal{G}^c := \mathbb{C} \setminus \overline{\mathcal{G}}$ durch. Dort erhalten wir zu $f = -\frac{i}{2}\overline{z}$ und $\frac{\varepsilon}{2} > 0$ ein Polygon $\mathcal{P}' \subset \mathcal{G}^c$, und es gilt

$$\begin{aligned} \int_{\mathcal{G}\setminus\mathcal{G}_{\mathcal{P}}} dV_2 &\leq \int_{\mathcal{G}^c_{\mathcal{P}'}\setminus\mathcal{G}_{\mathcal{P}}} dV_2 = \left| \oint_{\mathcal{P}'} f(z)dz - \oint_{\mathcal{P}} f(z)dz \mp \oint_{\partial\mathcal{G}} f(z)dz \right| \\ &\leq \left| \oint_{\mathcal{P}'} f(z)dz - \oint_{\partial\mathcal{G}} f(z)dz \right| + \left| \oint_{\mathcal{P}} f(z)dz - \oint_{\partial\mathcal{G}} f(z)dz \right| < 2\frac{\varepsilon}{2} = \varepsilon, \end{aligned}$$

das ist (15.11). □

Satz 15.8 : *$\mathcal{G}$ sei ein Gebiet mit rektifizierbarem Rand $\partial\mathcal{G}$, der Jordankurve ist, und $f = u + iv$ sei in $\overline{\mathcal{G}}$ einmal stetig differenzierbar. Dann gilt*

$$(15.12) \quad \oint_{\partial\mathcal{G}} f(z)dz = \int_{\mathcal{G}} \frac{\partial f}{\partial \overline{z}}[d\overline{z} \wedge dz].$$

Beweis: Sei $\varepsilon > 0$ beliebig gewählt. Dann existiert nach Satz 15.7 zu f, $\partial\mathcal{G}$ und $\varepsilon > 0$ ein Polygonzug $\mathcal{P} \subset \mathcal{G}$ mit

$$\left| \oint_{\partial\mathcal{G}} f(z)dz - \oint_{\mathcal{P}} f(z)dz \right| < \varepsilon$$

sowie

$$\left| \int_{\mathcal{G}\setminus\mathcal{G}_{\mathcal{P}}} [-(v_x + u_y) + i(u_x - v_y)]\, dV \right| \leq M\,\varepsilon \quad \text{mit } M := \max_{z\in\overline{\mathcal{G}}} \left| 2\,\frac{\partial f}{\partial \overline{z}}(z) \right| .$$

In $\mathcal{G}_{\mathcal{P}}$ verwenden wir Satz 15.5,

$$\oint_{\mathcal{P}} f(z)dz = \int_{\mathcal{G}_{\mathcal{P}}} \frac{\partial f}{\partial \overline{z}}[d\overline{z} \wedge dz] = \int_{\mathcal{G}_{\mathcal{P}}} \frac{\partial f}{\partial \overline{z}} dV,$$

und erhalten

$$\begin{aligned} \left| \oint_{\partial\mathcal{G}} f(z)dz - \int_{\mathcal{G}} \frac{\partial f}{\partial \overline{z}}[d\overline{z} \wedge dz] \right| &= \left| \oint_{\partial\mathcal{G}} f(z)dz - \oint_{\mathcal{P}} f(z)dz + \right. \\ &\quad \left. + \int_{\mathcal{G}_{\mathcal{P}}} \frac{\partial f}{\partial \overline{z}}[d\overline{z} \wedge dz] - \int_{\mathcal{G}} \frac{\partial f}{\partial \overline{z}}[d\overline{z} \wedge dz] \right| \\ &< (1 + M)\varepsilon. \end{aligned}$$

Da die linke Seite von ε nicht abhängt, folgt hieraus (15.12) für $\varepsilon \to 0$. □

15.3 Der Cauchysche Integralsatz für holomorphe Funktionen

Satz 15.9 (Cauchyscher Integralsatz) : *Sei $\mathcal{D} \subset \mathbb{C}$ ein einfach zusammenhängendes Gebiet und f in $\mathcal{D}$ holomorph und stetig differenzierbar. Dann gilt*

$$(15.13) \quad \oint_{\mathcal{C}} f(z)dz = 0$$

für jede rektifizierbare Jordankurve $\mathcal{C} \subset \mathcal{D}$.

Beweis: Wähle für $\mathcal{C} \subset \mathcal{D}$ als Gebiet $\mathcal{G} \subset \mathcal{D}$ dasjenige, das von $\mathcal{C} = \partial\mathcal{G}$ umschlossen wird. Dann folgt aus Satz 15.8 mit der Holomorphie von f die Behauptung

$$\oint_{\mathcal{C}} f(z)dz = \int_{\mathcal{G}} \frac{\partial f}{\partial \bar{z}}[d\bar{z} \wedge dz] = 0.$$

□

Definition 15.10: *$F(z)$ heißt* **Stammfunktion** *zu f in $\mathcal{D}$ genau dann, wenn $F(z)$ in $\mathcal{D}$ komplex differenzierbar ist und wenn gilt*

(15.14) $f(z) = \dfrac{dF}{dz}$ *für alle $z \in \mathcal{D}$.*

Satz 15.11 (Zweiter Hauptsatz der Differentialrechnung im Komplexen) : *$\mathcal{C} \subset \mathcal{D}$ sei rektifizierbare orientierte Kurve von $a \in \mathcal{D}$ nach $b \in \mathcal{D}$; F sei Stammfunktion zu f und f sei stetig auf $\mathcal{D}$. Dann gilt*

(15.15) $$\int_{\mathcal{C}} f(z)dz = \int_{\mathcal{C},a}^{b} f(z)dz = F(b) - F(a).$$

Beweis: Für die Kurve $\mathcal{C}$ betrachten wir die Parameterdarstellung $\mathcal{C} : z = \tilde{z}(s)$ mit $\tilde{z}(0) = a$ und $\tilde{z}(L) = b$. Dann ist $\tilde{z}(s)$ absolutstetig und $\frac{d\tilde{z}}{ds}$ existiert fast überall. Ebenso ist $\Phi(s) := F(\tilde{z}(s))$ absolutstetig,

$$\frac{d\Phi}{ds} = \frac{dF}{dz}\frac{d\tilde{z}}{ds} = f(\tilde{z}(s))\frac{d\tilde{z}}{ds} \quad \text{fast überall.}$$

Aus dem 2. Hauptsatz der Differentialrechnung (Satz 7.28) folgt dann

$$F(b) - F(a) = \int_0^L \frac{d\Phi}{ds}ds = \int_{\mathcal{C},a}^{b} f(\tilde{z}(s))\frac{d\tilde{z}}{ds}ds\,.$$

□

Folgerung 15.12: *Sei $f \in C^0(\mathcal{D})$ und $F(z)$ Stammfunktion zu f im Gebiet $\mathcal{D}$. Seien $\mathcal{C}_1$ und $\mathcal{C}_2$ zwei rektifizierbare orientierte Kurven in $\mathcal{D}$ von a nach b. Dann gilt*

(15.16) $$\int_{\mathcal{C}_1} f(z)\,dz = \int_{\mathcal{C}_2} f(z)\,dz = F(b) - F(a).$$

Folgerung 15.13: *Ist f stetig im Gebiet $\mathcal{D}$ und $F(z)$ Stammfunktion zu f in $\mathcal{D}$, dann gilt für jede geschlossene rektifizierbare Kurve $\mathcal{C} \subset \mathcal{D}$*

(15.17) $$\oint_{\mathcal{C}} f(z)\,dz = 0.$$

Man beachte, daß $\mathcal{C}$ hier keine Jordankurve sein muß.

Satz 15.14 (Cauchyscher Integralsatz): *Sei $\mathcal{D} \subset \mathbb{C}$ ein einfach zusammenhängendes Gebiet, und f sei in $\mathcal{D}$ stetig differenzierbar und holomorph. Dann gilt für jede rektifizierbare geschlossene Kurve $\mathcal{C} \subset \mathcal{D}$*

$$(15.18) \quad \oint_{\mathcal{C}} f(z)\,dz = 0.$$

Beweis: Sei $z_0 \in \mathcal{D}$ fest gewählt. Für beliebiges $z \in \mathcal{D}$ existiert dann ein Polygonzug $\mathcal{P}$ von z_0 nach z, und wir definieren

$$F(z) := \int_{\mathcal{P},z_0}^{z} f(\zeta)\,d\zeta.$$

Mit Satz 15.9 erhält man für zwei Polygonzüge $\mathcal{P}_1$ und $\mathcal{P}_2$ wegen des einfachen Zusammenhangs von $\mathcal{D}$

$$\int_{\mathcal{P}_1} f(\zeta)\,d\zeta + \int_{-\mathcal{P}_2} f(\zeta)\,d\zeta = \sum_{\nu=1}^{m}(-1)^{n_\nu} \oint_{\partial\Delta_\nu} f(\zeta)d\zeta = 0,$$

wobei die Δ_ν die durch die Knoten von $\mathcal{P}_1 \cup \mathcal{P}_2$ definierten Dreiecke sind.

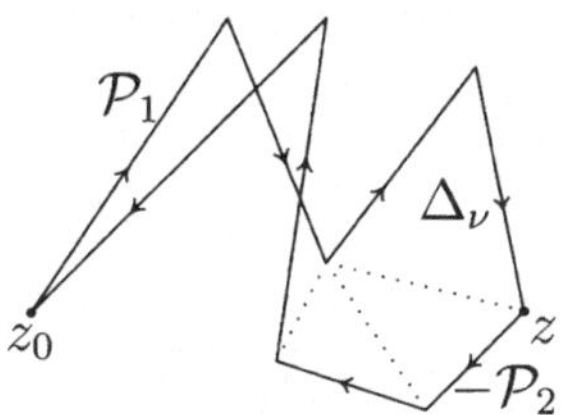

Abbildung 15.3: Verschiedene Polygonzüge von z_0 nach z.

Für $\eta \in \mathcal{U}_\delta(z) \subset \mathcal{D}$ gilt außerdem

$$\begin{aligned}\left|\frac{F(\eta)-F(z)}{\eta - z} - f(z)\right| &= \left|\frac{1}{\eta - z}\left[\int_z^\eta f(\zeta)d\zeta - f(z)\int_z^\eta d\zeta\right]\right| \\ &= \left|\frac{1}{\eta - z}\int_z^\eta [f(\zeta)-f(z)]\,d\zeta\right| \\ &\le \max_{|\zeta - z|\le|\eta - z|} |f(\zeta)-f(z)| \to 0 \quad \text{für } |\eta - z| \to 0\end{aligned}$$

wegen der Stetigkeit von f. Also gilt

$$\frac{dF}{dz} = f(z) \quad \text{in } \mathcal{D}$$

und Folgerung 15.13 liefert die Behauptung. □

15.4 Die Cauchysche Integralformel und Analytizität

Die Cauchysche Integralformel ist eine Darstellungsformel für holomorphe Funktionen f im Holomorphiegebiet durch Randpotentiale, die durch die Randwerte von u und v definiert sind. Dies ist ein einfacher Modellfall für die Darstellung von Lösungen homogener elliptischer Differentialgleichungen — hier der Cauchy–Riemannschen Gleichungen — durch Randpotentiale, die für die Analysis elliptischer Gleichungen von zentraler Bedeutung sind.

Satz 15.15 (Cauchysche Integralformel) : *Sei $f(z)$ in $\mathcal{B} \subset \mathbb{C}$ komplex stetig differenzierbar, und $\mathcal{G}$ mit $\overline{\mathcal{G}} \subset \mathcal{B}$ sei einfach zusammenhängendes Gebiet mit rektifizierbarem Rand $\partial\mathcal{G}$, der die induzierte Orientierung trägt. Dann gilt*

$$(15.19)\quad f(z) = \frac{1}{2\pi i} \oint\limits_{\partial\mathcal{G}} \frac{f(\zeta)}{\zeta - z} d\zeta \quad \textit{für jedes } z \in \mathcal{G}.$$

Man beachte, daß $f(z)$ in (15.19) durch die Werte von $f(\zeta)$ auf dem Rand $\partial\mathcal{G}$ bereits vollständig in ganz $\mathcal{G}$ bestimmt ist!

Beweis: Für festes $z \in \mathcal{G}$ sei $\varepsilon > 0$ beliebig, aber fest gewählt. Dann sei $k_\varepsilon = \{\zeta \mid |\zeta - z| = \varepsilon\}$ die positiv orientierte Kreislinie um z mit dem Radius ε.

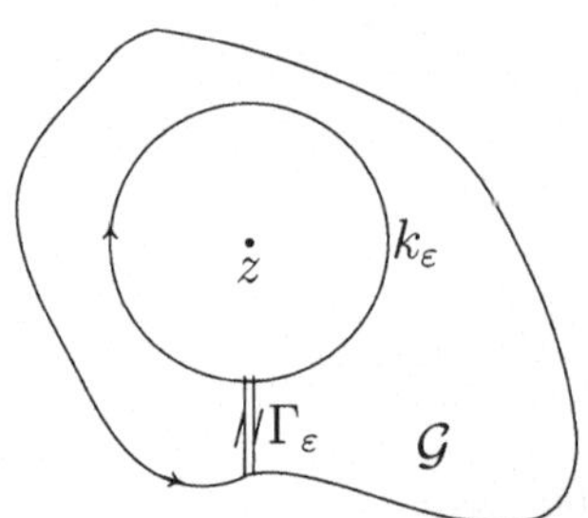

Abbildung 15.4: Gelochtes Gebiet.

Die Funktion $\frac{f(\zeta)}{\zeta - z}$ hängt im geschlitzten Ringgebiet (bei festem z) von ζ komplex stetig differenzierbar ab. Folglich liefert dort der Cauchysche Integralsatz 15.14

$$\oint\limits_{\partial\mathcal{G}} \frac{f(\zeta)}{\zeta - z} d\zeta \pm \int\limits_{\Gamma_\varepsilon} \frac{f(\zeta)}{\zeta - z} d\zeta - \oint\limits_{k_\varepsilon} \frac{f(\zeta)}{\zeta - z} d\zeta = 0.$$

Mit $f(\zeta) = (f(\zeta) - f(z)) + f(z)$ für $\zeta \in k_\varepsilon$ sowie dem Ergebnis der Formel (15.3) folgt daraus

$$\oint\limits_{\partial\mathcal{G}} \frac{f(\zeta)}{\zeta - z} d\zeta = f(z) \oint\limits_{k_\varepsilon} \frac{d\zeta}{\zeta - z} + \oint\limits_{k_\varepsilon} \frac{f(\zeta) - f(z)}{\zeta - z} d\zeta = 2\pi i f(z) + R_\varepsilon,$$

denn die beiden Integrale über $\pm\Gamma_\varepsilon$ heben sich weg. Auf k_ε gilt in Polarkoordinaten um z:

$$\zeta = z + \varepsilon e^{i\varphi}, \quad d\zeta = i\varepsilon e^{i\varphi} d\varphi = i(\zeta - z)|d\varphi \quad \text{für } \zeta \in k_\varepsilon.$$

Somit lautet das Restglied

$$R_\varepsilon = i \int_0^{2\pi} \left[f(z + \varepsilon e^{i\varpi}) - f(z) \right] d\varphi,$$

das heißt

$$|R_\varepsilon| \leq 2\pi \max_{0 \leq \varphi \leq 2\pi} |f(z + \varepsilon e^{i\varphi}) - f(z)|.$$

Da $f(\zeta)$ insbesondere in z stetig ist, folgt

$$\lim_{\varepsilon \to 0} \max_{0 \leq \varphi \leq 2\pi} |f(z + \varepsilon e^{i\varphi}) - f(z)| = 0,$$

also $\lim\limits_{\varepsilon \to 0} R_\varepsilon = 0$ und obige Identität liefert die behauptete Gleichung (15.19). □

Satz 15.16 : *Unter den gleichen Voraussetzungen wie in Satz 15.15 erweist sich $f(z)$ in $\mathcal{G}$ als unendlich oft komplex stetig differenzierbar, und es gilt*

$$(15.20) \quad \left(\frac{d}{dz}\right)^n f(z) = \frac{n!}{2\pi i} \oint_{\partial\mathcal{G}} \frac{f(\zeta)}{(\zeta - z)^{n+1}} d\zeta \quad \textit{für jedes } z \in \mathcal{G} \textit{ und jedes } n \in \mathbb{N}_0.$$

Beweis: Da $\mathcal{G}$ offen ist, können wir zu $z_0 \in \mathcal{G}$ ein $\varepsilon_0 > 0$ finden, so daß

$$\{z \mid |z - z_0| \leq \varepsilon_0\} = \overline{\mathcal{U}_{\varepsilon_0}(z_0)} \subset \mathcal{G}$$

gilt.

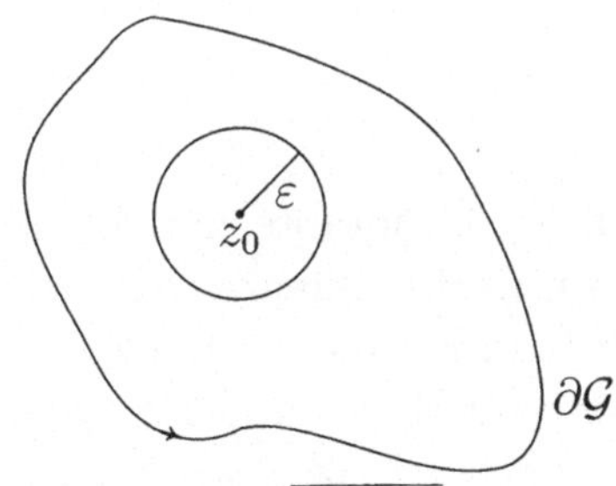

Abbildung 15.5: $\overline{\mathcal{U}_{\varepsilon_0}(z_0)} \subset \mathcal{G}$.

Für $z \in \overline{\mathcal{U}_{\varepsilon_0}(z_0)}$ und $\zeta \in \partial\mathcal{G}$ gilt für jedes $n \in \mathbb{N}_0$

$$\left(\frac{d}{dz}\right)^n \left(\frac{f(\zeta)}{\zeta - z}\right) = n! \frac{f(\zeta)}{(\zeta - z)^{n+1}}$$

und die resultierende Funktion ist auf $\overline{\mathcal{U}_{\varepsilon_0}(z_0)} \times \partial\mathcal{G}$ stetig. Dann können wir auf (15.19) die Leibniz–Regel aus Satz 10.5 n mal anwenden, das heißt Integration und Differentation vertauschen, und erhalten (15.20). □

Definition 15.17: *$f(z)$ heißt in $z_0 \in \mathcal{D} \subset \mathbb{C}$* **komplex analytisch** *genau dann, wenn z_0 Häufungspunkt von $\mathcal{D} \setminus \{z_0\}$ ist und $\delta > 0$ sowie Koeffizienten $\{a_j\}_{j \in \mathbb{N}_0}$, $a_j \in C$ existieren, so daß gilt:*

$$(15.21)\ \forall z \in \mathcal{D} \wedge |z - z_0| < \delta \ :\ f(z) = \sum_{j=0}^{\infty} a_j (z - z_0)^j .$$

In anderen Worten: $f(z)$ stimmt in $\mathcal{U}_\delta(z_0)$ mit einer Potenzreihe überein.

Definition 15.18: *$f(z)$ heißt* **in $\mathcal{D}$ komplex analytisch** *genau dann, wenn $f(z)$ in jedem Punkt $z_0 \in \mathcal{D}$ komplex analytisch ist.*

Satz 15.19: *Die komplex analytische Funktion*

$$(15.22)\ f(z) = \sum_{j=0}^{\infty} a_j (z - z_0)^j$$

ist im Innern ihres Konvergenzkreises $|z - z_0| < \varrho$ komplex stetig differenzierbar; ϱ ist der Konvergenzradius der Potenzreihe (15.22). *Die Funktion*

$$(15.23)\ F(z) \ = \ \int_{z_0}^{z} f(\zeta)\, d\zeta \ = \ \sum_{j=0}^{\infty} \frac{a_j}{j+1} (z - z_0)^{j+1}$$

ist in $\mathcal{U}_\varrho(z_0)$ holomorphe Stammfunktion zu $f(z)$.

Man beachte, daß aufgrund des Cauchyschen Integralsatzes (Satz 15.14) ein beliebiger rektifizierbarer Integrationsweg von z_0 nach z in $\mathcal{U}_\delta(z_0)$ gewählt werden kann.

Beweis: Die Holomorphie von $f(z)$ wurde schon in Satz 14.9 gezeigt.
Da für $|z - z_0| \leq \varrho_0 < \varrho$ bei beliebigem festen ϱ_0 die Potenzreihe (15.22) die Potenzreihe

$$\sum_{j=0}^{\infty} |a_j| \varrho_0^j$$

mit konstanten Gliedern als Majorante hat, konvergiert (15.22) nach Satz 5.16 dort **gleichmäßig**, und wir dürfen Integration und Summation vertauschen (siehe Korollar 6.18). Dies wurde in Korollar 6.18 zwar nur für reelle Integrale gezeigt, überträgt sich aber sofort auf Real- und Imaginärteile von $\sum a_j (z - z_0)^j$ sowie jedes Wegintegral von z_0 nach z in $\overline{\mathcal{U}_{\varrho_0}(z_0)}$. Folglich gilt

$$F(z) \ = \ \int_{z_0}^{z} f(\zeta)\, d\zeta \ = \ \sum_{j=0}^{\infty} \frac{a_j}{j+1} (z - z_0)^{j+1}$$

und die $F(z)$ darstellende Potenzreihe hat wieder den Konvergenzradius ϱ. Für $|z - z_0| < \varrho$ ist demnach $F(z)$ komplex stetig differenzierbar und es gilt

$$\frac{dF}{dz}(z) \ = \ \sum_{j=0}^{\infty} \frac{d}{dz} \left(\frac{a_j}{j+1} (z - z_0)^{j+1} \right) \ = \ \sum_{j=0}^{\infty} a_j (z - z_0)^j \ = \ f(z),$$

da die gliedweise differenzierte Potenzreihe für $|z - z_0| \leq \varrho_0 < \varrho$ gleichmäßig konvergiert und deshalb Differentation und Summation vertauscht werden dürfen. Also ist $F(z)$ Stammfunktion zu $f(z)$. □

Satz 15.20: *Sei $f(z)$ im Gebiet $\mathcal{G}$ komplex stetig differenzierbar. Dann ist f in $\mathcal{G}$ komplex analytisch.*

Beweis: Sei $z_0 \in \mathcal{G}$ beliebig, für das Folgende fest gewählt.

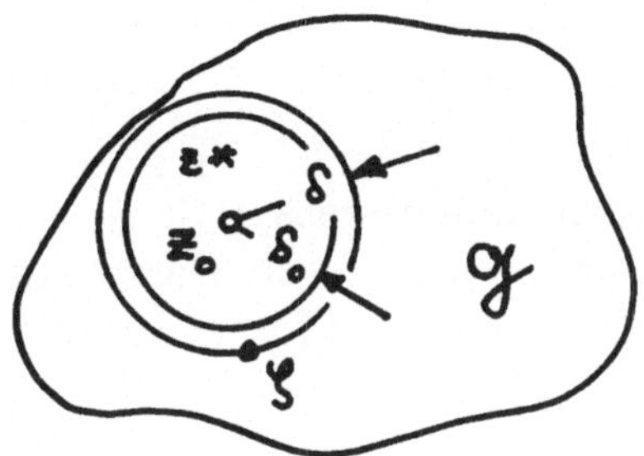

Abbildung 15.6: Kreisscheiben zur Potenzreihenentwicklung des Cauchy–Kerns.

Dann gibt es ein $\delta > 0$, so daß

$$\{z \mid |z - z_0| \leq \delta\} = \overline{\mathcal{U}_\delta(z_0)} \subset \mathcal{G}$$

gilt; dabei wird man δ möglichst groß wählen. Dann gilt mit der Cauchyschen Integralformel in $\mathcal{U}_\delta(z_0)$:

$$f(z) = \frac{1}{2\pi i} \oint\limits_{|\zeta - z_0| = \delta} \frac{f(\zeta) d\zeta}{\zeta - z} \quad \text{für alle } z \in \mathcal{U}_\delta(z_0).$$

Die geometrische Reihe

$$\begin{aligned} \frac{1}{\zeta - z} &= \frac{1}{\zeta - z_0 - (z - z_0)} = \frac{1}{\zeta - z_0} \frac{1}{1 - \frac{z - z_0}{\zeta - z_0}} \\ &= \frac{1}{\zeta - z_0} \sum_{j=0}^{\infty} \frac{(z - z_0)^j}{(\zeta - z_0)^j} = \sum_{j=0}^{\infty} \frac{(z - z_0)^j}{(\zeta - z_0)^{j+1}} \end{aligned}$$

konvergiert für $|z - z_0| \leq \delta_0 < \delta$ und $|\zeta - z_0| = \delta$ wegen

$$\frac{|z - z_0|}{|\zeta - z_0|} \leq \frac{\delta_0}{\delta} < 1,$$

das heißt mit der Majorante

$$\sum_{j=0}^{\infty} \left(\frac{\delta_0}{\delta}\right)^j = \frac{\delta}{\delta - \delta_0}$$

gleichmäßig; also konvergiert auch

$$\sum_{j=0}^{\infty} \frac{(z-z_0)^j}{(\zeta - z_0)^{j+1}} f(\zeta) \quad \text{für alle } |z-z_0| \le \delta_0 \quad \text{und alle } \zeta \text{ mit } |\zeta - z_0| = \delta$$

gleichmäßig. Demnach dürfen wir Integration und Summation vertauschen:

$$\begin{aligned} f(z) &= \frac{1}{2\pi i} \oint_{|\zeta - z_0| = \delta} \sum_{j=0}^{\infty} \frac{(z-z_0)^j}{(\zeta - z_0)^{j+1}} f(\zeta)\, d\zeta \\ &= \sum_{j=0}^{\infty} (z-z_0)^j \frac{1}{2\pi i} \oint_{|\zeta - z_0| = \delta} \frac{f(\zeta) d\zeta}{(\zeta - z_0)^{j+1}} \end{aligned}$$

und die Potenzreihe konvergiert für alle $|z-z_0| \le \delta_0 < \delta$. Folglich ist ihr Konvergenzradius mindestens δ_0 bzw. mindestens δ, da $\delta_0 < \delta$ beliebig gewählt werden konnte. $f(z)$ besitzt also für $|z - z_0| < \delta$ die Darstellung als Potenzreihe

$$f(z) = \sum_{j=0}^{\infty} a_j (z-z_0)^j$$

mit

$$a_j = \frac{1}{2\pi i} \oint_{|\zeta - z_0| = \delta} \frac{f(\zeta)}{(\zeta - z_0)^{j+1}} d\zeta = \frac{1}{j!} \left(\frac{d}{dz}\right)^j f(z_0).$$

Also ist $f(z)$ in z_0 komplex analytisch. □

Folgerung 15.21: *Ist die Funktion $f(z)$ im Gebiet $\mathcal{G}$ komplex stetig differenzierbar, so ist $f(z)$ in $\mathcal{G}$ komplex analytisch und durch ihre komplexe Taylorreihe*

$$(15.24) \quad f(z) = \sum_{j=0}^{\infty} \frac{(z-z_0)^j}{j!} \left(\frac{d}{dz}\right)^j f(z_0) \quad \text{im Kreis } |z - z_0| < \delta$$

mit $\delta = \sup\{\varrho \mid \{z \mid |z - z_0| < \varrho\} \subset \mathcal{G}$ darstellbar.

Satz 15.22: *Eine Potenzreihe $f(z) = \sum_{j=0}^{\infty} a_j (z - z_0)^j$ ist in ihrem Konvergenzkreis $|z - z_0| < \varrho$ komplex analytisch (also nicht nur in z_0 sondern in ganz $\mathcal{U}_\varrho(z_0)$).*

Beweis: Nach Satz 14.9 ist $f(z) = \sum_{j=0}^{\infty} a_j (z - z_0)^j$ in $\mathcal{U}_\varrho(z_0)$ komplex stetig differenzierbar, also nach Satz 15.7 dann auch in ganz $\mathcal{U}_\varrho(z_0)$ um jeden Punkt $z_* \in \mathcal{U}_\varrho(z_0)$ in eine Potenzreihe entwickelbar. □

Satz 15.23: *Sei $f(z)$ im Gebiet $\mathcal{G} \subset \mathbb{C}$ holomorph. Dann ist $f(z)$ dort stetig und für jedes in $\mathcal{G}$ enthaltene achsenparallele Rechteck*

$$\mathcal{R} = \{z = x + iy \mid \alpha_1 \le x \le \alpha_2, \beta_1 \le y \le \beta_2\} \subset \mathcal{G}$$

gilt

$$(15.25) \quad \oint_{\partial \mathcal{R}} f(z)\, dz = 0\,.$$

Beweis: Für jeden Punkt $z_0 \in \mathcal{G}$ existiert $f'(z_0)$, und somit gilt

$$f(z) = f(z_0) + f'(z_0)(z - z_0) + \varepsilon(z, z_0)(z - z_0)$$

und

$$\lim_{z\to z_0} \varepsilon(z, z_0) = \lim_{z\to z_0} \left[\frac{f(z) - f(z_0)}{z - z_0} - f'(z_0)\right] = 0,$$

da $f(z)$ differenzierbar ist. Daraus folgt, f ist stetig.
Für das Rechteck $\mathcal{R}$ betrachten wir jetzt eine Folge von Zerlegungen wie in Abbildung 15.7 dargestellt.

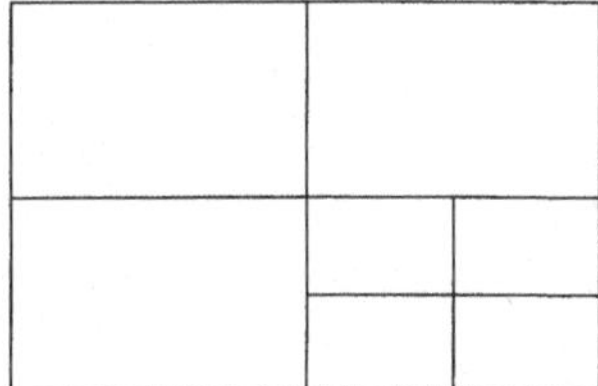

Abbildung 15.7: Folge von Rechteckzerlegungen.

Dann gilt

$$\alpha(\mathcal{R}) := \oint_{\partial\mathcal{R}} f(z)\,dz = \sum_{j=1}^{4} \oint_{\partial\mathcal{R}_j} f(z)\,dz = \sum_{j=1}^{4} \alpha(\mathcal{R}_j).$$

Nun wählen wir aus den 4 Rechtecken $\mathcal{R}_j$ eines derjenigen Rechtecke aus, für welches $|\alpha(\mathcal{R}_j)|$ maximal wird, und dieses nennen wir $\mathcal{R}^{(1)}$:

$$|\alpha(\mathcal{R}^{(1)})| := \max_{j=1,\ldots,4} |\alpha(\mathcal{R}_j)| \geq |\alpha(\mathcal{R}_j)|\,.$$

Dann wird $\mathcal{R}^{(1)}$ zerlegt und wir erhalten $\mathcal{R}^{(2)}$, fahren wir so fort, dann erhalten wir

$$z_0 \in \ldots \subset \mathcal{R}^{(2)} \subset \mathcal{R}^{(1)} \subset \mathcal{R}$$

aufgrund des Satzes von Bolzano–Weiserstrass (Satz 3.32) mit $z_0 \in \mathcal{G}$.
Nach Konstruktion gilt

$$|\alpha(\mathcal{R})| \leq 4|\alpha(\mathcal{R}^{(1)})| \leq \ldots \leq 4^k|\alpha(\mathcal{R}^{(k)})|\,.$$

Andererseits gilt per Definition

$$\begin{aligned} |\alpha(\mathcal{R}^{(k)})| &= \left| \oint_{\partial\mathcal{R}^{(k)}} [f(z_0) + f'(z_0)(z - z_0) + \varepsilon(z_0, z)(z - z_0)]\,dz \right| \\ &= \left| \oint_{\partial\mathcal{R}^{(k)}} \varepsilon(z_0, z)(z - z_0)dz \right| \\ &\leq \frac{1}{4^{k-1}}(\beta_2 - \beta_1 + \alpha_2 - \alpha_1)^2 \max_{z\in\mathcal{R}^{(k)}} |\varepsilon(z_0, z)| \end{aligned}$$

und wir erhalten

$$|\alpha(\mathcal{R})| \leq 4(\beta_2 - \beta_1 + \alpha_2 - \alpha_1)^2 \max_{z \in \mathcal{R}^{(k)}} |\varepsilon(z_0, z)| \to 0 \quad \text{für } k \to \infty .$$

Also gilt $\alpha(\mathcal{R}) = 0$, wie behauptet. □

Satz 15.24 von Morera: *$\mathcal{G} \subset \mathbb{C}$ sei offene Menge, $f(z)$ in $\mathcal{G}$ stetig, und für jedes achsenparallele Rechteck $\mathcal{R} \subset \mathcal{G}$ gelte*

$$(15.26) \quad \oint_{\partial \mathcal{R}} f(z)\, dz = 0.$$

Dann ist $f(z)$ in $\mathcal{G}$ komplex analytisch.

Beweis: Sei $z_0 \in \mathcal{G}$ beliebig, aber fest gewählt. Dann existiert zu z_0 ein $\varrho > 0$, so daß $\mathcal{U}_\varrho(z_0) \subset \mathcal{G}$. Für $z = x + iy \in \mathcal{U}_\varrho(z_0)$ definieren wir

$$F(x + iy) := \int_{x_0}^{x} f(\xi + iy) d\xi + i \int_{y_0}^{y} f(x_0 + i\eta) d\eta .$$

Nach Voraussetzung ist dann auch

$$F(z) = \int_{x_0}^{x} f(\xi + iy_0) d\xi + i \int_{y_0}^{y} f(x + i\eta) d\eta .$$

Differenzieren wir die erste Darstellung nach x und die zweite nach y, dann gelten

$$\frac{\partial F}{\partial x} = f(z), \quad \frac{\partial F}{\partial y} = i f(z),$$

und F ist stetig differenzierbar in $\mathcal{U}_\varrho(z_0)$. Außerdem folgt dort

$$\frac{1}{2}(F_x + iF_y) = \frac{\partial F}{\partial \overline{z}} = 0,$$

das heißt die Cauchy–Riemannschen Differentialgleichungen werden von F erfüllt. Folglich ist F nach Satz 14.4 komplex stetig differenzierbar, also nach Satz 14.4 komplex analytisch. Da

$$\frac{dF}{dz} = f(z)$$

gilt, ist somit auch $f(z)$ komplex analytisch, wie behauptet. □

Satz 15.25 (Hauptsatz über holomorphe Funktionen): *$f(z)$ sei eine in der offenen Menge $\mathcal{G} \subset \mathbb{C}$ definierte Funktion. Dann sind folgende Aussagen äquivalent:*

i. f ist holomorph in $\mathcal{G}$;

ii. *f ist komplex analytisch in $\mathcal{G}$;*

iii. *$u(x,y) = \text{Re } f(z)$ und $v(x,y) = Im f(z)$ sind in $\mathcal{G}$ einmal reell stetig differenzierbar und erfüllen die Cauchy–Riemannschen Differentialgleichungen;*

iv. *f ist stetig in $\mathcal{G}$, und für jeden abgeschlossenen Bereich $\mathcal{B} \subset \mathcal{G}$ mit rektifizierbarer Jordankurve $\partial\mathcal{B}$ als Rand gilt*

$$\oint_{\partial\mathcal{B}} f(z)\, dz = 0 .$$

Für die holomorphe Funktion $f(z)$ gelten um jeden Punkt $z_0 \in \mathcal{G}$

$$f(z) = \sum_{n=0}^{\infty} a_n (z - z_0)^n = \sum_{n=0}^{\infty} \frac{1}{n!} f^{(n)}(z_0)(z - z_0)^n, \tag{15.27}$$

$$f^{(n)}(z_0) = n!\, a_n = \frac{n!}{2\pi i} \oint_{\partial\mathcal{B}} \frac{f(\zeta)}{(\zeta - z_0)^{n+1}} d\zeta . \tag{15.28}$$

Der Konvergenzradius von (15.27) ist mindestens so groß wie der Radius der größten noch in $\mathcal{G}$ liegenden offenen Kreisscheibe um z_0.
In (15.28) ist $z_0 \in \underline{\mathcal{B}} \subset \overline{\mathcal{B}} \subset \mathcal{G}$ und $\partial\mathcal{B}$ rektifizierbare Jordankurve.

Beweis: Aus der Holomorphie folgt mit Satz 15.23, daß die Voraussetzungen des Satzes von Morera, Satz 15.24, erfüllt sind. Folglich ist $f(z)$ komplex stetig differenzierbar in $\mathcal{G}$, also $u = \text{Re} f$ und $v = \Im f$ sind reell stetig differenzierbar nach Satz 14.4 und erfüllen die Cauchy–Riemannschen Differentialgleichungen (14.5). Erfüllen reell stetig differenzierbarer Real– und Imaginärteil u und v die Cauchy–Riemannschen Differentialgleichungen, so folgt aus dem Satz 15.5, daß für jede rektifizierbare Jordankurve $\partial\mathcal{B}$ gilt $\oint_{\partial\mathcal{B}} f(z)dz = 0$. Ist hingegen $f(z)$ stetig und erfüllt $\oint_{\partial\mathcal{B}} f(z)dz = 0$ für alle achsenparallele Rechtecke $\mathcal{B}$, so liefert der Satz von Morera bereits komplexe Analytizität, also auch Holomorphie. □

Folgerung 15.26: *Sind $f(z)$ und $g(z)$ in der offenen Menge $\mathcal{G} \subset \mathbb{C}$ holomorph, dann sind auch*

$$f(z) \cdot g(z), \quad \alpha f(z) + \beta g(z) \quad \text{für } \alpha, \beta \in \mathbb{C}, \quad \frac{f(z)}{g(z)} \quad \text{für } g(z) \neq 0$$

holomorph. Ist f holomorph in $\mathcal{G}$ und g holomorph in $\mathcal{B}$, $g : \mathcal{B} \to \mathcal{G}$, dann ist die zusammengesetzte Funktion

$$\psi(z) = f \circ g(z) = f(g(z))$$

in $\mathcal{B}$ holomorph, also komplex analytisch.

Der Beweis folgt sofort aus der Kettenregel, zum Beispiel ist

$$\frac{\partial}{\partial \bar{z}}\psi = \frac{\partial f}{\partial g}\frac{\partial g}{\partial \bar{z}} + \frac{\partial f}{\partial \bar{g}}\frac{\partial \bar{g}}{\partial \bar{z}} = 0,$$

denn $g_{\bar{z}} = 0$ und $f_{\bar{g}} = 0$. Demnach erfüllt $\psi(z)$ die Cauchy–Riemannschen Differentialgleichungen, ist also holomorph.

Satz 15.27 (Maximum–Prinzip) : *Sei $f(z)$ im Gebiet $\mathcal{G}$ holomorph und nicht konstant. Dann nimmt $|f(z)|$ in $\mathcal{G}$ sein Maximum und auch sein Minimum ungleich Null* **nicht** *an.*

Beweis: f sei nicht konstant und sei $z_0 \in \mathcal{G}$ ein Punkt, in welchem $|f|$ sein Maximum annimmt:

$$M := \max_{z\in\mathcal{G}} |f(z)| = |f(z_0)|.$$

Wir unterscheiden jetzt zwei Fälle:

i. Sei $|f(z)| = |f(z_0)|$ in einer ganzen Kreisscheibe $\overline{\mathcal{U}_{r_0}(z_0)} \in \mathcal{G}$ mit $r_0 > 0$. Aus

$$|f(z)|^2 = u^2 + v^2 = \text{konstant}$$

folgen dann

$$2uu_x + 2vv_x = 0, \quad 2uu_y + 2vv_y = 0\,.$$

Andererseits gelten die Cauchy–Riemannschen Differentialgleichungen

$$u_x = v_y, \quad u_y = -v_x\,,$$

das heißt es gilt

$$2vv_x + 2uv_y = 0, \quad -2uv_x + 2vv_y = 0\,.$$

Daraus folgt entweder

$$4(u^2+v^2) = 0 \quad \text{und damit} \quad f(z) = 0 \text{ in ganz } \overline{\mathcal{U}_{r_0}(z_0)}$$

oder

$$v_x = v_y = 0, \text{ also auch } u_x = u_y = 0$$

und damit $f'(z) = 0$ in ganz $\overline{\mathcal{U}_{r_0}(z_0)}$. Dann ist f entweder konstant in $\mathcal{G}$ oder f ist nicht konstant, und die Nullstellen von f und die von f' sind isoliert, das heißt es liegen nur **endlich viele** in $U_{r_0}(z_0)$, das heißt wir haben einen Widerspruch.

ii. Sei $|f(z)|$ nicht konstant in $\mathcal{U}_{r_0}(z_0)$ mit $r_0 > 0$. Dann existiert ein $\zeta \in \mathcal{U}_{r_0}(z_0)$ mit $|f(\zeta)| < |f(z_0)|$. Sei $r := |\zeta - z_0|$. Dann folgt $|f(z)| < f(z_0)|$ für alle z mit $|z - z_0| = r$, die in einem Winkelsegment

$$\varphi_- \leq \arg(z - z_0) \leq \varphi_+$$

mit gewissen $\varphi_- < \varphi_+$ liegen. Daraus folgt mit

$$|f(z_0)| = \left| \frac{1}{2\pi i} \int\limits_{|z-z_0|=r} \frac{f(z)dz}{z - z_0} \right| \leq \frac{1}{2\pi} \int\limits_{\varphi=0}^{2\pi} |f(z)| d\varphi < \frac{2\pi}{2\pi} |f(z_0)| = |f(z_0)|$$

ein Widerspruch. □

15.5 Die Plemelj–Sochozki–Formeln

Sei $\Gamma = \partial\mathcal{G}$ stetig gekrümmt; $z_0 \in \mathcal{G}$ und $\mathcal{G}$ sei ein einfach zusammenhängendes und beschränktes Gebiet. Dann gilt

Lemma 15.28:

$$(15.29) \quad ⨍_{\Gamma} \frac{d\zeta}{\zeta - z_0} := \lim_{\varepsilon \to 0+} \int\limits_{\Gamma, |\zeta - z_0| \geq \varepsilon > 0} \frac{d\zeta}{\zeta - z_0} = \pi i \quad \text{für } z_0 \in \Gamma.$$

Das Integral in (15.29) nennt man auch das **Cauchy–Hauptwert–Integral**.
Beweis: Für $z_0 \in \Gamma$ sei $\varepsilon > 0$ beliebig gewählt.

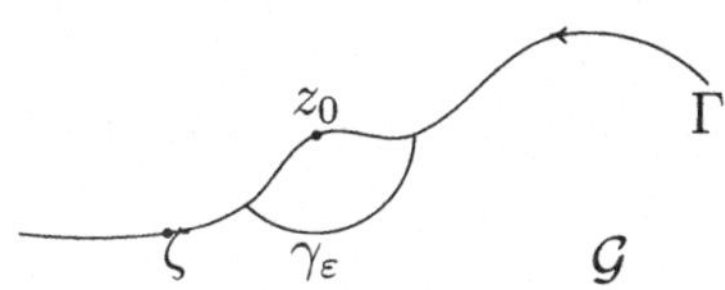

Abbildung 15.8: Integrationsweg in Nachbarschaft des Punktes z_0.

Für $\zeta \in \Gamma$ gilt

$$\zeta = z_0 + (s - s_0)\dot{z}_0 \left(1 - \frac{i}{2}\kappa_0(s - s_0)\right) + o(|s - s_0|^2) \quad \text{auf } \Gamma.$$

Hierbei bedeutet das **Landausche Symbol** $o(|s-s_0|^2) = R(s,s_0)$, daß $R(s,s_0)$ die Relation

$$\lim_{s\to s_0} \frac{R(s,s_0)}{|s-s_0|^2} = 0$$

erfüllt. κ_0 ist die Krümmung von Γ in z_0. Mit dem Cauchyschen Integralsatz gilt dann

$$\int\limits_{\Gamma,|\zeta-z_0|\geq\varepsilon} \frac{d\zeta}{\zeta-z_0} + \int\limits_{\gamma_\varepsilon} \frac{d\zeta}{\zeta-z_0} = 0$$

mit

$$\gamma_\varepsilon : \zeta - z_0 = \varepsilon e^{i\varphi}, \quad 2\pi + \mathcal{O}(\varepsilon) > \varphi \geq \pi + \mathcal{O}(\varepsilon)$$

und es ist

$$\int\limits_{\Gamma,|\zeta-z_0|\geq\varepsilon} \frac{d\zeta}{\zeta-z_0} = \int\limits_{\varphi=\pi+\mathcal{O}(\varepsilon)}^{2\pi+\mathcal{O}(\varepsilon)} \frac{i\varepsilon e^{i\varphi}}{\varepsilon e^{i\varphi}} d\varphi = i\pi + \mathcal{O}(\varepsilon).$$

Hier bedeutet $R(\varepsilon) = \mathcal{O}(\varepsilon)$ das **Laudausche Symbol** für

$$\overline{\lim_{\varepsilon\to 0}} \left|\frac{R(\varepsilon)}{\varepsilon}\right| < \infty.$$

Grenzübergang $\varepsilon \to 0$ liefert die Behauptung. □

Folgerung 15.29:

$$(15.30)\quad \fint_\Gamma \frac{d\zeta}{\zeta-z_0} = \begin{cases} 2\pi i & \text{für } z_0 \in \mathcal{G}, \\ \pi i & \text{für } z_0 \in \partial\mathcal{G} = \Gamma, \text{ wenn } \Gamma \text{ in } z_0 \text{ stetig gekrümmt ist}, \\ 0 & \text{für } z_0 \in \mathbb{C} \setminus \overline{\mathcal{G}}. \end{cases}$$

Beweis: Die Folgerung ergibt sich aus (15.3) für $z_0 \in \mathcal{G}$, (15.29) für $z_0 \in \Gamma$ und aus dem Cauchyschen Integralsatz (Satz: 15.14) für $z_0 \notin \overline{\mathcal{G}}$, da dann $\chi(\zeta) = \frac{1}{\zeta - z_0}$ in $\overline{\mathcal{G}}$ holomorph ist. □

Satz 15.30: *$f(z)$ sei in $\mathcal{G}$ holomorph und C^1–fortsetzbar nach $\overline{\mathcal{G}}$. Sei $\mathcal{G}$ einfach zusammenhängendes beschränktes Gebiet und $\Gamma = \partial\mathcal{G}$ sei stetig gekrümmt. Dann gilt*

$$(15.31)\quad f(z_0) = \frac{1}{\pi i} \fint_\Gamma \frac{f(\zeta)d\zeta}{\zeta - z_0} = \frac{1}{\pi} \lim_{\varepsilon\to 0+} \int\limits_{\Gamma,|\zeta-z_0|\geq\varepsilon>0} \frac{f(\zeta)}{\zeta-z_0} d\zeta,$$

und das Cauchy–Hauptwert–Integral existiert.

Beweis: In $\zeta \in \mathcal{G} \setminus \overline{\mathcal{U}_\varepsilon(z_0)}$ ist $\frac{f(\zeta)-f(z_0)}{\zeta - z_0}$ holomorph und C^1–stetig bis zum Rand. Folglich gilt mit dem Cauchyschen Integralsatz

$$\int\limits_{\Gamma, |\zeta - z_0| \geq \varepsilon > 0} \frac{f(\zeta) d\zeta}{\zeta - z_0} = f(z_0) \int\limits_{\Gamma, |\zeta - z_0| \geq \varepsilon > 0} \frac{d\zeta}{\zeta - z_0} - \int\limits_{\gamma_\varepsilon} \frac{[f(\zeta) - f(z_0)] d\zeta}{\zeta - z_0} \, .$$

Da $f(\zeta)$ bis zum Rand $\partial\mathcal{G}$ einschließlich stetig differenzierbar ist, gilt

$$\max_{|\zeta - z_0| \leq \varepsilon} \left| \frac{f(\zeta) - f(z_0)}{\zeta - z_0} \right| \leq c$$

und mit (15.5) und $|\gamma_\varepsilon| \leq 2\pi\,\varepsilon$:

$$\left| \int\limits_{\gamma_\varepsilon} \frac{f(\zeta) - f(z_0)}{\zeta - z_0} d\zeta \right| \leq 2\pi\, c\, \varepsilon \to 0 \quad \text{für } \varepsilon \to 0\, .$$

Mit (15.29) folgt die Behauptung. □

Nun sei $\varphi(\zeta)$ **irgendeine** Hölder–stetige Funktion auf Γ. Das bedeutet, daß mit einem $\alpha \in (0, 1]$ gilt

$$(15.32)\quad [\varphi]_\alpha := \sup_{\zeta \neq \zeta' \in \Gamma} \frac{|\varphi(\zeta) - \varphi(\zeta')|}{|\zeta - \zeta'|^\alpha} < \infty.$$

Wir wollen dann das Randverhalten des komplexen Potentials

$$(15.33)\quad \Phi(z) := \int\limits_\Gamma \frac{\varphi(\zeta) d\zeta}{\zeta - z} \quad \text{für } z \in \mathcal{G},$$

für $z \to z_0 \in \Gamma$ untersuchen.

Satz 15.31 von Plemelj–Sochozki: *Sei $\mathcal{G}$ ein beschränktes Gebiet mit stetig gekrümmtem Rand $\Gamma = \partial\mathcal{G}$ und $\varphi(\zeta)$ sei auf Γ als Hölder–stetige Funktion gegeben. Dann existiert zu jedem $\gamma_0 > 0$ der Winkelgrenzwert von $\Phi(z)$, und es gilt die Sprungrelation*

$$(15.34)\quad \lim_{z \to z_0} \int\limits_\Gamma \frac{\varphi(\zeta) d\zeta}{\zeta - z} = i\pi\varphi(z_0) + ⨎\limits_\Gamma \frac{\varphi(\zeta) d\zeta}{\zeta - z_0},$$

wobei

$$\gamma_0 \leq \arg \frac{z - z_0}{\dot{z}_0} \leq \pi - \gamma_0.$$

Beweis:

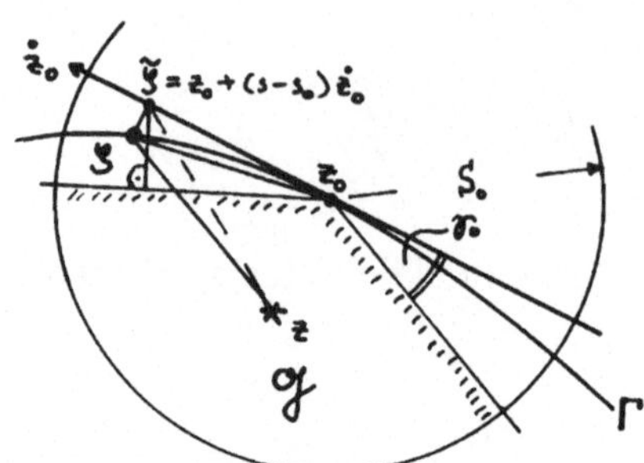

Abbildung 15.9: Winkelbereich, Randkurve, Randtangente.

Der Abbildung 15.9 entnehmen wir, daß Γ eine sogenannte c–Kurve ist, denn aus der lokalen Darstellung des Randes

$$\zeta = z_0 + (s - s_0)\dot{z}_0(1 - \frac{i}{2}\kappa_0(s - s_0)) + o(|s - s_0|^2)$$

erhalten wir, daß es eine Γ zugehörige Konstante $c_0 > 0$ so gibt, daß

(15.35) $c_0\,|s - s_0| \;\leq\; |\zeta - z_0| \;\leq\; |s - s_0| \quad$ für $\zeta \in \Gamma$

gilt. Des weiteren gilt im Winkelbereich für ein geeignetes $S_0 > 0$ und $|z - z_0| \leq S_0$:

$$\begin{aligned}
|\zeta - z| &\geq |\tilde{\zeta} - z| - |\zeta - \tilde{\zeta}| \geq |\tilde{\zeta} - z| - c_1\,|s - s_0|^2 \\
&\geq |s - s_0|\,\{|\sin\gamma_0| - c_1\,|s - s_0|\} \\
&\geq \frac{1}{2}|s - s_0||\sin\gamma_0| \quad \text{für } |s - s_0| \leq \frac{1}{2c_1}|\sin\gamma_0| > 0;
\end{aligned}$$

mit anderen Worten: Zu jedem $\gamma_0 > 0$ existieren Konstanten $\widetilde{S}_0(\gamma_0) > 0$ und $\widetilde{c}_0 > 0$, so daß für alle s mit $|s - s_0| \leq \widetilde{S}_0$ und alle z im Winkelbereich mit $|z - z_0| \leq \widetilde{S}_0$ gilt:

(15.36) $|\zeta - z| \;\geq\; \widetilde{c}_0(\gamma_0)\,|\zeta - z_0|\,.$

Für jedes $\delta \in [0, 1]$ und $0 \leq x$ ist die elementare Ungleichung

$$(1 + x)^{1-\delta} \;\leq\; 1 + x^{1-\delta}$$

erfüllt. Daraus ergibt sich die Ungleichung

$$(a + b)^{1-\delta} \;\leq\; a^{1-\delta} + b^{1-\delta} \quad \text{für } 0 \leq a, b.$$

Dann folgt aus

$$\left|\frac{1}{\zeta - z} - \frac{1}{\zeta - z_0}\right|^{\delta} \;=\; |z - z_0|^{\delta}\frac{1}{|\zeta - z_0|^{\delta}|\zeta - z|^{\delta}}$$

und

$$\left|\frac{1}{\zeta - z} - \frac{1}{\zeta - z_0}\right|^{1-\delta} \le \frac{1}{|\zeta - z|^{1-\delta}} + \frac{1}{|\zeta - z_0|^{1-\delta}}$$

die Ungleichung

$$(15.37)\quad \left|\frac{1}{\zeta - z} - \frac{1}{\zeta - z_0}\right| \le |z - z_0|^{\delta} \left\{\frac{1}{|\zeta - z|\,|\zeta - z_0|^{\delta}} + \frac{1}{|\zeta - z_0|\,|\zeta - z|^{\delta}}\right\}.$$

Im Winkelbereich gilt demnach

$$(15.38)\quad \left|\frac{1}{\zeta - z} - \frac{1}{\zeta - z_0}\right| \le |z - z_0|^{\delta} c(\gamma_0) \frac{1}{|\zeta - z_0|^{1+\delta}}\,.$$

Damit erhalten wir für das Integral in

$$\Phi(z) = \int_{\Gamma} \frac{\varphi(\zeta) - \varphi(z_0)}{\zeta - z} d\zeta + \varphi(z_0)\, 2\pi i \quad \text{für } z \in \mathcal{G}$$

die Abschätzung

$$\begin{aligned} &\left|\int_{\Gamma} [\varphi(\zeta) - \varphi(z_0)] \left\{\frac{1}{\zeta - z} - \frac{1}{\zeta - z_0}\right\} d\zeta\right| \\ &\qquad \le |z - z_0|^{\delta} c(\gamma_0)\, [\varphi]_{\alpha} \int_{s=0}^{L} \frac{s^{\alpha}}{s^{1+\delta}} ds \le |z - z_0|^{\delta} c(\gamma_0)\, [\varphi]_{\alpha} \left(\frac{s^{\alpha-\delta}}{\alpha - \delta}\Big|_0^L\right) \end{aligned}$$

für alle z im Winkelbereich mit $|z - z_0| \le S_0$ und für jedes $\delta < \alpha$. Wählen wir also ein δ mit $0 < \delta < \alpha \le 1$, dann folgt

$$\begin{aligned} \lim_{z \to z_0} \Phi(z) &= \int_{\Gamma} \frac{\varphi(\zeta) - \varphi(z_0)}{\zeta - z_0} d\zeta + \varphi(z_0)\, 2\pi i \\ &= \mathop{{\int\!\!\!\!\!\!-}}_{\Gamma} \frac{\varphi(\zeta) d\zeta}{\zeta - z_0} - \varphi(z_0)\pi i + \varphi(z_0) 2\pi i, \end{aligned}$$

also die Behauptung (15.34). □

Satz 15.32: *Unter den Voraussetzungen von Satz* 15.31 *ist das Cauchy–Integral*

$$\psi(z_0) := {\int\!\!\!\!\!\!-} \frac{\varphi(\zeta) d\zeta}{\zeta - z_0} \quad \textit{für } z_0 \in \Gamma$$

eine Hölder–stetige Funktion auf Γ *und erfüllt*

$$(15.39)\quad |\psi(z_0 + h) - \psi(z_0)| \le c(\alpha, \Gamma)[\varphi]_{\alpha} |h|^{\alpha} \cdot \begin{cases} 1 & \text{für } 0 < \alpha < 1, \\ |\ln |h|| & \text{für } \alpha = 1. \end{cases}$$

Führt man auf Γ den Vektorraum $\mathcal{C}^\alpha(\Gamma)$ der Hölder–stetigen Funktionen zum Hölder–Exponenten $\alpha \in (0,1)$ ein und versieht ihn mit der Hölder–Norm

$$(15.40)\quad \|\varphi\|_{\mathcal{C}^\alpha} := \|\varphi\|_{\mathcal{F}} + [\varphi]_\alpha,$$

wobei $[\varphi]_\alpha$ in (15.32) definiert ist, dann besagt Satz 15.32:

Die **Cauchy–Transformation**

$$(15.41)\quad \mathcal{C}\varphi(z_0) := \frac{1}{2\pi} \oint\!\!\!\!\!-_{\Gamma} \frac{\varphi(\zeta)d\zeta}{\zeta - z_0} \;:\; \mathcal{C}^\alpha(\Gamma) \to \mathcal{C}^\alpha(\Gamma)$$

ist für stetig gekrümmten Rand Γ eine stetige lineare, das heißt beschränkte Abbildung von $\mathcal{C}^\alpha(\Gamma)$ in sich, falls $0 < \alpha < 1$.

Beweis von Satz 15.32: (Siehe auch [68, Paragraph 19].)

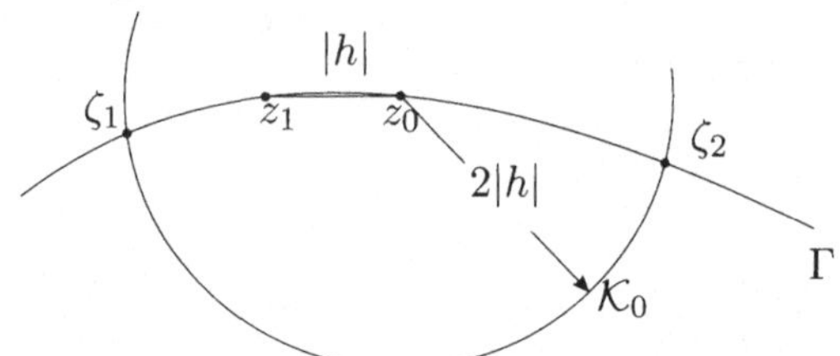

Abbildung 15.10: Zerlegung der Randkurve.

Mit der Parametrisierung $z = \zeta(s)$ von Γ schreiben wir $z_0 = \zeta(s_0), z_1 = \zeta(s_1) \in \Gamma$, $\sigma := s_1 - s_0$ und $h := z_1 - z_0$, wobei wir ohne Einschränkung der Allgemeinheit $\sigma > 0$ voraussetzen. Dann zerlegen wir die Randkurve Γ in $|\zeta - z_0| \geq 2|h|$ und $|\zeta - z_0| < 2|h|$ und verbinden die beiden Punkte ζ_j mit $|\zeta_j - z_0| = 2|h|$ durch den Kreisbogen $\mathcal{K}_0$ in $\overline{\mathcal{G}}$ vom Radius $2|h|$ um z_0. Damit ergibt sich für die Differenz der Cauchy–Potentiale

$$\begin{aligned}
\psi(z_1) - \psi(z_0) &= \psi(z_0 + h) - \psi(z_0) \\
&= \oint\!\!\!\!\!-_{\Gamma} \left[\frac{\varphi(\zeta) - \varphi(z_0+h)}{\zeta - z_0 - h} - \frac{\varphi(\zeta) - \varphi(z_0)}{\zeta - z_0}\right] d\zeta + \pi i[\varphi(z_0+h) - \varphi(z_0)] \\
&= \pi i[\varphi(z_0+h) - \varphi(z_0)] + \int\limits_{s_0-2\sigma}^{s_0+2\sigma} \left[\frac{\varphi(\zeta(s)) - \varphi(z_0+h)}{\zeta(s) - z_0 - h} - \frac{\varphi(\zeta(s)) - \varphi(z_0)}{\zeta(s) - z_0}\right] \dot\zeta(s) ds \\
&\quad + \int\limits_{|\zeta - z_0| \geq 2|h|} \left[\frac{\varphi(\zeta) - \varphi(z_0+h)}{\zeta - z_0 - h} - \frac{\varphi(\zeta) - \varphi(z_0+h)}{\zeta - z_0} - \frac{\varphi(z_0+h) - \varphi(z_0)}{\zeta - z_0}\right] d\zeta.
\end{aligned}$$

Nun verwenden wir (15.35) — Γ ist c–Kurve — und Definition (15.32) und schätzen die verschiedenen Ausdrücke einzeln ab. Aus (15.35) folgt $|\dot\zeta(s)| \leq 1$

und wir erhalten

$$\begin{aligned}
I_1 &= \left|\int_{s_0-2\sigma}^{s_0+2\sigma} \frac{\varphi(\zeta(s))-\varphi(\zeta(s_0)+h)}{\zeta(s)-\zeta(s_0)-h}\dot{\zeta}(s)ds\right| \\
&\le \int_{s_0-2\sigma}^{s_0+2\sigma} \frac{|\varphi(\zeta(s))-\varphi(\zeta(s_0+\sigma))|}{|\zeta(s)-\zeta(s_0+\sigma)|}|\dot{\zeta}(s)|ds \\
&\le \sup_{\zeta,\zeta'\in\Gamma} \frac{|\varphi(\zeta)-\varphi(\zeta')|}{|\zeta-\zeta'|^\alpha} \int_{s_0-2\sigma}^{s_0+2\sigma} \frac{1}{|\zeta(s)-\zeta(s_0+\sigma)|^{1-\alpha}}ds \\
&\le [\varphi]_\alpha \frac{1}{c_0^{1-\alpha}} \int_{s_0-2\sigma}^{s_0+2\sigma} \frac{1}{|s-s_0-\sigma|^{1-\alpha}}ds \\
&= [\varphi]_\alpha c_0^{\alpha-1}\left[\int_{s_0-2\sigma}^{s_0+\sigma}(s_0+\sigma-s)^{\alpha-1}ds + \int_{s_0+\sigma}^{s_0+2\sigma}(s-s_0-\sigma)^{\alpha-1}ds\right] \\
&= [\varphi]_\alpha c_0^{\alpha-1}\frac{1}{\alpha}(1+3^\alpha)\sigma^\alpha \le \frac{4\,[\varphi]_\alpha}{\alpha c_0}c_0^\alpha\,|s_1-s_0|^\alpha \\
&\le \frac{4\,[\varphi]_\alpha}{\alpha c_0}\,|\zeta(s_1)-\zeta(s_0)|^\alpha = \frac{4\,[\varphi]_\alpha}{\alpha c_0}\,|h|^\alpha
\end{aligned}$$

und ebenso

$$\left|\int_{s_0-2\sigma}^{s_0+2\sigma} \frac{\varphi(\zeta(s))-\varphi(\zeta(s_0))}{\zeta(s)-\zeta(s_0)}\dot{\zeta}(s)ds\right| \le \frac{4[\varphi]_\alpha}{\alpha c_0}\,|h|^\alpha.$$

Für die ersten beiden Terme im letzten Summanden haben wir

$$\begin{aligned}
I_2 &:= \left|\int_{|\zeta-z_0|\ge 2|h|} [\varphi(\zeta)-\varphi(z_0+h)]\left[\frac{1}{\zeta-z_0-h}-\frac{1}{\zeta-z_0}\right]d\zeta\right| \\
&= \left|\int_{|\zeta-z_0|\ge 2|h|} [\varphi(\zeta)-\varphi(z_0+h)]\frac{h}{(\zeta-z_0-h)(\zeta-z_0)}d\zeta\right| \\
&\le |h| \int_{|\zeta-z_0|\ge 2|h|} \frac{|\varphi(\zeta)-\varphi(z_0+h)|}{|\zeta-z_0-h|\,|\zeta-z_0|}d\zeta \\
&\le |h|\,[\varphi]_\alpha \int_{|\zeta-z_0|\ge 2|h|} \frac{1}{|\zeta-z_0-h|^{1-\alpha}|\zeta-z_0|}d\zeta \\
&= |h|\,[\varphi]_\alpha \int_{\zeta(s)\in\Gamma,|s-s_0|\ge 2\sigma} \frac{1}{|\zeta(s)-\zeta(s_0+\sigma)|^{1-\alpha}|\zeta(s)-\zeta(s_0)|}|\dot{\zeta}(s)|\,ds \\
&\le |h|\,[\varphi]_\alpha \frac{1}{c_0^{2-\alpha}} \int_{\zeta(s)\in\Gamma,|s-s_0|\ge 2\sigma} \frac{1}{|s-s_0-\sigma|^{1-\alpha}|s-s_0|}\,ds.
\end{aligned}$$

Wegen

$$|s - s_0 - \sigma| = |s - s_0| \left| 1 - \frac{\sigma}{s - s_0} \right| \geq \frac{1}{2} |s - s_0|$$

für alle s mit $|s - s_0| \geq 2\sigma$ folgt

$$\begin{aligned} I_2 &\leq \frac{1}{2^{1-\alpha}} |h| \, [\varphi]_\alpha \frac{1}{c_0^{2-\alpha}} \int\limits_{\zeta(s)\in\Gamma, |s-s_0|\geq 2\sigma} \frac{1}{|s - s_0|^{2-\alpha}} ds \\ &= c\,|h|\,[\varphi]_\alpha \cdot \begin{cases} |\ln |h|| & \text{für } \alpha = 1, \\ |h|^{\alpha-1} & \text{für } 0 < \alpha < 1. \end{cases} \end{aligned}$$

Für das letzte der Integrale bekommen wir unter Verwendung des Cauchyschen Integralsatzes und Polarkoordinaten auf dem Kreisbogen $\mathcal{K}_0$, $\zeta - z_0 = 2|h|e^{i\vartheta}$,

$$\begin{aligned} \left| \int\limits_{|\zeta - z_0| \geq 2|h|} \frac{\varphi(z_0 + h) - \varphi(z_0)}{\zeta - z_0} d\zeta \right| &= |\varphi(z_0 + h) - \varphi(z_0)| \left| \int\limits_{|\zeta - z_0| \geq 2|h|} \frac{d\zeta}{\zeta - z_0} \right| \\ &\leq |h|^\alpha [\varphi]_\alpha \left| \int\limits_{\mathcal{K}_0} i\, d\vartheta \right| \leq 2\pi \, [\varphi]_\alpha \, |h|^\alpha . \end{aligned}$$

Wir sammeln zusammen und erhalten

$$|\psi(z_1) - \psi(z_0)| \leq c\,|h|^\alpha [\varphi]_\alpha \cdot \begin{cases} |\ln |h|| & \text{für } \alpha = 1, \\ |h|^\alpha & \text{für } 0 < \alpha < 1. \end{cases}$$ □

Als nächstes wollen wir uns anschauen, was man für den Fall aussagen kann, daß z_1 und z_2 auf einer Geraden in Normalenrichtung zu Γ liegen.

Lemma 15.33: *Unter den Voraussetzungen von Satz 15.31 mögen $z_1, z_2 \in \mathcal{G}$ und $z_0 \in \Gamma$ auf der gleichen Geraden normal zu Γ liegen; ohne Beschränkung der Allgemeinheit sei z_0 der z_2 nächste Punkt und z_1 von z_0 weiter entfernt. Dann gilt*

(15.42) $|\Phi(z_1) - \Phi(z_2)| \leq c(\alpha, \Gamma) \, |z_1 - z_2|^\alpha \, [\varphi]_\alpha$

mit einer geeigneten Konstanten $c(\alpha, \Gamma)$.

Beweis: Zum Beweis führen wir tubulare Koordinaten s und ℓ in Richtung Γ und in Richtung $-n(z_0) = i\dot{\zeta}(0)$ ein. Ohne Beschränkung der Allgemeinheit sei $z_0 = \zeta(0)$, und $\Gamma : z = \zeta(s) = \xi(s) + i\eta(s)$ sei die Kurvendarstellung in Bogenlängenparametrisierung; ℓ sei der Abstand von $z \in \mathcal{G}$ zum Rand.
Dann definiert

(15.43) $z = x + iy = \zeta(s) + i\ell \dfrac{d\zeta}{ds}(s)$

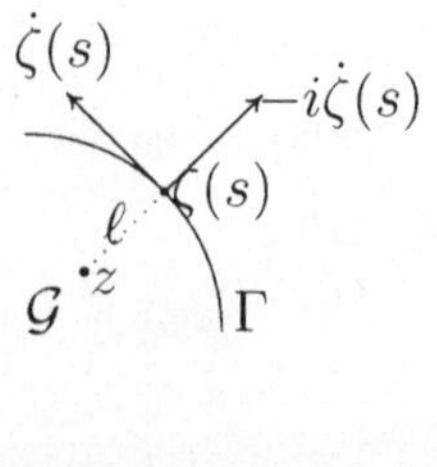

bzw.

(15.44) $\begin{aligned} x &= \xi(s) - \ell\dot{\eta}(s), \\ y &= \eta(s) + \ell\dot{\xi}(s) \end{aligned}$

wegen

$$(15.45)\ \det\left(\frac{\partial(x,y)}{\partial(s,\ell)}\right) = \begin{vmatrix} \dot\xi - \ell\,\ddot\eta & -\dot\eta \\ \dot\eta + \ell\,\ddot\xi & \dot\xi \end{vmatrix} = 1 - \ell(\dot\xi\,\ddot\eta - \dot\eta\,\ddot\xi) = 1 - \ell\kappa(s)$$

im Streifen

$$\gamma_{\ell_0} : \ell \le \frac{1}{2\kappa_0} = \ell_0 \quad \text{mit } \kappa_0 := \max_{s\in\Gamma} |\kappa(s)|$$

einen Diffeomorphismus. Dabei ist $\kappa(s) = \dot\xi\,\ddot\eta - \dot\eta\,\ddot\xi$ die Krümmung der Kurve Γ. Insbesondere ist die Abbildung (15.44) dort bijektiv. Damit und mit

$$z_2 = z_0 + i\ell_2\dot\zeta, \quad z_1 = z_0 + i\ell_1\dot\zeta, \quad d := (\ell_1 - \ell_2) \le \ell_1$$

können wir die Differenz der Cauchy–Potentiale schreiben als

$$\Phi(z_1) - \Phi(z_2) = \oint_\Gamma \left[\frac{\varphi(\zeta) - \varphi(z_0)}{\zeta(s) - z_0 - i\ell_1\dot\zeta(0)} - \frac{\varphi(\zeta) - \varphi(z_0)}{\zeta(s) - z_0 - i\ell_2\dot\zeta(0)}\right] d\zeta$$

und mit

$$|\zeta(s) - z_0 - i\ell_k\dot\zeta(0)| \ge c_0\sqrt{s^2 + \ell_k^2}$$

folgt daraus

$$|\Phi(z_1) - \Phi(z_2)| \le d \int_{s=0}^{L/2} \frac{[\varphi]_\alpha s^\alpha}{c_0^2\sqrt{s^2+\ell_1^2}\sqrt{s^2+\ell_2^2}} ds.$$

Im Integral substituieren wir $s = d\cdot t$, $ds = d\cdot dt$ und erhalten

$$\begin{aligned} \int_{s=0}^{L/2} \frac{s^\alpha}{\sqrt{s^2+\ell_1^2}\sqrt{s^2+\ell_2^2}} ds &= d^{\alpha-1} \int_{t=0}^{L/2d} \frac{t^\alpha dt}{\sqrt{t^2+(\ell_1/d)^2}\sqrt{t^2+(\ell_2/d)^2}} \\ &\le d^{\alpha-1} \int_0^\infty \frac{t^{\alpha-1} dt}{\sqrt{t^2+1}} = c_1\, d^{\alpha-1}. \end{aligned}$$

Einsetzen liefert die Behauptung

$$|\Phi(z_1) - \Phi(z_2)| \le d^\alpha\, c_1\, c_0^{-2}\, [\varphi]_\alpha\,.$$

□

Mit Satz 15.32 und Lemma 15.33 sind wir nun in der Lage, den Satz von Plemelj und Sochozki (Satz 15.31) zu folgendem schönen Resultat zu erweitern.

Satz 15.34: *Unter den Voraussetzungen von Satz* 15.31 *ist* $\Phi(z)$, *definiert in* (15.33), *durch Hinzunahme seiner Randwerte* (15.34) *eine in* $\overline{\mathcal{G}}$ *Hölder–stetige Funktion* $\Phi \in C^\alpha(\overline{\mathcal{G}})$ *für* $0 < \alpha < 1$.

Beweis: Sei zunächst $z_0 \in \Gamma$. Dann ist die Funktion

$$(z-z_0)^{-\alpha} := e^{-\alpha(\ln|z-z_0|+i\arg(z-z_0))}$$

mit

$$\arg\dot{\zeta}_0 - \frac{\pi}{2} \le \arg(z-z_0) < \arg\dot{\zeta}_0 + \frac{\pi}{2}$$

für $z \in \mathcal{G}$ holomorph; also ist auch

$$[\Phi(z)-\Phi(z_0)](z-z_0)^{-\alpha}$$

mit dem Winkelgrenzwert $\Phi(z_0)$ nach (15.34) holomorph in $\mathcal{G}$. Aufgrund des Maximum–Prinzips, Satz 15.27, gilt dann nach Satz 15.32

$$\left|\frac{\Phi(z)-\Phi(z_0)}{(z-z_0)^\alpha}\right| \le \sup_{\zeta\in\Gamma}\left|\frac{\psi(\zeta)-\psi(z_0)}{(\zeta-z_0)^\alpha} + \pi i\frac{\varphi(\zeta)-\varphi(z_0)}{(\zeta-z_0)^\alpha}\right| \le c(\alpha,\Gamma)\,[\varphi]_\alpha\,.$$

Nun sei $z_1 \in \mathcal{G}$ und $z_0 \in \Gamma$ ein z_1 am nächsten gelegener Randpunkt. Wir betrachten wieder

$$\Xi(z) := \frac{\Phi(z)-\Phi(z_1)}{(z-z_1)^\alpha},$$

wobei nun von z_1 nach z_0 der Schlitz für die Definition von $\arg(z-z_1)$ gelegt wird. Auf dem Schlitz ist $\Xi(z)$ noch stetig von jeder Seite. Nun wenden wir wieder das Maximum–Prinzip für $\Xi(z)$ in ($\mathcal{G}\setminus$ Schlitz) an und erhalten

$$|\Xi(z)| \le \max\left\{\sup_{\zeta\in\Gamma}\{|\Xi(\zeta)|,\ |\Xi(z_2)|_{z_2\,\in\,\text{Schlitz}}\}\right\}.$$

Wird das Maximum auf Γ angenommen — dort ist ja $|\Xi(\zeta)|$ stetig — dann erhalten wir die Beschränktheit aus der ersten Abschätzung. Wird es hingegen auf dem Schlitz angenommen, verwenden wir Lemma 15.33, so daß wir in beiden Fällen

$$|\Xi(z)| \le c(\alpha,\Gamma)\,|z-z_1|^\alpha\,[\varphi]_\alpha$$

erhalten, wie behauptet. □

15.6 Carl Neumanns Methode

Wir werden in diesem Abschnitt das **Dirichlet–Problem** der zweidimensionalen Laplaceschen Differentialgleichung in einem einfach zusammenhängenden beschränkten Gebiet $\mathcal{G}$ mit stetig gekrümmtem, konvexem Rand $\Gamma = \partial\mathcal{G}$ lösen:

Finde $u \in C^0(\overline{\mathcal{G}}) \cap C^2(\mathcal{G})$ *mit den Eigenschaften*

$$(15.46)\quad \Delta u = \frac{\partial^2 u}{\partial x^2} + \frac{\partial^2 u}{\partial y^2} = 0 \quad \text{in}\, \mathcal{G},$$

$$(15.47)\quad u_{|\Gamma} = g \quad \text{auf}\, \Gamma.$$

Dabei ist $g \in C^0(\Gamma)$ *eine (beliebig) vorgegebene Funktion.*

Das hier beschriebene Lösungsverfahren und das Existenz– und Eindeutigkeitsresultat für (15.46), (15.47) bleiben unter sehr viel allgemeineren Voraussetzungen an Γ immer noch gültig (siehe dazu [59]), insbesondere kann Γ eine rektifizierbare Jordankurve mit der zusätzlichen Eigenschaft

$$(15.48)\quad \sup_{\mathbb{C}\ni z\notin\Gamma} \oint_\Gamma \left| \operatorname{Im} \frac{1}{\zeta - z} \frac{d\zeta}{ds} \right| ds =: M < \infty$$

sein. Wir beschränken uns hier auf den oben genannten einfachen Spezialfall.
Die **Laplacesche Differentialgleichung** (15.46) sowie die **Poisson–Gleichung**

$$-\Delta u(x,y) = P(x,y) \quad \text{für } (x,y) \in \mathcal{G}$$

zusammen mit Randbedingungen, zum Beispiel den Dirichlet–Bedingungen (15.47), ist das einfachste Modellproblem eines Randwertproblems elliptischer Gleichungen zweiter Ordnung. Viele Probleme der klassischen Physik und Ingenieurwissenschaften führen auf dieses Modell: die stationäre Temperaturverteilung in $\mathcal{G}$; die Berechnung der elektrischen Feldstärke in elektrostatischen Feldern; die Bestimmung der Membranfläche in Gleichgewicht–Zeltdächern, dünne momentenfreie Schalen; die Bestimmung der Spannungsfunktion bei Torsionsproblemen für einen Stab mit Querschnitt $\mathcal{G}$; die Bestimmung des Geschwindigkeitpotentials wirbelfreier Strömungsfelder sowie deren Geschwindigkeitsfelder; die Berechnung stationärer langsamer Strömungen durch homogene poröse Materialien; und vieles andere mehr.
Eine Folgerung der Plemelj–Sochozki–Sprungrelation ist der folgende Satz.

Satz 15.35 : *Sei* $\nu \in C^\alpha(\Gamma)$ *reell,* $\alpha \in (0,1)$ *und* Γ *stetig gekrümmte Jordan–Kurve. Dann erfüllen Realteil* $u(x,y)$ *und Imaginärteil* $v(x,y)$ *der in* $\mathcal{G}$ *holomorphen Funktion*

$$(15.49)\quad f(z) = u + iv = \frac{1}{2\pi i} \oint_\Gamma \frac{\nu(\zeta)}{\zeta - z} d\zeta + ik \quad \text{für } z \in \mathcal{G} \text{ mit } k \in \mathbb{R}$$

in $\mathcal{G}$ *die Laplacesche Differentialgleichung*

$$\Delta u = 0 \quad \text{bzw.} \quad \Delta v = 0 \text{ in } \mathcal{G},$$

und die Winkelrandwerte von u und v auf Γ existieren und sind Hölder–stetig. Insbesondere ist $u \in C^\alpha(\overline{\mathcal{G}}) \cap C^\infty(\mathcal{G})$, und es gilt

$$(15.50)\quad u(z) = \frac{1}{2}\nu(z) + \frac{1}{2\pi}\oint_\Gamma \left[\frac{\dot\eta(s)(\xi(s)-x) - \dot\xi(s)(\eta(s)-y)}{|z-\zeta(s)|^2}\right]\nu(\zeta(s))ds$$

auf dem Rand $z \in \Gamma$.

Beweis: Per Definition ist f, definiert durch (15.49), in $\mathcal{G}$ holomorph, und folglich gilt nach (14.8)

$$\begin{aligned} 0 = \frac{\partial}{\partial \bar z}\left(\frac{\partial f}{\partial z}\right) &= \frac{1}{4}\left[(f_x - if_y)_x + i(f_x - if_y)_y\right] \\ &= \frac{1}{4}(f_{xx} + f_{yy}) = \frac{1}{4}(\Delta u + i\Delta v)\,, \end{aligned}$$

das heißt u und v sind harmonisch in $\mathcal{G}$.
Nach dem Satz von Plemelj–Sochozki (Satz 15.31) existieren die Winkelgrenzwerte und sind gegeben als

$$\lim_{z\to z_0} f(z) = \frac{1}{2}\nu(z_0) + \frac{1}{2\pi i} ⨎_\Gamma \frac{\nu(\zeta)d\zeta}{\zeta - z_0}\,.$$

Für den Realteil gilt

$$u(z_0)|_\Gamma = \frac{1}{2}\nu(z_0) - \frac{1}{2\pi} ⨎_\Gamma \nu(\zeta)\mathrm{Re}\left(\frac{id\xi - d\eta}{\zeta - z_0}\right) \quad \text{für } z_0 \in \Gamma,$$

und der Integralkern erfüllt

$$(15.51)\quad \mathrm{Re}\left(\frac{id\xi - d\eta}{\zeta - z_0}\right) = \mathrm{Re}\left(\frac{(id\xi - d\eta)(\overline{\zeta} - \overline{z_0})}{|\zeta - z_0|^2}\right) = \frac{\dot\xi(\eta - y_0) - \dot\eta(\xi - x_0)}{|\zeta - z_0|^2}ds.$$

□

Um das Randwertproblem (15.46), (15.47) zu lösen, hatte C. F. Gauß die Idee, für das Potential u bzw. f in (15.49) die Belegungsdichte $\nu(\zeta)$ so zu bestimmen, daß u (15.47) erfüllt. Die Lösung des Dirichlet–Problems wird damit auf die folgende Aufgabe zurückgeführt.

Bestimme $\nu(\zeta)$ auf Γ so, daß die Integralgleichung

$$\begin{aligned} (15.52)\quad \nu(z) &= \frac{1}{2}\nu(z) - \frac{1}{2\pi}\oint_\Gamma \frac{\dot\eta(s)(\xi(s)-x) - \dot\xi(s)(\eta(s)-y)}{|z-\zeta(s)|^2}\nu(\zeta(s))ds + g(z) \\ &=: T\nu(z) + g(z) \quad \text{für } z \in \Gamma \end{aligned}$$

erfüllt wird.

Wir werden nun zeigen, daß der Operator $T = (\frac{1}{2}I - K)$ im Raum der stetigen Funktionen eine Kontraktion definiert. Dies werden wir hier nur für **konvexe** Γ zeigen. Dazu benötigen wir allerdings eine Modifikation der Supremumnorm.

Definition 15.36:

(15.53) $\operatorname{osc}(\nu) := \sup\limits_{\zeta,\zeta'\in\Gamma} |\nu(\zeta) - \nu(\zeta')|$

heißt die **Oszillation** *der Funktion* ν.

Zu $\delta > 0$ ist dann

(15.54) $\|\nu\|_0 := \operatorname{osc}(\nu) + \delta\,\|\nu\|_{\mathcal{F}}$

eine zur Supremumnorm äquivalente Norm auf $C^0(\Gamma)$, das heißt es gilt

(15.55) $\delta\,\|\nu\|_{\mathcal{F}} \leq \|\nu\|_0 \leq (2+\delta)\,\|\nu\|_{\mathcal{F}}$ für alle $\nu \in C^0(\Gamma)$.

Also ist $(C^0(\Gamma), \|\cdot\|_0)$ Banachraum, das heißt vollständiger Vektorraum.

Satz 15.37 von Carl Neumann : *Sei* Γ *eine stetig gekrümmte konvexe Jordankurve. Dann existiert eine Konstante* $\varrho \in [0,1)$, *so daß gilt*

(15.56) $\operatorname{osc}(T\nu) \leq \varrho \operatorname{osc}(\nu)$.

Beweis:

i. Wir zeigen zuerst, daß mit $z = \zeta(\sigma) = \xi(\sigma) + i\eta(\sigma)$ der Kern des Integraloperators

$$K(s,\sigma) := \frac{\dot{\eta}(s)(\xi(s)-\xi(\sigma)) - \dot{\xi}(s)(\eta(s)-\eta(\sigma))}{|\zeta(s)-\zeta(\sigma)|^2}$$

durch Hinzunahme des Grenzwertes

$$\lim_{s\to\sigma} K(s,\sigma) = \frac{1}{2}left(\ddot{\eta}\;\dot{\xi} - \ddot{\xi}\;\dot{\eta})(\sigma) = \frac{1}{2}\kappa(\sigma)$$

zu einer stetigen Funktion für $(s,\sigma) \in \mathbb{R}\times\mathbb{R}$ wird, die überdies L–periodisch in s und σ ist:

$$K(s+L,\sigma) = K(s,\sigma) = K(s,\sigma+L).$$

Letzteres folgt aus der L–Periodizität von $\zeta(s)$. Mit Hilfe der Taylorschen Formel (7.48), (7.49) erhalten wir

$$\xi(\sigma) = \xi(s) + (\sigma-s)\dot{\xi}(s) + \frac{1}{2}(\sigma-s)^2 \int\limits_0^1 \ddot{\xi}\,[\tau\sigma + (1-\tau)s]d\tau,$$

$$\eta(\sigma) = \eta(s) + (\sigma-s)\dot{\eta}(s) + \frac{1}{2}(\sigma-s)^2 \int\limits_0^1 \ddot{\eta}\,[\tau\sigma + (1-\tau)s]d\tau,$$

sowie

$$\begin{aligned}
&[\xi(s)-\xi(\sigma)]^2+[\eta(s)-\eta(\sigma)]^2\\
&\quad=(s-\sigma)^2\left[\left(\int_0^1 \ddot{\xi}\,[\tau\sigma+(1-\tau)s]d\tau\right)^2+\left(\int_0^1 \ddot{\eta}\,[\tau\sigma+(1-\tau)s]d\tau\right)^2\right],
\end{aligned}$$

das heißt

$$K(s,\sigma)=\frac{1}{2}\frac{\dot{\eta}(s)\int_0^1 \ddot{\xi}\,[\tau\sigma+(1-\tau)s]d\tau-\dot{\xi}(s)\int_0^1 \ddot{\eta}\,[\tau\sigma+(1-\tau)s]d\tau}{\left(\int_0^1 \ddot{\xi}\,[\tau\sigma+(1-\tau)s]d\tau\right)^2+\left(\int_0^1 \ddot{\eta}\,[\tau\sigma+(1-\tau)s]d\tau\right)^2}.$$

Aus dieser Formel liest man die oben genannten Stetigkeitseigenschaft ab.

ii. Führen wir nun um $z\in\Gamma$ Polarkoordinaten $\zeta(s)-z=r(s)e^{i\vartheta_z(s)}$ ein, so gilt

$$\dot{\zeta}=\left(\frac{\dot{r}}{r}+i\frac{d\vartheta_z(s)}{ds}\right)(\zeta(s)-z),$$

also

$$\mathrm{Re}\frac{1}{2\pi i}\frac{\dot{\zeta}}{\zeta(s)-z}=\frac{1}{2\pi}K(s,\sigma)=\frac{1}{2\pi}\frac{\cos(\vec{n}(s),\vec{\zeta}-\vec{z})}{r(s)}=\frac{1}{2\pi}\frac{d\vartheta_z(s)}{ds}.$$

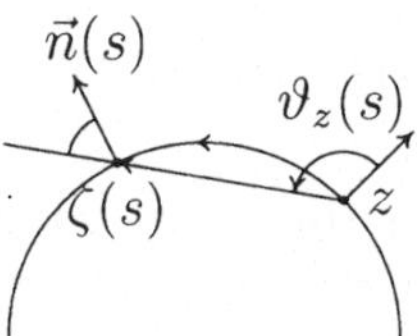

Abbildung 15.11: Die Funktion $\vartheta_z(s)$.

iii. Für zwei beliebige Punkte $z_1,z_2\in\Gamma$ gilt dann

$$\begin{aligned}
\varrho(z_1,z_2) &:= \frac{1}{2\pi}\int_\Gamma\left|\frac{d\vartheta_{z_1}}{ds}-\frac{d\vartheta_{z_2}}{ds}\right|ds\\
&= \frac{1}{2\pi}\int_{\Gamma_1(z_1,z_2)}(d\vartheta_{z_1}-d\vartheta_{z_2})+\frac{1}{2\pi}\int_{\Gamma_2=\Gamma\setminus\Gamma_1(z_1,z_2)}(d\vartheta_{z_2}-d\vartheta_{z_1}).
\end{aligned}$$

Dabei ist

$$\begin{aligned}\Gamma_1(z_1,z_2) &= \{\zeta(s)\in\Gamma \mid d\vartheta_{z_1}(s)\ge d\vartheta_{z_2}(s)\},\\ \Gamma_2(z_1,z_2) &= \{\zeta(s)\in\Gamma \mid d\vartheta_{z_1}(s)< d\vartheta_{z_2}(s)\}.\end{aligned}$$

Nun soll Γ **konvex** sein, deshalb ist $\frac{d\vartheta_z}{ds}\ge 0$ und $\int\limits_\Gamma d\vartheta_z=\pi$ für alle $z\in\Gamma$.

Das Verhalten von $\varrho(z_1,z_2)$ beschreiben wir mittels der folgenden **Fallunterscheidung:**

a) $\int\limits_{\Gamma_1} d\vartheta_{z_1}=\int\limits_{\Gamma_1} d\vartheta_{z_2}=\pi$. Dann ist $\varrho(z_1,z_2)=0$.

b) $\int\limits_{\Gamma_1} d\vartheta_{z_1}=\pi,\ \int\limits_{\Gamma_1} d\vartheta_{z_2}=0$ und $\int\limits_{\Gamma_2} d\vartheta_{z_1}=0,\ \int\limits_{\Gamma_2} d\vartheta_{z_2}=\pi$.
Dann ist Γ_1 eine gerade Strecke und auch Γ_2 eine gerade Strecke und $\Gamma=\Gamma_1\cup\Gamma_2$ besteht aus zwei geraden Strecken, was unserer Voraussetzung an Γ widerspricht. Dieser Fall tritt also nicht ein.

c) $0<\int\limits_{\Gamma_1} d\vartheta_{z_1}=:\alpha<\pi$. Dann gilt

$$\begin{aligned}\varrho(z_1,z_2) &= \frac{1}{2\pi}\int\limits_{\Gamma_1}(d\vartheta_{z_1}-d\vartheta_{z_2})+\frac{1}{2\pi}\int\limits_{\Gamma_2}(d\vartheta_{z_2}-d\vartheta_{z_1})\\ &\le \frac{1}{2\pi}\left[\alpha+\int\limits_{\Gamma_2} d\vartheta_{z_2}\right]\le\frac{1}{2\pi}(\alpha+\pi)<1.\end{aligned}$$

Nach *i.* ist $\varrho(z_1,z_2)$ stetig auf $(z_1,z_2)\in\Gamma\times\Gamma$, einem kompakten Definitionsbereich. Folglich gilt

$$\varrho(z_1,z_2)\le\max_{\widetilde{z}_1,\widetilde{z}_2\in\Gamma\times\Gamma}\varrho(\widetilde{z}_1,\widetilde{z}_2)=\varrho(z_1^0,z_2^0)<1,$$

da eine stetige Funktion ihr Maximum annimmt.

iv. Nun sei ν eine beliebig gegebene reelle stetige Funktion auf Γ. Zu $\nu(\zeta)$ existieren Punkte $\zeta_0,\zeta_1,\zeta_2\in\Gamma$, so daß

$$\nu(\zeta_1)=\min_{\zeta\in\Gamma}\nu(\zeta),\quad \nu(\zeta_2)=\max_{\zeta\in\Gamma}\nu(\zeta),\quad \nu(\zeta_0)=\frac{1}{2}[\nu(\zeta_1)+\nu(\zeta_2)].$$

Dann gilt

$$
\begin{aligned}
|\nu(\zeta)-\nu(\zeta_0)| &\le \frac{1}{2}\,|(\nu(\zeta_2)-\nu(\zeta))-(\nu(\zeta)-\nu(\zeta_1))| \\
&\le \frac{1}{2}\max\{(\nu(\zeta_2)-\nu(\zeta)),(\nu(\zeta)-\nu(\zeta_1))\} \\
&\le \frac{1}{2}\operatorname{osc}(\nu) \quad \text{für alle } \zeta\in\Gamma .
\end{aligned}
$$

Somit folgt

$$
\begin{aligned}
|T\nu(z_1)-T\nu(z_2)| &= \left|\frac{1}{2}(\nu(z_1)-\nu(z_2))-\frac{1}{2\pi}\oint_\Gamma \nu(\zeta)(d\vartheta_{z_1}-d\vartheta_{z_2})\right| \\
&\le \frac{1}{2}|\nu(z_1)-\nu(\zeta_0)|+\frac{1}{2}|\nu(\zeta_0)-\nu(z_2)| \\
&\qquad +\frac{1}{2\pi}\oint_\Gamma |\nu(\zeta)-\nu(\zeta_0)|\,|d\vartheta_{z_1}-d\vartheta_{z_2}| \\
&\le \frac{1}{2}\operatorname{osc}(\nu)+\frac{1}{2}\operatorname{osc}(\nu)\,\varrho(z_1,z_2) \\
&\le \frac{1}{2}(1+\varrho(z_1^0,z_2^0))\operatorname{osc}(\nu)\,,
\end{aligned}
$$

also gilt

$$
\operatorname{osc}(T\nu)\le \varrho\operatorname{osc}(\nu) \quad \text{mit } \rho := \frac{1}{2}(1+\varrho(z_1^0,z_2^0)) < 1,
$$

wie behauptet. □

Damit sind wir in der Lage, die Lösung der Integralgleichung (15.52) auf den Banachschen Fixpunktsatz für die Fixpunktgleichung

(15.57) $\nu = T\nu+g =: \Phi(\nu) \quad \text{in } C^0(\Gamma)$

zurückzuführen. Das dazugehörige Verfahren ist **Carl Neumanns Methode**.

Satz 15.38: *Sei Γ eine stetig gekrümmte konvexe Jordankurve. Dann hat die Integralgleichung (15.52) zu jeder stetig vorgegebenen Funktion g genau eine zugehörige stetige Lösung $\nu\in C^0(\Gamma)$, und die sukzessive Approximation*

(15.58)
$$
\begin{aligned}
\nu_{n+1}(z) &:= \frac{1}{2}\nu_n(z)-\frac{1}{2\pi}\int_\Gamma K(s,\sigma)\nu_n(\zeta(s))ds+g(z), \\
\nu_0(z) &:= g(z), \quad z=\zeta(\sigma), \quad n=0,1,\ldots
\end{aligned}
$$

konvergiert auf Γ gleichmäßig gegen $\nu(z)$.

Beweis: Wir führen den Beweis auf den Banachschen Fixpunktsatz (Satz 5.23) in $C^0(\Gamma)$ mit (15.54) zurück. Wegen der Konvexität ist $\frac{d\vartheta_z}{ds} \geq 0$, und wir erhalten

$$\begin{aligned}
|\Phi(\nu)(z) - \Phi(\mu)(z)| &= \\
&= \left|\frac{1}{2}(\nu-\mu)(z) - \frac{1}{2}(\nu-\mu)(\zeta_0) - \frac{1}{2\pi}\oint\limits_\Gamma((\nu-\mu)(\zeta) - (\nu-\mu)(\zeta_0))d\vartheta_z\right| \\
&\leq \frac{1}{4}\operatorname{osc}(\nu-\mu) + \frac{1}{4}\operatorname{osc}(\nu-\mu)\frac{1}{\pi}\oint\limits_\Gamma d\vartheta_z = \frac{1}{2}\operatorname{osc}(\nu-\mu).
\end{aligned}$$

Dann gilt

$$\begin{aligned}
\|\Phi(\nu) - \Phi(\mu)\|_0 &= \operatorname{osc}(\Phi(\nu) - \Phi(\mu)) + \delta\,\|\Phi(\nu) - \Phi(\mu)\|_{\mathcal{F}} \\
&\leq (\varrho + \frac{\delta}{2})\operatorname{osc}(\nu-\mu) \\
&\leq \lambda(\varrho + \frac{\delta}{2})\operatorname{osc}(\nu-\mu) + 2(1-\lambda)(\varrho+\frac{\delta}{2})\,\|\nu-\mu\|_{\mathcal{F}}
\end{aligned}$$

für jedes $\lambda \in [0,1)$. Wähle $\delta = 2$, $\lambda = \frac{1}{2}$, $q = \frac{1}{2}(\varrho + 1) < 1$. Damit haben wir

$$\|\Phi(\nu) - \Phi(\mu)\|_0 \leq q\,\|\nu - \mu\|_0\,.$$

Demnach ist $\Phi(\nu)$ eine Kontraktion. Wir können den Banachschen Fixpunktsatz (Satz 5.23) mit β beliebig groß, das heißt in $C^0(\Gamma)$ anwenden und erhalten die a–priori Aussage

$$\text{(15.59)}\quad \|\nu_n - \nu\|_{\mathcal{F}} \leq \frac{1}{2}\,\|\nu_n - \nu\|_0 \leq 2\,\frac{q^n}{1-q}\,\|g\|_{\mathcal{F}}\,.$$

Wegen $q < 1$ strebt die rechte Seite für $n \to \infty$ gegen Null, wie behauptet. □

Bemerkung 15.39: *Satz* 15.38 *bleibt auch dann noch richtig, wenn* Γ *nur eine rektifizierbare Jordankurve ist, die* (15.48) *erfüllt und keine inneren oder äußeren Spitzen hat;* T *ist dann allerdings in Eckpunkten geeignet zu modifizieren. Der Konvergenzbeweis für* (15.58) *wird dann allerdings mit völlig anderen Methoden mit Hilfe des sogenannten Spektralradius von* T *erbracht. (Siehe zum Beispiel [59],[60, S.120–136].)*

Nachdem $\nu \in C^0(\Gamma)$ als Lösung der Integralgleichung (15.52) bestimmt worden ist, stellen wir die gesuchte Lösung aufgrund des Ansatzes (15.49) dar:

$$\begin{aligned}
\text{(15.60)}\quad u(x,y) &= \frac{1}{2\pi}\oint\limits_\Gamma\left[\frac{\dot\eta(s)(\xi(s)-x) - \dot\xi(s)(\eta(s)-y)}{(\xi(s)-x)^2 + (\eta(s)-y)^2}\right]\nu(s)ds \\
&= \frac{1}{2\pi}\oint\limits_\Gamma \nu(s)\,d\vartheta_z(s) \quad \text{für } z = x+iy \in \mathcal{G}.
\end{aligned}$$

Wie vordem ist $\Gamma : \zeta(s) = \xi(s)+i\eta(s)$, $u(x,y)$ wird also durch ein **Dipolpotential** der Dipolverteilung mit Dichte $\nu(\zeta(s))$ dargestellt. Die Funktion $\vartheta_z(s)$ nennt man auch das **harmonische Maß** des Randstücks von Γ zwischen $\zeta(0)$ und $\zeta(s)$. Durch das Lösen der Integralgleichung (15.52) ist zur gegebenen Funktion g auf Γ die stetige Funktion ν auf Γ bestimmt worden, während wir für die Sprungrelation von ν die stärkere Bedingung der Hölder–Stetigkeit forderten. In der Tat kann man für stetiges ν die stetige Ergänzbarkeit des Imaginärteils $v(x,y)$ in (15.49) im allgemeinen nicht beweisen, falls ν nicht Hölder–stetig ist. Für den Realteil $u(x,y)$ hingegen gilt der folgende Satz.

Satz 15.40: *Sei $\nu \in C^0(\Gamma)$ und Bedingung (15.48) erfüllt. Dann gilt für das Dipolpotential $u(x,y)$ in (15.60) die sogenannte Sprungrelation*

$$(15.61)\quad \lim_{z\to z_0\in\Gamma} u(x,y) = \frac{1}{2}\nu(z_0) + \frac{1}{2\pi}\int\limits_\Gamma \nu(s)d\vartheta_{z_0}(s)\,.$$

Zusammen mit den Randwerten (15.61) ist dann $u(x,y)$ eine in $\overline{\mathcal{G}}$ stetige Funktion.

Wenn Γ nicht glatt ist und zum Beispiel Ecken hat, dann ist das Integral in (15.61) in geeigneter Weise (nämlich als Stieltjes–Lebesgue–Integral) zu interpretieren. Wir zeigen (15.61) für stetig gekrümmten Rand.

Beweis: Für beliebig gewähltes $\delta > 0$ gilt

$$\begin{aligned}
&\left|u(z) - \left(\frac{1}{2}\nu(z_0) + \frac{1}{2\pi}\int\limits_\Gamma \nu(s)d\vartheta_{z_0}(s)\right)\right| \\
&= \left|\frac{1}{2\pi}\int\limits_\Gamma (\nu(s)-\nu(z_0))d\vartheta_z(s) + \frac{1}{2}\nu(z_0) - \frac{1}{2\pi}\int\limits_\Gamma \nu(s)d\vartheta_{z_0}(s)\right| \\
&= \frac{1}{2\pi}\left|\int\limits_\Gamma (\nu(s)-\nu(z_0))(d\vartheta_z(s) - d\vartheta_{z_0}(s))\right| \\
&\le \frac{M}{\pi}\sup_{|\zeta-z_0|\le\delta}|\nu(\zeta)-\nu(z_0)| + \frac{1}{2\pi}\left|\int\limits_{|\zeta-z_0|\ge\delta>0} |\nu(s)-\nu(z_0)|\,|d\vartheta_z(s)-d\vartheta_{z_0}(s)|\right| \\
&\le \frac{M}{\pi}\omega_\nu(\delta) + \frac{1}{\pi}\|\nu\|_{\mathcal{F}}\int\limits_{|\zeta-z_0|\ge\delta>0} |d\vartheta_z(s)-d\vartheta_{z_0}(s)|\,.
\end{aligned}$$

Hier ist $\omega_\nu(\cdot)$ der Stetigkeitsmodul von ν. Nun sei $\delta > 0$ beliebig gewählt. Dann ist für $|z-z_0| \le \frac{1}{2}\delta$, $\zeta\in\Gamma$ und $|\zeta - z_0| \ge \delta$ die Funktion $\frac{d\theta_z(s)}{ds}$ für diese z und s gleichmäßig stetig. Bei festem $\delta > 0$ gilt also

$$\overline{\lim_{z\to z_0}}\left|u(z) - \left(\frac{1}{2}\nu(z_0) + \frac{1}{2\pi}\int\limits_\Gamma \nu(s)d\theta_{z_0}(s)\right)\right| \le \frac{M}{\pi}\omega_\nu(\delta)\,.$$

Diese Ungleichung gilt für jedes $\delta > 0$, während die linke Seite von δ nicht abhängt. Also gilt

$$\lim_{z \to z_0} \left| u(z) - \left(\frac{1}{2}\nu(z_0) + \frac{1}{2\pi} \int_\Gamma \nu(s) d\theta_{z_0}(s) \right) \right| = 0 .$$

Damit folgen die Behauptungen von Satz 15.40. □

Satz 15.41 (Maximum–Prinzip) : *$f(z)$ sei im Gebiet $\mathcal{G}$ holomorph und nicht konstant. Dann nimmt $|f(z)|$ in $\mathcal{G}$ kein Maximum und kein Minimum größer Null an. Sei $u \in C^0(\overline{\mathcal{G}}) \cap C^2(\mathcal{G})$ und u nicht konstante harmonische Funktion. Dann nimmt u sein Maximum und sein Minimum nur auf dem Rand $\partial\mathcal{G}$ an.*

Beweis: Die erste der Aussagen wurde bereits in Satz 15.27 bewiesen.
Ist $|f(z)| \geq |f(z_0)| > 0$, betrachte man $g(z) = 1/f(z)$, und dann folgt die zweite Behauptung aus Satz 15.27, angewendet auf $g(z)$.
Ist u harmonische Funktion, das heißt u erfüllt (15.46) in $\mathcal{G}$, dann definieren wir lokal $v(x,y)$ durch das unabhängige Integral

$$v(x,y) = \int_{z_0}^{z} u_x dy - u_y dx$$

sowie

$$f(z) := u + iv \quad \text{und} \quad w(z) := e^{f(z)}.$$

Dann nimmt $|w(z)| = e^u$ in $\mathcal{G}$ nirgends sein Maximum an, also gilt

$$\max e^{u(x,y)} = e^{u(z_0)}$$

mit $z_0 \in \partial\mathcal{G}$ und $u(z_0) = \max\limits_{z \in \overline{\mathcal{G}}} u(z) = \max\limits_{\zeta \in \Gamma} u(\zeta)$. Ist u nicht konstant, so gilt

$$e^{u(x,y)} < e^{u(z_0)},$$

das heißt für alle $z = x + iy \in \mathcal{G}$ haben wir auch

$$u(x,y) < u(x_0, y_0) \quad \text{mit } z_0 = x_0 + iy_0 \in \partial\mathcal{G}.$$

Die entsprechende Überlegung für $h(z) = e^{-f(z)}$ liefert

$$\min_{\zeta \in \Gamma} u(\zeta) = u_{\min} < u(x,y) \quad \text{für alle } z \in \mathcal{G}.$$

□

Lemma 15.42: *Es gibt höchstens eine in $\overline{\mathcal{G}}$ stetige Lösung des Dirichlet–Problems* (15.46), (15.47).

Beweis: Sind $u_1, u_2 \in C^0(\overline{\mathcal{G}}) \cap C^2(\mathcal{G})$ zwei Lösungen mit gleichen Randwerten g in (15.47), so erfüllt die Differenz $u_0 := u_1 - u_2 \in C^0(\overline{\mathcal{G}}) \cap C^2(\mathcal{G})$:

$$\Delta u_0 = 0 \quad \text{in } \mathcal{G} \text{ und } u_{0|_\Gamma} = 0.$$

Aufgrund des Maximum–Prinzips gelten dann

$$0 = \inf_\Gamma u_{0|_\Gamma} \leq u_0(x,y) \leq \sup_\Gamma u_{0|_\Gamma} = 0,$$

das heißt $u_0(x,y) = u_1(x,y) - u_2(x,y) = 0$ für alle $z \in \mathcal{G}$. □

Das Dirichlet–Problem (15.46), (15.47) hat also genau eine Lösung. Diese hat die Darstellung (15.60). Sie kann gefunden werden, indem man zu $g \in C^0(\Gamma)$ die Dipoldichte $\nu \in C^0(\Gamma)$ mit Hilfe der sukzessiven Approximation (15.58) berechnet. Letztere läßt sich wegen der Linearität des Operators T auch als die **Neumannsche Reihe** (nach Carl Neumann) schreiben:

$$(15.62)\quad \nu_n(z) = \sum_{j=0}^{n} (T^j g)(z), \quad \nu(z) = \sum_{j=0}^{\infty} (T^j g)(z).$$

Wollen wir hingegen auch den Imaginärteil v, das heißt die holomorphe Funktion $f(z)$ in (15.49) bis zum Rand Γ hin als Hölder–stetige Funktion erhalten, dann muß $g \in \mathcal{C}^\alpha(\Gamma)$ vorgegeben werden.

Lemma 15.43: *Γ sei stetig gekrümmt. Ist in* (15.56)–(15.58) *$g \in \mathcal{C}^\alpha(\Gamma)$ Hölder–stetig vorgegeben und $\nu \in C^0(\Gamma)$ die zugehörige Lösung der Integralgleichung* (15.57), *dann ist ν sogar Hölder–stetig, $\nu \in \mathcal{C}^\alpha(\Gamma)$.*

Beweis: Für ν als Lösung von (15.57) gilt

$$\nu(z) - 2g(z) - \frac{1}{\pi}\int_\Gamma K(s,\sigma)\nu(s)ds \quad \text{für } z = \zeta(\sigma) \in \Gamma.$$

Es genügt demnach, die Hölder–Stetigkeit von

$$\psi(\sigma) := \frac{1}{\pi}\int_\Gamma K(s,\sigma)\nu(s)ds$$

zu beweisen. Seien $\sigma_1 < \sigma_2$ beliebig vorgegeben. Dann gilt

$$\begin{aligned} |\psi(\sigma_1) - \psi(\sigma_2)| &\leq \frac{1}{\pi} \int\limits_{|s-\sigma_1| \leq 2|\sigma_1-\sigma_2|} |K(s,\sigma_1) - K(s,\sigma_2)|\,|\nu(s)|ds \\ &\quad + \frac{1}{\pi} \int\limits_{|s-\sigma_1| \geq 2|\sigma_1-\sigma_2|} |K(s,\sigma_1) - K(s,\sigma_2)|\,|\nu(s)|ds \\ &\leq c_1\,|\sigma_1 - \sigma_2|\,\|\nu\|_\mathcal{F} + \frac{1}{\pi}\,\|\nu\|_\mathcal{F} \int\limits_{|s-\sigma_1| \geq 2|\sigma_1-\sigma_2|} |K(s,\sigma_1) - K(s,\sigma_2)|ds \end{aligned}$$

mit $\|\nu\|_\mathcal{F} = \sup_{\zeta\in\Gamma} |\nu(\zeta)|$, da $K(s,\sigma)$ ja auf $[0,L] \times [0,L]$ stetig ist.

Für $|s-\sigma_1| \geq 2|\sigma_1-\sigma_2| > 0$ folgt $|s-\sigma| \geq |\sigma_1-\sigma_2| > 0$ für alle $\sigma \in [\sigma_1, \sigma_2]$, so daß $K(s,\sigma)$ dort stetig differenzierbar ist:

$$\begin{aligned} \frac{\partial}{\partial\sigma} K(s,\sigma) &= \frac{\partial}{\partial\sigma} \frac{\dot\eta(\xi(s)-\xi(\sigma)) - \dot\eta(\eta(s)-\eta(\sigma))}{(\xi(s)-\xi(\sigma))^2 + (\eta(s)-\eta(\sigma))^2} \\ &= \frac{\dot\xi(s)\dot\eta(\sigma) - \dot\eta(s)\dot\xi(\sigma)}{|\zeta(s)-\zeta(\sigma)|^2} + 2K(s,\sigma)\frac{\dot\xi(\sigma)(\xi(s)-\xi(\sigma)) + \dot\eta(\sigma)(\eta(s)-\eta(\sigma))}{|\zeta(s)-\zeta(\sigma)|^2}. \end{aligned}$$

Da ξ und η in $C^2(\Gamma)$ vorausgesetzt werden, gilt

$$\left|\frac{\partial}{\partial\sigma} K(s,\sigma)\right| \leq \frac{c_1}{|s-\sigma|}$$

mit einer von s, σ, σ_1 und σ_2 unabhängigen Konstanten c_1. Mit dem Mittelwertsatz folgt

$$|K(s,\sigma_1) - K(s,\sigma_2)| = |\sigma_1-\sigma_2| \left|\frac{\partial K}{\partial\sigma}(s,\sigma^*)\right|$$

mit $\sigma^* \in (\sigma_1, \sigma_2)$ und

$$|K(s,\sigma_1) - K(s,\sigma_2)| \leq |\sigma_1-\sigma_2| \frac{c_1}{|s-\sigma^*|}.$$

Also gilt wegen der Stetigkeit von $K(s,\sigma)$

$$\begin{aligned} |K(s,\sigma_1) - K(s,\sigma_2)| &\leq |\sigma_1-\sigma_2|^\alpha \frac{c_1}{|s-\sigma^*|^\alpha} \left[2\max|K(s,\sigma)|\right]^{1-\alpha} \\ &\leq |\sigma_1-\sigma_2|^\alpha \frac{c_2}{|s-\sigma^*|^\alpha}, \end{aligned}$$

wobei c_2 nicht von $s, \sigma^*, \sigma_1, \sigma_2$ abhängt. Damit erhalten wir

$$\begin{aligned} &\|\nu\|_{\mathcal{F}} \frac{1}{\pi} \int\limits_{|s-\sigma_1|\geq 2|\sigma_1-\sigma_2|} |K(s,\sigma_1) - K(s,\sigma_2)| ds \\ &\leq \|\nu\|_{\mathcal{F}} \frac{1}{\pi} c_2 \, 2 \int\limits_{\sigma^*}^{L+\sigma^*} \frac{ds}{|s-\sigma^*|^\alpha} |\sigma_1-\sigma_2|^\alpha = |\sigma_1-\sigma_2|^\alpha \frac{2c_2}{\pi(1-\alpha)} L^{1-\alpha} \|\nu\|_{\mathcal{F}}, \end{aligned}$$

also

$$|\psi(\sigma_1) - \psi(\sigma_2)| \leq \left(c_1 + \frac{2c_2}{\pi(1-\alpha)}\right) L^{1-\alpha} |\sigma_1-\sigma_2|^\alpha \|\nu\|_{\mathcal{F}},$$

das heißt die behauptete Hölder–Stetigkeit. □

Für die **Lösung des Dirichlet–Problems fassen wir zusammen:**
Ist $g \in \mathcal{C}^\alpha(\Gamma)$ mit $0 < \alpha < 1$ als reelle Hölder–stetige Funktion vorgegeben, Γ stetig gekrümmt und konvex, dann existiert genau eine reelle Dipolbelegung $\nu \in \mathcal{C}^\alpha(\Gamma)$, und die Funktionen

$$(15.63)\quad f(x+iy) = u(x,y) + iv(x,y) = \frac{1}{2\pi i}\oint \frac{\nu(\zeta)d\zeta}{\zeta - z} + ik$$

mit beliebigem $k \in \mathbb{R}$ sind in $\mathcal{G}$ holomorph, das heißt u und v erfüllen dort die Cauchy–Riemannschen Differentialgleichungen. Mittels (15.34) wird f zu $f \in \mathcal{C}^\alpha(\overline{\mathcal{G}})$ bis auf den Rand fortgesetzt und erfüllt dort die Randbedingung

$$(15.64)\quad \mathrm{Re}\lim_{z\to z_0\in\Gamma} f(z) = \mathrm{Re} f(z_0)_{|z_0\in\Gamma} = g(z_0).$$

15.7 Das Dirichlet–Problem für den Kreis und die Poisson–Formel

Wenn das Gebiet $\mathcal{G}$ für das Dirichlet–Problem (15.46), (15.47) als Kreisscheibe vom Radius $R > 0$ vorgegeben wird, ist $\mathcal{G} = \{z \in \mathbb{C} \mid |z| < R\}$ konvex, und Carl Neumanns Methode kann angewendet werden. Dann ist die Parameterdarstellung des Randes

$$(15.65)\quad \Gamma : \zeta(s) = \xi(s) + \eta(s) = Re^{is/R} = R\cos\frac{s}{R} + iR\sin\frac{s}{R}.$$

Der Tangentenvektor hat hier die Darstellung

$$(15.66)\quad \dot\zeta(s) = \dot\xi(s) + i\dot\eta(s) = ie^{is/R} = -\sin\frac{s}{R} + i\cos\frac{s}{R}.$$

Mit

$$z_0 = \zeta(\sigma) = R\cos\frac{\sigma}{R} + iR\sin\frac{\sigma}{R}$$

läßt sich der Kern des Dipolpotentials in (15.52) nochmals vereinfachen. Für den Zähler erhält man

$$\begin{aligned}\dot\eta(\xi - x_0) - \dot\xi(\eta - y_0) &= R\cos\frac{s}{R}\left(\cos\frac{s}{R} - \cos\frac{\sigma}{R}\right) + R\sin\frac{s}{R}\left(\sin\frac{s}{R} - \sin\frac{\sigma}{R}\right)\\ &= R\left(1 - \cos\frac{s-\sigma}{R}\right)\end{aligned}$$

und für den Nenner

$$\begin{aligned}|\zeta - z_0|^2 &= R^2\left[\left(\cos\frac{s}{R} - \cos\frac{\sigma}{R}\right)^2 + \left(\sin\frac{s}{R} - \sin\frac{\sigma}{R}\right)^2\right]\\ &= 2R^2\left[1 - \cos\frac{s-\sigma}{R}\right].\end{aligned}$$

Der Dipolkern lautet also hier

$$(15.67)\quad K(s,\sigma) = \frac{1}{2R},$$

und die Integralgleichung (15.52) vereinfacht sich damit zu

$$(15.68)\quad \nu(z) = \frac{1}{2}\nu(z) - \frac{1}{4\pi R}\int\limits_{s=0}^{2\pi R} \nu(\zeta(s))ds + g(z) \quad \text{mit } z = Re^{i\sigma/R} \in \Gamma.$$

Für den Operator T erhält man hier

$$T\nu = \frac{1}{2}\nu - \frac{1}{4\pi R}\int\limits_{s=0}^{2\pi} \nu(s)ds$$

und damit $\varrho = \frac{1}{2}$ in (15.56) und $q = \frac{3}{4}$ in (15.59). Aber statt mit der sukzessiven Approximation (15.58) kann man die Lösung von (15.68) explizit ausrechnen. Dazu integriere man (15.68) über Γ, man erhält

$$\int\limits_{s=0}^{2\pi R} \nu(\zeta(s))ds = \int\limits_{s=0}^{2\pi R} g(\zeta(s))ds,$$

so daß die Lösung ν von (15.68) explizit lautet:

$$(15.69)\quad \nu(z) = 2g(z) - \frac{1}{2\pi R}\int\limits_{s=0}^{2\pi R} g(\zeta(s))ds\,.$$

Damit ergibt sich hier die Lösung des Dirichlet–Problems aus

$$\begin{aligned} f(z) &= \frac{1}{\pi i}\oint\limits_{\Gamma} \frac{g(\zeta)d\zeta}{\zeta - z} - \frac{1}{2\pi R}\oint\limits_{\Gamma} g(\zeta(s))ds\frac{1}{2\pi i}\oint\limits_{\Gamma} \frac{d\zeta}{\zeta - z} + ik \\ &= \frac{1}{\pi}\oint\limits_{\Gamma} \frac{ge^{is/R}}{Re^{is/R} - z}ds - \frac{1}{2\pi R}\oint\limits_{\Gamma} g(\zeta(s))ds + ik \quad \text{für } z \in \mathcal{G}. \end{aligned}$$

Schreibt man $z = re^{i\sigma/R}$ und setzt dies ein, so ergibt sich nach elementaren Umformungen die **Poisson–Formel**

$$(15.70)\quad u(r\cos\frac{\sigma}{R}, r\sin\frac{\sigma}{R}) = \frac{1}{2\pi R}\int\limits_{s=0}^{2\pi R} \frac{(R^2 - r^2)g(\zeta(s))}{R^2 - 2rR\cos\frac{s-\sigma}{R} + r^2}ds \quad \text{für } r < 1$$

und für die **konjugiert harmonische Funktion**

$$(15.71)\quad v(r\cos\frac{\sigma}{R}, r\sin\frac{\sigma}{R}) = -\frac{r}{\pi}\int\limits_{s=0}^{2\pi R} \frac{\sin\frac{s-\sigma}{R}\, g(\zeta(s))}{R^2 - 2rR\cos\frac{s-\sigma}{R} + r^2}ds + k,$$

wobei $k \in \mathbb{R}$ beliebig gewählt werden kann.

Für eine Kreisscheibe $\mathcal{G}$ vom Radius R liefern Poisson–Formel (15.70) und (15.71) die explizite Lösung des Dirichlet–Problems.

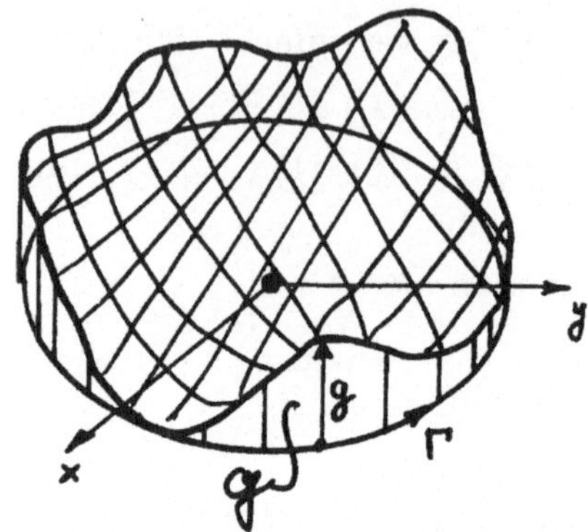

Abbildung 15.12: Dirichlet–Problem für die Kreisscheibe.

15.8 Abschließende Bemerkungen

Die C. Neumannsche Methode beschäftigte viele Mathematiker bis zum heutigen Tage. Sie geht bereits auf C. F. Gauß zurück, der zur Lösung des Dirichlet–Problems unter anderem den Dipol–Potential–Ansatz vorschlug. Auch Carl Neumanns Vater Franz Neumann, Physik– und Mineralogie– Professor in Königsberg, hatte sich ausführlich mit der Potentialtheorie beschäftigt. Seine Vorlesungen über die Theorie des Potentials sind von C. Neumann als Buch (Teubner Leipzig 1887) herausgegeben worden. In der ersten Arbeit von C. Neumann 1877 (über 2– und 3–dimensionale Potentialtheorie) hat er nur Konvexität für $\mathcal{G}$ verlangt und nicht erläutert, weshalb dann wegen der nicht mehr garantierten Stetigkeit von K die Ungleichung (15.56) ihre Gültigkeit behält. Dies hat er in einer zweiten Arbeit 1882 nachgeholt. Inzwischen hatte Poincaré diese Lücke entdeckt, und die Integralgleichungsmethode geriet als mathematisch unsauber in Verruf; C. Neumanns zweite Arbeit geriet in Vergessenheit. Inzwischen hatte der russische Mathematiker A. M. Liapounoff 1898 die stetige Krümmung von Γ durch die jetzt nach ihm benannten Bedingungen ersetzt, von denen Sobolev inzwischen zeigte, daß diese zur Hölder–stetigen Differenzierbarkeit von Γ äquivalent sind. I. Fredholm griff 1902 C. Neumanns Methode auf und fand für „schwach singuläre" Integralgleichungen zweiter Art die nach ihm benannten Fredholmschen Sätze über Spektrum und Alternativsatz. 1910 gab Poincaré einen Beweis für die Konvergenz der C. Neumannschen Methode für allgemeine, sternförmige stetig gekrümmte Ränder, und 1912 legte Lebesgue — ohne C. Neumanns Arbeit von 1882 zu kennen — einen Beweis für konvexes $\mathcal{G}$ vor. (1968 von G. Schober nochmals bewiesen.) 1911 fand Plemelj einen Beweis für C. Neumanns Methode für allgemeine, auch nicht konvexe aber stetig gekrümmt berandete Gebiete durch

eine Analyse des Spektrums der zugehörigen Potentialfelder. T. Carleman schrieb seine berühmte Dissertation 1916 über C. Neumanns Methode für stückweise glatte Randkurven mit endlich vielen Ecken in $\mathbb{R}^2$ und Randflächen mit einer glatten Kante in $\mathbb{R}^3$. 1919 entwickelte J. Radon für die Analysis von C. Neumanns Methode auf den sehr allgemeinen Randkurven „beschränkter Drehung" die Funktionalanalysis stetiger Funktionen und signierter Borel–Maße sowie den sogenannten Funktionalkalkül komplex analytischer Operatorfunktionen und führte den Fredholm–Radius ein und konnte so Plemeljs Analysis der Neumannschen Methode für 2–dimensionale Probleme auf beliebige Ränder beschränkter Drehung erweitern. J. Kral 1965 und 1987 fand schließlich notwendige und hinreichende Bedingungen an die Randkurve Γ für die Konvergenz der Neumannschen Methode. W. Wendland übertrug 1965 Radons Resultate auf 3 dimensionale Probleme mit endlich vielen Kanten und Ecken auf Γ. V. G. Maz'ya hat 1966 C. Neumanns und Radons Methode für 3–dimensionale Probleme auf sehr allgemeine nicht–glatte Ränder verallgemeinert. Im letzten Jahrzehnt haben Fabes und Dahlberg gezeigt, daß die Integralgleichung (15.52) sogar auf Lipschitz–Kurven (und ihr Pendant auf Lipschitz–Flächen) zur Lösung des Dirichlet–Problems mit Randdaten $g \in L^2(\Gamma)$ verwendet werden kann und für sie die Fredholmsche Alternative gilt. Allerdings konnte in diesem Fall Konvergenz von C. Neumanns Methode (15.58) bislang noch nicht gesichert werden. Dies könnte für zugeordnete numerische Lösungsverfahren für Lipschitz–Ränder fehlende Stabilität und Konvergenz zur Folge haben.
Augenblicklich bemüht man sich um die Übertragung von C. Neumanns Methode auf allgemeinere Differentialgleichungen, zum Beispiel die Maxwellschen Systeme.

Johann Peter Gustav Lejeune Dirichlet (1805–1859), Studium in Paris bei Fourier und Poisson. Dr. h. c. Universität Bonn für seinen Beweis der Fermatschen Vermutung für $n = 5$ (1825), außerordentlicher Professor in Breslau. 1831–1855 Professor an der Universität Berlin und 1855 ordentlicher Professor in Göttingen. Bahnbrechende Arbeiten in der Zahlentheorie und Analysis (Dirichletscher Primzahlsatz; Dirichletsches Prinzip in der Variationsrechnung), der Fourier–Analysis und Hydromechanik.

Giacinto Morera (1856–1909), Studium in Turin 1873–1879 und in Leipzig 1883/84. Professor der rationalen Mechanik an der Universität Genua 1886–1901. Ab 1901 Professor an der Universität Turin. Funktionentheorie, partielle Differentialgleichungen, Differentialgeometrie, Hydro– und Elektromechanik.

Carl Gottfried Neumann (1832–1925), studierte an der Universität Königsberg; nach Aufenthalten in Halle, Basel, Tübingen war er von 1868 bis 1911 ordentlicher Professor an der Universität Leipzig. Er beschäftigte sich hauptsächlich mit der Potentialtheorie und der Lösung von Randwertproblemen, so führte er 1877 den Begriff des logarithmischen Potentials ein, untersuchte die Sprungrelationen auch in drei Dimensionen und fand zur Lösung der Randintegralgleichungen die nach ihm benannte Operatorenreihe (15.61), die der sukzessiven Approximation (15.58) entspricht.

Josip Plemelj (1873–1967), promovierte 1898 in Wien. Nach einer Studienreise nach Berlin und Göttingen war er 1902–1907 Privatdozent in Wien, von 1907 bis 1918 Professor an der Universität in Czernowitz und ab 1918 Professor in Ljubljana. Wesentliche Beiträge zur Funktionentheorie und zur Anwendung der Fredholmschen Integralgleichung in der Potentialtheorie.

Siméon Denis Poisson (1781–1840), Studium an der Ecole Polytechnique in Paris, dort 1802 stellvertretender und 1806 ordentlicher Professor mit Nebentätigkeiten in Astronomie sowie Lehrstuhl für Mechanik ab 1809. Wesentliche Beiträge zur Variationsrechnung, Fourierreihen, Potentialtheorie, Differentialgeometrie, Differentialgleichungen, Elektromagnetischen Feldtheorie, Wärmelehre, Akustik.

Julian–Karl Vasilievich Sochozki (1842–1927), polnischer Mathematiker, der in St. Petersburg arbeitete und die Funktionentheorie auf die Behandlung der Laméschen Differentialgleichungen der linearen Elastizitätstheorie in der Mechanik anwandte.

Kapitel 16

Laurent–Reihen und Residuensatz

In diesem Kapitel beschäftigen wir uns mit der Reihendarstellung analytischer Funktionen, den sogenannten Laurent–Reihen. Im Unterschied zu Potenzreihen enthalten diese auch negative Potenzen von $(z - z_0)$, wobei z_0 der Entwicklungspunkt ist. Eine wichtige Anwendung der Laurent–Reihen ist der Residuensatz zur Berechnung von geschlossenen Kurvenintegralen über eine holomorphe Funktion mit Ausnahme endlich vieler isolierter Singularitäten, der sogenannte Residuensatz.

Zur Definition von Laurent–Reihen verwenden wir

Satz 16.1 : *$f(z)$ sei holomorph im Kreisring $\mathcal{R} := \{z \mid 0 \leq r_0 < |z - z_0| < r_1\}$ und $\mathcal{C} \subset \mathcal{R}$ sei eine stückweise glatte einfach geschlossene Kurve, die den inneren Kreis umschlingt. Dann hat $f(z)$ für $z \in \mathcal{R}$ die Reihendarstellung*

$$(16.1) \quad f(z) = \sum_{k=-\infty}^{+\infty} a_k (z - z_0)^k$$

mit den Koeffizienten

$$(16.2) \quad a_k = \frac{1}{2\pi i} \oint_{\mathcal{C}} \frac{f(\zeta) d\zeta}{(\zeta - z_0)^{k+1}} \quad \text{für } k \in \mathbb{Z}.$$

Die Reihe (16.1) heißt **Laurent–Reihe** *und konvergiert in jedem abgeschlossenen Teilbereich des Ringgebietes gleichmäßig.*

Beweis: Seien k_{ϱ_0} und k_{ϱ_1} zwei Kreislinien um z_0 mit $r_0 < \varrho_0$ und $\varrho_1 < r_1$. Ferner sei c eine beliebig gewählte Verbindungskurve zwischen diesen, wie in Abbildung 16.1 dargestellt.

Sei $z \in \mathcal{R}$ mit $\varrho_0 < |z - z_0| < \varrho_1$, dann ergibt sich mit der Cauchyschen Integralformel

$$f(z) = \frac{1}{2\pi i} \oint_{k_{\varrho_1} - k_{\varrho_0} + c - c} \frac{f(\zeta) d\zeta}{\zeta - z} = \frac{1}{2\pi i} \oint_{k_{\varrho_1}} \frac{f(\zeta) d\zeta}{\zeta - z} - \frac{1}{2\pi i} \oint_{k_{\varrho_0}} \frac{f(\zeta) d\zeta}{\zeta - z}.$$

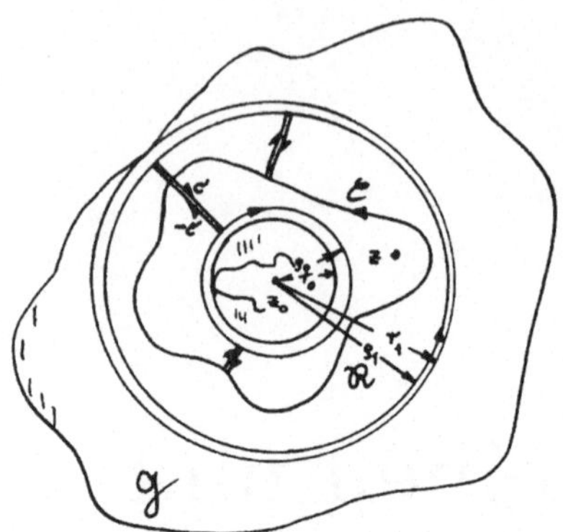

Abbildung 16.1: Ringgebiet einer Laurent–Entwicklung.

Für fest gewählte $\widetilde{\varrho}_1$ und $\widetilde{\varrho}_0$ mit $\varrho_0 < \widetilde{\varrho}_0 \leq |z - z_0| \leq \widetilde{\varrho}_1 < \varrho_1$ kann in

$$\left.\frac{1}{\zeta - z}\right|_{|\zeta - z_0| = \varrho_1} = \frac{1}{\zeta - z_0} \frac{1}{1 - \frac{z - z_0}{\zeta - z_0}} = \frac{1}{\zeta - z_0} \sum_{k=0}^{\infty} \left(\frac{z - z_0}{\zeta - z_0}\right)^k$$

die geometrische Reihe durch die Majorante

$$\sum_{k=0}^{\infty} \left(\frac{\widetilde{\varrho}_1}{\varrho_1}\right)^k$$

abgeschätzt werden, das heißt die Reihe konvergiert **gleichmäßig** für $|z - z_0| \leq \widetilde{\varrho}_1$ und $|\zeta - z_0| = \varrho_1$. Daher können Summation und Integration vertauscht werden und es folgt

$$\frac{1}{2\pi i} \oint_{|\zeta - z_0| = \varrho_1} \frac{f(\zeta) d\zeta}{\zeta - z} = \sum_{k=0}^{\infty} (z - z_0)^k \left[\frac{1}{2\pi i} \oint_{|\zeta - z_0| = \varrho_1} \frac{f(\zeta) d\zeta}{(\zeta - z_0)^{k+1}}\right].$$

Analog kann in

$$\left.\frac{1}{\zeta - z}\right|_{|\zeta - z_0| = \varrho_0} = -\frac{1}{z - z_0} \frac{1}{1 - \frac{\zeta - z_0}{z - z_0}} = -\frac{1}{z - z_0} \sum_{k=0}^{\infty} \left(\frac{\zeta - z_0}{z - z_0}\right)^k$$

die geometrische Reihe durch die Majorante

$$\sum_{k=0}^{\infty} \left(\frac{\varrho_0}{\widetilde{\varrho}_0}\right)^k$$

abgeschätzt werden, das heißt diese Reihe konvergiert **gleichmäßig** für $\widetilde{\varrho}_0 \leq |z - z_0|$ und $|\zeta - z_0| = \varrho_0 < \widetilde{\varrho}_0$ und mit $\ell = -k - 1$ erhalten wir nach Vertauschen von Summation und Integration

$$-\frac{1}{2\pi i} \oint_{|\zeta - z_0| = \varrho_0} \frac{f(\zeta) d\zeta}{\zeta - z} = \sum_{\ell=-1}^{-\infty} (z - z_0)^{\ell} \left[\frac{1}{2\pi i} \oint_{|\zeta - z_0| = \varrho_0} \frac{f(\zeta) d\zeta}{(\zeta - z_0)^{\ell+1}}\right].$$

Insgesamt bekommen wir

$$f(z) = \sum_{k=-\infty}^{+\infty} a_k(z-z_0)^k$$

mit den Koeffizienten

$$a_k = \frac{1}{2\pi i} \oint\limits_{|\zeta - z_0| = \begin{cases} \varrho_1 \text{ für } k \geq 0 \\ \varrho_0 \text{ für } k < 0 \end{cases}} \frac{f(\zeta)d\zeta}{(\zeta - z_0)^{k+1}} = \frac{1}{2\pi i} \oint\limits_{\mathcal{C}} \frac{f(\zeta)d\zeta}{(\zeta - z_0)^{k+1}}$$

für jede beliebige Kurve $\mathcal{C}$, da $f(\zeta)(\zeta - z_0)^{-k-1}$ in $\mathcal{R}$ holomorph ist und dort aufgrund des Cauchyschen Integralsatzes die Integrale über die Kreise durch solche über $\mathcal{C}$ ersetzt werden können.

Zu zeigen bleibt die **Eindeutigkeit** der Reihendarstellung (16.1). Aus

$$0 = \sum_{k=-\infty}^{\infty} (a_k - b_k)(z-z_0)^k$$

folgt durch Multiplikation mit $(z-z_0)^{-n-1}$ und Bilden des Kurvenintegrals über $\mathcal{C}$

$$0 = \sum_{k=-\infty}^{\infty} (a_k - b_k) \oint\limits_{\mathcal{C}} (z-z_0)^{k-n-1} dz = 2\pi i (a_n - b_n)$$

für beliebiges $n \in \mathbb{N}$; das heißt es gilt $a_n = b_n$ für alle $n \in \mathbb{N}$. □

Der Koeffizient

$$(16.3) \quad a_{-1} = \frac{1}{2\pi i} \oint\limits_{\mathcal{C}} f(\zeta)d\zeta$$

heißt **Residuum**. Liegt in z_0 eine **isolierte Singularität** mit $r_0 = 0$ vor, so heißt a_{-1} **Residuum bezüglich** z_0. Eine isolierte Singularität heißt

i. **hebbar**, falls $a_k = 0$ für alle $k < 0$ erfüllt ist, dann gilt

$$f(z) = \sum_{k=0}^{\infty} a_k(z-z_0)^k \text{ in } \mathcal{R};$$

ii. **Pol** n–ter Ordnung, wenn gilt

$$f(z) = \sum_{k=-n}^{\infty} a_k(z-z_0)^k \text{ in } \mathcal{R}$$

mit $a_{-n} \neq 0$;

iii. **wesentliche Singularität**, wenn

$$f(z) = \sum_{k=-\infty}^{\infty} a_k(z-z_0)^k \text{ in } \mathcal{R}$$

und $a_k \neq 0$ für unendlich viele $0 > k \in \mathbb{Z}$.

Hat die Funktion in z_0 eine hebbare Singularität, dann laäßt sie sich bis nach z_0 durch ihre Potenzreihe analytisch fortsetzen.
Sei $\mathcal{G}$ das von der Kurve $\mathcal{C}$ umschlossene Gebiet mit $\mathcal{C} = \partial\mathcal{G}$. Hat die Funktion $f(z)$ in $\mathcal{G}$ nur Pole, so heißt sie dort **meromorph**.

Beispiel 16.2: *$z_0 = 0$ ist wesentliche Singularität für die Funktion*

$$f(z) = e^z + e^{1/z} = \ldots + \frac{1}{2!z^2} + \frac{1}{z} + 2 + z + \frac{z^2}{2!} + \ldots,$$

denn für die Koeffizienten der Laurent–Reihe ergibt sich

$$a_0 = 2, \quad a_k = \frac{1}{|k|!}, \quad a_{-1} = 1.$$

Zur physikalischen Bedeutung des Residuums: Für

$$f(z) = u + iv \quad \text{und} \quad \vec{g} := (u, -v)^\top$$

erhalten wir

$$\begin{aligned} 2\pi i\, a_{-1} = \oint_C f(\zeta)d\zeta &= \oint_C (udx - vdy) + i\oint_C (udy - vdx) \\ &= \oint_C \vec{g}\cdot\vec{t}\,ds + i\oint_C \vec{g}\cdot\vec{n}\,ds \end{aligned}$$

Auf der rechten Seite beschreibt der Realteil die Zirkulation (Rotation) und der Imaginärteil den Fluß (Divergenz) des Vektorfeldes $\vec{g}$ durch $\mathcal{C}$.

Häufig läßt sich a_{-1} mit anderen Methoden finden als in der Definition (16.3) angegeben. Besitzt $f(z)$ zum Beispiel die Gestalt

$$f(z) = \frac{g(z)}{(z - z_0)^n}$$

mit einer holomorphen Funktion $g(z)$, so folgt nach (15.20)

$$\text{(16.4)} \quad \operatorname*{Res}_{z_0} f = \frac{1}{2\pi i}\oint_C f(\zeta)d\zeta = \frac{1}{2\pi i}\oint_C \frac{g(\zeta)d\zeta}{(\zeta - z_0)^n} = \frac{1}{(n-1)!}g^{(n-1)}(z_0).$$

Satz 16.3 (Residuensatz) : *Sei $\mathcal{G}$ ein einfach zusammenhängendes Gebiet mit stückweise glattem Rand $\mathcal{C} = \partial\mathcal{G}$; $\mathcal{B} \supset (\mathcal{G} \cup \mathcal{C})$ ein größeres Gebiet, und f sei in $\mathcal{B}$ holomorph mit Ausnahme endlich vieler isolierter Singularitäten $z_1, \ldots, z_n \in \mathcal{G}$. Dann gilt*

$$\text{(16.5)} \quad \oint_C f(z)dz = 2\pi i \sum_{k=1}^{n} \operatorname*{Res}_{z_k} f\,.$$

Beweis: Bezeichnen $k_j \subset \mathcal{G}$ mathematisch positiv durchlaufene Kreislinien um die isolierten Singularitäten $z_j \in \mathcal{G}$ mit Verbindungskurven zum Rand $\mathcal{C}$ wie in Abbildung 16.2 dargestellt.

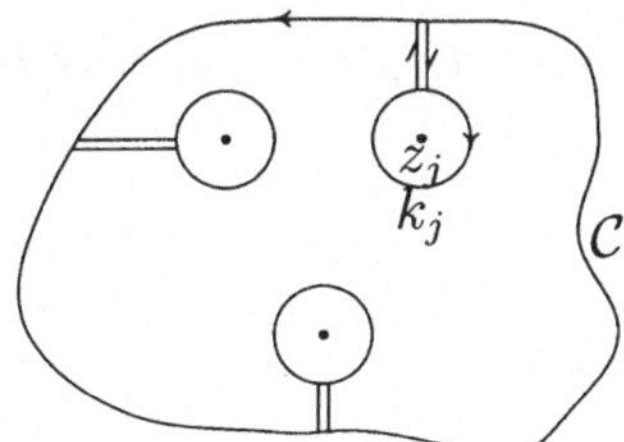

Abbildung 16.2: Gelochtes Gebiet bei isolierten Singularitäten.

Dann folgt durch Anwendung des Cauchyschen Integralsatzes (Satz 15.9) auf das gelochte Gebiet (die Integrale über die Verbindungskurven heben sich fort),

$$\oint_{\mathcal{C}} f(z)dz = \sum_{j=1}^{n} \oint_{k_j} f(z)dz = \sum_{j=1}^{n} 2\pi i \operatorname*{Res}_{z_j} f$$

und somit die Behauptung. □

Beispiel 16.4: *Man berechne*

$$I = \int_{-\infty}^{+\infty} \frac{\cos x\, dx}{(x^2+1)(x^2+a^2)} \quad \text{für } 1 \neq a > 0.$$

Hierzu wähle man

$$f(z) := \frac{e^{iz}}{(z^2+1)(z^2+a^2)}, \quad \text{dann gilt: } I = Re \int_{\mathbb{R}} f(z)dz$$

sowie das Intervall $C_1^r \subset \mathbb{R}$ und den Halbkreis C_2^r wie dargestellt:

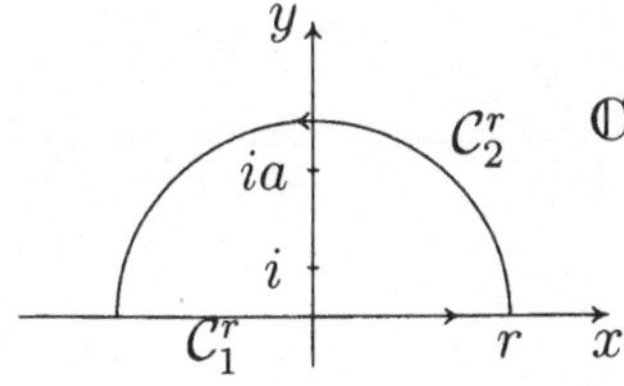

Abbildung 16.3: Integrationsweg zum uneigentlichen Integral.

Dann ergibt sich

$$I = \lim_{r\to\infty} Re \int_{C_1} f(z)dz.$$

Anwendung des Residuensatzes führt zu

$$\int_{C_1} f(z)dz + \int_{C_2} f(z)dz = 2\pi i \operatorname*{Res}_{i} f + 2\pi i \operatorname*{Res}_{ia} f,$$

zu berechnen bleiben die Residuen. Für $z_0 = i$ und $n = 1$ ist

$$f(z) = \frac{1}{z-i} g(z) = \frac{1}{z-i} \frac{e^{iz}}{(z^2+a^2)(z+i)}$$

und mit (16.4)

$$\operatorname*{Res}_{i} f = \frac{1}{0!} g(i) = \frac{e^{-1}}{(a^2-1)\,2i}.$$

Für $z_0 = i\,a$ und $n = 1$ erhalten wir

$$f(z) = \frac{1}{z-ia} \widetilde{g}(z) = \frac{1}{z-ia} \frac{e^{iz}}{(z+ia)(z^2+1)}$$

und somit

$$\operatorname*{Res}_{ia} f = \frac{1}{0!} \widetilde{g}(ia) = \frac{e^{-a}}{(1-a^2)2ia}.$$

Insgesamt haben wir also

$$2\pi i \operatorname*{Res}_{i} f + 2\pi i \operatorname*{Res}_{ia} f = \pi \left[\frac{1}{e(a^2-1)} + \frac{1}{e^a\, a(1-a^2)} \right].$$

Zu berechnen bleibt das Kurvenintegral über $C_2 : z = re^{i\varphi}$, $dz = ire^{i\varphi}d\varphi$, $0 \le \varphi \le \pi$: Wegen

$$\begin{aligned} |f(z)| &= \left| \frac{e^{ir(\cos\varphi + i\sin\varphi)}}{(r^2e^{2i\varphi}+1)(r^2e^{2i\varphi}+a^2)} \right| \\ &\le \frac{e^{-r\sin\varphi}}{(r^2-1)(r^2-a^2)} \le \frac{1}{(r^2-1)(r^2-a^2)} \end{aligned}$$

gilt

$$\left| \int_{C_2} f(z)dz \right| \le \int_0^\pi \frac{r d\varphi}{(r^2-1)(r^2-a^2)} = \frac{\pi r}{(r^2-1)(r^2-a^2)} \to 0 \quad \text{für } r \to \infty.$$

Damit haben wir insgesamt

$$\lim_{r\to\infty} \int_{C_1} f(z)dz = \frac{\pi}{(a^2-1)ae^{a+1}}(ae^a - e) - \lim_{r\to\infty} \int_{C_2} f(z)dz$$

und somit als Ergebnis

$$I = \frac{\pi}{(a^2-1)ae^{a+1}}(ae^a - e).$$

Satz 16.5 von Liouville : *Eine in ganz $\mathbb{C}$ holomorphe und beschränkte Funktion ist konstant.*

Beweis: Sei $z \in \mathbb{C}$ beliebig, aber fest. Dann gilt für beliebiges $0 < r \in \mathbb{R}$

$$f'(z) = \frac{1}{2\pi i} \int\limits_{|\zeta - z| = r} \frac{f(\zeta)d\zeta}{(\zeta - z)^2}.$$

Unter Verwendung von Polarkoordinaten, $\zeta = z + re^{i\varphi}$, $d\zeta = ire^{i\varphi}d\varphi$, folgt daraus

$$|f'(z)| = \frac{1}{2\pi} \left| \int\limits_{\varphi=0}^{2\pi} \frac{f(z + re^{i\varphi})d\varphi}{re^{i\varphi}} \right| \leq M \frac{1}{r} \to 0 \quad \text{für } r \to \infty,$$

das heißt es gilt $f'(z) = 0$ für alle $z \in \mathbb{C}$, woraus folgt $f(z) = c =$ konstant. □

Satz 16.6 (Fundamentalsatz der Algebra) : *Ein Polynom*

(16.6) $\quad p(z) = z^n + a_{n-1}z^{n-1} + \ldots + a_1 z + a_0$

besitzt genau n komplexe Nullstellen, wobei mehrfache Nullstellen gemäß ihrer Vielfachheit zu zählen sind. Unter Benutzung des Euklidischen Algorithmus liefert dieser die Darstellung

(16.7) $\quad p(z) = (z - z_1)(z - z_2) \ldots (z - z_n)$

mit den Nullstellen $z_1, \ldots, z_n \in \mathbb{C}$.

Beweis:

i. Wir zeigen zunächst, daß es mindestens eine Nullstelle von p gibt. **Annahme:** $p(z) \neq 0$ für alle $z \in \mathbb{C}$. Damit ist $f(z) = 1/p(z)$ eine ganze Funktion und es gilt

$$|f(z)| = \frac{1}{|p(z)|} \leq \frac{1}{|z|^n} \frac{1}{1 - |a_{n-1}|\frac{1}{|z|} - \ldots - \frac{1}{|z|^n}|a_0|} \leq \frac{2}{|z|^n}$$

für $|z| \geq M := 2n \max\{|a_{n-1}|, \ldots, |a_0|\}$, also

$$|f(z)| \leq \max \left\{ \frac{1}{\min\limits_{|z| \leq M} |p(z)|}, \frac{2}{M^n} \right\} < \infty,$$

das heißt $f(z)$ ist beschränkt. Mit dem Satz von Liouville folgt daraus, daß $f(z) = a$ konstant ist,

$$p(z) = \frac{1}{a} = \text{konstant}.$$

Dies ist ein Widerspruch zu (16.6).

ii. Folglich hat $p(z)$ mindestens eine Nullstelle z_1. Die Anwendung des Horner–Schemas liefert

$$p(z) = \underbrace{p(z_1)}_{=0} + (z - z_1) \cdot p_{(n-1)}(z) = (z - z_1)(z^{n-1} + b_{n-2}z^{n-2} + \cdots + b_0).$$

$p_{n-1}(z)$ ist ein Polynom $(n-1)$–ter Ordnung von gleicher Gestalt ($b_{n-1} = 1$) wie das Ausgangspolynom. Damit folgt, daß $p_{n-1}(z)$ mindestens eine Nullstelle $z_2 \in \mathbb{C}$ besitzt. Damit ergibt sich

$$p(z) = (z - z_1)(z - z_2)(z^{n-2} + c_{n-3}z^{n-3} + \ldots + c_0)$$

und nach insgesamt n Schritten folgt (16.7). □

Satz 16.7 (Schwarzsches Lemma): *Sei $f(z)$ in $|z| < R$ holomorph und $f(0) = 0$, $|f(z)| \leq M$ in $|z| \leq R$. Dann gelten die Abschätzungen*

(16.8) $$|f(z)| \leq \frac{M}{R}|z| \quad \text{für } |z| \leq M$$

und

(16.9) $$\left|\frac{df}{dz}(0)\right| \leq \frac{M}{R}.$$

Das Gleichheitszeichen gilt in (16.8) in einem Punkt z_0 mit $0 < |z_0| < R$ genau dann, wenn mit einer reellen Konstanten α gilt:

(16.10) $$f(z) = e^{i\alpha}\frac{M}{R}z.$$

Beweis: Wir definieren

$$\varphi(z) := \begin{cases} \dfrac{1}{z}f(z) & \text{für } z \neq 0, \\ f'(0) & \text{für } z = 0. \end{cases}$$

Dann ist $\varphi(z)$ holomorph in $|z| < R$.
Sei $|z| \leq r < R$. Dann liefert das Maximum–Prinzip (Satz 15.27):

$$\left|\frac{1}{z}f(z)\right| = |\varphi(z)| \leq \max_{|z|=r}\left|\frac{1}{z}f(z)\right| \leq \frac{M}{r} \quad \text{für alle } 0 < r < R.$$

Mit $r \to R$ folgt (16.8). Für $z \to 0$ folgt (16.9).
Gilt für ein z_0 mit $0 < |z_0| < R$ die Gleichheit, so ist $f(z)$ auf Grund des Maximum–Prinzips (Satz 15.27) konstant:

$$\varphi(z) = \frac{1}{z}f(z) = \varphi(z_0) = \text{konstant} = e^{i\alpha}\frac{M}{R},$$

das heißt es gilt (16.10). □

16.1 Abschließende Bemerkungen

Pierre Alphonse Laurent (1813–1854), nach dem Studium in Paris wurde er Pionieroffizier, nach einer Lehrtätigkeit in Metz und der Leitung der Konstruktion hydraulischer Anlagen im Hafen von Le Havre wurde er 1846 Major und Bataillonschef in Paris. Die von ihm 1843 veröffentlichte Reihenentwicklung war allerdings Weierstrass schon vorher bekannt.

Joseph Liouville (1809–1882), wurde 1838 Professor für Analysis und Mechanik an der Ecole Polytechnique, 1851 erhielt er den Lehrstuhl für Mathematik am Collége de France. Liouville zählt zu den bedeutendsten Mathematikern des 19. Jahrhunderts, er verfaßte über 400 Arbeiten zur Algebra, Zahlentheorie, Geometrie, Analysis, der Mathematischen Physik sowie der Mechanik.

Kapitel 17

Eigenschaften holomorpher Funktionen

Satz 17.1 (Identitätssatz) : *Stimmen zwei im Gebiet $\mathcal{G} \subset \mathbb{C}$ holomorphe Funktionen f und g in unendlich vielen Punkten $z_k \in \mathcal{G}$ überein und gilt $\lim\limits_{k\to\infty} z_k = z_0 \in \mathcal{G}$, so sind $f(z)$ und $g(z)$ identisch.*

Beweis:

i. Die Differenz $h(z) := f(z) - g(z)$ ist holomorph in $\mathcal{G}$, das heißt

$$h(z) = \sum_{j=0}^{\infty} a_j (z - z_0)^j \quad \text{in } |z - z_0| < r_0.$$

Dann gilt

$$\begin{aligned}
a_0 &= \lim_{k\to\infty} h(z_k) = 0 = h(z_0), \\
a_1 &= \lim_{k\to\infty} \frac{h(z_k) - 0}{z_k - z_0} = 0 = h'(z_0), \\
a_2 &= \lim_{k\to\infty} \frac{h(z_k) - 0}{(z_k - z_0)^2} = 0 = \frac{1}{2!} h''(z_0), \\
&\vdots \\
a_n &= \lim_{k\to\infty} \frac{h(z_k) - 0}{(z_k - z_0)^n} = 0 = \frac{1}{n!} h^{(n)}(z_0)
\end{aligned}$$

für alle $n \in \mathbb{N}_0$. Das bedeutet $h(z) = 0$ für alle $z \in \mathcal{U}_{r_0}(z_0)$.

ii. **Annahme:** Es existiert ein $z^* \in \mathcal{G}$ mit $h(z^*) \neq 0$. Dann gibt es einen Polygonzug $\mathcal{P}$ von z_0 nach z^*.

Abbildung 17.1: Polygonzug.

Sei $\widetilde{z} \in \mathcal{P}$. Dann gibt es zu $\widetilde{z}$ ein $r(\widetilde{z}) > 0$, so daß die Potenzreihe um $\widetilde{z}$ in

$$\mathcal{U}_{r(\widetilde{z})}(\widetilde{z}) = \{z \in \mathbb{C} \mid |z - \widetilde{z}| < r(\widetilde{z})\}$$

zu $h(z)$ konvergiert:

$$h(z) = \sum_{\ell=0}^{\infty} c_\ell (z - \widetilde{z})^\ell .$$

Wir parametrisieren nun $\mathcal{P}$ von z_0 nach z^* mit der Bogenlänge. Dann ist $h(\widetilde{z}(s)) = 0$ für $0 \leq s < r_0$, also insbesondere für $\frac{1}{2}r_0 \leq s < r_0$. Demnach gilt

$$\widetilde{s} := \inf\{s \mid h(\widetilde{z}(s)) \neq 0\} \geq \frac{1}{2}r_0 > 0,$$

und

$$h(\widetilde{z}(s)) = 0 \text{ für } s \leq \widetilde{s} \quad \text{und } h(\widetilde{z}(s)) \neq 0 \text{ für } \widetilde{s} < s \leq \widetilde{s} + \delta$$

mit geeignetem $\delta > 0$ aufgrund der Stetigkeit von f auf $\mathcal{P}$. Auch um $\widetilde{z}_0 = \widetilde{z}(\widetilde{s})$ können wir $f(z)$ in eine Potenzreihe entwickeln, die in **allen** Punkten auf $\mathcal{P}$ mit Häufigkeitspunkt $\widetilde{z}_0$ verschwindet. Also ist nach dem ersten Teil *i.* unseres Beweises $h(z)$ in einer Kreisscheibe um $\widetilde{z}_0$ identisch Null und folglich auch $h(\widetilde{z}(s))$ für alle $s > \widetilde{s}$ mit $\widetilde{z}(s)$ im Konvergenzkreis im Widerspruch zur Definition von $\widetilde{s}$, und somit im Widerspruch zur Annahme $h(z^*) \neq 0$. Demnach verschwindet $h(z)$ identisch in $\mathcal{G}$, wie behauptet.

□

Satz 17.2 : *Ist $f(z) \not\equiv 0$ in $\mathcal{G}$ holomorph, so hat $f(z)$ in $\mathcal{G}$ nur isolierte Nullstellen endlicher Ordnung.*

Beweis:

i. Wäre $z_0 \in \mathcal{G}$ Häufungspunkt von unendlich vielen verschiedenen Nullstellen, so folgte nach Satz 17.1: $f \equiv 0$.

ii. Wäre z_0 Nullstelle beliebig hoher Ordnung, so folgte für **jedes** $n \in \mathbb{N}$:

$$\lim_{z \to z_0} \frac{f(z) - f(z_0)}{(z - z_0)^n} = \lim_{z \to z_0} \sum_{k=0}^{\infty} a_k (z - z_0)^{k-n} = 0.$$

Das impliziert

$$n = 0 : a_0 = 0 \Rightarrow n = 1 : a_1 = 0 \Rightarrow n = 2 : a_2 = 0 \Rightarrow \ldots,$$

also folgt mit vollständiger Induktion $a_k = 0$ für jedes $k \in \mathbb{N}_0$. Folglich gilt in einer Kreisscheibe $f(z) = 0$ und nach Satz 17.1 $f \equiv 0$, da in der Kreisscheibe um z_0 unendlich viele verschiedene Nullstellen von $f(z)$ liegen. Dies steht im Widerspruch zu $f \not\equiv 0$.

Damit ist Satz 17.2 bewiesen. □

Wir folgern aus Satz 17.2, daß eine nicht identisch verschwindende holomorphe Funktion $f(z)$ in der Umgebung einer jeden Nullstelle z_0 jeweils die folgende Gestalt hat:

(17.1) $f(z) = (z - z_0)^n \{a_n + a_{n+1}(z - z_0) + \ldots\}$.

Satz 17.3 (Prinzip vom Argument) : *$\mathcal{G} \subset \mathcal{B}$ seien einfach zusammenhängende Gebiete. $\mathcal{C} = \partial\mathcal{G}$ sei eine stückweise glatte Jordankurve und $\mathcal{G} \cup \mathcal{C} \subset \mathcal{B}$.*

i. $f(z)$ sei in $\mathcal{B}$ holomorph und $f(z) \neq 0$ für $z \in \mathcal{C}$. N sei die Anzahl der Nullstellen von f in $\mathcal{G}$ gezählt gemäß ihrer Vielfachheit. Dann gilt

(17.2) $$N = \frac{1}{2\pi i} \oint_{\mathcal{C}} \frac{f'(z)}{f(z)} dz\,.$$

ii. Ist $f(z)$ in $\mathcal{B}$ meromorph sowie $f \neq 0$ und stetig für $z \in \mathcal{C}$, so gilt

(17.3) $$N - P = \frac{1}{2\pi i} \oint_{\mathcal{C}} \frac{f'(z)}{f(z)} dz\,,$$

wobei P die Anzahl der Polstellen ist, gezählt gemäß ihren Ordnungen.

Beweis: Um die M verschiedenen Nullstellen z_ℓ von $f(z) = 0$ mit der Vielfachheit n_ℓ seien die orientierten Kreislinien $k_\ell = \{z \mid |z - z_\ell| = \varepsilon\}$ wie in Abbildung 17.2 dargestellt konstruiert.

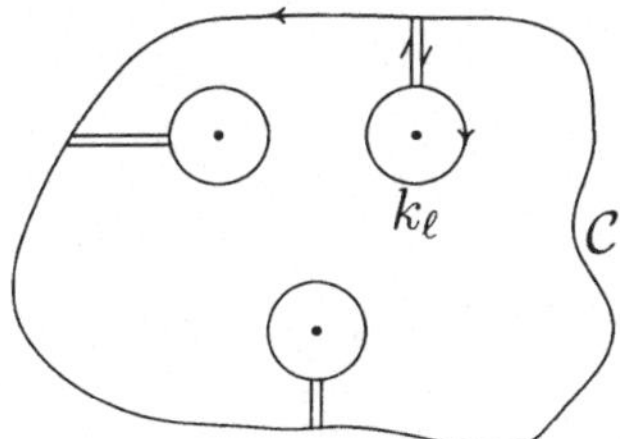

Abbildung 17.2: Gelochtes Gebiet.

i. Es gilt

$$\frac{1}{2\pi i} \oint\limits_{\mathcal{C}-\sum\limits_{\ell=1}^{M} k_\ell} \frac{f'(z)}{f(z)} dz = 0,$$

daraus folgt die Gleichheit

$$\frac{1}{2\pi i} \oint\limits_{\mathcal{C}} \frac{f'(z)}{f(z)} dz = \sum_{\ell=1}^{M} \frac{1}{2\pi i} \oint\limits_{|z-z_\ell|=\varepsilon} \frac{f'(z)}{f(z)} dz.$$

Einsetzen der Potenzreihen $f(z) = \sum\limits_{m_\ell=n_\ell}^{\infty} a_{m_\ell}(z-z_\ell)^{m_\ell}$ ergibt mit $a_{n_\ell} \neq 0$

$$\begin{aligned}
&\frac{1}{2\pi i} \oint\limits_{|z-z_\ell|=\varepsilon} \frac{f'(z)}{f(z)} dz = \\
&= \frac{1}{2\pi i} \oint\limits_{|z-z_\ell|=\varepsilon} \frac{n_\ell a_{n_\ell}(z-z_\ell)^{n_\ell-1} + (n_\ell+1)a_{n_\ell+1}(z-z_\ell)^{n_\ell} + \ldots}{a_{n_\ell}(z-z_\ell)^{n_\ell} + \ldots} dz \\
&= \frac{n_\ell}{2\pi i} \oint\limits_{|z-z_\ell|=\varepsilon} \frac{1}{z-z_\ell} \left[\frac{a_{n_\ell} + \frac{n_\ell+1}{n_\ell} a_{n_\ell+1}(z-z_\ell) + \ldots}{a_{n_\ell} + a_{n_\ell+1}(z-z_\ell) + \ldots} \right] dz \\
&= n_\ell \left[\frac{a_{n_\ell} + \frac{n_\ell+1}{n_\ell} a_{n_\ell+1}(z-z_\ell) + \ldots}{a_{n_\ell} + a_{n_\ell+1}(z-z_\ell) + \ldots} \right]_{z=z_\ell} = n_\ell \quad \text{nach (16.4).}
\end{aligned}$$

Summation über ℓ liefert die Behauptung.

ii. Für die Polstellen z_ℓ der Vielfachheit p_ℓ gilt unter Verwendung der Laurent–Reihen–Entwicklungen

$$\begin{aligned}
&\frac{1}{2\pi i} \oint\limits_{|z-z_\ell|=\varepsilon} \frac{-p_\ell a_{-p_\ell}(z-z_\ell)^{-p_\ell-1} - (p_\ell-1)a_{-p_\ell+1}(z-z_\ell)^{-p_\ell} + \ldots}{a_{-p_\ell}(z-z_\ell)^{-p_\ell} + a_{-p_\ell+1}(z-z_\ell)^{-p_\ell+1} + \ldots} dz \\
&= -\frac{p_\ell}{2\pi i} \int\limits_{|z-z_\ell|=\varepsilon} \frac{1}{z-z_\ell} \frac{a_{-p_\ell} + \frac{p_\ell-1}{p_\ell} a_{-p_\ell+1}(z-z_\ell) + \ldots}{a_{-p_\ell} + a_{-p_\ell+1}(z-z_\ell) + \ldots} dz \\
&= -p_\ell \cdot \left[\frac{a_{-p_\ell} + \ldots}{a_{-p_\ell} + \ldots}\right]_{z=z_\ell} = -p_\ell\,.
\end{aligned}$$

Summation über Pole und Nullstellen liefert (17.3). □

Satz 17.4 von Rouché: *Die Gebiete $\mathcal{G}$ und $\mathcal{B}$ mit $\mathcal{G} \subset \mathcal{B}$ erfüllen die Voraussetzung in Satz 17.3. $f(z)$ und $g(z)$ seien in $\mathcal{B}$ holomorph, $f(z) \neq 0$ für $z \in \mathcal{C}$ und*

(17.4) $|g(z)| < |f(z)|$ *für alle* $z \in \mathcal{C}$.

Dann haben $f(z)$ und $f(z)+g(z)$ in $\mathcal{G}$ die gleiche Anzahl von Nullstellen (gezählt gemäß ihrer Vielfachheiten).

Den Beweis überlassen wir dem Leser.

Satz 17.5 von Casorati–Weierstrass: *$z_0 \in \mathcal{G}$ sei wesentliche Singularität einer in $\mathcal{G} \setminus \{z_0\}$ holomorphen Funktion $f(z)$. Dann existiert zu jedem $a \in \mathbb{C}$, jedem $\varepsilon > 0$ und jedem $\delta > 0$ ein Punkt $z_1 \in \mathcal{G}$ mit $0 < |z_1 - z_0| < \delta$, so daß*

(17.5) $|f(z_1) - a| < \varepsilon\,.$

Dies gilt auch für "$a = \infty$" in der Form

(17.6) $|f(z_1)| > \dfrac{1}{\varepsilon}.$

Beweis: Die Negation von (17.5) lautet:

$$\{\forall a \in \mathbb{C} \quad \forall \varepsilon > 0 \quad \forall \delta > 0 \quad \exists z_1 \in \mathcal{U}_\delta(z_0) \setminus \{z_0\} \,:\, |f(z_1) - a| < \varepsilon\}^\neg \,:$$
$$\exists a_0 \in \mathbb{C} \quad \exists \varepsilon_0 > 0 \quad \exists \delta_0 > 0 \,:\, \forall z \in \mathcal{U}_{\delta_0}(z_0) \setminus \{z_0\} \,:\, |f(z) - a| \geq \varepsilon_0\,,$$

also ist

$$g(z) := \frac{1}{f(z) - a}$$

in $0 < |z - z_0| < \delta_0$ beschränkt und holomorph:

$$|g(z)| \leq \frac{1}{\varepsilon_0} =: M < \infty\,.$$

Nach Satz 16.1 ist dann die Singularität von $g(z)$ in z_0 hebbar und nach Satz 17.2 allenfalls $g(z)$ in z_0 Null von endlicher Ordnung. Dann aber hat $f(z) = a+1/g(z)$ in z_0 höchstens einen Pol endlicher Ordnung, nicht aber eine wesentliche Singularität im Gegensatz zur Voraussetzung.
Die Negation von (17.6) bedeutete:

$$\text{Für } 0 < |z_0 - z| < \delta_0 \text{ gilt } |f(z)| \leq \frac{1}{\varepsilon_0} =: M < \infty\,;$$

dann hätte $f(z)$ in z_0 eine hebbare Singularität und keine wesentliche Singularität.

□

17.1 Abschließende Bemerkungen

Felice Casorati (1835–1890), lehrte an der Universität Pavia und an der Technischen Hochschule Mailand. Wichtige Beiträge zur Differentialgeometrie, der Differentialrechnung sowie zur Funktionentheorie.

Karl Theodor Wilhelm Weierstrass (1815–1897), nach seinem Studium war er von 1842–1855 als Lehrer an Gymnasien tätig, wobei er sich nebenbei der mathematischen Forschung widmete. 1854 erschien eine Abhandlung zur Theorie der Abelschen Funktionen, für die er noch 1854 die Ehrendoktorwürde der Universität Königsberg erhielt. Nach seiner Beförderung zum Oberlehrer verbrachte er ein Jahr Forschungsurlaub in Berlin, wo er dann von 1856–1864 als Professor an der Gewerbeschule und seit 1864 als ordentlicher Professor an der Friedrichs–Wilhelm–Universität in Berlin tätig war. Seit 1856 Mitglied der Berliner Akademie, gründete er zusammen mit Kummer 1861 das erste Forschungsseminar für Mathematik in Deutschland. Weierstrass war wohlhabend und deshalb sehr unabhängig. Sein Haus war eines der Zentren intellektuellen Lebens in Berlin; seiner Unterstützung ist die Promotion von Sonja Kowalewskaya zu danken, der als Frau der Besuch von Fachveranstaltungen an der Berliner Universität verwehrt wurde. Weierstrass hat die mathematische Analysis um viele grundlegende Beweise bereichert, sie zu einer strengen Disziplin gemacht und die komplexe Funktionentheorie mit Hilfe der Potenzreihenentwicklungen und analytischen Fortsetzung begründet.

Kapitel 18

Analytische Fortsetzung und Schwarzsches Spiegelungsprinzip

Sind $\mathcal{G}_1$ und $\mathcal{G}_2$ zwei Gebiete mit $\mathcal{D} := \mathcal{G}_1 \cap \mathcal{G}_2 \neq \emptyset$ und $f_j(z)$ zwei holomorphe Funktionen in $\mathcal{G}_j$, $j = 1, 2$ mit $f_1(z) = f_2(z)$ für alle $z \in \mathcal{D}$, dann gibt es genau eine holomorphe Funktion $F(z)$ in $\mathcal{G}_1 \cup \mathcal{G}_2$ mit

$$F_{|\mathcal{G}_j} = f_j \quad \text{für } j = 1, 2.$$

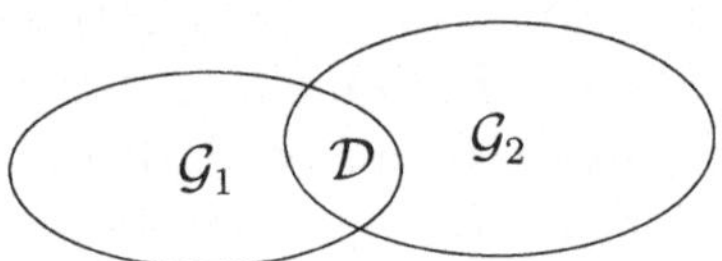

Abbildung 18.1: Fortsetzung in überlappenden Gebieten.

Dies ergibt sich sofort aus dem Identitätssatz, Satz 17.1. Man nennt $f_2(z)$ dann die **analytische Fortsetzung** von f_1 in $\mathcal{G}_1$ nach f_2 in $\mathcal{G}_2$.
Analytische Fortsetzungen kann man insbesondere mit Hilfe des **Kreiskettenverfahrens** gewinnen:

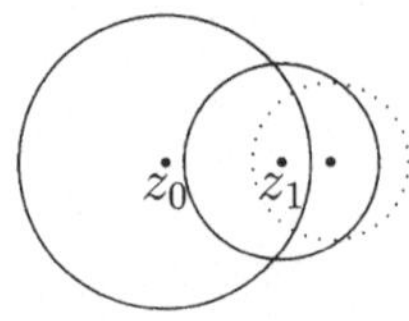

Abbildung 18.2: Kreiskette.

Wir betrachten dazu zwei Potenzreihen, nämlich

$$f(z) = \sum_{j=0}^{\infty} a_j (z - z_0)^j \quad \text{für } |z - z_0| < \varrho_0,$$

und für $z_1 \in \mathcal{U}_{\varrho_0}(z_0)$ die analytische Fortsetzung als Potenzreihe

$$f(z) = \sum_{\ell=0}^{\infty} b_\ell (z - z_1)^\ell \quad \text{für } |z - z_1| < \varrho_1.$$

Dann gilt $0 < \varrho_0 - |z_1 - z_0| \leq \varrho_1$ und die Koeffizienten b_ℓ sind aus der Forderung

$$f(z) = \sum_{j=0}^{\infty} a_j (z - z_0)^j \stackrel{!}{=} \sum_{\ell=0}^{\infty} b_\ell (z - z_1)^\ell \quad \text{für } |z - z_1| < \varrho_0 - |z - z_0|$$

bereits eindeutig bestimmt. Zur Berechnung der b_ℓ schreiben wir

$$(z - z_0)^j = [(z - z_1) + (z_1 - z_0)]^j = \sum_{k=0}^{j} \binom{j}{k} (z - z_1)^k (z_1 - z_0)^{j-k}.$$

Dann gilt mit $\binom{j}{k} = 0$ für $k > j$

$$\begin{aligned} \sum_{j=0}^{\infty} a_j (z - z_0)^j &= \sum_{j=0}^{\infty} a_j \sum_{k=0}^{\infty} \binom{j}{k} (z - z_1)^k (z_1 - z_0)^{j-k} \\ &= \sum_{k=0}^{\infty} \left[\sum_{j=0}^{\infty} a_j \binom{j}{k} (z_1 - z_0)^{j-k} \right] (z - z_1)^k \\ &= \sum_{k=0}^{\infty} \left[\sum_{j=k}^{\infty} a_j \binom{j}{k} (z_1 - z_0)^{j-k} \right] (z - z_1)^k, \end{aligned}$$

und wir erhalten

$$(18.1) \quad b_\ell = \sum_{m=\ell}^{\infty} a_m \binom{m}{\ell} (z_1 - z_0)^{m-\ell}.$$

Ist außerdem noch $\varrho_1 > \varrho_0 - |z_1 - z_0|$ erfüllt, so haben wir $f(z)$ aus $\mathcal{U}_{\varrho_0}(z_0)$ nach $\mathcal{U}_{\varrho_1}(z_1)$ über $\mathcal{U}_{\varrho_0}(z_0)$ hinaus analytisch fortgesetzt!

Satz 18.1 : *$f_1(z)$ sei holomorph im Gebiet $\mathcal{G}_1$, und $f_2(z)$ sei analytische Fortsetzung nach $\mathcal{G}_2$ mit $\mathcal{D} = \mathcal{G}_1 \cap \mathcal{G}_2 \neq \emptyset$, sowie $\mathcal{I} \subset \mathcal{G}_1 \cup \mathcal{G}_2$ sei eine stückweise glatte doppelpunktfreie Kurve von $a \in \mathcal{G}_1$ nach $b \in \mathcal{G}_2$. Dann läßt sich $f(b)$ mit dem Kreiskettenverfahren berechnen.*

Beweis: Sei $\mathcal{I} : z = \tilde{z}(t)$ mit $\tilde{z}(0) = a$, $\tilde{z}(1) = b$, $t \in [0,1]$. Wegen der Analytizität von $F(z)$ existiert für jedes $t \in [0,1]$ ein $\delta(t) > 0$, so daß für alle $z \in \mathcal{U}_\delta(\tilde{z}(t))$ gilt

$$F(z) = \sum_{j=0}^{\infty} a_j(t)(z - \tilde{z}(t))^j .$$

Wegen

$$\mathcal{U}_\delta(\tilde{z}(t)) \subset \mathcal{G}_1 \cup \mathcal{G}_2 \quad \text{und} \quad \varrho\left(\sum_{j=0}^{\infty} a_j(t)(z - \tilde{z}(t))^j\right) \geq \delta(t)$$

ist

$$\bigcup_{t\in[0,1]} \mathcal{U}_{\delta/2}(\tilde{z}(t)) \supset \mathcal{I}$$

eine offene Überdeckung des kompakten Intervalls $\mathcal{I}$.
Folglich existieren $t_0 = 0 < t_1 < \ldots < t_N = 1$ und $z_j = \tilde{z}(t_j)$ sowie $\delta_j := \delta(t_j) > 0$ mit

$$\mathcal{I} \subset \bigcup_{j=0}^{N} \mathcal{U}_{\delta_j/2}(z_j) \quad \text{und} \quad |z_{j+1} - z_j| < \frac{\delta_j}{2} + \frac{\delta_{j+1}}{2} \leq \max\{\delta_j, \delta_{j+1}\} .$$

Dann gilt mindestens eine der Beziehungen

$$z_{j+1} \in \mathcal{U}_{\delta_j}(z_j) \quad \text{oder} \quad z_j \in \mathcal{U}_{\delta_{j+1}}(z_{j+1}) .$$

Im ersten Fall können wir die Potenzreihenentwicklung

$$\sum_{\ell=0}^{\infty} a_\ell(z_{j+1})(z - z_{j+1})^\ell$$

direkt aus der Potenzreihe von $F(z)$ um z_j aus

$$\sum_{k=0}^{\infty} a_k(z_j)(z - z_j)^k$$

vermöge (18.1) mit $a_k(z_j) = a_k$ und $a_\ell(z_{j+1}) = b_\ell$ berechnen.
Im zweiten Fall wählen wir M — mit $M\delta_j/2 \geq |z_{j+1} - z_j|$ — Mittelpunkte $\tilde{z}_{j+1}, \ldots, \tilde{z}_{j+M} = z_{j+1}$ auf $\mathcal{I}$ zwischen z_j und z_{j+1}, so daß gilt $\tilde{z}_{j+k+1} \subset \mathcal{U}_{\delta_j}(\tilde{z}_{j+k})$. Dann gilt auch

$$\mathcal{U}_{\delta_j}(z_{j+1}) \subset \mathcal{U}_{\delta_{j+1}}(z_{j+1}) \quad \text{und} \quad \mathcal{U}_{\delta_j}(\tilde{z}_{j+k}) \cap \mathcal{U}_{\delta_j}(\tilde{z}_{j+k+1}) \neq \emptyset .$$

Wir können nun die Potenzreihe um $\tilde{z}_{j+k+1}$ aus derjenigen um $\tilde{z}_{j+k}$ vermöge (18.1) durch Umordnen gewinnen; also nach endlich vielen Umordnungen die um z_{j+k} aus derjenigen um z_j. Nach endlich vielen Umordnungen erhalten wir also die Potenzreihe um b aus derjenigen um a. □

Satz 18.2 (Monodromiesatz): *Seien $\mathcal{I}_0$ und $\mathcal{I}_1$ zwei Kurven von a nach b. Lassen sich $\mathcal{I}_0$ und $\mathcal{I}_1$ bei festgehaltenen a und b ineinander stetig derart deformieren, daß $f(z)$ sich längs jeder dieser Kurven von a nach b analytisch fortsetzen läßt, so liefern alle diese Fortsetzungen, insbesondere die entlang $\mathcal{I}_0$ und $\mathcal{I}_1$ in b dieselbe Potenzreihe.*

Beweis: Nach Voraussetzung existiert eine Schar von Parameterdarstellungen $z = \tilde{z}(t;\varrho)$ mit $\mathcal{I}_\varrho : z = \tilde{z}(t;\varrho)$ für $0 \le t \le 1$, $\varrho \in [0,1]$ mit $\tilde{z}(0;\varrho) = a$, $\tilde{z}(1;\varrho) = b$ für jedes $\varrho \in [0,1]$, $\mathcal{I}_0 : z = \tilde{z}(t;0)$, $\mathcal{I}_1 : z = \tilde{z}(t;1)$ und $\tilde{z}(t;\varrho)$ ist stetig für $(t,\varrho) \in [0,1] \times [0,1]$.
Zu $\varrho_0 \in [0,1]$ und $\mathcal{I}_{\varrho_0}$ gibt es eine Kreiskette mit endlich vielen Kreisscheiben, längs derer $f(z)$ in der Umgebung von b aus der Potenzreihe von $f(z)$ um a gewonnen werden kann. Wegen der Stetigkeit von $\tilde{z}(t;\varrho)$ liegen für hinreichend benachbarte ϱ, das heißt $|\varrho - \varrho_0| < \delta$ und $0 \le \varrho \le 1$ mit geeignetem $\delta > 0$ auch noch die Kurven $\mathcal{I}_\varrho$ in dieser Kreiskette. Somit liefern auch die Fortsetzungen von $f(z)$ entlang $\mathcal{I}_\varrho$ die **gleiche** Potenzreihe um b wegen des Identitätssatzes. Offensichtlich gilt

$$\bigcup_{0\le\varrho\le 1} \{\text{Kreiskette zu } \mathcal{I}_\varrho\} \supset \bigcup_{0\le\varrho\le 1} \mathcal{I}_\varrho =: \mathcal{K},$$

die linke Seite ist eine offene Überdeckung der kompakten Punktmenge $\mathcal{K}$. Somit genügen bereits endlich viele $\varrho_\ell \in [0,1]$ und

$$\bigcup_{\ell=1}^{L} \{\text{Kreiskette zu } \mathcal{I}_{\varrho_\ell}\} \supset \mathcal{K},$$

das heißt **endlich** viele Kreise überdecken $\mathcal{K}$ mit jeweiligen Potenzreihen. Nach dem Identitätssatz stellen sie dann alle die gleiche holomorphe Funktion $f(z)$ dar, und insbesondere erhält man um b immer die gleiche Potenzreihe. □

Beispiel 18.3: *Sei*

$$(18.2) \quad f(z) := \sum_{j=0}^{\infty} z^j \quad \textit{für } |z| < 1\,.$$

Dort gilt

$$f(z) = \frac{1}{1-z}$$

und diese Funktion läßt sich nach $\mathbb{C} \setminus \{1\}$ analytisch fortsetzen.

Beispiel 18.4: *Die Funktion*

$$(18.3) \quad f(z) := \sum_{n=1}^{\infty} z^{n!} = \sum_{j=0}^{\infty} a_j z^j$$

mit

$$a_j = \begin{cases} 1 & \text{für } j = n! \text{ mit } n \in \mathbb{N}; \\ 0 & \text{sonst;} \end{cases}$$

ist in $|z| < 1$ *holomorph; sie läßt sich aber* **über keinen Punkt** *des Einheitskreises analytisch fortsetzen!*

Beweis:

i. Sei $\alpha = p/q \in \mathbb{Q}$. Dann ist $f(\varrho e^{i\alpha})$ **bei festem** α für $1 > \varrho \to 1$ unstetig, denn für alle $n \geq q$ ist $n!\,p/q \in \mathbb{N}$, also gilt

$$z^{n!} = \varrho^{n!} e^{n! \frac{p}{q} 2\pi i} = \varrho^{n!} \cdot 1$$

und somit

$$f(\varrho e^{i\frac{p}{q}}) = \sum_{n=1}^{q-1} \varrho^{n!} e^{n! \frac{p}{q} 2\pi i} + \sum_{n=q}^{\infty} \varrho^{n!} \quad \text{mit} \quad \left| \sum_{n=1}^{q-1} \varrho^{n!} e^{n! \frac{p}{q} 2\pi i} \right| \leq q\,.$$

Nun gilt $\lim\limits_{\varrho \to 1} \sum\limits_{n=q}^{\infty} \varrho^{n!} = +\infty$, denn **sonst** folgte aus dem Abelschen Grenzwertsatz

$$\lim_{\varrho \to 1} \sum_{n=q}^{\infty} \varrho^{n!} = \sum_{n=q}^{\infty} 1^{n!} < \infty\,,$$

was nicht stimmt. Also wächst $|f(\rho e^{ip/q})|$ über alle Grenzen.

ii. Wäre $f(z)$ nach $z_0 = b$ mit $|z_0| = 1$ analytisch fortsetzbar, so gäbe es eine Umgebung $\mathcal{U}_\delta(z_0)$, in der $f(z)$ noch holomorph, also insbesondere stetig wäre. Damit wäre für $e^{ip/q} \in \mathcal{U}_\delta(z_0)$ auch $\lim\limits_{1 > \varrho \to 1} f(\varrho e^{ip/q})$ noch stetig, im Widerspruch zu *i.* □

Dies ist ein Beispiel zum Hadamardschen Lückensatz (siehe [5]).

Satz 18.5 (Schwarzsches Spiegelungsprinzip): *$\mathcal{G}_1, \mathcal{G}_2$ seien zwei Gebiete mit $\mathcal{G}_1 \cap \mathcal{G}_2 = \emptyset$, und $\mathcal{C} \subset (\partial\mathcal{G}_1 \cap \partial\mathcal{G}_2)$ sei ein glattes Kurvenstück; $f_1(z)$ sei in $\mathcal{G}_1$ und $f_2(z)$ in $\mathcal{G}_2$ holomorph, f_1 sei in $\mathcal{G}_1 \cup \mathcal{C}$ und f_2 in $\mathcal{G}_2 \cup \mathcal{C}$ stetig, und es gelte*

$$(18.4) \quad f_1(z) = f_2(z) \quad \text{für alle } z \in \mathcal{C}.$$

Dann ist

$$F(z) := \begin{cases} f_1(z) & \text{in } \mathcal{G}_1 \cup \mathcal{C}, \\ f_2(z) & \text{in } \mathcal{G}_2 \end{cases}$$

eine in $\mathcal{G}_1 \cup \mathcal{G}_2 \cup \mathcal{C}$ holomorphe Funktion.

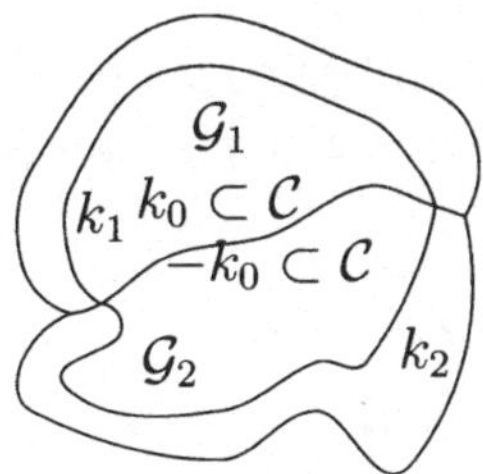

Abbildung 18.3: Spiegelung an einer Kurve.

Beweis: Es gilt

$$\begin{aligned} f_1(z) &= \frac{1}{2\pi i} \oint_{k_0+k_1} \frac{f_1(\zeta)}{\zeta - z} d\zeta \quad \text{für } z \in \mathcal{G}_1, \\ 0 &= \frac{1}{2\pi i} \oint_{k_0+k_1} \frac{f_1(\zeta)}{\zeta - z} d\zeta \quad \text{für } z \in \mathcal{G}_2, \\ f_2(z) &= \frac{1}{2\pi i} \oint_{-k_0+k_2} \frac{f_2(\zeta)}{\zeta - z} d\zeta \quad \text{für } z \in \mathcal{G}_2, \\ 0 &= \frac{1}{2\pi i} \oint_{-k_0+k_2} \frac{f_2(\zeta)}{\zeta - z} d\zeta \quad \text{für } z \in \mathcal{G}_1. \end{aligned}$$

Die Funktion

$$(18.5) \quad F(z) = \frac{1}{2\pi i} \int_{k_1} \frac{f_1(\zeta)}{\zeta - z} d\zeta + \frac{1}{2\pi i} \int_{k_2} \frac{f_2(\zeta)}{\zeta - z} d\zeta$$

hat dann die folgenden Eigenschaften:

$$\begin{aligned} z \in \mathcal{G}_1 : F(z) &= \frac{1}{2\pi i} \oint_{k_1+k_0} \frac{f_1(\zeta) d\zeta}{\zeta - z} + \frac{1}{2\pi i} \int_{k_2-k_0} \frac{f_2(\zeta) d\zeta}{\zeta - z} = f_1(z) + 0, \\ z \in \mathcal{G}_2 : F(z) &= f_2(z). \end{aligned}$$

Außerdem ist $F(z)$ auf k_0 (außer in den Endpunkten) holomorph. □

Satz 18.6 (Kleiner Spiegelungssatz von Schwarz) :
Sei das Gebiet $\mathcal{G} \subset \mathbb{C}^+ = \{z \in \mathbb{C} \mid Im z > 0\}$, und $\partial\mathcal{G}$ enthalte ein Intervall $I \subset \mathbb{R}$. Sei $f(z)$ in $\mathcal{G}$ holomorph, in $\mathcal{G} \cup I$ stetig und auf I reell. Dann ist

$$(18.6) \quad f_2(z) := \overline{f(\overline{z})}$$

die holomorphe Fortsetzung von $f(z)$ in $\mathcal{G}$ nach $\mathcal{G}^* := \{z \in \mathbb{C} \mid \overline{z} \in \mathcal{G}\}$.

Beweis: $f_1(z) := f(z)$ in $\mathcal{G} =: \mathcal{G}_1$. Dann folgt für $f_2(z)$ aus (18.6) in $\mathcal{G}^* =: \mathcal{G}_2$:

$$\frac{\partial f_2}{\partial \overline{z}} = \frac{\partial}{\partial \overline{z}} \left\{ \overline{\sum_{j=0}^{\infty} a_j (\overline{z} - \overline{z}_0)^j} \right\} = \frac{\partial}{\partial \overline{z}} \left\{ \sum_{j=0}^{\infty} \overline{a_j} (z - z_0)^j \right\} = 0$$

für die Darstellung von $f(\overline{z})$ als Potenzreihe.

Damit sind alle Voraussetzungen in Satz 18.5 erfüllt, so daß $f_2(z)$ nach (18.6) in der Tat die holomorphe Fortsetzung von $f(z)$ nach $\mathcal{G}^*$ ist. □

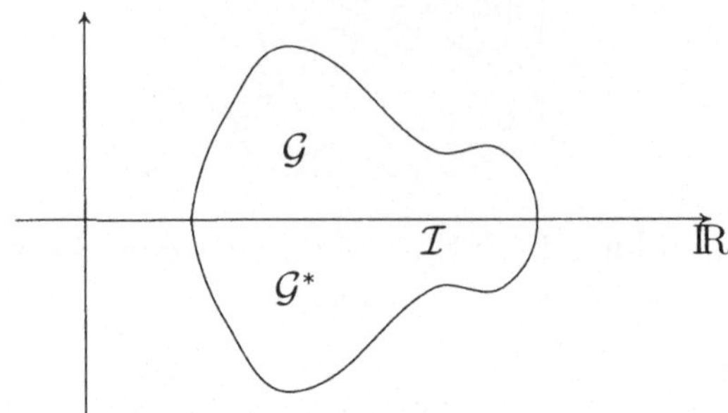

Abbildung 18.4: Spiegelung an der reellen Achse.

Als **Beispiel** betrachten wir die Fortsetzung von $\sqrt{z}$ nach $|z-1|<1$. Für $x \in \mathbb{R}$ und $|x-1|<1$ ist die Potenzreihe

$$(18.7)\quad +\sqrt{x} = +\sqrt{1+(x-1)} = \sum_{k=0}^{\infty} \binom{\frac{1}{2}}{k} (x-1)^k$$

mit dem Konvergenzradius

$$\frac{1}{\varrho_0} = \lim_{k\to\infty} \left|\frac{a_{k+1}}{a_k}\right| = \lim_{k\to\infty} \left|\frac{\frac{1}{2}\cdot(\frac{1}{2}-1)\ldots(\frac{1}{2}-k-1)\cdot k!}{(k+1)!\frac{1}{2}(\frac{1}{2}-1)\ldots(\frac{1}{2}-k)}\right| = \lim_{k\to\infty} \left(\frac{k+\frac{1}{2}}{k+1}\right) = 1$$

die positive Wurzel aus x. Damit ergibt sich für die **Fortsetzung nach** $|z-1|<1$:

$$(18.8)\quad \varphi_1(z) := \sum_{k=0}^{\infty} \binom{\frac{1}{2}}{k} (z-1)^k$$

ist holomorph in $|z-1|<1$ und

$$g(z) := \varphi_1(z)\cdot\varphi_1(z) - z$$

ist in $|z-1|<1$ holomorph sowie

$$g(x) = {}_+\sqrt{x}\cdot{}_+\sqrt{x} - x = 0 \quad \text{für } 0<x<2\,.$$

Also ist $g(z)=0$ für alle $|z-1|<1$ und damit

$$(18.9)\quad \varphi_1(z)\cdot\varphi_1(z) = z \quad \text{für alle } |z-1|<1\,.$$

Um die analytische Fortsetzung zu bestimmen, wählen wir als Entwicklungspunkt

$$z_1 = e^{i\pi/4} = \frac{1}{\sqrt{2}}(1+i)$$

und drehen um $\pi/4$: $\zeta := ze^{i\pi/4}$, $z = \zeta^{-i\pi/4}$. Dann liegt $\zeta = z_1$ noch im Kreis $|z-1|<1$ und

$$\sqrt{\zeta} = e^{i\pi/8}\cdot\varphi_1(\zeta e^{-i\pi/4}), \quad z_1 = e^{-i\pi/4}(\zeta - e^{i\pi/4}) = e^{-i\pi/4}(\zeta - z_1)\,.$$

Aus $\varphi_1(z)$ in (18.8) erhalten wir durch Einsetzen und Umordnen

$$\widetilde{\varphi}_1(\zeta) = e^{i\pi/8} \sum_{k=0}^{\infty} \binom{\frac{1}{2}}{k} e^{-ik\pi/2}(\zeta - z_1)^k$$

bzw.

$$\widetilde{\varphi}_1(z) = \frac{1}{4}\left(\sqrt{2+\sqrt{2}} + i\sqrt{2-\sqrt{2}}\right) \sum_{k=0}^{\infty} \binom{\frac{1}{2}}{k} \left(\frac{1-i}{\sqrt{2}}\right)^k (z - z_1)^k .$$

Diese Reihe hat wieder den Konvergenzradius 1; sie definiert eine echte analytische Fortsetzung.
Durch neuerliche Drehung erhalten wir um $z_2 = i = e^{i\pi/2}$ die Reihe

$$\varphi_2(z) = \frac{1+i}{\sqrt{2}} \sum_{k=0}^{\infty} \binom{\frac{1}{2}}{k} (-i)^k (z-i)^k$$

für $|z-i| < 1$. Für $z = e^{i\pi/4}\xi$ mit $\xi \in \mathbb{R}$ rechnet man nach (durch Einsetzen und mit $\varphi_1(\widetilde{z}_1)\varphi_1(\widetilde{z}_2) = \varphi_1(\widetilde{z}_1 \cdot \widetilde{z}_2)$, erhält man wie (18.9))

$$\varphi_1(e^{i\pi/4}\xi) = \varphi_2(e^{i\pi/4}\xi) \quad \text{für } 0 \le \xi < 1 .$$

Also ist nach dem Identitätssatz $\varphi_2(z)$ tatsächlich die Fortsetzung von $\varphi_1(z)$.
Genauso erhalten wir

$$\varphi_3(z) = i \sum_{k=0}^{\infty} \binom{\frac{1}{2}}{k} (z+1)^k \quad \text{für } |z+1| < 1.$$

als analytische Fortsetzung von $\varphi_2(z)$. Die so gewonnene holomorphe Funktion $F(z)$ für $\mathrm{Im}z > 0$ ist analytische Fortsetzung von $_+\sqrt{x}$ auf $(0,1)$ in

$$(\{|z+1| < 1\} \cup \{|z-i| < 1\} \cup \{|z-1| < 1\}) \cap \mathrm{Im}z > 0$$

und ist reell auf dem Intervall $(0,1)$ auf der reellen Achse.
Wir können demnach Satz 18.6 anwenden:

$$\begin{aligned} \mathcal{G}_1^* &:= \{z \mid |z-1| < 1 \wedge \mathrm{Im}z \le 0\}; \\ \varphi_{-1}(z) &:= \overline{\varphi_1(\overline{z})} = \sum_{k=0}^{\infty} \binom{\frac{1}{2}}{k} (z-1)^k = \varphi_1(z) \quad \text{für } z \in \mathcal{G}_1^* . \end{aligned}$$

Entsprechend erhalten wir für

$$\begin{aligned} z \in \mathcal{G}_2^* &:= \{z \mid |z+i| < 1 \wedge \mathrm{Im}z < 0\} \\ \varphi_{-2}(z) &:= \overline{\varphi_2(\overline{z})} = \overline{\left\{\frac{1+i}{\sqrt{2}} \sum_{k=0}^{\infty} \binom{\frac{1}{2}}{k} (-i)^k (\overline{z}-i)^k\right\}} \\ &= \frac{1-i}{\sqrt{2}} \sum_{k=0}^{\infty} \binom{\frac{1}{2}}{k} (i)^k (z+i)^k; \end{aligned}$$

und schließlich für

$$\begin{aligned} z \in \mathcal{G}_3^* &:= \{z \mid |z+1| < 1 \wedge \operatorname{Im} z < 0\} \\ \varphi_{-3}(z) &:= \overline{\varphi_3(\overline{z})} = \overline{\left\{ i \sum_{k=0}^{\infty} \binom{\frac{1}{2}}{k} (\overline{z}+1)^k \right\}} \\ &= -i \sum_{k=0}^{\infty} \binom{\frac{1}{2}}{k} (z+1)^k = -\varphi_3(z)\,. \end{aligned}$$

Wir haben in $|z+1| < 1$ also **zwei** verschiedene Fortsetzungen gefunden: $\varphi_{-3}(z)$ durch Fortsetzung im Uhrzeigersinn und $\varphi_3(z)$ entgegen dem Uhrzeigersinn um die Singularität Null. Die Null ist also keine "schlichte" isolierte Singularität! Wir setzen weiter fort:

$$\begin{array}{llll} \varphi_4(z) &:= -\varphi_{-2}(z) & & \text{ist für } |z+i| < 1 \text{ Fortsetzung von } \varphi_3, \\ \varphi_5(z) &:= -\varphi_{-1}(z) & & \text{ist für } |z-1| < 1 \text{ Fortsetzung von } \varphi_4, \\ \varphi_{-4}(z) &:= -\varphi_2(z) & & \text{ist für } |z-i| < 1 \text{ Fortsetzung von } \varphi_5 = -\varphi_1, \\ \varphi_{-5}(z) &:= -\varphi_1(z) &= \varphi_5(z) & \text{ist für } |z-1| < 1 \text{ Fortsetzung von } \varphi_{-4}. \end{array}$$

Um die zweideutige Fortsetzung wieder eindeutig zu machen, führen wir zwei Kopien von $\mathbb{C}$, zwei **Riemannsche Blätter** ein: $\mathbb{C}_1$ und $\mathbb{C}_2$. Wir definieren:

$$(18.10)\quad \sqrt{z} := \begin{cases} \varphi_1(z) & \text{für } z \in \mathbb{C}_1 \wedge |z-1_1| < 1, \\ \varphi_5(z) & \text{für } z \in \mathbb{C}_2 \wedge |z-1_2| < 1, \\ \varphi_2(z) & \text{für } z \in \mathbb{C}_1 \wedge |z-i_1| < 1, \\ \varphi_{-4}(z) & \text{für } z \in \mathbb{C}_2 \wedge |z-i_2| < 1, \\ \varphi_3(z) & \text{für} \begin{cases} z \in \mathbb{C}_1 \wedge \operatorname{Im} z \geq 0 \wedge |z+1_1| < 1, \\ z \in \mathbb{C}_2 \wedge \operatorname{Im} z < 0 \wedge |z+1_2| < 1, \end{cases} \\ \varphi_{-3}(z) & \text{für} \begin{cases} z \in \mathbb{C}_1 \wedge \operatorname{Im} z < 0 \wedge |z+1_1| < 1, \\ z \in \mathbb{C}_2 \wedge \operatorname{Im} z \geq 0 \wedge |z+1_2| < 1, \end{cases} \\ \varphi_{-2}(z) & \text{für } z \in \mathbb{C}_1 \wedge |z+i_1| < 1, \\ \varphi_4(z) & \text{für } z \in \mathbb{C}_2 \wedge |z+i_2| < 1. \end{cases}$$

Die beiden Blätter $\mathbb{C}_1$ und $\mathbb{C}_2$ werden also auf der negativen reellen Achse miteinander kreuzweise verheftet; $\sqrt{z} : (\mathbb{C}_1 \times \mathbb{C}_2) \to \mathbb{C}$ nach (18.10) wird bijektiv, wenn der Nullpunkt als ein einziger Punkt aufgefaßt wird.

Die Logarithmus–Funktion: Die analytische Fortsetzung von $\ln x$ von $x \in \mathbb{R}^+$ läßt sich besonders einfach erklären durch

$$(18.11)\quad \ln z = \int_1^z \frac{d\zeta}{\zeta} = \ln|z| + i \arg z \quad \text{für } z = |z|e^{i\varphi}.$$

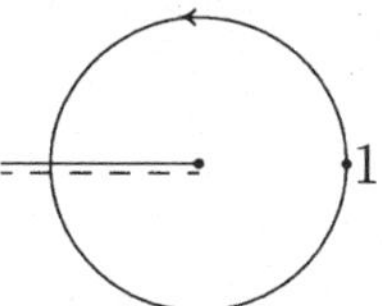

Abbildung 18.5: Geschlitzte komplexe Ebene.

Da aber $1/\zeta$ bei $\zeta = 0$ einen Pol hat, wird das Integral in (18.11) vom Weg abhängig verschiedene Werte annehmen können.
Wählen wir zum Beispiel abzählbar unendlich viele Kopien $\mathbb{C}_\ell$ von $\mathbb{C}$ für $\ell \in \mathbb{Z}$ als Riemannsche Blätter und einen Schlitz entlang der negativen reellen Achse (man beachte, daß die Wahl des Schlitzes willkürlich ist!), an dem wir die verschiedenen Blätter miteinander verheften, dann können wir auch $\ln z$ als bijektive Abbildung

$$\ln z \,:\, \prod_{\ell \in \mathbb{Z}} \mathbb{C}_\ell \to \mathbb{C}$$

von $\prod_{\ell \in \mathbb{Z}} \mathbb{C}_\ell$ mit identifiziertem Nullpunkt erklären:

$$(18.12)\ \ln z := \ln|z| + i\varphi := \begin{cases} \vdots & \\ z \in \mathbb{C}_m & : \ (2m-1)\pi < \varphi \leq (2m+1)\pi, \\ \vdots & \\ z \in \mathbb{C}_1 & : \ \pi < \varphi \leq 3\pi, \\ z \in \mathbb{C}_0 & : \ -\pi < \varphi \leq \pi, \\ z \in \mathbb{C}_{-1} & : \ -3\pi < \varphi \leq -\pi, \\ \vdots & \\ z \in \mathbb{C}_{-m} & : \ -(2m-1)\pi < \varphi \leq -(2m-1)\pi. \\ \vdots & \end{cases}$$

Hier sind unendlich viele Riemannsche Blätter miteinader verheftet. Läuft man in positiver Richtung auf dem Integrationsweg in (18.11) weiter um den Nullpunkt, so kommt man beim Logarithmus ohne Richtungsumkehrung nie mehr aufs Ausgangsblatt zurück!
Da man die Logarithmus–Funktion zur analytischen Fortsetzung von x^a benutzt, ist

$$(18.13)\ z^a := \exp(a \ln z)$$

nicht eindeutig definiert; es sei denn, man verwendet wieder die Riemannschen Blätter des Logarithmus!

Ist $a \in \mathbb{Q}$ eine reelle, rationale Zahl, so kommt man nach endlich vielen Umläufen wieder auf ein Ausgangsblatt zurück; hier genügen — wie bei $\sqrt{z}$ zwei — dann endlich viele Blätter.

Die Riemannschen Blätter sind besonders wichtig bei der analytischen **Fortsetzung von Rechenregeln** aus dem Reellen ins Komplexe! Diese sind nur richtig, wenn alle beteiligten holomorphen Funktionen zugleich analytisch fortgesetzt werden.
So sind $\varphi_3(z)$ und $\varphi_{-3}(z)$ beides analytische Fortsetzungen von $\varphi_1(z)$ aber auf verschiedenen Kreisketten!

$$\varphi_1(z) \cdot \varphi_1(z) = z$$

gilt vermöge analytischer Fortsetzung für alle $|z-1| < 1$. Hingegen ist

$$\varphi_3(z) \cdot \varphi_{-3}(z) = -z,$$

wohl aber

$$\varphi_3(z) \cdot \varphi_3(z) = z,$$

denn letztere Relation ist auf gleicher Kreiskette durch Fortsetzung aus $\varphi_1(z) \cdot \varphi_1(z) = z$ hervorgegangen.

$$\sqrt{z} \cdot \sqrt{z} = z$$

gilt also nur dann, wenn z in $\sqrt{z}$ jeweils auf dem **gleichen** Riemannschen Blatt liegt, das heißt für $z \in \mathbb{C}_\ell$ mit (festem) ℓ.
Genauso gilt zwar

$$\ln \exp x = x \quad \text{für } x \in \mathbb{R},$$

aber

$$\ln \exp z = z$$

gilt nur, wenn z links und rechts auf dem gleichen Riemannschen Blatt $\mathbb{C}_\ell$ liegen bzw. wenn beide Seiten dieser Relation mit der gleichen Kreiskette analytisch fortgesetzt werden.

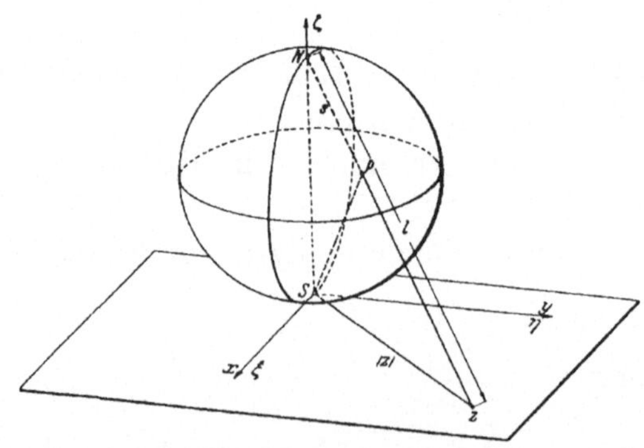

Abbildung 18.6: Riemannsche Zahlenkugel.

Riemann hat statt der komplexen Ebene $\mathbb{C}$ die Zahlensphäre, eine Kugel vom Radius $1/2$ mit dem Südpol in $x = y = 0$,

$$(18.14) \quad \xi^2 + \eta^2 + \zeta^2 - \zeta = 0$$

und dem Nordpol $(0,0,1)^\top$ auf die Zahlenebene $\mathbb{C}$ aufgesetzt sowie die Punkte $z = x + iy$ und die Kugelpunkte $(\xi, \eta, \zeta)^\top$ durch die stereographische Projektion

$$(18.15) \quad x = \frac{\xi}{1-\zeta}, \quad y = \frac{\eta}{1-\zeta}$$

zusammen mit (18.14) bijektiv aufeinander abgebildet. Dann geht das Unendliche in den Nordpol der Zahlenkugel über, das heißt die Zahlenkugel entspricht der Kompaktifizierung von $\mathbb{C}$ durch einen **einzigen** Punkt. Diese nennt man auch die **Einpunkt–Kompaktifizierung** von $\mathbb{C}$.
Dann kann man komplexe und holomorphe Funktionen auf der Riemannschen Zahlenkugel bzw. als Abbildungen einer Riemannschen Zahlenkugel auf eine zweite Kopie derselben untersuchen. Dazu benutzt man den **chordalen Abstand** auf der Sphäre, und der entspricht

$$(18.16) \quad \chi(z_1, z_2) = \frac{|z_1 - z_2|}{\sqrt{1+|z_1|^2}\sqrt{1+|z_2|^2}}.$$

Die beiden Riemannschen Blätter der Funktion $\sqrt{z}$ entsprechen auf der Zahlensphäre dem Äußeren und Inneren der Sphäre, die auf dem Schnitt von 0 über -1 nach ∞, das heißt auf der Zahlenkugel von $(0,0,-1)$ über $(-1/2, 0, 1/2)$ nach $(0,0,1)$ miteinander verheftet werden. Dort wird $\sqrt{z}$ als Abbildung der geschlitzten Sphäre auf die volle Sphäre dann stetig und bijektiv.
Läßt man auf der Sphäre nicht nur zwei, sondern endlich viele Verzweigungspunkte und Schnitte zu, so führt dies auf algebraische holomorphe Funktionen und den Begriff der Riemannschen Flächen, auf welche holomorphe Funktionen, konforme Abbildungen und Randwertprobleme verallgemeinert werden können, die zu vielen Problemen der Mathematischen Physik gehören. Wir verweisen dazu auf Felix Klein [52].

18.1 Abschließende Bemerkungen

Christian Felix Klein (1849–1925), Studium in Bonn bei Plücker, Göttingen und Berlin. Professor in Erlangen, Leipzig, TU München und Göttingen. Wesentliche Arbeiten zur arithmetischen Geometrie und Differentialgeometrie, Gruppentheorie, komplexen Funktionentheorie, gewöhnlichen Differentialgleichungen und Invariantentheorie, Mathematischen Physik, Algebra und Geschichte der Mathematik sowie Pädagogik. Ihm ist eine große Reform des Mathematikunterichts an Gymnasien zu danken. In Göttingen war er gleichzeitig Mitglied der Mathematik–

und Ingenieurvereinigungen und Begründer der berühmten Göttinger Mathematischen Gesellschaft.

Hermann Amandus Schwarz (1843–1921), Chemie- und Mathematik-Studium in Berlin. Schüler von Weierstrass, Kronecker und Kummer. Gymnasiallehrer; 1864 Promotion, 1867 Habilitation und Privatdozent in Halle. 1869–75 Professor an der ETH Zürich, 1875–92 in Göttingen und 1892–1917 in Berlin. Arbeiten über Minimalflächen, konforme Abbildungen und Spiegelungsprinzip, Dirichletsches Prinzip, alternierendes (nach ihm benanntes) Verfahren, komplexe Funktionentheorie und Begründer der Uniformierungstheorie. Das Schwarzsche alternierende Verfahren ist heutzutage die wichtigste numerische Methode bei Gebietszerlegungsmethoden auf Parallelrechnern.

Kapitel 19

Konforme Abbildungen und Familien holomorpher Funktionen

Die konformen Abbildungen spielen für die im Zusammenhang mit holomorphen Funktionen stehenden Randwertaufgaben eine ganz zentrale Rolle und werden deshalb auch in vielen Anwendungen benötigt.

19.1 Die Umströmung einer Kontur

Wir wählen als einfaches Beispiel die zweidimensionale ideale Strömung eines inkompressiblen Mediums (Wasser, ideales Gas bei geringer Geschwindigkeit,...) um ein einfach zusammenhängendes Hindernis. Hier führen Massenerhaltung und Wirbelfreiheit für das Geschwindigkeitsfeld $\vec{w} = (u, -v)^\top$ auf die Cauchy–Riemannschen Differentialgleichungen (14.10); das heißt auf ein holomorphes Geschwindigkeitsfeld $f(z) = u + iv$, bzw. auf ein holomorphes Geschwindigkeitspotential $F(z) = U + iV$ mit $f = \frac{dF}{dz}$ und

$$(19.1)\quad \vec{w} = \mathrm{grad}(\mathrm{Re}F) = \nabla U\,.$$

Die Umströmung des Kreiszylinders $|z| = 1$ ohne Zirkulation wird beschrieben durch

$$(19.2)\quad F(z) = z + \frac{1}{z} = U + iV \quad \text{für } |z| \geq 1,$$

denn die Linien $V(x(s), y(s)) =$ konstant bzw. die Niveaulinien der Stromfunktion $V(x, y)$,

$$(19.3)\quad V_x\dot{x} + V_y\dot{y} = 0 = U_x\dot{y} - U_y\dot{x},$$

sind die **Stromlinien** von $\vec{w} = (U_x, U_y)$, und für $|z| = 1$ erhalten wir die spezielle Stromlinie

$$V|_{|z|=1} = y - \frac{y}{|z|^2}|_{|z|=1} = 0.$$

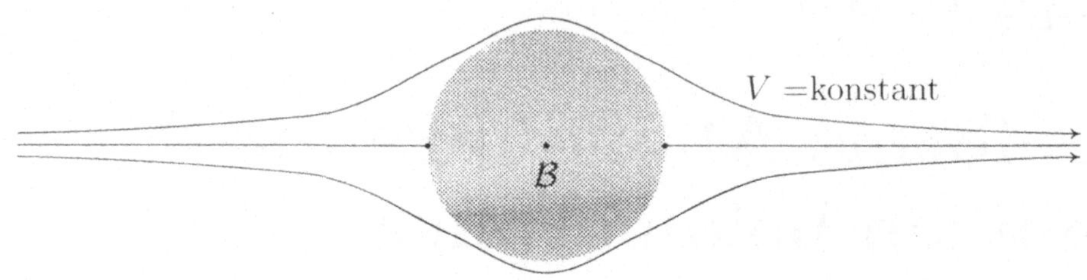

Abbildung 19.1: Umströmung einer Kontur.

Entsprechend wird die Umströmung mit Zirkulation $\beta \in \mathbb{R}$ beschrieben durch

$$(19.4) \quad F(z) = z + \frac{1}{z} - \frac{i\beta}{2\pi} \log z\,;$$

hier gilt ebenfalls

$$V|_{|z|=1} = \left\{ y - \frac{y}{|z|^2} + \frac{\beta}{2\pi} \log|z| \right\} |_{|z|=1} = 0\,.$$

Für ein allgemeines einfach zusammenhängendes Hindernis $\mathcal{B}$ sei

$$\Phi : \mathbb{C} \setminus \mathcal{B} \to \{\zeta \mid |\zeta| > 1\}$$

eine holomorphe bis zum Rand Γ stetige und surjektive Abbildung mit

$$\Phi : \Gamma \to |\zeta| = 1 : |\Phi(z)|_{z\in\Gamma} = 1\,.$$

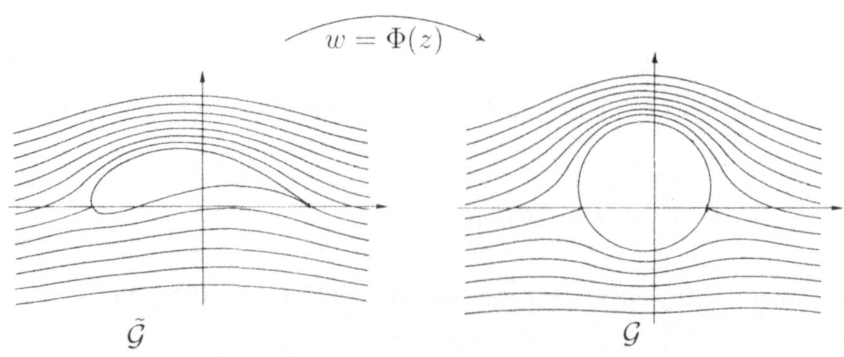

Abbildung 19.2: Umströmung eines Tragflügels.

Dann ist

$$(19.5)\quad F(z) := \Phi(z) + \frac{1}{\Phi(z)} + \frac{i\beta}{2\pi}\log\Phi(z)$$

ein komplexes Geschwindigkeitspotential einer idealen Umströmung des Profils Γ. Zur Lösung der Umströmungsaufgabe für das gegebene Profil Γ benötigen wir also die holomorphe Abbildung $\Phi(z)$.

Ein weiteres Beispiel ist die **elektrische Strömung in einer ebenen Platte**, zum Beispiel bei der Elektrolyse: Gesucht ist das Feld der Stromdichte

$$\vec{w} = \nabla U$$

unter der Annahme der Wirbelfreiheit, das der Kontinuitätsgleichheit — Quellenfreiheit —

$$\mathrm{div}\vec{w} = \Delta U = 0 \quad \text{in } \widetilde{\mathcal{G}}$$

genügt. Hier suchen wir die holomorphe Funktion $f(z) = u + iv$ mit $u = 0$ am linken, $u = 1$ am rechten Rand und

$$\frac{\partial u}{\partial n} = \nabla u \cdot (\dot{y}, -\dot{x})^\top = v_y\dot{y} + v_x\dot{x} = \frac{dv}{ds} = 0$$

oben und unten. Gesucht wird also in $\widetilde{\mathcal{G}}$ eine holomorphe Funktion $f(z)$, deren Wertebereich in der (u, v)–Ebene ein Rechteck ist.

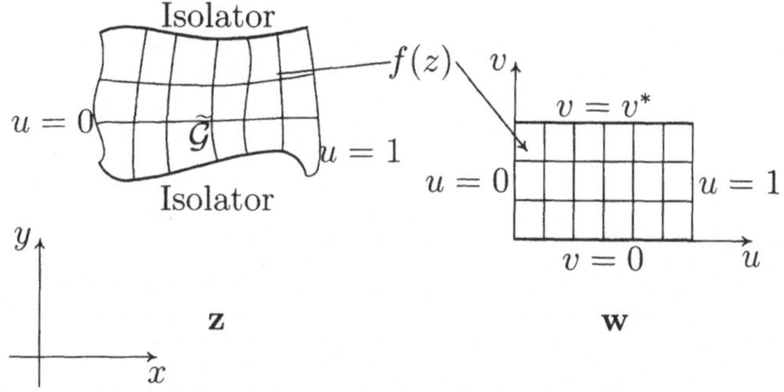

Abbildung 19.3: Elektrische Strömung in einer ebenen Platte.

19.2 Definition konformer Abbildungen

Satz 19.1 : *$f(z)$ sei in $z_0 \in \mathcal{G}$ holomorph und $f'(z_0) \neq 0$. Dann existiert ein $\delta > 0$, so daß $f : \mathcal{U}_\delta(z_0) \to f(\mathcal{U}_\delta(z_0))$ bijektiv ist und $f(\mathcal{U}_\delta(z_0))$ ist offene Menge in $\mathbb{C}$. Die inverse Abbildung $\Phi(w) = f^{-1}(w)$ ist in $w_0 = f(z_0)$ holomorph.*

Beweis: Dies ist ein lokaler Satz, den wir mit Hilfe des Satzes über implizite Funktionen zeigen können. Wir schreiben

$$z = x + iy, \quad w = \xi + i\eta = f(z) = u + iv, \quad w_0 = u_0 + iv_0 = f(z_0),$$

und untersuchen die Gleichungen

$$(19.6)\qquad \begin{aligned} F_1(x,y;\xi,\eta) &:= u(x,y) - \xi = 0,\\ F_2(x,y;\xi,\eta) &:= v(x,y) - \eta = 0. \end{aligned}$$

Aufgrund der Holomorphie von f in z_0 existiert eine Umgebung $\mathcal{U}_{\delta_1}(z_0) \subset \mathbb{C}$ mit $\delta_1 > 0$, in der $f(z)$ komplex analytisch ist. Folglich sind die Funktionen F_1, F_2 in $(x,y;\xi,\eta) \in \mathcal{U}_{\delta_1}(z_0) \times \mathbb{R}^2$ unendlich oft differenzierbar und für die Funktionaldeterminante

$$(19.7)\qquad \det\frac{\partial(F_1,F_2)}{\partial(x,y)} = \begin{vmatrix} F_{1x} & F_{1y} \\ F_{2x} & F_{2y} \end{vmatrix} = \begin{vmatrix} u_x & u_y \\ v_x & v_y \end{vmatrix} = u_x v_y - u_y v_x = u_x^2 + v_x^2 = |f'(z)|^2$$

existiert wegen $|f'(z_0)| \neq 0$ eine Umgebung $\mathcal{U}_{\delta_2}(z_0) \times \mathbb{R}^2$ mit $0 < \delta_2 < \delta_1$, wo

$$\det\frac{\partial(F_1,F_2)}{\partial(x,y)} \neq 0$$

gilt. Satz 9.35 über implizite Funktionen liefert die Existenz von Funktionen $g(\xi,\eta)$, $h(\xi,\eta)$ und einer Konstanten $\delta_3 > 0$, so daß $g, h \in C^\infty(\mathcal{U}_{\delta_3}(w_0))$ mit

$$\xi - u(g(\xi,\eta),h(\xi,\eta)) = 0, \quad \eta - v(g(\xi,\eta),h(\xi,\eta)) = 0, \quad g(w_0) + ih(w_0) = z_0$$

für alle $(\xi,\eta) \in \mathbb{R}^2$ mit $|(\xi + i\eta) - w_0| < \delta_3$ erfüllt sind. Für die komplexwertige Funktion

$$(19.8)\qquad \Phi(w) := g(\xi,\eta) + ih(\xi,\eta), \quad w := \xi + i\eta$$

gilt demnach

$$(19.9)\qquad w - f(\Phi(w)) = 0 \quad \text{für alle } w \in \mathcal{U}_{\delta_3}(w_0).$$

Ableiten nach $\overline{w}$ liefert

$$0 - f'(\Phi(w))\,\frac{\partial\Phi}{\partial\overline{w}} = 0,$$

das heißt wegen $f'(z) \neq 0$ für $z \in \mathcal{U}_{\delta_2}(z_0)$ folgt $\frac{\partial\Phi}{\partial\overline{w}} = 0$. Also ist $\Phi(w)$ in $\mathcal{U}_{\delta_3}(w_0)$ holomorph. Außerdem gilt wegen (19.9) für die Ableitung

$$(19.10)\qquad \frac{d\Phi}{dw} = \frac{1}{f'(\Phi(w))}.$$

Da $f(w)$ stetig ist, ist das Urbild $f^{-1}(\mathcal{U}_{\delta_3}(w_0))$ offen in $\mathbb{C}$. Also existiert ein $\delta > 0$ mit

$$\mathcal{U}_\delta(z_0) \subset f^{-1}(\mathcal{U}_{\delta_3}(w_0)),$$

und

$$f \,:\, \mathcal{U}_\delta(z_0) \xrightarrow{f} f(\mathcal{U}_\delta(z_0)) \xrightarrow{\Phi} \mathcal{U}_\delta(z_0)$$

ist bijektiv, das heißt

$$f(\mathcal{U}_\delta(z_0)) = \Phi^{-1}(\mathcal{U}_\delta(z_0))$$

ist offen, da Φ stetig ist. □

Zur Definition der **Winkeltreue**: $\mathcal{C}_1 \,:\, z = z_1(s)$ und $\mathcal{C}_2 \,:\, z = z_2(s)$ seien zwei glatte Kurvenstücke mit Schnittpunkt

$$z_0 := z_1(0) = z_2(0).$$

Die Kurven seien durch ihre Bogenlängen parametrisiert, so daß $|\dot{z}_1| = |\dot{z}_2| = 1$ gilt.

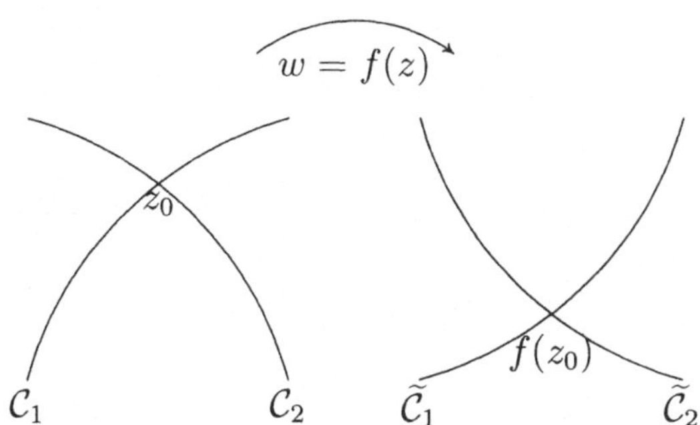

Abbildung 19.4: Winkeltreue Abbildung.

Der Winkel der Tangentenvektoren $\dot{z}_1$, $\dot{z}_2$ in z_0 sei $\alpha \in [0, 2\pi)$ mit

$$(19.11)\quad e^{i\alpha} := \frac{\dot{z}_1}{\dot{z}_2}.$$

$f(z)$ sei eine lokal bijektive Abbildung in der Umgebung von z_0; das heißt es gibt ein $\delta > 0$, so daß $f \,:\, \mathcal{U}_\delta(z_0) \to f(\mathcal{U}_\delta(z_0))$ bijektiv ist. Mit

$$(19.12)\quad \widetilde{\mathcal{C}}_1 \,:\, w = w_1(s) := f(z_1(s)), \quad \widetilde{\mathcal{C}}_2 \,:\, w = w_2(s) := f(z_2(s))$$

bezeichnen wir die Bildkurven. Durch

$$\varrho\, e^{i\widetilde{\alpha}} = \frac{dw_1}{ds} \Big/ \frac{dw_2}{ds}$$

mit $0 < \varrho$ und $\widetilde{\alpha} \in [0, 2\pi)$ ist dann der **Schnittwinkel** $\widetilde{\alpha}$ der Bildkurven wohldefiniert.

Definition 19.2: *Die reell stetig differenzierbare Abbildung f heißt im Gebiet $\mathcal{G}$* **konforme** *oder* **winkeltreue Abbildung** *genau dann, wenn für alle glatten Kurvenpaare $\mathcal{C}_1$ und $\mathcal{C}_2$ mit Schnittpunkt $z_0 \in \mathcal{G}$ gilt $\tilde{\alpha} = \alpha$.*

Definition 19.3: *Die reell stetig differenzierbare Abbildung heißt im Gebiet $\mathcal{G}$* **ähnlich**, *wenn für alle $z \in \mathcal{G}$ und für alle glatten Kurven $\mathcal{C} : z = z(s)$ durch $z_0 = z(0)$ gilt*

$$\left|\frac{d}{ds}\big(f(z(s))\big)\right|_{s=0} = c(z_0) \tag{19.13}$$

mit einer nur von z_0 abhängenden Konstanten $c(z_0) \neq 0$.

Satz 19.4 : *$f(z)$ sei im Gebiet $\mathcal{G}$ holomorph und*

$$f'(z) \neq 0 \quad \text{für alle } z \in \mathcal{G}.$$

Dann ist f eine sowohl konforme als auch ähnliche Abbildung.

Beweis:

i. Für die Ableitungen der Kurven nach der Bogenlänge s in z_0 ergeben sich

$$\frac{dw_1}{ds} = f'(z_0)\frac{dz_1}{ds} = f'(z_0)\dot{z}_1, \quad \frac{dw_2}{ds} = f'(z_0)\frac{dz_2}{ds} = f'(z_0)\dot{z}_2.$$

Dann berechnet sich der Schnittwinkel der beiden Kurven als

$$\frac{dw_1}{ds}\Big/\frac{dw_2}{ds} = \frac{\dot{z}_1}{\dot{z}_2} = e^{i\alpha} = e^{i\tilde{\alpha}},$$

woraus $\alpha \equiv \tilde{\alpha} \bmod 2\pi$, also $\alpha = \tilde{\alpha} \in [0, 2\pi)$ folgt.

ii. Für die Ableitung der Abbildung f nach s ergibt sich

$$\frac{d}{ds}f(z(s)) = f'(z_0)\,\dot{z}(s)\,.$$

Da s Bogenlängenparameter für jede der Kurven durch z_0 ist, gilt

$$\left|\frac{d}{ds}f(z(s))\right|_{s=0} = |f'(z_0)| \cdot 1$$

mit $f'(z_0) \neq 0$ für alle $z_0 \in \mathcal{G}$, das heißt $c(z_0) = |f'(z_0)| > 0$. Also ist f ähnliche Abbildung.

□

Satz 19.5 von Bohr: *Jede stetig differenzierbare ähnliche Abbildung f ist, gegebenenfalls bis auf eine Spiegelung, eine holomorphe Abbildung mit $f' \neq 0$.*

Satz 19.6 von Menschow: *Jede stetig differenzierbare konforme Abbildung ist eine holomorphe Abbildung mit $f' \neq 0$.*

Man nennt $f(z)$ **konforme Abbildung im Gebiet** $\mathcal{G}$, wenn $f(z)$ in $\mathcal{G}$ holomorph ist und $f'(z) \neq 0$ für alle $z \in \mathcal{G}$ erfüllt ist.

19.3 Beispiele konformer Abbildungen

19.3.1 Drehstreckung und Translation

Für gegebene komplexe Zahlen

$$z = |z|\, e^{i\varphi}, \quad a = |a|\, e^{i\alpha}$$

betrachten wir die Funktion

$$(19.14) \quad w(z) = az + c \quad \text{mit } c \in \mathbb{C}.$$

Diese Abbildung setzt sich zusammen aus der Drehstreckung

$$w_1(z) = a\, z = |a| \cdot |z|\, e^{i(\alpha+\varphi)}$$

und der Verschiebung oder Translation

$$w_2(z) = z + c\,.$$

Die Verschiebung ist konform für alle z; für $a \neq 0$ ist die Drehstreckung konform für alle z, und ihre Umkehrabbildung ist gegeben durch $z = w/a$.

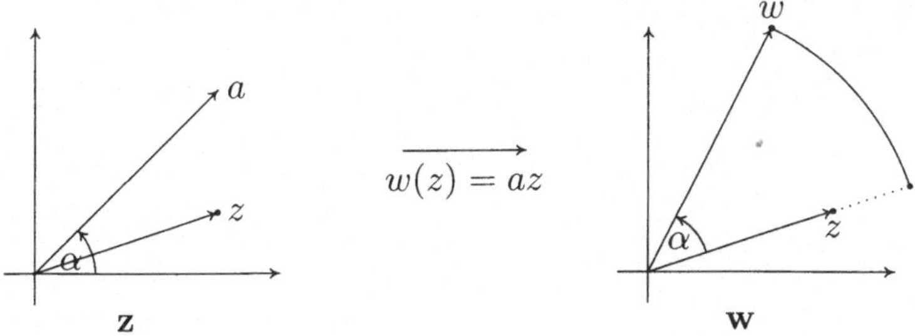

Abbildung 19.5: Drehstreckung.

Bei der Abbildung (19.14) gehen **Geraden in Geraden** und **Kreise in Kreise** über. Wir zeigen diese geometrisch offensichtliche Eigenschaft für die Drehstreckung $w = az$:

Schreiben wir

$$z = x + iy, \quad w = \xi + i\eta, \quad a = \alpha + \beta,$$

dann ergibt sich

$$w = a \cdot z = (\alpha + i\beta)(x + iy) = (\alpha x - \beta y) + i(\beta x + \alpha y),$$

das heißt, durch

$$\xi = \alpha x - \beta y, \quad \eta = \beta x + \alpha y$$

ist eine affine Transformation gegeben, die Geraden in Geraden überführt.
Sei jetzt ein Kreis um z_0 mit dem Radius R gegeben, Einsetzen der Umkehrabbildung ergibt

$$R^2 = (z - z_0)(\overline{z} - \overline{z}_0) = \left(\frac{w}{a} - z_0\right)\left(\frac{\overline{w}}{\overline{a}} - \overline{z}_0\right)$$

und Multiplikation mit $a\overline{a}$ führt zu

$$(w - z_0 a)(\overline{w} - \overline{z}_0\overline{a}) = R^2|a|^2 .$$

Dies ist ein Kreis um az_0 mit dem Radius $|a|R$.

19.3.2 Inversion am Einheitskreis

Für $z = |z| \cdot e^{i\varphi}$ betrachten wir die Abbildung

$$(19.15) \quad w(z) = \frac{1}{z} = |z|^{-1}e^{-i\varphi}$$

mit der Umkehrabbildung $z = 1/w$.
Wegen $w'(z) = -z^{-2}$ ist $w(z)$ konform für $z \neq 0$, $z \neq \infty$.

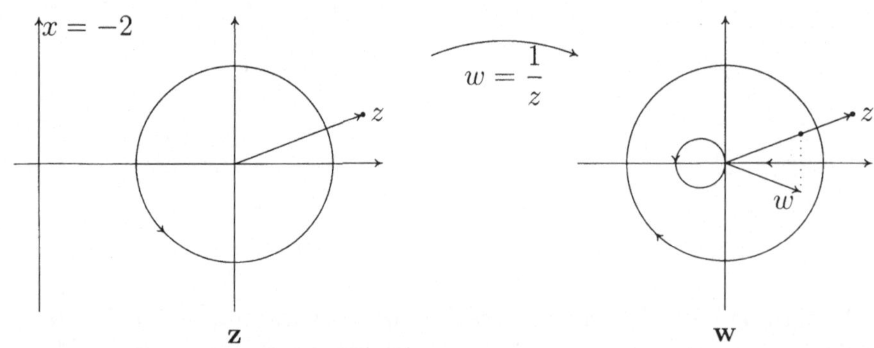

Abbildung 19.6: Inversion am Einheitskreis.

Die Abbildung (19.15) setzt sich zusammen aus der Spiegelung am Einheitskreis und der Spiegelung an der reellen Achse. Hierbei werden **Geraden und Kreise** wieder in **Geraden und Kreise** überführt:
Gegeben sei ein Kreis um z_0 mit Radius R,

$$(z - z_0)(\overline{z} - \overline{z}_0) = R^2 .$$

Einsetzen der Umkehrabbildung $z = 1/w$ und Multiplikation mit $w\overline{w}$ ergibt

$$1 - z_0 w - \overline{z}_0\overline{w} - (R^2 - z_0\overline{z}_0)w\overline{w} = 0 ,$$

und für die reelle Größe

$$\delta = R^2 - z_0\overline{z}_0$$

betrachten wir die Fallunterscheidung

i. $\delta = 0$: Dann erfüllt $w(z)$ die Geradengleichung

$$1 - z_0 w - \overline{z}_0\overline{w} = 0$$

bzw. mit $w = \xi + i\eta$

$$1 - 2x_0\xi + 2y_0\eta = 0 .$$

ii. $\delta \neq 0$: Dann ist

$$\left(w + \frac{\overline{z}_0}{\delta}\right)\left(\overline{w} + \frac{z_0}{\delta}\right) = \frac{1}{\delta} + \frac{z_0\overline{z}_0}{\delta^2} = \frac{R^2}{\delta^2}$$

ein Kreis um $\dfrac{\overline{z}_0}{\delta}$ mit dem Radius $\dfrac{R}{|\delta|}$.

19.3.3 Möbius–Transformation

Für komplexe Zahlen α, β, γ und δ mit

$$\det\begin{pmatrix} \alpha & \beta \\ \gamma & \delta \end{pmatrix} = \alpha \cdot \delta - \beta \cdot \gamma \neq 0$$

betrachten wir die **Möbius–Transformation** gegeben durch

$$w(z) = \frac{\alpha z + \beta}{\gamma z + \delta} = \frac{\alpha}{\gamma} + \frac{\beta - \frac{\delta\alpha}{\gamma}}{\gamma z + \delta}. \tag{19.16}$$

Diese setzt sich zusammen aus zwei Drehstreckungen und einer Inversion am Einheitskreis:

$$\begin{aligned} w_1(z) &:= \gamma z + \delta, \\ w_2(w_1) &:= \frac{1}{w_1}, \\ w_3(w_2) &:= \frac{\alpha}{\gamma} + \left(\beta - \frac{\delta\alpha}{\gamma}\right) w_2 = \frac{1}{\gamma}\left[\alpha + (\beta\gamma - \delta\alpha) w_2\right]. \end{aligned}$$

Die Umkehrabbildung ist wegen

$$z = -\frac{\delta}{\gamma} + \frac{\beta - \frac{\delta\alpha}{\gamma}}{\gamma w - \alpha} = \frac{-\delta w + \beta}{\gamma w - \alpha}$$

wiederum eine Möbius–Transformation.

In (19.16) werden der Punkt $z_0 = 0$ in $w_0 = \beta/\delta$ sowie ∞ in α/γ überführt. Die Möbius–Transformation (19.16) ist nicht konform für $z = -\delta/\gamma$ und $z = \infty$.

Allgemein werden durch $w(z)$ **Geraden und Kreise** wieder in **Geraden und Kreise** abgebildet.

Für die **Komposition** zweier Möbius–Transformationen ergibt sich wegen

$$\frac{\alpha'\left(\frac{\alpha z + \beta}{\gamma z + \delta}\right) + \beta'}{\gamma'\left(\frac{\alpha z + \beta}{\gamma z + \delta}\right) + \delta'} = \frac{(\alpha'\alpha + \beta'\gamma) z + (\alpha'\beta + \delta\beta')}{(\gamma'\alpha + \gamma\delta') z + (\delta\delta' + \beta\gamma')}$$

wieder eine Möbius–Transformation, das heißt, die Möbius–Transformationen (19.16) bilden eine **Gruppe**, die allerdings nicht kommutativ ist.

Wir betrachten noch die spezielle Möbius–Transformation

$$(19.17)\quad w(z) = \frac{z - a}{1 - \overline{a} z} \quad \text{für } |a| \neq 1,$$

welche die folgenden Eigenschaften besitzt: $|z| = 1$ wird abgebildet in

$$|w(z)|\big|_{|z|=1} = \frac{|z - a|}{|z\overline{z} - \overline{a} z|} = 1.$$

Außerdem gelten $w(a) = 0$ und $w(0) = -a$ sowie $w(z_\infty) = \infty$, in

$$z_\infty = \frac{a}{|a|^2} \quad \text{sowie in} \quad \infty$$

ist (19.17) nicht konform. Daraus folgt, daß für $|a| < 1$ die Funktion $w(z)$ aus (19.17) die Einheitskreisscheibe konform und bijektiv auf sich abbildet.

Wir zeigen nun, daß diese speziellen Möbius–Transformationen bis auf Drehungen die einzigen konformen Abbildungen sind, die die Einheitskreisscheibe auf sich selbst abbilden.

Lemma 19.7: *$g(z)$ sei eine konforme bijektive Abbildung der Einheitskreisscheibe $|z| < 1$ auf sich mit*

$$(19.18)\quad g(0) = 0 \quad \textit{und} \quad g'(0) > 0,\ g'(0) \in \mathbb{R}\,.$$

Dann ist g die identische Abbildung, das heißt

$$g(z) = z\,.$$

Beweis:

i. Nach dem Lemma von Schwarz (Satz 16.7) und den Voraussetzungen gelten

$$\begin{aligned} |g(z)| &\leq 1 = M \quad \text{für } |z| < 1 = R, \quad \text{also} \\ |g(z)| &\leq |z| \qquad\quad \text{für } |z| < 1\,. \end{aligned}$$

Die Funktion $h(z) := \dfrac{g(z)}{z}$ ist also in $|z| < 1$ holomorph und erfüllt

$$|h(z)| \leq 1 \quad \Rightarrow \quad 0 < g'(0) = h(0) \leq 1\,.$$

ii. Die inverse Abbildung $\gamma(z) := g^{-1}(z)$ hat die gleichen Eigenschaften wie g, und das impliziert

$$0 < \gamma'(0) \leq 1\,.$$

Aber

$$\gamma'(0) = \frac{1}{g'(0)} \leq 1$$

bedeutet zusammen mit $0 < g'(0) \leq 1$:

$$g'(0) = 1 = h(0)\,.$$

iii. Folglich nimmt $h(z)$ sein Maximum 1 in 0 an. Nach dem Maximum–Prinzip in Satz 15.27 kann dann $h(z)$ nur konstant sein. Das bedeutet

$$h(z) = 1 \quad \text{für } |z| < 1,$$

das heißt

$$g(z) = z \quad \text{für } |z| < 1\,.$$

□

Sei nun f irgendeine konforme Abbildung, die die Einheitskreisscheibe $\{z \mid |z|<1\}$ auf sich bijektiv abbildet. Dann ist $f(0) = a$, $|a| < 1$. Betrachten wir w wie in (19.17). Wegen $w(a) = 0$ ist die zusammengesetzte Funktion $g(z) = w(f(z))$ eine konforme Abbildung, die die Einheitskreisscheibe bijektiv auf sich abbildet, und außerdem gilt $g(0) = 0$. Sei $g'(0) = |g'(0)|e^{i\varphi}$. Definieren wir die Funktion $h(z) = e^{-i\varphi}g(z)$, so erfüllt diese die Voraussetzungen von Lemma 19.7, das heißt es gilt

$$h(z) = z \quad \text{bzw.} \quad e^{-i\varphi}w(f(z)) = z \quad \text{für alle } |z| < 1.$$

Also ist f die Umkehrfunktion zur Möbiustransformation

$$v(z) = e^{-i\varphi}w(z) = e^{-i\varphi}\frac{z-a}{1-\overline{a}z},$$

woraus leicht folgt, daß f bis auf Drehung eine Möbius–Transformation ist:

$$f(v) = e^{i\varphi}\frac{v + ae^{-i\varphi}}{1+\overline{a}e^{i\varphi}v}.$$

19.3.4 Aufbiegen einer Ecke

Für $z = |z|e^{i\varphi}$ und $\alpha \in \mathbb{R}$ sei

(19.19) $w(z) = z^\alpha = |z|^\alpha e^{i\alpha\varphi}.$

Diese Abbildung ist nicht konform bei $z = 0$ und $z = \infty$.

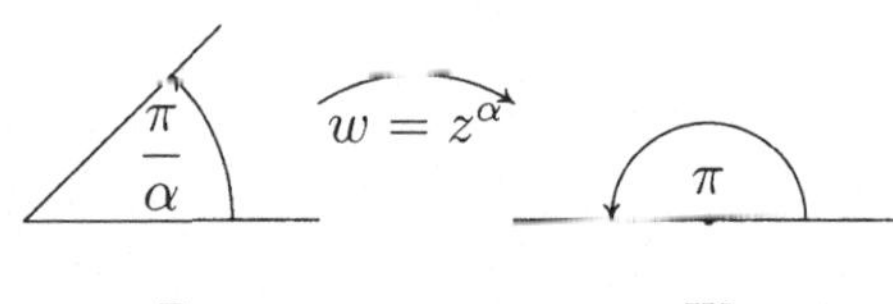

Abbildung 19.7: Aufbiegen einer Ecke.

19.3.5 Die Exponentialabbildung

Für $z = x + iy$ ist die Exponentialfunktion gegeben durch

(19.20) $w(z) = e^z = e^x e^{iy}$ und $w'(z) = e^z \neq 0\,.$

Diese Abbildung ist nur im Unendlichen $z = \infty$ nicht konform. Sie ist lokal bijektiv, aber nicht global bijektiv. Die Umkehrabbildung ist gegeben durch

(19.21) $z = \ln w = \ln|w| + i(\arg w + 2k\pi)$

mit $k = \mathbb{Z}$ und folglich nicht eindeutig; es sei denn, wir verwenden Riemannsche Blätter.

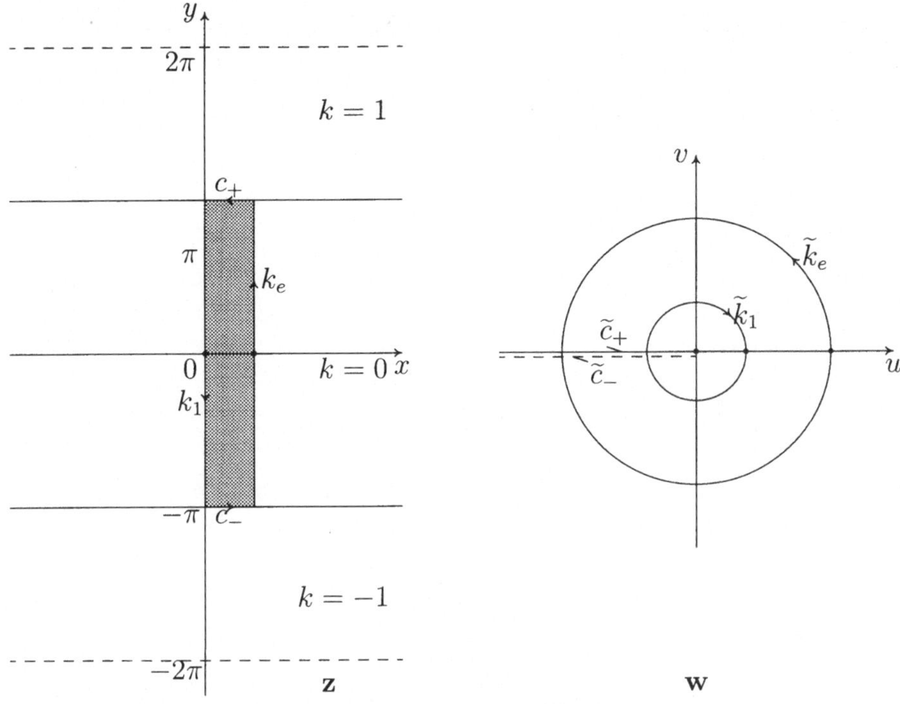

Abbildung 19.8: Exponentialfunktion.

Wir werden im Folgenden zeigen, daß man zu jedem einfach zusammenhängenden Gebiet $\mathcal{G} \subset \mathbb{C}$ mit mindestens zwei Randpunkten eine holomorphe konforme Abbildung auf das Innere des Einheitskreises finden kann. Zum Beweis dieses Satzes verwenden wir geeignete Approximationen, die mit Familien holomorpher Funktionen durchgeführt werden.

19.4 Familien holomorpher Funktionen

Definition 19.8: *Die Funktionenfolge $(f_n)_{n\in\mathbb{N}}$ heißt in $\mathcal{D} \subset \mathbb{C}$* **kompakt konvergent**, *wenn $f_n(z)$ gleichmäßig konvergent in $\mathcal{K}$ für alle $\mathcal{K} \Subset \mathcal{D}$ ist.*
Dabei bedeutet $\mathcal{K} \Subset \mathcal{D}$, daß $\mathcal{K} \subset \mathcal{D}$ und $\mathcal{K}$ kompakt ist.

Satz 19.9 : *Die Funktionenfolge $(f_n(z))_{n\in\mathbb{N}}$ sei im Gebiet $\mathcal{G} \subset \mathbb{C}$ holomorph und kompakt konvergent. Dann ist*

(19.22) $F(z) := \lim\limits_{n\to\infty} f_n(z) \quad$ *für $z \in \mathcal{G}$*

in $\mathcal{G}$ holomorph, und die elementweise komplex differenzierten Funktionenfolgen konvergieren in $\mathcal{G}$ kompakt gegen die entsprechenden Ableitungen von F:

(19.23) $F^{(k)}(z) = \lim\limits_{n\to\infty} f_n^{(k)}(z) \quad$ *für alle $z \in \mathcal{G},\ k \in \mathbb{N}$.*

Beweis: Sei $\mathcal{K} \Subset \mathcal{G}$ beliebig, aber fest gewählt. $\mathcal{G}$ ist offen, also existiert aufgrund der Aussage

$$\forall z_0 \in \mathcal{G}\ \exists \delta > 0 : \overline{\mathcal{U}_\delta(z_0)} \subset \mathcal{U}_{2\delta}(z_0) = \{z \mid |z - z_0| < 2\delta\} \subset \mathcal{G}$$

eine offene Überdeckung von $\mathcal{K}$:

$$\mathcal{K} \subset \bigcup_{z_0 \in \mathcal{K}} \mathcal{U}_{\delta/2}(z_0) \subseteq \mathcal{G}$$

Nach dem Satz von Heine–Borel (Satz 3.50) enthält diese eine endliche Überdeckung von $\mathcal{K}$, das heißt es existieren Indizes $j = 1, \ldots, M$ mit $z_j \in \mathcal{K}$ und $\delta_j = \delta(z_j) > 0$, so daß

$$(19.24)\quad \mathcal{K} \subset \bigcup_{j=1}^{M} \mathcal{U}_{\delta_j/2}(z_j) \quad \text{und}\ \overline{\mathcal{U}_{\delta_j}(z_j)} \subset \mathcal{G}\,.$$

Nach Voraussetzung konvergiert $f_n(z)$ auf $\overline{\mathcal{U}_{\delta_j}(z_j)} \subset \mathcal{U}_{2\delta_j}(z_j)$ gleichmäßig. **Dort** wenden wir die Cauchysche Integralformel (15.20) an:

$$f_n^{(k)}(z) = \frac{k!}{2\pi i} \oint\limits_{|\zeta - z_j| = \delta_j} \frac{f_n(\zeta)}{(\zeta - z)^{k+1}} d\zeta\,.$$

Für

$$(z, \zeta) \in \overline{\mathcal{U}_{\delta_j/2}(z_j)} \times \{\zeta \mid |\zeta - z_j| = \delta_j\}$$

konvergiert die Folge der Integranden gleichmäßig, also können Integration und Grenzwertbildung vertauscht werden, und wir erhalten, daß

$$\begin{aligned}\lim_{n\to\infty} f_n^{(k)}(z) &= \frac{k!}{2\pi i} \oint\limits_{|\zeta - z_j| = \delta_j} \lim_{n\to\infty} \frac{f_n(\zeta)}{(\zeta - z)^{k+1}} d\zeta \\ &= \frac{k!}{2\pi i} \oint\limits_{|\zeta - z_j| = \delta_j} \frac{F(\zeta)}{(\zeta - z)^{k+1}} d\zeta \;=\; F^{(k)}(z)\end{aligned}$$

gleichmäßig in $\overline{\mathcal{U}_{\delta_j/2}(z_j)}$ konvergiert.
Da $\mathcal{K}$ durch **endlich viele** $\overline{\mathcal{U}_{\delta_j/2}(z_j)}$ überdeckt wird, erhalten wir gleichmäßige Konvergenz und die Holomorphie von $F(z)$ in ganz $\mathcal{K}$. □

Folgerung 19.10: *Die Reihe* $\sum\limits_{n=0}^{\infty} g_n(z)$ *mit im Gebiet* $\mathcal{G}$ *holomorphen Funktionen* $g_n(z)$ *sei in* $\mathcal{G}$ *kompakt konvergent. Dann ist*

$$(19.25)\quad F(z) := \sum_{n=0}^{\infty} g_n(z)$$

in $\mathcal{G}$ *holomorph und für alle* $k \in \mathbb{N}$ *und* $z \in \mathcal{G}$ *ist*

$$(19.26)\quad F^{(k)}(z) = \sum_{n=0}^{\infty} g_n^{(k)}(z)$$

in $\mathcal{G}$ *kompakt konvergent.*

Beispiel 19.11: *Wir betrachten für $z \in \mathcal{G} := \mathbb{C} \setminus \pi\mathbb{Z}$ die Reihe*

$$(19.27)\quad \frac{1}{\sin^2 z} = \sum_{j=-\infty}^{+\infty} \frac{1}{(z-j\pi)^2}$$

und zeigen, daß diese Reihe in $\mathcal{G}$ kompakt konvergiert.
Sei $\mathcal{K} \Subset \mathcal{G}$ sowie $\mathcal{K} \subset \{z \mid |z| \leq R\}$ und wir setzen

$$N := \left[\frac{2R}{\pi}\right] + 1.$$

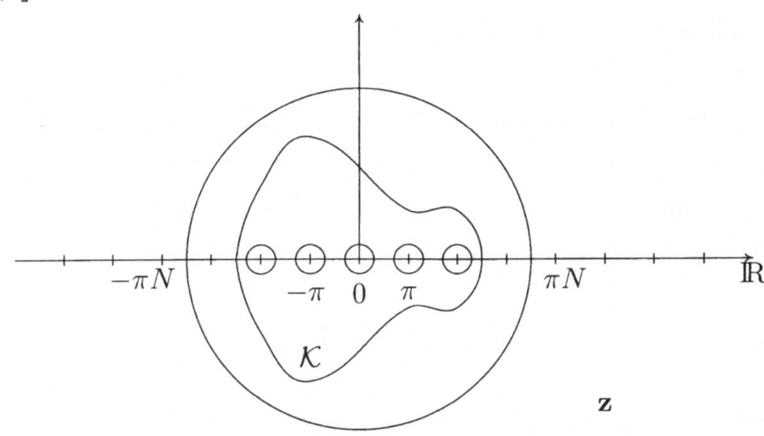

Abbildung 19.9: Zur kompakten Konvergenz der Reihe (19.27).

Dann ist

$$\left|\sum_{|j|\geq N} \frac{1}{(z-j\pi)^2}\right| = \left|\sum_{j=N}^{\infty} \frac{1}{(z-j\pi)^2} + \sum_{j=N}^{\infty} \frac{1}{(z+j\pi)^2}\right|$$
$$\leq 2\sum_{j=N}^{\infty} \frac{1}{(j\pi-|z|)^2} \leq 2\sum_{j=N}^{\infty} \frac{1}{(j\pi-\frac{1}{2}j\pi)^2} = \frac{8}{\pi^2}\sum_{j=N}^{\infty} \frac{1}{j^2}\,.$$

Hierbei haben wir die Abschätzung

$$|z| \leq R \leq \frac{j\pi}{2} \quad \text{für} \quad j \geq N = \left[\frac{2R}{\pi}\right] + 1$$

benutzt. Die Reihe $\sum j^{-2}$ ist also eine konvergente Majorante für die Reihe $\sum_{j\in\mathbb{Z}}(z-j\pi)^{-2}$, woraus die gleichmäßige Konvergenz dieser Reihe auf $\mathcal{K}$ und damit die kompakte Konvergenz auf $\mathcal{G}$ folgt.

Satz 19.12 von Weierstrass: *Die Funktionen $f_n(z)$ $(n \in \mathbb{N})$ seien auf einem Kompaktum $\mathcal{B} = \overline{\mathcal{B}} \subset \mathbb{C}$ stetig und in $\underline{\mathcal{B}}$ holomorph, und die Folge $(f_n(z))_{n\in\mathbb{N}}$ konvergiere auf $\partial\mathcal{B}$ gleichmäßig. Dann konvergiert $(f_n(z))_{n\in\mathbb{N}}$ in $\mathcal{B}$ gleichmäßig und*

$$(19.28)\quad F(z) := \lim_{n\to\infty} f_n(z)$$

ist in $\underline{\mathcal{B}}$ holomorph.

Beweis: Die gleichmäßige Konvergenz auf $\partial\mathcal{B}$ impliziert, daß gilt:

$$\forall \varepsilon > 0\ \exists N \in \mathbb{N}\ :\ \forall\, n,m \geq N \quad \forall \zeta \in \partial\mathcal{B}\ :\ |f_n(\zeta) - f_m(\zeta)| < \varepsilon.$$

Nach dem Maximumprinzip (Satz 15.41) gilt dann

$$\forall z \in \mathcal{B}\ :\ |f_n(z) - f_m(z)| \leq \max_{\zeta\in\partial\mathcal{B}} |f_n(\zeta) - f_m(\zeta)| < \varepsilon,$$

das heißt die Folge $(f_n(z))$ konvergiert gleichmäßig in $\mathcal{B}$. Dann ist diese Folge erst recht kompakt konvergent in $\underline{\mathcal{B}}$; und nach Satz 19.9 ist $F(z)$ in $\underline{\mathcal{B}}$ holomorph. □

Definition 19.13: *Sei $\mathcal{B} \subset \mathbb{C}$ ein Bereich. Eine Familie von Funktionen*

$$\mathcal{F} = \{f_j : \mathcal{B} \to \mathbb{C} \mid j \in I \subset \mathbb{N}\}$$

heißt im Innern von $\mathcal{B}$ **gleichartig beschränkt**, *wenn gilt:*

(19.29) $\forall \mathcal{K} \Subset \underline{\mathcal{B}}\ \exists M\ :\ \forall\, z \in \mathcal{K}\ \forall f \in \mathcal{F}\ :\ |f(z)| \leq M.$

Lemma 19.14: *$\mathcal{F}$ sei eine Familie von im* **Gebiet** *$\mathcal{G}$ holomorphen und dort gleichartig beschränkten Funktionen. Dann ist $\mathcal{F}$ in jedem Punkt von $\mathcal{G}$ gleichgradig stetig, das heißt*

(19.30) $$\begin{aligned} &\forall z_0 \in \mathcal{G}\ \forall \varepsilon > 0\ \exists \delta > 0\ :\ \forall z \in \mathcal{G} \wedge |z - z_0| < \delta \quad \forall f \in \mathcal{F}\ : \\ &\qquad |f(z) - f(z_0)| < \varepsilon. \end{aligned}$$

Beweis: Sei $z_0 \in \mathcal{G}$. Dann existiert ein $\delta_0 > 0$, so daß

$$\overline{\mathcal{U}_{\delta_0}(z_0)} = \{z \mid |z - z_0| \leq \delta_0\} \subset \mathcal{G}.$$

Nach Voraussetzung ist

$$M(\delta_0) := \sup_{f\in\mathcal{F}} \sup_{z\in\overline{\mathcal{U}_{\delta_0}(z_0)}} |f(z)| < \infty.$$

Für jedes $\delta \leq \delta_0/2$, alle $f \in \mathcal{F}$ und alle $z \in \mathcal{G}$ mit $|z - z_0| < \delta$ ist daher

$$\begin{aligned} |f(z) - f(z_0)| &= \left| \frac{1}{2\pi i} \int_{|\zeta - z_0| = \delta_0} f(\zeta) \left[\frac{1}{\zeta - z} - \frac{1}{\zeta - z_0} \right] d\zeta \right| \\ &\leq M(\delta_0) \frac{|z - z_0|}{|\delta_0 - |z - z_0||} < M(\delta_0) \frac{\delta}{\frac{1}{2}\delta_0} \leq \varepsilon, \end{aligned}$$

wenn

$$\delta := \min\left\{ \frac{\delta_0}{2}, \frac{\varepsilon\delta_0}{2M(\delta_0)} \right\} > 0$$

gesetzt wird, damit folgt die Behauptung. □

Definition 19.15: *Eine im Bereich $\mathcal{B} \subset \mathbb{C}$ gegebene Funktionenfamilie $\mathcal{F}$ heißt* **normale Familie** *in $\mathcal{B}$, wenn jede abzählbare Folge $(f_n(z))_{n\in\mathbb{N}} \subset \mathcal{F}$ eine in $\mathcal{B}$ kompakt konvergente Teilfolge enthält.*

Satz 19.16 von Montel: *Jede im Gebiet $\mathcal{G}$ gleichartig beschränkte Familie holomorpher Funktionen ist in $\mathcal{G}$ normale Familie.*

Beweis: Für jedes $m \in \mathbb{N}$ definieren wir

(19.31) $$\mathcal{K}_m := \{z \mid |z| \le m\} \cap \mathcal{G} \setminus \Big(\bigcup_{\zeta \in \partial\mathcal{G}} \{z \mid |z-\zeta| < \frac{1}{m}\}\Big).$$

Die Mengen $\mathcal{K}_m$ sind kompakt und schöpfen $\mathcal{G}$ in folgendem Sinn aus:

$$\forall z_0 \in \mathcal{G} \quad \exists M \ : \forall m \ge M \ : \ z_0 \in \mathcal{K}_m \,.$$

Sei nun $(f_n(z))_{n\in\mathbb{N}} \subset \mathcal{F}$. Die Funktionen f_n sind auf $\mathcal{K}_1$ nach Voraussetzung gleichmäßig beschränkt und nach Lemma 19.14 gleichgradig stetig. Nach dem Satz von Arzela–Ascoli (Satz 7.95) existiert dann eine auf $\mathcal{K}_1$ gleichmäßig konvergente Teilfolge $(f_{1j})_{j\in\mathbb{N}} \subset (f_n)_{n\in\mathbb{N}}$.
Wir wiederholen diese Überlegung für die Funktionen f_{1j} auf $\mathcal{K}_2$ und erhalten so eine auf $\mathcal{K}_2$ gleichmäßig konvergente Teilfolge $(f_{2j})_{j\in\mathbb{N}} \subset (f_{1j})_{j\in\mathbb{N}} \subset (f_n)$ und fahren so fort:

$$\ldots \subset (f_{3j}) \subset (f_{2j}) \subset (f_{1j}) \subset (f_n),$$

wobei

f_{11}	f_{12}	f_{13}	f_{14}	$\ldots$	gleichmäßig konvergent in $\mathcal{K}_1$,
f_{21}	f_{22}	f_{23}	f_{24}	$\ldots$	gleichmäßig konvergent in $\mathcal{K}_2$,
f_{31}	f_{32}	f_{33}	f_{34}	$\ldots$	gleichmäßig konvergent in $\mathcal{K}_3$,
$\vdots$	$\vdots$	$\vdots$	$\vdots$		

Die Diagonalfolge $(f_{jj})_{j\in\mathbb{N}}$ konvergiert in jedem $\mathcal{K}_m$ gleichmäßig. Nun ist aber jedes Kompaktum $\mathcal{K} \Subset \mathcal{G}$ in einem gewissen $\mathcal{K}_m$ enthalten: $\mathcal{K} \subset \mathcal{K}_m$.
Folglich konvergiert die Diagonalfolge auch in $\mathcal{K}$ gleichmäßig. □

Der folgende Satz macht eine Aussage über die Konvergenz normaler Familien.

Satz 19.17 von Vitali: *Es sei $(f_n(z))_{n\in\mathbb{N}}$ eine im Gebiet $\mathcal{G}$ normale Familie holomorpher Funktionen, $(z_m)_{m\in\mathbb{N}}$ eine abzählbare Folge paarweise verschiedener Punkte aus $\mathcal{G}$ mit Häufungspunkt $z_0 \in \mathcal{G}$, und der Grenzwert*

(19.32) $$F(z_m) = \lim_{n\to\infty} f_n(z_m)$$

existiere für jedes $m \in \mathbb{N}$. Dann konvergiert $(f_n(z))_{n\in\mathbb{N}}$ in $\mathcal{G}$ kompakt gegen eine dort holomorphe Funktion

(19.33) $$F(z) = \lim_{n\to\infty} f_n(z) \quad \text{für alle } z \in \mathcal{G}.$$

Beweis:

i. Wir zeigen zunächst die Existenz des Grenzwertes (19.33) für alle $z \in \mathcal{G}$.
Annahme: Es existiert ein Punkt $z^* \in \mathcal{G}$ so, daß $f_n(z^*)$ divergiert. Da (f_n) normal ist, existieren mindestens zwei in $\mathcal{G}$ kompakt konvergente Teilfolgen $(f_{n_k}(z))$ und $(f_{n'_j}(z))$ in $\mathcal{G}$ mit

$$F_1(z) := \lim_{k\to\infty} f_{n_k}(z), \quad F_2(z) := \lim_{j\to\infty} f_{n'_j}(z)$$

sowie

$$\lim_{k\to\infty} f_{n_k}(z^*) = F_1(z^*) \neq F_2(z^*) = \lim_{j\to\infty} f_{n'_j}(z^*)\,.$$

Andererseits gilt nach Voraussetzung

$$F_1(z_m) = F_2(z_m) \quad \text{für jedes } m \in \mathbb{N}.$$

Da die Funktionen $F_1(z)$, $F_2(z)$ nach Satz 19.9 als Grenzwerte kompakt konvergenter Folgen holomorph sind, folgt aus dem Identitätssatz (Satz 17.1) für holomorphe Funktionen

$$F_1(z) = F_2(z) \quad \text{für alle } z \in \mathcal{G},$$

insbesondere also auch für z^*, was einen Widerspruch darstellt.

ii. Zu zeigen bleibt die kompakte Konvergenz von (f_n) gegen F.
Annahme: (f_n) ist **nicht** kompakt konvergent in $\mathcal{G}$. Dann existiert ein Kompaktum $\mathcal{K} \Subset \mathcal{G}$, ein $\varepsilon_0 > 0$, eine Indexfolge $\{n_k\}_{k\in\mathbb{N}} \subset \mathbb{N}$ mit $n_k < n_{k+1} \to \infty$ sowie eine paarweise disjunkte Punktfolge $\{z_k\} \subset \mathcal{K}$, so daß

$$\forall k \in \mathbb{N} \quad \exists n_k \geq k,\ z_k \in \mathcal{K} \text{ mit } |f_{n_k}(z_k) - F(z_k)| \geq \varepsilon_0 > 0\,.$$

Da (f_n) normal ist, läßt sich aus der Folge $(f_{n_k})_{k\in\mathbb{N}}$ eine kompakt konvergente Teilfolge $(f_{n_{k'}})_{k'\in\mathbb{N}'\subset\mathbb{N}}$ auswählen. Für diese gilt

$$\exists N(\varepsilon_0) \;:\; \forall k' \geq N,\ \forall z \in \mathcal{K} \;:\; |f_{n_{k'}}(z) - F(z)| < \varepsilon_0,$$

insbesondere ist also

$$|f_{n_{k'}}(z_{k'}) - F(z_{k'})| < \varepsilon_0,$$

was einen Widerspruch zur oben gezeigten Ungleichung darstellt. □

Zusammenfassend gilt demnach

Satz 19.18 : *Es sei* $(f_n(z))_{n\in\mathbb{N}}$ *eine im Gebiet* $\mathcal{G}$ *gleichartig beschränkte Familie holomorpher Funktionen, die auf einer abzählbaren Folge* $\{z_m\}_{m\in\mathbb{N}}$ *verschiedener Punkte mit Häufungspunkt* $z_0 \in \mathcal{G}$ *konvergiert, das heißt*

$$\forall m \in \mathbb{N} \quad \exists F \in \mathbb{C} \, : \, F(z_m) = \lim_{n\to\infty} f_n(z_m)\,.$$

Dann konvergiert $(f_n(z))_{n\in\mathbb{N}}$ *in* $\mathcal{G}$ *kompakt gegen eine dort holomorphe Funktion* $F(z)$.

Beweis: Wegen der gleichartigen Beschränktheit ist die Funktionenfamilie nach dem Satz 19.16 von Montel eine normale Familie. Dann liefert der Satz 19.17 von Vitali die Behauptung. □

19.5 Der Riemannsche Abbildungssatz

Der Abbildungssatz wurde von Riemann vermutet und 1912 gleichzeitig von Carathéodory und Koebe bewiesen. Der folgende Beweis entstammt [5, S. 352 ff] und [27] nach Fejér und Riesz.

Satz 19.19 (Riemannscher Abbildungssatz) : *Sei* $\mathcal{G} \subset \mathbb{C}$ *ein einfach zusammenhängendes Gebiet, und* $\partial\mathcal{G}$ *enthalte mindestens zwei Punkte, wobei* ∞ *zugelassen ist. Weiter seien* $z_0 \in \mathcal{G}$ *und* $w_0 \in \mathbb{C}$ *mit* $|w_0| < 1$ *beliebig vorgegeben. Dann gibt es genau eine bijektive konforme Abbildung* $\Phi(z) \, : \, \mathcal{G} \to \{w \in \mathbb{C} \mid |w| < 1\}$ *von* $\mathcal{G}$ *auf die offene Einheitskreisscheibe mit den Eigenschaften*

(19.34) $\Phi(z_0) = w_0$ *und* $0 < \Phi'(z_0) \in \mathbb{R}$.

Beweis: 1. Schritt: Wir machen zunächst die **Zusatzvoraussetzung**

(19.35) $0 \in \mathcal{G} \subset \{z \in \mathbb{C} \mid |z| < 1\}$.

Diese wird später fallengelassen. Wir betrachten die folgende Familie holomorpher Funktionen:

(19.36) $$\begin{aligned}\mathcal{F} \; := \; & \{f \text{ holomorph in } \mathcal{G} \mid \forall z_1 \neq z_2 \in \mathcal{G} \, : \, f(z_1) \neq f(z_2) \wedge \\ & f(0) = 0 \wedge f'(0) > 0 \wedge \forall z \in \mathcal{G} \, : \, |f(z)| < 1,\, f'(z) \neq 0\}\,.\end{aligned}$$

Für $0 < \alpha \leq 1$ gilt $f(z) = \alpha z \in \mathcal{F}$, also ist $\mathcal{F} \neq \emptyset$. Außerdem ist $\mathcal{F}$ per Definition gleichartig beschränkt, das heißt nach dem Satz 19.16 von Montel ist $\mathcal{F}$ eine **normale Familie**.
Wir zeigen zuerst, daß

(19.37) $\sup_{f\in\mathcal{F}} f'(0) =: \varrho < \infty$

existiert. Da $0 \in \mathcal{G}$ und $\mathcal{G}$ Gebiet ist, gibt es ein $\delta > 0$ mit

$$\overline{\mathcal{U}_\delta(0)} = \{z \mid |z| \leq \delta\} \subset \mathcal{G}.$$

Nach der Cauchyschen Integralformel (15.20) ist für alle $f \in \mathcal{F}$

$$0 < f'(0) = \frac{1}{2\pi i} \oint\limits_{|z|=\delta} \frac{f(z)dz}{z^2} \leq \frac{1}{2\pi} 2\pi\delta \frac{1}{\delta^2} = \frac{1}{\delta} =: M < \infty .$$

Also ist $\{f'(0)\}$ für $f \in \mathcal{F}$ beschränkt und (19.37) gilt.
Wir wählen nun eine Folge $\{f_n\}_{n\in\mathbb{N}} \subset \mathcal{F}$ mit der Eigenschaft

(19.38) $\lim\limits_{n\to\infty} f_n'(0) = \varrho.$

Da $\mathcal{F}$ normal ist, besitzt (f_n) eine Teilfolge $(f_{n'})$, welche kompakt gegen eine holomorphe Grenzfunktion $f_0(z)$ konvergiert:

(19.39) $f_0(z) = \lim\limits_{n'\to\infty} f_{n'}(z)$ kompakt in $\mathcal{G}$.

Dabei ist insbesondere nach Satz 19.9

(19.40) $\varrho = f_0'(0) = \lim\limits_{n'\to\infty} f_{n'}'(0) > 0 .$

Wegen $f_0'(0) > 0$ ist $f_0(z)$ keine konstante Funktion. Dann folgt mit $|f(z)| \leq 1$ aufgrund des Maximum–Prinzips (Satz 15.27)

(19.41) $\forall z \in \mathcal{G} : |f_0(z)| < 1,$

das heißt f_0 bildet $\mathcal{G}$ in $\{z \mid |z| < 1\}$ ab.

Widerspruchsannahme zur Injektivität:
Angenommen, es existieren $z_1, z_2 \in \mathcal{G}$ mit $z_1 \neq z_2$ und $f_0(z_1) = f_0(z_2) =: a$. Beide a–Stellen liegen isoliert, da sonst $f_0 \equiv a$ folgen würde, das heißt es existiert ein $\delta > 0$, so daß in $\{z \mid 0 < |z - z_1| \leq \delta\}$ und $\{z \mid 0 < |z - z_2| \leq \delta\}$ jeweils **keine** weiteren a–Stellen liegen.
Sei N die Summe der Vielfachheiten der Nullstellen von $f_0(z) - a$ in $z = z_1$ und $z = z_2$. Das Prinzip vom Argument (Satz 17.3) angewendet auf die Funktion $f_0(z) - a$ liefert

$$\begin{aligned} 2 \leq N &= \frac{1}{2\pi i} \oint\limits_{|z-z_1|=\delta} \frac{f_0'(z)}{f_0(z) - a} dz + \frac{1}{2\pi i} \oint\limits_{|z-z_2|=\delta} \frac{f_0'(z)}{f_0(z) - a} dz \\ &= \frac{1}{2\pi i} \oint\limits_{|z-z_1|=\delta} \lim_{n'\to\infty} \frac{f_{n'}'(z)}{f_{n'}(z) - a} dz + \frac{1}{2\pi i} \oint\limits_{|z-z_2|=\delta} \lim_{n'\to\infty} \frac{f_{n'}'(z)}{f_{n'}(z) - a} dz \end{aligned}$$

und aufgrund der kompakten Konvergenz können Grenzwertbildung und Integration vertauscht werden, woraus folgt:

$$2 \leq N = \lim_{n'\to\infty} \left\{ \frac{1}{2\pi i} \oint\limits_{|z-z_1|=\delta} \frac{f_{n'}'(z)}{f_{n'}(z) - a} dz + \frac{1}{2\pi i} \oint\limits_{|z-z_2|=\delta} f_{n'}'(z) f_{n'}(z) - a dz \right\} \leq 1.$$

Da jedes $f_{n'}$ injektiv auf ganz $\mathcal{G}$ ist, hat $f_{n'}$ höchstens eine a–Stelle, und diese ist wegen $f_{n'}'(z) \neq 0$ einfach. Also ist die rechte Seite der Abschätzung höchstens 1, dies ist ein Widerspruch, folglich muß $f_0(z)$ **injektiv** sein!

Nun zeigen wir $f_0'(z) \neq 0$ für alle $z \in \mathcal{G}$:
Annahme: Es existiert ein $z_0 \in \mathcal{G}$ mit $f_0'(z_0) = 0$. Dann liegt z_0 isoliert und wir finden ein $\delta > 0$ so, daß $\overline{\mathcal{U}_\delta(z_0)} \subset \mathcal{G}$ und daß in $\overline{\mathcal{U}_\delta(z_0)}$ keine weiteren Nullstellen von f_0' liegen. Das Prinzip vom Argument liefert zusammen mit der kompakten Konvergenz wie oben

$$\begin{aligned} 1 \leq N' &= \frac{1}{2\pi i} \oint\limits_{|z-z_0|=\delta} \frac{f_0''(z)}{f_0'(z)}\, dz = \frac{1}{2\pi i} \oint\limits_{|z-z_0|=\delta} \lim_{n'\to\infty} \frac{f_{n'}''(z)}{f_{n'}'(z)}\, dz \\ &= \lim_{n'\to\infty} \frac{1}{2\pi i} \oint\limits_{|z-z_0|=\delta} \frac{f_{n'}''(z)}{f_{n'}'(z)}\, dz = 0, \end{aligned}$$

da wegen $f_{n'}'(z) \neq 0$ die Integrale für alle $f_{n'} \in \mathcal{F}$ und $z \in \mathcal{G}$ verschwinden.
Dies ist ein Widerspruch; also ist $f_0'(z) \neq 0$ für alle $z \in \mathcal{G}$ erfüllt.
Nach Konstruktion gilt (19.41): $f_0(\mathcal{G}) \subset \{w \mid |w| < 1\}$. Zu zeigen ist demnach noch die Gleichheit

$$(19.42) \quad f_0(\mathcal{G}) = \{w \mid |w| < 1\}\,.$$

Widerspruchsannahme zur Surjektivität: Es existiere ein $a \in \mathbb{C}$ mit $|a| < 1$ und für alle $z \in \mathcal{G}$ gelte $f_0(z) \neq a$. Dann bildet die **Möbius–Transformation**

$$(19.43) \quad \varphi_1(z) := \frac{a - z}{1 - \overline{a}z}$$

wegen $\varphi_1(0) = a$ mit $|a| < 1$, $\varphi_1(a) = 0$ und

$$|\varphi_1(z)|\big|_{|z|=1} = \frac{|a-z|}{|\overline{z} - \overline{z}\,\overline{a}\,z|} = \frac{|a-z|}{|\overline{z} - \overline{a}|} = 1$$

die Einheitskreisscheibe konform und bijektiv auf sich ab. Demnach gilt wegen $\varphi_1(a) = 0$ und $a \notin f_0(\mathcal{G})$

$$\varphi_1(z) \neq 0 \quad \text{für alle } z \in f_0(\mathcal{G}).$$

Aus $f_0'(z) \neq 0$ auf $\mathcal{G}$ und Satz 19.1 folgt, daß $f_0(\mathcal{G})$ ein einfach zusammenhängendes Gebiet ist, welches die einzige Nullstelle a von φ_1 nicht enthält. Also kann man

$$(19.44) \quad \varphi_2(z) := \sqrt{\varphi_1(z)}$$

nach dem Monodromiesatz 18.2 mit dem Kreiskettenverfahren auf $f_0(\mathcal{G})$ als bijektive konforme Abbildung definieren. ($f_0(\mathcal{G})$ ist, wie oben schon gezeigt wurde, ein einfach zusammenhängendes Teilgebiet der Einheitskreisscheibe und wegen $\varphi_1(z) \neq 0$, und wegen $\varphi_1'(z) \neq 0$ gilt auch $\varphi_2'(z) \neq 0$.) Die Möbius–Transformation

$$(19.45) \quad \varphi_3(z) := \frac{\sqrt{a} - \varphi_2(z)}{1 - \overline{\sqrt{a}}\varphi_2(z)}$$

bildet wegen $|\sqrt{a}| < 1$ wieder das Innere der Einheitskreisscheibe bijektiv und konform auf sich ab.

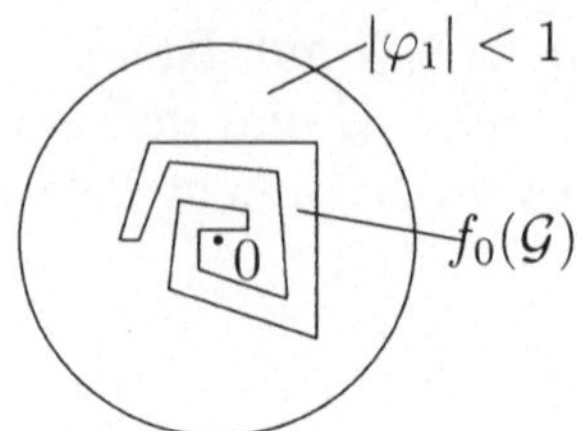

Abbildung 19.10: Nicht surjektives Bild.

Des weiteren gelten

$$\varphi_3(0) = \frac{\sqrt{a} - \sqrt{\varphi_1(0)}}{1 - \overline{\sqrt{a}}\sqrt{\varphi_1(0)}} = \frac{\sqrt{a} - \sqrt{a}}{1 - |\sqrt{a}|^2} = 0$$

und mit $\varphi_2(0) = \sqrt{a}$

$$\begin{aligned}\varphi_3'(0) &= -\varphi_2'(0)\frac{1}{1-|a|} + \overline{\sqrt{a}}\varphi_2'(0)\frac{\sqrt{a}-\sqrt{a}}{(1-|a|)^2} = -\frac{1}{2}\frac{1}{\sqrt{\varphi_1(0)}}\varphi_1'(0)\frac{1}{1-|a|}\\ &= -\frac{1}{2}\frac{1}{\sqrt{a}}(-1+|a|^2)\frac{1}{1-|a|} = \frac{1+|a|}{2\sqrt{a}}.\end{aligned}$$

Schließlich sei

$$(19.46)\quad \varphi_4(z) := \frac{\sqrt{a}}{|\sqrt{a}|}\varphi_3(f_0(z))\,.$$

Diese Abbildung ist eine Komposition bijektiver konformer Abbildungen von $\mathcal{G}$ in $\varphi_4(\mathcal{G})$, selbst also bijektiv und konform von $\mathcal{G}$ auf $\varphi_4(\mathcal{G})$ mit $|\varphi_4(\mathcal{G})| \leq 1$. Zudem hat φ_4 die folgenden Eigenschaften

$$\begin{aligned}|\varphi_4(z)| &< 1 \quad \text{für } z \in \mathcal{G},\ \varphi_4 \text{ ist injektiv,}\\ \varphi_4(0) &= \frac{\sqrt{a}}{|\sqrt{a}|}\varphi_3(f_0(0)) = \frac{\sqrt{a}}{|\sqrt{a}|}\varphi_3(0) = 0,\\ \varphi_4'(0) &= \frac{\sqrt{a}}{|\sqrt{a}|}\varphi_3'(0)\,f_0'(0) = \frac{1+|a|}{2|\sqrt{a}|}\varrho \in \mathbb{R}\,.\end{aligned}$$

Also ist $\varphi_4 \in \mathcal{F}$. Dann gilt andererseits mit (19.37)

$$\varphi_4'(0) = \frac{1+|a|}{2|\sqrt{a}|}\varrho \leq \sup_{f\in\mathcal{F}} f'(0) = \varrho \quad \text{sowie} \quad \frac{1+|a|}{2|\sqrt{a}|} > 1\,.$$

Das ist ein Widerspruch. Also gibt es für jedes $a \in \mathbb{C}$ mit $|a| < 1$ ein Urbild $z_a \in \mathcal{G}$ mit $f_0(z_a) = a$, das heißt (19.42) ist bewiesen.

2. Schritt: Nun zeigen wir, daß es unter den sehr allgemeinen Voraussetzungen an $\mathcal{G}$ eine konforme bijektive Abbildung $f : \mathcal{G} \to \mathcal{G}'$ gibt mit den Eigenschaften

$$\text{(19.47)} \quad \forall\, z \in \mathcal{G} : |f(z)| < 1 \quad \text{und} \quad 0 \in \mathcal{G}' \subset \{z \in \mathbb{C} \mid |z| < 1\}.$$

Dann liefert $f_0 \circ f$, wobei f_0 wie im ersten Schritt zu $\mathcal{G}' = f(\mathcal{G})$ konstruiert wird, eine konforme und bijektive Abbildung von $\mathcal{G}$ auf $\{z \in \mathbb{C} \mid |z| < 1\}$.

i. Seien $a \neq b$ zwei Randpunkte von $\mathcal{G}$, die es nach Voraussetzung gibt. Dann ist die Möbius–Transformation

$$\text{(19.48)} \quad \psi_1(z) = \frac{z-a}{z-b}$$

für $z \neq b$ eine konforme bijektive Abbildung von $\mathbb{C} \setminus \{b\}$ auf $\mathbb{C} \setminus \{1\}$ mit $\psi_1(a) = 0$ und $\psi_1(b) = \infty$. Sei $\mathcal{G}_1 := \psi_1(\mathcal{G})$.

ii. Nun sei $\hat{z} \in \mathcal{G}_1$ beliebig, aber fest gewählt. Dann gilt wegen $a \notin \mathcal{G}$ auch $\hat{z} \neq 0$, und wir können $\sqrt{z}$ längs jeder glatten Kurve durch $\hat{z}$ in $\mathcal{G}_1$ analytisch fortsetzen. Wir erhalten aufgrund des Monodromiesatzes 18.2 eine in $\mathcal{G}_1$ holomorphe Funktion

$$\text{(19.49)} \quad \psi_2(z) := \sqrt{z} \quad \text{für} z \in \mathcal{G}_1 .$$

Wegen $0 \notin \mathcal{G}_1$ ist ψ_2 konform und injektiv, das heißt „schlicht" und nach $\mathcal{G}_2 := \psi_2(\mathcal{G}_1)$ bijektiv.

iii. Es sei $-z_1 \in \mathcal{G}_2$ ein beliebiger Punkt. Dann ist $0 \neq z_1^2 \in \mathcal{G}_1$, denn $0 \notin \mathcal{G}_1$. Also gilt $-z_1 \neq z_1 \notin \mathcal{G}_2$, denn sonst wäre ψ_2 nicht schlicht wegen $z_1 \neq -z_1$ und $\psi_2^{-1}(z_1) = z_1^2 = \psi_2^{-1}(-z_1)$.

Wegen Satz 19.1 ist mit $\mathcal{G}_1$ auch $\mathcal{G}_2$ offen, somit auch $(-\mathcal{G}_2)$, und folglich gilt $(-\mathcal{G}_2) \cap \mathcal{G}_2 = \emptyset$. Also existiert zu einem im Folgenden fest gewählten $z_1 \in \mathcal{G}$ ein $\delta > 0$, so daß gilt

$$\mathcal{U}_\delta(z_1) = \{z \mid |z - z_1| \leq \delta\} \cap \mathcal{G}_2 = \emptyset .$$

Daraus folgt, daß

$$\text{(19.50)} \quad \psi_3(z) := \frac{\delta}{z - z_1}$$

in $\mathcal{G}_2$ konform und bijektiv ist. Außerdem gilt für jedes $z \in \mathcal{G}_2$ die Ungleichung $|z - z_1| > \delta$, das bedeutet $|\psi_3(z)| < 1$. Daraus ergibt sich, daß $\mathcal{G}_3$ im Einheitskreis liegt,

$$\mathcal{G}_3 := \psi_3(\mathcal{G}_2) \subset \{w \in \mathbb{C} \mid |w| < 1\} .$$

Also ist dann

$$(19.51)\ f(z) := \psi_3 \circ \psi_2 \circ \psi_1(z) = \frac{\delta}{\sqrt{\frac{z-a}{z-b}} - z_1}$$

die gewünschte Abbildung (19.46). Eine weitere Möbius–Transformation wie in (19.17) sichert $0 \in \mathcal{G}_3$.

3. Schritt: Wir zeigen nun, daß man eine konforme Abbildung φ von $\mathcal{G}$ auf die Einheitskreissscheibe so wählen kann, daß $\varphi(z_0) = w_0$ und $0 < \varphi'(z_0) \in \mathbb{R}$ bei beliebig vorgegebenen $z_0 \in \mathcal{G}$ und w_0 mit $|w_0| < 1$ erfüllt werden. Dies läßt sich mit den folgenden Funktionen durchführen:

$$\begin{aligned}
\varphi_1(z) &:= f_0 \circ f(z), \\
\varphi_2(z) &:= -\frac{|\varphi_1'(z_0)|}{\varphi_1'(z_0)} \varphi_1(z), \\
\varphi_3(z) &:= \frac{z - z_*}{1 - \overline{z_*} z} \quad \text{mit } z_* := \varphi_2(z_0), \\
\varphi_4(z) &:= \frac{w_0 - z}{1 - \overline{w_0} z}.
\end{aligned}$$

Wir definieren

$$(19.52)\ \varphi(z) := \varphi_4 \circ \varphi_3 \circ \varphi_2(z).$$

Dann ist nach Konstruktion

$$\varphi : \mathcal{G} \to \{w \in \mathbb{C} \mid |w| < 1\}$$

eine konforme bijektive Abbildung, und sie erfüllt

$$\begin{aligned}
\varphi(z_0) &= \varphi_4(\varphi_3(z_*)) = \varphi_4(0) = w_0, \\
\varphi'(z_0) &= \varphi_4'(0) \cdot \varphi_3'(z_*) \cdot \varphi_2'(z_0) \\
&= (|w_0|^2 - 1) \cdot 1 \cdot (-|\varphi_1'(z_0)|) = (1 - |w_0|^2)|\varphi_1'(z_0)| > 0.
\end{aligned}$$

4. Schritt: Was noch fehlt, ist die Eindeutigkeit. Seien φ und $\widetilde{\varphi}$ zwei konforme bijektive Abbildungen mit den Eigenschaften (19.34). Sei

$$\psi(w) := \frac{w - w_0}{\overline{w_0} w - 1}.$$

Dann sind

$$\Phi := \psi \circ \varphi \quad \text{und} \quad \widetilde{\Phi} := \psi \circ \widetilde{\varphi}$$

zwei konforme bijektive Abbildungen von $\mathcal{G}$ auf die offene Einheitskreisscheibe und

$$(19.53)\ g(\zeta) := \Phi \circ (\widetilde{\Phi}^{-1})(\zeta)$$

ist eine bijektive konforme Abbildung von $\{\zeta \mid |\zeta| < 1\}$ auf sich. Des weiteren gelten

$$g(0) = \Phi(\tilde{\varphi}^{-1}(\psi^{-1}(0))) = \Phi(\tilde{\varphi}^{-1}(w_0)) = \Phi(z_0) = \psi(\varphi(z_0)) = \psi(w_0) = 0$$

und

$$g'(0) = \frac{\psi'(w_0) \cdot \varphi'(z_0)}{\psi'(w_0)\tilde{\varphi}'(z_0)} > 0.$$

Dann folgt mit Lemma 19.7, daß $g(\zeta) = \zeta$ die identische Abbildung ist, also gilt

$$\Phi = \tilde{\Phi},$$

und das impliziert wegen der Bijektivität von $\psi(w)$ auch die Identität

$$\varphi = \tilde{\varphi}.$$

Also ist die konforme Abbildung unter den Bedingungen (19.34) eindeutig. □

Die folgenden zwei Sätze geben Auskunft über das Randverhalten konformer Abbildungen, auf deren Beweise wir hier verzichten wollen. Für die Beweise siehe die angegebenen Lehrbücher.

Satz 19.20 über das Randverhalten konformer Abbildungen: *(Siehe* [5, Sätze 43 und 44 auf S. 369 ff.] *oder auch* [39, Vol. I, Kap. 5]*.)*
$\mathcal{G}$ sei ein einfach zusammenhängendes Gebiet, und der Rand $\partial\mathcal{G}$ sei eine einfach geschlossene C^1–Kurve. $z_1, z_2, z_3 \in \partial\mathcal{G}$ und w_1, w_2, w_3 mit $|w_1| = |w_2| = |w_3| = 1$ seien je drei im gleichen Sinne aufeinander folgende beliebig gewählte Randpunkte auf $\partial\mathcal{G}$ bzw. dem Einheitskreis. Dann gibt es genau eine konforme bijektive Abbildung $\Phi(z)$ von $\mathcal{G}$ auf $\{w \in \mathbb{C} \mid |w| < 1\}$, die nach $\overline{\mathcal{G}} = \mathcal{G} \cup \partial\mathcal{G}$ stetig fortgesetzt werden kann und die

$$(19.54)\quad w_j = \Phi(z_j) \quad \text{für } j = 1, 2, 3$$

erfüllt. Φ ist in $\overline{\mathcal{G}}$ Hölder–stetig und bildet $\overline{\mathcal{G}}$ bijektiv auf $\{w \in \mathbb{C} \mid |w| \le 1\}$ ab.

Satz 19.21 von Kellog und Warschawski: *(Siehe auch* [25, S. 262 ff]*.)*
$\mathcal{G}$ sei einfach zusammenhängend und $\partial\mathcal{G}$: $z = \zeta(s)$ sei eine glatte Jordan–Kurve mit Hölder–stetiger Tangente, das heißt es existiert $\alpha \in (0, 1]$ und

$$(19.55)\quad [\dot{\zeta}]_\alpha := \sup \frac{|\dot{\zeta}(s_1) - \dot{\zeta}(s_2)|}{|s_1 - s_2|^\alpha} = M < \infty\,.$$

Dann gilt für die konformen Abbildungen φ von $\mathcal{G}$ auf die Einheitskreisscheibe

$$(19.56)\quad \varphi \in C^1(\overline{\mathcal{G}}) \quad \text{und } [\varphi']_\alpha = \sup_{z_1 \neq z_2 \in \overline{\mathcal{G}}} \frac{|\varphi'(z_1) - \varphi'(z_2)|}{|s_1 - s_2|^\alpha} \le c\,M\,.$$

19.6 Das Ritzsche Verfahren zur Berechnung der konformen Abbildung

Im Existenzbeweis hatten wir in (19.38) eine Folge $f_{n'}(z)$ gewählt, für die $f'_{n'}(0)$ gegen das Supremum ϱ in (19.35) strebt; die konforme Abbildungsfunktion maximiert das Funktional $f'_{n'}(0)$ in der Klasse $\mathcal{F}$ von zulässigen Funktionen. Eine ganz ähnliche Extremaleigenschaft wird im Folgenden benutzt, um ein Berechnungsverfahren zu gewinnen.
Das Gebiet $\mathcal{G}$ sei einfach zusammenhängend und beschränkt und $\partial\mathcal{G}$ eine genügend glatte Jordan–Kurve; $z_0 \in \mathcal{G}$ sei beliebig, aber fest gewählt und soll nach $\Phi(z_0) = 0$ abgebildet werden.

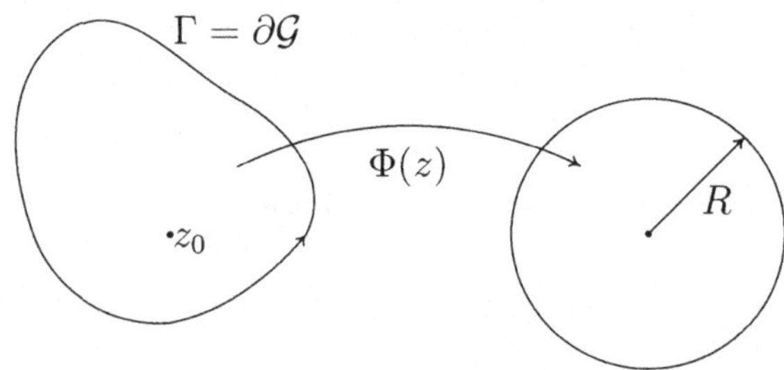

Abbildung 19.11: Konforme Abbildung eines glatt berandeten Gebietes.

Die gesuchte Abbildung Φ kann als Lösung einer ähnlichen Optimierungsaufgabe wie im Beweis des Riemannschen Abbildungssatzes dargestellt werden. Dazu machen wir den Ansatz

$$(19.57)\quad \Phi(z) = \int_{z_0}^{z} [F_0(\zeta)]^2 d\zeta\,,$$

wobei $F_0 \in \mathcal{F}$ eine Lösung des Optimierungsproblems

$$(19.58)\quad \oint_\Gamma |F_0(z)|^2 ds = \min_{F\in\mathcal{F}} \oint_\Gamma |F(z)|^2 ds$$

mit den zulässigen Funktionen

$$(19.59)\quad \mathcal{F} = \{F(z) \text{ holomorph in } \mathcal{G} \text{ und stetig in } \overline{\mathcal{G}},\ F(z_0) = 1\}$$

ist. Man kann zeigen, daß die der Lösung des Optimierungsproblems durch (19.58) zugehörige Funktion $\Phi(z)$ eine konforme Abbildung von $\mathcal{G}$ auf das Innere der Kreisscheibe $\{w \in \mathbb{C} \mid |w| < R\}$ ist, und daß gilt:

$$(19.60)\quad 2\pi R = \oint_{\partial\mathcal{G}} |\Phi'(\zeta(s))| ds = \oint_\Gamma |F_0(\zeta(s))|^2 ds\,.$$

Die Aufgabe, $F_0 \in \mathcal{F}$ zu finden, ist eine typische Optimierungsaufgabe mit einem schönen quadratischen Funktional, die wir mit dem **Ritzschen Verfahren** lösen. Dazu definieren wir eine Folge von endlichdimensionalen polynomialen Funktionenräumen

$$(19.61)\quad \mathcal{F}_n := \{F_n(z) = 1 + a_1 z + \ldots + a_n z^n \mid a_j \in \mathbb{C}\} \text{ für } n \in \mathbb{N}.$$

Sodann fixieren wir n und bestimmen F_{0n} als Lösung einer endlich–dimensionalen Optimierungsaufgabe so, daß gilt

$$(19.62)\quad \oint_\Gamma |F_{0n}(z)|^2 ds = \min_{F_n \in \mathcal{F}_n} \oint_\Gamma |F_n(z)|^2 ds = \min_{a_0=1,a_1,\ldots,a_n} \sum_{j,k=0}^{w} a_j \overline{a_k} \oint_\Gamma z^j \overline{z^k} ds\,.$$

Mit $a_j = \alpha_j + i\beta_j$ können wir dies als eine quadratische reelle positive Funktion schreiben:

$$(19.63)\quad B(\alpha_1, \ldots, \alpha_n; \beta_1, \ldots, \beta_n) := \sum_{j,k=0}^{m} (\alpha_j + i\beta_j)(\alpha_k - i\beta_k) \oint_\Gamma z^j \overline{z^k} ds\,,$$

wobei $\alpha_0 = 1$ und $\beta_0 = 0$ zu setzen sind. Dies ist eine **Zielfunktion** der $2n$ reellen Variablen $(\alpha_1, \ldots, \alpha_n; \beta_1, \ldots, \beta_n)^\top \in \mathbb{R}^{2n}$, deren Optimum — hier das Minimum — zu bestimmen ist. Diese Aufgabe entspricht völlig der Gaußschen Approximationsaufgabe, die in Kapitel 9 behandelt wurde. Folglich besitzt (19.62) genau eine Lösung, die mit Hilfe der Lösung der $2n$ Gaußschen Normalgleichungen zu (19.63)

$$(19.64)\quad \frac{\partial B}{\partial \alpha_\ell} = 0, \quad \frac{\partial B}{\partial \beta_\ell} = 0 \quad \text{für } \ell = 1, \ldots, n$$

bestimmt werden kann. Die Gleichungen (19.64) sind äquivalent zur Lösung des linearen Gleichungssystems von n komplexen Gleichungen, den sogenannten Galerkin–Gleichungen

$$(19.65)\quad \sum_{k=1}^{n} a_k \oint_{\partial\mathcal{G}} z^k \overline{z^\ell} ds + \oint_{\partial\mathcal{G}} \overline{z^\ell} ds = 0 \quad \text{für } \ell = 1, \ldots, n$$

für die n komplexen Koeffizienten $a_1, \ldots, a_n$. Diese Galerkin–Gleichungen haben eine hermitesche positiv definite Koeffizientenmatrix

$$\left(\oint_{\partial\mathcal{G}} z^k \overline{z^\ell} ds \right)_{\ell,k=1,\ldots,n},$$

und (19.65) ist wegen

$$\det \left(\oint_{\partial\mathcal{G}} z^k \overline{z^\ell} ds \right)_{\ell,k=1,\ldots,n} \neq 0$$

immer eindeutig lösbar. Für jedes $n \in \mathbb{N}$ erhalten wir so ein Polynom

$$F_{0n}(z) = 1 + a_1 z + \ldots + a_n z^n ,$$

das eine zugehörige Näherungsabbildung

$$\Phi_n(z) := \int_0^z [F_{0n}(\zeta)]^2 d\zeta$$

definiert. Wie der folgende Satz bestätigt, erhält man für wachsende $n \to \infty$ eine Folge von Näherungsabbildungen Φ_n, welche die gesuchte Abbildungsfunktion immer besser approximieren.

Satz 19.22 von Keldysh und Lavrentiev: *$\mathcal{G}$ sei einfach zusammenhängendes Gebiet und sein Rand Γ sei einfach geschlossen und stückweise C^1; die glatten Teilbögen stoßen mit Innenwinkeln ungleich Null zusammen. Dann gilt*

$$(19.66)\quad \lim_{n\to\infty} \oint_\Gamma |F_0(z) - F_{0n}(z)|^2 ds = 0 .$$

Satz 19.23 von Rosenbloom und Warschawski: *Wird Γ aus Satz 19.22 durch eine Parametrisierung $\chi \in C^{p+1}$ beschrieben und ist $\frac{d^{p+1}\chi}{ds^{p+1}}$ Hölder–stetig mit einem Exponenten $\alpha \in (0,1]$, sowie $\alpha + p > 1/2$, so gilt mit einer geeigneten Konstanten c die Abschätzung*

$$(19.67)\quad \max_{z\in\overline{\mathcal{G}}} \left| \Phi(z) - \int_{z_0}^z [F_{0n}(\zeta)]^2 d\zeta \right| \le c n^{-p-\alpha+\frac{1}{2}} .$$

In diesem Fall sind die Näherungsabbildungen $\Phi_n(z)$ in $\overline{\mathcal{G}}$ gleichmäßig gegen $\Phi(z)$ konvergent.

19.7 Die Potenzreihenmethode bei gewöhnlichen Differentialgleichungen

Da analytische Funktionen mit ihren Potenzreihenentwicklungen beschrieben werden können, lassen sich die Lösungen gewöhnlicher Differentialgleichungen nach Cauchy mit Hilfe von Potenzreihenentwicklungen bestimmen. Wir zeigen zunächst den folgenden Satz.

Satz 19.24: *Die Funktion $F(x,u)$ sei in $\mathcal{D} := (-\alpha, d) \times (w_0 - \beta, w_0 + \beta) \subset \mathbb{R}^2$ reell analytisch. Dann ist die Lösung $w(x)$ des Anfangswertproblems*

$$(19.68)\quad w'(x) = F(x, w(x)), \quad w(0) = w_0$$

in einer Umgebung von $(0, w_0) \in \mathcal{D}$ reell analytisch.

Beweis: Aufgrund der reellen Analytizität von F gilt

$$(19.69)\quad F(x,u) = \sum_{j,k=0}^{\infty} a_{jk} x^j (u-w_0)^k$$

für $|x| < \varrho_1$ und $|u - w_0| < \varrho_2$ mit $\varrho_1, \varrho_2 > 0$; dort konvergiert (19.69) auch absolut.
Dann existiert ein $\delta > 0$, so daß

$$\sum_{j,k=0}^{\infty} a_{jk} z^j (w-w_0)^k$$

konvergiert für alle $z \in \mathbb{C}$ mit $|z| < \delta$ und alle $w \in \mathbb{C}$ mit $|w - w_0| < \varrho_2$, und es gibt ein $M \in \mathbb{R}$, so daß gelten

$$\sum_{j,k=0}^{\infty} |a_{jk}|\,|z|^j\,|w-w_0|^k \le M \quad \text{für } |z| \le \frac{\delta}{2}, \quad |w-w_0| \le \frac{\varrho_2}{2}.$$

Ist $\varphi(z)$ in $\mathcal{U}_\delta(0)$ komplex analytisch mit $|\varphi(z) - w_0| < \varrho_2$ und $\varphi(0) = w_0$, so definiert

$$(19.70)\quad \left\{ \sum_{\substack{j,k=0 \\ j+k\le n}} a_{jk} z^j [\varphi(z) - w_0]^k \right\}_{n\in\mathbb{N}}$$

eine gleichartig beschränkte holomorphe Funktionenfamilie im Kreis $|z| < \delta$. Also konvergiert diese Folge in $|z| < \delta$ kompakt gegen $F(z, \varphi(z))$ und diese Funktion ist dann eine holomorphe Funktion von z.
Wir verwenden nun das Picard–Lindelöfsche Verfahren aus Abschnitt 7.13 im Komplexen:

$$(19.71)\quad w_{n+1}(z) := \int_0^z F(\zeta, w_n(\zeta))d\zeta + w_0\,.$$

Wir wählen

$$\delta_0 := \min\left\{\frac{\delta}{2}, \frac{\varrho_2}{2M}\right\} > 0\,.$$

Dann gilt für $|z| \le \delta_0$

$$|w_1(z) - w_0| \le |z|\,M \le \frac{\varrho_2}{2}, \quad |w_2(z) - w_0| \le |z|\,M \le \frac{\varrho_2}{2},$$

also

$$|w_n(z) - w_0| \le \frac{\varrho_2}{2} \quad \text{für alle } |z| \le \delta_0,\ n \in \mathbb{N}.$$

Nach dem Satz von Montel ist $\{w_n(z)\}$ eine normale Familie holomorpher Funktionen. Für reelle $z = x \in [-\delta_0, \delta_0]$ konvergieren die Funktionen $w_n(x)$ aufgrund des Satzes von Picard–Lindelöf (Satz 7.86) gegen die Lösung $w(x)$ des Anfangswertproblems (19.68). Also konvergieren auch die holomorphen Funktionen $w_n(z)$ nach dem Satz 19.17 von Vitali kompakt gegen eine holomorphe Grenzfunktion $w(z)$. Aufgrund von (19.71) erfüllt diese

$$(19.72)\quad \frac{dw}{dz} = F(z, w(z)), \quad w(0) = w_0 \,.$$

Da $w(z)$ komplex analytisch ist, ist $w(x)$ auch reell analytisch. □

Durch eine leichte Verallgemeinerung des Vorgehens in Satz 19.24 erhält man:

Folgerung 19.25: *Die Reihe*

$$F(z, w) := \sum_{j,k=0}^{\infty} a_{jk} z^j (w - w_0)^k$$

sei konvergent für $z \in \mathbb{C}$ *mit* $|z| < \varrho_1$ *und* $w \in \mathbb{C}$ *mit* $|w - w_0| < \varrho_2$. *Dann hat das Anfangswertproblem im Komplexen,*

$$(19.73)\quad \frac{dw}{dz} = F(z, w(z)), \quad w(0) = w_0$$

genau eine holomorphe Lösung $w(z)$ *in einer geeigneten Umgebung* $\mathcal{U}_\delta(0) \subset \mathbb{C}$.

Folgerung 19.26: *Satz 19.24 bzw. Folgerung 19.25 sichern die Konvergenz der* **Potenzreihenmethode nach Cauchy** *mit dem Ansatz*

$$(19.74)\quad w(z) = w_0 + \sum_{j=1}^{\infty} b_j z^j \,.$$

Ohne Beschränkung der Allgemeinheit sei $w_0 = 0$. *Dann erzwingt die Differentialgleichung die Beziehung*

$$w'(z) = \sum_{\ell=0}^{\infty} (\ell + 1) b_{\ell+1} z^\ell \stackrel{!}{=} \sum_{j,k=0}^{\infty} a_{jk} z^j \left[\sum_{m=1}^{\infty} b_m z^m \right]^k ,$$

und **Koeffizientenvergleich** *liefert den* **Algorithmus von Cauchy** *zur rekursiven Berechnung der Koeffizienten* $b_1, b_2, \ldots$*:*

$$\begin{aligned}
\ell = 0 \ &: \quad b_1 &&= a_{00}, \\
\ell = 1 \ &: \quad 2\,b_2 &&= a_{10} + a_{01} b_1, \\
\ell = 2 \ &: \quad 3\,b_3 &&= a_{20} + a_{11} b_1 + a_{01} b_2 + a_{02} b_1^2, \\
\ell = 3 \ &: \quad 4\,b_4 &&= a_{30} + a_{21} b_1 + a_{11} b_2 + a_{12} b_1^2 + a_{01} b_3 + a_{02} 2 b_1 b_2 + a_{03} b_1^3, \\
&\ \vdots
\end{aligned}$$

(19.74) ist dann die gesuchte Lösung zu (19.72) mit $w_0 = 0$.

Mehr über gewöhnliche Differentialgleichungen im Komplexen findet man in [65].

19.8 Abschließende Bemerkungen

Harald August Bohr (1887–1951), Bruder des Physikers Niels Bohr, studierte an der Universität Kopenhagen, war dort ab 1910 Dozent, wurde 1915 Professor an der Technischen Hochschule. Nach seiner Berufung an die Universität Kopenhagen 1930 gründete er dort ein Mathematisches Institut. Von ihm stammen wichtige Arbeiten zur Funktionen– und Zahlentheorie bzw. zu Dirichletschen Reihen.

Constantin Carathéodory (1873–1950), Sohn einer angesehenen griechischen Familie, Bauingenieur–Studium in Athen. Nach Staudammarbeiten am Nil Studium der Mathematik in Berlin und Göttingen. 1905 Promotion mit einer Arbeit über die Theorie diskontinuierlicher Lösungen in der Variationsrechnung. Professor in Hannover, Breslau, Göttingen, Berlin, Smyrna (Izmir), Athen und von 1924 bis zu seinem Tode in München. Grundlegende Arbeiten zur Variationsrechnung sowie zur damit eng verbundenen Theorie partieller Differentialgleichungen. Beweis des Riemannschen Abbildungssatzes mit dem Carathéodory–Koebeschen Schmiegungsverfahren. Weiterhin Arbeiten zur Maß– und Integrationstheorie sowie zur Mechanik und Thermodynamik.

Lipót Fejér (1880–1959), studierte Mathematik und Physik in Budapest und Berlin, nach der Promotion 1902 Studien in Göttingen und Paris. Seit 1911 Professor für Höhere Analysis in Budapest. 1910 begründete er eine neue Methode zur Untersuchung von Singularitäten in Fourier–Reihen, was eine einheitliche Diskussion verschiedener Divergenz–Phänome ermöglichte.

Boris Grigorievich Galerkin (1871–1945), Mathematiker und Techniker, der in St. Petersburg wirkte. Er erarbeitete effektive Methoden für Näherungslösungen bei der Integration von Gleichungen auf dem Gebiet der Elastizitätstheorie. Seine Methode der näherungsweisen Lösung von Randwertproblemen (1915) ist heute ein Standardverfahren zur Lösung von Aufgaben aus Variationsrechnung und mathematischer Physik.

Mstislav Vsevolodovich Keldysh (1911–1978), Leiter des von Joukowksi gegründeten und heute nach Keldysh benannten Aero–Hydrodynamischen Institutes in Moskau; wichtige Beiträge zur Entwicklung der russischen Raketentechnik.

Oliver Dimon Kellog (1878–1932), promovierte 1903 bei D. Hilbert in Göttingen und war ab 1919 Professor an der Harvard University in Cambridge, MA. Angeregt durch Hilbert, beschäftigte er sich im wesentlichen mit Cauchy–singulären Integralgleichungen und der Potentialtheorie, insbesondere mit den Eigenschaften der Greenschen Funktion. Sein Buch über Potentialtheorie hat bis heute die Potentialtheorie wesentlich beeinflußt.

Paul Koebe (1882–1945), Professor in Göttingen, Jena und Leipzig; bedeutende Beiträge zur Funktionentheorie, in Zusammenhang mit dem Koebe–Poincaré–Grenzkreistheorem 1907 wichtige Sätze über konforme Abbildungen, zum Beispiel Schlitzabbildungen, konforme Normalabbildungen unendlich vielfach zusammenhängender Gebiete und Extremalprobleme bei schlicht konformen Abbildungen.

Michail Alekseevich Lavrentiev (1900–1980), arbeitete zur Funktionentheorie und zur Theorie gewöhnlicher Differentialgleichungen und der Variationsrechnung. Nach Gründung war er von 1957–1975 Vorsitzender der Sibirischen Abteilung der Akademie der Wissenschaften der Sowjetunion.

Dmitri Evgenevich Menschow (1892–1988), Schüler von Lusin, seit 1934 am Steklov–Institut für Mathematik in Moskau, wichtige Beiträge zur Funktionentheorie.

August Ferdinant Möbius (1790–1868), auf Empfehlung von Gauß seit 1816 außerordentlicher Professor an der Universität Leipzig, ab 1820 Direktor der Sternwarte und erst 1840 ordentlicher Professor für Astronomie und Mechanik.

Paul Antoine Aristide Montel (1876–1975), prägte den Begriff der normalen Familie analytischer Funktionen, von 1922–1946 ordentlicher Professor an der Universität Paris und daneben von 1913–1933 Professor an der Ecole Normale Supérieure des Beaux Arts in Paris.

Paul Charles Rosenbloom: Professor an der Brown University und der Minnesota State University in Minneapolis.

Marcel Riesz (1886–1969), nach dem Studium in Budapest, Göttingen und Berlin Promotion 1909 in Budapest; seit 1911 auf Einladung von G. Mittag–Leffler Dozent an der Universität Stockholm und seit 1926 bis zu seiner Emeritierung 1952 Professor an der Universität Lund. Arbeiten zur Summierbarkeit von Reihen und Fourier–Reihen in Zusammenhang mit Interpolationsformeln für trigonometrische Polynome, Lebesgue Räume und Interpolationssätze für Operatorenfamilien. Gemeinsam mit seinem Bruder F. Riesz studierte er analytische Funktionen. In Lund beschäftige er sich mit der Potentialtheorie und partiellen Differentialgleichungen und ihren physikalischen Anwendungen. M. Riesz hatte großen Einfluß auf die Ausbildung einer schwedischen analytischen Schule.

Walter Ritz (1878–1909), studierte in Zürich und Göttingen, wo er ein Jahr vor seinem Tod Privatdozent wurde. Grundlegende Beiträge zur Variationsrechnung (Ritzsches Verfahren).

Giuseppe Vitali (1875–1932), Studium in Pisa, Schüler von Dini. 1904–1923 Lehrer in Genua, danach Professor in Genua und Bologna. Beiträge zur reellen Analysis (absolut stetige Funktionen, Maß– und Integrationstheorie) und zur komplexen Funktionentheorie (führte kompakte Konvergenz ein.).

Stefan Warschawski (1904–1989) Studium in Königsberg, Göttingen und Basel, wo er 1932 mit der Arbeit „Über das Randverhalten der Abbildungsfunktion bei konformer Abbildung“ promovierte. 1930–33 Assistent in Göttingen, 1933 aufgrund der Rassengesetze entlassen. Bis 1939 in New York, dann Professor in St. Louis; ab 1963 an der University of California in San Diego. Wesentliche Beiträge zu konformen Abbildungen, Riemannschen Flächen und Teilerproblemen analytischer Funktionen.

Kapitel 20

Fourier–Reihen

Wie wir bereits gesehen haben, können außerhalb des Nullpunktes definierte analytische Funktionen in ihre Laurent–Reihe entwickelt werden und zum Beispiel auf dem Einheitskreis S^1 durch deren Partialsummen, nämlich trigonometrische Polynome approximiert werden. Letztere auf S^1 sind die sogenannten Fourier–Reihen, die bereits von Daniel Bernoulli 1753 zur Darstellung periodischer Vorgänge in der Akustik benutzt wurden. Joseph Fourier hat 1822 mit Hilfe der nun nach ihm benannten trigonometrischen Polynomentwicklungen das Anfangsrandwertproblem der instationären Wärmeleitung in einem Metallstab endlicher Länge gelöst. Inzwischen hat sich herausgestellt, daß die Fourier–Reihen nicht nur beliebig glatte periodische Funktionen sondern auch verallgemeinerte Funktionen, die sogenannten Distributionen approximieren. So ist die **harmonische Analysis**, das ist die Analysis mittels Fourier–Entwicklungen, trotz ihres Alters zu einer der wichtigsten Grundlagen moderner Analysis und Funktionalanalysis geworden: Für die Distributionstheorie und Theorie der Sobolev–Slobodeckii–Funktionenräume, die Approximationstheorie, Stabilitäts– und Konvergenzanalyse von Näherungs– und Lösungsverfahren für singuläre Integralgleichungen, Pseudodifferential– und Toeplitz–Operatorgleichungen, Randwert– sowie Anfangsrandwertprobleme partieller Differentialgleichungen, analytische Zahlentheorie und nicht zuletzt für effiziente Methoden in der numerischen Mathematik und numerischen linearen Algebra in Form von Spektralverfahren und schneller Fourier–Transformation (FFT).

Der Kalkül der Fourier–Reihen erlaubt die Algebraisierung von Differentiation und Integration und eine damit verbundene algebraische Formalisierung dieser Operationen. Damit wird er zu einem hervorragenden theoretischen wie praktischen Werkzeug zur Lösung vieler Probleme aus oben genannten Gebieten. Dieses Werkzeug muß allerdings mit größter Vorsicht und sorgfältiger Analysis verwendet werden, sonst läßt sich auch viel Unsinn mit ihm treiben.

Wir geben hier nur eine sehr kurze Einführung. Für eine ausführlichere Darstellung verweisen wir auf das Buch von Kadlec und Kufner [61].

20.1 Fourier– und Laurent–Reihen

Wir beginnen mit dem Zusammenhang zwischen Fourier– und Laurent–Reihen. Dazu zerlegen wir $\mathbb{C}$ mit Hilfe des Einheitskreises in ein Innen– und ein Außengebiet.

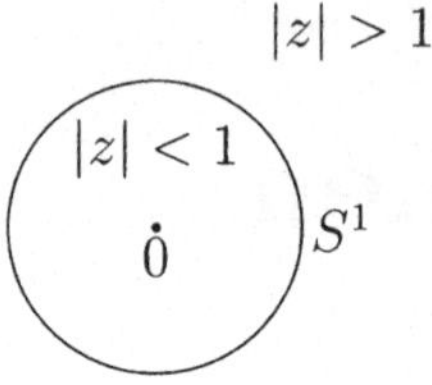

Abbildung 20.1: Einheitskreisscheibe in $\mathbb{C}$.

Wir betrachten zwei Funktionen

$$f^{(+)} : \{z \in \mathbb{C} \mid |z| < 1\} \to \mathbb{C}, \quad f^{(-)} : \{z \in \mathbb{C} \mid |z| > 1\} \to \mathbb{C}$$

mit den Eigenschaften

$f^{(+)}(z)$ sei holomorph in $|z| < 1$;

$f^{(-)}(z)$ sei holomorph in $|z| > 1$ mit $f^{(-)}(z) = \mathcal{O}\left(\frac{1}{|z|}\right)$ für $|z| \to \infty$.

Dann kann $f^{(+)}(z)$ in eine Taylorreihe und $f^{(-)}(z)$ in eine Laurentreihe um $z = 0$ entwickelt werden:

$$(20.1) \quad f^{(+)}(z) = \sum_{j=0}^{\infty} a_j z^j \qquad \text{für } |z| < 1;$$

$$(20.2) \quad f^{(-)}(z) = \sum_{k=1}^{\infty} a_{-k} z^{-k} = \frac{a_1}{z} + \frac{a_2}{z^2} + \ldots \quad \text{für } |z| > 1.$$

Wir treffen nun zunächst die zusätzliche Annahme: $f^{(+)}$ und $f^{(-)}$ konvergieren auf dem Einheitskreis

$$S^1 := \{z \in \mathbb{C} \mid |z| = 1\}$$

gleichmäßig. (Später werden wir diese Forderung abschwächen.) Dann gilt für $f(z) := f^{(+)}(z) + f^{(-)}(z)$ auf S^1

$$f(z) = \sum_{\ell=-\infty}^{+\infty} a_\ell z^\ell,$$

und mit $z = e^{i\varphi}$

$$f(e^{i\varphi}) = \sum_{\ell=-\infty}^{+\infty} a_\ell e^{i\ell\varphi} = \sum_{\ell=-\infty}^{+\infty} a_\ell(\cos \ell\varphi + i \sin \ell\varphi) .$$

Wir setzen $g(\varphi) := f(e^{i\varphi})$ und $\widehat{g}(\ell) := a_\ell$ und schreiben diese Reihe, die **Fourierreihe**, als

$$(20.3) \quad g(\varphi) = \sum_{k=-\infty}^{+\infty} \widehat{g}(k)(\cos k\varphi + i \sin k\varphi) = \sum_{k\in\mathbb{Z}} \widehat{g}(k) e^{ik\varphi}$$

$$(20.4) \quad g(\varphi) = \widehat{g}(0) + \sum_{k=1}^{\infty}[\widehat{g}(k) + \widehat{g}(-k)] \cos k\varphi + i \sum_{k=1}^{\infty}[\widehat{g}(k) - \widehat{g}(-k)] \sin k\varphi .$$

Lemma 20.1: *Für die trigonometrischen Polynome $e^{ik\varphi}$ gelten die Orthonormalitätsbeziehungen*

$$(20.5) \quad \frac{1}{2\pi} \int_{\varphi=0}^{2\pi} e^{ik\varphi} e^{-i\ell\varphi} d\varphi = \delta_{k\ell} = \begin{cases} 1 & \text{für } k = \ell, \\ 0 & \text{für } k \neq \ell. \end{cases}$$

Die Fourierkoeffizienten $\widehat{g}(k)$ erfüllen die Relation

$$(20.6) \quad \widehat{g}(k) = \frac{1}{2\pi} \int_{\varphi=0}^{2\pi} g(\varphi) e^{-ik\varphi} d\varphi .$$

Beweis: Für $|z| = 1$ gilt $e^{ik\varphi} = z^k$ und $dz_{||z|=1} = iz d\varphi$. Demnach kann die linke Seite in (20.5) geschrieben werden als

$$\frac{1}{2\pi} \int_{\varphi=0}^{2\pi} e^{i(k-\ell)\varphi} d\varphi = \frac{1}{2\pi i} \oint_{|z|=1} z^{k-\ell-1} dz = \delta_{k\ell} \quad \text{nach (15.3).}$$

Für (20.6) nutzen wir in

$$\frac{1}{2\pi} \int_{\varphi=0}^{2\pi} g(\varphi) e^{-ik\varphi} d\varphi = \frac{1}{2\pi i} \oint_{|z|=1} f(z) z^{-k-1} dz = \frac{1}{2\pi i} \oint_{|z|=1} \sum_{\ell=-\infty}^{+\infty} a_\ell z^{\ell-k-1} dz$$

die vorausgesetzte **gleichmäßige Konvergenz** aus, indem wir Summation und Integration vertauschen,

$$\frac{1}{2\pi} \int_{\varphi=0}^{2\pi} g(\varphi) e^{-ik\varphi} d\varphi = \sum_{\ell=-\infty}^{+\infty} a_\ell \frac{1}{2\pi i} \oint_{|z|=1} z^{\ell-k-1} dz,$$

und wir erhalten mit (20.5)

$$\frac{1}{2\pi} \int_{\varphi=0}^{2\pi} g(\varphi) e^{-ik\varphi} d\varphi = \sum_{\ell=-\infty}^{+\infty} a_\ell \delta_{\ell k} = a_k = \widehat{g}(k) .$$

□

20.2 Fourier–Reihen und Hilbert–Raum $L^2(S^1)$

Auf dem Einheitskreis S^1 führen wir nun zunächst den folgenden Prä–Hilbert–Raum der periodischen stetigen komplexwertigen Funktionen ein und definieren für $f(\varphi), g(\varphi)$ durch

(20.7) $$(f,g)_{L^2(S^1)} := \frac{1}{2\pi} \int_{\varphi=0}^{2\pi} f(\varphi)\overline{g(\varphi)}d\varphi$$

ein **Skalarprodukt**. Dieses hat die folgenden Eigenschaften:

$$\begin{array}{lrcl} (20.8) & (f,g) & = & \overline{(g,f)} \\ (20.9) & (f,g+h) & = & (f,g)+(f,h) \\ (20.10) & (\lambda f,g) & = & \lambda(f,g) \quad \text{für jede Zahl } \lambda \in \mathbb{C}, \\ (20.11) & (f,f) & \geq & 0 \quad \text{und } (f,f)=0 \text{ genau dann, wenn } f \equiv 0. \end{array}$$

Mit Hilfe des Skalarprodukts definieren wir die durch das Skalarprodukt induzierte L^2–Norm

(20.12) $$\|f\|_{L^2} := \sqrt{(f,f)_{L^2(S^1)}}.$$

Man überzeugt sich sofort aufgrund von (20.8)–(20.11) davon, daß die Norm (20.12) die Eigenschaften (5.21)–(5.23) hat: $\|f\|_{L^2} = 0$ genau dann, wenn f die Nullfunktion ist; die Dreiecksungleichung ist erfüllt, und (20.12) ist wegen (20.10) und (20.8) positiv homogen.

Definition 20.2: *Ein Vektorraum über $\mathbb{R}$ bzw. über $\mathbb{C}$ mit Skalarprodukt und durch diese induzierte Norm heißt reeller bzw. komplexer* **Prä–Hilbert–Raum**.

Wir bemerken zunächst, daß wir bislang auf S^1 wegen der vorausgesetzten gleichmäßigen Konvergenz nur **stetige Funktionen** zugelassen haben; also Skalarprodukt (20.7) und Norm (20.8) nur auf $C^0(S^1)$ eingeführt haben. $C^0(S^1)$ ist vollständig bezüglich gleichmäßiger Konvergenz, das heißt bezüglich Maximum– bzw. Supremum–Norm. Diese ist aber zur L^2–Norm (20.12) **nicht äquivalent**. Deshalb ist $C^0(S^1)$ bezüglich der L^2–Norm **nicht** vollständig und nur ein Prä–Hilbert–Raum. Erst die Vervollständigung von $C^0(S^1)$ bezüglich der L^2–Norm liefert einen vollständigen Raum, das heißt einen Hilbertraum. Wir werden hierauf weiter unten nochmals zurückkommen.
Geht man von einer auf S^1 gleichmäßig konvergenten Funktion $g(\varphi)$ in (20.3) aus, so gilt für diese (20.4) mit (20.6), also ihre Darstellung als Fourier–Reihe

(20.13) $$g(\varphi) = \sum_{k\in\mathbb{Z}} (g, e^{ik\cdot})_{L^2(S^1)} e^{ik\varphi}.$$

Damit stellt sich die Frage, welche Funktionen durch (20.13) dargestellt werden können und in welchem Sinn die Fourier–Reihe (20.13) konvergiert.

Satz 20.3: *Sei $|f|^2$ summierbar auf $[0, 2\pi]$. Dann wird*

$$\left\| f - \sum_{\ell=-n}^{n} c_\ell e^{i\ell\cdot} \right\|_{L^2(S^1)} =: \mathcal{E}$$

minimal genau dann, wenn gilt

$$c_\ell = \widehat{f}(\ell) \quad \text{für } \ell \in \{-n, \ldots, -1, 0, 1, \ldots, n\}.$$

Beweis: Mit den zunächst beliebigen Koeffizienten $c_\ell := \alpha_\ell + i\beta_\ell$ betrachten wir die Gaußsche Approximationsaufgabe (siehe Abschnitt 9.1): *Minimiere*

$$\mathcal{E}^2 = \left(f - \sum_{\ell=-n}^{n} c_\ell e^{i\ell\cdot}, f - \sum_{\ell=-n}^{n} c_\ell e^{i\ell\cdot} \right)_{L^2(S^1)} = \frac{1}{2\pi} \int_0^{2\pi} \left| f(\varphi) - \sum_{\ell=-n}^{n} c_\ell e^{i\ell\varphi} \right|^2 d\varphi$$

bezüglich $c_\ell \in \mathbb{C}$, $\ell = -n, \ldots, n$. Offensichtlich gilt

$$\begin{aligned} \mathcal{E}^2 &= (f, f) - \sum_{k=-n}^{n} \left[c_k (e^{ik\cdot}, f) + \overline{c}_k (f, e^{ik\cdot}) \right] + \sum_{\ell=-n}^{n} c_\ell \overline{c_\ell} \\ &= (f, f) - \sum_{\ell=-n}^{n} \left[(\alpha_\ell + i\beta_\ell) \overline{\widehat{f}(\ell)} + (\alpha_\ell - i\beta_\ell) \widehat{f}(\ell) \right] + \sum_{\ell=-n}^{n} (\alpha_\ell^2 + \beta_\ell^2). \end{aligned}$$

Als notwendige Bedingungen für das Minimum von $\mathcal{E}^2$ müssen die Gaußschen Normalgleichungen (9.14) erfüllt werden, das heißt die partiellen Ableitungen nach den Koeffizienten α_k, β_k verschwinden,

$$\frac{\partial}{\partial \alpha_k} \mathcal{E}^2 = -\left[\widehat{f}(k) + \overline{\widehat{f}(k)} \right] + 2\alpha_k = 0, \quad \frac{\partial}{\partial \beta_k} \mathcal{E}^2 = -i \left[\widehat{f}(k) - \overline{\widehat{f}(k)} \right] + 2\beta_k = 0,$$

das heißt wir erhalten für das Minimum von $\mathcal{E}^2$ $c_k = \alpha_k + i\beta_k = \widehat{f}(k)$, wie behauptet. □

Satz 20.4: *f sei 2π–periodisch und $|f|^2$ summierbar auf $[0, 2\pi]$. Dann gilt die* **Besselsche Ungleichung**

$$\text{(20.14)} \quad \sum_{\ell \in \mathbb{Z}} |\widehat{f}(\ell)|^2 \le (f, f) = \frac{1}{2\pi} \int_0^{2\pi} |f|^2 d\varphi.$$

Beweis: Die Behauptung folgt aus den Orthonormalitätsbedingungen (20.5) und der Gleichung

$$\begin{aligned} &\sum_{\ell=-n}^{n} |\widehat{f}(\ell)|^2 + \left(f - \sum_{\ell=-n}^{n} \widehat{f}(\ell) e^{i\ell\cdot}, f - \sum_{\ell=-n}^{n} \widehat{f}(\ell) e^{i\ell\cdot} \right) \\ &= \sum_{\ell=-n}^{n} |\widehat{f}(\ell)|^2 + (f, f) - \sum_{\ell=-n}^{n} \widehat{f}(\ell)(e^{i\ell\cdot}, f) - \sum_{\ell=-n}^{n} \overline{\widehat{f}(\ell)}(f, e^{i\ell\cdot}) + \sum_{\ell=-n}^{n} |\widehat{f}(\ell)|^2 \\ &= 2 \sum_{\ell=-n}^{n} |\widehat{f}(\ell)|^2 - \sum_{\ell=-n}^{n} \widehat{f}(\ell) \overline{\widehat{f}(\ell)} - \sum_{\ell=-n}^{n} \overline{\widehat{f}(\ell)} \widehat{f}(\ell) + (f, f) = (f, f) \end{aligned}$$

wegen $\| f - \sum_{\ell=-n}^{n} \widehat{f}(\ell) e^{i\ell\cdot} \|^2 \ge 0$. □

Statt der Exponentialfunktionen können wir auch die trigonometrischen Funktionen benutzen und erhalten wie in (20.4)

$$(20.15)\quad f(\varphi) = \frac{1}{2}a_0 + \sum_{k=1}^{\infty} a_k \cos kx + \sum_{k=1}^{\infty} b_k \sin kx$$

mit den trigonometrischen Fourier–Koeffizienten

$$\begin{aligned}(20.16)\quad a_k &= \widehat{f}(k) + \widehat{f}(-k)\\ &= \frac{1}{2\pi}\int_0^{2\pi} f(\varphi)[e^{-ik\varphi} + e^{ik\varphi}]d\varphi = \frac{1}{\pi}\int_0^{2\pi} f(\varphi)\cos k\varphi d\varphi,\\ (20.17)\quad b_k &= i(\widehat{f}(k) - \widehat{f}(-k))\\ &= \frac{1}{2\pi i}\int_0^{2\pi} f(\varphi)[e^{ik\varphi} - e^{-ik\varphi}]d\varphi = \frac{1}{\pi}\int_0^{2\pi} f(\varphi)\sin k\varphi d\varphi,\end{aligned}$$

falls die Funktion $f = f^{(+)} - f^{(-)}$ auf S^1 aus den absolut konvergenten Laurent–Reihen hervorgegangen ist. Um die Konvergenz der Fourier–Reihen auch ohne diese starken Voraussetzungen prüfen zu können, werden wir den folgenden elementaren Zusammenhang benutzen.

Lemma 20.5: *Es gelten*

$$(20.18)\quad \frac{1}{2} + \sum_{\nu=1}^{n} \cos \nu x = \frac{\sin\frac{(2n+1)x}{2}}{2\sin\frac{x}{2}} \quad \textit{für } x \neq 2k\pi \textit{ und } k \in \mathbb{Z}$$

sowie

$$(20.19)\quad \sum_{\nu=1}^{n} \sin(2\nu+1)x = \frac{[\sin(n+1)x]^2}{\sin x} \quad \textit{für } x \neq k\pi \textit{ und } k \in \mathbb{Z}.$$

Beweis: Wir zeigen zunächst (20.18). Für $\nu \geq 1$ liefert Additionstheorem (4.58)

$$\cos \nu x \cdot \sin\frac{x}{2} = \frac{1}{2}\left[\sin(\nu + \frac{1}{2})x - \sin(\nu - \frac{1}{2})x\right].$$

Summation ergibt

$$\sin\frac{x}{2}\sum_{\nu=1}^{n}\cos\nu x = \frac{1}{2}\left[\sin(n+\frac{1}{2})x - \sin\frac{x}{2}\right],$$

da rechts eine Teleskopsumme entsteht. Aus dieser Gleichung folgt sofort (20.18). (20.19) folgt analog mit (4.57) aus

$$\sin(2\nu+1)x \cdot \sin x = \frac{1}{2}\left[\cos 2(\nu+1)x - \cos 2\nu x\right].$$

□

Wir werden nun die Konvergenz der Partialsummen

$$(20.20)\quad s_n(x) = \frac{a_0}{2} + \sum_{\nu=1}^{n}[a_\nu\cos\nu x + b_\nu \sin\nu x] = \widehat{f}(0) + \sum_{k=-n}^{n}\widehat{f}(k)e^{ikx}.$$

weiter untersuchen.

Satz 20.6 von Dirichlet : *f sei 2π–periodisch und auf $(0, 2\pi]$ integrierbar. Dann gilt für jedes $x \in \mathbb{R}$ und jedes $n \in \mathbb{N}_0$:*

$$(20.21)\quad s_n(x) = \frac{2}{\pi}\int_0^{\pi/2} \frac{f(x+2t)+f(x-2t)}{2} K_n(t)dt = \frac{1}{2\pi}\int_{x-\pi}^{x+\pi} f(t)K_n\left(\frac{t-x}{2}\right) dt$$

mit dem **Dirichlet–Kern**

$$(20.22)\quad K_n(t) := \begin{cases} \dfrac{\sin(2n+1)t}{\sin t} & \text{für } 0 < t \le \dfrac{\pi}{2}, \\ 2n+1 & \text{für } t = 0. \end{cases}$$

Beweis: Wir setzen die Definition der Fourier–Koeffizienten (20.16), (20.17) in die endliche Partialsumme (20.20) ein und erhalten mit (4.52)

$$\begin{aligned} s_n(x) &= \frac{1}{2\pi}\int_{-\pi}^{\pi} f(t)dt + \frac{1}{\pi}\int_{-\pi}^{\pi} f(t)\sum_{\nu=1}^{n}(\cos\nu t\cos\nu x + \sin\nu t\sin\nu x)dt \\ &= \frac{1}{\pi}\int_{-\pi}^{\pi} f(t)\left[\frac{1}{2} + \sum_{\nu=1}^{n}\cos\nu(t-x)\right]dt = \frac{1}{\pi}\int_{-\pi}^{\pi} f(t)C_n(t-x)dt \end{aligned}$$

mit

$$C_n(t-x) = \frac{1}{2} + \sum_{\nu=1}^{n}\cos\nu(t-x)\,.$$

Offensichtlich gilt

$$C_n(\tau) = C_n(-\tau),$$

also ist C_n eine gerade und 2π–periodische Funktion. Damit ergibt sich

$$\begin{aligned} s_n(x) &= \frac{1}{\pi}\int_{x-\pi}^{x+\pi} C_n(t-x)f(t)dt = \frac{1}{\pi}\int_{-\pi}^{\pi} f(x+t')C_n(t')dt' \\ &= \frac{1}{\pi}\int_0^{\pi}[f(x+t)+f(x-t)]C_n(t)dt \\ &= \frac{2}{\pi}\int_0^{\pi/2}\frac{f(x+2t')+f(x-2t')}{2}2C_n(2t')dt'\,. \end{aligned}$$

Aus Lemma 20.5 entnehmen wir

$$2\,C_n(2t) = 1 + 2\sum_{\nu=1}^{n}\cos 2\nu t = \frac{\sin((2n+1)\,t)}{\sin t} = K_n(t),$$

und Einsetzen in obiges Integral liefert die Behauptung. □

Folgerung 20.7: *Für $f(z) = 1 = f^{(+)}(z) + 0$ konvergiert die Fourier–Reihe (20.3); es gilt $s_n(x) = 1$ und folglich*

$$(20.23)\quad 1 = \frac{2}{\pi}\int_0^{\pi/2} K_n(t)dt \quad \text{für } n = 0, 1, \dots .$$

Satz 20.8 : *Sei f eine 2π–periodische auf $[0, 2\pi)$ Lebesgue–integrierbare Funktion. Dann gilt*

$$s(x_0) = \lim_{n\to\infty} s_n(x_0)$$

genau dann, wenn

$$(20.24)\quad \lim_{n\to\infty} \frac{2}{\pi}\int_0^{\pi/2} [\varphi(x_0, t) - s(x_0)]K_n(t)dt = 0$$

mit

$$\varphi(x_0, t) := \frac{1}{2}[f(x_0 + 2t) + f(x_0 - 2t)]$$

erfüllt ist.

Der Beweis ergibt sich sofort aus Satz 20.6 und (20.23).

Der folgende Satz von Riemann zeigt, daß die Fourier–Koeffizienten Lebesgue–integrierbarer Funktionen gegen Null konvergieren.

Satz 20.9 von Riemann : *Für eine in $[a, b]$ Lebesgue–integrierbare Funktion f gelten*

$$(20.25)\quad \lim_{n\to\infty} b_n := \lim_{n\to\infty}\int_a^b f(x)\sin nx dx = \lim_{n\to\infty} a_n := \lim_{n\to\infty}\int_a^b f(x)\cos nx dx = 0.$$

Beweis:

i. Wir führen den Beweis zunächst für eine konstante Funktion $f = c$. Dann sind die Integrale in (20.25) explizit berechenbar:

$$\lim_{n\to\infty}\int_a^b c \sin nx\, dx = c \lim_{n\to\infty} \frac{\cos na - \cos nb}{n} = 0,$$

$$\lim_{n\to\infty}\int_a^b c \cos nx\, dx = c \lim_{n\to\infty} \frac{\sin nb - \sin na}{n} = 0.$$

ii. Ist f stückweise konstant, dann folgt (20.25) mit *i.* auf den Konstanz–Intervallen.

iii. Nun sei $f(x)$ eine beliebige summierbare Funktion. Dann können wir aufgrund des Approximationssatzes von Lebesgue (Satz 6.46) und des zweiten Lebesgueschen Hauptsatzes (Satz 6.49) $f(x)$ mit einer Folge von Treppenfunktionen $\{f_k\}_{k\in\mathbb{N}} \subset \mathcal{E}([a,b])$ approximieren, so daß gelten:

$$\lim_{k\to\infty} f_k(x) = f(x) \quad \text{für fast alle } x \in [a,b],$$

$$\lim_{k\to\infty} \int_a^b f_k(x)dx = \int_a^b f(x)dx \quad \text{und} \quad \lim_{k\to\infty} \int_a^b |f_k(x) - f(x)|dx = 0.$$

Für ein beliebig gewähltes $\varepsilon > 0$ existiert also ein $K(\varepsilon) \in \mathbb{N}$, so daß für alle $k > K(\varepsilon)$ gilt

$$|b_n - b_{nk}| = \left|\int_a^b [f(x) - f_k(x)] \sin nx\, dx\right| \le \int_a^b |f_k(x) - f(x)|\, dx < \varepsilon.$$

Insbesondere gilt für $k = K + 1$ wegen $\lim_{k\to\infty} b_{nk} = 0$ nach *ii.* — denn f_k ist ja stückweise konstant — wegen

$$b_n = (b_n - b_{nk}) + b_{nk}$$

die Ungleichung

$$\overline{\lim_{k\to\infty}} |b_n| \le \varepsilon + 0.$$

Die linke Seite der Ungleichung ist eine Größe, die von ε unabhängig ist, während $\varepsilon > 0$ beliebig festgesetzt werden konnte. Also gilt

$$\overline{\lim_{k\to\infty}} |b_n| = 0, \quad \text{das heißt} \lim_{k\to\infty} b_n = 0.$$

Entsprechend folgt $\lim_{k\to\infty} a_n = 0$. □

Der folgende Satz liefert hinreichende Bedingungen für die punktweise Konvergenz gegen die Funktion f.

Satz 20.10 : *f sei 2π–periodisch, auf $[0, 2\pi)$ Lebesgue–integrierbar und habe in x_0 links– und rechtsseitige Grenzwerte:*

$$(20.26)\quad f(x_0^{\pm}) = \lim_{t\to 0\pm} f(x_0 + t)\,.$$

Außerdem sei f in x_0 sowohl rechts– als auch linksseitig differenzierbar:

$$(20.27)\quad f'_{\pm}(x_0) = \lim_{h\to 0\pm} \frac{f(x_0 + h) - f(x_0^{\pm})}{h}\,.$$

Dann konvergiert die Fourier–Reihe von f in x_0, und es gilt

$$(20.28)\quad \lim_{n\to\infty} s_n(x_0) = \frac{f(x_0^{(+)}) + f(x_0^{(-)})}{2}\,.$$

Beweis: Wir verwenden Satz 20.8 und erhalten

$$\int_0^{\pi/2} \left[\varphi(x_0,t) - \frac{1}{2}\left(f(x_0^{(+)}) + f(x_0^{(-)})\right)\right] K_n(t)dt = \int_0^{\pi/2} \psi(x_0,t)\sin(2n+1)t\,dt$$

mit der Funktion

$$\psi(x_0,t) = \frac{1}{\sin t}\,\frac{1}{2}\left[f(x_0+2t) + f(x_0-2t) - f(x_0^{(+)}) - f(x_0^{(-)})\right].$$

Unsere Voraussetzungen stellen sicher, daß $|\psi(x_0,\cdot)|$ über $[0,2\pi)$ Lebesgue–integrierbar ist. Dann liefert Satz 20.9, daß

$$\lim_{n\to\infty} \int_0^{\pi/2} \psi(x_0,t)\sin(2n+1)t\,dt = 0$$

erfüllt ist und Satz 20.8, daß

$$\lim_{n\to\infty} s_n(x_0) = \frac{1}{2}\left[f(x_0^{(+)}) + f(x_0^{(-)})\right]$$

gilt, wie in (20.28) behauptet. □

Ein Beispiel für die Anwendung von Satz 20.10 ist die Fourier–Reihe der Sägezahnfunktion

$$\sigma_0(x) = \frac{\pi - x}{2} \quad \text{für } 0 \le x < 2\pi$$

und ihre 2π–periodische Fortsetzung. Dies ist dann eine ungerade Funktion. Die Fourier–Koeffizienten sind

$$a_k = 0 \quad \text{und} \quad b_k = \frac{1}{\pi}\int_0^{2\pi} \frac{1}{2}(\pi - x)\sin kx\,dx = \frac{1}{k} \quad \text{für } k \in \mathbb{N}.$$

Folglich konvergiert

$$\sum_{k=1}^{n} \frac{1}{k}\sin kx$$

für $n\to\infty$ gegen $\sigma_0(x)$ für $x \ne 2\pi\ell$ mit $\ell \in \mathbb{Z}$ und ist 0 für alle $x = 2\pi\ell$.

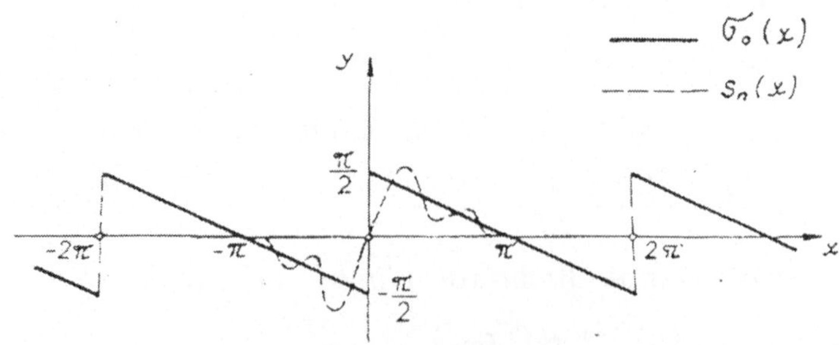

Abbildung 20.2: $s_4(x)$ zur Sägezahnfunktion $\sigma_0(x)$.

Ist hingegen $f \in C^1(S^1)$, so konvergiert nach (20.21) und (20.28) die Fourier–Reihe für alle x:

$$(20.29)\quad f(x) = \lim_{n\to\infty} s_n(x) = \lim_{n\to\infty} \frac{1}{2\pi}\int_{-\pi}^{\pi} f(x+t)K_n(t/2)\,dt\,.$$

Den Wert der Funktion f in x kann man (formal) zunächst auch mit Hilfe des Dirac–Funktionals $\delta(t)$ durch

$$(20.30)\quad f(x) = \frac{1}{2\pi}\int_{-\pi}^{\pi} f(x+t)\delta(t)\,dt$$

für jede stetige Funktion schreiben, wobei das Integral rechts gerade durch die Gleichung erklärt wird. Insbesondere können wir durch die Wahl $f(t) = e^{ikt}$ in (20.30) die Fourier–Koeffizienten

$$(20.31)\quad \widehat{\delta}(k) = \frac{1}{2\pi}\int_{-\pi}^{\pi} e^{-ikt}\delta(t)\,dt = e^{-ik0} = 1$$

ausrechnen. Das Dirac–Funktional hat demnach die Fourier–Reihe

$$(20.32)\quad \delta(t) = \sum_{k\in\mathbb{Z}} e^{ikt} = 1 + 2\sum_{k=1}^{\infty}\cos kt\,.$$

Die n–te Partialsumme ist nach (20.18) und (20.22)

$$(20.33)\quad s_n(t) = 1 + 2\sum_{k=1}^{n}\cos kt = K_n(t/2),$$

also gerade der Dirichlet–Kern. Dieser ist also die trigonometrische Approximation des Dirac–Funktionals, obwohl dieses nicht durch eine Lebesgue–integrierbare Funktion dargestellt werden kann (sonst müßte wegen Satz 20.9 $\widehat{\delta}(k) \to 0$ für $k \to \infty$ gelten).

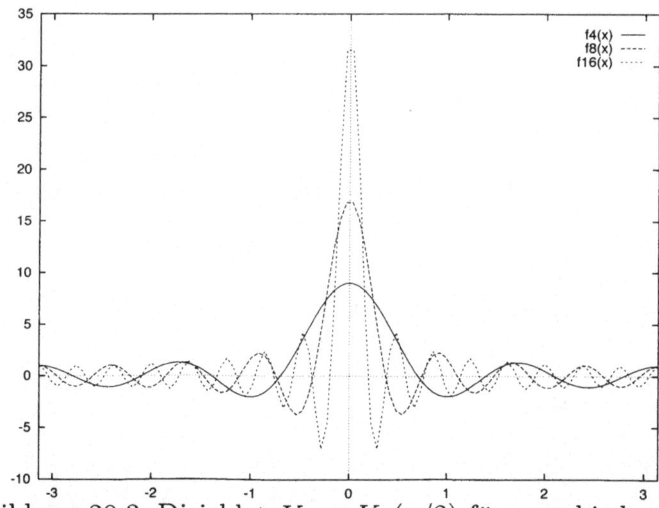

Abbildung 20.3: Dirichlet–Kern $K_n(x/2)$ für verschiedene n.

Satz 20.11 von Parseval: *Für jede 2π–periodische Funktion $f \in L^2(S^1)$ gilt die Parsevalsche Gleichung*

$$(20.34) \quad \sum_{\ell \in \mathbb{Z}} |\widehat{f}(\ell)|^2 = \|f\|^2_{L^2(S^1)}\,.$$

Beweis: Wegen

$$\int_0^{\pi/2} |f(x)|\,dx \le \frac{1}{2}\sqrt{2\pi}\left[\int_0^{2\pi} |f|^2 dx\right]^{1/2}$$

ist insbesondere $|f|$ summierbar. Aufgrund des Approximationssatzes von Lebesgue (Satz 6.46) gibt es dann Folgen von Treppenfunktionen $\{\varphi_k(x)$, $\{\psi_k(x)\}$, die punktweise fast überall gegen Re $f(x)$ bzw. Im $f(x)$ konvergieren,

$$\lim_{n\to\infty} \varphi_k(x) = \mathrm{Re}\ f(x) \text{ und } \lim_{n\to\infty} \psi_k(x) = \mathrm{Im}\ f(x) \text{ für fast alle } x \in [0, 2\pi)$$

mit den zusätzlichen Eigenschaften

$$\begin{aligned} |\varphi_k(x)| &\le |\varphi_{k+1}(x)| \le |\mathrm{Re}\ f(x)| \quad \text{fast überall,} \\ |\psi_k(x)| &\le |\psi_{k+1}(x)| \le |\mathrm{Im}\ f(x)| \quad \text{fast überall.} \end{aligned}$$

Für die Folge von Treppenfunktionen

$$f_k(x) := \varphi_k(x) + i\psi_k(x)$$

gelten dann

$$\lim_{k\to\infty} |f(x) - f_k(x)|^2 = 0 \quad \text{für fast alle } x \in [0, 2\pi)$$

und

$$\int_0^{2\pi} |f(x) - f_k(x)|^2 dx \le 4\int_a^b |f(x)|^2 dx < \infty.$$

Dann liefert der Satz von Lebesgue über die majorisierte Konvergenz (Satz 6.57), daß

$$\lim_{k\to\infty} \int_0^{2\pi} |f(x) - f_k(x)|^2 dx = \int_a^b \left[\lim_{k\to\infty} |f(x) - f_k(x)|^2\right] dx = 0$$

erfüllt ist. Mithin folgt

$$\begin{aligned} \|s_n - f\|_{L^2(S^1)} &\le \|s_n - s_{nk}\|_{L^2(S^1)} + \|s_{nk} - f_k\|_{L^2(S^1)} + \|f_k - f\|_{L^2(S^1)} \\ &\le 2\,\|f_k - f\|_{L^2(S^1)} + \|s_{nk} - f_k\|_{L^2(S^1)} \end{aligned}$$

mit der Besselschen Ungleichung (20.14) für den ersten Term, wobei s_{nk} die n–te Fourier–Partialsumme zu f_k bezeichnet. Wähle nun $\varepsilon > 0$ beliebig. Dann existiert $k(\varepsilon)$ so daß $\|f_k - f\|_{L^2(S^1)} < \varepsilon$ erfüllt ist. Nun verwenden wir wieder die Besselsche Ungleichung (20.14) und schicken bei festgehaltenem $k(\varepsilon)$ den Index n gegen Unendlich:

$$0 \leq \|f\|^2_{L^2(S^1)} - \sum_{\ell\in\mathbb{Z}} |\widehat{f}(\ell)|^2 \leq \left[2\,\varepsilon + \overline{\lim_{n\to\infty}} \|s_{nk} - f_k\|\right]^2 = 4\,\varepsilon^2.$$

Da f_k als Treppenfunktion die Voraussetzungen von Satz 20.10 erfüllen, gilt

$$\lim_{n\to\infty} |s_{nk}(x) - f_k(x)| = 0$$

überall außer in den Sprungstellen von f_k, so daß wieder wegen des Lebesgueschen Konvergenzsatzes (Satz 6.57) $\lim_{n\to\infty} \|s_{nk} - f_k\|_{L^2(S^1)} = 0$ in obiger Ungleichung erfüllt ist. Da dort $\varepsilon > 0$ beliebig gewählt war, folgt

$$\sum_{\ell\in\mathbb{Z}} |\widehat{f}(\ell)|^2 = \|f\|^2_{L^2(S^1)},$$

wie behauptet. □

Satz 20.12 (Entwicklungssatz) : *Für eine 2π–periodische quadratintegrierbare Funktion $f \in L^2(S^1)$ und die zugehörige Partialsummenfolge der Fourier–Reihe gilt*

$$(20.35)\quad \lim_{n\to\infty} \|s_n(\cdot) - f\|_{L^2(S^1)} = 0\,.$$

Das bedeutet auch, daß $s_n(x)$ fast überall gegen $f(x)$ für $n \to \infty$ konvergiert.

Beweis: Folgt sofort aus der Parsevalschen Gleichung wegen

$$\frac{1}{2\pi}\int_0^{2\pi} |s_n - f|^2 dx = \|s_n - f\|^2_{L^2(S^1)} = \|f\|^2 - \sum_{|\ell|\leq n} |\widehat{f}(\ell)|^2 \to 0 \text{ für } n \to \infty.$$

Dann gilt aber auch mit dem Satz von Beppo Levi (Satz 6.54, Folgerung 6.56)

$$|f(x) - s_n(x)|^2 \to 0 \quad \text{für } n \to \infty \quad \text{fast überall.}$$

□

Mit Hilfe des Entwicklungssatzes (Satz 20.12) sind wir nun in der Lage, die Vervollständigung des Prä–Hilbert–Raumes der stetigen 2π–periodischen Funktionen bezüglich der L^2–Norm (20.7) zum Hilbert–Raum $L^2(S^1)$ vorzunehmen. Wir führen dazu den Vektorraum aller (formalen) Fourier–Reihen

$$(20.36)\quad f(\varphi) = \sum_{k=-\infty}^{+\infty} \widehat{f}(k) e^{ik\varphi}$$

mit Koeffizienten $\widehat{f}(k)$ ein, für die

(20.37) $\sum_{k\in\mathbb{Z}} |\widehat{f}(k)|^2 < \infty$

gilt. Die Partialsummen

$$s_n(x) = \sum_{k=-n}^{n} \widehat{f}(k)e^{ik\varphi}$$

sind 2π–periodisch und stetig, gehören also zu unserem Prä–Hilbert–Raum. Wegen

(20.38) $\|s_n\|^2_{L^2(S^1)} \le \sum_{k\in\mathbb{Z}} |\widehat{f}(k)|^2 < \infty,$

wobei die rechte Seite von n unabhängig ist, konvergiert $|s_n(x)|^2$ aufgrund des Lemmas von Fatou (Lemma 6.58) fast überall und damit auch $s_n(x)$ fast überall gegen eine meßbare und wegen der Parsevalschen Gleichung quadratintegrierbare Funktion $f(\varphi)$. Jede Fourier–Reihe (20.36) definiert also eine solche Funktion. Multiplikation mit Skalaren der Fourier–Reihen (20.36) und Linearkombinationen sind in der üblichen Weise erklärt; die Fourier–Reihen (20.36) definieren damit einen Vektorraum $L^2(S^1)$. Dieser ist bezüglich der L^2–Norm (20.12) auch **vollständig**, wie wir nun zeigen.

Sei $\{f_\ell\}_{\ell\in\mathbb{N}} \subset L^2(S^1)$ eine Cauchy–Folge:

(20.39) $\forall\varepsilon > 0\ \exists N\ \forall \ell, m \ge N : \|f_\ell - f_m\|_{L^2(S^1)} < \varepsilon.$

Dann gehören zu jeder dieser Fourier–Reihen

$$f_\ell(\varphi) = \sum_{k=-\infty}^{\infty} \widehat{f}_\ell(k)e^{ik\varphi}$$

die jeweiligen Fourier–Koeffizienten $\widehat{f}_\ell(k)$, und für diese gilt wegen der Parsevalschen Gleichung und (20.39)

(20.40) $\|f_\ell - f_m\|^2_{L^2(S^1)} = \sum_{k=-\infty}^{\infty} |\widehat{f}_\ell(k) - \widehat{f}_m(k)|^2 < \varepsilon^2.$

Für jeden Index $k \in \mathbb{Z}$ bilden die $\{\widehat{f}_\ell(k)\}_{\ell\in\mathbb{N}}$ bei festem k also eine Cauchy–Folge in $\mathbb{C}$. Also existiert

(20.41) $\widehat{f}_\infty(k) := \lim_{\ell\to\infty} \widehat{f}_\ell(k) \in \mathbb{C}\,.$

Für die formale Fourier–Reihe

(20.42) $f_\infty(\varphi) := \sum_{k=-\infty}^{+\infty} \widehat{f}_\infty(k)e^{ik\varphi}$

mit diesen Koeffizienten gilt wegen (20.40) auch

$$\sum_{k=-\infty}^{+\infty} |\widehat{f}_\infty(k) - \widehat{f}_m(k)|^2 \le \varepsilon^2,$$

wenn nur $m \ge N(\varepsilon)$ erfüllt ist. Folglich ist

$$\sum_{k=-\infty}^{+\infty} |\widehat{f}_\infty(k)|^2 \le \Big[\|f_m\|_{L^2(S^1)} + \varepsilon\Big]^2 < \infty,$$

und damit gehört auch die $f_\infty(\varphi)$ definierende Fourier–Reihe (20.42) zu $L^2(S^1)$, das heißt $L^2(S^1)$ ist vollständig. Jedes Element $f \in L^2(S^1)$ ist also eine Fourier–Reihe (20.36), die eine **Äquivalenzklasse** von meßbaren im Lebesgueschen Sinne quadratintegrierbaren Funktionen definiert. $F_1(x)$ und $F_2(x)$ sind zwei Vertreter der gleichen Äquivalenzklasse $f \in L^2(S^1)$ dann und nur dann, wenn $F_1(x) = F_2(x)$ für fast alle x gilt und

$$\frac{1}{2\pi}\int_0^{2\pi} |F_1(x) - F_2(x)|^2 dx = 0$$

erfüllt ist. Außerdem gilt

$$\widehat{f}(k) = \widehat{F}_1(k) = \widehat{F}_2(k),$$

das heißt ihre Fourier–Koeffizienten sind gleich.

Der **Hilbert–Raum** $L^2(S^1)$ besteht also aus allen Lebesgue–quadratintegrierbaren 2π–periodischen Funktionen, und jedes Element von $L^2(S^1)$ ist durch seine Fourier–Reihe (20.36) eindeutig bestimmt.

Satz 20.13: *Jede Funktion $f \in L^2(S^1)$ kann zerlegt werden in die Funktionen $f^{(+)}$ und $f^{(-)} \in L^2(S^1)$ mit $f = f^{(+)} + f^{(-)}$ auf S^1, so daß*

(20.43) $(f^{(+)}, f^{(-)})_{L^2(S^1)} = 0$ *und* $\|f^{(+)}\|^2_{L^2(S^1)} + \|f^{(-)}\|^2_{L^2(S^1)} = \|f\|^2_{L^2(S^1)}$.

Daraus folgt

(20.44) $\|f^{(\pm)}\|_{L^2(S^1)} \le \|f\|_{L^2(S^1)}$.

Die zugehörige Potenzreihe

$$f^{(+)}(z) := \sum_{\ell\ge 0} \widehat{f}(\ell) z^\ell \quad \text{für } |z| < 1$$

sowie die Laurent–Reihe

$$f^{(-)}(z) := \sum_{\ell<0} \widehat{f}(\ell) z^\ell \quad \text{für } |z| > 1 \quad \text{mit } f^{(-)}(z) = \mathcal{O}\left(\frac{1}{|z|}\right) \text{ für } |z| \to \infty$$

sind holomorph in $|z| < 1$ bzw. $|z| > 1$.

Beweis: Aus

$$|\widehat{f}(\ell)|^2 = \left|\frac{1}{2\pi}\int\limits_0^{2\pi} f(x)e^{-i\ell x}dx\right|^2 \leq \frac{1}{2\pi}\int\limits_0^{2\pi} |f(x)|^2 dx = \|f\|^2_{L^2(S^1)}$$

folgt mit

$$\frac{1}{\varrho} = \overline{\lim_{j\to\infty}}\sqrt[j]{|\widehat{f}(j)|} \leq \lim_{j\to\infty}\sqrt[j]{\|f\|_{L^2}} = 1$$

für $f^{(+)}$, daß der Konvergenzradius von $f^{(+)}(z)$ mindestens 1 ist; das gleiche gilt für

$$f^{(-)}(\zeta) := \sum_{\ell=1}^{\infty}\widehat{f}(-\ell)\zeta^{\ell}.$$

Auf dem Einheitskreis S^1 definieren wir

$$f^{(+)}(t) := \sum_{\ell\geq 0}\widehat{f}(\ell)e^{i\ell t} \quad \text{und} \quad f^{(-)}(t) := \sum_{\ell<0}\widehat{f}(\ell)e^{i\ell t}.$$

Dann folgt (20.43) aus der Parsevalschen Gleichung (20.34) sowie

$$(f^{(+)}, f^{(-)})_{L^2(S^1)} = 0$$

aus

$$\begin{aligned}\|f\|^2_{L^2(S^1)} &= (f^{(+)} + f^{(-)}, f^{(+)} + f^{(-)}) \\ &= \|f^{(+)}\|^2_{L^2(S^1)} + \|f^{(-)}\|^2_{L^2(S^1)} + 2\mathrm{Re}(f^{(+)}, f^{(-)})\end{aligned}$$

und

$$\begin{aligned}\|f\|^2_{L^2(S^1)} &= (f^{(+)} + if^{(-)}, f^{(+)} + if^{(-)}) \\ &= \|f^{(+)}\|^2_{L^2(S^1)} + \|f^{(-)}\|^2_{L^2(S^1)} + 2\mathrm{Im}(f^{(+)}, f^{(-)}).\end{aligned}$$

Die Ungleichung (20.44) ist triviale Folgerung aus (20.43). □

20.3 Sobolev–Räume auf S^1

Die im Folgenden benutzten Sobolev–Räume sind heute wichtigstes Hilfsmittel in der Analysis von gewöhnlichen und partiellen Differentialgleichungen, Integralgleichungen und sogenannten Pseudodifferentialgleichungen geworden. Wir stellen hier den einfachen Fall 2π–periodischer Funktionen dar.

Definition 20.14: *Sei $m \geq 0$. Dann definiert*

$$\text{(20.45)} \quad \|f\|_{W_2^m(S^1)} := \left[|\widehat{f}(0)|^2 + \sum_{|k|\geq 1}|\widehat{f}(k)|^2|k|^{2m}\right]^{1/2}$$

eine Norm, und der **Sobolev–Raum der Ordnung** m

$$(20.46)\quad W_2^m(S^1) := \left\{ f \in L^2 \mid \|f\|_{W_2^m(S^1)} < \infty \right\}$$

ist ein Banach–Raum. Letzteres folgt aus der Vollständigkeit der Fourier–Reihen in L^2 und $m = 0$ aufgrund der Parsevalschen Gleichung, wenn man für $m > 0$ Fourier–Reihen der Gestalt $\sum \widehat{f}(k)|k|^m e^{ikt}$ betrachtet.

Bemerkung 20.15: *Eine Funktion gehört zu $W_2^m(S^1)$ für $m \in \mathbb{N}_0$ genau dann, wenn*

$$\frac{d^\ell}{dt^\ell} f(t) \in L^2(S^1) \quad \text{für } 0 \le \ell \le m,$$

und

$$\sum_{\ell=0}^{m} \left\| \frac{d^\ell}{dt^\ell} f \right\|_{L^2}$$

ist äquivalent zu $\|f\|_{W_2^m(S^1)}$, das heißt es gibt eine Konstante $\gamma(m) > 0$, so daß

$$(20.47)\quad \gamma(m) \sum_{\ell=0}^{m} \left\| \frac{d^\ell}{dt^\ell} f \right\|_{L^2} \le \|f\|_{W_2^m(S^1)} \le \sum_{\ell=0}^{m} \left\| \frac{d^\ell}{dt^\ell} f \right\|_{L^2}$$

für alle $f \in W_2^m(S^1)$ gilt.
Für $[m] < m < [m+1]$ gilt $f \in W_2^m(S^1)$ genau dann, wenn sowohl $f \in W_2^{[m]}(S^1)$ als auch die Slobodeckii–Halbnorm endlich ist, das heißt

$$(20.48)\quad \int_{-\pi}^{\pi} \int_{-\pi}^{\pi} \frac{|f^{[m]}(s) - f^{[m]}(t)|^2}{\left|\sin\left|\frac{s-t}{2}\right|\right|^{1+2(m-[m])}} ds dt < \infty$$

erfüllt.

(20.47) folgt durch gliedweise Differentiation der Fourier–Reihe. Wir beweisen dies hier nicht, siehe zum Beispiel [61].

Satz 20.16 (Sobolevscher Einbettungssatz): *Sei $m \in \mathbb{N}_0$ und $\widetilde{m} > m + 1/2$. Dann gilt*

$$(20.49)\quad W_2^{\widetilde{m}}(S^1) \subset C^m(S^1); \quad \|g\|_{C^m(S^1)} \le c(m, \widetilde{m}) \, \|g\|_{W_2^{\widetilde{m}}(S^1)}.$$

Beweis: Gegeben sei $g(t) = \sum_{k \in \mathbb{Z}} \widehat{g}(k) e^{ikt} \in W_2^{\widetilde{m}}$. Zu zeigen ist $g \in C^m(S^1)$. Die Fourier–Reihen

$$(20.50)\quad g^{(\ell)}(t) = \sum_{k \in \mathbb{Z}} \widehat{g}(k) e^{ikt} (ik)^\ell \quad \text{für } 0 \le \ell \le m$$

haben aufgrund der Cauchy–Schwarzschen Ungleichung die Majoranten

$$\begin{aligned}\sum_{k\in\mathbb{Z}} |\widehat{g}(k)|\,|k|^\ell &\le \left[1+\sum_{|k|\ge 1}\frac{1}{|k|^{2(\widetilde{m}-\ell)}}\right]^{1/2}\left[\sum_{|k|\ge 1}|\widehat{g}(k)|^2|k|^{2\widetilde{m}}+|\widehat{g}(0)|^2\right]^{1/2}\\ &\le c(m,\widetilde{m})\,\|g\|_{W_2^{\widetilde{m}}(S^1)}\end{aligned}$$

wegen $2(\widetilde{m}-\ell)\ge 2(\widetilde{m}-m)>1$. Also konvergieren alle Fourier–Reihen in (20.50) absolut und gleichmäßig, das heißt $g\in C^m(S^1)$, und die behauptete Abschätzung folgt ebenfalls. □

Satz 20.17: *Sei* $g\in C^{\{m\}}$ *mit*

$$(20.51)\quad \{m\} := \begin{cases} m & \text{für } m\in\mathbb{N}_0,\\ [m+1] & \text{für } m\notin\mathbb{N}_0,\end{cases}$$

und $f\in W_2^m(S^1)$. *Dann gilt für die Produktfunktionen die Abschätzung*

$$(20.52)\quad \|g\cdot f\|_{W_2^m(S^1)} \le c(\{m\})\,\|g\|_{C^{\{m\}}}\|f\|_{W_2^m}$$

mit einer nur von m *abhängenden Konstante.*

Beweis: Sei $m\in\mathbb{N}_0$. Dann haben wir mit der Produktregel

$$\left(\frac{d}{dt}\right)^\ell (g\cdot f) = \sum_{j=0}^{\ell}\binom{\ell}{j} g^{(j)}f^{(\ell-j)}\,.$$

Quadrieren und Integrieren ergibt

$$\left\|\left(\frac{d}{dt}\right)^\ell (g\cdot f)\right\|_{L^2} \le c(\ell)\,\|g\|_{C^\ell}\|f\|_{W_2^\ell} \quad \text{für } 0\le\ell\le m\,,$$

woraus (20.52) folgt. Im Fall von $m\notin\mathbb{N}_0$ ist in (20.48) einzusetzen, zum Beispiel gilt dann

$$\left|f^{[m]}(s)g(s)-f^{[m]}(t)g(t)\right| \le |g(s)|\left|f^{[m]}(s)-f^{[m]}(t)\right| + |f^{[m]}(t)|\,|s-t|\,\|g\|_{C^1}$$

bzw.

$$\left|f(s)g^{[m]}(s)-f(t)g^{[m]}(t)\right| \le \|g\|_{C^{[m]}}|f(s)-f(t)| + |f(t)|\,|s-t|\,\|g\|_{C^{\{m\}}},$$

und man erhält die Behauptung durch elementare Integration. □

Betrachten wir statt Funktionen auf S^1 die (formalen) Fourier–Reihen

$$\sum_{k\in\mathbb{Z}}\widehat{f}(k)e^{ikt}$$

bzw. die zugehörigen Partialsummen

$$s_n(t) = \sum_{k=-n}^{n} \widehat{f}(k)e^{ikt},$$

so können wir die Definitionen der Sobolev–Räume in (20.45) und (20.46) auch für beliebig gewähltes $m \in \mathbb{R}$, also auch für $m < 0$, treffen. Das **Dirac–Funktional** (20.32) ist dann Element eines jeden der Sobolev–Räume $W_2^m(S^1)$ für $m < -1/2$, denn dann ist

$$\|\delta\|^2_{W_2^m(S^1)} = 1 + 2\sum_{k=1}^{\infty} |k|^{2m} < \infty.$$

Diese Sobolev–Räume mit $m < 0$ sind spezielle sogenannte Distributionenräume, die große Bedeutung in der Operatorentheorie gewonnen haben. Wir wollen es hier mit diesen wenigen Bemerkungen bewenden lassen.

20.4 Abschließende Bemerkungen

Friedrich Wilhelm Bessel (1784–1846), Kaufmannslehre in Bremen, beschäftigte sich autodidaktisch mit Nautik, Astronomie und Mathematik. 1804 berechnete er selbstständig die Bahn des Halleyschen Kometen von 1607. Der Astronom W. Olbers sorgte für eine Veröffentlichung dieser Ergebnisse und auf Betreiben W. von Humboldt übernahm Bessel 1809/10 die Leitung der neu errichteten Sternwarte in Königsberg. Auf Wunsch von Gauß erhielt er die Doktorwürde in Göttingen und 1813 wurde er Professor an der Universität Königsberg. In der Mathematik ist der Hauptbeitrag Bessels die Einführung der Besselschen Funktionen 1824, die wesentlich sind für die Behandlung von Schwingungsvorgängen in Mathematik, Physik und Technik.

Daniel Bernoulli (1700–1782), Sohn des Mathematikers Johann Bernoulli. Mathematiker und Mediziner. Studium in Basel, 1725–33 Mathematiker an der Akademie der Wissenschaften in St. Petersburg, 1733–1782 Professor für Physik, Medizin und Mathematik in Basel. Wichtige Arbeiten zur mathematischen Modellierung der Hydrodynamik und der schwingenden Saite, mit der er die Fourier–Analysis begründete.

Jean Baptiste Joseph Fourier (1768–1830), französischer Mathematiker. Durfte als Schneiderssohn trotz glänzendem Abschluß der Militärakademie nicht Offiziersanwärter werden. Mathematiker und Physiker an der École Polytechnique in Paris, ab 1824 Sekretär der französischen Akademie der Wissenschaften. Begründete die mathematische Theorie der Wärmeleitung. Fundamentale Beiträge zu Partiellen Differentialgleichungen. Die nach ihm benannte Methode der Fourier–Reihen nimmt wesentliche mathematische Gebiete vorweg: Distributionstheorie, Spektraltheorie, Hilbert–Raum–Methoden, Fourier–Integral–Operatoren etc.

Marc–Antoine Parseval des Chénes (1755–1836), über das Leben dieses französischen Landedelmannes ist wenig bekannt; 1792 wurde er als Royalist verhaftet. Nur 5 mathematische Publikationen, die sich mit Differentialgleichungen und Reihendarstellungen beschäftigen.

Sergej Lvovich Sobolev (1908–1989), nach Studium in Leningrad und Arbeit am Steklov–Institut in Moskau wirkte er von 1944 bis 1958 am Akademieinstitut für Kernenergie und war gleichzeitig Leiter des Lehrstuhles für numerische Mathematik an der Universität Moskau. Seit 1958 leitete er das Mathematische Institut der Sibirischen Abteilung der Akademie in Nowosibirsk. Ausgehend von der Wellengleichung überdachte er in einer Arbeit von 1934 den klassischen Lösungsbegriff partieller Differentialgleichungen. 1935 deutete er die verallgemeinerten Lösungen als Funktionale und schuf damit Grundlagen für die Distributionentheorie, die zwischen 1945 und 1950 maßgeblich von L. Schwartz entwickelt wurde. 1936 entwickelte er die Grundlagen für die Theorie der nach ihm benannten Sobolev–Räume. Seine Theorie der Einbettungssätze von 1950 ist heute ein gundlegendes Instrument bei der Anwendung funkionalanalytischer Methoden in der Theorie partieller Differentialgleichungen. Spätere Arbeiten zur Stabilität numerischer Verfahren und zur numerischen Kubatur von Mehrfachintegralen.

Kapitel 21

Riemann–Hilbert–Probleme

Die Randwertaufgaben für die Cauchy–Riemannschen Differentialgleichungen sind einerseits grundlegend für viele Anwendungen, zum anderen enthüllen sie tiefe, überraschende Zusammenhänge zwischen topologischen Invarianten und algebraischen Invarianten stetiger linearer Abbildungen. Solche Zusammenhänge sind für **elliptische** partielle Differentialgleichungen sowie sogenannte Pseudodifferentialoperatoren in vielen Problemstellungen typisch.
Wir betrachten hier den einfachen Fall Riemann–Hilbertscher Randwertprobleme für holomorphe Funktionen im Einheitskreis $|z| < 1$.

Man bestimme eine in $|z| < 1$ holomorphe und für $|z| \leq 1$ stetige Funktion $w(z)$ mit der Randbedingung

$$(21.1) \quad \mathrm{Re}(\Lambda w)_{|_{|z|=1}} = g \quad \text{auf}\, S^1\,.$$

Hierbei ist $\Lambda(t)$ auf $z = e^{it}$ eine vorgegebene feste nicht verschwindende genügend glatte **Randschar** und $g(t)$ eine vorgegebene rechte Seite.

Wir beginnen mit dem einfachsten Fall $\Lambda = 1$.
Sei $g \in W_2^{\varrho}(S^1)$ vorgegeben mit $\varrho > 1/2$. Man bestimme $w(z)$ mit

$$(21.2) \quad \mathrm{Re} w|_{|z|=1} = g(z) = \frac{a_0}{2} + \sum_{k=1}^{\infty}(a_k \cos kt + b_k \sin kt) \quad \text{für } z = e^{it}.$$

Das ist das uns schon längst bekannte Dirichlet–Problem, dessen Lösung in Kapitel 15 für den Einheitskreis durch die Poisson–Formel (15.70) und (15.71) gegeben ist.
Wir können die Lösung aber auch wie folgt mit Hilfe der Taylor–Reihe von w und der Fourier–Reihe von $g(t)$ direkt bestimmen. Für

$$(21.3) \quad w(z) = \sum_{\ell=0}^{\infty} w_\ell z^\ell$$

folgt aus (21.2): Die Randwerte müssen die Gleichung

$$\mathrm{Re}w_0 + \sum_{\ell=0}^{\infty}(\mathrm{Re}w_\ell)\cos \ell t - (\mathrm{Im}w_\ell)\sin \ell t \;=\; \frac{a_0}{2} + \sum_{k=1}^{\infty}(a_k \cos kt + b_k \sin kt)$$

erfüllen. Damit ergibt sich die Lösung in der Gestalt

$$(21.4)\quad w(z) \;=\; \frac{a_0}{2} + \sum_{\ell=1}^{\infty}(a_\ell - ib_\ell)z^\ell \;+\; ic,$$

wobei die Konstante $c \in \mathbb{R}$ beliebig gewählt werden kann. Die Koeffizienten sind durch die Fourier–Koeffizienten

$$(21.5)\quad a_k \;=\; \frac{1}{\pi}\int_0^{2\pi} g(t)\cos kt\, dt, \qquad b_k \;=\; \frac{1}{\pi}\int_0^{2\pi} g(t)\sin kt\, dt$$

von g bestimmt. Für die Potenzreihe (21.4) ist

$$\sum_{k\in\mathbb{Z}} |\widehat{g}(k)| \;\le\; c(\varrho)\, \|g\|_{W_2^\varrho(S^1)}$$

wegen $\widehat{g}(k) = \frac{1}{2}(a_k - ib_k)$ absolut konvergente konstante Majorante, also ist die Reihe (21.4) von $w(z)$ für $|z| \le 1$ gleichmäßig konvergent und stetig, und (21.2) ist auf S^1 erfüllt. Sei

$$D \;:=\; \overline{B_1(0)} \;:=\; \{z \mid |z| \le 1\}$$

die Einheitskreisscheibe. Wir nennen

$$(21.6)\quad \mathcal{H}^\varrho(D) \;:=\; \left\{f(z) \text{ holomorph in } |z| < 1 \text{ mit } f(e^{it}) \in W_2^\varrho(S^1)\right\}$$

versehen mit der Norm

$$(21.7)\quad \|f\|_{\mathcal{H}^\varrho} \;:=\; \|f_{|S^1}\|_{W_2^\varrho(S^1)},$$

den **Hardy–Raum** der Ordnung ϱ. Wir fassen zusammen:

Satz 21.1: *Sei $\varrho > 1/2$. Zu jedem $g \in W_2^\varrho(D)$ existiert eine Lösung $w \in \mathcal{H}^\varrho(D)$ des Dirichlet–Problems (21.2). Die Lösungsgesamtheit ist durch den affinen linearen Funktionenraum (21.4) über $c \in \mathbb{R}$ gegeben. Der Nullraum zu $Re w_{||z|=1} = 0$ ist durch ic mit $c \in \mathbb{R}$ bestimmt. Wir prüfen leicht nach: Das Randwertproblem*

$$(21.8)\quad \frac{\partial w}{\partial \overline{z}} \;=\; 0 \quad \text{in } |z| \le 1, \quad Re w \;=\; g \quad \text{auf } |z| \;=\; 1$$

ist linear auf dem Vektorraum der komplexwertigen Funktionen $w(z)$ über dem **reellen Koeffizientenkörper** $\mathbb{R}$.

21.1 Das Riemann–Hilbert–Randwertproblem vom Windungsindex Null

Wir verlangen für die Randschar Λ in (21.1) von nun an generell

$$\text{(21.9)}\quad \Lambda(t) \neq 0 \quad \text{und} \quad \Lambda \in C^{\{\varrho\}+1}(S^1), \quad \varrho > \frac{1}{2}.$$

(Für die Definition von $\{\varrho\}$ siehe (20.51).) Dann ist $\Lambda(t) = P(t)e^{i\chi(t)}$ mit

$$\text{(21.10)}\ \log P(t) + i\chi(t) := \log \Lambda(t) \quad \text{für } 0 \leq t < 2\pi$$

durch analytische Fortsetzung des Logarithmus zwar wohldefiniert, im allgemeinen gilt aber $\chi(2\pi - 0) \neq \chi(0)$, während $P(t)$ immer 2π–periodisch ist. Das Integral

$$\text{(21.11)}\ \omega := \frac{1}{2\pi i}\int_0^{2\pi}\left(\frac{d\Lambda}{dt}/\Lambda(t)\right)dt$$

ist aber wohldefiniert und heißt der **Windungsindex** der Riemann–Hilbertschen Randbedingung (21.1). Für ihn gilt wegen

$$\frac{d\Lambda}{dt} = P'(t)e^{i\chi} + i\chi'(t)\Lambda$$

die Gleichung

$$\text{(21.12)}\ \omega = \frac{1}{2\pi i}\left[\int_0^{2\pi}\frac{P'(t)}{P(t)}dt + i\int_0^{2\pi}\chi'(t)dt\right] = \frac{1}{2\pi}[\chi(2\pi-0) - \chi(0)]\,.$$

Der Windungsindex ω ist eine **topologische Invariante** des Vektorbündels $\Lambda(t)$ über S^1 und hat die anschauliche Bedeutung der Windungszahl von $\Lambda(t)$, wenn t das Intervall $[0, 2\pi]$ durchläuft.

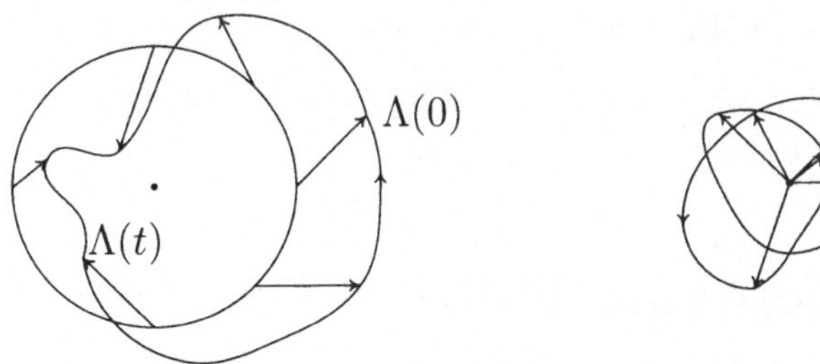

Abbildung 21.1: Beispiel für $\Lambda(t)$ mit $\omega = 2$.

Zu $\Lambda = 1$ in (21.2) gehört $\chi \equiv 0$ und der Windungsindex $\omega = 0$.

Wir betrachten nun den allgemeinen Fall $\omega = 0$. Dann ist nach (21.10) die 2π–periodische Funktion $\chi \in C^{\widetilde{m}}$ und $\widetilde{m} = \{\varrho\} + 1$, zu χ können wir die holomorphe Hilfsfunktion $\Psi(z)$ nach Satz 21.1 als Lösung von

$$(21.13) \quad \begin{array}{l} \Psi(z) \text{ holomorph in } |z| < 1 \text{ mit} \\ \mathrm{Re}\Psi_{||z|=1} = \chi(t), \ \Psi \in \mathcal{H}^{\widetilde{m}}, \ \Psi_{||z|=1} \in W_2^{\widetilde{m}} \subset C^{\widetilde{m}-1} \end{array}$$

mit $c = 0$ bestimmen. Für die Funktion $f(z)$ in

$$(21.14) \quad w(z) = e^{-i\Psi(z)} f(z)$$

erhalten wir dann wegen

$$\Lambda w_{||z|=1} = Pe^{i\chi - i\chi + \mathrm{Im}\Psi(z)} f(z)$$

die Dirichletsche Randbedingung

$$(21.15) \quad \mathrm{Re} f(z) = \frac{1}{P(t)} e^{-\mathrm{Im}\Psi(e^{it})} g(t) \quad \text{für } z = e^{it} \text{ auf } S^1$$

mit

$$g_1 := \frac{e^{-\mathrm{Im}\,\Psi}}{P} g \in W_2^{\varrho} \quad \text{nach Satz 20.3, denn } \frac{e^{-\mathrm{Im}\,\Psi}}{P}|_{|z|=1} \in C^{\{\varrho\}}.$$

Also erhalten wir die allgemeine Lösung in der Gestalt

$$(21.16) \quad w(z) = e^{-i\Psi(z)} \left[\overset{p}{f}(z) + ic \right] = \overset{p}{w}(z) + c\,\overset{\circ}{w}(z),$$

wobei $c \in \mathbb{R}$ beliebig ist. Wir fassen zusammen:

Satz 21.2: *Sei $\varrho > 1/2$ und $0 \neq \Lambda \in C^{\{\varrho\}+1}$ sowie der Windungsindex von Λ Null. Dann existiert zu jedem $g \in W_2^{\varrho}(S^1)$ eine Lösung $w \in \mathcal{H}^{\varrho}(D)$ des Riemann–Hilbert–Problems* (21.1). *Die Lösungsgesamtheit ist durch den affinen Funktionenraum* (21.16) *über $c \in \mathbb{R}$ gegeben. Der Nullraum zu $\mathrm{Re}\Lambda w_{||z|=1} = 0$ ist durch $ice^{-i\psi(z)} = c\,\overset{\circ}{w}(z)$ mit $c \in \mathbb{C}$, einem 1–dimensionalen (Funktionen–)Vektorraum über $\mathbb{R}$ bestimmt. Dabei ist $\overset{\circ}{w}(z) \neq 0$ in $\underline{D}$.*

21.2 Das Riemann–Hilbert–Randwertproblem mit negativem Windungsindex $\omega < 0$

Da Λ in (21.1) jetzt negativen Windungsindex $\omega < 0$ haben soll, lassen wir nun $w(z)$ auf $|z| = 1$ gleichen positiven Windungsindex haben, um damit das Problem auf Satz 21.2 zurückzuführen. Wir machen für die Lösung den folgenden Ansatz mit fest gewählten Nullstellen $z_1, \ldots, z_{|\omega|} \in \underline{D}$:

$$(21.17)\quad w(z) := \prod_{\ell=1}^{|\omega|}(z - z_\ell)f(z), \quad |z_\ell| < 1$$

und der neuen gesuchten holomorphen Funktion $f(z)$. Dann wird aus (21.1) für $f(z)$ die Randbedingung

$$(21.18)\quad \mathrm{Re}(\Lambda_1 f) = \mathrm{Re}((\Lambda \prod_{\ell=1}^{|\omega|}(z - z_\ell))f = g \quad \text{auf } |z| = 1\,.$$

Wegen $\left|\prod_{\ell=1}^{|\omega|}(z - z_\ell)\right| > 0$ für $|z| = 1$ gilt für die neue Randschar Λ_1

$$\begin{aligned}\omega_1 := \omega(\Lambda_1) &:= \frac{1}{2\pi i}\int_0^{2\pi}\frac{\Lambda_1'}{\Lambda_1}dt \\ &= \frac{1}{2\pi i}\int_0^{2\pi}\frac{\Lambda'}{\Lambda}dt + \frac{1}{2\pi i}\int_0^{2\pi}\frac{\frac{d}{dz}\prod(z - z_\ell)}{\prod_{\ell=1}^{|\omega|}(z - z_\ell)}ie^{it}dt = \omega + |\omega| = 0\end{aligned}$$

aufgrund des Argument–Prinzips für $\prod_{\ell=1}^{|\omega|}(z - z_\ell)$. Also liefert Satz 21.2 das folgende Resultat:

Satz 21.3: *Sei* $\varrho > 1/2$, $0 \neq \Lambda \in C^{\{\varrho\}+1}$ *eine Randschar mit Windungsindex* $\omega < 0$. *Dann existiert zu jeder Wahl von Nullstellen* $z_1, \ldots, z_{|\omega|}$ *mit* $|z_\ell| < 1$ *und jeder rechten Seite* $g \in W_2^\varrho(S^1)$ *in* (21.1) *eine eindimensionale Schar von Lösungen* $w \in \mathcal{H}^\varrho(D)$,

$$(21.19)\quad w(z) = \prod_{\ell=1}^{|\omega|}(z - z_\ell)\left[\overset{p}{f}(z) + c\overset{\circ}{f}(z)\right] \quad \textit{mit } c \in \mathbb{R},$$

wobei $\overset{\circ}{f}(z) \neq 0$ *in* $|z| \leq 1$ *gilt.*

Man beachte, daß jetzt die allgemeine Lösung (21.19) die $-2\omega + 1$ beliebigen reellen Konstanten c, $\mathrm{Re} z_\ell$, $\mathrm{Im} z_\ell$ für $\ell, \ldots, |\omega|$ enthält. Nun ist das Randwertproblem

$$(21.20)\quad \frac{\partial \omega}{\partial \overline{z}} = 0 \quad \text{in } |z| < 1, \quad \mathrm{Re}\Lambda w = g \quad \text{auf } |z| = 1$$

ein auf $\mathcal{H}^\varrho(D)$ über $\mathbb{R}$ lineares Randwertproblem, die Lösung setzt sich also immer zusammen aus

$$w(z) = \overset{p}{w}(z) + \overset{\circ}{w}(z)$$

mit der Partikulärlösung $\overset{p}{w}(z)$ und $\overset{\circ}{w}(z) \in$ Nullraum $\mathcal{N}$,

$$(21.21)\quad \frac{\partial \overset{\circ}{w}}{\partial \overline{z}} = 0 \quad \text{in } |z| < 1, \quad \mathrm{Re}\,\Lambda\overset{\circ}{w} = 0 \quad \text{auf } |z| = 1\,.$$

Aufgrund von Satz 21.3 kann man erwarten, daß der Nullraum ein $-2\omega+1=\alpha$–dimensionaler Vektorraum über $\mathbb{R}$ ist.

Lemma 21.4: *Unter den Voraussetzungen von Satz 21.3 und $\omega<0$ hat die allgemeine Lösung des Riemann–Hilbertschen Randwertproblems (21.1) die Gestalt*

$$(21.22)\quad w(z) = \overset{p}{w}(z) + \sum_{r=0}^{2|\omega|} c_r \overset{\circ}{w}_r(z)$$

mit beliebigem $c_r \in \mathbb{R}$, $r=0,\dots,2|\omega|$ sowie $2|\omega|+1$ linear unabhängigen Lösungen $\overset{\circ}{w}_0,\dots,\overset{\circ}{w}_{2|\omega|}$ des homogenen Problems (21.21).
Zu irgend fest gewählten paarweise verschiedenen Punkten z_ℓ mit $|z_\ell|<1$, $\ell=1,\dots,|\omega|$ kann eine Basis $\{\overset{\circ}{w}_r\}_0^{2|\omega|}$ derart bestimmt werden, daß gelten:

$$(21.23)\quad \overset{\circ}{w}_0(z_\ell)=0,\ \overset{\circ}{w}_{2k}(z_\ell)=\delta_{\ell k},\ \overset{\circ}{w}_{2k-1}(z_\ell)=i\delta_{\ell k}\quad \text{für } \ell,k=1,\dots,|\omega|\,.$$

Beweis:

i. Wir wählen $z_1,\dots,z_{|\omega|}$ mit $|z_\ell|<1$ für das Folgende fest. Dann bestimmen wir die Lösung nach Satz 21.3 in der Form (21.19). Wir erhalten für $c=0$

$$\overset{p}{w}(z) = \prod_{\ell=1}^{|\omega|}(z-z_\ell)\overset{p}{f}(z),$$

während

$$\overset{\circ}{w}_0(z) := \prod_{\ell=1}^{|\omega|}(z-z_\ell)\overset{\circ}{f}(z)$$

bereits (21.23) erfüllt, wobei $\overset{\circ}{f}(z)\neq 0$ in $|z|\le 1$ gilt.

ii. Zur Bestimmung von $\overset{\circ}{w}_1$ und $\overset{\circ}{w}_2(z)$ wählen wir zunächst

$$\widetilde{w}_1(z) := \prod_{\ell=2}^{|\omega|}(z-z_\ell)i \quad\text{und}\quad \widetilde{w}_2(z) := \prod_{\ell=2}^{|\omega|}(z-z_\ell)$$

und bestimmen dann holomorphe Funktionen $\widetilde{v}_1(z)$ und $\widetilde{v}_2(z)$ zu den Randwertproblemen

$$\mathrm{Re}\Big((\Lambda\prod_{\ell=z}^{|\omega|}(z-z_\ell))\widetilde{v}_j\Big)_{||z|=1} = -\mathrm{Re}\,(\Lambda\widetilde{w}_j)_{||z|=1},\ j=1,2\,.$$

Der Windungsindex des Hilfsproblems ist $\widetilde{\omega} = -1$. Nach Satz 21.3 können wir $\widetilde{v}_j(z)$ also so bestimmen, daß auch noch

$$\widetilde{v}_j(z_1) = 0, \ j = 1, 2$$

erfüllt wird. Die beiden holomorphen Funktionen

$$\overset{\circ}{\widetilde{w}}_j(z) := \prod_{\ell=z}^{|\omega|}(z - z_0)\widetilde{v}_j(z) + \widetilde{w}_j(z) \quad \text{für } j = 1, 2$$

erfüllen dann beide die homogene Randbedingung

$$\operatorname{Re}(\Lambda \overset{\circ}{\widetilde{w}}_j)_{||z|=1} = \operatorname{Re}(\Lambda \prod_{\ell=z}^{|\omega|}(z - z_\ell)\widetilde{v}_j + \Lambda\widetilde{w}_j)_{||z|=1} = 0\,.$$

Außerdem sind sie in z_1 über $\mathbb{R}$ linear unabhängig: Wegen $\widetilde{v}_j(z_1) = 0$ gilt nämlich

$$\overset{\circ}{\nu}\overset{\circ}{\widetilde{w}}_1(z_1) + \overset{\circ}{\mu}\overset{\circ}{\widetilde{w}}_2(z_1) = (i\overset{\circ}{\nu} + \overset{\circ}{\mu})\prod_{\ell=2}^{|\omega|}(z_1 - z_\ell) = 0$$

für $\overset{\circ}{\nu}, \overset{\circ}{\mu} \in \mathbb{R}$ genau dann, wenn $\overset{\circ}{\nu} = \overset{\circ}{\mu} = 0$ erfüllt ist. Demnach können wir zu

$$\nu_1 \overset{\circ}{\widetilde{w}}_1(z_1) + \mu_1 \overset{\circ}{\widetilde{w}}_1(z_1) = i \quad \text{und} \quad \nu_2 \overset{\circ}{\widetilde{w}}_1(z_1) + \mu_2 \overset{\circ}{\widetilde{w}}_1(z_1) = 1$$

jeweils genau ein reelles Paar ν_1, μ_1 und ν_2, μ_2 finden, und die holomorphen Funktionen

$$\overset{\circ}{w}_1(z) := \nu_1 \overset{\circ}{\widetilde{w}}_1(z) + \mu_1 \overset{\circ}{\widetilde{w}}_2(z), \quad \overset{\circ}{w}_2(z) := \nu_2 \overset{\circ}{\widetilde{w}}_1(z) + \mu_2 \overset{\circ}{\widetilde{w}}_2(z)$$

erfüllen

$$\operatorname{Re}(\Lambda \overset{\circ}{w}_j)_{|z|=1} = \nu_j \operatorname{Re}(\Lambda \overset{\circ}{\widetilde{w}}_1)_{||z|=1} + \mu_j \operatorname{Re}(\Lambda \overset{\circ}{\widetilde{w}}_2)_{||z|=1} = 0$$

sowie nach Konstruktion die Gleichungen (21.23) für $j = 1$ und $j = 2$.

Tausche nun nacheinander z_1 gegen z_ℓ, $\ell = 2, \ldots, |\omega|$ aus, dann erhält man die gewünschte Basis.

iii. Durch (21.22) wird auch die Lösungsgesamtheit beschrieben. Denn ist $w^*(z)$ irgendeine holomorphe Lösung von (21.1), so erfüllt

$$v := w^*(z) - \overset{p}{w}(z) - \sum_{k=1}^{|\omega|} (\operatorname{Re} w^*(z_\ell)) \overset{\circ}{w}_{2k}(z) + (\operatorname{Im} w^*(z_\ell)) \overset{\circ}{w}_{2k-1}(z)$$

die homogene Randbedingung

$$\operatorname{Re}(\Lambda v)_{|z|=1} = 0 \quad \text{und} \quad v(z_\ell) = 0 \quad \text{für } \ell = 1, \ldots, |\omega| .$$

Folglich ist

$$f_0(z) := e^{i\Psi(z)} \frac{v(z)}{\prod_{\ell=0}^{|\omega|}(z - z_\ell)} \quad \text{in } |z| < 1$$

holomorph, $f_0 \in \mathcal{H}^\varrho$ und $\operatorname{Re} f_{0|_{|z|=1}} = 0$. Dann gilt $f_0 = ic$ mit einer Konstanten $c \in \mathbb{R}$, also

$$v(z) = c \overset{\circ}{w}_0(z),$$

das heißt $w^*(z)$ hat die Darstellung (21.22), wie behauptet. □

21.3 Das Riemann–Hilbert–Randwertproblem mit positivem Windungsindex $\omega > 0$

Bei positivem Windungsindex ist das Zurückdrehen auf den Index Null ähnlich zu (21.17) nur mit Polstellen möglich, und dies wird auch die Grundlage der Lösungskonstruktion sein.

Wir wollen aber zunächst das **adjungierte Randwertproblem** und notwendige Lösbarkeitsbedingungen herleiten.

Sind $w, v \in \mathcal{H}^\varrho(D)$ zwei in $|z| < 1$ holomorphe Funktionen, so liefert der Cauchysche Integralsatz

$$\begin{aligned} 0 = \int_{|z|=1} w(z)v(z)dz &= \int_0^{2\pi} (\Lambda w)(i\Lambda^{-1}e^{it}v)dt \\ &= -\int_0^{2\pi} [(\operatorname{Re}\Lambda w)(\operatorname{Im}\Lambda^* v) + (\operatorname{Im}\Lambda w)(\operatorname{Re}\Lambda^* v)]\, dt \qquad (21.24) \\ &\quad + i\int_0^{2\pi} [(\operatorname{Re}\Lambda w)(\operatorname{Re}\Lambda^* v) - (\operatorname{Im}\Lambda w)(\operatorname{Im}\Lambda^* v)]\, dt, \end{aligned}$$

wobei die zu Λ adjungierte Randschar durch

(21.25) $\Lambda^* := \Lambda^{-1}e^{it}$ auf S^1 mit $z = e^{it}$

gegeben ist.

Satz 21.5 : *Für die Existenz einer regulären holomorphen Lösung $w \in \mathcal{H}^\varrho(D)$ zu vorgegebenem $\varrho > 1/2$ der Riemann–Hilbertschen Randwertaufgabe (21.1) vom positiven Windungsindex ω sind die $2\omega - 1$ Lösbarkeitsbedingungen*

$$(21.26) \quad \int_0^{2\pi} g(Im\,\Lambda^* \overset{\circ}{v}_k)dt = 0 \quad \text{für } k = 0, \ldots, 2\omega - 2$$

notwendig, wobei $\overset{\circ}{v}_k$ die $2\omega - 1$ linear unabhängigen Eigenlösungen des adjungierten Riemann–Hilbert–Problems sind:

$$(21.27) \quad \frac{\partial \overset{\circ}{v}_k}{\partial \overline{z}} = 0 \quad \text{in } D \text{ und } Re(\Lambda^* \overset{\circ}{v}_k) = 0 \text{ auf } S^1 .$$

Beachte, daß der Windungsindex ω^* von Λ^* durch

$$(21.28) \quad \omega^* = \frac{1}{2\pi i}\int_0^{2\pi} \left(\frac{d}{dt}(\Lambda e^{it})\right) \Lambda e^{-it} dt = -\omega + 1$$

bestimmt ist. Die Basis $\overset{\circ}{v}_k$ der Eigenlösungen zu (21.27) ist dann nach Lemma 21.4 gegeben. Der Beweis von Satz 21.5 folgt sofort aus dem Realteil von (21.24) mit (21.27).

Konstruktion der Lösung für $\omega > 0$**:** Wir setzen nun voraus, daß g die Bedingungen zu (21.26) erfüllt und machen den Ansatz

$$(21.29) \quad w(z) = \prod_{\ell=0}^{\omega-1} (z - z_\ell)^{-1} h(z) .$$

Für die neue gesuchte holomorphe Funktion $h(z)$ ergibt sich als Randbedingung

$$(21.30) \quad \mathrm{Re}\,(\Lambda w) = \mathrm{Re}\Big((\Lambda \prod_{\ell=0}^{\omega-1} (z - z_\ell)^{-1}) h(z)\Big) = \mathrm{Re}\,(\widetilde{\Lambda} h) = g \quad \text{auf } S^1,$$

und für den Windungsindex von $\widetilde{\Lambda}$ erhalten wir $\widetilde{\omega} = 0$. Die allgemeine Lösung hierzu ist nach Satz 21.2

$$(21.31) \quad h(z) = \overset{p}{h}(z) + \nu \overset{\circ}{h}(z) \quad \text{mit } \nu \in \mathbb{R} \text{ und } \overset{\circ}{h}(z) \neq 0 \text{ in } |z| \leq 1 .$$

Für die Lösungen $\overset{\circ}{v}_r(z)$ des adjungierten Problems wählen wir zu $z_1, \ldots, z_{\omega-1}$ eine Basis mit (21.23). Für die gewünschte Lösung wählen wir dann $\nu = \nu_0$ in (21.31) derart, daß

$$(21.32) \quad h(z_\ell) = \overset{p}{h}(z_\ell) + \nu_0, \overset{\circ}{h}(z_\ell) = 0 \quad \text{für } \ell = 0, \ldots, \omega - 1$$

erfüllt wird. Obwohl dies 2ω reelle Gleichungen für **eine** reelle Konstante ν_0 sind, sorgen die Lösbarkeitsbedingungen (21.26) dafür, daß der Rang des Systems (21.32) nur Eins ist.

Lemma 21.6: *Sind die Lösbarkeitsbedingungen* (21.26) *erfüllt, so gibt es genau ein* $\nu_0 \in \mathbb{R}$, *so daß* (21.32) *für* $\ell = 0, \ldots, \omega - 1$ *erfüllt wird.*

Wegen (21.32) hat die holomorphe Funktion $h(z)$ Nullstellen in z_ℓ. Folglich ist die durch (21.29) definierte Quotientenfunktion $w(z)$ wegen der **hebbaren** Singularitäten holomorph in $|z| \leq 1$ und gehört somit zu $\mathcal{H}^\varrho(D)$, die Lösung ist **konstruiert**.

Beweis von Lemma 21.6: Wir betrachten (21.32) zunächst für z_0, das heißt $\ell = 0$. Wegen $\overset{\circ}{h}(z_0) \neq 0$ ist der Rang ≥ 1. Wie bei der Herleitung von (21.26) haben wir anstatt (21.24) jetzt mit dem Residuensatz

$$2\pi i \sum_{\ell=0}^{\omega-1} \operatorname{Res}\left[\overset{\circ}{v}_k(z) \prod_{m=0}^{\omega-1}(z - z_m)^{-1} h(z)\right]_{|z=z_\ell} = \int_{|z|=1} w(z)\, \overset{\circ}{v}_k(z)\, dz,$$

also

$$\sum_{\ell=0}^{\omega-1} \operatorname{Re}\left(2\pi i\, \overset{\circ}{v}_k(z_\ell) \prod_{\substack{m\neq\ell\\ 0\leq m\leq\omega-1}} (z_\ell - z_m)^{-1}(\overset{p}{h}(z_\ell) + \nu_0\, \overset{\circ}{h}(z_\ell))\right) =$$

$$= -\int_0^{2\pi} g\,(\operatorname{Im}\Lambda^*\, \overset{\circ}{v}_k)\, dt = 0$$

für $k = 0, \ldots, 2\omega - 2$.

Wir wählen $k = 0$, dann folgt wegen $\overset{\circ}{v}_0(z_1) = \ldots = \overset{\circ}{v}_0(z_{\omega-1}) = 0$

$$\operatorname{Re}\left(2\pi i\, \overset{\circ}{v}_0(z_0) \prod_{m=1}^{\omega-1}(z_0 - z_m)^{-1}\right)\left[\operatorname{Re}\overset{p}{h}(z_0) + \nu_0 \operatorname{Re} h(z_0)\right]$$

$$\operatorname{Im}\left(2\pi i\, \overset{\circ}{v}_0(z_0) \prod_{m=1}^{\omega-1}(z_0 - z_m)^{-1}\right)\left[\operatorname{Im}\overset{p}{h}(z_0) + \nu_0 \operatorname{Im} h(z_0)\right] = 0.$$

Real- und Imaginärteil der Gleichung (21.32) für $\ell = 0$ sind also linear abhängig, das heißt Rang $\leq 2-1 = 1$. Also ist $\nu_0 \in \mathbb{R}$ aus (21.32) für $\ell = 0$ bereits eindeutig bestimmt.

Mit $k = 1$ und $k = 2$ folgt aus (21.23)

$$\operatorname{Re}\left(2\pi i \prod_{\substack{m\neq 1\\ 0\leq m\leq\omega-1}} (z_1 - z_m)^{-1}(\overset{p}{h}(z_1) + \nu_0\, \overset{\circ}{h}(z_1))\right) = 0$$

und

$$\operatorname{Re}\left(2\pi i \prod_{\substack{m\neq 1\\ 0\leq m\leq\omega-1}} (z_1 - z_m)^{-1}(\overset{p}{h}(z_1) + \nu_0\, \overset{\circ}{h}(z_1))\right) = 0,$$

also

$$\overset{p}{h}(z_1) + \nu_0\, \overset{\circ}{h}(z_1) = 0,$$

das heißt (21.32) für $\ell = 1$. Mit $k = 2\ell - 1$ und mit $k = 2\ell$ für $\ell = 2, \ldots, \omega - 1$ ergibt sich genauso (21.32) für die restlichen Indizes. □

Satz 21.7: *Unter den Voraussetzungen von Satz 21.3 und $\omega > 0$ existiert eine Lösung des Riemann–Hilbert–Randwertproblems (21.1) genau dann, wenn g die $2\omega - 1$ Lösbarkeitsbedingungen (21.26) mit den $2\omega - 1$ Eigenlösungen $\overset{\circ}{v}_k$ des homogenen adjungierten Riemann–Hilbert–Randwertproblems (21.27) erfüllt. Die Lösung ist eindeutig, falls sie existiert.*

Beweis: Aufgrund des Satzes 21.5 und der oben durchgeführten Konstruktion einer Lösung ist nur noch die Eindeutigkeit zu beweisen.
Sei $g = 0$ und $\overset{\circ}{w}$ eine Lösung mit $\mathrm{Re}\,(\Lambda\,\overset{\circ}{w}) = 0$. Dann ist die Funktion

$$f(z) := \prod_{\ell=0}^{\omega-1} (z - z_\ell)\,\overset{\circ}{w}\,(z)$$

Lösung des Riemann–Hilbert–Problems

$$\mathrm{Re}\,(\widetilde{\Lambda} f)|_{|z|=1} = 0$$

mit Windungsindex $\widetilde{\omega} = 0$, und nach Annahme ist f in $|z| < 1$ holomorph, das heißt $f \in \mathcal{H}^\varrho(D)$. Nach Satz 21.2 muß dann

$$f(z) = c\,\overset{\circ}{f}\,(z) \quad \text{mit } c \in \mathbb{R}$$

und $\overset{\circ}{f}\,(z) \neq 0$ für $|z| \leq 1$ gelten. Andererseits ist $f(z_\ell) = 0$, also ist $c = 0$ sowie $f(z) \equiv 0$ und damit auch $\overset{\circ}{w} \equiv 0$. Das bedeutet wegen der Linearität über $\mathbb{R}$ die behauptete Eindeutigkeit. □

21.4 Der Satz von Fritz Noether für das Riemann–Hilbert–Randwertproblem

Fassen wir den Hardy–Raum $\mathcal{H}^\varrho(D)$ als (reellen) Banach–Raum über $\mathbb{R}$ auf, so ist die Abbildung

$$\text{(21.33)} \quad \begin{aligned} \mathcal{L} : \mathcal{H}^\varrho(D) &\to W_2^\varrho(S^1) \\ w(z) &\mapsto \mathrm{Re}\,(\Lambda w)|_{|z|=1} \end{aligned}$$

aufgrund der Ungleichung

$$\text{(21.34)} \quad \|\mathcal{L}w\|_{W_2^\varrho(S^1)} = \|\mathrm{Re}\,(\Lambda w)\|_{W_2^\varrho(S^1)} \leq c(\Lambda)\,\|w\|_{\mathcal{H}^\varrho(D)} = c(\Lambda)\,\|w|_{|z|=1}\|_{W_2^\varrho(S^1)}$$

ein linearer beschränkter Operator, vorausgesetzt $\Lambda \in C^{\{\varrho\}+1}$ mit $\varrho > 1/2$. Wie wir gesehen haben, ist der Wertebereich für $\omega \leq 0$ der ganze Banach–Raum $W_2^\varrho(S^1)$ und

$$\text{(21.35)} \quad \alpha := (\text{Dimension des Nullraums von } \mathcal{L}) = -2\omega + 1 < \infty\,.$$

Im Fall $\omega > 0$ ist der Wertebereich von $\mathcal{L}$ durch die $2\omega - 1 = \beta$ Lösbarkeitsbedingungen (21.27) auf einen abgeschlossenen Teilraum der Kodimension β von $W_2^\varrho(S^1)$ eingeschränkt,

(21.36) $\beta :=$ (Kodimension des Wertebereichs von $\mathcal{L}$).

Ein linearer stetiger Operator $\mathcal{L}$ mit Banachraum als Definitionsbereich und mit abgeschlossenem Wertebereich in einem zweiten Banachraum sowie $\alpha < \infty$ und $\beta < \infty$ heißt **Fredholm–Operator** und

(21.37) $\kappa := \alpha - \beta$

heißt der **Fredholm–Index** von $\mathcal{L}$.
Wir können die Sätze 21.2, 21.3, 21.5 und 21.7 somit wie folgt zusammenfassen.

Satz 21.8 von Fritz Noether: *Sei $0 \neq \Lambda(z)$ für $|z| = 1$ und $\Lambda \in C^{\{\varrho\}+1}$ mit $\varrho > 1/2$. Dann ist der Operator $\mathcal{L}$ in (21.33) der Riemann–Hilbertschen Randwertaufgabe für holomorphe Funktionen ein Fredholm–Operator vom Index $\kappa = -2\omega + 1$. Für $\omega \leq 0$ ist $\kappa = \alpha$ und $\beta = 0$; $\mathcal{L}$ ist surjektiv und besitzt eine stetige Rechtsinverse. Für $\omega > 0$ ist $\kappa = -\beta = -(2\omega - 1)$ und $\alpha = 0$; $\mathcal{L}$ ist injektiv und besitzt eine stetige Linksinverse.*

Satz 21.8 gilt auch noch für $\varrho > 0$. Des weiteren gilt der Satz für Riemann–Hilbert–Probleme auch für das inhomogene Cauchy–Riemann–System

(21.38) $$\frac{\partial w}{\partial \bar{z}} = F \quad \text{für } |z| < 1\,.$$

Dazu definiert man zu $m \in \mathbb{N}_0$ (fest) den (reellen) Sobolev–Raum $H^m(D)$ bezüglich der Norm

(21.39) $$\left[\sum_{|\gamma| \leq m} \iint_{|z|<1} |D^\gamma w|^2 dV_2\right]^{1/2} =: \|w\|_{H^m(D)}$$

über dem Koeffizientenkörper $\mathbb{R}$. Dann gilt der **Spursatz** für $m \geq 1$. Sei $w \in H^m(D)$. Dann gilt $w_{|_{|z|=1}} \in W_2^{m-\frac{1}{2}}(S^1)$ sowie

(21.40) $$\|w_{|_{|z|=1}}\|_{W_2^{m-\frac{1}{2}}(S^1)} \leq c(m)\,\|w\|_{H^m(D)},$$

und zu (21.38) kann man die partikuläre Lösung

(21.41) $$\overset{p}{v}(x,y) = \frac{1}{\pi} \iint_{\xi^2+\eta^2 \leq 1} \frac{F(\xi,\eta)}{z-\zeta}[d\xi \wedge d\eta] \quad \text{mit } \zeta = \xi + i\eta$$

angeben. Dann setzt sich w zusammen in der Form

$$w = \overset{p}{v} + h(z)$$

mit holomorpher Funktion $h(z)$, die wie vordem bestimmt werden kann. Jetzt führen wir für $m \geq 1$ den Operator

$$(21.42)\quad \mathcal{L} : H^m(D) \to H^{m-1}(D) \times W_2^{m-\frac{1}{2}}(S^1)$$
$$w \mapsto \begin{cases} \dfrac{\partial w}{\partial \bar{z}}, \\ \operatorname{Re}(\Lambda w)|_{|z|=1} \end{cases}$$

ein. Die Lösbarkeitsbedingungen (21.26) sind hier zu ersetzen durch

$$(21.43)\quad \int\limits_{|z|=1} g\,(\operatorname{Im}\Lambda^*\,\overset{\circ}{v}_k)\,dt + 2\operatorname{Im}\iint\limits_{|z|\leq 1} F\,\overset{\circ}{v}_k\,[dx \wedge dy] = 0.$$

Damit bleibt Satz 21.8 auch gültig für den Operator $\mathcal{L}$ in (21.42) für $m \geq 1$ sowie $\varrho = m - 1/2$, und das **inhomogene Riemann–Hilbertsche Randwertproblem**: *Bestimme* $w \in H^m(D)$ *zu*

$$(21.44)\quad \frac{\partial w}{\partial \bar{z}} = F(x,y) \quad \text{für } |z| < 1, \quad \operatorname{Re}(\Lambda w) = g \quad \text{auf } |z| = 1.$$

Wir können (21.44) auch reell als elliptisches System erster Ordnung schreiben: *Finde* $(u,v) \in H^m(D) \times H^m(D)$ *als Lösung von*

$$(21.45)\quad u_x - v_y = 2F_1, \quad u_y + v_x = 2F_2 \quad \text{für } x^2 + y^2 < 1, \text{ das heißt } (x,y) \in \underline{D}$$

mit

$$\Lambda_1 u - \Lambda_2 v = g \quad \text{auf } S^1, \text{ das heißt } (x,y) \in \partial D.$$

Hierbei sind $F_1, F_2 \in H^{m-1}(D)$ und $g \in W_2^{m-1/2}(S^1)$ gegeben. Satz 21.8 liefert, daß (21.44) bzw. (21.45) den Fredholm–Index $\kappa = 2\omega + 1$ hat und daß für $\omega \leq 0$ gilt $-2\omega + 1 = \kappa = \alpha$ und $\beta = 0$, sowie für $\omega > 0$ gilt $-2\omega + 1 = \kappa = -\beta$ und $\alpha = 0$.

Wir haben im gesamten Kapitel 21 das Gebiet $\Omega = D$ als Einheitskreisscheibe gewählt. Mit Hilfe des Riemannschen Abbildungssatzes lassen sich alle diese Überlegungen auf ein beliebiges einfach zusammenhängendes Gebiet Ω mit genügend glatter Randkurve $\partial\Omega$ übertragen. Auch gilt die allgemeine Fredholm–Theorie für beliebige elliptische lineare Differentialgleichungen (siehe zum Beispiel [45, 92]).

Der Noethersche Satz 21.8 bleibt im wesentlichen auch für kompakte glatt berandete m–fach zusammenhängende Bereiche der komplexen Ebene richtig; hier ist der Fredholm–Index gegeben durch die Formel

$$(21.46)\quad \kappa = \alpha - \beta = -2\omega + (2 - m),$$

während für α und β mehr Fälle auftreten können als in Satz 21.8.

Der Zusammenhang zwischen Windungszahl und Fredholm–Index wurde von Fritz Noether zuerst für singuläre Integralgleichungen entdeckt (siehe dazu auch [5]). Für die Randwertaufgaben holomorpher Funktionen (siehe auch [66]) und der sogenannten verallgemeinerten analytischen Funktionen — das sind Lösungen homogener elliptischer Systeme erster Ordnung in der Ebene — wurden diese Indexsätze Mitte dieses Jahrhunderts von I. N. Vekua und seinen Schülern in Novosibirsk und Tblissi [87] sowie von W. Haack und G. Hellwig in Berlin [33] unabhängig voneinander gefunden. Inzwischen sind solche Zusammenhänge für allgemeine elliptische Probleme auch in höheren Dimensionen [72] sowie in vielen anderen mathematischen Gebieten bekannt, wie etwa in der allgemeinen Operatorentheorie, der Differentialgeometrie, der algebraischen Topologie.

21.5 Abschließende Bemerkungen

Godfrey Harold Hardy (1877–1947), wurde als Sohn eines Quästors und Schulmeisters in Surrey, England, geboren. College–Besuch in Winchester, Trinity–College in Manchester, 1900–1906 Forschungsstipendiat und 1906–1914 Lecturer in Manchester und 1914–1919 an der Universität Cambridge. Schüler von B. Russel. Ab 1919 Professor an der Universität Oxford. Mitglied der Royal Society und Empfänger vieler Ehrungen, unter anderem Berufung zu einer der insgesamt 10 Associés Étrangers der Pariser Akademie der Wissenschaften. Fanatischer Kriegs– und Religionsgegner. Verfasser mehrerer Lehrbücher zur Analysis und (mit Littlewood) eines bahnbrechenden Buches über Ungleichungen. Wesentliche Arbeiten über Genetik, Differentialgleichungen, Relativitätstheorie, Variationsrechnung und vor allem zur komplexen Funktionentheorie (Cauchy–Hauptwertintegrale, Hilbert–Transformation, Fourier–Reihen und Lebesgue–Integrale, Limitierungstheorie) und zur analytischen Zahlentheorie.

Fritz Alexander Ernst Noether (1884–1941), Sohn des Mathematikers Max Noether, Bruder der Mathematikerin Emmy Noether, geboren in Erlangen. Dort und in München Studium bei A. Voss und A. Sommerfeld, Promotion 1909. Assistenz bei K. Heun in Karlsruhe, dort Habilitation 1911 „Über den Gültigkeitsbereich der Stokesschen Widerstandsformel“. Verwundung im 1. Weltkrieg an der französischen Front; dann Arbeiten zur Ballistik. 1918 Professor an der TH Breslau, 1934 Entlassung durch die Nazis wegen jüdischer Herkunft. Emigration in die Sowjetunion, Professor an der Universität Tomsk. 1937 (Hitler–Stalin–Pakt) Verhaftung durch den NKWD, wird 1941 letztmalig von Häftlingen im Butyrka–Gefängnis in Moskau gesehen und wird in einem der sowjetischen Todeslager als angeblicher „deutscher Spion“erschossen. Arbeiten zur mathematischen Relativitätstheorie, mathematischen Strömungsmechanik und Turbulenztheorie, Geschosspendelungen, elektromagnetischen Feldtheorie, Optik. Entdeckt 1920 für Cauchy–singuläre Integralgleichungen den Zusammenhang zwischen Windungszahl und Fredholm–Index, der von ihm erstmals eingeführt wird.

Literaturverzeichnis

[1] Alten, H.–W., Djafari Naini, A., Folkerts, M., Schlosser, H., Schlote, K.–H., Wußing, H.: 4000 Jahre Algebra. Geschichte, Kulturen, Menschen. Springer, Berlin, 2003.

[2] Arnold, V. I.: Gewöhnliche Differentialgleichungen. Springer, Berlin, 1980.

[3] Banach, S.: Théorie des opérations linéaires. (Warschau 1932) Chelsea, New York, 1963.

[4] Barner, M., Flohr, F.: Analysis I/II. Walter de Gruyter, Berlin, 1983.

[5] Behnke, H., Sommer, F.: Theorie der analytischen Funktionen einer komplexen Veränderlichen. Springer, Berlin, 1976.

[6] Berger, M. S.: Nonlinearity and Functional Analysis. Academic Press, New York, 1977.

[7] Bialecki, A.: Une remarque sur la méthode de Banach–Cacciopoli–Tikhonov dans la théorie des 'equations différentielles ordinaires. Bull. Acad. Polon. Sci. Cl. III. 4 (1956) 261–264.

[8] Bialecki, A.: Une remarque sur l'application de la méthode de Banach–Cacciopoli–Tikhonov dans la thérie de l'equation $s = f(x, y, z, p, q)$. Bull. Acad. Polon. Sci. Cl. III. 4 (1956) 265–268.

[9] Bieberbach L.: Einführung in die Theorie der Differentialgleichungen im reellen Gebiet. Springer, Berlin, 1956.

[10] Boyce, W. E., DiPrima, R. C.: Gewöhnliche Differentialgleichungen, Spektrum Akademischer Verlag, Heidelberg, 1995.

[11] Braun, M.: Differentialgleichungen und ihre Anwendungen. Springer, Berlin, 1991.

[12] Brehmer, S., Haar, H.: Differentialformen und Vektoranalysis. Deutscher Verlag der Wissenschaften, Berlin, 1973.

[13] Bronstein, I., Semendjajew, K.: Taschenbuch der Mathematik. Teubner, Stuttgart, 1979.

[14] Cartan, H.: Analytische Funktionen, BI–Hochschultaschenbuch 112–112a, 1966.

[15] Cartan, H.: Differential Forms. Hermann, Paris; Houghton Mittlin, Boston, 1970.

[16] Chepyzhov, V. V., Vishik, M. I.: Attractors for Equations of Mathematical Physics. Amer. Math. Soc., Providence, 2002.

[17] Collatz, L.: Differentialgleichungen I/II. Teubner, Stuttgart, 1977, 1979.

[18] Courant, R.: Differential– und Integralrechnung I. Springer, Berlin, 1971.

[19] Courant, R.: Differential– und Integralrechnung II, Springer, Berlin, 1970.

[20] Cremer, H.: Carmina Mathematica. J. A. Mayer Verlag, Aachen, 1977.

[21] Dieudonné, J.: Grundzüge der modernen Analysis I. Vieweg, Braunschweig, 1971.

[22] Endl, K., Luh, W.: Analysis I/II. Akademische Verlagsgesellschaft, Wiesbaden, 1978.

[23] Fichtenholz, G. M.: Differential– und Integralrechnung 1–3. Deutscher Verlag der Wissenschaften, Berlin, 1964.

[24] Fischer, W., Lieb, I.: Funktionentheorie, Vieweg, Braunschweig, 1981.

[25] Gaier, D.: Konstruktive Methoden der konformen Abbildung. Springer, Berlin, 1964.

[26] Gamelin, T. W.: Complex Analysis. Springer, New York, 2001.

[27] Golusin, G.: Geometrische Funktionentheorie. Deutscher Verlag der Wissenschaften, Berlin, 1957.

[28] Gradshteyn, I. S., Ryzhik, I. M.: Table of Integrals, Series, and Products. Academic Press, London, 1980.

[29] Grauert, H., Lieb, I.: Differential– und Integralrechnung I. Springer, Berlin, 1971.

[30] Grauert, H., Fischer, W.: Differential– und Integralrechnung II, Springer, Berlin, 1968.

[31] Grauert, H., Lieb, I.: Differential- und Integralrechnung III, Springer–Verlag, Berlin, 1968.

[32] Grigorieff, R. D.: Numerik gewöhnlicher Differentialgleichungen, B. G. Teubner, Stuttgart, 1972.

[33] Haack, W., Wendland, W.: Vorlesungen über Partielle und Pfaffsche Differentialgleichungen. Birkhäuser, Basel, 1969.

[34] Haemmerlin, G., Hoffmann, K.–H.: Numerische Mathematik. Springer, Berlin, 1989.

[35] Halmos, P. R.: Naive Set Theory. Van Nostrand, Princeton, 1960.

[36] Heil, E.: Differentialformen und Anwendungen. BI–Verlag, Mannheim, 1974.

[37] Hellwig, G.: Differentialoperatoren. Springer, Berlin, 1964.

[38] Hellwig, G.: Höhere Mathematik I/II. Vieweg, Braunschweig, 1971.

[39] Henrici, P.: Applied and Computational Complex Analysis, Vol. 1–3, John Wiley, New York, 1974.

[40] Heuser, H.: Lehrbuch der Analysis I/II. Teubner, Stuttgart, 1980/1981.

[41] Hirzebruch, F.: Infinitesimalrechnung I/II. Universität Bonn, 1990.

[42] Hirzebruch, F., Dombrowski, P.: Infinitisimalrechnung II. Universität Bonn, 1990.

[43] Hofmann, J.: Geschichte der Mathematik. Walter de Gruyter, Berlin, 1963.

[44] Holmann, H., Rummler, H.: Alternierende Differentialformen. BI–Verlag, Mannheim, 1972.

[45] Hörmander, L.: The Analysis of Linear Partial Differential Operators I–IV. Springer, Berlin, 1983–1985.

[46] Jahnke, H. N. et. al.: Geschichte der Analysis. Spektrum Akademie Verlag, Heidelberg, 1999.

[47] Jörgens K., Rellich, F.: Eigenwerttheorie gewöhnlicher Differentialgleichungen. Springer, Berlin, 1976.

[48] Kamke, E.: Differentialgleichungen, Lösungsmethoden und Lösungen. Teil I: Gewöhnliche Differentialgleichungen. Teubner, Stuttgart, 1977, Teil II 1979.

[49] Kamke, E.: Differentialgleichungen reeller Funktionen. Akademie–Verlag, Leipzig, 1956.

[50] Kaplan, W.: Advanced Calculus. Addison Wesley, London, 1973.

[51] Kline, M.: Mathematics. A Cultural Approach. Addison Wesley, Reading, 1962.

[52] Klein, F.: Riemannsche Flächen. Vorlesungen, gehalten in Göttingen 1891/92. Teubner–Archiv zur Mathematik 5 (G. Eisenreich, W. Purkert eds.), B. G. Teubner, Leipzig 1986.

[53] Klein, F.: Vorlesungen über die Entwicklung der Mathematik im 19. Jahrhundert. Chelsea Publ., New York, 1956.

[54] Kline, M.: Mathematical Thought From Ancient to Modern Times. Oxford University Press, 1972.

[55] Knobloch, H., Kappel, F.: Gewöhnliche Differentialgleichungen. Teubner, Stuttgart, 1974.

[56] Knopp, K.: Theorie und Anwendung der unendlichen Reihen. Springer, Berlin, 1947.

[57] Knopp, K.: Infinite Sequences and Series. Dover, New York, 1956.

[58] Krabs, W.: Einführung in die Kontrolltheorie. Wissenschaftliche Buchgesellschaft, Darmstadt 1978.

[59] Kral, J.: Integral Operators in Potential Theory. Lecture Notes in Mathematics **823**, Springer, Berlin, 1980.

[60] Kral, J., W.L. Wendland, W. L.: On the applicability of the Fredholm–Radon method in potential theory and the panel method. In: Panel Methods in Fluid Mechanics with Emphasis in Aerodynamics. Notes on Numerical Fluid Dynamics **21**, Vieweg, Braunschweig , 1988.

[61] Kufner, A., Kadlec, J.: Fourier Series, Iliffe Books, Butterworth, 1971.

[62] Lang, S.: Real Analysis. Addison Wesley, Reading, 1975.

[63] Mangoldt, H. V., Knopp, K.: Einführung in die Höhere Mathematik I–III. Teubner, Stuttgart, 1967.

[64] Martensen, E.: Analysis I–III. BI–Verlag, Mannheim, 1969/1973.

[65] Martensen, E.: Analysis IV. Funktionentheorie mit Differentialgleichungen im Komplexen. Spektrum, Akademischer Verlag, Heidelberg, 1995.

[66] Meister, E.: Randwertaufgaben der Funktionentheorie, Teubner, Stuttgart, 1983.

[67] Meschkowski, H.: Mathematiker–Lexikon. BI–Verlag, Mannheim, 1968.

[68] Muschelischwili, N. L.: Singuläre Integralgleichungen. Akademie–Verlag, Berlin, 1965.

[69] Natanson, I. P.: Theorie der Funktionen einer reellen Veränderlichen. Akademie–Verlag, Berlin, 1961.

[70] Odemann, R. T.: Frechdachsereien eines Junggesellen. Verlag Blanvalet, Berlin, 1957.

[71] Ostrowski, A.: Vorlesungen über Differential– und Integralrechnung. Birkhäuser, Basel, 1952/1954.

[72] Palais, R. S.: Seminar on the Atiyah–Singer Index Theorem. Princeton University Press, Princeton, 1965.

[73] Polya, G.: Mathematik und plausibles Schließen. Birkhäuser, Basel, 1962.

[74] Poston, T., Stewart, J.: Catastrophe Theory and its Applications. Pitman, London 1978.

[75] Reichardt, H.: Vorlesungen über Vektor– und Tensorrechnung. Deutscher Verlag der Wissenschaften, Berlin, 1957.

[76] Remmert, R.: Funktionentheorie I. Springer, Berlin, 1984.

[77] Renteln, M. von: Aspekte zur Geschichte der Analysis im 20. Jahrhundert. Skriptum. Universität Karlsruhe, 1987.

[78] Renteln, M. von: Geschichte der Analysis im 19. Jahrhundert: Von Cauchy bis Cantor. Skriptum. Universität Karlsruhe, 1989.

[79] Riesz, F., Nagy, B.: Vorlesungen über Funktionalanalysis. Deutscher Verlag der Wissenschaften, Berlin, 1956.

[80] Rottmann, K.: Mathematische Formelsammlung. BI–Verlag, Mannheim, 1960.

[81] Schmidt, J.: Mengenlehre. BI–Verlag, Mannheim, 1966.

[82] Smirnov, W. I.: Lehrgang der Höheren Mathematik I–IV. Deutscher Verlag der Wissenschaften, Berlin, 1953/1964.

[83] Spivac, M.: Calculus. Benjamin, New York, 1967.

[84] Struik, D. J.: Abriß der Geschichte der Mathematik. Deutscher Verlag der Wissenschaften, Berlin, 1963.

[85] Thom, R.: Stabilité Structurelle e Morphogénèse. Benjamin, New York, 1972.

[86] Tutschke, W.: Grundlagen der reellen Analysis I/II. Vieweg, Braunschweig, 1971/1973.

[87] Vekua, I. N.: Verallgemeinerte analytische Funktionen. Akademie-Verlag, Berlin, 1963.

[88] Waerden, B. C. van der: Algebra I. Springer, Berlin, 1966.

[89] Waerden, B. C. van der: Erwachende Wissenschaft. Birkhäuser, Basel, 1966.

[90] Walter, W.: Gewöhnliche Differentialgleichungen. Springer, Berlin, 1972.

[91] Walter, W.: Analysis I/II. Springer, Berlin, 1985.

[92] Wendland, W. L.: Elliptic Systems in the Plane. Pitman, London, 1979.

[93] Wille, F.: Analysis. Teubner, Stuttgart, 1976.

[94] Willers, F. A.: Methoden der Praktischen Analysis, de Gruyter, Berlin, 1957.

[95] Zaanen, A. C. von: Integration. North Holland, Amsterdam, 1958.

Index